山西省水利水电工程建设监理有限公司科技论文集

黄河水利出版社

·郑州·

图书在版编目(CIP)数据

山西省水利水电工程建设监理有限公司科技论文集/常民生,郭艳成,牛栋组织编写.—郑州:黄河水利出版社,2018.8

ISBN 978 - 7 - 5509 - 2097 - 2

Ⅰ.①山…　Ⅱ.①常…②郭…③牛…　Ⅲ.①水利水电工程 - 文集　Ⅳ.①TV - 53

中国版本图书馆 CIP 数据核字(2018)第 184340 号

组稿编辑:谌莉　电话:0371-66025355　E-mail:113792756@ qq. com

出　版　社:黄河水利出版社　　　　　　　网址:www. yrcp. com
　　　　　　地址:河南省郑州市顺河路黄委会综合楼 14 层　邮政编码:450003
发行单位:黄河水利出版社
　　　　　发行部电话:0371 -66026940、66020550、66028024、66022620(传真)
　　　　　E-mail:hhslcbs@ 126. com
承印单位:河南瑞之光印刷股份有限公司
开本:890 mm × 1 240 mm　1/16
印张:31.75
字数:1097 千字
版次:2018 年 8 月第 1 版　　　　　　　印次:2018 年 8 月第 1 次印刷

定价:110.00 元

山西省水利水电工程建设监理有限公司科技论文集

编审委员会

序　言

　　峥嵘岁月稠,弹指一挥间。在这欣欣向荣、生机勃勃的时节,山西省水利水电工程建设监理有限公司迎来了二十五岁周华诞。为总结二十五周年来的科技成果,传承监理人专业执监,精心服务的"匠人"精神,公司收集整理了2008~2018年十年间员工发表的科技论文,汇编成《山西省水利水电工程建设监理有限公司科技论文集》正式出版。

　　论文集共收集整理论文160余篇。内容涉及水利水电工程、农业水利工程、水土生态保持工程、环境工程、工程建设监理、信息管理等学科。论文集整体分为五大部分。第一部分:施工与质量控制,共40篇;第二部分:应用技术,共31篇;第三部分:分析研究,共38篇;第四部分:合同与信息管理,共8篇;第五部分:综合,共47篇。

　　这些论文大多为长期在工程一线的监理人员撰写。素材来自于工作实践,文章形成于经验总结。论文内容几乎涵盖了所有水利工程类型,尤其是一些关系到国计民生的国家或省重点工程,如:山西水利"十二五"规划标志性工程大水网工程之一的中部引黄工程;大型水源工程张峰水库工程、横泉水库工程等;大型引水、输水工程南水北调工程、辽宁大伙房PCCP输水工程、甘肃引洮工程等。论文体现了公司在PCCP管道、TBM掘进、沥青面板防渗、堆石混凝土筑坝、胶凝砂砾料坝等新型筑坝及灌浆技术等方面的优势,凸显了公司核心技术。

　　二十五载砥砺前行,科技创新硕果累累。这本论文集是公司多年来致力于科技创新的见证,是水利监理人兢兢业业、笔耕不辍的见证。篇篇都是水利水电监理人精湛技术水平和独道专业见解的结晶。希望论文集的出版能给同类或类似工程提供借鉴,同时也为公司与各参建单位搭建一个互相学习、互相交流的平台。

董事长:常民生

目　录

第四篇　合同与信息管理

第五篇　综　合

第一篇　施工与质量控制

本文刊登在《山西水利科技》2017年第2期(总第204期)

软岩隧洞 EBZ 掘进机超欠挖控制施工技术

卜武华[1]　王　刚[2]

(1. 山西省水利水电工程建设监理有限公司,山西太原 030002;

2. 四川钟鸣建设工程有限公司,四川成都 610371)

[摘　要]文中针对 EBZ 悬臂式掘进机在软岩隧洞开挖施工,对超欠挖控制采取的主要施工技术措施进行了罗列,并对超欠挖控制效果进行了分析,为今后类似工程地质条件下,悬臂式掘进机隧洞超欠挖控制提供一些技术参考和经验借鉴。

[关键词]软岩;掘进机;超欠挖;施工技术

[中图分类号] TV554　　[文献标识码] B　　文章编号:1006 - 8139(2017)02 - 007 - 02

在公路、铁路、市政及水利等隧洞工程项目中,越来越多的施工单位采用原多使用于煤矿巷道开挖的 EBZ 悬臂式掘进机进行快速施工。相对于常规钻爆法,EBZ 悬臂式掘进机安全高效,掘进速度约为常规钻爆法的 2 ~ 4 倍,正常日进尺可达 7 ~ 9 m,施工中震动小、噪声低,安全性相对较高,能有效减少对周边居民生活、工作的影响,而且无需爆破器材,可避免繁琐的火工品审批手续,大大提高时间的利用率;同时掘进机施工对围岩整体扰动小,开挖断面成型规则,洞壁光滑美观,开挖成型面质量好,特别在隧洞超欠挖质量控制上,存在相当大的优势。

现结合甘肃省引洮供水二期主体工程某隧洞施工实例,讨论软岩隧洞掘进机施工中对超欠挖控制采取的主要技术措施。

1　工程概况

甘肃省引洮供水二期主体工程某隧洞施工区域属于黄土低中山梁峁丘陵区,地貌上总体呈现黄土梁峁丘陵地貌特征,黄土广泛覆盖于受侵蚀切割的新生代古近系地层之上,古近系地层厚度一般大于 300 m,工程区出露的地层岩性有古近系砂岩夹砂砾岩、新近系粉砂质泥岩夹泥质粉砂岩,岩性主要为砖红色、土红色、暗红色粉砂质泥岩、泥质粉砂岩,泥质胶结,交错层理发育,岩相变化剧烈,岩体呈中—厚层状,岩性软弱,易变形,为软岩,围岩中局部有滴渗水现象,围岩类别为 V 类。

2　超欠挖控制

甘肃省引洮供水二期主体工程某隧洞的围岩情况在常规钻爆法施工中,由于泥岩具有泥质胶结、层状结构、遇水崩解失水干缩等工程地质特性,施工中极难控制超欠挖,特别是由于卡钻使钻孔精度基本无法保证,也导致爆破设计参数难以精确,泥质胶结的特性也对爆破效果产生了较大影响,而采用 EBZ 悬臂式掘进机开挖后,隧洞超欠挖控制质量明显提高。

隧洞超欠挖控制主要采取了以下技术措施。

2.1　测量技术

按照设计单位给定的坐标和高程控制点复核并建立导线测量控制网,对施测人员进行详细的施工图纸交底和专项施工方案交底,分工明确。施工过程中,为了保证隧洞开挖、初期支护后的断面满足设计和规范要求,采用红外线指向仪控制开挖断面。根据该隧洞开挖净空断面尺寸,分别在拱顶、拱腰和起拱线等共计 5 个部位设置红外线指向仪,并在拱腰处加密红外线控制点(间距 30 ~ 50 cm),每台红外线装置经测量人员测量定位安装(距洞壁约 20 cm)。每掘进 20 m 左右,测量人员对红外线指向仪进行校正,并对红外线指向仪设置明显的标志及安全保护措施,保证测量精度满足规范要求。

测量人员通过卡西欧编程计算器、带红外线的全站仪结合红外线指向仪进行配套操作,提高了施测效率同时也保证了放样精度。测量人员与掘进机操作人员保持及时沟通,强化专业培训,提升专业技能,使隧洞超欠挖控制达到最佳效果(见图1)。

图1 隧洞开挖效果图

2.2 掘进技术

隧洞掘进时,根据红外线指示点进行开挖轮廓线控制和修整,采用"S"形由下往上的开挖方法,首先掘进机切割头在掌子面底部水平切削出一条槽,然后掘进机向前移动再一次就位后,切割头自下而上,左右循环进行切削,具体形式见图2和图3。两名操作人员实施联合作业,一人担任主机手,进行掘进机操作,另一人担任副机手,对掘进情况进行实时观察和指挥。实际操作中,特别是在轮廓线修整上,借鉴了其他机械微操作的一些技术,依靠红外线指示点及副机手现场指挥,主机手按照操作规程对掌子面作"S"形切割掘进,先形成大轮廓,掘进机再后退至开挖起点,对形成的轮廓作环状扩大。为避免较大超挖,预留10 cm左右的保护层,在切割出初步断面形状后,切割断面与设计断面形状和尺寸有一定的差别,然后通过操作切割头来回伸缩修整轮廓线边界,并定点调整,进行二次修整,以达到设计断面形状和尺寸要求,确保超欠挖施工精度控制在规范允许偏差范围之内。

图2 隧洞开挖示意图

隧洞掘进对掘进机操作人员技术要求比较高,特别需要强调规范施工和操作技术要领,在主机手右侧起拱线范围,由于人眼视觉误差关系,在微操作过程中更需要副机手及时跟进指挥,逐步养成机手良好的操作习惯并形成程序化的操作感觉,达到熟能生巧的程度。

图3 隧洞开挖过程图

2.3 技术管控

为加强掘进机隧洞超欠挖控制,施工单位建立了一套较为系统、完善的技术管控措施,以项目总工作为技术总负责,各部门及相关施工技术人员共同参与,分工协作,目标明确,管控有力。

主要技术管控措施:(1)制定隧洞掘进作业技术指导书,定期组织施工技术交底会,每位施工技术人员及操作人员熟知施工规范和设计图纸各项控制技术指标、掌握安全规范操作规程。(2)主要施工技术人员深入现场,跟班作业,强化掘进过程超欠挖情况检查和不良地质条件下的施工技术指导。(3)定期组织施工技术总结会,对隧洞掘进情况特别是超欠挖控制情况进行科学分析总结,针对性找出主要影响因素和次要影响因素,在后续掘进施工超欠挖控制过程中加以改进和消除,提升技术管控水平和效果。

3 效果分析

3.1 隧洞开挖断面抽检分析

甘肃省引洮供水二期主体工程的该隧洞,以1 km长度洞段开挖断面抽检为例,检验部位分为拱部和侧墙,每10 m洞长划为一组,每1 m洞长取5~8个检验点,检验点合格率70%~90%之间为合格、90%以上为优良、低于70%为不合格,检验情况见表1。

表1 开挖情况检验结果

检验部位	质量标准	总检验组数	不合格组数	合格组数	优良组数
拱部	超挖≤15 cm 无欠挖	100	2(无欠挖、围岩渗水、掉块超挖较大)	26	72
侧墙	超挖≤15 cm 无欠挖	100	1(无欠挖、围岩渗水、掉块超挖较大)	12	87

通过以上抽检分析,拱部合格组数26%,优良组

数 72%;侧墙合格组数 12%,优良组数 87%;拱部和侧墙部位出现不合格组数的原因主要为围岩渗水、掉块较为严重,导致局部出现较大超挖;拱部较侧墙部位优良组数少,后续掘进需加强拱部超欠挖控制。

3.2　喷混凝土量对比分析

根据周进度报表,以喷混凝土量为参考依据对超欠挖控制成果进行数据分析(见表 2),主要是结合喷混凝土回弹率,以拌合站实际发生数据为直接依据,对现场情况做出正确分析,形成技术反馈,以技术指导施工,以工艺效果体现技术。

表 2　喷混凝土量情况

日期	进尺(m)	喷混凝土理论量(m³)	喷混凝土实际量(m³)	现场情况分析
×月×周	39	47.35	64.46	砂石料较潮湿,回弹率较高,无欠挖,超挖不明显。
×月×周	49	59.50	79.21	砂石料较潮湿,回弹率略高,无欠挖,略有超挖。
×月×周	50	60.71	69.50	回弹控制相对较好,无欠挖,超挖不明显。

通过对比分析,喷混凝土质量在满足设计和规范要求的前提下,喷混凝土实际用量越接近理论用量,即回弹率越低,反映超欠挖控制效果越好和越经济。

4　结束语

隧洞工程项目开挖施工,悬臂式掘进机因具有许多优越性促使应用越来越广泛。如何加强掘进机隧洞超欠挖控制,真正体现掘进机施工水平和使用价值,是摆在每位施工技术人员面前的重要研究课题。本文以甘肃省引洮供水二期主体工程某隧洞为例,总结罗列了悬臂式掘进机超欠挖控制采取的主要施工技术措施,并对超欠挖控制效果进行了对比分析,为今后类似工程地质条件下,悬臂式掘进机隧洞超欠挖控制提供一些技术参考和经验借鉴。

[作者简介]　卜武华(1971—),男,1993 年毕业于太原工业大学,高级工程师。王刚(1970—),男,1996 年毕业于西南工业大学,工程师。

本文刊登在《山西水利科技》2017年第4期(总第206期)

南水北调中线一期工程总干渠漳古段边坡塌方加固处理方法

王彦奇[1,2]

(1. 太原理工大学,山西太原 030024;
2. 山西省水利水电工程建设监理有限公司,山西太原 030002)

[摘 要]南水北调中线一期总干渠漳古段工程为大型断面Ⅰ等渠道工程,渠底宽 22 m,设计流量 220 m³/s。文中介绍了渠道桩号 146 + 700 – 147 + 500 段左岸边坡发生塌方情况,针对不同马道、坡面而采取了不同的加固处理方法,重点阐述了抗滑桩、连系梁、框格梁等主要加固工序的质量控制要点,并提出了今后对坡面易塌方段进行加固处理时应注意的事项。

[关键词]塌方;抗滑桩;连系梁;框格梁;质量控制

[中图分类号] TU753   [文献标识码] B   文章编号:1006 – 8139(2017)04 – 023 – 05

1 工程概述

南水北调中线一期总干渠(漳河北至古运河南段)施工 SG10 标段工程,桩号 145 + 580 ~ 153 + 574,起点自内丘县西邵明村,终点止临城县黑沙村,总长 7.994 km,其中渠道长 7.536 km,建筑物长 0.458 km。建筑物包括:大型输水建筑物 1 座,退水闸、排水闸各 1 座,左岸排水交叉建筑物 6 座。设计流量 220 m³/s,加大流量 240 m³/s。

2 渠道塌方段地质和原设计情况

2.1 塌方段地质情况

SG10 标渠道工程 146 + 700 ~ 147 + 500 段左坡发生了两次塌方,第一次塌方桩号为 146 + 870 ~ 147 + 500,第二次为 146 + 700 ~ 7 + 460。根据前期勘探及招标文件描述的地质情况为,桩号 145 + 580 – 148 + 601 渠道挖深大,岩质渠坡整体稳定性差或左渠坡稳定性差,地下水位高于渠底,基岩透水性强,地层岩性自上而下分别为黄土状壤土、砂岩。实际开挖揭露 146 + 870 ~ 147 + 500 段的地质情况为:渠道左坡地层岩性为泥岩、砂岩,岩体破碎,存在软弱结构面,受风化影响表层成散体状,受降水影响节理面软化。开挖揭露 146 + 700 ~ 146 + 870 段地层总体为上黄土状壤土,下全 – 弱风化砂岩或泥岩,属于土岩双层结构,以泥岩

为主,岩层多倾向渠内或下游,揭露 F1、F2、F3 断层,节理裂隙发育,岩体较破碎,易风化,强度较低。

2.2 渠道原设计情况

桩号 146 + 700 ~ 147 + 500 段,梯形断面,设计渠底宽 22 m。地面高程 109.64 ~ 101.82 m,渠底高程 76.00 ~ 75.85 m,最大挖深 33.64 m,共设五级马道,一级马道以下过水断面底宽 22 m,边坡 1:1,一 ~ 二级马道边坡1:1.25 ~ 1:1,二 ~ 三级马道边坡 1:1.75 ~ 1:1.25,三 ~ 四级马道边坡 1:2,四 ~ 五级马道边坡 1:2.5 ~ 1:2,顶部开口宽 192.917 ~ 145.969 m,分别采用衬砌、挂网喷混凝土、混凝土框格等措施进行支护。

3 塌方情况

3.1 第一次塌方情况

桩号 146 + 870 ~ 147 + 500 渠道左坡于 2010 年 8 月开始施工至 2011 年 11 月开挖成型(开挖过程中自上而下开挖)。施工中岩石采用预裂爆破,岩石受到风化、降水等影响,指标降低。2011 年 5 月,渠道左坡开始陆续出现裂缝,并发展扩大,2011 年 9 月,渠道 146 + 870 ~ 47 + 500 段左坡出现塌方。

中线局建议过水断面不变,要求边坡防护结构暂停施工。2012 年 6 月,经中线局批准,施工单位开始对 146 + 870 ~ 147 + 500 渠道左侧进行边坡卸载及在一级马道砌筑浆砌石挡墙加固处理。

3.2　第二次塌方情况

2012 年 8 月 24 日，渠道 146＋700～147＋200 左岸边坡四～五级马道之间，出现较大范围滑坡。为消除不稳定因素，保证工程安全运行，现场拟定将原马道坡比 1∶1.25、1∶1.75、1∶2、1∶2.5 统一调整为 1∶2 坡比。按照现场拟定初步措施进行坡面卸载后，桩号 146＋700～7＋200 段于 2012 年 11 月 19 日发现裂缝仍继续扩大。2012 年 12 月 4 日，147＋380～147＋460 段左坡发生滑坡，146＋700～147＋200 段裂缝扩展进一步加大。出于安全考虑，现场安排该段进行安全防护，暂停施工。截止滑坡时，该段五～六级马道间边坡已经进行了六角框格铺设、锚筋孔钻孔。2013 年 4 月 7 日上午，发现塌方处出现新的裂缝，原开挖面风化速度很快，对下部实施挡土墙基础开挖及砌筑施工的人员形成了安全隐患。2013 年 4 月 24 日，要求三级马道宽度调整为 5 m。2013 年 4 月 29 日、5 月 4 日、5 月 17 日分别要求 146＋700～148＋380 左坡采取临时防护措施及减载。

2013 年 6 月 3 日，桩号 146＋870～147＋500 左坡重新开始边坡卸载，截至 2013 年 10 月，边坡卸载开挖大部分已经完成。147＋380～147＋460 段边坡卸荷及挡墙砌筑已基本完成，147＋380～147＋500 段已完成混凝土喷护，147＋200～147＋380 段已完成 2 cm 厚临时喷护。

4　加固处理方案及流程

4.1　加固处理方案

2013 年 10 月最终确定了 146＋700～147＋500 渠道左坡变更加固处理方案。变更内容主要包括：一、二、三、四、五级马道宽度分别为 16 m、4 m、2 m、2 m、2 m；左岸渠坡的 C30 抗滑桩、C25W4F150 框格梁、C30 连系梁、PVC 排水管、C20F150 喷射混凝土、Φ32 砂浆锚杆等变更内容。桩号 146＋700～147＋500 左岸渠段坡比 1∶2，三级马道以上岩质边坡护砌仍采用 100 mm 厚挂网喷射混凝土护砌。

1）一级马道抗滑桩

桩号 146＋700～146＋800 左侧一级马道二级坡脚布置一排混凝土抗滑桩，桩径 Φ1 800 mm，桩长 22 m，顺渠道轴线方向布置（桩距 4.5 m）；桩号 146＋800～147＋000 左侧布置两排抗滑桩，桩径 Φ1 800 mm，桩长 25 m，等边三角形布置，间距 4.5 m；桩号 147＋000～147＋350 左侧布置一排抗滑桩，桩径 Φ1 800 mm，桩长 25 m，桩距 4.5 m；抗滑桩采用两台徐工 XR360 型旋挖钻机钻孔，首先是通过底部带有活门的桶式钻头回转破碎岩土，并直接将其装入钻斗内，然后

再由钻机提升装置和伸缩钻杆将钻斗提出孔外卸土，这样循环往复，不断地取土卸土，直至钻至设计深度。抗滑桩顶设连系梁（一排抗滑桩段宽 2.8 m、高 1.1 m，两排抗滑桩段宽 6.8 m、高 1.1 m）。详见图 1、图 2。

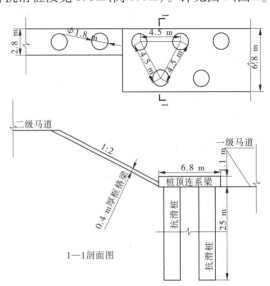

图 1　桩号 146＋700～147＋350 一级马道抗滑桩平面及剖面图

图 2　徐工 XR360 型旋挖钻机

2）二级马道抗滑桩

为固定三级边坡坡面框格梁，桩号 146＋700～147＋500 在二级马道边坡坡脚处布置一排抗滑微型桩，采用 SL500A 型风动潜孔钻机钻孔，桩径 Φ400 mm，桩长 10 m，间距 2.5 m，桩顶布置宽 800 mm、高 800 mm 连系梁。详见图 3、图 4。

3）渠道防护

二、三级岩质边坡新增锚杆混凝土框格梁防护，锚杆长分别为 5 m、11 m。锚杆采用 HRB400 直径 32 mm，全长黏结型，间距 1.6 m×3.0 m（沿渠道轴线方向×竖向），坡面采用 100 mm 厚挂网喷射混凝土护砌封闭，每一锚杆顶部采用混凝土框格梁连接，且坡面竖向框格梁与抗滑桩顶部的连系梁垂直紧密衔接。详见图 5。

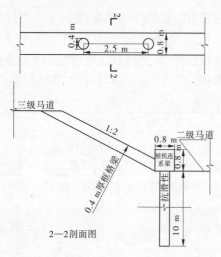

图3 桩号 146＋700～147＋500 二级马道
抗滑桩平面及剖面图

图4 SL500A 型风动潜孔钻机

图5 坡面框格梁

4）渠道排水

一级~二级、二级~三级马道岩质坡面分别增加
DN50PVC－U 排水管（管长 5 m），DN90PVC－U 排水
管（管长 20 m），仰角 5°，间距 1.6 m×3.0 m（坡面水

平×坡面竖向），间隔布置，喷射面原泄水管遇排水管
及锚杆时避让调整。

4.2 工序流程

测量放样→边坡卸载→边坡修整清理→一级马道
抗滑桩、连系梁→二级马道微型桩、连系梁→二、三级
坡面排水管、喷射混凝土→二、三级框格梁刻槽、坡面
锚杆、坡面挂网、框格梁浇筑→四~五级岩质坡面锚
杆、排水管、挂网喷护→五~六级坡面混凝土框格护
坡。

5 主要加固处理质量控制要点

1）抗滑桩先导孔

抗滑桩施工前，先进行导孔钻设，对地质条件进行
复勘，以复勘孔资料为依据绘制地质剖面，作为灌注桩
施工的重要依据。一级马道抗滑桩先导孔按照每 4 桩
设置 1 孔，孔深按 30 m、12 m 间隔布置。

（1）XY－Ⅱ型地质钻机钻孔采用干钻，回转钻探，
开孔孔径 Φ91，终孔孔径 Φ75，钻探回次进尺在 2 m 以
内；钻进过程中准确记录遇块石情况、基岩的具体深
度，自覆盖层开始取芯。

（2）封孔。终孔回填要求基岩部分采用水泥砂浆
封孔，覆盖层部分采用黏土球回填并捣实。

2）抗滑桩钻设

（1）埋钢护筒

为使孔口土层不因泥浆冲刷造成坍塌而设置护筒
（高 1 m，钢板厚 16 mm）。先挖后埋，桩中线轴线偏差
满足规范要求，然后用黏土在护筒周围均匀、对称回填
夯实。

（2）泥浆钻孔

钻孔孔内存有较多积水，不能干桩成孔，施工时拟
采用泥浆护壁。选好黏土，满足孔内泥浆顶部标高不
低于地下水位 20 cm，泥浆压力大于静水压力，防止孔
壁塌陷。

泥浆在造孔中，会受到各种因素污染而降低质量，
为确保泥浆的壁效应，对新配的泥浆及循环使用的泥
浆进行检测，回收利用的可分离处理，满足标准后再次
使用。

（3）钻孔

根据本工程地质特点，采用旋挖钻成孔的施工方
法。成孔时在一级马道现状原地进行钻孔，待灌注桩
混凝土浇筑完成后再进行连系梁基础开挖。特殊需要
时，可使用泥浆，并保持在不溢出时停止。

（4）旋挖钻孔时，依据现场地质等情况严格控制
平均速度。

3）一级马道抗滑桩钢筋笼及声测管吊装

（1）钢筋笼骨架在制作场内采用胎具成型法一次性制作。按抗滑桩圆周长每间距 30 mm 设 Φ25 mm 平行主筋，主筋之间按每隔 2 m 焊接加劲环（将 Φ20 mm 钢筋首尾连接成直径为 Φ1 800 mm 的环），钢筋笼焊接采用搭接单面焊。最后主筋外面采用 Φ10 mm 箍筋按间距 1.5 m 缠绕绑扎成为钢筋笼。钢筋笼长度最长为 26.017 m（包括上部伸入连系梁内 50 cm 的钢筋及底部弯筋）。详见图 6。

图 6　Φ1 800 钢筋笼

（2）一级马道抗滑桩较长，钢筋笼采用分节吊装、过程中焊接。首节钢筋笼放入孔内，外露部分采用槽钢架设在护筒上，25 t 吊车起吊并固定钢筋笼第二节，焊接人员对钢筋笼主筋采用厚搭接双面焊焊接。

（3）声测管采用 Φ57 无缝钢管，要求全封闭（下端采用 3 mm 钢板焊接封闭、上端加盖橡胶保护盖），管内无异物，混凝土施工时严禁漏浆进管内。声测管与钢筋笼采用绑扎连接，确保在清孔后及时一起吊放，声测管管间采用套管丝扣连接，管口高出设计桩顶 20 cm，每个声测管高度保持一致。

4）抗滑桩水下混凝土灌注

按照《地基与基础灌注桩施工及验收规范》规定，采用水下直升导管、自密实灌注混凝土法施工。

（1）吊装前对导管进行试拼装，水密性试验压力大于或等于 1.5 倍的孔口底部静水压力。导管的接口部位牢固，严密封闭，开始封水试验。拼装导管的长度依据孔深确定，升降吊装试验在浇筑前进行。

（2）清孔后连续灌注混凝土，及时计算确保导管埋设深度 40 cm；严禁中途停灌，尽量缩短拆导管的间断时间，避免造成堵管或埋管。

（3）水下混凝土灌注会产生很厚的浮浆，终灌时保持实灌桩顶混凝土面高于设计桩顶 0.5 m。

（4）每根桩制作混凝土试块并及时养护。及时清理场地，处理泥浆排放。

5）抗滑桩桩基检测

抗滑桩的混凝土强度达到 80% 后，即可进行桩头处理，人工用风镐凿除桩头。

桩头处理完毕后，严格执行《建筑桩基检测技术规范》进行检测。一级马道抗滑桩采用声波透射法逐根检测桩身完整性；第一排桩各选 1 根采用钻芯法检测，一级马道第二排抗滑桩选 10 根采用钻芯法检测，钻芯法共计检测 13 根，检测桩身完整性、桩身强度及沉渣厚度，均应满足要求。

6）连系梁

（1）土石方开挖

桩基检测合格后，对于原塌方段过水面浆砌石挡墙墙后回填一级马道后，采用 CAT330 挖掘机开挖；对于一级马道开挖原状基面，采用液压破碎锤开挖。

（2）钢筋制安

钢筋选用 HPB235 及 HRB400，大于 16 mm 的钢筋接头全部采用手工电弧单面焊。

（3）混凝土浇筑

a 由营地拌合站集中拌制，9 m³ 罐车运送至施工现场，一级马道连系梁采用混凝土罐车辅以手推车直接入料；二级马道连系梁采用混凝土泵车垂直入仓，泵车布置在一级马道。采用重复振捣法防止漏振。

b 浇筑时不允许间歇，如遇到特殊情况时，间歇时间小于 240 min。浇筑混凝土时，严禁在仓内加水。如发现混凝土和易性较差，采取加强振捣等措施，以保证质量。

c 混凝土浇筑完成后，及时洒水养护。

7）框格梁

二、三级边坡坡面框格梁与坡脚连系梁通过混凝土结构垂直紧密衔接。

（1）刻槽开挖

坡面框格梁断面尺寸为：（宽）50 cm ×（高）40 cm，采用人工开挖（手持电镐），配合小型挖掘机。刻槽后，槽底采用 30 mm 水泥砂浆调平，局部架空部位用 M7.5 浆砌石嵌补。

（2）钢筋制安、混凝土填充等工艺同连系梁施工。

6　结语

本次南水北调中线一期总干渠漳古段施工 SG10 标渠道边坡塌方段（桩号 146 + 700 ~ 147 + 500）加固处理圆满完成，并经质量评定合格，资料齐全完整。自 2014 年 7 月试通水以来，经受了供水及汛期等严峻考验，经过多年运行观察，渠道工程运行良好，左坡面没有出现裂缝、塌方等现象。

综上所述,边坡加固处理是关系到大型渠道工程质量的关键环节。因此,为了保证工程的质量要求、安全性,根据在工程中对边坡加固处理的应用,笔者认为在进行渠道工程的边坡加固处理时应当注意以下几点:

1)初步设计时,地质勘探在大型渠道工程中很难一次性客观地反映出工程地质条件,在实际勘探时尽可能在相关规范基础上加大勘探密度及深度,全面分析,力争得出较为客观的地质结论,尽量避免或减少设计变更的发生。

2)坡面挂网喷护混凝土在普通边坡加固中经常运用,喷护时要注意在钢筋网底面与先喷射底层混凝土表面留有0.3~0.5 cm间隙,待下一步喷射时由砂浆填补。若钢筋网底面与底层混凝土表面紧贴无间隙,则因砂浆不能挤入而造成钢筋与底层混凝土间不能固结。而间隙过大,喷射时难以填满,也会留下隐患。

3)抗滑桩运用在特殊地质边坡加固中,钻孔时必须加大频次观测孔内岩性变化,遇到软弱夹层并伴有渗水,出现局部塌孔时,停止钻设,采用黏性土将地质破碎带回填掩埋,然后重新钻孔,通过旋挖钻头的挤压力形成护壁。

4)混凝土水下浇筑时,根据桩直径、灌混凝土的速度,计算拔出管道的时间,经常量测混凝土表面的埋深,管道埋深计算准确后进一步确定是否拔管。

[作者简介] 王彦奇(1982—),男,太原理工大学水利工程学院在职硕士研究生在读(2011年毕业于河海大学水利水电工程专业,工学学士学位),工程师。

本文刊登在《山西水利》2017年第6期

汾河灌区西七支防渗墙冬季施工技术简述

王　婧[1,2]

（1. 太原理工大学，山西太原 030024；
2. 山西省水利水电工程建设监理有限公司，山西太原 030006）

[摘　要]冬季混凝土施工，温控是保证工程质量的关键。在汾河灌区西七支防渗墙混凝土的施工中结合工程区特点，从施工的各个程序进行了温度控制，达到了设计要求。可为今后类似工程提供参考。

[关键词]防渗墙；冬季施工；保温措施；汾河灌区

[中图分类号] TV543+.82　　　[文献标识码] C　　　文章编号：1004 - 7042（2017）06 - 0026 - 02

1 项目概况

汾河灌区位于太原市中部，灌区四季分明，平均最高气温 39.4 ℃，最低气温 -25.5 ℃，日平均气温 9.5 ℃，最大冻土厚度 0.8 m。汾河灌区节水改造工程西七支渠道防渗长度 4.705 km，工程主要内容包括：土方开挖、回填、混凝土灌砌石底板、混凝土底板、复合土工布铺设、边坡灌砌石、边坡混凝土预制板、混凝土压顶。工程工期为 9 月 10 日开工，12 月 10 日完工。项目建设区于 2015 年 11 月 24 日降雪，气温骤降，最低温度达零下 10 ℃，经过几日准备，12 月进入冬季施工。

2 冬季施工温度控制的必要性

2.1 温度对防渗墙强度的影响

西七支渠道防渗墙材料主要有混凝土和灌砌石。混凝土和灌砌石的强度是由骨料石子、填充料砂子通过胶凝材料水泥和水经过水化反应，凝固成为整体，生成水化产物形成强度。水化反应的速度随着温度的提高而加快，随温度的降低而变慢。混凝土浇筑后强度和灌砌石强度的增长速率是随着养护温度的增高而加快的，温度对防渗墙强度的影响主要是在形成强度初期前 10 d 左右的时间。

2.2 防渗墙形成早期受冻对其强度的影响

防渗墙在尚未硬化前，低温下内部水在结冰时体积会发生 9% 左右的增长，同时产生约 2 500 kg/cm² 的冰胀应力。这个应力值常常大于水泥石内部形成的初期强度值，使防渗体受到不同程度的破坏（即早期受冻破坏）而降低强度。此外，当水变成冰后，还会在骨料和钢筋表面上产生颗粒较大的结晶，减弱水泥浆与骨料和钢筋的黏结力，从而影响混凝土的抗压强度。当冰凌融化后，又会在混凝土内部形成各种各样的空隙，而降低混凝土的密实性及耐久性。由此可见，在冬季防渗体施工中，水的形态变化是影响防渗体强度增长的关键。

3 防渗墙温控措施方案

按照施工规范规定，当工地昼夜平均气温（最高和最低的平均值或当地时间 6 时、14 时及 21 时室外气温的平均值）连续 3 d 低于 5 ℃ 或最低气温低于 -3 ℃ 时，进入冬季施工。项目区降雪后气温骤降，从 12 月初到项目竣工，最高气温 10 ℃，最低气温 -10 ℃。为保证工程质量要求混凝土和砌筑砂浆出仓温度不低于 10 ℃，浇筑温度不低于 5 ℃，所以采取了以下温控措施。

3.1 调整防渗体的施工时间

为保证工程进度，工程施工一般情况下从早 7 点—晚 6 点。项目区温差较大，12 月份一般情况下，4 点—5 点是一天气温最低时刻，9 点—17 点气温较高，中午 12 点气温最高，所以项目部调整防渗墙施工的时间为上午 10 点—下午 15 点。

3.2 添加剂

在混凝土冬季施工中加入添加剂是比较简单经济的方法。为保证混凝土的质量，添加早强剂，能提高混凝土早期强度，有早强、减水、防冻、增强塑化作用；添加防冻剂降低水的冰点温度，使混凝土在负温下硬化并不受破坏;两种添加剂配合使用效果更好。

3.3 采用保温措施

施工区 12 月份气温在 100 ～ -50 ℃,只有降雪等极端天气才能达到 -100 ℃。合理的保温措施不仅可以保证混凝土强度的生成,还可以减少混凝土裂缝的产生。项目采取的保温措施有保温被覆盖、搭棚、生火炉等,保证混凝土入仓温度和养护温度。覆盖、搭棚、生火炉这三种措施,可以减少混凝土凝固早期表层不受冻融,避免因冻融次数过多,造成混凝土表面脱落,降低其抗拉、抗剪和抗压强度。覆盖主要用于渠道施工;搭棚、生火炉主要用于建筑物的施工。

4 防渗墙混凝土的保温施工

在施工时主要考虑:如何用最短的养护时间达到设计强度;防止混凝土初期受冻,损害其力学和使用性能。在施工过程中层层把关,控制其成品质量。

4.1 搅拌

本工程采用商品混凝土,为了达到设计强度和施工计划方案,通过和混凝土厂家协商,从骨料预热、配料、程序等方面进行质量控制。首先对骨料和水进行预加热,将骨料和水装入搅拌仓,水的温度不得超过 80 ℃,装料不可超过搅拌仓的 1/2,先进行搅拌,待温度均匀,总的温度不超过 400 ℃,以免出现水泥假凝状态,后加入水泥搅拌。搅拌时间为平常搅拌时间的 1.5 倍左右。添加剂要严格按照使用说明进行,本工程用量控制在水泥用量的 3% 左右,和水泥一同加入搅拌机搅拌。

4.2 运输

为保证混凝土的入仓温度,应尽量减少运输过程中的温度损失,要做到缩短运输过程,减少运输时间,采用运输保温。项目选用了距施工地最近的拌合厂,距施工工地 5 km,运输时间 20 min;选用的混凝土运输车辆的混凝土罐外包建筑毛毯。

4.3 浇筑前准备

工程浇筑前准备主要包括场地清理、支模、预埋件、架立钢筋等。因为是冬季施工,所以基面处理要特别重视,首先要把接触面凿毛,杂质清理干净,避免用水清理基面。如用水清理,清理完不得有积水,并马上施工,禁止水渗入基面受冻,影响建筑物的接触稳定,下雪后要立即将建筑表面的积水清除;有条件的最好用热风机将模板和钢盘等预热。

4.4 浇筑

浇筑时室外温度过低,混凝土内部的温度与环境温度温差大,混凝土就易产生裂缝,质量达不到设计要求。冬季浇筑混凝土要选择合适的时间进行浇筑,项目调整浇筑时间从上午 10 点—下午 15 点,这段时间是一天气温最高的时段,并避开降雪、刮大风等气候恶劣的天气;浇筑时如气温较低,要每 50 m² 设一部火炉烧烤增加施工区温度;并保证混凝土的入仓温度不低于 50 ℃。

4.5 保温养护

冬季施工混凝土保温和养护尤为重要,混凝土早期受到冻害,就是气温回升后强度也达不到设计要求。本项目混凝土浇筑完成后,立即用塑料膜盖住,并用工业毛毯覆盖保温。

4.6 拆模

本工程渠道防渗体混凝土是一般构件,当强度达到设计强度的 75% 可以拆模,一般情况下需要 7 d 左右时间。因为是冬季施工所以采取缓拆,浇筑 10 d 后进行拆模;拆模时要注意混凝土表面的温度和环境温度的温差,不易大于 200 ℃,本工程全部在 100 ℃ 以内;拆模后就可以取掉保温。

5 结语

冬季混凝土施工时要严格按照设计要求和制定的施工方案进行。本工程通过各参建方的努力,从各个程序进行控制,达到了设计标准,保证了灌区的正常运行。

[作者简介] 王婧(1987—),女,太原理工大学水利水电工程专业研究生在读。

本文刊登在《山西水土保持科技》2017年6月第2期

TBM 水工隧洞施工监理重点

白　凡

（山西省水利水电工程建设监理有限公司,山西太原　030002）

[摘　要]全断面岩石掘进机(TBM)是一次成型的掘进设备,在水工隧洞施工中应用广泛。根据监理实践,详细介绍了导线点测量、施工质量、洞内预制管片衬砌、豆砾石回填灌浆等施工质量监理控制重点,可为同类工程施工提供参考。

[关键词]TBM施工;管片衬砌;豆砾石;灌浆

[中图分类号] TV512;TV554⁺.2　　　[文献标识码] B　　　文章编号:1008 –0120(2017)02 –0042 –03

全断面岩石掘进机(TBM)是一次成型的掘进设备,每一阶段成果都是永久性的,在施工中的各个环节,必须密切配合,严格控制质量。现根据监理实践,谈谈如何控制施工质量。

1　测量监理控制

由于掘进隧洞内的空气中粉尘含量较大,施工单位应及时对测站进行前移,每次以30～50 m为宜。测站每次前移都会存在误差,为把累计误差控制在允许范围内,应时常对测站进行复核。一般每500 m在两侧管片布设施工导线点,并经常进行复测。通过施工导线把坐标传递到TBM测量系统的全站仪上,全站仪通过前盾体的3个棱镜进行自动测量,将得到的TBM掘进姿态信息反映到操作室电脑中,以指导操作手掘进。

2　TBM施工质量监理控制

2.1　TBM掘进导线监理控制

TBM在掘进过程中,会因地质围岩变化等原因,而发生横向和纵向的偏移,不能完全按照输入的导线直线掘进。因此,在掘进过程中要不断对TBM的姿态进行调整。由于调向时会对管片安装造成影响,为保证管片的安装质量,应对TBM姿态的纠偏率及TBM偏差的极限值提出要求,纠偏率一般不得超过4 mm/1 m,横向偏差不超过100 mm,纵向偏差不超过50 mm。现场监理须经常去操作室对TBM的掘进导线进行监控。

2.2　TBM掘进参数监理控制

TBM掘进参数是决定TBM掘进效率及后期管片安装质量的一项重要因素。在TBM掘进过程中,监理应该配合操作手对TBM的掘进参数进行控制。TBM掘进参数主要由地质因素决定,包括:刀盘转速、油缸推力、扭矩、贯入度和压力差等。现以推进速度80 mm/min,岩石类别3类为例:刀盘转速一般应控制在8.0 rpm,转速不能过高,否则影响主轴承寿命;油缸推力7 000～8 000 kN,推力过高,导致扭矩过高,影响减速器、齿轮箱寿命;扭矩600～700 kN·m;贯入度9.5～10.5 mm(推进速度/转速)。其中的刀盘转速和推力是可以设定控制的。

3　TBM洞内预制管片衬砌监理控制

预制管片衬砌是影响工程质量的重要环节之一,是TBM施工的最终成果展现。预制管片由厂家生产,经过28 d养护合格后,用机车运输进洞,在TBM掘进完成一个行程之后,岩石未暴露出护盾之前及时进行衬砌,形成永久性支护。

3.1　进洞管片监理控制

管片质量合格达到进洞要求,管片型号与目前掘进地质条件相适应。监理人员要检查管片上的止水条是否黏结牢固,止水条粘接不牢固会影响隧洞衬砌的防渗效果和管片的安装效果,对隧洞衬砌结构也不利。要求施工单位在洞内放置备用胶,以便对止水条黏结不牢固的管片当场进行加固黏结。

3.2　管片安装监理控制

管片安装要满足结构稳定及内表面过水糙率、衬砌管壁防渗的要求,这是监理控制的重点。

3.2.1 影响管片拼装质量的因素

影响管片拼装质量的主要因素,包括:管片制作误差尺寸累计;拼装时前后两环管片中有杂物;辅助推进油缸的推力不均匀,使环缝间的止水条压缩量不相同;管片拼装时纠偏操作不符合要求;管片拼装及纠偏时操作不当等。

3.2.2 管片拼装质量监理控制

在管片安装前,应对定位销和导向杆安装是否到位、连接是否牢固等做认真检查,要求施工单位将底拱处浮渣清理干净,以确保管片能达标安装。在管片安装过程中,应采用曲线仪及水平尺检查管片安装的平整度,以便及时调整。管片的安装质量要求一般为:管片径向误差±20 mm(每班测4个点),管片接缝宽度≤5 mm(纵向每5环测2点,环向1点),管片错台≤5 mm(纵向每5环测2点,环向1点)。本环拼装前,应检查前一环管片的拼装情况,以便决定本环拼装时的纠偏量及纠偏措施。如果管片在安装完出护盾时出现错台、接缝超标等情况,要求施工单位采取千斤顶法、侧拉法等措施进行处理。

3.3 管片修补监理控制

在管片安装过程中,很难避免出现管片破损的情况,因此,对安装后破损管片的修补,也是监理控制的重点。若修补不到位,会对将来的通水运行造成很大的影响。

3.3.1 管片产生破损的原因

主要为:围岩条件不好,塌方或者不均匀沉降造成管片裂缝;管片安装时定位不准,导致结合面破裂;管片拼装时相互位置错动,管片之间没有形成正面接触,辅推油缸顶推时,在接触点处应力集中使管片角出现破损;拼装器操作时转速过大,管片发生碰撞,导致边角损坏。

3.3.2 管片破损后的修补

要求施工单位在开工前报送管片的修补方案及配合比,符合规范或设计要求时,方可施工。当管片出现破损时,对破损不影响止水效果的进行修补,破损范围较大影响止水效果的则应立即更换。洞内施工干燥,要求施工单位对修补的管片及时进行洒水养护,防止出现干缩性裂缝。若管片出现裂缝,首先应对裂缝进行判定,若非贯穿性裂缝,则应该按照合同或者方案中的约定进行修补,若为贯穿性裂缝则应立即拆除更换。

3.4 管片勾缝监理控制

在管片安装完后,一般要对两片管片之间的缝隙进行勾缝。管片的勾缝也是监理控制的要点之一。由于管片勾缝工程量小,为控制拌和配合比,要求施工单位制作专用称量仪器进行配合比的控制。勾缝前应检查缝内是否清理干净,并洒水润湿管片缝隙。制作专门的压实工具,确保勾缝的密实度。由于TBM设备内温度较高而且干燥,要求及时对勾缝进行洒水养护,防止干缩性裂缝及剥落。勾缝表面与管片应平整,若出现错台,应按流水方向光滑地过渡,防止在通水运行过程中由于水流冲刷而剥落。若出现裂缝、剥落等现象,要及时凿除,并规范处理。

4 豆砾石回填灌浆监理控制

豆砾石回填灌浆,是在管片安装后,立即用豆砾石对管片背部与围岩间的间隙进行充填,然后再回填水泥浆液对充填的豆砾石固结的施工工艺。这种工艺,可使固结豆砾石、管片和围岩共同承担内外荷载,同时形成一封闭的防渗圈,以提高隧洞的防渗性能。

4.1 豆砾石回填监理控制

水工预制管片在生产中预留工作孔,一般为一环9个,用以豆砾石回填灌浆和管片的抓举。在安装底管片前,要求将底部浮渣清理干净,然后人工铺一层豆砾石再进行底部管片的安装。若安装管片后再从5、6号工作孔吹入豆砾石,则无法保证管片正底部豆砾石回填密实度。管片背部豆砾石回填一般滞后管片安装的2~3环,从底往上每安装一环进行一环的回填。豆砾石回填应先回填5、6号孔,当孔内不再进料时停止充填;然后进行3、8号孔的豆砾石充填,当4、7号孔有豆砾石滑出时停止充填,并将4、7号孔进行封堵;再将喷头插入2、9号孔,当3、8号孔有豆砾石流出时则停止;最后插入1号孔,直至管道内无豆砾石流动时,完成一环的豆砾石充填。现场监理人员应对豆砾石的回填密实度进行严格监理,重点是回填灌浆封闭孔的封孔质量,包括配合比、密实度、平整度、强度及养护等。预留孔则用木桩等进行暂时封闭。

4.2 回填灌浆监理控制

在豆砾石充填完成后,需要进行回填灌浆,将松散的豆砾石固结到一起。回填灌浆分为前部灌浆和后部灌浆两种:前部灌浆主要是对底拱90°范围内进行回填灌浆,将底部进行固结硬化,确保管片不会下沉;后部灌浆是对边顶拱270°范围内进行灌浆,使管片、豆砾石、围岩形成一个整体。

4.2.1 前部灌浆监理控制

衬砌管片及豆砾石充填结束后,在位于管片吊运机位置处进行底部回填灌浆。水泥浆回填时,监理人员要严格控制注浆压力,避免由于压力过大浆液顺缝隙流入盾体内。

4.2.2　后部灌浆监理控制

在 TBM 掘进机后配套尾部,进行隧洞侧顶拱的水泥注浆。灌浆工序一般采用自下而上、左右对称、阶梯跳孔注浆的方式进行。4、7 号工作孔注浆一般每隔 2 环注一个孔,为 1、4、7、10 环次序;3、8 号工作孔每隔 2 环注一个孔,从第二环开始,按 2、5、8、11 环次序;2、9 号工作孔每隔 3 环注一个孔,从第一环开始,按 1、5、9、13 环次序;1 号工作孔从第一环开始每隔 4 环注一个孔,按 1、6、11、16 环次序。现场监理人员一定要注意注浆的串浆情况,当孔位一样的相邻作业孔有浆液冒出时方可停止注浆,并严格控制注浆压力及吃浆量。

4.2.3　封闭环作业监理控制

豆砾石回填灌浆时,水泥浆液为自泳式运动,浆液以渗透形式进入豆砾石。施灌时液面较高,停灌后浆液继续渗透液面下降,部分豆砾石成为无砂混凝土状。浆液凝结后,继续灌浆很难充满豆砾石的空隙,会形成疏松体。为保证水泥浆液灌浆质量,封闭环的施作必不可少。一般为每 20 环左右施作一道封闭环,遇到特殊地质时,应减小为 5 ~ 10 环。监理人员应该严格要求封闭环配合比并按方案施工。

4.3　豆砾石回填灌浆质量检查

一是压水试验。压水试验孔直径 48 mm,在规定压力下,初始 10 min 内注入量不超过 5 L 为合格。检查孔的位置应布置在脱空较大、串浆集中、灌浆情况异常以及地质条件不良的部位。每 100 m 检查一次,且每次不少于 4 个钻孔,顶拱、仰拱、左右边拱各一个。二是钻孔取芯。在回填灌浆结束 28 d 后,由监理工程师指定取芯位置,重点抽查灌浆异常的部位。一般每 200 m 取 5 个芯样进行试验,强度应达到设计要求。

[作者简介] 白凡(1987—):男,助理工程师;通讯地址:太原市桃园四巷 2 号,030002。

本文刊登在《黑龙江水利科技》2017年第6期

地下洞室采空区涌水段开挖施工方法

张　伟

（山西省水利水电工程建设监理有限公司,山西太原030002）

[摘　要]采空区涌水段开挖施工前先进行深孔超前探排水孔钻探,探明掌子面前方及洞顶的水量大小,排水后再进行掘进施工。以"先探后掘"、"管超前、短进尺、弱爆破、少扰动、强支护"为原则,进行隧洞的开挖支护施工。

[关键词]隧洞;采空区;处理措施;开挖支护;短进尺若爆破

[中图分类号] TV554　　　[文献标识码] B　　　文章编号:1007－7596(2017)06－0117－03

1　概述

本工程隧洞总长为 6 008.03 m,桩号 7＋108.17－13＋116.20 段,包括 2 条施工支洞,其中 4# 施工支洞长 195 m,5# 施工支洞长 295 m,隧洞围岩工程地质分类主要为Ⅳ类、Ⅴ类。

隧洞在正常开挖支护掘进过程中,发现掌子面顶拱有滴水、渗水现象,且顶拱有 0.3～0.5 m 厚的煤层,下部为全风化黄色砂岩,节理裂隙不发育,涌水略有臭味。

出现该情况后,通过在周围村庄走访调查得知,有一废弃小煤窑,主巷道深 400 m,支巷道深 100 m,煤窑无法进入,洞内可能有大量积水。洞口位置在一洪沟低洼处,沟内流水可能会进入煤矿采空区内。由于煤矿为私人小煤窑,且废弃时间太久,准确资料无法考证。从地质原因、涌水压力、涌气味、当地走访调查及现场测量废弃煤矿位置、隧洞地貌情况初步判断,洞内涌水有可能为废弃煤矿采空区积水渗漏所致。

2　物探勘测情况及结论

桩号 9＋296.8－9＋345.3 段原设计无相关地勘资料,无法从设计资料中查证该段主洞上方或附近有无采空区或富水区。

为了准确掌握主洞涌水的影响因素,查明主洞附近是否有采空区或富水区,聘请专业物探人员进行详细勘探。采用天然源音频大地电磁法、测氡法、地震映像法等 3 种方法进行了物探勘察。物探成果报告显示,推断采空区范围可能在 1 030～1 045 m 高程范围内,位于 9＋300－9＋400 段左侧。隧洞顶拱开挖设计高程为 1 025.98～1 025.96 m,距离探测显示的采空区高程 4～19 m。

3　涌水段排水措施

4# 洞下游与 5# 洞上游主洞之间仅剩 47.7 m 未开挖,后续施工计划从 5# 洞上游掌子面开挖掘进。为保证安全,涌水段开挖施工前先进行深孔超前探排水孔钻探,根据物探报告推断可能存在的采空区位置,预计在 9＋360、9＋356、9＋352 处分别钻一个 34 m、46 m、59 m 深的超前探排水孔;计划探排水孔终端高程距离设计洞顶开挖线 15 m 左右,超前探排水孔钻孔仰角角度暂按 31°、23°、17°考虑,其方位角暂按正对 5# 洞上游掌子面向右偏 15°、10°、5°考虑,具体钻孔深度及角度根据现场钻探排水情况适当调整,探排水孔布置图见图 1。

超前探排水孔钻孔采用矿用电动防爆型探水钻机钻进,钻机钻孔方式旋转式。超前探排水孔施工前,首先采用直径 125 mm 的钻头沿钻孔方向钻进 3 m 后,撤出钻杆,把提前做好的直径 108 mm 排水套管用棉麻缠裹、用铁丝涂上胶后压入孔中,再安装规格为 0.8×0.8×0.8 m 的 10 mm 厚三角钢板,然后在套管与孔之间灌水泥砂浆固结套管,排水管设有排水控制阀门(具体见图 2)。套管施工完成待强 24 h 后,采用孔径 Φ75 钻头慢速钻超前探排水孔。

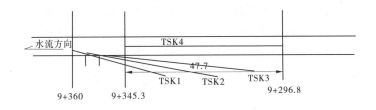

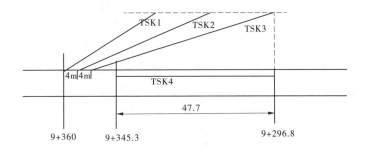

图1　探排水孔布置图

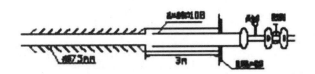

图2　排水控制阀门示意图

若探排水孔钻进过程中或钻孔达到预计高程时出现大量涌水,不能撤出钻杆,立即撤离附近人员,同时加强洞内排水能力,启动洞内应急排水系统,待探排水孔内涌水变小或无涌水后再进行后续施工。

上述超前探排水孔施工完成后,从9+345.3掌子面顶拱下方1.2 m处向上游钻直径75 mm的水平探孔,该水平探孔钻孔深度47.7 m,将5#洞上游与4#洞下游掌子面钻通,钻孔过程中观测涌水情况。

若探排水孔钻进过程中无异常,钻孔终端高程(深度)达到预计高程(深度)仍无渗水,则直接进行后续开挖支护施工。

4　涌水段开挖及支护措施

根据物探报告显示,采空区范围为1 030~1 045 m高程范围内,位于9+300－9+400段左侧。03标主洞9+296.8－9+345.3段,设计顶拱开挖高程为1 025.98~1 025.96 m,距离探测显示的采空区高程4~19 m,采空区对主洞施工影响较大。5#支洞上游主洞9+353.4桩号向上游继续掘进时,以"先探后掘"、"管超前、短进尺、弱爆破、少扰动、强支护"为原则,制定以下开挖支护施工方案,确保安全:

1)超前小导管施工。计划桩号处的超前排水孔施工完成后,根据情况进行开挖支护施工。每一循环先施工一排3 m长Φ42超前小导管,超前小导管岩石钻孔孔径Φ60,超前小导管在顶拱90°范围内间距0.2 m,顶拱其余部位间距0.4 m,每排施工32根。由于该洞段涌水较大,注浆比较困难,且浆液无法在岩隙中停留,故超前小导管不注浆,而在小导管内塞填锚固剂及1根3 m长Φ25钢筋,以提高小导管的刚度,增加超前小导管的支撑力。

2)超前小导管施工完成后,进行钻爆开挖。9+345.3－9+296.8段属于不良地质洞段,为提高洞室的永久稳定性,防止初期支护后洞室发生收缩变形,采取扩挖洞室,加厚二衬混凝土提高洞室强度及稳定性,边墙及顶拱比原设计扩挖0.4 m,扩挖部分后期采用与原设计相同标号的混凝土衬砌。由于该段地质较差,且涌水严重,计划该段钢拱架底部加设I18工字钢横撑,且浇筑C15垫层混凝土,故底板部位向下扩挖20 cm。边墙顶拱开挖轮廓线扩大,所以钢拱架相应偏移扩大0.4 m,且钢拱架立柱向下延长0.2 m,以备与工字钢横撑支撑。开挖每茬炮按0.8~1.0 m控制,钢拱架布置间距按0.4~0.5 m控制,钢拱架底部设置I18工字钢横撑,横撑长度为拱架扩宽后的底部净宽5.68 m,工字钢横撑可以支撑钢拱架立柱即可,而不与钢拱架焊接。钢拱架施工完成后及时跟进当循环的喷混凝土支护、锚杆工作。喷护完成后,在顶拱及侧拱部位钻设 Φ40 排水孔,排水孔数量根据现场情况设置。每个排水孔孔口接橡胶水管引至集水井,集水井内布置水泵,通过已布置好的排水系统排至洞外。

3)若开挖爆破后,由于地质较差引发顶拱塌方较大(>1.5 m)时,在塌方区域设计顶拱轮廓线上部安装"复拱"进行支撑,"复拱"尺寸根据现场确定,然后在顶部设置两层钢筋网,并将设计钢拱架顶拱以上0.8 m 范围内喷混凝土密实,剩余塌方未喷混凝土区域待后期回填灌浆施工时灌浆回填密实。

4)喷混凝土施工时,由于撑子面渗水量较大,将加大速凝剂掺量(根据经验,掺量加大至13%),如果喷混凝土喷不上,将采取顶拱部位铺竹胶板做为模板,将顶拱部位喷填密实,喷混凝土支护完成后,在喷混凝土面上设置变形监测点,定期进行变形监测,及时分析监测数据,实时掌握洞室稳定情况,确保安全。

5)待 4# 洞下游与 5# 洞上游开挖贯通后,先对该段进行衬砌,边墙顶拱混凝土强度达到设计强度的75%后,对该段进行回填灌浆。

6)根据涌水段实际情况,结合施工经验,建议二衬混凝土及回填灌浆施工完成后,在隧洞顶拱中心及隧洞引水高程线以上的侧拱部位,留设永久排水孔,以便及时排出渗水,减小内压。

5 结论

采空区涌水段属于不良地质洞段,是该工程的施工重点和难点,可能发生人员设备损伤的安全事故,和导致初期支护及二衬后洞室变形等质量事故。施工过程中坚持安全第一、质量至上的原则,采取"先探后掘""管超前、短进尺、弱爆破、少扰动、强支护"等工程措施,最终以安全、质量零事故的良好预期,顺利完成该洞段的所有施工任务。

参考文献

[1] 中华人民共和国水利部. SL 378—2007 水工建筑物地下开挖工程施工规范[S].北京:中国水利水电出版社,2007.
[2] 崔广珍. 采空区建筑地基的稳定性分析和施工处理方法[J]. 山西建筑,2007(07):138-140.

[作者简介] 张伟(1984—),男,山西平遥人,工程师,从事水利工程监理工作。

本文刊登在《山西水利》2017 年第 8 期

帷幕灌浆施工质量过程控制

高燕芳

（山西省水利水电工程建设监理有限公司,山西太原 030002）

[摘　要]帷幕灌浆是地面以下作业的隐蔽工程,施工效果难以进行直接和完全的检查,各个工序的过程控制是灌浆质量保证的基础。论述了灌浆材料的质量要求、帷幕灌浆钻孔孔深和孔底偏差的控制、裂隙冲洗要求及钻孔底部沉积厚度的量测办法、灌浆段长度的控制、灌浆压力的选择、封孔技术要求等,可为同类工程施工提供借鉴。

[关键词]帷幕灌浆;钻孔;灌浆压力;灌浆过程

[中图分类号] TV543　　　[文献标识码] C　　　文章编号:1004 – 7042(2017)08 – 0028 – 02

1　灌浆材料质量要求

1.1　水泥

水泥是帷幕灌浆的主要原材料,原材料的质量是工程质量保证的前提。帷幕灌浆施工前,首先要对水泥的标准稠度、用水量、凝结时间、安定性、强度等指标进行检验,检验合格后方能用于工程。除此之外,按照《水工建筑物水泥灌浆施工技术规范》(SL 62—2014)要求,帷幕灌浆所用水泥的细度,要满足通过 80 μm 的方孔筛的筛余量不大于 5%。硅酸盐水泥和普通硅酸盐水泥的细度一般能满足帷幕灌浆,而矿渣硅酸盐水泥等其他种类水泥细度通常难以满足通过 80 μm 的方孔筛的筛余量不大于 5% 的要求。

1.2　灌浆用水

凡符合国家标准的饮用水,均可用于帷幕灌浆施工。但是在施工过程中,很多情况是在河滩挖掘浅井抽水进行帷幕灌浆。对于这种情况,必须检验 3 项指标:一是水对水泥凝结时间影响的限值;二是水对抗压强度的限值;三是水中有害物质的含量限值。

2　钻孔孔深和孔底偏差的控制

钻孔的质量对帷幕灌浆效果影响很大,钻孔的孔深和孔底偏差是保证帷幕灌浆质量的关键。如果钻孔孔深度达不到要求、孔底偏差太大(钻孔方向有偏斜),则各钻孔所灌注的浆液就不能连成一体,将形成漏水通道。

钻孔孔深可以根据钻杆钻进的长度进行控制。

钻孔孔底偏差需要通过以下几个环节进行控制:一是钻机安置场地必须坚固、平整,如果地基是软基,需要

在钻机下部设置枕木;二是钻机安置完成后,要用水平尺检测基座是否水平;三是钻进过程中经常检查钻机及配套设备,保持天车、立轴中心、孔口中心三点必须在一条直线上;四是最好采用金刚石钻头,因为钻粒钻头和硬质合金钻头会与孔壁形成大的间隙,对控制孔斜不利;同时钢粒钻进也容易堵塞岩石裂隙,影响灌浆质量;五是重点控制孔深 20 m 以内的偏差;六是钻孔要分段进行孔斜测量,按照规范要求,孔底偏差不应大于表 1 的规定。

表 1　钻孔孔底允许偏差　　　（单位:m）

孔深	20	30	40	50	60	80	100
允许偏差	0.25	0.5	0.80	1.15	1.50	2.00	2.50

但是,对于深度比较大的钻孔来说,孔深越深,偏距增加越快,孔斜指标的控制是一个重要的环节。所以对于深孔比较大的钻孔来说,要有针对性地进行钻孔偏斜设计,确保偏距满足规范要求,而不能简单地套用表 1 中各段孔深对应的偏距,要对钻孔的各个环节进行认真把握,做好过程控制。

3　裂隙冲洗

裂隙冲洗工序,需要把残存在钻孔底和黏滞在孔壁的岩粉铁屑冲洗出来;更需要将岩层裂隙中的充填物冲洗出孔外,以便浆液能够进入到腾出的空间,使浆液结石与基岩胶结成整体。尤其在断层破碎带和细微裂隙发育等复杂地层中灌浆,冲洗的质量对灌浆效果影响极大。

在施工时,钻孔内会滞留大量岩屑,通过清洗钻孔

来清除岩屑。如果采用纯压冲洗，势必将岩石粉末充填进裂隙之中，这就起不到裂隙冲洗的作用。按照规范要求，采用自上而下分段灌浆法和孔口封闭法进行帷幕灌浆时，各灌浆段在灌浆前应进行裂隙冲洗。裂隙冲洗采用循环压力水冲洗，而不能采用纯压水冲洗。裂隙冲洗压力可为灌浆压力的80%，并不大于1 MPa，冲洗时间至回水清澈时止或不大于20 min；过长时间的冲洗不仅起不到作用，注入大量的水反而有害。

裂隙冲洗质量的控制，可以采用目测或计时的方式，以满足回水清澈的要求；裂隙冲洗质量也应满足相关规范要求，用测绳量测，钻孔底部沉积厚度小于200 mm。

4 灌浆过程控制

4.1 灌浆方法的选择

帷幕灌浆分为自上而下分段灌浆法、自下而上分段灌浆法、综合灌浆法、孔口封闭灌浆法。

自上而下分段灌浆法尽管有每段灌浆后需要待凝、钻孔和灌浆交替进行浪费时间的缺点。但由于灌浆塞安设在已灌段的底部，易于堵塞严密；随着灌浆段深度的增加，能逐段加大灌浆压力，从而保证灌浆质量。

自下而上分段灌浆法尽管具有钻进和灌浆两个工序各自连续施工、工序简单、无需待凝、节省时间、工效较高的优点。但是往往由于竖向裂隙发育或孔径不均，灌浆塞不容易堵塞严密，浆液绕塞上流，造成沉淀埋塞事故；绕塞返浆严重会影响灌浆质量；沉淀埋塞事故则会影响工期，浪费工程投资。另外，对于裂隙发育、岩体破碎的地层，往往会造成塌孔、卡钻事故。

由于钻孔地层上段一般风化比较严重，容易造成塌孔、卡钻事故，上段采用自上而下分段灌浆法，下段采用自下而上分段灌浆法，所以综合灌浆法是自上而下分段灌浆与自下而上分段灌浆法相结合的灌浆方法。由于施工人员素质一般较差，地质情况不好掌握，同时包含了自下而上分段灌浆法缺点。

孔口封闭灌浆法是把封闭器安装在孔口，自上而下分段钻进，逐段灌浆并不待凝的一种分段灌浆方法。该法工艺简单、不需待凝、节省时间、发生孔内事故的可能性较小，此方法更容易保证灌浆质量，但孔内多次复灌浪费水泥，会增加施工成本。

综合比较，自上而下灌浆法和孔口封闭灌浆法是比较好的灌浆方法。

4.2 灌浆段长度控制

关于灌浆段长度，钻孔中各处的岩石裂隙状态多是不一致的，如裂隙的宽窄、分布的疏密以及其中填充物等情况都是多变化的。如果有一条宽大裂隙，吸浆

量会很大，便会较快地变换浆液浓度，缓慢提升灌浆压力。由于压力偏低、浆液较浓，灌浆段内的小裂隙将会过早地被堵塞，小裂隙得不到有效的灌注，必然影响整个孔段的灌浆质量。所以，分段灌浆是非常必要的。另外，在裂隙发育、渗透性大的岩层中，如果采用的灌浆段太长，常会发生浆液供应不及时、灌浆压力升不起来的现象，也易于影响灌浆质量。

按照要求，帷幕灌浆段长宜为5～6 m；如果通过先导孔压水试验，岩体相对完整，裂隙不发育、透水性不大时，段长可适当增加，但段长不得大于10 m。

按照《水利水电工程单元工程施工质量验收评定标准——地基处理与基础工程》（SL 633—2012）要求，灌浆段长度的检验可以用测绳量测，也可以用钢尺量测钻杆和钻具的进尺。

4.3 灌浆压力

灌浆压力是保证和控制灌浆质量的重要因素。灌浆压力是孔内灌浆段中点处所承受的压强，施工中以孔口安装的压力表测得的压力表示，两者一般存在一定的差异，且压力表离孔口越远，压力损失越大，压力表的测值差异越大。按照要求，压力表与灌浆孔孔口间的管路长度不宜大于5 m；坝基抬动的观测，可采用千分表进行量测。

5 质量检查及封孔

按照要求，帷幕灌浆工程质量的评价，不仅要以检查孔压水试验成果为主要依据、结合施工成果资料进行综合分析确定，也必须采取岩芯、绘制钻孔柱状图、拍照岩芯。

通过压水试验，检查帷幕灌浆质量能否满足设计透水率的要求。通过采取岩芯，检查水泥浆液结石芯样是否连续、密实及水泥填充情况；一个灌浆工程会取出大量岩芯，把所有的岩芯进行保存，势必增加管理工作量，只有少量重要的岩芯需要留存，大量的岩芯要有钻孔柱状图和岩芯照片。

灌浆结束后，灌浆孔必须进行封孔工序。封孔不密实，等于增加了新的渗漏通道，给工程留下了隐患。正常情况下，检查孔检查工作结束后，采用水灰比为0.5的浓浆全孔灌浆；待孔内水泥浆液凝固后，及时清除孔口段浮浆和积水。如果孔口上部空余段大于3 m，则需采用导管注浆法继续封孔；如果小于3 m，则应使用干硬性水泥砂浆人工回填并捣实。

[作者简介] 高燕芳（1980—），女，2007年毕业于太原理工大学水力学及河流动力学专业，工程师。

本文刊登在《现代商贸工业》2016年第24期

小水库除险加固工程及其质量控制探讨

田亚楠[1,2]

（1. 太原理工大学，山西太原 030024；
2. 山西省水利水电工程建设监理有限公司，山西太原 030002）

[摘　要]在水利建设工程中，小型水库对于农业经济发展以及农业生产有着非常重要和关键的作用，尽管中小水库除险加固已被列入民生项目，水库的状况得到了较大改观，但在水库除险加固工程实施过程中仍然存在诸多质量问题和难点。首先对小型水库设计与实施中存在的问题做了介绍，随后结合自身工作实践对如何做好小型水库的除险加固和质量控制作了简要探讨。

[关键词]小水库；除险加固；质量控制

[中图分类号] TB　　　[文献标识码] A　　　doi:10.19311/j.cmki.1672-3198.2016.24.096

1 引言

在水利建设工程中，小型水库对于农业经济发展以及农业生产有着非常重要和关键的作用，更是为我国农村各地区的经济发展与农业生产做出了突出的贡献。据统计，我国现有水库数量约85 000座，其中大多数是中小型水库，而这些中小水库中有一半左右存在着不同程度的失修、老化、病险和隐患。没有经过除险加固的中小水库多数都在带病运行，有的水库已然成为空库、死库，旱季蓄水难，汛期险情多，对当地人民群众的生命财产安全构成了严重威胁。尽管中小水库除险加固已被列入民生项目，水库的状况得到了较大改观，但在水库除险加固工程实施过程中仍然存在诸多质量问题和难点。

2 小水库设计与实施阶段存在的问题

2.1 病险水库设计实施常见问题

病险水库经鉴定和评估后方可进入设计和实施阶段，在设计时，考虑到资金有限及病险水库的共性，其除险加固主要保证大坝加固、放水涵、溢洪道的安全，现代商贸工业对于小型水库而言，设计时间紧迫、任务繁重，设计单位为节约成本和资源，对防洪标准、大坝的内外坡比、迎水坡的防护、放水涵的结构形式及尺寸等设计多数采用标准化设计，其弊端非常明显。由于水库地质、成因、建设及地理位置不同，其险情虽有一定共性但也存在着明显差异，前期的勘测也由于植被

覆盖及库内有无蓄水等原因造成不可预见的因素增多，如库内坝脚淤积问题、大坝局部填土不均问题以及局部有无渗漏通道问题，这些差异在标准化设计中有可能会产生疏漏，从而造成水库实施中的变更，严重的还会带来安全隐患。

2.2 小水库除险加固的原则

根据小型水库除险加固工作的相关要求，在进行小型水库的除险加固设计与实施过程中，应注意遵循以下设计依据和原则，以保证小型水库除险加固设计符合要求，保证小型水库除险加固设计质量水平。

（1）进行小型水库的除险加固设计，应注意按照国家以及水利工程建设管理部门的相关要求与规范，在对于水库安全进行鉴定并进行除险加固审批的情况下，结合除险加固水库的原有设计文件、资料等，进行病险水库的除险加固设计实施。

（2）在进行小型病险水库的除险加固设计过程中，应注意按照不增加水库坝顶高程以及适当进行水库的水利枢纽泄洪能力提升等设计原则，对于病险水库的原有防洪能力与设计标准进行提升，使之符合相关的设计要求标准。

（3）在进行小型病险水库的除险加固设计中，应注意按照安全经济、施工简单和方便对于出现加固质量进行控制的原则。

2.3 小型病险水库的除险加固设计思路

（1）挡水建筑物的除险加固设计。对于中小型土石坝水库而言，多数存在水库大坝与溢洪道中，不同程

度的断裂、破损问题,在除险加固中,一是要对水库大坝进行坝体的加高加厚设计,同时进行大坝的防渗加固设计、大坝坝顶加固设计与大坝下游反滤体加固和大坝上下游护坡加固设计等。

(2)水库输水建筑物的除险加固设计。针对输水涵道病险问题要注意:水库输水建筑物的除险加固设计主要包括水库坝下涵管的加固设计以及对于水库输水隧洞的除险加固设计等;考虑到水库输水运行功能的完善性,在水库除险加固设计中还要做好水库输水建筑物后的引水灌溉工程设计实施。

(3)水库泄水建筑物的除险加固设计。实践中,中小型土石坝水库工程溢洪道以及输水涵道中,病险与危害问题也较严重,必须做好水库泄水建筑物的除险加固设计实施,主要包括对于水库溢洪道溢洪能力的拓宽提升设计以及对于溢洪道的溢洪安全加固设计等。

3 小水库除险加固的质量控制

(1)监理方要尽早介入工程质量的控制之中,并在工程的施工全过程中发挥其监理质量的作用。在施工开始之前,就让监理方开始监理工程的质量,对于后期的质量控制有着极大的好处。在小型水库的除险加固工程的招标、建设时要仔细地核查施工单位的建设工程质量,因为这个环节的工程质量一旦出现问题,工程的建设就会完全地失去控制,工程后期的质量管理方面也会出现诸多连环问题。因此,一旦设计好工程图纸,监理方就要认真参与到整个工程每个阶段的质量控制中来。

(2)施工过程中的质量控制是保障工程质量的前提。施工单位要把工程的质量控制与质量保障有机结合起来,从而更好地保证小型水库的除险加固工程施工质量。质量控制体系对于小型水库的除险加固工程施工是非常重要的。监理方在工程施工中起着监督的作用,对于工程各个阶段的质量核查,则需要具有专业素质的技术人员进行,否则工程施工的质量控制体系就会陷入混乱之中。

(3)监理方在小型水库的除险加固工程施工过程中要针对每一个施工阶段做好质量控制。施工的质量控制不能够仅仅在工程全部完成之后进行,监理方要对施工过程中的每一个环节、每一个阶段进行相应的质量控制。

(4)小型水库的除险加固工程应该禁止工程的转让承包。在小型水库的除险加固工程的施工单位招标过程中,要严格审核施工方的水库建设资质。要对其技术水平进行严格的核查,如果发现施工方由于不具有建设水库的能力而出现转包的现象应该及时中断合同。

(5)重视监理方的责任分配。小型水库的除险加固工程施工的过程中,监理方的责任重大。监理方的人员不仅仅要求具有专业的知识还要具有一定的质量控制经验,同时还要具有较好的个人素质与个人修养。但是鉴于国内行业特点,监理人员大部分都是签订契约的,对于工程质量的好坏具有较大的责任,但是对于质量的控制往往无法全面跟踪。

(6)做好监理方、施工方及业主的协调管理。在除险加固工程的施工过程中这三方如果能够明确自身的质量控制点,就能够给施工的质量控制划分界限,明确责任,然而这三方不是上级与下级的关系,也不是对立的关系,应充分协商合作,在合作中解决好质量控制问题。

4 结语

水库除险加固工程不同于一般的新建工程,随着国家对于农村水利建设与发展的重视,病险水库除险加固已经成为当前水利事业发展建设中的重要工作和问题。推进小型水库除险加固工作的开展,也是顺应对于国家当前水利建设工作要求的实施体现,具有积极的现实意义和作用。在病险小水库的设计、实施以及工程监理过程中,必须要兼顾可行性、可靠性、经济性、安全性等因素,充分考虑水库蓄水、施工征地、方案施工安全性、水库放空等问题切实将水库除险加固工程做好,与民谋福。

参考文献

[1] 刘艳芳,徐冬梅,刘玉新.小型水库除险加固问题探讨[J]水利科技与经济,2008,(04).

[2] 李智高,陈耿.河大水库除险加固设计[J].广西水利水电,2016,(03).

[3] 张艳玲.南柳水库除险加固工程设计综述[J].山西水利,2013,(04).

[作者简介] 田亚楠(1985—),男,就读于太原理工大学水利科学与工程学院,就职于山西省水利水电工程建设监理有限公司市场开发部,工程师。

本文刊登在《黑龙江水利科技》2016年第4期

渠道防渗工程中泥结河卵石路面施工技术综述

胡秀平

（山西省水利水电工程建设监理有限公司,山西太原030002）

[摘　要]桑干河灌区是山西省大型自流灌区之一,目前该灌区主要存在工程老化失修,输水能力低下,渠道渗漏损失严重,田面工程不配套,灌排设施不配套等问题,水资源浪费十分严重,灌区节水改造工程势在必行。文章对节水改造防渗工程中的泥结河卵石路面施工技术作了简要探讨,内容包括测量放线、基层面层施工、泥结石路面磨耗层和保护层施工以及特殊季节的施工措施等。

[关键词]渠道防渗;泥结河卵石路面;施工程序;测量放线;材料选择

[中图分类号] TV93　　[文献标识码] B　　文章编号:1007-7596(2016)04-0207-03

0　工程概况

桑干河灌区位于山西省大同盆地的西南部,地处朔州市山阴和应县境内,控制总土地面积4.11万 hm²,设计灌溉面积2.4万hm²,是全省大型自流灌区之一。目前该灌区主要存在工程老化失修,输水能力低下,渠道渗漏损失严重,田面工程不配套,灌排设施不配套等问题,水资源浪费十分严重,灌溉水利系数平均为0.4。为贯彻国家永定河上游进行大规模重点集中、连片规模治理的精神,改善生态环境,促进当地农村经济的发展,有效节约水资源,兴建该灌区节水改造工程十分必要。本次改造工程分为渠道建筑物更新配套工程以及渠道防渗工程。渠道防渗工程为:三干0+000-10+534段渠道防渗工程,长10.534 km。其施工线路较长,施工点比较分散。具体工程措施包括:渠道土方开挖、土工布铺设、挡土墙施工、河卵石防冲层施工、渠道一侧泥结河卵石路面施工等。本工程渠道一侧修筑泥结河卵石路面,路面厚度为20 cm,共42 136 m²。泥结石路面施工主要包括测量放线、基层、面层施工、磨耗层、保护层施工等。

1　测量放线

检查路基平面尺寸、标高、横向坡度是否符合设计图纸和规范要求。引测路面中心线,水准点。用经纬仪以路面中线为准,按设计图纸,在基底上逐条放出每道纵缝位置线,并弹出墨线,然后再测放出横向缝线。

2　泥结碎石路面基层、面层施工

泥结河卵石厚度20 cm,采用拌和法。

2.1　材料

1)碎石:采用新鲜无风化、级配良好的碎石,石料等级不低于4级,扁平细长颗粒不超过20%,近似正方形有棱为好,不能含有其他杂物。

2)黏土:黏土塑性指数以12~15为宜,黏土内不得有腐殖质和其他杂物,黏土用量一般不超过碎石干重的15%。

3)材料规格用量每1 000 m²参考表见表1、表2。

2.2　测量

先对路基进行全断面复测,将实测断面图与设计标准图进行比较后报监理工程师,根据监理工程师的批复实施测量放线。并将实测后计算出的清除或填筑的工程量报监理工程师审核。

2.3　试验

在路基土方平整开工前,在取土区选取有代表性的土样,按照部颁标准试验方法进行天然密实度、含水量、液限、塑性指数等指标试验,并实测其最大干密度,最佳含水量,将上述结果报监理工程师审批,以确保选用的填筑土料符合规范及招标文件要求。

路基平整按每100~200 m长取样2~3个,按规定项目检验。压实泥结碎石路面按《公路路基路面现场测试规程》(TJ 059—95)要求的方法造孔取样,测定其压实度并将试验结果报监理工程师。

表1　泥结碎石基层材料规格用量参考表

路面厚度（cm）	材料用量（m³/1 000 m²）			
	50~75 mm 碎石	15~25 mm 碎石	黏土	水
12	120	12	19.3	31

表2　泥结碎石面层材料规格用量参考表

路面厚度（cm）	材料用量（m³/1 000 m²）			
	50~75 mm 碎石	15~25 mm 碎石	黏土	水
10	120	12	19.3	31

2.4　路基平整

放样测量必须以监理单位提供的平面控制点和高程控制点进行。定线放样必须采用符合精度要求的仪器。路基平整，必须严格按照设计断面及高程要求。基础开挖平整时，采用推土机配合人工进行。

3　施工程序及方法

施工程序为：摊铺碎石→铺土→拌和→整型→碾压。具体施工方法如下：

3.1　摊铺河卵石

在路基做好后，按虚铺厚度（约为压实厚度的1.2倍）摊铺河卵石，并在河卵石层上洒水，使河卵石全部湿润。摊铺使用平地机，需根据虚铺厚度每30~50 m左右做成一个标准断面，宽1~2 m，撒上石灰粉，汽车即可按每车铺料的面积进行卸料。然后用平地机将料先铺开（一般堆料高度≤50 cm），最后用平地机刮平，按河卵石虚厚和路拱横坡确定刀片角度。不平处可用人工整修找平。

3.2　铺土

将规定用量的土，均匀地摊铺在河卵石顶部。

3.3　拌和

用拖拉机牵引多铧犁拌和。随拌和随洒水。一般翻拌3~4遍，以黏土成浆与卵石黏结在一起为度。

3.4　整型

用平地机将路面平整，符合路拱。

3.5　碾压

采用滚浆法，即在整型后用8 t压路机洒水碾压，使泥浆上冒，表层石缝中有一层泥浆即可停止碾压。过几小时（干热季节）或1~2 d后，再用8 t压路机进行收浆碾压，碾压一遍后，即加撒嵌缝料最后再压两遍，至表面密实稳定无明显轮迹为止。

4　泥结石路面磨耗层和保护层施工

4.1　磨耗层

4.1.1　材料

1）粒料：对软质粒料的最大粒径，一般为压实厚的0.8~0.9倍；对硬质粒料，则为压实厚度的0.55~0.75倍。

2）黏土：应采用塑性指数较高、土颗粒≤10 mm的黏土为宜。磨耗层最佳级配组成见表3。

表3　磨耗层最佳级配组成参考表

通过筛孔重量的百分数（mm）					<0.5 mm 粒径的塑性指数	厚度（cm）
20	10	5	2	0.5		
100	75~90	50~75	38~56	25~40	10~14	2

4.1.2　施工程序及方法

1）施工程序：拌和→摊铺→碾压→整肩→初期。

2）施工方法

①拌和：本工程采用多铧犁拌和，在路肩备好材料，倒运至路面中间连成条形。堆放高度以不超过20 cm为宜。上料顺序为：先铺粗料，再铺黏土、最后铺砂，各种材料铺好后用手扶拖拉机带旋耕犁干拌两遍，洒水后湿拌2~3遍，使混合料达到均匀为止。用水量应较最佳含水量高1%~2%。

②摊铺：采用多铧犁拌和，铁刮板将混合料直接推平。施工过程中，注意混合料的均匀性、路面拱度和平整度。虚铺厚度为压实厚的1.3~1.4倍。

③碾压：混合料铺筑完成后，在最佳含水量的情况下及时碾压，采用8 t压路机碾压2~3遍。

④整肩：在摊铺磨耗层的同时，做好路肩培垫和整理，使路肩与磨耗层同时碾压平整。

⑤初期养护：开放交通后的两周内，控制行车碾压，促使磨耗层得到全面碾压密实。第一周内每天早

晚各洒水一次,第二周每 2 ~ 3 天洒水一次,使磨耗层保持湿润。

4.2　保护层

保护层是在磨耗层上,用矿料铺装的薄层,用以减轻行车和自然因素对磨耗层的直接影响,延长磨耗层的使用期限。本次采用稳定保护层。

稳定保护层是以矿料加黏土,按照层铺法施工,在磨耗层上铺筑成的稳定薄层,保护层为 1 cm。

4.2.1　材料

稳定保护层的粒料有一定的级配,黏土通过 10 mm 筛孔、粒料和黏土的体积比,在本地区采用黏性较强、塑性指数较高的黏土,作为稳定保护层的材料,粒料的级配组成,见表 4。

表 4　砂砾级配组成表

通过下列尺寸(mm)筛孔的重量(%)				0.5 mm 颗粒的塑性指数
10	5	2	0.5	
100	90 ~ 100	60 ~ 80	35 ~ 55	8 ~ 12

4.2.2　施工方法

本次采用拌和法施工,先在原路面上洒水湿润,将粒料与黏土拌和均匀,在略大于最佳含水量时,均匀铺洒在路面上,用刮板刮平,8 t 压路机碾压 2 ~ 3 遍,开放交通,经常洒水,保持路面湿润。

5　特殊季节施工措施

本工程施工工期历时较长,根据当地气候条件,为保证工程施工进度,应采取有效的雨季及冬季施工措施,以确保工程施工质量。针对本工程的施工特点,特殊季节施工措施主要考虑土石方开挖、回填及砌石工程施工措施。对于冬季施工措施而言,土方填筑冬季施工措施要注意负温下土方填筑准备工作以及负温下土料露天填筑,特别注重浆砌石冬季施工措施。对于夏季雨季的施工,填筑措施以及浆砌石施工措施都要引起重视,可参照混凝土高温季节施工有关要求,严格按照《水工混凝土施工规范》相关规定执行。

参考文献

[1] 黄艳梅.碎石路面与基层施工工艺分析[J].民营科技,2012,02:206.

[2] 郭海,郭明亮.生态模袋在护坡中的应用[J].东北水利水电,2012,10:21-22.

[3] 杨源生.油砂保护层在我区的应用[J].湖南交通科技,1997,01,:31-32 +40.

[作者简介] 胡秀平(1986—),女,山西应县人,助理工程师。

本文刊登在《山西水土保持科技》2015年6月第2期

膜下滴灌的施工质量控制

尹 晓

（1. 太原理工大学，山西太原　030024；
2. 山西省水利水电工程建设监理有限公司，山西太原　030002）

[摘　要]膜下滴灌是将滴灌技术与覆膜技术相结合的一种节水灌溉技术模式，目前已在晋北地区试验推广。因其主体工程隐蔽于地下，不易检修，在施工过程中应严格把控，以确保工程质量。以怀仁县2014年膜下滴灌示范工程为例，论述了施工前、施工中及施工后的质量控制措施与效果。

[关键词]膜下滴灌；质量控制；施工过程；怀仁县

[中图分类号] S275.6　　　[文献标识码] B　　文章编号：1008 - 0120（2015）02 - 0045 - 02

我省水资源严重短缺，而农业又是用水大户，为了发展高产、优质、高效、低耗农业，保证农产品安全有效供给，提高居民生活，保持社会稳定，全面建成小康社会，推行节水灌溉势在必行。因此，"十二五"期间，我省把膜下滴灌技术作为节水灌溉的重头戏来抓。

1　膜下滴灌的概念与特点

膜下滴灌，是把工程节水—滴灌与农艺节水—覆膜栽培两项技术集成起来的一项崭新的农业节水技术，具体是把滴灌带（毛管）铺于地膜之下，同时嫁接管道输水等其他先进技术，构成农田膜下滴灌的系统工程。滴灌可使灌溉水成滴状，均匀地浸润作物根系区的土壤，不破坏土壤团粒结构；地膜覆盖可减少作物株行间地表的水分蒸发，具有增温、保墒、提墒、灭草等作用；同时，也为精准施肥、施药、化除、化控等农业技术搭建了一个应用平台[1]。

膜下滴灌技术，施工工艺相对简单，节水成效显著，但其主要工程均隐蔽于地下，施工质量不易控制。一旦工程质量达不到要求，将会对建成后的滴灌系统运行、维护及检修等工作带来很大不便。因此，膜下滴灌的施工质量控制显得尤为重要。下面，结合怀仁县2014年膜下滴灌示范工程输配水管网建设的施工过程，谈谈膜下滴灌工程的施工质量控制。

2　怀仁县膜下滴灌工程组成

怀仁县膜下滴灌工程，实施地点为翰林院、韭畦等村，工程总投资1 559.43万元，主要由首部工程、输配水管网工程以及排水工程组成。

2.1　首部工程

主要包括离心 + 网式过滤器、施肥罐、压力表、排气阀、逆止阀、减压阀等。

2.2　输配水管网工程

地下输水系统的干管、分干管采用 UPVCϕ160 + 125 + 110 + 63 mm 型管道，压力等级为0.6 MPa，埋深在1.8 m的冻土层以下。地面采用 PEϕ63 型硬支管 + 滴灌管。地下干支管铺设长度5.38万 m，地面支管铺设长度3.95万 m，毛管铺设总长度为109.47万 m。

2.3　排水工程

共修建阀门井24个，排水井51个，C15混凝土镇墩221个。

3　施工前的质量控制

3.1　严格开工准备

严格开工报告的审批手续，检查其人员、设备、进场材料等是否满足施工需求。开工前应做好如下工作：一是核对施工单位项目经理及进场主要技术人员是否与投标文件相一致，并查验其资质证书；二是检查进场的施工机械设备能否满足施工需求；三是检查进场材料的合格证及出厂检验报告是否齐全、规格和尺寸是否与设计一致，堆存是否合理。对易于氧化的管材、构配件等，要求放置于仓库内或进行遮盖。

3.2　复核施工图纸

施工前核对设计是否与地形、水源、作物种植及首部枢纽位置等相符，发现问题要与设计部门协商，提出合理的修改方案。

3.3　监理技术交底

监理工程师参加施工技术交底,并进行监理工作交底,以便了解施工单位对设计要求、施工工艺、施工参数等方面的理解和掌握程度,沟通与施工队之间的关系,便于监理工作的开展。施工前,监理工程师要督促施工单位建立三级质量保证体系,以有助于施工单位对工程质量的自检和自控。

4　施工中的质量控制

4.1　施工放样校核

施工放样包括首部枢纽和干、支管的管线测量。滴灌工程管网布设复杂,对施工单位工程技术人员的技术水平有很高的要求。因此,在测量放样过程中,监理人员要坚持全程跟踪监理,随时对放样成果进行校核,并做好详尽的记录。

4.2　做好巡视检查

滴灌工程管线动辄数以百公里计,监理要想面面俱到是不可能的。因此,在重视进场材料、施工设备检验的同时,必须加强巡视检查。检查内容包括:随时抽查管槽开挖深度、宽度及坡比,以及管道的安装质量,发现问题立即要求返工整改,以弥补施工缺陷。

4.3　重点环节管控

监理人员在施工过程中,要重点控制关键工序的施工质量:一是管道安装前必须进行复查,对有破裂迹象、口径不正、管壁薄厚不均、管端老化等管道坚决不能使用,同时要求管内保持清洁,不得混入杂物;二是铺设时由枢纽起沿主管、干管、支管、毛管向下逐级连接,以便全面控制,分区试水;三是厚壁支管与辅管铺设时不宜过紧,应在铺设 1~2 d 后使其呈自由弯曲状态,并在早上 8 时前后测量打孔尺寸及位置,用按扣三通时,在辅管上打孔应垂直于地面;四是在管材每 2 个连接处的中间部位进行覆土 30~50 cm 压实,以降低因热胀冷缩造成管子的轴向移动,避免试压时因水的冲击力造成管子移位;五是回填要求分层轻夯或踩实,每层厚度 20 cm,必须在管道两侧同时进行,严禁单侧回填。

5　施工后的质量控制

5.1　管道冲洗试压

5.1.1　管道冲洗准备

检查干管是否按照要求进行压土,检查首部装置的仪器、仪表安装是否正确,对管道接点、接口、支墩等其他附属物的外观以及土方回填情况进行详细检查,要求在三通、弯头、管道末端打水泥墩。根据规定,确定进入过滤器的水质合格后才能打开阀门,所以要检查管道能否正常排气、排水(水必须满管流出)。若一切正常,才可以冲洗、试压。

5.1.2　管道冲洗

将干管排水阀和各出地管的球阀打开,然后缓慢打开系统的控制阀,使水流缓缓进入管道中,待干管末端流水清洁时才可关闭干管末端的球阀,然后打开支管尾部的堵头待流出清水。

5.1.3　管道试压

管道冲洗完毕后关闭所有阀门进行加压,要注意前压力表上的压力,待压力达到设定要求值后停泵保压,同时关闭逆止阀处的阀门。

5.1.4　试压观察

在管道试压过程中,观察配电箱电流与电压情况、水泵转动的声音、电缆线发热情况以及过滤器前后压力表变化情况,并安排巡视人员观察地下管网、阀门及地面管件、连接件等是否漏水、渗水,若发现异常要迅速处理。本滴灌项目,设计压力 0.6 MPa,试验压力 0.75 MPa,整个试验过程中观察管道及附属件无渗、漏、破等现象,管道安装质量合格。

5.2　计量测量

施工完成后,由建设、监理、施工三方对已完工管线进行复测,并与放样成果进行比照,以确保工程计量准确。在本次施工中,采用 GPS 测量仪对管线进行了复测,结果与放样成果基本一致。

6　质量控制效果

本项目从 2014 年 3 月 10 日开工,到 5 月 15 日结束,集中连片实施了 521.67 hm²(其中玉米 507.67 hm²,马铃薯 13.33 hm²,蔬菜 0.67 hm²)膜下滴灌示范工程,圆满完成了全部建设任务。经对项目进行后续跟踪,膜下滴灌每亩次用水 20 m³,同比节约用水 40 m³,减少水费 40 元,取得了良好的经济效益。项目的实施,为建设全省现代农业示范区树立了示范标杆,不仅对解决农业用水瓶颈问题提供了新的选择,同时大大促进了粮食的规模化、集约化生产,有力地推动了农业的可持续发展。

参考文献

[1] 严以绥.膜下滴灌系统规划设计与应用[M].北京:中国农业出版社,2002.

[作者简介] 尹晓(1987—):女,助理工程师;通讯地址:太原市新建路桃园四巷,030002。

本文刊登在《吉林水利》2015年第9期

有关 PE 管道焊接质量控制

田亚楠

（山西省水利水电工程建设监理有限公司，山西太原 030002）

[摘　要] 聚乙烯管道焊接快速，操作简单，容易掌握，但实用的检测方法和合格判定也是目前管道施工的瓶颈。本文围绕热熔对接焊的过程控制、检测要点、质量检查等，提高管道焊接质量控制，并提出焊接质量检查的要点。

[关键词] 热熔焊接；聚乙烯管材；质量；检测

[中图分类号] TG 441.3　　　[文献标识码] B　　　文章编号：1009 - 2846 (2015) 09 - 0060 - 03

1 引言

PE 管道，也叫聚乙烯管道，因具有耐腐蚀、抗震性能好、韧性大、弹性大、安装方便、运输成本经济等优点而得以广泛应用[1]。我国有关 PE 管道方面的研究和应用起步比较晚，于 1990 年左右才开始推广和应用，随着近些年聚乙烯材料技术、工艺水平等各个方面都取得一定的发展和进步，国家开始加大了对管材生产工艺标准的重视，逐渐建立和完善生产标准和规范，因此 PE 管道得以在诸多行业领域都取得广泛的应用，当前年生产和应用的 PE 管材大约有 30 万 t，而且这个数据正呈现爆发式的增长[2]。PE 管道能否安全稳定地运行已经成为近些年关注的重点，一方面是材料原因，另一方面就是 PE 管道焊接质量问题，因此本文结合工程实例对 PE 管道焊接质量控制措施进行探讨。

2 工程概况

太原市西山城郊森林公园供水工程是太原市 2011 年度重点工程，该工程的建设解决了西山地区长期缺水的现状，对该区域生态环境做出了极大贡献，为绿化西山、美化西山奠定了坚实的基础。本工程建设内容具体包括 4 座加压泵站、长度约 63 km 的供水管道及 5 km 配电线路等。工程分为南、北两条供水线路建设，其中北线约 28 km 管线工程由于工期比较紧迫，而且任务繁重，地形条件相对来说比较复杂，施工场地受到种种限制，因此二级站至各取水点的工程管道材料的选择方面，最终决定采用 PE 管道。PE 管道连接的主要方法有电熔连接以及热熔连接[4]。本工程 PE 管道之间采用热熔对接方式，PE 管道与其他管道采用法兰连接。

3 热熔焊接的质量控制方法

所谓热熔焊接，就是指利用热熔焊机等机械设备对两个焊接件的表面进行加热，直至达到一定的熔融温度，使二者混合为一体[5]。热熔焊接根据其焊接方式又分为热熔对接焊、热熔承插焊以及热熔鞍形焊等，其中热熔对接焊是比较常见的连接方式，也是 PE 管道应用最为广泛的连接方式[6]。焊接设备比较简单、连接费用比较经济、焊接接头牢固可靠、可以获得超过母材强度的焊接接头、焊接的密封性好等特点，因此本工程选择热熔对接焊方式。

3.1 热熔对接焊步骤

热熔对接焊必须要用到热熔对焊机，以此对 PE 管道端面进行加热，使表面迅速熔化和贴合，施加一定压力的情况下，并经过冷却而使得二者熔接。尺寸不同的聚乙烯管道都能够通过该方法焊接，最好是公称直径不小于 90 mm 的聚乙烯管道[1]。热熔对接焊具有一定的经济性，甚至是接头受拉或者是受压的情况下都可以产生比管道本身还要高的强度。热熔对接焊操作步骤如图 1 所示。

具体而言就是：

1）装夹管材元件，可以通过支架把管道垫平，对其同心度进行调整和控制，通过夹具对管道的不圆度

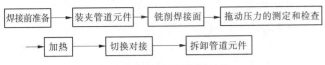

图1　热熔对接焊焊接步骤

进行核对和校正,提前预留一定的焊接距离。

2)铣削焊接面,铣削出一定的厚度,确保焊接端面光洁和平行,保证对接端面间隙不大于0.3 mm,错边量不大于焊接处壁厚的10%。如果重新装夹则要进行重新铣削。

3)对拖动压力进行测量和检查,只要进行焊接,就要进行测量和记录工作。

4)加热是一个比较重要的环节,首先要放置好加热板,对焊接压力(P_1)进行调整 = 拖动压力($P_拖$)+ 焊接规定压力(P_2)。如果加热板周边焊接处圆周卷边凸起高度超过某值时,则降低压力到$P_拖$。

5)切换对接,在一定时间内抽出加热板,迅速贴合焊接面,把压力稳步提升到P_1,避免发生高压碰撞的情况。

6)拆卸管道元件,冷却一段时间,待压力降至零,可以拆卸管道元件。

3.2　热熔对接焊过程控制

热熔焊接过程控制是针对热熔焊接步骤进行的,而不是根据最终焊口对接质量进行合格判定的。其中,有几个影响因素非常重要,包括温度、时间以及压力。由于聚乙烯管道热熔焊接容易受到外界因素的影响,且热熔焊接参数没有统一的定值。国外对于热熔焊接的利用配备了一套比较完整的操作规程和参数设定计算方法,我国对聚乙烯管道热熔焊接的参数设定是由生产厂商提供,因此各生产厂所提供的相关参数也就存在较大的差异。除此之外,在现实施工中,哪怕是对温度、时间和压力等任何一个因素的忽视,都会产生严重的质量问题。以下热熔对接焊过程必须严格控制。

(1)热熔焊机的选择。选择能够根据预先设定的数据参数曲线进行标准而又规范的焊接的热熔焊机,并能保证PE管道焊接的接口横截面平滑干净,预热温度符合相关要求,管口横截面对接压力均衡。

(2)焊接现场控制。焊接施工现场要根据实际情况而定,如果遇到风雨天气,则应及时搭建一个移动工作帐篷,防止焊口受灰尘、雨水影响,保证预热温度。如果在野外进行焊接,则焊机的下面需要铺上模板,保证焊机水平放置,还要放置焊机下面的凸起物对焊接过程产生影响;对PE管道进行焊接过程中,焊机周边管道要架设在滚动导向支架上,防止管道和地面杂物之间产生一定的摩擦,保证管道表面不会产生损伤。

(3)配备UPS稳压电源。由于PE管道焊接工作大多是在野外进行,发电机的功率及输出电压有可能不稳定,造成焊接质量不符合要求的情况,因此需配备UPS稳压电源。

(4)保证管口刨刀清洁无杂物,焊机加热板工作表面干净整齐;加热板在不工作期间要放置在干净的保温筒内;焊接人员要掌握PE管手动对中推进和液压推动方法,要熟悉同心卡具的使用,平滑推力,这样对避免焊缝错边有一定帮助。

3.3　焊接过程检测要点控制

1)对现场焊接施工操作人员的证件情况进行检查,是不是已经取得相关从业证书,并且在许可的作业范围内进行焊接。

2)对焊接施工环境进行检查,确保其符合作业要求,还有就是采取一定的防范对策,避免不良气候对焊接质量产生影响。

3)对焊接的表面清理工作进行检查,是不是干净整齐无杂物,铣削端面和氧化层刮削是不是符合要求。

4)对焊接全过程是不是根据施工顺序进行检查。

5)对输入焊接的数据参数进行检查,确保数据正确无误,热熔对接焊的关键在于拖动压力、焊接压力、吸热时间以及冷却时间等,对这些参数进行检查。

3.4　焊接质量检查

聚乙烯管道施工情况比较复杂,影响因素比较多,现阶段对PE管道焊接接头质量的无损检测技术尚未成熟,因此十分有必要加强焊接质量的检查工作。

对焊接口焊机焊接数据进行检查,并将数据记录。检查人员要对焊口割除卷边的数量进行抽取,根据以上检查要点对接口质量进行检查,抽查数据要大于10%,每个焊工的抽查数据要大于5个[7]。每个工程要做接口破坏性试验,由于采取的是全自动热熔对接,则要抽取5%的焊口,每个焊工要大于3个,破坏性试验能够把焊口切成四条以上,对其管道内部的熔合情况进行检查,如果没有完全的熔合则可以看做是不合格,当然也可以通过拉伸试验对其进行检查,按照相关标准和规范进行即可[8]。如果接口质量不符合技术要求,则对焊工接口进行加倍数量的抽查和检验,如果再发现不合格,则对此焊工所焊接的所有接口进行返工处理,直至检查合格。

4　结语

目前,我国在聚乙烯管道标准、规范方面的研究和应用比较晚,在PE管道工程进行焊接施工中,依然会出现各种各样的质量问题。随着聚乙烯管道的应用越来越广泛，针对聚乙烯焊接技术及焊接质量的研究将得到相关部门的高度重视，因此焊接施工人员一定要加强对 PE 管道焊接质量的重视，保证聚乙烯管网的安全、稳定运行。

参考文献

[1] 赵芳,梁建明,王占英.城镇燃气 PE 管道的焊接工艺评定[J].焊接技术,2013(3).

[2] 付洪青.浅析 PE 管道热熔焊接工艺[J].科技致富向导,2014(15).

[3] 范琳琳.燃气管网施工中 PE 管焊接质量控制的研究[J].大科技,2014(15).

[4] 张传勇.浅谈燃气工程施工中 PE 管焊接质量的控制[J].城市建设理论研究(电子版),2013(19).

[5] 贺百艳,邹仲学,于海君.低温对聚乙烯管道熔接口机械性能的影响[J].煤气与热力,2001(01).

[6] 武家升,莫诚生.燃气用聚乙烯管道安装监督检验应注意的几个问题[J].广西轻工业,2010(03).

[7] 李茂东,吴文栋,涂欣,等.聚乙烯燃气管道安全质量控制与城市公共安全[J].化工设备与管道,2013(04).

[8] 石秀山,何仁洋,任峰,等.埋地聚乙烯管道安全检验关键技术及工程应用[J].管道技术与设备,2011(01).

[作者简介] 田亚楠(1985—),男,助理工程师,现从事水利水电工程建设监理工作。

本文刊登在《山西水利科技》2014年第4期

山洪灾害防治县级非工程措施项目监理控制要点

李 贤[1,2] 吴建华[1]

(1. 太原理工大学, 山西太原 030024;

2. 山西省水利水电工程建设监理有限公司, 山西太原 030002)

[摘 要] 山洪灾害防治项目是保障山丘地区人民生命财产安全, 实现我国经济社会全面发展的重要保障。但该项目具有设备数量庞杂、施工点多面广且安装环境差别大等特点, 若不严格把关, 项目的质量难以得到保障。结合灵丘县山洪灾害防治项目的施工过程, 对各施工阶段的质量控制措施及要点加以探讨, 以期对即将开展的第二期山洪灾害防治项目建设提供一点参考和借鉴。

[关键词] 山洪防治; 非工程措施; 质量控制

[中图分类号] TV523　　[文献标识码] B　　文章编号: 1006 - 8139 (2014) 04 - 031 - 02

1 灵丘县山洪灾害防治非工程措施项目内容概述

灵丘地处黄土高原, 由 85.8% 的土石山区、8% 的丘陵和 6.2% 的平川三部分构成, 素有"九分山水一分田"之说。境内群山连绵, 地质地貌复杂, 是一个典型的山区县。由于独特的地形地貌, 加之人类活动的影响, 山洪灾害频发, 分布范围广, 危害性大, 不仅对全县的设备设施造成很大破坏, 而且对人民群众的生命安全造成很大威胁, 因此对山洪灾害的防治工作显得尤为迫切。

灵丘县山洪灾害防治非工程措施项目建设, 主要包括划定各个小流域内的山洪灾害危险区; 确定雨量和水位预警指标; 组成雨水情监测站网; 架构集网络、数据库、地理信息技术于一体的监测预警平台; 建设由预警平台到重点防治区域的报警体系; 编制科学的、可操作性的防洪预案; 建立群测群防的预警机制与组织体系, 深入宣传防洪减灾知识, 做好系统培训和演练工作, 形成集技术与管理相结合的非工程防御体系。

2 施工前质量控制

2.1 制度保障

在合同项目开工前, 首先建立施工质量控制体系, 明确各项质量控制的具体制度和责任人; 同时审核确认施工单位的质量保证体系及人员安排, 并督促其贯彻执行。

2.2 施工班组操作质量的保证

施工操作人员是工程质量的直接责任人, 故对施工操作人员自身素质以及他们的管理均要有严格的要求, 对每个进入本项目的施工人员, 均要求达到一定的技术等级, 具有相应的操作技能, 特殊工种必须持证上岗, 对每个进场的人员进行考核, 同时, 在施工中进行考察, 对不合格的施工人员坚决要求退场, 以保证操作者本身具有合格的技术素质。

2.3 材料及设备进场检验

设备质量好坏, 直接影响其能否正常工作或达到其功能指标。因此, 设备进场检验必须严格执行三方共检的程序, 即施工单位每进购一批设备, 首先经自检合格后书面提出进场报验申请, 由项目法人、监理部、施工单位三方主要人员在设备库房共同开箱验货。设备检验标准均依据设计文件、招标文件的技术条款。三方人员逐一核查设备的包装、外观、品牌、规格、型号、产品合格证、技术参数、出厂检测报告、使用说明书以及设备的备品备件等。凡设备质量指标全部符合要求的, 三方人员现场签证验收; 凡质量指标不符合要求的或存在某些疑问的设备, 均要求施工单位更换货品或提供详细的证明文件。个别由于生产厂家停产或供货不足的设备, 须经施工单位提出变更申请, 监理、设计、项目法人一致同意后, 可采用不低于原设计技术标准的同品牌设备代换。

3 施工中的质量控制

3.1 站点布设

站点布设与设备工作的效果密不可分。从设站采点到设备安装时的具体位置,监理人员必须把握设计要求,监督施工人员反复优选,设定合理可靠的安装位置。既要开阔无遮挡,又要便于运行管理、观察维护、不易受自然的或人为的损坏。

3.2 设备基础制安

设备基础制安规范与否关系到设备安全运行及使用寿命、功能的实现,具体内容主要指水位监测系统的水尺及护桩、雨量监测系统室外广播设备的基础土建及支架安装等。基础开挖主要控制基坑深度、断面尺寸符合设计要求;混凝土基座无论地下或是地上,均要检查建基面、钢筋骨架、模型、混凝土材料及配合比,并现场旁站监督浇筑过程,保证其内部质量和外形美观。安装支架首先检验其金属材料的规格、型号必须符合设计要求,结构连接要结实合理,安装位置要稳定,支架固定要牢靠。未经检验的基础或支架,不得安装仪器设备。

3.3 设备安装

1)机房和会商室改造:对装修、配电、布线、空调与新风机、防雷接地等子系统施工工艺进行检查、监督等,确保施工工艺符合规范要求;

2)水雨情监测系统:对简易雨量站、简易水位站、自动雨量站、自动水位站、视频监控点等设备的安装调试现场跟踪,检查设备安装位置、安装工艺、调试步骤等,确保设备安装稳固,布线正确,接地良好,配置及调试正常,数据上传无误,误差控制在允许范围内;

3)县级监测预警平台:对网络设备安装调试、视频会议设备安装调试、大屏幕安装调试、预警平台数据库、预警软件等软硬件设备的配发、安装、调试过程进行跟踪监督,确保设备运行正常,系统功能性能达到设计要求;

4)预警系统:对预警广播、手摇报警器、手持扩音器、铜锣、口哨等预警系统设备的配发、安装等过程进行跟踪,并要求填写安装、配发记录表且要求村负责人签字、盖章。

3.4 工序质量评定

施工作业的工序质量评定是保证工程质量最基本的过程,调动和督促承包人认真履行工序自检是质控工作的关键,必须始终将工序验收签证作为承包人下一工序开工的先决条件,最大程度地杜绝不规范施工和工程隐患。在设备安装施工期间,尽可能全程跟班作业,对未能旁站监督的站点,也应进行巡视检测,做到全过程全方位的监管。

4 施工后的质量控制

设备功能检测是保证设备能正常投入运行、按设计要求发挥功能的最后一关,必须高度重视。工作原则是"一个不漏、逐一检测"。对简易雨量站,主要检测雨量预警值设置、与此对应雨量的注水试验、预警广播效果;对自动雨量计和自动水位计,主要检测其数据采集是否敏感准确、数据发送是否及时、接地电阻是否在设计允许范围。对县级预警平台,主要检测其数据接收和统计是否完整及时,软件设计是否合理,运行是否稳定等。所有检测过程,都做好详细记录。凡符合设计和规范要求的,监理工程师现场在检测记录表签证;凡不符合要求的,责令并监督施工单位一一进行整改或重新调试,直到合格为止。

5 几点体会和建议

1)监理工程师参加施工技术交底,进行监理工作交底,以便了解施工单位对设计要求、施工工艺、施工参数理解和掌握的程度,沟通与施工队之间的关系,便于监理工作的开展。监理人员对工程质量控制最有效的办法是对施工管理人员及其组织的控制,强化各级施工管理人员的合同意识、质量意识,营造人人重信誉、尽职责,自觉保证工程质量的氛围是实现工程质量目标的重要保证。

2)由于山洪爆发时会裹挟大量高速流动的泥沙和块石,布设于河道内的金属水尺即使有护桩保护也很容易遭到破坏,建议改为在岸坡处设斜坡水尺,一则便于观测,二则受山洪破坏的可能性也大大降低。

[作者简介] 李贤(1986—),男,2009年毕业于河北农业大学,助理工程师,现就读于太原理工大学。

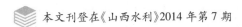

本文刊登在《山西水利》2014年第7期

大伙房水库输水应急入连工程压力钢管制造方法

胡 龙

(山西省水利水电工程建设监理有限公司,山西太原 030002)

[摘 要]大伙房水库输水应急入连工程是为解决大连市缺水问题而进行的一项应急输水工程,介绍了该工程压力钢管的制造方法,并提出了制造过程中应注意的事项。指出通过对钢管制造质量进行严格控制,钢管质量全部达到规范要求,保证了钢管的顺利安装和工程的安全通水运行。

[关键词]钢管制造;卷板;自动埋弧焊;输水工程

[中图分类号] TV732.4$^+$1 　　[文献标识码] C　　文章编号:1004 - 7042(2014)07 - 0045 - 01

1 工程概述

大伙房水库输水应急入连工程是为了解决大连市缺水问题而进行的一项应急输水工程,以碧流河水库为界分为南北两部分,南段工程输水管线全长为57.71 km,其中新建工程 36.31 km(直径 1 800 mm 的钢管 28.87 km;直径 1 600 mm 的钢管 7.44 km)。

2 钢管制造

钢管制造参照《水电水利工程压力钢管制造安装及验收规范》进行。

2.1 原材料检验

钢管内外壁焊接采用自动埋弧焊,管壁材料为碳素结构钢,钢牌号 Q235B。焊接钢管各类焊缝所选用的焊条、焊丝、焊剂应与施焊钢相匹配。经检查《产品合格证》和《出厂质量证明书》合格后方可进行焊接。

2.2 钢管制造方法

钢板检验:钢管加工前首先对钢板表面进行检验,保证无气泡、结疤、拉裂、裂纹、折叠、夹杂、压入的氧化皮以及钢板分层。

钢板校正:对有明显变形的钢板进行校正,验收合格后方可进行下一道工序。

划线放样:按照图纸要求,在钢板表面进行划线,并标明钢板卷板方向。经检查满足合同要求并在误差范围内后进行下一道工序。

切割加工:在划线的基础上,采用半自动或自动切割机进行切割、刨面,不得使用电弧切割。使切割面无熔渣、毛刺或者已用砂轮磨去,且边缘没有裂纹、夹渣和夹层等缺陷。

坡口加工:根据合同及图纸要求,坡口采用双丫口的双面焊。自检钝边尺寸合格后进行下一道工序。

钢板压头:将钢板的两端放置在压头机上压成曲线,使曲线半径与管半径一致。

钢板卷板:首先将板面上附着的铁屑清除干净,然后沿着钢板的压延方向对钢板进行卷板。卷板成形后将瓦片以自由状态立于平台上,用弦长为 600 mm 的样板检查其曲率,使样板与纵缝间隙小于 4 mm。

管节纵焊缝定位:将管节对圆放置在平台上,保证管口平面度后在距离端头 30 mm 以上、间距 400 mm 的位置上相继进行定位,且定点长度达 500 mm 以上,厚度不大于焊缝高度 1/2。

管节纵焊缝:施焊前先将坡口两侧 10~20 mm 范围内的铁锈、熔渣、油垢、水迹和定位焊的焊渣清除干净。然后采用自动埋弧双面焊对焊缝内外侧进行焊接。当施焊时的气温在 0 ℃ 以下时,应对钢板进行焊接预热。预热宽度为在焊缝中心两侧 100 mm 范围内,预热温度 60~80 ℃。预热温度测量应用表面测温计,在距焊缝中心线 50 mm 处对称测量,每条焊缝测量点不应少于 3 对。钢管纵缝对口错边量的极限偏差为 10% 厚度,且不大于 2 mm。焊缝余高 0~4 mm。在焊缝两端设置引弧板和熄弧板,引弧板和熄弧板不得用锤击落,应用氧—乙炔火焰或碳弧气刨切除,并用砂轮修整成原坡口型式。

校圆:采用卷板机将管节滚圆,其圆度极限误差为

$3D/1\ 000$，一管节至少测两对。

焊缝环缝焊接：采用自动埋弧焊对管体焊缝内外侧进行焊接。钢管每个管节的纵向焊缝不允许超过2条，同一管节相邻纵缝间距不小于500 mm，相邻管节的纵向焊缝应错开300 mm以上。环缝对口错边的极限偏差为15%厚度，且不大于3 mm水池，实现水库取水的可行性，同时形成一定的调蓄能力，库底清淤处理深度平均按3 m考虑，形成天然蓄水池容积约为$3\times 10^4\ m^3$。池体内清淤根据淤积程度定期进行。补给水泵房设置在马家沟南侧，泵房采取敞开式进水。供水管线沿马家沟村道路铺设至216省道后沿公路敷设至电厂。

3 设计方案比选

3.1 坝前取水

取水建筑物需在库区内部修建，工程建设时需做围堰或水库空库时建设，同时要考虑冬季取水时冰冻层对取水建筑物的影响，需对取水点周围库区进行清淤来保证有足够的水深取水，施工难度较大。同时管路设计复杂，需穿过山体。结合水库运行的特点，在汛期需要低水位运行，并修建大型调节蓄水池，但取水点附近和厂区都没有合适的地方修建，因此需在管线中途征用农民耕地修建大型蓄水调节池，建设投资和运行成本较大。

3.2 坝下取水

利用输水洞取水需对输水洞出口进行改造，可能影响坝体稳定性；泵房区域构筑物的设置处于库区泄洪道下游，会影响库区行洪，需进行泄洪影响评估。库区放水调度要求闸门启闭频率不能频繁，避免增加闸门系统的故障率，因此需要在库外设置较大容量的沉砂池、蓄水调节池用以调节蓄水，同时大型沉砂池和蓄水调节池的修建会涉及水库下游蔡庄村部分耕地的征用，导致工程建设费用较大，但工程建成后运行管理成本较低。

3.3 库区内取水

库内取水充分利用原有库区沟道设置围堰，通过清淤形成天然蓄水调节池，使得工程在正常运行时受水库水位的影响不大。天然池深度可消除部分冰冻影响。施工场地及工程占地均为水库用地，不涉及征用农业土地。清淤、修建围堰及修建泵房投资较大，但运行成本较低。受水库调度机水位变化影响不大。

4 结语

综合以上分析可以确定，在库区内取水为比较合理可行的取水方式，虽然不是三种方案中投资最少的设计方案，但工程布局合理、施工难度小、受冰冻影响小、运行管理成本低、不涉及征用土地等问题，在实际供水过程中不受水库调度运行的影响，能充分发挥工程效益。

[作者简介] 胡龙（1983—），男，2003年毕业于山西水力职业技术学院水工专业，助理工程师。

本文刊登在《中国水能及电气化》2014 年第 12 期

坝基强夯工程施工及其监理控制探讨

郭进国

（山西省水利水电工程建设监理有限公司,太原 030002）

[摘　要]强夯施工方法设备简单、施工简便、经济高效,且加固效果良好,具有较强的技术经济性,因而得到了广泛的应用。但在工程实践中,强夯地基的质量控制却比较困难,本文结合笔者自身工作实践,对坝基工程的强夯施工重点、质量检测以及监理控制等作简要探讨。

[关键词]坝基强夯;施工;质量;监理

[中图分类号] TV223　　　[文献标识码] A　　　文章编号:1673 – 8241（2014）12 – 00012 – 03

强夯法又称动力加固法,该方法设备简单、施工简便、经济高效,且加固效果良好,具有较强的技术经济性,因而适用范围较广,在各类工业与民用建筑、公路、铁路、机场跑道、仓库等工程中被应用于各种地基的处理。但在工程实践中,强夯地基的质量控制却比较困难,本文对坝基工程的强夯施工作简要介绍。

1　坝基强夯工程施工准备

1.1　强夯试验

强夯试验是指在施工前选取现场具有代表性的一个或若干个区域作为试验区,进行试验性质的施工或强夯操作。试验区选取几块、面积多少,均要根据开挖后坝基施工场地的复杂程度确定,数量和面积均需报监理人批准。

夯后有效强夯深度内土层的压缩模量应通过土工试验确定,并确定合适的工艺技术参数,试夯应遵照下列要求:①试验场地的数量应根据场地的复杂程度、场地基础类型确定;②在试验区内应进行详细的原位测试,采取原状土样做室内试验,测定有关数据;③强夯参数应根据设计要求及坝基地质资料进行初拟,试夯操作要提前准备一套或者几套强夯试验方案,根据方案现场试夯,试夯过程要做好现场测试和记录,测试内容及方法应根据场地地质条件等要求确定;④在试夯操作完成 2~4 周后,要对试夯现场进行测试并记录数据,比较目前数据与试夯前的数据,在此基础上确立各项施工参数;⑤如试验结果不满足要求,则应修改试验方案,重新进行试验。

1.2　强夯机具设备

a.强夯机具与设备性能指标,应满足坝基工程施工的基本要求。

b.起重机械的起重能力和提升高度应根据具体工程地质条件下的单击夯击能力要求确定。

c.夯锤。夯锤重量、夯锤材料、夯锤底面积和形状、夯锤减阻气孔结构等夯锤的设计参数应满足相关规范。

d.辅助机械。施工前应选取适宜的辅助机械,如推土机、压路机、打夯机等。

e.施工前应对强夯施工机具进行试运行,试运行的详细记录应提交监理人。

1.3　施工措施计划

地基强夯工程施工前,施工方应根据现场试夯确定的参数和技术规范,分别提供包括下列内容的施工报告报送监理人审批:①现场强夯试验成果;②地基强夯施工点位及施工场地布置图;③强夯施工工艺及夯击参数;④主要机械设备选择;⑤施工质量、安全和环境保护措施;⑥施工进度计划。

2　坝基强夯施工重点

2.1　场地平整

施工前要清除场地内的堆积物、障碍物等,并按照设计要求进行清基。为避免施工中损坏设施,施工前对施工场地内各种地下构筑物以及地下管线进行查询,并标明位置和标高,随后制定出可行的方案。场地平整不可避免地会产生震动和噪声,势必影响场地附近居民生活工作的正常开展,强夯之前应设置检测点,做好预案,采取科学有效的隔震、防振措施,将影响降到最低。场地平整完成后,须经监理工程师验收,方可开始强夯施工。

2.2 强夯施工步骤

a.清理施工场地并做好平整工作,将第一遍的夯点位置标注好,将场地高程测量好。

b.起重机安置到位,使夯锤保持在夯点位置,并确定好夯前锤顶高程。

c.将夯锤吊起,准确到达预定位置后,将脱钩装置启动,夯锤随之脱钩下落。将吊钩放下,同时将锤顶高程测量准确。在此过程中,如果发现由于坑底倾斜而造成夯锤不正,必须尽快把坑底整平。重复以上步骤,严格按坝基强夯设计规定的夯击次数强夯,完成一个夯点的夯击;重复以上步骤,完成第一遍全部夯点的夯击。

d.用推土机将夯坑填平,再对场地高程进行测量。

e.按照规定的间隔时间操作。重复以上步骤,将全部夯击任务按序完成,最后使用低能量满夯,将场地表层松土认真夯实,并对夯后场地的高程进行测量。

2.3 施工注意事项

a.强夯重锤质量按需选取,其底面形式可为圆形,按照土的性质确定锤底面积,锤底静接地压力以取最小值为佳。在锤的底面上可对称设置几个排气孔,排气孔与其顶面贯通。

b.施工机械可采用履带式起重机,为防止落锤时机架倾覆,应在臂杆端部设置辅助门架等安全措施。起重机以带有自动脱钩装置为佳。

2.4 施工过程的监测工作

a.开夯前对夯锤质量和落距进行测定,并将测定值书面报监理人审核批准。

b.在每一遍夯击之前,复核夯点放线,夯完后对夯坑位置进行检查,及时发现漏夯、及时纠正出现的偏差。

c.按设计要求检查每个夯点的夯击次数和每击的夯沉量。

3 强夯施工的质量控制

3.1 质量检测

在强夯施工过程中或施工结束后,应按下列要求对强夯处理地基的质量进行检测:检查强夯施工记录,基坑内每个夯点的累积夯沉量,不得小于试夯时各夯点平均夯沉量的95%。隔7~10 d,在每1 000 m² 面积内的各夯点之间任选一处,自夯击终止时的夯面起至其下12 m深度内,每隔1 m取1个土样进行室内实

验,测定土的干密度、压缩系数和湿陷系数等。

3.2 加固效果

某水库坝基土具有湿陷性,采用强夯法施工的效果要求为:有效加固深度6 m,在有效加固深度内坝基土全部消除湿陷性,即土的湿陷系数小于0.015;坝基土总湿陷量不大于50 mm。其他检测指标要求由监理工程师根据试夯结果在强夯施工开始前确定。

3.3 完工验收

强夯检测合格率应达到98%以上。检查施工过程中的各项测试数据和施工记录,不符合设计要求时应补夯或采取其他有效措施。坝基加固工程完工后,施工方应为监理人进行完工验收提交以下完工资料:①强夯的各遍施工图(竣工图);②强夯施工记录;③各遍场地平整记录;④现场强夯试验报告;⑤强夯后场地平整情况和说明书;⑥质量事故处理报告;⑦施工检测报告;⑧监理人要求提交的其他完工资料。

4 坝基强夯过程中的监理控制

总体而言,项目监理工程师负责组织坝基强夯工程质量监理活动。监理工程师负责监督检查坝基强夯工程质量检验与签证。监理员协助实施监督检查坝基强夯工程监理工作。检测监理工程师负责实施坝基强夯工程质量监理抽检工作。

4.1 合理配置监理人员

坝基工程施工要建立一个科学高效的项目监理机构,要根据工程环境、工程特点以及工程规模等因素进行综合考量,确保监理内部人员职责明确、分工合理,为工程的顺利进行提供良好的组织保障。监理部要监督施工单位建立健全完善的安全保证体系,施工现场必须由专人统一指挥,现场的安全工作必须由专职安全人员全面负责。

4.2 做好高程、轴线控制网点的复核

要科学利用控制网点对强夯施工场地的高程、夯点位置进行全数控制,彻底避免一遍夯点位和二遍夯点位有错位情况出现。

4.3 采取现场全过程旁站监理

监控措施要具体到每个工作区和每台夯机。进场前,监理人员要对夯锤的重量进行复磅检查。对起重高度每天至少进行5次检查。每台夯机每夯夯击沉降量均要由监理人员、施工单位技术人员、质检人员协同完成测量,测量过程要做好一手数据的记录和保存。

4.4 注重现场检查,以数据控制现场施工质量

监理工程师应采取现场巡视、旁站等监理措施,实地观测,对于夯点间距误差情况、最后夯沉量等数据,以实地取得的一手测量结果对工程施工质量进行判

断,并做好施工质量等级的评定工作。

5 结语

当地质条件允许时,采用强夯法施工工艺,能极大节约社会资源,提高施工效率。强夯法施工要针对工程特点,确定监理单位的监控目标和标准,明确职责权利,合理制定监理工作程序和工作步骤,努力做到施工质量监理工作的科学化和正规化。

参考文献

[1] 刘晓英.强夯处理在西段村水库大坝施工中的应用[J].治淮,2007(12).
[2] 钟锦标.水利工程监理工作实务之论述[J].科技与企业,2012(24).
[3] 李效勤.横泉水库旧坝体及左岸黄土台地强夯处理设计[J].水利水电技术,2007(5).

本文刊登在《山西水利科技》2013年11月

河曲引黄灌溉工程隧洞施工的质量控制

于跃伟

（山西省水利水电工程建设监理公司，山西太原 030002）

[摘　要]介绍河曲引黄灌溉工程隧洞施工前准备、洞挖、洞挖支护、隧洞衬砌等隧洞施工阶段的质量控制工作。

[关键词]河曲引黄灌溉工程;隧洞施工;质量控制

[中图分类号] TV523　　　[文献标识码] B　　　文章编号:1006 - 8139(2013)04 - 026 - 02

1　河曲引黄灌溉工程概况

河曲县引黄灌溉工程是山西省新水源项目之一，是忻州市、河曲县2009年度的重点工程，工程规划从河曲县境内龙口水利枢纽左岸坝段取水，设计输水干线1条，采用隧洞、暗涵、渡槽、管道等方式向下游输水到巡镇阳面村，引水线路全长33.96 km，渠首设计流量7.4 m³/s，沿水流方向逐渐分水，至下游保持2.24 m³/s。其中上游16.35 km 为一期工程。一期工程中有隧洞5条，共8.072 km。隧洞形式设计为门拱型，1～3#隧洞洞径为2.9～3.0 m，4#隧洞洞径为2.2～2.0 m，5#隧洞洞径为1.8～1.7 m。1～3#洞从上游到下游依次穿越于二叠系下统山西组下部地层中，地层岩性主要为泥质粉砂岩、粉砂质泥岩、夹有煤层。在隧洞下方有古采空区，且存在自燃现象。围岩类别以Ⅳ、Ⅴ类围岩为主。4#、5#隧洞地处黄河二级阶地，地下水活跃，岩性为砂质泥岩，遇水软化坍塌，稳定性较差，围岩类别以Ⅳ、Ⅴ类围岩为主。本工程隧洞较长、洞径小、地质复杂，施工环境较差，质量不好控制。

2　施工前的质量控制工作

2.1　制定施工计划

施工前施工单位要根据现场具体情况结合自身施工能力，制定施工方案和必要的安全保证措施报送监理审批。

2.2　施工前试验

根据施工方案做必要的试验:锚杆拉拔力、洞挖爆破、混凝土配合比、回填灌浆等试验，试验时业主、监理和施工单位技术人员参加。找出有关参数指导施工。

2.3　施工前测量

施工单位要在施工前根据设计基准点布置测量控制网，并报监理校核，经监理单位与施工单位联测，达到一定精度以后，施工单位才可以进行隧洞轴线的放样开挖。施工过程中施工单位测量人员加强隧洞轴线的测量校准，监理工程师随时进行检查，发现偏差，要求施工单位纠正。

3　隧洞开挖支护的质量控制

3.1　隧洞开挖的质量控制

洞挖前要进行爆破试验，寻找爆破参数，制定爆破方案。具体做法是根据试验中开挖进尺长度、围岩扰动、渣块大小等的分析，确定爆破孔的布置、方向、数量和装药量以及起爆分段，确定爆破参数，制定爆破作业指导书报监理工程师审核批准后具体指导施工。

洞挖中，监理工程师要根据规范要求对照爆破作业指导书进行控制，确保孔位准确，在掌子面上要标清楚钻孔的原点、顶点、切点等;对孔间距、孔向、孔深严格控制;装药前要清洗钻孔;然后将制作好的起爆体和起爆串分别装入相应孔内，装药要按照设计进行，装够装足药量，安全堵塞炮孔，联网起爆时要严格分段起爆。在上述施工过程中，施工单位要按照设计施工，否则监理工程师要对施工单位和施工单位主要责任人追究责任，必要时停工整改。

根据现场情况要求施工单位对1#～3#隧洞Ⅴ类围岩区域采取"短进尺、弱爆破、强支护";对地下水丰富洞段4#、5#洞采用"引、排、堵"的施工措施和方案，确保河曲引黄灌溉工程安全顺利有序地进行。

3.2 隧洞锚喷支护质量控制

从本工程隧洞开挖过程中揭露的地质情况看,由于岩体比较破碎,裂隙较发育,又穿越煤层,局部区域地下水活跃,围岩稳定性较差,因而支护量较大。监理工程师要根据现场情况要求施工单位采取不同的支护措施,根据实际情况主要的支护方法有锚喷支护和钢支撑。

在切割体较大和不利组合结构组合的洞段,还有地下水丰富的Ⅴ类围岩洞段,采用钢支撑和锚喷支护。在施工过程中为使洞室稳定,必须确保锚杆施工质量到位。监理工程师要进行现场记录监控,施工前要做拉拔力试验检验,确保每根锚杆的长度和规格符合设计要求。钢支撑基础必须牢固,钢支撑应紧贴岩面,岩面与钢支撑之间的缝隙可采用喷混凝土填充,增加受力支撑点。钢筋网必须按照设计要求进行铺设,与钢支撑、锚杆连接以便形成一个整体。喷护混凝土要严格控制原材料以及混凝土的质量,必须按混凝土的配合比进行施工,喷护过程要按照规范施工,确保钢支撑和喷锚支护的施工质量。

岩体较破碎且不利结构组合无地下水的洞段,围岩类别属于Ⅳ类围岩,施工单位采取了挂网锚喷支护。在施工过程中要控制锚杆和锚喷施工质量。喷护过程如下:基础面处理、清洗、对松动石渣检查、岩面污染物清洗、打锚杆、挂网、喷混凝土。在钢筋网敷设过程中,要贴紧岩面,钢筋间距要按照设计要求,网片要求与锚杆稳固连接。锚喷施工过程中,监理工程师要从原材料控制入手,按照配合比的要求进行配制,喷护厚度要达到图纸要求,喷层必须及时养护。喷混凝土表面要求平整,杜绝夹层砂泡、脱空、蜂窝夹层砂泡、露筋等现象。在结构接缝部位,喷层应良好搭接,不允许存在贯穿性裂缝。

岩性较好的Ⅱ、Ⅲ类围岩,可采取随机锚杆稳定围岩,然后进行混凝土衬砌。

4 混凝土施工质量控制

本工程混凝土衬砌单元共有几个工序组成,即基础面和施工缝处理、模板、钢筋、止水和伸缩缝以及灌浆管安装、混凝土浇筑工序。在上述几个工序中,监理工程师以钢筋制安和混凝土浇筑为重点控制,为确保施工安全和质量,对部分洞段混凝土衬砌进行了特殊处理。

4.1 基建面、施工缝、止水、伸缩缝和灌浆管安装质量控制

基建面应无积水、无扰动岩块。岩面一定要冲洗干净、无积渣物。施工缝应凿毛充分,清理干净,特别

应该注意底板、小边墙(由于本工程采用了钢模台车,在底板以上台车轮胎范围先浇筑小边墙)、边墙之间施工缝的处理。伸缩缝和灌浆管安装应符合设计要求。另外止水处理也必须重视,一定要按设计进行施工,把握好两家设计单位的不同要求。

4.2 模板工程的控制

河曲引黄灌溉工程隧洞工程采用了钢模台车,建筑物的建筑物形状、位置等指标的准确无误均取决于钢模台车安装是否到位,安装质量是否能够满足设计和规范的要求。因而监理工程师一定要控制好台车的安装,要求施工单位用全站仪检查台车的相对位置和绝对高度,将台车中心线偏差与隧洞轴线偏差控制在5 mm之内。每次台车安装必须要清洗干净,打上脱模剂。

4.3 钢筋制安的质量控制

钢筋制安质量控制的关键是确保钢筋的型号、规模、间距、搭接长度、钢筋的焊接质量等符合设计和规范要求。进场钢筋要在现场取样抽检合格的基础上进场报验,施工单位持原材料进场报验单报现场监理工程师,原材料进场报验单包括钢筋的规格、数量、型号、牌号等质量指标、出厂合格证、钢筋的抽检试验报告。监理工程师根据进场报告单中钢筋的数量,按照规范要求,进行抽检,如果抽检合格,同意其进场使用。否则不能使用,更换合格产品进场。在钢筋安装过程中,要使钢筋间距、规格、搭接长度等满足设计要求;同时还要对钢筋的焊接质量进行抽检,确保钢筋搭接结合良好。其他操作要符合规范要求。

4.4 混凝土浇筑质量控制

混凝土浇筑质量控制包括原材料和施工过程控制。

原材料质量控制:混凝土原材料包括水泥、粗细骨料、外加剂等。水泥、外加剂进场应有产品出场合格证和复检证明资料,施工单位要对水泥、外加剂进行抽检。检测的项目包括:水泥标号、体积安定性、凝结时间、细度、稠度、比重等试验。监理工程师要对施工单位呈报的料源进行审查,对其质量和数量进行审查,施工单位必须按照监理工程师批准的料源进行生产。施工单位要对混凝土粗细骨料进行抽检,检验内容:砂的细度模数,碎石的级配,超、逊径含泥量等。施工单位还要进行配合比试验,确定隧洞混凝土衬砌施工的配合比。以上内容施工单位形成报告报监理部,监理工程师根据规范要求频次进行抽检,如果抽检合格,则同意使用,否则更换合格产品进场。

施工过程控制:施工过程包括混凝土拌和、运输、浇筑。施工单位现场拌制现场浇筑混凝土时,必须按

照配合比的要求进行混凝土拌制,严格遵守施工单位现场试验室提供并经监理工程师批准的混凝土配料单进行配料,不能擅改配料单。监理工程师要求施工单位采用固定拌和设备,拌和能力必须满足本工程高峰浇筑强度的需求,采用电子称量、指示、记录及控制设备,施工单位应按监理工程师的指示定期校核称量设备的精度,监理工程师要锁定电子称量系统,确保称量准确。拌和设备安装完毕后,施工单位应会同监理工程师进行设备运行操作检验。拌和前要进行拌和试验,通过试验产生拌和程序和时间。在拌和过程中要按照规范操作,因混凝土拌和及配料不当,或因拌和时间过长而报废的混凝土应清离现场。混凝土的运输:混凝土的运输能力必须满足混凝土浇筑强度的要求(本工程中混凝土运输采用混凝土罐车运输到现场后地泵入仓),在运输中一定要注意混凝土分离、漏浆和严重泌水现象。混凝土施工浇筑:施工单位在混凝土浇筑前进行三级自检,自检合格后,施工单位质检员持自检记录表和单元工程验收申请表通知监理人对浇灾发生。

小型河道点多面广,战线长,管理困难,造成个别单位和个人在河道内堆弃垃圾、煤渣、甚至在河道内修建违章建筑,缩小了河道行洪断面;沿河群众在河道内围垦种地,逐年蚕食,使得全县前山沿 24 条沟岔就有 11 条上有河下无道,导致洪水一出沟口就形成漫流,尤其是流入有乡镇村庄的低洼地带,造成不应有的洪灾损失。如红沙河下游水路被堵塞,连续几年每逢暴雨,洪水就会进入附近家属院。

河道工程缺乏综合治理,淤积严重。全县河道纵坡大,上游植被破坏严重,水土流失加剧,洪水挟带泥沙,导致河道淤积严重,河床抬高,断面狭小,以致小水大灾,给沿河人民生命财产带来极大威胁。虽然全县每年都进行清障清淤,但治标不治本,如寺儿河苗村段河床最窄处只有 0.5 m,深不足 2 m,河边 20 hm² 日光温室去年被洪水冲了三次,极大挫伤了群众的积极性。

5 河道治理措施

河道治理滞后的问题随着近年来改革开放的不断深入和河川地带经济发展,已经变得越来越突出,针对全县河道的现状和存在的问题,应采取以下治理措施:

1)清障清淤,恢复河道行洪能力。河道治理首先要清障清淤,使洪水有容纳之地,要发动群众每年至少对河道进行一次有效的清障清淤,拓宽河道断面,控制和降低河床高程,恢复河道行洪能力,同时还可淤背固堤。

2)加固河堤,提高河道防洪能力。河道加固首先要搞好规划,按照设计泄洪标准,确定合理的河堤宽度和高度,分轻重缓急逐步治理。加固措施应因地制宜,在险工险段应采用砌石加固,起到保护岸坡和堤防的作用。有些河段还可以结合生物措施,种植杨柳树、沙棘等,且向带状密集型发展,形成防护林带,提高河堤抗冲能力。

3)蓄水保土,减少河道淤积。加强河道上游水土保持,坚持治坡工程和治沟工程相结合,蓄水保土和农业耕作相结合,以小流域为治理单元,实行山水田林路一起上,绿化荒山,改坡耕地为水平梯田,种草种树,搞好生态环境建设,拦蓄洪水,控制水土流失,减少河道淤积,使河道行洪畅通。

4)依法治河,加强河道的管理。近年来连续干旱,群众防洪意识淡漠,侵占、毁坏河道现象较为普遍。为此首先要加大《中华人民共和国防洪法》和《山西省河道管理条例》等法律法规的宣传力度,使河道管理范围内的企事业单位、居民了解水法规具体规定,什么事可以做,什么事不可以做,可做的事需要到河道管理部门办理哪些手续。其次,要充分利用法律武器对河道进行监督管理,加强河道巡查,做到及时发现,及时查处,对那些违反法律规定又拒不改正的,要坚决根据《中华人民共和国防洪法》和《山西省河道管理条例》的有关条款予以严惩,直至追究法律责任。

[作者简介] 于跃伟(1967—),男,大学本科,2012 年毕业于中国地质大学土木工程系,工程师。

本文刊登在《山西建筑》2013年9月第39卷第26期

玻璃钢管输水管道制作及质量控制

张 伟

（山西省水利水电工程建设监理公司,山西太原 030002）

[摘 要]结合张峰水库输水工程玻璃钢管的实践,介绍了玻璃钢管监造的意义及主要工作,并对玻璃钢管生产过程中需要注意的关键点进行了讨论,指出只有进行全面的质量控制,才能确保玻璃钢管的质量。

[关键词]玻璃钢管;输水管道;质量控制

[中图分类号] TV672.2   [文献标识码] A   文章编号:1009 - 6825(2013)26 - 0194 - 02

1 概述

张峰水库位于山西省晋城市沁水县郑庄镇张峰村沁河干流上,距晋城市城区90 km,水库总库容3.94亿 m³。张峰水库输水工程由总干、一干、二干组成,为城市生活、工业、农村人畜饮水和蔬菜、桑园灌溉输水。总干为一、二干输水,设计流量6.45 ~ 2.44 m³/s。该工程所采用的管材均为玻璃钢管(玻璃钢管道是以玻璃纤维及其制品为增强材料,以不饱和聚酯树脂等为基体材料,以石英砂及碳酸钙等无机非金属颗粒材料为填料按一定的工艺方法制成的管道,其生产工艺主要有定长缠绕、连续缠绕和离心浇筑三种。目前在国内绝大多数是采用定长缠绕工艺,这是一种具有轻质高强、耐腐蚀和优良的力学性能、水力性能及长期使用性能的复合管材,广泛应用于给排水工程中),管径分别为DN1 200和DN800,最高压力等级达到2.4 MPa,远高于一般给水工程的压力,并且该工程地势复杂,因而对管道质量要求高。本文对玻璃钢管生产过程中需要注意的关键点加以讨论。

2 玻璃钢管监造的意义

玻璃钢管监造就是为了确保玻璃钢管道的质量,受业主委托,依据国家的相关法律法规、合同、产品标准等,针对管材生产厂家在管道制造中的相关过程,包括设计、原材料、生产过程、检验等,进行全面的监督。因玻璃钢管本身的质量与原材料及生产工艺过程密切相关,涉及的原材料种类较多,工艺技术比较复杂,在生产制作过程中可能出现各种问题,尤其是当生产厂家质量意识不强时尤为如此,往往会出现偷工减料,以次充好的现象,甚至有的本身就有设计、技术上的各种缺陷,而一旦管道制造完成后很难根据成品判断其所采用的原材料及其生产工程过程的好坏。即使是对玻璃钢管采用抽检进行破坏性试验,也不可能代表所有管材。因对其原材料及生产工艺过程没有控制,抽检会具有较高的风险,因此均无法比较全面准确的评估一批玻璃钢管道的内在质量。

玻璃钢管道监造的任务就是解决上述问题,其根本的目的就是要确保能严格控制生产的每一工序,确保出厂的每一根玻璃钢管都是合格产品。

3 玻璃钢管监造的主要工作

玻璃钢管道监造主要工作主要有以下几个方面:

1)通过对管材产品生产许可的审查,确保生产厂家具备正常生产合格产品必需的基础条件。

2)通过对原材料的控制,确保生产厂家按合同、工艺采购,可以避免劣质材料的使用,在源头上使产品质量得到可靠保证。

3)通过对生产工艺过程的检查,确保生产厂家在整个生产过程中严格按工艺执行,避免偷工减料,从而能够持续稳定的生产出合格优质产品。

4)通过对检验的监督及抽检,确保生产厂家严格按照国家标准进行有关的检验以及产品性能能够满足国家标准与合同的要求,验证并确保产品的最终质量。

5)通过出厂前的复检确认,确保出厂的每一个产品都是合格产品。

4 玻璃钢管制作过程中的主要控制点

在张峰水库输水工程玻璃钢管道的制作过程中，主要的控制点如下：

1）人员。生产厂家必须具有一套完善的组织管理机构，包括一定数量的管理人员、技术人员、检验人员、操作工人等，需要向监造方提供主要管理人员和检验人员基本情况、组织机构图、部门职责及主要人员数量和分工等基本人员情况。

2）生产设备。生产厂家必须有足够数量能够满足工艺要求和生产进度要求的生产设备，如模具、制衬机、缠绕机、固化站、脱模机、修整机等，并需要提供模具尺寸表供监造方审核。

3）检验设备。生产厂家必须具有基本原材料检测和管道出厂检验等的基本检验设备，如管道的强度、刚度及挠曲水平试验机、水压渗漏试验设备等，所有检验设备需要经过计量鉴定和监造方核查后才能投入使用。

4）原材料。应采用无碱玻璃纤维及其制品制造FRPM管。所采用的无碱无捻玻璃纤维纱应符合 GB/T 18369 的规定；无碱玻璃纤维制品应符合相应的国家标准或行业标准的规定。所采用的不饱和聚酯树脂应符合 GB/T 8237 的规定。

其中内衬树脂选择间苯型食品级不饱和聚酯树脂，其树脂浇筑体具体力学性能指标要求如下：

拉伸强度：≥60 MPa；

拉伸弹性模量：≥2.5 GPa；

断裂延伸率：≥3.5%。

结构树脂选用邻苯型或间苯型不饱和聚酯树脂，其树脂浇筑体具体力学性能指标要求如下：

拉伸强度：≥60 MPa；

拉伸弹性模量：≥3.0 GPa；

断裂延伸率：≥2.5%；

热变形温度：≥70 ℃。

外保护层树脂要求与结构层树脂相同，选用邻苯型或间苯型不饱和聚酯树脂。

对玻璃纤维及其织物、辅助材料如石英砂、固化剂、促进剂、橡胶圈等也均有相应的要求。

5）生产技术文件。管道生产厂家必须提供生产作业指导书、设计图纸、生产工艺单、质量控制检验方案等技术文件，供监造方审核，确保相关文件从技术上均能满足本工程的要求。

6）过程检验。对生产的整个过程进行不定期的抽查检验，确保整个工艺过程均是严格按要求执行，能够满足本工程的要求，重点包括：内衬制作与工艺单铺层要求是否相符、缠绕纱支数股数与工艺单是否相符、交叉缠绕与环向缠绕的铺层数、分布以及缠绕角、夹砂层与生产工艺单是否吻合等。

7）出厂检验。玻璃钢管道出厂前，严格按照 GB/T 21238—2007 的相关要求和方法对外观、尺寸、水压渗漏、巴氏硬度、环向拉伸强度、轴向拉伸强度、平行板外载刚度、挠曲水平等进行全面检验，不合格产品决不允许出厂。

5 结语

玻璃钢管的质量水平受其自身材料特殊性以及工艺过程等诸多因素影响，另外生产厂家也良莠不齐。因此要明确"为工程服务，按图纸施工，质量第一"的宗旨，对玻璃钢管从人员、设备、原材料、技术文件、工艺过程以及检验等方面必须进行全面的质量控制，才能确保玻璃钢管的良好质量，进而从根本上保证玻璃钢管道输水工程的顺利实施。

参考文献

[1] 中华人民共和国国家质量监督检验检疫总局,中国国家标准化管理委员会. GB/T 21238—2007 玻璃纤维增强塑料夹砂管[S].北京:中国标准出版社,2008.
[2] 李卓球,岳红军. 玻璃钢管道与容器[M].北京:科学出版社,1990.
[3] 北京市市政工程设计研究总院. CECS 190:2005 给水排水工程埋地玻璃纤维增强塑料夹砂管管道结构设计规范[S].北京:中国建筑工业出版社,2005.
[4] 韩爱芝. 驻厂监造对产品质量作用的几点思考[J].石油工业技术监督,2003,19(2):9-10.

[作者简介] 张伟(1984—),男,助理工程师。

本文刊登在《建筑管理》2013年第6期

PCCP 顶管施工技术及质量控制

杨继林

（山西省水利水电工程建设监理公司,山西太原 030002）

[摘 要]PCCP顶管施工技术是在管道安装过程中为穿越障碍物而改进形成的,该施工技术在山西禹门口东扩工程中取得了较好效果,对该技术在施工生产过程中的质量控制进行了分析。

[关键词]PCCP顶管;制作安装;质量控制

[中图分类号] TU712 　　　[文献标识码] B 　　文章编号:1007 - 4104(2013)06 - 0083 - 02

1 工程概况

禹门口提水东扩工程是山西大水网工程的第八横,位于山西省中南部,横跨临汾、运城两市的新绛、稷山、襄汾、侯马、曲沃、翼城六县市,年供水量1.61亿 m^3。输水主管线总长48.8 km,管道为直径2.0 m、1.8 m、1.6 m、1.4 m 的 PCCP 管道。管线穿越铁路、高速公路、国道、省道以及其他主要公路时采用 PCCP 直顶管方式。管线共计采用 PCCP 直顶管施工15处,总长度750 m。

2 地质概况

工程沿线主要地貌为山前冲洪积倾斜平原区、汾河河谷、漫滩及阶地。沿线广泛分布新生界第四系上更新统洪积(Q3pal)和全新统洪冲积(Q4pal)地层。其岩性组成为淡黄、黄褐、淡红色低液限粉土、低液限黏土、粉土质砂,夹卵石混合土、级配不良砂,覆盖厚度大,堆积交错复杂。工程区域属湿陷性黄土地基的地质特征,土体结构较疏松,具大孔隙和垂直节理,是一种非饱和的欠压密土体。沿线包含自重Ⅱ级、Ⅲ级、Ⅳ级三种湿陷性黄土地基。

3 PCCP 顶管制作工艺及质量控制

3.1 PCCP 顶管制作工艺

PCCP 顶管是在普通 PCCP 管道基础上,为适应顶进需要改进设计而成的。设计时缩短了单节管道长度,将普通 PCCP 管道预应力缠丝后喷射混凝土工艺调整为外层钢筋混凝土浇筑工艺,同时增加承插口钢制件厚度,对承插口混凝土端部增加钢板保护。

禹门口东扩工程 PCCP 顶管由无锡华毅管道有限公司设计、生产、供应。设计管道长度3 m,直径有2.0 m、1.8 m、1.6 m、1.4 m 四种规格。根据管道工作压力以及覆土厚度,管道型号分为1.0 MP/8 m、0.8 MP/8 m、0.8 MP/6 m 等。各个型号的管道设计采用不同的混凝土标号和厚度,配置不同型号的钢筒,缠绕不同间距的预应力钢丝,配置不同型号的保护层钢筋。

3.2 PCCP 顶管制作质量控制

PCCP 顶管制作质量直接决定着顶管施工的成败。由于管道位于湿陷性黄土区域,顶管基础具有湿陷性,因此,无论是穿越铁路、高速公路还是其他重要建筑物,不仅要保证管道滴水不漏,万无一失,还必须保证不影响铁路、公路正常运行。为保证制作质量,山西省水利水电工程建设监理公司对管道制作进行了驻厂监造。监造过程中对各种原材料、半成品以及所有控制指标进行检查、测试和记录。主要对内衬钢筒制作质量、预应力钢丝缠绕质量、外层钢筋制作加工质量、混凝土浇筑衬砌质量、承插口钢制件制作加工质量等工艺进行质量检查,对各项材料指标和力学性能指标进行抽样检验,对制作过程进行记录备案,同时对成型的管道进行型式试验。只有各项控制指标都经过检查检验合格才准予出厂。

4 PCCP 顶管安装工艺及质量控制

4.1 PCCP 顶管安装工艺

PCCP 顶管的顶进安装与其他管道顶管施工工艺基本相同,采取测量放线、工作坑和接收坑开挖支护、靠背墙及导轨安装、液压设备与辅助设备安装、工具管（首节管）就位、管道拼装顶进等工艺。

4.2 PCCP顶管安装质量控制

为保证PCCP顶管施工质量，确保顶管施工不破坏承插口柔性防水接头的密封效果，禹门口东扩工程顶管施工把轴线偏移控制、顶进推、力控制作为质量控制关键点。事前严格进行施工组织设计审查，对测量放样、导轨与靠背安装、液压设备与辅助设备安装等每一道工艺均进行认真复核计算。管道顶进过程中对轴线偏移、顶进推力等进行严密监测、及时校核，事后对顶进效果进行客观评价总结，确保了管道施工质量。

4.2.1 轴线测量放线及检测校准

轴线测量放线及检测校准是保证PCCP顶管施工安装质量的核心工作，因此测量监测工作的质量控制贯穿顶管施工始终。从顶管轴线定位、工作坑和接收坑开挖、靠背与导轨安装到管道顶进等过程都严格按照施工方案进行控制测量，严密监测轴线偏离值并及时采取矫正措施。为保证对轴线的有效控制，采取了如下措施。

（1）测量监测措施。禹门口东扩工程采用自动全站仪进行顶管轴线测量，测量频率为每顶进30～50 cm测量一次，当实测轴线偏差大于20 mm时，还应进一步增加测量频率。因各处顶管长度不等，最长的90 m，最短的30 m，可根据长度适当调整实测频率，特别是到终点前的几节管道应加大监测频率。

平面控制测量是建立控导点和导线点组成的平面控制网，轴线的地面坐标点采用三角形方式垂直投射到工作井下，用钢架埋设成固定点作为控制轴线的基准点。测量时采用6测回双向观测，测角精度 $+1'$，测距相对误差小于1/80 000。

高程控制测量是利用NA2型测微水准仪将地面高程传递到工作井下控制基准点，在地面和井下同时用两台水准仪测控轴线高程和地面高程。高程测量不仅要监测管道轴线垂直偏移情况，同时要监测建筑物高程的变化情况，特别是对铁路和高速公路的监测要贯穿施工全过程，确保及时发现和处理轴线偏移问题。

（2）轴线纠偏措施。管道顶进产生偏差时，一般难以立刻矫正到位，要缓慢调整工具管道方向逐步复位，防止纠偏太猛产生相反的结果。

超挖纠偏法。轴线偏差量1～2 cm时可以采用超挖纠偏的办法。即在管道偏向的相反方向适当超挖，在偏向方向欠挖或不超挖，以此调整工具管顶进头端面的摩擦阻力，形成土壤对管端阻力的不均匀，达到纠偏的目的。矫正时采用人工挖除的办法，应严格控制超挖厚度，少量多次逐渐调整。同时应配合调整油缸

顶点位置以及顶进推力。

顶木纠偏法。当管道偏离超过2 cm，采用超挖纠偏办法效果不明显时，可以用圆木或方木的一端顶在工具管偏向的另一侧内管壁上，圆木的另一端牢固的斜撑在管前垫有钢板或木板的土层上，顶进时利用斜支撑产生的阻力使管道向阻力小的一侧矫正。

千斤纠偏是在工具管的顶进端部安装液压活络顶头，出现轴线偏离时，可以通过调整液压油泵压力改变顶头角度。该方法可以通过压力表读数提前判断是否出现偏离，但顶头可调整的角度不大，纠偏效果缓慢。

（3）避免轴线偏离措施。为避免管道顶进时产生轴线偏离，PCCP顶管在制作时就在管道内壁中部预埋了钢环。顶管施工时，在工具管与第二根管之间增加横向固定的槽钢拉杆，以此降低工具管轴线偏离的可能性。

4.2.2 顶进设备安装质量控制

顶进设备包括工具管顶进头、顶进导轨、顶铁、靠背墙、液压千斤顶以及液压油泵等。顶进头是顶管施工的方向盘，它的设计、制作和安装质量直接影响轴线方向。禹门口东扩工程设计制作了具备调节方向和铲削功能的各类型号的专用顶进头。顶进导轨和靠背墙的平面位置、垂直度、平整度等指标必须通过仪器测量来精确控制。安装时应首先按照控制基准点的坐标和高程确定管道轴线，根据管道长度以及靠背墙厚度确定工作坑的平面位置和四周尺寸。导轨应固定在混凝土底板上，安装必须牢固、水平。导轨的中心线应与顶管的轴线在一个垂直平面上。选配液压千斤顶应根据土壤摩擦力和管道顶进长度精确计算，确定千斤顶的顶点位置关系到顶进推力是否均匀，能否保证整个顶进过程不偏不倚地沿着轴线方向前进。因此，在顶管设备安装前，必须经过精密的设计计算，安装时严格按照设计点位布设并用仪器检测。

4.2.3 管道拼装与顶进质量控制

PCCP顶管拼装与顶进质量是保证顶管施工成败的关键环节。施工中为降低管道外壁与土层以及轨道的摩擦系数，顶进前可在管道外壁和导轨上涂刷润滑剂，可将废机油与石质量安全墨粉按4∶6的比例配置，导轨上涂抹润滑油，减少顶进阻力。

工具管吊入导轨顶进前，应测量管中心轴线是否与顶进轴线重合，必须在保证工具管轴线正确的前提下才可以开始顶进作业。当工具管顶进到管身长度的三分之一时，可拼装下一节管道。在拼装与顶进过程中首先应保证承插口和密封胶圈安装质量。禹门口东扩工程顶管施工中，在承插口端面增加1.5 cm厚的木板垫层，避免在顶进时因推力巨大而损坏柔性接头和

密封胶圈。此外,管道拼装时必须保证两节管道承插口间距均匀,轴线同心。

5　管道外壁灌浆与管缝防渗处理

为严格控制管道沉降量,PCCP顶管施工完成后,可通过管道预留的灌浆孔对管道外壁与土壤的间隙以及管道四周松散土层进行灌浆处理。灌浆根据土质情况与施工时的超挖情况设定一定的灌浆压力,灌浆材料采用一定比例的水泥浆,当顶管两侧挤出水泥浆时可以把两侧封堵。

PCCP顶管的承插口管缝处理采取填塞2.5 cm厚聚硫密封胶防渗、1∶2水泥砂浆勾缝的办法。在水泥砂浆凝固后,再在承插口内壁涂刷厚度1.5 mm、宽度40 cm的聚脲防水层,确保管道不渗漏。

6　质量控制效果

禹门口东扩工程PCCP顶管在管道制作及安装阶段,严格控制各个环节施工质量,不仅保证了输水管道一次性充水运行成功,而且对铁路以及高速公路等重要建筑物未造成任何影响,达到了预期效果,为顶管施工技术的发展积累了实践经验,值得进一步总结。

[作者简介] 杨继林(1966—),男,太原工业大学水工建筑专业毕业,高级工程师。

本文刊登在《山西水利科技》2013年第1期

高压旋喷灌浆质量控制措施

高燕芳

（山西省水利水电工程建设监理公司，山西太原 030002）

[摘　要]从喷嘴直径、喷射管旋转速度、提升速度、地面试喷等方面，分析了高压旋喷灌浆各个施工参数的重要性，总结出各个施工参数的质量控制要点，为高压旋喷灌浆的质量控制提供了宝贵的经验。

[关键词]高压旋喷灌浆；地基承载力；喷嘴直径

[中图分类号] TV523　　　[文献标识码] B　　　文章编号：1006－8139（2013）01－007－02

在水利水电工程建设中，高压喷射防渗墙多用于大坝基础防渗，但对于砾石含量较多且砾径较大的软基，采用混凝土灌注桩，工期长、投资多；采用振冲桩，由于砾径太大无法施工；采用水泥黏土固结灌浆，其承载力不能满足要求；如果软基层较厚，换基方法也不可取；因此，对于砾石含量较多且砾径较大的软基，高压旋喷桩是提高坝基承载力最有效的方法。由于坝基承载力直接关系到大坝的稳定，其关键工序的质量控制方法是工程技术人员需要探讨、研究的重要课题。

1　工法的选择

高喷灌浆工法包括单管法、双管法、三管法。大多数人认为，三管法是在单管法和双管法基础上发展起来的，水、气、浆三种介质分别使用三种管输送，高压旋喷桩使用三管法破坏土体的能量大，固结体直径大，旋喷桩的承载力效果最好。但是，对于有动水的河床地层，地下水渗流速度快，三管法容易造成浆液流失，形不成完整密实的旋喷桩凝结体。另外，在淤泥地层，其含水率高于液限，承载力很低，高速水流无法切出相对稳定的沟槽，低压水泥浆液不会被高速气水流卷吸到被切割的淤泥地层，用三管法的效果远不如双管法的效果好。高压旋喷桩工法的选择，不仅要考虑工程的设计要求，也应考虑工程地质、施工部位、地下水活动等情况。

2　高喷试验

由于工程所处位置不同，工程地质、地下水活动情况也不同，在不同情况下高喷形成的旋喷桩有效直径也不同，所以，高压喷射灌浆机的喷射压力、喷射流量、提升速度、高喷孔间距等施工参数都应根据高喷试验

进行确定。如施工参数定得保守，则浪费工程投资，使工期滞后；反之，则会出现旋喷桩直径偏小，不能满足大坝承载力的要求。因此，选择有代表性的地层进行高喷灌浆现场试验是必要的。

高喷灌浆试验内容较多，试验项目需要有重点。对于砾石含量较多且砾径较大的软基，其目的主要是提高地基承载力，所以一定要做高压旋喷桩体的强度试验、单桩或群桩的复合地基载荷试验。

3　喷嘴直径

3.1　高压水喷嘴直径

三管法是用 0.6～0.8 MPa 的喷射气流，包裹着 35～40 MPa 的高压水喷射流，同轴喷射冲切土体，形成较大空隙，再由水泥浆液填充。当高压喷射灌浆参数一定时，高喷灌浆凝结体的尺寸与喷嘴的直径和质量有密切关系，相同质量的喷嘴直径越大，喷射出的流量越大，产生的能量越大，切割土体的范围大，所形成的凝结尺寸也越大。适当增加喷嘴直径，旋喷桩径会明显增加。《水电水利工程高压喷射灌浆技术规范》（DL/T 5200—2004）中要求，水的喷嘴直径应为 1.7～1.9 mm。如喷嘴直径没有达到 1.7 mm，高压气水喷射流切割土体的能量大大减弱，旋喷桩的直径减小，其承载力不能满足设计要求。现场工程技术人员应在地面试喷前，首先检查喷嘴的直径。

3.2　水泥浆喷嘴直径

双管法是注浆管插入预定深度后，用低压空气和高压浆液形成同轴喷射流，冲切破坏土体，喷射出的流量越大，产生的能量越大，切割土体的范围越大，所形成的凝结尺寸也越大。如前一次施工后没有及时清洗

喷嘴,喷嘴内壁粘有凝结固化的水泥浆,使喷嘴的有效直径减小,导致高压气浆喷射流切割土体的能量大大减弱,甚至形不成旋喷凝结体。规范中要求,水泥浆的喷嘴直径为 2.0~3.2 mm。

三管法冲切土体是用高压气水射流,要保证水泥浆液充分填充空隙,其喷嘴直径也不能太小,规范中要求,水泥浆的喷嘴直径为 6~12 mm。

3.3　喷嘴直径的检查

对于单管法、双管法、三管法成桩的机理不同,其空气、高压水、水泥浆的喷嘴直径也不同。在地面试喷前,首先要明确工法及喷嘴直径。规范中推荐的喷嘴直径见表1。

表1　规范推荐的喷嘴直径

	单管法	双管法	三管法
水嘴直径(mm)	—	—	1.7~1.9
浆嘴直径(mm)	2.0~3.2	2.0~3.2	6~12

4　喷射管旋转速度

高压喷射灌浆试验表明,提高或减慢喷射管旋转速度,会使高喷射流的切割距离变短,从而达不到旋喷桩的设计直径,其转速应在 0.8~1.0 r/min。

5　提升速度

喷射管提升速度的快慢,直接影响旋喷桩直径大小,甚至还会影响到旋喷桩的质量。喷射管提升速度快,形成的桩径小;喷射管提升速度慢,形成的桩径大。当其他高压灌浆参数一定时,旋喷桩的直径与提升速度成负相关。

施工参数确定后,必须按照试验确定的提升速度施工,如果为了加快工程进度、盲目节约工程投资,旋喷桩的直径难以保证,地基承载力不能满足设计要求,将给工程带来安全和质量隐患。

6　地面试喷

高压旋喷灌浆试验确定施工参数后,在喷每一个孔之前,必须进行地面试喷。尽管喷射管的旋转速度及提升速度是通过高压喷射台车来调整,但是转速和提升速度的校核都是在地面试喷阶段完成;另外管路运行情况、喷射方向也是通过地面试喷来检查;通过地面试喷,能够检查喷射流的喷射距离、喷射流的形状等。在用三管法施工进行地面试喷时,如果喷嘴的喷射角度不同轴,高压气流不能有效包裹水流,水流喷出喷嘴后很快分散,切割土体的能量大大减弱,甚至形不成旋喷桩。因此,下喷射管前,应进行地面试喷,检查机械及管路运行情况,并调准喷射方向和摆动角度。

7　三管法高压旋喷桩施工工艺

(1)造孔系统:先用钻机钻孔,以便喷管下到设计深度。孔深以穿过透水层,并且深入不透水层 2 m 为准。

(2)供水系统:高压泵以 35~40 MPa 的压力把高压水送出喷水嘴,送水量 75 L/min。

(3)供气系统:用空气压缩机以 0.7 MPa 的压力,每分钟向灌浆孔内送入 1~1.5 m³ 的风。其作用有两个:其一是气流包围在水流外围,约束射出的水流,延缓分散,使射程加长,切割土层长度加大,其二是水气掺搅后,把切割下来的土粒、砂粒、小石子等带出孔口,以腾出地下空间。

(4)供浆系统:制浆站按水灰比 1:1 搅拌成比重 1.5 g/cm³ 以上的水泥浆,用灌浆泵以 0.1~0.6 MPa 的压力,每分钟向灌浆孔内注入 60~80 L 水泥浆,用来充填满高压水切割出来的地下空间,凝固后形成混凝土墙体。

(5)喷灌系统:主要是高喷台车,上述水、气、浆三个系统的管道,都集中在高喷台车的龙头上,三列灌浆管的升降速度、决定摆角的旋摆机构等都是通过油压系统自动控制。

(6)高喷作业:拌制好浆液后,通过管道送入喷嘴,开始高喷灌浆。下喷射管前,应进行地面试喷,检查机械及管路运行情况,并调准喷射方向和摆动角度。当地层中水流速度过大时,由于浆液难以在预定的范围内凝结,应先进行堵水处理,而后进行高喷灌浆,待回浆比重不小于 1.3 g/cm³ 时开始提升喷浆管,注意检测浆液压力和流量、高压水压力及流量、风压及风量、提升速度等参数是否符合设计要求,并做好记录。开始喷射时先送水泥浆,再送高压水,最后送气;喷射完毕后,先停气、再停高压水、最后停水泥浆。如果高喷灌浆因故中断后恢复作业,应对中断孔段进行复喷,其搭接长度不小于 0.5 m。

8　结语

在高压旋喷桩施工过程中,喷嘴直径、提升速度、旋转速度、水气浆压力、供气量、地下水及地层土质情况等,对高压喷射灌浆形成的凝结体的尺寸和形状都有不同程度的影响,掌握各种因素对高喷凝结体的影响规律,能够有效控制高压喷射灌浆工程的施工质量。

[作者简介] 高燕芳(1980—),女,2007 年太原理工大学硕士研究生毕业,工程师,目前主要从事水利监理工作。

本文刊登在《山西水利科技》2012 年 8 月

大型预应力钢筒混凝土管道(PCCP)接口维修处理措施

张正荣[1,2]

(1. 太原理工大学水利工程学院，山西太原 030024；
2. 山西省水利水电工程建设监理公司，山西太原 030002)

[摘　要]大型预应力钢筒混凝土管道(PCCP)接口，在施工和运行过程中难免会出现不同程度的损坏，接口的维修处理对 PCCP 管道运行效果起着至关重要的作用。文中介绍了南水北调中线京石段应急供水工程(北京段)PCCP 管道接口处理维修实践，该段 PCCP 管道内径为 4 000 mm，对其在打压试验中不合格的管道接口给出了三种具体的处理措施。

[关键词]南水北调工程；PCCP；接口；处理；措施

[中图分类号] TV52　　　[文献标识码] B　　文章编号：1006 - 8139(2012)03 - 016 - 02

1　工程背景

南水北调中线工程自起点湖北丹江口水库引水，经湖北、河南、河北等省，进入北京市境内。PCCP 管道工程是南水北调中线北京段总干渠线路最长的大型输水工程，上接惠南庄泵站，下接大宁调压池。PCCP 输水干线全长 56.359 km，为两排直径 4 m 的预应力钢筒混凝土管道(PCCP)，每节管重 54 ~ 77 t，最大管外径约 4 852 mm。

本工程在 PCCP 管道安装过程中，接头打压分三次进行。每节管道安装完成后，随即进行第一次接头打压试验，加压至规定试验压力(本工程为 0.8 MPa)后，保持 5 min 不下降，即为合格；每安装 3 节 PCCP 管道后，对先前安装的第一根管接头进行第二次打压，检验方法同第一次接头打压；第三次接头打压试验在管顶回填完成后进行，检验合格后，应拧紧螺栓密闭打压孔。第一次打压和第二次打压若发现不合格则通过安装调整或拔管重装进行处理。本工程对第三次打压不合格接口采用 SXF - 202 双组分聚硫密封胶进行了处理。工程于 2008 年 6 月通水，运行一年后于 2009 年 12 月对管道进行了放空检查，检查后发现大部分管道接口状态良好，个别管道接口出现渗漏现象。对渗漏接口分两种情况进行了处理：一种是再次打压压力达不到设计保持压力，即打压时有压力，但达不到设计要

求的保持压力(0.8 MPa)，这种情况说明管道接口有轻微渗漏；另一种是再次打压接口没有压力，即打压时压力始终为零，这种情况说明管道接口渗漏严重。

下面就本工程对管道接口的维修处理方法分别作以介绍。

2　第三次打压不合格接口处理

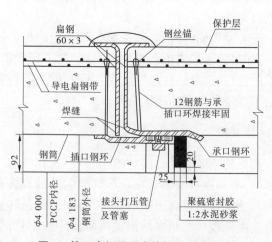

图 1　第三次打压不合格接口处理方法

由于管道已经回填完毕，无法拔管重装，对此类管道接口处理，本工程采用填塞聚硫密封胶和1:2水泥砂浆的方法进行处理。

首先凿除已破损的管道接口砂浆，把界面的油渍、污渍清洗干净，保持界面干燥；然后用聚硫密封胶和

1:2水泥砂浆填塞。处理方法详见图1(第三次打压不合格处理方法)。

3　压力达不到设计保持压力接口维修

此类管道接口在打压时有压力，但达不到设计要求的保持压力(0.8 MPa)，说明管道接口有轻微渗漏。对此类管道接口处理，本工程采用填塞聚硫密封膏、环氧砂浆，并结合SK手刮聚脲的方法进行处理。

首先清除已破损管道接口内的填缝材料，把界面的油渍、污渍清洗干净，保持界面干燥；然后在管道内部采用聚硫密封膏、M10环氧砂浆填塞管道接口；最后外粘胎基布及SK手刮聚脲。其中SK手刮聚脲的厚度为：胎基布范围厚3 mm，其他范围厚2 mm。

处理方法详见图2(压力达不到设计保持压力接口处理方法)。

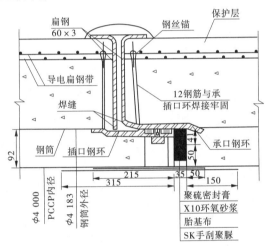

图2　压力达不到设计保持压力接口处理方法

4　接口打压无压力接口维修

此类管道接口在打压时压力始终为零，这种情况说明管道接口渗漏严重。对此类管道接口处理，本工程采用填塞聚硫密封膏、BW-II止水条、环氧砂浆，并结合钢胀圈和SK手刮聚脲的方法进行处理。

首先清除已破损的管道接口内的填缝材料，对于存在破损、开裂、脱落现象的插口管口进行切除清理，切除宽度65 mm左右，与原25 mm的承插口间隙形成90 mm左右宽度的槽，并对裸露出来的插口钢板进行环氧饮水舱漆内防腐处理。

然后将现有打压孔螺栓拆除，并更换为同材质、同直径、长度为20 mm的螺栓，清除界面油渍、污渍，保持界面干燥。

最后采用聚硫密封膏、BW-II条、钢胀圈、砂浆填塞，外粘胎基布及SK手刮聚脲(胎基布范围厚3 mm，其他范围厚2 mm)。由于钢胀圈总体质量较重，为施工方便，分为六块进行拼装，接头采用胀紧螺栓连接。

处理方法详见图3(接口打压无压力接口处理方法)。

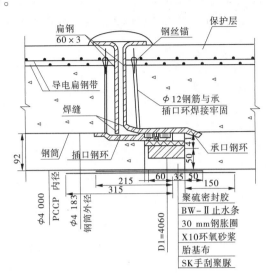

图3　接口打压无压力接口处理方法

5　施工材料要求

聚硫密封胶、环氧砂浆及BW-II止水条等施工材料，在水利工程中比较常见，严格按照相关技术规程要求使用即可。钢胀圈材质为Q235C，需要根据现场实际直径、宽度在加工厂定制加工，确保加工精度，并根据场地条件将钢胀圈适当分割(一般为6块)运至PCCP管内组装。

SK手刮聚脲为一种新型的施工材料，具有抗拉伸、抗耐磨、强度高、黏接力强等特点，施工时为膏状，成型后类似硬橡胶状。近些年已在混凝土大坝、混凝土挡土墙等结构的裂缝处理、混凝土老化处理等方面有过应用，效果比较好，其主要技术参数如表1所示。

表1　SK手刮聚脲主要技术参数表

项目	规格
拉伸强度	大于16 MPa
扯断伸长率	大于350%
撕裂强度	大于60 kN/m
硬度，邵A	40～50
附着力(潮湿面)	大于2 MPa
耐磨性(阿克隆法)	小于15 mg
颜色	可调

6　结束语

本工程渗漏接口用以上方法分别进行处理后，南水北调中线京石段应急供水工程(北京段)PCCP管道工程于 2010 年 5 月全线水压试验取得成功,各项指标均符合设计及相关规范要求,运行至今未发现异常现象。实践证明,大型 PCCP 管道采用以上接口维修处理方法是可行的,该方法可以为同类工程借鉴参考。

[作者简介] 张正荣(1969 -),男,1969 年生,1992 年毕业于北京科技大学计算机系,2010 年进入太原理工大学水利工程学院,攻读工程硕士学位。

本文刊登在《山西建筑》2012 年 11 月第 38 卷第 33 期

谈软岩隧洞围岩稳定分析及施工方法

张　伟

（山西省水利水电工程建设监理公司，山西太原 030000）

[摘　要]结合影响围岩稳定性的因素，对软岩地区隧洞围岩稳定性进行了分析，并以实际工程为例，探讨了软岩隧洞围岩开挖的施工方法，以期为相关施工单位提供参考。

[关键词]软岩隧洞；围岩；稳定性；施工方法

[中图分类号] U451.2　　　[文献标识码] A　　　文章编号：1009 - 6825(2012) 33 - 0205 - 02

0　引言

改革开放以来，我国的交通事业稳步前进，取得了令人瞩目的成绩。交通事业的发展得益于经济的发展，也促进了经济的发展。在新千年，我们的经济发展势头正处于上升态势，更应该抓住机会，深化改革，利用交通改变地区之间发展不平衡的现状。在中西部山区，要实现交通的全面进步较为困难，因为这里地形复杂，山区面积较大，需要大量的隧道式建筑，我们的工作人员不畏艰险，克服一切困难，未辜负党和国家给予的殷切期望。据不完全统计，截止到 2010 年年底，我国建成的铁路隧道总长度已经超过 7 000 km，公路隧道总里程数超过 3 000 km，而目前，全国轨道交通规划线路总长超过 4 000 km，其中需要建设隧道的线路占了相当大的比例，另外包括西部大开发的铁路，公路隧道，地铁，地下公用设施，顶管机械及其他西气东输，水电站工程等，1 年也有 450 km 的隧道建设量。我国到 2020 年前规划建设 5 000 座隧道，长度超过 9 000 km，在取得骄人成绩的同时，我们憧憬着未来，也背负着挑战。如何在地形复杂的山区做好隧道的建设工作，事关经济发展全局，尤其是很多地区的岩石稳定性较差，更需要我们投入大量的精力来研究并且施工。本文即对软岩地区的隧洞围岩稳定性进行了分析，并探讨了其施工方法，希望能为相关施工单位提供参考。

1　影响围岩稳定性的因素

隧道开挖前，首先要对隧道地区的地质条件有详细的了解，尤其是隧道开挖以后，对周围岩石的稳定程度分析，要做出一个正确的分级和评价。隧道围岩的分级较为复杂，大多是基于工程实践的基础，对所掌握的资料进行归纳统计分析，再通过定量定性分析，结合数据模型而计算出来。要使隧道的建设顺利通畅，首先一定要确保围岩的稳定性。因此，影响隧道围岩稳定性的因素应该要尽可能的全面分析到位。

1.1　地质因素的影响

岩土体结构状态是长时间地质运动的产物，在地质因素的影响中起着主要作用。

1)围岩的结构状态。

处于原始状态的岩土体，在长期的地质构造运动的作用下，产生各种结构面、形变、错动、断裂等使其破碎，在不同程度上丧失了其原有的完整状态。因此，结构状态的完整程度或破碎状态，在一定程度上是表征岩土体受地质构造运动作用的严重程度。对隧道围岩的稳定与否起着主导作用。实践指出，在相同岩性的条件下，岩体愈破碎，隧道就易于失稳。因此，在各种分级方法中，都把岩体的破碎程度作为分类的基础指标。

2)岩石的工程性质。

在围岩分级中，岩石的坚固性或强度都是以岩石的单轴饱和极限抗压强度为基准，这是因为它的试验方法简便，数据分散性小，且与其他物性指标有着良好的互换性。依岩石试件抗压强度进行岩石分级的基准。岩石的强度因风化作用和水的作用会大大降低。风化时，岩石产生风化裂隙使水易于浸入，岩体湿润，减少了岩石晶粒间的联系，因而强度减小，故试验时多以湿饱和强度为基准。

3）地下水的影响。

隧道施工的大量实践证明，水是造成施工塌方、使隧道围岩丧失稳定的重要原因之一。因此，在隧道围岩分级中水的影响是不容忽视的。

1.2　施工因素的影响

人为的因素也是造成隧道丧失稳定的重要条件，其中隧道的形状和尺寸，尤其是跨度影响较为显著。实践证明，在同类围岩中，跨度愈大，隧道围岩的稳定性就愈差。例如，大块状岩体是指裂隙间距在 0.4 ~ 1.0 m 的岩体。这是对中等跨度隧道（$B = 5$ m ~ 15 m）而言的，跨度较大（大于 15 m）或较小（小于 5 m），岩体的破碎程度就不同。因此，有的分级就明确指出分级的适用跨度范围。

在施工因素中，支护结构的类型及架设时间也对隧道围岩的稳定性产生重要影响。其中比较重要的是隧道开挖后，围岩在无支护条件下的允许暴露时间及无支护地段的长度，也就是围岩的自稳时间，因此，有的围岩分级就是以这个时间进行分级的。隧道自稳时间是指从开挖后到顶部开始发生可以察觉到的移动、松弛时为止所经历的时间。实际上它是岩石类型、隧道未支护地段长度、隧道宽度以及开挖时围岩被扰动、破坏程度的函数。

此外，施工方法也有影响，在同类岩体中，采用普通爆破法施工和控制爆破法施工，采用矿山法施工和盾构法或掘进机施工，采用大断面开挖和小断面分部开挖，对隧道稳定性的影响都不相同。

2　工程概况

某隧洞设计洞径为 9.5 m，为圆形有压洞，现场地质勘察显示，该地区的上覆岩体厚度为 40.0 ~ 45.0 m，岩石的性质主要包括中泥盆统萨阿尔明组下亚组灰岩、火山角砾岩及上第三系中新统桃树园组砂质泥岩等等。隧洞洞径较大，埋深较浅，砂质泥岩段围岩强度低，对开挖施工比较敏感，施工期的围岩稳定是一个极为重要的问题，对隧洞开挖施工过程中的围岩应力、变形分布和稳定性进行分析，为设计和施工提供依据和参考。

3　引水隧洞开挖卸荷计算分析

根据工程地质资料分析，工程区构造应力很小，隧洞开挖计算中不考虑构造应力等因素的影响，以自重应力场作为初始应力场。开挖一个区域后，将开挖后的应力场与初始应力场进行比较，确定开挖面附近的围岩的卸荷区分布情况以及不同区域围岩的卸荷量，

根据卸荷量的量级对卸荷区域进行划分，对不同卸荷区域的岩体力学参数进行调整。

4　开挖施工方法建议

如前所述，施工会对隧道的稳定性造成一定程度的影响，所以在施工方法的选择上一定要仔细认真。在本工程中，由于地质条件较为复杂，岩体几乎处于破碎状态，围岩自稳能力差，而且开挖孔径大，形成成洞难度较大，如果采用全断面直接开挖的话很明显是行不通的。经过认真的思考与协商，本工程采用了上下导洞开挖的形式。所谓上下导洞开挖，就是将导洞布置在隧道的顶部，断面开挖对称进行。在上导洞开挖的时候又分四个区域进行开挖，保留核心土，先开挖顶部，再开挖左右两侧导洞，尽量缩短钢支撑和一次喷锚支护的时间；而且，爆破开挖时，严格控制装药量和单响药量，以防止过大的震动对围岩的影响；同时，严格限制每个循环的开挖进尺，对于围岩自稳能力较差，开挖面形成以后，先喷护一层混凝土后再出渣。开挖后及时进行锚喷支护和布置钢支撑对围岩进行强支护，抑制不良地段围岩产生较大的变形甚至塌方等危险。

5　结语

隧道的建设是一项庞大而复杂的工作，不但会动用到大量的人力物力，而且在施工过程中充满了危险性，所以对其各种因素的考虑更要彻底而全面。而作为施工的基础之一，岩石的稳定性对整个隧道的施工至关重要。要想保证整个项目的顺利完成，并且在后续使用中有着良好的运营效果，除了做好安全性、稳定性分析，还要保证施工过程中的质量控制。总之，隧道的建设工作量大，难度高，一定要考虑周全，做到科学安全施工。

参考文献

[1] 邓华锋，李建林，王乐华，等. 软岩隧洞围岩稳定分析及施工方法研究[J]. 采矿与安全工程学报，2012(9)：8-9.

[2] 邓华锋，李建林，易庆华，等. 软岩高边坡开挖卸荷变形研究[J]. 岩石力学，2009(6)：13-15.

[3] 邓华锋，李建林，王乐华. 考虑卸荷的加锚裂隙岩体力学参数研究[J]. 岩土力学，2008(4)：3-4.

[4] 李建林，刘杰，王乐华. 多因素作用下隔河岩电站厂房高边坡变形机理及岩体稳定性研究[J]. 岩土工程学报，2007(9)：81-83.

[作者简介] 张伟（1984—），男，助理工程师。

本文刊登在《山西建筑》2012年9月第38卷第25期

弧形底梯形混凝土渠道工程质量控制

董姣姣

(山西省水利水电工程建设监理公司,山西太原 030002)

[摘　要]结合以往的渠道施工经验,对弧形底梯形混凝土渠道衬砌施工技术进行了阐述,通过对各施工环节的分析,提出了施工质量控制要点,从而使弧形底梯形混凝土渠道技术更加成熟。

[关键词]混凝土渠道;混凝土衬砌施工;滑模衬砌机

[中图分类号] U61　　　[文献标识码] A　　文章编号:1009 - 6825(2012)25 - 0253 - 02

0 引言

近年来各大灌区渠道项目改造中,为了减少渠道渗漏损失,提高灌溉水利用率,发展节水型灌溉,在各级渠道上,大量推广混凝土弧形底梯形渠道。

这种弧形底梯形渠道具有以下特点:

(1)水力条件好,能减少渗漏96%,防渗效果好;

(2)下部半拱的整体性好,能抵抗一般的地基冻胀等外力的破坏;

(3)断面接近半圆形,水流速度快,冲淤效果好,输水输沙能力强;

(4)具有湿周短,比梯形断面衬砌省工料,工程量较小,投资较少等优势;

(5)渠口窄,占地比梯形渠道少一半;

(6)管理养护方便。

但这种弧形底梯形混凝土渠道在改造施工中存在不少缺陷,施工过程中由于施工工艺和工人对衬砌机操作掌握不熟练,刚开始施工需要进行试验浇筑几天,逐渐掌握施工过程,导致施工进度慢,施工质量不好控制,工程质量难以保证等缺点,为此,在今后的施工中,不断探索,改进施工机械,调整施工工艺,总结一套对弧形底梯形混凝土渠道施工的经验,满足施工进度快、施工工艺简单、施工机械工人操作易上手,提高机械的可操作性、衬砌质量达到设计要求的办法尤为关键。

根据以往施工的渠道衬砌工程,水力要素为:渠深为2.2 m,口宽为5.64 m,两侧边长为2.45 m,弧半径为1.5 m,弧长为2.31 m,边坡1:1.5,每4 m一块设一道横向伸缩缝,混凝土底部铺设一布一膜土工布防渗

(见图1)(以上参数要依据具体工程设计图纸确定)。

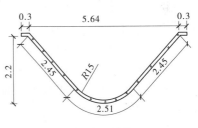

图1　水力要素

施工工序:土模施工→土工布铺设→混凝土衬砌→原浆收面→混凝土养护→伸缩缝处理。

1 土模施工

为保证工程质量达到设计要求,防止在运行过程中发生沉陷,渗漏和变形,建基面施工先机械施工:先用机械将渠道内的淤泥、砌体、渠堤砂、腐殖土清理后进行测量放样。土方填铺作业应从最低处开始,按水平层次两侧采用开蹬分层铺土,铺土厚度均匀一致。机械夯打采用连环套打法夯实。铺土厚度每层限制在30 cm以内,两侧边坡铺土宽度应超出设计边线一定余量用于人工精削坡。填铺土完成后进行人工精削坡。要求按设计断面精削整平,达到表面无凹凸不平现象。

质量控制方面:土方填筑首先保证土料含水量满足施工要求。检查每层的铺土厚度,确保铺土厚度每层限制在35 cm以内并要均匀一致。相邻作业面宜均衡上升,以减少施工接缝。与渠系建筑物的接缝处理是薄弱环节,机械碾压不到的部位,要辅助人工进行打夯机夯实处理,采用连环套打法夯实,夯迹双向套压,

夯迹搭压宽度不小于1/3夯径。弯道混凝土浇筑采用人工浇筑,浇筑质量和外观质量较难控制,弯道部位的土方填筑和混凝土浇筑应作为质量控制重点。

2 铺设土工布

现场采用人工滚铺,工人应穿软底鞋,由坡顶徐徐展放至坡底,铺设时应平顺、随铺随压,张弛适度,松铺富余量为1.5%,避免应力集中和人为损伤。铺设前进行复检,不得使用扯裂、有针眼、疵点、厚薄不均匀、老化的土工膜。铺设相邻土工布搭接应不小于10 cm采用丁缝法双线缝焊接。土工膜层铺设完毕,应尽快浇混凝土。

土工布施工质量主要采用目测,以检测布与布搭接宽度、双缝线间距、手拽检测缝合是否紧密或黏结强度。

3 混凝土衬砌

弧底混凝土衬砌,用到加工成形的弧形模具,弧形模具用槽钢按设计图纸断面加工而成,要求弧度、衬砌厚度及焊接面平整度达到设计要求,还有四边固定后的牢固性达到不变形。混凝土入仓后用双滚筒振捣器振捣,同时应补平缺料部位,做到弧底混凝土饱满密实,表面平整。

梯形边坡混凝土衬砌:梯形边坡混凝土衬砌应先施工1,3,5,7,9……隔一跳一施工。再回来施工2,4,6,8……采用经过多次改进后的滑模机衬砌施工(见图2),施工中滑模机沿轨道均匀上升,上升过程中要不断加入混凝土,同时应补平缺料部位,做到滑模机内混凝土饱满密实,表面平整。

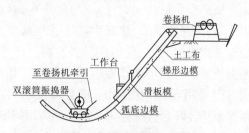

图2 滑模机衬砌施工图

衬砌质量控制:严格控制混凝土的配合比,对混凝土拌和质量不定期地进行抽查。混凝土达到规范要求。由于混凝土衬砌厚度较薄并且梯形边坡较陡,振捣时混凝土很容易向渠底溜滑,因此,严格控制混凝土的配合比,采用低流态混凝土浇筑是重中之重。同时,衬砌机上的滑板模上升中振捣工人要及时振捣混凝土,必要时要辅以人工捣固密实。尤其到了渠道弯道部位,弯度不好控制,建议采用定型模板浇筑施工。

4 原浆收面

浇筑完成后,混凝土表面平整度比较好,经人工用木抹子找平,约2 h后再用铁抹子找平、压光。收面应是原浆收面,做到渠口挂线抹直,渠面抹平。弯道处混凝土面收面技术要求较高,要求用收面技术水平较高的工人进行施工,并且要多收几次,做到弯道混凝土面平滑,无凹凸不平现象。

5 养护

根据环境温度选择采用洒水养护或有条件安管喷雾养护,效果更好。弧形底梯形混凝土渠的养护采用塑料布覆盖和渠道注水的养护方法,这两种方法存在缺点:塑料布极容易被风刮走并容易破损;注水养护的注水量大,满渠注水做不到;洒水养护效果更差,梯形边坡较陡,不滞水。建议,渠道混凝土的养护可以采用盖草垫加洒水并用塑料布覆盖养护,以保持混凝土表面经常湿润。近年来,国外有在混凝土表面喷洒一层化学防护膜进行养护,效果很好,希望试验推广。

6 伸缩缝处理

混凝土衬砌板横向每隔4 m(浇筑一块)设一道伸缩缝,伸缩缝缝深为衬砌板的厚度,伸缩缝缝宽2 cm,缝内上部为2 cm厚明渠专用聚硫密封胶止水,下部为高密度聚乙烯闭孔板隔缝。

7 效果

弧形底梯形混凝土渠道从外观质量、密实度及混凝土强度等方面检测,均能满足设计及施工规范要求,糙率小,挟带泥沙能力强,用改进后滑模衬砌机施工不再用大量模板,加快了施工进度。采用原浆收面,使面层与混凝土融为一体,提高了混凝土整体质量,外观质量也大大提高,渠道质量也得到保障。在今后施工中还要不断探索改进滑模衬砌机,使弧形底梯形混凝土渠道技术更加成熟,得到全国的推广认可。

[作者简介] 董姣姣(1983—),男,助理工程师。

本文刊登在《山西水利科技》2011 年 8 月第 3 期(总第 181 期)

软岩洞段单护盾隧洞掘进机(TBM)主要施工问题及对策

卜武华　田娟娟

(山西省水利水电工程建设监理公司,太原 030002)

[摘　要]介绍了国内首台单护盾隧洞掘进机(TBM)在甘肃省引洮供水一期工程总干渠 7 号隧洞的应用,针对单护盾 TBM 在软岩洞段掘进施工时碰到的一些主要问题提出了解决对策,为今后 TBM 遇到类似围岩地质条件下掘进施工提供一些借鉴和帮助。

[关键词]软岩;单护盾 TBM;施工问题;对策

[中图分类号] TV554　　　[文献标识码] B　　　文章编号:1006 - 8139(2011)03 - 41 - 03

1 工程概况

甘肃省引洮供水一期工程总干渠 7 号隧洞位于甘肃省渭源县境内,隧洞全长 17.286 km,其中单护盾隧洞掘进机(TBM)施工段长 16.986 km,圆形断面,开挖直径为 5.75 m,成洞内径为 4.96 m;衬砌采用 C45 预制钢筋混凝土六边形管片拼装而成,衬砌管片厚 280 mm、宽 1 600 mm;衬砌管片背部底拱 90°范围回填 M15 水泥砂浆,边顶拱 270°范围豆砾石回填灌浆。

隧洞最大埋深 368.00 m,Ⅳ类围岩洞段长 2.468 km,Ⅴ类围岩洞段长 14.518 km;隧洞经过地层岩性较复杂,主要由砂质泥岩、砂砾岩、上第三系临夏组 N_2L^2 泥质粉砂岩和 N_2L^{2S} 疏松砂岩构成,围岩岩性软弱,强度低,单轴饱和抗压强度 0.99 ~ 2 MPa,遇水易软化、崩解,具流变性,属极不稳定的 Ⅴ类围岩;隧洞开挖后围岩易出现塑性变形、坍塌及地下水潜蚀引起流砂、涌砂等地质问题。

2 施工概况

甘肃省引洮供水一期工程总干渠 7 号隧洞选用了一台由法国 NFM 公司设计、北方重工制造的全断面单护盾隧洞掘进机 TBM,同时也是国内首台首条单护盾 TBM 施工隧洞,2009 年底正式开始掘进。通过对单护盾 TBM 已完成掘进 2.8 km 隧洞施工情况分析,现场揭示围岩多数为极软岩,强度低,自稳性差;围岩坍塌、流砂及涌砂等地质问题导致单护盾 TBM 掘进多次受阻,严重影响 TBM 施工质量和施工进度。

3 单护盾 TBM 主要施工问题及对策

单护盾 TBM 在甘肃省引洮供水一期工程总干渠 7 号隧洞软岩洞段掘进施工时碰到了许多问题,而处理这些问题不仅花费了大量的人力、物力和财力,且消耗时间长;通过多年 TBM 施工,总结了一些软岩洞段单护盾 TBM 施工经验,为今后 TBM 遇到类似围岩地质条件下掘进施工提供一些借鉴和帮助。

3.1 衬砌管片错台、滚动、裂缝及破损

3.1.1 原因分析

①底部围岩软弱,承载力低,底拱管片下沉导致错台和破损。②围岩坍塌,管片背部豆砾石充填困难,导致侧拱管片前倾、后仰,出现错台和破损。③侧拱管片与顶拱管片无限位措施,顶拱管片下沉导致错台和破损。④管片结构不能自锁,尤其管片纵向连接处未设置类似导向杆的稳定装置,易产生错台。⑤围岩软硬不均,单护盾 TBM 掘进姿态难以控制,导致管片与盾尾贴死,造成管片挤压破损。⑥围岩坍塌积压、收敛变形以及单护盾 TBM 主推力过大,导致管片出现裂缝、错台和破损。⑦与双护盾 TBM 相比,单护盾 TBM 无防滚动装置,掘进时刀盘转动产生的扭矩全部由盾体与围岩、管片及围岩的摩擦力矩提供,当刀盘扭矩过大时,盾体与管片均会出现滚动。⑧单护盾 TBM 主推进油缸斜撑于管片,且作用力很不均匀,导致管片出现滚

动。

3.1.2 对策

①底拱管片底部预先铺设一层干硬性混凝土,增大管片与底部围岩之间的接触面积,同时管片底部垫设硬质木板进行安装调节,必要时对底部围岩进行固结灌浆,以提高底部围岩承载力,防止底拱管片下沉出现错台和破损。②根据单护盾TBM掘进进度,及时对管片背部进行豆砾石回填灌浆和水泥砂浆回填,必要时对管片背部进行固结灌浆,防止管片前倾、后仰及下沉出现错台和破损。③侧拱管片与顶拱管片间内弧面安装临时限位钢板,防止顶拱管片下沉出现错台和破损;管片结构设计和管片预制时应考虑在底拱、顶拱管片纵向边背部预埋钢板,安装前焊接限位钢板,避免由于限位钢板临时安装于迎水面而造成以后限位钢板、膨胀螺栓的拆除及螺栓孔处的防水处理等一系列问题。④加强对管片与盾尾间隙、管片纵环缝间隙的监控量测,单护盾TBM掘进姿态应采用勤调、缓调的方式进行调向,降低主推进油缸对管片的不均匀受力,防止管片出现挤压破损和滚动。⑤对单护盾TBM设备进行改进,在尾盾内安装2个类似撑靴的防滚动装置,以减少盾体和管片滚动。⑥优化管片结构设计,提高管片承重等级,减少因围岩坍塌、收敛变形引起高地应力对管片结构的破坏;增加钢结构管片设计并重复使用,单护盾TBM掘进时,主推进油缸通过直接接触钢结构管片并间接传力于混凝土预制管片,防止预制管片出现裂缝和破损。⑦对衬砌管片错台、裂缝和破损部位按设计及技术规范要求及时进行修补处理。⑧对管片滚动导致钢轨面不平,在较低侧钢轨底部垫设硬质塑料板调整钢轨高差,确保轨道运输正常进行。

3.2 衬砌管片M型复合式遇水膨胀止水条扭曲、撕裂及脱落

3.2.1 原因分析

①管片前倾、后仰及下沉,导致管片间错台加大、接缝变宽,止水条出现扭曲、撕裂及脱落,止水条失效。②管片滚动、挤压破损,导致止水条出现扭曲、撕裂及脱落,止水条失效。

3.2.2 对策

①控制管片安装质量,提高管片错台、缝宽检测合格率,防止止水条出现扭曲、撕裂及脱落,保证止水条粘贴、接触紧密。②优化止水条结构设计,加宽、加厚复合止水条遇水膨胀橡胶部分,以加大止水条间接触面积,减少因管片错台、缝宽超标对止水条止水效果的不利影响。③对止水条失效部位按设计及技术规范要求及时进行更换、修补处理。

3.3 豆砾石充填困难,回填灌浆质量差

3.3.1 原因分析

围岩软弱,自稳性差,坍塌松散岩体侵占管片与围岩间隙,导致豆砾石充填困难,甚至无法充填,虽经过回填灌浆,但大部分没有豆砾石充填处不能形成完整的充填区域,只形成水泥和软岩的结石体,致使回填灌浆取芯质量差,多处不满足设计及技术规范要求。

3.3.2 对策

①充分发挥单护盾TBM自带超前钻机和超前地质预报系统的作用,加强综合超前地质预报工作,在通过软岩不良地质洞段时,应及早采取超前钻探等手段予以揭示。②对隧洞掌子面上部120°范围软弱围岩进行超前灌浆加固,灌浆材料、参数根据现场灌浆试验效果选定。③对围岩坍塌洞段管片背部松散岩体进行插钢花管固结灌浆加固,并对坍塌空腔一定范围内进行回填灌浆。

3.4 TBM栽头、盾体下沉及盾尾变形

3.4.1 原因分析

①底部围岩软弱,积水泥化,承载力低,导致单护盾TBM掘进姿态难以控制,出现TBM栽头、盾体下沉。②围岩坍塌积压、收敛变形过大,导致TBM盾尾钢板变形,影响管片安装。

3.4.2 对策

①单护盾TBM软岩洞段掘进时应重视和严格遵循"三低"即低推力、低转速和低贯入度,机头宁高勿低,必要时通过刀盘开口对底部围岩超前灌浆加固。②对隧洞掌子面围岩进行超前排水降水,同时加大TBM盾尾管片安装区的清渣、排水力度,降低底部围岩积水泥化程度,减缓TBM栽头、盾体下沉趋势。③对单护盾TBM刀盘进行优化设计,减轻刀盘重量以适应软弱围岩。④对隧洞掌子面上部120°范围软弱围岩进行超前灌浆加固,降低因围岩坍塌、收敛变形导致盾尾钢板变形程度。⑤对单护盾TBM盾尾变形严重的钢板进行修整或割除更换。

3.5 TBM主驱动变频电机、主推进油缸等设备损坏

3.5.1 原因分析

①围岩坍塌,TBM刀盘被压、被卡,刀盘启动扭矩增大,主驱动变频电机频繁尝试启动进行脱困导致部件发热损坏。②单护盾TBM长期在低转速、大扭矩及大推力非正常状态下掘进,导致主驱动变频电机部件发热损坏及主推进油缸缸体弯曲变形,同时对主轴承使用寿命产生不利影响。

3.5.2 对策

①对隧洞掌子面上部120°范围软弱围岩进行超前灌浆加固,稳定围岩,降低围岩坍塌程度。②TBM

刀盘顶部120°范围内焊接钢板进行前盾延伸改造,防止刀盘顶部围岩坍塌。③加强TBM设备日常检修、保养;主驱动变频电机、主推进油缸等损坏部件应及时进行维修、更换。

3.6　刀盘、刀具异常磨损,泥裹刀现象严重

3.6.1　原因分析

①围岩松散,单护盾TBM掘进时达不到滚刀启动扭矩,导致滚刀弦磨破坏;掘进过程中整个刀盘面板与掌子面围岩紧密接触,加快了刀盘的磨损。②围岩软弱泥化,TBM刀盘内的铲牙、料仓及刀座全部被泥渣料包裹堵塞,刀盘出渣困难。

3.6.2　对策

①优化刀具选型和配置,将部分滚刀更换成撕裂刀,降低换刀频率,减轻刀具磨损;合理控制贯入度,减轻刀盘面板磨损。②将部分滚刀更换为刮刀,减轻泥裹刀现象。③发生泥裹刀,人工及时进入刀盘内进行掏挖清理、换刀。

3.7　出渣量过大,主皮带机被压无法启动

3.7.1　原因分析

①隧洞掌子面围岩瞬间坍塌,出渣量大幅度增加,大量渣土将主皮带机压死无法启动。②单护盾TBM掘进参数选取不合理,调整不及时。

3.7.2　对策

①对隧洞掌子面上部120°范围软弱围岩进行超前灌浆加固,稳定围岩,减少因刀盘扰动围岩坍塌量。②对单护盾TBM设备进行改进,适当封堵铲牙,将实际出渣量控制在理论出渣量的3倍以内;TBM刀盘顶部120°范围内焊接钢板进行前盾延伸改造,防止刀盘顶部围岩坍塌。③强化单护盾TBM掘进参数的控制,降低刀盘转速,控制掘进速度,减少出渣量。④主皮带机被压部位及时进行人工清除。

3.8　流砂、涌砂严重,TBM施工无法进行

3.8.1　原因分析

单护盾TBM进入疏松砂岩洞段,因疏松砂岩局部含承压水,强度低,基本无自稳能力,掘进开挖中掌子面多处出现线状、股状流水,大量泥沙涌入刀盘、主皮带机、盾体内及盾尾管片安装区,部分TBM主机设备被埋,导致TBM施工无法进行;同时衬砌管片工作孔、接缝处出现流砂,对管片环整体结构稳定产生不利影响。

3.8.2　对策

①疏松砂岩岩体透水性弱、可灌性差,采用常规灌浆加固围岩或地表钻孔排水方案可能难以达到预期效果,应及时采取主洞内开侧导洞方案对该主洞疏松砂岩段进行人工开挖处理及支护,TBM空推通过后继续掘进。②对于隧洞其余含水疏松砂岩段,在合理位置研究布置斜井、竖井及平支洞,提前进行人工开挖处理及支护,以接应TBM空推通过。③对涌砂部位及时采取措施进行抢救,降低地质灾害损失,恢复TBM设备原状。④对衬砌管片背部及时反复进行回填灌浆,以控制流砂和稳定管片;同时安装钢拱架、限位钢板等对管片环进行临时加固,确保管片环整体结构稳定。

4　结束语

通过单护盾TBM在甘肃省引洮供水一期工程总干渠7号隧洞的应用可知,针对软弱围岩不良地质,目前国内尚无非常成熟的TBM施工经验,仍处于进一步探索总结阶段。在今后选择TBM工法施工时,应充分重视、保证工程地质详勘资料的准确性,为TBM正确选型、优化性能设计提供有力保障;同时在TBM施工阶段,应充分重视、挖掘TBM设备潜力,不断进行技术更新和设备改进,提高TBM设备与围岩地质条件的相互适应性,充分发挥TBM机械化施工优势和效益。

[作者简介]　卜武华(1971—),男,1993年毕业于太原工业大学,高级工程师。

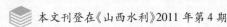
本文刊登在《山西水利》2011年第4期

金沙滩水库建设中的防渗处理

王援宏

（山西省水利水电工程建设监理公司，山西太原 030002）

[摘　要]结合工程建设实践，阐述了金沙滩水库建设中防渗处理采用全库盆铺筑复合土工膜，并对坝基进行素土挤密桩加固处理的措施，详细介绍了施工方法并指出施工要点，提出了金沙滩水库防渗处理施工过程中的一些有益经验，为平原水库建设提供参考。

[关键词]大坝；水库；防渗处理；素土挤密桩；复合土工膜

[中图分类号] TV62　　　[文献标识码] B　　　文章编号:1004-7042(2011)04-0050-02

1　概况

金沙滩水库是山西省万家寨引黄入晋工程北干线上的一座调节水库，位于朔州市怀仁县新家园乡，为半挖半填平原围封水库。大坝轴线总长 3 992.6 m，坝顶高程 1 116.6 m，坝顶宽度 6 m，水库正常蓄水位为 1 114.89 m，相应库容 1 101.70 万 m³。水库大坝为均质土坝，最大坝高 17.6 m。

金沙滩水库坝址位于湿陷性黄土工程地质分区之Ⅳ山西—冀北地区，库区地形较平坦，地层沉积为大峪口河流山前洪积堆积物，地层分布韵律差，沉积交错杂乱，岩性主要为低液限粉土、低液限黏土、粉土质砂，均具有湿陷性。

2　防渗处理措施

由于金沙滩水库库区地基土具有湿陷性，建库蓄水后可能导致库区地基土产生不均匀沉陷，因此设计考虑采用了全库盆铺筑复合土工膜，并对坝基进行素土挤密桩加固处理的防渗措施。

按照设计要求，金沙滩水库库盆面积约80万 m²，坝坡面积约26万 m²，全部采用复合土工膜进行防渗，复合土工膜规格采用 200 g/0.5/200 g 的两布一膜。坝基素土挤密桩处理，按照不同地质区域的湿陷等级，采用4.0～10.0 m不等的桩长，桩距分为 1.2 m 和 1.4 m两种，桩径400 mm，呈梅花形布置。

3　防渗处理施工技术

3.1　素土挤密桩施工

坝基开挖后，揭露出来的地基湿陷类型有四种，分别为非自重Ⅰ级（轻微）、非自重Ⅱ级（中等）、自重Ⅱ级（中等）、自重Ⅲ级（严重）湿陷性场地，部分地基无湿陷性。

根据地质情况和工程需要，基础处理以处理土的湿陷性为主，处理的重点是湿陷等级为Ⅱ级（中等）及以上的地段，采用1.2 m的桩距，对非自重Ⅰ级（轻微）湿陷性场地采用1.4 m的桩距进行处理。

3.1.1　材料要求

夯填用的土料尽量使用就地挖出的纯净黄土或一般黏性土、粉土，土料中的有机质含量不得超过5%，不宜使用塑性指数大于17的黏土和小于4的砂土，严禁使用耕土、杂填土、淤泥质土等，土料中不得有杂物，含水量应接近最优含水量。

3.1.2　主要施工过程

挤密桩施工主要包括平台开挖、布桩、成孔、桩孔夯填等工序。平台开挖是在坝基开挖时预留50 cm作为挤密桩施工平台，挤密桩施工完成后再挖除。布桩根据施工图纸确定桩孔位置并编号。成孔方法采用锤击沉管成孔和冲击成孔法。

3.1.3　施工质量控制

施工过程中，首先应保证孔位、孔径、孔的垂直度、土料质量及其含水率等指标符合设计要求。施工应从外向里且跳点跳排进行，沉管速度小于 1 m/min 时，宜由里向外打。要严格控制每次填料的厚度和夯击次数，每次填入的厚度不得超过10 cm，夯击次数不少于4次。向孔内填土前，应先将孔底夯实（夯击次数不少于8次）。沉桩至设计深度后沉管应缓慢拔出，成孔后应立即进行夯填。

施工完成后,挖孔检查桩身夯填质量和桩间土挤密质量。设计要求地基处理按非自重湿陷Ⅰ级(轻微)标准进行控制,桩身夯填土平均压实系数不小于95%,桩间土平均干密度不小于1.5 g/cm³。检验采用小环刀深层取样检验法,桩身孔的检测点位于距孔心2/3半径处,在全部孔深内每米取样检测其压实系数,检测频率为0.5%。桩间孔检测点位置选在三桩为一组的重心处半径15 cm范围内,在全部孔深内每米取样检测其干密度和湿陷系数,检测频率为1%。

3.2　复合土工膜施工

3.2.1　材料要求

金沙滩水库的复合土工膜膜材为聚乙烯,采用全新原料,不得添加再生回收料,并且由于辊压工艺加工过程中易使膜产生气泡、气孔和砂眼,因此要求采用吹膜工艺进行生产。复合土工膜的基材为涤纶长丝纺粘针刺非织造布,其规格为PET10-X-200(X≥4.5 m)。材料的各项指标均符合规范要求。

3.2.2　施工设备

土工膜焊接采用JIT-800型热熔双轨焊机,电火花检测采用DJ-Ⅳ型直流电火花检漏仪,真空检测采用真空罩检测仪。

3.2.3　工艺试验

施工前要进行焊接工艺试验,以确定不同的环境温度和焊机行走速度下的最适宜的焊接温度。试验的环境温度范围要考虑将来施工期间的所有环境温度,试验时的气候条件可能满足不了,因此部分试验需在室内进行,通过调整室内的温度来模拟环境温度。焊机的行走速度一般有六个挡位,试验采用两个适宜的速度即可。

3.2.4　施工过程

复合土工膜的施工步骤如下:地基平整压实—材料进场—材料检查及铺设—土工膜搭接及底层土工布的粘接—焊接—气压检测—特殊情况处理及检测—上层土工布缝合—覆土。

库区地基平整采用平地机,振动平碾压实后进行压实度检测,压实度不小于95%。材料在铺设前要逐块检查是否存在孔洞、砂眼、褶皱及生产创伤,不符合要求的杜绝使用。为了不影响焊接质量,底层的土工布采用粘接,上层土工布采用双道线缝合。土工膜搭接好,焊接前要进行试焊,以确定适宜的焊接参数。焊接完后在两道焊缝间进行打压,对检查发现的虚焊、漏焊、过量焊等要用挤压焊修补,修补完成后用电火花或真空罩进行检测。

对边角、补疤等异形区域无法用双轨热熔焊机进行焊接,需采用PE胶粘接结合挤压焊进行处理,完成后要用电火花或真空罩进行检测。

土工膜施工完成后在48 h内覆土,覆土层之上不允许重型设备碾压。

3.2.5　质量控制重点

质量控制的重点首先是材料质量,每批材料进场后都要抽样检测其物理力学指标,然后是摊铺后的全面外观质量检查。其次是焊缝的气压检测。采用双轨焊机会形成两道焊缝,要对焊缝之间分段封堵进行气压检测,充气压力达到0.1 MPa后稳压超过1 min为合格。充气压力达不到要求时要检查是否有虚焊和漏焊等情况并进行处理,直至打压合格。

对施工缺陷如虚焊、漏焊、破损等的处理是质量控制的一个非常重要的环节。要认真检查,发现缺陷,尤其是施工时不可避免造成的破损,然后要采取适当的经过批准的方法进行修补,再进行电火花或真空罩的检测。

4　几点思考

第一,本工程坝基采用素土挤密桩加固处理,采用了较大的桩距。经检测,坝体沉降量最大达到15 mm,远小于设计沉降量,地基处理效果明显。

第二,素土挤密桩施工质量影响因素中最不易控制的是土料的含水率和填土频率。控制土料含水率必须在料场采用适当的浸水方法,同时土料在使用过程中容易风干,因此在现场还应及时洒水保持土料表面湿润。填土一般采用人工方法,其频率易受人为因素的影响,控制难度大,本工程试用了一种自动送土机,解决了这个难题,取得了较好的效果。

第三,复合土工膜焊接施工中要注意防止超焊和过量焊,这样会对膜造成损坏,尤其是影响膜的厚度但却无法检测出来,这甚至比虚焊和漏焊产生的后果更严重。

第四,建筑物周围或建筑物中预埋的土工膜极易因建筑物的施工而遭到破坏,并且有的破损不容易被发现,因此需要在检查的时候具有高度的责任心和认真负责的精神。在土工膜施工中,出现问题或漏洞不是最可怕的,最可怕的是没有发现这些缺陷和漏洞。

5　结语

金沙滩水库的防渗处理在施工中虽然遇到过一些困难,但通过现场技术人员的努力均采用了很好的解决办法,取得了良好的防渗处理效果,对以后的平原水库建设可以起到一定的借鉴作用。

[作者简介]　王援宏(1971—),男,1993年毕业于太原工业大学水利工程系水电建筑工程专业,工程师。

本文刊登在《山西建筑》2011年12月第37卷第36期

抗冲磨混凝土配合比设计与施工工艺

苏满红[1]　李俊华[2]　刘慧民[1]

（1. 山西省水利水电工程建设监理公司，山西太原 030002；
2. 山西省水利建筑工程局，山西太原 030002）

[摘　要]针对唐河水电站重力坝、泄洪闸抗冲磨混凝土设计标准，通过现场配合比试验，取得抗冲磨混凝土施工工艺及参数，使混凝土性能得到进一步改善，为水电站大坝泄洪闸闸墩、消力池抗冲磨混凝土浇筑施工提供指导。

[关键词]抗冲磨；混凝土；泄洪闸室；消力池；配合比；施工工艺

[中图分类号] TV431　　　[文献标识码] A　　　文章编号：1009 - 6825(2011) 36 - 0202 - 02

1　泄洪工程布置

唐河水电站泄洪冲沙闸工程垂直于大坝轴线布置，总长度73.7 m（包括闸前段、闸室段、陡坡段、消力池及海漫），闸室段设闸孔5个，每孔平面尺寸6.5 m×25.7 m，左、右边墩、中墩厚2.0 m，分墩厚3.0 m，闸室底板及海漫高程 EL. 1 048.00 m，消力池高程 EL. 1 045.00 m，陡坡段方程式为 $y = x^2/76.69$，墩顶高程 EL. 1 067.40 m。

2　抗冲磨混凝土设计指标

根据设计要求，抗冲磨混凝土设置有：闸墩高程 EL. 1 048.00 m ~ EL. 1 058.265 m 间迎水面250 mm 厚范围，闸室底板、陡坡段、消力池底板结构面500 mm 厚范围，其技术指标为 $C_{35}W_6F_{200}$（见表1）。闸墩、闸室底板、陡坡段、消力池其余部位设置普通混凝土，其技术指标为 $C_{25}W_6F_{200}$。

表1　抗冲磨混凝土设计指标

抗渗抗冻等级	强度保证率(%)	极限拉伸值 ep10⁻⁶			级配	仓面坍落度(mm)	水胶比	粉煤灰掺量(%)
		7 d	28 d	90 d				
$C_{35}W_6F_{200}$	≥90	≥85	≥95	≥100	二级	50 ~ 70	0.30 ~ 0.45	≤15

3　抗冲磨混凝土原材料选择

生产性试验所用的材料均由施工单位购进，分别为：灵丘县石工水泥有限责任公司石工牌 P. O42.5 水泥，大同二电厂Ⅱ级粉煤灰，山西凯迪建材有限公司 KDNOF - 5 引气减水剂，山东三美硅材料有限公司硅粉，细骨料选用灵丘王庄堡砂厂天然砂，粗骨料选用灵丘县石磊石料厂碎石。

3.1　石子级配的选择

抗冲磨混凝土为二级配混凝土，最大石子粒径40 mm，石子级配选择采用最大振动容重、最小孔隙率的办法，各级石子重量比为：中石：小石 = 70:30。

3.2　水胶比

根据试验确定，$C_{35}W_6F_{200}$ 常态和泵送混凝土水胶比为：0.35。

3.3　单位用水量及砂率

根据试验确定，坍落度50 ~ 70 mm 时，单位用水量为 175 kg/m³，砂率范围一般在35%时，混凝土和易性最好。

3.4　硅粉及粉煤灰

根据国内工程的经验，硅粉掺量在5% ~ 10%，试验选定硅粉掺量为7%。掺入适量的粉煤灰可使混凝土的放热时间延迟，降低混凝土的干缩变形，减少混凝土碱含量，抑制骨料的碱活性，可掺入15% ~ 20%。结合使用高效减水剂，利用硅粉的等效水泥系数约为3，采用硅粉和粉煤灰双掺，不仅可克服单掺粉煤灰混凝土早期强度低和单掺硅粉混凝土早强但后期强度增长缓慢的缺点，还可赋予混凝土高强、抗冲磨、抗空蚀等一系列高性能,同时使混凝土具备良好的和易性和流动性,并且减少了混凝土单位水泥用量,从而减轻了温控负担,其技术经济效果显著。硅粉材料检测结果见表2。

表2　硅粉材料检测结果

检测项目	需水量比 (%)	比表面积 (m²/kg)	色泽	氯离子 (%)	含水量 (%)	烧失量 (%)
指标	≤125	≥15 000	深灰色或浅灰色	≤0.02	≤3	≤6
结果	115	18 800	深灰色	0.003 7	1.98	4.0
检测依据	GB/T 18736—2002 高强高性能混凝土用矿物外加剂					

3.5　外加剂

为提高混凝土的抗冻耐久性,采用引气减水剂,确定 KDNOF - 5 掺量为 1.7%,控制含气量 4.5% ~ 5.0%。

4　抗冲磨混凝土配合比试验

配合比试验的目的是提高抗冲磨混凝土的抗压强度,检验混凝土拌合物均匀性、坍落度和含气量损失、泌水情况、凝结时间等。

4.1　保证强度

混凝土配制强度的计算:$f_{cu,k} + 1.645\sigma$,强度保证率取值不小于95%,混凝土强度标准差其值按现行《混凝土结构工程施工及验收规范》选定为5.0;混凝土配制强度为43 MPa。

4.2　抗冲磨混凝土力学性能

力学性能试验结果见表3。

表3　抗冲磨混凝土力学性能试验结果

序号	抗渗抗冻等级	水胶比	抗压强度(MPa)		备注
			7 d	28 d	
1	$C_{35}W_6F_{200}$	0.35	30.1	45.4	常态
2	$C_{35}W_6F_{200}$	0.35	28.4	43.7	泵送

4.3　施工配合比

经配合比试验结果显示,抗冲磨混凝土二级配合比砂率为35%,外加剂掺量为1.7%,粉煤灰掺量为15%,硅粉掺量为7%时,抗冲磨混凝土含砂适中,和易性较好,满足水胶比为 0.35 时的坍落度为 50 ~ 70 mm 的要求;砂率为 36%,外加剂掺量为 1.8%,粉煤灰掺量为 15%,硅粉掺量为 5% 时,抗冲磨混凝土适宜泵送要求,和易性及流动性较好,满足水胶比为 0.35 时的坍落度为 100 ~ 120 mm 的要求。

28 d 强度推算结果根据抗冲磨混凝土 7 d 与 28 d 强度增长率计算。从推算的强度情况看,28 d 强度可以达到 43 MPa,可满足 $C_{35}W_6F_{200}$ 的设计强度以及强度保证率大于 90% 时的设计要求。

根据上述生产性试验结果,最终确定泄洪冲沙闸工程抗冲磨混凝土配合比,见表4。

5　抗冲磨混凝土现场浇筑工艺

5.1　拌合与入仓

采用 HZS50 或 70 拌和站拌制,能够满足浇筑的需要。硅粉采取干掺的方式,与骨料、粉煤灰同时加入拌合斗内,外加剂稀释后与水同时加入,待骨料湿润后加入水泥,拌合时间控制在 60 s。

抗冲磨混凝土拌和后,按照不同配合比选择入仓方式。选择 10 t 混凝土罐车运至现场,用塔式起重机吊斗入仓;泵送抗冲磨混凝土选用输送泵输送管道直接入仓。

5.2　抗冲磨混凝土浇筑

开仓前对基层进行冲毛、清洗,保持仓面湿润无积水后浇筑面整体铺筑 2 cm 厚同标号水泥砂浆。混凝土入仓后人工平仓,平仓结束,采用 φ50 mm 型或 D100 mm 型插入式振捣器振捣,振捣器移动距离不超过其有效半径 1.5 倍(30 ~ 40 cm),振捣时间 40 ~ 60 s。采用人工抹面,抹面按间隔时间以 3 次为

表4　泄洪闸抗冲磨混凝土施工配合比

序号	强度等级	机口温度(℃)	含气量(%)	水胶比	粉煤灰掺量(%)	砂率(%)	级配	坍落度(mm)	KDNOF - 5 引气减水剂(%)	硅粉掺量(%)	备注
1	$C_{35}W_6F_{200}$	≤12	4.5 ~ 5.0	0.35	15	35	二级	50 ~ 70	1.7	7	常态
2	$C_{35}W_6F_{200}$	≤12	4.5 ~ 5.0	0.35	15	36	二级	100 ~ 120	1.8	5	泵送

混凝土材料用量(kg/m³)

序号	水	水泥	粉煤灰	砂	小石	中石	硅粉	引气减水剂	备注
1	175	390	75	597	1 108×30%	1 108×70%	35	8.5	常态
2	180	411	77	603	1 073×30%	1 073×70%	26	9.252	泵送

宜。闸墩侧墙混凝土按柱状法分层浇筑,抗冲磨混凝土先入仓振捣浇筑,再进行内部常规混凝土入仓浇筑。

5.3 抗冲磨混凝土养护

在气温 9~28 ℃、混凝土入仓温度 11.5~12.5 ℃、浇筑温度 12~17.5 ℃的条件下,采取冲毛机喷雾办法,间歇性向仓内喷雾始终保持仓面湿度及温度,混凝土终凝后及时覆盖湿润棉被养护,养护时间不少于 28 d。养护期满后对混凝土表面冲洗,经检查未发现裂缝。

6 结语

抗冲磨混凝土在唐河水电站泄洪冲沙闸闸墩侧面、闸室底板、陡坡段、消力池底板结构面范围的应用,经检测没有出现任何关于温度裂缝的质量问题,提高了混凝土的耐久性、抗渗能力和抗冻性能,取得了很好的效果。

在施工中抗冲磨混凝土所用原材料必须经检验并满足要求;严格控制外加剂、粉煤灰、硅粉掺量;做好抗冲磨混凝土搅拌时间、坍落度检测控制;浇筑中充分振捣,把握好振捣时间;浇筑完成及时养护。

参考文献

[1] 中国建设监理协会.注册监理工程师继续教育培训选修课教材水利水电工程[M].北京:中国建筑工业出版社,2009.
[2] SDJ 207—82,水工混凝土施工规范[S].
[3] SL 27—91,水闸施工技术规范[S].
[4] GB 50204—2002,混凝土结构工程施工质量验收规范[S].
[5] 冯乃谦.高性能混凝土结构[M].北京:机械工业出版社,2004.

[作者简介] 苏满红(1969—),男,工程师。

本文刊登在《山西水利科技》2011年11月第4期（总第182期）

小型病险水库加固改造工程的监理实践

侯艳芬

（山西省水利水电工程建设监理公司，山西太原 030002）

[摘　要]目前，省内已陆续对小型水库进行除险加固，文中从监理的视角阐述一下小型水库除险加固工程的现状、存在的问题以及在工程监理中应当引起重视和重点把握的关键环节。

[关键词]病险水库；加固改造；技术问题；资金渠道；管理模式；监理实践

[中图分类号] TV512　　　[文献标识码] B　　　文章编号：1006－8139（2011）04－80－02

1　山西省小型病险水库现状

全省共有667座小型水库，大部分兴建于20世纪50～70年代，由于历史的原因及当时技术经济条件所限，无论是建筑结构的完善性、还是工程施工质量等各个方面存在着不同程度的缺陷，加之运行期又疏于维护和管理，导致近70%的小型水库成为病险水库。

小型水库相对于大中型水库而言，由于先天不足加上疏于维护和管理，其发生事故的比例远高于大中型水库，除险加固的技术难度和施工复杂程度也不低于大中型水库。目前，省内已陆续对小型水库进行除险加固，本文从监理的视角阐述一下小型水库除险加固工程的现状、存在的问题以及在工程监理中应当引起重视和重点把握的关键环节。

2　小型病险水库改造中的主要问题

2.1　设计中存在的问题

设计中存在的问题突出地表现在：

（1）早期设计原始资料严重不足，甚至缺失。原本在除险加固设计时应补充设计资料，进行必要的勘测和钻探，但实际上基本没有做补充，尤其是钻探资料，导致实际情况与设计存在不符现象。

（2）部分水库在修建时对其功能就存在定位不明确的问题，往往都是按照原来依据并不充分的资料泛泛而谈，但从未有过配套工程，即使有配套工程的也早已破烂不堪，根本不能发挥其功能，甚至有的水库就没有发挥过功能。这种状况原本应通过除险加固加以解决，即使暂不涉及配套工程，也应明确水库的功能、调

度运行方案和今后需完善的工程。但实际上没有做到这一点，这种状况将来可能仍然存在。

2.2　水库呈现系统质量问题

小型以下水库的病险问题更多地体现出系统性，即在建筑结构的完善性、结构与渗流稳定、工程质量等各个方面往往都存在不同程度的质量缺陷，而且相互间联系紧密。由于设计资料的欠缺，工程的重点和质量缺陷的原因并不好把握，往往以投资为尺度来安排工程，一旦资金不足可能造成除险加固后的水库并未完全脱险。

2.3　规模小工种多

鉴于上述质量问题，病险水库改造几乎涉及工程的各个方面，包括工程开挖、坝体回填、基础帷幕灌浆、坝体充填灌浆、观测设备等很多工种，其技术和施工难度并不小于大中型水库除险加固工程，但其受重视程度远不及大中型水库。

2.4　隐蔽工程多质量风险大

小型病险水库改造的很多环节（尤其是大坝工程）属于隐蔽工程施工，而且属于整个改造工程的核心或关键内容，如坝体、坝基灌浆、坝体排水等。工程施工中，常常习惯于以新建工程的标准处理病险水库改造中的隐蔽工程，但是新建工程隐蔽工程的实施一般可以露天进行，质量保证相对容易，而病险水库改造则容易留下质量隐患。一旦出现问题，水库重新蓄水后将存在很多安全隐患。

2.5　资金管理与工程实际存在矛盾

小型病险水库加固改造工程资金主要由中央投资，省配套资金和市县自筹资金组成。其中，中央投资

占到50％,国家对资金的管理和使用要求非常严格,每一项资金都必须与设计项目相对应。但工程实际情况是先天不足,有很多设计变更,甚至会增加一些项目,而这些新增项工程的资金又没有列入投资计划,一般情况也很难再增加投资,这样就产生了工程质量安全和投入不足的矛盾。

2.6 施工和管理能力不足

小型病险水库改造由于规模相对较小,发包人往往由水库管理机构或乡镇一级政府机构组成,技术与管理能力十分有限,承包人的情况更不容乐观,客观地说有实力、有能力的单位不愿意承揽这种施工琐碎、效益又比较差的项目,参与小型病险水库改造的大多是一些地方上的小施工单位,施工技术薄弱、管理能力差、又欠缺同类工程的施工经验,存在重新出现质量问题的新风险。

3 现场监理的工作重点与关键环节

小型水库除险加固工程的特殊性给施工监理工作带来了许多额外的工作和难度,同时对监理人员,特别是对总监提出了更高的要求。使得监理需要花费更大的精力来掌控工程的质量、进度及资金的使用等,尤其要做好一些关键环节的工作。

3.1 与参建各方深入沟通,努力做好事前控制

小型病险水库除险加固工程,做好开工前的沟通工作对监理乃至整个工程项目的实施结果尤为重要。首先,监理工程师必须具有非常高超的专业技术能力,对工程结构与质量的轻重缓急有着明确的认识;其次,监理工程师要熟悉病险水库改造的国家相关政策,与发包人在法律法规、管理规范、技术指标等方面进行全面沟通,取得一致意见;第三,监理工程师需要获得发包人的大力支持;第四,监理工程师需要与项目设计单位进行良好沟通等。

3.2 对项目特点与风险进行分析和预判

设计单位对施工阶段的管理经验相对欠缺,监理工程师需要联系发包人、设计人、承包人等对项目特点以及实施中的风险进行事前分析;对可能发生的变更和费用调整进行预判;在投资范围内,事先商定相对合理的施工范围与施工方案;对工程项目进行合理划分,基本做到项目发展在事先设想的控制范围内。避免由于对风险未做分析或分析不够,致使项目实施过程中设计方案变更频繁,进度、投资控制不利,造成监理工作被动。

3.3 监理规划要有一定的灵活性

在病险水库改造项目的实施过程中,受设计深度、施工条件、项目法人要求变化等方面的影响,往往存在着许多不确定因素,这就要求作为指导监理工作文件的监理规划,一方面在内容上应具有一定的灵活性,以更好地适应施工环境的变化;另一方面,要随着工程建设的进展或合同变更不断进行补充、修改与完善。

3.4 编制详细的监理实施细则

在小型水库改造中,监理实施细则与大中型水库除险加固工程相比尤其重要,不仅对监理的现场工作发挥指导作用,而且担负着承发包人落实工程建设程序的引导功能。为此,在项目实施前,监理工程师一定要编制足够详细的监理实施细则,重点明确监理工作程序及工程质量标准和控制方法,并在实施过程中,督促其认真执行。

3.5 做好工程变更工作

由于隐蔽工程多、地质、水文等缺乏详实可靠的资料、发包人的要求以及承包人技术水平不能满足施工要求等,工程方案变更特别多,这也是小型病险水库加固改造工程的一个重要特征,而处理工程变更,监理工作往往要贯穿始终,一个称职的监理人员应当把每一次的设计变更当作在新的条件下对局部工程重新设计而格外地认真。因此,监理工程师应做好技术和心理上的充分准备。重点要解决好下列问题:①在项目实施前,监理工程师应对所监理项目进行深入分析,了解项目实施过程中可能发生的各种变更,并建议发包人采取有效措施,以便减少损失;②监理工程师对工程变更的处理应重点把握及时和有效两个方面,即当变更事件发生时,监理工程师应及时对变更事件进行分析,提出明确监理意见,报发包人审核,并将核定的变更结论以工程师文件形式发承包人执行,禁止先施工后完善变更资料的行为。

3.6 关注隐蔽工程监理

小型病险水库改造暴露出隐蔽工程管理中的主要问题是隐蔽部位缺失和隐蔽工程施工记录不全面等两个方面,而所有这些都将带来质量隐患。因此,开工前,需要监理工程师组织项目参建单位对隐蔽工程进行认真排查和分析,并在实施中严格进行控制。

3.7 加强施工现场旁站监理

小型病险水库改造中存在的管理、设计、施工等方面的固有问题,特别是施工技术力量、管理能力及质量意识的缺失必然提高了施工现场旁站监理的要求,这一点是小型水库除险加固工程必须强调的一个重要环节。督促承包人严格落实施工设计、对施工过程进行认真控制和记录等是确保工程质量、出具监理意见、解决合同争议的有效举措。

3.8 合理处理违约事件

对于小型病险水库改造中出现的合同违约事件,

监理工程师的态度应该及时和公正。对于合同观念、技术能力相对薄弱的合同双方,在出现违约情况时,监理工程师稍有疏忽,很有可能招致监理工作的全面被动,而只有准确的数据、公正的态度才是实现项目全方面控制的前提条件和有效举措。

4　结语

小型病险水库对监理工作提出了很高的要求,作为监理人员也只能在自己的职权范围内尽力掌控好每一个关键环节,以使达到除险加固的目的。但是在整个工程项目的实施中所暴露出来的问题,并不是通过监理能够解决的,应当引起参建各方及有关部门的高度重视,确保工程达到预期目标,让这些水库在为我省经济发展提供支撑中发挥出重要作用。

[作者简介] 侯艳芬(1976—),女,1997年毕业于郑州工学院,工程师,从事水利工程建设监理工作。

本文刊登在《山西水利科技》2010年2月第1期(总第175期)

PCCP管道工程柔性接口施工技术

张正荣

（山西省水利水电工程建设监理公司，山西太原 030002）

[摘　要]结合南水北调中线京石段应急供水工程(北京段)PCCP管道一标工程实践，系统介绍了PCCP管道工程柔性接口聚硫密封胶施工技术。

[关键词]南水北调PCCP；柔性接口；聚硫密封胶；施工技术

[中图分类号] TV52　　[文献标识码] B　　文章编号:1006-8139(2010)01-35-02

1　工程背景及PCCP管道接口处理简介

南水北调中线工程自起点湖北丹江口水库引水，经湖北、河南、河北等省，进入北京市境内。PCCP管道工程是南水北调中线北京段总干渠线路最长的大型输水工程，PCCP输水干线，为两排直径4 m预应力钢筒混凝土管道(PCCP)，每节管重54～77 t，最大管外径约4 852 mm。

南水北调PCCP管道工程接口处理分两种，一种为刚性做法，一种为柔性做法。PCCP管之间接口、部分钢制管件与PCCP之间接口采用刚性做法；水平镇墩、排空阀井、排气阀井及顶管、暗挖、隧洞等上下游各相邻两个接口，PCCP管道接头第三次打压不合格的内缝处理采用柔性做法。

刚性做法分外部接缝灌浆封堵和管道内部接缝封堵。外部接缝灌浆封堵，先在接头的外侧裹一层宽度为400 mm、强度适中的尼龙编织布灌浆袋，作为灌浆接头的外模(灌浆袋的内侧中部预先缝制或粘贴宽200 mm、厚6 mm的聚乙烯闭孔泡沫带)，然后灌入水灰比为0.65的1:3的水泥砂浆；管道内部接缝封堵，采用1:2水泥砂浆勾缝，并捣实抹平。

柔性接口采用SXF-202双组分聚硫密封胶施工，以下将做详细介绍。

2　SXF-202双组分聚硫密封胶材料和性能指标

2.1　材料要求

聚硫密封胶应符合现行的国家标准《食品安全毒理学评价和方法》(GB 15193—94)和行业标准《聚硫建筑密封膏》(JC/T 483—92)，属实际无毒类，应有产品合格证和产品性能说明书，并应标明生产厂家、规格和生产日期。

2.2　SXF-202聚硫密封胶产品简介

SXF-202聚硫密封胶产品具有与多种材质(如玻璃、金属、混凝土等)良好的黏结力，优越的耐水、耐介质性能，防水、抗微生物和抗污染性能，弹性丰富，抗变形能力强、无毒等特性，工程上常应用于净水和引水工程。曾多次应用在国家大型重点工程中，并受到好评。但"三分材料，七分施工"，工程中防水、防渗漏密封问题直接关系到整个工程的质量优劣。若出现渗漏或留下渗漏隐患，在工程运行和使用过程中进行修补是非常困难的，并且会造成很大的经济和社会效益损失。所以结合PCCP管道工程自身特点，制定科学合理的施工操作方案和验收方法，是确保整个工程防水、防渗漏质量保证的前提。

2.3　技术指标

(1)内接口黏结(拉伸)强度:

①管道工作压力小于等于0.4 MPa，黏结(拉伸)强度大于等于0.6 MPa；

②管道工作压力大于0.4 MPa，黏结(拉伸)强度大于等于0.9 MPa；

③管道工作压力大于0.8 MPa，黏结(拉伸)强度大于等于1.2 MPa。

(2)外接口黏结(拉伸)强度:大于等于0.2 MPa。

(3)其他指标

最大伸长率:大于200%

低温柔性:-30 ℃无裂纹

恢复率:大于等于80%

表干时间:小于等于24 h

试用期:2~6 h

下垂度:小于等于3 mm

渗出性指数:小于等于4

3　施工工艺

PCCP工程聚硫密封胶施工分为外接口施工和内接口施工,内接口、外接口施工工艺相同,区别在于外接口施工中要考虑接口下方施工难度等,具体施工操作工艺流程如图1:

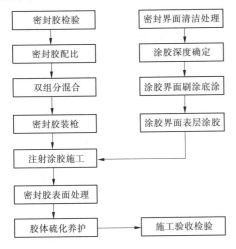

图1　操作工艺流程图

3.1　涂胶密封面表面处理

密封部位基层严格进行表面清洁处理,除去灰尘和油污,保证基层干燥。对蜂窝麻面和多孔表面必须用磨光机、钢刷等工具,将涂胶面打磨平整并露出牢固的结构层,管道接口处金属保护漆不能破坏,不规则表面要用切割机进行切割处理。特别要注意的是潮湿界面处理方法,潮湿界面用燃气喷枪或电吹风机将表面水分烘干处理。

3.2　涂胶前变形缝处理

(1)基层处理完毕的变形缝用8~10个大气压的空气压缩机将缝内的尘土与余渣吹净。

(2)对于要求严格的变形缝两侧非密封区,涂胶前应贴胶带纸,预贴的胶带纸在涂胶整形完毕后除去。

3.3　密封胶现场检验

材料进场时,由施工单位在监理监督下进行抽检,检验合格后方可使用。材料性能主要满足JC/T 483—92(96)和设计技术要求,必要时可先涂标准样段。

3.4　密封胶配制工艺

密封胶由A、B两组分按比例配置,使用比例应根据施工温度做相应调整,保证各项指标满足设计要求。

本工程中,通过使用前的小样试验,确定A、B两组分的配合比按以下比例控制:

当施工环境温度大于等于30 ℃时,A:B = 12:1;

当施工环境温度小于30 ℃,且大于等于10 ℃时,A:B = 10:1;

当施工环境温度小于10 ℃时,A:B = 8:1。

3.5　混胶工艺

(1)可将A、B两组分按比例取出放在塑料棍胶板上,用刮刀朝一个方向反复混合到颜色均匀一致为止(一般一次混胶4 kg)。

(2)也可将A、B两组分比例倒入由厂家提供的装枪器的活塞桶中,然后将无级电动搅拌器插入活塞桶中,先启动低速开关,自上而下搅拌3 min后,再启动中速开关,搅拌5~8 min至胶料颜色均匀一致(注意将桶壁和桶底胶料混合均匀)。

3.6　装枪工艺

(1)将厂家提供的装枪机中带有出胶孔和推力杆的压胶盘置入活塞桶中混合好的胶面上。

(2)取下注胶枪管前、后螺盖,枪管口对准压胶盘中间的出胶口,推动枪管和推力杆,用力下压,此时胶料上行装入枪管中,管中空气顺枪管尾部排出,灌满为止。

(3)将装满胶的枪管前、后螺盖装上,装前螺盖的同时装上与施胶缝宽窄相适应的枪嘴,完成装胶工艺即可注射涂胶。

3.7　涂胶工艺

(1)首先用毛刷在变形缝两侧均匀地涂刷一层涂料,20~30 min后用刮刀或手向涂胶面上涂3~5 mm密封胶,并反复挤压,使密封胶与被黏结界面更好地浸润。然后再用注胶枪向变形缝中注胶,注胶过程要保证胶料全部压入并压实,保证涂胶深度。

(2)对于涂胶深度设计较深的变形缝(>50 mm),应采用分层涂胶施工,每次涂胶深度控制在小于等于50 mm,后一层涂胶与前一层涂胶时间间隔不超过6~8 h(控制不应超过密封胶表干时间)。

3.8　涂胶过程中胶体连接工艺

密封胶施工过程中胶体连接分干式连接和湿式连接两种方法。

(1)两次涂胶施工时间间隔不超过8 h,一般采用湿式连接,湿式连接对胶体接头无特殊要求,可连续涂胶施工。

(2)两次涂胶施工时间间隔可能超过8 h时,要采用干式连接方法。干式连接胶体接头处理方法:

①前次涂胶结束时应留下斜型毛面搭接面;

②再次涂胶时先用手或刮刀在原胶体接头斜面上

涂胶一层,然后再进行本次涂胶施工。

4 质量检查和验收

施工过程中必须建立工序质量自查、核查和交接检查制度,全面实行施工过程质量控制和保证。工序和分项工程质量验收,应在操作人员自检合格的基础上,进行工序之间的交接检查或专职质量人员检查,检查结果应有完整的记录。变形缝密封胶施工质量验收标准:

(1)密封胶使用前检验:密封胶胶体应细腻光亮、无异物、无结团结皮现象,必要时可先涂试验段进行检验。

(2)施胶完毕的变形缝,胶层表面应无裂缝和气泡,表面平整光滑,涂胶饱满且无脱胶和漏胶现象,胶体颜色均匀一致。

(3)密封胶与变形缝粘接牢固,粘接缝按要求整齐平滑,经养护完全硫化成弹性体后,胶体硬度达到设计要求。

(4)应对现场配置的聚硫密封膏指标进行取样抽检,取样抽检率不小于8%。

5 注意事项

(1)变形缝密封界面必须用手提砂轮或钢刷进行表面处理,必要时用切割机切割处理,确保黏结面干燥、清洁、无粉尘,并暴露出坚硬的结构层。

(2)密封胶混合要完全充分,双组分混合至颜色均匀一致。

(3)涂胶前先在涂胶面上刷涂底涂料,然后手工涂胶一层并反复挤压后才可用注胶枪注射涂胶。

(4)混合后的密封胶要确保在要求的时间内用完,过期的胶料不能再同新混合的密封胶一起使用,否则严重影响密封质量。

(5)涂胶层较深时(超过50 mm)必须分层涂胶。

(6)涂胶过程中胶体搭接要严格按照上述搭接工艺要求施工。

(7)涂胶过程要注意从一个方向进行,并保证胶层密实,避免出现气泡和缺胶现象。

(8)胶层未完全硫化前要注意养护,不得雨淋或人为损坏。

(9)若要进行密封效果满水或带压试验,必须待密封胶完全硫化(14 d)后才可进行。

[作者简介] 张正荣(1969—),男,1992年毕业于北京科技大学计算机系,学士学位,助理工程师。

本文刊登在《建筑管理》2010年第10期(总第136期)

素土挤密桩的施工质量控制

李　贤

(山西省水利水电工程建设监理公司，山西太原 030002)

[摘　要] 素土挤密桩适用于处理地下水位以上的湿陷性黄土地基，可以有效消除地基土的湿陷性。因其隐蔽于地下且在整个建筑中的重要作用，施工中应严格控制施工质量，以确保建筑物整体的安全性。

[关键词] 素土挤密桩；地基处理；质量控制

[中图分类号] TU712　　　[文献标识码] B　　文章编号：1007 - 4104(2010)10 - 0047 - 02

0　引言

素土挤密桩指利用横向挤压成孔设备成孔，使桩间土得以挤密，用素土填入桩孔内分层夯实形成素土桩，并与桩间土组成复合地基的地基处理方法。其施工工艺简单易行，工程造价相对较低且处理成效显著。但因该类型桩的质量受成桩工艺、施工机械、施工队伍素质等影响较大，施工质量不易控制。因其处理的部位为建筑物的地基，一旦出现问题，将严重影响整个工程的安全。因此，素土挤密桩的施工质量控制显得尤为重要。本文结合引黄工程北干线尚希庄水库土建工程地基处理的施工过程，浅谈素土挤密桩的施工质量控制。

1　工程概况

尚希庄水库位于中国湿陷黄土工程地质分区之Ⅳ山西—冀北地区。坝基主要为低液限黏土、低液限粉土及粉土质砂，均具有湿陷性。坝基为非自重 - 自重湿陷性场地，湿陷土层下限深度为 1.5 ~ 12.5 m。水库蓄水后，坝基饱和 Q_3^{PL} 土存在震动液化问题，液化土深度一般在 8.5 m 范围内，8.5 ~ 11 m 局部土轻微液化。根据工程地质情况，地基处理采用素土挤密桩法以消除其湿陷性。

该工程设计桩径 400 mm，梅花形布置。桩距因地基类型不同而不同，非自重轻微湿陷性场地桩距 1.4 m，非自重中等、严重湿陷性场地桩距 1.2 m。平均有效桩长 6 m。

施工要求：①土料使用就地挖出的纯净黄土或一般性黏土、粉土，土料中有机质含量不得超过 5%，不得使用塑性指数大于 17 的黏土和小于 4 的砂土。同时，土料中不得夹有砖块、瓦砾、生活垃圾、杂土、冻土和膨胀土。②土料含水量应接近最优含水率 WOP，应控制在 WOP ± 2% 之内。③桩孔的垂直度偏差不大于 1.5%；桩孔中心点的偏差不超过设计桩距的 5%。④成孔和孔内回填夯实应从里(或中间)向外 1 ~ 2 孔进行。⑤桩体压实后压实度≥0.96，桩间土挤密后压实度≥0.93，桩间土和桩体土的湿陷系数小于 0.015。

2　施工前的质量控制

(1)基础处理开工前，承包人根据监理人的指示，在选定的区域进行与实际施工条件相仿的各项生产性试验，最终确定如下的施工工艺和施工参数：①成孔方法选用锤击沉管法成孔，柴油锤重 0.5 t。②夯填采用人工填料、夹杆锤或线锤分层夯实的方式。其中夹杆锤一锹三击，线锤四锹五击。填料前，孔底应夯实，并抽样检查桩孔的直径、深度和垂直度。③填筑料最优含水率 12.9%。试验发现，土料含水率在 10.5 ~ 13.1 时压实效果最佳。④经击实试验测定，填料最大干密度为 1.79。⑤成孔和回填夯实采用从里(或中间)向外间隔 1 ~ 2 孔进行。

(2)严格开工报告的审批手续，开工前应做好如下工作：①检查施工单位的场地平整情况，并对桩位标高及桩机定位情况进行复测，确保桩位偏差不超过 50 mm。②桩机就位后，检查桩机下地表土的情况，防止地表土过软，桩机失稳倾斜，确保桩身垂直度不超过 1.5%。③检查填料的夯填量，夯实次数，单桩成孔、夯填时间,施工工艺等技术参数,挂牌上机情况。④检查料场土料的含水率及土质状况,取土时应先将 50 cm 的表土清除。

3 施工中的质量控制

(1)由于素土挤密桩在施工过程中要严格按施工工艺、施工参数施工,这对施工单位的工程技术人员、操作人员的技术水平、工作责任心有很高的要求。监理人员坚持 24 h 全过程跟踪监理。

(2)抓施工单位的自检、自控,抓每台桩机的交换班记录,每桩机设专职记录员详细记录每根桩的施工过程,不得弄虚作假,确保原始记录的真实,监理人员每台班每桩机随机记录每根桩的打桩记录。

(3)监理人员在施工过程中,重点控制关键工序的施工质量。①随时抽检桩的成孔深度、填料及地基土的含水率。在夯填过程中要求分层夯填、计量送料,确保桩体的挤密性和桩身的密实性。②控制每根桩每层夯实的次数和时间,确保桩身的灰土掺量及桩身的整体性和均匀性。③做好塌孔及无法打至设计深度孔的记录。④对于施工完毕的桩号、排号、桩数逐个与施工图对照检查,一旦发现问题立即返工、补打。监理人员在监理过程中,可通过控制成桩时间、限定每台桩机每台班的产量使施工队保证成桩时间,最终保证成桩质量。

4 施工后的质量控制

(1)桩身夯填质量检验。检验方法采用小环刀深层取样检验法。检测点位置在距孔心 2/3 半径处。在全部孔深内每米取土样测定其干密度和湿陷系数。对于检测样桩按规定的检测样有 20% 以上不合格,

则该桩不合格。对本单元加倍取样检测,如单桩检测仍有 20% 以上不合格,则该施工单元不合格,应采取补救措施,如加桩,或采用小桩管二次挤密。

(2)桩间土挤密质量检验。检验方法采用小环刀深层取样检验法。检测点位置选在三桩为一组的重心处半径 15 cm 范围内。在全部孔深内每米取土样测定其干密度和湿陷系数。

(3)检验结果。在所有抽检的 850 根桩身和 280 根桩间土样中,桩身有 12 根不合格,合格率 98.59%。桩间有 5 根不合格,合格率 98.21%。加倍抽样后,未出现不合格点。

5 几点体会和建议

(1)素土挤密桩的设计人员虽然根据地质勘察报告,提出了设计要求和参数,但因施工地质条件可能与地质报告有出入,施工机械设备不尽相同,故在正式施工前,工艺试桩是必不可少的保证质量措施。

(2)监理工程师参加施工技术交底,进行监理工作交底,以便了解施工单位对设计要求、施工工艺、施工参数理解和掌握的程度,沟通与施工队之间的关系,便于监理工作的开展,施工前监理工程师督促施工单位建立三级质保体系,有助于施工单位对工程质量的自检、自控。

(3)素土挤密桩的施工质量,由于具有隐蔽性的特点,为此,监理工程师在坚持 24 h 跟踪旁站监理的同时,更要注重抓分层填实厚度,夯击次数,夯实后密度以及桩心距,桩径大小等关键工序。其中根据单桩成桩时间限定每台桩机的台班产量不失为一种有效的方法。

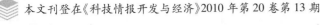本文刊登在《科技情报开发与经济》2010年第20卷第13期

混凝土在 PCCP 设计中的性能要求及生产中的质量控制

陈瑞国

(山西省水利水电工程建设监理公司,山西太原 030002)

[摘　要]阐述了混凝土性能对 PCCP 质量的影响,并提出了控制混凝土质量的措施。

[关键词]PCCP 设计;混凝土性能;质量控制

[中图分类号] TU528　　　[文献标识码] A　　　文章编号:1005－6033(2010)13－0180－03

1 PCCP 特点及结构

预应力钢筒混凝土管,其英文名为"prestressed concrete cylinder pipe",常缩写并简称为 PCCP。PCCP 由混凝土管芯及管芯外缠绕预应力钢丝和预应力钢丝外混凝土砂浆保护层组成。混凝土管芯则由钢筒和钢筒上附着的混凝土组成;钢筒是由薄钢板焊接而成的,两端分别带有承口环和插口环。这一设计结构的特点是把混凝土的高强性能及对金属的防腐性能与金属板的抗渗性能完美地结合起来,产品具有使用寿命长、对输送介质无污染、施工快等优点。预应力钢筒混凝土输水管是目前世界上输水工程中广泛使用的最为理想的管材之一。图 1 为 PCCP－E 结构示意图,图 2 为 PCCP－L 结构示意图。

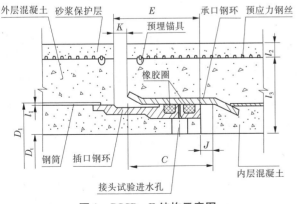

图 1　PCCP－E 结构示意图

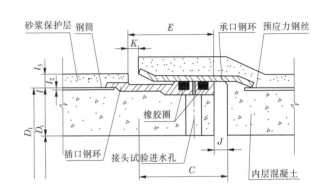

图 2　PCCP－L 结构示意图

2 PCCP 设计

目前各国对 PCCP 的结构设计主要依据美国标准 ANSI/AWWA C304《预应力混凝土钢筒管设计标准》,采用内压与工程外荷载要求特定组合后进行设计。设计的内容主要有:依据产品用户提出的工作环境及相关技术条件,对管芯壁厚、混凝土强度级别、钢筒用钢板厚及弹性模量、钢丝直径及弹性模量、缠丝螺距以及保护层厚度及强度等进行设计。

3 PCCP 的工艺流程

PCCP－E 型管工艺流程见图 3。

生产工艺过程简述如下:

(1)焊接承插口钢圈,进涨圆机涨至规定尺寸。

(2)钢筒制作。钢筒体对整个管体的抗渗性能起着重要的作用,它是整个产品的关键所在,对其工艺采用螺旋自动焊,同时焊接上钢圈。焊接完进行水压试验以确保 PCCP 安全抗渗。

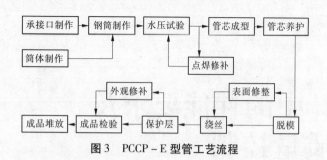

图 3　PCCP - E 型管工艺流程

（3）管芯成型。混凝土管芯是整个管体结构中的主要部分，所用混凝土在 C40 级以上。成型完经凝固后即可进行蒸汽快速养护，以加速模具周转。第一，缠绕预应力钢丝。在管芯上缠绕预应力钢丝是保证管材在其工况条件下承受各种荷载的关键，在管芯混凝土强度达到设计强度的 70% 即可进行缠丝，预应力钢丝一般采用直径大于 5 mm 的高强钢丝，缠绕作业是在专门的缠绕机上进行。第二，保护层制作工艺。水泥砂浆保护层是为了管材在长期使用过程中免受外界侵蚀或冲击碰撞而引起管体上预应力钢丝锈蚀或破坏，它对管道的使用寿命起着重要的作用。每根管子辊射完毕后，可用蒸汽快速养护，也可采用自然养护，养护后的 PCCP 即可检验出厂。

4　PCCP 对混凝土的要求

4.1　混凝土种类

PCCP 用混凝土有两类，一类是浇筑混凝土（坍落度较大），即适用于浇筑成型工艺；另一类是离心混凝土，即适用于离心成型工艺。

4.2　配合比要求

水泥用量要求如下：按美国水工协会标准《预应力钢筒混凝土压力管》（ANSI/AWWA C301）要求，混凝土的水泥用量不得少于 334 kg/m³。水灰比要求如下：对离心成型工艺成型的混凝土，水灰比不得超过 0.5；对垂直浇筑成型混凝土其水灰比不得超过 0.45。混凝土拌和物中的水溶性 Cl^- 含量，不得超过水泥用量的 0.06%。

4.3　强度要求

按美国水工协会标准《预应力钢筒混凝土压力管设计标准》（ANSI/AWWA C304）及《预应力钢筒混凝土压力管》（ANSI/AWWA C301）要求，生产 PCCP 管芯用的混凝土要求如下。

（1）最小抗压强度设计值 f'_c（MPa）。采用 d150 mm × 300 mm 圆柱试模制作试件，标准养护 28 d，其强度为：浇筑混凝土 f'_c = 31.0 MPa；离心混凝土 f'_c = 41.4 MPa。

我国常用的混凝土试件为 150 mm × 150 mm ×

150 mm 立方体试件，其与 d150 mm × 300 mm 的折算为：立方体试件强度 × 0.8 = 圆柱体试件强度，即立方体试件的浇筑混凝土和离心混凝土的 f'_c 分别不小于 40 MPa 和 52 MPa。

（2）混凝土抗拉强度设计值 f'_t（MPa）。f'_t = 0.58(f'_c)1/2。

（3）混凝土弹性模量设计值 E_c（MPa）。E_c = 0.74(γ_C)1.51(f'_c)0.3，γ_C 为混凝土容重，一般取 2 323 kg/m³。

（4）抗压强度试验值 f'_{et}。混凝土的设计值指的是混凝土某一级别中的最小值，实际生产中要使试件的强度大于这一值，或大于这一值的某一范围内，如采用 C40（150 mm 立方体抗压强度），应使混凝土的抗压强度试验值 f'_{et} 的数值控制在 40 ～ 55 MPa 内。

$$f'_{et} = x - 0.84S$$，其中：x 和 S 是按 C301 标准制作的 5 组混凝土试件 28 d 抗压强度平均值和标准偏差。

（5）弹性模量 E_c 及修正系数 C_E。PCCP 设计时，要根据实验结果进行。按 C301 标准制作 5 组或更多混凝土试件，测其弹性模量平均值 E_{Ct}，则 E_{Ct} 的修正系数为 $C_E = E_{Ct}[/0.74(\gamma_C)1.51(f'_C)0.3]$。

4.4　缠丝时混凝土强度要求

管芯制作后，一般要求在 21 d 内缠上预应力钢丝。管芯缠丝时，其混凝土的强度最小值一般为设计强度的 70%，即缠丝时混凝土强度要大于设计强度的 70%，且缠丝对混凝土产生的初始应力不得超过缠丝时的管芯混凝土强度的 55%。

5　生产中混凝土质量的控制

PCCP 设计的技术参数依据其所用原材料及工序产品实验所获得参数。因此，只有原材料及工序产品的质量稳定，才能保证 PCCP 的质量。尤其是混凝土质量，是 PCCP 耐久性的重要影响因素。

5.1　配备适当的检测设备（工具）和检测人员

检测设备（工具）和检测人员的配备，是保障混凝土质量的第一道关口，如原材料的检验、工序产品的检验等，没有相应的工具和人员，就不能把好原材料的进厂关以及工序产品的流通关。PCCP 生产厂要配有与混凝土二级试验室相适应的设备及人员。

5.2　原材料质量控制

5.2.1　原材料

原材料包括水泥（一般为 42.5 以上普通硅酸盐水泥）、碎石或卵石（粒径在 5 ～ 25 mm）、中砂、高效减水剂及水等。

5.2.2　稳定货源

选择质量稳定的原材料供货单位，签订长期供货合同,这样可确保原材料质量波动小,有利于产品质量的稳定。

5.2.3　原材料要定期(定批)复检

对同一供货单位若连续供货,采取按批或期对所用原材料的相关技术指标进行复检,如:水泥 400 t,砂、石各 500 t 为一批次,高效减水剂按每次进货复检一次,(一般每次进货量为 5 t 左右)。定期(批)对材料复检,一是检验所进货材料本身质量,二是对原材料质量波动的检验(材料来源变化时,进厂要先进行复检)。

5.3　配合比稳定与调整

在原材料稳定情况下,混凝土配合比不应随意调整,除非原配合比经实践证明没有达到设计要求。但是,当原材料质量有变化时,如减水剂减水率变化、碎石颗粒级配发生变化以及砂石含水率发生变化等,都要在试验室预先对配比进行调整,然后再将新进材料用到生产上,从而保障混凝土满足设计要求和工艺要求。

5.4　成型操作的控制

管芯成型是 PCCP 生产的重要工序之一,如混凝土的整体浇筑时间、振捣时间、放料速度、放料时的均匀性等,直接影响管芯混凝土质量,如:气孔、分层、漏石等振捣不足或过振的现象。生产时单管浇筑时间控制在 30 min 内,并连续振捣浇筑。

5.5　养护操作的控制

PCCP 生产多采取快速养护的办法(蒸汽养护),这样有利于模具的周转,加快生产速度,因此混凝土的养护制度就显得非常重要,如混凝土加热过早会出现膨胀、升降温过快以及拆模时温度过高、混凝土易开裂等。

PCCP 生产中的养护制度一般为:1 - 2 - 4 - 3 的养护制度,即静停 1 h,升温 2 h,恒温 4 h,降温 3 h;升温速度控制在 22 ~ 25 ℃/h,一般不超过 22 ℃/h,养护恒温温度为 55 ℃ ±5 ℃。

净停 1 h 是保障混凝土充分的凝结,否则升温时易造成混凝土的过分膨胀,降低混凝土的性能,同时过分膨胀会集中在成型管芯的插口处,超出内外管壁规定的尺寸,造成后续加工的困难。

升温 2 h,是在胚体环境温度下使混凝土胚体达到养护的恒温温度,一般来讲,环境温度不低于 15 ℃,2 h 保证能上升到 55 ℃,如果升温速度过快,胚体可能出现局部受热过高,硬化不均,胚体内部出现应力,造成开裂。

恒温 4 h 和恒温温度 55 ℃ 的确定:这两种数据是通过试验室反复试验而取得的数据。当恒温时间短或恒温温度低于 40 ℃,影响后续工序(缠丝);恒温时间过长既浪费能源也不利于混凝土性能的提高;恒温温度过高,若达到 70 ℃,混凝土的后期强度上升缓慢,即 28 d 的强度一般低于设计强度的 10% 左右。

降温时间的确定:降温时间之所以要求 3 h,是因为时间过短易造成胚体开裂,一般来说,按恒温 4 h 的养护制度,成型的管芯强度在 30 ~ 40 MPa,如果快速降温,可能会使胚体内产生大的温度梯度,造成胚体开裂。这一现象也可以在理论上推算出来,弹性模量约为 21 GPa,则温度下降 20 ℃ 造成的冷收缩量达 200×10^{-6},该冷收缩受到完全约束所产生的弹性拉应力则为 4.2 MPa,而混凝土的计算抗拉强度为 $f_t = 0.75(f_c)$,当胚体强度为 30 MPa 时,其计算抗拉强度为 4.1 MPa,这样混凝土的胚体就会不可避免地开裂。

5.6　工序产品检品

工序产品检验是保障最终产品质量的一个重要过程,确保工序产品质量稳定的一项措施。我们在生产中,对混凝土搅拌采取搅拌的第一、二罐要进行坍落度检测,以后每浇 3 模(3 个管)(共 12 罐)测 1 次。

生产中每浇筑 5 个管制备一套混凝土试件,同时与管芯同条件下蒸养,一套试件共 9 块,每 3 块一组,分别作为脱模、3 d(缠丝)、28 d 的强度评定。如果脱模强度达到缠丝强度,待其冷却至常温,即可缠丝,否则要进一步养护(一般要 3 d)。

有异常现象时(如环境温度低),检测人员可用回弹仪对管芯进行逐个检验,检验达到缠丝设计强度后方可缠丝,否则应进一步养护。从而保障缠丝应力达到设计要求。

[作者简介] 陈瑞国(1979—),男,2004 年毕业于辽宁石油化工大学,助理工程师,山西省水利水电工程建设监理公司。

本文刊登在《建设管理》2010年第9期(总第135期)

堆石混凝土坝体施工的监理控制技术

侯艳芬

（山西省水利水电工程建设监理公司，山西太原 030002）

[摘　要]利用堆石混凝土技术建造坝体工程是一个新的课题,在山西的围滩电站大坝工程的施工中已显现出该技术在工程质量、进度等方面的先进性。如何做好施工阶段的监理工作,对于保证工程质量并充分实践该项技术至关重要。文章针对堆石混凝土坝体施工工程中的监理质量控制技术进行了论述。

[关键词]堆石混凝土;坝体;施工;监理

[中图分类号] TU712　　　[文献标识码] B　　　文章编号:1007 - 4104(2010)09 - 0078 - 02

1　堆石混凝土技术

堆石混凝土技术是清华大学拥有的中国国家专利技术,主要利用自密实混凝土优良的流动性、免振捣、自密实性能充填事先堆积好的石体孔隙,形成一种致密的混凝土。

堆石混凝土的主要优点包括:①减少了混凝土的振捣密实过程,消除了人为的不利干扰,施工质量和稳定性得到提高;②使用了大量的块石为原材料,施工工艺相对简单,降低了综合成本;③堆石体水泥含量较少,温控相对容易;④堆石体包含有大量、大块的石料,形成稳定的骨架,具有优良的体积稳定性,体积收缩小等。

用于堆石混凝土工程施工的自密实混凝土材料一般包括水、水泥、粉煤灰、粗骨料、细骨料、高效减水剂等。根据需要,还可填加抗离析剂或增稠剂、早强剂或早强型外加剂,以提高其稳定性和早期强度。

全国范围内,当前堆石混凝土技术在山西省水利工程上的应用发展形势很好,但由于使用时间较短、项目较少,可借鉴的施工经验很少。再加上该技术需要大量的机械设备(比如自卸汽车运输块石上坝等)、多种材料投入以及新技术的质量检测等,对施工阶段的监理工作提出了很高的要求。

2　堆石混凝土技术在围滩水电站大坝的应用情况

围滩水电站位于山西省晋城市泽州县金村镇围滩泉附近的丹河干流上,枢纽坝址以上控制流域面积2 418.5 km²。枢纽工程为浆砌石重力坝,由溢流坝段、非溢流坝段及冲砂闸段组成。基建面高程 423.0 ~ 425.0 m,溢流面坝底最大宽度 52.45 m,坝顶宽8.0 m,坝顶高程 482.0 m,最大坝高 59 m,总库容 722万 m³。

大坝原设计为浆砌石重力坝,坝体为 M10 小石子砂浆砌石。由于浆砌石坝体施工进度较慢,人为影响因素较多,质量不好控制,加之该项目两侧岸坡陡峭、空间狭窄,施工环境非常恶劣,发包人希望通过提高机械化程度,实现对工程各方面的有效控制,在大坝浆砌石高程为 437.0 m 时,提出了将浆砌石调整为 C15 堆石混凝土、原坝体其他参数不变的施工变更方案。

3　堆石混凝土施工工序

3.1　基础仓面的处理

堆石混凝土的层面处理即是在块石填筑前,对已成坝体工作面上的杂物、混凝土乳皮、表层裂缝、泌水造成的低强混凝土以及嵌入表面的松动堆石等予以清除。

3.2　立模

堆石混凝土模板可采用钢模、木模等常态混凝土模板,在没有平整度要求时,可使用浆砌块石墙替代模板,而浆砌块石墙模板最终可作为结构的一部分保留下来。

3.3　堆石入仓

利用自卸汽车直接上坝或利用垂直运输工具将堆石料堆放于坝体指定位置,要求厚度 1.5 m 左右,表面基本平整。

3.4 自密实混凝土浇注

自密实混凝土入仓可采用自卸汽车、泵送、挖掘机挖斗、溜槽及吊罐等方式，为加快进度，有条件时，尽可能选用泵送为宜。

4 堆石混凝土施工的监理质量控制

4.1 原材料的质量控制

堆石混凝土的关键技术是自密实混凝土的高流动性和抗离析性，而原材料的质量起着决定性的作用。围滩水电站项目的实践表明，细骨料级配细微变化、含泥量的增加、水泥或外加剂品牌的变更等，均对混凝土的质量产生很大影响，或是流动性变差堵塞输送管道，或是堆石混凝土的密实度、均匀性不能满足设计要求。施工前，技术支持单位应该根据项目原材料的具体情况，进行严格的原材料检验和配合比试验，以提出质量保障、费用较省的混凝土配比指标。为此，现场施工中，必须对拟进场使用的原材料质量进行严格控制（主要包括严格按规定频次督促工程承包商进行原材料质量自检，设置专门的材料监理工程师对其自检结果进行认真复核，并实施平行检测，在确认质量并出具同意放行后，承包商方可凭此组织原材料进场使用），以确保其与试验条件的一致性。否则，技术支持单位须重新进行混凝土配比试验。

4.2 混凝土产品的质量控制

自密实混凝土的质量指标有坍落扩展度、自密实混凝土抗离析性能。目前，自密实混凝土拌和质量主要是技术支持单位现场技术人员根据个人经验，视出料情况随时调整各材料数量，人为因素影响较多。为此，监理机构必须加强混凝土产品的现场质量检测控制。主要包括现场抽检混凝土的坍落度、扩展度和V漏斗情况，要求分别控制在250～280 mm、650～750 mm和10～20 s之间，并且及时对采集数据进行分析，发现异常，由监理组织相关部门进行专题研究，针对问题性质，采取相应解决措施。

4.3 仓面处理与堆石料入仓

当前，从加快工程进度和节省费用考虑，坝体堆石混凝土石料入仓主要是依靠自卸汽车运输。由于上层自密实混凝土浇注必然要留下部分块石土体，这样对下层混凝土的连接是有益的，然而，对自卸汽车的行走却带来很大障碍，为此，需要进行平整。为了不破坏已完成混凝土的质量，大多是在仓面上铺填常态混凝土或其他建筑材料，因为不能养护且时间太短，必须作为废弃料进行处理。这样，造成仓面处理的工作量很大。为不影响坝体层面的抗剪断强度，现场监理必须高度重视仓面的清理工作。总体要求是所有废弃物必须清理出场，混凝土乳面需要凿毛处理。所有工作需待监理工程师验收合格后，方可进行堆石料的入仓工序。

堆石混凝土对堆石料的质量要求相对浆砌石稍低，但至少应保持石料表面干净和一定的块度。为保证堆石混凝土的密实度，要求石料间具有一定宽度的缝隙以利于自密实混凝土通过，一般堆石料的块度应足够大，其中部或局部厚度不得小于30 cm，最大粒径以运输、入仓方便为限，且不宜超过1.0 m；允许使用少量粒径较小的石料，但其重量不得超过堆石料总重的10%，且不得集中堆放。对于汽车运输，石料的冲洗质量很难控制，往往会有碎屑或泥土带入仓面，为此，监理机构应落实该工序的旁站监理，对于石料堆放中产生的杂物要求及时进行处理。

目前，堆石体厚度一般控制在1.0～1.5 m范围内。外表有平整度要求的部位，在堆石体与模板之间应保留大于10 cm的空隙作为保护层。

4.4 堆石混凝土密实度质量控制

考虑混凝土的流动性，浇注前应作浇注试验，以确定合理的控制范围。在浇注过程中浇注点应均匀布置于整个仓面，其间距一般不得超过3 m；必须在浇注点的自密实混凝土填满后（表层局部出现混凝土浆液填满）方可移至下一浇注点浇注。

除表层自密实混凝土外，每一仓的浇注顶面应留有块石棱角，块石棱角的高度高于自密实混凝土顶面5～20 cm，以便于下一仓的黏结。

4.5 堆石混凝土容重及孔隙率检测

按照合同约定的频次，依据土工试验规程，一般采用试坑法进行堆石混凝土的容重及孔隙率的检测。围滩水电站项目在采用试坑法检测的同时，为提高检测频次并降低费用，采用了堆石混凝土预埋孔密实度检测方法，即在堆石中预埋直径5～10 cm的钢管，待堆石混凝土硬化后拔出，通过对孔内密实度的观测评定堆石混凝土的密实性，要求孔内缺陷面积不得超过总面积的5%。堆石混凝土预埋孔密实度检测结果应由试坑法进行校核。

5 堆石混凝土施工监理质量控制的难点问题

5.1 堆石料的入仓

堆石料的入仓设备以塔吊等垂直运输设备为好，但由于进料强度慢费用较高等原因采用的较少，更多的是选择自卸汽车运输。由此不可避免带来造成坝面工程的破坏和杂物混合石料一起进仓问题。施工中，常常给现场监理带来很多困难，甚至无法根本解决。因此，从该技术的推广应用角度考虑，技术的改进，使其具有更高的安全余度或研究配套的进料机械设备对保证工程质量非常重要。

5.2 堆石中碎石含量的控制问题

堆石混凝土的最大优点之一是机械化程度高、施工进度快。但目前堆石混凝土对堆石料的块度要求高,一般最小厚度都在30 cm以上,小粒径的石料数量必须加以控制,且不得集中堆放,这些要求对机械化施工带来一定难度。围滩水电站使用灰岩石料,岩体风化严重,爆破得到的石料中碎石含量较多,不能满足专利技术支持单位提出的石料块度要求。施工中,发包人、监理、施工、技术支持等单位就碎石含量问题经常争论很多,甚至对工程进度产生很大影响,但从事后的质量检查结果看,各项指标基本符合要求。因此,还应该做大量的试验,以取得自密实混凝土、碎石级配、堆放密度等与堆石混凝土质量间的相关联系。

5.3 拌和料的控制

当前,自密实混凝土的拌和质量现场控制主要还是依靠技术人员的经验,常常需要进行水泥、粉煤灰、用水量以及外加剂等数量的现场调整,人为因素较多,致使出现一些混凝土过早离析、坍落度保持时间短、管道堵塞等问题时难以真正进行合理分析。为此,除继续加强现场的指标检测频度与稳定性分析外,技术的进一步完善必然成为根本解决措施。

6 结语

堆石混凝土是一项质量保证程度高、施工进度快、费用有望节省的新技术,有着广阔的发展前景,但在堆石料入仓方案、现场质量控制、自密实混凝土流动特性、浇筑技术、专用外加剂研制、降低费用等方面经验很少,甚至还没有一套完整的规范可以参照,为此,作为监理工程师还需做很多的研究,以提高现场的质量控制工作。

[作者简介] 侯艳芬(1976—),女,1997年毕业于郑州工学院水工专业,工程师。

本文刊登在《山西水利科技》2009年11月第4期(总第174期)

大型 PCCP 管道安装工程质量控制

张正荣

(山西省水利水电工程建设监理公司,太原 030002)

[摘 要]介绍了国内目前应用的内径为4 m、长度为5 m的大型PCCP管道安装工程的质量控制要点,并结合南水北调中线京石段应急供水工程(北京段)PCCP管道工程实践,总结了监理对工程质量控制经验。

[关键词]大型PCCP;安装;质量控制

[中图分类号] TV523　　[文献标识码] B　　文章编号:1006 – 8139(2009)04 – 36 – 03

1 工程概况

南水北调中线工程自起点湖北丹江口水库引水,经湖北、河南、河北等省,进入北京境内。

PCCP管道工程是南水北调中线北京段总干渠线路最长的大型输水工程,为两排直径4 m预应力钢筒混凝土管道(PCCP),每节管重54~77 t,最大管外径约4 852 mm。

输水干线加压输水设计流量为50 m³/s,加大流量为60 m³/s,自流输水流量20 m³/s。

2 PCCP管道安装的主要程序

PCCP管道安装的主要程序包括:沟槽开挖(土方、石方)、PCCP管道安装、接头打压、接头灌浆、管道回填。下面结合南水北调中线京石段应急供水工程(北京段)PCCP管道工程的实践,介绍一下管道安装过程的质量控制。

3 管道安装过程中质量控制要点

3.1 沟槽开挖

3.1.1 土方开挖控制

(1)开挖应自上而下进行,有表土的地方开挖要先剥离全部的表土,以备回填时用作表土料。

(2)本工程土方开挖采用机械开挖,槽底预留10~20 cm保护层,该保护层采用人工开挖,以保护原土不受扰动。槽底原土应平整拍实,对受到扰动的原土应夯实。如局部超挖则应用相同的材料填补,并夯实到天然密实度。

(3)沟槽基底高程控制允许偏差在 +20 至0 mm范围内。

(4)沟底宽度控制允许偏差在 +30 mm 至0 mm范围内,在沟槽内铺设PCCP因设备原因需增加沟槽宽度时,应征得设计同意。

(5)管沟中线偏位应控制在允许偏差±20 mm范围内。

(6)基础面表面平整、无显著凹陷,无松土现象,平整度控制在允许偏差15 mm范围内。

(7)沟槽开挖前,须提前对发包人提供的地下管道、电缆等设施进行人工探挖。

3.1.2 石方开挖控制

(1)石方开挖采用分区、分段进行施工。施工区段内采用自上而下、分梯段进行,梯段高度为3~6 m。开挖遵循先中间后两边的"V"型起爆方式进行施工。对于永久边坡采用预裂爆破或光面爆破的技术进行施工。

(2)工程开工前应进行爆破试验,选定爆破参数,以确保建筑物基础的安全。

(3)保护层的开挖是控制基础质量的关键,本标段建筑物基础保护层开挖方法如下:

①对建基面上1.5 m保护层以上部分,采用梯段爆破,炮孔不穿入距建基面1.5 m的保护层范围,炮孔装药直径不应大于40 mm,在孔底设置柔性垫层。采用毫秒微差导爆管分段起爆,其最大一段起爆药量不大于200 kg。

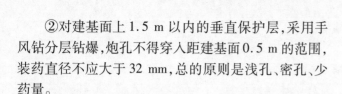

②对建基面上 1.5 m 以内的垂直保护层,采用手风钻分层钻爆,炮孔不得穿入距建基面 0.5 m 的范围,装药直径不应大于 32 mm,总的原则是浅孔、密孔、少药量。

③最后一层炮孔不得穿过建基面,装药直径和起爆方法同第二层。对于软弱、破碎岩基,最后一层应留足 30 cm 的撬挖层。

④基础开挖后表面因爆破震松(裂)的岩石、表面呈薄片状和尖角状突出的岩石,以及裂隙发育或具有水平裂隙的岩石均需采用人工清理,如单块过大,则采用单孔小炮和火雷管爆破。

(4)岩石地基建基面无松动岩块,无爆破影响裂隙。

(5)断层及裂隙密集带按规定挖槽。槽深为宽度的 1~1.5 倍。规模较大时,按设计要求处理。

(6)岩石建基面软弱夹层厚度大于 5 cm 者,挖至新鲜岩层或设计规定的深度。

(7)沟槽底宽控制允许偏差在 +30 mm 至 0 mm 范围之内。

(8)沟槽底部标高控制允许偏差在 +20 mm 至 0 mm 范围之内。

(9)垂直或斜面平整度控制在允许偏差 15 mm 范围之内。

3.1.3　岩石边坡控制

(1)边坡保护层开挖应采用浅孔、密孔、少药量的原则进行爆破。

(2)按施工图纸检查边坡开挖坡面和测量成果。

(3)在边坡工程开挖过程中,定期检查开挖剖面规格和边坡软弱岩层及破碎带等不稳定岩体的处理质量。

(4)岩石边坡坡脚标高应控制允许偏差在 +20 mm 至 0 mm 范围之内。

(5)岩石边坡坡面局部超欠挖斜长小于等于 15 m 时,应控制允许偏差在 +30 mm 至 -20 mm 范围之内;斜长大于 15 m 时,应控制在允许偏差范围在 +50 mm 至 -30 mm 范围之内。

3.2　PCCP 管道安装控制

沟槽开挖成型后,承包人须以沿线 IP 点为该区段的控制点,对该区段管道位置、高程进行计算并校核。在垫层 I 区回填完成并经监理工程师验收通过后,便可进行管道安装施工。

3.2.1　管材进场质量控制

到达现场的每节 PCCP 管子,必须有合格证、出厂证明、检验报告。承包人应检查管子编号、工压、允许覆土厚度、生产日期是否与出厂证明书一致,同时应检查承插口有无碰损、椭圆度误差是否在允许范围内、外保护层有无脱落等,保证承插口钢环面光洁、无破损、无毛刺、无污物,外观结构尺寸符合设计和规范要求。出现以下情况的管子不得使用:

(1)管子内表面出现直径或深度大于 5 mm 的空洞、凹坑或蜂窝麻面等缺陷。

(2)管子内表面出现长度超过 150 mm、与管道纵轴平行线夹角 15° 以内的可见裂缝(距插口端 300 mm 范围之内除外)。

(3)管子内表面出现的环向裂缝或螺旋裂缝宽度大于 0.5 mm 及距管道插口端 300 mm 以内出现的环向裂缝宽度大于 1.5 mm。

(4)管口椭圆度超出 12.7 mm。

(5)管子端面倾斜度超出 13 mm。

(6)插口端管芯混凝土出现缺料、掉角、空洞等缺陷。

(7)管子外保护层出现空鼓、裂缝、分层、剥落等现象。

3.2.2　胶圈质量检查

检查胶圈合格证和检验证明(对饮用水无害);橡胶圈为圆形实心胶圈,表面不应有气孔、裂缝、重皮、平面扭曲、肉眼可见的杂质及有碍使用和影响密封效果的缺陷。

3.2.3　管道卸入沟槽

(1)本工程管件吊装采用两点兜身吊(严禁采用穿心吊),起吊索具用橡胶或麻布包裹,避免起吊索具的坚硬部位碰损管件及保护层。

(2)管道装卸过程中应始终保持轻装、轻放的原则,不得抛、摔、滚、拖。

(3)管件吊装时,管中不得有人,管件下不得有人通过或逗留。

(4)起吊机械能力应始终留有一定的富裕度,严禁超负荷或在不稳定的工作状况下进行起吊装卸。

(5)吊装过程造成管道涂层及其他部位损伤的,应经过监理检查确认,按照修补方案进行修补,验收合格后方可使用。

3.2.4　管道安装控制要点

(1)在管道初步就位前,注意根据管道承插口的椭圆度调整管道的位置,以使管道承口和插口对接效果最佳。用龙门吊将吊起的管件小心地运送到已经装妥的管道处,准备对接。当管件移动时,为防止承插口环碰撞,移动管件应缓慢操作,待距离已装管的承口约 20 cm 时,用木衬块把两管相隔,以防承插口碰坏。

(2)安装前,将管身承插口部位及管道内部清洗干净;对承插口上的异物及毛刺等进行清理,使其表面光滑;橡胶密封圈和承插口凹槽,须用润滑剂均匀涂刷;本工程使用食用植物油作为润滑剂。

(3)将承口端面向上游方向,对接时应使插口端与承口端保持平行,并使四周间隙大致相等,安装间隙控制在要求范围之内。

(4)在调整管道位置时,注意检查管道承口和插口之间的间隙,尽量保持周围间隙均匀;将管道调整到合适的位置后,即可进行管道对接;管道对接采用内拉法进行。

内拉法:在已安装完成后的管道缝隙的中部,架设受力梁,在待装管道外部端口中心位置架设受力横梁;用钢丝绳和手拉葫芦将两梁连接,或采用连接杆件和液压千斤顶及连接件将管道连接;通过手拉葫芦或液压千斤顶,将待装管道拉至安装位置,逐渐将两节管道顶压对接在一起,相邻两节管道的安装间隙应控制在设计要求范围之内。在顶压过程中,若发现橡胶圈滚动不匀,可用手锤及专用工具敲打,变形较大时,应及时停止并退出管道,并检查胶圈损坏情况,必要时调换胶圈,重新进行安装。

(5)安装方向和坡度控制:水平方向偏差不大于20 mm,竖直方向偏差应控制在 ±20 mm 范围以内。

(6)直线段管道安装开口度控制在 25 mm ± 10 mm,转角处最小开口度不小于 10 mm。

(7)承插口安装间隙控制允许偏差在 −10 mm 至 +5 mm 范围内。

(8)每节管道安装完毕,用测缝规检查密封胶圈是否仍然在插口环的凹槽内。

3.2.5　接头打压

管道安装完成后,随即进行第一次接头打压试验,以检查接头的密封性。加压至规定试验压力(本工程为 0.8 MPa)后,保持 5 min 不下降,即为合格;每安装 3 节 PCCP 管后,应对先前安装的第一根管接缝进行第二次打压,检验方法同第一次接头打压;第三次接头打压检验在管顶回填完成后进行,检验合格后,应拧紧螺栓密闭打压孔。

3.2.6　接头灌浆及防腐控制

为保护外露的承插口钢构件不受腐蚀,需要在管接头外侧进行灌浆防腐处理。接头的包带、灌浆应按下列顺序进行:

(1)把外部接口缝隙清理干净,在缝隙表面淋水,确保缝隙表面完全湿润。

(2)在接头的外侧裹一层宽度为 400 mm、强度适中的尼龙编织布灌浆袋,作为灌浆接头的外模。灌浆袋的内侧中部预先缝制或粘贴宽 200 mm、厚 6 mm 的聚乙烯闭孔泡沫带。尼龙编织布灌浆袋两侧各用两条

紧箍钢带(0.6 mm × 16 mm)将其固定在 PCCP 表面,与 PCCP 扎紧,只在最上面留出灌浆口,同时确保灌浆通道净宽不小于 250 mm。

(3)灌入水灰比为 0.65 的 1:3 的水泥砂浆,水泥砂浆应有较好的流动性,以使其均匀、密实、无空隙。

(4)待砂浆灌满接头后,灌浆口上部用干硬砂浆填满抹光。接头处的灌浆高度不得小于 30 mm。

(5)养护期过后,拆掉尼龙编织布灌浆袋,然后喷涂防腐层涂料(环氧煤沥青)。防腐层涂料至少喷涂两道,总干膜厚度 d 应满足:$600\ \mu m \leq d \leq 1\ 500\ \mu m$,平均厚度不小于 $1\ 000\ \mu m$。

(6)施工单位自检合格后,监理人员进行初步检查,主要检查砂浆有无掉块、防腐层有无漏刷、防腐层宽度及厚度是否满足要求。最后经监理、业主代表、设计代表、施工单位质检人员共同进行隐蔽验收。本工程使用专用测厚仪进行防腐层厚度测量,经现场实践,效果颇佳。另外,管道底部防腐层的涂刷是薄弱环节,监理要格外注意,此处厚度检测时要加大频率。

3.3　PCCP 管道沟槽回填控制

管道及配件安装完成并经验收合格后,应及时进行回填。本工程回填区域共分为七个区:垫层Ⅰ区、管基Ⅱ区(指垫层区顶面至管中心高程处,不含管身保护Ⅶ区的回填区域)、管身Ⅲ区(指管中心高程至管顶以上 500 mm 范围内,不包括缓冲覆盖层Ⅳ区的回填区域)、缓冲覆盖层Ⅳ区(指管中心以上、管外径以外 500 mm 的管半圆周范围内的区域)、管顶Ⅴ区(指管顶以上 500 mm 到回填地面高程以下 500 mm 范围内的区域)、复耕Ⅵ区(指回填地面高程以下 500 mm 范围内的区域)、管身保护Ⅶ区(指垫层区顶面至管中心高程处管道周边不小于 500 mm 范围内的区域)。

3.3.1　回填前准备

(1)回填前应清除沟槽内杂物,并排除积水,不得在有积水的情况下进行回填。

(2)回填前,应清理并确认沟槽边壁无松散土体和坍滑体。

(3)各区回填料应满足设计要求,并经监理认可后方可使用。垫层Ⅰ区材料根据开挖料选用人工掺和料、经筛选的天然砂砾料、经加工筛选的人工砾石料及中粗砂等细粒料;管基Ⅱ区、管身Ⅲ区回填材料根据开挖料选用,优先选用原开挖料;缓冲覆盖层Ⅳ区、管身保护Ⅶ区回填材料根据开挖料选用人工掺和料、经筛选的天然砂砾料、经加工筛选的人工碎石屑、砂壤土、粉质黏土等;管顶Ⅴ区采用原土(或碎石)回填,最大粒径为 500 mm;复耕Ⅵ区回填材料为原表层土。

(4)各项准备工作完成,经监理、业主、设计、施工

单位共同进行隐蔽验收后,方可进行回填。

3.3.2 回填过程控制

(1)回填应在管道两侧同时均匀进行,每层回填料厚度应小于300 mm,具体厚度根据压实方法确定,回填料的级配应符合设计要求,压实度也应满足相应的要求。

(2)分段回填、压实时,相邻段的接茬应为梯形,其阶差不得超过两个填筑层。接茬处的碾压应相互重叠至少600 mm。

(3)回填时,应从管道两侧均匀下料。管道之间的回填压实应与管道至沟槽边壁之间的回填压实对称进行。

(4)管道回填应按技术规范要求的频率和条件进行现场试验,监理人通过跟踪监测和平行监测等手段,对承包人的试验结果认可后,才能进行上一层回填。

(5)如果试验结果不满足规定的压实要求,要求施工单位进行翻整,重新压实和重新试验。

3.3.3 回填注意事项

(1)回填过程中,现场监理及施工单位安全员应经常巡视并确认沟槽边壁无松散土体和易坍滑体。因本工程地质结构复杂,沟槽两边多为石方,且沟槽深度一般在10 m以上,故这一点对于施工过程中的安全至关重要,发现安全隐患要及时采取防护措施。

(2)在回填时,不允许材料从管顶以上高于600 mm的高度落下,应靠沟槽边壁溜板下料。

(3)复耕Ⅵ区回填,一定要使用原表层土,不需夯实,但应留有厚度不小于200 mm的余土,使之高于地面作为自然沉降补偿之用。

(4)未及时回填的管道,特别是跨沟、跨河流段的管道,在汛期必须采取有效的防洪措施,防止洪水进入沟槽,造成管道漂移。

[作者简介]张正荣(1969—),男,1992年毕业于北京科技大学,助理工程师。

本文刊登在《山西水利科技》2009 年 8 月第 3 期(总第 173 期)

预应力钢筒混凝土管在监造中关键点的控制

陈瑞国

(山西省水利水电工程建设监理公司,太原 030002)

[摘　要]通过工程实践,总结了预应力钢筒混凝土管制造中的质量监理经验,包括原材料质量控制、生产工序的质量控制和工序资料的质量控制经验。

[关键词]PCCP;监造;关键点;控制

[中图分类号] TV547　　　[文献标识码] B　　　文章编号:1006 - 8139(2009)03 - 23 - 02

1 预应力钢筒混凝土管概述

笔者曾在大伙房水库输水(二期)工程和晋城下河泉引水工程从事 PCCP 管道的监造工作,本文是通过工程实践总结的 PCCP 在监造过程中的管理经验。

预应力钢筒混凝土管(简称 PCCP)是国内近十多年发展起来的新型管道材料。该管道材料是一种具备高强度、高抗渗性和高密封性的复合型管材,它集合了薄钢板、中厚钢板、异型钢、普通钢筋、高强预应力钢丝、高强混凝土、高强砂浆和橡胶密封圈等原辅材料制造而成。该管道材料不仅综合了普通预应力混凝土输水管和钢管的优点,而且尤其适用于大口径、高工压和高覆土的工程环境,例如国家重点工程南水北调北京段采用了直径达 4 000 mm 的 PCCP,国家重点工程大伙房水库输水工程采用了直径达 3 200 mm 和 2 400 mm 的 PCCP。短短十多年时间,国内从无到有,到目前为止已建成了多条生产线,涉及管道规格范围从 DN 600 mm 到 DN 4 800 mm,适用工作压力最高达 1.6 MPa,适用最高覆土深度达 10 m 以上。PCCP 的发展前景十分广阔。

PCCP 按其结构分为内衬式(PCCP - L)和埋置式(PCCP - E)。PCCP - L,是在钢筒内壁成型混凝土,在钢筒外面缠绕环向预应力钢丝,然后喷射砂浆保护层而制成的管道,主要适用于 DN 1 400 mm 以下的小口径管道,如晋城下河泉引水工程中使用的 DN 1 200 mm管道;PCCP - E,是将钢筒埋置在管芯混凝土里面,然后在管芯混凝土上缠绕环向预应力钢丝后辊射砂浆保护层,主要适用于 DN 1 400 mm 以上的大口径管道,如大伙房水库输水(二期)工程中使用的 DN 2 400 mm和 DN 3 200 mm 管道。

PCCP 生产工艺如图 1 所示。

图 1　PCCP 生产流程

2 监造内容

由于预应力钢筒混凝土管是一种复合型管材,其制造过程比较复杂。因此,产品的制造过程控制成为业主和监理方关心的重要内容。笔者通过在 PCCP 监造过程中的管理经验认为,主要抓好原材料质量、工序质量和工序资料质量三方面的控制。

PCCP 生产用原材料主要有:水泥、水、骨料、高强钢丝、制筒用薄钢板及制圈用型钢。基本要求如下:

(1)水泥。用于管芯混凝土及保护层砂浆的水泥应为由大型回转窑生产的强度等级不低于 42.5 MPa,满足中国标准 GB 175 的硅酸盐水泥、普通硅酸盐水泥,且碱含量不大于 0.6% ,C3A(3CaO·Al$_2$O$_3$)含量不大于 8% 。

(2)水。用于混凝土、水泥砂浆生产和养护管材的用水除应满足《混凝土拌和用水标准》JGJ 63—89 的规定外,且要求其 pH 大于 6.5,氯离子含量小于 100 mg/L,硫酸根离子含量小于 350 mg/L。

(3)骨料。细骨料应为质地坚硬、清洁、级配良好的天然砂或人工砂。管芯混凝土用砂采用细度模数 Mx 为 3.2 ~2.3 的中粗砂;水泥砂浆保护层采用细度模数 Mx 为 2.2～1.6 的细砂,其质量技术要求应符合 GB/T 14684—2001 规范规定,比重不得低于 2.6,含泥量不得大于 1%,不得采用碱活性骨料。禁止使用海砂。

制管混凝土用的粗骨料应采用质地坚硬、清洁、级配良好的人工碎石或卵石。碎石质量要求应符合 GB/T 14685 的规定,比重不得小于 2.6,含泥量不得大于 0.5%,不得采用碱活性骨料。粗骨料碎石采用连续级配,最大粒径不超过 30 mm,且不得大于内外芯层厚度的 2/5。其针片状颗粒含量、超逊径含量、质量技术要求应符合 GB/T 14685—2001 规范规定。

(4)预应力钢丝。缠绕于管芯的预应力钢丝应满足《预应力混凝土管用冷拔钢丝的标准》ASTMA 648 及 GB/T 5223 规定的力学性能,且不应高于 ASTMA 648 中Ⅱ级钢丝要求。

(5)钢筒用薄钢板。制作钢筒用薄钢板应采用热轧薄钢板(也可以采用冷轧薄钢板,但需要配备专用设备,采用低碱性清洗液进行清洗,并按照 GB/T 13312《钢铁件涂装前除油程度检验方法》检验合格),应符合 GB 700、GB 912 的规定,薄钢板公称厚度不应小于 1.5mm、最小屈服强度不应低于 235 MPa,标准长度 50 mm 时的断裂伸长率不应小于 21%。

(6)承插口用型钢。制造承插口接头钢圈所用的承口钢板和插口型钢应符合 GB/T 699、GB/T 700、GB 3274 的规定。钢材的最小屈服强度应不小于 207 MPa,标准长度 50 mm 时的最小伸长率应为 20%。

工序质量控制主要包括承插口钢圈制作质量控制、钢筒制作质量控制、管芯混凝土成型及养护质量控制、缠丝质量控制和砂浆保护层质量控制。

工序资料控制主要包括对原材料试验资料、工序生产原始记录和工序检验报告的质量控制。

3 PCCP 生产中关键控制点

PCCP 监造中监理的职责之一就是确保产品的质量,对生产中的关键点进行适时监控,一方面可保证产品质量,另一方面可帮助承包商正常生产,以确保能够及时提供施工合格的管材。

3.1 原材料质量控制

合格的原材料是保证产品质量的基础。

从上面的叙述可看出,PCCP 在生产中所用原材料量大,其性能指标要求严,且有些指标检测所需时间长,有的需要长达一个月,如何在保证质量的同时又能保证生产正常进行,是监理工作安排的关键。一般来讲,原材料质量控制应采取如下步骤:首先对承包人所报供货商资质进行严格审查,所有的供应商都要提供

相应的合格资质、相关材料的检验合格证明;必要时由监理见证在原材料生产厂取样进行检测。督促承包商在生产前完成供货商的选择,选择两个以上合格的材料供应商,一个作为主供应商,其他作为备用,备用原材料供应商可解决原材料市场大起大落造成的影响;其次督促承包人对所有进场原材料按批次进行检验,同时监理按一定比例安排有资质的第三方试验单位对原材料进行抽检,对所有试验指标不合格的原材料清除出场,只有试验指标合格的原材料方可用于生产。

3.2 工序质量控制

承插口钢圈制作质量控制主要包括每个钢圈不允许超过两个接头,且接头焊缝间距不应小于 500 mm。接头应对接平整,错边不应大于 0.5 mm,采用双面熔透焊接,并打光磨平。同时钢圈尺寸及公差要满足设计要求。

在钢筒制作质量控制上,钢筒水压试验为关键工序,在 PCCP 监造中是一个停工待检点,设为旁站点,每一节钢筒进行水压试验时必须在监理在场时进行。同时钢筒尺寸及公差要满足设计要求。

管芯混凝土成型及养护质量控制,包括混凝土质量控制和养护质量控制,混凝土质量控制与其他水利工程要求基本一样,笔者在这不多加赘述,主要叙述一下养护质量控制,采用蒸汽养护时,加速养护期间的升温速度不得超过 22 ℃/h,养护罩内温度应保持在 32～52 ℃,最高温度不应超过 60 ℃。

在缠丝质量控制上,缠丝工序为关键工序,在承包人检验合格后,现场值班监理对缠丝后的质量进行全面检验,主要指标包括接头数量、接头位置、应力值、应力波动值等进行逐一检查,其他如缠丝螺距、水泥净浆水灰比、端部密缠等按照 10%～20% 的频率进行抽检。

砂浆保护层质量控制主要为吸水率的质量控制,吸水率不合格的管材需要凿除保护层重新进行喷浆处理。其他指标如保护层厚度等按照 10%～20% 的频率进行抽检。

对隐蔽结构可能产生的不能直观的缺陷,采用监理旁站方式,以免重复检验,如钢筒水压试验,需要 100% 试压,而重复检验浪费时间,耽误生产,因此,采用旁站可为一个最好的监督方法;而对于有自动记录系统的工序,可采用查阅自动记录,以验证工序产品的质量。当然,现场监理要对记录系统按合同规定的频率进行检测并校对,以保证记录数据的准确。如混凝土配料系统和缠丝系统就可采用此种方法。

除相关形式检验要求项目及合同规定的项目按批次检验外,对出厂产品的承插口应采用 100% 检验。

因 PCCP 产品体积大而笨重,从产品出厂到安装和接头水压,一旦接头有问题要浪费大量人力、物力及时间,降低施工速度。当然,PCCP 接口环在制作之初的下料及涨圆过程中,其相关尺寸应考虑在制筒焊接、管芯成型及缠丝等环节中对接口环尺寸产生的影响,接口环在加工时要留出相应的余量。对于一个稳定的生产工艺,其接口环的几何尺寸应该是稳定的。

3.3　工序资料质量控制

工序资料控制主要包括对原材料试验资料、工序生产原始记录和工序检验报告的质量控制。原材料试验资料、工序生产原始记录和工序检验报告要及时准确。

任何一节管道出现问题,都可通过资料追溯到每个试验、生产环节。对产品质量的评定可说是大有裨益。

以上是笔者通过工程实践总结的 PCCP 在监造过程中的一些经验,希望能对 PCCP 的监造工作和 PCCP 的生产起到一定的参考作用。

[作者简介] 陈瑞国(1979—),男,2004 年毕业于辽宁石油化工大学,助理工程师。

本文刊登在《山西水利科技》2009年2月第1期(总第171期)

关于高寒地区采用沥青混凝土防渗面板的质量控制

赵弟明

（山西省水利水电工程建设监理公司，山西太原 030002）

[摘　要]西龙池抽水蓄能电站上水库采用沥青混凝土面板防渗，文中简述了沥青混凝土防渗面板施工对原材料、现场摊铺温度、碾压遍数等一系列施工工序的质量控制，并对控制的重点和难点进行了详细描述。

[关键词]高寒地区；沥青混凝土；防渗面板；质量控制

[中图分类号] TV523　　　[文献标识码] B　　　文章编号:1006-8139(2009)01-45-03

1　西龙池工程采用沥青混凝土防渗面板概况

沥青混凝土防渗面板工程始于20世纪30年代，我国用沥青混凝土进行土石坝防渗处理从70年代开始。由于沥青混凝土具有防渗性能高、变形性能好、抗震能力强和对水质污染小等优点，近年来我国采用沥青混凝土防渗面板的工程数量逐渐增多，但在高寒地区真正采用沥青混凝土防渗面板却是一个新的课题，在此之前，如何对其进行质量控制，国内尚缺工程经验和系统的试验资料。本文以西龙池抽水蓄能电站上水库采用沥青混凝土面板防渗为例，系统介绍该工程按照规范要求结合室内与现场试验所确定的主要材料的技术性能指标、工艺规程及施工过程控制指标和工程施工的实际控制情况。

西龙池抽水蓄能电站位于山西省忻州市五台县境内滹沱河左岸封顶的西龙池村，电站总装机容量为1 200 MW(4×300 MW)，电站建成后并入山西电网，担任系统调峰、填谷、调频、调相及事故备用等任务。上水库总库容为469万 m³，下水库总库容494.2万 m³。上水库库盆全部采用沥青混凝土面板防渗，防渗总面积约21.57万 m²，其中库岸及坝坡约10.18万 m²，库底约11.39万 m²，相应沥青混凝土4.6万 m³，铺筑最大斜坡面长约77 m，库、坝坡度约为1:2.0；下水库库内坝坡和库底采用沥青混凝土面板防渗，库盆总防渗面积约17.73万 m²，其中沥青混凝土防渗面板约10.88万 m²，含斜坡6.845万 m²，库底4.035万 m²，相应沥青混凝土2.36万 m³。铺筑最大斜坡面长121 m，坡度为1:2.0。该地海拔1 494.5 m(上库)，历史极限气温达-35 ℃，属较典型的高寒地区。

2　沥青混凝土防渗面板材料技术指标及质量控制

沥青混凝土防渗面板使用的主要原材料有：沥青(包括改性沥青)、骨料、掺料、加强网格等。

2.1　沥青

在沥青混凝土中，沥青材料作为沥青混凝土的胶结材料，其物理化学性质直接影响着沥青混凝土的性能的好坏，目前，国内外所用沥青主要为石油沥青，沥青的技术性能主要以针入度、软化点、延伸度三项指标评定。在西龙池上水库工程上，使用的是两种沥青，一种为普通沥青，一种是经过改性的沥青(即改性沥青)。

普通沥青使用部位包括整平胶结层、库底防渗层、库底封闭层与混凝土接头等；改性沥青使用部位为斜坡防渗层和斜坡封闭层。其技术指标要求见表1。

表1 普通、改性沥青技术指标要求

项目	针入度25℃/0.1 mm	延度（cm）		软化点（℃）	脆点（℃）	薄膜烘箱试验（163℃，5 h）					
		15℃	4℃			质量损失（℃）	软化点升高（℃）	脆点（℃）	针入度比（25℃）/%	延度（cm）	
										15℃	4℃
普通沥青	70～100	≥150	≥10	45～52	<-10	≤0.6	≤5	≤-7	≥68	≥100	≥7
改性沥青	70～100	≥150	≥10	45～52	<-20	≤1	≤5	≥55	≤-18	≥100	≥25

经检测，普通沥青各项指标均满足技术规范要求；而改性沥青具有较好的低温性能，高温延度与技术标准要求有一定差距，大于100 cm符合率79%，最小值为85.4 cm，经设计单位初步核算，对本工程要求的沥青混凝土性能无较大的影响，且其余指标均满足技术规范要求，因此同意使用。

2.2 骨料

骨料分为粗骨料，人工砂，河沙三种。人工砂由破碎后的骨料收集而成；天然砂为水洗砂；粗骨料由破碎后加工成的19～16 mm，16～9.5 mm，9.5～4.75 mm，4.75～2.63 mm四个级配组成，经三方检测各项指标均符合技术规范要求，合格率100%，其技术指标要求见表2。

表2 粗骨技术指标要求

检测项目	超逊径（%）								坚固性	黏附性	吸水率（%）	针片状含量（%）	抗热性
	19～16 mm		16～9.5 mm		9.5～4.75 mm		4.75～2.36 mm						
	超	逊	超	逊	超	逊	超	逊					
技术指标	≤10								≤10	≥4级	≤2	≤20	光变化

2.3 加强网格

加强网格采用聚酯网格，经检测各项技术指标均满足技术规范要求，其技术指标要求见表3。

表3 加强网格技术指标

序号	项目	技术指标	备注
1	单位重量（g/m²）	>260	—
2	网孔尺寸（mm）	约30	—
3	最大拉力负荷（kN/m）	>50	纵、横向
4	断裂伸长率（%）	10～15	纵、横向
5	耐热性（℃）	>190	材料性质稳定
6	收缩（%）	约1	15 min，190℃

2.4 矿粉

掺料为矿粉，采用石灰岩粉，经检测各项指标均满足技术规范要求，其技术指标要求见表4。

表4 矿粉技术指标要求

检测项目	级配（水洗法）（%）			密度（g/cm³）	含水率（%）
	0.6 mm	0.15 mm	0.075 mm		
技术指标	100	>95	≥80	>2.6	≤0.5

3 工程施工质量控制

施工进入大规模摊铺阶段后，需要控制沥青混凝土的摊铺温度、碾压遍数及接缝的处理。

3.1 现场摊铺温度的控制

沥青混凝土摊铺温度和碾压温度对防渗层质量影响很大。在现场摊铺碾压时必须严格按技术标准进行温度控制，摊铺作业时，应对所摊铺的每一条带都进行温度测量控制，避免出现不符合摊铺温度和碾压温度的现象。温度测量可选用便捷式插入式数显温度计。

根据技术规范和试验所确定的摊铺、初碾、次碾和终碾的施工温度控制标准及现场控制情况见表5。

表5 各次沥青混凝土碾压的温度控制标准

项目	防渗层		整平胶结层
	改性沥青混凝土	沥青混凝土	
摊铺温度（℃）	150～180	140～170	140～170
初始碾压温度（℃）	>140	>130	>120
次碾压温度（℃）	>110	>110	>100
终碾温度（℃）	>90	>90	>90

3.2 现场碾压次数的控制

碾压控制次数及工艺标准见表6。

表6 碾压温度与碾压遍数工艺表

项目	初碾		次碾		终碾	
	遍数	方式	遍数	方式	遍数	方式
库底整平层	2	静碾	2	前静后振	2	静碾
斜坡整平层	2	静碾	2	前静后振	2	静碾
库底防渗层	2	静碾	6	前振后静	2	静碾
斜坡防渗层	2	静碾	6	前振后静	2	静碾

3.3 接缝处理

根据技术规范要求,分为冷缝和热缝(接缝温度大于90℃的为热缝,小于90℃的为冷缝)。在现场施工中,要将接缝做成45°角,且在已摊铺成型的接缝条幅上,拓宽碾压10~15 cm。

3.3.1 热缝的处理

对于高于140℃的热缝,其碾压方式与普通区域相同。对于139~90℃的热缝,由于其缝面温度低于沥青混合料黏结的最佳温度,故在摊铺施工前,需要使用悬挂在摊铺机上的红外线加热器进行加热,加热范围通常是接缝面及相邻的10 cm的水平区域。

3.3.2 冷缝的处理

冷缝的出现主要是由于每天的施工限制和突变的天气状况或机械状况造成的。对于冷缝的处理方式为:先将接缝上存在的杂物清理干净,然后涂一层冷沥青涂料,再使用悬挂在摊铺机上的红外线加热器进行加热,加热范围通常是接缝面及相邻10 cm的水平区域。如果是横缝,则采用人工加热。使加热后的冷缝温度提升到70℃左右。

3.3.3 与常规混凝土结构间的接缝

在与常规混凝土部位相连接处,采取如下步骤:首先使用切割机将混凝土上突出的钢筋切除;其次人工用锤子对混凝土表进行凿毛处理,采用钢丝刷和压缩空气清除所有附着物,并将混凝土表面加热烘干;再将所有与塑性材料接触的混凝土表面喷刷或涂刷冷沥青材料,涂刷量约0.4 kg/m²。待其干燥后,在混凝土表面均匀铺一层厚度为3 mm的沥青玛蹄脂塑性过渡料。

4 现场控制的重点与难点

4.1 人工摊铺区质量控制

在上水库人工摊铺区上,主要集中在进出水口处的人工摊铺区。该部位是常规混凝土与沥青混凝土的衔接部位,是一个绕进出水口周边廊道成V字形的部位。首先应按照与常规混凝土接缝处理的方式,清理干净,然后利用人工进行了10 cm厚的整平胶结层的摊铺工作(振动碾碾压),其次在上面进行沥青砂浆的填充;再在沥青砂浆上面进行5 cm厚的加厚层施工(此时由于沥青砂浆的流动性,需用小型的碾压设备进行碾压,大的振动碾已经不适应,容易造成沥青混凝土的变形);加厚层施工完毕后再进行加强网格的铺设,随后是防渗层的摊铺与正常碾压。

这里一定要注意对常规混凝土的清理、涂刷冷沥青涂料等工作程序,每一道工序完成后经确认合格,方可进行下一道工序施工。

4.2 低温季节施工质量控制

由于西龙池属高寒地区,冬季施工的温度控制成为控制质量的一个重点。进入10月份以后,严格执行技术规范上要求的防渗层和整平层5℃以上施工与封闭层10℃以上施工的原则,要求开仓温度大于5℃,日平均气温大于5℃。现场采用以下措施:在摊铺机上安装加热器,将红外加热器安装在距摊铺表面60 cm处,摊铺前首先进行加热,测得表面大气温度加热后可达15℃以上,摊铺表面温度加热后可达20℃以上,这样摊铺表面的气温就能满足规范要求的10℃。经现场测试,日最低气温经常在凌晨5~7 h,日最高气温在中午12~14 h。每日开仓时段通常选在早8~10 h。进入12月份每天气温高于10℃的时间很短,不能满足施工要求。

5 摊铺完成后的芯样检测

取芯检测是沥青混凝土碾压成型后,进行的有损检测项目,以斜坡防渗层为例,其检验项目和结果见表7。

表7 沥青混凝土斜坡防渗层芯样性能检测表

项目	密度 (g/cm³)	孔隙率 (%)	渗透系数 (1×10⁻⁸ cm/s)	膨胀 (%)	水稳定性	冻断温度 (℃)	弯曲应变 (%)	拉伸应变 (%)	热稳定
检测组数	18	18	3	3	1	2	2	2	0
最大值	2.398	2.2	0.527	0.47	—	−38.92	5.44	1.71	
最小值	2.355	0.5	0.497	0.36	—	−42.7	3.77	1.52	
平均值	2.366	1.79	0.516	0.43	116.6	−40.81	4.60	1.615	
合格率	100	100	100	100	100	100	100	100	

从芯样检测结果分析,按上述材料及施工工艺所完成的沥青混凝土防渗层完全满足规范要求。

山西西龙池抽水蓄能电站水库采用沥青混凝土防渗面板,取得了很好的效果,为沥青混凝土防渗面板在高寒地区推广应用,提供了一个可供参考的工程实例。

[**作者简介**] 赵弟明(1982—),男,2004 年毕业于山西农业大学,助理工程师。

本文刊登在《山西水利科技》2009年5月第2期(总第172期)

张峰水库大坝原灌浆廊道裂缝处理生产性试验

谢彤光

(山西省水利水电工程建设监理公司,山西太原 030002)

[摘　要]张峰水库大坝原灌浆廊道裂缝处理的生产性试验表明试验采用的方法是有效的,能满足裂缝处理的设计要求。特别是混凝土表面裂缝使用聚氨酯直接进行封堵的工艺,避免了对墙壁的破坏,封堵效果好,进度加快。从技术方案上保证了施工的顺利进行。

[关键词]灌浆廊道;裂缝处理;生产性试验

[中图分类号] TV543　　　[文献标识码] B　　文章编号:1006 - 8139(2009)02 - 07 - 03

1　基本情况

张峰水库位于山西省晋城市沁水县郑庄镇张峰村沁河干流上,水库总库容3.94亿 m³,大坝为黏土斜心墙堆石坝,河床段黏土斜心墙底部设灌浆廊道。该廊道于20世纪80年代初兴建,由于年久失修,在廊道内的上、下游墙壁以及底板存在裂缝。在大坝帷幕灌浆和固结灌浆相继完成后,大坝上游积水水位升高,灌浆廊道内的裂缝出现不同程度的渗水情况,为了保障大坝蓄水后安全运行,决定对渗水裂缝进行灌浆封堵处理,完成后裂缝压水试验透水率设计要求小于0.1 Lu。

2　试验目的及试验区选择

2.1　目的

(1)确定灌浆廊道内裂缝处理的施工工艺,施工参数及化学灌浆所用的化学材料;

(2)通过对试验成果的分析,确定试验结论和成果建议,保证下一步裂缝处理工程的顺利进行。

2.2　试验区的选择

在灌浆廊道内选择了两条具有代表性的渗水裂缝进行裂缝处理生产性试验,其编号分别为 LHS - 5,LHS - 7。

3　试验施工

施工工艺流程如图1所示:

3.1　裂缝刻槽封堵

刻槽封堵工艺:刻槽→钻孔→冲洗→用堵漏王封

图1　施工工艺流程图

堵。

(1)刻槽:在裂缝两侧刻出宽度 8 ~ 10 cm,深度 3 ~ 5 cm 的 U 字形槽。

(2)造孔:在离裂缝边缘20 ~ 30 cm 钻孔,钻孔与洞壁的夹角呈30°~45°,孔深穿过裂缝10 cm 左右。

(3)通水:用压力水对孔进行冲洗,以检查钻孔和裂缝的串通情况。

(4)冲洗;用压力水将刻槽表面的残渣冲洗干净。

(5)封堵:将堵漏王用水混合,将 U 字形槽封堵密实,然后将表面抹光滑。

(6)待凝:待凝24 h 后进行下道工序施工。

3.2　水泥灌浆

(1)水泥灌浆工艺:钻孔→涌水压力量测→涌水流量量测→压水试验(简易压水)→灌浆→闭浆→封孔。

(2)涌水压力及流量量测:a.涌水压力测量,由于涌水压力较小,无法用压力表进行测量,就在孔口安装一根短管,测量短管出口端和孔口的高度,即为涌水压力。b.涌水流量观测测量,用量杯进行量测,按照装满1 L 水的量杯所需的时间来测量涌水流量。

(3)压水试验:简易压水的压力为灌浆压力的80%,即0.40 MPa,每5 min 测读一次压水量,连续4个数稳定后取最后的流量值来计算透水率。

(4)水泥灌浆方法:采用孔口封闭、纯压式灌浆法。

（5）封孔：由于灌浆孔只有 50 cm，灌浆后孔口空洞部分不足 20 cm，最后封孔直接用水泥砂浆将孔口封堵密实并将表面抹平。

水泥灌浆钻孔孔径为 $\Phi63$ mm，钻孔沿裂缝布置，孔深约 50 cm，均斜穿过裂缝；每条裂缝上、下游根据监理要求分别布置三个灌浆孔，在裂缝封堵 24 h 后进行了简易法压水，检查各个灌浆孔的串通情况和透水率。在对渗水裂缝 LHS－5－2 号孔进行压水时发现和其他孔都串通，且透水率为 20.6 Lu，最后选择了 LHS－5－2 作为该裂缝的灌浆孔，注灰量为 81.86 kg；在对渗水裂缝 LHS－7－6 号孔进行压水时发现和其他孔都串通，且透水率为 28.6 Lu，最后选择了 LHS－7－6 作为该条裂缝的灌浆孔，注灰量为 120.69 kg。

3.3 化学灌浆

（1）环氧树脂类浆材灌浆工艺：钻孔→通水试验（检查裂缝的串通情况）→用浆液置换水→灌浆→屏浆→闭浆→封孔。

（2）浆液配备：按照 A 组分：B 组分 =100:18 的浆液比例进行配浆，配浆量参照简易压水透水率来确定。

（3）化学灌浆：根据现场情况，由于压水时透水率较小且各个灌浆孔基本上都相互串通，灌浆时采用群孔灌浆的方式进行，屏浆时间为 30 min。当屏浆结束后，关闭各自进浆阀门，打开化灌泵泄压阀，拆除各自进浆管，用丙酮清洗灌浆泵及管路。待化学灌浆结束 24 h 后拆除栓塞。

（4）封孔：由于灌浆孔只有 50 cm，灌浆后孔口空洞部分不足 20 cm，最后封孔直接用水泥砂浆将孔口封堵密实并将表面抹平。

化学灌浆开孔孔径为 $\Phi63$ mm，灌浆段为 $\Phi38$ mm，钻孔沿裂缝两侧布置，孔深都斜穿裂缝。每条裂缝上、下游根据监理要求分别布置 2 个化学灌浆孔，在水泥灌浆结束 24 h 后进行钻孔和通水试验，检查各个化学灌浆孔的串通和透水情况。在对两条裂缝水泥灌浆后的压水情况看，透水率都在 2.0 Lu 左右，最后用环氧灌浆材料对两条裂缝都采取了群灌及闭浆。渗水裂缝 LHS－5 注浆 14.05 kg，渗水裂缝 LHS－7 注浆 19.48 kg。

两条渗水裂缝灌浆孔布置见图 2：

3.4 特殊情况处理

（1）在裂缝 LHS－5 化灌时，周围墙壁的细小裂缝出现了漏浆，使化学灌浆不能达到结束标准，采取在漏水部位打 $\Phi14$ mm 的小孔灌注 LW 水溶性聚氨酯进行封堵，其漏浆部位立即被堵住。

（2）在施工底板裂缝 LHS－7－7 号孔时，由于孔

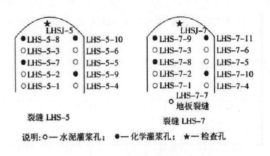

图 2 两条渗水裂缝灌浆孔的布置

口裂缝较大，栓塞卡不住，灌浆时孔口冒浆，采取打 $\Phi14$ mm 的小孔灌注 LW 水溶性聚氨酯对裂缝表面进行封堵，封堵后其孔口不再冒浆。

3.5 主要灌浆材料

（1）裂缝封堵采用堵漏王进行封堵，该材料凝固时间短。主要性能指标见表 1：

表 1 堵漏王性能指标

项目	指标
凝固时间	1 ~ 90 min
抗压强度	≥30 MPa
黏结强度	>1.5 MPa
耐高低温	100 ~ 40 ℃
抗渗压力	>0.7 MPa

（2）水泥灌浆采用强度等级为 P. O42.5 的普通硅酸盐水泥。

（3）采用的 LW 水溶性聚氨酯化学灌浆材料是一种亲水性材料，遇水后先分散、乳化进而固化，可用于潮湿面甚至带水条件下的防渗堵漏处理。LW 的主要性能指标见表 2。

表 2 LW 化学灌浆材料性能指标

项目	指标
比重	1.05 ± 0.05
黏度（25 ℃，mPa·s）	120 ~ 280
凝胶时间（min）（浆液：水 =1:10）	≤20
包水量（倍）	≥20
遇水膨胀率（%）	≥100

（4）化学灌浆采用 HK－G－2 低黏度环氧灌浆材料。

HK－G 系列环氧灌浆材料具有黏度小、强度高等优点。产品为双组分，操作方便，可以对微细的混凝土裂缝和岩基缝隙进行灌浆处理，从而达到防渗补强加固目的。

HK－G－2 环氧灌浆材料的优点：

- 黏度小,可灌性好,可以灌注 0.2 mm 左右的细缝;
- 和混凝土的黏结强度高,一般都大于混凝土本身的抗拉强度;
- 浆液固化后的抗压强度和抗拉强度都很好,有较好的补强作用;
- 浆液具有亲水性,对潮湿基面的亲和力好;
- 凝固时间可由固化剂 B 来调节,范围可在数十分钟至数十小时之间;
- 操作方便,不需繁杂配置。只需将 A 组分和 B 组分按比例均匀混合后即可灌浆。

HK - G - 2 环氧灌浆材料主要性能指标见表3:

表3 HK - G - 2 环氧灌浆材料性能指标

项目	指标
比重	1.05 ± 0.05
黏度(25 ℃,mPa·s)	≤50
凝固时间(h)	3 ~ 24
抗压强度(MPa)	≥40
抗拉强度(MPa)	≥10
黏结强度(MPa)	≥3

(5)水采用沁河地下水,水质可满足灌浆施工要求。

(6)丙酮主要用于对化学灌浆后管路的冲洗。

3.6 所用设备

(1)裂缝刻槽封堵采用电锤、手提式砂轮机和其他辅助设备;

(2)水泥灌浆选用手提式冲击钻造孔、150 灌浆泵、JJS - 10 低速搅拌机,采用灌浆自动记录仪进行记录;

(3)化学灌浆选用手提式冲击钻造孔、SNS - 10/6 化学灌浆泵,灌浆计量采用重量法(电子秤)对浆液的灌入量进行计量。

4 试验成果分析

化学灌浆结束后,分别对两条裂缝进行了检查孔钻孔取芯和单点法压水试验,检查孔位置都布置在洞顶,其透水率都小于 0.1 Lu,说明裂缝处理能满足设计要求。灌浆前后压水透水率对比见表4。

表4 灌浆前后压水透水率对比表

裂缝序号	水泥灌浆前透水率(Lu)	化学灌浆前透水率(Lu)	检查孔透水率(Lu)
LHS - 5 - 2	20.6	2.0	0.0
LHS - 7 - 6	28.6	2.2	0.025

从表4看,三个阶段的压水试验透水率递减幅度较大,说明裂缝灌浆效果比较好,符合裂缝渗水处理的要求。从施工现场裂缝表面看,裂缝处理前两条裂缝上游墙壁都有渗水,处理后墙壁已无渗水。

5 结论与建议

(1)通过两条渗水裂缝的灌浆试验,本次采用的施工工艺和施工方法是有效的,能满足裂缝处理的设计要求。

(2)将裂缝表面刻槽封堵改为用 LW 水溶性聚氨酯进行封堵,封堵效果更好,既能保证质量又可加快施工进度,且施工时不会割断钢筋对墙壁造成破坏,并且从试验来看裂缝表面刻槽封堵和用 LW 水溶性聚氨酯进行封堵两者的费用差别不大。

(3)裂缝在灌浆前做简易压水,当压水试验透水小于 3.0 L/min 时可直接采用化学灌浆,具体情况可根据现场情况进行调整。

(4)施工灌浆压力可以采用 0.5 MPa。

[作者简介] 谢彤光(1973—),男,2005 年毕业于西安建筑科技大学,工程师。

本文刊登在《水利建设与管理》2008年第2期

张峰水库大坝河床段帷幕灌浆施工

石建军

(山西省水利水电工程建设监理公司,太原 030002)

[摘 要]本文介绍了张峰水库大坝河床段在极强、强透水岩层进行帷幕灌浆时所采取的一些如低压、限流、间歇等非常规措施,以及可供借鉴的经验和方法。

[关键词]张峰水库;帷幕灌浆;施工

1 工程概况

张峰水库位于山西省晋城市沁水县郑庄镇张峰村沁河干流上,距晋城市城区 90 km,水库总库容 3.94 亿 m³,是以城市生活和工业供水、农村人畜饮水为主,兼顾防洪、发电等综合利用的大(2)型水库枢纽工程。

1.1 设计简况

张峰水库大坝为黏土斜心墙堆石坝,最大坝高 72.2 m。坝体中部设黏土斜心墙。河床段黏土斜心墙底部设灌浆廊道,大坝防渗帷幕灌浆采用悬挂式帷幕,灌浆全部位于灌浆廊道内部,包括三部分:

a. 幕 0+159.7~幕 0+362.84 两排灌浆孔。下游排为帷幕灌浆孔,孔距 3 m,灌浆孔深 52 m;上游排为深固结灌浆孔,孔距 3 m,灌浆孔深 15 m。

b. 幕 0+362.84~幕 0+441.38 双排帷幕灌浆孔。梅花形布置,孔距 3 m,排距 2 m,上游排灌浆孔深 25 m,下游排灌浆孔深 65 m。

c. 幕 0+441.38~幕 0+454.55 两排灌浆孔。下游排为帷幕灌浆孔,孔距 3 m;上游排为深固结灌浆孔,孔距 3 m,灌浆孔深 15 m。

1.2 地质概况

坝基下伏基岩为 T11-3~10 岩组细砂岩、泥质粉砂岩及钙质砾岩。

a. 左段(宽约 50 m)基岩岩体渗透性垂向上分三个带,从基岩面至高程 661~666 m 为弱透水带,透水率 1.1~9.4 Lu;高程 661~630 m 为中等透水带,透水率 12~33 Lu;其下为微透水带。

b. 中段(宽约 180 m)基岩岩体渗透性垂向上分三个带,从基岩面至高程 664~680 m 为极强—强透水带,透水率 137~202.10 Lu;高程 670~651 m 为微透水带,高程 655~628 m 为中等透水带,透水率 10.5~56.5 Lu;其下为微透水带。

c. 右段(宽约 70 m)基岩岩体渗透性垂向上分三个带,从基岩面至高程 635~685 m 为极强—强透水带,透水率 55.2~280 Lu;高程 685~630 m 为中等透水带,透水率 10.5~46 Lu,平均值 15 Lu;其下为微透水带。

坝基基岩极强—强透水体主要分布于中段及右段上部,深度在基岩面以下 20~60 m。

2 生产性试验

单排帷幕灌浆试验区域在幕 0+256.35~幕 0+264.35 区段(限于篇幅,略),双排帷幕灌浆试验区域在幕 0+364.34~幕 0+376.34 区段。

双排帷幕灌浆试验轴线与设计帷幕线一致,灌浆孔数 10 个,上游排、下游排各 5 个,下游排孔深均为基岩段 65 m,上游孔深均为基岩段 25 m;布置抬动观测孔 1 组,检查孔 1 个。

布置情况如图 1 所示。

通过灌浆试验,结合灌浆成果分析情况,单排孔和双排下游帷幕灌浆孔距由原设计的 3.0 m 变更为 2.0 m。灌浆压力值:在灌浆试验过程中,个别段出现抬动现象,灌浆压力调整为起始压力仍为 0.6 MPa,以下每增加一段,灌浆压力增加 0.25 MPa,最大灌浆压力不超过 30 MPa。

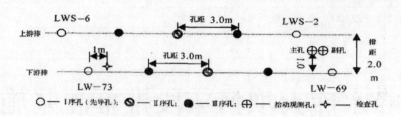

图1　灌浆试验双排孔布置示意图

3　帷幕灌浆施工

3.1　灌浆施工

施工时采用的是孔口封闭、孔内循环、自上而下分段灌浆施工工艺,分为三序施工。双排孔灌浆施工顺序:先施工下游排,再施工上游排。

钻进使用 XY—2 型地质钻机,采用 KXP—1 型测斜仪测斜,记录系统 FECGJ—3000。

冲洗有效压力为灌浆压力的 80%,并不大于 1 MPa。灌浆序孔采用简易压水法,先导孔和检查孔采用五点法压水。在压水试验前,对涌水孔段的涌水流量和涌水压力进行了观测,并做好了记录,以对比分析灌浆效果。

采用纯水泥浆液灌浆,浆液采用水灰比为 5∶1、3∶1、2∶1、1∶1、0.8∶1、0.5∶1六个比级。开灌采用 5∶1 的比级浆液,并遵循逐级加浓的变换准则进行灌注。施工过程中对有涌水的孔段,采用了 3∶1—1∶1 不同浓度的开灌比级浆液。

3.2　特殊情况处理

涌水量较大的灌浆孔段,在灌浆前测记涌水压力和涌水量,根据涌水情况,采取了缩短灌浆段长、采用纯压式灌浆、浓浆灌注、屏浆、闭浆、待凝(不少于 24 h)、扫孔、复灌等处理措施。

对吃浆量大难以结束的孔段,采取低压、浓浆、限流、间歇、待凝(不少于 24 h)、扫孔、复灌等处理措施。

涌水和吃浆量都大、且不起压的孔段,采用纯压法进行灌注,一次灌注水泥量不超过 2 t。

4　灌浆成果分析

4.1　双排帷幕下游排透水率和单位注灰量频率分布分析

4.1.1　透水率分析

透水率值的分布情况见表1(限于篇幅,累计频率曲线图略)。

表1　下游排各孔段透水率频率分布

| 孔序 | 段次（段） | 分布段数/分布频率 | | | | | | 均透水率值（Lu） |
		<1 Lu	1～5 Lu	5～10 Lu	10～50 Lu	50～100 Lu	≥100 Lu	
先导孔、Ⅰ	112	9/8.04	39/34.82	17/15.18	18/16.07	8/7.14	21/18.75	56.01
Ⅱ	112	14/12.50	78/69.64	11/9.82	7/6.25	1/0.89	1/0.89	6.93
Ⅲ	224	34/15.18	183/81.70	6/2.68	1/0.45	0	0	2.23
合计	448	57/12.72	300/66.96	34/7.59	26/5.80	9/2.01	22/4.91	16.85

表1中先导孔、Ⅰ序孔透水率值大于 10 Lu 的孔段占 42.0%,岩体的整体透水性位于弱区以上。

各序孔的透水率随着灌浆的按序进行,透水率值的差别比较明显。总体透水率分布主要集中于 5～100 Lu 区内(孔段数占 57.14%),透水率值不小于 100 的占 4.91%。说明该段的可灌性较好。

4.1.2　单位注灰量分析

各孔段的单位注灰量分布情况见表2(限于篇幅,累计频率曲线图略)。

表2　下游排各孔段单位注灰量及频率分布

| 孔序 | 段次（段） | 分布段数/分布频率 | | | | | | 平均单位注灰量（kg/m） |
		<10 kg/m	10～50 kg/m	50～100 kg/m	100～500 kg/m	500～1 000 kg/m	≥1 000 kg/m	
先导孔、Ⅰ	112	0	9/8.04	11/9.82	72/64.29	17/15.18	3/2.68	332.07
Ⅱ	112	0	25/22.32	30/26.79	55/49.11	2/1.79	0	148.73
Ⅲ	224	0	84/37.5	69/30.8	68/30.36	3/1.34	0	106.84
合计	448	0	118/26.34	110/24.55	195/43.53	22/4.91	3/0.67	173.62

从表2可以看出：

a. 先导孔和Ⅰ序孔的单位注灰量分布于小于100 kg/m 区间内的孔段占19.27%，分布于100～500 kg/m 区间内的孔段占53.09%，分布于500～1 000 kg/m 区间内的孔段占22.55%，分布于不小于1 000 kg/m 区间内的孔段为5.09%。说明这些孔段部位岩体裂隙较发育，可灌性较好。

b. Ⅱ序、Ⅲ序孔随着灌浆孔序的加密，孔内的单位注灰量也明显降低。Ⅱ序孔单位注灰量分布于小于100 kg/m 区间内的孔段占58.39%，分布于100～500 kg/m 区间内的孔段占33.22%；Ⅲ序孔单位注灰量分

布于小于100 kg/m 区间内的孔段占74.13%，分布于100～500 kg/m 区间内的孔段占22.37%。Ⅱ序、Ⅲ序孔的单位注灰量的区段分布情况说明灌浆效果是明显的，岩体的可灌性随着灌浆的分序加密进行呈下降的趋势。

4.2　双排帷幕上游排透水率和单位注灰量频率分布分析

4.2.1　透水率分析

透水率值的分布清况见表3（限于篇幅，累计频率曲线图略）。

表3　上游排各孔段透水率的频率分布

孔序	段次（段）	分布段数/分布频率						平均透水率值（Lu）
		<1 Lu	1～5 Lu	5～10 Lu	10～50 Lu	50～100 Lu	≥100 Lu	
先导孔、Ⅰ	30	3/10.0	26/86.67	1/3.33	0	0	0	2.14
Ⅱ	30	6/20.0	24/80.0	0	0	0	0	1.92
Ⅲ	72	23/31.94	49/68.06	0	0	0	0	1.5
合计	132	32/24.24	99/75.0	1/0.76	0	0	0	1.74

从表3中先导孔、Ⅰ序孔透水率值的分布看，岩体的整体透水性位于较弱区以下，在先导孔、Ⅰ序孔中透水率小于5 Lu 的孔段占96.7%。

从各序孔的透水率分布看，岩体的透水性都集中于1～5 Lu 区内（孔段数占99.2%），说明下游排的帷幕灌浆效果较好，使上游排的透水率大大降低。

4.2.2　单位注灰量频率分析

各孔段的单位注灰量分布情况见表4（限于篇幅，累计频率曲线图略）。

表4　上游排各孔段单位注灰量及频率分布

孔序	段次（段）	分布段数/分布频率						平均单位注灰量（kg/m）
		<10 kg/m	10～50 kg/m	50～100 kg/m	100～500 kg/m	500～1 000 kg/m	≥1 000	
先导孔、Ⅰ	30	0	13/43.33	11/36.67	6/20.0	0	0	85.78
Ⅱ	30	0	21/70.0	7/23.33	2/6.67	0	0	59.43
Ⅲ	72	0	59/81.94	11/15.28	2/2.78	0	0	52.17
合计	132	0	93/70.45	29/21.97	10/7.58	0	0	61.46

从各孔序的单位注灰量看：Ⅰ序、Ⅱ序、Ⅲ序孔的单位注灰量大部分孔段分布于小于100 kg/m 区间内，分布于不小于100 kg/m 区间内的孔段不到总数的10.0%。上游排各序孔的单位注灰量的区段分布情况说明下游排灌浆的效果很好，已经将岩体内大的渗漏通道堵住了，并且上游排灌浆后岩体内的透水性相对较弱部位也得到了很好的灌注，从而充分保证了灌浆廊道内岩体防渗帷幕线的形成。

5　灌浆质量检查

帷幕灌浆检查孔的数量为灌浆孔总数的10%，经压水试验取岩芯检查，检查孔压水试验的透水率都小于设计标准5 Lu，全部符合设计和规范要求；在所有检查孔压水试验216段中，透水率小于1 Lu 的有188段，占87.0%；透水率为1～3 Lu 的有25段，占11.6%，透水率为3～5 Lu 的有1段，占1.4%。再结

合检查孔的岩芯情况来看,每个检查孔内都有多处水泥结石,水泥结石最厚的有 2 cm,说明灌浆质量是符合要求的,灌浆效果较好。

6 经验与建议

a. 对孔口涌水量较大的灌浆孔段,先堵涌水。采用缩短灌浆段长、纯压式灌浆、浓浆灌注,待凝 24 h 后再扫孔复灌。如果涌水还是较大,灌浆不能达到结束标准时,继续采用前面的方法,直到孔口涌水较小,能达到灌浆结束标准为止。

b. 本工程采用注入量计量法计价,即以注入岩体裂隙中的水泥干料耗量计价。在灌浆过程中为防止出现过量灌浆的情况,对涌水和吃浆量较大的地层开灌时采用小流量、小压力进行灌注,在吃浆量较小时再升压到设计压力。这样可以在保证质量的前提下减少水泥灌注量,节约成本。

本文刊登在《山西水利科技》2008 年 11 月第 4 期(总第 170 期)

水工隧洞开挖中的问题及处理措施

吴　烜

(山西省水利水电工程建设监理公司,山西太原 030002)

[摘　要]从隧洞进口的开挖,洞身开挖,出口开挖三方面简述施工中常遇到的一些问题,以及针对各种问题的处理措施。

[关键词]水工隧洞;施工开挖;存在问题;处理措施

[中图分类号] TV554　　　[文献标识码] B　　文章编号:1006 - 8139(2008)04 - 49 - 02

在丘陵山区进行水利水电工程建设,通常水工隧洞是整个工程不可缺少的重要组成部分之一。隧洞开挖,由于受地形、工程地质、水文地质等诸多因素的制约,常对施工安全、工程进度、工程投资造成一定的影响。就施工顺序而言,从一端进洞,先开挖的洞口为进口,最后开挖的洞口为出口。现从隧洞进口开挖、洞身开挖、出口开挖三方面简述施工中常遇到的一些问题以及处理措施。

1　水工隧洞进口开挖

水工隧洞进口开挖常遇到的问题有:开挖坡度较陡,岩体破碎容易产生塌方,或有断层、滑坡体存在。若要全部挖除至完整新鲜岩面,工程量大,工期长,费用高,很不经济。

开挖前需注意以下问题:①如有滑坡体存在,应对坡面进行削坡处理,使坡面基本稳定后再开挖洞口;②在洞脸上部修排水沟,防止雨水沿裂隙渗入软弱岩体产生塌方;③在洞口处先修一段明洞,从明洞进入至开挖面进行开挖,这样即使有小量塌方,也不致掩埋进口影响施工安全和开挖。

1.1　短掘进勤支护

爆破时尽量采用小爆破,严格控制爆孔的装药量和爆破参数,减少或避免隧洞周边的岩体因爆破震动过大而塌方。每次循环进尺不要太长,一般不超过 2 m,随开挖进度及时进行支护。

灵石石膏山水电站的引水隧洞即是采用上述办法开挖。该隧洞长 300 余 m,断面为城门洞型,高 2.2 m,直径 1.8 m,其进出口处上部为土砾石覆盖,下部为页岩。用此施工方法达到了预期的效果。

1.2　管棚支护超前灌浆

在隧洞进口开挖前,沿洞脸周边钻孔,埋入钢管,钢管直径 50 mm 左右,伸入岩体 6 ~ 10 m,间距约 50 cm。管内插入小导管进行固结灌浆。当破碎岩层厚度不大时,也可采用锚筋或锚杆,锚筋直径不宜小于 16 mm,伸入岩层长度 4 ~ 6 m。间距 30 ~ 40 cm,在锚筋周围打孔进行固结灌浆,待浆液凝固达到一定的强度后,再进行开挖。

横泉水库泄洪洞进口,引黄入晋工程南干线 7 号隧洞出口段,均因为岩层较破碎,成洞条件差,难以开挖。即采用此种措施,使施工得以顺利进行。

1.3　坡面喷混凝土固结灌浆

为了维护坡面稳定,采用喷混凝土处理。每层喷混凝土厚度 5 ~ 6 cm,总厚度一般不超过 20 cm。如加设锚筋、钢筋网及固结灌浆时,应注意灌浆压力,以不顶起喷锚混凝土为度。

例如南水北调中线,接近进入北京段的下车亭输水隧洞,该隧洞为双洞,单洞长 500 余 m,断面为城门洞型,洞直径 8 m,两洞间距 24 m。隧洞进口段为 V 类围岩。右洞左侧至左洞 22 m 范围内为土状全风化页岩。左洞进口段为半土半页岩状,进口处还存在断层,岩体破碎。施工中采用的措施是:在洞脸上部二马道与一马道之间喷混凝土,厚 15 cm。二马道以下打土锚钉并喷混凝土,厚 20 cm。土锚钉用 Φ48 钢管,长 6 ~ 9 m,间距排距均为 1 m,锚钉之间用 Φ16 钢筋连接成菱形网状,锚钉上部设 4 排 Φ6 的注浆孔,间距 20 cm。梅花布置,注浆压力 0.5 ~ 1 MPa,在开挖拱顶线上部设立 3 排 Φ42 导管注浆孔，间距 40 cm，注浆压力同上。采用以上综合措施后，减少了开挖工程量，保证了开挖施工安全。

2 水工隧洞洞身开挖

对于短隧洞，一般通过前期地质勘探，能较全面准确了解地质情况，若存在问题，也能预先分析研究解决办法。而长隧洞即使勘探工作详细，也不可能避免探孔之间出现地质情况突变，给开挖带来困难。

洞身开挖常遇到的问题有：出现断层，岩体松散、破碎；出现页岩层理倾角大，甚至近于垂直，层理之间有页泥夹层；地下水位高，有大量渗漏、涌水现象；有时可能产生岩爆等问题。

处理这些问题较好的处理办法是采用新奥法施工：一是加强施工监测，提前了解存在的地质问题，研究处理措施，避免因开挖不当，措施不力造成损失；二是采用光面爆破，尽量少超挖、超填；三是喷锚支护，当岩层很破碎时可考虑采用钢拱架、钢衔架支撑。

开挖前准备所需支撑材料并加工成型，以备急需。当地下水位高、涌水量大时，需加强排水，在隧洞底部设排水沟、积水坑，进行抽排或自流排水，在洞侧壁和洞顶部打孔，埋设排水管。混凝土衬砌完成后，对排水管予以封堵。若地下水位高于隧洞输水的最高运行水位时，不会产生内水外渗，也可将排水管保留。

例如：引沁入汾的草峪岭输水隧洞，该洞长 9.2 km，断面为城门洞型，开挖直径 4.2 m。开挖前做了大量的地质勘探工作，但开挖中还是出现了未探明的地质问题，以致产生塌方事故造成一定损失，所幸未发生人员伤亡。除遇到断层、泥化页岩层外，地下水位也大大高于洞顶，采取了措施后，使问题得到了比较好的解决。

3 水工隧洞出口开挖

在地上施工时，进、出口基本相同，有时进、出口同时施工，双向进洞。施工特性并无太大区别。但有时出口是在水下，给施工造成一定困难。这种情况在水库枢纽改扩建或除险加固工程中较为常见。

如我省汾河水库泄洪洞，沮河水库泄洪洞，山南水库泄洪洞，都是在水库运行多年后，为了提高防洪标准，减少水库淤积而增设的，以上三条隧洞的出口开挖各有特点：汾河水库泄洪洞开挖是先从下游一端进洞，挖至离出口岩面约 8 m 时，采用岩塞爆破方法一次拆除，形成洞口。沮河水库泄洪洞开挖也是先从下游一端进洞，在隧洞开挖出口处作沉井，沉井直径 10 m，壁厚 1 m，井内修进水塔，塔下部一侧与泄洪洞相接，另一侧开口通向水库，形成隧洞的运行进口。山南水库是一座小型水库，原设计泄洪洞进口在淤泥以下 10 m，为了减少施工难度，修改了原设计，将隧洞进口抬高 5 m，进口前沿修建小围堰，临时挡水，变水下开挖为水上开挖，减少了施工难度，节省了工程投资。这三种不同施工措施都是根据不同的具体情况制定的，均获得了成功。

4 结语

水利水电工程隧洞开挖由于受各种客观条件的限制，往往会出现一些施工难题，要解决这些问题，使开挖施工既安全可靠又经济合理，必须根据具体情况，因地制宜采取相应的有效措施，才能达到预期的目的。以上简述了隧洞开挖施工中常遇到的一些问题及处理措施，并结合工程实例加以说明，以期在总结经验的基础上不断改进创新，提高开挖施工技术水平，为又快、又好、又省进行水利水电工程建设提供科学依据。

[作者简介] 吴烜(1970—)，男，1992 年山西水利职工大学毕业，工程师。

本文刊登在《山西水利科技》2008 年 11 月第 4 期（总第 170 期）

张峰水库工程大坝黏土斜心墙施工质量控制

张　伟[1]　潘晋宾[2]

（1. 山西省水利水电工程建设监理公司，山西太原 030002；
2. 运城市夹马口引黄管理局，山西运城 043100）

[摘　要]介绍了张峰水库大坝黏土填筑过程中从料场开采、土料填筑到检测试验质量控制的具体措施及方法，并且在施工中取得了良好的效果。

[关键词]黏土；施工；质量控制；试验

[中图分类号] TV523　　[文献标识码] B　　文章编号：1006 - 8139（2008）04 - 35 - 02

1　工程概况

张峰水库位于山西省晋城市沁水县郑庄镇张峰村沁河干流上，距晋城市城区 90 km，水库总库容 3.94 亿 m³，是以城市生活和工业供水、农村人畜饮水为主，兼顾防洪、发电等综合利用的大（2）型水库枢纽工程。

大坝为黏土斜心墙堆石坝，坝轴线在平面上呈直线，与已建的坝基灌浆廊道轴线平行，坝顶长 634.0 m，坝顶宽 10.0 m，坝顶高程 763.8 m，最大坝高 72.2 m。坝体中部设黏土斜心墙，斜心墙上下游各设反滤层及过渡层。

2　黏土料质量及压实要求

（1）心墙黏土中的水溶盐含量应不大于 3.0%，有机质含量应不大于 2.0%，塑性指数不大于 20，黏粒含量不超过 30%；

（2）用于心墙防渗料的黏土，开采时应剔除料场中成层的钙质结核，控制上坝土料中分散的钙质结核粒径不大于 10 cm，含量不超过 8%，并力求分布均匀，避免在坝面集中出现；

（3）土料中小瓣红土含量不超过 30%；

（4）心墙土料填筑的压实度应不小于 98%；

（5）混凝土垫层以上 50 cm 及基础灌浆廊道两侧 50 cm 范围内填筑含水率应控制在最优含水率的 +1% ~ +3%，压实度应不小于 95%。

3　黏土填筑质量控制

坝体填筑现场生产性试验应按合同文件有关条款要求完成，黏土的填筑碾压施工参数均根据碾压试验确定（见表 1）。碾压试验对不同区域的铺料方式、铺料厚度、碾压机械的型号及重量、碾压遍数、行进速度、最优含水率、压实后的干密度和渗透系数等提出试验成果；铺料和碾压过程中的加水量根据碾压试验以及土料的含水量情况确定。

表 1　黏土碾压参数表

填料	碾压机械	碾重（t）	最大激振力（kN）	行速（km/h）	厚度（cm）	碾压遍数（遍）
黏土	自行式凸块振动碾	20	—	2	31	10
高塑性黏土	自行式凸块振动碾	20	—	2	28	6
黏土薄层	BSD - 202 振动碾	1	19.6	—	15	10
	蛙式打夯机	—	—	—	15	4
	立式打夯机	—	—	—	15	6

3.1　黏土料开采

料场开采前进行总体规划，合理开采。

在开采前进行了料场复查，采用钻机钻孔和坑探取样相结合，布孔间距约 50 m，测定含水率分布，并鉴定土质和现场描述同时核实坝料的物理力学性质及压实特性。据此进行料场开采规划。料场开采以立采为主，每层厚度 4 ~ 6 m，使土料能充分混合，减小土料的不均匀性，同时按钙质结核与土层厚度比控制钙质结核含量，当钙质结核含量超过设计要求时，加大开采厚度或将过厚（1 m 左右）的成层钙质结核清除。超径钙质结核用挖机配合人工清除。开采时含水率控制以人工控制和试验检测相结合。人工控制为黏土手握成团落地散开为含水率正常，同时每班检测 1 ~ 2 次含水率,每周进行一次击实试验和颗分试验。含水率偏低或偏高时及时调整开采面。另外每班检查开采面的覆盖层、干土层清理是否干净,定期检查料场排水沟槽是否畅通,保证土料合格才上坝。

对于开采过程中出现的小瓣红土,由于成团粒、不崩解,加之含水率偏低,因而可碾性差,压实度达不到设计要求,经过现场试验,小瓣红土含量在30%以内时,可碾性能良好,按施工参数施工,压实度能满足设计要求。开采过程中,通过调节立采高度控制小瓣红土含量,当无法满足要求时,清除成层小瓣红土,通过上述一系列措施,保证了土料的质量满足设计要求。

3.2 黏土料填筑

上坝前对土料场黏土含水量进行检测,保证上坝黏土含水率控制在设计范围之内。

心墙黏土填筑前,先清除基础混凝土垫层、基础廊道等与心墙黏土接触处混凝土表面的乳皮、粉尘及污物,洒水湿润,并在混凝土表面涂抹一层3~5 mm的黏土水泥浆(水泥用量占1/7~1/8),以利心墙与基础的结合。泥浆涂刷应及时,严禁泥浆干涸后铺土。混凝土垫层以上、坝基廊道两侧及左岸塑性混凝土防渗墙两侧50 cm范围内要求填土的含水率较最优含水率大1%~3%,采用轻型机械薄层碾压,待厚度达0.5 m以上时,方可用选定的压实机械和碾压参数正常碾压,避免凸块直接压到混凝土上;与两岸岸坡接坡处、坝基廊道及塑性混凝土防渗墙附近等大型碾压机械压不到的地方,采用轻便蛙式打夯机夯实。

黏土斜心墙填筑采用分段流水作业,分段长度100~150 m。土料采用1.2 m³反铲挖机开采,20 t自卸汽车运输直接上坝,进占法卸料,TY160-320型推土机摊铺、整平,铺料厚度为31 cm,20 t凸块振动碾顺坝轴线方向进退错距法碾压,碾压遍数10遍,与岸坡结合部位采用小型机械夯实。土料填筑施工流程为:结合面刨毛→洒水→泥浆涂刷→卸料→铺筑→整平→压实→检验。

黏土心墙填筑时应尽量平起,避免接坡。施工需分期填筑,横向接坡坡度不陡于1:3。汽车上坝应经常变换进入心墙的路口,不同填筑层路口应交错布置,避免所有的卸料汽车行驶同一道路,减少重复碾压遍数。黏土斜心墙的铺筑及碾压沿平行坝轴线方向进行,应同上、下游反滤料、过渡料平起填筑、平碾跨缝碾压,采用先填反滤料后填土料的平起填筑法施工,及时平料并应铺筑均匀、平整,不得垂直坝轴线方向碾压。

对施工过程中穿心墙临时施工道路及坝面黏土层个别部位出现剪切破坏和弹簧土层时,及时对该部位进行返工处理。

黏土面出现光面时,采用刨毛机进行刨毛并洒水湿润,以利于新旧黏土层结合。

在雨后黏土填筑复工前,先进行压实度、含水量检测,对个别含水量偏大部位采取刨毛晾晒或挖除处理措施,经检测黏土含水量、压实度合格后方可恢复填筑。

负温下填筑时,黏土中不得有冻块,否则必须将冻块部分清除。冬季填筑时,采取了黏土表面虚铺50 cm黏土,并加盖塑料布的保温措施。

3.3 检测试验

黏土填筑每层夯实后取样检查主要用表面型核子水分密度计与环刀检测相对比来检测回填土的干密度。在施工过程中大坝斜心墙黏土颗粒级配检测6次/样,压实度检测1 478次,经过检测黏土颗粒级配均在设计包线内。检测成果见图1和表2。在1 478次压实度检测中有46次不合格,对46次不合格部位进行返工处理,返工处理后复测全部符合设计要求。

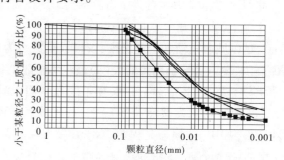

图1 黏土颗粒配检测图

表2 大坝斜心墙黏土压实度检测成果汇总表

项目	主要技术指标		
	干密度(g/cm³)	含水率(%)	压实度(%)≥98
最大值	1.78	23.00	104.10
最小值	1.35	10.07	78.00
平均值	1.70	19.42	99.1

4 结论

(1)在大坝黏土填筑过程中采用的碾压参数是可行的。经检测压实度1 478次,一次合格1 432次,一次检测合格率96.89%,充分说明碾压参数在现场填筑过程中是可行的。

(2)大坝防渗体压实后的土样共检测18个。原状土料黏粒含量在19.8%~30.00%,平均24.32%;塑性指数在17.3~22.5,平均19.4;比重在2.69~2.74,平均2.73。

（3）压实后的土样干密度平均 1.69 g/cm³,水平渗透系数在 $2.19 \times 10^{-5} \sim 1.46 \times 10^{-7}$ cm/s,平均 2.14×10^{-6} cm/s;垂直渗透系数在 $2.11 \times 10^{-5} \sim 1.60 \times 10^{-7}$ cm/s,平均 1.89×10^{-6} cm/s,符合规范要求。

[作者简介] 张伟(1984—),男,2006 年毕业于山西水利职业技术学院。

本文刊登在《山西水利科技》2008年5月第2期(总第168期)

大伙房水库输水工程预应力钢筒混凝土管材制造质量控制

李晋林

(山西省水利水电工程建设监理公司,山西太原 030002)

[摘 要]阐述了大伙房输水工程 DN3200 预应力钢筒混凝土管制作过程中的质量控制,具体内容包括质量控制的方法和要求。

[关键词]预应力钢筒混凝土;质量控制;输水工程

[中图分类号] TV523　　　[文献标识码] B　　　文章编号:1006-8139(2008)02-77-02

1 工程概况

大伙房水库输水(二期)工程是将一期工程调入大伙房水库的水输配给辽宁省中部抚顺、沈阳、辽阳、鞍山、营口、盘锦等6个城市的一项大型跨流域调水工程,工程总供水规模18.34亿 m^3。

DN3200 预应力钢筒混凝土管(PCCP)布置在桩号 A29+121 至 A60+778、B29+121 至 B60+778 之间,全长 63 314 m。制造内容包括:(1)管内径为 3.2 m、有效长度为 5 m 的 PCCP-E 标准管;(2)线路上的异型管及配件;(3)指定区段的 PCCP-E 管材防腐蚀处理;(4)上述管材所必须有的附属件如承插口胶圈,限制性接头连接件、插口接头试压孔封堵螺栓等。

2 质量控制方法

1)书面审查。通过审查供货商资质、原材料采购计划、试验室资质、进场证明材料、抽样检验报告、生产作业指导书等承包人提交的申报材料,对原材料、生产工序、半成品及成品质量加以控制。

2)外观检查。通过目测、量测以及敲、击、摸等直观感觉,对原材料、生产工序、半成品及成品的各种异常情况加以判断,如颜色、形状、外观缺陷等。对存在疑点的随时进行进一步的检查或第三方检验。

3)抽样检验和第三方检验。按合同规定的方法和频率监督承包人对原材料取样并送试验室检验,对工序产品按照班次和预定的抽查频次进行检验,根据需要,监理工程师随时取样进行第三方检验。

4)现场检查和巡视。随时进入承包人试验室和生产现场检查工作情况,对重要工序进行旁站。定期或有计划地巡视现场,对原材料采购、储存、检验、使用以及半成品和成品质量等进行检查。

3 质量控制内容及要求

对每节管材进行编号,每节管材各工序的生产操作和质量检验均进行记录,并由相关操作人、工长和下道工序接收人签字,重要工序质量检验由监理签字确认,一般工序质量检验由监理抽检签字。

3.1 承插口钢圈

承插口钢圈采用双胶圈接头用型钢制作,承插口钢圈下料长度应保证承插口钢圈在胀圆中超出弹性极限。每个钢圈不允许超过两个接头,且接头焊缝间距不小于 500 mm。接头应对接平整,错边不应大于 0.5 mm,采用双面熔透焊接,并打光磨平。

3.2 钢筒

钢筒采用 1.5 mm 厚薄钢板卷材经焊接制成,钢筒端面倾斜度小于等于 9 mm。

1)钢筒的搭接采用搭接焊,焊缝为螺旋缝,不允许出现"十"字形焊缝。焊缝凸起高度不大于钢板厚度加上 1.6 mm。外观缺陷处或水压试验检出的缺陷处的补焊焊缝凸起高度不大于 2.0 mm,且焊缝同一部位补焊不得超过两次。

2)钢筒静水压试验为关键工序,每一节钢筒试时监理进行旁站,合格后予以签字认可,方可进入下一工序。每一节钢筒都必须进行持续不少于 3 min 的静水压检验,检验压力为 0.21 MPa,以检验所有焊缝。如发现有渗水处,应做好标记,待卸压后补焊,并在补焊后再次进行水压检验,直到钢筒所有焊缝无渗漏为止。

3)钢筒表面凹陷和膨胀与钢筒圆柱形基准面偏差大于 10 mm 时必须整平后才能浇筑管芯混凝土。必须清除钢筒表层污物,并且不得采用油漆类材料进行标识。

3.3 混凝土管芯成型及养护

混凝土管芯采用立式成型。成型过程中采用的振捣频率和振动成型时间应保证管芯获得足够的密实度,成型过程中钢筒不得出现变形、松动、移位。混凝土 28 d 龄期强度和开始缠丝强度按 AWWA C301 规定执行,当采用单层缠丝时,管芯混凝土强度等级为 C50,当采用双层缠丝时,管芯混凝土强度等级为 C60。

3.3.1 混凝土成型

1)混凝土的配合比设计遵守 JGJ 55—2000 的有关规定,并能满足强度、抗裂及耐久性等要求,在满足混凝土强度保证率 95% 的前提下,经过试验确定。水灰比不大于 0.4,坍落度在 70 ~ 110 mm,设计配合比需经监理批准。其混凝土配合比见表 1。

表 1 混凝土配合比

混凝土强度等级	水泥	砂	石子	外加剂	掺合料	水
C50	1	1.53	2.53	0.018	0.008	0.35
C60	1	1.40	2.28	0.018	0.008	0.30

2)原材料称量或计量设备精度控制在 1% 以内,混凝土拌和物的温度高温不得超 32 ℃,低温不得低于 4 ℃。混凝土拌合物中的水溶性氯离子,不得超过水泥重量的 0.06%。

3)混凝土应充分振捣,使其密实、泛浆和排气。钢筒内外混凝土面应均衡上升,并使钢筒内略高于钢筒外,且高差(内高外低)不超过 500 mm。

4)管芯的全部成型时间不得超过管芯底部混凝土的初凝时间。

5)每浇筑两个管芯取两组圆柱体试件,试件随管芯同条件养护,用于测定管芯混凝土的脱模强度、缠丝强度;每班取一组混凝土圆柱体试件,试件随管芯蒸汽养护后进标养室养护到 28 d,以测定管芯 28 d 龄期混凝土抗压强度。

3.3.2 管芯养护和脱模

1)管芯混凝土采用蒸汽养护。并且采用二次养护,第一次养护结束拆模时管芯混凝土强度不低于 20 MPa,第二次养护结束缠丝时管芯混凝土强度不低于设计抗压强度的 70%。

2)蒸汽养护时,加速养护期间养护罩内的升温速度不得超过 22 ℃/h,养护罩内的温度保持在 32 ~ 52 ℃;养护时间应维持 12 h,脱模温差(管芯表面温度与环境温度)控制在 20 ℃ 以内。

3)在蒸汽养护期外,自然条件下放置时应进行洒水养护,覆盖帆布保护罩防止混凝土水分过度损失。

4)模具的拆除须在混凝土管芯浇筑 6 h 后才能进行。

3.4 管芯外观质量

1)管芯混凝土表面不允许出现蜂窝麻面。对表面出现的深度或直径大于 5 mm 的凹坑或高于 3 mm 的凸起,以及超过 1.6 mm 的接缝错台应进行修整。

2)管芯内表面不得采用涂刷方式处理或遮蔽缺陷。

3.5 缠丝

1)缠丝前管芯混凝土抗压强度不应低于设计抗压强度的 70%,同时缠丝过程在管芯混凝土上施加的初始压应力不应超过缠丝时混凝土抗压强度的 55%。

2)同层钢丝间距不得小于钢丝直径的 2 倍,最大中心间距不得超过 38 mm。

3)缠丝过程采用拉力自动记录仪全过程记录钢丝缠绕过程预拉力变化;管芯两侧以设计张拉力的 1/2 进行密缠,在预应力施加过程中连续记录钢丝的张拉应力,张拉力偏离平均值的波动范围不得超过 ±10%。

4)钢丝锚固块的锚固质量按 1/500 的频率进行进厂质量检测,锚固力不应小于钢丝最小极限抗拉强度的 75%。

5)缠丝过程单节管材的每层钢丝接头不应超过 1 个,钢丝接头必须保持平直,不得扭翘,且在管轴线方向钢丝接头距缠丝初始位置距离不应小于 300 mm。

6)承包人检验合格后,监理每班对管芯缠丝后的质量进行全面检验,主要指接头数量、接头位置、应力值、应力波动值等进行逐一检查。合格以后方可进入下一工序。

3.6 砂浆保护层

1)制作水泥砂浆保护层采用辊射法,所用水泥品种与管芯混凝土相同。砂浆配合比的水泥:砂为 1:3。

2)双层缠丝时,第一层钢丝表面制作水泥砂浆保护层并进行蒸汽养护,二次缠丝时保护层水泥砂浆抗压强度不应低于设计强度的 70%。

3)生产过程中采用非破坏性检验方法(钢针检测),逐根从上到下检查管材保护层厚度,检验数量不少于 5 处。

4) 采用自然养护,在保护层水泥砂浆充分凝固后,间歇喷水保持湿润至少 4 d。

5) 水泥砂浆抗压强度试验:每个月或当改变细骨料或水泥来源时进行一次保护层水泥砂浆抗压强度试验。试验按照 AWWA C301 标准中 4.6.8.5 款要求进行。采用直接辊射水泥砂浆到固定在管芯上的模板制作试样,采用与保护层同条件养护,然后用金刚石锯片从砂浆试样上切下 6 块试块,应定出每个立方体试块面向管材圆周方向的两个面,并在两个平行的切割面上做好标记,作为砂浆抗压强度试样的受力面。立方体试块全部按 ASTM C109 进行试验。以试验期间作用于立方体试块的最大荷载除以平均横截面面积计算抗压强度。6 块立方体试块的 28 d 龄期抗压强度平均值不得低于 45 MPa。

6) 每班每生产 5 根管材进行一次保护层水泥砂浆吸水率试验,每次取三个试样,水泥砂浆试样的养护与管材砂浆保护层相同。试验按照 ASTM C497 方法 A(煮沸式吸水率试验)进行。水泥砂浆吸水率全部试验数据的平均值不应超过 9%,单个值不应超过 11%。连续 10 个工作班测得的保护层吸水率数值不超过 9%,保护层水泥砂浆吸水率试验调整为每周一次,且在白天和夜间各取一次;如出现保护层水泥砂浆吸水率超过 9% 时,恢复每班每生产 5 根管材进行一次的日常检验。阴雨天气当骨料含水率不稳定和更换水泥或细骨料来源时,重新恢复保护层水泥砂浆吸水率日常检验。吸水率检验不合格的管材需要凿除保护层重新进行喷浆处理。

7) 水泥砂浆保护层从养护好至发货前,用重量不超过 0.5 kg 的平头铁锤逐根轻击管材保护层外部,检查有无分层和空鼓。发现保护层分层、空鼓应进行凿除、修补,并重新检查。

4 结语

通过严格的质量控制,大伙房输水工程 PCCP 管材在承插口钢圈、钢筒、混凝土管芯成型及养护、缠丝和砂浆保护层等各个工序质量全部达到或超过设计文件和相关规范的要求,从而保证了管材的顺利生产、安装和输水工程的良好运行。

[作者简介] 李晋林(1960—),男,1985 年太原工业大学水利系毕业,工程师。

本文刊登在《山西水利科技》2008 年 11 月第 4 期(总第 170 期)

引洮工程 TBM 管片生产质量控制

范彩娟

(山西省水利水电工程建设监理公司,山西太原 030002)

[摘 要]以甘肃省引洮供水一期工程总干渠 7 号隧洞 TBM 管片生产为例,从模具质量的控制、管片生产流程质量控制,到管片的质量检验,做了全方位探讨。提出了施工监理过程中,TBM 管片生产的质量控制要点。

[关键词] 管片模具;管片生产;质量控制;质量检验

[中图分类号] TV523 　　[文献标识码] B 　　文章编号:1006 - 8139(2008)04 - 37 - 02

甘肃省引洮供水一期工程总干渠 7 号隧洞位于甘肃省渭源县境内,隧洞全长 17 286 m,横断面形式为圆形,净断面尺寸 $D = 4.96$ m,设计纵坡 1/1 650,设计流量 32 m³/s,加大流量 36 m³/s,主洞段采用 TBM 掘进机施工。

本工程 TBM 施工段采用预制六边形钢筋混凝土管片衬砌,根据管片含筋量的不同,衬砌管片分为 A 型、B 型及 C 型共三种类型,管片外弧半径 2 760 mm,内弧半径 2 480 mm,厚 280 mm,环宽 1 600 mm,每环共 4 片,由底拱管片一块、侧拱管片 2 块、顶拱管片 1 块构成。

1 管片模具质量控制

新模具开始使用前,由厂商提供出厂验收、测量数据、偏差值、测量方法和环境条件等证明文件。钢模在使用过程中要按要求进行循环检测,主要对模具宽度、厚度、弧长进行检测。检测采用内径千分尺、游标卡尺、弧长检测仪器等进行。

2 钢筋制作质量控制要点

(1)钢筋单片及成型骨架必须在符合设计要求的靠模上制作。

(2)钢筋骨架须焊接成型,焊缝不出现咬肉,气孔、夹渣现象、焊缝长度、厚度均符合施工规范要求,焊接后氧化皮及焊渣必须清除干净。

(3)利用钢筋短料时,一根结构钢筋不得有两个接头。

(4)成型的骨架必须通过试生产,经检验合格后方可大批量生产。

3 混凝土浇筑质量控制要点

3.1 钢模的清理及检查

(1)混凝土残渣全部铲除,并用压缩空气吹净与混凝土接触的钢模表面,清理钢模时不用锤敲和凿子凿,应沿其表面铲除,严防钢模表面损坏。

(2)钢模清理后需涂刷高效脱模剂,脱模剂应用布块均匀涂刷,不出现积油、淌油现象。

(3)必须检查钢模的内净宽度尺寸,若超过误差尺寸必须重新整模直至符合要求。

3.2 钢筋骨架入模及安装各预埋件

(1)钢筋笼置于钢模内,其骨架周边及底面按规定位置和数量安置定位飞轮和支座,定位飞轮和支座应符合设计规定的保护层厚度。

(2)安装预埋件时,其底面必须平整密贴于底模上,须严格按照设计要求准确到位,固定牢靠,以防在振捣时移位。

(3)钢筋上不得沾有脱模剂等杂物。

3.3 混凝土的拌和

(1)上料系统计量装置,按规定定期检验并做好记录,在搅拌中若发生称料不准或拌料质量不能保证时,必须停止搅拌,检查原因,调整后方可继续搅拌。

(2)每次搅拌前,应根据含水量的变化及时调整配合比,并以调整配合比通知单进行混凝土拌制。

(3)按石子、水泥、砂的顺序倒入料斗后,一并倒入搅拌机的拌筒中,在倒料同时加水搅拌,搅拌时间应严格控制在 90 s±5 s。

(4)混凝土坍落度为 5~7 cm,坍落度在现场测试,按规范检测,并如实填写记录。

3.4 混凝土的浇筑

(1)混凝土铺料先两端后中间,并分层摊铺,振捣时先振中间后两侧。两端振捣后,盖上压板,压板必须压紧压牢,再加料振捣。

(2)振捣时应注意不得碰钢模内侧、钢筋笼、预埋件。振捣过程中须观察模具各紧固螺栓、预埋件的情况,发生变形或移位,立即停止浇筑、振捣,尽快在已浇筑混凝土凝结前修整好。

(3)为确保产品振捣质量,采取边浇筑边振捣的施工方法。实际操作振动时间根据混凝土的流动性掌握,目视混凝土不再下沉或不显著出现气泡冒出为止。

(4)因为管片的配筋率较高,钢筋非常密,振动时间不足会使管片的表面出现蜂窝麻面,振捣时间过长会导致混凝土的离析。应根据施工实际情况确定合理的振捣时间。

4 收面

(1)混凝土浇筑后,根据气温,间隔 10 min 才可拆除盖板,进行管片外弧面收水工序。

(2)外弧面收面,先用刮板刮去多余混凝土,使管片弧面同钢模外弧保持和顺与平整,后用拉尺抹平压实,用抹刀抹光,然后据气温间隔一定时间再做管片外弧面第二次收面。

(3)混凝土初凝前应转动一下模芯棒,但严禁向外抽动;当混凝土初凝后再次转动模芯棒,待 2 h 后才能拔出模芯棒,以防止坍孔现象产生。

5 管片的养护

(1)管片生产采用固定形式,在厂房内设置有 8 个蒸养坑,每个蒸养坑内放置 3 个模具,门吊吊起混凝土罐浇筑完 3 个模具后统一覆盖特制盖子盖住后通蒸汽进行养护,新浇筑混凝土管片的模具先加蒸汽静停养护,在 30 ℃蒸汽环境中停放不少于 30 min,然后逐渐升高至 60 ℃再进行恒温养护,恒温养护完毕后逐渐降温至室温。

(2)为防止温度升高过快造成混凝土膨胀损害内部结构,升温和降温速度每小时不超过 20 ℃,在升温和降温阶段每小时测温不少于两次;稳定期测温每小时不少于一次。蒸养最高温度不超过 60 ℃,到达规定的蒸养时间后关上供汽阀,让模具和混凝土自然冷却 1.5 h 后开始脱模。在整个蒸养过程中,由专人负责

控制,如实记录各温测点的温度变化值。

(3)当混凝土表面温度与室内养护区温度之差小于 20 ℃时,脱模后的混凝土管片可以出槽进入室内养护区。管片在室内养护区继续养护 2 d,室内养护区的温度应保持在 20 ℃以上。在管片逐渐冷却期间必须采取有效的保温、保水加湿措施,使其表面温度不致骤降并保持湿润。室内养护区至少存放 2 d 生产的管片数量。

(4)脱模后的预制管片以正确的堆放方式在管片生产车间室内临时养护区继续养护 2 d。在管片逐渐冷却期间采取有效的保水加湿措施,使其表面保持湿润。

(5)管片检测合格打上标识,待管片在室内静停养护 2 d 后,出厂至存放场地进行自然养护。

管片蒸汽养护曲线如图 1 所示。

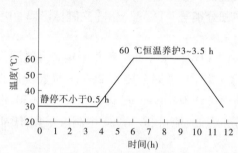

图 1 蒸汽养护曲线

6 管片的缺陷修补

6.1 管片表面蜂窝、凹陷、掉角或其他损坏的缺陷修补

修补前必须用钢丝刷或加压水冲刷清除缺陷部分,或凿去薄弱的混凝土表面,用水冲洗干净,采用比原混凝土强度等级高一级的砂浆、混凝土或其他填料填补缺陷处,并予抹平,修整部位应加强养护,确保修补材料牢固黏结,色泽一致,无明显痕迹。

6.2 管片表面裂缝的缺陷修补

如果管片的损坏程度不大,可以对其进行修复。管片的修复由熟练的技工进行,将混凝土蜂窝和不合格的混凝土除去,表面重新清洗,并经监理人批准,用提高一个强度等级的砂浆或混凝土重新修复。根据我单位的施工经验,对于小于 0.2 mm 的裂缝,用环氧树脂封堵;大于 0.2 mm 的裂缝,凿一条宽 2 cm 的槽,深度大于裂缝深度,用水冲洗干净,采用比原混凝土强度等级高一级的砂浆填补缺陷处,并予抹平,洒水养护。

7 质量检验

7.1 强度检测

(1)预制管片生产过程中,制备足够数量的试件

按 3 d、7 d、28 d 分别进行与管片同程养护和标准条件养护,以确定将要安装管片的合适龄期。其龄期不得少于 7 d,强度不得低于设计强度的 75%。

(2)预制混凝土管片的取样次数应为每生产 48 块混凝土管片取一组(三块)抗压强度样品。抗拉强度试样为抗压强度试样取样次数的 1/10。试验样品(试块)应当按同条件蒸养后转入标准养护条件,以 28 d 为准。

7.2　抗渗检测

(1)管片抗渗试验参照国标和现行标准对混凝土试件相关试验规定进行。

(2)管片检漏试验在设计抗渗等级的水压作用下,每日生产的管片抽检两块检漏,恒压 2 h,渗水线不得超过管片厚度的 1/3 为合格。

7.3　洞外拼装管片环检验

(1)由三环管片进行洞外组合拼装。

(2)TBM 进洞前,在洞外拼装管片衬砌环一次,以证实管片制作和安装精度。

(3)TBM 进洞后,对每套钢模生产的管片按如下规定洞外拼装接管片环进行检验:TBM 每掘进 3 km 时,在洞外拼装管片衬砌环一次,以证实管片制作和安装精度;在洞外拼装管片环时,不安装橡胶止水条,拼装环高度 3 环。

7.4　外观质量

表面应光洁平整,无蜂窝麻面,无露筋,无裂纹缺角,边棱完整无损,工作孔和定位销孔完整,孔内无水泥浆等杂物。

8　结语

TBM 管片生产的质量控制,不仅需要做到对管片模具、钢筋制作、混凝土浇筑、收面、养护、质量检验等一系列环节技术要求的掌握,同时也要做到施工、监理单位对一系列环节中关键工序进行严格执行,才能保证 TBM 管片生产的质量得以有效控制。

[作者简介] 范彩娟(1978—),女,1997 年毕业于山西水利职业技术学院,助理工程师。

本文刊登在《山西水利科技》2008年11月第4期(总第170期)

引洮工程隧洞施工中不稳定围岩的处理措施

赵士伟　楚建收

（山西省水利水电工程建设监理公司，山西太原 030002）

[摘　要]以甘肃省引洮工程总干渠8号隧洞施工实践为例,分析了隧洞地质条件,介绍了在不稳定围岩隧洞施工中的预防及处理措施,提出了施工中应注意的问题。

[关键词]隧洞工程;不稳定围岩;预防措施;处理措施

[中图分类号] TV523　　[文献标识码] B　　文章编号:1006－8139(2008)04－42－02

在隧洞施工中,经常会遇到不稳定围岩、湿陷性黄土等不良地质构造,存在着岩石开裂、掉块、坍塌、地下涌水等安全隐患,严重影响了施工安全、施工质量、施工进度、施工投资。

1　甘肃省引洮8号隧洞地质情况

8号隧洞起止桩号64＋306～66＋673,全洞长2 367 m,洞线方向NE50°,隧洞为类马蹄型断面,穿越秦祁河—耿家川之间的单薄山脊,隧洞最大埋深189 m。隧洞围岩由上第三系极软岩及第四系黄土类土组成,均为Ⅴ类围岩。其中64＋306～64＋629和66＋500～66＋673段为黄土隧洞段,长度496 m,占全洞的21%;上第三系围岩段长1 871 m,占全洞的79%。

隧洞进口位于秦祁河的左岸Ⅲ级阶地前缘土质斜坡上,斜坡高50～60 m,坡面陡峭,总体稳定,但应适量削坡护砌。隧洞出口位于耿家川右岸Ⅱ级阶地后缘,地表以下20～23 m的上第三系基岩之中。上部山体稳定,地形平缓,表层为5～8 m的坡洪积粉质壤土覆盖,周边无不良地质体发育。

桩号64＋306～64＋629段为黄土围岩段:地层岩性为第四系上更新统洪积粉质壤土,结构较密实,土质不均,夹黏土团块及砂透镜体,具水平层理,有弱湿陷性,为低压缩性土,其各项物理力学指标,天然含水量9.6%,天然密度$\gamma = 2.07$ g/cm³,干密度$\gamma_d = 1.89$ g/cm³,孔隙比$e = 0.43$,压缩系数$a_{1-2} = 0.03$ MPa,湿陷系数$\delta = 0.001\ 5～0.02$,粉质壤土成洞条件差。本段围岩划分为极不稳定Ⅴ类围岩。

隧洞主洞段(桩号64＋629～66＋500)围岩由上第三系泥质粉细砂岩、砂质泥岩构成,属极软岩,有遇水易软化崩解及塑性流变特性,干湿效应明显,具弱膨胀性,围岩岩体总体为中厚层状结构,裂隙不发育,围岩与上部第四系地层的接触面处及向斜核部,可能有少量地下水渗出,地下水活动微弱,围岩类别为极不稳定的Ⅴ类围岩。

桩号66＋500～66＋673段隧洞从耿家川沟道右岸Ⅱ级阶地通过,隧洞围岩为洪积的粉质黏土,其结构疏松,有水平层理,具弱湿陷性。本段围岩划分为极不稳定Ⅴ类围岩。

2　不稳定围岩的预防措施

在施工期间,要进行地质观测和预报,对可能出现的不良地质问题(如围岩发生岩爆、片帮、岩石开裂、掉块、坍塌、支护变形、地下涌水等地质现象)随时观测,判断其是否有变形破坏的趋向。对隧洞揭露出来的各种主要地质现象,及时地进行编录与测绘,主要包括地层岩性、构造特征(断层、节理、挤压破碎带及结构面组合形态)、围岩稳定性、塌方掉块位置、塌落高度及方量、围岩处理措施、岩石风化程度、地下水活动特征。一般重点观测部位如下:

1)洞顶薄层状岩体,又由几组结构面破坏,形成了平铺板状体,易塌方地段。

2)顶拱或两壁夹有较厚的软弱夹层地段。

3)边墙有与洞轴线将近平行的陡倾角节理、裂隙,易滑塌、片帮的洞段。

4)对隧洞顶部的屋脊形(即人字形)结构面组合

地段。

5）隧洞顶拱出露较多滑动镜面的地段。

6）对散体结构、且有地下水活动的较大断裂破碎带洞段，观察其塌落发展情况。

7）地下水集中溢出点位置，观察其出溢状态，对围岩稳定影响情况。

8）观察施工爆破，对围岩卸荷松动、裂隙张开等影响程度。

9）对隧洞深埋洞段，观察地应力、山岩压力对隧洞围岩是否有变形破坏。如岩层有无产生蠕变、片帮、片状剥落、岩层开裂、裂隙加宽、小的掉块、声响和岩爆现象。

10）对初次支护后，随时间变化，观察混凝土有无裂缝，拱架是否变形。

11）对围岩失稳部位，观察其塌落类型、规模、时间、原因及处理情况。

12）对开挖的围岩类别经常巡视观察，特别是设计与实际情况不符时，更是及时观察。

3 不稳定围岩的施工措施

引洮总干渠8号隧洞地质条件较差，以泥质粉细砂岩、砂质泥岩为主，属极软岩，遇水易软化崩解及塑性流变特性，干湿效应明显，具弱膨胀性，围岩岩体总体为中厚层状结构，裂隙不发育，围岩与上部第四系地层的接触面处及向斜核部，可能有少量地下水渗出，地下水活动微弱，围岩类别为极不稳定的Ⅴ类围岩，另外，由于极不稳定围岩类型所占比例较大，常发生塌方事故，施工难度较大，所以施工过程中要采取科学可行的施工措施，保证施工安全、工程质量和进度。

3.1 排水

对隧洞内的涌水，开挖临时集水井，用水泵及时把隧洞里的涌水抽出洞外，使洞内掌子面附近的水位不高于10 cm。

3.2 超前固结灌浆

在开挖前先对隧洞断面周边进行灌浆固结，使开挖断面外2 m范围内的围岩固结密实。

①为防止灌浆时浆液从掌子面外流，在灌浆前向掌子面喷射5 cm厚的C25混凝土，形成止水层。

②沿隧洞断面周边以50 cm的间距钻注浆孔，孔径Φ40，孔深3 m，以与洞轴线方向30°和40°的夹角交错布置。

③将3.2 m长的灌浆导管装入注浆孔内，外露20 cm，孔口用锚固剂堵塞密实，以防漏浆。

④将纯水泥浆或水泥—水玻璃双浆液并掺加适量速凝剂压入注浆管内。浆液配合比：水泥浆水灰比为0.8～1.2；水泥浆∶水玻璃浆为1∶0.5（体积比）。施工时根据实际情况另行调整。当注浆压力达到设计注浆压力0.2 MPa停止吸浆时，即可结束。

3.3 开挖

采用管棚预支护后，人工用风镐采用正台阶法开挖。循环进尺为0.6 m左右，围岩沉降量按10 cm预留。

管棚沿拱部周边180°以30 cm间距布置，每2 m设一排，管棚长度3 m，直径为Φ40，外插角5°～10°。

3.4 初期支护

开挖后紧跟支护，采用锚杆＋挂网＋钢支撑＋喷射混凝土联合支护的形式。隧洞底拱、顶拱与边墙拱架焊为一体，使得支护形成较为稳定的支护闭合环。钢拱架支护间距0.6 m/榀，拱架间连接采用Φ22的纵向连接筋焊接，间距为0.6 m。

3.5 围岩的监控量测

在施工过程中必须加强围岩及支护变形量测，为施工方案的及时调整及施工安全提供科学有力的数据，指导施工。监测项目主要以收敛监测、顶拱沉降监测为主，位移及应力量测为辅。8号隧洞2007年12月6日至2007年12月30日顶拱沉降及累计沉降监测结果见图1。

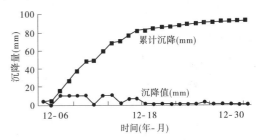

图1 8号隧洞顶拱沉降监测结果

3.6 二次衬砌

二次衬砌施工在围岩量测结果达到设计及规范要求后进行。

4 施工中应注意的问题

坚持"少扰动、短步距、紧支护、勤量测"的原则进行施工，必须注意以下几个问题：

1）灌浆后应视浆液种类确定开挖时间，一般情况纯水泥浆为8 h左右，水泥—水玻璃浆为4 h左右。

2）人工开挖必须严格按照施工顺序进行，严禁使用重型机械开挖，以免对围岩扰动过大，破坏围岩和初期支护系统的整体稳定性。

3）初期支护必须在开挖后尽快施作，以防发生塌方事故。

4）施工作业时，应随时进行洞内观测，包括工作面围岩状态,喷混凝土、锚杆、钢拱架等的稳定状态,一旦发现异常,及时采取应急支护措施。

5 结束语

由于以上措施针对引洮总干渠 8 号隧洞工程地质情况,考虑周全,措施得力,较为合理地解决了隧洞地质构造复杂、围岩破碎、地下涌水等问题,从而保证了施工过程安全,进度未受影响,工程质量良好。

不同地域的工程地质特征各不相同,只有针对不同的工程地质问题,仔细全面地分析,制定具体周密的方案措施,才能保证建设工程目标的顺利实现。

[作者简介] 赵士伟(1983—),男,2007 年毕业于太原理工大学水利水电工程专业。

本文刊登在《基础工程技术》2008年第4期

张峰水库Ⅳ标段防渗帷幕灌浆施工

郭艳成[1] 邓百印[2] 王保辉[2]

(1. 山西省水利水电工程建设监理有限公司, 山西太原 030003;
2. 中国水电基础局有限公司, 山西太原 030006)

[摘 要] 张峰水库防渗Ⅳ标段帷幕灌浆工程地质条件复杂, 断层破碎带多, 岩石层状裂隙发育, 跑、漏浆问题严重。施工中针对不同情况采取了适当的控制措施, 在确保工程质量的同时, 减少了水泥消耗, 取得了良好的技术经济效果。本文简要介绍了通过现场试验确定的灌浆方法和工艺参数, 以及全断面快速钻孔和控制灌浆注入量的经验。

[关键词] 张峰水库; Ⅳ标段; 帷幕灌浆; 施工

1 工程概况

张峰水库位于山西省晋城市沁水县郑庄镇张峰村沁河干流上, 距晋城市城区 90 km。是以城市供水、农村人畜饮水为主, 兼顾防洪、发电等综合效益的大(二)型水利枢纽工程。水库为多年调节性水库, 总库容为 3.94 亿 m^3。

大坝防渗Ⅳ标左岸帷幕灌浆工程起于大坝塑性混凝土防渗墙的终点, 止于溢洪道帷幕灌浆的起点, 施工轴线总长 555.8 m, 在桩号左幕 0 + 276.5 ~ 0 + 288.5 部位穿过导流溢洪洞。

施工区位于左岸单薄山梁的西南端上游侧, 大部分地段上覆第四系中更新统淡红色低液限黏土及钙质结核层, 厚度 0.5 ~ 18.5 m, 局部基岩裸露。施工中涉及的岩层为三叠系下统刘家沟组岩组, 岩性以细粒长石砂岩、粉砂岩、砾岩和泥岩为主, 成互层状分布, 属于薄层 ~ 中厚层状, 岩层倾向下游, 断层带和层状裂隙发育。

本标段帷幕灌浆为单排孔布置, 孔、间距为 2.0 m, 灌浆孔深度为 56.2 ~ 102.9 m, 平均孔深 88.2 m。灌浆孔分为非灌浆段和灌浆段两部分, 灌浆段的起灌高程为 761 m, 非灌浆段部分镶入孔口管。整个工程共完成试验孔 9 个, 基本孔 269 个, 检查孔 28 个。完成的主要工程量见表 1。

表 1 主要完成工程量表

序号	施工项目	完成工程量				
		土层钻孔(m)	基岩钻孔(m)	镶铸孔口管(m)	水泥注入量(kg/m)	压水试验(段次)
1	试验孔	0	846.9	95.1	137.0	—
2	基本孔	364.6	23 297.8	4 908.5	4 171.0	—
3	检查孔	34.3	2 434.5	510.0	22.2	397

2 生产性试验

鉴于本工程地质条件复杂, 施工初期选择具有代表性地质特征的左幕 0 + 160 ~ 0 + 176 施工区域 (即第 81 ~ 89 号孔) 进行了生产性试验, 力求通过试验段的施工确定和优化施工工艺和施工参数, 验证拟采用的施工方法、施工参数在技术上的可行性、效果上的可靠性和经济上的合理性, 为后续施工提供可靠的依据。

在试验段施工中, 为更好地满足质量和可行性要求, 将原设计确定的自上而下分段卡塞循环式灌浆改为孔口封闭、孔内循环式灌浆工艺; 同时根据浆液的适用情况, 将浆液水灰比由 5 个比级调整为 3 个比级。在保证浆液具备良好可灌性的同时, 增强了施工的可操作性和实效性。灌浆过程中根据不同地质条件, 确定了针对性的控制措施, 在确保工程质量的前提下, 尽量减少水泥消耗。

3 钻孔施工

3.1 施工测置

考虑到施工轴线上转折点较多，且地势起伏不平，施工中严格按照设计图纸要求，采用全站仪闭合误差的方法进行灌浆轴线的测设。沿轴线每 30 m 放设 1 个控制点，同时在转折点和地势起伏较大位置处加密控制点；之后利用控制点逐个测设每个灌浆孔的孔位及孔口高程，以确保灌浆孔位和灌浆深度准确。

3.2 非灌段钻孔

为保证钻孔垂直，开钻前将钻机用水平尺找平垫稳，并用地锚固定好；钻孔过程中通过加长钻具和优化钻进参数等措施，尽量减小孔斜率。钻孔过程中每钻进 10～20 m 用 KXP－1 型测斜仪检查一次孔斜，当发现孔斜较大时，及时予以纠正处理。本工程所有孔段的孔斜率均满足设计及规范要求，且控制在 1% 以内。

非灌浆段采用 ϕ91 mm 钻头钻进，当钻至灌浆起始面高程 761 m 后，向孔内注入 0.5：1 的水泥浆，随后下入 ϕ89 mm 钢制孔口管，孔内补浆后待凝，待凝时间不少于 72 h。

3.3 灌浆段钻孔

灌浆段钻孔除先导孔采用 76 mm 孔径外，其他孔均采用 ϕ56 mm 小孔径金刚石钻进。施工中根据岩石强度较低、整体性较差的特点，采用了新型全断面钻进钻头；即在 ϕ56 mm 金刚石钻头的内侧嵌入了两个同轴的镶有硬质合金的球齿滚刀，使岩芯在进入钻头时被滚刀旋转碾压破碎，以减少起、下钻的次数和时间。采用此项新技术可提高钻孔功效近 30%。

4 灌浆施工

4.1 灌浆方法

灌浆施工采用孔口封闭、孔内循环工艺。灌浆第一段的段长为 3 m，以下各段为 5 m，终孔段不超过 10 m；起始段的灌浆压力为 0.3 MPa，之后每加深一段压力增加 0.2～0.3 MPa，最大灌浆压力不超过 3.0 MPa。为保证灌浆质量，施工中采用逐序升压的办法，Ⅲ序孔各段次的灌浆压力比 Ⅰ、Ⅱ 序孔相应段次的压力值有所增大。各段次的灌浆段长及压力值见表 2。

表 2　各段次的灌浆段长及灌浆压力

段次		1	2	3	4	5	6	7	8	9	10	11	…	孔底段
段长（m）		3	5	5	5	5	5	5	5	5	5	5	5	≤10
压力（MPa）	Ⅰ序	0.3	0.5	0.7	0.9	1.2	1.5	1.8	2.1	2.4	2.7	3.0	3.0	3.0
	Ⅱ序	0.3	0.5	0.7	0.9	1.2	1.5	1.8	2.1	2.4	2.7	3.0	3.0	3.0
	Ⅲ序	0.3	0.5	0.9	1.2	1.5	1.8	2.1	2.4	2.7	3.0	3.0		3.0

注：表中灌浆压力系孔口回浆管压力。

4.2 灌浆材料

本工程全部采用纯水泥浆液灌注，水泥为 32.5 号普通硅酸盐水泥；灌浆用水直接从沁水河中抽取，经检验各项水质指标均满足施工用水要求。

浆液水灰比为 3：1、1：1、0.5：1 三个比级，正常孔段开灌水灰比采用 3：1，施工中遵循由稀到浓的原则进行浆液变换。先由集中制浆站拌制成水灰比为 0.5：1 的浓浆备用，然后通过供浆管输送至各灌浆工作面，灌浆机组根据施工所需浆液比级在现场自行调配。

4.3 灌浆结束标准及封孔

根据设计及规范要求，当达到该段次的设计压力且注入率不大于 1 L/min 时，继续灌注 60 min 即可结束该段的灌浆。

封孔采用置换和全孔压力灌浆封孔法，即终孔段灌浆结束后先将孔内余浆置换成 0.5：1 的浓浆，而后进行全孔压力灌浆封孔。封孔压力值采用该孔灌浆的最大压力，其摒浆结束标准与常规段次相同。封孔结束后将孔口部分用 0.5：1 的水泥砂浆填满、捣实、抹平。

5 灌浆控制措施

本工程地质条件复杂，断层带或层状裂隙发育，钻孔时很多孔段孔口不返水或返水很小，灌浆耗灰量较大。为了在确保灌浆质量的同时尽量减少水泥浪费，根据灌浆过程中的不同情况采取了以下针对性的注入量控制措施：

（1）当岩石裂隙较小、灌前压水透水率不大时，采用 3：1 的水泥浆液起灌。若注入率较小，则尽快达到设计压力，以保证灌浆质量。

（2）当钻孔时不返水或返水较小、灌前压水透水率较大时，直接采用 1：1 或 0.5：1 的浆液起灌；采取低压、限流的控制措施，严格控制注入率不大于 30 L/min，直到注入率减小时方可逐渐缓慢升压，防止浆液渗流到灌浆范围以外造成浪费。

（3）当孔段的单位注灰量达到 300 kg/m 时，若注入率逐渐减小或压力逐渐升高时，则在同一浆液比级条件下采用缓慢升压的办法尽量达到正常的结束标准;若注入率和压力没有明显变化的趋势,则采用间歇的措施进行处理;间歇的时间不大于 40 min,间歇后根据注入率的变化情况逐级缓慢升压;当连续进行 3 次间歇仍不见效时,则向孔内注入水泥砂浆或水玻璃进行堵漏,待凝后扫孔作复灌处理。

6　灌浆效果评价

6.1　单位注入量分析

本工程灌浆的平均单位注灰量为 220.86 kg/m,其中Ⅰ序孔平均单位注灰量为 341.92 kg/m,Ⅱ序孔平均单位注灰量为 257.30 kg/m,Ⅲ序孔单位平均注灰量为 141.79 kg/m。随着灌浆的逐序加密,单位注灰量逐渐减小趋势明显,符合灌浆的一般规律。

6.2　检查孔成果分析

检查孔施工采用 76 mm 孔径金刚石钻头取芯钻进,自上而下逐段卡塞进行"单点法"压水试验,各段次的压水压力值为该段次灌浆压力的 80%,且不大于 1 MPa。本工程共完成检查孔 28 个,压水试验 397 段,透水率均满足小于 5 Lu 的防渗设计要求,其中 71% 的孔段透水率小于 3 Lu。

各检查孔岩芯采取率较高,且岩芯中存在多处青灰色水泥结石体,岩石裂隙充填饱满、胶结致密。检查结果表明坝基岩石的整体性得到了很好的改善,灌浆效果显著,已形成了连续封闭的坝基防渗体系。

7　结语

(1)针对复杂的地质条件在施工初期进行现场灌浆试验是必要的,通过试验施工可验证原设计方案的合理性和可行性,从而进一步优化灌浆布置、施工方法和施工参数,为后续施工提供可靠的依据。

(2)本工程施工地层中的断层破碎带较多,裂隙发育,跑漏浆问题严重,平均单位注灰量高达 220.86 kg/m,控制浆液的扩散范围十分必要。由于施工中针对不同情况采取了适当的控制措施,在确保灌浆质量的前提下,减少了水泥浪费,节省了投资。

(3)在地质条件复杂的情况下,孔口封闭循环式灌浆相对于其他工艺更为安全可靠,发生孔故的概率更低,处理各种故障的手段更为灵活,更易于满足施工质量要求。

(4)在强度不高,裂隙相对发育的岩层中,使用内侧镶有滚刀的金刚石钻头全断面钻进,能减少起、下钻的次数和时间,大幅度提高钻孔功效;今后在类似地层中钻灌浆孔应予大力推广应用。

(5)施工中应根据岩石裂隙的开度和发育情况,选择合适的浆液水灰比;在保证浆液可灌性的同时,应尽量使用较少的浆液比级,避免频繁变浆和灌入过多的稀浆,以增强施工的实效性。

[作者简介] 郭艳成(1963—),男,毕业于太原工业大学水工专业,高级工程师。

本文刊登在《山西水利科技》2008年11月第4期（总第170期）

庞庄水库帷幕灌浆质量控制

董姣姣

（山西省水利水电工程建设监理公司，山西太原 030002）

[摘 要]介绍了庞庄水库帷幕灌浆主要工序质量控制要点，为同类工程的质量控制提供几点体会。

[关键词]帷幕灌浆；压水试验；质量控制

[中图分类号] TV523 [文献标识码] B 文章编号：1006－8139(2008)04－39－03

1 工程概况

庞庄水库于1971年动工兴建，1972年拦洪，1974年11月竣工。该库是一座具有灌溉、防洪、发电及养鱼等综合效益的中型水库。水库枢纽工程由大坝、溢洪道、输水洞、电站及泄洪洞五部分组成。

水库位于构造剥蚀中低山区，两岸山顶高程均在海拔1 000 m左右。区域上属沁水块坳西北部普洞来远北东东向褶断带北端，西临晋中新断陷，主要构造线呈NE向，坝址区处于一平缓背斜的轴部，岩层较平缓，有多条断层，裂隙发育。在坝址上、下游沟口及断层附近有多处小型滑坡，根据工程地质条件，水库需进行除险加固处理。

加固工程由"水利部山西水利水电勘测设计研究院"设计，"山西省水利水电建设监理公司"监理，山西省水利建筑工程局承建。坝肩帷幕灌浆工程可分为工前试验、左坝肩和右坝肩帷幕灌浆三部分。

为了确保工程质量，山西省水利水电工程建设监理公司建立质量控制体系，对工程质量进行有效控制。山西省水利建筑工程局建立质量保证体系，确保工程质量达到优良标准。现将庞庄水库帷幕灌浆工程施工、质量控制及经验进行总结，供同类工程参考。

2 帷幕灌浆工程施工

2.1 施工工艺

帷幕灌浆工艺流程：测定孔位→钻孔→洗孔→压水→制浆→灌浆→封孔→检查。

钻孔灌浆的施工程序是：Ⅰ序孔→Ⅱ序孔→Ⅲ序孔→Ⅳ检查孔。

2.2 原材料

帷幕灌浆的浆液为纯水泥浆液，主材为水泥，采用了山西省文水县新星水泥厂"文峪河牌"32.5普通硅酸盐水泥。经过水质检验，灌浆时用库区水。水库在制浆时采用重量称量法，其称量误差小于5%。

2.3 帷幕灌浆孔位布置

帷幕灌浆的轴线测定是布孔的首要工作，它直接关系到防渗帷幕坐落位置和其尺寸等准确与否，该工程帷幕灌浆轴线和高程水准控制点上测定是由山西省水工局项目部委派专业测量人员测定的。钻孔进行了统一编号。

2.4 钻孔

本工程帷幕灌浆钻孔采用100型和150型回转式地质钻机，钻头选用Φ91 mm金刚石或硬质合金钻头。钻时孔深为61.00～77.15 m，按单排布孔，排内分三序进行。

（1）钻机定位准确，立轴垂直，开孔孔偏差值不得大于10 m；钻孔时，段长、孔径、孔深必须按规定要求进行；孔斜对灌浆质量至关重要，钻孔过程中每5 m进尺便测斜一次，发现孔斜超过设计要求便重新扫孔纠偏。帷幕灌浆孔孔底允许偏差值见表1。

表1 帷幕灌浆孔孔底允许偏差

孔深(m)	20	30	40	50	60	>60
最大允许偏差(m)	0.25	0.50	0.80	1.15	1.50	另定

（2）对设计和监理工程师要求的取芯钻孔，其岩芯按取芯次序统一编号，填牌装箱，并绘制钻孔柱状图和进行岩描述。

（3）试验施工时，采用"高压脉动冲洗法"洗孔，帷幕灌浆孔(段)因故中断时间间隔超过 24 h 者应在灌浆前重新进行冲洗。

2.5　压水

施工中均自上而下分段卡塞进行压水试验。所有灌浆孔都按单点法进行,检查孔采用五点法进行压水试验。

2.6　制浆搅拌

水泥浆液必须搅拌均匀,拌浆时使用普通搅拌机,搅拌时间不少于 3 min,浆液在使用前过筛,从开始制备至用完时间小于 4 h。

2.7　灌浆

2.7.1　灌浆方法

灌浆采用自上而下分段卡塞,孔内循环式,射浆管底部距孔底不大于 50 cm。所有钻孔段长均按每 5～6 m 为一段进行施灌。特殊情况下可适当缩短或加长,但不得大于 10 m。

2.7.2　灌浆压力

循环式灌浆,压力表安装在孔口回浆管路上。灌浆压力见表2。

表2　灌浆压力与孔深的关系

灌浆段次	孔深(m)	灌浆压力(MPa)	备注
1	0～5	0.1	每段按 5 m 划分,若段长变化,其压力值随之调整。孔深大于 25 m 后均采用 1 MPa
2	5～10	0.3	
3	10～15	0.5	
4	15～20	0.8	

2.7.3　灌浆浆液水灰比

灌浆浆液的浓度应由稀到浓,逐级变换。水灰比可采用5:1、2:1、1:1、0.8:1、0.6:1、0.5:1等七个比级,开灌水灰比采用5:1。

2.7.4　灌浆施工浆液变换标准

(1)当灌浆压力保持不变,注入率持续减少时,或当注入率保持不变而灌浆压力持续升高时,不得改变水灰比。

(2)当某一比级浆液的注入浆量已达 300 L 以上或灌注时间已达到 1 h 时,而灌浆压力和注入率均无改变或改变不显著时,应改浓一级。

(3)当注入率大于 30 L/min 时,根据施工具体情况,可越级变浓浆液灌注。

(4)灌浆过程中,灌浆压力或注入率突然改变较大时,应立即查明原因,采取相应措施处理。

2.7.5　灌浆结束标准

自上而下分灌浆,在规定压力下,当注入率不大于 0.4 L/min 时,继续灌注 60 min;不大于 1 L/min 时,继续灌注 90 min。

2.7.6　封孔

每个帷幕灌浆孔全孔灌浆结束后,会同监理工程师及时进行验收,验收合格的灌浆孔采用"分段压力灌浆封孔法"并结合人工水泥砂浆封孔。

2.7.7　施工中遇到的特殊情况处理

对意外的机械故障、停水、停电、孔内事故、地层漏浆串冒等,施工前必须对此有强有力的防范和应对措施,一旦意外情况发生,现场技术人员便可妥善处理,使工程顺利恢复正常施工。

(1)灌浆过程中,发现冒浆、漏浆,应根据具体情况采用嵌缝、表面封堵、低压、浓浆、限量、间歇灌浆等方法处理。

(2)帷幕灌浆过程中发生串浆时,如串浆孔具备灌浆条件,可同时进行灌浆,应一泵一灌一孔。否则应将串浆孔用塞塞住,待灌浆孔灌浆结束后,串浆孔再行扫孔、冲孔,而后继续钻进和灌浆。

(3)灌浆工作必须连续进行,若因故中断,可按下述原则进行处理:

a)应及早恢复灌浆。否则应立即冲洗钻孔,而后恢复灌浆。若无法冲洗或冲洗无效,则应进行扫孔,而后恢复灌浆。

b)恢复灌浆时,应使用开灌比级的水泥浆进行灌注。如注入率与中断前的相近,即可改用中断前比级的水泥浆继续灌注;如注入率较中断前的减少较多,则浆液应逐级加浓继续灌注。

c)恢复灌浆时,如注入率较中断前的减少很多,且在短时间内停止吸浆,应采取补救措施。

(4)灌浆注入量大,灌浆难于结束时,可选用下列措施处理:

a)低压、浓浆、限流、限量、间歇灌浆。

b)浆液中掺加速凝剂。

c)灌注稳定浆液或混合浆液。

(5)灌浆过程中如回浆变浓,宜换用相同水灰比新浆进行灌注,若效果不明显,延续灌注 30 min,即可停止灌注。

2.7.8　灌浆施工的质量控制

根据全面质量管理的科学理论,影响质量的因素为"人、机、料、法、环"。为了对施工质量做全盘控制,严守质量"三控制"的原则。

(1)钻灌前质量控制。

思想准备,技术准备,机具准备,材料准备。

(2)钻灌过程质量控制。

a)严格按照设计要求和技术规范的规定进行。

b)灌浆过程中严格控制灌浆压力、水灰比、变浆标准、开灌标准等,并严把灌浆结束标准关,使灌浆过程中所有的施工参数均控制在设计和规范要求的范围内。

c)质检员要经常深入现场,做到"三勤",即脚勤、眼勤、嘴勤,发现问题及时解决。

(3)灌浆结束后质量控制。

a)质量控制实行"三检制",三检结束后,监理工程师最后检查验收、签证评定。

b)坚持执行质量一票否决制,上一道工序未经检验合格签证,不得进行下道工序的施工。

c)对质量事故处理必须坚持"三不放过"原则。

2.7.9 认真做好原始记录

帷幕灌浆工程系地下隐蔽工程,灌浆质量效果的判断主要是依靠各种记录资料,因此施工的全部原始记录必须认真做好。

2.7.10 帷幕灌浆质量检查

1)坝基岩体帷幕灌浆工程必须做好施工过程(工序)质量的控制和检查,帷幕灌浆工程的质量应以检查孔的压水试验成果为主,结合钻孔、施工记录、岩芯资料、灌浆记录、成果资料和检验测试资料的分析,进行综合评定。

2)检查孔压水试验应在该部门灌浆结束 14 d 后进行,按照监理工程师指示布置检查孔实施。在灌浆结束 7 d 或监理指示时间内,将有关资料报送监理工程师,以便拟定检查孔位置。一般情况,帷幕灌浆检查孔应在分析施工资料的基础上在下述部位布置:①帷幕中心线上;②断层、岩体破碎、裂隙发育等地质条件复杂的部位;③末序次孔注入量大的孔段附近;④钻孔偏斜过大,灌浆过程不正常等,经分析资料认为可能对灌浆帷幕质量有影响的部位。

3)帷幕灌浆检查孔的数量为灌浆孔数的 10%,一个单元工程内至少布置 1 个检查孔。检查孔按照要求钻进取芯并进行岩芯编录,绘制钻孔柱状图。帷幕灌浆检查孔的压水试验采用自上而下分段卡栓塞进行压水试验,采用三级压水五个阶段的五点法。压入流量稳定标准为:在稳定压力下,每 5 min 测读一次压入流量,连续四次读数中最大值与最小值之差小于最终值的 10%,或最大值与最小值之差小于 1 L/min 时,即可结束,取最终值作为计算岩体透水率 q 值的计算值。

3 帷幕灌浆完成工程量

庞庄水库坝肩帷幕灌浆工程施工从 2004 年 11 月 19 日起,2005 年 8 月 22 日止,总历时 276 天,实际施工纯历时 208 天。左右两坝肩帷幕灌浆工程共完成 59 个单孔,质量检查孔 6 个,全工程从左岸向右岸循

序总计划分为 12 个单元工程。其中:钻孔总进尺 3 986.86 m,灌浆总进尺 2 226.50 m,水泥注入量 230 799.97 kg,全工程平均单位注入量 103.66 kg/m,检查孔总进尺 407.80 m,透水率 0.17 ~ 2.58 Lu。工程量见表3。

表3 帷幕灌浆完成工程量

项目名称	数量
帷幕灌浆试验(项)	1
钻孔进尺(m)	3 986.86
灌浆进尺(m)	2 226.50
检查孔进尺(m)	407.8

4 帷幕灌浆工程施工的资料与成果分析

4.1 资料整理

1)原始记录。

灌浆施工的原始记录资料按统一的施工程序把各个单孔以"单元工程量报审表—单元工程质量评定表—单元工程施工质量报验单—灌浆造孔工序质量检验表—灌浆工序质量检验表—钻孔测斜成果表—钻孔柱状剖面图—钻记录表—压水试验综合记录表—压水试验原始记录表—灌浆工程压水试验 $P \sim Q$ 曲线表—灌浆试验综合表—灌浆作业原始记录表"循序逐一编排并进行了整理与校核装订,以单元为单位将资料统一装盒,以备存档。

2)成果资料。

在整理校核原始记录的基础上,计算填写了各种成果记录表,绘制了帷幕灌浆竣工综合剖面图。具体资料如下:

(1)工程完成情况表;

(2)检查孔压水试验成果一览表;

(3)各次序孔灌浆成果表;

(4)灌浆分序统计表;

(5)灌浆成果一览表;

(6)各次序孔单位注入量频率曲线和频率累计曲线图;

(7)各次序孔透水率频率曲线和频率累计曲线图;

(8)检查孔压水试验透水率频率曲线和频率累计曲线图;

(9)灌前各次序孔和检查孔压水试验透水率频率曲线和频率累计曲线图;

(10)帷幕灌浆竣工综合剖面图;

(11)灌浆材料检验资料;

（12）检查孔岩芯柱状图。

4.2　资料成果分析

1）从钻孔和灌浆的原始资料与成果资料看，本次施工均能按"试验成果"和有关技术规范及要求标准正常施工，施工中没有出现异常情况。说明本工程施工工艺合理，技术可行，能满足工程要求和保证质量。

2）从灌浆资料中可以明显看出，所有灌浆试验孔其平均单位注入量均随着灌浆次序的增加而显著减小，特别是Ⅲ序孔灌后，检查孔的单位透水率，较灌浆前更是有极大的减小，该工程最后检查孔透水率为0.17~2.58 Lu，均满足设计规定的小于5 Lu的标准，这表明灌浆工程质量效果是良好的，质量是保证的。

3）从待凝14 d检查孔钻取的岩芯样品看，岩石裂隙被灌浆水泥结石充填密实，水泥结石强度良好，这表明经灌浆防渗帷幕完整连续，牢固可靠。

4）从整个灌浆孔最后结束的浆液配合比看，多数孔段均系以稀浆灌浆结束，这表明该工程坝基岩石中细小裂隙较多，属可灌性较好的岩层。

5）通过帷幕灌浆全面质量检查所取得的数据说明，帷幕灌浆起到了明显的防渗作用，足已达到所要求的相对不透水要求。

5　帷幕灌浆工程质量效果的评定

通过项目法人对质量全面负责、管理，监理工程师对质量有效控制，承包人的努力，庞庄水库帷幕灌浆总计59个单孔，共划分为12个单元，全部合格，合格率为100%，其中优良单元为11个，优良率91%。

[作者简介]　董姣姣(1983—)，男，2002年毕业于山西省水利学校，技术员。

第二篇　应用技术

本文刊登在《中国水利水电科学研究院学报》2018年6月第16卷第3期

全断面岩石掘进机刀盘联接板厚度
确定理论及应用

张照煌[1]　高青凤[1]　牛　栋[2]　刘　青[1]

（1. 华北电力大学能源动力与机械工程学院，北京 102206；
2. 山西省水利水电工程建设监理有限公司，山西太原 030002）

[摘　要] 刀盘一直是全断面岩石掘进机研究领域的难题。论文通过对背后换刀形式的全断面岩石掘进机刀盘系统的分析，定义了刀盘联接板并建立了其形变微分方程；确定了刀盘联接板与刀盘间互为固定联接关系并导出了刀盘联接板挠度方程解析式，因此发现：刀盘联接板上任一点的挠度值与刀盘联接板厚度的三次幂成反比；刀盘联接板的挠度随其厚度的增大逐渐趋于均匀，当其厚度为 0.04 m 时，刀盘联接板的挠度已足够均匀。论文研究方法和相应结论可为 TBM 刀盘理论的发展和设计理论的建立提供参考。

[关键词] 全断面岩石掘进机；刀盘面载荷；刀盘联接板；厚度；理论

[中图分类号] TV53 + 4；TD421　　　[文献标识码] A　　　文章编号：1672 - 3031（2018）03 - 0161 - 07

1　研究背景

国内外学者对全断面岩石掘进机（Full Face Rock Tunnel Boring Machine，简记为 TBM）刀盘的研究多集中在安装其上的盘形滚刀破岩力的预测、盘形滚刀的布置规律和刀盘的动态响应三大领域。在盘形滚刀破岩力预测领域，代表性成果有：Rostami 和 Ozdemir[1] 以盘形滚刀线性滚压破碎岩石试验为基础建立的盘形滚刀破岩力预测公式；以此研究为基础，2011 年，O. Acaroglu[2] 又提出了预测 TBM 盘形滚刀破岩推力、比能和滚动力等模糊理论；2012 年，C. Balci 和 D. Tumac[3] 用直径为 381 mm、刃角为 90°和破岩刃圆弧半径为 1.4 mm 的 V 型盘形滚刀线性滚压破碎中硬、低强度且无磨损成分的岩石，发现这种类型的盘形滚刀具有较好的破岩寿命；2013 年，Jung - Woo Cho 等[4] 采用盘形滚刀线性滚压破碎 Korean 花岗岩并借助 ShapeMeteix3D 摄影测量系统（photogrammetric measurement system）研究了盘形滚刀刀间距、贯入度间的关系以使盘形滚刀破岩比能最小；Cho, j. w. 等[5] 通过对盘形滚刀实际破岩的三维动态模拟研究了 TBM 的作业性能。C. Balci[6] 通过用 330 mm 的 CCS（Constant Cross Section）型盘形滚刀线性滚压破碎采自施工现场的岩石试件的试验，并将试验测得的刀盘驱动扭矩、推力和掘

进速度等与现场采集的数据对比发现两者间有一定差距。2012 年，Moon, T. 和 Oh, J.[7] 通过有限元模拟，研究了盘形滚刀最佳破岩力学状态；Seyed - Mohammad EsmaeilJalali 和 MasoudZareNaghadehi[8] 研究发现，在冲击和滚动联合作用下，盘形滚刀具有较好的破岩效果；项目组以已有研究成果为基础，通过理论研究和相应的实验研究[9]，先后提出并建立了盘形滚刀三维设计理论预测盘形滚刀磨损量理论[11] 和盘形滚刀前倾安装、内外倾安装等分别与岩石的相互作用理论[12]；2012 年，M. En - tacher 等[13] 研究了盘形滚刀刃接岩域破岩应力的分布；Jamal Rostami[14] 通过试验研究发现盘形滚刀破岩时的实际尖峰应力比理论值大的原因是：盘形滚刀刃实际破碎岩石时的应力较集中。课题组研究了盘形滚刀刃对称与否与其破岩力的关系[15]。

在刀盘上盘形滚刀布置领域，代表性成果有：R. Gertsch、L. Gertsch 和 J. Rostami[16] 通过盘形滚刀线性滚压破碎 Colorado Red Granite 发现，盘形滚刀最优刀间距是 76 mm；以盘形滚刀线性滚压破碎岩石试验数据为基础，O. Acaroglu、L. Ozdemir 和 B. Asbury[17] 提出了预测 CCS 型盘形滚刀最优破岩比能的模糊理论；国内学者 JunzhouHuo 等[18] 提出并通过实验验证了用遗传算法解算刀具的多螺旋线布置问题，用协同遗传算法解算刀具的动态星星和随机布置问题。通过对刀盘

上盘形滚刀破岩力及对刀盘作用的深入研究,提出并建立了盘形滚刀在刀盘上平衡布置理论并给出了相应求解策略[19-20]。

在刀盘动态响应领域,代表性成果有:Xian Hong Li,Hai Bin Yu,Ming Zhe Yuan, et al.[21] 发现应限制刀盘驱动的速度振动并减小其稳态速度波动;宋克志,王梦恕[22]用有限元研究了 TBM 刀盘与岩石的作用关系;HUO Junzhou[23-25]等分别研究了 TBM 前支撑对刀盘振动的影响、水平支撑动态非线性耦合及 TBM 动态优化设计、振动控制和刀盘系统设计等科学问题。目前,刀盘形变已受到领域学者的重视[26],但尚处于研究的初步阶段。为此,研究 TBM 刀盘联接板厚度确定理论,将为 TBM 刀盘理论的发展和 TBM 刀盘设计理论的建立提供理论基础。

2 全断面岩石掘进机刀盘系统基本结构

全断面岩石掘进机刀盘系统包括刀盘及其上的盘形滚刀、刀盘大轴承和刀盘联接板等(见图1所示),其功能是将推力、扭矩传递给安装在其上的盘形滚刀以实现破岩掘进作业,并且还承担着便于更换失效盘形滚刀的功能。早期的全断面岩石掘进机,刀盘与其大轴承一般通过刀盘转接座联接,刀盘上设置人孔,盘形滚刀失效后,技术人员通过人孔进入刀盘前面实现盘形滚刀更换。这样的换刀方式,既耗时又费力。目前,全断面岩石掘进机已广泛采用了背后换刀模式,亦即,盘形滚刀破岩能力失效后,技术人员不再通过人孔进入刀盘前面更换刀具,而在刀盘后面就可实现盘形滚刀的更换。这样就得在全断面岩石掘进机刀盘面板与其大轴承间设置一定空间形成刀具更换室,其基本结构见图1所示。从图1可以看出,刀盘联接板与刀盘固接,亦即,可将刀盘联接板看成是在刀盘周边固定的弹性薄板,这就是刀盘联接板边界的力学条件。

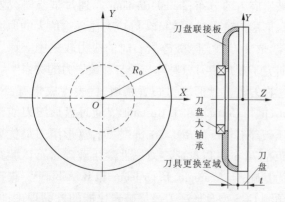

图1　全断面岩石掘进机刀盘系统结构示意图

3 全断面岩石掘进机刀盘联接板形变模型

刀盘联接板厚度确定理论的基本思想是在全断面岩石掘进机掘进过程中,刀盘联接板的形变尽可能小且均匀。这样作用在刀盘上的载荷的波动才不致于对刀盘联接板的形变有较大影响,从而减小全断面岩石掘进机施工过程中的振动。

在刀盘中面建立坐标系(见图1所示),根据弹性力学理论可求得刀盘挠度 z:

$$z = \frac{qr^4}{64D} - \frac{qR_0^2}{32D}r^2 + \frac{qR_0^4}{64D} \tag{1}$$

式中:z 为刀盘挠度;q 为作用在刀盘上的面载荷,由围岩状况、掘进速度等确定;R_0 为刀盘半径;r 为刀盘中面上一点至 z 轴的距离(极坐标之极径);D 为刀盘弯曲刚度,$D = \frac{Et^2}{12(1 - \mu^2)}$,其中,$E$ 为刀盘材料杨氏弹性模量,t 为刀盘厚度,μ 为刀盘材料泊松比。则

$$\frac{\partial z}{\partial r} = \frac{qr^3}{16D} - \frac{qR_0^2}{16D}r \tag{2}$$

$$\frac{\partial^2 z}{\partial r^2} = \frac{3qr^2}{16D} - \frac{qR_0^2}{16D}r \tag{3}$$

$$\frac{\partial z}{\partial \theta} = 0 \tag{4}$$

$$\frac{\partial^2 z}{\partial \theta^2} = 0 \tag{5}$$

同理,根据弹性力学理论,可求得

$$\begin{cases} M_r = -D\left[\frac{\partial^2 z}{\partial r^2} + \mu\left(\frac{1}{r}\frac{\partial z}{\partial r} + \frac{1}{r^2}\frac{\partial^2 z}{\partial \theta^2}\right)\right] \\ M_\theta = -D\left[\left(\frac{1}{r}\frac{\partial z}{\partial r} + \frac{1}{r^2}\frac{\partial^2 z}{\partial \theta^2}\right) + \mu\frac{\partial^2 z}{\partial r^2}\right] \\ Q_r = -\frac{qr}{2} \end{cases} \tag{6}$$

式中:r、θ 为刀盘中面上的极坐标(其中,r 同式(1));M_r 为作用在刀盘上半径为 r(极角为 θ)的圆柱外表面的力矩,矩矢位于刀盘中面且与刀盘中面与圆柱外表面的交线(圆)相切;M_θ 为作用在与 x 轴夹角为 θ(逆时针(极径为 r)的过坐标原点的平面上的力矩,矩矢平行于极径或沿极径方向;Q_r 为作用在刀盘上半径为 r(极角为 θ)的圆柱外表面的剪力,力矢平行于 z 轴。

将式(2)、式(3)、式(4)和式(5)代入式(6),得

$$\begin{cases} M_r = \frac{qR_0^2}{16}\left(1 + \mu - \frac{3r^2}{R_0^2} - \mu\frac{r^2}{R_0^2}\right) \\ M_\theta = \frac{qR_0^2}{16}\left[1 + \mu - \frac{r^2}{R_0^2} - \mu\frac{3r^2}{R_0^2}\right] \\ Q_r = -\frac{qr}{2} \end{cases} \tag{7}$$

在刀盘外缘，$r = R_0$，则式（7）可写为

$$\begin{cases} M_r = -\dfrac{qR_0^2}{8} \\[2mm] M_\theta = -\dfrac{\mu qR_0^2}{8} \\[2mm] Q_r = -\dfrac{qR_0}{2} \end{cases} \quad (8)$$

将刀盘联接板看成厚度均匀的弹性薄板，外边界与刀盘周缘固接，则其微分方程为

$$D_t \nabla^4 z_z = 0 \quad (9)$$

式中：D_t 为刀盘联接板弯曲刚度，$D_t = \dfrac{E\delta^3}{12(1-\mu^2)}$，其中，$E$ 为刀盘材料杨氏弹性模量，δ 为刀盘联接板厚度，μ 为刀盘联接板材料波松比；

$$\nabla^4 = \left(\frac{\partial^2}{\partial r^2} + \frac{1}{r}\frac{\partial}{\partial r} + \frac{1}{r^2}\frac{\partial^2}{\partial \theta^2} \right)^2$$

式中：r、θ 为刀盘联接板中面极坐标。

方程（9）可写为

$$D_t\left(\frac{\partial^2}{\partial r^2} + \frac{1}{r}\frac{\partial}{\partial r} \right)\left(\frac{\partial^2 z_z}{\partial r^2} + \frac{1}{r}\frac{\partial z_z}{\partial r} \right) = 0 \quad (10)$$

式（10）的通解为

$$z_z = A_1 + A_2 \ln r + A_3 r^2 + A_4 r^2 \ln r \quad (11)$$

式中：A_1、A_2、A_3、A_4 由边界条件确定的常数。

则

$$\frac{\partial z_z}{\partial r} = \frac{A_2}{r} + 2rA_3 + 2rA_4 \ln r + rA_4 \quad (12)$$

$$\frac{\partial^2 z_z}{\partial r^2} = -\frac{A_2}{r^2} + 2A_3 + 2A_4 \ln r + 3A_4 \quad (13)$$

$$\nabla^2 z_z = \frac{\partial^2 z_z}{\partial r^2} + \frac{1}{r}\frac{\partial z_z}{\partial r} + \frac{1}{r^2}\frac{\partial^2 z_z}{\partial \theta^2} = 4A_3 + 4A_4 \ln r + 4A_4 \quad (14)$$

根据弹性力学理论，有

$$\begin{cases} M_{rl} = -D_l\left[\dfrac{\partial^2 z_z}{\partial r^2} + \mu\left(\dfrac{1}{r}\dfrac{\partial z_z}{\partial r} + \dfrac{1}{r^2}\dfrac{\partial^2 z_z}{\partial \theta^2} \right) \right] \\[3mm] M_{\theta l} = -D_l\left[\left(\dfrac{1}{r}\dfrac{\partial z_z}{\partial r} + \dfrac{1}{r^2}\dfrac{\partial^2 z_z}{\partial \theta^2} \right) + \mu\dfrac{\partial^2 z_z}{\partial r^2} \right] \\[3mm] Q_{rl} = -D_l\dfrac{\partial}{\partial r}\nabla^2 z_z \end{cases} \quad (15)$$

式中：r、θ 为刀盘联接板中面上的极坐标；M_{rl} 为作用在刀盘联接板中面上半径为 r（极角为 θ）的圆柱外表面的力矩，矩矢位于刀盘联接板中面且与刀盘中面与圆柱外表面的交线（圆）相切；$M_{\theta l}$ 为作用在与 x 轴夹角为 θ（逆时针）（极径为 r）的过坐标原点的刀盘联接板中面上的力矩，矩矢平行于极径或沿极径方向；Q_{rl} 为作用在刀盘联接板中面上半径为 r（极角为 θ）的圆柱外表面的剪力，力矢平行于 z 轴。

将式（12）、式（13）、式（14）代入式（15），得

$$\begin{cases} M_{rl} = -D_l\Big(-\dfrac{A_2}{r^2} + 2A_3 + 2A_4\ln r + 3A_4 + \\[2mm] \qquad \dfrac{\mu A_2}{r^2} + 2\mu A_3 + 2\mu A_4\ln r + \mu A_4 \Big) \\[3mm] M_{\theta l} = -D_l\Big(\dfrac{A_2}{r^2} + 2A_3 + 2A_4\ln r + A_4 - \\[2mm] \qquad \dfrac{\mu A_2}{r^2} + 2\mu A_3 + 2\mu A_4\ln r + 3\mu A_4 \Big) \\[3mm] Q_{rl} = -D_l\dfrac{\partial}{\partial r}\nabla^2 z_z = -D_l\dfrac{4A_4}{r} \end{cases} \quad (16)$$

在刀盘与刀盘联接板的联接面上的点，既是刀盘上的点也是刀盘联接板上的点，各力学量应分别对应相等。比较式（8）和式（16），有

$$\begin{cases} -D_l\Big(-\dfrac{A_2}{R_0^2} + 2A_3 - 2A_4\ln R_0 + 3A_4 + \\[2mm] \qquad \dfrac{\mu A_2}{R_0^2} + 2\mu A_3 + 2\mu A_4\ln R_0 + \mu A_4 \Big) = -\dfrac{qR_0^2}{8} \\[3mm] -D_l\Big(\dfrac{A_2}{R_0^2} + 2A_3 + 2A_4\ln r + A_4 - \\[2mm] \qquad \dfrac{\mu A_2}{r^2} + 2\mu A_3 + 2\mu A_4\ln R_0 + 3\mu A_4 \Big) = -\dfrac{\mu qR_0^2}{8} \\[3mm] -D_l\dfrac{4A_4}{R_0} = -\dfrac{qR_0}{2} \end{cases}$$
$$(17)$$

求解式（17），得

$$\begin{cases} A_2 = \dfrac{qR_0^4}{16D_l} \\[3mm] A_3 = -(4\ln R_0 + 3)\dfrac{qR_0^2}{32D_l} \end{cases}$$

$$A_4 = \frac{qR_0^2}{8D_l} \quad (18)$$

同理，在刀盘与刀盘联接板的联接面上各点的对应挠度值亦应相等，将式（18）代入式（11）并与式（1）相比较，得

$$A_1 = \frac{3qR_0^4}{32D_l} - \frac{qR_0^4}{16D_l}\ln R_0 \quad (19)$$

所以，刀盘联接板的挠度方程为

$$z_z = \frac{3qR_0^4}{32D_l} - \frac{qR_0^4}{16D_l}\ln R_0 + \frac{qR_0^4}{16D_l}\ln r - (4\ln R_0 + 3)\frac{qR_0^2}{32D_l}r^2 + \frac{qR_0^2}{8D_l}r^2\ln r \quad (20)$$

此即全断面岩石掘进机刀盘联接板形变模型。该模型建立的实际依据是采用背后换刀技术的刀盘，建立的条件是：①刀盘联接板厚度均匀；②刀盘联接板与

刀盘周缘固接。因此,该模型适用于背后换刀的 TBM
刀盘且刀盘联接板厚度均匀并与刀盘周缘固接。

4 全断面岩石掘进机刀盘联接板形变模型的应用

式(20)揭示,刀盘联接板的挠度除与刀盘联接板
的材料特性(通过 D_t 反映出来)有关外,整体上(是就
全刀盘来说的,亦即是对 r 的全体——集合来说的)还
与作用在刀盘上的面载荷、刀盘半径和联接板厚度
(通过 D_t 反映出来)有关。刀盘上的面荷载是由全断
面岩石掘进机掘进速度和其作业对象特性决定的,刀
盘半径是由隧洞(道)的开挖半径决定的,因此,只有
联接板厚度可通过设计进行调节。式(20)还揭示,刀
盘联接板的挠度整体上与 D_t 成反比,而 D_t 与联接板厚

度如勺三次幂成正比,因此,刀盘联接板的挠度整体上
与联接板厚度 δ 三次幂成反比。为形象说明式(20)
中刀盘联接板厚度对其挠度的影响及影响程度,举例
分析如下。

某型号全断面岩石掘进机刀盘轴承座及其支撑的
材料参数为 $E = 2.18 \times 10^{11}$ N/m^2,$\mu = 0.30$;刀盘半径
R_0 为 5 m,刀盘上的面荷载 $q = 2.918\ 4 \times 10^5$ N/m^2。根
据式(20)绘制的该全断面岩石掘进机刀盘联接板的
挠度曲线如图 2 所示。

从图 2 可以看出,刀盘联接板的挠度随其厚度的
增大逐渐趋于均匀,当其厚度为 0.04 m 时,刀盘联接
板的挠度已足够均匀,对 5 m 刀盘半径而言,亦能满足
工程需要。

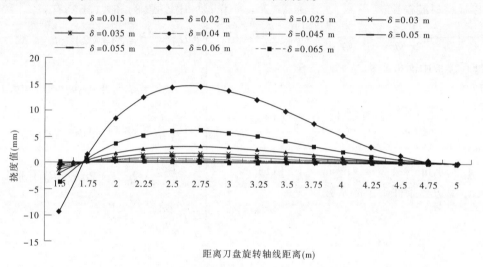

图 2　不同厚度系列的刀盘联接板挠度

5 结　论

全断面岩石掘进机背后换刀技术的发展,为其刀
盘系统设计理论和结构设计提出了新挑战,研究发现:
(1)刀盘联接板的边界力学条件与刀盘间互为固定联
接;(2)刀盘联接板的挠度方程整体上(就全刀盘来
说,亦即对刀盘上点的极径全体——集合来说)与其
厚度的三次幂成反比;(3)刀盘联接板的挠度随其厚
度的增大逐渐趋于均匀,对 5 m 刀盘半径而言,当其厚
度为 0.04 m 时,刀盘联接板的挠度已足够均匀。

参考文献

[1] ROSTAMI J,OZDEMIR L. A new model for performance pre-
diction of hardrock TBMs[C]// Proceedings of rapid. excava-
tion and tunneling conference. Boston,MA:AIME; 1993.

[2] ACAROGLU O. Prediction of thrust and torque requirements
of TBMs w – ith fuzzy logic models[J]. Tunneling and Under-
ground Space Technology,2011(26):267-275.

[3] BALCI C,TUAMC D. Investigation in to the eflects of diflerent
rocks on rock cuttability by a V – type disc cutter[J]. Tunne-
ling and Underground Space Technology,2012(30):183-193.

[4] CHO J W,JEON S,JEONG H Y,et al. Evaluation of cutting
efficiency during TBM disc cutter excavation within a Korean
granitic rock using linear – cutting – machine testing and pho-
togrammetric measurement[J]. Tunneling and Underground
Space Technology,2013(35):37-54.

[5] CHO J W, JEON S, YU S H,et al. Optimum spacing of TBM
disc cutters:a numerical simulation using the three – dimen-
sional dynamic fracturing method[J]. Tunneling and Under-
ground Space Technology, 2010(25):230-244.

[6] BALCI C. Correlation of rock cutting tests w – ith field per-
formance of a TBM in a highly fractured rock formation:A
case study in Kozyatagi – Kadikoy metro tunnel,Turkey[J].
Tunneling and Underground Space Technology, 2009 (24):
423-435.

[7] MOON T,OH J. A study of optimal rock – cutting conditions
for hard rock TBM using the discrete element method[J].
Rock Mech. Rock Eng. 2012(45):837-849.

［8］ SEYED – Mohammafi EsmaeilJalali，MASOUD Zare Naghade-hi. Development of a new laboratory apparatus for the examination of the rotary – percussive penetration in tunnel boring machines ［J］. Tunneling and Underground Space Technology,2013(33):88-97.

［9］ ZHANG Z H，SUN F. The three – dimension model for the rock – breaking mechanism of disc cutter and analysis of rock – breaking fˊorces［J］. Acta Mechanica Sinica. 2012（28）:675-682.

［10］ ZHANG Z H,MENG L,SUN F. Design theory of full face rock tunnel boring machine transition cutter edge angle and its application［J］. Chinese Journal of Mechanical Engineering,2013(26):541-546.

［11］ ZHANG Z H,MENG L,SUN F. Wear analysis of disc cutters of full face rock tunnel boring machine［J］. Chinese Journal of Mechanical Engineering,2014(27):1294-1300.

［12］ ZHANG Z H,MENG L,SUN F. Rock deformation equations and application to the study on slantingly installeddisc cutter［J］. Acta Mechanica Sinica. 2014(30):540-546.

［13］ ENTACHER M,WINTER G,BUMBERGER T,et al. Cutter force measurement on tunnel boring machines – Sys – tem design［J］. Tunneling and Underground Space Technology,2012(31):97-106.

［14］ JAMAL R. Study of pressure distribution w – ithin the crushed zone in the con tact area between rock and disc cutters［J］. International Journal of Rock Mechanics & Mining Sciences,2013(57):172-186.

［15］ ZHANG Z H,GONG G F,GAO Q F,et al. Fragmentation energy – saving theory of full face rock tunnel boring machine disc Cutters［J］. Chinese Journal of Mechanical Engineering,2017,30(4):913-919.

［16］ GERTSCH R,GERTSCH L,ROSTAMI J. Disc cutting tests in Colorado Red Granite:Implications for TBM performance prediction［J］. International Journal of Rock Mechanics & Mining Sciences,2007(44):238-246.

［17］ ACAROGLU O，OZDEMIR L，ASBURY B. A fuzzy logic model Lo predicL specific energy requirement for TBM performance predictioi［J］. Tunneling and Underground Space Technology,2008 (23):600-608.

［18］ HUO J Z,SUN W，CHEN J，et al. Disc cutters plane layout design of the full – face rock tunnel boring machine（TBM）based on diflerent layout paLLerns［J］. Computers & Industrial Engineering,2011 (61):1209-1225.

［19］ 张照煌,乔永立. 全断面岩石掘进机盘形滚刀布置规律研究［J］. 工程力学,2011,28(5):172－177.

［20］ 张照煌,曹雷,孙飞,等. 全断面岩石掘进机盘形滚刀螺旋线布置理论及应用分析［J］. 工程机械,2015,46(4):22-31.

［21］ LI X H,YU H B,YUAN M Z,et al. Dynamic modeling and analysis of shield TBM cutterhead driving system［J］. Journal of Dynamic Systems,Measurement,and Control,2010,132:044504-044517.

［22］ 宋克志,王梦恕. TBM 刀盘与岩石相对刚度对盘形滚刀受力的影响分析［J］. 应用基础与工程科学学报, 2011,19(4):591-599.

［23］ HUO J Z,OUYANG X Y,ZHANG X,et al. The Influence of front support on vibvation behaviors of TBM cutter – head under impact heavy loads［J］. Applied Mechanics and Materials,2014, 541:641-644.

［24］ HUO J Z,WU H Y,LI G Q,et al. The coupling dynamic analysis and field test of TBM main systemunder multi point impact exciLaLion［J］. Shock and Vibration,2015 (1):1-14.

［25］ HUO J Z, WU H Y, YANG J, eL al. MulLi – direcLional coupling dynamic characLerisLics analysis ofTBM cuLLer – head sysLem based on Lunneling field LesL［J］. Journal of Mechanical Science and Technology,2015,29:3043-3058.

［26］ 张照煌,龚国芳,高青风. 全断面岩石掘进机连续性刀盘形变理论及应用研究［J］. 应用基础与工程科学学报,2017,25(3):1-7.

［基金项目］国家自然科学基金项目(51475163)
［作者简介］张照煌(1963—),男,山东菏泽人,教授,博士生导师,主要从事地下先进施工装备理论和技术及可再生能源高效利用理论和技术等领域研究。E-mail:zzh@ ncepu. edu. cn.

本文刊登在《山西水利科技》2018年2月第1期(总第207期)

论施工导流和围堰技术在汾河
二坝工程的合理选用

赵士伟

(山西省水利水电工程建设监理有限公司,山西太原030002)

[摘　要]水利水电工程施工环境对施工方法选用的影响很大,根据工程地质和现场材料的实际情况,因地制宜,合理地选用施工导流形式和围堰技术,能大大提高施工效率,促进施工的顺利完成,节约工程投资。

[关键词]施工导流;围堰技术;因地制宜

[中图分类号] TV551　　　[文献标识码] B　　　文章编号:1006-8139(2018)01-022-03

0　引言

汾河二坝枢纽工程位于汾河中游的清徐县长头村西,是一座以灌溉为主的大(Ⅱ)型水闸工程。汾河二坝拦河闸除险加固工程由旧闸加固改造8孔,新建水闸4孔、新建启闭机房、启闭机制安、公路桥、地基处理、拦河坝、上下游堤防、水闸观测、机电及金结安装等组成。拦河闸的闸基持力层为第四系全新统晚期洪冲积($Q_4^{pal}-2$)浅黄、浅青灰色低液限粉土,局部砂粒含量增大为含砂低液粉土,夹低液限黏土及粉土质砂透镜体,其承载力为80~90 kPa。

根据现场不同的工程情况选用相应的导流形式和围堰技术,可以缩短施工工期,提高经济效益与社会效益,促进工程顺利进行。

1　施工导流在水利水电工程施工中的应用

1.1　施工导流概述

为了更好地选用施工导流形式,首先需要对施工导流有一个大体的认识。为了使水工建筑物能保持在干地上施工,用围堰来围护基坑,并将水流引向预定的泄水建筑物泄向下游,称为施工导流。施工导流方法主要有全段围堰法和分段围堰法。

1.2　工程导流形式的选用

为保证汾河二坝拦河闸主体工程按照进度要求进行,创造干地施工条件,结合工程库区水文、地质等方面的技术资料,主体工程施工期间分两期进行施工导流,采用分段围堰法组织施工。

工程及围堰布置如图1所示,围堰轮廓线为堰顶边线。

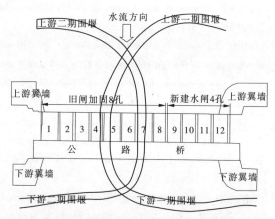

图1　汾河二坝一、二期围堰示意图

施工导流整体思路:

一期施工导流主要是为完成原拦河闸第6~8孔闸室的主体加固以及新建闸室第9~12孔主体及其他附属工程的施工任务,施工期间河道来水通过原拦河闸第1~3孔闸室过流。左岸上游围堰占用第4、5孔闸室,考虑到上游铺盖等施工,从距离闸墩上游70 m的位置开始施工,直到与第4、5孔闸室衔接;同时位于左岸上游第8孔外的旧浆砌石翼墙暂不拆除,配合设计的钢板桩,不仅对原翼墙起到支撑作用,同时又能稳定新建闸室开挖边坡,以提高度汛安全系数。左岸下游围堰占用第4、5孔闸室,考虑到下游海漫及消力池等施工,从距离闸墩下游45 m的位置开始施工,直到与第4、5孔闸室衔接。

二期施工导流主要为完成原拦河闸第 1~5 孔闸室旧闸加固及其他附属工程的施工任务,施工期间河道来水通过已完成的新建第 9~12 孔闸室过流。右岸上游围堰占用第 7、8 孔闸室,从距离闸墩上游 65 m 的位置开始施工,直到与第 7、8 孔闸室衔接。右岸下游围堰占用第 7、8 孔闸室,从距离闸墩下游 45 m 的位置开始施工,直到与第 7、8 孔闸室衔接。

按照上述思路进行施工导流,创造了干地施工条件,所有施工项目顺利完成。

2 围堰填筑材料的选用

围堰按筑坝材料分为土石围堰、草土围堰、木板桩围堰、木笼围堰、钢板桩围堰、锁口管柱围堰、钢筋混凝土围堰等。

2.1 一期围堰填筑材料的选用

结合工程现场实际,一期导流围堰填筑材料采用新建水闸基础开挖土料,填筑时优先选用台地部位的开挖料,对于水位以下含水量较大的开挖料可在施工现场附近堆放并进行翻晒,待其含水量达到填筑要求后,方可进行填筑。在新建水闸基坑开挖前,已进行井点降水,因此开挖出来的土方含水量不大,需翻晒的土方量很小。

一期围堰填筑施工能就近利用新建水闸基坑开挖的土方,采用土石围堰,施工工艺简单,经济合理。

2.2 二期围堰填筑材料的选用

新闸修建完成后,为满足二期导流要求,需要对基坑进行回填,一期围堰拆除后的水上部分土方用于基坑回填后,剩余土方量不足以完成二期围堰,考虑到工期紧张和翻晒的成本较大,水下部分的土方因含水量太大不能利用。原定土场的土料经检验多为粉细砂,含泥量约 10%,防渗性能差,不符合土石围堰的填筑要求。

二期围堰施工总体情况如下:1)二期围堰回填仍需土方约 5 000 m³。2)上下游河滩内理论可用于回填的土方量 3 000 m³,由于滩面下存在淤泥,可用土方厚度较小,修路代价较高,重型车辆难以进入,无法保证工程进度。现场机械取土的方案不可行。

二期围堰施工前,经研究有三种解决方案:1)外购土填筑围堰;2)普通水力吹填法填筑围堰;3)水力吹填砂袋棱体填筑围堰。

水力吹填法施工工艺是近年来发展起来的一项新的工程技术,在我国南方运用比较成熟,该施工工艺不仅广泛应用于围海造地工程,而且运用到构造物施工围堰的填筑施工中。其主要优点是工程造价较低,工期较短,不仅节省了土地资源,而且省去了水中填土的

繁琐工序,弥补了钢板桩围堰造价高、土石围堰工期长,不易展开施工的缺点。[1]

根据本工程地质条件,河道滩面内有大量含泥量不大于 10% 的粉细砂,具备水力吹填法的施工条件,但是考虑到采用普通水力吹填法施工后的围堰断面很大,需要吹填的工程量成倍增加,现场工作面狭小,难以保证基坑内工作面,因此不予选用。

结合近几年的施工经验,采用水力吹填砂袋棱体法填筑围堰,能大大减小普通水力吹填法的围堰断面面积,有效降低工程投资,缩短施工时间,对于工期紧张的项目,效果尤为显著。本工程中拟采用的砂袋材料为防老化聚丙稀编织土工布,单位面积质量不小于 200 g/m²,其他质量特性需满足国家和相关行业技术标准的要求。砂袋根据围堰断面尺寸现场缝制加工,砂袋缝制的长度要与现场人员及设备相匹配。施工工艺主要包括袋体检查、测量定位、袋体铺设、充砂至第一层设计标高、第一层验收、同样过程进行后续施工直至达到设计标高。

为了更好地控制工程投资,施工过程中对外购土填筑围堰和水力吹填砂袋棱体填筑围堰两种方案进行了投资估算对比。虽然普通水力吹填法填筑围堰的方案已排除,但是为了其他工程参考,特将其列入投资估算对比表,分析如表 1。

表 1 二期围堰填筑方案投资估算对比表

序号	施工方案	工程量 (m³)	单价 (元)	总造价 (元)	备注
1	外购土	5 000	65.38	326 900	含购土价及回填工序
2	水力吹填法	12 000	31.19	374 280	无砂袋,断面大
3	水力吹填砂袋棱体	5 000	46.89	234 450	含砂袋及吹填施工

分析结论:1)水力吹填法及外购土填筑围堰后,围堰迎水侧仍需做必要的防冲措施,如人工堆土袋等,投资还会增加;2)通过投资估算对比分析,采用水力吹填砂袋棱体法填筑围堰最为经济。

目前,汾河二坝拦河闸除险加固工程已完工,其工程实践证明:水力吹填砂袋棱体法填筑围堰,施工工艺先进,简单易学,施工质量易于控制,基本不需要大型施工机械参与,施工人员投入较少,只要安排合理,配备 5~7 人就可完成多组砂袋棱体吹填施工;相比较其他围堰施工方法,具有成本低、施工效率高、工期短等显著优点。但该方法对充填材料要求较高,充填材料主要限于含泥量不大于 10% 的粉细砂、细砂等缺点。

3 结语

　　水利水电工程施工涉及了多方面的内容,专业性强,在水利水电施工中运用合理有效的导流技术和围堰技术,不仅能够节省工程投资、保证施工质量,还有效避免了施工对生态环境的破坏和资源浪费。施工管理和技术人员需要不断地提升自己的专业技能,广泛学习先进生产技术并应用到施工中,加强对施工导流和围堰技术的研究,将导流型式、围堰技术与现场实际相结合,制定合理高效的施工方案,创造更好的水利水电施工环境,降低施工事故发生率,缩短工期,促进水利水电工程建设健康发展。

参考文献

[1] 梁安邦.汾河二坝拦河闸除险加固工程水力吹填法填筑施工围堰[J].山西水利科技,2014(4):41-43.

[作者简介] 赵士伟(1982—),男,2007年毕业于太原理工大学,工程师。

本文刊登在《中国水利水电科学研究院学报》2017年6月第15卷第3期

大坝工作性态监测评估的云模型及其应用

范鹏飞

(山西省水利水电工程建设监理有限公司,山西太原 030002)

[摘 要]大坝工作性态评估是水库大坝安全管理急需解决的重大问题之一。基于云模型理论探讨了大坝工作性态评价的新模型,从变形性态、渗流性态及环境因素3个方面来构建指标体系,建立基于云模型和组合赋权法的大坝工作性态能力评估模型,该模型依据大坝工作性态评价因子分类标准,计算各评价因子隶属于不同大坝工作性态等级的云数字特征,并结合评价因子权重和正向正态云发生器,得到待评样本的综合确定度,以确定大坝安全级别。实例应用结果及与其他评价方法对比结果表明,该模型应用于大坝工作性态分类是有效可行的,且具有计算过程简便,结果可靠的优点,也为其他类似问题分析提供了参考。

[关键词]云模型;组合赋权;大坝;监测评估

[中图分类号] TV698.1 [文献标识码] A 文章编号:1672 – 3031(2017)03 – 0227 – 07

1 研究背景

水库大坝在防洪、发电、灌溉、供水、航运和渔业等方面发挥了极其重要的作用,为国民经济发展和保障人民群众的生命财产安全做出了重要贡献,但水库一旦发生漫顶、溃决等失稳破坏,会造成巨大的人身财产损失[1],因此,大坝工作性态评估研究具有重要的社会意义。近年来,许多学者分别从大坝的变形性态[2]、渗流性态[3]以及环境因素[4]等方面阐述了其对大坝工作性态的影响。但是水库大坝的安全问题涉及变形、渗流、抗震和温控等多个方面,仅从一个侧面考虑,难以理清相互之间的逻辑关系,也不可能透彻地分析水库大坝病险问题的症结所在,所以有必要采用系统分析的方法,从单一大坝安全评价及风险评估指标入手,围绕水库大坝的安全状态及风险排序,探索水库大坝病险问题的深层原因,以寻求最终解决途径。这方面许多学者进行了深入研究,相继提出了人工神经网络[5]、约束型 ME – PP 模型[6]、模糊可拓评估模型[7]和模糊综合评判[8]。但是各种评估方法都有其优缺点,在实际运用中并不是十分合理,很少同时考虑模糊性和随机性两者对大坝工作性态安全评估的影响,而这与实际大坝工作性态评估问题是不吻合的,在实际应用中存在一定缺陷,如模糊数学方法实际应用中隶属度函数难于确定问题,人工神经网络方法则存在知识获取瓶颈问题。文献[9 – 10]在模糊集理论上提出了云模型的概念,经过论证认为云模型是一种新的认知型模型,对于解决不确定性问题具有很好的普适性;沈进昌等[11]引入云模型理论构建了一种模糊综合评价方法,并结合食品安全监测数据运用上述方法进行了验证,认为云模型的模糊评价方法具有很大的优势。本文基于云模型理论,以探讨大坝工作性态评估的新模型,实现综合考虑评价过程中存在的模糊性与随机性,并以实例验证该方法的可行性和有效性,该方法亦可用于其他水利工程、边坡工程的安全评价中。

2 大坝工作性态评估的指标体系

某水电站大坝为混凝土重力坝,坝顶长 1 080.0 m,最大坝高 91.7 m,坝顶高程为 267.7 m,为监测大坝安全,该大坝在坝体及坝基部位分别设置了位移、渗流、应力应变和巡视检查等观测项目,并积累了较长系列的观测资料,包括水平位移、表面变形、内部变形、坝基深部变形、应力、应变、上下游水位、扬压力、渗透压力、渗漏量、绕坝渗流、裂缝和环境温度等。根据已有的原型观测资料结合该水电站的特征,选取变形、渗流及环境量3个部分共9个安全评价指标,具体见图1。本文选取的安全评价指标具有一定的模糊性和随机性,而云模型恰好是一种兼具随机性和模糊性的数学模型,因此运用云模型进行安全评价更加符合实际。

表1为对应评价指标的评价标准。

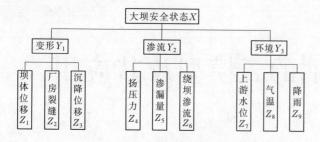

图1　大坝安全评价指标体系

表1　大坝安全评价指标标准

指标	低风险	较低风险	中等风险	较高风险	高风险
Z_1(mm)	0,20	20,60	60,100	100,140	140,200
Z_2(mm)	0,0.4	0.4,0.8	0.8,1.2	1.2,4.0	4.0,10
Z_3(m)	0,1	1,2	2,3	3,5	5,10
Z_4	0,0.2	0.2,0.4	0.4,0.6	0.6,0.8	0.8,1.0
Z_5(L/s)	0,5	5,20	20,40	40,80	80,200
Z_6(L/s)	0,-0.5	-0.5,-2	-2,-4	-4,-8	-8,-15
Z_7(m)	-20,-10	-10,1	1,3	3,4	4,5
Z_8(℃)	0,5	5,10	10,20	20,30	30,50
Z_9(mm/d)	0,2	2,4	4,10	10,20	20,50

表1中，对于扬压力指标 Z_4，本次采用帷幕折减系数，该系数可高效判别防渗帷幕的防渗效果，从而判别扬压力是否出现异常；对于上游水位指标 Z_7，由于该指标是一定范围内的一个波动值，因此上游水位指标 Z_7 采用实际运行水位减去正常蓄水位850 m；对于气温指标 Z_8，根据工程设计提供的温度资料，该工程的年平均气温14~17 ℃，因此本文采用实际气温减去15 ℃作为评价指标；对于降雨指标 Z_9，由于降雨的影响具有滞后效应，前期降雨影响一般在15 d以内，因此采用观测日前期降雨量的均值作为评价指标。上述评价指标标准的拟定并没有一个明确的范围，主要以工程类比、专家建议以及结合实际工程情况予以确定。因此上述评价标准都具有一定的模糊性，而云模型是一种兼具随机性和模糊性的数学模型，对于解决该类问题更符合实际。

3　大坝安全评价模型

3.1　云模型理论

云的定义：设 X 是一个用定量数值表示的集合，$X = \{x\}$ 称为论域。在论域 X 中定义模糊集合 A，若 A 对于元素 $x \in X$ 都有一个有稳定倾向的随机数 μ，则称为元素 x 对 A 的隶属度。如果 X 中的元素 x 是简单有序的，则隶属度在论域上的分布称为隶属云；如果 X 中的元素 x 是无序的，则可由一定的法则 f 将论域 X 映射到某一有序的论域 X' 上，隶属度 μ 在 X' 上的分布称为隶属云。

发生器是最基本的云算法，它可以实现从语言值表达的定性信息中获取定量的范围和分布规律。云发生器主要分为正向云发生器和逆向云发生器。由定性概念到定量表示的转换过程称为正向云发生器；由定量表示到定性概念的转换过程称为逆向云发生器。正向云发生器根据云的数字特征产生云滴正向云。逆向云发生器则可以将一定数量的精确数据转换为以数字特征表示的定性概念。

本文采用的是具有普适性的正向正态云发生器，正态云定义如下：设 U 是一个由确定数值表示的集合，称之为论域，对于论域 U 上边坡是否稳定这一定性概念 C，若 C 对应论域 U 上的每一个元素 x 都有 $x \sim N(E_x, E_n'^2)$，且元素 x 满足 $\mu = e^{-(x-E_x)^2/(2E_n'^2)}$，其中，$\mu$ 为 x 对定性概念 C 的确定度，就称 x 在 U 上的分布正态云。

图2为一标准的正态云模型示意图，其中期望 $E_x = 0$，熵 $E_n = 4$，超熵 $H_e = 0.4$，云滴数量 $n = 1000$，从图2可更方便、直观的理解云模型的3个数字特征值的含义。

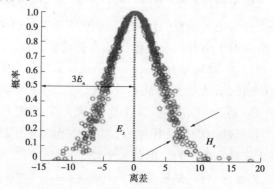

图2　正态云图

一维正态云模型算法有两种，对于从语言值表达的定性信息中获得定量信息的实现，应用正向云发生器，这是最基本的算法，也是一个前向的、直接的过程，即针对正态分布情况，给定云的3个数字特征，产生正态云模型的若干二维点，即云滴。采用云模型正向发生器实现大坝安全评价的定量—定性—定量转换，具体步骤如下：(1)根据期望值 E_x 和超熵 H_e，在Matlab平台生成正态随机数 E_n'；(2)根据期望值 E_x 和正态随机数 $|E_n'|$，在Matlab平台生成正态随机数 x；(3)根据得到的 E_n'，x，计算 $\mu = e^{-(x-E_x)^2/2(E_n')^2}$，$\mu$ 表示确定度；(4)跳到步骤(1)，经过重复计算得到足够多的云滴。

3.2 基于组合赋权的大坝安全评价指标权重确定

进行大坝工作性态分析时,各评价指标的权重较为重要,直接影响着评估结果的准确性及有效性。在现有的评价模型中,常用的权重确定方法有主观赋权法和客观赋权法。实际操作时,主观赋权法,如专家经验法、模糊评价法等由于人的主观因素会对评价结果产生影响。同样,客观赋权法,如熵权法等可能会因各指标数据所提供的信息量而造成偏差。为了既反映对大坝工作性态的直观认识,又兼顾客观调查数据的规律,本文选取投影寻踪法和 Delphi 法进行权重求解,最后采用组合赋权确定最终权重结果,其中投寻踪分析的权重具体计算过程参阅文献[12],Delphi 法的权重具体计算过程参阅文献[13]。

采用 PPA 和 Delphi 分别计算出各指标所占的权重后,为了充分利用主、客观权重的优势,本文采用组合赋权法计算其综合权重,既可以避免主观权重的随意性,也可避免客观权重的盲目性。

若有 m 种方法对 n 个评价指标赋权,得到权重矩阵如下:

$$W_l = (w_{l1}, w_{l2}, \cdots, w_{ln})(l = 1, 2, \cdots, m) \quad (1)$$

上述权重矩阵的一种组合赋权为:

$$W = \sum_{l=1}^{m} \alpha_l W_l \quad (2)$$

因此,只要得到系数 α_l 使组合权重最佳即可。本文采用博弈论,构造 α_l 的约束方程如下:

$$\min \left\| \sum_{l=1}^{m} \alpha_l W_l^T - W_k^T \right\| \quad (k = 1, 2, \cdots, m) \quad (3)$$

由矩阵的微分思想,对式(3)进行推导,得到约束方程如下:

$$\sum_{l=1}^{m} \alpha_l W^k W_l^T = W_k W_k^T \quad (k = 1, 2, \cdots, m) \quad (4)$$

根据式(4)可得到最优组合系数 $\alpha_l(l = 1, 2, \cdots, m)$,对其归一化:

$$\alpha_l^* = \alpha_l \Big/ \sum_{l=1}^{m} \alpha_l \quad (5)$$

代入式(2)有:

$$W^* = \sum_{l=1}^{m} \alpha_l^* W_l \quad (6)$$

式中:$0 \leqslant W_l \leqslant 1$,$\sum_{l=1}^{m} W_l = 1$,表示大坝安全评价指标体系中第 l 个指标所占的最优权重。

3.3 基于组合赋权–正态云的大坝安全评价模型

本文构建的基于组合赋权的大坝安全评价云模型首要问题是确定各评价指标的综合权重,采用组合赋权法确定综合权重既可以避免客观权重的片面性,又可以避免主观权重的随意性,高效的融合了上述方法的优势。现将其步骤叙述如下。

(1)确定评价指标集 $Z = \{z_1, z_2, \cdots, z_\eta\}$,确定评价指标标准集 $S = \{s_1, s_2, \cdots, s_\eta\}$。

(2)由组合赋权法确定评价指标的综合权重集 $W = \{w_1, w_2, \cdots, w_\eta\}$。

(3)确定正态云模型的特征值($E_{xij}, E_{nij}, H_{eij}$)。假设($x_{ij}^1, x_{ij}^2$)为某一评价指标 $c_i(i = 1, 2, \cdots, \eta)$ 对应的评价等级 $s_j(j = 1, 2, \cdots, \gamma)$ 的范围,那么有:

$$E_{xij} = (x_{ij}^1 + x_{ij}^2)/2 \quad (7)$$

x_{ij}^1, x_{ij}^2 作为一个范围的边界值,可同时隶属于相邻的评价等级,即在相邻的评价等级中隶属度相同。

$$\exp\left\{-\frac{(x_{ij}^1 - x_{ij}^2)^2}{8(E_{nij})^2}\right\} = 0.5 \quad (8)$$

对式(8)做变换:

$$E_{nij} = \frac{x_{ij}^1 - x_{ij}^2}{2.355} \quad (9)$$

(4)确定 H_{eij},本文采用经验值。

特征值($E_{xij}, E_{nij}, H_{eij}$)确定后,由云模型正向发生器计算各评价指标在相应评价等级下的隶属度,构建隶属度矩阵 $T = (t_{ij})_{\eta \times \gamma}$,为了结果更为可信,重复计算 N 次。

$$t_{ij} = \sum_{k=1}^{N} t_{ij}^k / N \quad (10)$$

(6)计算评价标准集 S 上的模糊子集 F。

$$F = W \cdot T = (f_1, f_2, \cdots, f_\gamma) \quad (11)$$

式中,$f_j = \sum_{i=1}^{\eta} w_i z_{ij}(j = 1, 2, \cdots, \gamma)$ 为评价结果在第 j 个评价等级下的隶属度,根据最大隶属度原则即可确定最终评价结果。

4 工程实例

根据表1中的大坝安全评价标准,由云模型的定义,根据式(7)、式(9)及式(10)得到特征参数 E_x、E_n 和 H_e,结果见表2。

表2　土石坝坝安全评价指标标准

指标	低风险	较低风险	中等风险	较高风险	高风险
Z_1	$(10,8.493,1)$	$(40,16.985,1)$	$(80,16.985,1)$	$(120,16.985,1)$	$(170,25.478,1)$
Z_2	$(0.2,0.17,0.1)$	$(0.6,0.17,0.1)$	$(1,0.17,0.1)$	$(2.6,1.189,0.1)$	$(7,2.548,0.1)$
Z_3	$(0.5,0.425,1)$	$(1.5,0.425,1)$	$(2.5,0.425,1)$	$(4,0.849,1)$	$(7.5,2.123,1)$
Z_4	$(0.1,0.085,0.1)$	$(0.3,0.085,0.1)$	$(0.5,0.085,0.1)$	$(0.7,0.085,0.1)$	$(0.9,0.085,0.1)$
Z_5	$(2.5,2.123,0.5)$	$(12.5,6.369,0.5)$	$(30,8.493,0.5)$	$(60,16.985,0.5)$	$(140,50.955,0.5)$
Z_6	$(-0.25,0.212,0.01)$	$(-1.25,0.64,0.01)$	$(-3,0.85,0.01)$	$(-6,1.699,0.1)$	$(-11.5,2.97,0.1)$
Z_7	$(-15,4.246,1)$	$(-4.5,4.671,1)$	$(2,0.849,1)$	$(3.5,0.425,1)$	$(4.5,0.425,1)$
Z_8	$(2.5,2.123,0.1)$	$(7.5,2.123,0.1)$	$(15,4.246,0.4)$	$(25,4.246,0.4)$	$(40,8.493,0.5)$
Z_9	$(1,0.849,0.1)$	$(3,0.849,0.1)$	$(7,2.548,0.1)$	$(15,4.246,0.5)$	$(35,12.739,1)$

根据计算得到的大坝安全评价云模型特征参数 E_x、E_n 和 H_e，在 Matlab 软件中编制程序计算大坝安全评价指标的隶属度矩阵 T 并绘制相应的正态云图，见图3，在计算隶属度矩阵时，由于云模型具有一定的随机性，可

重复计算3 000次，以其期望值作为评价依据，具体结果见表3。

根据组合赋权法计算大坝各安全评价指标的综合权重为：

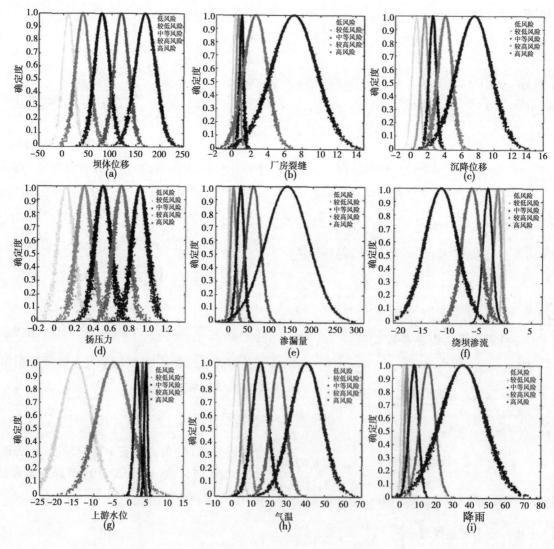

图3　大坝安全评价分级云图

表3　云模型平均综合评估值

指标	低风险	较低风险	中等风险	较高风险	高风险
Z_1	0.659	0.332	0.01	0	0
Z_2	0.725	0.431	0	0	0
Z_3	0.698	0.532	0	0	0
Z_4	0.711	0.214	0	0	0
Z_5	0.732	0.126	0	0	0
Z_6	0.811	0.211	0	0	0
Z_7	0.795	0.196	0	0	0
Z_8	0.698	0.228	0.02	0.01	0
Z_9	0.821	0.192	0	0	0

$$W = \{0.114,0.121,0.098,0.089,0.126,0.114,0.114,0.091,0.133\} \qquad (12)$$

计算出大坝安全评价指标综合权重 W 和隶属度矩阵 T 后，根据式(11)可计算评价标准域 S 上的模糊子集 F，$F = (f_1, f_2, \cdots, f_\gamma)$，$f_j = \sum_{i=1}^{\eta} w_i z_{ij}$，$j = 1, 2, \cdots,$ γ, f_j 为该水电站各安全评价等级下的隶属度。根据最大隶属度原则即可确定该水电站的评价等级。结果见表4。

表4　大坝安全评价结果

云模型隶属度					风险等级	
低风险	较低风险	中等风险	较高风险	高风险	正态云模型	模糊物元法[13]
0.743	0.270	0.003	0	0	低风险	低风险

由表4可知，本文模型分类结果为低风险，与其他方法结果吻合，表明应用基于云模型评价大坝工作性态是有效可行的。同时可知，大坝工作性态是一个定性概念，且分类过程中受诸多不确定因素影响与控制，故应用云数字特征表示此概念的不确定性具有优越性，利用以正态分布和正态隶属函数为基础的正态云发生器，可将稳定性的模糊性和随机性转化为确定度这个定量值，充分揭示大坝工作性态评价过程中的模糊性和随机性之间的关联，且结果便于工程应用。另外，大坝工作性态评估指标的实际分布形式对评价结果是有影响的，显然基于正态分布形式，构建相应的云模型和云发生器将取得最佳效果。

本文在此仅探讨了工程中广泛应用和参数常分布的正态分布形式下的边坡稳定性分类云模型，如何基于实测指标的统计分布形式构建云模型尚有待深入研究和完善。

5　结论

（1）针对评价中各指标权重难以确定的问题，提出了一种组合赋权方法。将投影寻踪计算值和主观赋权值相结合，并引入博弈论，使得主、客观权重之间和偏好系数间的差异程度一致，较合理地获得大坝工作性态分析中各指标的综合权重。（2）该大坝工作性态评估模型是基于概率理论，通过算法自动生成样本对概念的隶属度，避免了主观给定确定的隶属度值缺陷，并可建立随机性与模糊性的关联。实例应用结果表明，基于云综合评判的大坝工作性态评估模型较其他分析方法应用过程更加方便，且结果可靠。（3）基于云模型理论及组合赋权法建立的大坝工作性态评估模型，其预测的精度及可靠性取决于主要影响因素的选取、隶属函数的构建方法和评价指标权重的确定，若能较合理地解决这些问题势必会进一步提高大坝工作性态评估结果的精度。因此，本文建立的评估模型只是初步尝试，有些问题仍有待进一步研究。

参考文献

[1] 贾金生,袁玉兰,郑璀莹,等.中国2008年水库大坝统计、技术进展与关注的问题简论[C]//第一届堆石坝国际研讨会论文集.北京:中国水利水电出版社,2009.

[2] 魏迎奇,孙玉莲.大坝沉降变形的灰色预测分析研究[J].中国水利水电科学研究院学报,2010,7(1):25-29.

[3] 魏迎奇,张申.基于偏最小二乘回归法的大坝渗漏分析与预测[J].中国水利水电科学研究院学报,2011,8(3):205-

208,215.

[4] 刘若秀.大坝水环境对坝体混凝土的腐蚀评价[J].东北水利水电,2015(11):33-35,72.

[5] 吴云芳,李珍照,徐帆.BP神经网络在大坝安全综合评价中的应用[J].河海大学学报:自然科学版,2003,31(1):25-28.

[6] 贾军,黄铭,郭丹丹.约束型ME-PP模型在大坝安全评价中的应用[J].水电能源科学,2014,32(5):67-70.

[7] 苏怀智,吴中如,顾冲时.大坝工作性态模糊可拓评估的基本原理[J].岩土力学,2006,27(11):1967-1973.

[8] 江沛华,汪莲.基于变权的多层次模糊综合评判在大坝安全评价中的应用[J].中国农村水利水电,2010,(4):112-114.

[9] LI D,LIU C,GAN W. A new cognitive model:cloud model [J]. International Journal of Intelligent Systems, 2009, 24(3):357-375.

[10] LI D,CHEUNG D,SHI X,et al. Uncertainty reasoning based on cloud models in controllers[J]. Computers & Mathematics with Applications,1998,35(3):99-123.

[11] 沈进昌,杜树新,罗祎.基于云模型的模糊综合评价方法及应用[J].模糊系统与数学,2012,26(6):115-123.

[12] 王迎超,孙红月,尚岳全,等.基于特尔菲-理想点法的隧道围岩分类研究[J].岩土工程学报,2010,32(4):651-656.

[13] 苏怀智,吴中如,顾冲时.大坝工作性态的模糊可拓评估模型及应用[J].岩土力学,2006,27(12):2115-2121.

[作者简介]范鹏飞(1987—),男,山西太原人,工程师,主要从事水利水电工程及大坝安全评价研究。E-mail:syf48575848@qq.com.

[基金项目]水利部公益性行业科研专项(201501030);水利部中央水利前期工作项目(2010518).

本文刊登在《水利建设与管理》2016 年第 4 期

基于最小二乘法的梯级水库洪水峰量
关系研究及应用

王　婧[1]　郭　倩[2]

(1. 山西省水利水电工程建设监理有限公司,山西太原 030002;
2. 中国水利工程协会,北京 100053)

[摘　要]确定洪水峰量关系可为水库调度人员做出决策提供帮助,如果洪水预报精度不高或无预报时,需根据以往经验进行水库洪水调度。针对该问题,可以采用最小二乘法对年最大洪峰流量与对应的一日、三日、七日洪量关系,不同洪峰流量与洪量关系进行统计分析。本文以乌江河流三座梯级水库为例,研究洪水峰量关系,结果表明,洪峰流量相同时一日、三日、七日洪量递增;应用年最大洪峰流量与洪量进行拟合具有代表性。结论证明采用最小二乘法研究梯级水库洪水峰量关系是可行、正确的。

[关键词]防洪工程;洪水峰量关系;最小二乘法;梯级水库

[中图分类号] TV122　　[文献标识码] A　　文章编号:1005 – 4774(2016)04 – 0026 – 06

1　研究背景

设置动态汛限水位线对水库进行动态调度,水库上游的来水条件(气象预报、降雨预报、产汇流计算)是本级水库动态调度的前提。如果预报精度不高或无预报时,需要根据以往经验进行水库洪水调度。若对以往多年实测洪水资料进行统计分析,确定水库峰量关系,将为水库调度人员在"非常"时刻做出决策提供科学、合理的帮助。

本文以乌江流域三座梯级水库为研究对象,采用最小二乘法对三座水库对应水文站长序列统计洪水资料进行分析,用以确定水库洪水峰量关系。

2　研究方法及理论基础

关于流域或水库峰量关系研究,多数情况下认为洪峰流量—洪量关系曲线是一元线性函数。对以往多年实测洪水资料进行统计分析,可采用最小二乘法进行一元线性回归拟合。

应用最小二乘法[1]进行回归分析计算,其技术思路可概括如下:

a. 确定一元线性回归模型:

$$\begin{cases} y_i = \beta_0 + \beta_1 x_i + \varepsilon_i \\ \varepsilon_i \sim N(0,\sigma^2) \text{ 且相互独立} \end{cases} \quad i = 1,2,\cdots,n \quad (1)$$

式中　(x_i, y_i)——对应的洪峰流量,洪量原始数据。

b. 对方程(1)中的系数 β_0、β_1 进行最小二乘估计。

设 β_0、β_1 的估计值分别记作 $\hat{\beta}_0$、$\hat{\beta}_1$,则方程:

$$\hat{y} = \hat{\beta}_0 + \hat{\beta}_1 x \quad (2)$$

式(2)为一元线性经验回归方程。其中 $\hat{y}$ 是 $E[y \mid x]$ 的估计,将每一组 (x_i, y_i) 带入式(2)可得:

$$\hat{y}_i = \hat{\beta}_0 + \hat{\beta}_1 x_i \quad (3)$$

则 $\hat{y}_i$ 为回归值或拟合值。回归值 $\hat{y}_i$ 与实测值 y_i 之间一般存在一定的误差,$e_i = y_i - \hat{y}_i$ $(i = 1,2,\cdots,n)$,e_i 为样本残差。该误差可能为正,也可能为负。显然,β_0、β_1 的最好的估计应该是使误差平方和达到最小值,即 $\hat{\beta}_0$、$\hat{\beta}_1$ 应使得残差平方和最小,残差平方和表达式见式(4)。

$$Q = Q(\beta_0, \beta_1) = \sum_{i=1}^{n}(y_i - \beta_0 - \beta_1 x_i)^2 \quad (4)$$

满足式(4)的 $\hat{\beta}_0$、$\hat{\beta}_1$ 即为未知参数 β_0、β_1 的最小二乘估计值。

c. 求解 $\hat{\beta}_0$、$\hat{\beta}_0$。

令 Q 对 β_0、β_1 的一阶偏导为0,得方程组:

$$\begin{cases} \dfrac{\partial Q}{\partial \beta_0} = -2\sum_{i=1}^{n}(y_i - \beta_0 - \beta_1 x_i) = 0 \\ \dfrac{\partial Q}{\partial \beta_1} = -2\sum_{i=1}^{n}(y_i - \beta_0 - \beta_1 x_i)x_i = 0 \end{cases} \quad (5)$$

在 $x_i(i=1,2,\cdots,n)$ 不全相等时,解为

$$\begin{cases} \hat{\beta}_1 = \dfrac{\sum_{i=1}^{n} x_i y_i - n\bar{x}\bar{y}}{\sum_{i=1}^{n} x_i^2 - n\bar{x}^2} \\ \hat{\beta}_0 = \bar{y} - \hat{\beta}_1 \bar{x} \end{cases} \quad (6)$$

其中:$\bar{x} = \dfrac{1}{n}\sum_{i=1}^{n} x_i$,$\bar{y} = \dfrac{1}{n}\sum_{i=1}^{n} y_i$。

将式(6)求出的 $\hat{\beta}_0$、$\hat{\beta}_1$ 代入式(2)可得回归方程为

$$\hat{y} = \bar{y} + \hat{\beta}_1(x - \bar{x}) \quad (7)$$

由式(7)可见,$\hat{\beta}_1$ 是一元线性回归方程的斜率。n 个点 $(x_i, y_i)(i=1,2,\cdots,n)$ 的几何重心 $(\bar{x}, \bar{y})$ 落在拟合的直线上。

d. 一元线性回归模型的检验。

在对洪峰流量—洪量关系曲线进行拟合时,根据以往经验假定曲线是一元线性方程。因此,有必要对假设得出的回归方程进行检验,以验证假设的正确性。

由式(1)可以看出,当 $|\beta_1|$ 越大,y 与 x 之间的相关关系越明显;反之,当 $|\beta_1|$ 越小,y 与 x 之间的相关关系越不明显。如果 $\beta_1 = 0$,则可以认为 y 与 x 之间不存在线性关系。当 $\beta_1 \neq 0$,则 y 与 x 之间存在线性关系。因此,问题可归结为对假设 $H_0 : \beta_1 = 0$,$H_1 : \beta_1 \neq 0$ 进行检验。若假设 $H_0 : \beta_1 = 0$ 成立,则 y 与 x 之间不存在线性关系,若假设 $H_0 : \beta_1 = 0$ 不成立,假设 $H_1 : \beta_1 \neq 0$ 成立,则 y 与 x 之间存在线性关系,此时 y 与 x 可用一元线性回归模型进行拟合,所求回归方程有意义。此时,还应注意以下三种情况:①x 对 y 没有显著影响,此时应去掉 x,换其他相关变量;②x 对 y 有显著影响,但这种影响不能用线性相关关系来表示,应采用非线性相关回归;③x 对 y 有一定影响,但还有其他变量对 y 也有影响,此时应采用多元回归模型。

该研究中考虑情况不在上述三类,是 x 对 y 有显著影响且仅有 x 一个影响因子。

检验方法目前有二种:F 检验法、t 检验法、γ 检验法。三种方法在本质上是相同的。本研究采用 γ 检验法。

$$\gamma = \frac{\sum_{i=1}^{n}(x_i - \bar{x})(y_i - \bar{y})}{\sqrt{\sum_{i=1}^{n}(x_i - \bar{x})^2 \sum_{i=1}^{n}(y_i - \bar{y})^2}} \quad (8)$$

式(8)中的 γ 称为样本相关系数,简称相关系数。对于给定的显著水平 α,当 $|\gamma| > \gamma_{1-\alpha}$ 时,拒绝 H_0;否则就接受 H_0。此处 $\gamma_{1-\alpha}$ 满足:

$$P(|\gamma| \geq \gamma_{1-\alpha}) = \alpha,$$

其中

$$\gamma_{1-\alpha} = \sqrt{\frac{1}{1 + (n-2)/F_{1-\alpha}(1, n-2)}} \quad (9)$$

$\gamma_{1-\alpha}$ 值可查表得出。

3 案例分析

3.1 流域水文特征分析

本文采用的分析数据为乌江下游构皮滩水库、思林水库、沙沱水库所对应的江界河水文站、思南水文站、龚滩水文站所收集的水文数据。

a. 暴雨特性。乌江中上游暴雨持续时间多在 $1 \sim 2\,d$ 内,且以 $1\,d$ 最多。除下游涪陵一带外,乌江流域一日最大暴雨沿干流向下逐渐增多[2]。$5 \sim 9$ 月暴雨持续时间或量级均占全年90%左右。面积广、强度大的暴雨多发生在6月上旬至7月中旬。秋季受冷峰低槽和两高切变天气的影响,9月、10月常出现暴雨,但暴雨强度和量级均不及夏季大。此外,乌江上游地区发生秋季暴雨的次数常多于中下游地区。

b. 洪水特性。乌江流域为降水补给河流,洪水主要由暴雨组成。降雨集中在 $5 \sim 10$ 月,暴雨集中在6月、7月。由于暴雨急骤,洪水呈现汇流迅速、涨落快、峰形尖瘦、洪量集中的特点。一次洪水过程以三日洪量为主,三日洪量占七日洪量的65%左右[3]。

3.2 梯级水库峰量关系研究

3.2.1 年最大洪峰流量与对应的一日、三日、七日洪量关系研究

对于大、中型流域的暴雨统计时段,中国一般取一日、三日、五日、七日、十五日、三十日作为统计时段,其中一日、三日、七日[4-5]暴雨是一次暴雨的核心部分。因此,采用最小二乘法对江界河水文站、思南水文站、龚滩水文站拟合年最大洪峰流量与对应的一日、三日、

七日洪量关系,求出拟合一元线性函数如表1所列。

表1　年最大洪峰流量与洪量关系拟合方程

	江界河站	思南站	龚滩站
对应一日洪量	$y = -0.0665 + 0.0009x$	$y = -0.1035 + 0.0008x$	$y = 0.1544 + 0.0008x$
对应三日洪量	$y = 1.0561 + 0.0018x$	$y = -0.5340 + 0.0021x$	$y = 1.8743 + 0.0018x$
对应七日洪量	$y = 3.1003 + 0.0028x$	$y = 2.2805 + 0.0034x$	$y = 7.6653 + 0.0030x$

注:x代表洪峰流量,单位 m³/s,y代表洪量,单位亿 m³。

从表1中可以看出,对于同一站的峰量关系函数,随着所求洪量天数的增加,拟合直线的斜率是递增的,且取同一 x,y 也是递增的,这符合实际情况。

为便于观察拟合直线相关性,以江界河站为例,其年最大洪峰流量与一日、三日、七日洪量拟合直线图及残差图如图1~图6所示。三站所求拟合直线系数置信区间及相关系数如表2所列。

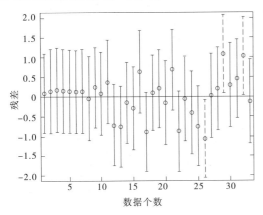

图1　江界河站年最大洪峰流量对应一日
洪量线性回归残差图

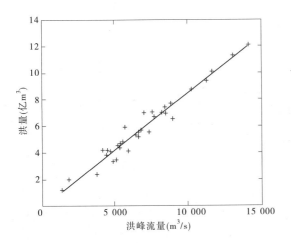

图2　江界河站年最大洪峰流量对应一日
洪量线性回归拟合图

从图1~图6可见,残差图中偏离点较少,直线拟合线性较好。

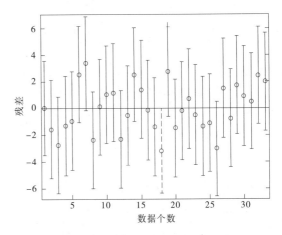

图3　江界河站年最大洪峰流量对应三日
洪量线性回归残差图

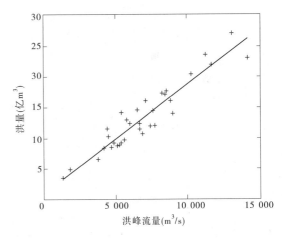

图4　江界河站年最大洪峰流量对应三日
洪量线性回归拟合图

从表2可以看出,各站对应一日、三日、七日洪量拟合的峰量关系函数相关系数逐渐减小,表明函数代表性逐渐降低。分析原因:对应一日洪量,历时较短,洪量大小主要受洪峰流量影响;随历时加长,较小洪峰流量对洪量影响逐渐加大,单用最大洪峰流量进行拟合,精度就会有所降低。

3.2.2　不同洪峰流量与洪量关系研究

为分析应用年最大洪峰流量推求水库峰量关系是否具有代表性,现对同日洪量,用年不同大小的洪峰流

量与之拟合。拟合函数见表3～表5。拟合图及残差

图仍以江界河站为例,如图7～图10所示。

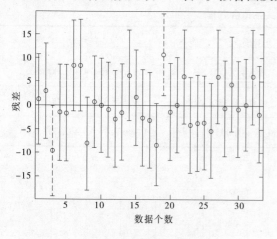

图5　江界河站年最大洪峰流量对应七日
洪量线性回归残差图

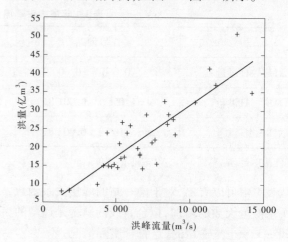

图6　江界河站年最大洪峰流量对应七日
洪量线性回归拟合图

表2　拟合直线系数置信区间及直线相关系数

		$\hat{\beta_0}$ 置信区间	$\hat{\beta_1}$ 的置信区间	相关系数 γ^2
河界	年最大洪水洪峰流量对应一日洪量	[−0.552 3,0.419 4]	[0.000 8,0.000 9]	0.958 5
	年最大洪水洪峰流量对应三日洪量	[−0.645 5,2.757 8]	[0.001 5,0.002 0]	0.891 0
	年最大洪水洪峰流量对应七日洪量	[−1.519 4,7.719 9]	[0.002 2,0.003 4]	0.738 3
	年最大、最小洪峰流量对应一日洪量	[−0.203 9,0.084 8]	[0.000 8,0.000 9]	1
	全年洪水洪峰流量对应一日洪量	[−0.203 6,−0.055 9]	[0.000 8,0.000 9]	1
思南站	年最大洪水洪峰流量对应一日洪量	[−0.354 4,0.147 3]	[0.000 8,0.000 9]	0.985 7
	年最大洪水洪峰流量对应三日洪量	[−1.761 9,0.693 8]	[0.002 0,0.002 3]	0.947 8
	年最大洪水洪峰流量对应七日洪量	[−1.766 5,6.327 5]	[0.002 9,0.004 0]	0.825 2
	年最大、最小洪峰流量对应三日洪量	[−0.120 9,0.679 5]	[0.002 0,0.002 1]	1
	全年洪水洪峰流量对应三日洪量	[−0.064 1,0.453 4]	[0.002 0,0.002 2]	0.9
龚滩站	年最大洪水洪峰流量对应一日洪量	[−0.363 2,0.672 1]	[0.000 7,0.000 8]	0.948 2
	年最大洪水洪峰流量对应三日洪量	[−0.041 4,3.789 9]	[0.001 6,0.002 0]	0.880 8
	年最大洪水洪峰流量对应七日洪量	[2.997 7,12.332 9]	[0.002 5,0.003 6]	0.775 1
	年最大、最小洪峰流量对应七日洪量	[1.681 7,5.530 4]	[0.003 2,0.003 7]	0.910 5
	全年洪水洪峰流量对应七日洪量	[2.231 1,3.924 9]	[0.003 1,0.003 5]	0.9

表3　江界河站不同洪峰流量峰量关系函数

年最大洪峰流量对应一日洪量	$y = -0.066\ 5 + 0.000\ 9x$
年最大、最小洪峰流量对应一日洪量	$y = -0.059\ 6 + 0.000\ 8x$
全年洪峰流量对应一日洪量	$y = -0.129\ 8 + 0.000\ 8x$

表4　思南站不同洪峰流量峰量关系函数

年最大洪峰流量对应三日洪量	$y = -0.534\ 0 + 0.002\ 1x$
年最大、最小洪峰流量对应三日洪量	$y = 0.279\ 3 + 0.002\ 0x$
全年洪峰流量对应三日洪量	$y = 2.280\ 5 + 0.002\ 1x$

表5　龚滩站不同洪峰流量峰量关系函数

年最大洪峰流量对应七日洪量	$y = 7.665\ 3 + 0.003x$
年最大、最小洪峰流量对应七日洪量	$y = 3.606\ 0 + 0.003\ 4x$
全年洪峰流量对应七日洪量	$y = 3.078\ 0 + 0.003\ 3x$

从表3～表5可以看出,用年最大洪峰流量与某日洪量求得的拟合直线与用年其他洪峰流量与同日洪量求得的拟合直线相比,斜率基本相同。可以认为,用年最大洪峰流量与洪量进行拟合,具有代表性。

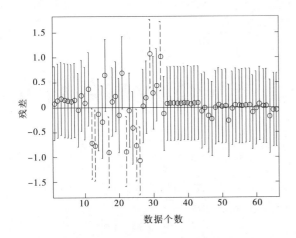

图7 江界河站年最大、最小洪峰流量对应一日
洪量线性回归残差图

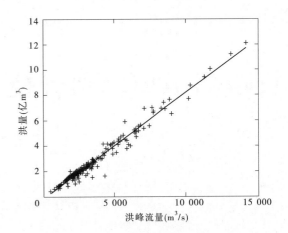

图10 江界河站全年洪峰流量对应一日
洪量线性回归拟合图

4 结论

对梯级水库进行峰量关系研究时,采用横纵两种研究思路,横向:对同一洪峰流量(年最大洪峰流量)研究与其对应的一日、三日、七日洪量间关系,通过拟合一元线性函数发现,上述三条拟合直线斜率递增,即在洪峰流量相同时,洪量递增,符合实际情况;纵向:对同日洪量研究用年最大洪峰流量、年最大最小洪峰流量、全年洪峰流量与之对应洪量关系,拟合直线表明,应用年最大洪峰流量与洪量进行拟合具有代表性。

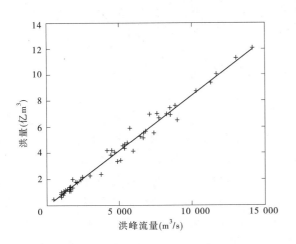

图8 江界河站年最大、最小洪峰流量对应一日
洪量线性回归拟合图

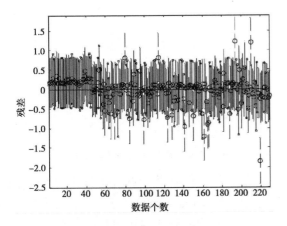

图9 江界河站全年洪峰流量对应一日
洪量线性回归残差图

从图8、图10可以看出,年最小及较小洪峰流量数据点集中在直线下方,对拟合直线影响较小。

参考文献

[1] 刘国祥,何志芳,杨纪龙. 概率论与数理统计[M]. 兰州:甘肃教育出版社,2002.

[2] 郭金城,郭倩,武学毅. 基于模糊集合分析法与圆形分布法的水库汛期分期研究[J]. 水电能源科学,2013,31(3):50-53.

[3] 谈亚琦. 水库汛期分期及汛限水位调整在东风水库中的应用[D]. 南京:河海大学,2007.

[4] 詹道江,叶守泽. 工程水文学[M]. 3版. 北京:中国水利水电出版社,2000.

[5] 罗天翔,孟庆久,孙丽佳. 浑河"95"洪水与设计洪水[J]. 水利建设与管理,2001(1):28-30.

[作者简介]王婧(1987—),女,毕业于河海大学水利水电工程专业,助理工程师,从事水利工程监理工作。

本文刊登在《山西水利科技》2016年11月第4期(总第202期)

长距离JPCCP顶管技术在工程中的应用与研究

关志刚[1]　申成斌[2]

(1. 山西省水利水电工程建设监理有限公司,山西太原 030002;

2. 山西省水利建筑工程局,山西太原 030006)

[摘　要]随着JPCCP顶管技术的成熟与推广,山西省内已经有多处穿越公路、铁路及房屋建筑等供水管线采用JPCCP作为顶管管材。文中结合辛安泉供水改扩建工程中一次顶进198 m DN1400JPCCP施工案例,从地质勘探、减阻措施、顶力计算及施工过程控制等方面综合分析研究长距离JPCCP顶管技术施工中的难点重点。

[关键词]JPCCP;顶管;顶力计算;减阻措施

[中图分类号] TV554　　　[文献标识码] B　　　文章编号:1006 – 8139(2016)04 – 024 – 03

0　引言

JPCCP顶管技术应用于工程中,不仅需要满足普通混凝土顶管的一般技术特性,还需满足管道在承受内水压情况下具备足够的安全性,因此JPCCP顶管对施工的要求更高。随着顶进距离加长,通常需要设置中继间,但由此也造成工期延长、成本增加。目前山西省内一次顶进JPCCP最长距离为99 m,而辛安泉供水改扩建工程中一次顶进198 m DN1400JPCCP,突破了长距离一次顶进的技术瓶颈。

该JPCCP顶管工程属于辛安泉供水改扩建工程屯留支线,由于管线地处309国道旁,且受附近天然气管道、高压线路及商用房建限制,空间狭小,所以采用顶管穿越方案。顶管设计埋深平均3.8 m,从顶管始端至末端呈2.5%坡度缓慢上升,始端处于地下水位以下。土质为粉质黏土(Q_3^{pl}),局部夹干强度高的粉土薄层,地下水位为地面以下 0.9 ~ 7.8 m,在水位上下约0.6 m左右为流塑状态的淤泥质粉质黏土,质量密度2.04 g/cm³,含水率18.6%。根据地下水位推测,从始端至135 m处有地下水。

1　施工减阻设计

该顶管工程下穿地层土质较为单一,但由于下穿地下水位线,采用不同的施工工艺,所以在减阻设计上也有所不同。

在有地下水段主要考虑管材材质及工具管端头网格密度对顶进阻力的影响。措施一是对JPCCP外壁涂抹沥青涂层,主要目的是为防止混凝土外壁吸附泥水而加大摩擦阻力;措施二是合理布设工具管端头网格,主要是为防止网格过密可能导致迎面阻力的加大,本工程网格采用φ28 mm钢筋加工,夹角30°等分方式布设(见图1)。同时通过调节出土体积与顶进体积间接减小迎面阻力。由于该段顶管处于地下水位以下,顶进过程形成自然浆套,所以该段不采取泥浆减阻措施。

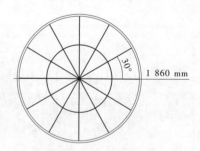

图1　工具管端头网格布设示意图

在无地下水段主要通过改变工具管型式和管壁摩擦系数减少顶进阻力。措施一为割除工具管端头的网格,采用人工开挖敞开式顶进,可大大减少了迎面阻力;措施二为加注触变泥浆,进一步减小了管壁摩擦系数。

另外,在顶进过程中轴向偏差也可能造成顶进阻力加大,且该段顶管约135 m处于地下水位以下的饱和土中,顶进过程容易产生轴向偏差,因此在顶进过程采用勤测量缓纠偏的方式减少迎面阻力,工具管长度为 2 m,可防止顶进轴向突偏。

2 顶力计算

结合本工程特性,顶进阻力由摩擦阻力、迎面阻力及下滑力三部分组成(见图 2),本次计算主要采用《给水排水管道工程施工及验收规范》(GB 50268—2008)中的公式(6.3.4)。

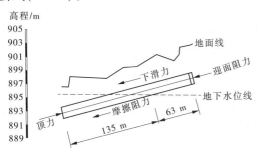

图 2 顶进阻力示意图

$$F_p = \pi D_o L f_k + \pi D_g^2 \alpha R/4 + W_i L \quad (L \leq 135 \text{ m 时})；$$
$$F_p = \pi D_o L f_k + \pi (D_g - t) t R + W_i L \quad (L > 135 \text{ m 时})$$

式中:F_p——顶进阻力,kN;

D_o——管道外径,m,取值 1.82;

D_g——工具管外径,m,取值 1.86;

L——顶进长度,m,未穿过地下水位线前最大取值 135,穿过地下水位线后最大取值 198,且应分段计算;

f_k——采用触变泥浆的管外壁单位面积平均摩擦阻力,kN/m^2,有地下水段取 3,无地下水段取 5;

α——网格截面参数(0.6 ~ 1),取值 0.8;

t——工具管刃脚厚度,m,取值 0.02;

R——挤压阻力,kN/m^2,取值 500(一般为 300 ~ 500);

W_i——每延米管道斜坡下滑力,kN,取值 0.75。

经计算:当顶进距离 $L \leq 135$ m 时,最大顶进阻力 $F_{p(\max)} = 2\,314 + 1\,086 + 101 = 3\,501$ kN;

当顶进距离 $L > 135$ m 时,最大顶进阻力 $F_{p(\max)} = (2\,314 + 1\,800) + 58 + 149 = 4\,321$ kN;

施工安全系数取 1.2,当顶进距离 $L = 135$ m 时,施设最大顶进阻力为 $1.2 \times 3\,501 = 4\,201$ kN,当顶进距离 $L = 198$ m 时,施设最大顶进阻力为 $1.2 \times 4\,321 = 5\,185$ kN。

本公式是在经验与理想状态下推导出来的,假设条件为顶进过程中没有发生较大轴向偏差,没有明显的土质变化,摩擦阻力及挤压阻力参数取经验最大值。在施工前还应充分考虑水文地质、管材类型、减阻措施及施工因素等对管道顶进过程中可能增加的附加作用力,为保证顶管顺利实施,施设时考虑了一定的安全系数。

3 施工过程

3.1 沉井

由于该顶管工程始端处于地下水位以下,工作井选用沉井形式。沉井为高 9 m,内径 8 m、壁厚 0.7 m 的钢筋混凝土结构。沉井下沉过程中严格控制倾斜偏差,一般不得大于沉井高度的 1/50;井内出土应从中间向刃脚对称均匀推进,下沉速度控制在 0.3 ~ 0.5 m/d。

3.2 顶进

该顶管工程工具管采用壁厚 2 mm 钢板制作,长度为 2 m,顶进设备采用 200 t 千斤顶 4 组,人工掘进,自制平车管内运输泥土,20 t 吊车安拆设备及出土。

前期准备工作是安装操作平台,主要工序包括:安装轴线确定后先安放后靠背,在导轨轴线方向调整好后再精调导轨的高程并支撑导轨至井壁上。为防止工具管进洞后低头,导轨安装完毕后需在预留洞口内安装副导轨,副导轨的轴线以及高程均要与主导轨保持一致,之后再在洞口安装止水装置以防止洞内漏水漏浆。

准备工作完成后工具管安装就位,此时对工具管的轴线及高程再次进行复测,其偏差不得超过 5 mm,然后拆除砖封门开始顶进。初始顶进阶段,方向主要是主顶油缸控制。因此,一方面要减慢主顶推进速度,另一方面要不断调整油缸编组和工具管纠偏。开始顶进前根据设计要求制订坡度计划,对每一米、每节管的位置、标高需事先计算,确保顶进方向正确,每顶进 30 cm 进行一次测量,每 3 m(单根管长)复测一次。为避免顶进时后靠背移位和变形,需对其定期进行复测并及时调整,顶进纠偏必须勤测量、多微调,纠偏角度应保持在 10′ ~ 20′,且不得大于 0.5°,并设置偏差警戒线,制定严格的放样复核制度,做好原始记录。

顶进过程根据土质塑性程度采用不同的出土方式。当端头处全部为软塑性土时,适当延迟出土时间,保持端头网格处于覆盖状态;当端头处部分为软塑性土时,可适当加快出土速度,可向管顶补水或人工辅助挖土,并在管顶少量注浆;当端头全部处于地下水位之上时割除网格,并采用人工开挖方式,同时加注触变泥浆。顶进过程严密监视加压泵站的压力值。实际顶进过程的最大顶力出现在水位线与管道的交叉点附近,证明通过采取敞开式顶进方式后有效地降低了迎面阻力,随后顶力经过突降并趋于缓慢平稳上升。

3.3　中继间

对于长距离一次顶进 JPCCP,中继间的设置数量直接影响工程造价及进度。一般情况下,当顶进阻力大于管材轴向允许最大顶力时需设置中继间。根据该工程顶力计算结果,施设最大顶进阻力为 5 185 kN,管材轴向允许最大顶力为 4 486 kN,理论上需要设置一个中继间。安置中继间的时间视顶力实测值而定,也就是在施工过程中通过监测加压泵站的压力值计算顶力值,然后对施设顶进阻力进行校核,最终确定是否设置中继间。

鉴于 JPCCP 结构设计时已经考虑了一定的安全系数,该工程确定安装中继间条件为管材轴向允许最大顶力 80%(3 589 kN)时。通过加压泵站压力实测值计算顶力值并综合分析(见图3):S - A 段,顶管端头完全处于地下水位以下,压力值平稳上升,最大顶力为 1 099 kN,不设置中继间;A - B 段,顶管端头部分处于地下水位以下,该段压力有波动但大致呈线性增加,最大顶力为 2 261 kN,小于安装中继间的设定值,不设置中继间;B - e 段,由于改变了工具管型式,改为人工开挖方式顶进,压力值突降后又以缓慢上升且呈线性分布,经计算后不需设置中继间。

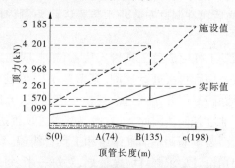

图3　顶力实测值与施设值对比图

3.4　接缝

JPCCP 接头型式同 PCCP,因此在顶管就位后进行第一次接头打压,在顶管施工全部完成后进行第二次接头打压,通水试验前进行第三次打压。为保证管道接头的密封性和耐久性,该段顶管最后采用聚硫密封胶对接缝进行了处理,并涂抹宽 40 cm 的聚脲涂层。

4　结论

(1)长距离顶管工程前期地质勘探对顶管的顶力计算、后靠背设计、减阻措施及施工工艺选择起决定性作用,因此在开工前应将地质勘探工作尽量做细。

(2)GB 50268—2008 顶进阻力计算公式在摩擦阻力参数选择上应充分结合施工技术水平及经验综合考虑,经验未涉及土质可通过对加压泵站压力监测综合测算并考虑一定的安全系数。

(3)在地下水位以下顶进时可形成自然浆套减阻,但需对顶管采取喷涂隔水涂层;在地下水位以上顶进时注浆减阻效果明显;采用人工开挖敞开式顶进方式虽然可以减小顶进阻力,但应该严格控制超挖现象,并预防动载影响。

(4)在地下水位以下顶进施工,工具管宜长不宜短(一般 2 m 为宜),一不易出现低头现象,二纠偏相对缓慢稳定,可以起到很好的导向作用。

(5)顶进测量经常化,后靠背也要定期复测,加压泵站压力值应勤观测并做好记录,压力突变应立即查找原因,确保顶进过程受控。

(6)中继间的设置与否应充分考虑顶力计算与顶进过程压力监测,一般情况下顶进阻力呈线性分布,通过顶进过程中有效的减阻措施、熟练的施工水平及压力观测记录对理论计算参数进行校核,可适当减少中继间数量,但也应考虑土质变化、外部动载及其他因素的影响。

(7)本工程顶进结束时,总顶力为 2 261 kN,为该类型地质摩擦阻力参数选择提供了参考。顶进距离 198 m(另有工具管 2 m),是目前山西省内一次顶进 JPCCP 的最长距离,为其他长距离一次顶进作业提供可行性经验。

[作者简介] 关志刚(1981—),男,2004 年毕业于山西农业大学水土保持与荒漠化防治专业,工程师。

本文刊登在《黑龙江水利科技》2016 年第 10 期(第 44 卷)

基于引水隧洞小断面长距离的施工通风技术

范鹏飞

(山西省水利水电工程建设监理有限公司,山西太原 030000)

[摘　要]在地下工程施工建设中,对于小断面长距离引水隧洞的施工通风作业,因其较高的技术要求与施工难度,一直是困扰各施工单位的重要作业难题。伴随工程技术的进步与施工设施的优化,施工单位也开始寻找行之有效的小断面长距离引水隧洞的施工通风技术,以解决相应的工程通风问题,提升整个隧洞工程的建设效率与安全。文章以某水电站引水工程为切入点,就施工通风技术的作业难点,以及具体的通风方案设计,做了细致的探讨研究,期望为各小断面长距离类型引水隧洞施工通风的有效实施,提供有益的参考和帮助。

[关键词]引水隧洞;小断面;长距离;施工通风技术

[中图分类号] TV52　　[文献标识码] B　　文章编号:1007 - 7596(2016)10 - 0082 - 03

0　引言

在地下工程施工建设中,对于小断面长距离引水隧洞的施工通风作业,因其较高的技术要求与施工难度,一直是困扰各施工单位的重要作业难题。伴随工程技术的进步与施工设施的优化,施工单位也开始寻找行之有效的小断面长距离引水隧洞的施工通风技术,以解决相应的工程通风问题,提升整个隧洞工程的建设效率与安全。因此本文以某一具体引水隧洞工程为示例,对其工程中隧洞施工通风技术的方案设计、实施方法与改进要点做逐一地阐述研究。

1　引水隧洞工程概况简介

某水电站计划在其工程领域兴建一引水工程,用以解决水电站日益严重的入库水量不足问题。引水工程中引水隧洞是至关重要的建设项目,本工程引水隧洞为典型小断面长距离型隧洞,隧洞全长 12 590 m,其中隧洞进口处的施工长度则占到了 2 092 m,引水隧洞工程共分为进口与出口两个标段,工程隧洞规格为 4.1 m×6.7 m,隧洞施工使用钻爆手段进行作业以开挖整个隧洞断面,牵引使用电瓶车,各设备材料的运输为有轨运输,运输设施的规格为 1.35 m×1.2 m,引水隧洞的施工通风设计为单面通风方式,因而通风排烟成为本工程的主要技术难题[1]。

2　小断面长距离施工通风技术的施工难点分析

对于小断面长距离型引水隧洞的施工通风难度,是各个类型引水隧洞施工中最大的,具体到本引水工程中,结合其工程情况,其引水隧洞的施工通风技术难点主要在于:

1)整个隧洞断面受其尺寸较小的限制,使得工程从设计规划到实际挖掘施工,其作业空间都受到局限,特别是隧洞牵引所需的电瓶车与运输所需的设施占据了大部分的隧洞空间,从而限制了通风设备的尺寸,进而影响到整个引水隧洞的施工通风量与通风效果。

2)本引水隧洞采用的施工通风设计为单面通风方式,但因其隧洞距离较长,相应的隧洞挖掘速度也更为严格,这就需要施工通风作业在较短时间内顺利完成。其相对较短的作业时间对施工通风技术提出了更高的要求和挑战[2]。

3　引水隧洞小断面长距离施工通风技术实施应用

3.1　引水隧洞通风技术施工要点

1)风机是引水隧洞施工通风作业的重要设施,应首先测算隧洞本身的通风量,将本引水隧洞压入式的通风方式作为重要参考因素,同时依据工程供风风压的具体规格,施工掘进距离较长的工程条件和相应的炮烟稀释作业,选取出符合本引水隧洞施工通风需求和条件的风机。

2)通过本工程隧洞的实际条件与施工通风技术难点分析，具体的通风作业应采取分段式、阶段化的施工方式，施工工序可细分为洞口—泄水洞、泄水洞—下一标段交汇处等阶段做单独施工，并且各个路段的施工通风作业采取不同的施工方案[3]。

3)因引水隧洞本身通风方式为压入式，因此对各个阶段的施工通风技术，均应采用管道压入式通风法，而对于部分条件允许的施工路段，还可加设局扇来提升通风效果。

4)风筒在规格超出 2 000 m 的情形下，单一台风机较难达到隧洞施工的通风需求，因此施工单位应使用多台风机做串联工作，以满足工程隧洞施工的通风效果，解决相应的通风问题。

3.2 具体工程施工通风技术方案的实施应用

3.2.1 施工通风第一阶段

此阶段是从隧洞进口位置到泄水洞共 350 m 的路段，以及长度在 425 m 的泄水洞路段，在考量引水隧洞本身条件与工程施工需求后，最终选取 YBT52－2 轴流防爆式局扇风机作为通风器具，其局扇风机的具体规格参数如表 1 所示。

表 1　YBT52—2 轴流防爆式局扇风机参数规格表

局扇风机性能	具体参数规格
功率	2×5.5 kW·h
设计通风量	$145 \sim 225$ m³/min
设计全风压	$500 \sim 2\ 400$ Pa

同时使用扩径的方式对其风筒做针对性改进，即将原本直径为 400 mm 的风筒扩展为 500 mm 直径，并把原为 10 m 的单节长度也扩展到 30 m，风筒接头的形式也由插接式改换为钢圈式。

该阶段通风作业于工作面周边设置两台风机，由通风机向引水隧洞内部压风，并由另一台风机往外抽风，抽风管与压风管之间管口的间距应至少保持 10 m。而抽风机应随引水隧洞的掘进朝前移动，压风机也应在隧洞每掘进 100 m 时移动一次，实现引水隧洞施工在爆破后 20～30 min 内将炮烟清除干净的目的。

对引水隧洞内部空间的利用问题上，则进行重新划分配置，以最大限度利用有限的施工空间。比如对隧洞运输轨道，改造其更偏向无通风面的一侧约 50 cm，以节省出更多的作业空间；或是对工程所用电瓶车进行改进，如把其高度降低，令电瓶车在通行时能沿引水隧洞的一侧行进，施工单位就能沿工程隧洞的另一侧设置通风筒，尽可能为扩充直径后的风筒提供可

利用的施工空间[4]。

工程实践表明，经过改进的引水隧洞施工通风效果得到显著提升，同时排烟所需时间也由原来的 120 min 缩短到 30 min，工程施工效率提高。

3.2.2 施工通风第二阶段

此阶段的通风方案实施依然使用前一阶段的器械设施，但基于两路段具体位置条件的不同，经比对试验，证明局扇风机能应用的隧洞长度仅有约 1 100 m。局扇风机无法适用于第二阶段全程路段的主要原因：

1)引水隧洞进风口与洞口位置之间的距离过近，使隧洞基本的进风量受到限制。

2)设施的老化问题严重，并且在吊环脚等部位还有着各类破损现象，进而造成引水隧洞严重的漏风率，令施工通风效果大打折扣[5]。

因此为确保 YBT52—2 轴流防爆式局扇风机，能在整个 2 092 m 长度的第 2 阶段隧洞中发挥其通风效用，需将工程通风系统改换为串联式风机，同时将隧洞风筒替换为新型增强 PVC 维纶布拉链式风筒，以解决风筒老化、破损等问题。

为有效保障施工作业安全与施工人员的生命健康，引水隧洞施工通风进程中的除尘工作也是至关重要的环节，在小断面长距离引水隧洞施工进程中，粉尘产生大多来自于爆破或运输作业，因此施工人员可从运输、施工、挖掘等环节入手，进行相应的通风除尘作业：

1)要对引水隧洞通风量进行计算，根据测算结果来选取适合本引水隧洞施工通风的风机风筒。

2)将水幕与通风作业结合，通过布置水幕来提升隧洞的除尘效果[6]。

实际掘进作业中，隧洞挖掘长度在 500 m 以内时，爆破后的通风时间一般仅需 10～20 min，随着隧洞挖掘深度的增加，相应的通风时间也会递增，在深度超出 1 000 m 时，爆破工作后一般需进行 30～40 min 的通风作业，方能开展下阶段的施工。此阶段通风步骤分 2 步进行：

1)于爆破作业后，启动工作面周边的抽、压风机，依靠压风机将空气送入，迫使工作面的炮烟向外部扩散到抽风口，在被吸入风筒后排出隧洞。

2)等待爆破炮烟完全排出后，关闭工作面周边的风机，启动串联式风机压送新鲜空气，实现该阶段引水隧洞的良好施工通风条件。

在引水隧洞掘进至 1 100 m 位置时，停止施工并分别在通风 40～50 min 后，运用检测仪器对通风后隧洞内的粉尘与有害气体浓度做测量，一旦发现所测粉尘与有害气体的浓度值高于安全标准值时，不可继续

进行施工作业,而应持续做隧洞通风,只有在所测粉尘与有害气体的浓度值达到安全浓度标准值后,方可允许施工人员入洞做后续的施工操作。

但压入式通风法的固有缺陷就是污风是沿着整个引水巷道来排出的,所需的排出时间较长,难以满足降低通风时间的需求,对此在进行最后 700 m 引水隧洞路段挖掘进程中,可应用水幕方法在较短时间内消减因爆破所产生的粉尘与有害气体的浓度,进而减少该隧洞路段所需的施工通风时间,保证引水隧洞能按期完工。

4　结语

通风技术的应用在具体的工程环境与施工要求中,存在着一定的作业难度,需要对隧洞实际通风情况做实时观测,依照所获取的信息数据来及时改进、优化施工通风方案,提升通风作业的成效。引水隧洞通风的成效,其决定性因素是通风系统的设计效果,应依照各工程情况的差异,借助于科学的理论指导进行设计,为具体的施工通风作业提供体系支持。

通风设施与器材的质量、性能高低将直接决定引水隧洞的实际通风效果,因此施工单位应及时了解、掌握各通风设施器材的市场情况,选取高性能、低价格的设施来满足隧洞施工需求,同时有效降低施工单位的作业成本。

参考文献

[1] 李志林.引水隧洞长距离通风技术[J].中国水运(下半月),2010(05):179-180.

[2] 王智.小断面长距离引水隧洞施工技术应用分析[J].中国高新技术企业,2016(02):126-127.

[3] 刘春.长距离小断面引水隧洞施工通风技术[J].甘肃农业,2014(09):52,60.

[4] 王强.水电站引水隧洞小断面长距离施工的通风技术[J].科技资讯,2012(23):124.

[5] 肖东旭,何辉建.小断面长距离引水隧洞施工技术应用分析[J].水利科技与经济,2015(01):104-105.

[6] 孙宏莉,张文涛,周阳.小断面长距离引水隧洞施工通风技术[J].内江科技,2012(03):112,123.

[作者简介] 范鹏飞(1987—),男,山西太原人,工程师。

本文刊登在《甘肃水利水电技术》2016年2月第52卷第2期

帷幕灌浆在坪底供水枢纽工程中的应用

郭仲敏

（山西省水利水电工程建设监理有限公司，山西太原 030002）

[摘　要]在水库工程中，帷幕灌浆是解决坝基渗漏问题的主要措施。以坪底水库混凝土重力坝工程建设为实例，介绍了坪底水库坝基帷幕灌浆试验，分析了灌浆试验效果并确定了施工参数，列举了施工中对特殊情况的处理，通过钻孔压水试验验证了灌浆效果。

[关键词]坪底水库；灌浆试验；特殊情况；质量检测

[中图分类号]TV698.23；TV543.5　　[文献标识码] B　　文章编号：2095-0144(2016)02-0058-04

1　工程概况

1.1　取水枢纽概况

坪底供水工程地处石楼县境内，由取水枢纽、供水管道和调蓄水池三部分组成。其中坪底取水枢纽为混凝土重力坝，坝顶高程839.5 m，最大坝高37.5 m，坝顶长134.1 m。大坝共分8个坝段，从右至左分别为：1号右（挡水）坝段，2、3、4号（溢流）坝段，5、6号（底孔冲沙）坝段，7、8号左（挡水）坝段。

1.2　坝址工程地质

坪底水库坝址位于石楼县裴沟乡坪底村下游约500 m的屈产河上，坝址出露岩基主要为中生界三迭系中统二马营组（T2er）砂岩、泥页岩和新生界第四系（Q）松散堆积。据二马营组的（T2er）的岩性及工程地质特性，将岩层自下而上分为三个岩组，即 T2er-1～T2er-3。

大坝建基面以下上部为二马营组第三岩组（T2er-3），岩性主要为暗灰绿色中厚、中薄层长石石英砂岩夹暗紫红色粉砂质泥岩、泥岩，厚10～20 m。砂岩岩性坚硬，受风化荷载影响，节理裂缝发育并具有一定张开，据钻孔压水试验，其透水率为9～30.5 Lu，具弱-中等透水性，为透水层位。下部为二马营组第二岩组（T2er-2），岩性为暗紫红色薄-中厚层泥岩，厚10～15 m，据钻孔压水试验，其透水率为3.2～6.6 Lu，具弱透水性，为相对隔水层。水库蓄水后坝基第三岩组存在坝基渗漏问题，渗漏估算值为242 m³/d。

左、右坝肩受风化卸载作用，节理裂缝较发育并具有一定张开，为坝肩绕坝渗流通道，存在绕坝渗漏问题。水库正常蓄水时，左、右坝肩绕坝渗漏估算值分别为251 m³/d、286 m³/d。

因此，设计要求对坝基及左、右岸坝肩进行帷幕灌浆防渗处理。

1.3　帷幕灌浆设计

帷幕灌浆孔为单排孔，孔中心距坝轴线下游1 m，灌浆孔距2 m，分三序按分序加密原则进行灌浆。帷幕灌浆底线深入二马营组第二岩组（T2er-2）以下不少于3 m，帷幕底线高程786.5～792.3 m。灌浆采用42.5普通硅酸盐纯水泥浆液。灌浆采用自上而下的分段灌浆法，灌浆段长度宜采用5～7 m，特殊情况下可适当缩减或加长，但不得大于10 m。灌浆压力初始值为0.7 MPa，灌浆标准为幕体内透水率 $q<3$ Lu。

2　帷幕灌浆试验

为了认证灌浆方法在技术上的可行性、施工效果的可靠性和经济上的合理性，验证设计灌浆技术参数的适用性，确定合理的施工方法、施工程序和施工参数，制定适宜的灌浆质量检查方法，在正式灌浆施工前进行灌浆试验。

2.1　帷幕灌浆试验的条件

大坝基础开挖完成后，首先浇筑垫层混凝土至805.5 m高程，垫层混凝土厚度最大为3.5 m，大部分为1.5 m；然后进行坝基固结灌浆，固结灌浆验收合格后选择适宜地段进行帷幕灌浆试验。

2.2　试验地段的选定和布孔

（1）试验地段的选定。

根据坝址地质情况，参建各方共同确定在大坝

(0 +088.45 ~0 +096.45)进行帷幕灌浆试验,相应的帷幕灌浆孔为60#~64#孔共5个孔。

(2)孔位布置。

帷幕灌浆试验孔布置见图1。

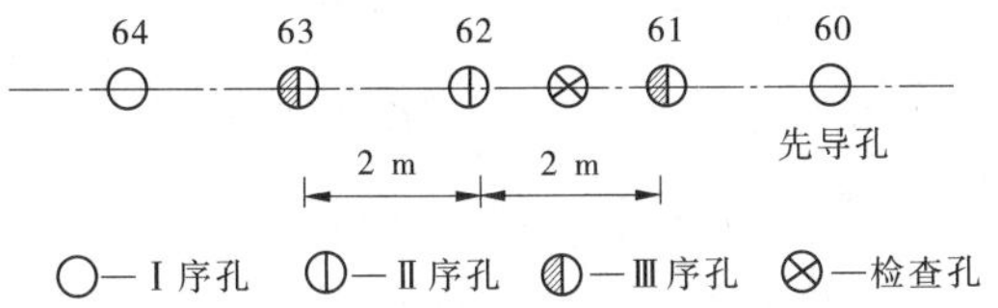

64   63   62   61   60

|← 2 m →|← 2 m →|

先导孔

○—Ⅰ序孔 ⊖—Ⅱ序孔 ◐—Ⅲ序孔 ⊗—检查孔

图1 帷幕灌浆试验孔位布置示意图

(3)分段。

灌浆孔分段原则:垫层混凝土和基岩的接触段在岩体中的长度不得大于2 m,其他各段长度为5~7 m,最长不超过10 m。各试验孔孔深及分段情况见表1。

表1 试验孔孔深及分段 （单位:m）

孔号		60#	61#	62#	63#	64#
分段长度	垫层混凝土	1.5	1.5	1.5	1.5	1.5
	第1段	2	2	2	2	2
	第2段	3	3	3	3	3
	第3段	5	5	5	5	5
	第4段	5.17	6.26	6.35	6.43	6.52
孔深		16.67	17.76	17.85	17.93	18.02

2.3 灌浆试验工艺

自上而下分段灌浆法施工工艺流程:抬动观测孔施工→先导孔施工→Ⅰ序孔施工→Ⅱ序孔施工→Ⅲ序孔施工→检查孔施工。

2.4 帷幕灌浆施工

(1)钻孔。

①帷幕灌浆试验孔根据设计图纸进行测量确定,孔位偏差按不大于10 cm控制。

②钻孔采用240型回转式地质钻机,钻头选用(φ75 mm的金刚石钻头。

③先导孔、检查孔按灌浆分段深度分段钻进并全部取岩芯,检查灌浆后水泥结石情况;岩芯需按顺序编号装箱,并绘制钻孔柱状图和进行岩芯描述。

④钻孔时进行孔斜测量。本工程设计钻孔为垂直孔,孔底的允许偏差执行《水工建筑物水泥灌浆施工技术规范》DL/T 5148—2012的规定。

钻孔全部采用清水钻进。为控制孔斜偏差,重点控制孔深在20 m以内的偏差,主要措施是:钻机安装要平稳,横立轴要严格用水平校对,做到三点一线;钻孔前20 m要轻压慢速;钻具总长度应大于4 m;发现孔斜超过允许偏差及时纠正或采取补救措施。

⑤钻孔作业暂时中断时,对孔口进行妥善保护。

(2)洗孔。

灌浆孔采用φ50 mm钻杆送入大流量水流,从孔底向孔外冲洗,孔底沉积厚度不大于20 cm。

在简易压水前采用循环式压水装置进行裂隙冲洗,冲洗压力采用灌浆压力的80%,并不大于1 MPa。冲洗时间至回水清净时为止,并不大于20 min。

(3)简易压水试验。

每段裂隙冲洗后进行该段的简易压水试验,试验压力为灌浆压力的80%,并不大于1 MPa,压水时间20 min,每5 min测读一次压入流量,取最后的流量值做为计算流量,计算出灌浆前的岩基透水率。

(4)制浆。

灌浆设备包括3SNS灌浆泵、340L的YJ-340双层水泥浆搅拌桶、FEC-GJ3000灌浆记录仪、能承受10 MPa的钢丝编织胶管及软管、压力表及压力传感器、流量计及压力传感器。水泥采用山西华润福龙水泥有限公司产普通硅酸盐P.O 42.5水泥。

按照现场悬挂的水灰比、比重、水泥重量对应表进行水泥浆液配制,人工往搅拌桶倒水泥,水泵抽水,按搅拌桶上标示的刻度控制水量。双桶搅拌机搅拌制浆,搅拌时间控制在3 min以上,浆液制好后在4 h内用完。

(5)灌浆。

灌浆方式采用自上而下分段循环式灌浆法,射浆管出口距孔底不大于50 cm,灌浆塞阻塞在各灌浆段顶以上0.5 m处,压力表安装在孔口回浆管路上。

根据设计要求,结合以往类似灌浆实例,拟定了各段灌浆试验压力值(见表2)。

表2 帷幕灌浆各段灌浆压力值

灌浆段次	段长(m)	灌浆压力(MPa)		
		Ⅰ序孔	Ⅱ序孔	Ⅲ序孔
1	2	0.7	0.7	0.7
2	3	1.0	1.0	1.0
3	5	1.5	1.5	1.5
4	5~7	2.0	2.0	2.0

水泥浆液水灰比采用5、3、2、1、0.8、0.5等6个比级,浆液浓度由稀到浓,逐级变换,浆液变换原则和灌注结束标准按相关规范执行。

垫层混凝土和基岩的接触段(第1段)灌注完成后,镶铸孔口管待凝24 h以上后,再进行第2段的施工。

全孔灌浆结束后,使用水灰比为0.5的浆液置换孔内稀浆,及时用环氧树脂封孔。

2.5 灌浆试验效果分析

（1）灌浆前后岩基透水率分析。

灌浆前共对一序孔进行简易压水试验8段次,平均透水率24.3 Lu;对二序孔进行简易压水试验4段次,平均透水率为20.05 Lu;对三序孔进行简易压水试验8段次,平均透水率为13.14 Lu。以上数据说明,该段基础在灌浆前透水率很大;完成上序孔施工后,后序孔的透水率有不同程度的降低。

帷幕灌浆试验结束14 d后,用单点法自上而下分4段钻孔压水进行了灌浆效果检查,平均透水率值为0.71 Lu,与灌浆前的透水率相比,岩基透水率减小明显,并满足小于3 Lu的设计要求。

（2）水泥注入量分析。

帷幕灌浆试验共对一序孔灌浆8段次,水泥平均注入量403 kg/m;对二序孔灌浆4段次,水泥平均注入量234 kg/m;对三序孔灌浆8段次,水泥平均注入量为92 kg/m,水泥单位注入人量符合帷幕灌浆一般规律。

（3）试验结论。

对以上数据的分析表明,通过采用灌浆试验确定的施工方法、施工工艺和参数进行灌浆,灌浆效果能够满足设计要求;经抬动监测仪观测,灌浆时对规基混凝土影响较小,说明试验方案适用于坪底水库大坝帷幕灌浆。因此,在后续施工中,灌浆孔按以下原则分段:垫层混凝土和基岩的接触段在岩体中的长度为2 m,第2段为3 m,其他各段长度为5～7 m,最长不超过10 m。各灌浆段灌浆压力采用表2值;灌浆孔孔距采用2 m;分三序按分序加密原则进行;水泥浆液水灰比采用5、3、2、1、0.8、0.5等6个比级。

3 帷幕灌浆施工

3.1 设计变更

根据设计要求,需要在大项0-030.0～0+164.0段进行帷幕灌浆。帷幕灌浆试验完成后,首先在垫层混凝土（805.5 m高程）上进行了基础段（0+023.8～0+103.55）的帷幕灌浆,大坝混凝土浇筑至坝顶设计高程839.5 m后,进行了0-030.0～0+023.8、0+103.55～0+164.0段的帷幕灌浆施工。

施工中发生了两个一般设计变更:一是由于民房对灌浆施工的影响,施工中对原设计的1#～6#孔位进行了调整,并增加1孔（图2）;二是原设计在大项左岸0+134.1～0+164.0设灌浆廊道,灌浆廊道底高程为坝顶高程。现场查看后优化了施工方案,改为沿山坡修筑平台灌浆,虽然增加了灌浆孔钻孔深度,但减少了

灌浆廊道的施工,总体上节约了工期和费用。

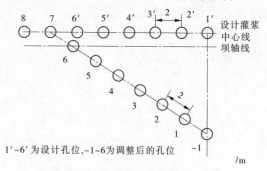

1′～6′为设计孔位,-1～6为调整后的孔位

图2 帷幕灌浆孔位调整图

3.2 施工情况

根据试验确定的各项参数进行了帷幕灌浆施工,并针对一些特殊情况采取了相应的处理措施。

（1）坪底水库帷幕灌浆共完成99孔,其中先导孔10个,试验孔5个。

（2）特殊情况及现场处理结果。

80#-7孔段、92#-6孔段注入量大而难以结束灌浆,采取了浓浆、间歇灌注的处理方法,取得了较好的效果,使灌浆施工正常结束。

78#个别孔段存在返浆现象,采取延长屏浆时间、闭浆、待凝等措施进行处理,返浆得到控制,处理效果较好,灌浆正常结束。

（3）单位注灰量。

经统计各次序孔单位注灰量并绘制单位注灰量累计频率曲线可知,各次序孔单位注灰量符合一般规律（见图3）。

4 帷幕灌浆质量检查

帷幕灌浆采用钻孔压水试验检查,共进行了10孔62段压水试验,透水率0.34～0.99 Lu,满足小于3 Lu的设计要求（见表3）。

5 结语

坪底水库在1.5 m垫层混凝土浇筑完成后进行了固结灌浆,之后利用1月和2月混凝土浇筑间歇时间进行了坝基段帷幕灌浆,而没有在坝体廊道内进行帷幕灌浆,减少了施工干扰;进行左坝肩帷幕灌浆时,取消了29.9 m的灌浆廊道,采用在山坡修筑平台灌浆的方法,加快了施工进度,节约了工程投资。说明施工组织和设计变更合理。

经钻孔压水试验,灌浆效果明显并满足设计要求,说明帷幕灌浆各项指标设计合理,帷幕灌浆达到了预期的效果。

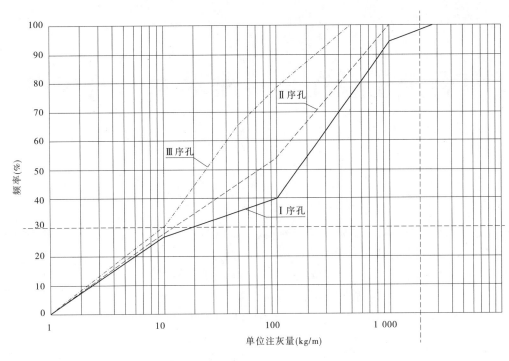

图3　坪底水库帷幕灌浆单位注灰量累计频率曲线图

表3　坪底水库帷幕灌浆钻孔压水试验结果统计

试验段	孔号									
	1	2	3	4	5	6	7	8	9	10
1	0.71	0.71	0.79	0.82	0.62	0.71	0.71	0.71	0.71	0.45
2	0.85	0.75	0.76	0.83	0.73	0.68	0.62	0.99	0.68	0.86
3	0.62	0.54	0.63	0.48	0.55	0.48	0.75	0.64	0.73	0.68
4	0.80	0.76	0.50	0.84	0.61	0.47	0.77	0.64	0.79	0.78
5	0.47	0.60	0.50	—	—	—	—	0.37	0.56	0.69
6	0.79	0.45	—	—	—	—	—	0.42	0.77	0.80
7	0.49	0.42	—	—	—	—	—	0.54	0.34	0.64
8	0.67	0.68	—	—	—	—	—	—	0.64	0.52
9	—	—	—	—	—	—	—	—	0.52	0.68
均值	0.68	0.61	0.64	0.74	0.63	0.59	0.71	0.54	0.64	0.68

[作者简介] 郭仲敏(1971—),男,山西临汾人,工程师,主要从事水利水电工程建设监理,E-mail:676710454@qq.com。

本文刊登在《山西水利》2015年第8期

复合土工膜在金沙滩水库中的应用

李 贤

（山西省水利水电工程建设监理有限公司，山西太原 030002）

[摘 要]复合土工膜作为一种良好的防渗材料，被广泛应用于水库、堤防、引水隧洞等工程。近几年来，山西省引黄工程采用复合土工膜作为平原围封水库的防渗体，取得了良好的防渗效果。结合金沙滩水库防渗工程的施工情况，对复合土工膜的施工质量控制进行了探讨。

[关键词]复合土工膜；库区防渗；质量控制；金沙滩水库

[中图分类号] TV523　　[文献标识码] C　　文章编号：1004-7042(2015)08-0042-02

0 前言

复合土工膜是以聚氯乙烯（PVC）、聚乙烯（PE）、乙烯/醋酸乙烯共聚物（EVA）作为防渗基材，与无纺布复合而成的土工防渗材料，具有比重较小、延伸性较强、适应变形能力高、耐腐蚀、耐低温、耐老化等特点。复合土工膜外层的无纺布不仅增大了其抗拉强度和抗穿刺能力，而且由于无纺布表面粗糙，增大了接触面的摩擦系数，有利于复合土工膜及保护层的稳定。目前，复合土工膜被广泛用于各类防渗工程中。

1 工程概况

金沙滩水库是山西省引黄北干线上的一座调节水库，库型为半挖半填平原围封水库。水库正常蓄水位 1 114.89 m，死水位 1 103.00 m。主要建筑物有大坝、进出水系统、放空埋涵等。工程采用整体铺盖复合土工膜并加覆盖层的方式对库区及坝坡进行防渗。工程选用的复合土工膜结构为两布一膜，规格为850 g/m²，覆盖层（纯净黄土）厚度900 mm。

该工程选用的土工膜为聚乙烯涤纶长丝防粘针刺非织造布复合土工膜，膜厚0.5 mm，单位面积质量不小于850 g/m²；反滤土工布为涤纶长丝防粘针刺非织造布（白色），厚度不小于2.2 mm，单位面积质量为300 g/m²。

2 施工准备阶段质量控制

2.1 生产性试验

防渗工程开工前，要求承包人在选定的区域进行与实际施工条件相仿的各项生产性试验，最终确定如下施工工艺和施工参数：采用 TH-501 型双轨热熔焊机焊接，双轨热熔焊机不能到达的部位采用 DSH-D09 型热熔焊枪焊接。外界温度在 5~15 ℃ 范围内，焊接温度可采用 300~400 ℃，焊机行走速度3~6 档；外界温度在 15~25 ℃ 范围内，焊接温度可采用 300~350 ℃，焊机行走速度3~4 档；外界温度在 25~35 ℃ 范围内，焊接温度可采用 250~300 ℃，焊机行走速度 1.5~3 档；在坝坡弯弧、库区转角等异形部位采用膜布分离的方式与复合膜进行拼接，施工过程中可适当采用"高温快速"的施工工艺，但仅限于整条焊缝不过沟槽的情况；在破损、焊缝取样等特殊部位采用 PE 胶黏结的方法进行修补；T 形焊缝补强可根据实际情况，采用热风焊枪焊接和 PE 胶黏接方法修补。

2.2 开工前准备工作

第一，查验进场材料合格证书及出厂检验报告等，验收合格后方能入库，并做好验收记录。对施工过程中所用的原材料按规定及时进行抽查、取样试验，确保材料合格。第二，督促承包人在施工前对机手进行培训、试焊，每个机手固定焊机，熟悉焊机的原理、操作注意事项。第三，每班焊接作业前进行小样试焊，以保证焊接质量，减少修补次数。

3 施工阶段质量控制

3.1 土工膜铺设

首先确保基础面平整。由于土工膜在受压时，易被锐物所顶破；底部有凹坑时，有可能在承受上层覆土及水压作用下被鼓破。尤其是在施工过程中，不可避免地要在膜上行走、作业,如果膜下有石子等硬物,会把膜刺破。因此,土工膜铺设前一定要检查基础面有无尖石、垃圾及凹坑,确保基础面平整。

其次进行编号。每块土工膜均要求进行编号,并标记在分区、分块施工点上,以便随时查找、检验。每个修补点按顺序编号,并标记在施工点上。

第三要保留一定的伸缩量。大坝在施工及运行阶段会产生一定的沉降变形,若不在铺设中留有余量,有可能在坝体沉降过程中将土工膜撕裂。因此,在坝坡复合土工膜的铺设中,要注意张弛适度,采用波浪形松弛方式,富余度约为 1.5%,以适应变形,避免应力集中。

最后土工膜铺设后,尽量避免在膜面上行走、搬运工具等,以免对其造成损伤。

3.2　土工膜焊接

第一,试焊。由于焊工的熟练程度以及焊接当天的温度、湿度对土工膜的焊接质量影响很大,每班焊接作业前进行小样试焊,试焊长度为 1 m,当焊机达到稳定状态后再进行整体焊接。

第二,焊接前检查。检查土工膜接缝处下面的垫层是否平整、有无折皱,以确保热熔焊机行走均匀。

第三,焊接。焊接过程由旁站监理全程监督,随时观察焊接机的运行情况,必要时根据现场状况对行走速度和压力进行微调,以保证焊接质量。

4　施工后质量控制

4.1　焊缝检测

复合土工膜焊接质量关系到防渗效果,本工程采用的主要检测方法为目测法和仪器检漏法。目测法主要是观察焊缝有无漏焊、破损、褶皱及拼接是否均匀等。仪器检漏法由于焊缝不同,检测方法也不尽相同,双焊缝采用充气法进行正压检测。本工程中取焊缝长度 30 m 左右,封住测试缝两端,充气压力达到 0.2 MPa,保持 5 min 后,压力无明显下降(压力下降至小于 0.15 MPa)时为合格焊缝,反之为不合格焊缝;单焊缝采用真空法进行负压检测;复杂部位采用电火花检漏仪进行电火花检漏试验。

4.2　成品保护

为避免土工膜受晒变质,铺设完成后及时(48 h 内)进行覆盖,不能及时覆盖的工作面,用彩条布覆盖。施工过程中采用焊接一块、验收一块、覆盖一块的方法,随铺设随覆盖,保证铺好的土工膜不被氧化变质。同时由于工程区常年有风,必须准备充足土袋,压住施工后的土工膜周边。

5　质量控制效果

本工程平行检测土工布 3 组,复合土工膜 11 组,土工膜焊缝 15 组;跟踪检测土工布 4 组,复合土工膜 7 组,土工膜焊缝 19 组。所有检测项目全部合格。

由于在施工过程中严格按照土工膜防渗技术规范以及合同要求进行了质量控制,经评定,金沙滩水库防渗工程的 92 个单元工程中 83 个达到优良标准,优良率 90.2%。在水库运行中坝基预埋的渗压计以及坝体内测压管的长期观测数据显示,金沙滩水库防渗情况满足设计要求,取得了预期的防渗效果。

[作者简介] 李贤(1986—),男,2009 年毕业于河北农业大学水利水电工程专业,助理工程师。

本文刊登在《山西水利科技》2015年5月第2期(总第196期)

固结灌浆在坪底供水枢纽工程中的应用

郭仲敏

（山西省水利水电工程建设监理有限公司,山西太原 030002）

[摘 要]以坪底水库混凝土重力坝工程建设为实例,介绍了该水库坝基有盖重条件下的固结灌浆试验,分析了灌浆试验效果并确定了施工参数;列举了施工中对特殊情况的处理;通过钻孔压水试验和钻孔超声波检测验证了灌浆效果。

[关键词]坪底水库;灌浆试验;特殊情况;质量检测

[中图分类号] TV543　　　[文献标识码] B　　　文章编号:1006－8139(2015)02－028－03

1 工程概况

1.1 工程概况

石楼县坪底供水工程地处石楼县境内,由取水枢纽、供水管道和调蓄水池三部分组成。其中坪底取水枢纽为混凝土重力坝,坝顶高程839.5 m,最大坝高37.5 m,坝顶长134.1 m。大坝共分8个坝段,从右至左分别为:1号右(挡水)坝段,2、3、4号(溢流)坝段,5、6号(底孔冲沙)坝段,7、8号左(挡水)坝段。

1.2 坝址工程地质

坪底水库坝址位于石楼县裴沟乡坪底村下游的屈产河上,坝址区发育Ⅰ级、Ⅱ级、Ⅲ级3级阶地。坝址出露岩基主要为中生界三迭系二马营组陆相碎屑岩和第四系松散堆积物。坝址区断裂构造不发育,未发现断层,主要为单斜岩层。岩体内主要发育两组节理裂隙。

1.3 固结灌浆设计

为提高坝基岩体的整体性,坝下基础全部进行固结灌浆,灌浆具体范围为2号至6号坝段(0+023.8～0+103.55),灌浆深度为入岩5 m,排距2.0 m,孔距4 m,梅花形布设。固结灌浆后,设计要求透水率小于5 Lu,平均波速提高23%以上。为了减小坝基渗漏,降低扬压力,在坝基上游侧设计单排帷幕灌浆。

2 固结灌浆试验

2.1 灌浆试验孔地段的选择和试验孔的布置

在完成高程805.5 m基础混凝土浇筑7天后,参建单位共同确定在大坝左坝肩(0+084.45～0+

098.45)进行固结灌浆试验。试验孔共18个,其中一序孔12个,二序孔4个,三序孔2个。固结灌浆试验孔布置如图1所示。

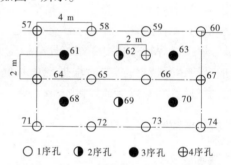

图1 坪底水库坝基固结灌浆试验孔布置图

2.2 固结灌浆压力的初步选定

根据设计单位推荐的灌浆压力(0.4～0.7 MPa),结合施工方经验,固结灌浆试验压力暂定为0.4 MPa。

2.3 固结灌浆试验施工

2.3.1 固结灌浆施工工艺流程

固结灌浆试验采用栓塞封闭全孔一次注浆法。施工程序如下:

钻孔定位—造孔—洗孔—简易压水—灌浆—封孔。

2.3.2 固结灌浆施工

钻孔采用 KG910A 型潜孔钻机,灌浆孔孔径75 mm,孔深为入基岩5 m,开孔孔位与设计孔位偏差不大于10 cm,孔底偏差值不大于1/40孔深。

钻孔结束后,用3SNS灌浆泵压力水对裂隙冲洗,冲洗时间至回水清净止,冲洗压力0.3 MPa。

简易压水试验的压力为0.3 MPa,压水20 min,每5 min测读一次压水流量,取最后的流量值作为计算流量,计算出灌浆前的岩基透水率。

灌浆设备包括3SNS灌浆泵、340 L双层水泥搅拌桶、能承受10 MPa的钢丝编织胶管及软管、压力表及压力传感器、流量计及压力传感器。水泥采用山西华润福龙水泥有限公司产普通硅酸盐P.O 42.5水泥。

按照现场悬挂的水灰比、比重、水泥重量对应表进行水泥浆液配制,人工往搅拌桶倒水泥,水泵抽水,按搅拌桶上标示的刻度控制水量。双桶搅拌机搅拌制浆,搅拌时间控制在3 min以上,浆液制好后在4 h内用完。

灌浆时,先灌注下游排,再灌注上游排,排内分三序施工,单孔全孔一次性灌注,孔口用橡胶球封闭。水灰比采用2、1、0.8、0.5四个比级,开灌浆液水灰比选2。

浆液的变换原则和灌浆结束标准执行DL/T 5144—2012有关规定。

2.4　灌浆试验效果分析

2.4.1　灌浆前后岩基透水率分析

灌浆前共对一序孔进行简易压水试验12段次,其中岩基透水率在10~20 Lu的有2段,在20~50 Lu的有4段,平均透水率22.39 Lu。有6段在压力为零的情况下压水流量大于45 L/min,说明该6段透水率很大。共对二序孔进行简易压水试验4段次,其中岩基透水率在5~10 Lu的有1段,在20~50 Lu的有3段,平均透水率为21.45 Lu;共对三序孔进行压水试验2段次,岩基透水率均小于10 Lu,平均透水率为8.34 Lu。以上数据说明,该段基础在灌浆前透水率很大;完成上序孔施工后,下序孔的透水率有不同程度的降低。

固结灌浆试验结束7天后,用单点法钻孔压水试验对试验区段进行了效果检查,岩基透水率值为3.10 Lu,与灌浆前的透水率相比,岩基透水率减小明显,满足小于5 Lu的设计要求。

2.4.2　水泥注入量分析

固结灌浆试验共对一序孔灌浆12段次,水泥平均注入量177.88 kg/m;二序孔灌浆4段次,水泥平均注入量49.7 kg/m;三序孔灌浆2段次,水泥平均注入量为9.24 kg/m,水泥单位注入量符合固结灌浆一般规律。

2.4.3　试验结论

通过对以上数据的分析表明,栓塞封闭全孔一次注浆法适用于坪底水库大坝固结灌浆,灌浆效果能够满足设计要求。因此,在后续施工中,灌浆压力采用0.4 MPa;灌浆孔孔距采用4 m;排距采用2 m;采用KG910A型潜孔钻机、3SNS型灌浆泵、赛智FEC-

GJ3000型灌浆自动记录仪;采用山西华润福龙水泥有限公司生产的普通硅酸盐P.O 42.5水泥。

3　施工中特殊情况的处理

根据试验确定的各项参数进行了大坝基础固结灌浆施工,并针对一些特殊情况采取了相应的处理措施。

(1)坪底水库坝基固结灌浆总孔数368个,其中基本孔共350孔,试验孔18个。灌浆时,盖重混凝土最大厚度2.5 m,最小厚度1.5 m。

(2)串孔的处理

灌浆孔分三序间隔施工、梅花形布置孔位,减少了串孔的可能性。

发生串浆时,先阻塞串浆孔,等灌浆孔完成灌浆后,再对串浆孔进行扫孔、冲洗,而后进行钻进和灌浆作业。如果注入率不大,采用一泵一孔同时灌浆。如在对I序孔347号孔进行灌浆时,发现I序孔342号孔发生串孔,随即利用两台泵同时对以上两孔进行灌浆。

(3)当灌浆段注入量大而难以结束灌浆时,采取间歇灌浆的措施。如对I序孔74号的灌浆中,由于注入量大,分别在1 h 15 min和2 h 10 min后间歇10 min,使得该孔在持续3 h 15 min后达到结束标准而结束灌浆,该孔水泥注入量为3 082.86 kg,单位注入量为616.57 kg/m。

4　灌浆质量检查

4.1　检查孔压水试验

大坝基础固结灌浆按灌浆区段共分为19个单元工程,灌浆结束7天后,通过钻孔压水试验对各单元工程的灌浆效果进行了检测。通过检测,各检查孔透水率皆小于设计透水率,详见表1。

表1　检查孔压水试验成果表

孔号	透水率(Lu)	孔号	透水率(Lu)	孔号	透水率(Lu)
JC-1	0.61	JC-8	2.63	JC-15	4.17
JC-2	3.95	JC-9	3.81	JC-16	4.28
JC-3	1.56	JC-10	3.68	JC-17	1.82
JC-4	3.89	JC-11	4.43	JC-18	0.24
JC-5	3.77	JC-12	4.24	JC-19	0.53
JC-6	3.66	JC-13	3.22	—	—
JC-7	3.33	JC-14	3.62	—	—

4.2　钻孔超声波测试

采用RSM-SY5型智能声波检测仪在灌浆前后分别进行了钻孔超声波测试,经过对灌浆前后实测声波波速数据对比分析,检测区段灌浆后平均波速提高 26.8%以上,满足设计要求,详见表2、图2。

表2 灌浆前后声波波速对比表

编号	孔号	检测位置	灌浆前波速(m/s)	灌浆后波速(m/s)	波速提高幅度	波速提高平均值
1	JCK – 143	1.5~2.3 m 范围	2 496	3 670	47.0%	33.8%
2		5.1~6.1 m 范围	2 943	3 546	20.5%	
3	JCK – 279	1.5~2.5 m 范围	2 282	4 123	80.7%	80.7%
4	JCK – 350	1.5~2.3 m 范围	2 244	3 765	67.8%	67.8%
5	JCK – 115	1.6~2.7 m 范围	2 475	3 287	32.8%	59.2%
6		4.1~5.1 m 范围	2 967	3 751	26.4%	
7	JCK – 243	1.6~3.3 m 范围	2 813	3 705	31.7%	26.8%
8		4.9~5.3 m 范围	2 725	3 320	21.8%	
9	JCK – 322	1.6~2.7 m 范围	2 617	3 822	46.0%	46.0%

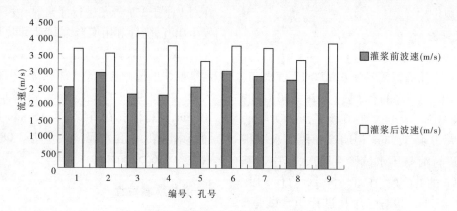

图2 灌浆前后声波波速对比图

5 结束语

坪底水库在全坝基范围内进行了有盖重条件下的固结灌浆施工,经过岩体透水率检测和钻孔超声波测试,灌浆效果明显并满足设计要求,说明固结灌浆各项指标设计合理,固结灌浆达到了预期的效果。

[作者简介] 郭仲敏(1971—),男,2009 年毕业于河北工程大学水利水电专业,工程师,主要从事水利工程建设监理。

本文刊登在《山西水利》2015年第10期

全断面岩石掘进机在中部引黄工程中的应用

靳忠财

（山西省水利水电工程建设监理公司，山西太原 030002）

[摘　要]山西省中部引黄工程深埋长隧洞的涌水具有涌水量大、水头压力高、补给丰富等特点，同时施工中不断会出现断层、涌水涌泥、岩溶、软岩、岩爆和煤居等现象，因此工程采用双护盾TBM掘进。从隧洞掘进、通风除尘、排水、施工期通信、管片运输、安装及回填灌浆等方面阐述了TBM掘进过程，以为同类工程施工提供参考。

[关键词]混凝土施工；隧洞段衬砌；隧洞掘进；全断面岩石掘进机；中部引黄工程

[中图分类号] TV672$^+$.1　　　[文献标识码] C　　　文章编号：1004－7042(2015)10－0036－02

1　概述

从20世纪90年代开始，我国在水利、电力、地铁及城市地下工程等行业开始逐步采用掘进机进行施工。全断面岩石掘进机(TBM)可以实现机械化连续流水作业，能同时完成破岩、出渣、支护、衬砌等作业，并一次成洞，掘进速度快，效率高，是一种快速、优质、安全、环保的施工机械。

山西省中部引黄工程是山西省"十二五"规划中大水网建设的一项重要工程，工程主要由384.5 km的输水隧洞及配套建筑物组成。隧洞开挖采用钻爆法和TBM两种方式，其中TBM施工长度达80余km，约占隧洞开挖长度的22%。该工程TBM施工采用双护盾TBM掘进，断面为圆形，直径5.06 m。TBM施工隧洞段衬砌为预制C45混凝土管片拼装式结构，管片内直径4.3 m，管片厚度25 cm，管片外直径4.8 m，四片管片组成一环，管片型式为六边形蜂窝状结构，管片与围岩之间的空隙用豆砾石充填并进行回填灌浆。

TBM施工包括隧洞掘进、回填灌浆、施工通风及除尘、施工期洞内排水、有害气体监测、TBM机上及机外的通信、管片制作及安装等措施。其中管片制作为常规预制混凝土。

2　TBM掘进施工

2.1　隧洞掘进

正常情况下掘进一个循环施工，刀盘及护盾在液压推进缸作用下向前掘进，同时水平支撑系统牢固的固定于洞壁，这时隧洞内后配套系统保持相对静止；刀盘停止运行，水平支撑油缸收回，稳定靴撑紧，通过推进油缸收回拖拽水平支撑滑动支架向前运动，此时连接于水平支撑滑动支架和后配套之间的牵引油缸跟随推进油缸的收回而伸出。伸出水平支撑油缸，通过收回连接于水平支撑滑动支架和后配套之间的牵引油缸，牵引后配套向前移动。

掘进机推进一般有自动扭矩控制、自动推力控制、手动控制模式三种控制模式，施工期间，通常选用手动推进模式。

掘进参数是影响掘进速度的重要因素，主要由刀盘的推进速度、扭矩、刀盘转速和推进力4个指标表示。正常情况下，选定的推进速不大于35%电位计设定最大推进速度值，开始掘进时推进速度选择15%，之后逐渐提高推进速度，刀盘转速可选择较高转速，但推进力不宜太高。推进压力不小于120 MPa，一般控制TBM推进平均速率为30 mm/min；推进压力不小于80 MPa，一般控制TBM推进平均速率为60 mm/min。

当围岩软弱，岩石强度不足以支撑水平撑靴时，可采用单护盾掘进模式；对均质软岩、一般节理的地层，所需推进力较小，可选择自动扭矩推进控制模式，推进速度调整在80%左右，扭矩值不大于80%，且变化范围不大于10%，观察贯入度指标以小于12 mm(20 in盘刀)为佳。

对岩石硬度变化较大、节理较发育的地层，选择手动控制模式，观察推力和扭矩的变化。此工况下，即使扭矩和推力均未达到额定值,也会使部分刀具过载,产生冲击载荷,降低刀具寿命,同时会造成主轴承受力恶化。故应尽量降低推进速度,控制在30%以下。

有不规则的石渣块体出现时,应注意观察地质是否有较大的变化,查明情况后再进行掘进,可将刀盘转速降低并相应降低推进速度,待振动减少并恢复正常后,再将刀盘转速提高。

在节理发育、裂隙较多或破碎带、断层等地质条件下,掘进较为困难,应降低掘进速度,还需经常停机进行超前预处理。控制扭矩变化范围不大于10%,控制贯入度指标在6 mm以下。刀盘转速选用低速,推进速度开始为20%。待围岩变化趋势稳定后,推进速度可上调45%左右,扭矩变化范围小于10%。

当出渣皮带机上出现一定比例(如20%左右)的块状石渣时,降低推进速度,控制贯入度不大于6 mm。当皮带机上连续不断出现大量块状石渣时,调低刀盘转速,并降低贯入度。

在软弱围岩条件下的掘进,应特别注意支撑靴的位置和压力变化。撑靴位置选择不好,会在掘进中打滑,造成停机,也会直接影响掘进方向。此外撑靴刚撑到洞壁上时,洞壁较软,极易陷落,观察仪表盘上撑靴压力值下降较快,操作人员及时给撑靴补压,避免发生撑靴失压引起撑靴滑动。

对富水节理较发育洞段,应经常停机进行超前探测和放水,选择手动控制模式,观察推力和扭矩的变化,尽量降低推进速度,控制在30%以下,控制扭矩变化范围不大于10%,控制贯入度指标在3 mm以下。

2.2 通风除尘、排水、有害气体监测及施工期通信

为方便节能,风机可根据掘进进度分级使用。当掘进长度在3 km以内时,采用一级供风可满足隧洞通风所需风量;掘进至3~5 km时,采用二级供风可满足隧洞所需风量;掘进至5~8 km处采用三级供风,直到掘进至8 km处采用四级供风。掘进长度超过12 km,应设置通风支洞,布置二次增压风机,将新风送至TBM机头部位,满足作业人员需要。

TBM除尘采用TBM附带的COGEMA DYS 6干式除尘器,可满足TBM掘进时产生的粉尘除尘需要。

洞内排水设计按照经常性排水量设计,考虑应急排水的需要,洞内排水采用以封堵为主、排水为辅的原则,避免对泉域地下水环境产生影响。施工中根据设计图纸对可能的涌水段,打超前勘探孔,依据探孔出水量决定在周围进行超前灌浆,外水压力较小的洞段应采用表面封堵的方式,集中的渗水点应采用导管引出,随后封堵。在TBM伸缩盾内配置3台排污水泵,3台水泵将污水排至TBM尾部污水箱,再通过2台多级离心泵通过污水卷盘、洞壁排污钢管排至洞口污水沉淀池沉淀后排放。TBM机尾设2台高扬程离心水泵,扬程300 m,用于洞内突发涌水时强力排水。配套1台300 kVA备用发电机,以备大量涌水时送至机上的20 kV高压电断电时满足强排水泵排水需要。

中部引黄工程隧洞所处的地理位置周围有煤矿采掘区、储煤区,地质条件复杂,施工过程中可能遇到煤系地层、放射性元素及有害气体,因此需要对这些可能存在的放射性元素、有害气体进行监测。

为保证施工安全,在隧洞施工的TBM掘进段布置有害气体监测设备。TBM掘进机上安装一套有害气体监测系统,可监测瓦斯、二氧化碳、一氧化碳、硫化氢、二氧化硫、氧气、一氧化氮等7种气体,分别布置于伸缩盾、TBM主机皮带机头部、操作室外、除尘风筒尾等位置。隧洞内有害气体监测系统通过安装于洞内工业广场、加利福尼亚道岔等部位的气体监测器,监测可燃气体、氧气、硫化氢、一氧化碳等气体的浓度,当监测气体超出设定上、下限值时,监测器将发出声光报警信号。

施工期通信包括TBM机上的通信和TBM与机外的通信两部分,TBM机上采用有线通信、无线对讲机两种方式进行通信,通过分布在操作室、前护盾、后配套尾部等5部矿用广播电话,相互间进行广播通话;通过无线对讲机,实现机上人员通信。在洞外调度值班室安装有程控电话交换机,通过有线通信方式,总调度室可与TBM机上TBM操作室、二次注浆系统、避险室等处,以及洞内错车道岔、洞内工业广场等处进行联络。

2.3 管片运输、安装及回填灌浆

中部引黄工程衬砌所用预制管片分为D1,D2,D3型。其中,D1型管片用于Ⅱ、Ⅲ类围岩洞段,D2型管片用于Ⅳ、Ⅴ类围岩洞段,D3型管片用于特殊地质条件洞段。

用叉车将管片堆放场安装好止水条的管片混凝土管片运到轨道上的专用管片运输车上,固定装好。按照操作手册要求由管片安装操作工专人操作管片的安装。安装时应将管片环向接缝控制在标准范围内,并尽可能减小纵向缝的宽度。通过弯道时,要尽可能减少弯道内侧的接缝宽度,以保证弯道外侧接缝内的止水条相互接触,必要时对超过设计缝宽的洞段嵌填遇水膨胀橡胶止水条,然后再勾缝。

TBM施工特点之一是开挖和管片安装两种施工活动同时进行,管片安装质量的好坏直接影响隧洞的防渗效果。为精确安装管片,首先安装底管片和顶管片,然后安装侧向管片,管片环安装完成后,管片的纵

缝、环缝内燕尾槽用特制 CK 砂浆勾缝,并将勾缝表面抹平。一环管片安装用时约 15 min。一般不影响掘进速度。

相邻管片的环向缝之间的机械连接件(定位销)由硬质塑性材料制作而成,其抗拉强度最小为 40 N/mm²,抗剪断强度最小为 20 N/mm²。定位销插入预制管片上加入带肋塑料衬套的预留孔内,其抗拔力不小于 60 kN。每个管片接缝面设 2 个定位销。

管片短边的纵向斜接缝内装设由 PVC 制作的圆柱形导向杆,以利管片正确就位和保持接缝平整。

开挖隧洞断面与管片间的空隙底拱 90°范围内采用砂浆回填,其余间隙采用豆粒石回填灌浆。根据工程实践,每隔 50~90 m 形成一道封闭环效果较好。具体封闭环距离根据现场实际情况确定。灌浆通过预制管片安装孔进行。在灌注中严格控制灌注压力,最大

压力控制在 0.5 MPa 之内。在 TBM 后配套的中部,按一定的孔序用特制的 CK 砂浆将非灌浆孔进行封堵。

3　结语

目前,TBM 施工在国外长大隧道、重要隧道工程得到了广泛应用。我国于 20 世纪 90 年代在水利工程上开始使用,但由于购置掘进机及其配套设备费用昂贵,且掘进机及其他配套设备在很大比例尚需依赖国外采购,因此国内很多承包商还没有掌握掘进机施工技术,施工经验缺乏。掘进机施工在修筑长大隧洞上的速度和质量优势,必将在我国今后的经济建设和西部大开发建设中得到广泛应用。

[作者简介] 靳忠财(1966—),男,1988 年毕业于大连理工大学水利水电工程建筑专业,高级工程师。

本文刊登在《山西水利科技》2014年8月第3期(总第193期)

引水隧道工程中地质雷达检测技术应用综述

张 伟

(山西省水利水电工程建设监理有限公司,山西太原 030002)

[摘 要] 结合国内外地质雷达技术发展与应用,简述了基于引水隧道工作原理的隧道衬砌地质雷达检测技术,并得到地质雷达应用于浅埋深小断面引水隧道具有极其广阔的前景等结论。地质雷达技术可有效地对隧道混凝土的密实度、与岩体的接触紧密度等进行连续、全面、快速、精确的无损伤检测。

[关键词] 地质雷达;引水隧道;无损伤检测

[中图分类号] TV554　　　[文献标识码] B　　　文章编号:1006-8139(2014)03-042-02

0 引言

引水隧道在运行中出现失事现象的最主要原因是隧道施工质量差。而另一方面,引水隧道在其运营期间,无法进行大规模的破坏取样检测,其能否正常运行关系到整个工程的正常运转问题。由于常规的检测方法难度大,探查工程隐患只能采用无损检测方法。无损检测技术主要有重磁方法、低频电磁法、直流电法、地震勘探方法等。其中地质雷达(又名探地雷达)成为目前无损物理探测中最有效的方法之一,尤其在浅层和超浅层探测时,其应用具有极其广阔的前景。基于引水隧道多为浅埋深小断面隧洞,探地雷达以实时成像的方式显示地下工程结构情况,能够对隧道混凝土的密实度、与岩体的接触紧密度等进行连续、全面、快速、精确的无损伤检测,同时可以直观方便地体现探测结果[1][2]。

1 引水隧道工作原理

引水隧道的工作原理与公路、铁路隧道有所不同。公路、铁路隧道的混凝土衬砌主要承受围岩压力。引水隧道在输水过程中将产生内水压力,通过混凝土衬砌把压力传递在围岩上。此时混凝土衬砌的抗渗性能与内水压力对围岩的影响有直接关系。混凝土衬砌的抗渗性能好,压力内水将不能穿过混凝土衬砌渗透到岩体中,水压力将通过混凝土衬砌将力均匀传递到围岩表面。混凝土衬砌的抗渗性能差时,压力内水将穿过混凝土衬砌渗透到岩体中,将在岩体中形成新的渗流通道,将会对岩体内产生破坏作用。因此混凝土衬砌隧洞在运行期间,将承受内水压力与围岩变形压力的共同作用,衬砌混凝土的质量状况将是保证引水隧洞正常运行的关键[3]。

2 地质雷达检测方法在引水隧道工程中的研究现状

雷达探测技术最早于1985年由美国对已运营80年的纽约地铁隧道进行了全面的质量检测,同时取得良好的检测效果。Holub采用地质雷达对瑞士一条长2 km左右的引水隧洞的严重渗水段进行了探测,查明了空洞和渗水部位,并经钻孔得到了证实。Cardarelli使用地质雷达层析成像技术,对意大利中部的一条隧道进行探测,围岩的不连续性和弹性特性采用200 MHz天线和层析资料进行分析,松散区的范围确定采用450 MHz天线进行探测,查明了隧道围岩坍塌的主要原因为混凝土的废退和岩石的碎裂。

我国探地雷达的研究工作开始于20世纪70年代中期。以煤炭科学研究总院重庆分院高克德教授为首的探地雷达研究小组,针对煤矿生产的特点自主创新,研制开发出了具有自主产权的探地雷达系列产品-KDL系列矿井防爆探地雷达仪,开创了我国在探地雷达技术使用的先河。由钟世航同志通过分析提出若干提高探地雷达探测精度的措施,周黎明、王法刚同志通过分析认为只要探地雷达波速测定相对精确的情况下,衬砌混凝土厚度检测误差能控制在2~4 cm以内,但对脱空宽度和高度只能给一个概值,另外,李晋平、冯慧民、刘东升、葛增超、杨缄鑫等都在探地雷达隧道衬砌检测中做过理论研究与实际应用[4]。

3 地质雷达检测方法与检测技术

隧道后期质量检测应考虑隧洞结构完整性要求,结合隧洞工程检测目的与工程实际情况,检测工作应主要以测绘、裂隙调查等方法配合洞外地表与洞内进行地质雷达探测的综合无损检测技术[5]。

在隧道混凝土衬砌施工质量检查过程中,由于其隐蔽性较强,属薄壁结构,施工困难,施工容易造成衬砌混凝土厚度不符合设计要求、衬砌混凝土与岩体结合不密实等质量事故。在后期检测过程中采用常规的检验方法如局部开孔等,其方法效率低下且代表性较差,同时对衬砌混凝土结构的整体性有较大影响。故采用在洞外地表与洞内进行地质雷达探测的综合无损检测技术,可以对隧道衬砌混凝土的结构、裂缝分布及延展进行检测,同时还可对浅部围岩变形进行检测。

探地雷达对地下目标体的探测采用的是高频电磁波,其在地下介质中的传播过程实际是一个褶积滤波过程,由于地下介质的物性和几何性质的不均匀性及地下介质的电性的不均一性,电磁波在地下介质中的传播相当复杂,各种噪声干扰严重,同时,探地雷达在接收地下介质的反射波的同时,也会接收到地面以上的各种噪声和干扰信号。因此,实际接收的探地雷达信号不再是发射信号的简单叠加,附带了一些波形畸变的子波,这些子波都有不同尺度变化使得探地雷达信号具有非平稳性,脉冲信号非线性衰减等特点。探地雷达回波信号不能直接准确清晰地反映目标体,必须经过适当的数据处理,以改善数据质量,为图像判释和地质解释提供清晰的反射波信号。探地雷达数据处理的目的就是压制各种噪声和干扰,提高分辨率,使探地雷达图像剖面上显示最大分辨率的反射波,收集反射波的各种有用参数(包括电磁波速度,振幅和波形资料),以便对探地雷达图像做出准确可靠的地质解释。

4 引水隧道衬砌检测方法

引水隧洞质量控制的关键是要控制好开挖及衬砌混凝土的质量。衬砌混凝土施工首先应对原材料、中间产品等的质量进行严格的检测与控制,其次对关键工序的施工质量进行严格的过程控制。对于衬砌混凝土质量的后期检测,根据以上分析,可优先采用以测绘、裂隙调查等方法配合洞外地表与洞内进行地质雷达探测的综合无损检测技术。

隧道衬砌探地雷达检测时,应先合理布置测线,测线布置应远离电缆线、金属物等,一般采用纵向布线方式,在左右边墙、左右拱腰及拱顶位置布置五条测线,特殊情况下可布置环向测线,以辅助纵向测线检测,初期支护厚度一般较薄,表明不平整,为满足分辨率要求,保证探测数据质量,一般用 800 MHz 屏蔽天线,若800 MHz 屏蔽天线探测范围不足以覆盖初期支护后的缺陷时需换用 500 MHz 屏蔽天线,对于二次衬砌,由于厚度相对较厚,一般采用 500 MHz 屏蔽天线,初期支护检测和二次衬砌检测均按 5 m 或 10 m 一标记打标。探地雷达检测过程需要注意以下几点:

①检测前应全面了解检测任务,充分做好检测前的准备,如根据需要正确设置探测参数等。

②严格控制测区内的金属构件或无线电发射源等产生较强电磁波干扰设备。

③应选用绝缘材料为探测天线的支撑器材,天线操作人员不应佩带含有金属成分的物件,注意人员和仪器安全。

④检测过程中,应保持工作天线的平面与探测面密贴或基本平行,距离相对一致。

⑤做好现场记录,记录标记位置,测线范围内是否有障碍物、障碍物的确切位置,准确的测线位置等。

5 结论

1)地质雷达应用于浅埋深小断面引水隧道具有极其广阔的前景,地质雷达技术可有效地对隧道混凝土的密实度、与岩体的接触紧密度等进行连续、全面、快速、精确的无损伤检测。

2)利用地质雷达进行引水隧道衬砌检测时,应先合理布置测线,根据衬砌厚度合理选用地质雷达天线。

3)利用地质雷达进行引水隧道衬砌检测,最重要的是压制各种噪声和干扰,提高分辨率,通过适当数据处理改善数据质量,为图像判释和地质解释提供清晰的反射波信号。

参考文献

[1] 吴辉,陈川.地质雷达在引水隧道质量检测中的应用[J].工程勘察,2013(3),86-89.

[2] 罗昇.小断面水工隧道成洞质量影响及其控制研究[D].湖南科技大学,2012.

[3] 刘建华.引水隧道施工质量监督管理[J].广东建材,2008(5),137-138.

[4] 张坤.水工隧道衬砌内病害隐患探地雷达探测研究[D].西华大学,2012.

[5] 胡向志,张先哲,韩自豪.引水隧道工程质量综合检测与效果[J].中国煤田地质,2001(4):62-63.

[作者简介] 张伟(1984—),男,2010 年毕业于大连理工大学水利水电工程专业,助理工程师。

本文刊登在《岩土工程学报》2013年10月第35卷增刊2

竹子作为抗拉筋材加固软土路堤的应用研究

党发宁[1]　刘海伟[1]　王学武[1]

（1. 西安理工大学岩土工程研究所，陕西西安 710048；
2. 山西省水利水电工程建设监理公司，山西太原 030000）

[摘　要]目前，加筋土工程所采用的土工合成材料不是价格较高，就是无法满足环保要求。为了响应国家关于建设节约型社会的倡导，从寻找经济环保加筋材料的角度出发，简要介绍了竹子的物理力学特性和防腐方法，并在有限元软件 ABAQUS 中建立竹筋格栅路堤的三维模型，分析土体固结和竹筋强度衰减对路堤安全系数的影响。发现在竹筋格栅完全失效之前，土体固结作用已经可以将路堤的安全系数提高到满足规范要求，从而验证在路堤工程中用竹子代替传统土工合成材料作为抗拉筋材，力学指标和耐久性指标都能满足设计要求。

[关键词]竹子；软土路堤；固结；有限元强度折减法；耐久性

[中图分类号] TV472.34　　[文献标识码] A　　文章编号：1000-4548(2013)S2-0044-05

0 引言

近些年国民经济快速发展，我国的基础设施建设及各项民生建设日新月异。但随之而来的负面效应同样明显，雾霾笼罩天数不断增加，影响范围不断扩大，严重程度不断加深，环境污染已成为全国瞩目又亟待攻关的难题。

自 2009 年 12 月哥本哈根气候变化大会以来，"低碳"理念已经被全球大多数国家接受并推崇，各行各业人士都在思考和寻找与己有关的低碳减排方法。岩土工程界也一直探索在保证工程质量和耐久性的前提下，用绿色环保材料代替传统建材。

近几年，加筋土的应用范围和规模显著加大，在公路、水运、铁路、水利、市政、煤矿、林业等工程建设中都能看到它的身影，社会效益醒目。但是大部分土工合成材料不仅价格昂贵，还根本不能满足环保要求。而早在距今五六千年的陕西半坡村仰韶文化遗址中，有许多简单房屋的墙壁和屋顶是利用草泥修筑而成；在甘肃省玉门一带，还保留有用砂、砾石和红柳或芦苇压叠而成的汉长城遗址[1]。老祖宗这种选用抗拉性能较为突出的植物作为加筋材料的方法，能否满足现代工程稳定性和耐久性的要求，值得我们深思和探索。如果可行，不但大大缩减了工程成本，而且对加筋土技术的可持续发展有着非凡的意义。

本文从"返璞归真"的角度出发，选取我国山区分布很广、最常见的植物竹子作为抗拉筋材，通过有限元数值模拟，探讨其运用于软土路堤加固的可能性。

1 竹子的工程力学性质

中国是竹类植物的起源中心，也是竹子资源最丰富的国家[2]，素有"竹子王国"的美称。竹材具有生长快、产量高、成材早、材性好、用途广等很多优良特性。"咬定青山不放松，立根原在破岩中。千磨万击还坚劲，任尔东西南北风。"这是诗人郑燮歌颂竹子的著名诗篇，从中我们也可以看出竹材具有强度高、弹性好、性能稳定、密度适中、硬度大等特点，能广泛用于建筑工程。

1.1 竹子的物理力学参数

竹子力学性质主要为顺纹抗拉强度、顺纹抗压强度、顺纹剪切强度，以及顺纹静曲强度和弹性模量等[3]。它的力学强度随着含水率的增高而降低，但如果竹子处于绝对干燥条件时，强度下降明显。就强度和成本而言，竹子被认为是自然界中效能最高的材料[4-6]。Mously 对埃及的 3 个竹种的力学性质分析结果表明：竹材的抗弯强度、弹性模量、抗拉强度和抗压强度与山毛榉木材相当，竹杆的抗拉强度和压缩强度高，在建筑结构材料中尤其是空间桁架，可以代替木材和金属使用。

研究结果表明,竹龄与竹子的物理力学强度和机械性能有较密切的关系[7]。一般就毛竹而言,密度、顺纹抗拉强度、径向和弦向抗弯强度等随竹龄的增加而增加,5~6年达到最大值,干缩性随竹龄增加逐渐减少。2002年吕韬等学者[8]在西南交通大学土工实验室对5~6年生,胸高直径50 mm以上,竹壁厚度4 mm以上的毛竹的抗拉强度、直剪摩擦试验及弹性模量进行了测定。测得的抗拉强度及弹性模量都很高,综合考虑选取竹材的各种力学强度如表1所示。

表1　竹子的力学强度

指标	顺纹			横纹			
	抗拉	抗压	挤压	劈裂	径向抗压	弦向抗压	抗弯
强度(MPa)	150	65	59	2.3	10.6	20	1 157
弹性模量(GPa)	1.16~1.19						—

1.2　竹子的防腐

由图1可以看出竹子由不均匀分布的多种化学成分组成,除纤维素、半纤维素、木素等主要成分外,还含有较多的营养物质,其中蛋白质为1.5%~6.0%,糖类为2%左右,淀粉类为2.02%~5.18%,脂肪和蜡质为2.18%~3.55%。因此在储存、运输和使用过程中,竹子很容易发生菌腐、霉变和虫蛀,严重影响它的力学强度。为了提高竹子的有效利用率,延长其使用寿命,最大程度挖掘它的资源潜力,竹子的防腐工作显得尤为重要。

图1　竹截面微观结构

随着科技的发展,已有许多国家对竹材的防腐处理方法进行了研究。据日本报导,由苯酚和甲醛缩合成为甲阶酚醛树脂,是一种低分子和低黏度的水溶性制剂,在对竹材进行防腐处理时渗透性良好,经热处理或酸处理后就变成一种不溶于水的三元结构高分子化合物,无味无毒,也不会渗出和挥发,具有永久性防腐

的性能。南京林业大学采用0.2%辛硫磷溶液浸渍竹制品3 min,竹蠹虫2~3 d死亡,药效维持一年以上。此药剂低毒,药效较长,应用于生产是比较理想的防蛀剂。加1%的添加剂(硼砂∶硼酸=1∶1)于5%新洁尔灭溶液防止竹制品霉变,也取得较好的效果[9]。

在竹子制作成竹筋的过程中,只要选取正确的防腐方法,必能有效保证竹筋的各项力学性能和耐久性。

2　Biot 固结理论

Biot 固结理论的基本假设为:①材料各向同性;②应力应变关系在最后平衡条件下具有可逆性;③应力应变关系是线性的;④小应变;⑤孔隙中的水是不可压缩的;⑥水中可以包含气泡;⑦水在多孔骨架中的流动遵从 Darcy 定律。得到以位移和孔隙压力表示的弹性问题的平衡微分方程为:

$$
\left.\begin{array}{l}
-G\nabla^2 w_x - \dfrac{G}{1-2v}\cdot\dfrac{\partial}{\partial x}\left(\dfrac{\partial w_x}{\partial x}+\dfrac{\partial w_y}{\partial y}+\dfrac{\partial w_z}{\partial z}\right)+\dfrac{\partial u}{\partial x}=0,\\[2mm]
-G\nabla^2 w_y - \dfrac{G}{1-2v}\cdot\dfrac{\partial}{\partial y}\left(\dfrac{\partial w_x}{\partial x}+\dfrac{\partial w_y}{\partial y}+\dfrac{\partial w_z}{\partial z}\right)+\dfrac{\partial u}{\partial y}=0,\\[2mm]
-G\nabla^2 w_z - \dfrac{G}{1-2v}\cdot\dfrac{\partial}{\partial z}\left(\dfrac{\partial w_x}{\partial x}+\dfrac{\partial w_y}{\partial y}+\dfrac{\partial w_z}{\partial z}\right)+\dfrac{\partial u}{\partial z}=-y,
\end{array}\right\}
$$

$$(1)$$

式中,∇^2 为拉普拉斯算子,$\nabla^2=\dfrac{\partial^2}{\partial x^2}+\dfrac{\partial^2}{\partial y^2}+\dfrac{\partial^2}{\partial z^2}$。以位移和孔隙压力表示的连续方程为

$$
-\frac{\partial}{\partial t}\left(\frac{\partial w_x}{\partial x}+\frac{\partial w_y}{\partial y}+\frac{\partial w_z}{\partial z}\right)+\frac{K}{\gamma_w}\nabla^2 u=0。\quad(2)
$$

数值方法和计算技术的发展,尤其是有限元方法使 Biot 固结理论得到了很好的应用。用有限元求解 Biot 固结方程,首先是由 Sandhu 等提出,对位移取二次插值模式,对孔压取线性模式,应用变分原理推出了 Biot 固结理论的有限单元方程。Christian 等应用虚功原理也推出了 Biot 固结理论的有限元方程。国内沈珠江首先把 Biot 固结理论的有限元法应用于固结分析。有限元的应用也促进了土的本构理论的研究和发展。在增量有限元法的固结分析中,可以引入比较复杂的本构模型,可以考虑土的材料非线性或弹塑性等因素的影响,更好地反映工程实际情况[10]。

3　计算模型及计算参数的选取

3.1　软土加筋路堤的计算模型

(1)模型尺寸。

图2为建立在软土地基上的加筋填土路堤工程。坐标原点定义在路堤底面的中心处。其中路面宽度为18 m,路堤高6 m,坡比为1∶1,路堤底面宽度为30 m;

地基表面宽度为 50 m,深度 12 m;模型沿 z 方向延伸 50 m。初步拟定在路堤中铺设三层竹筋格栅,第一层铺设在路堤底面,在其之上分别间隔 1 m 铺设第二层和第三层格栅。格栅横肋与纵肋宽度之比为 1∶2,分别为 0.5 m 和 1 m。

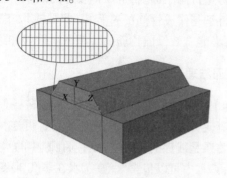

图 2　路堤工程实体模型

(2)单元的选取。

由于需要对以上的路堤和地基模型进行固结模拟,因此在 ABAQUS 中对其剖分选用孔压单元(C3D8P)[11]。与常规的应力位移分析中的实体单元相比,孔压单元在某些节点上增加了孔压自由度。一阶孔压单元的节点同时具有位移自由度和孔压自由度。二阶孔压单元角点有位移自由度和孔压自由度,边中节点一般只有位移自由度而无孔压自由度。一阶单元孔压自由度的插值函数与位移自由度的相同,即线性插值函数。而在二阶单元中孔压采用的不是二次插值函数,而是所谓的双线性(bilinear)。出于结果输出的考虑,中间节点的孔压值为角点孔压的插值。在输出变量时,孔压单元不但能输出应力和应变(此时的应力为有效应力),还能输出流体速度和孔隙水压力。

竹筋格栅选用三维杆单元(T3D2)进行模拟。杆单元是只能承受拉、压轴向荷载的细长构件,它们不能承受弯矩。

(3)单元大小。

单元剖分时,路堤和路基沿各边每隔 1 m 布置一个种子,格栅则每隔 0.25 m 布置一个种子。剖分完成后,共有 38 000 个孔压单元,19 000 个杆单元。如图 3 所示。

图 3　路堤工程单元划分

(4)边界约束。

在模型 x 和 z 方向的断面上分别施加法向约束,在模型底面施加 3 个方向的全约束。在固结计算中,将路堤与路基的临空面定义为透水边界。

3.2　材料参数的选取

计算中材料的具体参数见表 2。

表 2　有限元计算参数表

材料	E (MPa)	μ	c (kPa)	φ (°)	γ (kN/m³)	k (m/s)
路堤填土	15	0.30	10	20	18	1×10^{-7}
软土路基	5	0.35	10	15	18	5×10^{-9}
竹筋格栅	1 100	0.20	—	—	19	—

4　计算结果及分析

4.1　固结作用对素填土路堤稳定性的影响

(1)利用 ABAQUS 中的单元生死功能,将路基表面以上的单元全部"移除",进行平衡初始地应力的计算,目的是将地基自重产生的竖向位移清零,从而减小其对后续计算的影响。

(2)激活第一步中"杀死"的单元,定义土体的初始孔隙比为 0.8,设定路堤和路基的静力固结时间为一年(31536000 s),开始进行固结模拟。

(3)待这一年的固结计算完成后,在 ABAQUS 中利用有限元强度折减法找到路堤塑性区发展的拐点,认定此时对应的折减系数为安全系数,以此判断固结一年后素土路堤的稳定性。

对于另外 11 个相同的模型,重复以上 3 步,并将第二步中的固结时间改为 2 年,3 年,…,12 年,分别求出固结相应时间后路堤的安全系数,从而得到路堤稳定性随着固结时间增长的变化趋势,见下图 4。

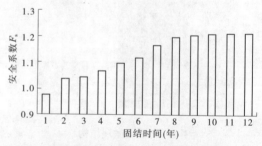

图 4　固结时间－安全系数柱状图

4.2　竹筋强度衰减对路堤稳定性的影响

利用 ABAQUS 软件中的 embedded 功能,将三层竹筋格栅嵌入路堤土体中,使二者变形协调。不考虑土体的固结作用,分析 12 年中随着竹筋强度的逐年衰减,加筋路堤在自重条件下稳定性的变化。具体计算步骤如下：

（1）同样为了将地基自重产生的竖向位移清零，首先也得进行平衡地应力的计算，操作和结果与4.1节中素填土路堤固结计算的第一步相同。

（2）考虑到竹子为植物加筋材料，埋在土中受到腐蚀、降解和虫蛀等不利因素的影响，强度逐年减小，在ABAQUS中用每年折减材料的弹性模量的方法来模拟这一衰减过程，定义竹筋格栅在土体中埋设12年后完全失效。

（3）继续利用有限元强度折减法求出不同强度的竹筋格栅对应的路堤安全系数，将它们绘制于图5中。

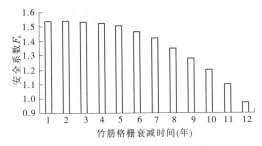

图5　安全系数随着竹筋衰减的变化

观察图5可以看出：在路堤中加入三层竹筋格栅后，整体稳定性有了很大的提高，在第一年中安全系数达到了1.538，在1~5年中，由于竹筋强度下降的不多，因此路堤的安全系数变化较为平缓，仍然在1.5以上。可是在第6年以后，安全系数呈直线下降，竹筋对路堤稳定性提高的作用越来越小，在第12年时，竹筋完全失效导致路堤的安全系数回到0.975。

4.3　探讨竹筋格栅在路堤工程中应用的可能性

通过以上计算可以看出，竹筋格栅对于路堤稳定性的提高作用明显。可是路堤工程的设计使用年限很长，而竹筋相较于土工合成材料的抗腐蚀性较弱，那么铺设竹筋格栅的路堤能够保持长久稳定吗？如果答案肯定，则可认为竹筋代替土工合成材料应用于路堤工程是可以实现的。

图6反映了土体固结和竹筋强度衰减对路堤安全系数的影响。通过计算得出素土路堤在固结12年的过程中，安全系数逐渐增大的变化曲线，再分析得出竹筋以格栅形式铺设于路堤内，12年中随着竹筋强度衰减，路堤整体的安全系数不断降低。土体通过自身固结作用8年后安全系数已经达到1.197，此时竹筋路堤的安全系数为1.352，大于1.2，在接近第10年时，两条曲线产生交点，此时路堤的安全系数为1.21，充分说明在竹筋格栅完全失效之前，土体固结作用已经可以将路堤的安全系数提高到满足规范要求，在之后的若干年，就算竹子完全腐蚀，路堤也能够达到自稳。

因此竹子作为抗拉筋材铺设于路堤中既能满足提高稳定性的要求，也能在土体自稳前保证其不发生破坏，可以说用其代替土工合成材料作为拉筋完全可能。

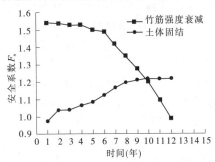

图6　路堤安全系数随时间变化的曲线

5　结语

在环境日益恶劣，人们越来越崇尚"低碳"生活的今天，发现或发明"绿色"建筑材料意思深远。我国是产竹大国，国内外学者通过试验发现竹子具有很高的弹性模量和抗拉强度，这恰恰能满足土工加筋材料的力学指标。大批秦汉时期的竹简文物陆续出土，也说明选用科学的防腐方法，必能大大延长竹筋的使用寿命。经济、适用、环保的防腐方法还有待进一步研究。利用ABAQUS有限元软件数值模拟竹筋运用于软土路堤，比较土体固结和竹筋强度衰减对路堤安全系数的影响，最后得出在竹筋完全失效之前，路堤通过固结能够达到稳定状态。表明利用竹筋格栅加固路堤在满足稳定性要求的同时，也能达到路堤设计使用年限的要求。用竹子代替传统加筋材料在加筋土工程中值得推广。

参考文献

[1] 中国大百科全书总编辑委员会——土木工程编辑委员会. 中国大百科全书——土木工程[M]. 北京：中国大百科全书出版社，1961. (China Encyclopedia Editor Committee - Civil Engineering Editorial Board. Encyclopedia of China - Civil engineering[M]. Beijing：Encyclopedia of China Publishing House，1961. (inChinese)).

[2] 彭镇华，江泽慧. 绿竹神气——中国一百首咏竹古诗词精选[M]. 北京：中国林业出版社，2005. (PENG Zhen - hua, JIANG Ze - hui. The charm of bamboo[M]. Beijing：China Forestry Publishing，2005. (in Chinese)).

[3] 林金娜. 竹塑复合材料及其土工网研究[D]. 福建农林大学，2004. (LIN Jin - na. Study on bamboo plastic composite and its geotexile[D]，Fuzhou：Fujian Agriculture and Forestry. University，2004. (in Chinese)).

[4] Khosrow Ghavami. Bamboo as reinforcement in structural concreteelements[J]. Cement & Concrete Composites，2005，27：

637-649.

[5] LO Tommy Y, CUI H Z, TANG P W C, et al. Strength analysis of bamboo by microscopic investigation of bamboo fibre[J]. Construction and Building Materials, 2008, 22:1532-1535.

[6] LO Tommy Y, CUI H Z, LEUNG H C. The effect of fiber density on strength capacity of bamboo[J]. Materials Letters 2004, 58:2595-2598.

[7] 刘亚迪,桂仁意,俞友明,等. 毛竹不同种源竹材物理力学性质初步研究[J]. 竹子研究汇刊,2008,27(1):50-54. (LIU Ya – di, GUI Ren – yi, YU You – min, et al. A preliminary study on the physical and mechanical properties of different provenances of Moso bamboo[J]. Journal of Bamboo Research, 2008, 27(1):50-54. (inChinese)).

[8] 吕韬,焦涛,孙金坤. 高填方土质边坡中竹筋的应用研究[J]. 土木工程学报,2010,43(7):91-96. (LU Tao, JIAO Tao, SUN Jin – kun. Application of bamboo reinforcement in high fill slopes[J]. China Civil Engineering Journal, 2010, 43(7):91-96. (in Chinese)).

[9] 唐永裕. 竹材资源的工业性开发利用[J]. 竹子研究汇刊, 1997,16(2):26-33. (TANG Yong – yu. The industrial development and utilization of bamboo timber resources in China [J], Journal of Bamboo Research, 1997, 16(2):26-33. (in Chinese)).

[10] LADE P V, DUNEAN J M. ElastoPlastic stress – strain theory for cohesionless soil[J]. Geotech Engrs Div Proe, ASCE, 1975,101(10):1037-1053.

[11] 费康,张建伟. ABAQUS 在岩土工程中的应用[M]. 北京:中国水利水电出版社,2010. (FEI Kang, ZHANG Jian – wei. Application of ABAQUS to geotechnogical engineering [M]. Beijing: China Water Power Press, 2010. (in Chinese)).

[作者简介] 党发宁(1962—),男,陕西省富平县人,博士,教授,博士生导师,主要从事岩土工程数值分析,计算力学等方面的研究与教学工作。E – mail:dang-fn@ mail. xaut. edu. cn。

[基金项目] 国家自然科学基金项目(50879069);水利部公益性行业科研专项(201201053 – 03);陕西省黄土力学与工程重点实验室重点科研计划项目(09JS103)

本文刊登在《山西水利科技》2013 年 8 月第 3 期（总第 189 期）

生态袋柔性护坡在临汾河道整治工程中的应用

范鹏飞

（山西省水利水电工程建设监理公司，山西太原 030002）

[摘　要] 分析了传统护坡工程对生态环境及人居环境造成的不良影响，阐述了生态护坡技术推广的必要性，结合生态袋柔性护坡技术在临汾市汾河城区段生态环境综合治理修复与保护工程中的应用，介绍了生态袋柔性护坡的原理性质、技术特点及施工要点。生态袋柔性护坡技术节能环保、结构稳定、施工方便、效果显著，值得广泛推广。

[关键词] 生态袋；护坡；河道整治

[中图分类号] TV861　　　[文献标识码] B　　文章编号：1006－8139（2013）3－078－02

为改善生态环境，提升城市水平，临汾市政府实施了临汾市汾河城区段生态环境综合整治修复与保护工程。一期工程北起锣鼓桥上游，南至平阳桥下游 500 m 处，总长 6.2 km。治理后的河道为人工复式断面，中间为主河道，两侧为绿地公园，为了体现环境水利的理念，改善生态环境，临汾市在工程建设过程中采用了生态护坡技术，经过一年的跟踪检验，证明生态袋护坡绿化效果良好，生态效益显著。

1　传统护坡工程问题分析

传统的护坡工程主要采用浆砌石、干砌石、现浇混凝土、铺砌混凝土预制块等单纯工程措施，护坡结构稳固、整齐一致，却对生态环境和人居环境造成了以下几个方面的负面影响。

1.1　破坏生态环境

传统的护坡工程使用硬体结构将整个河岸表面封闭起来，阻断了土壤和水体之间的物质交换通道，打破了河流生态系统的整体平衡，削弱了水体的自净能力，岸边的垃圾以及地表径流带来的污染物轻易进入水体，对水质和水环境产生了不同程度的负面影响。传统的混凝土护坡所使用的化学添加剂在水中发生反应，加速水体水质的恶化，致使水生生物、沿河野生物不断减少。据统计，城市河道衬砌后，沿河生物种类减少了 70% 以上，而水生物也只相当于原来的 50%[1]。

1.2　影响人居环境

当前建设的城区段河道走向笔直、坡面整齐，虽然整齐美观，但使河道失去了原有的生机，与现代人返璞归真、回归自然的追求不相和谐，与改善现代城市人居环境建设人文景观的理念相违背。

2　生态护坡系统简介

水利事业，已经从工程水利向资源水利转变，这就意味着河道不仅应具有"泄洪、排涝、蓄水、引清、航运"等水道的基本功能，而且还要有调节生态平衡的环境功效。在现代人对水域生态环境要求逐渐提高，追求人与自然和谐相处的条件下生态护坡技术应运而生[2]。

生态护坡技术是基于生物科学、水利工程学、生态学和水土保持学等学科的基本原理，采用工程材料与植物相结合的方法，构建具有生态功能的护坡系统，实现"水体—土壤—生物"之间的物质、信息和能量循环体系，在防止水土流失，确保边坡稳定的前提下实现改善生态环境和人居环境的目的[1]。

3　生态袋柔性护坡系统简介

生态袋柔性护坡是生态护坡的型式之一，使用柔性环保的材料代替了混凝土、石料等传统硬质材料，建造生态环保的边坡工程，并且在很大程度上解决了多种传统刚性护坡难以突破的技术难题，使结构稳定，水土保持与绿化一次完成，是生态、环保、节能与柔性结构四位一体的边坡建设新技术[3]。生态袋柔性护坡建成后的景观见图 1。

生态袋柔性护坡具有以下特点：

图1 生态袋柔性护坡建成后的景观

3.1 生态环保

生态袋是使用特定工艺,将种子、长效肥、有机基质、保水剂等按照一定的密度和比例定植在可自然降解的无纺布或其他材料上,并经过机器的滚压和刺针的复合定位工序形成一定规模的产品[4]。

由于选用具有抗老化、抗紫外、抗酸碱盐及抗微生物侵蚀,无毒,不助燃,裂口不延伸,并永不降解,百分之百回收的高质量环保材料,施工作业过程中不产生噪声和建设垃圾,实现了真正的零污染。

生态袋选用植物的多样化,便于生态系统快速恢复,可与自然生态环境完美融合。护坡植被可调节地表和地下水文状况,使水循环过程发生一定的变化。

3.2 结构稳固

生态袋透水不透土的过滤功能,既能确保土壤中水分的正常循环,又能有效防止养分和土壤的流失,袋体的立体网状纤维结构消减了雨水冲击的能量,降低了雨水径流对土壤的冲刷、侵蚀影响。

植物根系可以通过生态袋自由生长,进入基层,进一步对植物与袋体进行加固,时间越长越牢固,确保了边坡的永久稳定性。生态袋允许变形能力大,对不均匀沉降的适应性好,能够消减土体回弹产生的土压力,抗震性较好,同时结构不会产生温度应力,无需设置温度缝。所以,生态袋柔性护坡是自然的有生命的永久生态工程。

3.3 便于施工、效益显著

传统防护工程投资多、造价高、工程量大且治理面积小,需长期投入人力、物力和财力进行检修。而生态袋柔性护坡生态袋充填材料采用当地边坡修整材料,通过简单的岗前培训和现场指导,没有施工作业经验的普通劳动力都可以参加建设。无需大型机械,人工培植或自然生长容易,适宜当地植物迅速生长,短时间内还原原始环境。植物出苗率高,坡面绿化效果持续稳定,只需要进行简单的修剪工作。其工程造价仅为浆砌石护坡的1/4,为现浇混凝土薄板护坡的1/3,为混凝土预制块干砌护坡的1/5,生态袋柔性护坡工程的施工速度是传统防护工程的数倍,具有投资小、见效快、效果好的特点[5]。

4 生态袋柔性护坡系统施工方法及应注意的问题

4.1 施工材料的准备

4.1.1 生态袋的选用

选用的生态袋的孔径必须大小适宜,在防治土壤流失的情况下保证植物根系穿透和自由生长,确保植物生长牢固、覆盖率高。

4.1.2 种子的选用

在符合使用要求的前提下,尽量选用适宜当地水文情况和气候条件的乡土植物,优先选用易于成活、便于管理的植物。为了达到抗旱性、生长期、覆盖率及根系等方面的优势互补,确保植被生长茂盛,可以采用乔、灌、花、草等的一种或多种立体植被形式。经实践,适宜临汾地区绿化的品种有高羊茅、百喜草、狗牙根等。

4.1.3 种植土的准备

种植土的配比,按照腐殖质:素土=1:4的比例进行。其中腐殖质的比例不可过高,因为经过试验,在腐殖质含量过高的情况下,种植土质地偏软,后期填装进生态袋,袋体比较松软,不利于后期的码放、植物种植等工作。

4.2 生态袋填装

装土时应装到生态袋的标志处,袋较长时,每装到1/3要将袋内填料抖紧。确保生态袋完全被填充物所填满,并保证装土量均匀,重量一致,避免袋布褶皱、袋体产生较大变形。装袋封口要规范,确保封口不破不漏,结实牢固。

4.3 生态袋的夯实、整形

为确保袋体安装的质量和外观整形质量,每个生态袋铺设完成后要用铁(木)夯进行夯实,压实度建议在70%以上,袋体夯实后应密实、平整,与标准线同高,相邻袋体无明显高差。袋体夯实后,使用铁夯或木拍板进行侧边修整,以便袋体间紧密无缝隙,有效减少袋后土流失,且形成坡体美观的效果。

4.4 防护及管理措施

施工中遇雨应及时将未施工的袋体进行遮盖,防止袋体浸泡后无法使用。

生态袋坡体完成后,如坡段仍有其他施工队进行施工,应提前进行提示,避免已完成的坡体受到损坏。

"三分建、七分管",生态袋柔性护坡施工完成后应加强管理,平时注意看护,减少病虫害发生,春夏防止牲畜啃食,秋冬防止火患。初期管理应适时不定期灌溉、清沙和保土护根等工作。

5 结语

滨河水域是城市的窗口,滨河水域的生态体现出现代城市的精神和风貌。当前,各地正在蓬勃掀起河道整治工程建设的高潮,充分利用生态资源,以科学合理的方式开发建设好城区河堤,对于改善人居环境和生态环境,提升城市形象有着积极的作用。

生态袋柔性护坡作为生态河道建设中的一种全新的结构形式,有着生态环保、适用性强的特性,又有着良好的结构稳定性和透水性,投资少、见效快、效果好,值得广泛推广。

参考文献

[1] 王骏.城市河道整治中的生态护坡结构探讨[J].中国西部科技,2011(1):58-60.

[2] 刘继楠,孙丽嫒.浅谈生态护坡在防洪工程中的应用[J].民营科技,2010(6):45-48.

[3] 严超群.三维排水柔性生态边坡防护技术研究[D].西北农林科技大学硕士论文,2009:41-44.

[4] 董鸿斌,梁爱斌,王应彪.浅谈生态袋边坡复绿技术[J].陕西林业,2009(8):13-15.

[5] 郑素苹,陈济锋.三维网垫植草护坡在工程护坡中的应用[J].岩土工程界,2007(1):60-61.

[作者简介] 范鹏飞(1987—),男,2009年毕业于山西农业大学农业资源与环境专业,助理工程师。

本文刊登在《水资源与水工程学报》2012年2月第23卷第1期

潮汐水域水力热力特性模拟及工程应用

高燕芳

(山西省水利水电工程建设监理公司　总工办,山西太原 030002)

[摘　要]结合可门电厂工程实际,采用数值模拟和物理模型试验相结合的方法,对电厂附近潮汐水域的水力热力特性进行了系统的研究。数值模拟和物理模型试验是分析温排水在受纳水域中扩散运移规律的有效方法,可以模拟电厂冷却水排放所产生的流速场、温度场,分析热量的影响范围、时间及强度,优化取排水口工程布置。

[关键词]冷却水;水力特性;热力特性;物理模型;数学模拟

[中图分类号] TV744　　[文献标识码] A　　文章编号:1672-643X(2012)01-0153-04

1　研究意义

随着国民经济的发展,河流、海湾、湖泊和水库受工业废水或生活废水的注入而引起的水环境问题已不容忽视,如何正确地预报水域水质的变化情况,防止环境污染及水生物链的损害是目前的重大研究课题。工业废弃水中常常伴有不同程度的废热存在,因此,热排放问题也是水环境预测、保护中经常遇到的问题。

火/核电厂是向水环境排放废热的主要单位。尽管现代科学技术已很发达,但电厂的热效率仍很低,携带巨大能量的温排水,采用水面冷却时,会给附近水域带进大量废热。利用天然水域释热的方法涉及两方面的问题:①冷却水取水温度的高低直接影响电厂的发电效益,如何合理地布置取排水口,充分利用水面资源散热,使电厂能取到低温水,避免发生热水短路现象[1];②冷却水排入附近的受纳水域中,不仅会引起受纳水域水温变化,而且对水质、水生物等会产生许多连带影响,严重时会发生热污染现象。

上述两方面问题的深入研究都要求对受纳水域的温度进行合理的预报和控制,其基础就是对受纳水域温度分布的定量描述。

2　研究方法

针对废热在水环境中随水流的扩散、迁移变化规律,主要研究方法有:理论分析、原型观测、数值模拟和物理模型试验。目前,数值模拟与物理模拟缺一不可,它们互相补充,取长补短,在工程设计和环境评价中起到了重要的作用。

2.1　数值模拟

数值模拟是将描述水流运动的方程组,采用离散化方法,建立数学模型,并通过计算机进行计算,得到时间和空间上离散点各变量的值,从而对流场进行定量的描述。

2.1.1　数值模拟的优点

数值模拟方法有其突出的优点,所有试验条件都以数字形式给出,对流体无扰动,不存在缩尺效应,不受实验场地和观测仪器影响。数值模拟时间取决于计算机速度和计算方法,某一数学模型及其计算程序完成后,对同类问题具有普适性,可被反复引用。因此,数值模拟方法具有高效、经济、简便的优点。

2.1.2　数值模拟的局限性

数值模拟的局限性主要表现在:①数值模拟依赖于控制方程的可靠性,计算结果也不能提供任何形式的解析表达式,只有有限个离散点上的数值解;②数值模拟的可靠性和精度取决于数学模型、离散方法、边界处理等各环节,处理不当将难以准确地表达实际情况,甚至造成伪物理现象;③数值模拟往往需要由原体观测或物理模型试验提供某些流动参数。

2.1.3　深度平均的潮流运动方程

对于河口或大型水库,往往垂向加速度与重力加速度相比很小,可以忽略。当模拟水域的水平尺度远大于垂向尺度,水平流速远大于垂向流速时,物理量沿水深方向的变化相对沿水平方向的变化要小的多,略去物理量沿水深方向的变化,可得到沿水深平均的二维流动基本方程[2]。

连续性方程：

$$\frac{\partial \xi}{\partial t} + \frac{\partial (Hu)}{\partial x} + \frac{\partial (Hv)}{\partial y} = 0 \qquad (1)$$

运动方程：

$$\frac{\partial u}{\partial t} + u\frac{\partial u}{\partial x} + v\frac{\partial u}{\partial y} = -g\frac{\partial \xi}{\partial x} + fv -$$

$$\frac{gu}{C^2 H}\sqrt{u^2+v^2} + \frac{\tau_{sx}}{\rho H} + \frac{1}{H}\frac{\partial}{\partial x}\left(HE_x\frac{\partial u}{\partial x}\right) +$$

$$\frac{1}{H}\frac{\partial}{\partial y}\left(HE_y\frac{\partial u}{\partial y}\right) \qquad (2)$$

$$\frac{\partial v}{\partial t} + u\frac{\partial v}{\partial x} + v\frac{\partial v}{\partial y} = -g\frac{\partial \xi}{\partial y} - fu - \frac{gu}{C^2 H}\sqrt{u^2+v^2} +$$

$$\frac{\tau_{sy}}{\rho H} + \frac{1}{H}\frac{\partial}{\partial x}\left(HE_x\frac{\partial v}{\partial x}\right) + \frac{1}{H}\frac{\partial}{\partial y}\left(HE_y\frac{\partial v}{\partial y}\right) \qquad (3)$$

温度方程：

$$\frac{\partial \theta}{\partial t} + u\frac{\partial \theta}{\partial x} + v\frac{\partial \theta}{\partial y} = \frac{\partial}{\partial x}\left(K_x\frac{\partial \theta}{\partial x}\right) + \frac{\partial}{\partial y}\left(K_y\frac{\partial \theta}{\partial y}\right) - \frac{K\theta}{\rho C_p H} \qquad (4)$$

式中：$\tau_{sx} = \tau_s\cos\alpha$，$\tau_{sy} = \tau_s\sin\alpha$，$\tau_s = C_D\rho_a W^2$，$H = h_b + \xi$，$\theta = T - T_\infty$，$f = 2\omega\sin\Phi$，$u$、$v$ 分别为 x、y 方向的垂向平均流速；t 为时间变量；g 为重力加速度；C 为谢才系数，用公式 $C = H^{1/6}/n$ 计算，n 为曼宁糙率系数；H 为水深；ξ 为相对基准面水位；h_b 为基准面以下水深；E_x、E_y 为 x、y 方向广义黏性系数；θ 为超温；T 为垂向平均水温；T_∞ 为自然水温；K_x、K_y 为广义热扩散系数；ρ 为水密度；ρ_a 为空气的密度；C_p 为水的定压比热；K 为水面综合散热系数；W 为风速；α 为风向角度；f 为柯氏力系数；ω 为地球自转角速度；ϕ 为当地的纬度；τ_s 为表面风应力；τ_{sx}、τ_{sy} 为表面风应力在 x、y 方向的分力；x、y 为坐标。

定解条件：

（1）初始条件：$u(x,y,0) = u_0(x,y)$，$v(x,y,0) = v_0(x,y)$，$\xi(x,y,0) = \xi_0(x,y)$

$$\theta(x,y,0) = \theta_0(x,y)$$

（2）边界条件：陆地边界：采用滑移条件，即 $\vec{V}\cdot\vec{n} = 0$，潮间带采用动边界模拟处理；温度为绝热条件，$\frac{\partial \theta}{\partial n} = 0$。

潮流水边界：给出变化过程，即 $\xi(x,y,t) = \xi(t)$，其潮位过程由实测资料推求。流速、温度采用基于对流的外延插值法获得。

取排水口边界：速度和温度由不同工况下的排水流量和热量守恒推出。

2.2　物理模拟

物理模型试验是根据水流流动特性，抓住影响水流运动的主要作用力，按照相似准则，将原体缩制成模型，使模型模拟与原体相似的流动情况，对模型进行观测，取得试验数据后，再按照模型比尺将模型结果引伸于原体，对自然现象进行研究的方法。

2.2.1　物理模拟的特点

与数值模拟相比，物理模型具有投资大、周期长、灵活性差的特点。同时物理模型试验也存在着如缩尺效应、变态影响等深层次问题。

2.2.2　水力热力物理模型

水力热力物理模型是在水流特性模拟的基础上，增加了温度变量，使试验考虑因素增多，不仅要求模型水流与原体相似，还要求冷热水产生的浮力分层相似。对于潮汐水域温排水的物理模型试验，应首先通过控制模型的边界流量或水位，使模型水流能反映潮流特性。一般潮流开边界条件由原体观测资料或经过验证的数模计算结果给出。

2.2.3　水力热力物理模拟方程

物理模型试验，是应用量纲和谐[3]及相似理论等知识，将原体缩制成模型，研究水流运动规律的方法。

根据相似理论，得严格的相似条件为：

几何相似：

$$\left[\frac{b}{a}\right]_r = \left[\frac{c}{a}\right]_r = \left[\frac{\Delta}{h}\right]_r = 1 \qquad (5)$$

运动及动力相似：

$$(Eu)_r = (Fr_d)_r = (Fr)_r = (Re)_r = (PC)_r = 1 \qquad (6)$$

热平衡相似要求：

$$\left[\frac{\varphi'}{\varphi_0}\right]_r = \left[\frac{\varphi}{\varphi_0}\right]_r = 1 \qquad (7)$$

式中：E_u 为欧拉数；Fr_d 为密度佛汝得数；Fr 为佛汝得数；Re 为雷诺数；P_c 为比热系数；φ_0 为进入水体的总热量；φ' 为固壁总体散热量；φ 为水面总体散热量。

模型设计都是以模型相似理论为基础，但不可能同时满足所有的相似准则，需结合试验目的，根据水流运动的特点，抓住主要矛盾，选择适宜的模型相似准则，使模型水流能与原体相似。

3　验证试验

3.1　潮位验证

影响模型与原体潮位相似的主要因素有：模型地形、河床糙率、水边界进出流量[4]。水边界控制条件一般由原体资料或经过验证的数模计算结果给出，按相似原理换算到模型。在模型中至少应有两个潮位验证点，模型制作及设备安装工作完成后，要试放水，进行水位观测，并与原体或数模结果相比较。若不符合，应首先核对地形,其次对糙率和水边界流量适当调整,使模型水位与原体水位基本一致。

3.2 流速验证

在潮位验证的基础上,模型内应包括多个流速验证点,模型与原型各验证点的流速、流向应基本吻合。在水流进出口处流速、流态不相似往往是由于模型进口段水流或尾门的影响,可采取加设滤波设施等措施,减小对水流流态的影响。当沿程潮位均一致时,流速的相似性将不致有太大的偏离[5]。

4 工程应用

4.1 工程概况

福州可门火电厂位于福州市连江县坑园镇颜岐村,在罗源湾南岸。电厂一期工程已建设 2×600 MW 机组;二期扩建工程拟建设 2×600 MW 机组。电厂采用海水作为冷却水源,可门电厂附近海域潮汐属正规半日潮,罗源湾内潮流基本上沿等深线作往复运动,大潮时最大余流流速 13.4 cm/s,小潮时最大余流流速 6.2 cm/s。

4.2 试验目的

对二期运行工况(装机容量 4×600 MW)取排水方案进行温排水试验:方案 1:二期取排水原设计方案;方案 2:二期取水口向岸缩近 50 m。了解温排水随潮流的变化规律,对二期取水口向岸缩进对温排水的影响进行分析。

4.3 模拟范围

数值模拟应用二维浅水潮流数学模型,采用分步杂交法求解深度平均的水流运动控制方程,采用能适应天然不规则边界的三角形计算网格,网格布置如图1所示。

图 1　数模计算网格布置图

物理模型选定将南北两水道的分、汇流线取为固壁曲线边界,忽略扩散效应,将模型设计为半整体模型,模拟范围为 15.0 km×5.4 km(见图2)。

4.4 潮流验证

4.4.1 数值模拟验证

计算结果与实测结果比较见图3。由图可见,无论是潮高还是相位,计算值与实测值都吻合良好,计算

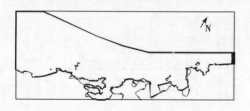

图 2　物理模型范围示意图

所得各测点的流速、流向与实测数据趋于一致。

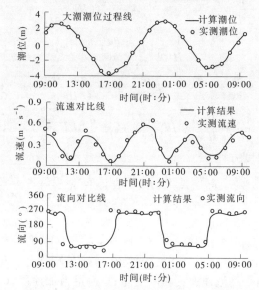

图 3　数值模拟潮流验证

4.4.2 物理模型验证

结合数值模拟计算结果,确定物理模型试验的边界流量及潮位、流速验证点,计算值、实测值及模型值对比见图4。由图可见:模型潮位、实测潮位及计算潮位变化过程基本一致。模型流速、流向与实测资料及计算结果均吻合良好。

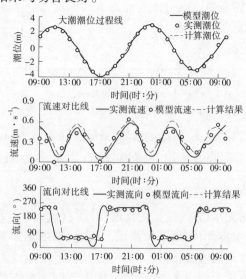

图 4　物理模型潮流验证

模型流场与原型流场相似,能反映原型流场的流动特性,为热水的输移和扩散提供了可靠的流场基础。

4.5　热力试验

4.5.1　试验数据

针对取水口两个布置方案,分大、小潮共四组工况进行了电厂冷却水水力热力特性物理模型试验,对热水温升分布规律进行了分析,得出了全潮最大温升等值线包络面积和全潮平均温升等值线分布面积,见表1。1#、2#取水口试验所得的取水温升特征值见表2。

表1　温升等值线面积 (km², ℃)

组次	工况	潮型	温排水全潮最大温升等值线包络面积					温排水全潮平均温升等值线包络面积				
			4	3	2	1	0.5	4	3	2	1	0.5
1	1	大潮	0.22	0.64	1.41	3.79	7.53	0.04	0.08	0.18	1.14	5.33
2	1	小潮	0.52	1.05	2.27	4.17	6.57	0.04	0.08	0.23	1.29	3.37
3	2	大潮	0.30	0.62	1.55	3.72	7.86	0.03	0.07	0.19	1.11	5.36
4	2	小潮	0.43	0.91	2.17	4.58	6.68	0.03	0.08	0.22	1.32	3.99

表2　取水温升特征值 (℃)

组次	潮型	方案	编号	1#取水口			2#取水口		
				最大	最小	平均	最大	最小	平均
1	大潮	方案1	1 - S	1.28	0.23	0.46	1.05	0.23	0.44
3	大潮	方案2	2 - S	1.02	0.29	0.48	1.51	0.47	0.68
2	小潮	方案1	1 - S	0.97	0.38	0.56	0.86	0.37	0.53
4	小潮	方案2	2 - S	0.93	0.39	0.63	1.12	0.53	0.81

4.5.2　试验结论

①同一潮型下,各种工况温升分布形状、面积相近,取水口有无缩进对温升分布影响不大。②2#取水口向岸缩进对1#取水口影响不大,取水温升过程线基本接近,平均温升变化在0.1℃以内。③2#取水口向岸所进后,取水温升有所增加,比缩进前高0.3℃左右。

5　结语

随着计算机和现代计算技术的不断发展,物理模拟与数值模拟相结合,成为研究温排放扩散、掺混运动的重要手段:数学模型可以克服试验场地、模型比尺的限制,为物理模型提供必要的边界流量及潮位、流速验证点,提高物理模型的可信度;物理模型的试验结果能对数学模型提供验证资料。二者在工程实际中相结合,互相取长补短,能够取得满意的试验结果。

参考文献

[1] Helmut Kobus. 清华大学水利系泥沙实验室译. 水力模拟[M]. 北京:清华大学出版社,1988.

[2] 周雪漪. 计算水力学[M]. 北京:清华大学出版社,1995.9.

[3] 吴持恭. 水力学(上、下册)[M]. 北京:高等教育出版社,1979.2.

[4] 陈凯麒. 潮流海域冷却水运动的模拟验证[J]. 水动力学研究与进展(A辑),1994,9(1):104-111.

[作者简介] 高燕芳(1980—),女,山西阳泉人,硕士研究生,工程师,主要从事水利工程监理工作。

本文刊登在《科学之友》2011年5月第14期

蓝牙无线通信技术在供水工程
监控系统中的开发

乔永平[1,2]

(1. 山西省水利水电工程建设监理公司，山西太原 030002；
2. 太原理工大学水利科学与工程学院，山西太原 030024)

[摘 要]文章结合临猗防氟供水工程自动化监控系统的工程实际，提出将蓝牙无线通信技术应用于供水自动化监测系统中的短距离数据通信环节，实现供水自动化监控系统数据通信有线传输与无线传输的结合，具有灵活、方便、可靠性高、成本低廉等优点。文中设计了蓝牙设备在供水自动化监控系统中的局域点接入方案，并对其信号稳定性加以论证分析，研究了将蓝牙无线通信技术应用于供水自动化监控系统的可行性和适用性。

[关键词]自动化；蓝牙技术；无线通信
[中图分类号] TN925　　　[文献标识码] A　　　文章编号：1000 - 8136(2011)14 - 0150 - 03

1 供水工程自动化监控系统的发展

在国外，美国、日本、英国、荷兰和前苏联等国家的绝大多数供水系统都实现了供水监控自动化，系统大都采用集中管理分层分布的方式：在一个水系上设中央管理站，采用电子计算机和遥测、遥控装置，对泵站、水工建筑物及渠道等进行集中监控，达到水资源综合利用的目的。国内1972年江都泵站进行了监控自动化试验，将4个泵站用有线远动装置进行集中监控，用无线远动装置将其周围有关的水闸连成一体，对整个枢纽进行遥测、遥控、遥信和遥调，由于元器件质量问题，操作经常失灵。随着计算机 RISC 技术、图形化人机界面技术、网络技术、操作系统标准化技术的飞速发展，"开放系统"的概念开始被计算机厂商和用户接受，系统的升级和扩容问题已得到较好的解决，采用通用组态软件实现供水系统的控制、自动调用已存储的故障模式，判断故障类型给出处理措施，及时排除故障，并对该故障记忆进行自学习，通信技术的优化升级等将是提高系统运行可靠性、降低系统投资及减少停机次数、提高生产效率的必然发展趋势。

临猗县全县16个乡，地下水中符合饮用标准的仅有孙吉镇，其余各乡镇的地下水含氟超标均比较严重。兴建的"临猗县防氟供水工程"，即从角杯乡吴王黄河滩打井取水，由4眼含氟0.6~0.8 mg/L的机井提供水源，经过9.9 km的引水管道和一级加压泵站送至东张镇西仪村，经过二次加压后，通过35.5 km的输水干管送至县城西侧，该工程能彻底解决包括县城在内的15万人饮用高氟水问题。

为了提高此供水系统的管理水平及利用率，特开发了自动化监测与控制系统，拓扑图见图1。本研究将蓝牙无线传输技术应用于该供水泵房内监测设备与工控计算机之间的短距离无线数据的传输，方案设计中开发了蓝牙局域网接入点，以实现有线传输和无线传输的最优融合，为供水工程自动化监测控制系统的合理经济开发提供了新的实现思路。

2 蓝牙技术简介

蓝牙技术是一种在不同设备间实现无线连接的技术，它可实现多种设备之间的短距离无线连接[1]。蓝牙技术最初在1998年5月由爱立信、IBM、英特尔、诺基亚、东芝等5家公司联合开发，其目的是实现最高数据传输为1 Mb/s(有效数据传输速率为723 kbp/s(不对称)和432 kbp/s(对称)的数据传输，可以实现普通数据和语音数据的传输。)最大传输距离为10 m的无线通信协议，如果增加功率或是加上某些外设便可达到100 m的传输距离[2]。蓝牙技术的标准是IEEE802115，采用国际公用的214GHzISM频段并使用高速跳频、时分多址、权向纠错编码、ARQ、TDD 和基

带协议等先进技术,可以在近距离内最廉价地将几台

数字化设备呈网状链接起来。

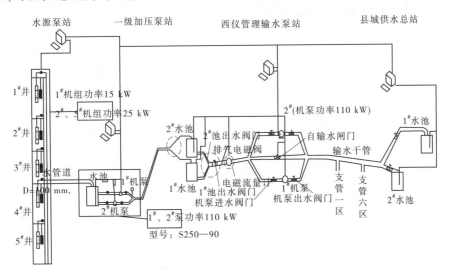

图1　工程自动化控制示意图

蓝牙技术目前大都是以满足美国 FCC 的要求为标准。在一个供水自动化监测系统中,最下层是数据采集和处理模块单元,采集各个监测点的数据,进行处理后发送给上位机,并接收上位机发送来的控制命令和控制参数,将蓝牙无线通信技术应用于供水自动化监控系统,可以克服有线方式和传统无线方式的不足,通过嵌入蓝牙模块设备,实现对供水自动化监控系统参数进行无线数据读取和实时诊断,比起传统红外技术和射频技术更安全和方便,也避免了传统设备的接触式监测,比起 GPS 网络,蓝牙无线通信技术更稳定安全,也更节约成本。

3　临猗防氟供水工程自动化系统蓝牙局域网接入点的开发

对于蓝牙无线通信技术在供水自动化监控系统中的应用而言,通过将有线和无线结合的方式,既可以发挥无线传输灵活的特点,又具有有线传输安全、稳定且不受传输距离的影响。因此根据临猗防氟供水工程自动化监控系统的工程实际,在大量研究方案比较的基础上,本研究将蓝牙无线传输技术应用于该供水泵房内监测设备与工控计算机之间的短距离无线数据传输,在蓝牙规范中对其网络封装协议和联网应用框架已经有很好的定义,本研究在此基础上开发蓝牙局域网接入点,是实现有线传输和无线传输的最优融合。

3.1　蓝牙局域网接入点组网模型

根据临猗防氟供水工程自动化监控系统的实际情况,设计开发的蓝牙局域网接入点组网模型见图2。现场若干个带蓝牙模块的监测设备通过蓝牙无线数据传输方式连接到局域网接入点(根据蓝牙组网的特点,一个接入点最多可以同时连接 7 个现场设备)。

局域网接入点完成蓝牙网关的功能,通过将蓝牙数据包转化为网络数据包发送到局域网上。因此,远程计算机可以实现对现场数据的实时监测[3]。

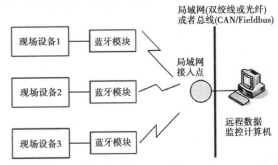

图2　蓝牙局域网接入点组网模型图

3.2　局域网接入点实现方案

蓝牙局域网接入点的实现需要在硬件上增加网卡适配器,本研究的关键技术是软件在蓝牙芯片中增加蓝牙网络封装协议。以下就其方案的实现思想做基本介绍。

在局域网接入点中,每一个与之建立连接的蓝牙设备都将与该接入点中的一个 TCP 端口绑定。这样,在局域网或 INTERNET 中就可以通过网关的 IP 地址和端口来标识该蓝牙设备。当蓝牙设备与网络中主机交互信息时,接入点负责蓝牙通信协议和 TCP/IP 协议之间的转换工作,从而使蓝牙设备与计算机网络进行透明的数据交换[4]。

蓝牙局域网访问应用框架(LAP)定义协议堆栈见图3。管理实体(Management Entity)负责完成初始化、配置和连接管理过程。LAP 使用基于串口仿真协议(RFCOMM)的点对点协议(Peer—Peer Protocol,PPP)完成与局域网(Local Area Network,LAN)的通信。PPP

是一种普遍采用的连网协议,它提供身份鉴权、数据加密、数据压缩等多种机制。LAP 中,由传输控制协议(TCP)和用户数据报协议(UDP)承载的 IP 数据分组

通过 PPP 协议层在蓝牙数据终端设备与局域网接入点之间传输。

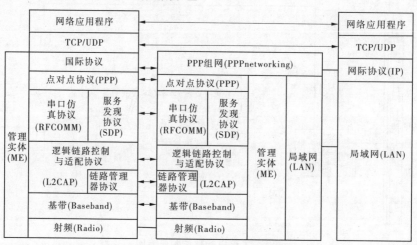

图3 蓝牙局域网接入框架协议图

LAP 的通信流程如下:

(1)作为数据终端(Data Terminal,DT)的现场监测装置蓝牙模块必须首先发现一个局域网接入点(LAN—AP),DT 经过查询,向 LAN—AP 发送服务发现请求,LAN - AP 在其内部的服务中发现数据库(Service Discovery Database,SDDB)查询所需要的服务记录,并将查询结果送回 DT。如果 LAN—AP 提供 DT 所需的服务,就开始建立连接,访问局域网。

(2)DT 与 LAN—AP 首先建立物理链路,然后执行鉴权等安全性进程,鉴权通过以后,依次建立 L2CAP、RFCOMM 和 PPP 连接。

(3)在建立 PPP 连接后,就可以开始交换 IP 数据分组和局域网的接入访问。

4 蓝牙模块选型

本系统选用南京凯春科技有限公司生产的 KC - 03 蓝牙模块作为现场设备与工控计算机之间的数据无线传输设备。其产品主要性能参数如下[5]:

(1)KC - 03 蓝牙模块,采用 CSR 公司 BlueCore02_Audio_Flash 蓝牙芯片。附加 Atmel 公司 T7024 蓝牙专用前端芯片,扩展成标准的 1 级蓝牙模块(Classl),通信距离达到 100 m。

(2)蓝牙模块支持 USB 口、RS232 串行口、Audio 语音口的无线通信,不仅模块之间可以相互通信,而且模块与目前市场上所有的蓝牙设备都可以进行相应的蓝牙数据、语音通信。

(3)KC - 03 蓝牙模块附有高效板载倒 F 型射频天线,引脚采用 1.27 mm(50 mil)双列直插排针,方便用户使用。

(4)KC - 03 模块采用的是 Flash 版蓝牙芯片,用户可以自行开发各种应用软件。同时,该公司针对目前市场情况,开发了多个应用软件,出厂时预先载入模块,客户可以直接应用,不必再购买昂贵的蓝牙开发设备,再投入大量的人力资源开发。这些应用几乎涵盖了所有的蓝牙应用,而且配合该公司的蓝牙开发板,所有的这些应用都可以在开发板上运行调试。

KC - 03 蓝牙模块实物图见图 4,KC - 03 蓝牙模块开发板实物图见图 5。

图4 KC - 03 蓝牙模块实物图　　图5 KC - 03 蓝牙模块开发板实物图

5 结论

蓝牙是一种低成本、低功耗的无线通信技术,尤其是近两年来,它的发展尤其迅速,具有蓝牙功能的产品越来越多地出现在工作和生活当中。针对现有供水自动化监控领域对无线通信技术的需求,文章结合临猗防氟供水工程的工程实际所提出的将蓝牙无线通信技术应用于供水自动化监控系统的方案是可行的,结论如下:

(1)采用蓝牙无线模块实现设备之间的无线局域网操作简单、成本较低。

(2)对所构建的实际网络的运行测试结果表明在

通信距离、数据发送速率、组网能力等方面完全达到了供水泵房环境下对数据传输速率、稳定性、可靠性和组网能力等各方面的要求。

（3）将蓝牙无线传输技术应用于该供水泵房内监测设备与工控计算机之间的短距离无线数据传输，在此基础上开发蓝牙局域网接入点，实现了有线传输和无线传输的最优融合，为供水工程自动化监测控制系统的合理经济开发提供了新的实现思路。

（4）对供水工程自动化监控而言，通过有线和无线结合的方式，既可以发挥无线传输灵活的特点，又具有有线传输安全、稳定且不受传输距离影响等特点，是一种较好的解决方案。

需要说明的是：在供水自动化监控领域中，蓝牙技术的开发研究还处于起步阶段，但以蓝牙为代表的无线通信技术在供水自动化监控领域的应用前景非常广阔。

参考文献

［1］ 曹斌.基于移动控制的新型数控系统中的蓝牙通信技术及其实现方法［D］.合肥：合肥工业大学，2005：4-8.

［2］ 严紫建.刘元安.蓝牙技术［M］.北京：北京邮电大学出版社，2001：2-8.

［3］ 焦凯.基于蓝牙技术的无线局域网系统的研究与实现［D］.南京：南京理工大学，2005：12-9.

［4］ 马建仓，罗亚军，赵玉亭.蓝牙核心技术及应用［M］.北京：北京科学出版社，2003：4-10.

［5］ 唐欣，陈雷，周正.干扰受限环境下蓝牙系统的性能及自适应跳频共存机制［J］.电路与系统学报，2003，10：23-27.

［作者简介］乔永平(1973—)，男，1995 年 7 月毕业于山西经济管理学院，高级工程师。

本文刊登在《山西建筑》2011 年 3 月第 37 卷第 7 期

监理检测在张峰水库工程质量控制中的应用

李玉鑫

（山西省水利水电工程建设监理公司，山西太原 030002）

[摘　要]以张峰水库工程为背景,详细归纳了工程建设监理检测的主要内容及实施情况,并总结了几点监理体会,通过监理单位运用先进的设备,科学的检测手段,有效的控制了工程质量。

[关键词]水利工程;质量;监理;检测

[中图分类号]TV523　　　[文献标识码]B　　文章编号:1009 - 6825(2011)07 - 0221 - 03

质量检测是水利工程监理对工程质量进行监控的重要手段之一,为有效控制、公正评价水利工程建设质量,监理单位必须具备检测技术力量,配备所需的具有相应水平和资格的质量检测人员,必要时,还应建立可靠的对外委托检测关系。在山西省张峰水库工程建设中,监理单位运用先进的设备,科学的检测技术手段有效的控制了工程质量。

1 工程概况

张峰水库工程位于山西省晋城市沁水县郑庄镇张峰村沁河干流上,距晋城市城区 90 km,是以城市生活和工业供水,农村人畜饮水为主,兼顾防洪、发电等综合利用的大(2)型水库枢纽工程。主要建筑物为二级,水库防洪标准设计为 100 年,校核为 2000 年,水库设计总库容 3.94 亿 m^3。枢纽部分主要包括:拦河坝、溢洪道、导流泄洪洞及供水发电洞等。

大坝为黏土斜心墙堆石坝,设计坝高 72.2 m,坝顶长 634.0 m,坝顶宽 10.0 m。土石方填筑总工程量为 309.92 万 m^3,其中:黏土 59.42 万 m^3、反滤料 13.70 万 m^3、过渡料 22.73 万 m^3、堆石料 214.07 万 m^3、干砌石护坡 3.61 万 m^3。

2 张峰水库大坝工程监理检测范围

检测范围为黏土斜心墙堆石坝。

3 检测工作内容

1)按照大坝填筑分区技术指标进行检测,指标如表 1～表 3 所示。

表 1　大坝填筑分区技术指标

技术指标		填筑材料						
		黏土料	反滤料		过渡料		堆石料	
			2A	2B	3A	3B	4A	4B
粒径及级配要求	粒径范围 d（mm）		0.1～20	5～60	0.1～250	4～300	≤800	≤800
	$P_{d \leq 5 mm}$（%）						≤25	≤30
渗透系数（cm/s）		$< 1 \times 10^{-6}$	$> 4.86 \times 10^{-4}$	$> 4.86 \times 10^{-4}$	$> 6.94 \times 10^{-3}$	$> 6.94 \times 10^{-3}$	$> 4.96 \times 10^{-2}$	$> 4.96 \times 10^{-2}$
最优含水率		±2%；+2%～+3%（高塑土）						
压实度		≥98%；≥95%（高塑土）						
相对密度			≥0.75	≥0.75	≥0.75	≥0.75		
孔隙率（%）							≤24	≤24

表2 反滤料设计级配表

粒径范围（mm）	包线名称	颗粒组成（%）										
		60	40	20	10	5	2	1	0.5	0.2	0.1	0.075
2A 0.1~20	粗包线			100	86	71	51	37	22	3	0	0
	细包线					100	79	64	49	30	15	5
2B 5~60	粗包线	100	67	38	12	0						
	细包线		100	77	45	12	0					

表3 过渡料设计级配表

粒径范围（mm）	包线名称	颗粒组成（%）									
		300~150	150~100	100~60	60~20	20~10	10~5.0	5.0~2.0	2.0~1.0	1.0~0.5	<0.5
3A 0.1~250	上包线		4.5	11.5	19.5	9.5	8.0	10	7.0	7.5	22.5
	下包线	15.5	9.0	10.5	19.0	9.0	8.0	9.0	7.5	7.0	5.5
3B 4~300	上包线	6.0	17	22	27	12.5	12.5	3.0			
	下包线	39	16	14	21	10					

为主要武器开展激烈的竞争,高质量的产品才会是胜利者。

建筑业作为国家拉动国民经济增长的支柱性产业,产品的质量与国家经济发展、人民生活水平息息相关,其产品质量好坏直接关系到人民群众的生命财产安危。我国历来就十分重视建筑质量,经过近50年的曲折发展,特别是近期一系列法律、法规、条例的颁布和出台,对保证建筑产品的质量起到了显著作用,建筑质量取得了很大进步。但在经济利益驱动下,建筑质量事故仍频频发生,例如发生在日常生活中的住房漏水、墙身开裂、抹灰脱落等质量问题对人民生活也造成很大的影响。建筑产品质量作为一个重要研究内容,不得不予以高度重视。

建筑产品的质量问题很大一部分出现在施工阶段。因此,施工阶段成了决定建筑产品质量好坏的关键。为此,本文着重讨论了施工监理阶段对工程项目的质量控制问题,并提出了一些看法。

1)首先说明了工程项目质量的含义,并提出了监理的概念、内容及其发展。紧接着说明了质量管理的定义及其历史发展的四个阶段。然后又针对目前实行的全面质量管理进行了详细说明,明确提出其概念、特点、基本指导思想及工作程序。

2)提出施工监理质量控制方法和手段时,坚持从实际出发,严格审核有关资料和数据,并坚持作好现场监督与控制。对工程质量进行提前质量预控,而且及时发现并采取措施处理施工过程中所发现的突发事件。

3)工程开工前监理机构监督承包人建立健全质量保证体系,审批承包人根据现场碾压试验所确定的黏土料、反滤料、过渡料、堆石料各种不同的坝体填筑材料、装料、运输、铺料方式,铺料厚度、碾压机械、碾压遍数、行进速度等碾压参数,并监督承包人严格按照表4碾压参数进行施工。

表4 各种筑坝材料的碾压参数汇总表

坝料名称	使用部位	碾压机具	振动碾行驶速度（km/h）	铺料厚度（cm）	碾压遍数
4A 堆石料	上、下游	20 t 振动平碾	3	106	8
4B 堆石料	上、下游	20 t 振动平碾	3	106	8
2B 混合料	心墙下游	14 t 振动平碾	2	52.5	8
3A 过渡料	心墙上游	14 t 振动平碾	2	55	8
	沟槽部位	小型振动碾	1	29.5	8

续表4

坝料名称	使用部位	碾压机具	振动碾行驶速度（km/h）	铺料厚度（cm）	碾压遍数
3B过渡料	与堆石料结合部位	14 t振动平碾	2	54	8
	心墙下游坝基			44.4	8
2B反滤料	心墙上、下游	20 t振动平碾	2	29	6
	沟槽部位	1#小型振动平碾	1	15	8
2A反滤料	心墙上、下游	20 t振动平碾	2	30.8	6
	沟槽部位	1#小型振动平碾	1	15	8
黏土	正常铺料	20 t拖式凸块振动碾	2	31	10
	薄层	蛙夯		15	4
		1#小型振动碾	1	15	10
		振动冲击夯		15	6

3）检测监理工程师依据业主合同中授予的职责和权限，按照《碾压土石坝施工规范》《山西省张峰水库大坝基础处理与填筑工程施工合同》《山西省张峰水库大坝基础处理与填筑工程监理合同》《水利工程建设监理规范》购定，根据张峰水库工程的具体施工质量活动对相关人员、材料、工程设备和施工设备、施工方法和施工环境进行监督控制，按照事前控制、事中监督和事后检验等监理工作环节控制工程质量，并按照制定的监理抽检进行检测。

4）复检施工单位在大坝填筑过程中黏土、反滤料、过渡料、堆石料的检测资料并按照监理抽检计划复检施工单位的检测资料和成果。

5）检查施工单位的质量检测工作，审核施工单位提出的试验报告，检验报告和质量检测资料。

6）不定期检查施工单位的检测试验室，核查试验室仪器设备配置情况及其率定的计量检验证明。

7）参与所监理工程项目的阶段验收（单元及隐蔽工程）的竣工验收，并提供抽检和复检资料成果。

8）配合责任监理，作好工程质量的预控和监控工作，及时报告检测中发现的质量问题。

9）定期对检测试验资料进行统计分析，提出工程质量阶段检测分析报告。

4 检测工作实施

1）张峰水库监理检测工作重点是黏土斜心墙堆石坝填筑质量控制。按照《大坝基础处理及填筑施工合同》《水利工程建设监理规范》及监理检测计划进行检测试验工作，以检测各种材料的技术指标的工程质量是否符合设计文件、施工技术规范规程质量检测和评定标准的要求，做到以试验数据讲话，严格、认真、公

正把好质量关；同时，依照国家档案管理技术要求作好质检资料的分析整理工作。

2）对于黏土斜心墙堆石坝填筑部分，主要检测重要填筑工序，重点检测各种上坝料的质量，堆石料的颗粒级配、粒径、孔隙率；黏土料的含水率、压实度；高塑性黏土含水率，保证其塑性指标和可施工性能；反滤料、过渡料的含泥量控制，级配连续性，并在设计包络线之内，防止发生离析，间断级配及相对密度；严格审查施工单位各种材料的开采方案和措施，督促承包人采取必要的技术措施，加强现场管理，确保上坝材料的质量。

加强料场控制力度保证坝料质量，紧紧抓住各种筑坝材料碾压参数中碾压机具的类型、振动碾行驶速度、铺料厚度、碾压遍数这个尺度，每填筑一层数个单元）或一个单元由施工单位质检部门自检，自检合格后，报现场值班监理人员，再由监理人员通过委托相应的检测机构按照检测计划利用率定了的核子密度仪及试坑法抽样检测其黏土的压实度、反滤料及过渡料的相对密度及颗粒级配、堆石料的孔隙率是否达到设计要求，如合格，由监理人员认定合格后方可进入下一层填筑，如不合格，要求施工单位重新对筑坝材料进行补压后再检测，直至合格为止；为黏土斜心墙堆石坝提供数据技术资料的支持，以保证填筑质量。

3）在及时完成规程、规范要求检测试验的同时，监理对各工程检测资料进行整理，统计情况如下：

a. 黏土心墙。大坝斜心墙黏土压实度检测1 184次，高塑性黏土压实度检测31次，薄层黏土压实度检测12次。b. 反滤料、过渡料及混合料。2A反滤区相对密度取样252次，颗粒级配取样40次，2B混合料相对密度取样11次，颗粒级配取样11次，2B反滤区相

对密度取样 25 次,颗粒级配取样 31 次,3A 过渡区相对密度取样 15 次,颗粒级配取样 17 次,3B 过渡区相对密度取样 23 次,颗粒级配取样 26 次。c. 堆石料。上游 4A 堆石区取样 8 次,下游 4A 堆石区取样 7 次,下游 4B 堆石区取样 4 次。通过对检测数据的分析整理,各项指标全部达到设计要求,圆满的完成了大坝填筑检测工作。

5　张峰水库质量检测工作体会

1)在张峰水库大坝工程中的质量检测工作是采用科学可靠的跟踪检测手段与重点平行检测为主,防止了单凭主观经验来判断的做法,是监理质量控制的基础工作,保证工程质量的科学依据。2)质量控制手段是:通过对原材料、半成品、单元工程的检验和竣工检验活动,具有预防和鉴别工程质量的双重职能,是质量控制不可缺少的重要环节。3)建立质量日统计月分析制度,统计分析施工过程中存在的问题,及时采取措施,保证施工质量。4)提高质量检测人员的专业素质、制定严密的质量控制措施,精确的试验设备、良好的工作环境,有效发挥专业技术手段在质量控制中的作用。

参考文献

[1] 张桂林. 施工阶段监理工程师如何做好质量控制[J]. 山西建筑,2010,36(5):227-228.
[2] 范希雁. 浅谈建筑施工质量控制的监理工作[J]. 山西建筑,2009,35(26):216-217.

[作者简介] 李玉鑫(1978—),男,助理工程师,山西省水利水电工程建设监理公司,山西太原 030002

本文刊登在《山西建筑》2011年11月第37卷第33期

铅丝笼石护底及护坡在某生态工程中的应用

赵吉学

（山西省水利水电工程建设监理公司，山西太原 030002）

[摘　要]通过铅丝笼在临汾汾河生态工程中的应用，探讨铅丝笼在河道治理施工中的主要施工方法、质量控制及铅丝笼在工程上的优点及工程实施效果，以期促进铅丝笼在河道治理工程中的应用。

[关键词]铅丝笼；护底；护坡；施工方法

[中图分类号] TV861　　　[文献标识码] A　　　文章编号：1009－6825（2011）33－0206－02

1　工程概况

临汾市汾河城区段生态环境综合治理修复与保护工程位于临汾城区西侧的汾河上，汾河临汾城区段河道治理橡胶坝蓄水工程是其重要的部分，工程北起马务桥上游 1.266 km，南至平阳桥下游 0.469 km，全长 6.27 km。工程等别为 IV 等，主要建筑物级别为 4 级。工程区地震基本烈度为 8 度，建筑物的设防烈度按 8 度考虑。河道主河槽按 10 年一遇排洪水标准设计，洪水流量 1 438 m^3/s，河道防洪标准为 50 年一遇，洪水流量为 2 690 m^3/s。

主要建筑物包括：修建复式河槽、暗涵、中隔堤、西内河堤、东内河堤、橡胶坝及附属建筑物，西大堤加高墙厚，西排污管道，龙子祠水源引水渠道等。

为了防止洪水的冲刷而造成河道内建筑物失稳及防止护坡的水土流失，东内河堤、西内河堤的内侧，中隔堤的两侧及橡胶坝的上下游工程设计上采用铅丝笼护底。东、西内河堤及中隔堤两侧护坡采用了钢筋混凝土格埂内填铅丝笼护坡，同时对护坡上一定厚度的覆土进行了绿化。打造出一个亲水的绿化带，体现良好的生态效果。这样的设计措施不仅使工程取得了良好的质量保证，而且又美化了城市的生态环境。

2　铅丝笼的结构形式

铅丝笼石是将抗耐磨高强度的低碳高镀锌钢丝，由机械编织成三捻向蜂巢式网目的网片，根据工程设计要求组成不同规格尺寸的网箱。在工程现场向箱底内填充一定规格的满足设计要求的石料而形成的一种柔性的护坡结构。在工程中铅丝笼体采用了8号铅丝编制。单方体尺寸 1 000 mm×1 000 mm×400 mm，网格尺寸 140 mm×140 mm，对角线长度不超过 200 mm，每单个笼体放置两个隔断。铁丝镀锌量不小于 60 g/m^2，绑丝直径为 2.2 mm。

3　铅丝笼的施工方法

1）采用反铲挖掘机按设计要求进行土方开挖，人工配合修整至设计要求的坡比。先施工护底铅丝笼石，再施工护坡铅丝笼石。

2）铅丝笼制作。

铅丝笼从厂家购买。厂家根据设计图纸尺寸加工制作成型，从厂家采购定型产品，应进行质量检测，检测合格后方可使用。运到现场打开，除顶盖外其他面与中间隔片先行进行绑扎，绑扎采用 2.2 mm 的同材质线材，间距为 300 mm。每个折叠面的 90°转角处用木锤敲击，使转角处成直角且平整。

3）填充块石。

采用人工进行填充，先将大的块石填至四角部至设计厚度，再填充中间部位，以保证铅丝笼实体形状规整，填充的块石间应密实、平稳、表面平整，块石间空隙可用碎石（碎石的粒径大于网格尺寸）填塞，且石块大口面尽量向上放在面层。

4）封盖。

填充块石并铺砌平整后，将顶盖周边与箱体四周、顶盖与中间隔片每 300 mm 间距进行绑扎，确保单个铅丝笼整体的牢固性。

5）笼体与笼体间的连接。

每相邻笼体的接触面采用相同材质的绑线，每 300 mm 间距进行绑扎，以保证整个护底护坡整体一致性。

4 施工质量控制

4.1 原材料的质量控制要求

1)原材料的质量要求。铅丝笼网片的钢丝由热镀锌的轻钢做成,具有防锈、抗老化、耐腐蚀等特点,能有效抵抗高度污染环境的侵蚀。其钢丝的抗拉强度范围在 350 N/mm² ~ 500 N/mm²,延伸率不低于 10%。

2)铅丝笼规格质量要求。根据设计要求的铅丝笼网单元规格,要求生产厂家定做网片的规格。本工程采用的铅丝笼网孔规格为 120 mm × 150 mm(±10 mm),丝径 10 号热镀锌钢丝,每单个整体放置两个隔断,铁丝的镀锌量不小于 60 g/m²,绑丝直径为 2.2 mm。

4.2 原材料的检测

根据原材料的质量控制要求,在铅丝笼网材料出厂时,应出具有出厂检测质量合格证,各项检测指标均应符合设计要求。出厂后的原材料要经过复测检验,同时监理机构要进行抽检,并且检测单位应为经国家相应部门认定的具有相应资质的检测单位。检测结果均应达到规范的设计要求,方可应用于工程的相应部位。

4.3 施工工程质量检测

现阶段尚无铅丝笼网的施工及验收规范,因此对铅丝笼网片的质量控制主要以铅丝笼网生产厂家的技术要求,并结合水利工程施工的相关规范及其施工经验作为施工工程质量的检测依据。

铅丝笼网片的质量控制见表 1、表 2。

表 1　铅丝笼石检测项目

面石用料	腹砌笼	面石彻笼	分格网铺筑
质地坚硬 无风化	排紧填严	禁止使用 小块石	基本横平 竖直
单块质量≥25 kg 最小边长≥20 cm	无淤泥 杂质	不得有通缝 双缝空洞浮石	宽度长度 小于3%

表 2　铅丝笼面检测项目

铺填厚度	坡面平整度	绑线间距
允许偏差为设计 厚度的 ±10%	2 m 靠尺检测 凹凸不超过 8 cm	不超过 300 mm

5 河道施工中铅丝笼网护砌的优劣

1)技术上已成熟。

铅丝笼工程与造纸、火药一样起源于中国。早在2200 多年前的先秦时期,在李冰太守的主持和带领下,我国古代劳动人民就已在长江上游的岷江上修建了世界著名的都江堰,该工程采用竹编石笼挡水筑坝。这便是迄今世界上最早的铅丝笼雏形的实物记载。举世瞩目的都江堰工程布局合理、设计正确,至今仍然发挥着显著的灌溉效益。铅丝笼于 1000 余年前在我国都江堰及埃及尼罗河被广泛采用的柳条笼为基本原理,采用专业的设备将符合相关国际标准的高质量的低碳钢丝编织成六边形双位合金属网面,再将金属网面制作成箱体结构,并在其内填充符合要求的块石,以达到冲刷防护的目的。

2)安全性可靠。

由于铅丝笼特有的柔性特点,能够均匀分散因冻胀产生的应力,从而使护底免受冻害,同时也免去了大量的后期维护成本。

3)柔韧性能。

能够较好的适应基础的不均匀沉降及有效的抵抗洪水对堤坝的侵蚀与冲刷,汛期生长的自然植被能进一步加强整体结构的安全与稳定性能。

4)环保性。

铅丝笼石网由于其为自然透水性结构,不影响地下水间的自由水交换,良好的促淤性能使得自然植被能够迅速在表面生长,实现生态环境的迅速恢复与重建,具有良好的生态效果和景观效果,符合建设和谐社会的要求。

5)施工便捷性。

铅丝笼施工非常便捷,普通工人经过简单的培训即可熟练掌握,对工人技术素质要求低,施工效率比浆砌石高得多。

6)经济性。

铅丝笼网填充料为石材,一般当地资源丰富,可就近采用,运输成本低,价格较低。

6 结语

铅丝笼网护底及护坡作为汾河生态治理建设中的一种新的结构形式,与传统的混凝土及浆砌石结构形式相比,无论在环保性安全性施工便捷上,还是在经济上都具有明显的优势。并且基本不需要后期维护成本,同时具有适应抗冻胀的柔性,抗冲刷性,又有着良好的结构稳定性和透水性等特点,且采用天然材料使人们尽可能的接近大自然,临汾汾河生态治理工程应用的实施运行已证明了这一点。

参考文献

[1] 杨道富.铅丝笼的应用及特性研究[J].漯河职业技术学院学报,2002,6(12):54-58.

[2] 吴再法.宾网石笼护垫在护坡工程中的应用[J].甘肃水利水电技术,2009,18(24):18-22.

[3] 黎丹.库岸滑坡段护岸结构稳定性和破坏模式分析[J].山西建筑,2010,36(10):365-366.

[作者简介] 赵吉学(1965—),男,高级工程师。

本文刊登在《水利与建筑工程学报》2011 年 12 月第 9 卷第 6 期

TBM 掘进技术在软岩隧洞中的应用

高燕芳

（山西省水利水电工程建设监理公司，山西太原 030002）

[摘　要] 通过单护盾、双护盾 TBM 掘进技术在甘肃引洮供水工程总干渠 7#、9# 隧洞中的应用，证明了 TBM 掘进设备的选型依据，说明了超前地质预报、合理选择注浆技术的重要性，提出了对设备改进的建议。

[关键词] 隧洞；地质；全断面岩石掘进机

[中图分类号] TV672.1　　　[文献标识码] A　　　文章编号：1672 – 1144（2011）06 – 0126 – 03

当前，全断面岩石掘进机（TBM）在隧道施工中已经得到了广泛的应用[1]。TEM 掘进技术在硬岩掘进中具有较强的适应性；对软岩，盾构的优势则较为明显。设备的选型往往依据岩体的特征确定。对于长距离隧洞，围岩条件复杂多变，在对岩体情况超前预报的基础上，选择适用的掘进设备，对确保工程顺利进行非常重要。

1　7# 隧洞单护盾 TBM 施工

1.1　7# 隧洞围岩情况

甘肃引洮工程 7# 隧洞全长 17.286 km，洞线 NE62° 布置，隧洞最大埋深 368.00 m。隧洞围岩类别主要为 IV 类围岩和 V 类围岩。其中，IV 类围岩分布于隧洞前段，围岩岩性主要由白垩系 K_1hk^3 岩层构成，局部段为上第三系 N_2L^3 砂岩、砂砾岩。总体由较软岩组成，为软硬互层的中厚层结构，单斜构造，裂隙较发育，围岩中有少量的基岩裂隙水，呈滴渗状态，不整合界面附近呈线状流水。V 类围岩分布于隧洞后段，围岩岩性主要由上第三系 N_2L^3 及白垩系 K_1hk^4 的岩层构成。岩性为 K_1hk^4 泥质胶结的粉细砂岩，局部夹薄层泥岩，岩性软弱；岩性为上第三系 N_2L^3 砖红色，砂质泥岩、泥质粉砂岩，局部为砂岩、砂砾岩，泥质胶结为主，胶结程度差，属极软岩，遇水易膨胀，饱水后崩解，失水干缩，具弱膨胀性。

1.2　TBM 在不同围岩情况下的掘进方案

1.2.1　上第三系红层地段

由于泥岩本身不富水或者不透水，为防止刀盘和刀具被糊，掘进过程中通过控制刀盘喷水或者不用刀盘喷水，可减少刀盘和刀具被糊；刀盘喷水减少或者不用后会造成掘进过程中粉尘大量增加，因此需在刀盘出渣口、皮带机以及与皮带连接处设置喷水（最好形成水帘或雾状）装置，配合使用除尘风机，可减少粉尘。同时增设 2~3 道皮带刮渣装置，防止皮带被糊打滑，在皮带出渣口处加强渣土清理，防止出渣口被堵。

优化掘进参数，特别是 TBM 掘进的主推力、刀盘转速、刀具贯入度、掘进速度等主要参数的协调优化，防止刀具悬磨，刀盘糊住。在该种地层条件下，在能控制盾体滚动和管片滚动的前提下，尽量增大推力，降低刀盘转速，降低刀具消耗，减少换刀频率，提高掘进效率。

冬季加强防寒工作，加强运输组织，出现渣土受冻粘在矿车上时及时采用风镐清除。

1.2.2　上第三系含砾砂岩

加强 TBM 设备保养、维修，防止 TBM 异常停机时间过长，导致围岩收敛抱死 TBM 主机。在 TBM 异常停机且判断停机时间较长时，一是派专人观察和测量盾体与围岩间隙，二是可通过盾体上的预留孔洞注入油脂或者膨润土浆液。

计对含砾砂岩段 TBM 掘进，优化掘进参数，采取大推力，低刀盘转速，减少围岩扰动，防止掌子面塌方，严格控制出渣量，必要时可增加刮渣口封堵装置，减少刀盘开口率，同时配合进行掘进参数优化。

在尾盾处增加排水泵，加强隧道清渣、排水，快速安装管片，达到掘进速度均匀，TBM 连续、快速地通过此地层。

管片无法回填豆砾石时，应从工作孔内插入小导

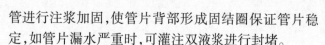
管进行注浆加固,使管片背部形成固结圈保证管片稳定,如管片漏水严重时,可灌注双液浆进行封堵。

1.2.3 不整合接触面

由于 TBM 是反坡施工,TBM 在经过不整合接触面时特别加强隧道排水,拟洞内增设一趟 Φ100 钢管排污管路,同时 TBM 后配套上增设排水水管卷筒,随掘进向前延伸,后配套上增设污水箱进行污水沉淀,隧洞增设沉淀水箱,定期清理,防止管道内泥沙沉积。TBM 通过竖井工作面后,拟从竖井处排水,利用竖井井架和吊泵进行抽排。同时编组上增设水箱,可利用水箱将污水运出洞外。

1.2.4 含水疏松砂岩洞段支护问题

竖井工作面处理主洞不良地质洞段仅进行初期支护,由于含水疏松砂岩结构疏松,基本无自稳能力,初支结构将承受较大周边围岩压力。为保证 TBM 能顺利空推通过,含水疏松砂岩洞段应考虑较大的预留变形量。另外需根据施工过程中监控量测情况,对初期支护参数进行动态调整,确保隧洞结构安全。

1.2.5 滑行轨道床底部围岩换填问题

隧洞开挖后,底部滑行轨道床无法及时施做,底部围岩在开挖后可能出现涌沙现象,可能导致无法向前开挖。鉴于可能存在的该种问题,在对底拱 66° 范围进行换填,换填层为开挖轮廓线以下 50 cm,换填料为 C15 干硬性混凝土,换填完成后立即封闭底拱,同时挂网喷射 10 cm ~ 15 cm 厚 C20 混凝土,保证底拱不出现涌沙。同时换填后可显著提高承载力,滑行轨道床施做后可满足 TBM 顺利滑行通过。

1.3 7#隧洞 TBM 掘进进展情况

引洮工程 7#隧洞于 2009 年 12 月始掘进。2010 年 4 月,TBM 遇到含水疏松砂岩,掌子面坍塌较严重,掘进速度大幅下降。2010 年 7 月至 9 月,对 TBM 进行了前盾延伸改造,并封堵了部分刮渣口,出渣量和刀盘扭矩均得到有效控制。2011 年 1 月,该工程进行了方案调整:严重不良地质洞段通过斜井,采取钻爆法处理。2011 年 8 月 TBM 移至进口掘进,目前,工程进展顺利。

2 9#隧洞双护盾 TBM 施工

2.1 9#隧洞围岩情况

9#隧洞全长 18.275 km,穿薄层黄土覆盖的中低山峁梁区,最大埋深 444 m,最浅埋深仅为 10 ~ 15 m,且横穿沟道。洞身段长度 18 175 m,其中,属于Ⅳ、Ⅴ类围岩的洞段长度约 13 800 m 左右,其余洞段围岩较好,为Ⅱ、Ⅲ围岩。岩性较差洞段围岩主要为黏土质粉砂岩、含砾砂岩、夹砂岩、砂砾岩、含漂石的砾岩等,以

泥质胶结为主,胶结程度差,结构疏松,属极软岩。地下水具微承压性,隧洞开挖中局部呈渗—线状流水。Ⅴ类围岩,极不稳定,不能自稳,变形破坏严重,围岩中地下水水质较差,对普通混凝土具硫酸盐结晶型强侵蚀性。

2.2 TBM 通过不良地质洞段的预案

2.2.1 裂隙和断层发育洞段

采取如下措施[2]:减少刀头喷水,降低刀盘转速及 TBM 推力,减少单位时间出渣量。不停机快速通过,防止塌方压住机头。在该区域安装配筋量大的重型管片。等 TBM 通过后,再对该区域的围岩进行固结灌浆。

如塌方量巨大,压住机头,需拆除 TBM 尾部管片,开挖上导洞并进行喷锚支护,通过该导洞对围岩进行固结灌浆。有必要对 TBM 机头部岩石进行扩挖减负,以便 TBM 重新启动,向前推进。TBM 通过后,将导洞用素混凝土回填或按相关要求进行回填处理[3]。

2.2.2 极软岩、不稳定围岩洞段

一旦发生卡机现象,必须马上做出处理措施,防止 TBM 变形受损。到达此段时,首先用扩挖刀加大开挖直径,加强观测,每进 2 ~ 3 个行程,通过伸缩护盾的窗口对开挖直径进行测量,尽量减少刀头喷水。发现有膨胀现象,立即停止喷水,并加快速度尽快通过。

如机头被卡死,处理措施为:加大推进力并在护盾与围岩间强行注入润滑剂,减少机身与围岩间的磨擦力;如果上述方法仍不能解困,则需要拆除 TBM 尾部管片,开几个窗口,通过此窗口对 TBM 机身前后、上下进行扩挖;对扩挖区进行有效支护,并对围岩进行监测。

加固已衬砌管片,使用配筋量大的重型管片。解困后迅速回填,防止围岩继续变形,影响隧洞质量。

2.2.3 含水洞段

当 TBM 掘进到此段时首先在机头或管片安装区域设排水设施[4],同时加强对水量的监测。发现大量涌水时立即采取积极的应对措施。

2.2.4 含漂石洞段

采取如下措施:降低刀盘转速及 TBM 推力,TBM 不停机缓慢通过,在该区域安装配筋量大的重型管片,TBM 通过后,对该区域的围岩进行灌浆处理。

如果遇到的漂石巨大,TBM 无法通过时,只能拆除 TBM 尾部管片,开挖导洞并进行喷锚支护,通过该导洞对漂石进行爆破排除处理后,重新启动 TBM,向前推进。TBM 通过后,将导洞用素混凝土回填或按要求进行回填处理。

2.3 9#隧洞TBM掘进进展情况

引洮工程9#隧洞于2007年9月开工，至2011年9月初，累计完成掘进17 km左右，最高日进尺77 m，最高月进尺1 228 m。除个别围岩条件极差外，其余洞段掘进正常。掘进过程中，除900 m左右岩性极差的洞段通过斜井用钻爆法通过外，其余洞段全部由双护盾TBM掘进。

3 TBM在软岩掘进中的可行性分析

3.1 围岩自稳能力对TBM掘进的影响

甘肃引洮7#隧洞TBM掘进的实践表明，在围岩几乎没有自稳能力，且地下水含量较大的情况下，TBM的使用受到了限制。从甘肃引洮工程7#、9#隧洞的掘进情况看，无论是单护盾TBM还是双护盾TBM，在围岩开挖后的自稳时间可以满足随后盾体通过的情况下，掘进正常。

由此可知：TBM在几乎没有自稳能力的围岩条件下不适用；只要围岩能够自稳，可基本实现TBM平稳掘进。

3.2 超前地质预报在TBM软岩掘进中非常重要

利用先进的超前地质预报系统[5]，查清前方的地质情况。对不良地质洞段，事先做出相应的应对措施，确保TBM在隧洞施工中安全、高效的运行非常重要。

3.3 合理选择注浆技术对TBM脱困效果显著

只要围岩具备一定的可灌注性，通过对刀盘前方围岩实施灌浆，对实现TBM脱困非常有效。甘肃引洮工程9#隧洞在解决TBM卡机过程中，在刀盘前方成功地实施了注浆，发挥了很重要的作用。

3.4 自稳能力较差的围岩有必要适当改进设备

考虑到围岩自稳能力较差，难以在刀盘前方形成稳定的掌子面，借鉴盾构掘进稳定围岩理论，在前盾顶部预留可安装延伸钢板的装置，对边刀进行合理设计，掘进中实现增大开挖半径、调整出渣口。必要时可以控制出渣量，对TBM在自稳能力较差的围岩中掘进是有利的。

4 结论

通过TBM掘进机在甘肃引洮工程中的成功应用，证明了TBM掘进技术在软岩中应用是可行的。对于隧洞TBM施工，应选用技术先进，质量可靠，能适用于不利地质条件的掘进机；利用先进的超前地质预报系统，查清施工前方的地质情况；对不良地质洞段，做出相应的应对措施，确保TBM在隧洞施工中安全、高效的运行。

参考文献

[1] 王世春.格鲁吉亚卡杜里水电站引水隧洞TBM施工工艺[J].水电站设计,2009,25(1):57-60.

[2] 张军伟,梅志荣,高菊茹.大伙房输水工程特长隧洞TBM选型及施工关键技术研究[J].现代隧道技术,2010,47(5):1-10.

[3] 毛拥政,张民仙,宋永军.引红济石工程长隧洞TBM选型探讨[J].水利与建筑工程学报,2009,7(1):65-67.

[4] 王跃峰,王立选,邵月顺.深埋特长隧洞TBM施工初探[J].水利技术监督,2005,(4):42-45.

[5] 彭良余,黄扬一."引大济湟"总干渠引水隧洞TBM施工地质工作方法[J].西部探矿工程,2009,(7):173-174.

[作者简介] 高燕芳(1980—),女(汉族),山西阳泉人,硕士,工程师,主要从事水利工程监理工作。

本文刊登在《山西水利科技》2010年8月第3期(总第177期)

商品混凝土在北赵引黄工程中的应用

关志刚[1]　郭　鹏[1]

(1.山西省水利水电工程建设监理公司,山西太原 030002;

2.山西省三门峡库区工程局,山西运城 044000)

[摘　要]商品混凝土在北赵引黄工程中的应用是由建设单位牵头,海鑫海天混凝土有限公司在万荣县荣河镇设立临时拌和站,点线统筹,集中供应,统一监控,统一调度。实践证明在该工程中应用商品混凝土既保证了质量,又缩短了工期。文中总结了在该工程应用中的优缺点,这是山西省水利工程上大规模使用施工的一次创新性尝试,对加快推进水利工程建设有一定的借鉴作用。

[关键词]北赵引黄;商品混凝土;质量;进度;管理;综合效益

[中图分类号] TV544　　[文献标识码] B　　文章编号:1006 – 8139(2010)03 – 56 – 03

商品混凝土以其全电脑数控上料准确、质量稳定可靠、缩短建设周期、降低工程综合造价、节省施工用地、减少资源浪费、改善劳动条件、减少环境污染等特点,被广泛应用于建筑工程中,并产生了良好的社会效益及经济效益。在北赵引黄工程中,从泵站工程到渠道工程全部使用商品混凝土,这在山西省水利工程建设中大规模应用也属首例,对促进水利工程施工的专业化发展,改善水利工程施工的组织及管理结构,革新建设、监理单位的监控管理,降低建设、施工单位的投资及质量风险,减少参建各方安全管理控制点,有效保护环境,提高水利工程建设效率,提前发挥其利民效益,起到很好的示范作用。

1　商品混凝土在北赵引黄工程施工中的应用

根据北赵引黄工程总体施工计划、混凝土供求计划,海鑫海天混凝土有限公司商品混凝土搅拌站配置:HZS50型搅拌机2台、PL2400B型配料站、PLC微机系统、BSF38.14型汽泵、铲车1辆、罐车8辆(高峰期20辆)。针对泵站工程建筑物体积大且集中,渠道工程长且分散的特点,分别采用点、线式供应,精简管理与统筹调配相结合;根据不同的设计要求、现场环境条件,制定针对性的施工方案,保证质量和安全的同时大大加快了施工进度。

1.1　泵站工程

北赵引黄工程泵站工程包括三级五站:庙前一级站、谢村二级站、南干二级站主体已建成,中干三级站

和北干三级站在建中。其中庙前一级站主副厂房均处地下水位以下,施工难度大,对混凝土要求高。整个泵站±0.00 m以下分5次浇筑,每次浇筑在300 m³以上,混凝土供应采用汽泵1台,罐车4辆,根据现场浇注情况适时调整供应速度,现场浇注情况见表1。

表1　庙前一级站绕筑情况一览表

工程部位		浇筑方量(m³)	投入劳力(人)	浇筑时长(h)
庙前一级站	基础筏板	1 377.03	7×2	31
	剪力墙 S1	371.35	12×2	12
	剪力墙 S2	332.97	12×2	11
	剪力墙 N1	344.39	9×2	11
	剪力墙 N2	308.84	9×2	10

浇筑完成基础筏板先用塑料薄膜养护48 h后洒水养护7 d,剪力墙采用涂刷养护液的方法养护,28 d后观测除筏板有个别细短裂纹外,整体外观质量良好,抽检试验混凝土抗压、抗渗、抗冻等指标均达到设计要求,试验情况见表2。

表2　基础筏板混凝土取样试验数据

取样地点	抗压强度(MPa)	抗渗	抗冻(冻融100次)		龄期(d)
			重量损失率(%)	动弹性模量(%)	
搅拌站	38.6	10级	2	85	28
浇筑现场	37.5	10级	2	85	28

庙前一级站剪力墙一次浇筑 4.5 m 高,施工难度较基础筏板大,施工中需要引起重视:①由于一次浇筑量大且位高,故对模板的加固需特别重视;②连续浇筑采用分层推进法,间隔时间约 60 min,浇筑顺序和时间要合理安排、精确计算;③上层浇筑前要对下层进行复振,保证层与层之间的黏结良好;④早期养护要及时跟进,拆模后要及时涂刷养护液。

1.2　渠道工程

北赵引黄工程渠道工程包括:总干渠、中干渠、南干渠、北干渠、分干渠及支渠,干渠总长 96.34 km、支渠总长 168.53 km,渠道防渗面板采用 C20W6F50 混凝土现浇衬砌,厚度为 10 cm,干渠断面为弧底梯形,支渠断面为 U 形和弧底梯形渠。干渠开挖段直接现浇混凝土衬砌,混凝土塌落度可控制在 120~150 mm;干渠回填段增设土工布防渗,混凝土塌落度可控制在 100~120 mm。施工过程采用一次成型,原浆收面,经观察及试验,在渠道上应用商品混凝土,其内在及外在质量均达到规范要求,且大大提高了生产效率。支渠由于坡面偏立,塌落度控制在 50~80 mm,施工中由于采用三轮车进行二次倒运,商品混凝土在现场停留时间较长,供应和施工效率不配套,在支渠中应用不理想。

施工组织:①进行土方挖填、土模精削及土工布的铺设,成型的长度需满足后续衬砌工作计划;②合理安排衬砌,根据工期计划组织 n 组衬砌施工队,相邻两组间距不超过 100 m,以保证混凝土供应流水作业,衬砌连续作业,采用统筹学计算所需班组以及罐车的数量;③收面及时跟进,由于商品混凝土的和易性好,在浇筑过程中更适用原浆收面;④做好早期养护工作,预防薄壁混凝土裂缝。

施工方法:设计上在填方段一侧渠堤设置 4(2) m 宽巡渠公路,开挖段设置 2(1) m 马道。防渗衬砌施工工艺因临时施工道路的设置而不同,其中有:①跳仓法,适用于两侧道路方便的填方段;②先底后边法,适用于挖方段,渠窄且浅段,边挖边衬;③简易行吊法,适用于深挖方段,渠宽且深;④简易便桥法,适用于挖填方段,渠窄且浅;⑤单堵头连续浇筑法,适用于挖填方段,平行作业多组竞争模式。

2　质量控制

尽管商品混凝土在建筑上已经得到广泛的应用,但在水利工程中还是首次大范围使用,所以从一开始就引起建设单位与监理的重视,根据混凝土工程特点首先制定了相关监控制度以及实施细则,从拌制到浇筑到养护采用巡视与旁站相结合、跟踪检测与平行检测相结合的方法对商品混凝土供应商和施工单位进行控制,全程控制保证商品混凝土在北赵引黄工程应用的质量。

具体质量控制措施:

(1)对商品混凝土供应商的资质、信用、人员、设备及管理制度进行审查,建立健全商品混凝土质量保证体系;

(2)严把原材料质量关,要求对每批次进场的原材料进行自检,并且不定期进行监理抽检;

(3)鉴于水工混凝土的特殊要求,商品混凝土配合比统一由驻站第三方实验室试验出具,并可根据施工环境因素的变化由实验室适时调整配合比;

(4)严格供应程序和监控细则,由施工单位提出计划,实验室出具配比单,然后由商品混凝土供应商供应。建设单位及监理机构每日不定时进行检查,并可随时调出电脑里相关统计数据,检查配料是否超出偏差范围,对每月的数据进行汇总,对电子秤定期率定;

(5)运输过程由商品混凝土供应商制定相应制度,严禁酒后驾驶、疲劳驾驶,严禁半路休息、给混凝土加水,商品混凝土供应商派人到施工现场进行监控,如需调整塌落度,由技术员根据相关规范进行调整;

(6)浇筑过程采用旁站监理,根据相关施工规范进行全程监控;

(7)早期养护很重要,根据结构部位不同、环境因素的变化,采取不同的养护措施;

(8)检测与检验采取搅拌站与施工现场分别取样自检,监理不定期抽检。

3　进度控制

根据泵站工程建筑物相对集中、混凝土一次用量大的特点,采用点式供应、泵车输送;渠道工程相对分散、混凝土一次用量小且施工速度慢的特点,采用线式供应、即到即卸。对泵站工程根据每罐浇筑时间以及运距,计算用车数量,优先供应且尽量夜间浇筑(避过用混凝土高峰期);对渠道工程施工战线长、运输距离远的特点,供应采用流水作业、"电梯"原则,罐车运输统一调度,根据所开标段的数量保证路上罐车的数量的标段数量,且罐车不固定标段,根据标段的施工速度采用、随报随调式供应。

在高峰期施工过程中,商品混凝土的调配供应很关键也很复杂,在多个标段同时施工的情况下,互相之间争抢商品混凝土成为调度管理的最大问题。根据搅拌站的生产速度:1 m^3/min,8~10 m^3/车,600~1 500 m^3/日,渠道施工达到 80~120 m^3/日,泵站根据施工部位用量采用连续优先供应,实践证明 2 台搅拌机可以满足 2 个泵站、6 个渠道标同时施工要求。施工过程中,由于商品混凝土站的罐车有限,渠道标占用的罐车数量多,各标段为保证工期多自己租赁罐车,也无形中增加了施工成本,但其生产效率大大提高,综合效益分析可行。

4 监督管理

在北赵引黄工程建设项目部的牵头下,海鑫海天混凝土有限公司在荣河镇建站供应。作为一家有实力有信用的商品混凝土公司,生产流程他们有自己的规章制度,质量管理他们有自己的保证体系,监督管理的工作鉴于信任,常沟通,多理解,追求卓越,持续改进,不断提高。在水利工程中推广应用商品混凝土,加快水利基础工程建设,不断探索简单有效的管理体系也是时下我们努力完善的方向。前期从厂家的资质、实力、经验、信用等方面进行审查,进场后质量保证体系的建立、管理机构的设立、生产工艺的设计等方面进行检查,生产过程中产品的检测检验、工艺的适时调整、供应的灵活调度、成果的定期统计等方面进行综合分析,另外从突发事件的应急处理、特殊条件下报告通知、安全高效的配合等方面定期进行综合评价,向管理要效益,向管理要质量,向管理要安全,全面探索、不断追求适用于水利工程创新性建设管理理念。

5 综合效益评价

(1)保证了质量。由于商品混凝土所用原材料稳定,生产工艺先进,采用全电脑控制,计量准确,检验手段完备,质量稳定可靠;驻站实验室根据环境因素的变化适时调整配合比,较以前单一的配合比更灵活,更能保证每次浇筑的混凝土质量。实践证明商品混凝土在北赵引黄工程中的内在、外在质量均达到了水工规范的优良标准。

(2)缩短了工期。实践证明商品混凝土在北赵引黄工程的应用大大缩短了建设周期,特别是在泵站建设过程中可使工期缩短一半。在条件允许的情况下应用于渠道工程大大提高了其施工效率。

(3)简化了管理。由于分工更细,工作更专业,商品混凝土供应商保证供料质量,从而简化了施工单位对混凝土拌制的管理,简化了监理对混凝土拌制的监控。

(4)节约了成本。由于商品混凝土供应商集中供应,大批量采购,可以大大降低原材料成本;由于专业化程度更高,可以降低建设及施工管理成本;由于集中拌制,可以减少施工占地面积,减少材料损耗,降低工程综合造价。

(5)为商品混凝土供应商拓展了业务范围,增加了经济效益;为水利施工单位优化了施工组织,适应现代化建设要求,提升了企业品牌价值;为建设单位优化了建设方案,提前了投入运行时间,减少了投资风险。

[作者简介] 关志刚(1981—),男,2004 年毕业于山西农业大学水土保持与荒漠化防治专业,助理工程师。

本文刊登在《水利与建筑工程学报》2010 年 6 月第 8 卷第 3 期

西河缓洪库库区土工膜防渗治漏技术分析

张 磊

（山西省水利水电工程建设监理公司，山西太原 030002）

[摘 要] 对采煤造成的水库库区渗漏的治理历来是很困难的技术问题，方案不当，或是埋下重大安全隐患，或是费用与效益明显不匹配，经济上不能通过。西河缓洪水库在采空区渗漏治理中，大量地使用了土工膜，取得了较好的效果。实践证明，做好对库区陷坑的回填，确保新旧土体沉降变形基本一致；在基底基本平整的情况下，采用铺设土工膜的技术是可以达到库区大面积治漏的目的，同时，不必要求土工膜一定具有很高的强度，而且在治理费用和施工进度方面也具有明显的优越性。

[关键词] 库区；煤矿采空区；土工膜；防渗治漏

[中图分类号] TV697.32　　[文献标识码] A　　文章编号：1672 - 1144（2010）03 - 0077 - 02

0 引言

煤矿开采造成的水库库区渗漏具有以下特点：①渗漏点多、表面裂缝贯通、单点渗漏量大，水库往往已不具备蓄水功能；②渗漏点由地下采空区塌陷形成，由于不规范的小煤窑开采，库区范围内地下存在大片联通的通道；③水库治漏困难，大面积的刚性材料使用往往需要较大的资金投入；④上述三点往往致使管理单位选择水库报废处理。

土工膜具有防渗性能好、适应地形变化能力强、施工方便、造价低廉等特点，在渠道、堤防和坝坡等线路或小面积工程的防渗中使用较多，对于大面积甚至采空区的库区治漏，经验不多，风险较大，还有以刚性材料解决沉陷变形问题的传统理念的影响，致使土工膜在这一领域的应用甚少[1]。西河缓洪库库区采用土工膜进行采空区防渗治漏的成功实践，积累了以柔性材料解决此问题的一些经验。

1 工程概述

西河缓洪库位于山西省晋城市市区北面的伊侯山脚下，设计总库容 90 × 10^4 m^3，属小（二）型水库。水库下游是晋城市市区，担负着城市的防洪任务，地方政府对水库的加固改造极为重视。

库区存在的主要问题：①物理地质问题。表现为地面坍塌和贯通裂缝；②水文地质问题。根据现场踏勘，该库周围小煤矿有 5 处，库区内 12 处，所有煤矿的开采和矿下排水，造成该区裂缝发育，渗漏严重，采空区以上地下水已经全部疏干；③库区煤矿开采问题。北岩煤矿 3# 煤层被零星小煤矿开采，而小煤矿开采没有规律，无相应的开采图纸。项目改造期间，库区和库区以东 9# 煤层的开采仍在进行，库区仍处于沉降状态，地质情况复杂。

此次水库改造中，上游坝坡铺设土工膜 8 500 m^2，库区铺设土工膜 172 000 m^2，其中，库底防渗面积约 110 000 m^2。

本项目于 2005 年 7 月中旬开工，2006 年 6 刀底完工。2008 年 5 月，除北岩煤矿外，库区周边其他小煤矿全部关闭，开采停止。2010 年 4 月，笔者对水库的防渗结果进行了实地观测。

2 防渗治漏技术要点

2.1 土工膜设计指标

设计单位对土工膜的技术要求为：非织造复合土工膜二布一膜型土工布，重量 ≥500 g/m^2，质量偏差 > -10%；膜厚 ≥0.2 mm，膜厚偏差 > -9%；断裂强度 ≥14.5 kN/m；断裂伸长率 30% ~ 100%；撕破强力 ≥0.56 kN；CBR 顶破强力 ≥2.3 kN；耐静水压力 ≥0.6 MPa；渗透系数 ≤10 ~ 11 cm/s。

本项目采用的土工布由天津科润惠泽科技发展有限公司供应，规格为 160 g/m^2 × 0.2 mm × 160 g/m^2，各项指标为：单位面积质量 532 g/m^2；纵向断裂强度 11.15 kN/m，横向断裂强度 9.55 kN/m；断裂延伸率

30% ~100%;纵向撕破强力 0.33 kN,横向撕破强力 0.343 kN;CBR 顶破强力 1.715 kN;耐静水压力为 0.52 MPa 无破损。虽部分指标不满足设计要求,但设计单位根据工程及材料采购的实际情况,对上述材料进行了确认,同意在本项目的防渗加固中使用。

2.2 库区塌陷处理

改造前,现场实地查明的采空区塌陷坑 7 处,最大开口面积20.5 m²,最大深度15.1 m。考虑新旧土体变形的差异性,为减少新回填土体的沉陷,对陷坑的处理,未选择黏性土逐层回填的方式,而是在对陷坑四周松散土体清理过后,距地面 1.0 m 左右以下,采取具有新鲜岩面的块石逐层砌筑的方式,表层 1.0 m 范围内,用库区内既有表层土碾压回填。在工程完工后的质量检查中,陷坑及四周附近均未发现较为明显的沉陷变形。

2.3 岸坡土工膜的铺设

考虑城市附近的景观功能,本项目岸坡的处理措施为在土工膜上加铺混凝土六棱块。水库岸坡原始坡度不均,需进行修整,在达到一定坡度后才能进行土工布的铺设。岸坡土工布的铺设主要注意三个方面的问题:岸坡坡度合理,防止土工膜的滑动;做好坡脚齿墙与土工膜的接触处理,防止刚性物体刺破膜体防渗层;控制混凝土六棱块对土工膜的相对滑动,减少对土工膜的破坏。为此,相应主要的解决措施为:沿岸坡相同等高线设置矩形防滑齿槽,土工膜铺入后,用黏土砖砌筑压实;土工膜与坡脚齿墙砌体间选用 15 cm 厚的细沙隔离,并在砌筑工程中,杜绝抛投石料,减少块石对土工膜的撞击;混凝土六棱块的顺坡向分力主要由坡脚齿墙承担,控制混凝土六棱块与土工膜间细沙的厚度为 5 ~ 10 cm。施工初期,考虑减少对土工膜的破坏,曾要求混凝土六棱块与土工膜间细沙的厚度为不少于 15 cm,后在雨后观测,六棱块普遍存在较大滑动,分析是雨水渗入垫层,造成冲刷并减少了六棱块与细沙及土工膜间的摩擦力所致。在经过试验后,选择减少细沙的厚度,六棱块的滑移基本得到了控制。

2.4 库底土工膜的铺设

2.4.1 仓面处理

目前,大多项目为保证土工膜免受损坏,垫层一般选用筛制粉砂土或细颗粒砂质黏土,最大粒径不超过 5 mm。本项目库区裸露着大面积的煤矸石,治理前又长期作为耕地使用,简单平层处理很难达到理想的基底要求,在开挖、平仓、保护层土体回填等工序过程中,已平整过的仓面不可避免的要遭受碾压破坏,成为"橡皮土",而大面积的更换垫层土料,费用将会大幅度增加,发包人难以承受,同时,土工膜方案是否再合

理就有待商榷。经过项目各参建单位的协商及现场试验,选择了以下仓面处理标准:表层基本平整,局部凸体高度不超过 10 cm,凸体与四周平顺连接;凸体中无较大块石,外露表层 5 cm 以上的石块全部捡出,并确保没有明显的尖状突出物。

2.4.2 土工膜铺设

考虑库区形状,本项目从水库入水口开始,主要采用土工膜横铺、机械倒退的方式组织施工,个别边角部位或斜坡,则选择纵铺或斜铺的方式。

铺设土工膜不宜张拉太紧,要求预留 5% 的伸缩长度置成波纹状褶皱,以适应地形的变化。

土工膜的连接是施工的关键工序,接缝的质量控制在于接缝膜的强度[2]。规范要求,膜的接缝强度要求达到膜材的80%以上。对于二布一膜型土工膜,本项目选择缝接工艺进行布的连接,对膜的连接则采用焊接工艺。缝接时,布必须比膜长时才能够实现,对此,向土工膜生产厂家提出了专门要求,加强了产品的质量控制。为保证接缝质量,做到土工膜受拉时,布先受力或膜与布同时受力,要求对土工布采用手提缝纫机、尼龙线进行双道缝接,搭接宽度 10 cm 左右,并保证给膜体焊接留足叠合余量。焊接时,要求基底表面干燥,膜面用干纱布擦干擦净,施工人员穿软底鞋上场,采用双道焊缝焊接,叠合宽度 1.0 ~ 1.5 cm。

膜体焊接质量检查采用目测法与充气法相结合。要求充气气压 0.05 ~ 0.20 kPa,静观 0.5 min,真空表的气压不下降。

土工膜焊接完成并检查合格后,应及时覆盖保护层,以防止土工膜在紫外线照射下老化和其他因素引起的直接破坏[3]。回填保护层土料为原库区表层清理土料,回填前,对其中较大粒径的石料进行了清理,要求回填时,做到轻堆轻放,回填厚度不小于 50 cm。

3 质量验证

近期,笔者对本项目的运行情况进行了实地检查和回访。证实除 2008—10—01,由于进库水量较大,入水口齿墙破坏,局部土工膜被掀起,遭致部分水量渗入北岩煤矿个别巷道外,再未发生过明显的漏水事件,而且,进水口齿墙修复后,运行正常.

水库日常水位 2.5 ~ 4.0 m,库底高程与改造完成时基本一致,无明显地面沉降。岸坡混凝土六棱块除个别质量原因破损外,没有明显滑动,土工膜保护很好。

4 结论

(1)土工膜适应地形变化能力很强,只要控制好

现场施工质量,大面积的铺设土工膜,是可以达到防渗的目的[4,5],因此为水库库区渗漏提供了新的解决方案。

(2)土工膜用于库底防渗,局部陷坑回填质量是关键,应确保新旧土体沉陷的一致性,避免由于土工布承担大量荷载,造成破坏[6]。

(3)对软基而言,土工膜的无尖基底质量不一定要求太高,做到基本平整,无尖状突出物一般即可[6]。

(4)本项目选择160 g/m^2×0.2 mm×160 g/m^{2}型(厚度较薄)土工膜成功实施防渗,给我们的一个启示是:土工膜主要是用来担当防渗任务的,习惯上要求土工膜具有很高的强度,除了防止基底杂物顶破外,实际上是希望土工膜能够承担一定的渗透荷载,担心"压坏"。其实,土工膜上的荷载主要是由其下部的土体承担,寄希望于土工膜承担很高的压力,即使设计的很厚也是难以想象的,这可以由单独用土工布做荷载试验加以证明。因此,在满足防渗要求的情况下,布的厚度可以适当减少[7]。

(5)由于本项目的运行时间较短,而且,煤矿采煤仍在进行,因此,还需要做进一步的观测工作,以取得更多的数据。

参考文献

[1] 程鲲,王党在.复合土工膜土石坝渗漏分析[J].水利与建筑工程学报,2005,3(1):41-44.

[2] 何世海,吴毅谨,李洪林.土工膜防渗技术在泰安抽水蓄能电站上水库的应用[J].水利水电科技进展,2009,29(6):78-82.

[3] 蔡玉貌,方高生,陈治连.铺设土工膜和建防渗墙相结合的措施在竹坝水库防渗加固中的应用[C]∥张严明.全国病险水库与水闸除险加固专业技术论文集.北京:中国水利水电出版社,2001.

[4] 吕伟利,宋进毅,洪晓飞.土工膜防渗技术在病险水库除险加固中的应用[C]∥张严明.全国病险水库与水闸除险加固专业技术论文集.北京:中国水利水电出版社,2001.

[5] 保华富,杜联凡,谢正明.复合土工膜在岩溶库医补漏加固中的应用[J].水利与建筑工程学报,2004,2(1):20-22.

[6] 周琼,王春宁,潘江.土工膜损伤特性及其应用研究[J].红水河,2003,22(2):28-32.

[7] 王瑞琪,洪艳香,邵志平.复合土工膜在长堰水库防渗加固中的应用[C]∥张严明.全国病险水库与水闸除险加固专业技术论文集.北京:中国水利水电出版社,2001.

[作者简介] 张磊(1969—),男(汉族),山西运城人,高级工程师,主要研究方向为岩土工程。

本文刊登在《山西建筑》2010年11月第36卷第31期

预应力锚索在张峰水库溢洪道施工中的应用

李玉鑫

（山西省水利水电工程建设监理公司，山西太原 030002）

[摘 要]通过张峰水库溢洪道施工,介绍了预应力锚索在其施工中的应用,详细阐述了溢洪道施工工艺及全过程质量控制,取得了良好的效果,同时为今后预应力锚索施工积累了宝贵的经验。

[关键词]溢洪道工程;预应力锚索;施工;质量控制

[中图分类号] TV651.1　　　[文献标识码] A　　　文章编号:1009－6825(2010)31－0363－02

1 工程概况

山西省张峰水库位于山西省晋城市沁水县郑庄镇张峰村沁河干流上,距晋城市城区 90 km,水库总库容 3.94 亿 m³,是以城市生活和工业供水、农村人畜饮水为主,兼顾防洪、发电等综合利用的大(2)型水库枢纽工程。山西省张峰水库工程由枢纽工程及输水工程两部分组成。

溢洪道工程分引渠段、闸室段、泄槽段及挑流段,预应力锚索均匀布置于闸墩基础,外部锚固部分埋设于闸墩内,锚墩底板设计高程 745.70 m。每个闸墩底部沿水流方向设 8 排锚索,分为 2 列,共计 80 根。

锚孔围岩灌浆实质为利用锚孔进行闸墩基础深孔固结灌浆。描孔围岩灌浆利用锚索孔进行斜孔灌浆,所有锚索孔均进行全断面深孔固结灌浆,斜孔深 23.4～39.0 m(含内锚固段)。

2 事前质量控制

2.1 开工前准备工作

施工图纸必须经监理工程师审核对图纸附审核意见后发送承包人。监理工程师必须对承包人报送的单项施工措施进行审批。承包人应对锚索进行必要的生产试验,并制定详细的试验方案,以确定主要的施工参数,并在监理工程师批准后严格执行。

2.2 搭设施工平台

施工平台必须满足稳定要求,以保证钻机的稳定和施工人员的安全;施工平台必须满足锚索施工的需要,并尽可能留有锚索编制平台。

2.3 孔位放样

锚索孔位必须确保按设计图纸进行精确放样,锚索孔孔位允许偏差 ±10 cm,施工放样包括施工孔向的定位,应按照设计孔向进行钻机的定位,保证锚索群体受力的均匀与效果。

3 事中控制

3.1 造孔

锚索孔位按照设计要求定位测量放线,锚索孔开孔偏差控制在 10 cm 以内,孔斜误差不大于孔深的 2%,钻孔孔径应满足设计要求,待承包人完成造孔自检后,监理工程师进行造孔验收,验收合格后监理工程师在锚索造孔检查表上签字,准许承包人进行下道工序。

3.2 编索

锚索钢绞线必须满足设计与国家的有关规定,钢绞线不能有锈蚀。使用过程中要防止油、水等污染,采用无黏结钢绞线的锚索,还必须进行去皮、清洗等工序。锚索编制中的止浆环是使用在端头锚索中的重要零件,在锚索施工中关系着内锚固段灌浆的效果,要重点检查,止浆环使用的气囊耐压要达到 8 kg/cm²,充分保证锚索后续施工质量;止浆环氧封填要密实,不能漏水;止浆环安装位置偏移不能超过 10 cm,锚索编制中使用的灌、回浆管的材料及直径要满足灌浆要求,对灌、回浆管应检查畅通情况,灌浆管耐压应大于 10 kg/cm³,灌浆管长度要适中。

3.3 穿索

在穿索前,应将锚孔内及孔口周围杂物清除干净,用探孔球检查孔道应畅通,锚索孔号与编号应对应,并核实孔径、孔道长度与锚索长度、级别。锚索穿索送入孔道内速度要均匀,以防止锚索体破坏和锚索整体扭转。锚索外露部分应包裹好,以防污损。

3.4　锚索灌浆

灌浆施工前,应先通过灌浆管送入压缩空气,将孔道内积水排干,然后安装孔口止浆器。灌浆胶凝材料采用普硅 42.5 号水泥,0.4∶1的水泥浆,灌浆时从进浆管灌入,回浆管返浆,当回浆管与进浆管浆液比重相同时,开始屏浆,保持 0.4 MPa 屏浆压力 20 min 后结束灌浆。监理工程师对此过程进行全程旁站,锚索灌浆完成后,监理工程师在锚索灌浆检查表上签字,准许承包人进行下道工序。

3.5　锚墩浇筑

在锚墩混凝土浇筑前,应将混凝土面凿毛,并清洗干净基面再安装网片筋或螺旋筋、孔口锚垫板,锚墩的几何尺寸应满足设计要求,承包人对仓位准备自检完成后,报监理工程师进行验收,监理工程师验收合格后,签发锚索混凝土垫座开仓证,准许进行浇筑施工。锚墩混凝土标号为 C35,监理工程师对浇筑过程进行全程旁站,并在浇筑完毕督促承包人及时养护。

3.6　锚索预紧张拉

待锚墩混凝土到达龄期后,监理工程师准许预紧张拉施工,预紧张拉施工前,应对张拉千斤顶和预紧千斤顶进行率定校检,根据校核结果来确定预紧和张拉值,施工时应按照钢绞线编号顺序安装工作及锚板、工作夹片,然后按规范进行单根预紧钢绞线,预紧张拉力为 $0.2\sigma_{con}$。在监理工程师的旁站下,预紧完毕后监理工程师在锚索预紧检查表上签字,准许下道工序进行——安装限位板、千斤顶、工具锚板及工作夹片,并检查安装误差。

3.7　锚索张拉

张拉时严格执行操作程序,采用应变双控措施。张拉分 5 级进行(见表1),逐级加荷,最终达到设计超张拉力,监理工程师对张拉过程进行全程旁站,确保每根锚索皆达到设计要求,并督促承包人做好施工过程记录。

表 1　分级张拉表

第一级	第二级	第三级	第四级	第五级
$0.2\sigma_{con}$	$0.4\sigma_{con}$	$0.6\sigma_{con}$	$0.8\sigma_{con}$	σ_{con}

3.8　孔口段注浆、外锚头封闭

补偿张拉力结束后进行封孔灌浆,要求灌满孔口段定位钢管与锚垫板内孔隙,当冒出浆液浓度与注浆浓度一致时停止注浆并采取措施封堵注浆口,监理工程师对此过程进行全程旁站。

4　事后控制(检查验收)

依据设计及规程、规范的要求,加强过程控制,预应力锚索施工质量满足规程、规范及设计要求,锚索每一索为 1 个单元,评定 10 个单元全部为优良。

5　结语

张峰水库溢洪道预应力锚索施工,无论在锚索施工工艺还是质量控制方面,都收到了良好的效果,也为今后预应力锚索的施工积累了宝贵的经验。

[作者简介] 李玉鑫(1978—),男,助理工程师,山西省水利水电工程建设监理公司,山西太原 030002

本文刊登在《山西水利》2010年第9期

二维三维渗流计算在工程中的联合应用

侯艳芬

（山西省水利水电工程建设监理公司，山西太原 030002）

[摘　要]建立二维或三维模型进行渗流计算是目前用来研究岩土工程中渗流问题常见的两种方法。以某工程围堰作为研究对象，分别采用上述两种方法对土石围堰的渗漏进行了计算分析。通过对围堰渗流流量、渗流流速、渗透坡降、浸润面等表征渗漏的特征值进行对比，结果发现，二者存在一定的相合性和互补性，指出只有将二维模型和三维模型的计算结果结合起来，才能更好地反映工程实际。

[关键词]土石围堰；渗流；水力坡降；流量

[中图分类号] TV223.4　　　[文献标识码] A　　　文章编号：1004 – 7042(2010)09 – 0048 – 03

0　引言

堰体渗流是水利工程设计施工面临的主要问题之一，其计算方法很多，有限元算法是目前最主要的计算方法之一，有限元算法又分为两种：一种是简化的平面问题的二维渗流算法，另一种是空间问题的三维渗流算法。三维渗流计算比二维渗流计算更切合实际，对比二维渗流计算与三维渗流计算结果，可用来验证渗流计算结果的准确性和渗流参数变化规律的正确性。本文以某混凝土面板堆石坝工程上游高土石围堰为例，进行三维渗流与二维渗流计算结果的比较分析。工程库容 4.8 亿 m³，拦河坝最大坝高 112 m，上游土石围堰高 50.8 m，堰顶高程 2 200.8 m，堰前水位 2 200 m，堰前水头高 50 m。上下游围堰河床覆盖层最大厚度 62.0 m。堰基覆盖层以卵石为主，含漂石，级配不良，透水性强。两岸边坡较陡，岩性为三叠系上统薄—中厚层状变质细砂岩，夹中厚层状变质细砂岩及碳质千枚岩，岩体卸荷强烈，透水性强。

1　计算条件

1.1　三维渗流计算条件

计算采用专业软件 3D – Seep。该软件将强大的交互式三维设计引入饱和、非饱和地下水的建模分析中，用户可以迅速分析各种地下水渗流工程问题。

采用的坐标：本项目三维渗流计算中均采用笛卡儿直角坐标系，以横河向为 x 轴，指向左岸为正向；以顺河向为 z 轴，指向下游为正向；以垂直向为 y 轴，垂直向上为正向。计算坐标原点选取在工程坐标(0，2 164,0)处。

计算区域和边界：上游边界为上游围堰轴线以上 339.6 m，左岸边界为左岸堰肩以左 160 m（堰中心线以左 262.0 m），右岸边界为右岸堰肩以右 180 m（堰中心线以右 302 m），下游边界为下游围堰轴线以下 258.6 m，基坑边界为堰基以下 5.0 m（高程 2 146 m 处）。上、下游围堰联合挡水，河道内全部为指定水头边界条件，趾板开挖后基坑无水，基坑水位与坑底等高程。模型底部及左右两侧均设为不透水边界。

材料分布与计算参数：上下游围堰计算区域内共有 13 种材料，分别为：石渣，截流戗堤，土工膜，防渗墙，闭气料，高喷（可控灌浆），卸荷岩帷幕灌浆，覆盖层Ⅰ，覆盖层Ⅱ，覆盖层Ⅲ，强卸荷线以下岩体，强卸荷线以上岩体和基岩，计算参数如表 1 所示。

表 1　上、下游围堰计算参数

序号	材料名称	渗透系数（cm/s）	允许渗透坡降
1	石渣	1.0×10^{-1}	—
2	截流戗堤	1.0×10^{-1}	—
3	土工膜	1.0×10^{-8}	—
4	防渗墙	1.0×10^{-6}	100 ~ 60
5	闭气料	1.0×10^{-4}	—
6	高喷（可控灌浆）	1.0×10^{-4}	50
7	覆盖层Ⅰ	5.26×10^{-2}	0.10 ~ 0.15
8	覆盖层Ⅱ	4.98×10^{-2}	0.15 ~ 0.20

续表1

序号	材料名称	渗透系数（cm/s）	允许渗透坡降
9	覆盖层Ⅲ	5.26×10^{-2}	$0.10 \sim 0.15$
10	强卸荷线以下岩体	1.0×10^{-3} 或 1.0×10^{-4}	—
11	强卸荷线以上[-1]岩体	5.0×10^{-3} 或 5.0×10^{-4}	—
12	卸荷岩帷幕灌浆	效果良好 3×10^{-5} 效果较差 5×10^{-4}	
13	基岩	3.0×10^{-5}	—

单元网格划分：计算中采用八节点六面体等参数单元网格,为保证计算的精度,网格的长宽比控制在2∶1以内。对防渗墙、复合防渗体等关键区域的网格进行了加密,防渗墙网格单元控制在0.4 m×0.6 m以内,复合防渗体网格单元控制在0.3 m×0.4 m以内。对其他区域的网格尺寸进行了适当的放大。整个模型共划分节点195 180个,单元数212 348个。

1.2　二维渗流计算条件

二维渗流计算采用常用的G/slope商业软件,用户可用交互式建模方法迅速建立几何分析模型,定义材料特性和边界条件,然后求解,最后在后处理中查看所需的结果。

采用的坐标与计算区域：在上游围堰计算中,采用笛卡儿直角坐标系。对上游围堰选择河床最深处的地质剖面与其对应的围堰剖面组成的断面进行二维计算。坐标系以顺河向为 x 坐标轴,指向下游为正向,原点选在防渗墙中心处;以垂直向防渗墙中心线为 y 轴,垂直向上为正向,坐标原点为绝对高行二维计算。坐标系以顺河向为 x 坐标轴,指向下游为正向,原点选在防渗墙中心处;以垂直向防渗墙中心线为 y 轴,垂直向上为正向,坐标原点为绝对高程。

计算区域的选择：本工程中上游堰顶高程为2 200.8 m,最大堰高约50 m,顶宽10.0 m,迎水堰面坡度1∶2,背水堰面坡度1∶1.75。堰基防渗选择混凝土防渗墙,防渗墙最大深度70 m,厚0.8 m。计算区域向下游延伸至坐标350 m处,向上游延伸至坐标-250 m处,垂直向延伸至深度160 m处。

材料分布：上游围堰计算区域内共有9种材料,分别为：石渣、截流戗堤、土工膜、防渗墙、闭气料、覆盖层Ⅰ、覆盖层Ⅱ、覆盖层Ⅲ和基岩。

计算边界：围堰上游水位高程2 200.0 m,围堰下游水位取为趾板开挖后基坑坑底高程2 146.0 m,模型底面为不透水边界。

单元网格划分：采用四边形等参数单元网格,为保证计算精度,网格长宽比控制在2∶1以内。对防渗墙、复合防渗体等关键区域的网格进行加密,其网格单元控制在0.2 m×0.25 m以内,其他区域网格尺寸适当放大。对模型进行单元划分,共划分节点117 773个,单元数106 867个。

2　计算结果对比分析

三维渗流计算时,上游水位2 200.0 m,下游水位2 160.09 m,趾板开挖后基坑无水2 146.0 m,下游围堰防渗墙的深度始终为30 m。

针对不同防渗墙深度(30 m,40 m,50 m,70 m),分4种工况进行了二维渗流稳定计算。覆盖层开挖边坡1∶1.5,坝基及坝体截面的流量为堰体总流量,坝基截面的流量为从防渗墙底绕过防渗墙的流量,下游坡角地基截面的流量为地面以下渗流量,坝基及坝体截面的流量减去下游坡角地基截面的流量为堰体下游坡面出渗的流量,此流量可分析堰坡的排渗问题。

2.1　渗流量变化规律的对比分析

通过对二维渗流与三维渗流各工况条件下的渗流量计算结果进行比较,可得出以下规律：

第一,随着防渗墙深度的增加,上游围堰的二维、三维渗流总量均呈现单调递减趋势,二维渗流比三维渗流递减更快,这是因为二维渗流计算中未包括三维渗流计算中堰体左右岸山体中的绕渗部分,而此部分绕渗量与堰基防渗墙的深度无关。

第二,当防渗墙与底部基岩封闭后,二维渗流堰体内的渗流量才会大幅度的减小。而上游围堰三维渗流的渗流量在防渗墙底部封闭后仍比二维渗流大1倍以上,达到4.84 L/s,如计入左右岸山体中的绕渗部分,基坑中的渗量更大。

第三,当两岸卸荷岩体的渗透系数由 $A \times 10^{-3}$ cm/s减小到 $A \times 10^{-4}$ cm/s,且卸荷岩体采用30 m宽帷幕灌浆防渗时,三维渗流计算上游围堰渗流量将从7.41 L/s减小到2.31 L/s,或由6.51 L/s减小到1.74 L/s。可见,两岸岩体是否采取防渗处理以及岩体渗透性对三维渗流计算影响很大,但对二维渗流计算没有影响。

第四,防渗墙底部封闭前,二维渗流计算的上游围堰渗流量较三维渗流计算的上游围堰渗流量偏大;防渗墙底部封闭后,二维渗流计算的上游围堰渗流量较三维渗流计算的上游围堰渗流量偏小。

2.2 渗流速度分布规律的对比分析

通过对二维、三维渗流各工况的渗流速度计算结果进行比较可以得出：

第一，二维、三维渗流计算的上游围堰堰基渗流速度分布规律基本相同，都是从上游至堰体防渗墙呈递增趋势，在堰体防渗墙附近达到了最大值，堰体防渗墙后又随距堰体防渗墙距离的增加而减小；渗流速度在防渗墙底部最大，渗流出口处次之，防渗墙处最小；随着防渗墙深度的增加，防渗墙底部和渗流出口处的渗流速度都减小，等流速区域逐渐减小，当防渗墙底部封闭后，最大流速迅速减小。

第二，虽然二维、三维渗流计算的上游围堰堰基渗流速度分布规律基本相同，但数值上仍有一定区别，如渗流出口处最大流速，二维计算的结果要比三维计算的结果大 1~2 个数量级，主要原因仍是三维渗流计算时考虑了两岸绕渗。

第三，虽然二维、三维渗流计算的上游围堰堰基渗流速度值不相同，以上各种工况计算的各部位的渗流速度都比较小，不会对堰体堰基的安全构成威胁。

2.3 水力坡降分布规律的对比分析

通过对二维、三维渗流各工况的水力坡降计算结果进行比较，可得出：

第一，二维、三维渗流计算的上游围堰水力坡降分布规律基本相同，都是从上游至堰体防渗墙呈递增趋势，在堰体防渗墙附近达到最大值，随距堰体防渗墙后距离的增加呈递减趋势；水力坡降在防渗墙附近最大，防渗墙底部次之，堰体背水面处最小；随着防渗墙深度的增加、高程的降低，堰基中的水力坡降明显减小，但防渗墙等挡水建筑物处的水力坡降最大值显著上升。

第二，三维渗流计算中，当两岸卸荷岩体采用 30 m 宽防渗帷幕时，防渗墙上的最大水力坡降有所增大，防渗墙底部的最大水力坡降也有所增大，但总体还是比较小，围堰背水面坡脚处的最大水力坡降也有所减小，整个围堰结构更加安全。而在二维渗流计算中，则影响不大。

第三，三维渗流计算的渗流出口处最大水力坡降均未超过覆盖层Ⅲ的允许坡降，二维渗流计算工况 1～4 的水力坡降最大值分别为 0.39、0.33、0.30、0.12；除防渗墙底封闭工况外，下游河床覆盖层中的水力坡降最大值均超过了覆盖层Ⅲ岩组含漂砂卵砾石层的允许坡降，应采取措施处理防止管涌的发生。

2.4 浸润面、水头等值线变化规律的对比分析

二维、三维渗流各工况的浸润面、水头等值线计算结果进行比较分析，可得出：

第一，二维、三维渗流计算的上游围堰浸润面分布规律基本相似，均为随着防渗墙深度的增加，防渗墙后靠基坑侧的堰体内浸润面的位置逐渐下降，但下降幅度不大，直到防渗墙深度达到 70 m 与底部岩体封闭时，堰体内浸润线的位置才有了明显的降低，与堰后基坑内的水位基本持平。

第二，二维、三维渗流计算的上游围堰水头等值线分布规律也相似，越靠近防渗墙，水头等值线分布越密。等值线在堰基下游均匀分布，并逐渐减小。随着防渗墙深度的增加，堰基的等值线从上下游两侧向防渗墙底部收拢。

第三，虽然二维、三维渗流计算的上游围堰浸润面都呈上游高、下游低的特点，但对三维渗流，左右两岸的浸润面也呈上游高下游低、两岸高基坑低的平稳变化趋势，堰体轴线方向距上游库区越远，浸润面越低；而二维渗流浸润面则不存在此问题。

第四，二维渗流计算的上游围堰防渗墙后靠基坑侧的最大水头高程较三维计算的偏大，其原因也是由于前者未考虑堰体两侧的绕渗。

3 结语

有限元法是计算堰体二维渗流和三维渗流的主要方法之一，通过实例计算比较，得出如下结论：第一，用二维渗流和三维渗流有限元法计算得到的堰体渗流速度、水力坡降分布规律基本相同，包括渗流量、水头等值线以及浸润面在内，二维渗流和三维渗流结果只是在量值上有所不同。一般来说，二维计算结果偏大些。第二，三维渗流计算结果精确、计算工作量较大、直观性稍差；二维渗流计算结果精确性次之，但简洁、直观性好。第三，二维、三维渗流有限元法相结合的方法是堰体渗流计算最有效的方法之一，有利于掌握渗流参数的分布规律以及验证计算结果的正确性。

［作者简介］侯艳芬(1976—)，女，1997 年毕业于郑州工学院水工专业，工程师。

本文刊登在《山西建筑》2010年10月第36卷第28期

病险水库加固改造中再生材料的应用

胡 龙

（山西省水利水电工程建设监理公司，山西太原 030002）

[摘 要] 以工程实例为依托，归纳了病险水库加固改造的特点以及病险水库常见的质量问题与加固措施，说明了病险水库加固改造中产生的建筑垃圾再生利用的设计原则和技术措施，从而达到保护环境和降低工程费用的目的。

[关键词] 病险水库；加固改造；设计方案；再生材料

[中图分类号] TV697.3　　　[文献标识码] A　　文章编号：1009 - 6825(2010)28 - 0357 - 02

0 引言

大量的病险水库改造，不仅需要重新投入大量的建设资金，同时，也将产生大量的建筑垃圾，浪费土地资源，对地方的环境保护带来很大压力。

考虑这一时期水库质量缺陷的共同特征，有必要针对病险水库加固改造制定出一套专门的设计标准，以解决设计方案的优化问题。本文以土石坝工程为例，说明了对病险水库加固改造中产生的建筑垃圾再生利用的设计原则和主要技术措施。

1 病险水库加固改造的特点

1.1 建立在原有工程基础上的加固改造

病险水库加固改造的一个显著特点是项目主体已经存在，建设的主要内容是针对工程存在的质量问题或缺陷进行改造或配套。主要表现为新增工程量一般相对较小，而拆除工程量往往较大，产生的建筑垃圾较多。

1.2 工程建设受周边环境的影响较大

由于建成时间较长，水库周围往往聚集了村庄、工厂等，水库的交通、蓄水区域、工程安全等已经同周边产生了不可分离的联系。工程改造中技术方案、建筑材料的选择需要考虑周边因素的影响，有些水库的加固改造还要将水库上下游的水利工程联系起来一并分析。

1.3 蓄水环境中施工难度加大

很多水库效益很好，改造施工需要在水库蓄水的条件下进行，比如，土坝上游坝坡施工，汛期将引起坝面冲刷加重，污染水质，并带来大坝安全隐患，因此，施工工期压力较大。

2 病险水库常见的质量问题与加固措施

2.1 设计标准偏低与加固措施

受水库建设时期经济、技术、政策等方面的影响，我国20世纪50年代～70年代建成的水库工程，大多设计标准偏低，工程抗御洪水的能力达不到要求。从除险加固工程措施来看，主要是：1）加高大坝，增加水库调蓄能力。适当加高大坝高度，可以较大地增加库容，加大调蓄能力，提高防洪标准。一般加高大坝高度1 m～2 m，最大不超过3 m。如加得太高，则需加宽坝身，放缓坝坡，保证坝坡稳定。2）加大泄洪设施，增加泄洪流量。一般是对原有溢洪道进行挖深扩宽或新建溢洪道。3）加高坝和扩大溢洪道泄量相结合。

2.2 坝体的病害与加固措施

土坝的质量问题主要表现在渗漏、滑坡和裂缝等方面。具体工程措施包括：1）开挖回填，即将出现滑坡部位的土体全部或部分挖出，重新填入符合设计要求的土料，并分层夯实。2）放缓坝坡，并相应调整下游排水体位置。3）压重固脚，即是在滑坡体下部堆放砂石料，形成镇压台，同时，发挥排水作用，以增加抗滑力。4）改造或增加防渗和排水设施，以减轻由于浸润线抬高而带来的滑坡风险。坝体裂缝主要有干缩与冻融裂缝、横向裂缝、纵向裂缝、内部裂缝、水平裂缝等形式，一般加固处理采用开挖回填、裂缝灌浆以及两者相结合的方法。

2.3 溢洪道的病害与加固措施

溢洪道工程常见的病害有：1）岸坡滑坡破坏；

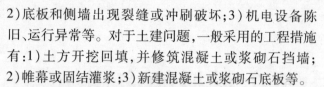
2)底板和侧墙出现裂缝或冲刷破坏;3)机电设备陈旧、运行异常等。对于土建问题,一般采用的工程措施有:1)土方开挖回填,并修筑混凝土或浆砌石挡墙;2)帷幕或固结灌浆;3)新建混凝土或浆砌石底板等。

2.4 泄水洞的病害与加固措施

泄洪洞的常见问题有:1)涵管冲蚀破坏或断裂,影响泄流或水体外漏,对管体周边土体造成冲刷;2)涵管同坝体不均匀沉陷,产生接触裂缝;3)机电设备陈旧、运行异常等。主要土建措施包括:1)土方开挖回填;2)管周充填灌浆;3)更换涵管等。

3 病险水库改造中再生材料的应用

3.1 废弃材料问题

综上所述,病险水库加固改造常见的工程内容主要包括土方工程、灌浆工程以及混凝土和砌石工程。为新旧土体黏结而对原坝体实施的开挖、原报废砌体拆除、溢洪道扩建等工作,均会产生大量的废弃物,处理不当,常常引起土地资源浪费、工程投资增加和水库周边环境污染等问题。因此,病险水库改造与新建水库工程的自然条件存在着明显不同,需要在规划设计阶段对建筑废弃料问题结合工程建设综合考虑。

3.2 病险水库加固改造项目的设计原则

1)技术上可靠,所选方案能够解决该水库存在的实际病险问题;2)施工工法简单,建筑材料获取方便,便于施工;3)充分利用改造工程中的废弃材料,节省费用,节约能源,减少环境污染。

3.3 病险水库改造中废弃料的一般特征

除溢洪道开挖、坝面清理等表层容易产生腐殖土外,大多数土体都能保持新鲜,因为在河床上,级配常常稍差;而上游坝坡或其他部位的砌体拆除,将产生大量表层存在少量:锈蚀、风化或其他黏着物的块石;混凝土拆除物除钢筋外,混凝土部分一般都被破碎,但颗粒强度一般仍然较高。

3.4 筑坝用土石料的选择

3.4.1 防渗体土料

当前,防渗体材料的选择标准已经很宽,砾石土、风化砾石土作为防渗体材料在许多工程上都有应用,并在合理解决其不均匀性、防渗性、可塑性等方面取得了经验。

砾石土也称为含砾黏性土,是一种含有相等多粗砾土(粒径大于 5 mm)及一定数量细粒土的混合料SL 274—2001碾压式土石坝设计规范建议砾石含量不宜超过 50%。作为防渗料的砾石土,最大粒径不宜超

过铺土厚度的 2/3,一般为 70～150 mm。目前,将风化岩、软岩开挖碾压后,破碎为砾石土,用作防渗体,也都取得了很好的效果。

3.4.2 坝壳料、反滤料、过渡料及排水材料的选择

坝壳料、反滤料、过渡料及排水材料的选择范围则更宽,病险库改造中产生的大多废弃物经简单处理后都能得到利用。

3.5 灌浆材料的选择

在满足可灌性指标下,运用黏土或其他土体进行灌浆,是完全可行的。尤其是对旧坝体进行改造,产生渗漏的原因往往是通道或较宽裂缝,利用一般土料进行灌浆、封堵,是可以取得明显效果的。

3.6 再生混凝土集料问题

为确保混凝土产品的质量,工程技术人员常常对集料提出很高的要求,若施工现场不具有合适的条件时,则需要到很远的地方进行采购。其实,这种考虑,除非特殊情况,一般是对混凝土本身的误解。我们应该转变这种观念,应该考虑如何充分利用现有资源,经过调整配比方案,生产出满足要求的混凝土产品或更改设计指标。在这种思路下,病险库改造中可以作为混凝土集料的选择范围就会加宽,混凝土旧体及其他岩体拆除,经适当加工后,可以作为混凝土集料再生利用。

4 结语

1)病险库改造与新建水库具有不同特点,不加区别的采用统一规范进行设计,必然造成资金浪费和环境污染。2)除非特别环境要求,病险库改造中产生的土料、石料等废弃物,经过适当处理,一般均可以作为再生材料加以利用。3)水质对水泥浆的腐蚀已经引起人们的关注,而天然土体则不存在此类问题。灌浆材料的选择涉及工程投资和使用寿命,而地下防渗墙体的工作环境与地上试验环境明显不同,想当然地套用渗透公式不尽合理,需要做很多研究。4)转变混凝土生产观念至关重要,充分利用现有材料进行混凝土配合比设计是实现建筑工程集约发展的重要表现。

参考文献

[1] 张京彬.浅谈小型水库除险加固处理技术的应用[J].山西建筑,2009,35(3):365-366.

[作者简介] 胡龙(1983—),男,助理工程师。

本文刊登在《山西水利科技》2009 年 5 月第 2 期(总第 172 期)

分布式光纤测温系统在西龙池水库监测渗流

牛 栋[1] 张 义[2] 王敦厚[3] 冯金铭[2]

(1. 山西省水利水电工程建设监理公司,山西太原 030002;2. 清华大学水利水电工程系,
北京 100084;3. 山西西龙池抽水蓄能电站有限责任公司,山西忻州 035503)

[摘 要]分布式光纤温度传感系统是近年来发展起来的一种用于实时测量空间温度场分布的传感系统。它是一种分布式的、连续的、功能型光纤温度传感器。文中简述了分布式光纤温度传感测量系统的基本原理和将其应用于沥青混凝土面板坝渗流测量的一种方法。

[关键词]渗流监测;分布式光纤;温度测量;沥青混凝土面板

[中图分类号] TV139   [文献标识码] B   文章编号:1006 – 8139(2009)02 – 04 – 03

山西西龙池抽水蓄能电站位于山西省五台县境内。总装机容量为 1 200 MW,安装 4 台单机容量为 300 MW 的水泵水轮机组,电站额定水头为 640 m,年发电量 18.05 亿 kWh,年抽水耗电量 24.07 亿 kWh。工程等级为 I 等。西龙池电站是山西境内的第一座抽水蓄能电站,电站建成后并入山西电网,担任调峰、填谷、调频、调相任务,对改善山西电网和能源结构、提高供电质量和保证电网安全运行起重要作用。工程建设总工期为 6 年,2009 年 8 月工程竣工,2008 年 8 月第一台机组发电,发电工期为 5 年。

西龙池抽水蓄能电站由上水库、下水库、地下厂房和水道系统组成。上水库利用五台县白家庄镇西龙池村天然洼地开挖填筑而成,库容 485.1 万 m³,下水库建于五台县神西乡西河村北滹沱河左岸支沟上,库容 494.2 万 m³。地下厂房及水道系统布置在上下库之间的山体内。

1 监测原理

1.1 光纤测温原理

分布式光纤温度传感系统(Distributed Fiber Optic Temperature Sensor System),简称 DTS,是近年来发展起来的一种用于实时测量空间温度场分布的传感系统。它是一种分布式的、连续的、功能型光纤温度传感器。在系统中,光纤既是传输媒体也是传感媒体,可以对光纤所在的温度场进行实时测量,利用光时域反射技术(OTDR)可以对测量点进行精确定位。当光纤跨越渗漏区时,较低的传导热传输可被效率更高的平流热传输所超越,渗漏区光纤温度分布出现异常,对该不规则区域的温度偏差量进行现场测量,便可以对渗漏通道进行定位判断,从而实现渗漏的监测。

1.2 渗流监测原理

DTS 系统不能直接测量渗流参数,它是通过测量渗流发生处的温度变化来反演渗流参数。DTS 测量介质温度,一般有两种方法:梯度法和电热法。

梯度法即利用光纤系统直接测量实际温度,不对光缆进行加热,其前提是库水温与量测位置温度存在比较明显的温度差,从而在渗漏水四周就会产生局部温度异常。

而电热法也称加热法,通过对光缆里的铜导线通电,致使其发热,温度的增高取决于周围材料的热容量和热传导率,在有渗流的情况下,由于水的热传导作用会有热量叠加,结果有渗流的断面在光缆通电加热的情况下,会表现出明显的异常现象。通过对光缆长度的确定,即可确定渗流段的位置。

本工程中采用电热法进行渗流检测。

2 监测系统设计

2.1 测温光缆铺设

光纤温度和渗流监测,其多模铠装测量光缆本身即是传感器,用于同时进行面板温度和渗流监测,西龙池上水库埋设了 3 条光缆于库区沥青混凝土面板的防渗层下方进行面板监测,其位置示意如图 1 所示。

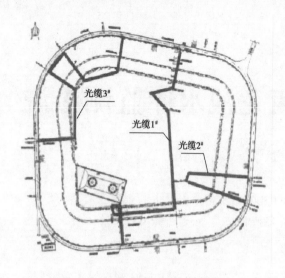

图1　上水库测温光缆铺设示意图

第一条(1#光缆路径)横穿主坝最大横断面,并沿最大拉应变区的反弧段再穿过库底(开挖回填边界、溶洞),经2#副坝部位反弧段和挖填边界至库顶;第2条(2#光缆路径)位于上水库东岸,主要对岩坡第六、四层处理区、穿过库底开挖回填边界和岸坡网格加强区进行监测;第3条(3#光缆路径)位于1#副坝及两侧,主要对北岸低弹模区、坝体挖填边界和西岸地质复杂区部位面板进行监测。

测温光缆的直径为15 mm,为适应本工程中的特殊要求,如耐高温、耐压等情况,测温光缆的内部构造与普通光缆不同,其横断面结构如图2所示。

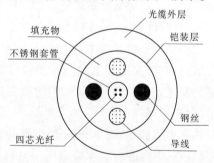

图2　测温光缆横断面示意图

测温光缆的外层以及内部填充物都采用了密度较大硬度较高的材料,再加上不锈钢铠装层、内部的四根钢丝和导线以及光纤的不锈钢套管就组成了耐高温并且能承受较大压力的结构。对内部的两根导线通电,来加热内部的光纤,即可使光纤处于比较高的温度下,而当库底的某处出现渗漏情况时,库水将使该处的光纤降温,借此就可反映出渗流的确切位置。

测温光缆一般布置在整平胶结层上,在一些反弧段有加厚层的区域也布置在加厚层的顶面上,如图3所示。测温光缆采用一种特别制造的形似拱桥的不锈钢夹子固定在整平胶结层或加厚层上。

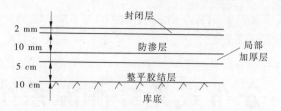

图3　沥青混凝土防渗结构图

2.2　通信光缆铺设

通信光缆采用6芯的普通光缆,通信光缆都是布置在岸顶和坝顶预留的电缆沟内,施工比较简单,它由每根测温光缆两端的渗流测量控制箱连向监测室。

2.3　加热装置

试验采用的是加热法测渗流,需要在缠绕测量光纤的同时缠绕加热导线来提供稳定的热源。加热装置由可调节电压的直流加热电源和加热导线组成。

直流加热电源要求可以调节电压。渗流引起的温度变化不只取决于渗流流速,还与光纤所处的环境温度有关,试验中需要找到温度变化和光纤温度本身的关系,光纤温度的调节依靠加热电源的电压调节实现,因此要求电源的电压可调。加热导线选择普通的漆包线,与光纤同时缠绕在一起,并一起从出线孔引出与加热电源相连。

3　数据采集处理系统

3.1　数据采集程序

York Sensa公司的DTS800 M2自带的程序本身并不是专门针对水利工程的渗流监测设计的,因此本工程应用时根据DTS800 M2的底层命令重新设计编制了数据采集程序。在DTS随机软件的基础上,根据本工程的特点进行修改、补充,从而重新编写而成的,具有人工控制和自动控制两种数据采集方式。人工控制方式由人工通过中央控制装置发出数据采集指令,完成规定的测量后将数据传送至中控室SQL服务器上存储;自动控制方式按预先设定的数据采集时间间隔自动采集数据并将数据传送至中控室SQL服务器上存储。

采用WEB服务的方式进行数据发布,采用PHP + Apache服务器的方式建立WEB服务器,数据查询软件连接到SQL服务器上,取其数据,将数据以表单和图形显示的方式直观地显示在IE浏览器界面上,用户只需要连接到WEB服务器上即可进行全部数据的查询,同时,该查询软件还具备一些数据分析、评估功能,可在一定程度上辅助分析数据。

3.2　小波消噪程序

在本工程中,信号消噪的地位非常重要,它直接关系到采集到的信号数据是否可用,因为在工程中,如某处出现特殊工况(如防渗层开裂导致渗流)的数据一般比相邻点温度的降低值并不大,如果处理不当,完全有可能被信号中掺杂的高频噪声掩盖。

本工程的主采集处理程序是采用标准 C 程序语言编写,便于今后程序的扩展和维护。

3.3　西龙池工程应用

图 4 是现场防渗层施工时实际测量得到的光缆温度分布曲线图(未经过信号处理),其中 T 为光缆温度,L 为光缆的测点距离起始点的长度。在未经信号处理过的图形中可以看到温度数据的起伏是很大的。采用了编制的程序,用小波进行消噪来处理原始信号,得到如图 5 所示的曲线,此时的曲线更贴近了实际中的温度分布。

其中 A－B 段为 DTS 内置光纤段,温度维持在 37 ℃左右;C－D 段裸露在空气中,因此与气温相同,约为 18 ℃;E－F 段是已经埋设好的光缆段,按当时的施工进度已经埋设在了防渗层下,由于防渗层的保护隔温效果,这一区段的光缆温度要高于裸露在空气中的区段;G 点温度较高,将要达到 50 ℃,实际上这也是一个区段,长度约为 4 m,是光缆正在铺设的条带,正在铺设的条带由于光缆接触高温的沥青混凝土,最高温度可以达到 180 ℃以上,在 G 点的条带正处于摊铺过后混凝土的冷却过程中,因此温度低于 180 ℃,但是高于周围的环境温度;H－1 段也是处于裸露状态的光缆段。

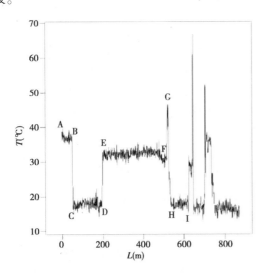

图 4　现场实际温度曲线

4　结语

分布式光纤传感技术具有防燃、防爆、抗腐蚀、抗电磁干扰,耐高压、长距离、能实现实时快速分布式测温并定位等优点,具有传统渗漏监测技术无法比拟的

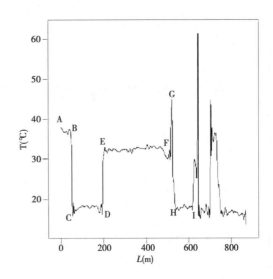

图 5　小波消噪后的温度曲线

优越性,有着广阔的应用前景。

分布式光纤温度传感测量技术为沥青混凝土面板的渗流检测提供了一种新的方法。当今,对该方法的研究已经逐渐成熟,随着该技术的研究发展与不断完善,必然会对大坝的安全检测产生革命性影响。相信在不久的将来,该技术会在更大的范围内得到广泛应用。

参考文献

[1] 张国新,曹普发,冯少孔,等. 光导纤维测温计及其在混凝土坝温度测量中的应用[J]. 红水河,2000,19:16-20.

[2] ZHANG Kun,FENG Liqun,YU Changyu,et al. The research of the design of spherical gear transmission used in flexible wrist of robots[J]. J Tsinghua Univ(Sci and Tech),1994,34(2):1-7.(in Chinese).

[3] 邵龙潭,梁爱民,王助贫,等. 非饱和土稳态渗流试验装置的研制与应用[J]. 岩土工程学报,2005,27:1338-1340.

[作者简介] 牛栋(1963—),男,1987 年毕业于华北电力学院,工程师。

本文刊登在《山西水利科技》2009年2月第1期(总第171期)

大伙房水库输水工程顶管施工测量方法

王彦奇

(山西省水利水电工程建设监理公司,太原 030002)

[摘　要]文中对大伙房水库输水(二期)工程管线段顶管法施工中所运用的测量及放样方法进行了分析,并提出了为保证工程质量要求,而在测量过程中应注意的事项。

[关键词]平面控制;高程控制;放样;顶管井

[中图分类号] TV221　　[文献标识码] B　　文章编号:1006-8139(2009)01-50-03

1　工程概况

大伙房水库输水(二期)工程是大伙房水库输水(一期)工程的配套工程,是将(一期)工程调入大伙房水库的水(经水库调节后)输配给辽宁省中部城市抚顺、沈阳、辽阳、鞍山、营口、盘锦等六个城市,以缓解工农业用水紧张局面的一项大型跨流域调水工程,工程总供水规模 18.34 亿 m^3。根据需水预测和投资效益分析,二期工程分两步实施,先期建设一步工程,二步工程将根据各市用水增长情况适时建设。一步工程供水规模为 11.97 亿 m^3,主要建设内容包括大伙房水库取水头部、输水隧洞、输水管道以及加压站、配水站和稳压塔等。输水方法采用穿越地下管线与明挖深埋管线相结合的方式进行,输水路线总长度约 259.3 km。

输水管线穿越高速公路、国道、省道段(沈大高速、沈丹高速、107 国道、304 国道、202 国道、沈李线、小小线、辽管线,本次共 8 段)采用顶管法施工(即:在公路下方顶进混凝土套管,在混凝土套管中安装钢管)。

2　顶管测量技术方法

2.1　施测原则

施工测量将本着"从整体到局部,由高级到低级,先控制后碎部"的原则,围绕着工程施工的整体部署,先复核首级控制网,再进行加密控制网布设。各级控制点的引测、细部的测量放样,均应符合规范要求。施工完成后的竣工测量、重要部位的安全监测结果,必须达到设计要求的技术指标和设计功能。

2.2　首级控制网复测及施工控制网加密

在工程开工前,承包人接收监理人提供的本工程首级测量控制点后,进行控制点的大地坐标数据校算和复测,然后以首级测量控制点为基准,按测量规范和施工精度要求,布设施工测量加密控制点,加密点应满足工程需要。

以"穿越 107 国道(深井子镇至后双树村段)复测首级控制点 Z7、Z8、Z9、Z10"为例。根据《水利水电工程施工测量规范》(SL 52—93)及辽宁省水利水电勘测设计研究院下发的《大伙房水库输水(二期)工程管线段施工放样测量技术要求》,对控制网复测采用1954 年北京坐标系进行施测。由于受到通视条件的影响(Z7,Z8 控制点无法通视),复测采用五等光电测距特殊导线测量,起算边为 Z10－Z9,沿工程管线布设定向网点,分别对 Z8、Z7 点进行附和导线测量。为同时满足管线施工放样的要求,保障施工顺利进行,根据管线路线及实际地形情况,沿管线征地边线,间距 350 m 左右选定一导点,相邻两点间距离大部分控制在 350～500 m 范围内,布设为导线网点(见图1)共 11 个点,依次为 Z10、Z9、Z8－4、Z8－3、Z8－2、Z8－1、Z8、Z7－3、Z7－2、Z7－1、Z7,全长 2.8 km,Z8－4～Z8－1 导点均为水泥标石,标石规格为 15 cm×15 cm×150 cm,埋设深度均大于冻土层以下 0.1 m,地面露头 0.1

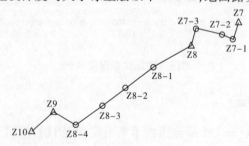

图1　施工控制网平面网

m左右。其中Z7-1~Z7-3为临时桩,待秋收后Z7、Z8即可通视,管道安装放样均采用Z7、Z8两首级控制网点放样,确保施工放样精度。当首级控制网的复测成果满足规范要求后,首级控制点(Z7、Z8、Z9、Z10)和加密控制点(Z8-4、Z8-3、Z8-2、Z8-1、Z7-3、Z7-2、Z7-1)可直接运用于工程施工测量。

1)平面控制

本次复测采用五等附和导线测量(见表1)。外业观测数据经各项指标差值计算合格后,采用武汉测绘大学编制的平面控制网平差软件PA2002进行平差计算。

本次复测采用光电测距仪测量(见表2)。

(1)全站仪标称精度:$m_D = \pm(a + bS) = \pm(1.6 + 1.0S)$;

式中 a——标称精度中的固定误差,mm;
　　　b——标称精度中的比例误差系数,mm/km;
　　　S——测距长度,km。

表1 光电测距导线要求

等级	附和(闭合)导线总长(km)	平均边长(m)	测角中误差(")	测距中误差(")	全长相对闭合差(")	方位角闭合差(")	测距要求 测距仪等级	测距要求 测回数
五	2.0	200		10	1/18 000		3~4	2
	2.4	300	5	10	1/20 000	$\pm10\sqrt{n}$	3~4	2
	3.0	500		7	1/25 000		3	2

注:表中所列的技术要求,符合最弱点点位中位中误差不大于10 mm(三、四等)和20 mm(五等)。n——转折角数。

表2 光电测距作业技术要求

等级	气象数据测定 气温最小读数(℃)	气象数据测定 气压最小读数(Pa)	气象数据测定 一测回读数较差限值(mm)	气象数据测定 测回间较差限值(mm)	往返或光段较差限值(mm)
五	1.0	100	5	7	2(a+b×S)

(2)测距归算方法如下:

①仪器常数改正(仪器实际加、乘常数),一般在仪器中加以改正;

②气象改正:将测线平均气温、气压输入仪器中加以改正;

③球气差改正,公式如下:

$$D = S'\sin Z - \frac{1-K}{4R}S_2' \times \sin 2Z$$

式中 D——测站与镜站平均高程面上的平距;
　　　S'——经气象、加、乘常数改正后的斜距;
　　　Z——天顶距观测值;
　　　R——地球平均曲率半径6 370 km;
　　　K——大气折光系数,取0.14。

④投影改正(投影在36 m高程面上),公式如下:

$$D_0 = D(1 - H_m/R), \quad H_m = H_9 - H_r$$

式中 D_0——投影后测区平均高程面上的边长;
　　　H_9——测距边两端点高程的平均值;
　　　H_r——测区选定的投影面高程,取36 m。

2)高程控制

本工程首级高程控制测量等级为Ⅲ等水准控制网,布设的加密点较其低一级为四等水准点,本次高程控制测量采用三角高程测量代替四等水准测量(见表3)。

高差改正计算,公式如下:

$$h = S'\cos Z - \frac{1-K}{2R}D^2 + i - v$$

式中 h——测站点与棱镜点之间的高差;
　　　S'——经气象、加、乘常数改正后的斜距;
　　　Z——天顶距;
　　　i——仪器高;
　　　v——棱镜高;
　　　R——地球平均曲率半径6 370 km;
　　　K——大气折光系数,取0.14。

表3 光电测距三角高程测量技术要求

等级	使用仪器	最大边长(m) 单向	最大边长(m) 对向	最大边长(m) 隔点设站	天顶距观测 测回数 中丝法	天顶距观测 测回数 三丝法	天顶距观测 指标差较差(")	天顶距观测 测回差(")	仪器高丈量精度(mm)	对向观测高差较差(mm)	附和或环线闭合差(mm)
四	DJ2	300	800	500	3	2	9	9	±2	±70D	$\pm20\sqrt{(D)}$

注:D——测站与镜站平均高程面上的平距;km;

2.3 地形测量与工程量复核

在主体工程开工前,为精确计算开挖工程量,需要对工程施工各部位进行原始地形及横断面测量,经监理人认可后,及时绘制原始纵横断面图,根据地形断面图,复核计算各部位开挖工程量,并报送监理工程师审核后,作为工程的结算、工程施工、竣工的依据。

2.4 顶管安装工程测量放样

根据规范规定精度要求并结合人员及仪器设备情况制定测量放样方案(包括:控制点及加密点检测、放样依据、放样方法及精度估算、人员及设备配置等)。

测量放样方法主要使用全站仪进行测量放样,放样的中误差,按照测量规范的要求控制,放样方法采用全站仪坐标法和方向线交会法、极坐标放样法、施工坐标放样法等放样。放样时必须遵守"由整体到局部,先控制后细部"的原则,高程放样可直接采用光电测距三角高程测量进行。开挖过程中应经常校核测量开挖平面位置、水平标高、控制桩号和边坡坡度等是否符合施工图纸的要求。

大伙房水库输水(二期)工程(DSS2G LG—36 标段)穿越顶管建筑及安装工程的测量工作包括工作井、接收井井位中心测放、顶管轴线测量。顶管施工中测量工作至关重要,井位测放的正确与否,关系到管线能否正确衔接,顶管轴线的测量关系到顶管能否顺利贯通。因此在顶管施工过程中,必须严格要求测量人员,确保顶管顺利贯通。

1)顶管井井位中心测放

(1)井位中心测放(平面控制测量)。

根据已经复测的首级控制点及布设的施工加密控制点将井位中心的坐标测放出来(采用极坐标系)。

(2)基坑开挖部分的测放。

井位中心测放出来后,根据井位中心与开挖线的尺寸关系放样出开挖线,并撒白灰线作为标志。当基坑开挖到接近坑底标高时,用经纬仪根据控制桩投测出基坑边线和集水坑开挖边线,并撒出白灰指导开挖。

2)顶管安装测量放样

(1)顶管轴线控制标准。

管线轴线偏差:$\Delta_1 \leq 50$ mm。

标高偏差:顶管长度 $L \leq 100$ m 时,标高偏差 Δ_2 满足(+40 ~ −50)mm。

顶管长度 $L > 100$ m 时,标高偏差 Δ_2 满足(+80 ~ −100)mm。

相邻管节错口:$\Delta_3 \leq 15$ mm 无碎裂。

在管道顶进过程中,地面隆起的最大极限值为 +40 mm,地面沉陷的最大极限值为 −60 mm。

(2)顶管顶进前的洞口复核。

工具管出洞后的轴线方向与姿态的正确与否,对以后管节的顶进将起关键的作用。实现管节按设计轴线顶进,做好顶进轴线偏差的控制和纠偏量的控制是关键,要认真对待,及时调节工具管纠偏千斤顶,使其能持续控制在轴线范围内。要严格按实际情况和操作规程进行,勤出报表、勤纠偏,微纠每次纠偏角度宜在 10′ ~ 20′,不得大于 0.5°。防止工具管大幅度纠偏造成顶进困难、管节碎裂。

顶管顶进前需要对工作井、接收井的洞口中心进行复核,本工程所有顶管穿越省道及国道的顶管井均

可做到通视,工作井及接收井洞口的复测没有任何障碍。在测定两个洞口的坐标时应该选择在天气较好的情况下测设,以减小大气折光影响所导致的误差。顶管每段顶进 2/3 时,再增加一次对轴线的复核。

(3)顶管轴线测放(控制点传递即联系测量)。

联系测量的目的是将地面控制点的坐标、方位角和高程,通过顶管井传递到井下,为顶管施工测量提供依据。因为所有工作井深度均在 10 m 左右,经纬仪引桩投测法确定的轴线即可满足顶管顶进的精度,因此采用 TL - 20GF 型经纬仪进行顶管轴线的测放。

①激光经纬仪定顶管轴线。

首先需要根据顶管井制作完成后的两个洞口坐标确定新的顶管轴线,将工作井洞口中心坐标引到井顶定为 B 点,接收井洞口中心坐标引到井顶定为 A 点,将经纬仪置于 B 点,根据 A 点、B 点可以测设出顶管轴线位于工作井井顶上的一点 C 点(见图2)。

图 2　穿越公路顶管洞口复测示意图

将顶管轴线上的 B、C 点传递到井下采用激光经纬仪。首先将经纬仪架设在 B 点上,对中整平后,根据 B、C 两点确定的轴线,将 C 点测放到工作井后靠背上,得到 C′点。同理,将经纬仪架设到 C′,将 B 点测放到井下底板上,得到 M 点;之后将经纬仪架设在 M 点,测放轴线位于底板上的另一个点 N。这样,M、N 两点确定的直线即为顶管顶进轴线。顶管轴线必须经监理人复测后方可进行顶管施工。

②高程的传递。

高程传递的目的是将控制点的高程 $H_{控}$ 传递到井下临时水准点 Q。

首先在沉井中悬挂一根钢丝,下端挂上 5 ~ 10 kg 的重锤,重锤可浸在有适当黏度的油桶内,保持其稳定后开始测量。在地面安置水准仪,读取井外控制点上水准尺的读数 a_1,在钢丝上做记号 b_1;再在井下点 Q 处安置水准仪,在钢丝上做记号为 a_1,读取 Q 点上水准尺的读数 b_2。钢丝上记号 b_1 至 a_2 的长度通过将钢丝拉出后在平坦地面上准确量取获得,设其为 t,则 Q 点的高程即为:$H_0 = H_{控} + a_1 - b_2 - t$。

(4)直线段顶管轴线测量。

直线顶进时,在机头中心设置一个光靶,可以根据测设好的顶管轴线,采用激光经纬仪进行测量,由光靶反映的读数即可知道机头的方位。这种方法可以做到跟踪测量,可及时发现机头的偏差,保证顶管按轴线顶进。顶进时要做到及时纠偏。由于本标段顶管长度均

不长(最长段为沈大高速段162 m),因此顶管顶进过程中可以对轴线进行一到两次复核。顶管长度在60 m 以内时,顶管顶进30 m 后进行一次轴线复核就可以;顶管长度在60 m 以上时,需对顶管轴线进行两次复核,顶管顶进30 m 后一次,当机头距接收井还有30 m 左右时,应再进行一次轴线复测,将机头确切位置测放于接收井内,从而确保安全进洞。

复测的目的是:①重新测定顶管机的里程,精确算出刀盘与洞口之间的距离,使刀盘一旦贴近洞门,即采取相应的措施;②校核顶管机的姿态,以利于进洞过程中顶管机姿态的及时调整。

2.5　竣工测量

竣工测量包括建筑物基础平面图、断面图、建筑物体型断面图等测量工作,承包人分别按部位和规范要求施测(可按监理人的要求)。以上资料均按分部工程整理归档,施工期所有定线、方量、验收等原始记录均进行整理、校核、分类、整理成册,最后提交监理工程师审核归档。

3　结语

测量是工程施工的眼睛,为了保证工程的质量要求、安全性及正常使用寿命,在工程测量过程中应当注意以下几点:①所用的测量仪器要配置齐全,满足施工的需要,且仪器须经测绘仪器计量部门检定合格。②测量人员必须接受过专业学习及其技能培训,掌握多种测量理论知识,熟练各种仪器的操作规程,在严格遵守各种测量规范进行实际工作的同时,能够针对工程特点、具体情况而制定详细的规章制度(仪器设备管理办法、操作规程、安全规程等)来加强管理,采用不同的观测方法及观测程序(测量方法要简捷),对实测过程中出现的问题能够分析其原因并正确的运用误差理论进行平差计算,在满足工程需要的前提下,力争做到省工省时省费用,做到按时、快速、精确地完成每次观测任务。③测量控制点是工程施工的依据,应布设在基础坚硬、不易破坏、通视良好的地方,避免施工过程中对网点的扰动而引起超规范误差。要经常对控制点进行复核,确保控制点标志的稳定完好。④观测时的环境条件基本一致,以避免风、雨影响及减小大气折光影响所导致的误差。

[作者简介] 王彦奇(1982—),男,2005 年毕业于山西水利职业技术学院水利水电建筑工程专业。

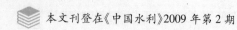
本文刊登在《中国水利》2009 年第 2 期

浆砌石坝体加固灌浆方法在后河水库加固中的应用

李文义[1]　王江丽[2]

（1. 山西省水利水电工程建设监理公司，山西太原 030002；
2. 山西省水利水电勘察设计研究院，山西太原 030024）

［关键词］后河水库；固结灌浆加固；砌石坝

［中图分类号］TV64　　　［文献标识码］B　　文章编号：1000 – 1123（2009）02 – 0035 – 02

后河水库位于山西省垣曲县，属小浪底水利枢纽移民补偿工程，大坝为浆砌石重力拱坝，坝高 73.3 m，于 20 世纪 70 年代修建，1998 年 3 月续建，后因料场材质差，出材率低，砌筑过程不规范，质量管理不完善等原因，造成坝体透水率达不到设计要求的指标。经过专家组论证，采用固结灌浆进行处理。

1　施工方案

由于此次施工中砌体边部有临空面，上游有防渗墙，砌石体内的空洞、空隙不均匀等诸多问题，此次固结灌浆与普遍意义上的岩石固结灌浆又有区别，例如为了灌注砌石体内相对封闭的空隙，就必须采取密孔灌浆处理。四周临空面要求的压力不能按照一般意义的压力进行控制。为使此次灌浆达到预期目的，灌浆分三个阶段进行，第一阶段先进行周边孔和封闭孔的施工，主要为了起到灌浆"包浆止浆"的目的，考虑到边排孔灌桨对防渗墙的影响，对此排孔采用"低压密孔"进行。第二阶段即为Ⅰ、Ⅱ、Ⅲ序孔的施工，此阶段主要进行砌体中间部分较大空隙和孔隙的灌浆，以达到灌浆"挤压"的效果，有效填充孔隙和空隙。第三阶段根据第二阶段的灌浆情况进行加密孔的施工，灌注乐趣砌体中的较小缝隙。施工过程中对每一个孔进行压水试验，逐片检查第一、第二阶段的灌浆效果。无论结果如何，均进行加密孔的施工，以达到万无一失。

2　施工参数的选择

2.1　灌浆布孔方式

根据施工方案的要求，第一、二阶段的封闭孔、周边孔以及Ⅰ、Ⅱ、Ⅲ序孔采用间排距 3 m × 3m 的正方形布孔方式，第三阶段的加密孔布置在灌区内，与其他灌浆孔成梅花形。

2.2　灌浆方式

虽然灌浆孔孔深最大不超过 6.50 m，但考虑到砌体透水率较大、大空隙较多，所以第一、二阶段的封闭孔、周边孔以及Ⅰ、Ⅱ、Ⅲ序孔的灌浆方式采用孔内循环、自下而上分两段灌浆，加密孔全孔一段灌注。

2.3　灌浆压力

考虑到砌体透水率较大、大空隙较多，压力较高可能产生不良影响，且第一排孔距防渗墙较近，所以第一排孔的灌浆压力选择为 0.2 MPa（第一段）和 0.3 MPa（第二段），其他排灌浆压力为 0.6 MPa。

2.4　浆液水灰比的选择

根据对坝体质量检查的实际情况，估计第一、二阶段的注入量会较大，开灌水灰比选择为 3：1（重量比），实际Ⅰ序孔的水泥注入量为 69.005 kg/m，第三阶段的开灌比选择为 5：1（重量比）。

3　施工过程控制

严格按照《水工建筑物水泥灌浆施工技术规范》（SL 62—94）与《硅酸盐水泥和混合水泥的技术规范》（GB 175—85）中有关条款进行控制。

4　灌浆效果分析

4.1　质量分析

（1）水泥平均单位注入量和平均透水率。

各次序的单位注入量和透水率符合水泥注入量及透水率随灌浆的逐序加密而逐渐减小的灌浆规律，即 $C_1 > C_2 > C_3 > C_检$ 和 $W_1 > W_2 > W_3 > W_加 > W_检$ 的这一普遍灌浆规律,说明本次加固灌浆的效果是明显的,质量是可靠的,灌浆的各项参数是比较合理的。

(2)压水试验检查。

灌浆结束后,施工单位首先布置了10个检查孔进行了自检,然后申请监理工程师进行验收,监理工程师根据资料,确定了8个检查孔,经过压水试验检查全部合格。最后报请专家验收,专家组布置了7个检查孔。

成果分析:自检孔共布置了10个孔,其中透水率小于设计值2 Lu的为8个,合格率80%;监理工程师共布置了8个检查孔,其中透水率小于设计值2 Lu的为8个,合格率100%;专家组共布置了4个检查孔,其中第一次布置了4个,透水率小于设计值2 Lu的为3个,合格率75%,随后对不合格的部位(一道仪器电缆处)进行处理验收,第二次补充验收孔,共布置了3个检查孔,其中透水率小于设计值2 Lu的为3个,合格率100%;所有检查孔共计25个,合格率为88%。以上结果可以说明施工达到了设计要求。

(3)声波测试结果。

测试方法:钻孔超声波测试采用了全孔注水、分段测试的单孔测量法,单段测程为0.3 m,为提高测量精度,再次测量过程中均采用全孔复测法进行声波值测

量,测量误差小于5%,均符合规范要求,可见测量结果准确可靠。

数据分析:虽然设计没有对浆砌石有具体的声波值要求,但根据灌浆经验,一般声波值大于3 500 m/s,说明灌浆效果较好。以上声波数据小于4 000 m/s的仅有一个,为3 860 m/s。灌浆前因钻孔漏水,无法进行声波测试,加固灌浆结束后,不但能够进行声波测试,而且声波值较大,说明灌浆效果较好。

(4)直观观察法。

加固灌浆结束后,对坝后2 m临空面进行剥除,在剥除面可以清晰地看到石块空隙中的水泥结石,说明灌浆效果明显、可靠。

4.2　进度效益分析

采用该种方法施工简化了生产单位之间联系的复杂程度,采用普通设备,具有较强的灵活性,有利于采取各种方法及技术组织措施,调整施工时间定额,提高设备负荷及劳动生产率,使资源配置达到最佳组合。

如采取将原浆砌石拆除然后重新砌筑虽然可行,但将费工费时。两种施工方法比较如表2。从表3可以看出,采用加固固结灌浆方法处理具有较大的经济优势。

表1　检查孔压水成果表

检查单位	检1	检2	检3	检4	检5	检6	检7	检8	检9	检10
施工自检	0.992	1.983	3.542	0.85	0.648	1.7	1.658	1.659	3.09	0.971
监理检查	0.115	0.54	1.377	0.518	0.815	0.733	0.547	0.773		
专家检查	0.987	0.838	0.443	5.581	0.58	0.386	0.386			

表2　检查孔压水成果表

施工方法	施工所需时间	需投资
将原坝体重新砌筑	6个月	105万元
加固固结灌浆	3个月	45万元

参考文献

[1] 水工建筑物水泥灌浆施工技术规范(SL 62—94)[G].

[2] 杨青.建设工程经济[M].北京:中国建筑工业出版社,2007.

[3] 硅酸盐水泥和混合水泥的技术规范(GB 175—85)[G].

[作者简介] 李文义(1977—),男,助理工程师。

本文刊登在《山西水利科技》2009年11月第4期(总第174期)

挤密桩在水利工程地基处理中的应用

赵士伟

(山西省水利水电工程建设监理公司,山西太原 030002)

[摘　要]以甘肃省引洮工程总干渠8号隧洞连接段工程白土坡暗渠施工的实践为例,介绍了挤密桩在水利工程地基处理中的应用,详细阐述了施工工序、施工方法、质量控制及质量检测方法。

[关键词]水利工程;地基处理;湿陷性黄土;挤密桩;水泥土

[中图分类号] TV553　　[文献标识码] B　　文章编号:1006 – 8139(2009)04 – 16 – 02

挤密桩是利用桩机将带桩尖的钢管打入土中形成桩孔、并对土壤进行了加密,在拔管后,分层向孔内填灌拌和好的水泥土,并分层用机械带动的捣实锤反复夯实而形成的一种加固地基的方法。这种方法最早用于工民建的基础处理,在加固软弱地基方面,积累了丰富的工程经验。水泥土挤密桩具有以土治土、就地取材、工期较短、成本较低等优点,因此,甘肃省引洮工程白土坡暗渠采用了水泥土挤密桩法。

1　工程概况

甘肃省引洮供水一期工程总干渠8号隧洞及连接段工程属大(2)型二等工程。8号隧洞连接段工程白土坡暗渠全长541 m,设计引水流量32 m³/s。暗渠前271 m渠段由白土坡沟道左岸Ⅱ级阶地通过,Ⅱ级阶地上部为洪积的粉质壤土,厚约21 m,土层结构疏松,有水平层理,具弱湿陷性,下部为1~2 m左右的砂砾石层,下伏基岩为上第三系砂质黏土岩;暗渠后270 m渠段为白土坡沟道段,沟道上部为洪积的砂壤土,厚约1~2 m,下部为5~6 m的砂砾石层,下伏基岩为上第三系砂质黏土岩。

2　挤密桩的选择

水工建筑物的地基要有足够的强度、抗压缩和整体均匀性,能承受建筑物的压力,保证抗滑稳定,且不产生过度的位移和不均匀沉陷;同时还必须有足够的抗渗、耐久性,减少扬压力和渗漏量,在长期侵蚀下不恶化。天然地基一般较难满足上述要求,故需进行地基处理。

引洮总干渠8号隧洞连接段白土坡暗渠坐落在中强自重湿陷性黄土地基之上,而目前对中强自重湿陷性黄土地基处理的一般方法有换基垫层法、预浸水法、强夯法、挤密桩法和原土翻夯法等。本工程因渠道距周边村庄距离较近,如果采用强夯法加固地基,会严重影响周围村庄老百姓的生活,也因为暗渠施工场地狭窄影响施工进度;如果采用砂砾石置换,则置换深度较大,增加工程投资、增加施工工作量、且效果不好;预浸水法渗透时间长,工期不允许;换基垫层法和原土翻夯法都因湿陷土层较厚,影响深度不足,不能消除黄土的湿陷性。为保证暗渠渠基的稳定性,白土坡暗渠采用了水泥土挤密桩加固地基,设计采用直径20 cm,间距40 cm(中心距)的2:8水泥土挤密桩。

3　挤密桩施工及控制要求

3.1　施工工序

暗渠开挖→地基整平→填料拌和→桩位放线→一序孔开孔→夯填水泥土→三序孔开孔→夯填水泥土→二序孔开孔→夯填水泥土→质量检测→摊铺水泥土垫层→碾压→质量检测。

3.2　施工方法

第一步:暗渠开挖,挤密桩顶预留不小于50 cm保护层,开挖面用推土机整平,然后桩位定点放线,梅花形布置。

第二步:开孔,挤密桩的开孔方法选用沉管(锤击)法,开孔深度不小于5.5 m,每一排孔分三序间隔开孔。开孔速度不宜过快,因为填料速度是人为控制,填料过快难以保证夯填质量,另一方面如果遗留的成孔过多对于防雨和安全不利,遗留的空数以不大于10个为宜[1]。

第三步:一序孔成孔后及时夯填填料,填料应拌和均匀,填料中的土料采用原位黄土,要求有机质含量不超过5%,如土料有团块,使用前应过1~2 cm的筛,土料的含水量应控制在14%~18%。拌和后填料的含水量在现场可按"一攥成团，一捏即散"的原则进行鉴别。孔内填料前需将孔周边虚土铲除或采用其他材料保护，以防边土进入孔内。孔内填料每次下料厚度30~40 cm(或三至四铁锹)，先小落距轻夯3~5次，然后重夯不少于8次，夯锤落距不小于60 cm，填桩长按不小于5.2 m控制。

第四步：铲除开挖预留的50 cm保护层(包括超出开挖面的20 cm水泥土桩)，铺2:8水泥土，采用25 t平碾碾压垫层至暗渠底板下层底弧中心线建基高程，垫层底弧两侧及不平整部位采用蛙式打夯机夯实补平。垫层完工后，表面抹厚20 mm的M10水泥砂浆保护层，然后进行暗渠混凝土浇筑施工。

4 施工质量控制及质量检测

4.1 施工质量控制

施工前应先进行工艺试验性施工，确定各施工控制参数，同时要严格操作工艺，确保水泥土在初凝时间内完成拌和及回填。严禁使用过时、过夜水泥土，对已成的孔要及时回填夯实。施工中，派专人监测成孔及回填穷实的质量，并作好回填厚度、夯击次数和夯实后的厚度、出现的问题和处理方法的施工记录。雨期或冬期施工时，应采取防雨、防冻措施，防止土料和水泥受雨水淋湿或冻结。在成桩过程中，随时观察地面升降和桩顶上升，桩顶上升过大就意味着断桩，要调整成桩施工工艺。

4.2 施工质量检测

施工质量检测的内容是：桩距、桩径、桩深、填料质量、桩孔填料夯填质量、桩间土的挤密效果、复合地基承载力以及建筑物竣工后一定时间的沉降观测等。

1)挤密桩孔内填料的质量检测采用环刀取样检验、轻便触探检验及开剖取样检验等方法，严格按照相关规范进行检测。

2)桩间土挤密质量检验结合挤密桩剖开检验进行，即在挤密桩开挖后，自建基面开始沿孔深以1.0 m为一层，在两个挤密桩之间取土样，检测干密度和压实系数。

3)水泥土垫层质量检验时按照取样数量每300 m^{2}分层取3个样进行干密度检测，每层取样深度15 cm，取样点的位置选在渠道中心和垫层边缘。

4)质量检验的标准。

(1)水泥土挤密桩设计干密度 $\gamma_d \geq 1.6$ g/cm^3，实测最大干密度要求 $\gamma_d \leq 1.68$ g/cm^3，压实系数 $\gamma_c \geq 0.97$。

(2)桩间挤密土的干密度 $\gamma_d \geq 1.55$ g/cm^3，实测最大干密度要求 $\gamma_d \leq 1.72$ g/cm^3，桩间土的平均压实系数 ≥ 0.9。

(3)垫层质量设计干密度 $\gamma_d \geq 1.6$ g/cm^3，实测最大干密度要求 $\gamma_d \leq 1.68$ g/cm^3，压实系数 $\gamma_c \geq 0.95$。

5)质量检测结果。

以水泥土挤密桩质量检测为例，随机在某个桩号的不同高程采用挖探坑的方式分别取样，同一桩体取样五次，在施工过程中由试验取得的数据如表1所示。

表1 挤密桩试验统计表

序号	实测干密度平均值 γ_d(g/cm^3)	压实系数 γ_c
1	1.66	0.99
2	1.66	0.99
3	1.63	0.97
4	1.66	0.99
5	1.66	0.99
6	1.65	0.98
7	1.67	0.99
8	1.64	0.98
9	1.66	0.99
10	1.66	0.99

通过随机抽检的两个水泥土挤密桩试验可以看出，按照上述施工工序和施工方法进行挤密桩施工，实测干密度及压实系数均符合设计要求，工程质量是能得到保证的。

结合本文提到的其他质量检测手段得到的试验数据，综合验证了设计内容和施工要求是合理、全面的，保证了工程的质量安全及经济合理性。

5 结束语

通过施工现场观测及试验结果可以看出：水泥土挤密桩在水利工程湿陷性黄土地基处理中应用的效果是很好的，对提高承载力效果良好。其施工设备简单，操作方便，施工进度快，加固费用比较低，从而节约了工程投资。

参考文献

[1] 华东电力设计院. DL/T 5024—2005.电力工程地基处理技术规程[S].北京:中国电力出版社,2005,225.

[作者简介] 赵士伟(1983—)，男，2007年毕业于太原理工大学，助理工程师。

本文刊登在《山西水利科技》2009年2月第1期(总第171期)

混凝土面板防渗及抗冻害处理技术的应用

高燕芳　牛　栋

(山西省水利水电工程建设监理公司,山西太原 030002)

[摘　要]为了有效地提高混凝土面板的防渗及抗冻害性能,针对山西西龙池抽水蓄能电站下水库库岸混凝土面板出现的裂缝,在灌浆处理的基础上,进行了混凝土面板抗冻害防护处理,有效地防止了裂缝的发展和扩大,提高了混凝土面板的耐久性。

[关键词]混凝土面板;灌浆;抗冻害

[中图分类号] TV543　　[文献标识码] B　　文章编号:1006 – 8139(2009)01 – 35 – 02

为了满足山西电网的供电需求,在山西省忻州市五台县兴建了西龙池抽水蓄能电站,电站建成后并入山西电网,担任系统调峰、填谷、调频及事故备用等任务。

1　工程概况

山西西龙池抽水蓄能电站位于山西省忻州市五台县境内滹沱河与清水河交汇处上游约 3 km 的滹沱河左岸,由上、下水库及其他建筑物组成。下水库位于大龙池沟沟脑部位,为岸边式水库,由一座沥青混凝土面板堆石坝和库岸围成,库内坝坡和库底采用沥青混凝土面板防渗,库岸为钢筋混凝土面板防渗,下库正常蓄水位为 838.0 m,库顶高程 840.0 m,库底高程 785.0 m,最大水深 55 m,工作水深 40 m,总库容 494.2 万 m³,调节库容 421.5 万 m³。

由于地形陡峻,下水库库岸开挖坡比为 1:0.75,采用钢筋混凝土面板结构,依据浇筑时预留的伸缩缝分为 121 块,总衬砌面积 6.85 万 m²,为保证库水位骤降时面板的稳定,面板下设Φ28、间距 2 m、长 3.5 m 的锚筋,将面板及面板下无砂混凝土锚固于岩坡。库岸钢筋混凝土面板防渗结构由上至下为:混凝土面板(厚40 cm) – 砂浆抹面 0.8 cm – 无砂混凝土排水垫层(厚 30 cm) – 基础保护层 – 岩体。面板混凝土强度等级 C25,抗冻等级 F300,抗渗等级 W8。混凝土面板标准块宽度有 12 m、10 m、8 m、6 m,库岸坡面趾板宽度为 3.0 m,标准面板斜长为 67.2 m。面板分块平面布置如图 1 所示,钢筋混凝土面板防渗结构图如图 2 所示。

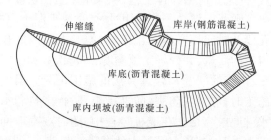

图 1　西龙池抽水蓄能电站下水库平面图

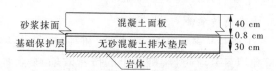

图 2　钢筋混凝土面板防渗结构图

2005 年 11 月开始浇筑第一块混凝土面板,2007 年 3 月 121 块面板浇筑完成,随即对混凝土面板进行了裂缝检查,发现裂缝宽度为 0.01 ~ 0.45 mm,并对混凝土面板不同区域、不同缝宽的区域进行了钻孔取芯检查,检查发现 15 个芯样的裂缝深度均已贯穿面板,根据裂缝沿面板的伸展状况分析,大部分裂缝为沿混凝土面板水平方向的贯穿性裂缝,经过对裂缝普查,共计发现裂缝 569 条,总长 4 994 m。

2　裂缝成因分析

2.1　干缩和温度应力的影响

由于西龙池下水库库岸地形陡峻,从第一块面板开始浇筑到最后一块面板浇筑完成历时近 1 年零 4 个月,面板浇筑完成后,混凝土受干缩和温度应力等的影响,导致混凝土面板原有裂缝开展,新增裂缝不断产生。

2.2 自然气候的影响

西龙池下水库多年平均气温 8.1 ℃,年极端最高气温 39.1 ℃,年极端最低气温 -30.4 ℃,年平均最高气温 16.2 ℃,年平均最低气温 1.5 ℃。多年平均地温 10.9 ℃,年平均最高地温 30.2 ℃,年平均最低地温 -0.6 ℃,最大冻土深度达 117 cm。工程施工区处于严寒地区,冬季漫长而严寒,春季干旱而多风,湿度小且早晚温差大,面板较陡导致养护难度大,尽管采取了一系列防止裂缝产生的措施,面板仍有一定数量的裂缝出现。

3 裂缝的危害及处理的必要性

面板混凝土孔隙水同时会有一个冻融循环,裂缝的出现,会对混凝土产生溶蚀破坏、侵蚀破坏、钢筋锈蚀膨胀破坏和冻融循环破坏等一系列混凝土病害,最终会影响混凝土结构安全及水库的正常运行。

经过灌浆处理的裂缝,渗漏性可得到有效的控制,在寒冷地区,处理后的裂缝由于冰冻作用会继续发展和扩大,为增强混凝土面板的抗渗及抗冻性能,减少面板裂缝渗水,延长面板工作耐久性,首先对混凝土面板裂缝进行了灌浆处理,在此基础上,对混凝土面板进行了抗冻害防护。

4 混凝土面板裂缝处理措施

裂缝处理的措施依据裂缝情况两步进行:①对表面裂缝采用聚氨酯材料进行灌浆处理;②灌浆处理后,在混凝土表面涂刷聚氨酯防水黏结涂料,对面板进行抗冻害防护处理。

4.1 灌浆施工工艺

灌浆处理过程按以下六个步骤进行:

1)布孔:裂缝灌浆布孔采用斜孔交叉布置,布孔间距为 20～30 cm,孔位根据实际情况由裂缝通畅情况而定,孔深不小于混凝土厚度的 1/3,布孔直径为 Φ 14 mm。

2)洗孔:钻孔后,采用压力水流或手动泵将孔中的粉尘和碎末冲洗干净以疏通钻孔和裂缝形成的通道。

3)埋嘴:采用旋转膨胀密封专用止水针头埋嘴,止水针头最多使用次数不超过 2 次。

4)压水检验:埋嘴结束后,利用手动试压泵产生的压力水流通过止水针头注入裂缝中进行压水检验,了解裂缝的通畅情况,灌浆孔穿透裂缝,方可进行灌浆。

5)灌浆:灌浆时采用高压自动灌浆泵,水平缝自一端向另一端进行,垂直缝按先下后上的顺序进行,灌浆压力为 0.3～0.5 MPa,灌浆时,压力逐渐升高,以免骤然受力,使缝面劈开或封缝破坏,浆液从缝面溢出灌浆结束,如缝面无浆液溢出,延长灌浆时间,确保缝内浆液填充饱满。

6)封孔修整:待浆液凝胶固化后,取出裂缝表面止水针头,利用电锤将灌孔壁周围的浆液清洗干净,清理深度控制在 3 cm,将配制好的封孔材料嵌填至孔内,封填密实,封孔材料产生终凝后,进行养护,养护完成后,表面清理干净并恢复原状。

4.2 面板防护施工工艺

混凝土面板防护处理由上至下进行,施工工序分为六道:

1)清理基层:使用风清洗吹扫需要处理的面板基层,保证基层干燥、无杂物、无浮尘,确保表面处理在新鲜混凝土面上进行。

2)涂刷冷底子油:使用滚筒或毛刷进行基层的冷底油涂刷,覆盖所有需要防护处理的基层表面,冷底子油材料选用通过室内及室外试验检验合格的专用材料。

3)涂刷底层:使用刮板进行底层聚氨酯弹性防水材料的涂刮,涂刮厚度控制在 0.5 mm 左右,要求材料涂刮均匀。

4)铺中碱玻纤布:底层涂刮完毕后,自上而下铺设中碱玻纤布,使用扫把等扫压密实,达到铺设平整无褶皱。

5)涂刷中层:底层材料固化约 10 h 后,涂刷中层聚氨酯弹性防水材料,涂刮厚度控制在 0.5 mm 左右且涂刮均匀。

6)涂刷面层:中层材料固化约 10 h 后,涂刷面层聚氨酯弹性防水材料,涂刮厚度控制在 0.5 mm 左右,要求材料涂刮均匀。涂刷总厚度不小于 1.5 mm,每平方米混凝土面板共需聚氨酯约 2.2～2.7 kg。

5 使用的原材料

考虑到对后期面板防护施工进度的影响,裂缝处理由三方施工单位分别采用三种原材料共同完成:施工单位 1 使用的原材料为 KN 水溶性聚氨酯灌浆材料,该材料由异氰酸酯与伯羟基聚醚等经一定工艺合成而得的单组分灌浆材料;施工单位 2 使用的原材料为 LW.HW 水溶性聚氨酯灌浆材料,灌浆过程中采用 LW:HW=8:2 的质量配比进行;施工单位 3 使用的原材料为 IP-11 水溶性聚氨酯堵漏剂,施工过程中单液注浆。三种原材料主要技术指标均符合设计技术要求,其处理效果及对工程寿命的影响有待于通过工程实际运行情况验证。

混凝土面板抗冻害防护处理工程采用双组分弹性聚氨酯防水黏结涂料,通过低温检测试验显示,此材料在 -5 ℃下仍具有良好的黏结效果。

6 混凝土面板裂缝处理效果

6.1 灌浆效果

灌浆效果检测采用钻孔取芯检测法和压水检测法。

灌浆前裂缝处基本全部渗漏,灌浆后对处理过的裂缝随机指定进行压水试验,在 0.5 MPa 状态下恒压 20 min 以上,缝面无渗漏,结果表明灌浆处理后的裂缝均符合设计要求。

对灌浆处理过的裂缝随即进行取芯检查,芯样显示,缝内浆液填充饱满密实,芯样完整,灌注的浆液已填充了缝内空隙,缝内浆液填充饱满,浆液固化黏结力强,弹性好,达到了裂缝处理的技术要求。

6.2 面板防护效果

面板抗冻害防护处理效果采用"一看、二按、三剥离"的方式检查施工质量。

目测检查:涂层颜色均匀、平整、光滑,涂层范围内未发现老裂缝开展和新裂缝产生,未发现涂层空鼓及脱落现象。

指压检查:用手指触压涂层,涂层仍富有弹性,涂层未发生明显的物理、化学变化,具有一定的耐老化性。

破坏检查:用手撕扯涂层,未能撕落,涂层与混凝土黏接牢固。

7 结 论

通过试验证实:该次灌浆整体饱满密实,经修补后的混凝土达到了设计标准,起到了补强兼堵漏的效果;涂刷聚氨酯防水黏结涂料后,提高了混凝土的抗冻性能。整体处理效果良好,提高了库岸混凝土的整体性、安全性、耐久性。

2008 年 4 月,西龙池下水库开始蓄水,截至目前(2008 年 9 月),水库运行良好,说明混凝土面板裂缝处理技术是非常有效的。

[作者简介] 高燕芳(1980—),女,2007 年毕业于太原理工大学。

本文刊登在《山西水利科技》2008 年 11 月第 4 期(总第 170 期)

横泉水库大坝强夯施工技术参数的确定

任志斌

(山西省水利水电工程建设监理公司,山西太原 030002)

[摘　要]通过承包人强夯试验对设计单位的施工设计参数的验证和调整,确定了大坝强夯的施工技术要求,得以保证设计对地基处理的加固要求。

[关键词]强夯试验;技术参数;调整

[中图分类号] TV523　　　[文献标识码] B　　　文章编号:1006 - 8139(2008)04 - 33 - 02

1　工程概况

横泉水库工程处于山西省吕梁地区中部,坝址位于吕梁地区三川河支流北川河干流上的方山县班庄与横泉两村之间。枢纽主要建筑物包括大坝、泄洪洞、供水发电洞、电站。

横泉水库现在左右两侧均有已筑坝体。左岸旧坝体长 230 m,顶宽 90 ~ 110 m,底宽 220 m,高 17 m 左右,为三面临空体。右坝体长 200 m,填筑高度约 3 ~ 5 m,方量较小。左岸黄土台地在坝顶高程以下有一定厚度的 Q_2^{pl}、Q_3^{eol} 土层。依据地质勘察成果左岸旧坝体及黄土台地采用强夯处理。

2　最初设计要求

左坝体顶面首先清理表层耕植土及上部质量较差的土体约 1.5 m,然后进行强夯,强夯采用正三角形夯点布置,夯点间距 6 m,夯击能为 8 000 kN·m,两遍夯击。三面坝坡清除表层 1 ~ 1.5 m 腐殖土,然后自上而下分 6 000 kN·m、3 000 kN·m、2 000 kN·m 三个能级区进行强夯加固处理,均分两遍夯击,夯点正三角形布置,夯点间距分别为 6 m、5 m、4 m。全部两遍夯完后,全面积内低锤满夯,其中 8 000 kN·m 和 6 000 kN·m 区域内满夯能级为 2 000 kN·m,其余区域为 1 000 kN·m。

左岸黄土台地强夯范围为坝基外轮廓向上游外延 10 m,向下游外延 5 m,分 8 000 kN·m、6 000 kN·m 二个能级区,均采用正三角形夯点布置,夯点间距 6 m,设两遍夯击。两遍夯完后,全面积 2 000 kN·m 满夯一遍。坝头以外大坝 0 - 037 ~ 0 - 090 之间,宽 16 m 范围内采用 1 000 kN·m 满夯,四分之一夯印搭接,满夯击数均为 5 击。

强夯后结果要求:8 000 kN·m 能级强夯清基后 11 m 以内坝体土湿陷系数、6 000 kN·m 能级强夯清基后 10 m 以内坝土体湿陷系数、3 000 kN·m 能级和 2 000 kN·m 能级强夯清基后坝体土湿陷系数均小于 0.015。

3　设计变更过程

3.1　承包人强夯试验

为给左岸旧坝体及黄土台地强夯处理的施工提供控制性依据,同时提供强夯地基设计的有关设计参数,承包人进行了强夯试验。强夯试验参数采用水利部水电勘测设计研究院大坝强夯施工技术图纸要求能级及其他参数。

3.1.1　试验区布置

试验区分三处,A 区、B 区、C 区,A 区左岸坝肩黄土台地强夯能级 8 000 kN·m,B 区左岸坝肩黄土台地能级为 6 000 kN·m,C 区已筑坝体强夯能级为 8 000 kN·m。夯点布置三区均采用 6 m 正三角形布置。

3.1.2　试夯方法

试验区的试夯方法及要求详见表 1。

夯位轮廓线用白灰洒出,夯沉量用水准仪测量,水准仪架在夯点头 30 m 以外。开夯前检查锤重和落距,并将控制落距的胶钩器拉绳锁定长度,确保单击夯能符合要求。夯击过程中,保证排气孔畅通。发现歪锤时,及时将坑填平。

表1　试验区的试夯方法及要求

试验区	主夯能级 （kN·m）	遍数	单点夯击能 （kN·m）	单点击数 （击）	锤重 （t）	落距 （m）	锤底面积 （m²）
A、C区	8 000	一次主夯	8 000	15	35	22.86	5
		二次主夯	8 000	15	35	22.86	5
		满夯	2 000	5	15	13.33	5
B区	6 000	一次主夯	6 000	13	35	17.15	5
		二次主夯	6 000	13	35	17.15	5
		满夯	2 000	5	15	13.33	5

3.1.3　施工顺序

平整场地并测放夯点位置——夯机就位并打一次主夯——推土机填坑平场并测量一次主夯后场地夯沉量及二次主夯点测放——夯机就位打二次主夯——推土机填坑平场并测量二次主夯后场地夯沉量——夯机就位满夯——推平场地并测量满夯后场地夯沉量——整理强夯资料验收场地。

3.1.4　试夯要求

1）申点夯击。观测每击夯沉量，了解不同夯击数与累计夯沉量的关系，为主夯点夯击初步确定适宜的夯击数。

2）群点夯击。了解各夯击遍数的处理效果，同时了解每遍夯沉量。在每遍群点夯击前测量场地高程。测量每夯点每夯一击的下沉量，绘制夯击数—夯沉量曲线，按照最佳夯击数的确定方法，采用统计平均方法，计算每遍点夯的最佳夯击数，并和设计要求规定的夯击数进行校核。

3）满夯。测量满夯后最终压缩量。

4）允许偏差。①夯点测量定位允许偏差 $\Delta_1 \leqslant \pm 5$ cm；②夯锤就位允许偏差 $\Delta_2 \leqslant \pm 15$ cm；③夯后场地平整度 $\Delta_3 \leqslant \pm 10$ cm。

3.2　强夯结果检测

强夯试验结束后，由建管局、设计单位、监理部、承包人共同研究决定，由山西省水利勘测设计研究院进行强夯结果的检测工作。

3.2.1　主要检测过程

检测主要采用探井取样的方法。每个试夯区各布置取土探井1个，深度为终夯面下12.0 m。检测外业共完成掘探总进尺36.0 m，取不扰动土样36件，扰动土样2件。探井采用人工开挖，人工取样，取样自终夯面而下1.0 m开始，间隔1.0 m取不扰动土样1件，所取土样质量等级为Ⅰ级。

检测内业室内土工试验均按照《土工试验方法标准》（CB/T 50123—1999）进行操作和试验，所有不扰动土样除按常规项目要求进行试验外，均增做了湿陷性试验，湿陷性试验浸水压力力200 kPa，对B区、C区探井所取扰动土样进行了轻型标准击实试验并提供最大干密度和最优含水量。

3.2.2　检测结果

1）强夯后地基湿陷性消除情况。根据探井取样土工试验结果，位于A区、C区的土样湿陷系数均小于0.015，其地基湿陷性已全部消除，满足设计要求；位于B区探井起夯面下7.12 m以上湿陷系数小于0.015，地基湿陷性消除，7.12～12.12 m范围内湿陷系数介于0.015～0.018之间，不满足起夯面下10.0 m以上湿陷系数小于0.015的设计要求。

2）强夯综合加固效果。根据探井所取扰动样轻型标准击实试验结果分析，土的最大平均干密度为1.75 g/cm³。

根据扰动样土工试验分析，A区探井夯面下9.4 m内干密度介于1.58～1.78 g/cm³，压实系数为0.9～1.02，9.4～12.4 m内干密度介于1.53～1.56 g/cm³，压实系数为0.87～0.89，强夯有效加固深度为9.4 m；B区探井夯面下4.1 m内干密度介于1.58～1.77 g/cm³，压实系数为0.9～1.01，4.1～12.4 m内干密度介于1.41～1.50 g/cm³，压实系数为0.81～0.86，强夯有效加固深度为4.1 m；C区探井夯面下11.0 m内干密度介于1.58～1.69 g/cm³，压实系数为0.9～0.97，11.0～12.4 m内干密度介于1.44～1.53 g/cm³，压实系数为0.82～0.87，强夯有效加固深度为11.0 m。

3.2.3　结论

地质条件与C区相同或接近的地段，施工可按原设计参数进行；地质条件与A、B区相同或相近的地段工程施工时，主夯点单击夯能采用8 000 kN·m，并根据地层变化情况适当增加主夯点单点击数。

3.2.4　设计参数调整

A、C区同地质条件的地段原8 000 kN·m、15击夯击能调整为8 000 kN·m、16击；B区同地质条件的地段原6 000 kN·m、13击夯击能调整为8 000 kN·m、13击。

4　结果验证

根据设计调整后的参数，承包人进行了施工，施工结束后，建管局委托水利部西北水利科学研究所实验中心对工程施工结果进行了湿陷性试验检测。

试验挖探坑两个，1号坑位于旧坝体中部，探坑深度13 m，2号坑位于与左岸连接处，探坑深度17 m，每1 m取样1组，共取土样29组。

试验方法严格按照《土工试验方法标准》（GB/T

50123—1999)和《土工试验规程》(SL 237—1999)进行。黄土湿陷性试验采用单线法进行,对所取土样的湿陷性试验按规范分级加压至 200 kPa、400 kPa、600 kPa,压缩变形稳定后对试样采用自下而上的方式,使试样浸水,至变形稳定后计算出各试样的湿陷系数。通过对所取 29 组土样进行的湿陷性试验结果分析,湿陷系数全部小于 0.015,满足设计要求。

5 结论

通过承包人强夯试验对设计单位的大坝强夯施工

设计参数的验证和调整,确定了大坝强夯的施工技术要求,得以保证对左岸旧坝体及黄土台地的设计加固要求,同时也给同样地质条件的地基处理的强夯施工提供了可借鉴的技术参数。

[作者简介] 任志斌(1974—),男,2005 年毕业于河北工程学院,工程师。

本文刊登在《山西水利》2008 年第 6 期

辐射孔灌浆施工关键技术研究与应用

李文义

（山西省水利水电工程建设监理公司，山西太原 030002）

[摘　要] 为有效控制地下厂房渗漏问题，使渗漏部位渗漏量显著减少，根据工程特点，通过辐射灌浆施工，与其他部分的防渗区域形成一个整体的防渗帷幕带，为厂房的渗漏防护和安全运行提供重要保障。文章通过介绍该施工的施工难点及施工中探索出的一些针对性的可行办法，使工程施工达到了设计预期效果，为类似工程施工积累了宝贵经验。

[关键词] 水利枢纽；辐射灌浆；施工；技术研究

[中图分类号] TV543　　　[文献标识码] B　　　文章编号：1004 - 7042（2008）06 - 0066 - 02

1　工程概况

黄河小浪底水利枢纽工程经高水位运行后，发现地下厂房渗水量较大，而地下厂房是小浪底水利枢纽极其重要的组成部分，为了有效控制渗漏总量，并使集中渗漏部位的渗漏量显著减少，在枢纽左岸山体 3 号灌浆洞北端头布置辐射灌浆孔，进行防渗补强施工处理，最大程度地封闭 4 号、5 号、6 号发电洞下伏岩层的防渗区，确保枢纽的长期安全运行。共设计辐射孔灌浆孔 24 个，其中底板孔 17 个（孔号 H8 - H24），北端头侧墙孔 7 个（孔号 H1 - H7），穿越的地层分别为 T14，T13 - 2，T13 - 1，T12 岩组。

2　施工技术难点和难度分析

由于钻孔孔位均集中布置于 3 号灌浆洞北端头不足 3 m 长的洞室区域内，孔位轴线距洞室的东侧墙仅 20 cm，洞室中央顶高度 3.5 m（边墙高度不到 3 m），宽度 2.5 m。灌浆孔相邻孔位的距离为 20 cm（洞壁上钻孔孔位为 25 cm），导致在开孔、埋设孔口管时，各孔口管管口紧密地"挨"在一块，尤其 H1 - H7 号灌浆孔的孔口位置布置在 3 号灌浆洞洞室北端头的墙壁上。给施工人员的操作、钻杆钻具等的提放带来很大的不便，难以正常施工。

钻孔角度分布变化大，钻孔深度大，钻机钻进难度及孔斜控制难度大。24 个辐射灌浆孔的钻孔顶角从 08°30′至 91°均等分布，且随着钻孔深度的增加，孔间距也在不断增大，不断变化的孔间距，对钻孔的成孔方向控制要求极高。在孔深角度，施工最大孔深达 116 m，属较高难度的大深度斜孔钻灌浆施工；钻孔孔径 59 mm，开孔孔径 110 mm，在钻进中如果控制不好钻孔孔斜，就有可能钻成"裤裆孔"，不仅使辐射孔灌浆的造孔工序难度增加，也可能形成辐射孔灌浆的空白区域，直接影响到辐射孔灌浆的进度和质量。而且只要一个控制不好，就会给工程质量带来不良影响。

在钻机布置固定上，钻机宜横向摆放布置，钻进斜孔时立轴需偏转，以适应孔向。当角度较大时，在钻进过程中，高速钻进的立轴将给钻机一个巨大的反冲力，在没有机体纵向方向的压重下，钻机将很不稳固，出现偏倒现象。常规的提升吊塔已不适应，提下钻具均须采取特殊的办法和装置来处理。

辐射孔的发散特性（钻孔角度的各异）是灌浆施工过程控制的一个难题。各个灌浆钻孔顶角从 08°30′至 91°分布，对各个孔的施工过程，其钻孔的参数控制、灌浆、压水等过程的参数控制，均存在明显的差异性，其中包括对灌浆压力的控制，孔内水头的计算，孔内注浆压力的计算等。要减小这种差异，保证最终的灌浆质量，具有较高的技术难度。

3　关键技术研究与解决方法

3.1　钻机布置与稳固措施

结合工程实际情况，采用搭设一个钢构移动平台的方法，设计了一条长约 3 m、宽约 1.5 m 的钻机轨道用于挪动和稳固钻机；在距离北端头一定位置的两侧墙上，锚固安装一组对称的竖直轨道槽作为钻机移动平台的升降导向,竖直轨槽上设置7个平台固定插销,以保证各个钻孔施工平台的高度。这样既保证了施工时钻机横向平移的方便及其在钻进过程中机身的稳固性,又保证施工墙壁孔不需因高度变化而经常重构平台位置。

3.2　孔内作业器材的提下装置

针对底板孔施工时提下钻的问题,在灌浆洞东侧墙壁的顶端——H8至H24号底板孔的正上方,嵌墙均衡布设3至4个锁扣,以挂安滑轮装置,利用固定滑轮来进行提下钻具、注浆管等作业器材。这样既能较快速地起下钻,又不占用底板地面上的物理空间,为操作人员提供便利。

针对墙壁孔施工时提下钻的问题,在钻机的南端(即与北端孔位相向的方向上)、洞室的两侧墙壁上锚设一横杆,杆上挂装固定滑轮,提引绞车上的钢丝绳通过滑轮与孔内钻具等相连来进行向外提升操作。而向里下入钻具等作业器材时,直接通过钻机的立轴一节一节地顶进操作来完成。

3.3　灌浆孔钻进成孔质量的控制

为保证孔向精度,必须采取多项综合措施:抽调施工经验丰富、技术水平较高的作业人员,并加强岗前技术培训;经常性地摸索经验、总结方法,择优选择钻进

参数。开孔钻进时,低压低速进行钻进,在钻进过程中注意对地层岩性进行分析、预测、判断,灵活调整各项钻进参数;经常性地检查与校正钻机立轴的角度参数,加强对钻孔孔斜的过程测量,做到勤测、多测,出现问题及时调整纠正;采用较长的孔口管,适当将埋设角度增大,以抵消在成孔过程中因钻具的重力作用向下偏斜,平衡终孔时的孔底偏差。

3.4　孔底实际灌浆压力的保证措施

通过对各个钻孔角度的孔内浆注、水柱自重压力的准确计算,调整到每孔每段的操作压力中,并报监理工程师审核同意后进行实施。在现场具体列出灌浆、压水试验的压力参数表格,以供作业人员直观地应用,消除个人在单独计算过程中产生的误差。

采用自上而下孔口封闭的灌浆方法。该方法的突出优点是通过孔口密闭形成孔内循环,灌浆中除对在灌段进行灌浆外,还可使本灌段以上已灌各段得到若干次的重复灌浆,使其更加密实,保证了灌浆质量。

4　施工效果与评价

以辐射孔灌浆效果检查分析表的形式(见表1)及检查孔的岩芯结石情况进行辐射孔灌浆质量分析。

表1　辐射灌浆效果检查分析表

段数	钻孔深度(m)	地层岩性代号	平均注灰量(kg/m)	段数	钻孔深度(m)	地层岩性代号	平均注灰量(kg/m)
1	0.5~2.5	T_1^4	24.84	13	55.5~60.5	$T_1^4 \sim T_1^{3-2} \sim T_1^{3-1}$	32.68
2	2.5~5.5	T_1^4	11.31	14	60.5~65.5	$T_1^4 \sim T_1^{3-2} \sim T_1^{3-1}$	41.13
3	5.5~10.5	T_1^4	8.87	15	65.5~70.5	$T_1^4 \sim T_1^{3-2} \sim T_1^{3-1}$	41.07
4	10.5~15.5	$T_1^4 \sim T_1^{3-2}$	25.24	16	70.5~75.5	$T_1^4 \sim T_1^{3-2} \sim T_1^{3-1}$	97.66
5	15.5~20.5	$T_1^4 \sim T_1^{3-2}$	58.54	17	75.5~80.5	$T_1^4 \sim T_1^{3-2} \sim T_1^{3-1} \sim T_1^2$	24.52
6	20.5~25.5	$T_1^4 \sim T_1^{3-2}$	41.66	18	80.5~85.5	$T_1^{3-2} \sim T_1^{3-1} \sim T_1^2$	26.63
7	25.5~30.5	$T_1^4 \sim T_1^{3-2}$	33.61	19	85.5~90.5	$T_1^{3-2} \sim T_1^{3-1} \sim T_1^2$	25.23
8	30.5~35.5	$T_1^4 \sim T_1^{3-2}$	26.49	20	90.5~95.5	$T_1^{3-1} \sim T_1^2$	24.34
9	35.5~40.5	$T_1^4 \sim T_1^{3-2}$	40.17	21	95.5~100.5	$T_1^{3-1} \sim T_1^2$	18.20
10	45.5~50.5	$T_1^4 \sim T_1^{3-2}$	47.15	22	100.5~105.5	$T_1^{3-1} \sim T_1^2$	12.99
11	55.5~60.5	$T_1^4 \sim T_1^{3-2} \sim T_1^{3-1}$	22.85	23	105.5~110.5	$T_1^{3-1} \sim T_1^2$	16.29
12	60.5~65.5	$T_1^4 \sim T_1^{3-2} \sim T_1^{3-1}$	32.05	24	110.5~115.5	T_1^2	7.09

第一,从整体上来分析,辐射孔灌浆前压水试验平均透水率绝大多数在3Lu以下,经过灌浆后平均透水率下降到1Lu以下,透水率在灌浆前后的变化非常明显,在灌浆前的231段压水试验中,有31.2%的基岩透水率大于1Lu,灌浆后有97.4%的基岩透水率小于

1Lu。由此说明,此次辐射孔在孔斜控制上达到了设计要求,灌浆压力控制得当,辐射孔灌浆帷幕连续性良好。

第二,根据检查孔所取得的岩芯分析,在J3D-12-1,J3D-13-1两个检查孔所取的岩芯中有水泥结石的

岩芯非常多,并且水泥与岩石的结合非常密实,水泥结石充分说明了本次3号灌浆洞北端头的辐射孔灌浆工程施工是成功的。

5 结语

试验证明,本工程实现了防渗补强的目标,减小了地下厂房的渗水量,工期缩短了3个月,降低了工程投资。此次辐射孔灌浆施工在孔斜控制等各个方面都达到了设计要求,检查孔的压水试验证明了扇形帷幕的连续性良好,同时也充分表明了辐射孔灌浆这一技术的可行性和合理性。

[作者简介] 李文义(1977—),男,2006年毕业于太原理工大学水工专业,助理工程师。

本文刊登在《科技创新导报》2008年第35期

沥青混凝土与常规混凝土之间塑性
黏结材料的选择

赵弟明

（山西省水利水电工程建设监理公司，山西太原 030002）

[摘　要]本文以两种塑性材料和两种黏结材料的几种组合方式进行了弯曲、拉伸、剪切试验，从而论证了西龙池下水库在沥青混凝土与常规混凝土接头之间所用的塑性材料的性能，并为工程的实际应用提供了参考论据。

[关键词]试验；塑性材料；沥青混凝土与常规混凝土

[中图分类号] TU37　　　[文献标识码] A　　　文章编号：1674 –098X（2008）12（b）–0057 –02

1　引言

沥青混凝土以其具有良好的防渗性、较好的变形自愈能力和对抗老化、抵抗化学侵蚀、对水资无污染且价格低廉等优点，被越来越广泛的应用到水利工程中去。但在与普通常规混凝土（水泥混凝土）的相结合上，由于其目的、功效和要求的不同，因而采用了不同的塑性材料。本文以西龙池下水库沥青混凝土防渗面板在廊道部位、普通混凝土面板相结合所选材料为例，而进行了一系列的试验研究，并据此试验结果选择了适应变形能力强，黏结及止水效果好的塑性材料。

2　工程概况

山西西龙池抽水蓄能电站位于山西省忻州市五台县境内滹沱河与清水河交汇处上游约 3 km 的滹沱河左岸。电站总装机容量为 1 200 MW（4 ×300 MW），年发电量为 18.05 亿 kW·h，年抽水用电量为 24.07 亿 kW·h。下水库位于滹沱河左岸西河村北龙池沟沟脑部位，库盆采用全库防渗，其中库内坝坡和库底采用沥青混凝土面板防渗，库岸为钢筋混凝土面板防渗，库盆总防渗面积约 17.73 ×10⁴ m²（其中沥青混凝土防渗面板约 10.88 × 10⁴ m²，含斜坡 6.845 × 10⁴ m²，库底 4.035 ×10⁴ m²）。下水库沥青混凝土铺筑最大斜坡面长 121 m，坡度为 1:2.0。

3　试验的方法

3.1　材料的选择

实验的材料分为黏结材料与塑性材料。其中黏结材料有：稀释沥青，由普通沥青与汽油按 4:6的配合比调制而成；SK –2 一种聚酯化合物；塑性材料有：日本大成公司在工地现场生产的沥青马蹄脂与中国水利水电科学研究院结构研究所生产的 BGB 塑性材料，且两种材料经检测均符合技术规范要求。

3.2　试验样品的制作

试样制作工艺流程如下：

（1）将稀释沥青（0.3 L/m²）（或 SK –2）涂刷在一个被钢刷刷过的混凝土试块上，晾晒一天。

（2）然后将 BGB（或沥青马蹄脂）铺在混凝土试块表面上，并用木锤敲打直至放掉里面全部的空气。

（3）晾晒一天后，将沥青混凝土面板试样（防渗层）再放到 BGB（或沥青马蹄脂）上，用锤击实，结合温度为 140 ℃。

3.3　试验项目

试验项目及试验方法如下如述：

弯曲试验：（JTJ T0715—1993）

试样大小：30 mm ×35 mm ×250 mm

试验温度：2 ℃

速度：0.5 mm/min

拉伸试验：

试样大小：40 mm ×40 mm ×220 mm

试验温度：2 ℃

速度：0.34 mm/min

剪切试验

试样大小：40 mm ×40 mm ×100 mm（普通混凝土与沥青混凝土各50 mm）

试验温度:2 ℃,25 ℃

速度:0.34 mm/min

表1　试样的结构类型

结构1:稀释沥青 + BGB	结构2:稀释沥青 + 沥青马蹄脂
结构3:稀释沥青 + 沥青马蹄脂 + BGB	结构4:SK - 2 - BGB

4　试验结果及结论

4.1　弯曲试验结果

弯曲试验结果结论:见表2。

(1)从结构1试样来看,稀释沥青与 BGB 之间无法进行试验,BGB 与稀释沥青之间的黏结性非常小。

(2)从结构2试样来看沥青马蹄脂的弯曲应力最大。而在结构3试样与结构4试样中相差无几,相比起来而言结构3试样稍微强一点。

(3)在弯曲试验结束后,除结构1试样无法进行试验外,其余所有的试样都没有被弯断。

4.2　拉伸试验

结果见表3。结论:

(1)结构2试样是从常规(水泥)混凝土处被拉断,但是结构3试样、结构4试样是从沥青混凝土处被拉断开,所有类型试样都满足技术规范要求。

(2)最大拉伸率是结构2试样的沥青马蹄脂。

(3)在结构4试样中通过肉眼观察发现 BGB 与 SK - 2 是黏结不够好。

4.3　剪切试验

剪切试验结果见表4和表5。

表2　弯曲试验结果　　　　　　　　　(试验温度:2 ℃,0.5 mm/min)

试样类型	试样编号	试样尺寸(mm)		跨径(mm)	最大荷载(N)	挠度(mm)	破坏抗弯强度(MPa)	破坏弯拉应变(%)	弯曲径度模量(MPa)
		宽度	高度						
结构-1 C + B	1 - 1	30	35	200	0				
	1 - 2	30	35	200	0				
	平均								
结构-2 C + A	2 - 1	30	35	200	97	0.584	0.792	0.310	255
	2 - 2	30	35	200	105	0.942	0.857	0.490	175
	平均						0.824	0.401	215
结构-3 C + A + B	3 - 1	30	35	200	7	3.400	0.057	1.790	3
	3 - 2	30	35	200	9	2.262	0.074	1.190	6
	平均						0.065	1.486	4.5
结构-4 S + B	4 - 1	30	35	200	5	2.720	0.041	1.430	3
	4 - 2	30	35	200	5	2.240	0.041	1.180	3
	平均						0.041	1.302	3

注:A:沥青马蹄脂;B:BGB;C 稀释沥青;S:SK - 2(下同)。

表3　拉伸试验结果　　　　　　　　　(试验温度:2 ℃,0.34 mm/min)

试样类型	试样编号	试样尺寸(mm)		长度(mm)	最大拉力(N)	挠度(mm)	破坏拉伸强度(kPa)	破坏拉伸应变(%)	拉伸径度模量(kPa)
		宽度	高度						
结构-1 C + B	1 - 1	40	40	200(6)	0				
	1 - 2	40	40	200(6)	0				
	平均								
结构-2 C + A	2 - 1	40	40	200(3)	446	0.85	278.8	28.3	984
	2 - 2	40	40	200(3)	726	0.792	453.8	26.4	1 719
	平均						366.3	27.4	1 351

续表3　拉伸试验结果

试样类型	试样编号	试样尺寸(mm)		长度(mm)	最大拉力(N)	挠度(mm)	破坏拉伸强度(kPa)	破坏拉伸应变(%)	拉伸径度模量(kPa)
		宽度	高度						
结构-3 C+A+B	3-1	40	40	200(7)	44	1.038	27.5	14.8	185
	3-2	40	40	200(7)	52	1.834	32.5	26.2	124
	平均						30	20.5	155
结构-4 S+B	4-1	40	40	200(6)	34	0.25	21.3	4.2	510
	4-2	40	40	200(6)	50	0.34	31.3	5.7	551
	平均						26.3	4.9	531

注:破坏拉伸应变=(挠度)/(塑性材料的厚度)×100。

表4　低温剪切试验结果　　　　　　　　　　　　　　　(试验温度:2 ℃,0.5 mm/min)

试样类型	试样编号	试样尺寸(mm)		长度(mm)	最大剪切力(N)	挠度(mm)	破坏剪切强度(kPa)	破坏剪切应变(%)
		宽度	高度					
结构-2 C+A	2-1	40	40	100(3)	820	1.144	512.5	38.1
	2-2	40	40	100(3)	800	0.902	500.0	30.1
	平均					1.023	506.3	34.1
结构-3 C+A+B	3-1	40	40	100(7)	120	0.866	75.0	12.4
	3-2	40	40	100(7)	107	2.328	66.9	33.3
	平均					1.597	70.9	22.8
结构-4 S+B	4-1	40	40	100(6)	109	2.034	68.1	33.9
	4-2	40	40	100(6)	89	1.842	55.6	30.7
	平均					1.938	61.9	32.3

表5　常温剪切试验结果　　　　　　　　　　　　　　　(试验温度:25 ℃,0.5 mm/min)

试样类型	试样编号	试样尺寸(mm)		长度(mm)	最大剪切力(N)	挠度(mm)	破坏剪切强度(kPa)	破坏剪切应变(%)
		宽度	高度					
结构-2 C+A	2-1	40	40	100(3)	190	4.612	118.8	153.7
结构-3 C+A+B	3-1	40	40	100(7)	80	6.000	50.0	85.7
结构-4 S+B	4-1	40	40	100(6)	小于1	4.000	小于0.6	66.7

注:破坏拉伸应变=(挠度)/(塑性材料的厚度)×100。

5　结　论

(1)上述的两个剪切实验(低温实验,常温实验)最大的剪切强度是沥青马蹄脂的结构2试样,在低温剪切试验中,结构2试样的破坏处是在水泥混凝土处。

(2)在低温剪切试验中,对于剪切变形量,结构3试样与结构4试样是最大的,而结构2试样是最小的;然而考虑上或计算上试样的厚度后的剪切应变率时,所有试样的值都差不多。

(3)在结构4试样试验中,负荷太小,以至于我们都无法去测量。但是在试验后观察断裂面发现,SK-2与BGB确实是无法黏结到一起的。

6　试验结果总评价

经过以上四个实验,我们可以总结的结论如下:

(1)结构1试样的黏结性非常小,因此它不适合

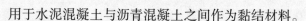

用于水泥混凝土与沥青混凝土之间作为黏结材料。

（2）SK－2质地发硬，且它无法与BGB很好的结合。BGB与SK－2是两种不同类型的材料，BGB是专门生产的材料，但是在试验中发现BGB与SK－2之间有很多黏结的缺陷，致使它们无法一起同时应用到工程当中去。

（3）从各试验的结果来看，结构2试样与结构3试样的组合方式均可用在水泥混凝土与沥青混凝土之间。

（4）在结构2试样的拉伸试验中，断裂部位为常规混凝土处，而非沥青混凝土段。由于沥青混凝土有较好的自愈能力，相比之下，在实用性上结构2试样不如结构3试样。

经过上述四个试验的有利论证，且在工程的具体实际施工中，经过参建各方研究、商讨后，最终西龙池下水库沥青混凝土面板与常规混凝土面板结合部位选择了结构3的组合方式。

[作者简介] 赵弟明(1982—)，男，2004年毕业于山西农业大学，助理工程师。

第三篇　分析研究

本文刊登在《科技信息》2017 年第 27 期

水利建设监理工作发展及规划管理研究

奥东海

（山西省水利水电工程建设监理有限公司,山西太原 030002）

[摘 要]水利工程对社会经济效益的增长和生活用水需求的满足,具有不可替代的关键作用。监理工作直接影响水利工程的施工质量,本文在全面分析监理工作重要意义的基础上,总结水利工程建设监理工作现存的问题,并针对问题提出优化对策,提高监理工作的规划管理水平。

[关键词] 水利建设;监理;规划管理

[中图分类号] TV554　　[文献标识码] B　　文章编号:1006 - 8139(2017)02 - 007 - 02

1 引言

监理工作是依据国家批准的工程项目建设文件及相关法律法规,对工程建设、施工合同及其他工程合同进行监控的专业化服务活动,监理工作的最终目标是保证工程建设的质量和安全。水利工程与社会发展和人类生活息息相关,保证水利工程建设的质量和安全,是社会经济增长、人类生活发展的根本要求。

2 水利工程建设监理的重要意义

工程建设监理具有服务性、科学性、独立性和公正性,其主要内容包括四个方面,分别是:水利工程建设的投资控制、工期控制、工程质量控制以及安全管理控制。工程监理工作遵循三大基本原则,即公正、独立、自主的原则;权责一致的原则;总监理工程师负责制的原则。

监理工作的特性、内容及原则共同决定了它在水利工程建设中的重要意义,具体来说,一方面,监理工作可以根据工程建设施工的实际情况来调整工期,并从客观的第三方的角度出发,综合考虑、预测水利工程建设各阶段的造价成本,利用先进的现代工艺和科学的发展观念,构建完善的监理质量控制体系,在尽可能降低工程建设整体成本投入的同时,确保水利工程的质量和安全。另一方面,公正、独立、自主及权责一致的原则,意味着监理工作能够公平、公正地有效维护工程合同双方的合法权益,监理工作独立于施工单位和工程业主之外,其判定结果不会受到合同任何一方的主观影响,尤其是当合同双方出现合同纠纷时,工程监理能够以客观、合理、合法的态度做出公正评定,切实保障合同双方的合法利益。

3 水利工程建设监理工作存在的问题

3.1 监理队伍的综合素质待提高

综合来看,现阶段,我国监理队伍暂不能满足建设市场的人才需求。在这种"僧少粥多"的情况下,监理队伍具有明显的主动选择权,往往只选择监理条件好的水利工程,而对监理条件差的水利工程却视而不见,导致各水利工程建设的质量差距越来越大。另一方面,现有监理队伍的专业水平和职业素养还有待提高,在实际的监理工作中,因监理人员责任心弱、专业素质低而导致监理工作受阻的案例比比皆是,甚至有部分监理人员无视监理行业制定的相关规定,出现行为上的不规范,严重影响监理单位的社会形象。

3.2 缺乏对监理发展的全面认识

对监理发展认识不清楚、不全面、不深入的问题普遍存在,导致他们无法准确定位自身在工程建设中的角色和作用,无法明确自身的具体权责和合法利益,在与监理人员的工作沟通和合作交往的过程中受到阻碍,产生摩擦、矛盾和冲突,更无法切实落实监理工作的相关要求,在一定程度上阻碍了监理工作的有序开展,削弱了监理工作的重要效用。

3.3 监理制度相对滞后

通过对监理单位的综合评估,不难发现,现阶段水利工程建设监理单位多处于规模小、资质低、管理不规范的状态,在监理专业设备上的投入不足,对专业监理队伍的培养力度不够,甚至有部分监理人员收受贿赂,为了个人利益有意隐瞒工程质量。究其根源,是因为现有的监理制度存在漏洞,缺乏对监理人员的严格监督和有力约束,监理工作流程不规范,导致监理工作在实际的开展过程中无章可循,从而出现有悖于监理原则和规范管理的诸多问题。

4 推进水利工程建设监理工作的优化对策

4.1 加强监理人员队伍的建设

加强监理人员队伍的建设,既是建设市场发展的要求,也是解决监理工作现存问题的重要途径。监理工作是一项专业的服务活动,意味着监理人员必须具备专业的水平,包括专业知识的深度和广度。监理单位等相关部门应加大对监理人员队伍的投入,制定完善的培训机制和高效的培训方案,通过定期培训、技能锻炼、实践演练、校企合作等多种形式来引进监理人员,针对单位内部人员的综合情况,分岗位、分层次、分阶段地开展有计划、有组织、有目的的学习活动,引导监理人员培养主动学习、不断进步的良好习惯,加深监理人员对监理工作岗位职责的理解和认识。另外,监理工作广泛涉及工程合同、工程造价等多方面的内容,要求监理人员具备一定的法律意识,掌握基础、必要的法律法规和国家政策,因此,可以通过专家座谈会、主题教育等活动形式,帮助监理人员形成系统的监理行业知识体系,让监理人员保持工作的客观性和科学性的同时,树立正确的价值观,全面认清监理岗位的权利和义务,强化责任意识,从思想意识层面杜绝不规范行为的产生。

4.2 提高对监理发展的全面认识

水利工程建设监理工作的开展,需要建设单位、设计单位、工程业主等相关的当事主体的配合和协助,因此,提高各单位对监理工作发展和规划管理的全面认识是至关重要的,是切实落实监理工作的重要基础。鉴于此,可以构建由建设单位、工程业主、设计单位和监理单位组成的管理小组,小组的主要职能表现在两个方面,一是加大对监理工作发展和规划管理的重要性的宣导,普及监理工作的基本常识,梳理建设单位、设计单位、工程业主和监理单位之间的密切关系,通过利害关系分析来引导各单位对监理工作这一概念形成客观、全面的认识,认清监理工作的重要作用和价值效益。另一方面,管理小组应按照监理工作的具体需要,明确划分各单位的权、责、利,将责任切实落实到每一个单位、部门和个人身上,为监理工作的顺利开展创设有利的环境。

4.3 完善监理管理机制

只有完善的监理管理机制,才能够对监理工作起到全过程规范、全方位监理的作用。完善的监理机制包括三大模块的内容,分别是:组织管理机制、绩效管理机制和监督管理机制。其中,组织管理机制的对象是监理人员调配和组织架构优化,监理单位应严格按照监理制度的要求,对监理人员提出明确的专业要求和行为约束,同时设立合理的组织架构,使得监理工作流程趋于规范化、标准化和高效化,简化组织层级,提高监理工作的流转效率。其次,绩效管理机制对提高监理工作的质量和效率具有重要的作用,监理单位应严格遵照国家有关工程建设法律法规,构建合理的绩效考核指标体系,通过有效的奖惩激励措施来调动监理人员的工作积极性。针对监理人员被收买的问题,监理单位应完善监督管理机制,加大对监理工作各环节的全方位监督,利用强制性的规章制度来规范监理工作中的不良行为,净化监理工作发展和规划管理的环境,切实提高监理工作的可靠性和客观性,提高监理工作的质量。

5 结语

做好监理工作的发展和规划管理,是确保水利工程建设的质量达标、安全落实的根本要求,建设单位、工程业主等各方参建单位应加强对监理工作的重视和认识,正确理清监理单位与自身利益的密切关系,积极配合、协助监理人员开展监理工作,在实现多方互促共进"多赢"目标的同时,保证社会的稳定、推动经济的发展。

参考文献

[1] 张鸿华.水利建设监理工作发展及其规划管理[J].城市建设理论研究:电子版,2015,5(13).

[2] 孟杰.监理工作对水利工程"质效合一"的有效保障探讨[J].河南水利与南水北调,2016(7):136-137.

[3] 刘宁.水利工程管理与水土保持规划研究[J].水能经济,2017(4):255-255.

[4] 刘兆国.水利工程监理工作浅析[J].水利规划与设计,2016(7):86-87.

[作者简介] 奥东海(1990—),男,毕业于山西省水利职业技术学院,从事水利监理。

本文刊登在《水电与新能源》2016年第6期（总第144期）

胶凝砂砾石坝的地质适应性试验研究

张　华[1]　王学武[2]

（1. 大同市水利规划设计研究院，山西大同 037008；
2. 山西省水利水电工程建设监理有限公司，山西太原 030002）

[摘　要]胶凝砂砾石坝是介于混凝土重力坝与堆石坝之间的新坝型。目前，胶凝砂砾石坝的建基面设计仍参照混凝土重力坝的建基面设计要求。针对胶凝砂砾石坝与混凝土重力坝结构的差异性，提出了胶凝砂砾石坝坝基的地质适应性问题。通过现场的弹性波试验与原位剪切试验，坝基的强度及抗滑稳定性可以满足设计要求，证明适当放宽胶凝砂砾石坝建基面要求，不仅技术上是可行的，而且可以减少工程量，节约资金，降低工程投资。

[关键词]胶凝砂砾石坝；建基面；弹性波试验；原位剪切试验

[中图分类号] TV641：TU521.1 TU472.4　　[文献标识码] A　文章编号：1671 – 3354(2016)06 – 0007 – 04

胶凝砂砾石坝是一种新型材料的挡水建筑物，它利用坝基开挖的砂砾石作为粗细骨料，掺入少量的水泥、粉煤灰以及外加剂，经过摊铺分层碾压填筑而成。由于它利用了开挖的弃料，既减少了弃料堆放对环境造成的污染及占地，也能减少砂石骨料开采加工对环境造成的破坏，具有广阔的应用前景；其次，掺入的水泥用量很少，材料的温度升高幅度小，对抑止大坝裂缝的产生极为有利；再次，由于掺入了胶凝材料，上下游规坡坡度比堆石坝的坡度陡，可以减小坝体的横断面积[1-2]，减少工程量，降低工程造价。20世纪80年代，国外首先开始对此种坝型的研究工作[3]。我国于近年来也开始了此类坝型的研究[4-8]，但从目前情况来看，绝大多数是应用于临时工程项目，应用于永久工程项目的只有山西省大同市守口堡水库大坝，但也处在实施阶段。

依据混凝土重力坝设计规范坝基开挖的要求[9]：坝高超过100 m时，建基面置于新鲜、微风化或弱风化下部的基岩上；坝高在50～100 m时，建基面可置于微风化至弱风化中部的基岩上；坝高小于50 m时，建基面可置于弱风化中部－上部的基岩上。对于胶凝砂砾石坝，设计横断面采用的是梯形断面，断面积比混凝土重力坝的直角三角形断面积要大许多。因此，建基面的要求可否比混凝土重力坝适当降低呢[10]？如果可以，对于相同库容的大坝，不仅可以减少坝基石方开挖工程量，也可以减少坝高增加的工程量，有利于降低工

程的造价，体现胶凝砂砾石坝的优越性。

1　工程实例

守口堡胶凝砂砾石大坝位于山西省大同市阳高县境内，坝顶长340 m，在保持库容980万 m³ 不变的情况下，建基面置于微风化基岩层顶部，坝高为64 m，基坑最深部位须挖至1 179 m高程；若建基面置于弱风化基岩层顶部，坝高为61 m，基坑须挖至1 182 m高程。二者比较可以减少石方开挖深度3 m，降低大坝高度3 m。

为了研究胶凝砂砾石坝建基面置于弱风化基岩顶部的可行性，结合工程施工，展开了如下的试验研究。

2　试验结果及分析

2.1　弹性波试验

为了保证抬高建基面高程后坝基的强度，基坑开挖完成后，对坝基建基面进行了固结灌浆，固结灌浆孔数1 000个，灌浆孔的排距孔距均为3 m，孔深6～8 m，固结灌浆后的透水率均小于5 Lu。固结灌浆前和完成后均进行了单孔声波测试，以便进行对比，分析灌浆后建基面的承载能力。弹性波测试采用单孔声波法和地震波法两种方法进行。

2.1.1　单孔声波法

采用地表激发孔中接收法，试验主要通过对灌浆孔灌前、灌后波速的对比分析，评价建基面垂向的岩体

质量及固结灌浆的效果。布孔数量 60 个,总进尺 600 m,测点 1 200 个,试验结果见表 1。

表 1　单孔声波法横波波速结果表

孔号	孔深(m)			
	2	4	6	8
1	1 828/1 861	1 687/2 052	2 038/2 504	2 149/2 911
3	1 725/1 773	1 719/2 207	2 619/2 686	2 528/2 877
5	1 878/2 433	1 584/1 857	2 038/2 563	2 148/2 807
7	1 752/1 837	1 639/2 098	2 085/2 565	2 150/2 812
9	2 117/2 153	1 638/2 232	2 171/2 498	2 455/2 769
11	1 951/2 293	1 638/2 420	2 455/2 520	2 514/2 751
13	1 850/2 131	1 566/2 192	2 020/2 592	2 138/2 678
15	2 086/2 113	1 673/2 358	2 068/2 654	2 140/2 824
17	2 091/2 144	2 045/2 332	2 210/2 471	2 347/2 678
19	2 139/2 259	1 621/2 047	2 151/2 640	2 452/2 603
平均值	1 941/2 126	1 680/2 179	2 185/2 569	2 302/2 771
增加值(%)	9.5	29.5	17.5	20.3

注:表中波速单位为 m/s;斜线前为灌浆前数据,后为灌浆后数据。

从表 1 分析可知:坝基经固结灌浆处理后,经单孔声波测试,波速提高了 9.5% ~ 29.5%,平均提高 19.5%。

将上述平均波速值带入公式(1):

$$\frac{V_P}{V_S} = \sqrt{\frac{\lambda + 2G}{\rho}} \div \sqrt{\frac{G}{\rho}} = \sqrt{\frac{2 - 2\mu}{1 - 2\mu}} \qquad (1)$$

取泊松比 0.24,计算得灌浆后纵波 VP 波速范围在 3 634 ~ 4 737 m/s,平均值 4 185 m/s。

2.1.2　地震波法

采用多道瞬态面波测试法,震源采用锤击,用于评价建基面的岩体质量。

坝基全部开挖清理完成后,在坝基基础 200 m × 60 m 的范围内布设测线,面波测线 12 条,按坝轴上下游均匀布置,上下游各 6 条,测点数 168 个,试验结果见表 2。

表 2　灌浆后面波 V_R 测试结果表

测线	深度(m)					
	0 ~ 2.4		2.5 ~ 5.0		5.1 ~ 8.0	
	V_R	V_P	V_R	V_P	V_R	V_P
1	1 870	4 151	2 080	4 368	2 630	5 523
2	1 790	3 759	2 100	4 410	2 860	5 834
3	1 720	3 612	2 070	4 223	2 830	5 773

续表 2

测线	深度(m)					
	0 ~ 2.4		2.5 ~ 5.0		5.1 ~ 8.0	
	V_R	V_P	V_R	V_P	V_R	V_P
4	1 760	3 907	1 980	4 158	2 780	5 838
5	1 740	3 863	1 970	4 137	2 320	4 872
6	1 920	4 032	2 310	4 851	2 460	5 018
7	1 530	3 672	1 860	3 906	2 420	5 082
8	1 550	3 720	1 780	3 952	2 720	5 712
9	1 520	3 374	1 520	3 192	1 930	4 053
10	1 380	3 312	1 560	3 276	1 960	4 116
11	1 360	3 019	1 380	2 989	1 770	3 717
12	1 740	3 654	2 290	4 809	3 230	6 783
平均值	1 656	3 672	1 908	4 022	2 492	5 193

注:表中波速单位为 m/s;纵波 V_P 为推导值。

从表 2 可知,坝基固结灌浆处理,经地震波测试,纵波波速提高值达到 3 672 ~ 5 193 m/s,平均值 4 396 m/s。

2.1.3　结果分析

(1)从波速值大小分析。纵波波速的最小值范围偏小,参照资料[11-12]:纵波波速在 3 000 ~ 4 000 m/s,属Ⅲ类岩体;纵波波速在 4 000 ~ 5 000 m/s,属Ⅱ类岩体。从表 1 和表 2 可知:坝基表层 4 ~ 8 m 深度范围内波速值超过 4 000 m/s,属Ⅱ类岩体,Ⅱ类岩体属层状结构岩体,经过基础处理可以作为混凝土重力坝的坝基;表层 0 ~ 4 m 深度范围内岩体的波速也偏小,属Ⅲ类岩体,Ⅲ类岩体属碎裂镶嵌结构岩体,完整性较差,不均匀沉降明显,作为混凝土重力坝的坝基是不可以的,尤其是中高坝型。

(2)从岩体的完整程度和风化程度分析[13]。灌浆处理后的表层 4 ~ 8 m 深度范围内,岩体完整性指数为 0.62,岩体完整程度等级为较完整;风化系数为≥0.78,属弱风化与微风化的分界带,地基处理后可以建造中高坝型的混凝土重力坝;表层 0 ~ 4 m 深度范围内,岩体完整性指数为 0.5,岩体完整程度等级为较破碎;风化系数为 0.7,属弱风化带,建造中高坝型的混凝土重力坝是不适宜的。

(3)上述两种弹性波试验法测试的结果表明:守口堡胶凝砂砾石坝,适当抬高建基面至弱风化岩层顶部,然后采用固结灌浆处理后,纵波的波速分别达到 3 634 ~ 4 737 m/s(平均值 4 185 m/s)、3 672 ~ 5 193 m/s(平均值 4 396 m/s)。从一般的工程经验判断:坝基固结灌浆处理后,纵波波速超过 3 500 m/s,即可认定为合格[13]。再者,胶凝砂砾石坝基底面积比混凝土重力坝坝基底面积大,变形模量小,基地的应力最大值也比混凝土重力坝要小,因此,胶凝砂砾石坝适当抬高建基面至弱风化岩层顶部,坝基的强度能够满足筑坝的技术要求。

2.2 原位剪切试验

2.2.1 场地布置

利用已完工的坝基 1 m 厚度的富浆胶凝砂砾石垫层作为现场试验场地,在桩号 0 + 097、0 + 285 处布置三处试验区,试验区尺寸 10 m × 5 m。将富浆胶凝砂砾石垫层挖深至基岩面高程,试点制取采用切割机安装锯片和磨片,对富浆胶凝砂砾石进行切取,然后人工进一步加工至预留深度,并保证试点面的起伏差小于 5 mm。

2.2.2 试件养护

试点浸水饱和 10 d 以上,切割好的试件养护 28 d 以上,富浆胶凝砂砾石试块的平均抗压强度为 14 MPa。

2.2.3 抗剪试验

按照《水利水电工程岩石试验规程》(SL 264—2001)的要求,试验最大垂直应力 1 250 kPa,剪切面积 2 500 cm²,本次试验共进行 3 组,每组为 5 个试块,试验垂直应力分为 5 级:250、500、750、1000、1 250 kPa,每个试块分别逐级施加。最大剪切荷载分 10 级施加,直至试件被剪断。同时还要在 10 级最大剪切荷载下,对试块进行多点摩擦试验,直至试验终止的破坏条件。试验时必须保证剪力方向垂直于坝轴线,并从上游方向向下游方向水平施加剪力。

2.2.4 试验结果

抗剪试验结果见图 1 及表 3。

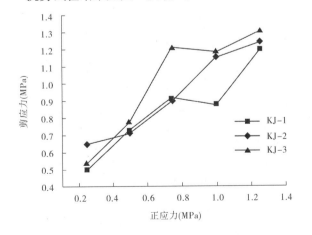

图 1 原位抗剪试验结果图

表 3 原位抗剪试验结果表

编号	φ(°)	tgφ	c(MPa)
KJ-1	28	0.54	0.48
KJ-2	30	0.58	0.52
KJ-3	28	0.53	0.51

2.2.5 结果分析

(1)总结三组原位抗剪试验的结果可知,建基面与垫层之间的黏聚力在 0.48 ~ 0.52 MPa,摩擦角在 28° ~ 30°。经验算,上述指标满足胶凝砂砾石坝基的抗滑稳定要求。因此,胶凝砂砾石坝适当抬高建基面至弱风化岩层顶部后,建基面的抗剪强度满足稳定性的要求。

(2)参照资料[11,14,15],上述抗滑稳定性指标 c = 0.48 ~ 0.52 MPa、φ = 28° ~ 30°,均比混凝土重力坝规基要求的 c、φ > 值偏小,因此,不能满足混凝土重力坝坝基的抗滑稳定性要求。

(3)项目地勘试验结果,饱和变形模量值在 5.47 ~ 13.18 MPa,平均 8.65 MPa,不能满足混凝土重力坝基岩体变形模量 10 MPa 以上的要求[12]。

3 结 语

(1)胶凝砂砾石坝建基面固结灌浆处理后,经过弹性波测试及原位剪切试验表明:坝基的强度及抗滑稳定性均满足设计的要求,因此,胶凝砂砾石坝基的建基面要求较混凝土重力坝的可以适当放宽,这在技术上是可行的。

(2)胶凝砂砾石坝建基面适当抬高后,可以节约石方开挖 150 万元,节省混凝土 1 600 万元,扣除增加的固结灌浆费用 50 万元后,可节约资金 1 700 万元,在经济上也是合理的。

(3)胶凝砂砾石坝是介于混凝土重力坝与堆石坝之间的一种新坝型,还没有成熟的建基面开挖规范要求,目前只是参考混凝土重力坝的建基面要求进行设计,而混凝土重力坝对建基面的要求是比较严格的,因此,针对胶凝砂砾石坝的建基面展开研究是有现实意义的。

参考文献

[1] 李晶.胶凝砂碴石坝与常规重力坝最优断面研究[D].北京:中国水利水电科学研究院,2013.
[2] 王秀杰.CSG 坝静动力性能及最佳剖面研究[D].武汉:武汉大学,2005.
[3] 日本大坝工程中心.梯形胶凝砂砾石坝施工与质量控制工程手册[M].日本大坝工程中心,2007.

［4］贾金生,马锋玲,李新宇,等.胶凝砂砾石坝材料特性研究及工程应用[J].水利学报,2006,37(5):578-582.

［5］王秀杰,何蕴龙.梯形断面 CSG 坝初探[J].中国农村水利水电,2005(8):105-107.

［6］刘建林,范林文.贫胶和富胶凝渣砾料筑坝技术的应用[J].四川水力发电,2014,33(A01):115-119,131.

［7］杨会臣.胶凝砂砾石坝结构设计研究与工程应用[D].北京:中国水利水电科学研究院,2013.

［8］乐治济.不同地基条件下胶结砂石料坝工作特性研究[D],武汉:武汉大学,2005.

［9］DL 5108—1999,混凝土重力坝设计规范[S].

［10］SL 678—2014,胶结颗粒料筑坝技术导则[S].

［11］王世夏.水工设计的理论和方法[M].北京:中国水利水电出版社,2000.

［12］水利电力部水利水电规划设计院.水利水电工程地质手册[M].北京:中国水利水电出版社,1985.

［13］孙钊.大坝基岩灌浆[M].北京:中国水利水电出版社,2004.

［14］余波.水电水利工程地质参数取值问题的几点讨论[J].水利水电技术,2013(8):40-46.

［15］周建平,党林才.水工设计手册(第5卷):混凝土坝[M],2版.北京:中国水利水电出版社,1987.

[**作者简介**] 张华,男,高级工程师,从事水利工程设计与管理工作。

本文刊登在《甘肃水利水电技术》2016 年 5 月第 52 卷第 5 期

基于有限元强度折减法的复杂地基重力坝抗滑稳定分析

田娟娟

（山西省水利水电工程建设监理有限公司,山西太原 030002）

[摘 要]含有复杂结构面的重力坝深层抗滑稳定一直是水利水电工程稳定性研究的重点和难点。以某水库重力坝 17# 坝段为例,构建了包含复杂地基的重力坝有限元模型,采用强度折减法计算了坝体在重力、校核洪水位和正常蓄水位 3 种工况下的抗滑稳定性大小。结果表明:3 种工况下重力坝安全系数均满足规范要求,稳定性良好;蓄水后大坝的坝踵和坝址附近岩体位移较大;在校核洪水位下,坝体底部出现大量塑性点,沿软弱夹层Ⅱ分布,有往下游扩展的趋势,说明基岩中软弱夹层Ⅱ是坝体抗滑稳定的控制性结构面。

[关键词]重力坝;结构面;强度折减法;稳定性

[中图分类号] TV642.3　　[文献标识码] A　　文章编号:2095 – 0144(2016)05 – 0026 – 05

1 工程概况

某水库工程是武引二期的龙头骨干工程,有"第二个都江堰"之称。工程位于四川省江油市武都镇上游 4 km 的涪江干流,主要建筑物有拦河大坝和坝后式厂房。拦河大坝为碾压混凝土重力坝,最大坝高 120 m,坝顶长 727 m,设计库容 5.72 亿 m³,水库是涪江流域唯一的控制性骨干水利工程,属国家大(1)型水利工程,具有防洪、灌溉、生态供水、发电和旅游五大综合效益。

由于库区位于龙门山褶断带前山构造带的北段,库尾和库首段分别有龙门山主中央断裂和前山断裂通过,且坝基岩溶洞穴发育,次级断层破碎带和层间错动带等软弱结构面发育[1-3]。因此,坝基地质条件十分复杂,对重力坝的抗滑稳定产生不利影响,有必要对不同运行工况下水库坝体的稳定性进行深入分析。

2 重力坝抗滑稳定计算方法简介

在重力坝设计中,重力坝的抗滑稳定安全系数是一项重要的计算内容,可定量反映大坝的安全程度。目前,工程上多采用刚体极限平衡法计算,即通过计算各坝段不同水平截面上的外加荷载及应力,得出抗剪和抗剪断稳定安全系数。此法可用于地质条件较好、岩层走向分布规律的重力坝安全计算,但对于包含了大量节理裂隙等复杂结构面的基岩,刚体极限平衡法计算量将大大增加甚至无法计算[4-6]。

由于重力坝地基中分布有大量断层和软弱夹层,而极限平衡法无法考虑大量不利结构面。相比于传统刚体极限平衡法,有限元法可以自动搜索危险滑裂面,可以建立多个结构面,还可以得到岩体的应力应变特征,更适合于地基复杂的重力坝深层抗滑稳定分析[7]。因此,采用有限元强度折减法计算武都水库重力坝的抗滑稳定。

2.1 有限元强度折减法

Zienkiewics[8]首次在土工弹塑性分析中提出了强度折减法的基本概念,此后广泛应用于各类岩土工程的稳定性分析。强度折减法是指将坝基岩体的真实抗剪强度除以一个折减系数 F 后再进行塑性计算,并以一定梯度逐渐增加 F 的大小,直到达到极限破坏状态为止,此时的折减系数即为重力坝的抗滑稳定系数[9]。其计算公式为:

$$c' = \frac{c}{F} \tag{1}$$

$$\phi' = \arctan\frac{\tan\phi}{F} \tag{2}$$

式中 c、ϕ——岩土体真实的黏聚力和内摩擦角;

c'、ϕ'——折减后的黏聚力和内摩擦角。

2.2 摩尔库伦模型

摩尔库伦本构模型（简称 M－C 模型）是当前岩土工程界使用最为广泛的一种理想弹塑性模型。M－C 模型基于理想弹塑性理论，由于加入了塑性理论，可以比较准确地描述岩土体的塑性破坏作用，相对于传统的弹性模型而言有很大进步，考虑了大、小主应力的影响，M－C 模型屈服面为六棱锥形，如图 1 所示[10-11]。

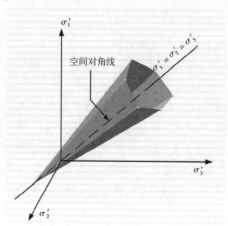

图 1　摩尔库伦模型屈服面

3　重力坝模型建立

根据勘测资料得到了重力坝岩层走向及分布，资料还表明基岩中存在较多的断层和软弱夹层，对重力坝的深层抗滑稳定不利。因此，为了更精确的反映坝区的地质条件，构建模型时考虑了主要的断层带和软弱夹层。重力坝 17# 坝段非线性有限元模型由 4 个离散部分组成，包括坝体、基岩、断层和 3 条软弱夹层（编号 Ⅰ、Ⅱ、Ⅲ）。

重力坝最大坝高 120 m，基岩长 530 m，宽 180 m，坝体上游底面长 180 m，下游底面 241 m。模型建立后，网格划分时注意将坝体与坝基附近岩体网格进行加密处理，最终模型含 1 879 个单元，15 884 个节点，具体如图 2 所示。

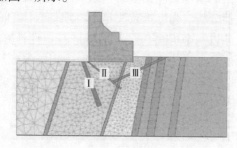

图 2　重力坝 17# 坝段有限元模型

根据相关资料，选取了重力坝基岩岩体力学参数和坝体参数（见表 1）。

表 1　重力坝数值模型相关力学参数

岩体材料	抗剪断强度		密度	弹性模量 E	泊松比
	f	c	（kg/m³）	（GPa）	
基岩 1	1.10	1.05	2 810	8.0	0.25
基岩 2	0.90	1.05	2 700	7.0	0.23
基岩 3	0.80	0.45	2 650	5.0	0.30
基岩 4	1.00	0.95	2 720	5.5	0.22
断层	0.45	0.10	1 800	0.5	0.32
软弱夹层	0.37	0.02	1 650	0.2	0.35
坝体混凝土	1.20	1.10	2 400	24.0	0.20

计算设置了 3 种不同工况，分别为自重、校核洪水位和正常蓄水位。各工况上下游水深见表 2 所列。其中，自重工况仅考虑重力和初始应力的影响，而校核洪水位和正常蓄水位还考虑了静水压力和扬压力作用的影响。

表 2　计算工况选取

计算工况		上游水深（m）	下游水深（m）
工况 1	自重	0	0
工况 2	校核洪水位	117.39	31
工况 3	正常蓄水位	116.0	29

4　重力坝稳定性计算结果及分析

4.1　抗滑稳定性分析

重力坝的抗滑稳定安全系数可定量的反映大坝的安全程度。采用有限元强度折减法进行计算，折减系数按每次增加 0.1 为梯度，并以节点最大位移突变作为判别指标，计算得到了节点最大水平和竖直方向位移随折减系数的变化情况，如图 3、图 4 所示。

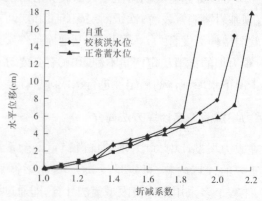

图 3　节点最大水平位移随折减系数变化

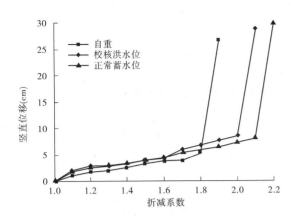

图4 节点最大竖直位移随折减系数变化

分析可知,随着折减系数的逐渐增加,重力坝坝体和基岩模型的节点最大水平和数值方向位移均逐渐增大,初期增加较为缓慢,后期突然增大。

在自重工况时,仅考虑了初始地应力和大坝体的自身重力作用的影响,当折减系数从1.0增加到1.8时,节点最大位移仅有少量增加,而当折减系数增加到1.9时,节点最大水平和竖直位移突然增加到17 cm和27 cm,此时模型位移发生突变,认为重力坝已经失稳,将此时的折减系数1.9作为自重工况下重力坝的抗滑稳定系数。

同理,根据图3、图4中折线的变化趋势,可以分析得出校核洪水位和正常蓄水位工况时重力坝的抗滑稳定系数为2.1和2.2,均满足规范要求,大坝稳定性良好。其中,校核洪水位时坝体稳定系数比正常蓄水位时小0.1,这是由于重力坝坝前水位升高,导致铅直向上的扬压力有所增大,减小了重力坝作用在地基上的有效压力,从而降低了坝底的抗滑能力,所以随着坝前水位的升高,坝体抗滑稳定能力有减小的趋势。

4.2 位移分析

为研究校核洪水位和正常蓄水位时重力坝和坝基发生的位移变化,计算得到了2种工况下的水平和竖直方向位移(见图5、图6)。规定水平位移向右为正,竖直位移向上为正。

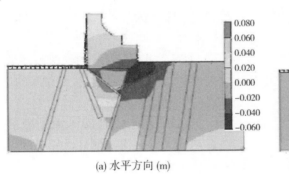
(a) 水平方向 (m)

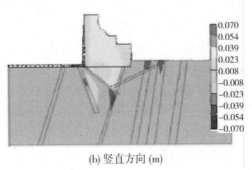
(b) 竖直方向 (m)

图5 重力坝校核洪水位方向位移

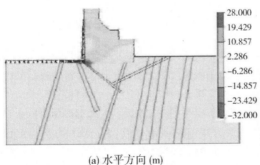
(a) 水平方向 (m)

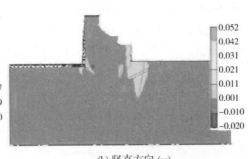
(b) 竖直方向 (m)

图6 重力坝正常蓄水位方向位移

图5为重力坝蓄水至校核洪水位时模型发生的水平和竖直方向位移,此时上游水深117.39 m,下游水深31 m。分析可知:在水平方向上,由于受到静水压力的作用,坝体中上部位发生较大向右的水平方向位移,大小约为4 cm,位置越往坝踵向下,向右的水平位移逐渐减小,并逐渐变为向左的水平位移,在坝踵和坝趾之间的重力坝与基岩相接部位,将发生向左的水平方向位移,大小2~4 cm,特别是在坝趾与下游基岩附近,分布范围最广,向左的水平位移局部可达6 cm。而位于坝体下一定深度基岩内的软弱夹层Ⅱ,与水平方向夹角约30°,主要发生向右的水平位移,范围在2~8 cm之间,如图5中(a)所示。

在竖直方向上,受蓄水的影响,发生竖直位移的部位主要位于坝体与水面交界处,受扬压力的影响,位移向上,大小约 4 cm,项趾处最大可达 6.5 cm。坝踵处发生的竖直方向位移相对很小,可以不予考虑,如图5中(b)所示。

图6为重力坝从校核洪水位降至正常蓄水位时模型发生的水平和竖直方向位移,此时上游水深116 m,下游水深29 m。分析可知:在水平方向上,受到水位下降的影响,大坝坝体主要发生向左的水平位移,数值1 cm左右;而此时发生的最大水平位移主要分布在坝踵与软弱夹层附近岩体,最大值为3.2 cm,如图6中(a)所示。

在竖直方向上,受库水位下降的影响,发生竖直位移的部位主要位于坝踵和坝址附近,坝踵处数值最大,最大值为5 cm,方向向上,但分布范围较窄;而坝址附近岩体主要发生向上的位移,分布范围比坝踵处更广,但是仅在1 cm左右,如图6中(b)所示。

对2种水位下重力坝模型发生的位移进行分析可以发现,发生位移的主要部位位于大坝的坝踵和坝址附近岩体,特别是坝踵下部岩体中分布有软弱夹层Ⅰ和Ⅱ,是大坝抗滑的最薄弱部位,应注意采取防渗措施。

4.3 坝基破坏区分析

由于强度折减法主要是折减岩体的抗剪强度,因此,有必要分析重力坝在蓄水时坝基内部岩体的剪应力分布情况,从而确定危险区域的范围。因为计算的校核洪水位下坝体的抗滑稳定系数比正常蓄水位时更小,所以研究重点是校核洪水位。

图7给出了校核洪水位时坝基内部岩体的剪应力分布,分析可知,位于坝体下部坝基内岩体发生较大剪应力,主要分布于两条软弱夹层Ⅰ和Ⅱ之间,最大剪应力正值为1.1 MPa,位于软弱夹层Ⅰ附近,最大负值为716 kPa,位于软弱夹层Ⅱ下部,其余部位剪应力相对较小。

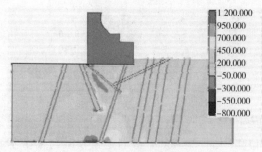

图7 重力坝校核洪水位剪应力分布(kPa)

图8中的黑方点分布区为重力坝在校核洪水位时坝基的塑性破坏区,可以发现,塑性点主要分布在坝体底部的坝基内,沿着软弱夹层Ⅱ分布,并有往下游扩展延伸的趋势。说明软弱夹层Ⅱ是坝体抗滑稳定的控制

性结构面。

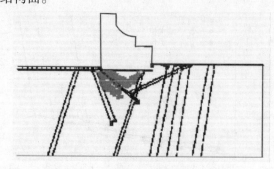

图8 重力坝校核洪水位塑性破坏区

5 结论

以某水库重力坝 17# 坝段为背景,采用有限元强度折减法对重力坝在自重、校核洪水位和正常蓄水位下的抗滑稳定性进行分析,得到了3种工况下重力坝的抗滑稳定系数、坝体和坝基发生的位移及塑性破坏的分布区域。

(1)坝体在自重、校核洪水位和正常蓄水位下的抗滑稳定系数分别为1.9、2.1、2.2,稳定性良好,满足规范要求;

(2)水库蓄水后,大坝的坝踵和坝址附近岩体发生较大位移,坝踵最为明显,发生位移的岩体主要分布于软弱夹层Ⅰ和Ⅱ附近;

(3)在校核洪水位时,坝体底部基岩内出现大量塑性点,沿软弱夹层Ⅱ两侧广泛分布,有往下游扩展的趋势。

(4)分析表明基岩中软弱夹层Ⅱ是水库重力坝抗滑稳定的控制性躺面,而软弱夹层Ⅲ的影响最小。

参考文献

[1] 张艳红,胡晓.武都重力坝碾压混凝土动态弯拉性能的试验研究与数值分析[J].水利学报,2011,42(10):1218-1225.

[2] 陈建叶,张林,陈媛,等.武都碾压混凝土重力坝深层抗滑稳定破坏试验研究[J].岩石力学与工程学报,2007,26(10):2097-2103.

[3] 卢坤林,朱大勇.武都水库坝基深层抗滑稳定性评价中BD角的合理取值[J].水利水电科技进展,2012,32(3):35-38.

[4] 潘家铮.重力坝设计[M].北京:水利电力出版社,1987.

[5] 吴杰芳,张林让,陈震.混凝土重力坝深层抗震抗滑稳定分析研究[J].长江科学院院报,2010,27(6):58-61.

[6] 厉丹丹,李同春,肖峰.龙滩大坝抗滑稳定可靠分析[J].水电能源科学,2010,28(1):54-56.

[7] 张朝辉.基于强度折减法的复杂地基重力坝抗滑稳定分析[J].人民珠江,2015,36(3):73-76.

[8] ZIENK IEW ICS 0 C. HUMPHESONC,LEW IS R W. A ssoci-at-ed and non-associated visco-plasticity and Plasticity in soilm echanics[J]. Geotechnique,1975,25(4):671-689.

[9] 郑颖人,赵尚毅,张鲁渝. 用有限元强度折减法进行边坡稳定分析[J]. 中国工程科学,2002,4(10):57-62.

[10] 徐中华,王卫东. 敏感环境下基坑数值分析中土体本构模型的选择[J]. 岩土力学,2010,31(1):258-264.

[11] DRUCKER D C,PRAGER W. Soil mechanics and plastic a-nalysis in limitdesign[J]. Quarterly of Applied Mathematics,1952,10(2):157-165.

[作者简介] 田娟娟(1984—),女,山西太原人,助理工程师,学士,主要从事水利水电工程监理,E-mail：tian198406@ sina. com。

本文刊登在《科技创新》2016年第1期

工程建设对景观异质性和组织开放性影响初步分析

关志刚

（山西省水利水电工程建设监理有限公司,山西太原 030002）

[摘 要] 水利工程建设会对工程影响区及周边生态环境产生一定影响,为正确认识水利工程建设对景观格局的影响,以黄河一级支流沁河水系流域内张峰水库水利安全工程为典型案例,基于 GIS 和 RS 等技术,运用景观生态学格局分析方法,对工程施工前后景观异质性和组织开放性进行分析,探讨不同层次景观格局变化规律,得出水利工程建设中要维护和恢复景观生态过程与格局的连续性、完整性的结论,为促进水利工程和生态环境协调提供参考。

[关键词] 景观异质性;景观组织开放性;水利工程建设;生态环境

[中图分类号] TV554　　**[文献标识码]** B　　文章编号:1006-8139(2016)02-007-02

水利工程建设在保障社会经济快速发展和人民生活生产安全中发挥的作用是不可否定的,但同时也对工程影响区及周边生态环境产生一定影响,特别是对土地利用景观格局及其功能的影响最为明显。针对这一问题,本文以黄河的一级支流沁河水系流域内张峰水库水利工程为典型案例,基于 GIS 和 RS 等技术,运用景观生态学格局分析方法,对工程施工前后景观异质性和景观组织开放性进行分析,探讨不同层次景观格局变化规律,为正确认识水利工程建设对景观格局影响,加强水利工程和生态环境协调发展提供一定的参考。

1 工程建设概况

张峰水库建于山西省晋城市沁水县张峰村沁河干流,是黄河流域沁河干流上第一座大型水利工程,控制流域面积 4 990 km², 库容 3.94 亿 m³。建设项目分为水库工程和输水工程两大部分。水库工程包括库区和枢纽区(拦河大坝、导流泄洪洞、溢洪道、供水发电洞和渠首电站等),输水工程由总干、二干组成,其中总干全长 63 km,二干全长 18.06 km。水库功能以城市生活和工业供水、农村人畜饮水为主,兼顾防洪、发电等综合利用功能效益。

2 数据处理

为了反映建设工程开工前和输水后库区、管线及

其直接影响区内土地利用景观变化情况,以 2002 年、2010 年 LandsatTM7 影像为主要数据源,借助 ALOS 卫星资料辅助土地利用解译,将土地利用分为耕地、林草、灌草地、水域、城乡建设用地、其他用地 6 个类型。库区水利枢纽工程建设影响范围:为以库区河道中心线为轴线,以水库最大淹没范围为边界向四周缓冲 5 000 m 所形成的椭圆形生态系统区域;输水干线工程建设影响范围上至穿坡电站、下至二干输水终点形成的线性廊道两侧 360 m 所围成的区域。

3 计算结果分析

3.1 景观异质性变化

分析表明,水库蓄水及枢纽工程影响区景观破碎化程度表现为降低,景观丰富度保持不变,景观多样性指数略趋于增大,景观均匀度保持不变,这说明水库蓄水及枢纽工程建设没有引起影响区景观破碎化,施工前后景观多样性程度增加,更加有利于生态系统稳定;在输水工程影响区,景观破碎度指数表现为上升,景观丰富度指数保持不变,景观多样性和景观均匀度指数均呈现出增加,这说明施工前后输水管线沿线景观破碎化程度增加明显,但并不能肯定与输水工程有关,原因是缓冲区分析会增加对管线两侧景观的分割,从景观多样性和均匀度指数变化看,施工后景观多样性增加明显,景观均一化程度较高,难以看出工程建设对景观多样性具有消极影响;综合水库蓄水、枢纽工程,从

总工程来看,施工前后,景观破碎度指数呈下降,景观丰富度保持不变,景观多样性和均匀度指数均表现为上升,说明施工前后总项目区景观异质性发生了明显变化,但景观破碎化程度降低,多样性和均一化程度不断上升,这意味着工程建设没有对景观异质性产生任何不利影响。

3.2　景观组织开放性变化

放性强的景观组织可以增强抵抗力和恢复力,此研究主要分析景观组织与周边生境的交流渠道是否畅通。通过分析比较发现:除了输水工程影响区景观聚合度呈现略微降低、景观连接度呈现增加外,在水库蓄水及枢纽工程影响区和总工程影响区,景观连接度和聚合度均表现为上升趋势,这表说明在景观水平上,工程建设对景观连接度未产生不利影响,相反,各影响区域内景观连接程度的增加更有利于景观组织的开放性,对景观受外界干扰冲击和生态恢复均具有积极意义。

4　结论

一是水利工程建设前后对景观异质性变化产生一定影响,主要表现为景观破碎化程度降低,多样性和均一化程度不断上升。二是输水等线性工程对景观组织开放性变化影响明显,表现为景观聚合度略微降低,而对于水库蓄水及枢纽工程建设等面状工程则表现为景观连接度和聚合度指数的上升。综合来看,水库水利工程建设对库区及周边景观格局具有一定影响。因此建议在水利工程建设过程中,特别强调维持和恢复景观生态过程与格局的连接性和完整性,尽量维护区域内重要湿地、草地等绿色斑块的空间联系。

[作者简介] 关志刚,男,汉族,山西省水利水电工程建设监理有限公司,工程师。

本文刊登在《吉林水利》2016 年 8 月第 8 期(总第 411 期)

基于特征线法的引水系统过渡过程计算分析

陈 亮

(山西省水利水电工程建设监理有限公司,山西太原 030002)

[摘 要] 为探究抽水蓄能电站中引水系统过渡过程的动力特征,基于特征线法建立数值模型,以某抽水蓄能电站为例进行过渡过程的计算分析。计算结果表明,在甩负荷工况下,引水系统过渡过程的性质最差,对整个抽水蓄能电站的潜在危害也最大。因此,在进行引水系统过渡过程计算分析时,应重点计算甩负荷工况,抽水蓄能电站调节运行方式也应以根据甩负荷工况进行控制。

[关键词] 过渡过程;引水系统;抽水蓄能电站;特征线法

[中图分类号] TV743　　　[文献标识码] B　　　文章编号:1009 - 2846(2016)08 - 0014 - 02

1 前言

引水系统过渡过程是抽水蓄能电站运行时必须要考虑的特殊工况之一,它关系到引水发电系统的优化设计和抽水蓄能电站的安稳运行[1]。在抽水蓄能电站的设计过程中应该对不同的引水系统布置进行优化方案比选,其中除了考虑经济因素之外,还要从抽水蓄能电站的安全、稳定等方面进行考虑,其中就包括引水系统过渡过程中各参数在控制值范围之内[2]。抽水蓄能电站引水系统的过渡过程存在某些特殊的水力学问题,如机组蜗壳末端动水压力与最大压力发生的时刻,不同导叶关闭方式和时间对机组转速、尾水管进口动水压力及蜗壳末端动水压力变化的影响等[3-4]。

本文基于混合管道特征线法,将引水系统的数学模型与上下游水库、调压室、阀门、机组等边界条件联系起来,建立抽水蓄能电站引水系统的过渡过程分析的数学模型,针对实际抽水蓄能电站引水系统过渡过程进行计算,对引水系统水电站运行的安全稳定性进行具体分析。

2 控制方程及求解方法

2.1 控制方程

抽水蓄能电站的引水系统中管道水流运动控制方程组包括连续方程和动量方程:

连续方程:

$$\frac{a^2}{g}\frac{\partial V}{\partial x} + V\left(\frac{\partial H}{\partial x} + \sin\alpha\right) + \frac{\partial H}{\partial t} = 0 \qquad (1)$$

动量方程:

$$\frac{\partial V}{\partial t} + V\frac{\partial V}{\partial x} + g\frac{\partial H}{\partial x} + \frac{f}{2D}V|V| = 0 \qquad (2)$$

其中,α 为水锤波速,V 为水流流速,H 为水头,α 是管轴线方向与水平线之间的夹角,单位取弧度,f 是管道沿程摩阻系数,D 为管道直径。

2.2 特征线法

将上述连续性方程(1)和动量方程(2)联合构成偏微分方程组,为进行抽水蓄能电站中引水系统过渡过程计算分析,主要是计算求解上述方程组中的流速 V 和水头 H。在 20 世纪 40 年代以前,广大学者主要是通过电算法和图解法对上述控制方程组进行求解,但是,这 2 种方法都只能求解比较简单的边界条件,且工作量大、精度低。随着计算机的普及和计算机技术的高速发展,利用数值方法求解逐渐成为上述方程组的主流计算方法,其中,基于数值计算原理的特征线法即为重要解法之一。

对上述方程组进行变换如下:

$$B_1 = V\frac{\partial H}{\partial x} + \frac{\partial H}{\partial t} + \frac{a^2}{g}\frac{\partial V}{\partial x} + V\sin a = 0 \qquad (3)$$

$$B_2 = g\frac{\partial H}{\partial x} + V\frac{\partial V}{\partial x} + \frac{\partial V}{\partial t} + \frac{f}{2D}V|V| = 0 \qquad (4)$$

则必然存在一个常数 $k = \pm a/g$,使得下式成立:

$$B_1 + kB_2 = \left[\frac{\partial H}{\partial x}(V + gk) + \frac{\partial H}{\partial t}\right] + k\left[\frac{\partial V}{\partial x}\left(V + \frac{a^2}{gk}\right) + \frac{\partial V}{\partial t}\right] +$$
$$V\sin\alpha + \frac{kf}{2D}V|V| = 0 \qquad (5)$$

于是，偏微分方程组（1）、（2）可转化为全微分方程组。由于流量 $Q = VA$ 以，且管道中的流速远小于水锤波速，因此可以转化得到如下常微分方程组。

$$\frac{dH}{dt} + \frac{a}{gA}\frac{dV}{dt} + \frac{af}{2gDA^2}Q|Q| = 0, \frac{dx}{dt} = a \quad (6)$$

$$\frac{dH}{dt} - \frac{a}{gA}\frac{dV}{dt} - \frac{af}{2gDA^2}Q|Q| = 0, \frac{dx}{dt} = a \quad (7)$$

上述常微分方程组即为特征线法中的特征线方程组，其中，式（6）称之为正特征方程，式（7）称之为负特征方程，可通过差分图进行求解。

2.3　边界条件

为求解上述特征线方程组，我们需要给出管道具体的边界条件才能进行求解。由于抽水蓄能电站的上下游一般都是水库，其引水系统过渡过程时间比较短，因此，我们可以在进行过渡过程计算分析时，假定水库水头在过渡过程中保持某一特定值。由于抽水蓄能电站引水系统中的管道在进行铺设时，各种管道材料、元件及配置结构都可能存在不同，引水系统中一般都有混合管道存在。针对混合管道边界条件的处理，目前主要有等价管道和调整波速两种方法。而针对阀门的处理，包括2种情况，一种是阀门处于管道的末端，另一种是阀门位于管道中间。

3　过渡过程计算分析

基于上述数值原理，现以某抽水蓄能电站为例进行计算分析，该电站引水系统的管道计算简图如图1所示。其中，J1 和 J16 分别为进、出水口；J2 表示调压室；J3 和 J15 分别表示上下游的 2 个分岔点；J4 等 7 个相同图标均表示为球阀；而 J6、J7 和 J17 表示 3 个不同的阀门；J10 和 J11 表示 2 个机组。

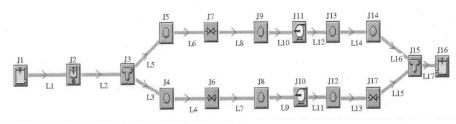

图1　引水系统管道示意图

选取两种典型的工况对抽水蓄能电站引水系统过渡过程进行计算分析，工况设置如表1，其中工况 2 为甩负荷工况，即水轮机运行时突甩所有负荷。分别对 2 种工况下的机组转速、尾水管进口动水压力、蜗壳末端动水压力及调压室水位等进行计算，计算结果如图2所示。

表1　计算工况表

	上游水位	下游水位	运行情况	备注
工况 1	282.9 m	93.8 m	水泵运行时正常停机	不良情况
工况 2	308.5 m	93.8 m	水轮机运行时突甩全部负荷，导叶正常关闭	极端情况

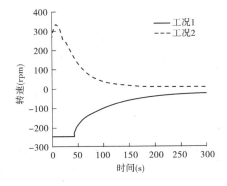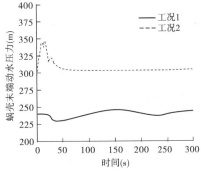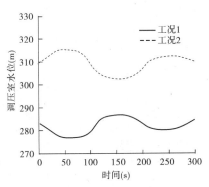

图2　计算结果对比

从图2中可以看出，工况1中，导叶关闭的50 s左右，机组转速基本保持不变，当导叶完全关闭后，机组转速逐渐减小为0；工况2中，随着导叶正常关闭，机组转速出现先增大后减小的规律。工况1中，蜗壳末端动水压力先减小后增大，最大值小于安全控制值；而在工况2中，蜗壳末端动水压力先增大后减小，最大动水压力远大于工况1的相应值,且十分接近安全控制值。工况1的调压室水位先减小后增大,最大值小于最高安全控制值,最小值大于最低安全控制值;工况2的调压室水位最高水位低于最高安全控制值,最小值远高于最低安全控制值。

总体来说,工况2中机组转速上升率、蜗壳最大动水压力和调压室最高水位都远远大于工况1的相应数值,且最大压力和高水位将近于安全控制值,可以说明,在甩负荷工况(工况2)下,引水系统过渡过程的性质最差,对整个抽水蓄能电站可能造成的危害也就最大。

4 结论

本文基于混合管道特征线法,将引水系统的数学模型与上下游水库、调压室、阀门、机组等边界条件联系起来,建立抽水蓄能电站引水系统的过渡过程分析的数学模型,针对实际抽水蓄能电站引水系统过渡过程进行计算分析,计算结果表明,在甩负荷工况下,引

水系统过渡过程的性质最差,对整个抽水蓄能电站的危害最大,因此,在进行引水系统过渡过程计算分析时,应重点计算甩负荷工况,抽水蓄能电站调节运行方式也应以根据甩负荷工况进行控制。

参考文献

[1] 陈胜,李高会,张健.基于过渡过程数值模拟的引水系统方案比选[J].人民黄河,2011,11:125-127.

[2] 杨建东,李进平,王丹,等.水电站引水发电系统过渡过程整体物理模型试验探讨[J].水力发电学报,2004,01:57-63.

[3] 郭建平,邢海仙,闫黎黎.大型泵站复杂引水系统过渡过程与关键参数确定[J].人民长江,2013,12:27-30.

[4] 孙美凤,王佳,殷晶.长引水系统电站过渡过程数字仿真[J].水利科技与经济,2013,03:28-32.

[作者简介] 陈亮(1985—),男,助工,现从事水利水电工程监理工作。

本文刊登在《水利建设与管理》2016 年第 2 期

灌区防渗衬砌冻胀破坏成因与防治对策研究

范　超

（山西省水利水电工程建设监理有限公司，山西太原 030002）

[摘　要] 本文针对我国北方地区灌区防渗衬砌遭受冻胀破坏的问题，分析了防渗衬砌发生冻胀时的主要破坏形式，揭示了渠床基土冻胀是造成灌区防渗衬砌冻胀破坏的核心要素，在基土冻胀回避与置换、保温垫层布设以及地下水排除等方面探索了灌区防渗衬砌的综合防治对策。该研究可为灌区防渗衬砌冻胀破坏的综合防治提供决策依据。

[关键词] 灌区防渗衬砌；冻胀破坏；成因；防治对策

[中图分类号] TV672 + .9　　　[文献标识码] A　　　文章编号：1005 - 4774（2016）02 - 0072 - 03

我国北方部分灌区因地处干旱寒冷的季节性冻土区，输水渠系防渗衬砌易在冻胀作用下发生结构破坏。此外，在区域地下水位较高的灌区，防渗衬砌季节性冻胀破坏显著，防渗衬砌功能损坏在降低渠道输水效率的同时，为灌区的管理运营带来沉重的工程维修负担，严重制约了灌区输水渠系工程效益的发挥[1]。因此，有必要分析灌区防渗衬砌冻胀破坏的形式，揭示其发生冻胀破坏的成因机制，进而探索灌区衬砌冻胀破坏的防治对策，以期为灌区防渗衬砌修复与维护管理提供有益参考。

1　灌区防渗衬砌冻胀破坏特征分析

1.1　防渗衬砌冻胀破坏形式

灌区渠系防渗衬砌冻胀破坏主要包括位移、裂缝、架空隆起、断裂、整体上抬以及滑塌六种形式。

（1）位移破坏。防渗衬砌由渠道上沿往渠系内侧出现位移滑动，位移距离一般为 2 ~ 5 cm，灌区两拼与三拼的 U 形输水渠道防渗衬砌易发生此类位移破坏。此外，由冻胀引起的渠床基土膨胀，易引发衬砌弧形板往渠系内侧位移倾斜，进而导致混凝土衬板结构破坏。

（2）裂缝破坏。防渗衬砌裂缝可分为横向与纵向裂缝两种。其中，细石混凝土或混凝土衬板间的填缝与勾缝常出现裂缝破坏，此时混凝土衬板间仍具备一定黏结强度[2]。此外，在冻胀力与冻结力共同作用下，混凝土防渗衬板常因自身拉应力而产生裂缝，从而影响衬砌防渗效果。

（3）架空隆起破坏。输水渠系混凝土防渗衬板在遭受冻胀基土抬升时，将出现明显垂向隆起并发生结构破坏[3]。同时，在区域地下水位过高的输水渠段，渠底基土含水量与冻胀量较大，从而对渠系防渗衬砌造成顶托架空破坏。

（4）断裂破坏。部分混凝土防渗衬砌在遭受剧烈冻胀作用时，将沿渠系横向、纵向或斜向发生断裂破坏。

（5）整体上抬破坏。部分输水渠系渠深与渠道断面较小，防渗衬砌与渠床基土冻胀受力整体性较强，易引发防渗衬砌的整体上抬破坏。同时，由于渠周基土的不均匀沉陷，发生整体上抬破坏的防渗衬砌无法在冻土融化时恢复原位，从而加剧了灌区防渗衬砌的冻胀破坏。

（6）滑塌破坏。在输水渠道渠坡部位，防渗衬砌常在衬板隆起后脱离支撑体而发生滑塌破坏。冻胀作用造成防渗衬砌架空隆起，破坏垫层稳定性，进而引发上部衬砌板块滑塌叠压[4]。此外，在渠坡冻土融化时，易诱发渠坡滑塌，从而造成防渗衬板的滑塌破坏。

1.2　防渗衬砌冻胀破坏影响要素

造成灌区防渗衬砌冻胀破坏的要素主要包括渠床基土土质、渠底地下水位、渠系走向布置以及防渗衬砌结构与材料特性。

（1）渠床基土土质。据统计，当渠床基土土质属饱和粗颗粒土，且粒径大于 0.1 mm 时渠床基土基本不发生冻胀作用。当渠床基土粒径小于 0.05 mm 时，土体中水分迁移量较大，土体冻胀性较强，易在土壤中形成冰透镜体而构成冻土层，此时的渠床基土属强冻胀类土体[5]。此外，在渠床基土中粒径 0.002～0.05 mm 颗粒土质含量大于 50％时，基土易发生冻胀作用，即土体整体粒径越小，基土冻胀性越强。

（2）渠底地下水位。过高的渠底地下水位易诱发渠系基土冻胀破坏，当地下水位埋深小于基土冻深与土壤毛细水上升高度之和时，渠床基土易发生冻胀作用。针对均质基土渠床，当冻土期内地下水位低于渠底时，基土冻胀程度由上而下逐步降低；当冬季渠道输水或地下水位高于渠底时，渠床基土冻胀程度整体较低，最大基土冻胀区位于行水面之上区域。此外，季节性灌溉引发的周期性地下水位抬升，易诱发渠床基土发生冻胀，从而破坏渠系防渗衬砌。

（3）渠系走向布置。灌区输水渠系走向布置不同，渠坡接受日照强度与时间也不尽相同，从而决定了渠系断面各部位冻胀程度的大小。据统计，东西走向布置的渠系，渠坡冻胀深度差异性较大，渠系阴坡中上部冻胀程度较高，阳坡中下部冻胀程度较低。南北走向布置的渠系，渠坡冻胀程度由渠顶至渠底逐步发展，即渠顶冻胀程度大，渠底冻胀程度小[6]。总之，渠系走向影响渠坡与防渗衬砌的冻胀破坏程度。

（4）防渗衬砌结构与材料特性。不同防渗衬砌材料与布置结构适应冻胀破坏水平不同。目前，渠系防渗普遍采用抛物线形、U 形、梯形等衬砌结构，并采取混凝土、土工布、浆砌石、塑料膜等衬砌材质，优选合适的防渗衬砌结构与材料可增强衬砌的抗冻胀耐久性。

2 防渗衬砌冻胀破坏防治对策

2.1 回避基土冻胀

灌区渠系的选线应尽量回避粉质土、黏土等强冻胀性土质区域，宜将渠道布设在不易冻胀且透水性较好的沙砾石土质地段。同时，渠系的选线应避开地下水位较高地段，将渠床基土冻结层限制在地下水毛细上升高度之上。此外，可将渠系布置在地势较高地带，同时可在田间与渠系间布置排水沟，以防止渠系渗漏对渠床基土与地下水的补给。针对部分地势起伏过大地带，可将输水渠系深埋至基土冻胀层之下，并采取暗管或暗渠形式输水，以回避基土冻胀。

2.2 置换渠床基土

针对渠床基土冻胀性强且沙砾石丰富的区域，可将强冻胀性基土置换为沙砾石等弱冻胀性材料，从而降低渠床基土含水量，弱化基土冻胀造成的防渗衬砌破坏作用。在渠床基土土层较薄且地下水位较低的区域，可采取全部开挖清除置换的方式，重置渠床沙砾石垫层。在垫层存在隔水层且地下水位较高的区域，应设置排水并保证置换层厚度超过原始基土冻胀深

度[7]。此外，应合理确定置换垫层颗粒级配并保障置换材料的纯净度，同时设置反滤层以防止细沙流失。

2.3 设置衬砌保温垫层

可在渠系防渗衬砌下设保温垫层，以削弱或阻止外界与渠床基土的热量交换，维持基土温度，从而在降低基土冻胀深度的同时，防止衬砌发生冻胀破坏。可采用具备耐腐蚀、不透水的聚苯乙烯保温隔热材料布置于渠床基土上，形成保温垫层，之后在保温垫层上实施防渗衬砌施工，以增强衬砌抵御冻胀破坏的能力。

2.4 实施渠道基础排水

控制渠床基土含水量、排除渠道基础渗水，是防止渠道基础发生冻胀破坏的有效措施，可通过控制水分入渗补给、增强渠道基础透水性来及时排除土体水分。可在输水渠系两侧布设排水沟槽，并保证排水沟底低于渠底面 50 cm 以上，以确保渠床基土排水顺畅。同时，可在渠系沙砾石基础垫层中布置排水管孔，排出渠旁田间渗水。此外，可在灌区地势低洼区域开挖机井抽取地下水实施灌溉，实施排灌结合，在减少灌区引入外来水资源量的同时，有效降低区域地下水位，减少地下水对渠道基础土体的补给量，从而通过控制渠道基础土体含水量，降低防渗衬砌遭受冻胀破坏的威胁。

2.5 优化防渗衬砌结构与材料

可通过优化防渗衬砌结构、采用抗冻材料来提升衬砌对冻胀变形的适应性。应在保障渠系输水排沙能力的基础上，选择合理的防渗衬砌支撑结构断面型式，通过调整冻胀作用方向来降低冻胀破坏程度。传统采用的矩形断面与平底梯形断面渠道，易发生渠坡倾斜、渠底衬砌隆起以及衬砌弯折等破坏现象。同时，浆砌石衬砌在冻胀作用下易与基土分离，并发生滑塌破坏，而混凝土衬砌因抗拉强度较低，易在冻胀作用下产生开裂。因此，可选取抗冻胀性能更好的弧形混凝土衬砌断面，在发挥圆弧拱受力优势的同时，充分利用混凝土抗压能力强的特征[8]。此外，可在防渗衬砌中采取加肋结构，采用柔性止水材料并设置合理的分缝止水，从而综合提升防渗衬砌的抗冻胀变形能力。

3 结语

本文在分析灌区防渗衬砌位移、裂缝、架空隆起、断裂、整体上抬以及滑塌等冻胀破坏形式的基础上，揭示了渠床基土土质、渠底地下水位、渠系走向以及衬砌结构与材料是决定防渗衬砌抗冻胀耐久性的主要影响要素。同时，探索了实施基土冻胀回避、渠床基土置换、保温垫层设置、渠道基础排水以及防渗衬砌结构与材料优化等措施应遵循的原则。然而，灌区防渗衬砌冻胀破坏是多要素耦合作用的结果，应在合理采用上

述工程措施的同时,完善灌区灌排制度,控制灌区地下水位,以综合防治防渗衬砌冻胀破坏的发生。

参考文献

[1] 王圣海,张通,王乔.基于有限元的混凝土衬砌渠道冻胀性能研究[J].水利建设与管理,2014(12):33-36.

[2] 肖旻,李寿宁,贺兴宏.梯形渠道混凝土衬砌冻胀破坏力学分析[J].灌溉排水学报,2011(1):89-93.

[3] 张灵瑛.浅谈混凝土衬砌渠道内积水表层冻融破坏及防治措施[J].水利建设与管理,2010(2):58-60.

[4] 张国军,陆立国.影响衬砌渠道冻胀破坏严重的关键因素[J].中国农村水利水电,2012(9):105-108.

[5] 周红.大型输配水工程水源保护措施的研究与应用[J].水资源开发与管理,2015(2):38-40.

[6] 张欣,宗兆博,宋立元,等.东港灌区苯板保温渠道衬砌抗冻胀试验研究[J].中国农村水利水电,2013(8):95-98,102.

[7] 田小路.渠道衬砌混凝土防裂施工技术[J].水利建设与管理,2012(1):22-25.

[8] 芦琴,王正中,刘计良,等.弧脚梯形衬砌渠道抗冻胀及水力合理断面的分析[J].西北农林科技大学学报(自然科学版),2010(1):231-234.

[作者简介] 范超(1985—),男,毕业于河北工程大学水利水电工程专业,工程师。

本文刊登在《黑龙江水利科技》2016年第9期(第44卷)

堆石混凝土坝温度应力仿真分析及温控措施研究

范鹏飞

(山西省水利水电工程建设监理有限公司,山西太原 030002)

[摘　要]堆石混凝土坝随着技术的成熟和推广,对于堆石混凝土的研究逐渐深入。由于受温度影响较大,坝体水上部分和水下部分之间存在一定的温差,将会导致坝体的裂缝或者局部丧失应力。鉴于堆石混凝土坝是一个较为复杂的个体,研究人员需要对其进行仿真分析,接近于真实的模仿在各种温度的作用下,堆石混凝土坝会产生怎样的变化,分析这种变化是否影响到坝体的正常使用,同时,要考虑采用何种方式来控制或者避免这些不利因素和影响的发生。

[关键词] 堆石混凝土坝;温度控制;仿真分析;温控;研究

[中图分类号] TV554　　　[文献标识码] B　　　文章编号:1007 – 7596(2016)09 – 0013 – 04

堆石混凝土坝是现在较为常见的水坝,主要是考虑到堆石混凝土的特性对于温度的影响要远远小于普通混凝土,能够延长使用周期。堆石混凝土筑坝技术是建立在自密实混凝土的技术基础上,再通过多年的研究和实践,逐渐发展起来的。作为一种新型混凝土筑坝技术,2 个尤其重要的施工工序是这项技术的核心:分别是堆石入仓和浇筑自密实混凝土。

文章详细介绍这两道重要的施工工序,以便可以更好的理解接下来的内容。堆石入仓的含义是:在放置模板后,将颗粒直径 >30 cm 的碎石堆放至仓面,由于碎石之间空隙较大,通常需要将其碾压密实;下一步工序则是自密实混凝土的浇筑,这个环节尤其重要,堆石体的空隙需要自密实混凝土流动填充,使之形成高质量的堆石混凝土。

1　堆石混凝土坝温度与应力之间的关系

混凝土的堆石尺寸较大,因此对于适合常态或碾压混凝土的测定方法显然不再适用于堆石混凝土,由于堆石混凝土应用面较窄,以及对试验条件要求较高,因此难以采集大量的堆石混凝土试验参数样本进行相关规律的提取和总结。受客观条件限制,只采用有限的数量样本进行比对。绝热升温与极限拉伸2 个参数指标与混凝土的抗裂性能的数据体现,可以通过这两个参数的取值变化来了解混凝土抗裂性能的优劣。另外,施工工艺也是影响徐变的重要因素,综上所述,堆石混凝土在受温度影响后的表现是通过以下几个参数进行全方位的体现。

1.1　抗裂特性

(1)绝热升温:主导混凝土发热量的因素是混凝土的水化热。堆石混凝土和普通混凝土之间最大的区别在于水泥的用量,由于堆石混凝土鉴于自身特性的远近,在制作的过程中会添加大量的粉煤灰,因此绝热温升低于常态混凝土。通常来说,导致堆石混凝土的水化热初期升温慢而后期温升大的原因就在于其中所掺加的粉煤灰延迟发热。下面我们来通过一组实验数据对绝热升温进行分析,见表1。

表1　C25 自密实混凝土配合比和组分参数

材料	水泥	沙子	石子	水	粉煤灰
用量/kg·m³	190	780	832	190	264
导热系数/kj(m·d·℃)⁻¹	106.7	267.1	348.67	51.84	19.87
比热/kJ(kg·℃)⁻¹	0.456	0.699	0.749	4.187	0.92

由表1 可以得出:在配比情况理想化分为自密实混凝土和堆石各占一半的情况下,根据热量守恒原理,推算出堆石混凝土的绝热温升为 $18.80 \times (1 - e - 0.0339)$。

(2)极限拉伸:堆石混凝土的抗裂性能主要通过极限拉伸来反映,而现实中堆石混凝土的极限拉伸值比常态混凝土低是因为受配合比和施工方法的影响。混凝土配合技术和实验精度长足的提高有赖于近几年的试验与研究,堆石混凝土的极限拉伸值也有了质的飞跃,但在实际的实施过程当中,90 d 龄期的混凝土在极限拉伸值得表现方面与试验恰恰相反,仍然低于同质的常态混凝土。由于受条件影响,钻孔取芯实测极限拉伸值远低于室内实验值,堆石混凝土层间的结合强度远远低于普通混凝土,因此堆石混凝土更容易出现裂缝。我们再来通过一组较为详实的实验数据对这个结论做一个验证,见表2。

表 2　立方体堆石混凝土试件劈拉试验结果

编号	破坏荷载（kN）	$f_{t,s}$（MPa）	编号	f_{cu}（MPa）	$f_{t,s}/f_{cu}$
1	96	2.72	7	36	1/13.24
2	128	3.62	8	50.22	1/13.87
3	68	1.93	9	25.78	1/13.36
4	108	3.06	10	48.22	1/15.76
5	96	2.72	11	45.56	1/16.75
6	104	2.94	12	47.11	1/16.02

1.2　徐变度

徐变是反映温度影响的一个重要指标,能够直接反映堆石混凝土在温度作用下的变化。混凝土对于温度变化的重要反映是通过徐变值表现出来的,在温度应力作用的部分,可以通过徐变使混凝土体块减小应力反应,徐变与应力呈反比关系。由于胶凝材料用量在混凝土中的作用,相比于常态混凝土而言,堆石混凝土的徐变维持在一个低水平的取值,就可以保持项体的功能稳定性,但是这一点于温度应力与防裂不利。

1.3　施工方法的影响

中国大规模的施工建设很难保证施工质量的一致性,而施工的手法和工艺也会对堆石混凝土产生较大的影响。中国堆石混凝土冷量损失大,究其原因是采用低温入仓导致,类似于常态混凝土那样的低温浇筑通常难以实现。常态混凝土在浇筑中可以通过温控措施来保持混凝土的完整性。然而,由于堆石混凝土的热性所致,水管冷却会对其施工带来不利影响,因此近几年大部分堆石混凝土浇筑工程不推荐采用此种方法,少数设冷却水管的也仅限于高温季节浇筑的部位。

在常态混凝土中通常会采用以下方法对此类问题进行规避,一个是降低浇筑温度,第二个是通水冷却。后者在对视混凝土中难以实现并且效果欠佳。堆石混凝土坝通常不做二期冷却,仅靠大自然散热进行后期稳固,因此将坝体温度降至稳定需要相当长的一段时间。鉴于此,大坝会长时间处于一种高温状态,当遇到温度骤降时,降温所带来的温差将产生热胀冷缩从而

出现裂缝。

尽管堆石混凝土与普通混凝土比起来,有较大的区别,但是在坝体建设当中,堆石混凝土的特点尤为突出:

（1）水泥使用量小,温度变化指数值低。

（2）高机械化的施工过程,有利于管理者梳理工程组织体系并控制质量,人为不可控因素大大降低。

（3）施工成本低、施工速度快,能够尽快的提高产能,产生效益。

2　温度控制的仿真分析

堆石混凝土坝对于温度的变化需要做仿真分析。在温差的作用下,坝体会出现裂缝,对于拱坝来说,尽管小部分拱坝在宽坝段出现裂缝,但是大部分并未受到裂缝的破坏。与之相反的是重力坝,宽度超过 20 m 的重力坝很大概率上会出现裂缝,这种特性表现也与拱坝形成鲜明对比。为了能够很好的解释这个现象,我们通过几座拱坝为研究对象进行仿真计算分析。

以下几点原因控制了这种现象:

坝厚 16 ~ 30 m 的拱坝上下游面的散热效果好。即便是坝内温度达到峰值,坝体的内外温差变化并不突出,表面拉应力也不产生突变;导致表面应力增量为压力的诱因是内外温差变小;蓄水时,水的比热容发挥了重要的作用使坝体温度有所降低;比之同质的普通混凝土,抗拉强度增强的同时提升了防裂性能,可弱化温控措施的作用;堆石混凝土的特性决定了通水冷却的方法无显著效果,因此决定坝体最高温度的主要条件是初始浇筑温度和环境温度;对于低温浇筑的混凝土,坝体的拉应力较小,温度对于坝体的影响不影响坝体的施工,可不采取分缝和温控措施;而对于高温浇筑的混凝土,需要考虑通过表面流水或者避开高温时段浇筑的方式疏散热量。但如果该地区冬夏温差大,温度应力作用明显,坝体在温差作用下存在拉裂风险;较大间距分缝能有效降低坝体温度应力,将温度应力逐渐传递出去,避免在坝体内部及表面发生损伤。

堆石混凝土坝的实操方法需要建立在仿真计算校核的基础上,充分利用低温季节的优势完成混凝土的浇筑,而高温季节应较大间距分缝并采取温控措施,达到快速优质筑坝的目的。

3　堆石混凝土坝体的分缝

分缝不仅仅是存在于混凝土防裂,在诸多工程领域也有各种实践应用。所以"常态混凝土的横缝间距≤20 m"也是通过多年的研究与工程实践证明的。大体积量的工程由于各种原因,同时也是出于安全的

考虑，无可避免要进行分缝。其中重力坝和拱坝是完全不同的展示个体。

3.1 重力坝

基于早期的工程经验出现过"堆石混凝土坝可以不分缝或坝段长可为 80～100 m"这样的极端的说法。但是，实践中发现坝段过宽时，由于混凝土配比以及本身的热性等原因，会在横向随着温度变化而产生剧烈变化，由于各向异性的缘故，极易出现裂缝，宽体坝段被裂缝分割为若干段，导致坝体的实际功能的丧失。

一个实际的案例，在我国南方某坝沿分为河床 6 个坝段，前 5 个为 36 m，最后 1 个为 26 m，在投入使用达到一定年限后，5 个 36 m 宽的坝段均开裂，缝宽最大达 2 mm，产生了破坏性的影响。对坝体功能的使用产生了极其不好的后果；另一个在温度的反复作用下，坝段宽 50～64 m 的重力坝，每个都开裂成 2～3 段，开裂的裂缝从上到下贯穿，最大缝宽达 2 mm，这种贯穿式开裂直接导致坝体的报废，无法继续进行工作。随着堆石混凝土在各类实验和工程实例当中反复的应用，对于其特性大家逐渐的了解，针对堆石混凝土坝的分缝长度逐渐形成了统一的看法，为了避免拉应力引起上游面竖向裂缝，蓄水后发展成劈头裂缝的后果，因此规定坝体分缝以 20 m 左右为宜，顺河方向可按通仓浇筑。

3.2 拱坝

早期的拱坝所存在的缝不是真正意义上的分缝，只是诱导缝。诱导缝不能够真正意义上满足分缝的功能需求，大坝会在使用多年后出现严重的裂缝。在某拱坝的实际建设中，为了将分缝和诱导缝结合使用，最终提出了可重复灌浆的横缝与诱导缝相结合的方式促进实践。

纵向引起的压应力在水坝蓄水时会突然增加，导致竖直向裂缝被很好的控制。然而，在中间坝段如果有集中应力破损或者坝体过长时，会因局部应力集中在缺口部位引起更大面积的裂缝延展。关于堆石混凝土拱坝最为敏感的中部坝段，可根据现场情况估算宽度，以仿真分析结果为参考依据，上限宽度为 100 m。而拱坝两岸坝段横缝间距要适当减小，具体宽度要理论分析结合实际情况综合评定。

4 控制温度的措施

对于中小型堆石混凝土坝的降温措施较为简单，在低温季节性浇筑即可解决问题，虽然有些工程由于某些原因没有采取降温措施，但是对于大体积高坝，尤其是在高温季节且连续施工的大坝工程，不采用温控措施难以保证工程质量，因此，为确保工程质量，采取

一些必要的措施势在必行。近年来，关于堆石混凝土的研究日益深化、力度加大，与之相关的措施也在日新月异的变化。在一些堆石混凝土坝的实际工程中，常态混凝土中验证成功的所有温控措施被移至到此并收获了不错的效果。

4.1 降低浇筑温度

常态混凝土坝的浇筑降温较快，而堆石混凝土却与之恰恰相反。然而堆石混凝土难以通过常规加冰的方式降温主要是因为受限于水灰比和可加冰量。在高温季节浇筑混凝土会面临一些麻烦，比如混凝土入仓温度回升快。因此，为了能够给堆石混凝土快速降温，在不影响其化学性能的前提下，采用物理降温措施降低浇筑温度就成为工程实际当中可选择的方法。

4.2 仓面保温

在高温季节浇筑需要进行仓面保温。许多相关企业经过多年的工程经验加以总结，发明了保温被投入使用。该保温被材料为厚聚乙烯，在不持水的情况下，该保温被等同于半米厚的混凝土。通常会在碾压完毕后，用保温被保温，待辐射热的环境温度低于混凝土温度时，可使混凝土自主散热。

4.3 水管冷却

水管冷却方法的效果已经在常态混凝土实验中获得了认证。但是，在堆石混凝土坝的实践中却难以实现。因为在铺设冷却水管的过程中，冷水管常常会由于混凝土的碾压干扰而破损，因此很少应用在堆石混凝土工程当中。近几年出现了塑料冷却水管，并在工程实际中获得了成功的运用，使得水管冷却在堆石混凝土坝的施工中应用成为可能。

4.4 采用微膨胀混凝土

除直接控制温度外，还可以利用外掺 MgO 添加剂使混凝土具有微膨胀性，简化温度控制。在实际操作中，对于重力坝通常会采用微膨胀混凝土，因此，可以降低约束区、浇筑区等受力区域的拉应力，使得坝体受到应力破坏减弱，从而有利于防裂，但该技术目前尚未成熟。

4.5 材料抗裂性能的提高

作为混凝土防裂的重要环节，如何提高材料的抗裂性能是重中之重，这个环节一般由两个指标控制体现。通过对配合比的优化可以达到两个目的，一方面降低体积收缩和水化热温升可以通过控制水泥用量得以实现，而提高混凝土抗裂性能的关键就在于提高混凝土的极限拉伸值。

4.6 斜层碾压

在实际的工程操作当中，通常使用斜层碾压的方法解决浇筑工程上的难题。因为为了减少热量倒灌，

斜层碾压缩短了覆盖时间,起到温控的作用。

5 结语

随着科技和针对堆石混凝土研究的发展,如何在施工过程中更好的控制温度的影响将会被越来越多的专家学者所关注。通过对新型材料的研发和新型技术的实践应用,堆石混凝土坝的施工将会呈现另外一种状态,立足于常态混凝土的研究,将堆石混凝土坝的施工温控技术逐渐推广出去。

参考文献

[1] 高继阳,张国新,杨波.堆石混凝土坝温度应力仿真分析及温控措施研究[J].水利水电技术,2016(1):31-35,97.

[2] 夏雨,张仲卿,李东阳,等.混凝土坝施工仿真分析在水工建设中的发展[J].人民长江,2008(11):93-97,123.

[3] 张国新.碾压混凝土坝的温度应力与温度控制[J].中国水利,2007(21):4-6.

[4] 乔晨,程井,李同春.沙沱碾压混凝土坝施工期温度应力仿真分析[J].南水北调与水利科技,2012(2):150-153.

[5] 薛元琦,张晓飞,白继中.碾压混凝土拱坝温度场和应力场仿真计算研究[J].人民黄河,2014(1):100-103,106.

[作者简介] 范鹏飞(1987—),男,山西太原人,工程师,研究方向为水利水电工程。

本文刊登在《中国水利水电科学研究院学报》2016年8月第14卷第4期

大粒径胶凝砂砾石坝层间结合处理方式的试验研究

靳忠财[1]　张德全[2]　王学武[1]

(1. 山西省水利水电工程建设监理有限公司,山西太原 030002;
2. 大同市御河水利管理处,山西大同 037006)

[摘　要]胶凝砂砾石坝骨料的最大粒径一般在80 mm以内,我国《胶结颗粒料筑坝技术导则》规定的最大粒径可以达到150 mm,胶凝砂砾石坝随着骨料粒径的增大,骨料的分离现象也越严重,给大坝的层间结合处理增加难度。本文给出了大粒径料的定义,通过层间结合处理的室内试验与现场试验对比,指出了室内试验存在的不足;试验结果表明:大粒径的胶凝砂砾石坝,大大增加了层间结合处理的工作量,不利于大坝的机械化快速施工;适当减小骨料的最大粒径,可以减少骨料的分离现象,有利于保证胶凝砂砾石坝的施工质量。

[关键词] 大粒径;胶凝砂砾石坝;层间处理;渗透系数

[中图分类号] TV551　　[文献标识码] A　　文章编号:1672 – 3031(2016)04 – 0280 – 05

1　研究背景

胶凝砂砾石坝是一种经济、施工简便、地基适应性强、结构形式介于碾压混凝土坝与混凝土面板堆石坝之间的一种新坝型[1-2],优势如下:第一,节省投资。单位水泥用量少,约为50~60 kg/m³,水化热温升低,坝的温度应力水平比碾压混凝土坝还低,温度裂缝少,大坝甚至不需要设置横缝;第二,工期短。采用通仓碾压铺筑,施工工期可以大大缩短,体现了快速施工的优越性;第三,对材料性能的要求低。利用坝基开挖的砂砾石料作为骨料,就地取材,减少弃料堆积,有利于环境保护及节约型社会的建设。

层间处理是胶凝砂砾石坝的难点之一,处理不好,将会成为大坝渗漏的主要通道。国内外已完工的胶凝砂砾石坝,坝高普遍较低,且大多应用于临时工程,如围堰等。日本的胶凝砂砾石坝数量最多[3],且骨料最大粒径不超过80 mm。2014年颁布的中华人民共和国水利行业标准《胶结颗粒料筑坝技术导则》[4],是我国第一部关于胶凝砂砾石坝的技术标准,技术标准中规定:连续上升铺筑的坝体,当层间间隔时间在初凝时间之内时,层间可以不处理,直接铺筑上一层;当层间间隔时间超过初凝时间时,需要进行层间处理才能进行上一层铺筑,层间处理包括冲(凿)毛、铺水泥浆或水泥砂浆。同时,技术导则中规定:胶凝砂砾石坝最大粒径放宽至150 mm。

国内学者王秀杰等[5]研究了胶凝砂砾石坝的应力变形规律,李晶[6]研究了胶凝砂砾石坝的最优断面,贾金生等[7]对胶凝砂砾石坝的材料特性及应力稳定进行了研究,乐治齐[8]对胶凝砂砾石坝在不同地基条件下的静动力特性与坝坡坡度关系进行了研究,但均未涉及对大粒径料的层间结合处理方式的试验研究,特别是现场的试验研究;刘建林等[9]研究的临时围堰虽然涉及了大粒径料,但并未对层间结合处理提出新的方法。目前,对于粒径不超过80 mm的胶凝砂砾石坝,层间结合处理方法比较成熟;而对于粒径超过80 mm的胶凝砂砾石坝,由于粒径增大,施工现场骨料分离情况比较严重,增加了层间防渗处理的难度,这方面的研究还未见到,为此展开本文的研究。

大粒径料的定义:本文将最大粒径超过80 mm、粒径范围在0~150 mm之间的胶凝砂砾石坝骨料定义为大粒径料。所谓胶凝砂砾石坝是指利用水泥、掺料(如粉煤灰等)和砂砾石料,经过拌和、分层摊铺及震动碾压形成的具有一定强度的坝体。骨料由不同粒径组成、有一定级配的要求,包括天然砂砾石料、人工砂砾石料和开挖石渣料等。

2　工程实例

大同市守口堡水库位于大同阳高县境内的黑水河

上,大坝为胶凝砂砾石坝,是我国第一座应用于永久工程的胶凝砂砾石坝,最大坝高 61.6 m,坝顶长 354 m,上下游坡比均为 1:0.6,上游防渗面板采用 1.5 m 厚的常态混凝土,抗渗指标 W6;胶凝砂砾石坝体抗渗指标 W2。骨料源于坝基开挖及上游河道开挖的砂砾料,最大粒径 150 mm,剔除粒径 150 mm 以上骨料后的筛分实验结果见表1[10]。

表1　骨料筛分试验结果

粒径(mm)	150～80	80～40	40～20	20～5	<5
8组平均值(%)	12.4	17.6	11.7	14.7	43.6
最细级配(%)	14.4	17.5	11.1	11.6	47.4
最粗级配(%)	11.2	18.7	12.3	16.3	40.8

由于开挖的砂砾料中平均砂率达 43.6%,砂率偏大且细,掺入 25% 的公路开挖弃料后,砂率降低至34.9%,因此建议掺入 25% 的公路开挖弃料作为外掺料,以降低砂率,减少用水量,增大胶水比,提高胶凝砂砾料的强度。

施工参数为:碾重 27 t,碾压次数 10 遍,铺料厚度45 cm,VC 值(胶凝拌和物震动出浆的允许时间值,单位,秒)3～10 s。

3　室内试验研究

3.1　试验工况

施工配合比经实验室试配,见表2。

表2　施工配合比表

材料用量(kg/m³)					
水胶比	水	水泥	粉煤灰	砂砾料	外掺料
1.22	110	50	40	1 829	458

室内抗剪断试验试件用 150 mm 立方体试模制作,分两次成型,剔除大骨料后,先取试件一半多高度所需的胶凝砂砾石坝料装入试模,振捣成型后厚度为试模高度的一半,放入养护室养护至要求的间隔时间后,取出试模,按要求进行层面处理后再成型上半部,养护至龄期后,进行试验。试验的四种工况见表3。

表3　室内试验工况表

名称	层面间隔时间(h)	层间处理方式
工况1	5	不进行处理
工况2	17	铺 1 cm 厚砂浆
工况3	46	风枪清理,轻微刮毛(不露出石子),铺 1 cm 厚砂浆
工况4	46	风枪清理,轻微刮毛(露出石子),铺 1 cm 厚砂浆

3.2　试验结果分析

抗剪强度公式如下:

$$\tau = \sigma f + c \tag{1}$$

式中:τ 为极限抗剪强度,MPa;σ 为法向应力,MPa;c 为黏聚力,MPa;f 为摩擦系数。

四种工况的胶凝砂砾石坝料层面抗剪试验结果见表4。

表4　层面抗剪试验结果表

名称	层面间隔时间(h)	龄期(d)	抗剪断试验		纯摩试验	
			摩擦系数 f	黏聚力 c(MPa)	摩擦系数 f	黏聚力 c(MPa)
工况1	5	90	1.02	0.67	0.74	0.14
工况2	17	90	0.88	1.35	0.70	0.24
工况3	46	120	0.93	1.66	0.87	0.19
工况4	46	120	1.30	1.65	0.93	0.24
平均值			1.03	1.33	0.81	0.20

从表3、表4分析可知:

(1)工况1:层面间隔时间在 5 h 内,层面不处理、直接铺筑上层胶凝砂砾石坝料时,由于在初凝时间(5～6 h)之内,浆层尚未凝结,碾压上层胶凝料时,下层料再次被碾压,上层胶凝料中的骨料下沉,嵌入下层料表面,摩擦系数大,使得层面与层面有较好的结合性。因此,高强度、大仓面的胶凝砂砾石坝连续快速摊铺碾压,有利于层面的结合,也有利于层间抗渗。

(2)工况2:层面间隔时间超过 17 h,浆层已经凝结,层面已经形成冷缝,所以必须进行层面处理后才能进行上一层铺筑。即便铺筑了 1 cm 厚度的砂浆,碾压上层胶凝料时,下层料也不可能再次被碾压,上层胶凝料中的骨料也不可能下沉到下层料表面,使得层面与层面的结合性较差,抗剪试验的摩擦系数由工况1 的1.02、0.74 分别下降为 0.88、0.70。

(3)工况3 与工况4:层面间隔时间超过 46 h,层面刮毛处理时,露出石子的摩擦系数为1.03、0.93,不露出石子的摩擦系数为0.93、0.87,这说明层面处理时刮毛露出石子能在一定程度上提高抗剪强度,有利于层间抗渗。其次,工况3、工况4的摩擦系数均比工况2的大,说明层面刮毛后再铺砂浆比直接铺砂浆效果要好。

(4)室内试验结果表明,工况1~4的层面抗剪摩擦系数均超过了设计值0.48,而工况4为最优;同时,5组层间抗渗试验值均≤$A \times 10^{-9}$ cm/s($1 < A < 10$),满足设计抗渗值 W2 的要求。

4 现场试验研究

4.1 芯样的抗渗试验

从施工现场垫层钻芯取样来看,由于芯样均在层间结合处断裂,芯样分成数段,层间的渗透情况无法测得;但每一碾压层内的芯样抗渗试验的结果显示,渗透级别均超过 W6 指标,满足设计的抗渗要求。

4.2 试坑的抽水试验

虽然钻芯取样不能取出完整的芯样,但在垫层钻芯后的钻孔中抽水试验时,3个钻孔的渗透系数均在10^{-2} cm/s 量级。由于这部分垫层层面处理仅仅采用了冲毛、铺砂浆的方法,且碾压完成后冲毛的间隔时间过长,冲毛的效果不好,所以层间渗漏严重,达不到设计要求。

4.3 试坑的灌水试验

为了改进上述试验中的不足,在现场又分三个碾压条带,严格控制冲毛时间在碾压完成后8~12 h 进行,最后挖圆柱形试坑数个,用灌水法检验层间的抗渗情况。

灌水试验求渗透系数公式如下:

$$k = \frac{Q}{Ai} = \frac{W}{Ait} \qquad (2)$$

式中:k 为渗透系数,cm/s;Q 为试坑渗水流量,cm^3/s;W 为试坑渗水量,cm^3;A 为试坑渗水面积,cm^2;t 为试坑渗水时间,s;i 为水力坡降。

灌水试验结果见表5。

表5 灌水法层间结合试验结果

序号	层间处理方式(稠度、坍落度)	砂浆(混凝土)厚(cm)	渗透系数(cm/s)	备注
1	冲毛、凿毛、稠砂浆(3~5 cm)	1	$10^{-1} \sim 10^{-2}$	胶凝料直接摊铺
2	冲毛、稀砂浆(7~9 cm)	2	$10^{-7} \sim 10^{-8}$	料二次拌制后摊铺
3	冲毛、稀砂浆(7~9 cm)	3	$10^{-7} \sim 10^{-8}$	料二次拌制后摊铺
4	冲毛、凿毛、干硬砂浆(0 cm)	2	10^{-5}	胶凝料直接摊铺
5	冲毛、凿毛、干硬砂浆(0 cm)	3	$10^{-7} \sim 10^{-8}$	胶凝料直接摊铺
6	冲毛、凿毛、一级配变态混凝土(3 cm)	3	10^{-7}	胶凝料直接摊铺
7	冲毛、凿毛、二级配变态混凝土(3 cm)	3	10^{-7}	胶凝料直接摊铺

4.4 原位剪切试验

为了检验胶凝料的层间结合情况,在现场进行了3组原位剪切试验,试验结果见图1、表6。

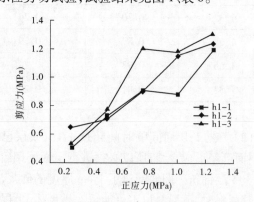

图1 原位剪切试验结果图

4.5 补充设计与试验

为了与粒径为0~80 mm 的胶凝料对比分析,设计决定在建基面高程上部3 m 的高程部位,全面铺筑

表6 原位剪切试验结果表

编号	$\varphi(°)$	tgϕ	c(MPa)
kj-1	28	0.54	0.48
kj-2	30	0.58	0.52
kj-3	28	0.53	0.51

一层粒径为0~80 mm、厚度50 mm 的胶凝料,层面处理采用表5中的序号7。胶凝料碾压完成后,进行了挖坑灌水试验,10组灌水试验的渗透系数值均小于$A \times 10^{-8}$ cm/s($1 < A < 10$),满足设计的抗渗 W2 要求。

4.6 结果分析

从上述芯样抗渗试验、抽水试验、灌水试验、原位剪切试验、补充设计与试验的结果分析可知:

(1)芯样抗渗试验及试坑抽水试验时,虽然层面采用了冲毛、凿毛、铺稠砂浆的处理措施,但层间防渗效果并不好。究其原因,一方面,是由于胶凝料入仓后,大骨料分离严重,没有采取进一步的措施,减少骨料的分离。因而,直接摊铺碾压后,层间结合较差,钻芯取样从薄弱的层间断裂,层间渗漏严重,达不到设计的要求;另一方面,砂浆厚度1 cm太薄,当大骨料堆积碾压时,没有足够的砂浆充填满骨料的空隙,因而形成渗漏通道。

(2)从试坑灌水试验的情况分析:

①层面冲毛、凿毛后,胶凝料直接摊铺碾压,当砂浆厚度较薄时(1～2 cm),无论是稠砂浆还是干硬砂浆,层间抗渗都达不到设计要求,究其原因仍然是大骨料分离严重、砂浆厚度不够所致,如表5中序号1、序号4。

②层面冲凿毛后,摊铺干硬砂浆或变态混凝土,层间砂浆或变态混凝土厚度达3 cm时,胶凝料即使直接摊铺碾压,层间抗渗也能满足设计要求,如表5中序号5～7。其原因是由于砂浆或变态混凝土厚度足够厚,在胶凝料碾压时,即使有大骨料堆积,浆液也能充满气空隙,杜绝其渗流的通道。由于铺砂浆或变态混凝土均能满足防渗要求,铺筑砂浆比变态混凝土更经济些;其次,因仓面大,每层的凿毛工作量也大,影响大坝的机械化快速施工。

③层面及时用高压水冲毛,摊铺稀砂浆,碾压后,层间抗渗也能达到设计的要求,究其原因是由于胶凝料在现场的二次拌和,很大程度上减少了大骨料的分离,只是因增加一道拌和程序,工程费用也将增加。其次,采用冲毛代替凿毛,大大减少了层间处理的工作量,有利于大坝的机械化快速施工,如表5中序号2、序号3。

(3)从原位剪切试验结果分析:现场三组试验的层面抗剪摩擦系数值在0.53～0.58之间,超过设计值0.48。现场试验值之所以比室内实验值0.88～1.33小,是由于现场试验料为0～150 mm的胶凝料,而室内试验时,胶凝料已剔除了大粒径的骨料,二者的值会有差别;再者,现场大规模拌制的胶凝材料的均匀性也差一些,也会影响到层面的抗剪值。

(4)补充设计与试验表明:0～80 mm的小粒径胶凝料,现场碾压施工时,层间容易达到抗渗W2的设计指标,说明小粒径的胶凝料骨料分离现象不严重,层间抗渗效果要比0～150 mm的大粒径料好的多。

5 结论

(1)对比室内试验与现场试验的结果来分析,室内取样试验时,层间刮毛、铺薄砂浆处理后,层间抗渗指标能够达到设计要求的W2指标。但由于取样时剔除了大粒径的骨料,并不能反映现场真实的情况;现场试验时,由于有大骨料的存在,层面需要冲毛(凿毛)、铺厚层砂浆或胶凝料二次拌制后,才能达到设计的抗渗要求。

(2)大粒径砂砾料最大粒径150 mm,为了达到层间抗渗W2指标,必须解决骨料分离问题,如:结合层面必须全面地冲毛、必要时还需局部凿毛处理;层间砂浆摊铺厚度也需要增加至3 cm;或者增加胶凝料在仓面的二次拌制;大大增加了层面处理的工作量,不利于胶凝砂砾石坝的机械化快速施工。

(3)鉴于目前我国大粒径胶凝砂砾石坝的基础研究成果缺乏,建议现阶段还是参考目前比较成熟的做法为上,如:限定永久项目的胶凝料最大粒径不超过80 mm。80 mm与150 mm相比,最大单块重量可以减小6.6倍。骨料越大越容易分离,越小越不易分离,这样,可以大大减少胶凝料的骨料分离现象,层面处理方法也可以简化许多。如日本目前的层面处理方法:简单冲洗层面、摊铺1 cm厚度砂浆、胶凝料也不需在仓面二次拌制。不仅节省费用,层间抗渗指标也能得以提高,有利于保证工程质量。虽然,骨料粒径减小会增加骨料筛分的工程量,但从守口堡大坝料筛分试验可知(见表1),80～150 mm粒径的砂砾料仅占总量的12.4%,增加的筛分量并不太大,因此,从控制工程费用角度分析,也是经济的。

参考文献

[1] 刘学章,李宪. 胶凝砂砾石坝特点及国外已建工程简介[J]. 广西水利水电,2011(3):75-78.

[2] 谢洋,江坤. CSG现的应用前景研究[J]. 水利科技与经济,2014(2):54-55.

[3] 日本大坝工程中心. 梯形胶凝砂砾石坝施工与质量控制手册[M]. 日本大坝工程中心,2007.

[4] 中华人民共和国水利部. 胶凝颗粒料筑坝技术导则:SL 678—2014[S]. 北京:中国水利水电出版社,2014.

[5] 王秀杰,何蕴龙. 梯形断面CSG坝初探[J]. 中国农村水利水电,2005(8):105-107.

[6] 李晶. 胶凝砂砾石坝与常规重力坝最优断面研究[D]. 北京:中国水利水电科学研究院,2013.

[7] 贾金生,马锋玲,李新宇,等. 胶凝砂砾石坝材料特性研究及工程应用[J]. 水利学报,2006,37(5):578-582.

[8] 乐治济. 不同地基条件下胶结砂砾石现工作特性研究[D]. 武汉:武汉大学,2005.

[9] 刘建林,范林文. 贫胶和富胶凝渣砾料筑坝技术的应用[J]. 四川水力发电,2014(增1):115-119.

[10] 杨会臣. 胶凝砂砾石结构设计研究与工程应用[D]. 北京:中国水利水电科学研究院,2013.

[作者简介] 靳忠财(1966—),男,高级工程师,从事水利工程的设计及监理工作。E-mail:wangxuewu1964@sina.com。

[基金项目] 山西省水利科学技术研究与推广项目(2016XS01)。

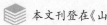
本文刊登在《山西水利》2015年第12期

金沙滩水库土料碾压试验及成果分析

尹 晓

（山西省水利水电工程建设监理有限公司,山西太原030002）

[摘 要]为核实坝料设计填筑标准的合理性,在施工阶段对土石坝进行填筑碾压试验,确定达到设计填筑标准的压实方法和施工参数。为确定一个既可满足设计指标,又能便于快速施工的最优参数,以金沙滩水库为例,在大坝填筑前按照设计及规范规定进行了现场生产性试验,为大坝填筑施工取得了合理的施工参数。

[关键词]土坝;碾压试验;施工参数;金沙滩水库
[中图分类号] TV554$^+$.1   [文献标识码] C   文章编号:1004 – 7042(2015)12 – 0032 – 02

1 工程概况

金沙滩水库位于山西省怀仁县,为半挖半填型平原围封水库,坝体为碾压均质土坝,坝轴线总长3 992.6 m,规顶宽6 m。大坝土方填筑工程量342.97万 m^3,其中坝体填筑218.5万 m^3,坝后弃土回填124.47万 m^3。主要建筑物有大坝、水库进出水系统、山阴供水及泄洪明渠等。坝体压实后干容重不小于1.7 t/m^3,压实度不小于98%,弃土回填压实度不小于93%。

2 试验目的

通过碾压试验,确定土料最佳含水量及施工偏差范围、加水量和有效压实厚度等施工方法与参数,提出相关质量控制的技术要求和检验方法,从而为坝体填筑施工提供依据。

3 试验准备工作

根据工程实际情况,土料碾压试验场地选在库盆土料场附近地势平缓、坚实的地段。场地全长30 m,宽20 m,总面积600 km²,将试验场地以坝体纵方向为轴线方向,平行划分为10 m×15 m四个试验小块,进行松铺厚度为35 cm和40 cm的碾压试验。

本次试验采用挖掘机或装载机装料,自卸汽车运输,推土机平料,人工配合找平,18 t凸块振动碾或平碾碾压。试验用土料为库区开挖料,天然含水率为5.1%。压实试验表明,其最大干密度为1.86 g/cm^3,

最佳含水率为12.8%。为保证试验取土时的含水率达到6%～10.5%,对料场提前7 d进行加水泡土。挖料时,现场检测土料平均含水率为8.2%。

4 碾压试验过程及成果分析

4.1 场地平整

填筑试验前先清除试验段内的表土、垃圾等,清理范围为试验块基面边线外50 cm,清理完毕后采用18 t振动碾碾压4遍,使试验段基本平整,高差不大于10 cm。

试验场地平整并碾压后,在各试验单元区内布置1.5 m×2 m的网格,以测量压实沉降量,并在填筑区外设置控制基桩。在各单元的网格测点上以油漆标记并编号,用水准仪测量并记录初始厚度与相对高程。

4.2 铺料

现场施工采用挖掘机挖土,自卸汽车运输,采用进占法铺料,铺料方向平行纵轴线(大坝轴线方向),用推土机平料。铺土厚度在标杆上用油漆标记,标杆间距1.5～2.0 m,铺土厚度误差为松铺厚度的±10%。

4.3 碾压

试验段第一层松铺厚度为35 cm,右侧试验块采用Y2 – 20D(18 t)振动平碾,左侧采用SR18M(18 t)凸块振动碾,按进退错距碾压法对土样进行碾压,碾压速度控制在2 km/h,碾压遍数为8遍,第1遍和第2遍为静压,第3遍为弱振,第4遍和第5遍为强振,第6遍为弱振,第7遍和第8遍为静压。第一层土料检测合格后,其表面进行刨毛处理,并洒水湿润,然后进行第二层土料摊铺。第二层松铺厚度为 35 cm,试验过程同第一层,碾压遍数为 10 遍。第 3 层和第 4 层铺土厚度均为 40 cm,碾压遍数分别为 10 遍和 12 遍。

4.4　试验检测

在各试验组合区域内按 1.5 m×1.5 m 的间距布测量网格点,并用水准仪测量各点铺料前、铺料后和碾压后的高程,计算松铺系数。

按规定的碾压遍数碾压结束后,用环刀法进行干密度试验,按 1.0 m×1.0 m 的间距布置检测点,检测点梅花形布置,每个试验组合取样 10 个,每场试验结合层取样 2 个。

5　碾压试验参数确定

根据试验结果,凸块振动碾碾压效果略优于振动平碾。压实度要求为 98%,土料最大松铺厚度为 40 cm,松铺系数为 1.15～1.20,含水率控制在 11.5%～14.0% 之间时碾压效果比较理想,碾压 12 遍,其中静碾 2 遍,弱振碾压 1 遍再强振碾压 6 遍,弱振碾压 1遍,最后静压 2 遍,压实能达到要求。

6　经验及建议

通过此次填筑碾压试验,初步掌握了填筑碾压施工的工艺和方法以及质量控制和技术要求等,并对现场工作中遇到的碾压问题提出了相应的处理措施。

第一,影响大坝填筑的一个重要因素是土料的准备,由于本地区地下水位较低,大部分土料的含水率不足,若在土料运至坝上再加水,往往会因加水不匀而在局部形成弹簧土。因此必须在土料上坝前的 10～15 d前在料场设置沟渠,按土料需要的加水量进行灌水,待含水率达到或接近最优含水率后再进行挖运,确保有合格充足的土料。

第二,料场开采、装料、土料运输和坝面卸料、铺料等工序应连贯进行。卸料应采用进占法,禁止汽车在已压实土料面上行驶,以免对土体形成剪切破坏。为保证大坝填筑层间结合,在上层土料上料前对下层土料进行刨毛、洒水处理。

第三,晋北地区气候严寒,冬季最大冻土深度可达186 cm,必须对已碾压完成部位采取相应的防冻措施。建议在已填筑好的坝体上铺填 2 m 厚的土作为防冻层,复工时将防冻层取掉后再进行填筑作业。坝体填筑采用分坝分段填筑,填筑施工的接合部位必须进行接缝处理。长度方向平起法碾压,分段部位按大于1:3的坡度预留斜坡。

第四,试验表明,对于最大干密度满足设计要求的上坝土料,当含水率偏低时,适当增加碾压遍数,压实度可达到设计要求。实际施工时,可综合考虑工期要求、土料场情况以及施工费用等因素,在料场加水量、泡土时间和碾压遍数之间进行取舍,在满足施工强度的前提下,尽可能节约成本。

[作者简介] 尹晓(1987—),女,2009 年毕业于山西水利职业技术学院水利工程专业,助理工程师。

本文刊登在《岩石力学与工程学报》2015年9月第34卷第9期

基于有效孔隙比的黏性土渗透系数经验公式研究

党发宁[1]　刘海伟[1]　王学武[2]　薛海斌[1]　马宗源[1]

(1. 西安理工大学　岩土工程研究所,陕西西安 710048；

2. 山西省水利水电工程建设监理公司,山西太原 030000)

[摘　要]粗粒土的渗透系数可由与渗透性能相关且较易量测的常规参数估算,研究黏性土的类似经验公式具有重要的理论意义。首先考虑结合水膜对黏性土渗透特性的影响,定义黏性土的无效孔隙比和有效孔隙比的概念,利用黏性土的稠度界限指标液限、渗流的起始水力坡降和双电层参数3种方法,推导无效孔隙比和有效孔隙比的计算公式,然后对常用的粗粒土渗透系数经验公式进行修正,得出适用于黏性土的渗透系数经验公式。最后选取泾阳黄土、南海软黏土和科威特盐渍土的相关物理参数,分别代入粗粒土和黏性土的渗透系数经验公式中,得到渗透系数的计算值,将其与室内试验的实测值进行对比,验证黏性土渗透系数经验公式的合理性。在比较分析渗透系数经验公式及3种有效孔隙比计算方法的优缺点后,推荐采用稠度指标法修正的柯森－卡门和斯托克斯经验公式作为黏性土渗透系数的计算公式。

[关键词] 土力学;饱和黏土;结合水膜;有效孔隙比;渗透系数经验公式

[中图分类号] TU43　　　[文献标识码] A　　　文章编号:1000－6915(2015)09－1909－09

1　引言

孔隙特性是影响土体渗透性能的重要因素。土体中的孔隙有有效孔隙与无效孔隙之分,只有有效孔隙才能产生渗流,而无效孔隙对渗流的大小无影响。所谓无效孔隙主要分为3类:不连通孔隙,半连通孔隙和连通但渗透水流不能穿过的孔隙。其中第三类孔隙主要指土颗粒周围结合水膜所占的孔隙。对于粗粒土来说,无效孔隙以不连通和半连通孔隙为主,结合水膜所占孔隙的份额非常小。但对黏性土而言,由于颗粒很细小,不连通和半连通孔隙所占比例很少,而结合水膜占据的孔隙份额则很大。

众所周知,岩土工程界有许多关于粗粒土渗透系数的经验公式,如:太沙基渗透系数公式,中国水利水电科学研究院渗透系数公式,柯森－卡门渗透系数公式[1],用固结度表示渗透系数的公式[2],斯托克斯孔隙流渗透系数公式[3],达西渗透系数公式[4]等。这些公式清楚地反映了影响渗透系数的主要因素,物理意义明确,可由准确量测的常规力学参数估算渗透系数,为研究土体渗透性提供了便利。

黏性土的渗透系数往往不能准确测得,王秀艳等[5-9]做了大量的试验,研究黏性土的渗透特性,但不同学者、不同方法测得的结果相差几倍、十几倍甚至上百倍的现象都非常普遍。L. N. Reddi 和 S. Thangavadivelu[10]用随机网络和渗滤理论计算黏性土渗透系数;H. Komine 等[11-12]根据 Poiseuille 定律,得到了计算膨胀土渗透系数的公式;梁健伟和房营光[13]在常水头试验的基础上,从微电场效应出发,探讨了极细颗粒黏土的渗流特性,推求了等效渗透系数的表达式。以上计算渗透系数的方法,都是将理论与试验紧密结合,做了很多前沿性地探索,但也存在计算所需参数无法简便获得的问题,实用性还有待提高。而用以上粗粒土渗透系数经验公式估算细粒土渗透系数往往与实际相差很大。本文尝试像粗粒土一样建立适用于黏性土渗透系数的经验公式,这样既具有正确的物理意义,又可以通过易测参数换算,为估算黏性土渗透系数提供另一途径。

本文首先给出了基于有效孔隙比的黏性土渗透系数经验公式,其次研究了黏性土有效孔隙比的计算方法,最后通过算例比较未修正、修正后及实测的渗透系数结果,说明经修正后的渗透系数经验公式也适合于描述黏性土的渗流问题。

2　无效孔隙对土体渗透特性的影响

通常认为,粗粒土的渗透系数远远大于黏性土,是因为粗粒土的孔隙比远远大于黏性土,这其实是一个错误的认识。事实上,土颗粒的相对密度是几乎相同的,粗粒土的容重远远大于黏性土,说明粗粒土的孔隙比远远小于黏性土。渗透系数公式直接与孔隙比相关,以上分析说明黏性土的孔隙比大,而其渗透系数反而小,因此,很有必要从解析理论角度探讨粗粒土与黏性土渗透系数差异的原因。

为了简单、直观地揭示无效孔隙对不同粒径土体渗透特性的影响,假设土颗粒为大小均匀、连续分布的规则球体,如图1所示,并以疏松的状态分布于边长为1 m的二维正方形平面内,且仅考虑被结合水膜所占据的那部分无效孔隙。

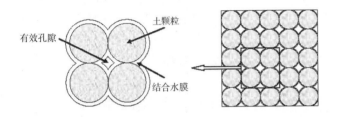

图1　土颗粒疏松分布

选取分界粒径,即漂石200 mm、卵石20 mm、砾石2 mm、砂粒0.075 mm、粉粒0.005 mm和黏粒0.001 mm的均粒土体进行分析。目前,尚没有可以直接测定土体表面结合水膜厚度的方法,崔德山等[14]在不加离子土固化剂ISS溶液时通过试验测试和计算,获得黏性土的弱结合水膜厚度约为0.12 μm。因此,本文初步拟定无效孔隙对应的结合水膜厚度为0.12 μm,以此为依据开展研究。

通过解析几何计算,可以得出以上不同粒径的均粒土理论模型中,土颗粒的总面积、孔隙的总面积以及结合水膜所占据的无效孔隙的面积,各均粒土理论模型的计算结果随粒径变化的关系如图2、图3所示。

观察图2和图3不难发现,在1 m²的正方形区域内,土颗粒的总面积和总孔隙面积为定值,不随粒径变化而变化;但结合水膜所占据的孔隙面积随着粒径的减小而增大。黏性土中无效孔隙几乎占到了总孔隙的85%以上,而在粒径最大的漂石中只占了不到0.18%。这就充分印证了:与粗粒土相比,黏性土中绝大多数的孔隙被结合水膜所占据,这部分无效孔隙的大量存在才是黏性土的孔隙比大,而其渗透系数反而小的根本原因。因此,简单地将推求粗粒土渗透系数的经验公式运用于黏性土,计算结果必然会有很大的

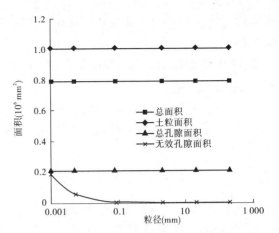

图2　理论模型中土粒、孔隙及无效孔隙的面积随粒径变化曲线

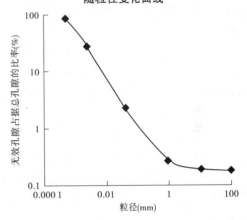

图3　无效孔隙占据总孔隙的比率

误差。只有对它们进行修正,排除结合水膜占据的无效孔隙的影响,才能实现粗粒土与黏性土渗透系数经验公式的统一。

3　修正经典渗透系数经验公式

自然界黏性土的孔隙中存在结合水、自由水和空气。黏性土颗粒表面的结合水没有流动性,不受重力影响,黏滞性大,不能产生和传递孔隙水压力,它占据了黏性土的很大一部分孔隙,却不能产生渗流,因此,将结合水膜占据的这部分孔隙与土颗粒体积之比定义为无效孔隙比,用e_0表示。总孔隙比e与无效孔隙比的差值即为有效孔隙比e_u,即

$$e_u = e - e_0 \qquad (1)$$

本文研究对象为饱和黏性土,无效孔隙比仅考虑结合水膜占据的孔隙。用有效孔隙比代替粗粒土渗透系数经验公式中的孔隙比,即可将粗粒土渗透系数的经验公式修正为同时适应于粗粒土和黏性土的渗透系数经验公式。

(1)用太沙基渗透系数公式表示时,有

$$k = 2e^2 d_{10}^2 \qquad (2)$$

式中:d_{10}为土颗粒的有效粒径,为粒径分布曲线上纵

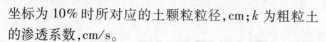

坐标为10%时所对应的土颗粒粒径,cm;k为粗粒土的渗透系数,cm/s。

利用有效孔隙比对式(2)进行修正,得黏性土渗透系数经验公式:

$$K' = 2e_u^2 d_{10}^2 = 2(e - e_0)^2 d_{10}^2 \qquad (3)$$

(2)用中国水利水电科学研究院渗透系数公式表示时,有

$$k_{10} = 234n^3 d_{20}^2 = 234d_{20}^2 \frac{e^3}{(1 + e)^3} \qquad (4)$$

式中:d_{20}为粒径分布曲线上纵坐标为20%时所对应的土颗粒粒径,cm;k_{10}为水温10℃时的粗粒土的渗透系数。

将式(1)代入式(4)进行修正,得到黏性土渗透系数经验公式:

$$k'_{10} = 234d_{20}^2 \frac{(e - e_0)^3}{(1 + e - e_0)^3} \qquad (5)$$

(3)用柯森-卡门渗透系数公式表示时,有

$$k = \frac{c_2 \rho_{wz} e^3}{s^2 \eta (1 + e)} \qquad (6)$$

式中:ρ_{wz}为自由水的密度,g/cm³;c_2为与颗粒形状及水的实际流动方向有关的系数,约为0.125;s为土颗粒的比表面积,cm⁻¹;η为自由水的动力黏滞系数,g·s·cm⁻²。

将式(1)代入式(5)进行修正得黏性土渗透系数经验公式:

$$k' = \frac{c_2 \rho_{wz} (e - e_0)^3}{s^2 \eta (1 + e - e_0)} \qquad (7)$$

(4)用固结度公式表时,有

$$k = C_v m_v \gamma_{wz} = C v \gamma_{wz} \frac{a_v}{1 + e} \qquad (8)$$

式中:C_v为土的固结系数,cm²/a,m_v为土的体积压缩系数,MPa⁻¹;γ_{wz}为自由水的重度,kN/m³;a_v为土的压缩系数,MPa⁻¹。

将式(1)代入式(8)进行修正得黏性土渗透系数经验公式:

$$k' = C_v m_v \gamma_{wz} = C v \gamma_{wz} \frac{a_v}{1 + e - e_0} \qquad (9)$$

(5)用斯托克斯孔隙流渗透系数公式表示时,有

$$k = \frac{\gamma_{wz} R^2}{8\eta} n = \frac{\gamma_{wz} R^2 e}{8\eta(1 + e)} \qquad (10)$$

式中:R为毛细管的半径,cm;n为土的孔隙率。

将式(1)代入式(10)进行修正得黏性土渗透系数经验公式:

$$k' = \frac{\gamma_{wz} R^2}{8\eta} n = \frac{\gamma_{wz} R^2 (e - e_0)}{8\eta(1 + e - e_0)} \qquad (11)$$

(6)用达西渗透系数公式表示时,有

$$k = \frac{\beta \gamma_{wz}}{\lambda \eta} \frac{e^2}{1 + e} d^2 \qquad (12)$$

式中:d为颗粒粒径,cm;β为颗粒的球体系数,圆球时取$\pi/6$;λ为邻近颗粒的影响系数,对于无限水体中的圆球取3π。

将式(1)代入式(12)进行修正得黏性土渗透系数经验公式:

$$k' = \frac{\beta \gamma_{wz}}{\lambda \eta} \frac{(e - e_0)^2}{1 + e - e_0} d^2 \qquad (13)$$

4 黏性土有效孔隙比计算方法

显然,以上基于有效孔隙比概念建立的黏性土渗透系数经验公式具有重要的理论意义。但是,只有给出了有效孔隙比或无效孔隙比的求解方法,以上公式才有实际应用价值。笔者提出了可以运用稠度指标法、起始坡降法及双电层参数法等方法计算黏性土的有效孔隙比,但综合对比了以上3种方法的优、缺点后,推荐采用宏观土力学指标即稠度指标法。

4.1 稠度指标法

崔德山等[14-16]研究表明:当含水率$0 < W \leqslant W_p$时,黏性土体内绝大部分是强结合水,弱结合水很少;当含水率$W_p < W \leqslant W_L$时,黏性土体内大部分是弱结合水,少量是自由水;当含水率$W \geqslant W_L$时,黏性土内大量出现自由水,如图4所示。其中,W为黏性土的含水量,W_p为黏性土塑限,W_L为黏性土液限。黏性土的物理状态与界限含水率并没有精确的一一对应关系,李文平等[17]研究表明,黏性土强结合水含量的上限约为塑限的0.885倍;王平全[18]对钙钠蒙脱石黏性土研究后发现,强结合水与弱结合水含量的界限为相对水气平衡压的0.9倍。综合以上结论和本文的研究目的,对饱和黏性土做如下假定:(1)不计土颗粒结晶水含量;(2)孔隙水在土体内增湿的优先顺序为强结合水、弱结合水、自由水,减湿的优先顺序反之;(3)土颗粒之间以结合水方式相连接;(4)土颗粒和水均不可压缩;(5)黏性土的强结合水含量在$0 \sim W_p$范围,弱结合水含量在$W_p \sim W_L$范围,整个结合水含量在$0 \sim \alpha_0 W_L$($0 < \alpha_0 < 1$)范围。亦即黏性土的塑限相当于强结合水含量的上限或弱结合水含量的下限,弱结合水含量的上限比土体的液限要小一些,相当于黏性土的液限乘以折减系数α_0。这样已知黏性土的塑限、液限,就可推求黏性土颗粒的有效孔隙比。

土体中的土颗粒质量为

$$m_s = \rho_s V_s \qquad (14)$$

式中:V_s为土颗粒的总体积,cm³;ρ_s为土颗粒的密度,

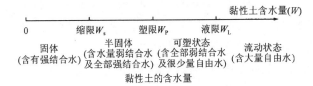

图4　黏性土物理状态与含水率图

kg/cm^3。

定义黏性土无效孔隙比对应的结合水的质量含水率为

$$W_a = \frac{m_{aw}}{m_s} = \alpha_0 W_L \qquad (15)$$

可得土体中结合水的质量为

$$m_{aw} = m_s W = \alpha_0 \rho_s V_s W_L \qquad (16)$$

式中：α_0 为黏性土中结合水质量占土体刚好处于液限时孔隙水总质量的比例（$0 < \alpha_0 < 1$），称之为结合水占液限的比例系数，对于某一特定的黏性土，α_0 可近似为常数。

黏性土的无效孔隙比为

$$e_0 = \frac{V_{aw}}{V_s} = \frac{m_{aw}/\rho_w}{V_s} = \frac{\alpha_0 \rho_s V_s W_L}{V_s \rho_w} = \alpha_0 \frac{\rho_s}{\rho_w} W_L \qquad (17)$$

式中：V_{aw} 为土中结合水总体积，cm^3；ρ_w 为水的密度，kg/cm^3。

黏性土的有效孔隙比为

$$e_u = e - e_0 = e - \alpha_0 \frac{\rho_s}{\rho_w} W_L \qquad (18)$$

将式（18）分别代入式（3），（5），（7），（9），（11），（13）中，得到修正的适用于黏性土渗透系数计算的经验公式。

4.2　起始坡降法

饱和砂土渗流的达西定律为 $v = ki$，其中，v 为渗透速度，i 为水力坡降，黏性土中由于土颗粒周围有一层结合水膜存在，因而认为黏性土中存在起始水力坡降[19]，黏性土中的渗流需要克服起始水力坡降才能发生[20]。如图5所示，当水力坡降 $i < i_0$ 时，饱和黏性土体中的渗流并不满足达西定律，这是由于结合水膜占据了黏性土颗粒之间的渗透孔隙，很大程度上抑制了自由水在黏性土中的流动，水力坡降达到一定值后，水压力驱使距离土颗粒较远的一部分弱结合水转换为自由水发生流动，从而"启动"渗流；当水力坡降 $i \geqslant i_0$ 时，黏性土体中的渗流趋于稳定，此时渗透速度 v 和水力坡降 i 呈线性关系。为了方便计算，近似将 i_0 定义为起始水力坡降。

故饱和黏土中的达西定律一般表示为

$$v = k(i - i_0) \qquad (19)$$

这样表示简单明了，但却无法建立起起始水力坡

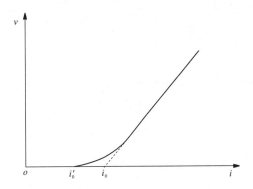

图5　黏性土渗流速度与水力坡降的关系

降与有效孔隙比的关系，不利于黏性土与粗粒土渗流公式的统一。为此假定饱和黏性土中结合水占据的孔隙为无效孔隙，且不产生渗流，将其并入固体，自由水在剩余孔隙中渗流的达西定律修正公式为

$$v = k''i \qquad (20)$$

式中：k'' 称为有效渗透系数，cm/s。不考虑其他孔隙水的渗流速度，假设式（19）与（20）相等得

$$k'' = k(1 - i_0/i) \qquad (21)$$

从式（21）可知，当饱和黏土中的渗流用 $v = k''i$ 形式表示时，黏土的渗透系数不是常数，随水力坡降 i 变化，这样通过渗透系数把起始水力坡降与有效孔隙比建立起了联系，又通过有效孔隙比与土体的液限建立起了联系，下面还是以常用的6个渗透系数经验公式举例说明，给出修正后的黏性土渗透系数的经验公式。

（1）对于太沙基渗透系数公式，将式（2），（3）代入式（21）中得

$$2e_u^2 d_{10}^2 = 2e^2 d_{10}^2 (1 - i_0/i)$$

化简求得有效孔隙比与孔隙比的关系：

$$e_u = e(1 - i_0/i)^{1/2} \qquad (22)$$

（2）对于中国水利水电科学研究院渗透系数公式，将式（4），（5）代入式（21）中得

$$234 d_{20}^2 \frac{e_u^3}{(1 + e_u)^3} = 234 d_{20}^2 \frac{e^3}{(1 + e_u)^3} (1 - i_0/i)$$

化简求得有效孔隙比：

$$e_u = \frac{1}{1 - \frac{e}{1 + e}(1 - i_0/i)^{1/3}} - 1 \qquad (23)$$

（3）对于柯森–卡门渗透系数公式，将式（6），（7）代入式（21）中得

$$\frac{c_2 \rho_{wz} e_u^3}{s^2 \eta (1 + e_u)} = \frac{c_2 \rho_{wz} e^3}{s^2 \eta (1 + e)} (1 - i_0/i)$$

化简求得有效孔隙比：

$$e_u = \sqrt[3]{\frac{e^3(1 - i_0/i)}{2(1 + e)} + \sqrt{\frac{e^6(1 - i_0/i)^2}{4(1 + e)^2} - \frac{e^9(1 - i_0/i)^3}{27(1 + e)^3}}} +$$

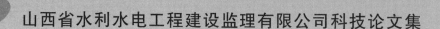

$$\sqrt[3]{\frac{e^3(1-i_0/i)}{2(1+e)} - \sqrt{\frac{e^6(1-i_0/i)^2}{4(1+e)^2} - \frac{e^9(1-i_0/i)^3}{27(1+e)^3}}}$$

$$(24)$$

（4）对于用固结度表示的渗透系数经验公式，将式（8）、（9）代入式（21）中得

$$C_v \gamma_{wz} \frac{a_v}{1+e_u} = C_v \gamma_{wz} \frac{a_v}{1+e}(1-i_0/i)$$

化简求得有效孔隙比：

$$e_u = e - (1+e)\left(1 - \frac{1}{1-i_0/i}\right) = (1+e)\frac{1}{1-i_0/i} - 1$$

$$(25)$$

（5）对于斯托克斯孔隙渗流系数公式，将式（10），（11）代入式（21）中得

$$\frac{\gamma_{wz} R^2 e_u}{8\eta(1+e_u)} = \frac{\gamma_{wz} R^2 e}{8\eta(1+e)}(1-i_0/i)$$

化简求得有效孔隙比：

$$e_u = \frac{1}{1-(1-i_0/i)\frac{e}{1+e}} - 1 \qquad (26)$$

（6）对于达西渗透系数公式，将式（12），（13）代入式（21）中得

$$\frac{\beta \gamma_{wz}}{\lambda \eta} \frac{e_u^2}{(1+e_u)} d^2 = \frac{\beta \gamma_{wz}}{\lambda \eta} \frac{e^2}{(1+e)} d^2 (1-i_0/i)$$

化简求得有效孔隙比：

$$e_u = \frac{e^2(1-i_0/i)}{2(1+e)} + \sqrt{\frac{e^2(1-i_0/i)}{1+e} + \frac{e^4(1-i_0/i)^2}{4(1+e)^2}}$$

$$(27)$$

以上方法将有效孔隙比与起始水力坡降联系起来，实现了用起始水力坡降修正黏性土渗透系数经验公式。对于黏性土来说，以上各公式中孔隙比是常数，但有效孔隙比是水力坡降的函数。有效孔隙比随水力坡降的增大而增大。说明随着水力坡降的增大，初始不能产生渗流的孔隙可以渗流了。也就是说，随着水压力的增大，部分初始不能移动的弱结合水开始流动起来。该方法有一个缺点，即计算黏性土的有效孔隙比时，必须测得其起始水力坡降，必须首先进行渗流试验，但作为一种粗略估计黏性土有效孔隙比的方法还是有一定的借鉴意义。

4.3 双电层参数法

用双电层参数法求黏性土无效孔隙比，近似用结合水膜的厚度 a 乘以土颗粒的总表面积，再除以土颗粒的体积，则可以得到有效孔隙比的表达式：

$$e_u = e - e_0 = e - as \qquad (28)$$

其中，薄膜水厚度 a 与比表面积 s 均可通过试验测得。

早在 1807 年，Ferdinand Frederic Reuss 就通过试验证明了黏土颗粒是带电的，由于黏土颗粒带有负电荷，围绕土粒形成电场，同时由于水分子是极性分子，在土粒电场范围内的水分子与水溶液中的阳离子均被吸附在土粒表面，形成双电层，因双电层充满不能流动的水，又称结合水层。结合水层又分为厚度极薄的强结合水层（又称固定层）和厚度较厚的弱结合水层（又称扩散层），古依－查普曼（Guoy－Chapman）结合波尔兹曼（Boltzmann）公式，得出了弱结合水膜厚度的计算公式[3]，弱结合水膜最大厚度为

$$a = \frac{1}{E_0 v}\left(\frac{\lambda' k_0 T}{8\pi n_0}\right)^{\frac{1}{2}} \qquad (29)$$

式中：a 为弱结合水膜最大厚度；E_0 为电荷的静电单位，取值一般为 4.8×10^{-10} esu；v 为电荷离子价，其值为 ± 1；λ' 为弱结合水膜介质的介电常数，$\lambda' = 80.0$；k_0 为波尔兹曼常数，$k_0 = 1.38 \times 10^{-23}$ J/K；T 为绝对温度，取 $T = 293$ K（20 ℃时）；n_0 为零电位时的离子浓度[13]。

从式（29）中可以看出：弱结合水膜最大厚度 a 与介电常数 λ' 和绝对温度 T 的乘积成正比，与溶液中离子浓度 n_0 成反比。也就是说，当孔隙液离子浓度增高或采用高价离子时，黏性土颗粒周围的电位就会变小，弱结合水膜厚度也随之减小。

将式（29）代入式（28），得

$$e_u = e - \frac{1}{E_0 v}\left(\frac{\lambda' k_0 T}{8\pi n_0}\right)^{\frac{1}{2}} s \qquad (30)$$

当假设土颗粒为球形时，则有 $s = 6/d$，代入式（30）得

$$e_u = e - \frac{6}{dE_0 v}\left(\frac{\lambda' k_0 T}{8\pi n_0}\right)^{\frac{1}{2}} \qquad (31)$$

此方法融合了土颗粒的基本物理指标（粒径）以及电荷指标，得到求解有效孔隙比的另一种近似解答。

5 算例验证

H. J. Liao 等[21-24]研究中，分别对陕西泾阳黄土边坡的重塑土样、南海区域软黏土和科威特滨海盐渍土进行了一系列的室内物理和力学性质试验。3 种土样的颗粒级配曲线如图 6 所示，从图 6 中可以看出，泾阳黄土粒径小于 0.075 mm 的颗粒百分含量为 73%，为黄土状粉质黏土。其余与本文计算相关的物理参数的平均值见表 1。

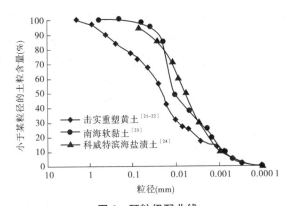

图6　颗粒级配曲线

表1　3种土样的土工指标

土样类型	相对密度	液限（%）	天然孔隙比	渗透系数（10^{-7} cm·s^{-1}）
击实重塑黄土[21-22]	2.72	22.0	1.080	4.200
南海软黏土[23]	2.65	51.5	1.933	2.700
科威特滨海盐渍土[24]	2.49	33.0	1.074	0.648

土体中含水量很低时，在电场作用下黏性土颗粒将这部分水吸附在表面，形成强结合水膜。由于强结合水膜具有类似于固相的性质，黏性土表现为固态或者半固态。随着含水量的增加，强结合水膜外逐渐形成弱结合水膜，正是由于这层结合水的存在，黏性土在外力作用下可改变其形状而不发生开裂，当外力卸除后还能保持已获得的形态，这种状态称为可塑状态。当含水量不断上升，土颗粒就会被越来越多的自由水分开，相互之间的引力减小，黏土体进入流动状态。

由此可见，黏性土中结合水含量的多少决定了其宏观物理状态，于是就能将这一微观参数与黏性土界限含水量建立起联系。可以认为黏性土在流动状态与可塑状态的界限含水量（W_L）与土颗粒所吸附的全部结合水含量相差不大。因此，结合表1和图6中的参数，选用由稠度指标法修正的柯森－卡门渗透系数经验公式，探讨结合水占液限的比例系数 α_0 取值对渗透系数估算精度的影响，具体取值见表2。

表2　不同 α_0 对应的 e_u 值

土样类型	e_u			
	$\alpha_0 = 0.800$	$\alpha_0 = 0.850$	$\alpha_0 = 0.900$	$\alpha_0 = 0.950$
击实重塑黄土[21-22]	0.601	0.571	0.541	0.512
南海软黏土[23]	0.841	0.773	0.705	0.636
科威特滨海盐渍土[24]	0.417	0.376	0.334	0.293

将表2中有效孔隙比代入由稠度指标法修正的柯森－卡门渗透系数经验公式中，分别得到 α_0 取0.800、0.850、0.900和0.950时，3种土样渗透系数的计算值 k'，并求出其与实测渗透系数 k 的相对误差，结果如图7所示。

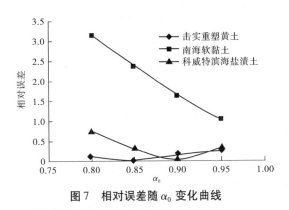

图7　相对误差随 α_0 变化曲线

观察图7可以看出，3种土体渗透系数的相对误差最小值对应不同的 α_0。这是由于土体的种类不同，级配不同，其颗粒的比表面积和矿物组成就会不同，从而吸附的结合水含量也就不同。3种土的细粒含量（粒径小于0.075 mm）由小到大依次为重塑黄土、科威特滨海盐渍土和南海软黏土，对应的结合水占液限的最优比例系数 α_0 依次增大。也就是说，结合水占液限的最优比例系数是随细粒含量而增加的一个函数。

为了方便计算以及公式的统一，综合对比每个 α_0 对应的相对误差的大小，本文取 $\alpha_0 = 0.9$，计算以上3种土体的有效孔隙比分别为0.541，0.705和0.334。

将以上参数分别代入未修正和修正后的太沙基、中国水利水电科学研究院（图中简称为水科院）和柯森－卡门渗透系数经验公式，计算得到3种土样的渗透系数，结果如图8所示。

对比以上计算结果不难发现：若不考虑无效孔隙比的影响，直接将天然孔隙比代入三大经验公式，径阳黄土渗透系数的计算结果分别是室内试验测得的5.55，7.02和5.00倍，南海软黏土的计算结果比实测值大了27.70，8.04和31.70倍，科威特滨海盐渍土的计算结果是实测值的22.8，11.3和20.5倍，说明未经修正的粗粒土渗透系数经验公式并不适用于黏性土。但利用有效孔隙比理论，将粗粒土渗透系数经验公式修正成黏土渗透系数经验公式后，得到3种土的渗透系数计算值与室内试验的实测平均值相比，均在同一量级，相差不大。从而验证了黏土渗透系数经验公式的正确性。由于柯森－卡门渗透系数公式和斯托克斯孔隙流渗透系数公式是经过较为严格的理论推导出来的，而且用稠度指标法计算黏性土有效孔隙比相对简单明了，因此笔者推荐采用由稠度指标法修正的柯森－卡门和斯托克斯公式作为黏性土渗透系数经验公式。

6　结论

（1）以土体的相关参数（如液限、含水率、起始坡

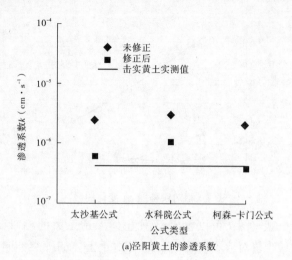

(a)泾阳黄土的渗透系数

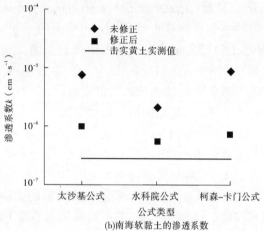

(b)南海软黏土的渗透系数

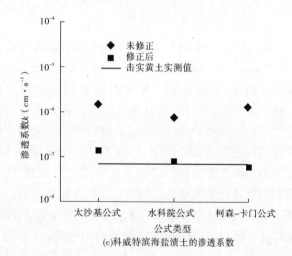

(c)科威特滨海盐渍土的渗透系数

图8 渗透系数的计算结果

降和薄膜水厚度等)为基础,推导出了3种黏性土有效孔隙比的计算公式。

(2)基于推导的黏土有效孔隙比,对粗粒土的部分渗透系数经验公式进行修正,得到了考虑无效孔隙比的黏土渗透系数经验公式。当无效孔隙比为0时,该公式即成为粗粒土的渗透系数经验公式,也实现了粗粒土与黏性土渗透系数经验公式的统一。

(3)选取陕西泾阳黄土边坡的重塑土样、典型南

海软黏土和科威特滨海盐渍土的相关物理参数,分别利用粗粒土和修正得到的黏性土经验公式求得渗透系数的计算值,并将其与实测的平均值进行对比分析,验证了黏性土渗透系数经验公式的正确性。

(4)通过比较渗透系数各经验公式和3种修正方法的优、缺点,最后推荐采用稠度指标法修正的柯森－卡门渗透系数公式和斯托克斯孔隙流渗透系数公式作为黏性土渗透系数经验公式。

参考文献

[1] 杨进良. 土力学[M]. 北京:中国水利水电出版社,2009: 67-75.

[2] 陈国兴,樊良本. 土质学与土力学[M]. 北京:中国水利水电出版社,知识产权出版社,2002:65-76.

[3] 李广信. 高等土力学[M]. 北京:清华大学出版社,2004: 190-195.

[4] 苑莲菊,李振栓,武胜忠,等. 工程渗流力学及应用[M]. 北京:中国建材工业出版社,2001:14-19.

[5] 王秀艳,刘长礼. 深层黏性土渗透释水规律的探讨[J]. 岩土工程学报,2003,25(3):308-312.

[6] 冯晓腊,沈孝宇. 饱和黏性土渗透固结特性及其微观机制的研究[J]. 水文地质工程地质,1991,18(1):6-11.

[7] 宿青山,侯杰,段淑娟. 对饱和黏性土渗透规律的新认识及其应用[J]. 长春地质学院学报,1994,24(1):50-56.

[8] 董邑宁. 饱和黏土渗透特性的试验研究[J]. 青海大学学报:自然科学版,1999,17(1):6-9.

[9] TANAKA H,SffIWAKOTI D R,OMUKAI N,et al. Pore size distribution of clayey soils measured by mercury intrusion porosimetry and its relation to hydraulic conductivity[J]. Journal of the Japanese Geotechnical Society of Soils and Foundations,2003,43(6):63-73.

[10] REDDI L N,THANGAVADIVELU S. Representation of compacted clay minifabric using random networks[J]. Journal of Geotechnical Engineering,1996,122(11):906-913.

[11] KOMINE H. Theoretical equations for evaluating hydraulic conductivities of bentonite based buffer and backfill[C]// Proceeding of the 16th International Conference on Soil Mechanics and Geotechnical Engineering. [S. 1.]:[s. n.], 2005:2 289-2 292.

[12] 何俊,施建勇. 膨润土中饱和渗流系数的计算[J]. 岩石力学与工程学报,2007,26(增2):3920-3925.

[13] 梁健伟,房营光. 极细颗粒黏土渗流特性试验研究[J]. 岩石力学与工程学报,2010,29(6):1222-1230.

[14] 崔德山,项伟,曹李靖,等. ISS减小红色黏土结合水膜的试验研究[J]. 岩土工程学报,2010,32(6):944-949.

[15] SINGHPN,WALLENDER W W. Effects of adsorbed water layer in predicting saturated hydraulic conductivity for clays witii Kozeny－Carman equation[J]. Journal of Geotechnical

and Geoenvironmental Engineering,2008,134(6):829-836.

[16] PROSTR,KOUTIT T,BENCHARA A,et al. State and location of water adsorbed on clay minerals:consequences of the hydration and swelling-shrinkage phenomena[J]. Clays and Clay Minerals,1998,46(2):117-131.

[17] 李文平,于双中,王柏荣,等. 煤矿区深部黏性土吸附结合水含量测定及其意义[J]. 水文地质工程地质,1995,(3):31-34.

[18] 王平全. 黏土表面结合水定量分析及水合机制研究[博士学位论文][D]. 成都:西南石油学院,2001.

[19] 齐添,谢康和,胡安峰,等. 萧山黏土非达西渗流性状的试验研究[J]. 浙江大学学报:工学版,2007,41(6):1023-1028.

[20] SWARTZENDRUBER D. Modification of Dare's law for the flow of water in soils[J]. Soil Science. 1962,93(1):22-29.

[21] LIAO H J,SU L J,LI Z D,etal. Testing study on the strenglli and deformation characteristics of soil in loess landslides [C]//Proceedings of the 10th International Symposium on Landslides and Engineered Slopes. [S. 1.]:[s. n.],2008:443-447.

[22] 廖红建,李涛,彭建兵. 高陡边坡滑坡体黄土的强度特性研究[J]. 岩土力学,2011,32(7):1939-1944.

[23] 杨浩明. 典型南海软黏土的渗透特性研究[硕士学位论文][D]. 武汉:武汉理工大学,2012.

[24] ANANTH R. Geotechnical investigation-factual report of tri-alembankment of Bubiyan seaport phase-1 stage-1 road,bridge and soil improvement(No. 200702109 – TM)[R]. Kuwait:Gulflospectitm lntanatioiial Company(GIICo),2008.

[作者简介] 党发宁(1962—),男,1998 年于西南交通大学固体力学专业获博士学位,现任教授、博士生导师,主要从事岩土工程数值分析、计算力学等方面的教学与研究工作。E-mail:dangfn@ mail. xaut. edu. cn。

[基金项目] 陕西省科技统筹创新工程重点实验室项目(2014SZS15 – Z01);水利部公益性行业科研专项基金资助项目(201501034 – 04)

本文刊登在《四川大学学报（工程科学版）》2015年4月第47卷增刊1

利用稠度指标估算黏土渗透系数的方法研究

刘海伟[1]　党发宁[1]　王学武[2]　薛海斌[1]

（1. 西安理工大学　岩土工程研究所, 陕西西安 710048
2. 山西省水利水电工程建设监理公司, 山西太原 030000）

[摘　要] 针对黏土渗透系数无法利用方便易测参数估算的问题, 从分析无效孔隙对土体渗透特性的影响出发, 定义黏土无效孔隙比的概念; 然后利用黏土稠度界限指标液限, 推导出有效孔隙比的计算公式, 对常用的砂土渗透系数经验公式进行修正, 得出黏土渗透系数经验公式; 最后以黏土渗透系数经验公式为基础, 对工程实例进行渗流计算。通过分析考虑与不考虑无效孔隙比计算结果之间的差异, 并将渗透系数计算值同室内试验实测值进行对比, 验证了黏土渗透系数经验公式的合理性。

[关键词] 黏土; 无效孔隙比; 稠度指标; 渗透系数经验公式

[中图分类号] TV442　　[文献标识码] A　　文章编号: 1009–3087（2015）增刊1–0048–05

岩土工程界的国内外学者不断努力研究, 总结出许多关于砂土渗透系数的经验公式, 如: 太沙基渗透系数公式、中国水科院渗透系数公式, 柯森–卡门渗透系数公式[1]、用固结度表示渗透系数的公式[2]、斯托克斯孔隙流渗透系数公式[3]、达西渗透系数公式[4]等。这些公式物理意义明确, 能够反映影响渗透系数的主要因素, 可由准确量测的常规力学参数估算渗透系数, 为研究砂土渗透性提供了很大的便利。

黏土在中国分布区域很广, 其渗透系数小, 采用试验方法测量历时长且受到诸多因素影响, 往往不能准确测得。近年来, Bojana[5]、梁健伟[6]及何俊[7]等国内外学者对黏土渗透系数的计算方法进行了大量研究, 从不同角度推求了黏土渗透系数的表达式, 但这些表达式中所需的参数无法通过简单的试验获得, 实用性有待提高; 利用以上砂土渗透系数经验公式估算时往往与实际相差很大。因此, 可否像砂土一样建立起适用于黏土渗透系数的经验公式, 既具有正确的物理意义, 又可以通过易测参数换算, 为估算黏性土渗透系数提供另一途径还有待进一步研究。

黏土颗粒直径只有微米级, 颗粒之间形成的孔隙更是十分微小, 这些孔隙又有有效、无效之分, 仅有效孔隙才能产生渗流, 无效孔隙对渗流的大小无影响。此外, 黏土颗粒表面由于电场作用形成了一定厚度的结合水膜[8-9], 而这部分结合水所占的孔隙属于无效孔隙。作者首先给出基于有效孔隙比的黏土渗透系数经

验公式, 其次研究了利用试验易测参数推导有效孔隙比的计算方法, 最后通过一个工程实例比较未修正、修正后及实测渗透系数的计算结果, 表明经作者修正后的渗透系数经验公式, 应用于黏土渗流计算具有较好的前景。

1　黏土渗透系数经验公式

黏土颗粒表面的结合水没有流动性、不受重力影响、黏滞性大、不能产生和传递孔隙水压力, 并占据了土体的一部分孔隙, 却不能产生渗流。因此, 将结合水膜占据的这部分孔隙与土颗粒体积之比定义为无效孔隙比, 用 e_0 表示。总孔隙比与无效孔隙比的差值即为有效孔隙比, 即

$$e_u = e - e_0 \qquad (1)$$

作者仅研究黏性土饱和状态的情况, 无效孔隙比仅考虑结合水膜占据的孔隙, 空气体积不予计算。

（1）利用太沙基渗透系数公式表示:

$$k = 2e^2 d_{10}^2 \qquad (2)$$

式中: d_{10} 为土颗粒的有效粒径, 是粒径分布曲线上纵坐标为10%时所对应的土颗粒粒径, mm; k 为渗透系数, cm/s。

利用有效孔隙比对式（2）进行修正, 得:

$$k' = 2e_u^2 d_{10}^2 = 2(e - e_0)^2 d_{10}^2 \qquad (3)$$

（2）用中国水科院渗透系数公式表示:

$$k_{10} = 234 n^3 d_{20}^2 = 234 d_{20}^2 \frac{e^3}{(1+e)^3} \qquad (4)$$

式中:d_{20}为粒径分布曲线上纵坐标为20%时所对应的土颗粒粒径,单位为cm;k_{10}为水温为10 ℃时的土体渗透系数。

将式(1)带入式(4),修正得:

$$k'_{10} = 234d_{20}^2 \frac{(e - e_0)^3}{(1 + e - e_0)^3} \quad (5)$$

(3)利用柯森－卡门渗透系数公式表示:

$$k = \frac{c_2 \rho_{wz} e^3}{s^2 \eta (1 + e)} \quad (6)$$

式中:ρ_{wz}为自由水的密度,g/cm³;c_2为与颗粒形状及水的实际流动方向有关系数,约为0.125;s为土颗粒的比表面积,cm⁻¹;η为自由水的动力黏滞系数,g·s/cm²。

将式(1)带入式(5),修正得:

$$k' = \frac{c_2 \rho_{wz} (e - e_0)^3}{s^2 \eta (1 + e - e_0)} \quad (7)$$

(4)利用固结度公式表示:

$$k = C_v m_v \gamma_{wz} = C_v \gamma_{wz} \frac{a_v}{1 + e} \quad (8)$$

式中:C_v为土的固结系数,cm²/年;k的单位为,cm/年;m_v为土的体积压缩系数,MPa⁻¹;γ_{wz}为自由水的重度,kN/m³;a_v为土的压缩系数,MPa⁻¹。

将式(1)带入式(8),修正得:

$$k' = C_v m_v \gamma_{wz} = C_v \gamma_{wz} \frac{a_v}{1 + (e - e_0)} \quad (9)$$

(5)利用斯托克斯孔隙流渗透系数公式表示:

$$k = \frac{\gamma_{wz} R^2}{8\eta} n = \frac{\gamma_{wz} R^2 e}{8\eta (1 + e)} \quad (10)$$

式中:η的单位为 Pa·s;R为毛细管的半径,cm;n为土的孔隙率。

将式(1)带入式(10),修正得:

$$k' = \frac{\gamma_{wz} R^2}{8\eta} n = \frac{\gamma_{wz} R^2 (e - e_0)}{8\eta (1 + e - e_0)} \quad (11)$$

(6)利用达西渗透系数公式表示:

$$k = \frac{\beta \gamma_{wz}}{\lambda \eta} \frac{e^2}{1 + e} d^2 \quad (12)$$

式中:d为颗粒粒径,cm;β为颗粒的球体系数,圆球时取$\pi/6$;λ为邻近颗粒的影响系数,对于无限水体中的圆球取3π。

将式(1)带入式(12),修正得:

$$k' = \frac{\beta \gamma_{wz}}{\lambda \eta} \frac{(e - e_0)^2}{(1 + e - e_0)} d^2 \quad (13)$$

2　黏土有效孔隙比计算方法

研究可知:当含水率$0 < W \leq W_P$时,黏土体内绝大部分为强结合水,弱结合水很少;当含水率$W_P < W \leq$

W_L时,黏土体内大部分为弱结合水,少量为自由水;当含水率$W \geq W_L$时,黏土内大量出现自由水,如图1所示。黏土的物理状态与界限含水率并没有精确的一一对应关系,李文平等[10]研究表明黏土强结合水含量的上限约为塑限的0.885倍;王平全[11-12]对钙钠蒙脱石黏土研究后发现,强结合水与弱结合水含量界限为相对水气平衡压的0.9倍。综合以上结论和作者研究目的,对饱和黏土做如下假定:①不计土颗粒结晶水含量;②孔隙水在土体内增湿的优先顺序为强结合水、弱结合水、自由水,减湿的优先顺序反之;③土颗粒之间以结合水方式相连接;④土颗粒和水均不可压缩;⑤黏土的强结合水含量在$0 \sim W_P$之间,弱结合水含量在$W_P \sim W_L$之间,整个结合水含量在$0 \sim \alpha_0 W_L (0 < \alpha_0 < 1)$之间。亦即黏土的塑限相当于强结合水含量的上限或弱结合水含量的下限,弱结合水含量的上限比土体的液限要小一些,相当于黏土的液限乘以折减系数α_0。这样已知黏土的塑限、液限,就可推求黏土颗粒的有效孔隙比。

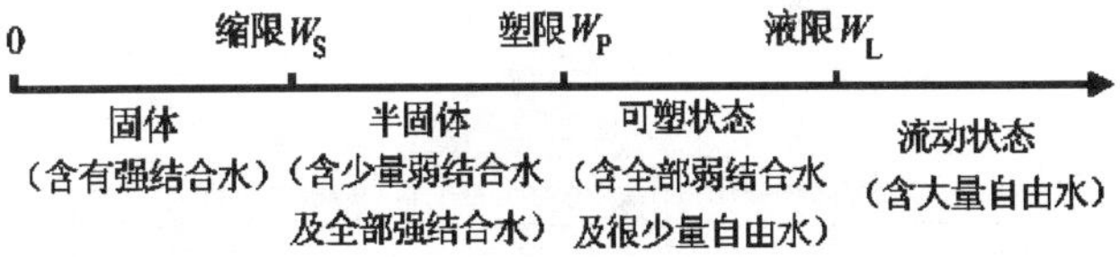

图1　黏土物理状态与含水率

土体中的土颗粒质量为:

$$m_s = \rho_s V_s \quad (14)$$

式中:V_s为土颗粒的总体积,cm³;ρ_s为土颗粒的密度,kg/cm³。

由结合水的质量含水率

$$W_a = \frac{m_{aw}}{m_s} = \alpha_0 W_L \quad (15)$$

得土体中结合水的质量为:

$$m_{aw} = m_s W_a = \alpha_0 \rho_s V_s W_L \quad (16)$$

式中,α_0为结合水质量占土体刚好处于液限时孔隙水总质量的比例$(0 < \alpha_0 < 1)$,称之为结合水占液限的比例系数,对于某一特定的黏土,α_0可近似为常数。

土的无效孔隙比为:

$$e_0 = \frac{V_{aw}}{V_s} = \frac{m_{aw}/\rho_w}{V_s} = \frac{\alpha_0 \rho_s V_s W_L}{V_s \rho_{aw}} = \alpha_0 \frac{\rho_s}{\rho_{aw}}$$

式中:V_{aw}为土中结合水总体积,cm³;ρ_{aw}为结合水密度,kg/cm³。

土体的有效孔隙比为:

$$e_u = e - e_0 = e - \alpha_0 \frac{\rho_s}{\rho_w} W_L \quad (18)$$

将式(18)分别带入式(3)、(5)、(7)、(9)、(11)、(13),即可得到适用于黏性土渗透系数计算的修正经验公式。

3 工程实例

3.1 计算条件

工程实例选取山西省张峰水库比选方案之一的黏土直心墙堆石坝,最大坝高 72.2 m,坝顶宽 10 m,上游坝坡 1∶1.75,下游坝坡 1∶1.5,黏土心墙顶宽度为 4 m,黏土心墙下部接黏土截水槽,上下游坡度均为 1∶0.25,坝基为 7.5 m 厚的覆盖层,覆盖层以下为基岩层。计算模型向上下游方向分别延伸 200 m,覆盖层垂直向下延伸 100 m,其中覆盖层厚 7.5 m,基岩层厚 92.5 m。模型共划分结点数 18 845 个,单元数 18 543 个。坐标系选用笛卡尔直角坐标系,坐标原点取在模型基岩左下角,水平向为 X 轴,方向由上游指向下游,垂直向为 Y 轴,向上为正,如图 2 所示。上游面水头为 169.2 m,下游水位以下为水头边界(水头为 113.8 m),下游水位以上为自由排水边界,模型中坝基左、右边界及底部边界均为不透水边界。

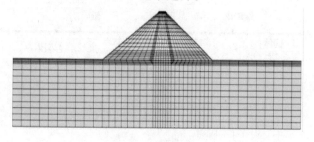

图 2 模型网格图

计算采用柯森 - 卡门渗透系数经验公式:

$$k = \frac{c_2 \rho_{wz} e^3}{s^2 \eta (1+e)} \quad (19)$$

$$k = \frac{c_2 \rho_{wz} (e - e_0)^3}{s^2 \eta (1+e-e_0)} = \frac{c_2 \rho_{wz} \left(e - \dfrac{\alpha \rho_s W_L}{\rho_w}\right)^3}{s^2 \eta \left(1+e - \dfrac{\alpha \rho_s W_L}{\rho_w}\right)} \quad (20)$$

式中,取 $c_2 = 0.125$,土颗粒的平均粒径 $d = 0.01$ mm,密度 $\rho_s = 2.7$ g/cm³,结合水密度 $\rho_{aw} = 1.8$ g/cm³,自由水密度 $\rho_{wz} = 1.0$ g/cm³,土体干密度 $\rho_d = 1.68$ g/cm³,水的动力黏滞系数 $\eta = 1 \times 10^{-3}$ Pa·s,土体含水率 $w = 15\%$,液限 $W_L = 30.5\%$,$\alpha = 0.9$。经计算,无效孔隙比 $e_0 = 0.413$。当不考虑无效孔隙比时的天然孔隙比 $e = 0.607$,其相应的渗透系 $k = 4.832 \times 10^{-5}$ cm/s;当考虑无效孔隙比时,有效孔隙比 $e_u = 0.1945$,其相应的渗透系数 $k = 2.139 \times 10^6$ cm/s。其余参数如表 1 所示。

3.2 结果分析

将不考虑无效孔隙比和考虑无效孔隙比 2 种工况的计算结果如表 2 所示,等值线图如图 3 所示。

综合分析表 2 和图 3 可知:坝体渗流的总水头等值线、压力水头等值线、水头坡降等值线、渗流出口(或入口)高程结点的坡降及通过坝基的流量,在考虑黏土结合水膜占据的无效孔隙比前后,均没有多大变化。最大变化为:第一,考虑无效孔隙比前后,通过黏土心墙和截水槽的流速(流量)之比约为 22∶1,可见考虑结合水膜占据的无效孔隙后,坝体黏土渗流的流速及流量大大减小了;第二,考虑无效孔隙比前后,通过坝体下游面的流速(流量)之比约为 6∶1,由于通过坝体的渗流速度及流量减小,使得通过坝体下游面的渗流速度及流量随之减小。

通过比较以上数值计算结果可知:当不考虑结合水膜占据的无效孔隙时,计算出的黏土渗透系数偏大,无法正确模拟出黏土心墙的防渗效果;而将利用有效孔隙比求得的渗透系数代入数值计算后,通过黏土心墙的渗流量明显减小,说明结合水膜占据的无效孔隙对黏土渗透性能产生较大影响。

3.3 室内渗透系数试验验证

张峰水库大坝黏土在碾压密实取样后,进行了室内渗透系数试验,共取样 9 个,试验结果见表 3。

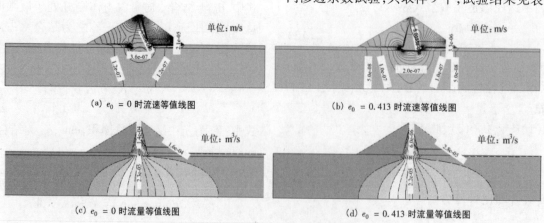

(a) $e_0 = 0$ 时流速等值线图　单位:m/s

(b) $e_0 = 0.413$ 时流速等值线图　单位:m/s

(c) $e_0 = 0$ 时流量等值线图　单位:m³/s

(d) $e_0 = 0.413$ 时流量等值线图　单位:m³/s

图 3 计算结果等值线图

表1 渗透系数取值

	堆石料	黏土心墙和截水槽($e_0 = 0$)	黏土心墙和截水槽($e_0 = 0.413$)	覆盖层	基岩
渗透系数($m \cdot s^{-1}$)	4.96×10^{-3}	4.832×10^{-7}	2.139×10^{-8}	3.00×10^{-4}	5.00×10^{-7}

表2 渗流计算结果汇总

	通过心墙和截水槽的流量(m^3/s)	通过心墙和截水槽的流速(m^3/s)	通过坝基的流量(m^3/s)	渗流出口处的高程(m)	心墙渗流出口处的坡降	通过下游面的流量(m^3/s)	通过下游面的流速(m^3/s)	通过心墙后水头降低值(m)
黏土($e_0 = 0$)	1.3624×10^{-4}	1.08×10^{-6}	2.3335×10^{-5}	113.8	0.8	1.5957×10^{-4}	2.12×10^{-5}	55.4
黏土($e_0 = 0.413$)	6.0029×10^{-6}	5.0×10^{-8}	2.2182×10^{-5}	113.8	0.9	2.8184×10^{-5}	3.3×10^{-6}	55.4

表3 渗透系数 k 室内试验结果 　　　　(10^{-6} cm/s)

编号	1	2	3	4	5	6	7	8	9	平均值
k	9.21	2.75	197	11.3	3.06	15.8	23.0	0.07	7.40	8.25

由表3可知,试验中3、7、8号试样由于试验值过大或过小,予以剔除。分析原因可能是由于取样时土料黏粒含量不均匀或试样受损所致。其余6组土样渗透系数均值为8.25×10^{-6} cm/s。采用经过修正后的柯森-卡门黏土渗透系数经验公式,计算结果为2.139×10^{-6} cm/s,与室内渗透试验所得结果非常接近。

另外,在不考虑无效孔隙时,孔隙比为0.604,相应的渗透系数为$k = 4.832 \times 10^{-5}$ cm/s;排除无效孔隙影响后的有效孔隙比为0.1945,相应的渗透系数为$k = 2.139 \times 10^{-6}$ cm/s。可见,黏土不考虑无效孔隙比时的渗透系数是考虑无效孔隙比时渗透系数的22.5倍。

综合以上结果可知:不考虑无效孔隙的存在,直接用柯森-卡门经验公式计算黏土渗透系数,所得到的结果与实测值相比偏差非常大;而利用提出的方法求得黏土有效孔隙比后,将其代入柯森-卡门经验公式,计算出的黏土渗透系数与实测值在同一量级误差很小。这说明经修正的柯森-卡门经验公式为估算黏土渗透系数提供了一条较为准确的新途径。

4 结果及分析

作者考虑了结合水膜占据的无效孔隙对黏土渗透特性的影响,对常用的砂土渗透系数经验公式进行了修正,得到如下结论:

(1)利用宏观参数推求微观指标的思路及黏土稠度指标,推导出了黏土无效孔隙比公式。

(2)基于上述黏土有效孔隙比公式,对砂土的部分渗透系数经验公式进行修正,得出黏土渗透系数经验公式。

(3)应用黏土柯森-卡门渗透系数经验公式,以实际工程的比选方案为例,对考虑无效孔隙比前后的黏土渗流进行对比分析,结果显示:黏土的无效孔隙比对渗流影响很大,黏土结合水膜及其无效孔隙比的存在,使得黏土的渗流速度(渗流量)减小很多。同时将渗透系数实测值与计算值进行了比较,验证了黏土渗透系数经验公式的正确性。

参考文献

[1] 杨进良. 土力学[M]. 北京:中国水利水电出版社,2009.

[2] 陈国兴,樊良本. 土质学与土力学[M]. 北京:中国水利水电出版社,知识产权出版社,2002.

[3] 李广信. 高等土力学[M]. 北京:清华大学出版社,2004.

[4] 苑莲菊,李振栓,武胜忠,等. 工程渗流力学及应用[M]. 北京:中国建材工业出版社,2001.

[5] Bojana D. Predicting the hydraulic conductivity of saturated clays using plasticity ~ value correlations[J]. Applied Clay Science,2009,45(112):90-94.

[6] 梁健伟,房营光. 极细颗粒黏土渗流特性试验研究[J]. 岩石力学与工程学报,2010,29(6):1221-1230.

[7] 何俊,施建勇. 膨润土中饱和渗透系数的计算[J]. 岩石力学与工程学报,2007,26(增刊2):3920-3925.

[8] Tanaka H,Shiwakoti D R,Omukai N,et al. Pore size distribution of clayey soils measured by mercury intrusion porosimetry and its relation to hydraulic conductivity[J]. Journal of the Japanese Geotechnical Society of Soils and Foundations,2003,43(6):63-73.

[9] Mitchell J K. Fundamentals of soil behavior[M]. New-York:John Wiley&Sons,Inc,1993.

[10] 李文平,于双中,王柏荣,等. 煤矿区深部黏性土吸附结合水含量测定及其意义[J]. 水文地质工程地质,1995(3):31-34.290.

[11] 王平全. 用离子交换法确定黏土表面结合水界限[J]. 西南石油学院学报,2000,22(2):59-61.

[12] 王平全. 黏土表面结合水定量分析及水合机制研究[D]. 成都:西南石油学院,2001.

[作者简介] 刘海伟(1986—),男,博士生,研究方向:岩土工程数值分析,E-mail:lhw_heavy@163.com。

[基金项目] 水利部公益性行业科研专项经费项目资助(201201053 –03);陕西省黄土力学与工程重点实验室重点科研计划资助项目(09JS103)。

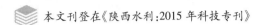本文刊登在《陕西水利:2015 年科技专刊》

湿陷性黄土特性的水利工程措施研究

田娟娟

(山西省水利水电工程建设监理有限公司,山西太原 030002)

[摘　要]本文立足于山西禹门口提水东扩工程的实际情况,通过试验与理论分析,在对湿陷性黄土地进行深度研究和探讨的过程中,有针对性地根据该工程在施工阶段遇到的相关问题提出解决方案,使得在东扩工程的过程中灰土等处理工程得以减少,有效地节约了工程成本,使得禹门口提水东扩工程得到了最大化收益。

[关键词] 湿陷性黄土;处理优化;山西禹门口;东扩工程

[中图分类号] TV221　　[文献标识码] B

1　禹门口提水东扩工程项目研究概况

1.1　工程情况概述

禹门口作为黄河晋陕峡谷的南端出口,对其提水工程的建设和东扩,对于周边城市工农业用水有着极其深远的意义。禹门口东扩工程通过对输水渠道、输水干线的改造和拓展,解决了山西省中南部部分区县的保障性用水问题,从西梁水库到三泉水库的改建,使得运城、临汾可以得到的供水量大幅度增加,保证了基本的生活需求。禹门口提水东扩工程从一期项目到二期项目的实施过程中,已共向周边县市供水 16 000 万 m³ 左右。

1.2　工程地质条件

禹门口位于湿陷性黄土存在的重要区域,其东扩的线路主要经过汾河河谷以及洪积倾斜平原区等地区,全新统洪积和更新统洪积占据着沿线地质结构的绝大部分,这些低液限粉土、黏土的岩性较差,为施工增加了难度,这样的地质状况也就对工程建设的质量要求越来越高。从表 1 中我们可以看到,山西禹门口提水东扩工程项目是典型的湿陷性黄土地的施工项目,一旦遭遇湿热或雨水等天气,土体结构的强度就会大大降低,容易产生下榻和变形的现象。正是基于此种状况,在工程的设计之初,施工方和设计方都更加注重了建筑物的施工方式和材料选择,增加了灰土挤密桩的处理等,有效地预防了相关易发事件的出现。

表 1　工程沿线基础湿陷情况统计表

序号	分段名称	起点桩号	终点桩号	长度(km)	湿陷等级
1	三泉水库—北社	0+000.00	4+771.60	4.77	(非)自重Ⅱ级(中等)—自重Ⅳ级(很严重)
2	北社—南史威	4+771.60	7+755.00	2.98	(非)自重Ⅰ级(轻微)
3	南史威—龙香	7+755.00	10+945.30	3.19	自重Ⅱ级(中等)
4	龙香—西吉	10+945.30	16+034.60	5.09	(非)自重Ⅰ级(轻微)—自重Ⅱ级(中等)
5	西吉—东吉	16+034.60	20+425.90	4.39	非湿陷性土
6	东吉—北庄	20+425.90	21+450.20	1.02	自重Ⅱ级(中等)
7	北庄—西北集	21+450.20	25+861.00	4.41	(非)自重Ⅱ级(中等)—自重Ⅳ级(很严重)
8	西北集—郑村	25+861.00	31+116.10	5.26	(非)自重Ⅰ级(轻微)—自重Ⅳ级(很严重)
9	郑村—西常	31+116.10	37+135.40	6.02	自重Ⅱ级(中等)—自重Ⅲ级(严重)
10	西常—西梁	37+135.40	48+765.50	11.63	(非)自重Ⅰ级(中等)—自重Ⅳ级(很严重)
	总计	0+000.00	48+765.50	48.77	(非)自重Ⅰ级(轻微)—自重Ⅳ级(很严重)

2 山西禹门口提水东扩工程湿陷性地基研究

2.1 研究方案的规划和确定

禹门口提水东扩工程建设方案的确定,经历了资料文献总结、实地勘探研究等重重分析与考察,对禹门口提水东扩工程沿线的地质地貌、土质状况等进行了认真的探讨,通过以试验分析为主,计算分析为辅的思路,根据得出的有关工程的切实有效的信息制定了工程建设方案。通过分析,我们对非自重和自重湿陷性黄土的两个区域进行了分别测试,将陷落严重的区域通过浸水的方式进行现场静载荷试验。山西禹门口提水东扩工程的设计者也基于其土质现状的考虑,对3组不同土层进行了平板载荷的试验,还通过湿陷性土质的干密度、抗压力等指标进行测量,根据不断得出的试验结果将工程的设计方案进行着不断的完善和优化。

2.2 试验场地的选择和分析

根据工程沿线的地质特点和工程设计方案,结合前期的相关试验结果进行分析,我们对湿陷性黄土的分布特点有了初步了解,鉴于此工程师们有针对性的选择了有代表性的不同地质和区域阶段工程项目进行勘探。首先,试验场地的地貌和地层都具有湿陷性黄土的分布;其次,在进行选择时着重考虑了黄土湿陷性程度较高的地方;再次,湿陷性黄土地存在的地层较厚,并有充足的水源可供使用。通过对选取试验地点地质的分析,我们可以根据表2、表3的试验结果得出:北庄村桩号22+300.00附近沿线工程地质为自重Ⅳ级;南唐村桩号45+400.00附近沿线工程地质为自重Ⅲ级。在北庄村和南唐村的其他试验抽样中也存在自重Ⅱ和非自重Ⅰ的情况。

表2 试验场地基本情况

试验点	桩号	地面高程(m)	管底高程(m)	湿陷下限高程(m)	场地湿陷下限(mm)	地基湿陷下限(mm)	湿陷类型
北庄	22+300.00	443	439	423	20	16	自重Ⅳ
南唐	45+440.00	585	579	569	16	10	自重Ⅲ

表3 试验场地湿陷计算成果($\beta_0 = 0.5$)

试验点	取样深度(m)	代表厚度(m)	自重湿陷系数	场地分层自重湿陷量计算值(mm)	场地自重湿陷量计算值(mm)	湿陷系数	场地分层湿陷量计算值(mm)	场地湿陷量计算值(mm)	场地湿陷类型	地基自重湿陷量计算值(mm)	地基湿陷量计算值(mm)	湿陷起始压力 P_{ah}(kPa)	地基湿陷等级
北庄	1.5	3.0	0.006	—		0.106	477.0					34	
	4	2.0	0.040	40.0		0.044	132.0					27	
	6	2.0	0.039	39.0	99.0	0.050	150.0	93.0	自重	99.0	316.0	72	Ⅱ(中等)
	8	2.0	0.002	—		0.001	—					—	
	9.8	2.0	0.020	20.0		0.017	34.0					160	
南唐	1.5	3.0	0.001	—		0.021	94.5					155	
	4	2.0	0.014	—		0.026	78.0					83	
	6	2.0	0.009	—	—	0.010	—	172.5	非自重	—	78.0	—	Ⅰ(轻微)
	8	2.0	0.001	—		0.001	—					—	
	9	1.0	0.001	—		0.001	—					—	

2.3 试验样本的选取和检验

禹门口提水东扩工程中通过各方面综合考虑选取的北庄村和南唐村两个场地后,分别对其进行了探井取样。北庄村在地下9.8 m、8 m、6 m、4 m和1.5 m处进行了取样分析,其地质分析表明,其上部分地层岩性主要由粉土组成,黏性居中,但其结构十分松散,属于上更新统洪积(al-plQ3);其下为中更新统洪积,有着少量钙质结构。南唐村采取了从地下9 m、8 m、6 m、4 m和1.5 m处进行了取样,经过试验检测得出其上主要为上更新统洪冲积,呈黄褐色,含有细砂;其下为第四系中更新统洪积Q2黄褐色低液限黏土,含少量钙质结核。

2.4 室内试验

根据表3中的试验结果,我们可以得出北庄村和南唐村的试验场地中的地质都含有大量的低液限粘土,但北庄村的自重湿陷计算结果为99 mm左右,超出了湿陷性黄土地的建筑规范,被定义为了自重段湿陷性黄土地Ⅱ类(中等)。南唐村场地的试验结果表明其为非自重湿陷性黄土场地。

2.5 现场试坑浸水试验

现场试验的场地中,规划了一个直径长达10 m的圆形大坑,其深度为0.6 m,底部铺了大约0.1 m的细砾石,圆周墙壁上对称设计了8个用于渗水小孔,并在其中填满了与底部相同的砾石。随后,在大坑内部分别设置了多个标尺和监测点:其中标尺共有13个,距离其中点1 m、2 m、4 m距离处各设置了标点。此外还在距离大坑中点5.5 m、7 m、10 m、16 m处的外围地面上也设置了对称的标点。为了保证本次试验不受到墓穴等地下构造干扰,在所有试验涉及区域内做好了钎探,接着才开始试验。试验分成了几个阶段,首先为浸水阶段,逐步浸水直到连续测量五日的试验大坑内土地每日湿陷量均值<1 mm,即可停止浸水,并进行停水阶段的观察(18天),直到连续测量五日内试验大坑内的土地每日下沉均值≤1 mm,即可结束试验观测。需要注意的是,在整个试验的第一阶段,都应该保证深坑内的水深约为30 mm。对照试验记录的数据(见表

4)可知,经过北庄村开展的试验中,地面的总沉降最大值为74.2 mm,每天沉降最大值7 mm,试验过程中,浸水期间发生沉降69.8 mm,停水期间发生沉降4.4 mm,场地浸水后因其本身的重力造成下陷(湿陷)74.2 mm,故而,可以判断试验的区域应为自重湿陷性黄土场地。南唐村开展的试验中,地面的总沉降最大值为7.7 mm,每天沉降最大值2.2 mm,试验过程中,浸水期间发生沉降7.7 mm,场地浸水后因其本身的重力造成下陷(湿陷)7.7 mm,故而,可以判断试验的区域应为非自重湿陷性黄土场地。

2.6 现场静载荷试验

在工程勘察的最初过程中,对北庄村进行了现场的静载荷试验。在试验过程中选取了相同场地内地质构成类似的区域分别进行了不同压力的试验,从50 kPa到200 kPa,不断调整压力,运用单线法进行了试验。试验过程中运用了方形的承压板,与试坑的边长相互匹配,其底部也使用了15 mm左右厚的粗中砂以辅助平衡。通过试验对地质的测量进行不断的加压,每次增加20 kPa以上,得出分析数据如表5。除此之外,对南唐村的试验方式与之相同,通过表5的数据和压力增大时的曲线变化我们也可以看出其不同区域土质分布的各不相同。

表4 现场试坑浸水试验沉降量数据汇总表

试验点	浸水点布置		试验时间(d)		沉降量(mm)			日平均最大沉降量(mm)		耗水量(m³)
	标尺编号	距中心点距离(m)	浸水阶段	停水阶段	浸水阶段	停水阶段	总沉降量	浸水阶段	停水阶段	
北庄	1	0	39	18	69.8	4.4	74.2	7	1.5	4 187
	2、3、4、5、	1			68.2	4.3	72.5	7	0.9	
	6、7、8、9、	2			60.4	4.2	64.6	6.5	0.9	
	10、11、12、13	4			43.7	4	47.7	5.6	0.9	
南唐	1	0	23	11	7.7	0.0	7.7	2.2	0.0	1 849
	2、3、4、5、	1			7	0.0	7	1.5	0.0	
	6、7、8、9、	2			6.2	0.0	6.2	1.7	0.0	
	10、11、12、13	4			3.9	0.0	3.9	1.3	0.0	

表5 现场载荷试验成果(单线法)

试验点	静载量(kPa)	0	50	100	150	200
北庄	浸水下沉量(mm)	0.00	19.37	114.30	136.83	273.72
	湿陷起始压力时的浸水下沉量(mm)	12.00	12.00	12.00	12.00	12.00
南唐	浸水下沉量(mm)	0.00	6.69	46.21	120.31	114.38
	湿陷起始压力时的浸水下沉量(mm)	12.00	12.00	12.00	12.00	12.00

3 PCCP 管道的特性及其应用

PCCP 管道之所以获得建筑商的认可,很大程度上是由于其具有较强的适应力,不易变形。管道可以随着地基变形的变化有着一定的可弯曲程度,其接头处柔韧性较强,可以有一定的弯度变化。例如,对于一个 6 m 左右的管道而言,其允许偏移量达到了 90 mm 左右。从对北庄村的试验中我们可以看到其下沉量约为 70 mm,依此数据推算,我们可以得出禹门口提水东扩工程中黄土地基湿陷等级为 Ⅱ 类的施工地域可以采用 PCCP 管道。禹门口提水东扩工程中运用的 PCCP 管道直径的不同,也直接影响着其对地基变形的适应能力。

4 湿陷性地基处理措施分析

湿陷性黄土地层对工程的施工要求较高,我们也可以从相关文件表述中发现这一点,在《湿陷性黄土地区建筑规范》中,明确表明了对湿陷性黄土地地下管道和其他相关施工的土垫层标准,指出其在施工的过程中必须达到 150 mm 到 300 mm 之间,如果是大型的压力管道或其他建筑都应该设定 300 mm 以上的土垫层。根据表 5 的试验结果,结合相关技术和经验分析,我们可以针对管道沿线的土质和 PCCP 管道的特性进一步得出施工的可行性分析,争取节省投资,使得工程取得最优施工效果。

5 结论

通过对山西省禹门口提水东扩工程中湿陷性黄土场地的深入分析和研究,得出了北庄村和南唐村的土质结果,将北庄村场地定义为了自重湿陷性黄土 Ⅱ 级;将南唐村场地定义为了非自重湿陷性黄土 Ⅰ 级。将这两处的分析结果运用到工程的设计过程中进行参考,得出禹门口提水东扩工程输水管线可以使用能够适应黄土湿陷带来的土质变化的 PCCP 管道,从而有效保障工程全线的安全性和稳定性。与此同时,在使用 PCCP 管进行管道铺设的过程中,还应该根据土质的差别将管道厚度等进行调整,这种对湿陷性黄土地基的调整也可以有效地节省工程施工过程中的灰土回填量,约可节省 8 万 m^3。

参考文献

[1] 李用子. 禹门口提水工程建设趋向刍议[J]. 山西水利, 2003(01).

[2] 陈希文. 黄河禹门口提水工程枢纽一级站泵型选择优化设计[J]. 山西水利科技, 1995(02).

[3] 陈启新,李智建,樊二变. 黄河小北干流上段河东取水口河势变化分析[J]. 山西水利科技, 1995(S1).

[4] 晋浩淼. 禹门口一级站改扩建工程站址选择及泵站设计[J]. 山西水利, 2011(06).

[作者简介] 田娟娟(1984—),女,山西太原人,助理工程师,学士,主要从事水利水电工程监理,E-mail: tian198406@ sina. com。

本文刊登在《甘肃水利水电技术》2015年7月第51卷第7期

基于工程地质条件的坝型比较

张　伟

（山西省水利水电工程建设监理有限公司,山西太原030000）

[摘　要]基于对黑河三道湾水电站初步设计阶段坝址区工程地质勘察结果的综合分析,从拟建混凝土重力坝和混凝土面板堆石坝的地形地貌、适应性、抗震性能、筑坝材料及便利性、坝基和坝肩工程地质条件等方面,比较了两种坝型建坝的合理性。经综合分析、比较,混凝土面板堆石坝适应性好,其他指标相对较为合理。

[关键词] 黑河三道湾水电站;适应性;抗震性能;筑坝材料;坝址工程地质条件

[中图分类号] P64;TV64　　　　[文献标识码] B　　　文章编号:2095-0144(2015)07-0047-04

1　前言

黑河三道湾水电站地处甘肃省肃南裕固族自治县境内,坝址位于黑河红石板沟口上游300 m处,距张掖市约150 km。工程主要任务是发电,采用引水式开发。电站总装机容量112 MW,单机容量2×45+22 MW,年发电量4.003亿kWh,属中型三等工程。

基于初设阶段坝址区工程地质勘察结果的综合分析,在同等精度下对混凝土重力坝(图1)和混凝土面板堆石坝(图2)从地形地貌、适应性(高程、气象等)、不同坝型的抗震性能、筑坝材料及便利性、坝址工程地质条件等方面进行了比较。

2　坝址区工程地质概况

2.1　地形地貌

拟建坝高48.7 m(河水位以上),坝顶长度93 m,坝顶高程2 373.7 m。坝址区河谷为深切的"V"字形峡谷(图1),河道弯曲,呈"S"形,坝线位于"S"形的中部,上游为约90°的直角弯道,右岸为凹岸,坝线下游河道有250 m的顺直段,然后河道右转。右岸地形陡峻,基岩裸露,左岸地形较缓,一般坡度35°~50°,河水面宽30~40 m,河水位高程2 330~2 331 m(冬季),河谷两岸地形陡峻,左岸为一凸向右岸的山梁,在河水面高程附近的山梁底宽400~500 m,在正常高水位2 370 m高程附近,山梁宽300~450 m,山梁中间为鞍形,鞍部低处高程2 542 m,最高处高程2 569 m,

河岸边坡一般40°~60°,山梁两侧发育有残留的Ⅱ级侵蚀堆积阶地,阶地基座面高程2 345~2 355 m,阶地面宽20~60 m,上覆10~30 m厚的冲洪积砂卵砾石和坡积碎石土;右岸为陡峻的"凹"形坡,2 360 m以上基岩裸露,自然边坡70°~80°,局部呈负坡,以下为覆盖层边坡,坡度30°~40°(图1、图2)。

2.2　坝址区地层岩性及岩石物理力学性质

2.2.1　地层岩性

坝址区出露的地层岩性有奥陶系的蛇纹岩、变质砂岩、片状砾岩,以及第四系不同成因类型的松散沉(堆)积物,沿混凝土重力坝坝轴线分布基岩为蛇纹岩(图1)。沿混凝土面板堆石坝址板线自左向右分布的基岩为蛇纹岩、变质砂岩、片状砾岩(图2)。

2.2.2　物理力学性质

蛇纹岩的比重、密度、吸水率、饱和吸水率分别为:2.91~2.96 g/cm³、2.84~2.93 g/cm³、0.14%~0.22%、0.20%~0.27%;变质砂岩的分别为:2.72~2.73 g/cm³、2.70 g/cm³、0.25%、0.33%;片状砾的分别为:2.68~2.74 g/cm³、2.66~2.71 g/cm、0.38%~0.67%、0.27%~0.71%。

坝址区同一岩石力学强度差别较大,蛇纹岩的单轴饱和抗压强度、软化系数、弹性模量、泊松比、岩石纵波速分别为:33~73 MPa、0.53、56.1~72.5 GPa、0.26、4 300~5 600 m/s;变质砂岩的分别为:32~38 MPa、0.70、44.3 GPa、0.30、2 890~3 150 m/s;片状砾岩的单轴饱和抗压强度、软化系数、岩石纵波速分别

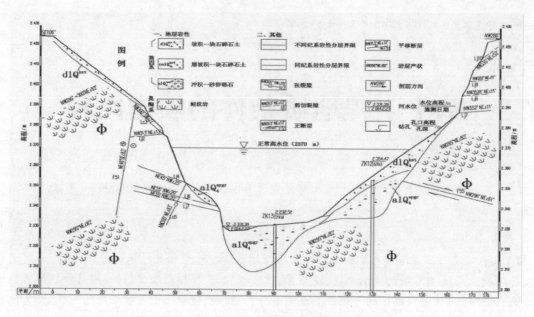

图1　混凝土重力坝坝轴线工程地质剖面

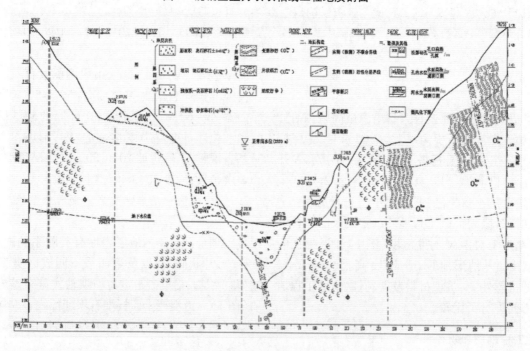

图2　混凝土面板堆石坝址板线工程地质剖面

为:33～73 MPa、0.50、3 220～32 600 m/s。抗压强度试件的破坏形式大都表现为脆性破坏,少量为沿微裂隙(弱面)破坏。

在坝址区左右两岸平硐的蛇纹岩中分别进行了现场岩/岩抗剪试验和变形试验,蛇纹岩的变形模量3.36 GPa,弹性模量7.66 GPa,岩/岩抗剪强度:$f=0.78,c=0$,抗剪断强度:$f'=1.15、c'=0.42$,混凝土/岩抗剪强度$f=0.70$。

2.3　坝址区地质构造及地震

坝址区工程主要构造线方向为北西向,经受历次构造运动的复合、迭加和改造,使区内断裂构造比较复杂。工程区位于"祁、吕、贺"山字型构造的西翼弧,北祁连山加里东褶皱带与河西系扭动构造体系的复合部位,主要区域构造线方向为北西向,影响区域稳定的区域性断裂(大于20 km)有3条,均属第四纪中更新世(Q_2)时期的断层;工程区地震基本烈度为8度。

2.4　坝址区物理地质现象

(1)岩石风化。

坝址区谷坡陡峻,基岩大面积裸露,根据本区气候特点,岩体以物理风化作用为主。由于各处地形差异和构造切割程度不同,其风化深度也有所不同。根据地质测绘和勘探揭示,蛇纹岩岩性致密坚硬,抗风化能力较强,除局部沿断裂破碎带有2～3 m的强风化层外,一般仅存在弱风化层,弱风化深度10~15 m,局部达35 m,河床下部4~6 m。

(2)岸边引张卸荷裂隙。

坝址区岸坡陡峻,岩体中断裂构造发育,为两岸边坡岩体在风化和自重作用下产生引张卸荷创造了条件,卸荷岩体主要分布于坝线上下游的左、右两岸,一般铅直卸荷深度10~20 m,水平卸荷深度10~15 m,卸荷裂隙宽度5~15 cm,局部达60 cm。在坝线上游右岸有两处岸边卸荷松动岩体,范围为长50~60 m,宽20~40 m,深度10~25 m,处发电洞上部,需对其采取工程处理措施。

(3)崩塌及危石。

坝址区两岸有崩塌体和大小危石分布,崩塌体分布在坝址区右岸坝线上下游,沿河边呈带状分布,主要由大块石组成,大块石相互架空,稳定性极差,雨季时有滚石滚落,须对影响建筑物安全的崩塌体、危石予以清除。

2.5 坝址区气象及水文地质条件

(1)气象。

工程区深居大陆腹地,为大陆性气候,夏季酷热,降水稀少,蒸发强烈,冬季严寒,冰期长达4个月之久。多年平均年降水量为175.4 mm,多年平均年水面蒸发量为1 378.7 mm,平均气温为8.5 ℃,绝对最高气温37.2 ℃,绝对最低气温-33.0 ℃,最大冻土深度1.5 m。

(2)水文地质条件。

坝址区地下水可分为孔隙性潜水和基岩裂隙水两种类型。基岩裂隙水高于相应河水位,即基岩裂隙水补给河水。孔隙性潜水为低矿化度的重碳酸钙镁型水,与河水基本一致,对普通硅酸盐水泥不具侵蚀性;基岩裂隙水为硫酸盐钙镁型水,对普通硅酸盐水泥具有结晶型弱-中等侵蚀性。

根据坝址区10个钻孔压水试验资料可知,坝址区岩体绝大部分为弱透水(Lu=1~10),其中局部地段有中等透水(Lu=10~100)或强透水(Lu>100)岩体分布,勘探孔深以内未发现微透水或相对不透水(Lu<1)岩体。Lu<3的岩体界限在基岩面以下50~65 m之间。

3 坝址区及附近天然建筑材料

坝址区及附近天然建筑材料丰富,若修建面板堆石坝,设计需求量与勘察储量见表1所列。

3.1 天然混凝土骨料

(1)天然混凝土骨料的分布位置及料场储量

坝址区及附近分布有量丰质优的天然混凝土骨

表1 天然建筑材料工程需求量与勘察储量

材料类型	需求量(万 m³)	勘察储量(万 m³)
砂砾石料	面板堆石坝38.21	1号、4号、5号、6号料场分别为4、30、50、30
堆石料	堆石料21,垫层料0.81,过渡料1.85	84还能扩大开采
块石料	面板坝3.6	可在堆石料和崩坡积物中挑选

料,初步设计阶段勘察后共选定了4个料场,储量114万 m³。1号料场位于黑河右岸,距坝线约120 m;4号料场位于坝址下游约1 km的黑河右岸Ⅱ级阶地;5号、6号料场位于坝址下游约5 km的左右黑河两岸Ⅱ级阶地。4个天然混凝土骨料料场勘察储量见表1所列。

(2)天然混凝土骨料质量。

在料场取样进行试验,1号、4号、6号料场除大于150 mm颗粒含量高、细骨料粒度模数偏小、含泥量偏高、孔隙率偏大外,其他质量符合技术要求。5号料场除细骨料含泥量偏高、孔隙率偏大外,其余质量符合技术要求。

3.2 块石料

工程所需块石料,因数量少,可以在坝址区两岸崩坡积物中挑选岩性为蛇纹岩的块石。蛇纹岩块石,石质坚硬,耐风化,抗压强度较高,运距近,储量丰富。

3.3 堆石料

选定坝线上游500 m处河左岸,基岩基本裸露,运距短,开采运输方便,岩性为蛇纹岩,与坝址区一致,石质坚硬,耐风化,表层有2~3 m的坡积物覆盖,岩体弱风化深度为5~10 m,石质坚硬,耐风化,物理力学指标满足堆石料的要求,储量大于84万 m³,另外坝区泄、引水隧洞开挖的弃料也可搭配使用。

由上可知:砂砾料1、4、6号料场除大于150 mm颗粒含量高、细骨料粒度模数偏小、含泥量偏高、孔隙率偏大外,其他质量符合技术要求。5号料场除细骨料含泥量偏高、孔隙率偏大外,其余质量符合技术要求。储量能满足设计要求。块石料的质量和储量均能满足设计要求。堆石料选取坝线上游500 m处右岸蛇纹岩和洞渣料,储丰质优。

4 坝址工程地质条件评价

(1)坝基。

河心钻孔揭示,坝段范围内河床覆盖层较深,厚18.6~19.25 m,为冲洪积成因的块石砂卵砾石,结构松散,含有较多的孤块石,个别粒径可达数米,富水性

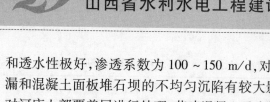

和透水性极好,渗透系数为 100~150 m/d,对坝基渗漏和混凝土面板堆石坝的不均匀沉陷有较大影响,应对河床上部覆盖层进行处理;若建混凝土重力坝,清基工程量较大(图 1)。构成坝基的岩性为蛇纹岩岩石致密,中硬 - 坚硬。坝基岩体中局部有缓倾角结构面分布,但其一般延伸长度 10~40 m,连通性较差,分布不连续,结构面分级为Ⅲ、Ⅳ级,岩体质量为Ⅲ级。

趾板线清除河床表层风化破碎岩体,开挖深度 3~5 m,并应沿趾板线进行固结和帷幕灌浆。混凝土重力坝清除表层风化破碎岩体深度须大于 5 m,并沿坝轴线进行固结和帷幕灌浆(图 1)。

(2)两岸及坝肩。

右岸:2 370 m 高程以下天然边坡 65°~80°,局部近直立,为基岩裸露岸坡,岩性为蛇纹岩、变质砂岩、片状砾岩,产状为 NW290°~315°SW∠80°~87°,与碾压混凝土重力坝坝轴线夹角为 20°~45°,岩性致密,较坚硬,抗风化能力较强,岩体中较大断裂不太发育,裂隙发育,规模小,切割深度不大,结构面分级为Ⅳ、Ⅴ级,对坝肩边坡稳定性影响不大。故右坝肩岸坡稳定性较好,岩体质量为Ⅲ级,坝肩仅对表层风化破碎岩体和危石进行清除即可。开挖边坡 1:0.5,断层裂隙及地形倒坡处,基岩与坝体连接部位的工程处理难度大(图 1)。

左岸:坝肩 2 375 m 高程以下均被第四系冲积砂砾石(有Ⅱ级阶地存在)和坡积物覆盖,结构松散,垂直岸坡厚度 15~20 m,建议清除。覆盖层以下基岩岩性为蛇纹岩、变质砂岩、片状砾岩,弱风化深度 15~20 m(在区域断层影响带中),建议对左岸坡及坝肩部位的断层、裂隙、空洞、地形倒坡及不稳定岩体等部位做工程加固处理,结构面分级为Ⅳ、Ⅴ级,岩体质量为Ⅳ级,开挖边坡 1:0.5。

(3)绕坝渗漏。

左岸山梁虽然宽厚(山梁底宽 400~500 m,在正常高水位 2 370 m 高程附近,山梁宽 300~450 m),但区域断层 F2 近直立状穿过山梁,其破碎带和影响带岩体完整性差,微裂隙发育,可能产生绕坝渗漏,建议沿山梁进行帷幕灌浆,灌浆深度自正常高水位 2 370 m 以下 60 m。区域断层 F2 距两种坝型坝肩的距离相近,绕坝渗漏的渗漏量大小基本相等。

5 坝型比较

基于对初步设计阶段坝址区工程地质勘察结果的综合分析,从混凝土重力坝和混凝土面板堆石坝坝型的对地形地貌的要求、适应性、抗震性能、水文地质条件、筑坝材料及便利性、坝基坝肩所需工程地质条件,对采用两种坝型建坝的合理性进行了比较。综合比较结果见表 2 所列。

表 2　工程地质条件综合比较

项目	指标比较	
	碾压混凝土重力坝	混凝土面板堆石坝
地形地貌	河床深槽处理难度较大	地形可不对称,河床深槽处理难度相对较小
适应性	坝基基岩要求中硬岩、河床覆盖层薄、高山区、高寒区不宜	坝基对基岩要求低、河床覆盖层可厚,能适应高山区、高寒区
抗震性能	工程区地震基本烈度为 8 度;具有较强的抗震性能,但相对混凝土面板堆石坝抗震性能较差	具有较强的抗震性能,可经受 7 级以上大震的考验
筑坝材料及便利性	砂砾料可满足设计要求,但运距远,筑坝成本高	可就近取材块石料、砂砾料,大坝施工及排沙洞、泄洪洞、输水洞的开挖弃料均可作为坝体用料,筑坝成本低
坝基	坝基岩体的物理力学指标能满足建坝要求,但清除坝基表层风化破碎岩体深度须大于 5 m,开挖工程量大;沿坝轴线进行固结和帷幕灌浆工程量小	坝基岩体的物理力学指标能满足建坝要求,清除河床表层风化破碎岩体,开挖深度 3~5 m,开挖工程量相对较小;沿趾板线须进行固结和帷幕灌浆,工程量大
两岸及坝肩	在坝址区右岸坝线上下游分布崩塌体、危石,对引泄水建筑物影响较小,坝体与坝肩接触面小,削坡工程量小	在坝址区右岸坝线上下游分布崩塌体、危石,对引泄水建筑物影响较小,对混凝土面板影响大;坝前地形变化大,对混凝土面板堆石坝面板的布置不利且坝体与坝肩接触面大,削坡工程量较混凝土重力坝大,清除危石工程量相对较大
绕坝渗漏	在左坝肩存在绕坝渗漏,防绕坝渗漏的长度同混凝土面板堆石坝	在左坝肩存在绕坝渗漏,防渗漏长度同碾压混凝土重力坝

6　结论

（1）坝址区河谷为深切的"V"字形峡谷且形态不对称，河床深槽处理难度大，混凝土面板堆石坝相对适宜。

（2）坝址区高程 2 320～2 569 m，绝对最高气温 37.2 ℃，绝对最低气温 −33.0 ℃，日温差较大，最大冻土深度 1.5 m，混凝土面板堆石坝的适应性相对较好。

（3）工程区地震基本烈度为 8 度，混凝土面板堆石坝的抗震性能较碾压混凝土重力坝好。

（4）坝址区及附近天然建筑材料量丰质优，坝址区基岩为中硬岩和坚硬岩，可就近取材块石料、砂砾料，大坝施工及排沙洞、泄洪洞、输水洞的开挖弃料均可作为筑坝体材料，若修建混凝土面板堆石坝，便利性好，筑坝成本低。

（5）坝基、两岸及坝肩的工程地质条件能满足两种坝型的建坝要求，但混凝土面板堆石坝的要求相对较低；坝前地形变化大，对混凝土面板的布置不利；两种坝型的开挖工程量、固结和帷幕灌浆量须进行定量评价后方可评价其合理性。

（6）基于对初步设计阶段坝址区工程地质勘察结果的综合分析、比较，修建混凝土面板堆石坝相对合理。

参考文献

[1] 甘肃省水利水电勘测设计研究院. 张掖黑河三道湾水电站工程初步设计报告[R]. 兰州:甘肃省水利水电勘测设计研究院,2005.

[作者简介] 张伟(1984—),男,山西太原人,助理工程师,主要从事水利水电工程建设监理。E-mail:352680111@qq.com。

本文刊登在《水利建设与管理》2015年第5期

水利工程中混凝土建筑渗漏处理措施分析与探究

陈 亮

（山西省水利水电工程建设监理有限公司，山西太原 030002）

[摘 要]在水利工程的防渗处理中，混凝土建筑渗漏处理作为直接关系到工程质量的核心环节，在水利工程的实际施工中至关重要。本文在对水利工程中混凝土渗漏危害进行分析的基础上，对混凝土建筑结构发生渗漏的原因进行了综合阐述，针对不同的渗漏原因，提出了渗漏表面处理、内部处理以及化学补强处理等渗漏修复措施。同时阐明了渗漏的处理原则，为水利工程的混凝土渗漏问题处理提供有效的参考。

[关键词] 水利工程；混凝土建筑；防渗漏处理；措施分析

[中图分类号] TV52　　[文献标识码] A　　文章编号：1005-4774(2015)05-0071-03

1 水利工程混凝土建筑渗漏危害分析

在现代化工程建设迅速发展的背景下，我国水利工程的发展速度很快，而在水坝工程的混凝土结构建设中，混凝土由于自身的透水介质特性，内部结构极易产生不同程度的裂缝，加之水利工程混凝土建筑设计不合理和施工不到位，更是使混凝土渗漏问题进一步加重。混凝土建筑渗漏问题的出现，不仅会造成混凝土内部结构产生溶蚀破坏，也会逐渐影响到水利工程整体的稳定性，加之混凝土钢筋结构在水体渗漏的情况下进一步腐蚀老化，也使混凝土渗漏问题更为严重，影响到水利工程的防水治水质量和效率，为居民的生命财产安全埋下隐患。

2 水利工程混凝土建筑渗漏原因概述

2.1 渗透裂缝的形成原因

在水利工程的混凝土建筑结构施工中，发生渗漏的最主要原因就是渗漏裂缝的形成。由于混凝土材料抗压强度大、抗拉强度小，在工程施工和投入使用后，一旦混凝土结构所受到的拉力强度大于压力强度，便会直接导致混凝土内部出现裂缝。加之混凝土工程结构在水化处理的过程中，其结构内部的水化热无法得到及时充分的散发，也使得内部结构中的裂缝进一步扩大，从而形成渗透裂缝。由于裂缝形成的范围较大，通常会贯穿在整个混凝土结构中，因此裂缝的处理与

修复工作难度也很大。此外，混凝土建筑的渗漏裂缝形成原因还包括混凝土结构的变形。由于混凝土结构部件中不同结构的下料方式存在差异，使得混凝土结构在温度变化的环境中伸缩性无法得到统一，伸缩程度的不协调也会直接导致渗漏裂缝的形成。

2.2 混凝土蜂窝渗漏原因分析

混凝土蜂窝渗漏的主要原因在于混凝土原料的离析。在水利工程施工的混凝土原料配送过程中，受到某些外部因素的影响，混凝土土料会发生不同程度的离析，从而导致混凝土原料在入仓的工程中粗骨料过于集中，使混凝土在振捣处理中水泥和水无法得到充分的混合，这会导致蜂窝的形成，蜂窝结构在形成后被应用到水利工程的混凝土施工中，会引发混凝土结构发生蜂窝渗漏。就水利工程的混凝土施工工艺进行分析，施工人员在混凝土浇筑的过程中，由于技术能力不达标或施工疏忽，也会错用下料方式，从而影响水利工程中止水带混凝土压力的稳定性，使混凝土结构发生渗漏。

3 水利工程混凝土建筑渗漏处理原则及措施探究

3.1 混凝土建筑渗漏处理原则分析

为了保证水利工程建设中渗流问题处理的切实性和有效性，必须针对混凝土结构的渗漏状况，选用科学合理的治理措施进行处理。在混凝土结构的渗漏处理中，首先要遵循因地制宜的处理原则。这要求施工人

员在渗漏处理的过程中,充分全面地考虑混凝土结构的渗漏水面积以及渗漏水的变化规律,并结合结构的稳定状况选用合适的治理方法。在渗漏处理时,还要坚持堵排相结合的原则。为了最大限度地降低渗漏对水利工程混凝土结构的危害,并提高整体结构的耐水性,必须在水利工程渗漏水的处理工程中适当地应用堵漏施工,并通过排水和堵漏的有效结合,在保证混凝土结构整体稳定性的同时,实现对渗漏结构的有效修复。

3.2　混凝土渗漏表面处理措施分析

在处理混凝土结构渗漏问题的过程中,如发现结构渗漏的原因在于表面出现裂缝,则只需在找到裂缝具体位置后,利用水泥砂浆进行修补处理即可。在处理范围较大的结构渗漏问题时,则要针对裂缝对工程整体的具体影响选定修复措施,如果裂缝没有对建筑物造成明显的影响,则可以选用钻孔导渗或埋管导渗的处理方法,但如果渗漏问题较为严重,就必须对裂缝进行添堵处理,并在添堵处理的基础上进行针对性修复。就混凝土渗漏表层处理的埋管导渗进行分析,该处理工作的主要内容就是在渗漏水裂缝的基础上,在混凝土表面凿出多个槽型口,然后将饮水铁管埋设在渗漏水处。在完成了埋管工作后,工作人员还要利用软性材料对裂缝进行填补,并通过填补和导水等措施将渗漏水引导到铁管处。在完成渗漏水的引导工作后,还要利用防水性快凝式的砂浆对槽口进行回填处理,从而使水管得到有效封堵,实现对混凝土渗漏表面的有效处理。

3.3　混凝土渗漏的垂直和水平防渗处理

水利工程混凝土建筑施工中,渗漏裂缝的产生会直接影响内部钢筋结构的稳定性,因此,为了实现对混凝土内部结构裂缝的有效处理,就要从水平和垂直两方面进行防渗处理。在垂直防渗技术处理的过程中,主要采用的防渗技术是利用封闭式的防渗帷幕,对出现渗漏的坝基混凝土建筑结构进行处理。为了有效保证垂直防渗处理技术的实用效率,通常将其应用在隔水层较浅和地基透水层较薄的水利工程建设中。在垂直防渗处理工作开展的过程中,最为常见的处理方式是利用高压喷射灌浆技术对混凝土渗漏处进行处理。在施工过程中,钻机要在预先设计好的位置上钻孔,完

成钻孔后,施工人员将水泥管和入风管等装入孔洞,并在高压作用下将混凝土浆液灌注到混凝土建筑中,从而有效填补建筑渗漏。混凝土建筑的水平防渗则是利用塑性混凝土防渗处理的方式进行水平铺盖,从而实现对水利工程施工中混凝土渗漏的有效处理。在水平塑性混凝土防渗处理中,施工人员利用专业施工机械在已建好的覆盖层透水地基基础上,通过泥浆固定的方式将泥浆压入槽型孔底,从而形成混凝土连续墙,实现对混凝土渗漏的有效处理。

3.4　渗漏处的化学补强技术处理

化学补强渗漏处理的开展是在水利工程结构不变的前提下得以实施的。为有效处理混凝土建筑的渗漏裂缝,要求施工人员在混凝土结构发生渗漏的部分利用环氧材料进行局部修补,从而实现对混凝土建筑渗漏的有效修复。由于化学物质环氧材料有着极强的黏结强度和弹性,可以对老化的混凝土结构进行高效稳定的黏合,从而实现对混凝土裂缝的修复。

4　结语

在工程建筑技术迅速发展的背景下,我国水利工程建设取得了十分巨大的成就,国内多数水利工程的施工质量也得到了很大程度地提升,但由于水利工程建设的安全性直接关系到人民的生命财产安全,为了进一步保障水利工程中混凝土结构的稳定性和安全性,还应在工程建设的过程中进一步加大工程的防渗处理工作强度,从而为我国水利工程的建设与发展奠定坚实的基础。

参考文献

[1] 刘魁岸,张秀路. 论水利工程混凝土渗漏的原因和防治[J]. 中国房地产业,2011(12):12-28.

[2] 张栋梁,王明敏. 水利工程防渗漏工程中化学灌浆技术施工工艺的探究[J]. 江西建材,2008(30):11-25.

[3] 庄明月,刘同军. 探讨水利工程混凝土渗漏的防治措施[J]. 价值工程,2010(21).

[4] 龚丽娟. 混凝土裂缝抑制措施的研究进展[J]. 民营科技,2010(13):4-12.

[作者简介] 陈亮(1985—),男,助理工程师,现从事水利水电工程监理工作。

本文刊登在《山西水利科技》2015年11月(总第198期)第4期

坪底水库混凝土重力坝温控措施及效果分析

郭仲敏

(山西省水利水电工程建设监理有限公司,山西太原030002)

[摘　要]混凝土大坝施工中,为了防止出现裂缝,对混凝土进行温度控制是十分必要的。文中论述了坪底水库混凝土重力坝施工中采取的温控措施;通过检查坝体裂缝和观测坝体内部温度分析了温控效果,验证了温控措施的有效性。

[关键词]坪底水库;混凝土重力坝;温控措施;效果分析

[中图分类号] TV523　　[文献标识码] B　　文章编号:1006 – 8139(2015)04 – 011 – 03

1　工程概况

石楼县坪底供水工程取水枢纽位于屈产河中游坪底河段,水库总库容744×10^4 m³,是一座以生产、生活供水为主,兼顾防洪的小(1)型水利工程。取水枢纽为混凝土重力坝,最大现高37.5 m,坝顶长134.1 m。

坪底水库混凝土坝共分为8个坝段,从右至左分别为:1#右挡水坝段,2#、3#、4#溢流规段,5#、6#底孔冲沙坝段,7#、8#左挡水坝段。每相邻坝段间设伸缩缝,在上游坝面设置铜止水和橡胶止水,下游坝面设橡胶止水,设计上不设纵缝。

大规按浇筑部位不同分为Ⅴ个区。其中混凝土用量最大的基础混凝土和坝体混凝土分别采用C15W6和C15混凝土。

2　混凝土温控措施

由于混凝土中水泥水化要产生热量,大体积混凝土内部的热量不如表面的热量散失得快,造成坝体内外温差过大,其所产生的温度应力可能使混凝土产生裂缝。因此,大体积混凝土温度控制的主要任务是控制温差。本工程采取的混凝土温控措施主要有以下几个方面。

2.1　减少混凝土的发热量

2.1.1　减少单方混凝土水泥用量

第一,根据设计混凝土分区要求,基础混凝土和坝体混凝土采用了低等级的C15混凝土,从而减少了水泥用量。

第二,改善骨料级配,增大骨料粒径。C15混凝土配合比中,石子采用了三级配,其中,粒径5～20 mm石子的占总重量的40%,20～40 mm的占30%,40～80 mm的占30%。

第三,在混凝土中掺用粉煤灰,用量占水泥用量的25%。

第四,采用高效减水剂。在C15W6和C15混凝土中掺加的聚羧酸高效减水剂分别占水泥用量的9%和3%,节约了水泥用量,减少了混凝土发热量。

本工程每立方米混凝土材料用量详见表1。

2.1.2　水泥选用

根据规范要求,结合当地水泥供应商情况,本工程选用普通硅酸盐42.5散装水泥。

表1　每立方米混凝土材料用量表

强度等级	水泥(kg)	水(kg)	砂子(kg)	石子(kg)	掺合料(kg)	外加剂(kg)	水胶比	砂率
C15 W6	211	148	868	1 150	53	15.86	0.56	43.0%
C15	210	152	827	1 189	52	6.29	0.58	41.0%

2.2　降低混凝土的入仓温度

2.2.1　合理安排浇筑时间

在施工组织上,2012年冬季浇筑基础混凝土,采取了对搅拌用水加温、混凝土表面覆盖保温等措施。2013年高温季节到来前完成了坝高20 m高程以下断面较大的坝体混凝土浇筑。在高温季节,混凝土浇筑施工中尽量避开每天的高温时段,充分利用晚上时间浇筑混凝土。

2.2.2　降低原材料温度

（1）提前储备水泥，降低水泥使用前的温度。

（2）高温季节施工时，为防止太阳暴晒导致砂石料温度升高，骨料场搭建了遮阳棚；对骨料适时适量洒冷水降温；骨料的堆高不低于 6 m；保证足够的材料储备。

2.3　加速混凝土散热

2.3.1　采用自然散热冷却温度

根据浇筑混凝土时的季节和气候条件，结合大坝的施工部位、结构形式和断面尺寸，确定混凝土每次浇筑厚度：坝基部位 1.5 m；坝基以上部位不超过 2.5 m，避免浇筑层过厚混凝土不易散热。上下层浇筑时间间隔不低于 7 d，以便混凝土充分散热冷却。

2.3.2　在混凝土内预埋水管通水冷却

在混凝土内预埋冷却水管，通循环水进行冷却降温。具体做法是：混凝土浇筑前布设 S 型管网，钢管采用 D40 薄壁钢管，弯头用聚乙烯管连接，每 2 m 厚布置一层，排距为 2 m，待混凝土浇筑完成 8 h 后开始注入循环冷水。混凝土内部温度与水温之差不超过 25 ℃，每天降温幅度不超过 1 ℃。

2.3.3　在混凝土内预埋降温盲管

混凝土浇筑前，在混凝土浇筑仓块内埋设 D200 mm 混凝土降温盲管。混凝土降温盲管随混凝土浇筑而升高。利用降温盲管，不但可以散发混凝土内部热量，还可以利用此管人工观测混凝土内部温度。降温水管和降温盲管布置见图 1。

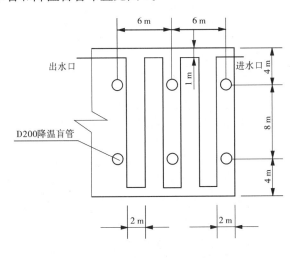

图 1　降温水管和降温盲管布置示意图

2.4　高温季节施工温控措施

（1）优化混凝土运输方案，缩短运输及卸料时间。

（2）浇筑现场配置足够人力、机械，加快入仓后并及时平仓振捣。

（3）混凝土平仓振捣后，采用隔热材料及时覆盖，缩短混凝土的曝晒时间。

3　温度观测及温控效果分析

3.1　温度计的安装

按设计要求，在浇筑混凝土前，分别在溢流坝段（0 + 046.45）和冲沙坝段（0 + 091.45）安装温度计 11 支和 10 支，进行混凝土内部温度的观测。两断面的温度计布置详见图 2 和图 3。图中高程为相对高程，单位为 m；长度单位为 mm。

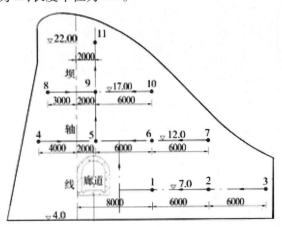

图 2　0 + 046.45 断面 T - Y 系列温度计布置示意图

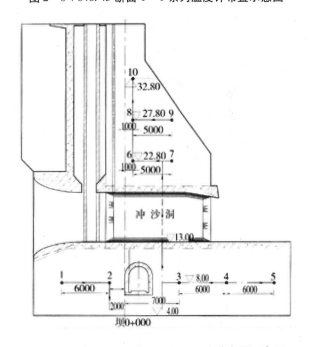

图 3　0 + 091.45 断面 T - D 系列温度计布置示意图

3.2　温度观测

温度计安装完成后，分别对初始温度、混凝土内部温度和天气温度进行了观测，详见表 2。

3.3　裂缝检查和温控措施效果分析

（1）2014 年 10 月 25 日，通过对坝体混凝土表面、廊道内进行检查，没发现裂缝。

表2　坝体内外温差对比表

（温度单位：℃）

温度计编号	坝内初始温度	坝内最高温度测值	峰值当日平均气温	峰值当日坝体内外温差	达到峰值天数
T－Y－1	28.4	31.4	11.5	19.9	2
T－Y－2	24.5	27.4	11.5	15.9	2
T－Y－3	12.6	31.4	11.5	19.9	2
T－Y－4	15.3	36.1	17	19.1	2
T－Y－5	20.6	30.5	17	13.5	2
T－Y－6	23.9	31.9	20	11.9	1
T－Y－7	24.5	28.7	20	8.7	1
T－Y－8	29.3	51.2	25	26.2	5
T－Y－9	20.5	49.3	25	24.3	5
T－Y－10	25.5	44.2	25	19.2	5
T－Y－11	24.5	47.6	11.5	36.1	1
T－D－1	22.9	32.3	15	17.3	3
T－D－2	15.6	30.8	15	15.8	3
T－D－3	19.7	30.6	15	15.6	3
T－D－4	20.3	32.9	15	17.9	3
T－D－5	20.8	28.3	15	13.3	3
T－D－6	27.8	45.6	19.5	26.1	9
T－D－7	27.3	46.6	19.5	27.1	9
T－D－8	28.2	47.2	12	35.2	17
T－D－9	29.9	42.5	16.5	26.0	6
T－D－10	24.8	41.5	11	30.5	7

（2）在埋设的21支温度计中，有16支温度计在1～5天内达到峰值，符合一般规律。

（3）观测到的21组温差数据中，有18组小于30℃，14组小于25℃，规体内外温差普遍较小。

（4）各规段沿坝轴线最大长度19.15 m，垂直坝轴线最大长度为39 m，坝体断面尺寸较小。

综合分析以上检查结果及观测数据，笔者认为施工中采取的温控措施效果明显。同时坝体断面较小也是坝体没有产生裂缝的重要因素。

［作者简介］郭仲敏（1971—），男，2009年毕业于河北工程大学水利水电专业，工程师。

本文刊登在《山西水利》2013年第10期

滹沱河灌区节水工程建设实践与思考

于跃伟

（山西省水利水电工程建设监理公司,山西太原 030002）

[摘　要]从工程地质、水文地质、水利设施等方面介绍了滹沱河灌区的基本情况,指出灌区存在的缺水严重、灌溉水有效利用系数低等问题,从开源和节流上进行了工程措施,即改造渠首枢纽工程和灌区防渗配套、修复更新水毁老化工程,有效提高了控制面积,对灌区内农业生产产业结构调整起到了保证作用,为农业生产增产增收创造了条件。

[关键词] 开源节流;工程措施;滹沱河

[中图分类号] S274　　　[文献标识码] C　　文章编号:1004 - 7042(2013)10 - 0016 - 02

1 基本情况

1.1 概述

滹沱河灌区位于山西省中北部忻定盆地腹部,引用滹沱河径流灌溉,控制灌溉面积2.67万 hm²,属山西省六大自流灌区之一。灌区分为广济、云北、云南3个中型灌区。受益范围包括忻定2县(市)所辖的14个乡镇120个村庄,总人口17.42万人。灌区范围总面积5.12万 hm²,现有耕地3.098万 hm²,土地利用率达60.8%。

滹沱河灌区地处忻定盆地,地形平坦,土壤肥沃,气候温暖。灌区土地资源利用及地貌情况较为优越,有着发展农业生产的先决条件。随着灌区内种植结构的不断调整,经济作物比例逐年增加,需水量同步增加,农业灌溉供需矛盾日趋尖锐。

1.2 工程地质

滹沱河灌区位于忻定盆地,属冲积平原区,由滹沱河、云中河、牧马河带来的冲积物在此堆积形成,盆地在下更新时期为内陆湖,大营、留念沿河台地边沿土壤剖面发现有湖泊沉积。

灌区及干渠防渗节水改造工程大多位于滩地和二级台地上,少数在坡地上。河漫滩为近代河床迁移、冲积形成,冲积层土壤质地较为黏重,表层为重壤和中壤土,下层0.7~1.5 m有黏土层。粉细砂、细砂石不均匀系数3.40,允许承载力120 kPa,中壤土、砂壤土允许承载力100~120 kPa。

1.3 水文地质

河漫滩内地下水埋深较浅,为0.5~1.0 m,台地地下水埋深较大,约1.5~2.0 m,地下水运动方向基本与地形方向一致,其坡降在台地上约1/600,在滩地上约1/1 000。地下水矿化度台地较低,含盐量0.7 g/L,富水区段分为冲积平原孔隙潜水区、倾斜平原孔隙潜水区和黄土丘陵孔隙水区。可开采量3 753万 m³/a,地下水人工开采量2 600万 m³/a,占可开采量的69.3%。

1.4 水利设施

滹沱河灌区取水枢纽工程位于滹沱河干流的界河铺峡口,于1951年兴建无调蓄引水工程,主要由滚水坝、进水闸、冲沙闸组成,设计坝高2.0 m,设计过坝流量2 430 m³/s,冲砂闸为7孔(左岸3孔、右岸4孔),设计流量270 m³/s;进水闸15孔(忻定干渠10孔、广济干渠5孔),设计引水流量36.6 m³/s(忻定21.6 m³/s,广济15 m³/s)。现有各级输配水渠道1 930条,总长1 536.2 km,其中干渠2条,总长76.4 km,防渗48.36 km;斗渠及斗渠以下渠道1 904条,总长1 341.8 km;各级渠系建筑物3 618件。

2 存在问题

灌区建成40多年来,立足于农业灌溉,改变农业生产条件,促进农业增产增收起到了举足轻重作用。

2.1 灌区缺水严重

随着农业种植结构的调整和灌溉面积的增加,灌区用水逐年增大,而河川径流逐年减少。河川径流减少的主要原因为天然径流模数的降低和上游流域水资源开发、灌溉事业大量的发展。另外,由于渠首为无调节引水枢纽,无法改变来水在时间上的分布,来水和作物需水极不适应。1996—2001 年年均灌溉 480 万公顷次,尚不达全部耕地平均灌一次水的要求,从灌区需水情况看,随着粮食产量的提高,种植结构的调整和其他农技措施的发展,灌溉保证率要求相应提高。因此,灌溉缺水严重影响了粮食产量的稳产高产。

2.2 灌溉水有效利用系数低

漳沱河灌区灌溉水有效利用系数较低,根据灌溉资料统计,自流水灌溉平均每公顷每次用水量为 3 180 m^3,其渠系输水损失达 40%,田间损失下渗量达 60%(斗口以下),总有效利用系数 0.236。干、支渠道灌溉水有效利用系数 0.603。

3 开源节流工程措施

针对灌区存在的问题,必须从开源和节流上着手,首先要改造渠首枢纽工程,变无调节为有调节,增加引水量;其次是尽快搞好灌区防渗配套、修复更新水毁老化工程。

3.1 工程项目安排

3.1.1 渠首工程

首先对引水枢纽利用现有条件挖掘最大潜力进行改造,变无调节为有调节,在原滚水坝前新增 3 m 高的橡胶坝,增加调蓄库容 500 万 m^3。正常年可增加引水量 1 634 万 m^3,增加灌溉面积 129 万公顷次,使缺水问题得到有效缓解。

3.1.2 干支渠防渗配套

灌区内干渠、支渠老化失修,原防渗设施基本破坏,渠道渗漏严重,为更好地发挥灌区灌溉效益,对干支渠进行防渗配套,确保工程发挥应有作用。

3.2 渠道结构设计

漳沱河两大干渠具有渠道长、断面大的特点,因此渠道防渗材料及衬砌型式的选择对工程造价影响较大。由于该工程干支渠段大部分处于填方段、居民区,从减少占地、保证工程安全角度考虑采用重力式方案。渠道底部冲淤基本平衡,干支渠防渗采用设计纵坡不作调整。干渠横断面设计受原渠道底宽限制,也应与上游已成防渗渠衔接好,故各段渠道底宽根据原有工程实际情况确定。两侧重力式挡土墙顶宽 0.4 m,迎水面坡度 1:0.3,背水面直立,基础深 0.8 m,可满足稳定要求。防渗土工布选用 0.2 mm 厚的聚乙烯土工膜,土工膜联接采用焊接方法,渠底土工布上覆土 0.6 m,每隔 50 m 加浆砌石防冲坎一道。

4 结语

漳沱河灌区通过开源节流工程建设,使得工程效益显著提高,每公顷用水量下降到 3 150 m^3;有效控制面积提高到 525 万 hm^2,提高了 10%;对灌区内农业产业结构调整起到了保证作用;为农业增产增收创造了条件,为确保农村经济发展奠定了基础。

[作者简介] 于跃伟(1967—),男,2012 年毕业于中国地质大学土木工程专业,工程师。

本文刊登在《现代工业经济和信息化》2013 年 5 月总第 48 期

我国事业单位改革面临问题和发展探析

任慧璞

（山西省水利水电工程建设监理公司,山西太原 030002）

[摘　要]随着我国事业单位改革的不断深入,改革进入攻坚阶段,如何加快事业单位改革与发展,建立灵活机动的事业单位管理制度,已经成为事业单位改革面临的问题。文章围绕事业单位改革面临的问题进行分析,并提出了相应的措施。

[关键词] 事业单位改革;问题;发展

[中图分类号] D630.3　　[文献标识码] A　　文章编号:2095 - 0748(2013)05 - 0035 - 02

1　我国事业单位改革发展现状分析

加快事业单位改革,必须正确认识事业单位的基本社会功能,认清事业单位改革发展的现状,才能找准制约改革的难点问题,有效地解决改革发展中的瓶颈问题。

1.1　事业单位改革的目标

根据国家的部署,到 2015 年将全面建立聘用制度,打破传统的身份管理,实现由固定用人向合同用人的转变,由身份管理向岗位管理的转变。普遍实行公开招聘制度和竞聘上岗制度,建立起能上能下、能进能出的人事管理制度。到 2020 年,建立起完善的管理体制和运行机制,形成公益服务供给水平适度、布局结构合理、服务公平公正的公益服务体系。

1.2　事业单位定位和管理现状

事业单位是依法设立的从事教育、科技、文化、卫生等公益服务,不以营利为目的的社会组织。所以说,事业单位要以公益服务为目标,不能以营利为目的。进行事业单位改革,需要在规范事业单位定义、划清事业单位范围的基础上,明确事业单位经济社会发展中的定位。长期以来,我国事业单位的管理采用党政机关的管理模式,事业单位功能定位不清,导致政事不分、事企不分的情况出现。有的事业单位承担行政职能,有的从事生产经营活动,这些问题影响了公益事业的健康发展,制约了公益服务水平的提高。

1.3　事业单位改革发展状况

从 1992 年党的十四大提出,要按照机关、企业和事业单位的不同特点,逐步建立健全分类管理的人事制度,至今已有 21 年,企业已由原来的传统人事管理发展为现代人力资源管理,社会保障逐步完善,形成了养老、医疗、失业等保险社会统筹和个人账户相结合的保障体系。但事业单位的改革一直处于改改停停的状态,2002 年随着事业单位试行人员聘用制度的全面推行,事业单位改革逐渐加速。2006 年《事业单位公开招聘人员暂行规定》的发布执行和《事业单位岗位设置管理试行办法》的出台,使事业单位改革进入实际操作阶段。但到目前为止,只有几个试点的事业单位进行了岗位设置和人员聘用,而那些已经完成人员聘用的事业单位,仅限于形式上满足了岗位聘用的要求,为解决现有人员安置问题,存在以人设岗、走过场、完任务、没有实质性变化的情况。

2　事业单位改革难以推进的主要问题

各类事业单位改革面临的问题和难点并不完全相同,其中最为普遍存在和亟待改革的体制联系最紧密的问题有以下几种。

2.1　事业单位分类定位难以执行

长期以来事业单位的定位不清楚,有的是履行行政职能、财政全额拨款的部门,应该按公务员管理,提供基本的公共产品与服务,却按照事业单位管理;有的具有双重甚至有三重属性,既履行行政职责,又提供公益服务,甚至还从事一些经营活动;有的是自收自支、自负盈亏,以从事经营活动来养活单位,具备了所有企业的性质,却以事业单位来管理。事业单位的定位不清楚,导致了工作人员的自我定位和服务定位的偏差,致使这些单位出现管理紊乱、职责交叉、隶属关系不明确、服务效率差等问题。如何能把不同类型的事业单位合理有序地归好类,是事业单位改革面临的一个具有挑战性的难题。

2.2 社会保障体系不健全,社会养老标准不统一

目前,事业单位的养老等社会保障体系尚未完全建立,企业和事业单位的参保标准和享受待遇不统一,致使人员进入、离职、辞退后保险无法接续,退休待遇受到影响。这些问题很大程度上制约了人才的流动,导致人事制度改革很易流于形式。

2.3 法律法规和政策不健全,缺少法律依据

行政机关可按照《公务员法》进行管理,公司有《公司法》、《劳动合同法》和《劳动保障监察条例》为依据,事业单位没有形成一套系统完整的相关法律法规体系,人事管理方面的单项政策规定也不健全。如何在实践中建立起事业单位的法人治理结构等都是改革需要解决的问题。

2.4 人员观念滞后,用人机制转换困难重重

长期以来,事业单位传统的人事管理,形成人员能进不能出,岗位能上不能下,分配搞平均主义的现象。而事业单位人事制度管理改革在不能胜任岗位工作时,要调整岗位,改变待遇等,这些举措涉及每个人的切身利益,尤其是那些在事业单位多年,资格老、能力弱、习惯了安逸的人员,很难接受转岗分流等改革举措,所以改革在实际执行中将遇到很大的阻力。

2.5 科学设岗、岗位聘用暂时难以真正实现

在岗位设置的实际操作中,首先要考虑不能突破编制总量按比例设岗,又要考虑对员工特别是骨干人员的激励作用,还要兼顾绝大多数员工的利益。而多年来形成的用人方式,使在编人员良莠不齐,在设置岗位时不得不兼顾已有人员的实际情况。为了保证聘用制的推行,使现有人员都有上岗的资格,只有放宽岗位的标准,很少能真正采用竞聘上岗的方式,从而为因事设岗提高了难度,有些岗位还是以人设岗。

2.6 缺乏合理的内部评价体系

事业单位在对职工进行考核时,注重流于形式的表面文章——工作总结,忽略其人的工作实际效果;注重其尊重领导、听话的一面,忽略其工作中勇于探索、

不怕失败的一面。虽然也出台了较多的制度及考核标准,但在实际操作时,却缺乏可操作性,只能走形式过程,考核结果既不体现奖勤罚懒,也无促进人人争先的考核效果。如何完善内部评价体系,建立有效、可行的绩效考核制度都是当前亟待解决的问题。

3 推进事业单位改革的措施和方法

事业单位改革难以推进的主要原因是人事制度改革的阻碍重重。如果能打破原有事业单位人员身份固化的束缚,形成人员能进能出、岗位能上能下的用人机制,事业单位的改革自然水到渠成。

3.1 逐步实现事业单位的分类定位

对于新成立的事业单位,要严格根据中央部署的事业单位分类标准进行界定,从成立起就严格按照事业单位的规定进行管理;对存在多年的事业单位,成立专门的机构对事业单位进行定位,对于那些容易界定的单位,早划分、早剥离,有计划、分阶段逐步还原其应有属性;对于难以界定的单位可以放缓,待各类配套措施完善时逐步进行界定。采取新单位新办法、老单位视情况区别对待的办法,直至定位清晰。

3.2 全面推行人员聘用制度

实现岗位聘用制度,必须把好人员入口关,严格实行考试招聘制度,公开招聘必须公开、公平、公正,选拔优秀人才聘用到合适岗位。同时推进竞聘上岗制度,打破身份、资历等限制,杜绝走后门、拉关系等不正之风,为实现绩效考核奠定基础。

3.3 建立科学的岗位管理制度

合理设置岗位,按需设岗;在明确岗位职责、权利和任职条件的基础上,竞聘上岗、按岗聘用、合同管理;根据岗位职责和工作重点确定每个岗位上的薪酬待遇,不再考虑资历、工龄,而是按岗考核、以岗定薪。

3.4 完善绩效考核制度

制定切实可行的绩效考核办法,在制定过程中可参照企业绩效考核制定方法,明确考核目标,量化考核指标,实现真正意义的考核。同时严格绩效考核制度,将考核结果应用到岗位调整、工资提升以及解除、续订聘用合同之中,充分发挥考核制度在人事管理中的激励和约束作用。

3.5 建立统一的社会保障制度

事业单位改革难以推进,除了职位稳定、工资稳定外,更主要的是企业、事业以及公务员三支队伍养老、医疗水平的不平衡等问题。要实现真正意义上的人才

自由流动,必须解决养老、医疗和失业保险的统一问题。企业从1992年开始,历经20年已经成功实现了养老保险从无到正规的转变,事业单位也可参照企业的成功方法,逐步实现社会保险的统一。只有社会保障实现了统一,人员的能进能出才能具备实现的条件。

4　事业单位改革的发展方向

分类推进事业单位改革,是经济社会发展的要求,也是构建社会主义和谐社会的需要。随着改革的不断推进,事业单位必定向着既定的目标发展,事业单位将日益回归"公共服务"的本色,为构建一个服务型政府与和谐社会,满足人民群众日益增长的公益服务的需求,发挥着重要的作用。

[作者简介] 任慧璞(1972—),女,毕业于太原大学,经济师、一级企业人力资源管理师。

本文刊登在《建设管理》2013 年第 3 期(总第 165 期)

试析如何有效降低监理工作责任风险

靳忠才

（山西省水利水电工程建设监理公司，山西太原 030002）

[摘 要]近年来受多种因素的影响,工程监理成为高风险职业已经是不争的事实。监理责任风险管理成为业内人士的热门话题,结合多年监理工作的实践与体会,从技术层面多角度总结和探讨了有效降低监理责任风险的措施,以与同行交流。

[关键词]监理;责任风险;体会

[中图分类号] F407.9　　[文献标识码] B　　文章编号:1007 - 4104(2013)03 - 0037 - 02

近年来,工程监理成为高风险职业已经是不争的事实。监理责任风险管理成为业内人士的热门话题。有效管理监理责任风险的措施较多,包括风险控制、风险转移以及责任保险投保等。笔者试图从技术层面上的七个角度来分析研究降低监理责任风险的方法,与同行们交流,促进监理人员安全健康地从业。

1 注重学习,加强培训,掌握要点

注重学习,加强培训,掌握要点,特别是掌握项目监理的安全控制工作要点和质量控制工作要点。人不太可能成为"全能",即使是长期从事监理工作的技术人员,也难以对某项技术要求等记牢。因为工程内容千变万化、工程材料千差万别、施工工艺千花百样,再加上有些业主不专业,有些设计不到位,有些施工不规范,还有些监理不专心。这些都给成功驾驭监理工作带来了极大的被动。要想变被动为主动,就离不开不断地学习和培训。

学习和培训要注重三点。一是学习内容要有针对性,不提倡"海"学"海"培。无目的地学,无目的地培训,学不会、记不住、没效果。应该结合具体工程的施工工艺和技术要求,展开学习和培训。二是遇到问题后加强学习,即带着问题去找答案。决不可掩耳盗铃,不懂装懂,埋下工作隐患。必须下功夫弄清楚弄明白,然后学以致用,解决问题。结合问题来学习,掌握的知识印象深、效果好、不易忘。三是要常问人。虚心向懂的人请教,如问总监,别不好意思。这样学习,问题解决又好又不延误时机。

2 把好程序关,做好事前监管

程序关可以过滤掉 50% 左右的风险,关键环节绝不开绿灯。例如,原材料的报验关,混凝土结构用的石子带泥(规范不允许)、砂子带土(≤3%)、水泥带块了,监理在施工中无论怎么样再严格要求,施工单位按批准的混凝土配合比及规定的搅拌时间搅拌,也注定搅不出合格的混凝土拌和物。拌和物质量不合格,即使振捣再规矩、养护再卖力,结构物混凝土的强度等级是上不去的。当然,其他主要原材料,如钢筋、外加剂、土工膜等也一样。这里强调的就是原材料的品质问题。

再比如地基的隐蔽验收关要坚持四方联合验收。不仅要确定地基承载力稳定、地质条件和水文条件满足设计要求,而且还事关基础开挖(地基处理,若发生)的工程量和投资。

3 突出重点,注重动态,讲求实效

突出重点就得明确重点。不同工程的监理工作重点是不同的。因此,监理人员应事先分析具体工程项目的特点。如国际工程中预防和减免国际承包商向业主提索赔,是监理工作的最重点。因为国际承包商的特点,一是合同履约意识很强(施工质量,施工进度往往不用工程师操心费脑就会做得很好);二是最低价中标,一开标中标单位就揭晓了。不像国内标(最低价也不见得中标,最高标也不见得不中,开标后需要评标委员会根据具体情况研究确定)。最低价中标,带来的是高价索赔。因此工程师的工作重点是认真研究施工合同条款,帮助业主完善各项合同承诺,防止承包商的索赔。某国际标的道路运输,原合同中规定工程材料的运输线路是先国道、后省道,最后经场内施工道路到工地现场。合同签订后,省道上新建了收费站,对过往的所有车辆收费。业主要求承包商改走县级公路,但承包商以运输条件差、运输效率低为由拒绝。最后工程师统计过路费,共赔偿承包商数百万元人民币。

在国内的大中型工程中,施工单位的质量意识也很强,没有偷工减料现象。不用监理监督也很少有索赔成功的,也不用操心。监理需要在施工进度方面,现场安全和文明施工方面加强督促。

国内中小型工程,监理的重点是施工质量和安全问题。同一工程的监理工作重点并不是一成不变的,而在不同时期工作重点是不同的。一般来说,施工准备阶段抓进场的人、机、料的资质、材质和品质;施工阶段抓的是工程施工安全、工序施工质量检查、单元工程质量验收、工程量计量与进度款支付审核;完工阶段要抓资料整编、装订和分部工程验收、单位工程验收。

把握监理工作重点需要总监有较高的素质、经验以及责任心,需要随时与业主沟通,力争号准工程建设跳动的脉搏,制定工作的重点,取得应有的成效。

4 关键部位和关键工序应坚持旁站,关键部位必须通过四方联检

旁站是一种最原始、最简单,最辛苦的施工工序监理质量控制的方式,也是最直接、最有效、控制工序质量最明显的一种控制方式。通过旁站可以及时纠正不规范施工,掌握第一手施工质量情况,做到心中有数。

常见的需旁站的工序是:混凝土浇筑、金属结构的焊缝探伤检测、管道的充水打压试验、橡胶坝袋的打压试验、闸门的安装调试、电气设备的安装调试等。

四方联合验收是常见的,由监理组织的日常验收方式之一。规范规定的由四方验收的工程或部位(如分部工程,单位工程),必须实施四方验收。这里要强调的是,对于工程的关键部位,在规范未明示但监理认为是关键的情况下,也应该组织四方验收。这样,可以集中四方的意见和建议,使工程验收不留下隐患;同时也能有效分散监理工作的风险。

常见的需四方联验的内容:一是建筑物的建基面(排灌站的泵房地基、橡胶坝坝基、各类闸(节制闸、分水闸、退水闸)闸基、渠道或管道、倒虹吸、涵洞的渠基或管基等基础、机耕路路基);二是水机电气设备的进场验收(水泵、电机);三是闸门与启闭机的联合调试,水泵与电机机组的联合试运转试验。

5 计量与支付应公平公正

计量与支付从来就是各参建方关注的重点。计量不公或计量不准,很容易引发参建方之间的相互争议。因此作为监理必须对该项工作做到一丝不苟,不允许有差错。一方面,可以通过自身的业务素质来减免差错;另一方面,也可以公开透明计量与支付的依据、计算过程和结果。在出具计量证书或支付证书前,由业主、施工方、监理方三方协商,尽可能达成一致意见。

6 做好同期监理记录

监理日记要对施工情况、监理工作情况、业主指示、施工方提出的问题及监理或业主或设计的回答、监理或业主或设计发现的施工中存在的问题及施工方的整改情况要重点跟踪记录。监理日记既是资料管理的重要内容,也是处理索赔等问题的重要依据,更是降低自身责任风险的直接记录。

7 做到廉洁自律

廉洁可以增强监理人员的威信、威严与威望。要做好廉洁自律,监理人员可以从细节入手来抓。比如吃请问题,不能动不动就赴宴。记住"天下没有白吃的饭"、"吃了别人的嘴软"。当然,必要工作餐还是可以参加的,最好同业主一起去或向业主打好招呼。既向施工方表现出礼貌,又不降低业主对监理的信任程度。

严格监理、热情服务。不少同志都能做到不吃不拿,但是工作中确实存在"门难进、话难听、脸难看、事难办"的现象。尤其是当工程进展不顺时。这就是常见的"卡"。我们监理行业强调严格监理,同时也提倡热情服务,保护好施工单位的合法要求和正当利益。

[作者简介] 靳忠才,男,高级工程师,注册监理工程师、水利工程监理工程师、水利部总监理工程师,山西省水利水电工程建设监理公司副总经理。

本文刊登在《现代营销》2012 年第 87 期

关于我国企业税收筹划的探析

卢永爱

（山西省水利水电工程建设监理公司，山西太原 030002）

[摘　要] 企业进行税收筹划在我国非常必要可行，我国企业税收筹划贯穿企业的各个环节，它有利于提高全社会依法纳税的意识，有助于企业实现税后利润最大化和企业科学决策，通过不同阶段的税收筹划应用，企业可以获取显著的经济利益，提高企业管理水平。

[关键词] 企业；应用；建议；管理

实现经济利益最大化在我国社会主义市场经济下，是企业经营的积极出发点，税收是国家参与社会产品分配的一种形式，具有强制性、无偿性、固定性的显著特点。我国企业税收筹划以及企业财务管理水平有待提高，随着我国市场经济的发展和完善，企业税收筹划在我国是非常必要、可行的。探讨企业税收筹划问题，提出建议，会给我国企业税收筹划的发展起到促进和推动作用。

1 关于企业税收筹划理论

税收筹划也称为纳税筹划、纳税计划、税收策划、税务计划，是指纳税人自行或委托代理人在不违反税收法律的前提下，通过对生产经营和财务活动的安排，来实现税后利润最大化的行为。狭义的税收筹划包括节税的税收筹划。广义的税收筹划，包括避税和税负转嫁在内的税收筹划。企业开展税收筹划的前提条件中纳税人最大和最基本的权利是法律上必须承认纳税人的权利，纳税人不需要缴纳比税法规定更多的税收，另外国家法制必须健全和透明，保证税收和税收筹划正常进行。税收筹划的特点如下：

不违法性。税收筹划的前提要以不违反国家税法为原则，税收法律的本义不是以道德的名义要求纳税人选择高税负。

筹划性。税法及相关法律在经济活动中具有一定的稳定性。应纳税义务人可以在纳税义务发生之前进行筹划的决策。税收筹划需要有较长远的眼光，税收筹划是在从事投资、经营活动之前，应纳税人把税收作为影响最终经营成果进行投资、经营决策，并获得最大的税后利润，即表示税收筹划必须事先规划、设计安排。

目的性。是指纳税人要通过税收筹划取得经济利益，即选择低税负和滞延纳税时间，能够带来税收利益的筹划方案就可以采用。

整体性。税收筹划只是企业财务筹划的一个组成部分，从整体上进行筹划决策，重要的要着眼于总体的管理决策。

综合性。企业要从全局角度、以整体观念来看待不同税收筹划方案，选择对应于自身价值最大化即税后利润最大化的方案。

普遍性。税收筹划给纳税人提供了税收筹划的机会，各个税种规定的内容，一般都有差别，它决定了税收筹划的普遍性。

专业性。税收筹划越来越呈现出专业化，它是指纳税人的税收筹划行为一般要由具有专业技能的人员来操作。

税收筹划的目的是使纳税人缴纳尽可能少的税收以利于其经济利益最大化。税收筹划的分类按服务的对象是企业还是个人进行；按税收筹划地区是否跨国进行分类；按税收筹划的期限分类；按税收筹划人是纳税人内部人员还是外部人员分类；按税收筹划实施的手段分类。

税收筹划的基本原则包括不违法性原则，它是税收筹划最基本的特点之一，即税收筹划所安排的经济行为必须合乎税法的条文与立法意图，进行税收筹划，选择最优的纳税方案；自我保护性原则，开展税收筹划需要纳税人具备自我保护意识，在不违法的前提下进行纳税人要随时注意筹划行为；针对性原则，根据企业所处的不同环境，针对企业的不同生产经营情况，针对纳税人的不同情况进行税收筹划；节约便利原则，税收筹划可以为纳税人获得利益，它要求税收筹划尽量将筹划成本费用降到最小;综合利益最大化原则,税收筹划属于企业财务管理的范畴,确定税收筹划方案时,必须综合考虑采取该税收筹划方案,要给企业带来绝对的收益;可行性原则,它指在税收筹划的实际工作中,筹划工作要根据纳税人的客观条件来进行,它离不开具体情况。

2　我国企业税收筹划的必要性

税收基本特征是强制性、无偿性、固定性,是国家为了实现其职能而采取的,税收筹划是推动税法完善的重要力量,它有助于我国企业实现利润的最大化。企业作为市场运行中的重要主体,最终目的是为了追求利润最大化。

税收筹划可以给企业带来直接的经济利益,通过税收筹划,充分利用纳税人享有的各项税收权利,最大限度地减轻税收支出负担,有助于企业利润最大化目标的实现;税收作为企业经营的一个外部约束条件,税收筹划增强依法纳税意识,有助于企业科学决策。通过税收筹划,有助于企业科学决策,减少风险。有利于帮助投资者分析税负做出正确的投资决策,以提高企业投资效益。企业进行税收筹划也是企业管理人员学习税法的过程,增进对税法的了解,提高依法纳税意识,强化其继续进行税收筹划的意识;企业税收筹划可以推动我国税法的完善,保证政府财政收入的稳定增长,它关系到我国经济能否健康协调发展,最大可能地减少避税行为的发生;企业税收筹划有利于推动我国税务机关依法行政。税收筹划是高智能的活动,有利于我国税务代理事业的完善和发展。

有利于我国税务代理事业的完善和发展。我国现行税法对纳税人的权利作了如下规定:依法申请享受税收优惠的权利、多缴税款依法申请退还权、陈述权、申辩权、申请税务行政复议和税务行政诉讼权、对税务人员违法行为的检举和控告权、请求得到赔偿权、保密权、延期申报和延期纳税。

我国税务主管机关认可了纳税人税收筹划的权利,对我国企业税收筹划的发展起推动作用。社会主义市场经济是我国企业税收筹划的土壤,税收筹划对企业的生产经营成果影响举足轻重,企业税收筹划产生的两个条件是企业自身利润的独立化,以及法定范围内企业经营行为的自主化。国内不同地区和行业间的税收政策差异为企业税收筹划提供了有利的条件:不同地区之间的税收政策差异,不同行业之间的税收政策差异。国内外的税负差异为企业跨国税收筹划创造了条件,利用这些国际税收协定进行跨国经营的税收筹划,可以利用国家间的税制差异来维护企业及国家的经济利益。法律要保持其稳定性和权威性,税法本身存在的缺陷和漏洞也给税收筹划提供了机会,可以被纳税人利用进行税收筹划来获取经济利益。税务

代理中介机构可以为企业提供专业化的筹划服务,要求税收筹划的操作的人员具有专业技能,随着税务代理中介组织作用的不断增强和壮大,这对企业税收筹划起到了巨大的推动作用。

电子商务的广泛应用使税收筹划有了新的发展契机。电子商务的迅猛发展带来了一些税收问题:税收管辖权难以界定,征税客体难以确定,税收征管无账可查。常设机构难以认定,纳税人避税更容易,加大了反避税的难度,现行税法有待完善,一些传统税种与课征方式受到挑战。上述问题必然会推动包括税收法律在内的多种法律的完善,可以利用客观存在的避税空间进行税收筹划,企业能根据新法的规定进行税收筹划活动,为企业税收筹划创造了新的发展契机。

3　我国企业税收筹划的建议

结合我国现行税法,企业面临着来自全球范围的市场竞争,税收筹划贯穿于企业运行的各个环节,科学合理地进行税收筹划,能为企业节省资金并带来明显的经济效益。企业设立阶段的税收筹划,直接影响着企业以后经营的整体税负,规定的不同税收政策,给企业的纳税筹划提供了空间。

要树立对企业税收筹划的正确认识,尽快确定税收筹划和避税的法律概念,针对人们在企业税收筹划方面的错误认识,加大宣传力度,增强企业管理人员的税收筹划意识。加强企业税收筹划理论研究,及时引进国外发达国家的税收筹划理论研究成果,召开聚集税务机关、税务代理机构以及纳税人研讨会。较深层次地研究税收筹划理论,在电子商务迅速发展情况下企业税收筹划的发展趋势。

全面提高我国企业财务管理水平,提高企业财务管理的信息化水平,对企业财务管理人员进行业务方面的培训,通过高校教育,培养大批合格的财务管理后备人才。提高税务管理人员依法行政的能力,税务人员要树立为纳税人服务的观念、树立依法治税的观念,不断提高税务人员的业务水平。大力发展我国税务代理事业,提高税务代理水平,加快法制建设步伐,加大宣传力度,扩大税务代理市场,完善注册税务师考试办法,加强风险意识,防范代理税收筹划中的风险。

参考文献

[1] 王兆高、姚林香.《税收筹划》[M].上海:复旦大学出版社,2003.

[2] 余文声.《纳税筹划技巧》[M].广州:广东经济出版社,2003.

[作者简介] 卢永爱(1973—),女,毕业于郑州轻工业学院。

本文刊登在《山西水利科技》2012年11月第4期(总第186期)

小断面洞室工程施工出渣方式优化设计研究

乔永平

(山西省水利水电工程建设监理公司，山西太原 030002)

[摘　要]地下洞室工程施工，出渣环节是制约进度的主要因素之一，对安全影响也大。出渣系统和设备对工程进度和造价影响大，选择适当，往往事半功倍，其选择一般根据洞室断面大小、工程进度要求和施工经济效益等方面确定。文中以临汾市引沁入汾和川取水输水工程3号隧洞工程为例进行分析，阐述小断面洞室工程开挖施工出渣方式的选择。

[关键词]　小断面；洞室工程；出渣方式

[中图分类号] TV554　　　[文献标识码] B　　文章编号：1006－8139(2012)04－044－03

1　工程简况

1.1　工程概况

临汾市引沁入汾和川取水输水工程包括枢纽工程和输水工程两部分。输水工程在枢纽工程左岸取水，向东南至已建成的草峪岭隧洞，主要由进水塔和输水建筑物(包括3座隧洞、2座渡槽、3座明渠和5座涵洞)组成，总长9 826 m，设计流量17 m³/s。其中3号隧洞进口桩号8＋216，出口桩号9＋716，洞长1 500 m，洞轴向SW12°，隧洞横断面型式为圆拱直墙式，为无压隧洞，喷混凝土厚8～10 cm，衬砌混凝土厚25～30 cm，衬砌后净断面3.2 m×3.5 m，属小断面洞室。

1.2　地质概况

3号隧洞位于 f₈ 背斜东翼，洞身通过主要地层岩性为石千峰组(P2sh)，紫红、灰紫色、灰绿色细粒长石、石英砂岩；紫红色砂质泥岩。岩层倾角产状 SE30/NE∠8°，主要发育两组节理：①NW20°～30°/NE∠75°～85°；②NE55°～65°/SE∠72°～79°，节理裂隙与洞线夹角35°～44°、43°～53°。

隧洞在地面高程以下的埋深19.1～84.6 m，进出口段埋深较浅5.2～13.4 m。基岩的透水率 q＝4.37～5.13 Lu，属弱透水性。部分洞身位于地下水位以下。洞顶以上为砂质泥岩，长石石英砂岩，岩芯完整，成洞条件较好。

围岩分类详见表1，进出口段为Ⅴ类，分两段长104 m，洞身段为Ⅲ类和Ⅳ类，Ⅲ类长411 m，Ⅳ类长985 m，Ⅳ类段属稳定性差～极不稳定岩体，易掉块和楔型体滑移，施工时应及时进行喷混凝土，系统锚杆加固钢筋网，浇混凝土衬砌。

表1　隧洞围岩设计分类

围岩类别	桩号和长度(m)		长度合计(m)
	进口段	出口段	
Ⅲ	—	9＋291－9＋702 411	411
Ⅳ	8＋306－8＋966 660	8＋966－9＋291 325	985
Ⅴ	8＋216－8＋306 90	9＋702－9＋716 14	104
合计	750	750	1 500

1.3　设计概况

隧洞开挖后设计要求进行锚喷一次支护，其中Ⅲ类围岩喷混凝土厚8 cm，设4至5根长1.8 mφ18锚杆；Ⅳ类围岩喷混凝土厚10 cm，设7至8根长2.5 mφ20铺杆；Ⅴ类围岩喷混凝土厚15 cm，设10至11根长2.8 mφ22锚杆，每米设1榀钢拱架(GB12工字钢制作)，每2 m设1排超前锚杆，长3.5 mφ22，每排17根，钢拱架间距根据围岩情况适当进行调整。

隧洞开挖后三个月，进行二次混凝土衬砌施工，Ⅲ类、Ⅳ类围岩衬砌25 cm厚C20素混凝土，每10 m一仓，仓与仓之间按施工缝进行处理，Ⅴ类围岩衬砌30 cm厚C25钢筋混凝土，每10 m设置一道伸缩缝，采用橡胶止水带止水，内填闭孔泡沫板。隧洞衬砌完成后在顶拱120°范围内进行回填灌浆。

2　施工组织

2.1　原初步设计

根据工期要求和"规范"规定,该标段不设支洞,从进出口两上掌子面进行施工,隧洞开挖出渣洞内采用有轨运输,即装岩机装渣,电瓶车牵引矿斗车出洞,再用 8 t 自卸汽车运至弃渣场;一般情况下,气腿钻月进尺 Ⅲ 类围岩 90 m 左右,Ⅳ 类围岩为 50 m 左右,Ⅴ 类围岩为 35 m 左右,计划总工期 30 个月,根据工期要求,本工程隧洞开挖采用钻爆法施工,光面爆破,喷锚支护,全断面开挖方案,临时支护采用锚喷混凝土支护,二次混凝土衬砌施工,在开挖后三个月进行。

据上计算和分析,设计工期进口段为 22 个月,出口段为 17.5 个月(见表 2),3 号隧洞工程能够按设计计划工期完成,并能够为上下游连接建筑物的施工留下足够时间。

表 2　隧洞设计工期

施工项目	围岩类型	设计月进度(m)	设计长度(m)		设计工期(月)	
			进口段	出口段	进口段	出口段
施工准备	—	—	—	—	1.5	1.5
开挖和锚喷支护	Ⅲ	90	—	411	0.00	4.57
	Ⅳ	50	660	325	13.20	6.50
	Ⅴ	35	90	14	2.57	0.40
	小计	—	750	750	15.8	11.5
混凝土衬砌	Ⅲ	250	—	411	0.00	1.64
	Ⅳ	250	660	325	2.64	1.30
	Ⅳ	150	90	14	0.60	0.09
	小计	—	750	750	3.2	3.0
回填灌浆	—	—	—	—	1.5	1.5
合计					22.0	17.5

在工程实施过程中,项目法人根据需要确定本工程的进度要求为计划工期 18 个月,按照上述安排则本隧洞工程不能按要求工期完成,更谈不上为上下游连接建筑物的施工留下一定时间。

2.2　实际施工

为满足进度需要和加快进度,本工程在招标阶段分为两个标段进行招标,分别为进口段标和出口段标,招标后由两个施工单位进行施工,分别承建 750 m。实际施工中围岩类型见表 3,两标段施工难度基本相当,若按照实际围岩情况及原设计月进度计算,所需工期(简称计算工期)两标段均为 22 个月,达不到计划工期要求。

表 3　实际围岩情况下按设计月进度计算的工期(计算工期)

施工项目	围岩类型	设计月进度(m)	设计长度(m)		设计工期(月)	
			进口段	出口段	进口段	出口段
施工准备	—	—	—	—	1.5	1.5
开挖和锚喷支护	Ⅲ	90	12	0	0.13	0.00
	Ⅳ	50	637	661	12.74	13.22
	Ⅴ	35	101	89	2.89	2.54
	小计	—	750	750	15.8	15.8
混凝土衬砌	Ⅲ	250	12	0	0.05	0.00
	Ⅳ	250	637	661	2.55	2.64
	Ⅳ	150	101	89	0.67	0.59
	小计	—	750	750	3.3	3.2
回填灌浆	—	—	—	—	1.5	1.5
合计					22.0	22.0

实际施工中,根据洞室断面大小允许,两施工单位均采用装载机装渣,自卸汽车出渣。进口段施工单位使用一台 ZL20 正翻装载机装渣,三轮汽车(1 m³)运输出渣;出口段施工单位使用一台 ZL40 侧翻装载机装渣,农用车(5 m³)运输出渣。开挖和锚喷支护过程中,为运输车辆和装载机掉头和会车均设置了会(避)车洞,进口段设置 4 个,每个体积 35 m³;出口段也是 4 个,每个体积 75 m³。

进口段施工从 2008 年 6 月 19 日开始,开挖后及时进行锚喷支护,2009 年 1 月 4 日至 2009 年 2 月 28 日放假,2009 年 5 月 28 日施工到 8 + 966,完成开挖和锚喷支护,历时 288 日历天,折 9.6 个月;出口段施工从 2008 年 7 月 1 日开始,2009 年 1 月 13 日开挖支护至 8 + 990,停工放假,2009 年 3 月 20 日复工,2009 年 3 月 30 日施工至 8 + 966,历时 206 日历天,折 6.9 个月。两标段均按要求工期完成,并为上下游连接建筑物的施工留下 2.1~4.9 个月的时间。见表 4。

3　方式选择

3.1　工期对比

将开挖和锚喷支护的设计工期、计算工期和实际工期进行对比,见表 5。

可见,两标段开挖和锚喷支护的实际工期均比设计工期要短,为整个标段工程按期完成奠定了基础。比计算工期分别提前 6.2 个月和 8.9 个月,出口段比进口段提前 2.7 个月。

表4 实际工期

施工项目	围岩类型	设计月进度(m)	设计长度(m)		设计工期(月)	
			进口段	出口段	进口段	出口段
施工准备	—	—	—	—	1.5	1.5
开挖和锚喷支护	—	78	750	—	9.6	—
	—	109	—	750	—	6.9
混凝土衬砌	III	250	12	0	0.05	0.00
	IV	250	637	661	2.55	2.64
	IV	150	101	89	0.67	0.59
	小计	—	750	750	3.3	3.2
回填灌浆	—	—	—	—	1.5	1.5
合计	—	—	—	—	15.9	13.1

表5 工期对比

标段名称	设计工期(月)	计算工期(月)	实际工期(月)
进口段	15.8	15.8	9.6
出口段	11.5	15.8	6.9

3.2 费用对比

3.2.1 设计运输和实际运输

设计运输和实际运输费用按《水利建筑工程预算定额》相关子目计算进行对比,单价分析中人工和材料预算价格采用:工长 5.10 元/工时、高级工 4.74 元/工时、中级工 4.08 元/工时、初级工 2.18 元/工时、电费 0.80 元/kWh、风 0.12 元/m³、柴油 7.10 元/t,运输距离洞内 500 m、洞外 1 000 m。实际运输按定额 20468 和 20467 子目进行分析,单价为 31.67 元/m³ (20468 + 20467);设计运输按 20535,20536 和 20462 子目进行分析,单价为 33.18 元/m³ (20535 + 20536 × 3 + 20462,不计装载机和推土机台时)。实际运输与设计运输费用相差不大。

3.2.2 会(避)车洞

按设计要求,会(避)车洞在混凝土衬砌前采用 M7.5 水泥砂浆砌石回填,并对拱顶进行回填灌浆。进口段和出口段避车洞费用如表6。

表6 避车洞费用

序号	项目名称	单位	进口段			出口段		
			工程量	单价(元)	合价(元)	工程量	单价(元)	合价(元)
1	隧洞石方开挖	m³	299.04	94.57	28 280	604.59	75.73	45 786
2	石渣运输	m³	299.04	23.83	7 126	604.59	58.75	35 520
3	钢筋网制作及安装	t	0.405	6 934.21	2 808	0.982	8 156.69	8 010
4	砂浆锚杆	根	120	88.28	10 594	240	99.46	23 870
5	C25 混凝土喷护	m³	15.59	750.90	11 707	37.75	680.92	25 705
6	浆砌石	m³	283.45	201.16	57 019	566.84	201.16	114 026
7	隧洞回填灌浆	m²	85.00	44.95	3 821	128.00	92.99	11 903
	合计		—	—	121 355	—	—	264 820

实际运输费用要比设计运输费用高出避车洞项目费用 26.48 万元,出口段避车洞费用比进口段避车洞费用高出 14.35 万元。但工期提前管理费用会节省很多(管理费用按 5 万元/月计,可节省 44.5 万元),可以说施工总体费用会降低。

3.3 结论

(1)采用无轨运输,即采用装载机和自卸汽车出渣比采用有轨运输工期提前 8.9 个月。

(2)采用中型装渣机械和运输车辆比小型装渣机械和运输车辆工期提前 2.7 个月。

(3)采用无轨运输,运输费用增加避车洞部分费用 26.48 万元,但工期提前管理费用会节省 44.5 万元,施工总体费用降低。

(4)小断面洞室工程施工出渣宜采用中型装渣机械和运输车辆,不宜采用有轨运输。

[作者简介] 乔永平(1973—),男,1995 年毕业于山西经济管理学院信息管理系,2011 年取得太原理工大学水利工程硕士学位,高级工程师。

本文刊登在《山西水利》2012 年第 1 期

引水工程施工标段划分方法探讨

范彩娟 乔永平

（山西省水利水电工程建设监理公司，山西太原 030002）

[摘 要]引水工程施工标段划分应根据工程工期和效益要求，合理划分标段，分标不应过细。以临汾市引沁入汾和川取水输水工程的输水工程和甘肃省引洮总干渠工程的部分工程为例，分析了案例工程施工标段划分中存在的问题和采取的措施，阐述了引水工程施工标段划分宜采取的方法。

[关键词] 引水工程；施工标段划分；隧洞

[中图分类号] TV67　　[文献标识码] C　　文章编号：1004 - 7042（2012）01 - 0036 - 02

引水工程主要包括隧洞工程和连接建筑物（包括渡槽、涵洞、明渠等）。在中小型引水工程中，标段划分时按隧洞工程和连接建筑物分类，通常将隧洞工程、连接建筑物划分为若干个标段。在大型引水工程中，对施工单位的资质要求高，划分时将隧洞工程和相连建筑物工程划分为一个标段，两隧洞间的连接建筑物可归到上游隧洞工程标段中，也可归到下游隧洞工程标段中。上述标段划分方法，不可避免存在隧洞与两端建筑物施工相互影响问题，特别是在工期要求紧、相邻标段同时施工的情况下，给工程实施过程中的合同管理带来了很大问题，增加了工程投资。下面以和川取水工程和甘肃引洮总干渠工程为例，分析工程施工标段划分存在的问题，并阐述其采取的主要方法，以为类似工程提供依据。

1 和川取水输水工程

1.1 工程概况

和川取水输水工程包括枢纽工程和输水工程，输水工程在枢纽工程左岸取水，主要由进水塔和输水建筑物组成，全长 9 826 m，设计流量 17 m³/s，工程等别为Ⅳ等。输水建筑物共有 11 座，依次为 1 号隧洞、1 号涵洞、1 号明渠、石渠渡槽、2 号涵洞、2 号隧洞、3 号涵洞、李垣河渡槽、4 号涵洞、3 号隧洞、5 号涵洞。隧洞断面型式为圆拱直墙式，净宽 3.2 m，净高 3.5 m，渡槽槽身断面为矩形，采用钢筋混凝土现浇，底宽 3.2 m，槽深 2.8 m，涵洞为圆拱直墙式，底宽 3.2 m，净高 3.5 m，渠底及侧墙采用 M10 水泥砂浆砌石内衬 C20

混凝土，顶拱采用 M10 水泥砂浆砌石。

1.2 标段划分情况

该工程工期要求为 18 个月，招标时施工标段共 8 个标段，分别为：1 号隧洞为 1 个标段；2 号隧洞划分为 4 个标段，为 2 号隧洞进口段、2 号隧洞 01 支洞段、2 号隧洞 02 支洞段和 03 支洞段、2 号隧洞出口段；3 号隧洞分为 2 个标段，进口段和出口段；其他渡槽、涵洞和明渠建筑物划分为 1 个标段。

1.3 存在问题和处理方法

1.3.1 隧洞进洞

1 号隧洞进出口施工时，相邻建筑物进水塔和 1 号涵洞尚未开工，为满足进洞条件，由隧洞施工单位进行了两建筑物的土石方开挖。2 号隧洞进出口段施工时，相邻建筑物 2 号涵洞和 3 号涵洞尚未开工，为满足进洞条件，由隧洞施工单位进行了两建筑物的土石方开挖。3 号隧洞进出口段施工时，相邻建筑物 4 号涵洞和 5 号涵洞尚未开工，为满足进洞条件，由隧洞施工单位共进行了两建筑物的土石方开挖，然后进行洞顶回填，形成施工安全通道。

1.3.2 交叉施工

工程施工后期，连接建筑物逐渐与隧洞相接，挤占了隧洞的施工通道和场地。为不影响工期，1 号隧洞施工单位在进出口洞口旁扩宽了进洞道路，进水塔位置向上移 15.5 m。

1.3.3 完工时间不协调

2 号隧洞出口段完工较晚，连接建筑物完工较早，3 号涵洞浆砌石和防渗混凝土施工调整由 2 号隧洞出口段施工单位进行。

1.3.4 合同管理

为解决上述问题,施工过程中采取调整施工内容、增加施工通道等方法,进水塔、1—5号涵洞的部分土石方开挖调整为由相邻隧洞施工单位进行施工,3—4号涵洞浆砌石和防渗混凝土调整为由相邻施工单位施工。因这些内容相对于隧洞施工单位而言均为合同新增项目,工程项目单价经建设单位和施工单位协商确定,相对于连接建筑物施工合同相应项目的单价有所提高,导致工程投资增加40万元(尚未考虑连接建筑物施工单位因施工内容减少提出的索赔)。1号隧洞进出口扩宽施工道路,投资增加3.6万元。进水塔位置上移,增加15.5 m进水塔与1号隧洞的连接段,投资增加22万元。

2 引洮供水一期工程

2.1 工程概况

引洮供水一期工程位于甘肃省中部,水源为位于甘肃省卓尼县境内的洮河九甸峡水利枢纽。总干渠自九甸峡枢纽水库右岸取水,设计引水流量32 m³/s,加大流量36 m³/s,总干渠工程规模为大(二)型,主要建筑物为Ⅱ等工程。工程主要建筑物包括总干渠1条、干渠3条、支渠及分支渠20条、供水管线12条、灌溉提水泵站4座、供水加压泵站10座。其中总干渠7号隧洞全长17 286 m,桩号为46+715.00~64+001.00,横断面型式为圆型,净断面尺寸直径为4.96 m,设计纵坡1/1 650,采用TBM施工。总干渠8号隧洞及连接段工程桩号为64+001.0~67+369.0,标段长度3 368 m。8号隧洞进口位于秦祁河陈家嘴,出口位于白土坡河耿家川,全长2 367 m,桩号64+306.0~66+673.0,横断面型式为类马蹄型,净断面尺寸4.72 m×4.93 m,设计纵坡1/1 500。连接段工程包括3号秦祁河渡槽及渐变段(桩号64+031.0~64+306.0);4号秦祁河退水闸段(桩号64+001.0~64+031.0);4号白土坡河渡槽及渐变段(桩号66+673.0~66+828.0);8号白土坡暗渠及渐变段(桩号66+828.0~67+369.0);6号白土坡下渠通道(桩号67+280.0)。总干渠9号隧洞接白土坡渐变段,从桩号67+379.0开始,采用TBM施工。

2.2 标段划分和工期安排

招标时施工标段划分为总干渠7号隧洞为1个标,总干渠8号隧洞及连接段工程为1个标,总干渠9号隧洞为1个标。

总干渠7号隧洞和9号隧洞施工合同总工期58个月,于2007年9月底开工;总干渠8号隧洞及连接段工程施工合同总工期45个月,于2007年10月底开工。

2.3 存在问题和处理方法

如果3个标段均按照合同工期完工,总干渠7号隧洞和9号隧洞的完工时间应在2012年6月底,总干渠8号隧洞及连接段工程的完工时间应在2011年6月底。总干渠7号和9号隧洞工程的完工时间要比总干渠8号隧洞及连接段工程晚1年,为等待总干渠7号隧洞和9号隧洞的施工和为两隧洞提供施工场地,隧洞间的连接建筑物不可能提前与隧洞衔接,造成总干渠8号隧洞及连接段工程不能按合同工期完成。

针对该问题的处理办法有两种:一是将与隧洞紧接的建筑物调整至隧洞标段,即可将4号秦祁河退水闸段调整至总干渠7号隧洞标段,将8号白土坡暗渠及渐变段的部分调整至总干渠9号隧洞标段,施工内容的调整可能会造成相应工程项目单价的提高及施工单位针对施工内容减少提出的费用索赔;二是延长总干渠8号隧洞及连接段工程标段的合同工期,施工单位先进行其他建筑物施工,待总干渠7号和9号隧洞工程完成后再进场施工,这样会造成施工单位窝工和二次进场,从而影响本标段两端建筑物的施工,建议将连接处建筑物从本标段分出到相邻标段中,或重新考虑本合同工期。

3 结语

引水工程标段划分时,一条隧洞两端一定长度的建筑物应包括在此隧洞或此隧洞的进出口段标段中,从而减少相邻标段施工的相互干扰,也可避免施工内容在不同标段调整导致的投资增加。

[作者简介] 范彩娟(1978—),女,1997年毕业于山西省水利学校水利经济专业,工程师。

本文刊登在《山西水利科技》2012年第4期

不同容重土壤对单坑入渗土壤含水率的影响

范鹏飞[1,2]　孙西欢[1]

(1. 太原理工大学,山西太原 030024;
2. 山西省水利水电工程建设监理公司,山西太原 030002)

[摘　要]通过不同容重土壤对单坑入渗湿润体和含水率分布规律的影响进行试验研究,得出如下结论:不同容重的土壤的湿润体形状具有相似性;容重大的土壤径向含水率在靠近水室的地方比容重小的土壤含水率大;土壤含水率随着垂向距离的增大,先增大后减小。

[关键词] 不同容重;单坑入渗;湿润体;径向;垂向

[中图分类号] S152　　[文献标识码] B　　文章编号:1006 - 8139(2012)04 - 001 - 02

近年来水资源逐渐匮乏,农业用水、工业用水和生活用水都受到了不同程度的影响,因此节水灌溉技术的研究势在必行。由于自然条件的限制、我国北方水资源尤为短缺、降雨年内分配极不均匀,导致我国黄土高原地区面临极度缺水和干旱的现象。针对以上问题,孙西欢教授提出了一种适用于山丘区果园灌溉的新型节水灌水方法——蓄水坑灌法[1],这一方法具有传统地面灌溉方法不具有的优点,可称之为中深层结构的立体灌溉方法,具有节水、保水抗旱、防止水土流失、充分利用当地地面径流,并形成良性水循环的特点[2-3]。土壤容重是影响水分入渗的一个重要因素,而田间的土壤因地理位置不同,土壤容重存在着差异,目前,还尚未见到有关土壤容重对单坑条件下水分分布的相关报道,前人没有对这方面做过研究。因此,本文针对土壤容重,对单坑入渗湿润体和含水率的分布规律进行了试验研究。

1 试验土壤与试验方法

1.1 试验土壤

本次试验土壤取自于山西省太谷县北洸村,土壤质地为砂质壤土。土壤剖面是自上而下的垂直切面。取土时,土壤剖面的位置必须具有代表性,不能在土层被破坏的地带及田埂旁边布置剖面。

1.2 试验装置

本试验根据田间蓄水坑的实际情况进行简化处理,因为蓄水坑水分入渗为轴对称入渗,因此取蓄水坑的1/12土体(30°扇形柱体)进行研究。

试验土箱是自制加工的,半径为1.0 m,高为1.2 m。采用10 mm厚,长×宽为100 cm×120 cm的有机玻璃板粘合而成,并用角钢固定,以确保有机玻璃板成30°角不变形。在模型的锐角部设水室。水室用3 mm厚的有机玻璃板制成,高为60 cm,半径为16 cm。弧形面上均匀地钻1 mm的孔,装土时在水室与土体之间设铜网,防止向坑内注水时冲刷坑壁。底部采用不透水的有机玻璃板,以防止水分的深层渗漏(如图1所示)。本次试验的挡板设置在45 cm处,挡板的位置可以根据不同的坑距进行调整。

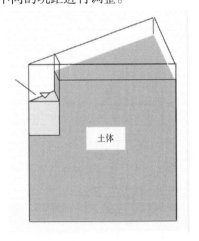

图1　蓄水坑灌实验装置

1.3 试验参数的确定

本次试验坑深取60 cm,坑半径取15 cm,模型注水量为6 L。

2 实验方案

在土箱中分别装容重为 1.3 g/cm³, 1.4 g/cm³ 和 1.47 g/cm³ 的土壤。用马氏筒向水室中灌水 6 L。在灌水后的 1,2,3,5 h 等整点,用记号笔在土箱的侧壁直接描绘出湿润锋形状;在灌水后的第 1,3,5,7 天(与前面符号一致),在距蓄水坑中心轴 20 cm,25 cm,30 cm,35 cm,40 cm 处用土钻以 10 cm 为单位进行取土,用所取土壤测量土壤含水率。含水率采用烘干法测量,进而分析湿润锋运移规律和水分运动分布规律。

3 实验结果与分析

3.1 土壤容重对湿润体和湿润锋的影响

由以图 2,图 3,图 4 可以看出:

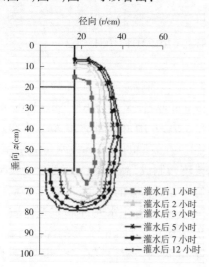

图 2 容重 1.3 g/cm³ 不同时刻湿润锋推进状况

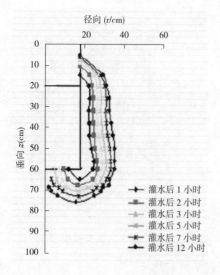

图 3 容重 1.4 g/cm³ 不同时刻湿润锋推进图

(1)单坑入渗过程中,水分从坑壁向垂直和水平方向入渗。从图中可以看出刚开始水平推进距离明显

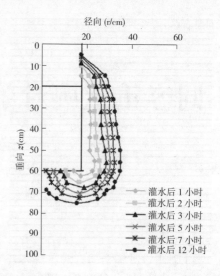

图 4 容重 1.47 g/cm³ 不同时刻湿润锋推进图

大于垂直推进距离,经过一段时间后垂直推进加快,但是水平推进速度仍大于垂向推进速度。这是由于土壤中水分入渗主要受到土壤基质势和重力势的作用,在水分入渗初期,土壤基质势对水分运移起决定作用,因此水分水平运移为主要表现形式;而经过一段时间入渗后,土壤基质势作用逐渐减弱,重力势逐渐增强,因而水分向前向下运移,形状趋于椭球形;在土壤不同容重条件下,湿润体的形状具有相似性,均为椭球状。土壤容重对土壤水分入渗速度有影响,不同容重土壤,容重小的土壤湿润锋前进速度大于容重大的土壤中的湿润锋前进速度。

(2)从图中还可以得出,湿润锋的推进速度随着时间的推移逐渐变慢。这主要是因为随着时间的推移,坑内水位逐渐降低,水势梯度逐渐减小的缘故。

3.2 土壤含水率径向分布规律分析

以土壤容重为 1.3 g/cm³、1.4 g/cm³ 和1.47 g/cm³ 为例,分别做灌后 1,3,5,7 天距地表平面距离不同处土壤径向含水率分布图,图 5 和 6 分别为不同容重土壤第 1 天和第 5 天的土壤径向含水率分布图(注:本论文均用的为体积含水率),如下所示:

从上图可以看出:

(1)不同容重的土壤曲线形状基本相同,且随着径向距离 r 的增大,含水率逐渐减小。

(2)相同容重土壤,在同一位置,含水率随着时间的推移逐渐减小。

(3)不同容重土壤,土壤容重大的,在径向上距离水室近的土壤含水率大,而在径向上距离水室远处,随时间推移容重大的土壤含水率比容重小的小。这是因为同一灌水量在相同的时间内,土壤容重大的湿润体小,平均含水率大,而容重大的土壤湿润锋推进的慢,所以距离水室近的地方土壤容重大、含水率大。

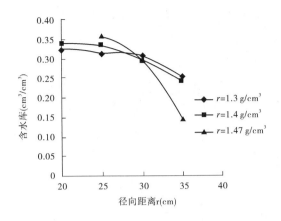

图5 第一天 $z=50$ cm 处不同容重土壤含水率径向规律图

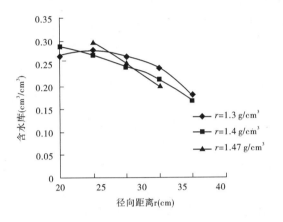

图6 第五天 $z=50$ cm 处不同容重土壤含水率径向规律图

3.3 土壤含水率垂向分布规律分析

图7和图8分别为不同容重土壤第1天和第5天土壤垂向含水率分布图：

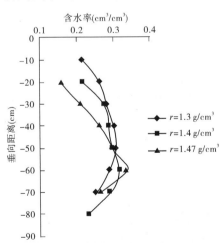

图7 第一天 $r=30$ cm 处不同容重土壤含水率规律图

从上图可以看出：

（1）曲线形态相同，随着垂向距离的增大，土壤含水率先增大后减小，在 50～70 cm 处，含水率达到最大。这体现了蓄水坑灌法中深层灌溉的优越性。

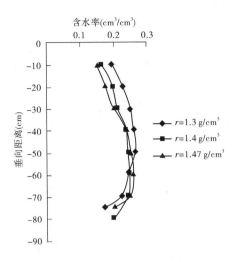

图8 第五天 $r=30$ cm 处不同容重土壤含水率规律图

（2）含水率的峰值随着时间的推移逐渐向下推移。这是因为在水分入渗的再分布阶段，水分运移分布受到重力势的作用，水分在不断地向前向下运移，因此含水率的峰值逐渐向下推移。

（3）在同一径向距离上，在距离地表面 60 cm 左右，容重大的土壤含水率比容重小的土壤含水率大，这是因为容重大的土壤水分总水势（重力势和基质势之和）比容重小的土壤大。

4 结论

通过对不同容重土壤对单坑入渗影响的试验研究，得出以下结论：不同容重土壤的湿润体分布形状具有相似性，都近似为椭球形；容重大的土壤径向含水率在靠近水室的地方比容重小的土壤含水率大；土壤含水率随着垂向距离的增大，先增大后减小。

参考文献

[1] 孙西欢. 蓄水坑灌法及其水土保持作用[J]. 水土保持学报，2002(3)：130-131.

[2] 栗岩峰. 非均质土中蓄水多坑水分运动的数值模拟与试验分析[D]. 太原：太原理工大学，2003：21.

[3] 郭向红. 单坑注水量对单坑入渗湿润体影响的试验研究[J]. 山西水利 2005(4)：67-69.

[作者简介] 范鹏飞(1987—)，男，助理工程师，太原理工大学硕士研究生在读，主要从事水利工程工作。

本文刊登在《太原理工大学学报》2012年第4期

塑性混凝土防渗配合比试验研究

靳忠才

（山西省水利水电工程建设监理公司，山西太原 030001）

[摘 要] 针对塑性混凝土低抗压强度（不大于5 MPa）、低弹性模量（不大于1 000 MPa）、极限应变大、高抗渗性的特点，文章在满足弹性模量500 MPa、抗压强度大于2.0 MPa、渗透系数小于1.0×10^{-7} cm/s 的边界条件下通过对塑性混凝土组成材料的试验及对塑性混凝土进行无侧限压缩试验和三轴压缩试验等方法对13种配合比进行研究和分析，重点研究如何通过配合比的优化设计来满足塑性混凝土的各项指标，特别是抗渗性能指标。结果表明，选取最优膨润土掺量和水泥掺量，可使渗透系数达到最小。

[关键词] 塑性混凝土；防渗；配合比；试验研究

[中图分类号] TU755.4　　**[文献标识码]** A　　文章编号：1007-9432(2012)04-0519-04

塑性混凝土防渗墙施工技术最早于1959年由意大利首先发明，我国在20世纪80年代也开始了这方面的研究工作，并于20世纪90年代正式应用于工程中。与普通混凝土防渗技术相比，塑性混凝土防渗墙由于对混凝土材料组成和配合比的改变，使得它具有较为优越的特性和经济性。首先它具有很好的力学特性，其弹性模量低、适应变形的能力强、极限应变高、抗震和防渗性能好；其次，它具有很好的和易性，有较长的终凝时间和较低的强度，使之具备易于操作的优点；第三，因其配合比中掺加了适量的黏性土，从而减少了水泥用量，不仅增加了其抗渗性能，而且使防渗墙的工程投资大大降低[1]。

1 配合比试验研究

试验研究主要包括以下4个方面内容。

（1）原材料性能试验：包括水泥的细度、稠度、凝结时间、安定性、强度等；黏土的比重、液塑限、颗分、矿物成分等；膨润土的比重、液塑限、颗分、矿物成分等；砂子的细度模数和石子的颗分、堆积密度、含泥量等；外加剂的细度、减水率、抗压强度比、凝结时间差等。

（2）配合比试验：将水泥、黏土及膨润土、砂子及石子、外加剂等四种材料进行不同配比组合，进行13组配合比试验，并测试在不同情况下塑性混凝土的抗压强度、弹性模量、渗透系数等。

（3）配合比物理力学性能验证试验：根据试验成果，选取两组推荐配合比材料进行测试，内容包括坍落度、28 d龄期抗压强度、28 d龄期弹性模量、泊松比、渗透系数、内摩擦角及凝聚力、容重等。

（4）提出影响塑性混凝土抗压强度、弹性模量、渗透系数的因素及如何通过配合比的优化设计来满足塑性混凝土的各项指标，特别是抗渗性能指标。

1.1 原材料性能试验[2-4]

水泥是影响塑性混凝土强度、弹性模量、极限应变、抗渗性和抗侵蚀性等特性的主要原材料。检验结果表明，所选用的矿渣水泥细度、稠度、凝结时间、安定性、3 d和28 d强度均满足《普通硅酸盐水泥》（GB 175—2007）标准的要求（见表1）。

表1 水泥理化性能试验结果表

检验项目		标准要求	检测结果
比表面积（m/kg）		≥300	331.9
实际用水量（mL）		—	143
试杆沉至距底板距离（mm）		6±1	6.0
初凝时间（min）		≥45	167
终凝时间（min）		≤600	254
安定性雷氏法（min）		≤5.0	2.0
抗折强度（MPa）	3 d	≥3.5	5.0
	28 d	≥6.5	7.0
抗压强度（MPa）	3 d	≥15.0	22.2
	28 d	≥42.5	28

黏土和膨润土是塑性混凝土中必不可少的材料，是决定塑性混凝土强度、弹性模量、变形以及渗透性能的

重要因素。同时,它对降低塑性混凝土的弹性模量起着关键性作用。试验检测表明,膨润土黏粒质量分数67%,其中胶粒质量分数达到55.8%,粉粒质量分数33%;黏土中黏粒质量分数为44.7%,粉粒质量分数较高,为55.3%,基本不含砂粒,适合制备塑性混凝土。

砂料的加入量对塑性混凝土影响是较大的,因为它与塑性混凝土中的水泥用量密切相关,它的用量直接影响塑性混凝土的和易性能。试验采用的砂料为粗河砂,其细度模数较高,且砂子剔除5 mm以上部分。检验项目符合《水工混凝土施工规范》(DL/T 5144—2001)标准要求。

试验中采用的石子为一级配。堆积密度为1.443 g/cm³,含泥量(质量分数)为1.8%,针片状颗粒质量分数为3%。

试验采用的外加剂为DH₄C缓凝高强高效减水剂,产品由河北省混凝土外加剂厂生产。

1.2　配合比试验

1.2.1　配合比设计

采用工程类比法初步确定塑性混凝土防渗墙配合比,然后在此基础上根据试验成果优化配合比。根据山西册田水库土坝防渗加固工程的配合比设计经验,结合塑性混凝土防渗墙的特性及物理力学规律,初步确定配合比。确定配合比考虑的主要因素包括:

(1)模强比随细料含量增大而减小,随粗料含量增大而增大。因此,配合比中增加了砂子用量,减少石子用量,石子采用一级配。

(2)水泥用量不宜过大,适当增加水灰比。

结合以上因素,确定13种配合比(见表2)。

根据防渗墙的受力特点,对塑性混凝土试样进行了无侧限压缩试验和三轴压缩试验,目的是研究不同配合比和不同围压水平对塑性混凝土力学特性的影响。同时进行了渗透试验,根据试样的抗压强度、弹性模量与渗透系数综合考虑优化配合比。

1.2.2　无侧限压缩试验

无侧限压缩试验设备采用液压式压力试验机。其加载速率为0.2 mm/min,试样尺寸分别为150 mm × 150 mm × 150 mm立方体和直径150 mm、高300 mm的圆柱体。试样制备采用人工搅拌,经振动台振捣30 s装模成型,2 d后拆模,然后进行水中养护。

通过试验对比,4个配合比(编号10、11、12、13)28 d抗压强度超过2.0 MPa,其中10号配合比弹性模量最小,模强比为249,符合一般塑性混凝土模强比100~300的要求,其他三个配合比弹性模量大于500 MPa,模强比也超过了300,具体数值见表3。

表2　塑性混凝土配合比表

试验编号	用量(kg/m)						外加剂(%)
	水泥	黏土	膨润土	水	砂子	石子	
1	81	121	81	323	1 010	445	0.5
2	79	147	49	315	983	432	0.5
3	80	179	20	319	996	438	0.5
4	77	193	0	309	965	425	0.5
5	80	241	0	321	1 002	441	0.5
6	68	145	48	310	969	426	0.5
7	99	149	50	318	993	437	0.5
8	79	147	49	315	1 081	334	0.5
9	78	145	48	310	824	572	0.5
10	135	96	48	308	962	423	0.5
11	146	107	49	319	974	409	0.5
12	153	115	48	321	956	383	0.5
13	176	196	0	333	980	343	0.5

表3　塑性混凝土配合比无侧限抗压强度与弹性模量、坍落度、渗透系数结果表

试验编号	7 d龄期			28 d龄期			坍落度(cm)	渗透系数 10⁻⁷(cm/s)
	抗压强度(MPa)	弹模(MPa)	模强比	抗压强度(MPa)	弹模(MPa)	模强比		
1	0.68	180	266	1.27	487	384	23	0.08
2	0.65	94	145	1.26	422	336	22	0.21
3	0.63	92	147	1.22	183	150	23	0.60
4	0.63	126	200	1.33	385	290	22	1.26
5	0.91	190	210	1.30	350	269	22	2.02
6	0.56	106	190	1.16	239	202	23	2.28
7	0.69	138	201	1.29	423	329	24	0.64
8	0.51	139	275	1.23	366	294	21	1.16
9	0.40	111	278	1.12	222	232	20	0.62
10	0.55	187	339	2.34	582	249	23	0.18
11	0.56	200	357	2.37	1 065	393	22	0.12
12	0.92	196	269	2.31	770	332	21	0.06
13	1.39	374	213	3.12	1 237	396	23	0.83

试验表明,塑性混凝土的坍落度在 20~24 之间。通过比较编号 1~5 配合比可以看出,随着膨润土掺量的增加,塑性混凝土渗透系数减小;同时通过比较编号 2,7,9,10~13 配合比可以看出,随着水泥掺量的增加,塑性混凝土渗透系数也减小。13 个配合比中除了配合比 4、5、6 和 8 以外,其他的各个配合比的塑性混凝土试样渗透系数均小于 10×10^{-7} cm/s。

1.2.3 三轴压缩试验

三轴压缩试验设备为 SY250 中型三轴仪,加载速率为 0.24 mm/min。采用直径 101 mm、高 200 mm 的圆柱体试样进行试验。室内试样采用人工搅拌,经振动台振捣 30 s 装模成型,2 d 后拆模,然后进行水中养护。

为了研究周围压力对塑性混凝土强度的影响,在塑性混凝土三轴试验中,采用围压为 0.1,0.2,0.4,0.8 MPa,对 10 号配合比的 28 d 龄期试样进行了不固结不排水剪切试验。

三轴试验表明,随着围压的增大,塑性混凝土的强度和极限应变 ε_{af} 有明显增大;与无侧限条件下相比,塑性混凝土的初始模量在三轴围压条件下有所下降。

1.3 配合比物理力学性能验证试验及分析

(1)根据无侧限抗压试验结果看出,10 号配合比 28 d 龄期无侧限抗压强度为 2.34 MPa,弹性模量为 582 MPa,模强比为 249,符合一般塑性混凝土模强比 100~300 的要求。

在围压为 0.1,0.2,0.4,0.8 MPa 条件下,弹性模量分别为 311.3,431.7,422.9,367.1 MPa,相对于无侧限抗压试验弹性模量有所降低,模强比分别为 125,134,128 和 106。10 号配合比的渗透系数为 0.18×10^{-7} cm/s,渗透系数小于 1.0×10^{-7} cm/s。因此,考虑围压条件下 10 号配合比的抗压强度与弹性模型均满足边界条件要求。

(2)2 号配合比试样的弹性模量为 422 MPa、渗透系数为 0.21×10^{-7} cm/s,满足边界条件要求,其 28 d 龄期无侧限抗压强度为 1.26 MPa。根据摩尔库伦准则认为某单元破坏时的最大主应力 σ_{1f}^T 为:

$$\sigma_{1f}^T = \sigma_3 \tan^2\left(45° + \frac{\phi}{2}\right) + q_u \tag{1}$$

式中:q_u 为无侧限抗压强度。

针对防渗墙塑性混凝土,取坝体土与防渗墙体平均容重为 20 kN/m³,保守选取土体侧压力系数为 0.4,塑性混凝土内摩擦角为 $\phi = 18°$。选取塑性混凝土防渗墙顶部、30 m 和 62.5 m 进行强度计算。表 4 所示为防渗墙不同深度破坏时的最大主应力计算成果表,从中可以看出,最大主应力均大于上覆土压力。同时

考虑龄期对强度增长的影响,2 号配合比强度也可以满足边界条件要求。

表 4　最大主应力 δ_{1f}^T 计算结果表

深度（m）	上覆土压力（MPa）	周围压力（MPa）	最大主应力（MPa）
0	0.8	0.32	1.87
30	1.4	0.56	2.32
62.5	2.05	0.82	2.81

1.4 结论

(1)增加膨润土掺量,塑性混凝土渗透系数减小;增加水泥掺量,塑性混凝土渗透系数也减小,具体见图 1。通过比对试验,可以选取最优膨润土掺量和水泥掺量,使渗透系数达到最小。试验表明:2 号及 10 号配合比为最理想的配合比。

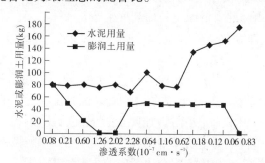

图 1　水泥及膨润土用量与渗透系数关系曲线图

(2)随着围压的增大,塑性混凝土的强度和极限应变 ε_{af} 有明显增大。但与无侧限条件下相比,塑性混凝土的初始模量在三轴围压条件下有所下降。

(3)塑性混凝土以 28 d 抗压强度来判断其安全性也是非常保守的。实际上塑性混凝土的后期强度仍有非常大的增长空间。

实际上,塑性混凝土防渗墙总是在三向受力的条件下工作,三轴作用下的抗压强度根据围压水平有不同程度的提高。

根据三轴剪切试验结果可以看出,在围压为 0.1,0.2,0.4,0.8 MPa 条件下,10 号配合比的抗压强度大幅度提高,在 0.8 MPa 围压下抗压强度达到 3.475 MPa,相比无侧限抗压强度提高了 48.5%。

这就说明塑性混凝土以单轴抗压强度来判断其安全性是偏保守的,实际的抗压安全系数可能要大许多。

此外,根据长江科学院与清华大学等单位研究成果得出的塑性混凝土强度与龄期的关系[5-6],塑性混凝土 360 d 强度相对 28 d 强度增长 1.64 倍,塑性混凝土 28 d 龄期的抗压强度远没有达到最终强度,研究表明,720 d 的强度仍在增长。因此一般情况下塑性混凝土材料的抗压强度宜取 90 d 为宜。这就说明塑性

混凝土以 28 d 抗压强度来判断其安全性也是非常保守的。

2　结语

通过对塑性混凝土配合比试验结果的对比，可以清楚地看到：第一，塑性混凝土防渗要达到最佳效果，使渗透系数最小，应使各种用材处于一个最佳比例，特别是水泥和膨润土的掺量达到最佳比例。应根据不同工程、不同地区的用材差异有针对性地进行配合比试验；第二，塑性混凝土防渗墙实际上总是在三向受力的条件下工作，塑性混凝土以单轴抗压强度来判断其安全性是偏保守的，实际的抗压安全系数可能要大许多；第三，塑性混凝土以 28 d 抗压强度来判断其安全性也是非常保守的。如前所述按照《水工混凝土配合比设计规程》塑性混凝土材料的抗压强度宜取 90 d 为宜。

塑性混凝土防渗墙施工技术从开始使用至今不过 50 年的时间，在我国的应用也不过二十几年的时间[7]。由于塑性混凝土防渗的设计和施工对实践经验依赖性很强，且国内目前还没有相应的施工规范，因此本文通过对千年水库坝基塑性混凝土防渗墙配合比个案进行分析，并通过对册田水库、横泉水库塑性混凝土防渗墙等进行比对研究，提出一些观点，与大家共同探讨。

参考文献

[1] 于玉贞. 塑性混凝土特性及其在高土坝覆盖层防渗墙中的合理性分析[M]. 北京:清华大学出版社,1994.
[2] 王清友,孙万功,熊欢. 塑性混凝土防渗墙[M]. 北京:中国水利水电出版社,2008.
[3] 水利水电部水利水电建设总局. 水利水电工程混凝土防渗墙施工技术规范(SL 174—96)[M]. 北京:中国水利水电出版社,1996.
[4] 水利水电部水利水电建设总局. 水利水电工程混凝土防渗墙施工技术规范(DL/T 5199—2004)[M]. 北京:中国电力出版社,2005.
[5] 长江科学院. 三峡二期深水围堰塑性混凝土试验研究报告[R]. 1996.
[6] 清华大学水利水电工程系. 册田水库南副坝防渗强结构分析研究报告[R]. 1990:9-11.
[7] 水利水电部水利水电建设总局. 水利水电工程施工组织手册:第 3 卷施工技术[M]. 北京:中国水利水电出版社,1987:615-642.
[8] 丛蔼森. 地下连续墙的设计施工与应用[M]. 北京:中国水利水电出版社,2001:657-877.

[作者简介] 靳忠才(1966—),男,黑龙江五常人,高级工程师,主要从事水利工程材料应用研究。

本文刊登在《中国水能及电气化》2011年第9期

土石坝坝体灌浆劈裂与水力劈裂的机理研究

王学武[1,2]　党发宁[1]

(1. 西安理工大学水利水电学院,西安 710048;

2. 山西省水利水电工程建设监理公司,山西太原 030002)

[摘　要]从发生机理、变形机理和力学机理方面对土石坝坝体的灌浆劈裂与水力劈裂进行了比较研究。基于断裂力学理论,将灌浆劈裂分为土体挤密、土体拉裂和土体断裂发展三个阶段进行了断裂机理分析,将水力劈裂的土体断裂发展分为浅层裂缝、深层裂缝和穿透型裂缝形成三个过程进行了断裂机理分析,并分别给出了断裂判据。

[关键词]土石坝坝体;灌浆劈裂;水力劈裂;劈裂机理;断裂判据

[中图分类号] TV641　　[文献标识码] A　　文章编号:1673 - 8241(2011)09 - 0017 - 05

劈裂灌浆是土石坝防渗技术措施,在水利工程尤其是土石坝的除险加固工程中得到了广泛的应用,灌浆劈裂的机理值得探讨。水力劈裂是由于水压力的抬高引起土石坝坝体中缺陷裂缝扩张的一种物理现象[2],它能够造成防渗体的防渗失效,严重威胁大坝的安全与稳定,是高心墙土石坝工程设计中亟需解决的问题之一。心墙的水力劈裂问题非常复杂,其发生条件并不十分清楚,其机理研究有的从受力变形的角度应用圆孔扩张理论、拉裂破坏理论进行研究[2-4],有的从断裂力学的角度进行研究[5-6]。本文从发生机理、变形机理和力学机理方面对灌浆劈裂和水力劈裂进行比较研究。

1　发生机理分析

1.1　水力劈裂的发生机理

(1)土坝心墙上游面裂缝是发生水力劈裂的重要内部条件。心墙防渗体是非均质材料,在施工期分层铺筑碾压过程中,各碾压层之间以及同一碾压层的不同施工区段之间都有可能因为碾压不均匀而形成裂缝,而且施工环境条件(如温度、湿度等)的变化也有助于这种裂缝的形成。

防渗体在施工期和竣工后,由于材料特性(如应力松弛及蠕变、固结沉降等)、填筑质量和地质因素等原因均有可能引起不均匀沉降,这种不均匀沉降及其引起的应力重分布可能会使防渗体形成裂缝。比如,对于心墙土石坝,坝壳砂砾料和防渗心墙粘土料同时

施工,施工期内土体心墙和砂砾坝壳均在发生固结沉降,由于心墙土料固结沉降慢,坝壳砂砾料固结沉降快,在接触面处坝壳挤压防渗心墙,可能使防渗心墙在接触面产生水平裂缝;竣工后,坝壳料固结沉降已基本完成,而心墙土料的固结沉降还在进行,在接触面处坝壳挤压防渗心墙,也可能使防渗心墙在接触面产生水平裂缝。这就是所称的拱效应[7]。

为了叙述方便,本文将上述裂缝统称为缺陷裂缝。缺陷裂缝有可能形成于防渗体表面处,也有可能形成于防渗体内部。形成于心墙上游表面处的缺陷裂缝往往是造成防渗心墙水力劈裂的重要内部条件。另外,需要指出的是,对于粘土心墙土石坝,坝体越高,拱效应越明显,越容易发生防渗心墙水力劈裂,因此水力劈裂是高心墙土石坝面临的重要研究课题之一。

(2)快速蓄水是防渗心墙发生水力劈裂的重要外部条件。水力劈裂是否发生与水力梯度大小密切相关。当库水位缓慢上升时,随着水位的上升,粘土心墙内形成了稳定渗流,即使心墙上游面存在缺陷裂缝,由于裂缝附近土体内外的水力梯度不大,渗透力也不大,一般不会发生水力劈裂。但是,当库水位快速上升时,稳定渗流还未形成,如果心墙上游面存在缺陷裂缝,由于此时裂缝附近土体内外的水力梯度很大,渗透力也很大,这样发生水力劈裂的可能性就大大增加了。

1.2　灌浆劈裂的发生机理

灌浆劈裂是沿土坝坝体轴线方向布置灌浆孔,通过注浆加压,使坝体沿轴线方向发生挤密—拉裂—断

裂发展,最终沿轴线方向有控制地劈裂成缝,注入的浆液此时充满裂缝并在固结后形成连续的垂直防渗帷幕。通过浆液的挤压作用,还可提高防渗帷幕上下游范围的坝体质量。灌浆劈裂的程度仅与注浆压力大小有关,而与"注浆速率"无关。

2 变形机理分析

2.1 灌浆劈裂的变形机理

土坝劈裂灌浆从孔内注浆加压到劈裂成缝的时间虽然不长,但通过对灌浆劈裂过程的变形分析仍可分为土体挤密、土体拉裂和土体断裂发展三个阶段。灌浆开始后,首先发生土体挤密。注浆孔内随着灌浆压力的增加,浆液不断挤压周围的土体,使周围土体的密实度提高,圆孔孔径随之扩大,孔周土体以注浆孔为中心形成三个区域:压缩区、塑性挤密区和弹性区,如图1所示。

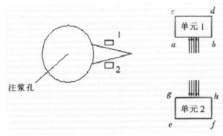

图1 劈裂机理示意图

当土体挤密到一定程度后,土体变形进入第二阶段,发生土体拉裂。挤密后的孔周土体在孔内灌浆压力不断增大的情况下,当圆孔切向拉应力 σ_3 超过土体的抗拉强度时,孔周土体沿切向发生拉裂,裂缝首先产生于最小主应力作用平面(即坝轴线方向),然后向孔两侧方向发展,土体变形进入第三阶段。

把第二阶段土体拉裂和第三阶段土体断裂发展区分开主要是由于二者的力学机理不同,前者是孔内灌浆压力作用下的土体沿圆孔切向拉裂问题,后者是裂缝扩展的断裂力学问题。灌浆劈裂通过前面两个阶段使土体发生了裂缝,为第三阶段的土体断裂发展创造了条件。进入第三阶段后,裂缝在缝内浆液的作用下变宽、扩展。土坝的灌浆劈裂可视为一维的断裂力学问题,即浆液作用于裂缝上、下表面而使裂缝发展的 I 型线弹性断裂。

这里需要简述一下水楔作用原理[2,11]。在裂缝尖端上、下表面各取一个单元,如图2所示。当浆液传到裂缝尖端时,单元1只有底面有水压力,其他三面都没有水压力,且底面水压力很大,接近孔内浆液压力。当 ab 面上的水压力超过了该面上的正应力时,必然使该

单元压缩并向上位移(实际上,即使水压力没有超过该面上的正应力,只要施加水压力,单元也会产生压缩和位移)。单元2的情况与此相似,只是它向下产生压缩和位移。这样 ab 面向上位移、gh 面向下位移,使裂缝进一步劈裂发展,这就是水楔作用原理。

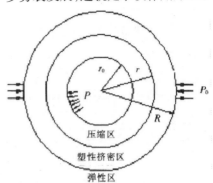

图2 土体扩孔问题示意图

2.2 水力劈裂的变形机理

心墙水力劈裂过程只有土体断裂发展一个阶段,是在心墙土体已有缺陷裂缝基础上发生的 I 型线弹性断裂。如果没有缺陷裂缝的存在,心墙土体是不会发生水力劈裂的。

由此可见,灌浆劈裂除了和水力劈裂均有土体断裂发展阶段外,还具有水力劈裂所没有的土体挤密阶段和土体拉裂阶段,因而其变形机理更复杂。

3 力学机理分析

3.1 灌浆劈裂的力学机理

1)扩孔挤密阶段

灌浆劈裂过程中,随着孔内浆液压力的增大,孔周土体被挤密,出现了扩孔效应,最终使得塑性区厚度由开始的"压缩区厚度 + 挤密区厚度"减少为"挤密区厚度"(即压缩区的厚度被压缩为零),如图2所示。在此过程中,塑性区土体的密度变大,变形模量增大。文献[3]将扩孔挤密阶段土体的应力—应变关系用简化的应变软化模型表示,并把塑性区分为流动区和软化区。本文认为采用简化的应变硬化型应力—应变弹塑性模型更能反映土体挤密过程的实际情况,如图3所示。因为土体的扩孔挤密过程是径向压剪破坏和切向拉裂破坏的组合过程,土体的抗拉强度远低于抗压强度,土体不会等到压剪破坏后再发生拉裂破坏,事实上土体被压剪到一定程度但还没有达到其极限抗剪强度时就已经发生了拉裂破坏,因此,应变软化实际是不存在的,应变硬化型应力—应变弹塑性模型比较符合实际情况。根据弹塑性理论可求出弹性区半径、压缩区半径和挤密区厚度。

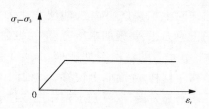

图 3　简化硬化型应力应变模型

2）拉裂阶段

拉裂阶段的孔周土体承受径向的压剪应力和切向的拉应力，因土体的抗拉强度远低于抗剪强度，土体拉裂受拉应力控制。

如图 4 所示，灌浆劈裂孔壁面切线方向拉应力为[1]：

$$\sigma_T = (\sigma_2 + \sigma_3 - p) - 2(\sigma_2 - \sigma_3)\cos 2\theta \quad (1)$$

式中　θ——主应力 σ_2 方向的偏角；

　　　σ_s——土体的极限抗拉强度；

　　　p——孔内浆液压力。

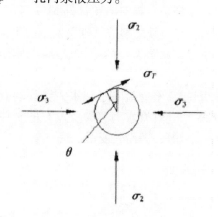

图 4　劈裂灌浆示意图

当 $\theta = 0$ 时 σ_T 为最小值，当 $\sigma_s = \sigma_T$ 时土体开始拉裂，由上式可得灌浆孔的起始劈裂压力：

$$p_b = 3\sigma_3 - \sigma_2 + \sigma_s \quad (2)$$

3）断裂发展阶段

断裂发展阶段是土体裂缝的进一步延伸阶段，在 σ_2、σ_3 作用平面内发生的裂缝扩展，可认为是穿透型裂缝考虑了裂缝尖端塑性区后的 I 型线弹性断裂，因为土体抗拉强度低，在拉裂扩张过程中，裂缝尖端塑性区尺寸不大，这样处理比较符合灌浆劈裂的实际情况。假定 σ_1 作用平面为无限大平面，裂缝上、下表面受均匀拉伸力作用，如图 5 所示。

以平面应变状态为例[10]，应力强度因子为：

$$K_I = \frac{\sigma \sqrt{\pi a}}{\sqrt{1 - \frac{1}{4\sqrt{2}}\left(\frac{\sigma}{\sigma_s}\right)^2}} \quad (3)$$

当 $K_I \geqslant K_{IC}$ 时心墙土体发生断裂。

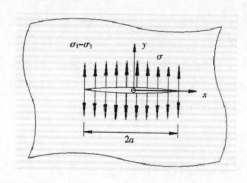

图 5　无限大平板中心裂缝表面受均匀拉伸力示意图

式中　K_{IC}——材料的平面应变断裂韧度（材料常数）；

　　　σ_s——土体单向拉伸时的屈服极限值；

　　　σ——孔壁的浆液压应力值；

　　　$2a$——裂纹长度。

上述三个阶段可以起始劈裂压力值为界进行划分：当灌浆压力小于起始劈裂压力值时，孔内灌浆压力持续升高，属于扩孔挤密阶段；灌浆压力等于起始劈裂压力值时，孔周土体发生拉裂，属于拉裂阶段；灌浆压力大于起始劈裂压力值时，孔周土体发生断裂形成裂缝，裂缝在浆液作用下迅速延伸扩展，此时孔内灌浆压力开始降低，属于断裂发展阶段。

当灌浆劈裂发生坝顶劈裂冒浆时，灌浆压力迅速减小，断裂强度因子 K_I 也迅速变小，当 $K_I \geqslant K_{IC}$ 时，裂缝止裂不再扩展。至于随后进行的间歇性复灌，属于充填灌浆的范畴，不是劈裂问题。

3.2　水力劈裂的力学机理

心墙的水力劈裂过程只有土体断裂发展一个阶段，断裂发展过程依次分为：表面浅层裂缝的断裂发展、深层裂缝的断裂发展和穿透型裂缝的断裂形成。

在对心墙水力劈裂进行断裂力学分析时，假定心墙的断裂为 I 型线弹性断裂，裂缝形状为椭圆裂缝，裂缝尖端为考虑了小范围屈服的尖端塑性区，裂缝为无限大平板带有单边裂缝，裂缝表面受均匀拉伸应力作用。

以平面应变状态为例，第一过程表面浅层裂缝的应力强度因子为[10]：

$$K_I' = \frac{1.1\sigma \sqrt{\pi a}}{\sqrt{\left(\Phi^2 - 0.212\dfrac{\sigma^2}{\sigma_s^2}\right)^{\frac{1}{2}}}} \quad (4)$$

式中

$$\Phi = \int_0^{\frac{\pi}{2}} \left[\sin^2\varphi + \left(\frac{a}{c}\right)^2\cos^2\varphi\right]^{\frac{1}{2}}\mathrm{d}\varphi$$

为完整的第二类椭圆积分；a、c 分别为椭圆裂缝的短半轴和长半轴，已知 a 与 c 的比值时，Φ 可查相关图表得到;$2a$ 为裂缝长度;σ 为作用于裂缝尖端上、下表面的浆液压应力值;σ_s 为土体单向拉伸时的屈服极限值。

第二过程深层裂缝的应力强度因子为[10]:

$$K_I'' = \frac{M_C \sigma \sqrt{\pi a}}{\left[\Phi^2 - \frac{M_C}{4\sqrt{2}} \left(\frac{\sigma}{\sigma_s^2} \right)^2 \right]^{\frac{1}{2}}} \quad (5)$$

式中,M_C 为弹性修正指数,可查相关图表。

第三过程穿透型裂缝的应力强度因子为[10]:

$$K_I''' = \frac{\sigma \sqrt{\pi a}}{1 - \frac{1}{4\sqrt{2}} \left(\frac{\sigma}{\sigma_s} \right)^2} \quad (6)$$

在应用上述三个过程的应力强度因子时,建议当裂缝长度(或深度)≤1/10 心墙厚度时,用式(4)判定;当裂缝长度(或深度)≥1/10 心墙厚度时,用式(5)判定;当裂缝已贯通上下游面时,用式(6)判定(注:这里心墙厚度指裂缝高程处的厚度)。

当 K_I'(K_I'' 或 K_I''')≥K_{IC}时,心墙发生水力劈裂。在实际运用中,为安全起见也可取 K_I'、K_I''、K_I''' 中的最小值作为断裂因子与 K_{IC} 相比较,来判定心墙水力劈裂是否会发生。

4　结论

(1)土坝心墙水力劈裂的发生,是由于坝体上游表面存在缺陷裂缝。以往的心墙水力劈裂室内试验多忽视了这一点,实际上是用灌浆劈裂的方法进行水力劈裂的试验。

(2)从发生机理、变形机理、力学机理的比较可知,土坝灌浆劈裂与水力劈裂机理是有区别的。灌浆劈裂强调,只要注浆压力足够大,土体就会发生劈裂,不论存在缺陷裂缝与否。灌浆劈裂可分为土体弹塑性压密、土体拉裂和土体断裂发展三个阶段,而水力劈裂只有土体断裂发展一个阶段。

(3)在二者都有的土体断裂发展阶段,灌浆劈裂

只有穿透型裂缝断裂发展一个过程,而水力劈裂则可细分为表面浅层裂缝的断裂发展、深层裂缝的断裂发展和穿透型裂缝的断裂形成三个过程,且三个过程的断裂判据是不一样的。

参考文献

[1] 白永年,吴士宁,王宏恩.土石坝加固[M].北京:水利电力出版社,1992.
[2] 朱俊高,王俊杰,张辉.土石坝心墙水力劈裂机制研究[J].岩土力学,2005,28(3):487-492.
[3] 邹金峰,李亮,杨小礼,等.土体劈裂灌浆力学机理分析[J].岩土力学,2006,27(4):625-628.
[4] 殷宗泽.高土石坝的应力与变形[J].岩土工程学报,2009,31(1):1-13.
[5] 盛金昌,赵坚,速宝玉.高水头作用下水工压力隧洞的水力劈裂分析[J].岩石力学与工程学报:2005,24(7):1226-1230.
[6] 王俊杰.基于断裂力学的土石坝心墙水力劈裂研究[D].南京:河海大学水利水电学院,2005.
[7] 王俊杰,朱俊高.堆石坝心墙水力劈裂性能研究[J].岩石力学与工程学报,2007,26(1):2881-2885.
[8] 殷宗泽,朱俊高,袁俊平,等.心墙堆石坝的水力劈裂分析[J].水利学报,2006,37(11):1348-1353.
[9] 张丙印,李娜,李全明,等.土石坝水力劈裂发生机理及模型试验研究[J].岩土工程学报,2005,27(11):1277-1281.
[10] 程靳,赵树山.断裂力学[M].北京:科学出版社,2006.

[基金项目] 国家自然科学基金资助项目(50879069);水利部公益性行业科研专项资助项目(2007SHZ1 - 200701004)

[作者简介] 王学武(1966—),男,博士生,高级工程师,研究方向为岩土工程数值分析。E-mail:wangxuewu1964@sina.com
党发宁(1962—),男,博士,教授,博士生导师,研究方向为计算力学及岩土工程数值分析。E-mail:dangfn@xaut.edu.cn

本文刊登在《现代营销》2011年第84期

关于民营企业内部会计控制体系的分析

卢永爱

（山西省水利水电工程建设监理公司，山西太原 030002）

[摘　要]民营经济在改革开放以来呈现了持续、快速、稳定的发展。但民营企业财务管理存在着财务制度执行不力，财务管理意识淡薄等诸多问题，制约了国民经济发展与社会进步。本文从会计内部控制方面进行论述，提出优化设计的思路，对我国民营企业的内部会计控制有积极作用。

[关键词] 企业；会计控制；建议

建立和完善企业内部会计控制体系对于完善企业内部管理制度，防范经营风险和财务风险具有重要作用。民营经济是中国经济的重要组成部分，成为国民经济最为活跃的经济增长点。内部会计控制制度的建设对民营企业尤为重要。

1　内部会计控制

美国在1934年的《证券交易法》中首先提出了"内部会计控制，指出了证券发行人应设计并维护一套能为下列目的提供合理保证的内部会计控制系统。我国关于内部会计控制的表述是财政部在2001年6月颁布的《内部会计控制规范—基本规范（试行）》"内部会计控制是指单位为了提高会计信息质量，保护资产的安全、完整，确保有关法律、法规和规章制度的贯彻执行等而制定和实施的一系列控制方法、措施和程序其控制的主体是企业内部生产经营的管理者利用会计方法和其他有关方法，对企业经济事项进行指导、约束，促使企业经营实现企业的价值最大化。

在国外，内部控制是一个动态的概念，人们对内部控制的认识是不断变化的。纵观控制实践与理论的演变，可以看出，企业内部加强管理的内在需要是内部控制概念演变与内容的深化，并随着外在审计监督的压力不断发展，演变的动力来自企业内部控制实践的要求，其特点是：内部控制的范围由简单的岗位内部牵制向结构化的内部控制发展，形成企业环境、业务过程和管理有机结合；会计控制是企业内部控制的核心，其内部的职能作用越来越突出，逐步成为企业内部控制的核心；会计控制与管理控制日益融合，两者相互交叉、渗透，并在现代企业生产管理中占有重要地位。

我国对于内部控制的研究起源于20世纪80年代，呈现内部控制主要由政府主导推进的特点。如1986年财政部发布《会计基础工作规范》，目的是加强内部会计控制；1997年5月中国人民银行颁布《加强金融机构内部控制的指导原则》；1999年10月全国人民代表大会通过新的《会计法》，将内部控制当作保障会计信息"真实和完整"的基本手段；2003年10月22日，财政部发布了《内部会计控制规范—工程项目（试行）》；2006年财政部重申建设内部会计控制体系的重要性，标志着我国内部会计控制系统建设进入了新阶段。

结合我国的实际发展，我们看到在国内外内部控制的发展中，内部会计控制始终是内部控制的核心。内部会计控制自身的内容和作用随着内部控制理论的发展和完善，但是，内部会计控制的核心地位始终保持着。会计控制是指通过会计工作，对企业生产经营活动所进行的指挥、约束等活动，目的是达到企业实现效益最大化的目标。因此，尽管内部控制的目标呈多元化趋势，会计控制始终处于内部控制系统中的核心地位。内部控制制度建设过程必须围绕会计控制核心，在此基础上采用各种控制措施来建立完善的内部会计控制体系，从而保证企业经营目标的实现。

2　内部会计控制的方法

企业在建立和设计内部会计控制时必须遵循一定的基本法则，为了实现组织内部会计控制的目标，内部会计控制的方法采取的各项控制方法、制度和措施等。它由组织计划以及与保护财产物资的准确性、可靠性记录和控制措施等构成。这些方法有组织结构控制法、批准控制法、预算控制法、不相容职务分离控制法、内部报告控制法、会计系统控制法、财产保全控制法、风险控制法、内部审计控制法等。

组织结构控制法。企业组织结构是一种指挥和协调结合的有机体，是指企业单位内部的机构设置，具有一定的控制职能。企业的组织结构目的在于实现其整体目标，企业组织结构直接影响到企业的经营成果。良好的组织必须以执行工作计划为使命，并具有清晰的职位。但组织结构只是给企业提供了一个合理的经营运作与控制框架，最重要的还是企业员工。

不相容职务分离控制法。指那些如果由一个人担任，既可能发生错误和舞弊行为，又可能掩盖其错误和弊端行为的职务。不相容职务分离控制的核心是"内部牵制"，使得单个人或部门的工作必须与其他人或部门相联系，并受其监督和制约。

授权批准控制法。指各有关岗位处理经济业务时，必须得到相应授权才能进行。在公司中，公司每一层管理者既是上层管理者的授权客体，又是向下级管理者进行授权的主体。实施授权控制，首先必须明确一般授权和特别授权的责任，明确每类经济业务的授权批准程序。建立授权批准的检查制度目的是确保每类经济业务授权批准的工作质量。

预算控制法。它是内部控制的重要组成部分。预算是在年度经济业务开始之前对全年经济业务的授权批准控制。一般包括经营预算、资本预算、财务预算三个部分。预算控制过程是一个系统工程，预算控制的内容可以涵盖单位经营活动的全过程。预算的执行层由各预算单位组织实施，由内部查账部门负责监督预算的执行。

财产保全控制法。指为实物资产的安全完整而进行的控制，主要包括限制接近、定期盘点和比较。

内部报告控制法。企业应当建立内部报告控制体系来全面反映经济活动情况，增强内部管理的时效性和针对性。内部报告要根据管理层次设计，内容从重、从简。

会计系统控制法是整个内部控制的核心，它保证完整地、准确地记录所有有效的经济业务。包括可靠的凭证控制、完整的簿记控制、严格的核对控制、科学的预算控制、报表控制、合理的会计政策和程序。

风险控制法。在市场经济环境下，企业风险一般是指某一行动的结果具有变动性。企业风险管理通过提供存在的重大风险的信息帮助经营层做出有效的决策，并支持内部控制的有效实行。

内部审计控制法。它是企业内部经济活动和管理制度合理和有效的独立评价机构。是内部财务控制的一个组成部分和特殊形式。内部审计包括内部财务审计和内部经营管理审计。内部审计是保证会计资料真实、完整的重要措施，也是内部财务控制的有效手段。

在内部会计控制上，民营企业有其他企业所具有的共性，但又有其特性。民营企业的公司治理模式一般为"家族式管理"，共性是指市场化经济要求企业必须建立以内部会计控制为核心的内部控制体系。民营企业应根据自身特点，建立完善的内部会计控制体系。应以财政部颁布的内部控制制度为框架，抓住业务处理流程中的关键控制点，综合应用当前通行的内部会计控制方法，构建内部会计控制体系。

3 完善民营企业内部会计控制的建议

提高对会计内部控制重要性的认识。重视会计内部控制建设是提高民营企业内部会计控制水平的根本办法。要认识到内部会计控制重要性，推动各项内部会计控制制度的执行落实，公司财务人员要把内部会计控制当作财务部的首要职责，加强内部会计控制重要性的宣传力度，使公司上下树立起正确的内控观；通过培训加强高管的风险控制意识，使财务部在执行内部会计控制职能时得到了更多的支持和配合。

提升财务人员综合素质。承担企业内部会计控制职责的主要是财务人员，其职业道德素养、知识更新能力非常重要。根据现有人员的实际情况制定人才引进计划，保证新进财务人员的素质；对于现有的财务人员，财务部要安排财务专业知识、计算机操作技能的培训，切实提高财务人员的综合素质；要实行财务部内部轮岗制，加强各岗位之间的监督检查，促使员工对自己的工作更加认真负责，以提高员工的职业道德水平。

加强内部会计控制制度的执行考查。要定期对内部会计控制制度的执行情况进行考查，在实际运作中，可以考虑实行激励控制方法，进一步推进为事前控制。

强化内部审计对内部会计控制的监督作用。民营企业的审计部门设在财务部下面。因此建议在民营企业董事会下设立审计部，便于对公司各相关部门、下属单位进行监督、检查，并充分保证该机构的独立性和权威性，使其能更好地履行监督职责，从而解决董事会难以集中问题，发挥董事会在内部控制中的核心作用。

参考文献

[1] 潘秀丽. 对内部控制若干问题的研究,会计研究,2001,6.
[2] 陈铃. 关于我国内部控制规范建设的思考,会计研究. 2001,8.
[3] 杨有红. 企业内部控制框架——构建与运行,浙江人民出版社,2001.

[作者简介] 卢永爱(1973—),女,毕业于郑州轻工业学院。

本文刊登在《水利水电技术》2011 年第 12 期

禹门口提水东扩工程湿陷性黄土特性及工程措施研究

杨继林

（山西省水利水电工程建设监理公司，山西太原 030002）

[摘　要] 针对禹门口提水东扩工程建设实际，在施工实施阶段通过现场试验检验，深入研究了湿陷性黄土地基特性，分析验证了工程处理措施并提出了优化建议，减少了灰土处理工程量，为工程建设节约了投资，取得较好经济效果。

[关键词] 湿陷性黄土；处理措施；优化设计；禹门口提水东扩工程

[中图分类号] TU444(225)　　　　[文献标识码] B　　　文章编号：1000 - 0860(2011)12 - 0059 - 04

1　项目研究概况

1.1　工程概况

山西禹门口提水东扩工程位于山西省中南部，是向临汾、运城六县市工、农业以及农村生活供水的保障性给水工程。工程内容包括输水渠道 11.1 km；PCCP 输水主管线 48.8 km，支管线 8.9 km；三泉水库改建，西梁水库改建；一级、二级、三级泵站。一期工程向新绛、侯马、曲沃、翼城四县市工、农业生产供水 12 952 万 m³；二期工程为向稷山、襄汾两县农业供水 3 173 万 m³。

1.2　工程地质条件

禹门口东扩工程沿线主要地貌为洪积倾斜平原区、汾河河谷、漫滩及阶地。沿线广泛分布新生界第四系上更新统洪积（Q_3^{pal}）和全新统洪积（Q_4^{pal}）地层。其岩性组成为淡黄、黄褐、淡红色低液限粉土、低液限黏土、粉土质砂，夹卵石混合土、级配不良砂，覆盖厚度大，堆积交错复杂（见表 1）。地勘报告分析认为：工程区域属湿陷性黄土地基的地质特征，土体结构较疏松，具大孔隙和垂直节理，是一种非饱和的欠压密土体，在天然湿度下，其压缩性较低，强度较高，但遇水浸湿时，土的强度显著降低，在附加压力下引起湿陷变形，这种下沉量大，下沉速度快的失稳变形，对建筑物危害性极大，因此设计提出主要建筑物基础采用灰土挤密桩处理措施，管线基础处理采用二八灰土换基 1 m 厚措施。针对以上情况，在工程实施阶段深入研究湿陷性黄土地基判定与处理措施，结合预应力钢筒混凝土管（PCCP）有较强适应地基变形能力的特点，通过现场取样检验、浸水载荷试验与浸水试验，为工程建设提供了第一手资料，优化了设计方案，节约了投资，使管线基础处理措施既安全可靠，又经济合理，取得了良好的社会经济效益。

表1　工程沿线基础湿陷性情况统计

序号	分段名称	起点桩号	终点桩号	长度(km)	湿陷等级
1	三泉水库—北社	0 + 000.00	4 + 771.60	4.77	（非）自重Ⅱ级（中等）—自重Ⅳ级（很严重）
2	北社—南史威	4 + 771.60	7 + 755.00	2.98	（非）自重Ⅰ级（轻微）
3	南史威—龙香	7 + 755.00	10 + 945.30	3.19	自重Ⅱ级（中等）
4	龙香—西吉	10 + 945.30	16 + 034.60	5.09	（非）自重Ⅰ级（轻微）—自重Ⅱ级（中等）
5	西吉—东吉	16 + 034.60	20 + 425.90	4.39	非湿陷性土
6	东吉—北庄	20 + 425.90	21 + 450.20	1.02	自重Ⅱ级（中等）
7	北庄—西北集	21 + 450.20	25 + 861.00	4.41	（非）自重Ⅱ级（中等）—自重Ⅳ级（很严重）
8	西北集—郑村	25 + 861.00	31 + 116.10	5.26	（非）自重Ⅰ级（轻微）—自重Ⅳ级（很严重）
9	郑村—西常	31 + 116.10	37 + 135.40	6.02	自重Ⅱ级（中等）—自重Ⅲ级（严重）
10	西常—西梁	37 + 135.40	48 + 765.50	11.63	（非）自重Ⅰ级（中等）—自重Ⅳ级（很严重）
	总计	0 + 000.00	48 + 765.50	48.77	（非）自重Ⅰ级（轻微）—自重Ⅳ级（很严重）

2 湿陷性地基研究

2.1 目标和内容

为深入研究黄土湿陷特性，论证工程处理措施，工程实施阶段研究目标为：(1)充分掌握管线各区段黄土湿陷特性；(2)针对不同的黄土湿陷特性，验证地基处理措施的可行性，提出优化的具有可行性的推荐方案。研究内容为：(1)通过对已有工程地质资料进行分析、室内土工试验及现场原位测试(浸水载荷试验、试坑浸水试验)，对工程沿线的黄土湿陷特性进行验证。(2)针对湿陷性黄土处理措施，验证及优化处理方案。分为现场试验及室内试验两部分，现场试验在禹门口提水东扩管线工程工地现场进行，室内试验由管线现场布置探坑分层取样，在试验室完成。

2.2 湿陷性地基研究过程

2.2.1 研究方案确定

通过收集整理资料，分析沿线水文地质勘探、地形地貌、地下水位、湿陷程度、湿陷敏感度等资料，包括湿陷性黄土有关特性的基础理论、湿陷性黄土基础处理的主要工程措施、现行有关规程规范等方面的资料。确定了研究大纲，制定了研究方案：(1)对工程现场进行踏勘，包括必要的现场补充勘探，进一步了解现场情况，进而对管线区段进行划分，通过对前期工作的分析，制定切实可行的室内外试验计划。(2)以现场试验为主，室内试验及相关计算配合的思路进行。确定室外试验按自重湿陷性黄土与非自重湿陷性黄土两区段开展现场静载荷试验(安排2组试验)；选取湿陷严重区段进行现场试坑浸水试验(安排2组试验)；针对设计报告中提出的灰土垫层换基法，对不同换基厚度

进行现场平板载荷试验(按4组考虑)，以达到对原设计方案进行验证优化之目的；室内试验主要对管道沿线地层进行补充勘探，并配合现场试验，测定土的干密度、湿陷起始压力、湿陷系数等各项指标(试验组次若干)，进而与现场试验结果进行比对分析，掌握其变化规律。(3)全面开展各项试验工作，及时提出中间成果。根据各试验阶段工作情况，及时整理提出中间成果，为工程应用提供科学依据。(4)通过对试验成果的总结分析，形成成果报告。

2.2.2 试验场地选取

根据工程地质勘察报告：桩号 0 + 000 ~ 4 + 771.60 段为自重Ⅲ级(夹杂少部分自重Ⅳ级)；桩号 4 + 771.60 ~ 7 + 755.00 属非自重Ⅰ级(轻微)；桩号 7 + 755.00 ~ 31 + 116.10 主要为自重Ⅱ级(夹杂少部分自重Ⅲ级、自重Ⅳ级)；桩号 31 + 116.10 ~ 48 + 765.50 属自重Ⅲ级(夹杂少部分自重Ⅱ级、自重Ⅳ级)。沿线包含自重Ⅱ级、Ⅲ级、Ⅳ级三种湿陷性黄土地基，因此在掌握湿陷性黄土分布特点的基础上，综合考虑沿线地貌、地层和工程特点，确定了试验场地的选择原则：(1)黄土湿陷性程度较重(自重湿陷性场地，且湿陷量比较大)；(2)湿陷性黄土地层分布连续，重点考虑大厚度湿陷性黄土地层；(3)地层和地貌具有代表性；(4)试验场地有充足水源。

通过现场踏勘，结合试验场地用水及其他条件，选取两处试验场地(见表2)：(1)在桩号 22 + 300.00(位于北庄村二级加压泵站)附近选取一处场地，场地地基湿陷等级为自重Ⅳ级(很严重)；(2)在桩号 45 + 440.00(位于南唐村)管线附近选取另一处场地，场地地基湿陷等级为自重Ⅲ级(严重)。

表2 试验场地基本情况

试验点	桩号	地面高程 (m)	管底高程 (m)	湿陷下限高程 (m)	场地湿陷下限 (mm)	地基湿陷下限 (mm)	湿陷类型
北庄	22 + 300.00	443	439	423	20	16	自重Ⅳ
南唐	45 + 440.00	585	579	569	16	10	自重Ⅲ

2.2.3 样本选取与检验

两个试验场地土样选取均采用人工探井取样，北庄试验场分布地层岩性为上更新统洪冲积 Q_3 黄褐色低液限黏土，属黏质粉土，含少量细砂，结构较松散，土质均匀；其下为中更新统洪积 Q_2 黄褐色低液限黏土，含少量钙质结核。探井深度 10 m，取土样 5 组，取样深度分别为 1.5 m、4 m、6 m、8 m、9.8 m。南唐试验场分布地层岩性为上更新统洪冲积 Q_3 黄褐色低液限黏土，属黏质粉土，含少量细砂，结构较松散，土质均匀；其下为第四系中更新统洪积 Q_2 黄褐色低液限黏土，含

少量钙质结核。地表约 2 m 厚为黑垆土，有一定的膨胀性。探井深度 9 m，取土样 5 组，取样深度分别为 1.5 m、4 m、6 m、8 m、9 m。

土样的物理力学指标测定依据《土工试验规程》(SL 237—1999)要求进行。土样的室内压缩试验依据《湿陷性黄土地区建筑规范》(GB 50025—2004)的要求，选用单线法进行，规定压力选择：25 kPa、50 kPa、100 kPa、150 kPa、200 kPa 及自重压力 6 组。试样浸水前后的稳定标准均为每小时的下沉量不大于0.01 mm。

2.2.4 室内试验

按照《湿陷性黄土地区建筑规范》第4.4.3条第二款规定:当自重湿陷量的实测值或计算值大于70 mm时,应定为自重湿陷性黄土地基"。根据取样检验结果(见表3),两个试验场地土质均为低液限黏土,北庄村试验自重湿陷量的计算值为99 mm,因此,根据自重湿陷量的计算值判定该地段为自重湿陷性黄土场地;地基自重湿陷量的计算值和地基湿陷量的计算值分别为99 mm和316 mm,因此判定该地段湿陷性黄土地基等级为Ⅱ类(中等)。南唐村场地各土层的自重湿陷系数均小于0.015,为非自重湿陷性黄土场地;地基自重湿陷量的计算值和地基湿陷量的计算值分别为0和78 mm,判定该地段湿陷性黄土地基等级为Ⅰ(轻微)。

2.2.5 现场试坑浸水试验

试验场地现场试坑设置为直径10 m的圆形。坑深0.6 m,坑底铺设厚100 mm的砂砾石层,并沿径向对称布置渗水孔8个,孔内充满砂砾石。试坑内共设置标尺13个,中心点1个,距中心点1 m、2 m、4 m处分别对称设置4个;试坑外设置16个地面标点,距中心点5.5 m、7 m、10 m、16 m处分别对称设置4个。在进行现场浸水试验前,对所有试验地段均进行了钎探,排除了墓穴等干扰因素。当浸水稳定后(最后5 d的平均湿陷量小于1 mm/d),试坑内停止浸水,停水后观测了18 d,连续5 d平均下沉量不大于1 mm/d时,停止观测。浸水过程中,试坑内的水头保持30 cm。

根据《湿陷性黄土地区建筑规范》(GB 50025—2004)标准中第4.4.3条第二款的规定"当自重湿陷量的实测值或计算值大于70 mm时,应定为自重湿陷性黄土地基。"从现场试坑浸水试验(见表4)来看,北庄村试验场地累计沉降量最大为74.2 mm,日最大沉降量为7 mm,其中试验浸水阶段沉降量为69.8 mm,停水阶段沉降量为4.4 mm,场地自重湿陷量的实测值为74.2 mm,因此,按照实测值判定该地段为自重湿陷性黄土场地。南唐村试验场地累计沉降量最大为7.7 mm,日最大沉降量为2.2 mm,其中试验浸水阶段沉降量为7.7 mm,场地自重湿陷量的实测值为7.7 mm,因此,按照实测值判定该地段为非自重湿陷性黄土场地。

表3 试验场地湿陷计算成果($\beta_0 = 0.5$)

试验点	取样深度(m)	代表层厚(m)	自重湿陷系数	场地分层自重湿陷量计算值(mm)	场地自重湿陷量计算值(mm)	湿陷系数	场地分层湿陷量计算值(mm)	场地湿陷量计算值(mm)	场地湿陷类型	地基自重湿陷量计算值(mm)	地基湿陷量计算值(mm)	湿陷起始压力 P_{sh}/kPa	地基湿陷等级
北庄	1.5	3.0	0.006	—		0.106	477.0					34	
	4	2.0	0.040	40.0		0.044	132.0					27	
	6	2.0	0.039	39.0	99.0	0.050	150.0	93.0	自重	99.0	316.0	72	Ⅱ(中等)
	8	2.0	0.002	—		0.001	—					160	
	9.8	2.0	0.020	20.0		0.017	34.0						
南唐	1.5	3.0	0.001	—		0.021	94.5					155	
	4	2.0	0.014			0.026	78.0					83	
	6	2.0	0.009	—		0.010	—	172.5	非自重	—	78.0		Ⅰ(轻微)
	8	2.0	0.001			0.001	—					—	
	9	1.0	0.001			0.001	—						

表4 现场试坑浸水试验沉降量数据汇总

试验点	浸水点布置		试验时间(d)		沉降量(mm)			日平均最大沉降量(mm)		耗水量(m³)
	标尺编号	距中心点距离(m)	浸水阶段	停水阶段	浸水阶段	停水阶段	总沉降量	浸水阶段	停水阶段	
北庄	1	0			69.8	4.4	74.2	7.0	1.5	
	2、3、4、5、	1	39	18	68.2	4.3	72.5	7.0	0.9	4 187
	6、7、8、9、	2			60.4	4.3	64.6	6.5	0.9	
	10、11、12、13	4			43.7	4.0	47.7	5.6	0.9	
南庄	1				7.7	0.0	7.7	2.2	0.0	
	2、3、4、5、		23	11	7.0	0.0	7.0	1.5	0.0	1 849
	6、7、8、9、				6.2	0.0	6.2	1.7	0.0	
	10、11、12、13				3.9	0.0	3.9	1.3	0.0	

2.2.6 现场静载荷试验

北庄现场静载荷试验依据《湿陷性黄土地区建筑规范》(GB 50025—2004)的规定,采用单线法试验方法,在同一场地的相同标高及相同土层分别按照 50 kPa、100 kPa、150 kPa、200 kPa 四级压力进行试验。承压板采用方形,边长 0.71 m,面积为 0.5 m²,试坑边长为 2.13 m,压板底部使用 10 ~ 15 mm 厚的粗中砂找平。试验每级加压增量为 25 kPa,连续 2 h 内,每 1 h 的下沉量小于 0.1 mm 时,压板下沉趋于稳定,即加下一级压力。试坑深度为 1.5 m,取得的湿陷起始压力值为 40 kPa。南唐现场静载荷试验布置与北庄相同,试坑深为 3 m。测定的湿陷起始压力值为 60 kPa,试验成果如表 5 所列。$P \sim S_s$ 曲线图显示,从 150 kPa 到 200 kPa 曲线段趋势出现反常,经初步分析其主要原因是与不同部位土质的不均匀性有关。

表 5 现场载荷试验成果(单线法)

试验点	静载荷(kPa)	0	50	100	150	200
北庄	浸水下沉量(mm)	0.00	19.37	114.30	136.83	273.72
	湿陷起始压力时的浸水下沉量(mm)	12.00	12.00	12.00	12.00	12.00
南唐	浸水下沉量(mm)	0.00	6.69	46.21	120.10	114.38
	湿陷起始压力时的浸水下沉量(mm)	12.00	12.00	12.00	12.00	12.00

3 PCCP 管道的结构特点与适应地基变形能力分析

PCCP 管道具有较强的适应地基变形的能力,管道接头为承插口有凹槽和双胶圈的柔性接头,对于直径 2 m 的 PCCP 管道最大允许借转角度可达到 0.9°。每节管道长度按 6.0 m 计,计算允许偏移量可达 94.2 mm。而北庄村试验场地实测最大试坑下沉量为 74.2 mm,相对试坑边界(试坑边界离试坑中心距离为 5 m)的相对下沉量为 27 mm。因此,在该地段(黄土地基湿陷等级为 Ⅱ 类)不会对 PCCP 管道造成破坏。禹门口提水东扩工程 PCCP 管道直径包括 2.0 m、1.8 m、1.6 m、1.4 m 共 4 种,由于承插口间隙设计基本一致,所以随管径减小,最大借转角度有所增大,管道直径越小,适应地基变形能力越强。

4 湿陷性地基处理措施分析

根据《湿陷性黄土地区建筑规范》(GB 50025—2004)第 5.5.11 条设计规定:在湿陷性黄土场地,对地下管道及其附属构筑物,如检漏井、阀门井、检查井、管沟等的地基设计,应设 150 ~ 300 mm 厚的土垫层,对埋地的重要管道或大型压力管道及其附属构筑物,应在土垫层上设 300 mm 厚的灰土垫层。结合试验成果以及 PCCP 管道的特点,目前管道沿线二八灰土垫层设计厚度可以进一步进行优化,以节约投资。

5 结论与建议

(1)现场试坑浸水试验实测数据的判定结果与室内试验计算成果相吻合。试验结果表明:北庄村试验场地为自重湿陷性黄土场地,湿陷性黄土地基等级为 Ⅱ 级(中等);南唐村试验场地为非自重湿陷性黄土场地,湿陷性黄土地基等级为 Ⅰ 级(轻微)。

(2)结合室内、外试验成果并参考沿线其他工程地质成果及经验,可以说明禹门口提水东扩工程输水管线区段,湿陷性黄土的湿陷中等。鉴于 PCCP 管道具有较强的适应黄土湿陷引起的不均匀沉降的能力,选用 PCCP 管道是合理的,因此,可以适当减小灰土垫层厚度,进一步优化工程设计。

(3)建议将 PCCP 管基垫层厚度针对不同的地基湿陷等级加以调整,对黄土地基进行压实处理后,Ⅱ、Ⅲ 级湿陷性黄土地基可由 1 m 减小为 0.5 m,对 Ⅰ 级湿陷性黄土地基可由 0.5 m 减小为 0.3 m。通过以上调整可节省二八灰土回填量 7.5 万 m³。

[作者简介] 杨继林(1966—),男,高级工程师。

本文刊登在《山西建筑》2011年第32期

唐河水电站面板坝主堆料填筑碾压参数的确定

苏满红

（山西省水利水电工程建设监理公司，山西太原 030002）

[摘　要]针对唐河水电站面板堆石坝填筑设计标准,分析了混凝土面板堆石坝布置与设计,通过现场碾压试验,取得了大坝填筑施工工艺及参数,从而为水电站大坝主堆石区填筑施工提供指导。

[关键词]主堆石,碾压参数,施工工艺,水电站

[中图分类号] TV641.4　　　[文献标识码] A　　　文章编号:1009-6825(2011)32-0207-02

1　工程概况

唐河水电站工程位于山西省灵丘县东河南镇韩淤地村,距灵丘县城22 km,控制流域面积457 km²,总库容998万 m³,电站装机容量200 kW。水电站由枢纽建筑物、供水发电引水管线及发电站组成,枢纽建筑物包括混凝土重力坝段、灌溉洞、供水发电引水口、泄洪冲沙闸、混凝土面板堆石坝段等部分。大坝坝型为混凝土面板堆石坝和重力坝混合坝型,坝顶高程1 067.4 m,最大坝高30.4 m,坝顶长395 m,是一座以水力发电、工业供水和农业灌溉为主,兼顾防洪等综合利用功能的小(1)型水库。

2　混凝土面板堆石坝布置与设计

混凝土面板堆石坝采用钢筋混凝土面板防渗,堆石作坝壳,坝体填筑依次为垫层料填筑、过渡料填筑、主堆石及下游堆石料填筑。主堆石区填料来源于重力坝、泄洪闸基础、库区改线公路开挖石料,设计主堆石最大粒径800 mm,孔隙率不大于22%,小于5 mm含量小于20%,小于0.075 mm含量小于10%,渗透系数不小于3 cm/s,石料饱和抗压强度大于30 MPa,干密度 $\rho_d \geqslant 2\ 110$ kg/m³。

3　现场碾压试验

3.1　碾压试验场地

试验场地布置在大坝上游料场,试验区面积30 m×50 m,试验区域先用推土机平整振动碾压实,然后在上面铺一层试验料用振动碾压实且达到与待测

铺层密度相同后洒水刨毛作为基层,在其上铺料进行碾压试验。主堆石碾压试验分加水5%和不加水两个试验区,共进行4场试验,前3场试验铺筑厚度分别为80 cm,100 cm,120 cm,最后一场试验为最优参数复核试验,铺筑厚度为100 cm,试验用料含水率控制在标准最优含水率±2%左右。

3.2　碾压试验参数组合

主堆石碾压试验采用20 t振动碾分9组进行试验。试验以80 cm,100 cm,120 cm铺筑厚度分别按4遍、6遍、8遍各3组碾压;第10组为复核试验,铺筑厚度为100 cm,碾压遍数为6遍。

3.3　碾压试验步骤

3.3.1　铺料

铺料方式模拟实际施工,采用自卸汽车进占后退混合法铺料,铺料方向平行纵轴线,用推土机平料。铺料厚度用间距10m且带有油漆标记的标杆控制,铺填厚度误差为松铺厚度的±10%。

3.3.2　碾压

采用最大激振力430 kN的自行式振动碾进退错距法碾压,每次错距为碾宽,轮压重叠20~30 cm,碾压方向平行于试验区纵轴线,相似于坝轴方向。碾压遍数采用前进、后退为两遍计,振动碾行车速度控制在2 km/h以内。

3.3.3　测量

每个试验组合均按1.5 m×1.5 m布置网格测点,每个试验组合布置10个测点,用水准仪测量基面、铺填前后层面及不同碾压遍数后同一测点上的标高,以计算松铺厚度和不同碾压遍数时的沉降量。

3.3.4　干密度、孔隙率检测

压实干密度按 SL 273—1999 土工试验规程探坑灌水法测定,并依据干密度及岩石比重计算孔隙率,同时进行颗粒分析和含水率测定,试坑直径为填筑料最大粒径的 2 倍~3 倍,灌水法塑料布厚度 0.1 mm,体积校正系数参考相关资料取 1.003,每一组合用灌水法测 3 个干密度值。由于堆石料碾压后其孔隙率较大,因此其渗透系数一般较大,不进行专门渗透试验。现场渗透试验利用密度试验的试坑进行简易注水,采用钢环试坑渗水法,按公式 $k = Q/F$(k 为渗透系数值,cm/s;Q 为渗透流量,cm^3/s;F 为钢环内截面积,cm^2)计算渗透系数值。干密度、孔隙率、渗透系数检测结束后,对试坑进行回填并碾压,然后按规定的加水和不加水试验区不同铺筑厚度填铺,进行第二、第三场的碾压试验。

3.4　现场试验

试验采用 1.2 m^3 挖掘机挖料,15 t 自卸汽车运输,TY320 推土机进占法平料,20 t 自行式振动碾进退错距法碾压。试验期间天气情况较好,最高气温 32 ℃,最低气温 20 ℃。

4　碾压成果及分析

试验测得主堆料碾压检测情况见表 1。根据主堆料碾压检测结果可见,总体看压实干密度加水较不加水情况大,4 遍~6 遍压实干密度增长较大,8 遍则增长率较小,压实干密度在铺料厚度相同时随碾压遍数的增大而增大,碾压遍数相同时随铺料厚度的增大而减小;孔隙率加水较不加水情况小,孔隙率在铺料厚度相同时随碾压遍数的增大而减小,碾压遍数相同时随铺料厚度的增大而增大;压实后沉降量加水较不加水

情况大,压实后沉降量、最优参数组合时的松铺系数在铺料厚度相同时随碾压遍数的增大而增大,碾压遍数相同时随铺料厚度的增大而增大。一般而言,为提高压实密度,减少坝体变形,应对坝料洒水压实。对于主堆石料,由于坝体岩石属于坚硬岩石,粒径较大,软弱岩石软化系数较大,从沉降变形看洒水有一定效果,尤其对细料含量较多的坝料效果比较明显。坝面洒水主要是使坝料进一步湿透,并使颗粒表面形成水膜,从而减小颗粒之间的摩擦阻力,更有利于压实。软岩石吸水率最大为 2%,一般在 0.5%~1.0%,通过碾压试验过程中的观察,过多洒水从碾压层面流失,因此坝面洒水量根据石料岩性、细粒含量及其风化程度按堆石体积 5% 控制可满足要求。

试验过程中,铺料厚度 80 cm 时碾压 6 遍平均压实干密度、孔隙率达到设计要求(孔隙率≤22%,设计干密度 ρ_d > 2 110 kg/m^3),但超过设计要求较多;铺料厚度 120 cm 时碾压 6 遍平均压实干密度、孔隙率均不达设计要求;铺料厚度 100 cm 时碾压 6 遍、8 遍平均压实干密度、孔隙率达到设计要求,合格率 100%,但碾压 6 遍接近设计要求。根据以上分析,填料铺料100 cm、碾压 6 遍为合理施工参数,松铺系数为 1.06。复核试验结果平均压实干密度不加水 2 125 kg/m^3,加水 2 141 kg/m^3,孔隙率不加水 21.3,加水 20.7,合格率 100%,松铺系数为 1.07,证明以上碾压参数是合理的。可见,对于填料加水 5%、不加水情况,在最优参数下进行碾压均能达干密度、孔隙率设计的标准要求。

5　结论

5.1　主堆石料施工碾压参数

试验测得主堆料碾压参数见表 2。

表 1　主堆料碾压检测结果

试验场次	碾压遍数/遍	干密度(kg·m^{-3})		孔隙率(%)		虚铺厚度(cm)		压实后沉降量(cm)		最优参数组合时的松铺系数		备注
		不加水	加水	不加水	加水	不加水	加水	不加水	加水	不加水	加水	
第一场	4	2 136	2 164	20.9	19.9	80	80	2.3	2.4	1.03	1.03	铺厚 80 cm
	6	2 165	2 168	19.8	19.7			3.0	3.3	1.04	1.04	
	8	2 167	2 170	19.7	19.7			3.6	3.8	1.05	1.05	
第二场	4	2 060	2 067	23.7	23.4	100	100	4.0	4.2	1.04	1.04	铺厚 100 cm
	6	2 125	2 142	21.3	20.7			5.8	6.0	1.06	1.06	
	8	2 138	2 147	20.8	20.5			6.5	6.4	1.07	1.07	
第三场	4	2 057	2 078	23.8	23.1	119.5	119.7	6.8	6.9	1.06	1.06	铺厚 120 cm
	6	2 096	2 104	22.4	22.1			8.0	8.2	1.07	1.07	
	8	2 107	2 109	22.0	21.9			8.3	8.5	1.07	1.08	
复核试验	6	2 125	2 141	21.3	20.7	100	100	5.9	6.2	1.07	1.06	铺厚 100 cm
最佳碾压遍数 6 遍,最佳铺料厚度 100 cm												

表2　主堆料施工碾压参数表

坝料名称	碾压机具	松铺厚度(cm)	坝面加水(%)	碾压遍数	压实厚度(cm)	松铺系数	干密度控制范围(kg·m⁻³)	孔隙率(%)	最大粒径(mm)	<5 mm含量(%)	<0.075 mm含量(%)	最大激振力(kN)	振动碾行车速度(km·h⁻¹)
主堆石料	推土机TY-160 20 t自行式振动碾	100	5 负温0	6 负温7	94.0 负温94.2	1.06	≥2 110	≤22	800	<20	≤10	430	2

5.2　填筑施工工艺

5.2.1　坝料级配

堆石料颗粒级配,是提高压实密度、降低坝体沉降变形的关键,最大粒径越大,压实干密度愈高,材料不均匀系数愈大,压实性能愈好也愈易获得最大的压实密度。

坝料最大粒径决定于铺料厚度,一般最大粒径为铺料厚度的2/3,若最大粒径接近于铺料厚度,则大粒径料周围的细料得不到有效压实。只有控制好颗粒级配才会得到有效压实,所以在填筑过程中,控制好进场的料源是非常重要的,同时做好上坝材料的均匀性和施工的连续性。

5.2.2　坝料运输、摊铺、碾压

采用1.2 m³挖掘机挖料,15 t自卸汽车运输,进入填料面平行坝轴线方向用进占法进行卸料。用推土机向前进占平料,采用定点测量法及时检查铺层厚度,发现超厚立即进行处理,铺填层厚及边线误差控制在允许范围内。用20 t自行式振动碾采用进退错距法碾压,保持填筑均衡上升,填筑高程基本保持一致。

5.2.3　层间结合处理

下层填料碾压完毕后,只要填层保持湿润状态,即可进行连续作业,此时结合层良好,但因气候原因或停工时间较长时,应视下层填料表面失水情况对结合层面进行洒水刨毛处理或将干层面清除后洒水刨毛处理,使料层保持在最优含水量范围内,再填筑上层填料。

5.2.4　岸坡结合部施工

主堆石区采用自卸汽车运、卸料及推土机平料时,在坝体与岸坡的结合部位易出现大块石集中、架空现象,局部不易压实,针对这种情况,应用挖掘机进行分散处理,在岸坡结合处2 m范围内,振动碾平行岸坡方向碾压。不易压实的边角部位,减薄铺料厚度,用轻型振动碾或振动板压实,或者是在结合部位先填1~2 m宽的过渡料,再填堆石料。

5.2.5　堆石料接缝处理

堆石料分段分期填筑时,在坝壳内形成了横向或纵向的接缝。在接缝处采用留台施工法,即先期铺料时,每层预留1.0~1.5 m平台,后期填筑的石料与先期石料接触且在达到同一高程时,采用振动碾骑缝碾压。

5.2.6　负温下填筑碾压

负温下堆料填筑施工,洒水易凝结成冰且不利于压实,因此不考虑洒水,主堆石料施工可采用不洒水铺填100 cm碾压遍数增加1遍(即7遍),压实干密度可达设计要求。

参考文献

[1] DL/T 5128—2001,混凝土面板堆石坝施工规范[S].

[2] DL/T 5129—2001,碾压式土石坝施工规范[S].

[3] SDJ 213—83,碾压式土石坝施工技术规范[S].

[4] SL 237—1999,土工试验操作规程[S].

[5] GB/T 50123—1999,土工试验方法标准[S].

[作者简介] 苏满红(1969—),男,工程师。

本文刊登在《山西建筑》2011年第31期

水利工程开发建设项目水土保持措施浅析

范彩娟

（山西省水利水电工程建设监理公司，山西太原 030002）

[摘　要] 分析了水利工程开发建设项目水土流失的特点，阐述了水利工程施工临时占地防治区、弃渣场防治区、料场防治区的水土保持工程措施，以及弃渣场和料场防治区的植物措施，最后提出了水土保持工程组织保障措施，为水利工程开发建设项目实施水土保持提供指导。

[关键词] 水利工程；水土流失；措施

[中图分类号] TV541　　　[文献标识码] A　　　文章编号：1009-6825(2011)31-0219-02

1 水利工程开发建设项目水土流失特点

水利工程开发建设产生的水土流失，不同于自然条件下的水土流失，是一种人为的水土流失。水利工程建设需要占用的区域一般不是完整的一条流域，其水土流失的强度、范围与水利工程项目类型密切相关。水利工程造成的水土流失特点是，影响区域范围相对较小，但破坏强度大，水土流失防治和植被恢复难度大；尤其是施工临时占地、弃渣场、土石料场，这些区域的土壤及地表植被遭到破坏，产生严重的水土流失。

2 施工临时占地防治区水土保持措施

按照2011年3月1日起施行的《中华人民共和国水土保持法》的要求，对生产建设活动所占用土地的地表土应当进行分层剥离、保存和利用，做到土石方挖填平衡，减少地表扰动范围。所以施工临时占地防治区采取的措施有：表土剥离、堆料区的临时防护、施工道路两侧的临时排水设施、施工生活区的绿化美化、施工结束后的土地平整。

施工临时占地防治区在施工结束后要进行全面恢复，所以，首先应对表土进行分层剥离，集中堆放并进行苫盖和挡护。其次，施工准备期场地平整后，应先在场地周围布置排水沟，拦截附近地面来水及收集施工布置区内降雨，将其排入附近河道中，以便于后期恢复。

工程施工开始，对施工生活区内的空闲地进行绿化，绿化措施主要为植草和种植花卉。草种的选择，要充分考虑水利工程项目所在地的气候、土壤性质、水文条件、生物种类等各种因素，例如，山西黄土高原丘陵沟壑区宜采用小冠花和无芒雀麦混交，种植方式选择撒播。

对施工临建区的临时排水，主要包括施工道路、施工生产堆料区及剥离表土堆存区的临时排水三部分。在临时道路两侧应设临时排水沟，在成品堆料场、成品料平台和施工骨料堆放场应设置临时排水。

3 弃渣场防治区水土保持工程措施

水利工程洞室的开挖、大坝基础及坝肩削坡、渠道开挖等，均要产生一定量的弃渣，因此，弃渣场的水土流失也是不容忽视的。

弃渣场防治区的工程措施一般有：挡渣墙、排水工程（边沟、马道截水沟、纵向排水沟、排洪涵洞、消力池、护坦）、边坡防护（削坡开级）、覆土及土地平整。

挡渣墙是水利工程项目弃渣场防治区水土保持的先行保障措施，是遵循"先挡后弃"原则的工程措施之一。它的建设可以有效控制弃渣场防治区的水土流失。

防洪排水措施一般采用边沟、排水沟、马道截水沟、排洪涵洞、消力池、护坦等工程设施。为排泄上游来水，在弃渣场的底部应设排洪涵洞；为避免周边洪水的汇入，在弃渣场的护坡与周边地形接壤处应设排水边沟；在马道上设马道截水沟；在弃渣场的坡面设纵向排水沟。边沟、截水沟、排水沟形成一个完整的坡面排水系统，汇流后与排洪涵洞的泄水一并进入排洪涵洞的渐变段，最终进入消力池，经消力池消能后，由护坦排入下游沟道。

边坡防护措施主要包括弃渣场上游边坡防护和下游边坡防护两部分。上游边坡防护一般采用在排洪涵洞的入口处设干砌石护坡。弃渣采用分层碾压,从沟口逐渐向沟内延伸,当堆渣达到挡渣墙的顶部时,随堆渣升高下游坡面按1:3进行削坡,且坡面每升高5m,设置一条2m宽的马道,马道内侧设截水沟。下游边坡形成后进行覆土,以利于植被的恢复建设。

在弃渣场施工过程中,先将石渣堆存于弃渣场的底部,将土方覆于石渣的上方,当堆渣达到设计标高后,平整渣顶,以利于绿化。在弃渣堆存过程中,同时应对弃渣场的坡面进行削坡开级,对坡面进行整治以利于绿化。

4 料场防治区水土保持工程措施

水利工程的材料,随着工程类型的不同,其料场也有所不同,例如土坝采用的是土料场,堆石坝采用的是石料场。土料场应采取的措施有:表土剥离、削坡开级、土料场顶部的截水沟、施工结束后的土地平整、开采平台的覆土、表土保存区的临时防护等。砂砾料场应采取的措施有:表土剥离、开采过程中对临时堆料区及表土保存区的临时防护、开采结束后的表土回填、土地平整。堆石料场采取的措施有:表土剥离、削坡开级、石料场顶部截水沟,施工结束后的土地平整、坡脚的浆砌石挡护、削坡开级后开采的平台覆土、绿化等。

无论土料场、砂砾料场还是石料场,施工开始均应进行表土剥离。表土剥离的目的,从工程质量的角度来说,覆盖层不能用于工程,从水土保持措施的角度来说,表土具有土壤的肥力,利于工程结束后的植被恢复。所以,施工开始均应进行表土分层剥离和保存。

土料场的开采宜采用削坡开级,5m一个台段,开采边坡45°,除最下面的开采平台外,其他开采平台均采用反坡式,从而起到拦截雨水、防治冲刷的作用,但反坡坡度太大,会影响工程施工,一般选择2°~3°的坡度。在土料场的取土平台内侧设浆砌石矩形排水沟。为保障土料场开采过程中,不受上游来水的干扰,在土料场的设计取土高程顶部设截水沟。

石料场开采时,宜采用10m一个台段,开采边坡70°,除最下面的开采平台外,其他开采平台,均采用反坡式,一般选择2°~3°的坡度。为保障堆石料场开采过程中,不受上游来水的干扰,在堆石料场的取料高程的顶部设截水沟。为减少堆石料场开采过程中对周边的影响,在堆石料场的坡脚设浆砌石挡墙。

5 弃渣场和料场防治区的植物措施

水利工程改变了项目建设区的原始地貌,在工程结束后,必须对原地貌进行植被或耕地的恢复,从而起到涵养水源、保持水土、防风固沙、保护农田的作用。

如果弃渣场原来是耕地,要对占用的耕地进行平整、复耕。如果弃渣场或料场是林地或未利用地,则考虑进行选择树种,恢复植被。

植被的恢复,可以拦截和吸收地表径流,涵养水分,减少土壤遭受侵蚀。植被恢复,必须根据保持水土的目的和水利工程所在地区的自然特点,以树种的适用性、树种的类型、树冠须根等特性为原则,兼顾当地人民群众生产生活的需求来选择树种。

例如:山西黄土高原水力侵蚀类型区,结合当地乡土树种及水利工程区域的立地条件,对砂砾料场占用的林地进行植被恢复,可以选用毛白杨,毛白杨穴状栽植,树穴为60cm×60cm×60cm。占用的未利用地植草恢复,草种选择无芒雀麦与小冠花。堆石料场开采结束后对开采平台(占用灌木林地区)确定灌木为沙棘,灌木为穴状栽植,草种选择撒播,灌木树穴为40cm×40cm×40cm;在堆石料场的开采平台的坡脚,种植爬山虎,株距0.5m,一穴三株(这个例子不具有代表性,建议根据水土流失类型区如黄土丘陵沟壑区或土石山区进行举例)。

6 水土保持工程实施保障措施

施工期应划定施工活动范围,严格控制和管理车辆机械的运行范围,不得随意行驶,任意碾压。施工单位不得随意占地,防止扩大对地表的扰动范围。设立保护地表及植被的警示牌。教育施工人员保护植被,保护地表,施工过程确需清除地表植被时,应尽量保留树木,尽量移栽使用。注意施工及生活用火安全,防止火灾烧毁地表植被。对泄洪防洪设施,应进行经常性检查维护,保证其防洪效果和通畅。

7 结语

水土流失造成土壤肥力降低,水、旱灾害频繁发生,河道淤塞,河流资源难以开发利用,地下水位下降,农田、道路和建筑物被破坏,生态环境破坏。山西大水网建设已经全面启动,由此引发的人为水土流失将会日趋严重,如何处理好水利工程建设与水土保持的关系,切实遏制水土流失加剧的趋势,保障水土资源的可持续发展和生态环境的可持续维护,是广大工程技术人员工作的重要使命。

参考文献

[1] 李磊.浅谈下坂地水利枢纽工程水土保持的前期工作[J].山西建筑,2010,36(29):363-364.

[作者简介] 范彩娟(1978—),女,助理工程师。

本文刊登在《水利学报》2010年第9期

深厚复杂覆盖层上高土石围堰三维渗透稳定性分析

王学武[1,2]　党发宁[1]　蒋　力[1]　许尚杰[1]

(1. 西安理工大学 水利水电学院,陕西西安 710048;

2. 山西省水利水电工程建设监理公司,山西太原 030002)

[摘　要]以某大坝深厚复杂覆盖层上的高土石围堰为例,运用三维渗流有限元理论及 3D - seep 计算软件,研究了围堰防渗墙的设计深度,研究发现单纯依靠增加防渗墙的深度并不能解决基坑渗流问题,也不经济,因此建议同时对左右岸岩体进行帷幕灌浆防渗处理。其次以帷幕防渗处理后左右岸岩体的绕渗流速与防渗墙底部的绕渗流速相等的原则,研究确定了帷幕灌浆的宽度。之后又对左右岸岩体和防渗墙的渗透系数进行了敏感性分析,得出左右岸岩体和防渗墙的渗透系数是敏感性参数,若能减小其渗透性,基坑渗流量将会明显减小。最后给出了推荐的围堰防渗方案,并对推荐方案的合理性进行了分析研究。

[关键词] 土石围堰;三维渗流;稳定性分析;防渗墙;帷幕灌浆

[中图分类号] TU43　　[文献标识码] A　　文章编号:0559 - 9350(2010)09 - 1074 - 05

1 研究背景

随着西部大开发进程的进行,我国西部地区大批高坝大库工程陆续开工建设,高土石围堰的渗流及渗透稳定性问题也越来越受到关注。对国内外土石围堰的失事机理分析表明,由于渗透破坏原因而造成的失事项目较多,造成的损失巨大[1-2]。目前,高土石围堰的渗流研究,主要有模型试验、原位观测、解析方法和数值分析方法[2-5],对于地质条件及边界条件较复杂的问题,有限元数值分析是最有效的方法之一[6-9]。

某高坝工程的上游土石围堰高 50.8 m,堰前水头高 50 m,上下游围堰横剖面如图 1 所示。围堰修筑于深厚覆盖层上,覆盖层最大厚度 62.0 m,透水性强,自下而上分为:含漂砂卵砾石层、砂卵砾石层和含漂砂卵石层。两岸岩体卸荷强烈,透水性强。按照进度要求,围堰工程必须在一个枯水期内完成,工期紧、水头高、覆盖层厚而复杂、两岸有强卸荷岩体是本土石围堰面临的主要问题。

本文以该工程深厚覆盖层上高土石围堰为例,采用三维有限元算法对围堰防渗墙的合理深度、两岸是否需要防渗及防渗范围、各渗透参数的敏感性以及围堰渗流及稳定性进行研究,提出合理的围堰防渗方案。

2 计算条件

研究非稳定渗流问题需要求解非稳定渗流场,也就是要对方程(1)[3,5]进行有限元求解。

$$\begin{cases} \dfrac{\partial}{\partial x}\left(k_x\dfrac{\partial H}{\partial x}\right) + \dfrac{\partial}{\partial y}\left(k_y\dfrac{\partial H}{\partial y}\right) + \dfrac{\partial}{\partial z}\left(k_z\dfrac{\partial H}{\partial z}\right) = \mu_s\dfrac{\partial H}{\partial t} & \text{在 } \Omega \text{ 内} \\[2mm] H(x,y,z,0) = H_0(x,y,z) & \text{初始条件} \\[2mm] H|_{\Gamma_1} = H_1(x,y,z,t) & \text{在 } \Gamma_1 \text{ 上},t \geq 0 \quad \text{水头边界} \\[2mm] k_x\dfrac{\partial H}{\partial x}\cos(n,x) + k_y\dfrac{\partial H}{\partial y}\cos(n,y) + \\[2mm] k_z\dfrac{\partial H}{\partial z}\cos(n,z) = q & \text{在 } \Gamma_2 \text{ 上},t \geq 0 \quad \text{流量边界} \end{cases}$$

$$(1)$$

式中:k_x、k_y、k_z 分别为 x、y、z 方向上的渗透系数;Ω 为渗流区域;Γ_1 为水头边界;Γ_2 为流量边界;q 为边界法向流量;H_0 为初始时刻的水头值;H_1 为边界水头;μ_s 为贮水率。

式(1)的求解可参见渗流理论方面的有关书籍。计算采用 3D - Seep 软件。

三维渗流计算采用笛卡儿直角坐标系,以横河向为 x 轴,指向左岸为正向;以顺河向为 z 轴,指向下游为正向;以垂直向为 y 轴,垂直向上为正。计算坐标原点选取在工程坐标(0,2164,0)处。

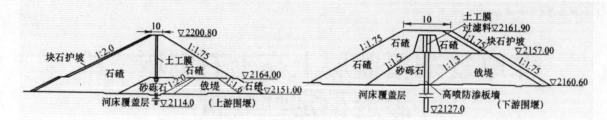

图1 上下游围堰横剖面 （单位：m）

渗流计算采用上下游围堰建立在同一模型、总渗流量一步全部计算的方法。上游边界为上游围堰轴线以上339.6 m，左岸边界为左岸堰肩以左160 m，右岸边界为右岸堰肩以右180 m，下游边界为下游围堰轴线以下258.6 m，底部边界至基岩高程，开挖后基坑无水，基坑水位即坑底高程2 146 m。上游水位高程2 200.0 m，下游水位高程2 160.09 m，模型底部边界及模型的左右两侧边界均设为不透水边界。下游围堰防渗墙的深度始终为30 m。这种方法的优点是采用了统一的计算模型，总渗流量一次性全部计算出来，与将上下游模型分开计算的方法相比计算精度更高。

上下游围堰计算区域内主要材料及计算参数如图1和表1所示。由于土工膜厚度与围堰厚度相比很

小，若对其进行单元划分，将导致计算机无法承受的计算量，同时由于各单元矩阵的主元相差很大有可能导致有限元解的不稳定，因此，计算中将土工膜当作一个复合防渗体来进行单元划分，复合防渗体的渗透系数按成层土竖直方向渗透系数的下式求解

$$K = \sum_{i=1}^{n} H_i / \sum_{i=1}^{n} \frac{H_i}{K_i} \qquad (2)$$

计算采用八结点六面体等参数单元网格，防渗墙网格单元控制在0.4 m×0.6 m以内，复合防渗体网格单元控制在0.3 m×0.4 m以内。对其他区域的网格尺寸进行了适当的放大。共划分结点数195 180个，单元数212 348个。

表1 上、下游围堰主要计算参数

序号	材料名称	渗透系数（m/s）	允许渗透坡降	序号	材料名称	渗透系数（m/s）	允许渗透坡降
1	防渗墙	10×10^{-8}	100~60	5	覆盖层Ⅲ	5.26×10^{-4}	0.10~0.15
2	高喷	1.0×10^{-6}	50	6	中等卸荷岩体	1.0×10^{-5}或1.0×10^{-6}	
3	覆盖层Ⅰ	5.26×10^{-4}	0.10~0.15	7	强卸荷岩体	5.0×10^{-5}或5.0×10^{-7}	
4	覆盖层Ⅱ	4.98×10^{-4}	0.15~0.20	8	卸荷岩帷幕灌浆	效果良好3×10^{-7} 效果较差5×10^{-6}	

3 计算结果及分析

3.1 左右岸卸荷岩体防渗的必要性

当左右两岸卸荷岩体不进行防渗处理、强卸荷岩体与中等卸荷岩体的渗透系数分别为5.0×10^{-5} m和1.0×10^{-5} m/s、下游围堰防渗墙深度固定为30 m、上游围堰防渗墙深度分别取30、40、50和70 m（与基岩封闭）防渗方案时，基坑中渗流量由6.52 m³/s减小为4.37 m³/s。防渗墙底部与基岩封闭以后，基坑中渗流量及水力坡降仍然很大，防渗墙两侧的绕渗为主要渗流区。因此，左右两岸卸荷岩体不进行防渗处理，仅增加防渗墙深度很难达到基坑允许渗流量和允许水力坡降。

3.2 上游围堰防渗墙深度的确定

两岸卸荷岩体采用30 m宽帷幕灌浆，上游围堰防

渗墙深度取为40 m和50 m时，渗流量分别为1.55 m³/s和1.18 m³/s。计算结果表明，当防渗墙深度达不到基岩时，防渗墙深度的增加只能起到延长渗径、改变流态的效果，达不到截渗的目的，而防渗墙与基岩封闭后渗流量会有大幅减小。防渗墙封闭与不封闭时的计算结果有实质性的差异。从渗透坡降符合设计要求的角度出发，上游围堰防渗墙深度确定为50 m。

3.3 左右两岸帷幕灌浆宽度的确定

强卸荷岩体与中等卸荷岩体的渗透系数分别为5.0×10^{-6} m/s和1.0×10^{-6} m/s、上下游围堰防渗墙深度分别取50 m、30 m防渗方案时，对左右两岸卸荷岩体帷幕灌浆宽度进行了研究，依据灌浆处理后左右两岸绕渗流速与上游围堰防渗墙底部绕渗流速相等且渗透坡降符合设计要求的原则，计算确定左右两岸帷幕灌浆宽度为30 m。

3.4 防渗参数敏感性分析

左右岸卸荷岩体渗透系数缩小 5 倍和 10 倍时,基坑的渗流量分别减小了 68.4% 和 74.9% ,减小幅度显著;防渗墙渗透系数增大 10 倍时,渗流量相差 13.3% ,表明左右两岸卸荷岩体及防渗墙的渗透系数均是敏感性参数。

3.5 推荐防渗方案及计算结果分析

综合以上计算分析,当强卸荷岩体与中等卸荷岩

体的渗透系数分别为 5.0×10^{-6} m/s 和 1.0×10^{-6} m/s 时,推荐上下游围堰防渗墙深度分别为 50 m 和 30 m,左右两岸卸荷岩体采用 30 m 宽帷幕灌浆且施工质量良好,基坑渗流量及渗透坡降可满足设计要求。推荐方案的计算结果如表 2。

表 2 推荐方案计算结果

	上游围堰				下游围堰			
	防渗墙	防渗墙底部	墙后靠基坑侧	背水面坡角	防渗墙	防渗墙底部	墙后靠基坑侧	背水面坡脚
渗流量(m³/s)			0.88				0.29	
最大水力坡降	58.80	3.34		0.008	16.36	1.30		0.045
最大渗流速度(m/s)	5.88E-7	1.76E-7		4.40E-6	1.64E-9	6.48E-4		2.38E-5
最大水头高程(m)			2 152.38	2 146			2 146.42	2 146

(1)渗流量分析。推荐方案的基坑总渗流量为 1.17 m³/s,其中坝轴线以上的渗流量为 0.88 m³/s,由上游堰坡、河床覆盖层和左右两岸三部分组成,各部分渗流量分别为 0.79 m³/s、0.059 m³/s 和 0.040 m³/s;坝轴线以下的渗流量为 0.29 m³/s,也由同样三部分组成,各部分渗流量分别为 0.25 m³/s、0.037 m³/s 和 0.001 m³/s,可见上下游堰坡渗流量(含部分岸坡绕渗量)占总量的主要部分,是基坑渗流的主要区域,也是渗控的主要区域。

(2)水头等值线分析。2 145.5 m 高程处的水头等值线如图 2 所示。由于河床及基坑内全部为指定水头,因此,上游堰前水位为 2 200.0 m 高程,下游堰后水位为 2 160.09 m 高程,基坑内水位为 2 146.0 m 高程,整个工程区的水头分布呈上游高下游低、四周高基坑低的马槽形分布。水头沿顺河向透过防渗墙后骤然下降到 2 150.0 ~ 2 155.0 m 高程,河床中心处防渗墙上下游的水头相差约 60 m,如图 3。防渗墙附近水头差最大,水头等值线最密,离开防渗墙后,水头等值线逐渐变疏。从防渗墙下游侧到上游围堰渗流出口处,水位高程逐渐降低到基坑底面高程 2 146.0 m,坑内水位保持为平面直到下游围堰处略有上升,通过下游围堰防渗墙后水位又聚升到下游堰后水位 2 160.09 m 高程。左右两岸的浸润面呈上游高下游低、两岸高基坑低的平稳过渡变化趋势。

堰体轴线方向离开上游库区越远,浸润面越低,两岸等水头线呈扇状分布。

左右两岸未进行防渗处理时,随着上游围堰防渗

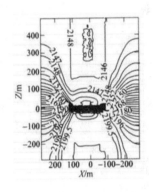

图 2 高程 2 145.5 m 水头等值线

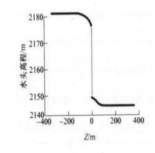

图 3 高程 2 145.5 m 沿 $x=0$ m 的水头随 z 坐标变化

墙深度的增加,上围堰堰前及下游围堰堰后的浸润面基本保持不变,而上游围堰防渗墙前后的水头差不断增大。左右两岸进行帷幕灌浆处理后,基坑两侧山体中的水位有明显的下降,其他部位的水头变化不明显。

(3)渗流速度分析。2 145.5 m 高程处的流速等值线如图 4 所示。河床覆盖层中的渗流速度变化较大,自上游至围堰防渗墙呈递增变化趋势,在防渗墙附近达到最大值,离开防渗墙后又呈递减变化趋势,随离

开防渗墙的距离增加而减小,但在上游围堰渗流出口处有一定幅度的递增,整体形状是一个带缺口的山峰形曲线,如图5。此外,河床覆盖层中的渗流速度随着高程的降低而减小。左右两岸卸荷岩体的渗流速度变化规律与此类似。

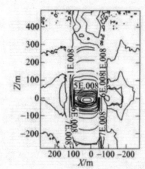

图4 高程2 145.5 m 流速等值线

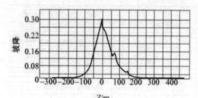

图5 高程2 145.5 m 沿 $x=0$ m 的流速随 z 坐标变化

由于防渗墙本身是防渗的,防渗墙上的渗流速度非常小,但在防渗墙底部边沿渗流速度最大,等值线最密,离开防渗墙距离越远,等值线越疏,渗流速度越小。

防渗墙深度增加时,最大渗流速度变化较为明显,随着防渗墙深度的增加而减小,最大渗流速度始终处在防渗墙底部的覆盖层中。

推荐方案各部位的最大渗流速度均满足设计要求,不会发生管涌和流土破坏。下游围堰的渗流速度与上游类似,但最大值小得多。

(4)水力坡降分析。2 145.5 m 高程处的水力坡降等值线如图6所示。混凝土防渗墙、复合土工膜上的渗透系数很小,水力坡降很大,此处的水力坡降等值线最密。在同一高程的水平剖面上,距离防渗墙越远,水力坡降越小,水力坡降等值线越疏,左右岸山体的水力坡降都比较小。一旦离开防渗墙,水力坡降急剧减小,随后逐渐变缓,如图7和图8。

随着高程的降低,河床覆盖层中的水力坡降有较为明显的减小。随着上游防渗墙深度的增加,水力坡降分布曲线总体变化不大,但上游防渗墙上的最大水力坡降显著增加,上游围堰背水面坡脚处及防渗墙底部的最大水力坡降都在减小。

推荐方案的上游围堰各个部位的最大水力坡降均在安全值之内,上游围堰也是稳定的。下游围堰的最大水力坡降分布与上游围堰类似,但最大水力坡降值小得多,下游围堰也是稳定的。

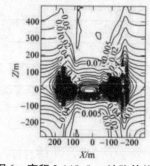

图6 高程2 145.5 m 坡降等值线

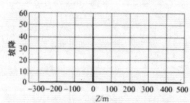

图7 高程2 145.5 m 沿 $x=0$ m 的坡降随 z 坐标变化
(有防渗墙上的点)

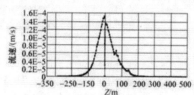

图8 高程2 145.5 m 沿 $x=0$ m 的坡降随 z 坐标变化
(无防渗墙上的点)

4 结论

工期紧、水头高、覆盖层厚而复杂、两岸有强卸荷岩体是本高土石围堰渗流面临的主要问题,将上下游围堰建立在同一模型进行渗流计算是本文的特点。综上所述,得出如下结论:(1)单纯依靠增加防渗墙的深度以达到控制基坑渗流的设计方法是不可取的,建议同时对左右两岸卸荷岩体采用帷幕灌浆防渗处理;(2)左右两岸卸荷岩体采取帷幕灌浆防渗措施后,基坑中的渗流量有显著的减小,左右两岸卸荷岩体帷幕灌浆的宽度以30 m为宜;(3)左右两岸卸荷岩体及防渗墙的渗透系数是敏感性参数,若能降低其渗透系数,基坑渗流量将显著减小;(4)主要渗流区域为上游围堰防渗墙两侧卸荷岩体的绕渗以及防渗墙底部河床覆盖层的绕渗,若需进一步提高防渗效果,减小基坑中的总渗流量,可从左右两岸卸荷岩体与河床覆盖层中渗流量平衡的角度出发,增加河床防渗墙的深度;(5)推荐防渗方案为:上游围堰防渗墙深度50 m,下游围堰防渗墙深度30 m,左右两岸卸荷岩体分别采用30 m宽帷幕灌浆防渗措施,要求施工质量良好。

参考文献

[1]张家发,吴昌瑜,朱国胜.堤基渗透变形扩展过程及悬挂

式防渗墙控制作用的试验模拟[J]. 水利学报,2002(9):
108-112.

[2] 毛昶熙,段祥宝,蔡金傍,等. 悬墙控制管涌发展的理论分析[J]. 水利学报,2005,36(2):174-178.

[3] 毛昶熙. 渗流计算分析与控制[M]. 北京:水利电力出版社,1990.

[4] 梁国钱,郑敏生,孙伯永,等. 土石坝渗流观测资料分析模型及方法[J]. 水利学报,2003(2):83-87.

[5] 谢定义,姚仰平,党发宁. 高等土力学[M]. 北京:高等教育出版社,2008.

[6] 党发宁,梅海峰,韩文涛. 大渡河某水电站上游围堰渗流场及稳定性数值分析[J]. 西安石油大学学报,2007,22(2):70-73.

[7] 许尚杰,党发宁,田威. 基于 ANSYS 的土坝渗流分析及其应用[J]. 西安理工大学学报,2008,24(4):467-471.

[8] 张嘎,张建民,江春波. 溪洛渡水电站上游围堰渗流分析及防渗型式比较[J]. 水力发电学报,2002,76(1):82 - 86.

[9] 谢红强,何江达,张建海,等. 紫坪铺水利工程右岸三维渗流场特性研究[J]. 四川大学学报(工程科学版),2001,33(6):10 - 13.

[作者简介] 王学武(1964 -),男,山西清徐人,博士生,主要从事岩土计算力学研究。E-mail:wangxuewu1964@sina.com。

[基金项目] 国家自然科学基金重点项目(90510017);国家自然科学基金面上项目(50879069,50679073);水利部公益性行业科研专项(2007SHZ1—200701004)。

本文刊登在《西安理工大学学报》2010年第1期

强夯法加固湿陷性黄土坝体的应用研究

王学武[1,2]　党发宁[1]　许尚杰[1]

（1. 西安理工大学 岩土工程研究所，陕西西安 710048；
2. 山西省水利水电工程建设监理公司，山西太原 030002）

[摘　要] 以某土坝坝体的加固为例，通过强夯前后的取样试验、现场标准贯入试验和静力触探试验，研究了强夯法加固湿陷性黄土坝体的可行性。结果表明，强夯后坝体土的湿陷系数平均为 0.008，降低了 65.2%，湿陷性完全消除；干密度平均为 1.68 g/cm³ 提高了 23.5%；水平方向、垂直方向的平均渗透系数分别为 0.65×10^{-5} cm/s 和 0.28×10^{-5} cm/s，分别降低了 85.5% 和 93.3%，也未发现土体剪切破坏现象；压缩系数平均为 0.058 MPa^{-1}，降低了 80.2%，达到了低压缩性土标准；标准贯入试验和静力触探试验平均值分别提高了 1 倍和 1.37 倍，达到了预期的加固目的。

[关键词] 强夯法；湿陷性；干密度；渗透系数；压缩系数；标准贯入试验；静力触探试验

[中图分类号] TU447　　　[文献标识码] A　　　文章编号：1006 - 4710(2010)01 - 0066 - 05

强夯法是法国梅那技术公司首创的一种地基加固方法，亦称动力固结法，其特点是设备简单、工期短、节约三材、费用低，引入我国后已在城市建设[1]、公路工程[2,3]、机场工程[4]等行业的基础处理中得到了广泛的应用，其处理对象包括低饱和黏土、湿陷性黄土[5]、砂土、碎石土、饱和软黏土等[6]。由于水工建筑物的特殊性，强夯法在水利工程中的应用并不多见，有资料显示在坝基和坝体砂料的处理中有应用，但用于土坝坝体强夯的工程事例较为少见，其原因一方面是担心强夯对现体土造成剪切破坏，影响坝体的渗透稳定性；另一方面是对处理后的效果没有把握。本文以强夯法加固某均质土坝坝体为例，对其处理效果进行了分析研究，以期为同类工程提供参考。

1　工程概况

某水库控制流域面积 800 km²，库容 8.123×10^7 m³ 水库枢纽工程包括碾压式均质土坝、泄洪洞、供水发电洞和电站四部分，坝顶高程 1 136.9 m，大坝高 36.7 m，长 962 m，是一座以城市生活及工业供水、农业灌溉为主，兼顾防洪、发电等综合利用的多年调节中型水库，总投资约 6 亿元。

水库旧坝体的填筑从 20 世纪五十年代开始经历数次施工，在左岸形成长 230 m、顶宽 90～110 m、底宽 220 m、高 17 m、约 1.20×10^6 m³ 的坝体。从旧坝体的

试验资料分析，旧坝体填土属低液限黏土，天然含水率 ω 为 5.6%～23.0%，自上而下含水率逐渐增大；12 m 深度以下土层不具有湿陷性，0～12 m 内部分土层具有湿陷性，湿陷系数 $\delta_{2.0}$ 为 0～0.053；干密度 ρ_d 为 1.37～1.77 g/cm²，平均 1.525 g/cm³ 水平方向渗透系数平均值 K_H 为 4.4×10^{-5} cm/s，垂直方向渗透系数平均值 K_Y 为 1.4×10^{-4} cm/s，天然压缩系数 a_{12} 为 0.04～0.52 MPa^{-1}，平均为 0.18 MPa^{-1}，为中低压缩性土；饱和压缩系数为 0.08～0.58 MPa^{-1}，平均为 0.29 MPa^{-1}，为中等压缩性土。三轴固结不排水剪平均值 $C = 23.2$ kPa，$\varphi = 29°$，$C' = 22.5$ kPa，$\varphi' = 26.1°$。综合上述试验资料可知，旧坝体土填筑质量不均匀，属中等压缩性土，深度 0～12 m 内部分土层具有湿陷性，干密度低，水平方向及垂直方向渗透系数不满足防渗要求。现计划在原坝址位置修筑土坝，将旧坝体强夯处理后（作为新坝体的一部分）保持宽度不变，继续填土至坝顶高程 1 136.9 m，实现减少工程量、降低工程造价的目的。经测算，如果充分利用旧坝体，可减少坝体填筑土方量 1.10×10^6 m³，节约投资 3 000 多万元。强夯后旧坝体 0～12 m 深度内要求：①消除土层的湿陷性（表层深度 0～1.5 m 夯前作为弃土清除掉），即湿陷系数小于 0.015；②坝体土干密度提高到 1.61 g/cm³ 以上，但与新填坝体土干密度不能相差过大，避免新、旧坝体之间产生不均匀沉降；③水平、垂直方向渗透

系数均小于 0.8×10^{-4} g/s;④土体压缩系数小于 0.1 MPa^{-1};⑤标准贯入试验和静力触探试验值提高 50%。

2 强夯加固原理

强夯法加固地基原理是利用起重设备将大吨位重锤提升到一定高度后自由落下,在极短的时间内对地基土施加巨大的冲击能量,冲击产生的压缩波、剪切波和瑞利波反复使土体受到瞬时加荷、卸荷和剪切的作用,使土颗粒之间原有的连接形式破坏而产生位移,形成新的较为稳定的形式,从而达到减小孔隙比、增加土体密度、提高土体强度的目的[7,8]。强夯法加固效果的好坏与土质情况、含水率大小、排水条件密切相关。对于非饱和土,强夯对地基的压密作用与室内击实试验类似,挤密压密效果明显。对于饱和土,关键在于排水条件如何,对饱和砂土,渗透性好,孔隙水压力消散快,其压密挤密过程与爆破、振动压密类似,挤密压密效果也明显;而饱和黏土或淤泥质土,渗透性差,孔隙水压力消散慢,固结速度慢,必须事先控制好排水,才能取得好的加固效果。

3 强夯试验及施工方案

修正的梅那强夯有效加固深度公式[9]为:

$$z = \alpha \sqrt{wh}$$

式中:z 为有效加固深度(m),w 为夯锤重(t),h 为夯锤落距(m),α 为有效加固深度修正系数(取值 0.5 ~ 0.8)。根据以上公式计算的最大夯击能为 8 000 kN/m,确定夯锤落距 22.8 m、锤重 350 kN,夯锤几何尺寸确定为:锤底面积 5 m^2、锤底直径 2.52 m。经过数次试夯取样试验及参数调整,最终确定强夯参数如表 1 所示。

表 1 强夯参数表

位置	能级 kN/m	击数	遍数	夯点间距 (m)	布点形式	备注
坝顶	8 000	16	一遍	6	正三角形	
		16	二遍	6	正三角形	
坝坡	6 000	13	一遍	6	正三角形	三面坝坡自高而低分 6 000 kN/m、3 000 kN/m、2 000 kN/m 三个能级区
		13	二遍	6	正三角形	
	3 000	12	一遍	5	正三角形	
		12	二遍	5	正三角形	
	2 000	11	一遍	4	正三角形	
		11	二遍	4	正三角形	
坝顶和坝坡	2 000	5	三遍	满夯	1/4 夯印搭接	用于 8 000 kN/m、6 000 kN/m 能级区
	1 000	5	三遍	满夯	1/4 夯印搭接	用于 3 000 kN/m、2 000 kN/m 能级区

施工方案为:表层土清除→强夯区整平→夯点测量定位→埋设变形监测点─第一遍(Ⅰ序点)点夯→孔压消散→第一遍(Ⅱ序点)点夯→孔压消散→第二遍(Ⅰ序点)点夯→孔压消散→第二遍(Ⅱ序点)点夯→孔压消散→第三遍(Ⅲ序点)满夯→夯后检测→资料整理,强夯夯点布置如图 1 所示。

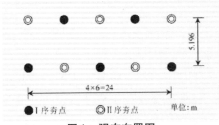

图 1 强夯布置图

4 效果及研究

为检测强夯加固的效果,强夯前后均取样进行了室内试验和现场试验,现将 1 号、2 号钻孔的试验结果分析如下(1 号钻孔位于夯点下,2 号钻孔位于夯间距中点)。

4.1 室内试验

强夯前、后旧坝体黄土的物理力学性质如表 2 所示。

由表 2 强夯前、后土层含水率变化数据可知,夯击前后含水率随深度的变化规律基本一致,都是含水率随着深度的增加而增加。夯击后的平均含水率比夯击前的略有降低,但变化不大,夯前含水率范围在 8.8% ~ 15.9%,夯后含水率范围在 8.1% ~ 14.0%。值得注意的是,夯前含水率大小对夯击效果及有效加固深度的影响很大,例如,夯击迎水面的坝坡时,由于迎水面朝北,受坡面上积雪融化的影响且又在开春施工,夯前实测坡面 0 ~ 4 m 深度内含水率 19.5% ~ 23%,强夯时该范围内的土体均出现橡皮土和"泥化"现象,取样试验后土体指标达不到要求,最后不得不挖除换土处理,夯后才达到要求。值得注意的是,室内击实试验旧坝体土的最优含水率为 15%,夯后 8 000 kN/m、6 000 kN/m、3 000 kN/m、2 000 kN/m 级取样试验的最优含水率分别为 13%、13.4%、14.2%、14.4%。综合分析后显示,当含水率大于 18.5% 时,强夯时将可能出现橡皮土和"泥化"现象。

由表 2 强夯前、后土层干密度变化数据可知,夯前 1 号孔和 2 号孔 0 ~ 4 m、1 号孔 8 ~ 10.5 m 及 2 号孔 6 ~ 10.5 m 深度范围,干密度随深度的增加而减小,而 1 号孔 6 ~ 8 m 及 2 号孔 4 ~ 6 m 深度范围内干密度随深度的增加而增加。夯后土体的干密度随深度的变化

表 2　强夯前后黄土物理力学性质表

钻孔号	深度 $z(m)$	含水率 $w(\%)$		干密度 $\rho_d(g/cm^3)$		压缩系数 a_{1-2}/MPa^{-1}		湿陷系数 δ_{20}		水平渗透系数 $K_H(cm/s)$		垂直渗透系数 $K_Y(cm/s)$	
		夯前	夯后	夯前	夯后	夯前	夯后	夯前	夯后	夯前	夯后	夯前	夯后
1	2	11.0	10.3	1.56	1.77	0.52	0.08	0.015	0.005	9.4×10^{-5}	0.6×10^{-5}	7.5×10^{-4}	0.9×10^{-5}
	4	10.3	9.7	1.45	1.71	0.18	0.03	0.023	0.009	0.8×10^{-4}	2.3×10^{-5}	3.3×10^{-5}	3.6×10^{-6}
	6	14.2	9.8	1.43	1.70	0.33	0.07	0.032	0.003	0.7×10^{-5}	1.9×10^{-6}	4.7×10^{-5}	1.8×10^{-5}
	8	13.1	11.1	1.62	1.66	0.47	0.05	0.021	0.012	1.7×10^{-5}	0.5×10^{-5}	8.7×10^{-4}	5.7×10^{-5}
	10.5	14.8	13.4	1.42	1.62	0.17	0.06	0.016	0.006	0.3×10^{-4}	0.6×10^{-5}	4.3×10^{-5}	0.3×10^{-4}
2	2	8.8	8.1	1.52	1.75	0.47	0.08	0.014	0.006	0.1×10^{-4}	0.1×10^{-5}	3.3×10^{-5}	0.2×10^{-5}
	4	13.4	10.0	1.41	1.69	0.36	0.05	0.041	0.013	0.3×10^{-4}	0.6×10^{-5}	7.6×10^{-4}	7.4×10^{-5}
	6	11.7	10.2	1.68	1.71	0.20	0.04	0.015	0.007	0.7×10^{-4}	0.8×10^{-5}	5.7×10^{-5}	1.3×10^{-5}
	8	15.5	14.0	1.52	1.64	0.09	0.09	0.03	0.004	5.9×10^{-5}	3.1×10^{-6}	0.9×10^{-4}	3.4×10^{-5}
	10.5	15.9	14.0	1.47	1.61	0.19	0.03	0.027	0.010	3.8×10^{-5}	5.6×10^{-6}	0.5×10^{-4}	4.5×10^{-5}

规律总体是随深度的增加而减小,夯前土体的平均干密度为 1.36 g/cm³,夯后土体的最小干密度 1.61 g/cm³,最大干密度 1.77 g/cm³,平均干密度 1.68 g/cm³,提高了 23.5%。强夯后夯点下的平均干密度 1.69 g/cm³,夯点间的平均干密度 1.68 g/cm³,夯点下的平均干密度比夯点间的略高一些。夯后旧坝体土的干密度已达到了设计要求。

由表 2 压缩系数的变化规律可看出,压缩系数在夯前、后的总体变化规律是随深度的增加而减小,夯前的土体天然压缩系数平均为 0.31 MPa⁻¹,夯后土体的压缩系数最小值 0.03 MPa⁻¹,最大值 0.09 MPa⁻¹,平均值 0.058 MPa⁻¹,减小了 80.2%,夯点下的平均压缩系数与夯点间的基本一致。

由表 2 湿陷系数的变化规律可看出,夯前湿陷系数在深度方向没有一定的规律性,总体而言,深度 3~8 m 范围内湿陷系数最大,深度 8~10 m 范围内湿陷系数次之,顶部和最低部湿陷系数最小,夯前湿陷系数平均值 0.023。夯后湿陷系数最小值 0.003,最大值 0.013,平均值 0.008,减小了 65.2%。夯点下的湿陷系数与夯点间的相差不大,土体的湿陷性全部消除。

由表 2 水平和垂直方向渗透系数的变化规律可看出,水平向渗透系数、垂直向渗透系数沿深度方向没有一定的规律性,总体而言,夯前水平渗透系数 2~4 m 深度最大,6 m 深度以下次之,4~6 m 深度间最小;垂直渗透系数 2~4 m 深度及 7~9 m 深度最大,5~7 m 深度最小。夯前水平向渗透系数平均值 0.45×10⁻⁴ cm/s,夯后水平向渗透系数最小值为 0.1×10⁻⁵ cm/s,最大值为 2.3×10⁻⁵ cm/s,平均值为 0.65×10⁻⁵ cm/s,减小 85.5%。夯前垂直向渗透系数平均值 0.42×10⁻⁴ cm/s,夯后垂直向渗透系数最小值为 0.2×10⁻⁵ cm/s,最大值为 7.4×10⁻⁵ cm/s,平均值为 0.28×10⁻⁵ cm/s,减小 93.3%。夯点下与夯点间的渗透系数相差不大,均已达到要求。另外,从运行数年后新、旧坝段渗流量相差不大的结论也可看出,强夯并没有造成坝体土的剪切破坏,否则,渗流量差别会较大。

4.2　现场试验

强夯前后进行了两个孔的标准贯入试验和静力触探试验。标准贯入试验的结果如表 3 所示,静力触探试验的结果如表 4 所示。

由表 3 可知,强夯前标准贯入试验的击数随深度的增加而增加,说明表层土的密实度较差,越往下密实度越好。强夯时表层土吸收的夯击能最多,密实度增加越多;越往下土体吸收的夯击能越少,密实度增加越少,因而强夯后标准贯入试验的击数随深度的增加而减少。夯击前的平均击数为 13.2 击,夯击后的平均击数为 26.7 击,夯击后是夯击前的 2 倍,提高了 1 倍。表层 1~4 m 深度内效果最好,夯后击数是夯前的 2.5~4.8 倍。10.5 m 深度处夯后击数是夯前的 1.1 倍。夯点间和夯点下的标准贯入试验值分布规律类似,只是夯点间的击数比夯点下的小一些。

表3　标准贯入试验结果表

深度 （m）	1 号孔			2 号孔		
	N63.5（击）		b/a	N63.5（击）		d/c
	夯前 a	夯后 b		夯前 c	夯后 d	
1	9.0	33.0	3.7	7.7	26.0	3.4
2	7.5	36.0	4.8	6.8	26.0	3.8
4	7.5	23.5	3.1	8.0	20.3	25
6	13.3	16.0	1.2	14.6	16.0	1.1
8	12.4	19.5	1.6	15.0	17.1	1.1
10.5	15.7	16.9	1.1	15.0	16.7	1.1

表4　静力触探试验结果表

深度 （m）	1 号孔						2 号孔					
	q_c（kPa）		b/a	f_s（MPa）		d/c	q_c（kPa）		f/e	f_s（MPa）		h/g
	夯前 a	夯后 b		夯前 c	夯后 d		夯前 e	夯后 f		夯前 g	夯后 h	
1	40	266	6.7	2.7	7.8	2.9	38	251	6.6	2.8	5.5	2.0
2	41	270	6.6	2.4	9.3	3.9	48	233	4.9	2.1	7.6	3.6
4	56	178	3.2	1.7	4.2	2.5	74	142	1.9	1.8	3.6	2.0
6	65	141	2.2	1.9	3.3	1.7	90	150	1.7	3.2	3.2	1.0
8	117	147	1.3	3.6	6.7	1.9	103	133	1.3	4.1	4.8	1.2
10.5	119	127	1.1	2.0	2.6	1.3	107	120	1.1	2.1	3.2	1.5

由表4可知,强夯后的桩端承载力 q_c 值比强夯前有较大的提高,夯前平均值 73 kPa,夯后平均值 188.1 kPa,夯后是夯前的 2.57 倍,提高了 1.57 倍。深度 1~2 m 内效果最好,夯后是夯前的 6.5 倍,往下次之,深度 10.5 m 处最小,夯后是夯前的 1.1 倍;强夯后的桩周摩擦力 f_s 值较夯前也有较大提高,夯前平均值 2.38 MPa,夯后平均值 5.65 MPa,夯后是夯前的 2.37 倍,提高了 1.37 倍。深度 1~3 m 内效果最好,夯后是夯前的 1.9~3.8 倍,往下次之,深度 10.5 m 处最小,夯后是夯前的 1.3~1.5 倍。夯点间和夯点下的静力触探试验值分布规律类似,其值相差不大。

4.3　影响深度分析

强夯后不仅有效加固了深度 0~10.5 m 内的土体,使土体的湿陷系数、干密度、渗透系数、压缩系数、标准贯入击数和静力触探指标均达到了设计要求,而且强夯也使深度 10.5~15.5 m 内土体的各项指标有了一定程度的提高。例如:土体平均干密度由夯前的 1.55 g/cm³ 提高到 1.61 g/cm³,提高了 3.8%;水平方向渗透系数的平均值由 0.45 × 10⁻⁴ cm/s 减小到 0.12 × 10⁻⁴ cm/s,减小 73%;垂直方向渗透系数的平均值由 0.42 × 10⁻⁴ cm/s 减小到 0.13 × 10⁻⁴ cm/s,减小 69%;土体压缩系数平均值由 0.15 MPa⁻¹ 减小到 0.10 MPa⁻¹,减小 33%;标准贯入平均值由 16.2 击提高到 17.7 击,提高 8%;静力触探平均值 q_c、f_s 分别提高了 5.12% 和 6.17%。总的趋势是随着深度增加,各项指标的变幅均在减小,到 15.5 m 深度时,已基本没有变化。

5　结论

强夯法用于水利工程中的土坝坝体加固非常少见,通过本例说明:

（1）强夯法用于湿陷性黄土坝体的加固,技术上是可行的。强夯后坝体黄土的湿陷性已全部消除,干密度得到了提高,压缩系数降低,坝体土由中等压缩性、中低等压缩性成为低等压缩性,渗透系数减小,标准贯入击数与静力触探值均有大的提高。

（2）强夯法处理旧坝体后,经济效益显著,本文工程可节约资金 3 000 多万元。

（3）旧坝体强夯于 2005 年 3 月开始,6 月结束,水库自 2006 年开始运行,数年来的坝体渗流量观测表明,强夯后新旧坝体的渗流量相差不大,从侧面验证了强夯后并没有引起坝体土的剪切破坏。

参考文献

[1] 张福海,王保田,刘汉龙,等. 强夯法在城市防洪工程地基

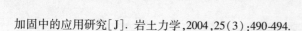
加固中的应用研究[J].岩土力学,2004,25(3):490-494.

[2] 邢玉东,王常明,张立新,等.阜新朝阳高速公路段湿陷性黄土路基处理方法及效果[J].吉林大学学报(地球科学版),2008,38(1):98-103.

[3] 骆行文,陈静曦,王吉利.强夯法处理黄土地区公路地基试验研究[J].岩土力学,2004,25(4):654-657.

[4] 郑晓,刘胜群,卓凡.强夯法设计参数的确定与现场试验研究[J].江西理工大学学报,2007,28(6):46-49.

[5] 杨天亮,叶观宝.高能级强夯法在湿陷性黄土地基处理中的应用研究[J].长江科学院院报,2008,25(2):54-57.

[6] 周健,张思峰,贾敏才,等.强夯理论的研究现状及最新技术进展[J].地下空间与工程学报,2006,2(3):510-517.

[7] 吕秀杰,龚晓南,李建国.强夯法施工参数的分析研究[J].岩土力学,2006,27(9):1628-1632.

[8] 杨建国,彭文轩,刘东燕.强夯法加固的主要设计参数研究[J].岩土力学,2004,25(8):1335-1339.

[9] 左名麒,朱树森.强夯法地基加固[M].北京:中国铁道出版社,1990.

[作者简介] 王学武(1964—),男,山西清徐人,高工,研究方向为岩土工程数值分析。

党发宁(1962—),男,陕西富平人,教授,博导,研究方向为岩土工程数值分析。

[基金项目] 国家自然科学基金重点资助项目(90510017);国家自然科学基金资助项目(5067907350879069);水利部公益性行业科研专项基金资助项目(2007SHZ1-200701004)。

本文刊登在《水利建设与管理》2010 年第 12 期

膨胀性泥岩地基筑渠设计关键技术问题探讨

任够平

（山西省水利水电工程建设监理公司，山西太原 030002）

[摘　要]本文描述了膨胀性泥岩的工程力学和水理特性，结合新疆北部某供水工程，对膨胀性泥岩地基上设计输水明渠的关键技术和设计方案比选进行了分析探讨，提出了改进设计的建议，以期为同类或近类岩土地质条件的渠道设计提供借鉴。

[关键词]膨胀性泥岩；地基；渠道；设计

膨胀性泥岩在维持天然含水率时，结构面少，整体性好，抗压强度和抗剪强度高，抵抗压缩变形和剪切变形能力强，具有优良的工程力学特性。当外因使得天然含水率发生改变时，其承载能力和变形特性会有显著变化。实验和工程实践证明：当膨胀性泥岩的含水率低于天然值时，表现出失水崩解、体积膨胀、次生裂隙数量增多、缝宽增大，泥岩整体性能恶化，逐渐成为散体结构；而当含水率超过天然值时，又会显现出增水软化、抗剪强度迅速损失的特点。长期位于地下水位波动区或浅表区的泥岩，在遇到负温时，还会因微裂隙中的水分结冰而产生不可逆的冻胀破坏。

渠道选线受技术经济因素综合影响后，确定通过膨胀性泥岩段是常见的工程设计。膨胀性泥岩渠基若防护不当，会由于气温变化和渠水渗漏、降水入渗，使自身含水量发生改变，承载能力降低。加上冻融交替作用和工作荷载基本组合、特殊组合作用，会在较短年限内引起渠底和渠坡鼓胀、塌陷、滑坡等，过水断面形状和尺寸、横坡、纵坡和糙率被迫改变，水流性态失控，继而引发渠道淤积、冲刷等次生危害，严重影响渠道输水效率、运行安全、使用寿命和投资效益。

因此，膨胀性泥岩对于输水渠道来说属于不良地质，如何有效防止渠道滑坡、渗漏、冻胀，实现正常输水，一直是工程界研究的课题。下面以新疆北部地区某输水工程为例来探讨设计对策。

1　某输水工程简介

该输水渠道工程为Ⅱ等大（2）型，地处新疆北疆。干渠全长 105 km，设计流量 48 m³/s，纵坡 $i = 1/10\ 000$，渠道断面为梯形，渠身采用 10 cm 厚现浇混凝土板机械衬砌，两布一膜（200 g ~ 0.6 mm ~ 200 g）防渗，渠底宽 6 m，内边坡 1:2.5。沿线渠基的岩性有 Q_4^{al} 冲积砂卵石、砂砾石、含砾中粗砂、中细砂、风积砂、低液限粉砂土、粉土、泥岩等多种类别。膨胀性泥岩挖方渠段长 33.08 km，其中 2.5 km 渠道泥岩埋深为 4.5 ~ 18 m，且为弱膨胀泥岩，对渠道影响不大。另 30.58 km 渠底与渠坡地基分布有中强膨胀泥岩，膨胀力 69 ~ 129 kPa，无荷膨胀率 13% ~ 103%，需要采取工程处理措施。工程所在地属大陆性寒温带气候，冷、热、风、干特征显著。多年平均气温 4.8 ℃，极端高温 37.6 ℃，极端低温 - 43.5 ℃；月内温差最大为 37.2 ℃；昼夜温差最大为 20 ℃。多年平均降水量 203.8 mm，蒸发量 1 447.5 mm。多年平均风速 2.4 m/s，最大风速 35.1 m/s，最大风向北。最大积雪深度 76 cm，最大冻土深度 146 cm。

为消除恶劣气候对膨胀性泥岩挖方渠段的危害和影响，从泥岩建基面到混凝土面板，设计有 6 项功能层，用来保持泥岩边坡稳定，解决防渗与防冻胀问题。渠道典型横断面如图 1 所示。

防止渠坡滑塌、确保渠槽开挖安全和运行期安全是首要解决的问题。设计采取三项措施：一是按照稳定边坡由上至下开挖；二是在泥岩出露顶面设明沟截排水；三是深挖方段设置多级马道减负。为降低挖方施工和征地费用，边坡放缓一般按饱和状态下的泥岩摩擦角来控制。膨胀泥岩岩体的室内试验结果表明：

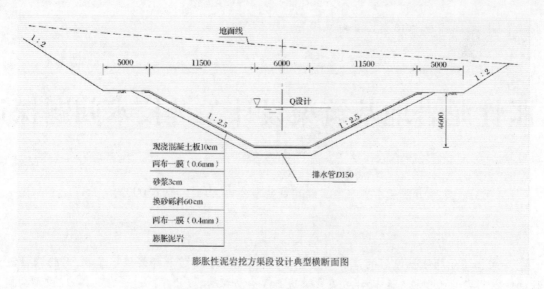

膨胀性泥岩挖方渠段设计典型横断面图

图 1　膨胀性泥岩挖方渠段设计典型横断面图

干燥状态下，$c = 500 \sim 800$ kPa，$\varphi = 35° \sim 36°$；饱和状态下，$c = 9 \sim 18$ kPa，$\varphi = 28° \sim 30°$。据此渠槽开挖时一级马道以下的边坡选择 1：2.5，以上的边坡，根据含水情况，选择较陡坡度。实践证明：施工中泥岩顶板有大量渗水，边坡开挖后放置了 2 年多，仍能保持稳定。对于深挖方渠道，设置多级马道，沿高度每 6 m 设一马道。

防止泥岩得失水的基本思路是在泥岩边坡挖成后，立即完成对新鲜岩面与周围环境的隔离，力求隔水隔气隔热隔风。设计采用了两布一膜隔水层，规格 150 g - 0.4 mm - 150 g，即第一层。

泥岩渠段防渗设计的基本思想是设置止水、隔水、排水、降水工程，采用层层设防、下隔中排上堵的原则，截断渠水、地下水、降雨、雪融水侵入泥岩的可能途径。第二至第六功能层都承担此项作用。

第二层是 60 cm 厚的天然砂砾料，取自渠道附近，其渗透系数大于 1×10^{-3} cm/s，主要用于加速排水，并给泥岩以压重。在砂砾层中铺设纵向软式透水管和横向 PVC 管，用于收、截、排空砂砾层中的渗水，纵向排水管外周填充混合反滤料，横向排水管沿渠道水流方向每500 m 设置一道。在深挖段纵排距离较长时设竖井排水。第四层是水泥砂浆垫层，兼作找平层。第五层是防渗土工膜，两布一膜，规格 200 g - 0.6 mm - 200 g，防止外水下渗。第六层是高性能素混凝土 C20F300W8 面板，起承压、保温、防渗和降低糙率的作用。混凝土板用斜坡衬砌机现浇，伸缩缝和温度诱导缝中内填 PVC 塑料板，外填 2 cm 厚聚硫密封膏，用来止水。

在负温地区或负温期间，尚需考虑解决地下水泥岩地基的冻胀问题。冻胀现象发生的三要素是土质、温度、水，土质是内因，其余为外因。设计试图消除或降低三个因素的影响来减小冻胀作用。其一是用非冻胀敏感材料——砂砾料进行置换，厚度 60 cm；其二是设混凝土面板保温；其三是设置排水层和隔水层，消除砂砾层中的渗流水和冻移水。

2　几个问题的设计方案比选

2.1　泥岩隔水层材料比选

隔水层起着切断泥岩与外界的接触、维持泥岩天然含水量的作用。材料应有 10^{-9} cm/s 量级的防渗性能，具有一定的拉伸强度，抗撕裂、抗顶破强度和较大的伸长率，以保证在换填砂砾料时隔水层完好无损。表 1 为隔水层材料的比选情况。

表 1　几种隔水层材料的比选

序号	隔水层名称	施工方便与适应性能	单位面积造价（元/m³）
1	乳化沥青喷涂	方便，但铺料时就破	51.0
2	一布一膜铺设	方便，但铺料后膜易破	11.52
3	膨润土防水毯铺设	不方便，重量大	16.2
4	两布一膜铺设	方便，重量轻，有双层保护，铺料后膜不破	14.0

经现场施工试验，在泥岩面上喷涂乳化沥青施工方便但缺点也很明显，在其上再铺料后易破，影响隔水效果与换填工效。一布一膜（150 g - 0.4 mm）同乳化沥青，施工方便但铺料时易破。膨润土防水毯（4 000 g/m² 及 5 000 g/m²）各铺设了 1.3 万 m²，共 2.6 万 m²，通过试验发现，在其上覆砂砾料时仍能保持自身完好不破裂。但与两布一膜（150 g - 0.4 mm - 150 g）相比，重量大，不便于人工操作，同时上覆砂砾料经压实后挤占了膨润土变形空间，影响到长期的隔水效果。两布一膜（150 g - 0.4 mm - 150 g）可以较全面地满足设计要求，

且性价比最高,因而被选中。

2.2　过水断面衬砌结构体型的优化

该工程的梯形过水断面,渠坡1:2.5,较好地解决了泥岩在开挖期和运行期边坡的稳定。但渠底选择了平底,冻胀作用下混凝土板易被拉裂,宜采用一定角度的弧底。由于弧形底板体型具有改善结构受力状态、在受冻时发挥拱作用且能有效发挥混凝土材料抗压强度高的特长,而且弧形开挖和弧底混凝土砌衬滑模施工技术早已成熟。因此建议在膨胀泥岩渠道开挖衬砌采用梯形边坡和弧形底板,除有较好的抗冻能力外,还可以提高断面过水能力或节约工程量,也适合机械化施工。

2.3　面板高性能混凝土配合比的讨论

为确保迎水面板混凝土等级特别是防渗与抗冻性能达到设计要求,并降低造价,设计采用水胶比为0.43的高性能混凝土。建设单位委托试验机构对不同料厂粗、细骨料,不同厂家水泥、粉煤灰、外加剂以及混凝土配合比进行试验,为期8个月,推荐的施工配合比见表2、表3。

表2　渠道边坡与底板衬砌混凝土配合比

应用部位	混凝土等级	级配	配合比参数						
			水胶比	粉煤灰(%)	砂率(%)	减水剂(%)	引气剂(%)	坍落度(cm)	含气量(%)
边坡底板	C₂₈20F300W8	二	0.43	25	34	0.70	0.012	3~6	4.5~5.5
		一	0.43	25	38	0.70	0.014	3~6	4.5~5.5

表3　材料用量

应用部位	混凝土等级	级配	1 m³ 混凝土材料用量										
			水(kg)	总胶材(kg)	水泥(kg)	粉煤灰(kg)	砂(kg)	天然砂40%(kg)	人工砂60%(kg)	粗骨料 5~20 mm	20~40 mm	减水剂(%)	引气剂(%)
边坡底板	C₂₈200F300W8	二	115	267	200	67	687	275	412	546	818	1.872	0.032
		一	128	298	224	74	740	296	444	1 234	—	2.084	0.042

一级配和二级配高性能混凝土配合比试验表明:水胶比小于0.43、粉煤灰取25%或30%时,混凝土抗压强度均可满足26.6 MPa的配制强度要求,同时混凝土抗渗测值均可满足设计要求。考虑早期强度和限制混凝土塑性变形的要求,粉煤灰掺量定为25%。引气剂的比例(含气量)对抗冻至关重要,水胶比0.43时,含气量在5%左右,强度在30 MPa左右,抗冻性能符合设计要求。弹性模量25~30 GPa时,极限拉伸值在80×10⁻⁶以上,混凝土抗裂性能较好。经过200 m长的渠道混凝土衬砌施工试验,比较了混凝土施工的流动性、粘聚性、和易性以及与衬砌机的适应性后,最终选定一级配混凝土。

表2中配合比的坍落度和含气量为混凝土入仓的控制值。混凝土出机口的数值应略大,具体增幅还应根据天气、运输车辆搅拌、运距等因素经试验论证确定。

除注重混凝土组分的选材和配合比来防治面板温度裂缝外,试验证明:合理的面板分块尺寸、混凝土的养护和保湿、及时切缝也是不可缺失的。切块尺寸比选了2 m×2 m、2.5 m×2.5 m、3 m×3 m两种,最终选定2 m×2 m。混凝土的养护在终凝后立即进行,用线毯覆盖保湿28天。切缝时机把握的原则为混凝土强度达到5 MPa左右,具体参考气温、湿度、龄期和同期混凝土试块的试验成果,过早切不齐整,过迟出现开裂且工效降低。

在沉降裂缝防治方面,一是控制砂砾料换填相对密度不低于0.75,二是膜下砂浆强度不低于M10。

2.4　保温体系的比选

表4为常用建筑保温材料技术、经济数据。

苯板重量轻、吸水率低、隔热性好、施工方便,但成本高且为有机材料,抗老化、防火、防鼠害能力较差,直接影响到渠道长期保温的效果和渠道设计寿命,该工程未采纳。若考虑环保降低能耗的国家战略,它淡出渠道保温领域只是时间问题。由表4可知,换填砂砾料比较经济。

由表5可见,用玻化微珠混凝土代替同样厚度的高性能混凝土,有着较高的性价比。

表6给出了同样保温效果下四种保温体系的全寿命年平均造价。由表6可知,保温效果不变时,用玻化混凝土代替砂砾料最浪费,苯板保温较换填造价高,换填方案保温体系经济指标较好,用玻化混凝土代替高性能混凝土的保温体系最节约,有较好的应用前景。

表4　常用建筑保温材料技术、经济数据

材料名称	导热系数 [W/(m·k)]	属性	寿命 (年)	保温等效厚度 (cm)	造价 (元/m²)	单位面积造价 (元/m³)
砂砾料	0.3	无机	50	60	20.22	12.13
聚苯乙烯泡沫塑料板	0.04	有机	25	8	436	34.88
玻化微珠	0.05	无机	50	10	2000	200
玻化微珠混凝土	0.216	无机	50	43.2	500	216
G20F300W8 混凝土	1.5	无机	50	300	314.70	944.10
M10 水泥砂浆	0.9	无机	50	180	367.02	660.64

表5　同样厚度下不同混凝土面板的性价比

保温体系	单位面积造价(元/m³)	导热系数[W(m·k)]	性价比
10 cm 混凝土 C20F300W8 面板	0.1×314.7=31.47	1.5	设定为1
10 cm 玻化混凝土面板	0.1×500=50	0.216	4.3

表6　几种保温体系的比选

序号	保温体系	造价(铺设+挖方)(元/m²)	寿命(年)	全丝造价 [元/(m²·年)]	备注
1	10 cm 混凝土面板 + 3 cm 砂浆 + 43.2 cm 玻化混凝土	0.1×314.7 + 0.03×367.02 + 0.432× 500 + 0.562×11.52 = 264.95	50	5.30	
2	10 cm 混凝土面板 + 3 cm 砂浆 + 60 cm 砂砾料	0.1×314.7 + 0.03×367.02 + 0.6× 20.22 + 0.73×11.52 = 63.02	50	1.26	该工程
3	10 cm 混凝土面板 + 3 cm 砂浆层 + 8 cm 苯板	0.1×314.7 + 0.03×367.02 + 436× 0.08 + 0.21×11.52 = 79.78	25	3.19	
4	1.44 cm 玻混凝土面板 + 3 cm 砂浆 + 60 cm 砂砾料	0.014 4×500 + 0.03×367.02 + 0.6× 20.22 + 0.644×11.52 = 37.76	50	0.76	

注：泥岩开挖单价为 11.52 元/m³，砂砾料换填单价为 20.22 元/m³。

3　几点体会和建议

a. 膨胀泥岩渠道过水断面宜选择弧底梯形。渠坡选择为梯形，可通过改变坡度来适应不同岩性土开挖边坡稳定的需要，而且也能更好地适应斜坡机械化衬砌；渠底选择为弧形，不仅有利于增加过水量，还有利于改善结构的受力状态，增强衬砌板抵抗冻害能力。

b. 为提高膨胀性泥岩段渠道的抗冻性能，选择保温混凝土即玻化微珠保温混凝土，与高性能混凝土相比，可取得较高的性价比。玻化微珠保温混凝土，导热系数低，无机材料耐火，更有足够的抗压强度和优良的防渗、抗冻和防裂性能，已在建筑外墙与内墙保温节能领域广泛使用并受到欢迎。

c. 在节约投资方面，从防冻设计上考虑向阳渠坡和背阳渠坡对抗冻要求的区别，在不影响防冻效果的前提下向阳部位的防冻措施可作适当的削减或取消。

[作者简介] 任够平(1975—)，男，1996 年毕业于太原工业大学，高级工程师。

本文刊登在《水利水电技术》2010年第7期

利用堆石混凝土替代浆砌石实施坝体施工的技术难点与应用前景分析

张 磊

（山西省水利水电工程建设监理有限公司,山西太原030002）

[摘 要]利用堆石混凝土替代砂浆砌筑技术实施浆砌石坝体施工,提高了坝体施工的机械化程度,加快了施工进度;减少了人为因素影响,对保证工程质量有利。但通过现场测试取得的堆石混凝土抗剪断指标很少,当前一般参照浆砌石坝体的相关抗剪经验资料进行工程设计,可能导致坝体断面不尽合理;施工中如何保证石料的上坝质量和强度、确保上下层面的衔接质量、机械上料对已完坝体不产生较大不利影响等是堆石混凝土代替浆砌石在坝体施工中得以推广的关键。

[关键词] 自密实混凝土;堆石混凝土;浆砌石坝;应用前景

[中图分类号] TV641.43　　　[文献标识码] B　　　文章编号:1000 – 0860(2010)07 – 0049 – 05

1 自密实混凝土与堆石混凝土

自密实混凝土（Self Compacting Concrete,简称SCC）是指拌和物具有很高的流动性,在浇筑过程中,不容易发生离析、泌水现象,无须振捣而自动充满模板和包裹钢筋的一种高性能混凝土,属于高流动混凝土的高端部分。

堆石混凝土技术是利用自密实混凝土优良的流动性、免振捣、自密实性能充填堆石体孔隙后,形成的一种致密的混凝土。主要工序为:一定粒径的石料直接进仓,堆积→注满自密实混凝土拌和物。用于堆石混凝土工程施工的自密实混凝土材料一般包括水、水泥、粉煤灰、粗骨料、细骨料、高效减水剂等。根据需要,还可填加抗离析剂或增稠剂、早强剂或早强型外加剂,以提高其稳定性和早期强度。

堆石混凝土的主要优点有:减少了混凝土的振捣密实过程,消除了人为的不利干扰,施工质量和稳定性得到提高;使用了大量的块石为原材料,施工工艺相对简单,降低了综合成本;堆石体水泥含量较少,温控相对容易;堆石体包含有大量大块的石料,形成稳定的骨架,具有优良的体积稳定性,体积收缩小等。

2 堆石混凝土技术在山西省水利工程中的应用情况

堆石混凝土技术在山西省水利工程上的使用时间较短,本文主要以清峪水库工程和围滩水电站大坝的施工资料为基础,对堆石混凝土技术的应用进行分析。

2.1 清峪水库

清峪水库坝址位于临汾市乡宁县城西13 km留太村北1 km清川河上,属于黄河一级支流的鄂河流域。枢纽建筑物包括混凝土重力坝、泄洪排沙底洞和输水灌溉孔。重力坝坝顶高程856.80 m,最大设计坝高38.30 m,坝顶宽度5.5 m,坝轴线长度203 m,上游坝坡1:0.1,下游坝坡1:0.75,坝底设计最大宽度32.31 m,水库总库容233万 m^3。

本工程原设计为C15混凝土重力坝,后为减少投资、加快施工进度,变更为同强度、同规模的堆石混凝土坝。工程于2008年7月开工,2009年3月进行堆石混凝土施工,目前,高程为839.0 m。

从目前情况看,工程进度较合同明显滞后,节省费用的效益也不显著,主要原因是:水库附近缺乏天然建筑材料,砂、石料均需从外地拉运,尤其是块石缺乏,影响了堆石混凝土技术的应用环境,另外,施工单位施工机械投入不足,从而,导致其理论效益难以得到发挥。

2.2 围滩水电站大坝

围滩水电站位于晋城市泽州县金村镇围滩泉附近的丹河干流上,枢纽坝址以上控制流域面积2 418.5 km^2。工程建设内容包括蓄水工程、供水工程、水电站工程和交通工程4部分。枢纽蓄水工程为浆砌石重力坝,由溢流坝段、非溢流坝段及冲沙闸段组成。基建面高程423.0～425.0 m,溢流面坝底最大宽度52.45 m,

坝顶宽 8.0 m，坝顶高程 482.0 m，最大坝高 59 m，总库容 722 万 m³。

大坝原设计为浆砌石重力坝，坝体为 M10 小石子砂浆砌石。由于浆砌石坝体施工进度较慢，人为影响因素较多，质量不好控制，加之该项目位于两侧岸坡陡峭、空间狭窄的山谷中，施工环境非常恶劣，发包人希望通过提高机械化程度，实现对工程各方面的有效控制，在大坝浆砌石高程为 437.0 m 时，提出了将浆砌石调整为 C15 堆石混凝土、原坝体其他参数不变的施工方案变更。

枢纽大坝于 2008 年 9 月 29 日正式开工，2009 年 11 月 1 日，方案变更为堆石混凝土，并同时开始实施，至 2010 年 2 月 20 日，大坝平均高程为 436.0 m。

3 堆石混凝土施工工序与质量控制

3.1 堆石混凝土的施工工序

3.1.1 基础仓面的处理

目前，山西省内采用堆石混凝土施工的水利项目，其技术支持单位均为北京华实水木科技有限公司，对基础仓面的处理要求，该单位提出按常规混凝土的处理方法进行。考虑堆石混凝土表面的平整度与浆砌石类似，且采用前者代替后者施工，主要是为了加快工程进度，技术指标未发生根本变化，因此，围滩水电站项目堆石混凝土的层面处理经发包人同意变更为按浆砌石层面要求实施。仓面上的混凝土乳皮、表层裂缝、由于泌水造成的低强混凝土（砂浆）以及嵌入表面的松动堆石必须予以清除，并进行凿毛处理。

3.1.2 立模

堆石混凝土模板可采用钢模、木模等常态混凝土模板，除上下游等有平整度要求的外露部位外，可使用浆砌块石墙替代模板，浆砌块石墙模板最终作为结构的一部分保留下来。由于自密实混凝土的流动性很大，比重又比水大很多，模板的刚度和强度必须能够抵抗自密实混凝土产生的侧向压力，压力大小可按 2.5 倍水压力计算。

3.1.3 堆石入仓

用于堆石混凝土的堆石料应新鲜、完整，质地坚硬，不得有剥落层和裂纹。为保证堆石混凝土的密实度，要求堆石间具有一定宽度的缝隙以利于自密实混凝土通过，一般堆石料的块度应足够大，其中部或局部厚度不得小于 30 cm，最大粒径以运输、入仓方便为限，且不宜超过 1.0 m（考虑自密实混凝土的流动距离）；允许使用少量粒径较小的石料，但其重量不得超过堆石料总重的 10%，且不得集中堆放。

为加快施工进度，堆石料可采用自卸汽车运输入仓，目前，厚度一般控制在 1.0 ~ 1.5 m 范围内。入仓前，石料应冲洗干净。在有平整度要求的部位，在堆石体与模板之间应保留大于 10 cm 的空隙作为保护层。

3.1.4 混凝土浇筑

混凝土入仓可采用自卸汽车、泵送、挖掘机挖斗、溜槽及吊罐等方式，为加快进度，有条件时，尽可能选用泵送为宜。考虑混凝土的流动性，浇筑前应作浇筑试验，以确定合理的控制范围。在浇筑过程中浇筑点应均匀布置于整个仓面，其间距一般不得超过 3 m，必须在浇筑点的自密实混凝土填满后表层局部出现混凝土浆液填满）方可移至下一浇筑点浇筑。

除表层自密实混凝土外，每一仓的浇筑顶面应留有块石棱角，块石棱角的高度高于自密实混凝土顶面约 5 ~ 20 cm，以便于下一仓的黏结。

3.2 堆石混凝土的质量检查

3.2.1 自密实混凝土质量控制

自密实混凝土的质量指标有坍落扩展度、自密实混凝土抗离析性能。完成倾倒混凝土及其前坍落度试验的各程序后，测量混凝土拌和物坍落扩展终止后扩展面相互垂直的两个直径，其两直径的平均值即为坍落扩展度（mm）。自密实混凝土抗离析性能是利用装满混凝土拌和物 V 形漏斗，记录从开启出料口底盖至拌和物全部流出出料口所经历的时间（s）来表征的。此外，若工程有特殊要求，还可能增加其他检测指标，如混凝土含气量等。自密实混凝土对堆石混凝土的质量尤为重要，施工中应加强检测控制。

3.2.2 堆石混凝土密实度质量控制

3.2.2.1 堆石混凝土容重及孔隙率

按照合同约定的频次，依据土工试验规程，采用试坑法进行堆石混凝土的容重及孔隙率的检测。

3.2.2.2 堆石混凝土预埋孔密实度检测

在堆石中预埋直径 5 ~ 10 cm 钢管，待堆石混凝土硬化后拔出，通过对孔内密实度的观测评定堆石混凝土的密实性，孔内缺陷面积不得超过总面积的 5%。堆石混凝土预埋孔密实度检测结果应由试坑法进行校核。

3.2.2.3 堆石混凝土现场抗渗检测

按合同约定的频次进行钻孔压水试验检测。试验方法按照《水利水电工程钻孔压水试验规程》（SL 31—2003）中的相关规定执行。

3.3 堆石混凝土力学性能试验

堆石混凝土力学性能应包括抗压和抗剪等指标。北京华实水木科技有限公司建议参考《水工混凝土试验规程》（DL/T 5150—2001）中全级配混凝土试验的相关内容进行抗压试验。目前，山西省水利项目上，基本没有进行堆石混凝土的抗剪试验。

4 堆石混凝土技术优点与应用前景

4.1 工程质量有很大提高

与浆砌石或细石混凝土砌石相比,堆石混凝土施工的机械化程度有了很大提高,减少了人为因素对工程质量的影响。围滩水电站大坝工程在高程438～446 m范围,多次利用混凝土输送泵管道维修期间,对浇筑完成(混凝土尚未初凝)部位利用挖掘机挖出了一道长3 m、宽1 m深至堆石底部的沟槽,对混凝土的浇筑情况进行了检查,同时,用核子密度仪对初凝后的自密实混凝土的密度进行了检测;参考《浆砌石坝施工技术规定》(SD 120—84)中的相关规定对堆石混凝土进行了一组试坑检测试验,对核子密度仪的检测结果进行了验证。结果表明,堆石混凝土中胶凝材料的填充程度较浆砌石有很大提高,很少有明显的孔洞出现;如表1和表2所列的核子密度仪、试坑检测试验数据也表明质量较浆砌石有明显改善。

表1 围滩水电站堆石混凝土大坝密度检测记录(核子密度仪法)

测点编号	高程(m)	桩号	距坝轴线距离(m)	测点深(cm)	检测序次	湿密度(t·m⁻³)	H_2O(t·m⁻³)	干密度(t·m⁻³)	含水量(%)	测点描述
A	438	0+69	坝0+38	25	1	2.43	0.17	2.26	7.52	测点远离块石
				25	2	2.361	0.169	2.192	7.71	
				5	3	2.328	0.17	2.158	7.88	
B	438	0+70	坝0+35	25	1	2.136	0.157	2.158	7.27	测点远离块石
				25	2	2.342	0.172	2.171	7.88	
				5	3	2.339	0.172	2.167	7.94	
C	438	0+74	坝0+38	30	1	2.48	0.166	2.314	7.17	测点靠近块石
				20	2	2.432	0.18	2.252	7.99	
				10	3	2.444	0.171	2.273	7.52	
				5	4	2.409	0.178	2.231	7.98	
D	438	0+73	坝0+35	30	1	2.469	0.19	2.279	8.34	测点靠近块石
				20	2	2.431	0.185	2.246	8.24	
				10	3	2.368	0.174	2.194	7.93	
				5	4	2.235	0.207	2.028	10.02	

表2 试坑密度检测试验结果

胶凝材料密度(kg/m³)	石料密度(kg/m³)	胶凝材料所占体积率(%)	石料所占体积率(%)	堆石坝体干密度(kg/m³)	堆石坝体湿密度(kg/m³)	堆石坝体空隙率(%)
2 470	2 803	40.9	53.0	2 494	2 590	6.1

注:检测数据由山西省水利基本建设工程质量监测中心站提供,山西省水利水电工程建设监理公司对实验过程进行了见证。

4.2 施工进度加快

4.2.1 机械化程度提高

堆石混凝土堆石料采用自卸汽车与挖掘机配合直接堆积入仓,自密实混凝土灌注代替人工砌筑,厚度一次可达1.5 m,很大程度提高了施工进度。从围滩水电站大坝砌筑方案变更前后的阶段进度看,采用浆砌石砌筑方案,高程430.0～435.0 m范围,坝体水平面积较大,高峰期砌筑人数达200人,日砌筑工程量500 m³左右;采用堆石混凝土施工,高程438.0～445.0 m范围,坝体水平面积相对减小,高峰期施工人数30人,日形成工程量700 m³左右。

4.2.2 原材料要求降低

浆砌石砌筑要求块石上坝,而堆石混凝土对石料的要求相对较低,除一定的块体规格外,对形状基本没有太多限制。因此,岩石在爆破形成后,无须另行加工,便可直接上坝使用,从而确保了石料的供应强度。

4.3 工程费用有望降低

4.3.1 机械替代人力降低了费用

在堆石混凝土施工中,堆石料上坝、自密实混凝土浇筑环节几乎不需要或只需少量工人配合,劳动强度也大幅降低。目前,投标报价比较高的一个主要因素是专利和新技术服务费用。从围滩水电站的实际情况看,技术和专利服务费用为70元/m³左右。随着技术成熟和推广,若扣除或减少此项费用,对堆石混凝土的单价就有望较浆砌石低。

4.3.2 粉煤灰等掺合料减少了水泥用量

围滩水电站项目某阶段的 C15 自密实混凝土配合比如表 3 所列。其中粉煤灰用量与水泥用量基本相同,粉煤灰的加入,使得配合料的单价比砂浆域小石子砂浆域细石混凝土有所降低。

表 3 围滩水电站工程某阶段 C15 自密实混凝土配合比

材料	水泥	粉煤灰	水	砂	石子	专用外加剂
单位用量 (kg·m⁻³)	192	186	163	1 456	331	6.9

4.3.3 堆石混凝土直接形成面板降低了费用

从山西省水利工程使用堆石混凝土的情况看,只要模板架立和自密实混凝土浇筑工序质量得到控制,由堆石混凝土直接形成的大坝上下游面板平整度可以达到设计标准。

5 影响堆石混凝土技术推广应用的难点问题

5.1 抗剪、抗老化等指标缺少,设计依据不足

堆石混凝土的工程实例较少,还没有积累足够的设计经验。在进行大坝安全抗滑稳定计算时,摩擦系数、抗剪断粘聚力等参数主要参照浆砌石坝选取。抗剪、抗老化等指标的缺乏,使得设计风险加大。目前,正在实施的堆石混凝土项目,现场检测主要针对相对单一的原材料或中间产品进行,如对自密实混凝土的强度、石料的强度检测等,而就混凝土浇筑完成后形成的堆石混凝土体则很少进行整体检测,尤其是各分层仓面,往往属于薄弱环节,其抗剪等指标对结构的安全影响较大,为此,还需要做相当数量的复核试验,以便对原设计参数进行验证。

5.2 堆石中碎石含量的控制问题

堆石混凝土的最大优点之一是机械化程度高、施工进度快。但目前堆石混凝土对堆石料的块度要求高,一般最小厚度都在 30 cm 以上,小粒径的石料数量必须加以控制,且不得集中堆放,这些要求对机械化施工带来一定难度。围滩水电站使用灰岩石料,岩体风化严重,爆破得到的石料中碎石含量较多,不能满足北京华实水木科技有限公司提出的石料块度要求。施工中,发包人、监理、施工、技术支持等单位就碎石含量问题经常争论,对工程进度产生很大影响,但从事后的质量检查结果看,各项指标基本符合要求。因此,还应该做大量的实验,以取得自密实混凝土、碎石级配、堆放密度等与堆石混凝土质量间的联系。

5.3 堆石料的入仓方案

相对浆砌石,堆石混凝土可以很大程度上加快施工进度。但从围滩水电站 2009 年 11 月 15 日至 2009 年 12 月 10 日间的施工进度情况看,扣除机器故障、原材料供应不及时等人为因素影响外,有效工作时间 305 h 中,有效浇筑时间仅 215 h,堆石料入仓对施工进度和质量的影响很大。一是挖掘机堆放石料过程中如何杜绝碎石集中;二是自密实混凝土浇筑结束后,表层石料突出很多,汽车通过几乎不可能,施工中,往往用破碎锤对表层石料凸起部分进行破碎,不仅影响了工程进度,而且仓面石料松动给该层的稳定性带来隐患。围滩水电站曾选择在石料堆放时每间隔 10 m 事先预留 2~3 m 宽、深 20 cm 左右的交通路,在自密实混凝土浇筑完成并全部覆盖路面后,人工及时铺撒一层碎石,厚度以适当突出混凝土为宜,以便在堆石时作为汽车路使用。在设计堆石料的入仓方案时,应着重考虑机械施工的连续性,否则,工程进度将受到影响,很大程度上决定了堆石混凝土的发展前景。

6 结语

与大体积浆砌石施工相比,堆石混凝土是一项质量保证程度高、施工进度快、费用有望节省的新技术,有着广阔的发展前景。在代替大体积常态混凝土上,理论上降低了工程费用、温度控制容易,体现出很大的优越性。但在堆石料入仓方案、设计指标选择、现场质量控制、自密实混凝土流动特性、浇筑技术、专用外加剂研制、降低费用等方面还需做很多研究。

[作者简介] 张磊(1969—),男,高级工程师,副总工程师。

本文刊登在《山西水利科技》2010年第4期

水工泄水结构的抗磨防蚀设计探讨

张 磊

(山西省水利水电工程建设监理公司,山西太原 030002)

[摘 要]含沙高速水流对水工泄水结构的冲磨、空蚀破坏已引起人们的高度重视,电力行业标准《水工建筑物抗冲磨防空蚀混凝土技术规范》(DL/T 5207—2005)中的些许规定不尽合理,对水工泄水结构抗冲磨与防空蚀设计的指导性不足,文中根据当前高速水流对泄水结构冲磨与空蚀的研究成果,提出了进行水工泄水结构抗磨防蚀设计的一些建议。

[关键词] 泄水结构;冲磨;空蚀;设计;结构体形;抗磨防蚀材料;施工

[中图分类号] TV222　　　[文献标识码] B　　　文章编号:1006 – 8139(2010)04 – 09 – 04

0 引言

我国是个河流多沙的国家,在众多河流中,有42条河流多年平均年输沙量在1 000万t以上,年最大输沙量超过1 000万t的河流有60多条[1],含沙水流对水工泄流建筑物的冲刷磨损破坏已引起人们的高度重视。同时,随着国家经济实力的提升以及新建水库的自然条件的愈加恶化,我国在建和待建的高坝泄水建筑物所涉及的水流流速越来越大,高速含沙水流的冲刷磨损和空蚀破坏问题越来越突出,直接关系到枢纽工程的安全。虽然,这方面的研究工作已经很多,但由于问题的复杂性,人们往往对同一问题的看法出入很大,甚至完全相反,工程设计中,更是缺少一套科学严谨、针对性很强的规范性文件作为支持,导致在含沙高速水流环境下,一些水工泄水结构的防冲抗磨抗蚀设计方案,往往很难达到预期的效果,有的甚至运行时间很短就发生磨蚀破坏,而有的则因为设计标准过高,带来很大的资金浪费。设计中的问题主要表现在以下几个方面:

(1)水利行业缺少专门的水工混凝土抗冲磨防空蚀技术规范。当前用于指导设计的主要是电力行业标准《水工建筑物抗冲磨防空蚀混凝土技术规范》(DL/T 5207—2005),而该规范在用于水利工程的抗冲磨防空蚀设计时往往表现出很多不足,如对混凝土的质量标准仅仅局限于其强度指标,遭致评判标准不全面、不科学,按此执行,很难达到满意的效果;再有对影响混凝土抗冲磨防空蚀的关键因素考虑不全,对部分关键因素没有给予足够的重视,过分强调个别性能而忽视其他性能甚至忽视关键性能等。

(2)同样环境选择了不同方案。鉴于对含沙高速水流冲磨空蚀的理解存在出入,即使同一河流的上下游工程,处理方式常常存在很大区别。如在丹河上修建的东焦河水电站,设计单位为晋城市水利设计院,其冲沙底孔四周只是采用C25混凝土衬砌,而在距其下游近5 km的围滩水电站(冲沙底孔最大工作水头39.5 m,最大水流流速22 m/s,泥沙含量很少),晋城市水利设计院在初设时采用了与东焦河相同的处理办法,山西省水利水电勘测设计研究院在变更设计中,不仅考虑了结构抗冲磨防空蚀的要求,而且将边壁材料要求为HFC40W6F150,厚度为100 cm。由此可见,认识不同,方案区别很大,资金投入也有很大出入。

(3)不同环境,方案选择的随意性强。主要表现在一些大型泄水工程,水流含沙量也很大,但经过分析,认为冲磨与空蚀的影响很小,选择的设计标准很低甚至不考虑其影响,仅采用常态混凝土形成泄水构筑物;而一些流速和含沙均较小的工程,却选择了很高的标准进行设计。另一方面表现在材料选择的任意性上,或是效果不好,或是不能满足设计使用年限的要求,或是过高的选择材料标准造成护面价格过高。

(4)破坏部位的修复处理方法多样,设计效果的验证资料少。当前关于抗磨防蚀处理的结果多具有独立性,共性、定性的结论很少,设计中可以直接借鉴的方案依据性不够。

本文针对影响水工建筑物抗磨防蚀的各种因素，提出了个人的一些见解，希望对解决此类工程的设计问题有些帮助。

1 冲蚀机理

通常认为，含沙高速水流对水工泄流建筑物的磨蚀破坏分为磨损、冲击、空蚀和流激振动破坏等四种类型。

1.1 磨损

磨损是由于所夹带的固体颗粒在结构表面滑动、滚动和跳动等直接产生摩擦的结果。含沙水流的磨损，属于水沙二相流问题，当沙粒冲磨固体壁面材料时，把一部分或全部能量传递给壁面材料，在材料表层转化为表面变形能，从而造成材料的磨损。水流冲角的大小对磨损的结果影响很大，在含沙高速水流中，冲角小，以微切削破坏为主；流速较小，表现为大粒径跳滚磨损形式，冲角大，以冲击变形磨损为主。磨损的程度与水流速度、固体颗粒的含量、形状、大小、硬度以及作用时间等因素有关。

1.2 冲击

冲击是由含沙高速水流中的推移质颗粒的滚动、跳动作用引起的结构表面的破坏形式。冲击力的大小与水流速度、运动形式、所夹带颗粒粒径等有关。

1.3 空蚀

液体在恒温下用静力或动力方法减压到一定程度就会有充满气体与蒸汽的空泡出现并发育生长，即空化。液体流经的局部区域，若压强低于某一临界值，液体也会发生空化。在低压区空化的水流夹带着大量的空泡，在流经下游压强较高的区域时，气泡发生溃灭，并伴生极大的压力，大致为 7 000 个气压。如气泡在结构边壁表面或其附近溃灭时，将对结构表面产生极大的冲击力，以致引起破坏，即为空蚀。

通常认为，混凝土的空蚀破坏，是由于空蚀的作用力将骨料从混凝土中拔出，尤其是大骨料的抗拔力更差。因此，混凝土对骨料的黏着力比其硬度更重要。

1.4 流激振动破坏

高速水流紊动强烈，形成作用于结构壁面上的紊流脉动压强，其合力构成了作用于结构上的激振力，有可能导致处于其内或以其为过流边界的结构的振动，由于混凝土结构的抗拉强度较小，在长期的运行过程中，常引起疲劳破坏。

水工结构的流激振动与脉动壁压、结构自身及其相互作用有关。减小结构振动的途径主要从减小脉动壁压和增强结构的抗振能力两个方面入手。对结构进行优化设计，改变结构的自振频率，从而避开能谱曲线上主频率附近的高能区，或控制振动在允许的范围内，成为解决流激振动的有效措施。

2 影响水工结构抗磨防蚀能力的因素

2.1 结构体形

选择合理的结构与结构体形对提高水工泄流结构的抗磨蚀能力至关重要，而且，一旦建筑结构最终形成，希望提高或改善抗磨蚀能力在技术上往往很难，而且费用也会大幅度增加。

对于流速很高、结构作用重要或费用占用比例较大的泄流构筑物，如分水导墙等薄壁结构，可通过水弹性模型试验，研究水流的脉动壁压作用，通过设计合理的结构体形，确保在动态环境下，对结构的共振得到控制，从而解决流激振动破坏问题。

合理的过流边壁体形对控制含沙高速水流的冲磨和空蚀也是有利的。为防止泄水构筑物过流边壁发生空蚀，最根本的措施是改进边界的轮廓形态，使泄水运行时各部位的水流空化数大于其初生空化数。此外，考虑到组成水流空化数数值中过流断面边壁时平均动水压力水头即测压管水头的影响，在泄水建筑物选项和水力设计时，应注意沿程动水压强的分布，限制测压管水头出现负压的范围和绝对值，以间接限制过小的水流空化数[2]。

2.2 抗冲蚀材料

当前，用于泄水构筑物面层的抗磨蚀材料很多，一般说来，抗空蚀性能好的材料抗磨蚀能力也较强。材料的硬度对抗磨蚀性能至关重要，而一定的材料韧性，可以吸收一部分冲击能量，并相应减小因疲劳而引起的断裂破坏。常用抗磨蚀材料有：①混凝土类：包括高标号混凝土、钢纤维混凝土、微纤维多元复合混凝土、聚合物混凝土、硅粉混凝土、HF 混凝土等；②护面板材类：包括辉绿岩铸石板、钢板、高铝陶瓷等；③砂浆类：包括钢纤维砂浆、聚合物砂浆、硅粉砂浆、环氧砂浆等；④抗冲蚀涂层：包括聚氨酯改性双组分环氧树脂材料、聚脲弹性体材料、双组分聚氨基甲酸乙脂合成橡胶[6]等。鉴于高速水流对建筑物冲蚀破坏作用的复杂性，在选择抗冲蚀材料时，应考虑水流的具体特征，对不同材料方案进行多方面的分析和比较，且不可照搬硬套。

2.3 掺气减蚀抗磨[3]

空化水流是造成泄水结构壁面空蚀破坏的主要原因，利用人工掺气改变来流状态从而防止空蚀的技术已经在国内外一些工程中得到应用，并取得了显著效果。有研究表明，人工掺气有助于提高边壁材料抵抗含沙高速水流磨蚀的能力。

2.4 施工技术

前已述及,保持泄流结构壁面一定的平整度,对减少空蚀有益;同时,不同的抗冲磨材料,对施工技术都有相应严格的要求,否则,很难达到预期的效果,而在施工工艺方面,目前人们的关心程度还不够,致使新建工程往往留下许多质量隐患。

3 水工泄水结构的抗磨蚀设计

3.1 方案的确定

3.1.1 根据水流具体情况选择抗磨蚀方案

水工泄水结构的抗冲磨防空蚀是涉及多个学科的复杂问题,影响的因素很多,而且对一些因素的研究还不够深入,因此,必须对具体工程、具体条件进行具体分析,确定出适宜本工程的方案。规范是设计指南,但不是绝对的、刚性的,设计中既要遵循规范中的某些禁止和强制性条款,同时要摆脱规范的约束,做到灵活运用,否则,往往造成事与愿违的结果。

关于水流流速、含沙量及组成,研究表明,不同的水流流速、含沙水流中悬移质与推移质的质量比例、推移质颗粒大小等对泄水构筑物的磨蚀影响不同。黄河上一些水利枢纽经若干年运行后检查发现,在流速降到 15 m/s 以下时,含沙水流对混凝土的冲磨作用较小;国内几个遭受空蚀破坏的泄洪洞典型实例,表明泄洪洞发生空蚀破坏具有如下特点:①水头高:从 94 ~ 155 m 之间;②流速大:从 38 ~ 49 m/s 之间;③水流空化数很低,均小于 0.15[3]。高速水流的动水压力和脉动压力可能造成结构和混凝土破坏,其表现有时与磨蚀破坏相似,不容易被发现和重视,需要通过优化工程结构来控制。

在工程运行方式上,含沙水流磨蚀泄流构筑物表面的能力与冲磨的时间、检修的时间间隔和抗磨材料的强度等有关。泄流构筑物的运行方式不同,需要选择不同的抗冲磨设计方案和设计标准。对于间歇性运行的工程,结构壁面抗磨蚀材料厚度可以减小,同时,因为有足够的检修时间,设计标准可以适当降低,以减少工程费用。

3.1.2 合理选择泄水构筑物体形

在水流流速和泥沙含量相对较低的情况下,合理的泄水建筑物体形对抵抗水流冲蚀破坏的效果很明显,有时,甚至可以不考虑专门的磨蚀材料设计。对于矩形门槽、消能工等局部流态复杂的部位,合理的体型对减免空蚀、冲磨破坏至关重要。

3.1.3 掺气减蚀抗磨技术

实践表明,流速超过 35 ~ 40 m/s 的高水头泄水构筑物,仅靠改进过流边界体型、提高施工水平以及提高材料强度等来减蚀抗磨是很困难的,同时,费用上也是不合理的,而水流边界掺气的措施是有效和积极的措施。关于掺气浓度以及减蚀保护长度,目前只能依赖原型观测积累的经验确定。林秉南教授指出,只要有不到 6% 的掺气浓度,即可防止 40 m/s 流速下,不平整度 2 cm 的混凝土空蚀问题。

3.1.4 杜绝以材料定方案

当前,一种不好的情形是根据材料选择抗磨蚀方案,即借鉴其他项目的经验,而无论本工程的具体条件是否一致,照搬套用。对于具体的工程,表现为材料选择的随意性较大,导致不能选择出经济有效的抗冲耐磨材料,同时,预期效果也往往难以达到。

3.2 设计指标的确定

3.2.1 混凝土抗冲磨强度与厚度

抗冲磨混凝土的厚度可按下式估算:

$$R = 24KnT/\delta \tag{1}$$

$$R = R_0^{1.25}/(p^{0.396}V^{1.38}) \tag{2}$$

式中 R——抗冲磨强度,即单位面积上磨蚀 1 cm 深所需的小时数;

T——一年内冲磨天数,对于径流电站来说冲磨天数为大于河流造床流量的泄洪天数;

n——检修年限;

K——安全系数,$k = 2$;

δ——抗磨层厚度,cm;

R_0——混凝土抗压强度;

P——水中挟沙量,%;

V——水流流速,m/s。

但考虑工程正常运行的需要,在冲磨达到一定深度时,工程的安全将存在很大隐患,或效益损失很大,必须进行维修,所以,按上式计算得到的混凝土厚度需要根据工程的实际情况进行调整,明显不合理时,重新选择设计方案。

3.2.2 混凝土抗压强度与抗冲磨防空蚀性能

如上式(2),混凝土的抗压强度对混凝土抗冲磨和防空蚀性能的影响很大,但大量研究表明,影响因素还很多,如水灰比、骨料种类及配比、拌和稠度以及表面处理工艺等。一般认为,C25 强度以上的混凝土才具有一定的抗空蚀性能,抗压强度达到 C40 以上时,普通混凝土在流速 30 m/s 情况下,已难免空蚀[3]。因此,不必过分地依靠提高混凝土的强度指标来改善其抗冲蚀性能。

3.2.3 混凝土的抗冲磨性能与耐久性[4]

混凝土的磨蚀破坏往往伴随着其他的破坏形式,亦即混凝土的碳化、渗透、冻融等效应同时对混凝土的抗磨蚀能力产生影响。因此，在进行泄流结构的抗磨蚀设计时，不能仅仅考虑其强度指标，而忽略了其他与耐久性相关的设计参数。

3.3 柔性抗冲磨喷涂技术

《水工建筑物抗冲磨防空蚀混凝土技术规范》（DL/T 5207—2005）中规定，抗冲磨混凝土侧墙厚度不宜小于 20 cm，底板厚度不宜小于 30 cm；过流表面的不平整度处理标准根据水流空化数确定，当水流空化数在 0.1～0.6 之间时，突体高度控制在 6～12 mm，突体上游坡度为 1/10，下游坡度为 1/8～1/5，侧向坡度为 1/4～1/2。为确保工程安全，许多项目在实际选用时，往往都对上述指标进行了提高，如新安江水电站对溢流坝面不平整度限制在 3 mm 以下，平行水流坡度不大于 1%（当流速大于 25 m/s），垂直水流坡度不大于 2%（当流速大于 25 m/s）；围滩电站大坝泄水底孔侧墙与底板厚度均为 100 cm。事实上，对大多部位，在磨蚀破坏范围很小时，对工程的正常运行已产生影响，或在破坏继续扩展后，维修费用将会大幅度增加。而过高的平整度要求，施工技术难度最大，实施困难，造价也非常昂贵。当前，国内外抗冲磨护面喷涂技术已有很大发展，如中国水利水电科学研究院研制的双组分无气高压喷涂技术，喷涂速度 10 m²/min，能适应 40 m/s 的高流速冲磨。喷涂聚脲弹性体技术是国内近年来开发的一种新型无溶剂、无污染的绿色施工技术。抗冲磨强度达到 C60 硅粉混凝土的 10 倍以上，适用于混凝土表面抗磨损、防渗和防腐等领域。柔性抗冲磨喷涂技术为减小抗冲磨混凝土厚度、加快施工进度、降低工程费用等提供了条件。

4 结论

（1）《水工建筑物抗冲磨防空蚀混凝土技术规范》（DL/T 5207—2005）中的些许规定不尽合理，使用中应注意灵活运用，切忌生搬硬套。

（2）造成水工泄水结构的磨蚀破坏因素很多，对水流流速、含沙量、泥沙粒径组成、水流脉动压力、构筑物运行制度等进行深入分析，弄清可能造成结构磨蚀破坏的主要影响因素，由此提出合理的抗磨防蚀方案，大型或重要工程的方案应通过模型试验确定。

（3）掺气抗磨防蚀技术与柔性抗冲磨喷涂技术在实际应用中效果较好，费用较省，根据具体情况，可以单独和配合使用。

（4）提高混凝土的强度可以相应增强构筑物表面的抗磨防蚀性能，但不是唯一影响因素，在混凝土配比设计中，应同时考虑骨料强度、水灰比等对磨蚀强度的影响；此外，混凝土的磨蚀与混凝土的碳化、渗透、冻融等效应同时作用，单一抗磨蚀指标很难反映混凝土的真实抗磨蚀能力，因此，在选择混凝土的抗磨蚀指标时，应同时提出混凝土的碳化、抗渗、抗冻、裂缝控制系数、冲击朝度等耐久性综合指标。

[参考文献]

[1] 杨春光. 水工混凝土抗冲磨机理及特性研究[D]. 杨凌：西北农林科技大学，2006.

[2] 刘士和. 高速水流[M]. 北京：科学出版社，2005：134-148.

[3] 王世夏. 水工设计的理论和方法[M]. 北京：中国水利水电出版社，2000：117-135.

[4] 胡国平，等. 延长水工抗冲磨混凝土结构寿命的新措施[J]. 水力发电，2009(1)：52-54.

[5] 戴会超，等. 高水头大流量泄洪建筑物的泄洪安全研究[J]. 水力发电，2009(1)：14-17.

[6] 方达欧. 加拿大美国混凝土建筑物抗冲蚀－磨冲材料的研究[J]. 水利水电技术，1993(10)：51-54.

[作者简介] 张磊，男，1969 年生，1992 年毕业于河海大学，高级工程师。

本文刊登在《山西建筑》2010年第28期

多头深层搅拌水泥土防渗墙技术分析

杨继林

（山西省水利水电工程建设监理公司,山西太原 030002）

[摘　要]以吕庄水库除险加固工程为例,介绍了多头深层搅拌水泥土防渗墙技术特点,分别阐述了该技术的施工机具设备和施工技术要点及质量效果检测方法,并指出了该技术实际应用中的优点和不足,以期促进多头深层搅拌水泥防渗墙技术的应用。

[关键词]防渗墙;先导孔;质量检测

[中图分类号]TU943.1　　　[文献标识码]A　　　文章编号:1009 - 6825(2010)28 - 0077 - 03

1 多头深层搅拌水泥土防渗墙技术特点

深层搅拌防渗墙是利用水泥浆液与原土通过叶片强制搅拌形成地下连续墙体的防渗技术。施工机械采用多头深层搅拌桩机,通过各种施工参数的控制,可以使各幅钻孔安全搭接而形成连续的墙体,保证水泥土防渗墙的连续性、均匀性、抗渗性都满足要求。该技术适用于黏土、粉质黏土、淤泥质土以及密实度中等以下的砂层,且施工进度和质量不受地下水位的影响。在防渗墙的开挖检验过程中还可以看到,防渗墙与原地基土无明显的分界面,即墙体与周边土胶结良好。同时该技术具有投资省、进度快、对环境影响小等优点,因而,在地下垂直防渗处理深度不大于 18 m 的条件下,可以优先选用深层搅拌桩水泥土防渗墙。

2 多头深层搅拌水泥土防渗墙的施工

2.1 施工机具设备

搅拌桩防渗墙施工设备由钻机装置和灌浆装置构成。钻机采用多头小直径深层搅拌桩机,机械运转时其搅拌头及其叶片相向而转,切削土体下沉。喷浆方式有两种:水泥浆从注浆钻杆的底端喷射出去或通过搅拌轴直接由切削叶片上的喷嘴喷出,同时使钻杆带动叶片搅拌刀旋转钻入地层,叶片搅拌刀削碎地基土并和水泥浆拌和。灌浆装置有挤压式灰浆泵、水泥浆引浆筒、储浆筒、集料斗等,喷浆系统采用电脑计量,自动控制每根浆管的浆量及密度。

吕庄水库除险加固工程采用 PH - 5G 型深层搅拌桩机,与其配套使用的 3EJN - 100/6 喷浆泵为三管喷浆可调注塞泵,三管喷浆量均匀且可独立调节,无级变速调节喷浆量,可适合桩机下沉、提升速度变化的需

要,以保证水泥浆掺入量达到设计要求,该泵最大排浆量为 100 L/min。PJ4 - 2 型记录仪通过流量传感器及深度传感器测得相关数据自动记录喷浆与搅拌深度对应数据,并在显示器上显示,便于操作人员随时掌握桩深、每米的喷浆量等数据。喷浆量、喷浆时间通过打印机打印形成记录。该设备具有施工效率高、桩间搭接连接效果可靠等优点。但在复杂地层中施工时故障率高,克服地层阻力能力较差。

2.2 施工技术要点

2.2.1 先导孔施工

由于地层状况的复杂性,所以在搅拌桩施工前应沿防渗墙轴线布置一定数量的先导孔,在地质条件变化较大的部位适当予以加密,孔深应深入设计防渗墙底线以下 0.5 m。按勘探规程施工,确保分层需要。如因地层等原因,不能满足取样要求时,辅以标准贯入取土样作地层鉴别。由地质工程师对土样进行编录,绘制地质剖面图,作为设计单位调整防渗墙施工底线和施工单位确定施工参数的基础资料。先导孔封孔采用水泥黏土浆或黏土机械夯实法封堵。

2.2.2 设备定位

设备定位控制包括三个方面:纵向偏差和横向偏差以及垂直度。纵向偏差可采用事先打桩法控制,一次定位五根桩以上,以便于施工人员校核。横向偏差可采用虚拟轴线法控制,即事先在机身旁各用钢筋焊一样架,此样架距防渗墙轴线 1.5 m,然后在距防渗墙 1.5 m 处平行于轴线拉一道线,移机时样架始终对准此线,即可保证准确定位。同时,桩机上平行轴心线安装桩机校核装置,通过核准辅助线准确核准桩位。桩机移位时保证桩机轴心线与防渗墙轴线重合,可确保桩位准确。

为了保证设备定位的垂直度,在桩机塔架上安装

一吊锤,设置连通管装置,并标画有桩机倾斜刻度线,开机前通过液压系统调平机身,下沉及提升过程中根据吊锤指示装置和连通管液面刻度变化来控制桩机垂直度,使之小于5‰。经计算:前后液面差控制在0.8 cm范围内,即能保证前后倾斜率在5‰以内;吊锤左右摆动最大幅度控制在1.2 cm范围内,即能保证左右倾斜率在5‰以内。

2.2.3 搅拌和注浆

吕庄水库除险加固工程采取掘进和提升二次喷浆的方式:即搅拌机掘进与提升的同时均进行注浆。搅拌注浆工序是最关键的工序,施工中必须控制好有关指标才能够保证质量。注浆压力可以由压力表记录,水灰比则应安排专人用比重计检测。掘进速度一般控制在0.8 m/min~1.0 m/min范围之内,根据地层变化可以适当调整。掘进深度应超过防渗墙设计底高程50 cm并停留30 s~60 s,以保证防渗墙底部水泥掺入量满足设计指标。提升过程中应注意保持速度均匀且不得大于掘进速度,确保水泥掺入量均匀。提升应超过设计桩顶高程0.5 m以上,保证防渗墙顶部质量满足设计要求。吕庄水库采用的PH-5G型深层搅拌桩机为三轴,每序掘进与提升可以完成0.9 m搅拌桩防渗墙体,轴间搭接长度为17.8 cm,墙体最小厚度为30 cm。每序施工完成后,应将管路中残存的水泥浆清洗干净,并将粘附在搅拌头上的泥土清理后检查叶片直径和喷嘴状态,以保证成墙厚度与注浆系统处于良好的运行状况。然后桩机向前平移额定距离,重复以上过程开始下一单元墙施工。

2.2.4 桩间搭接

桩间搭接是防渗墙施工质量控制的一个十分重要的环节,搭接部位的防渗性能直接影响防渗墙的抗渗性能,所以必须高度重视。墙体搭接质量主要通过深搅机移位控制。每次移位距离根据桩径和墙厚通过理论计算得出,施工中严格控制,确保桩与桩之间的搭接厚度满足墙厚的要求。施工中,相邻桩施工间隔时间不应超过24 h,如超过24 h,则应对前一单元的最后一根桩空钻留出榫头,以待搭接。如因特殊情况没有留榫头,则必须采取贴桩的处理办法。

2.2.5 断桩处理

施工过程中若发生注浆中断,应将注浆管下沉至停浆点以下0.5 m,等恢复供浆时再搅拌施喷。因停电或机械故障而中断施工时间过长造成断桩时,可采取补强灌浆或补桩的方法处理。补强灌浆每桩布置1个~2个,补桩采用三头桩机施工,两次成墙施工工艺,一根断桩补加施工两根桩,横向与原桩相切8 cm~10 cm。也可以先用钻机钻孔,再用单管高喷接桩50 cm,然后再用深层搅拌机从原中断位置搅拌。

2.2.6 施工参数选择

施工中要合理确定并严格控制好水泥掺入比、水灰比、外加剂、复搅次数和钻杆提升速度等施工参数;而桩位偏差、钻孔倾斜度等则是为保证墙体完整性及其最小厚度满足设计要求的施工控制参数。施工时应特别注意根据不同的土层正确选择不同的施工参数,因为灌浆量往往因土质及空隙率的不同而有差异。对黏性土地层,细砂或密实的粉土质地层,粗颗粒的砂土或软的粉土地层,多孔的地层或砂砾层,具体选用何种施工参数,需进行一定的室内及现场试验具体确定,施工过程中严格控制。

3 施工质量检测

搅拌桩防渗墙的质量效果检测形式主要有:

1)开挖检测:沿堤线每500 m开挖一处,每处长3 m~5 m,深2.5 m~4 m。要求墙体的外观质量好,整体性好,无蜂窝、孔洞,最小墙厚和垂直度实测值满足设计要求;

2)钻孔取芯检测:在施工28 d后,采用钻机抽芯取样检测水泥土的单轴抗压强度、渗透系数、抗渗比降及芯样的完整性和均匀性评价;

3)围井注水检测:主要是检测墙体的渗透系数;

4)无损检测:主要是检测墙体的连续性及实际深度。

4 优劣性分析

1)深层搅拌水泥土防渗墙经过多年实践证明防渗效果良好,而且具有工艺简单、节约投资等特点,但因其掘进深度有限,一般深度超不过18 m,防渗的深度受到限制。此外由于其形成的墙体抗压抗剪切强度不高,也使得应用范围受到限制。

2)在实际工程中,地基多数具有由几种土质组合而成的多元结构,由单一土质构成的地基条件则很少,理论上对不同的土层应选择不同的施工参数,而实际施工时,由于单元墙体的成墙时间很短,而且是搅拌下沉或搅拌提升和喷浆是一气呵成,使用不同施工参数进行施工难以实现。施工参数选择和施工过程控制如何适应地层的问题有待进一步研究解决。

3)设备定位的垂直度控制主要靠人为调控,既麻烦,精度也不高,如何加强自动化控制程度需要设备制造商加以改进。

4)目前搅拌桩防渗墙的检测手段还不够成熟,特别是单元墙体间的搭接质量还没有过硬的检测方法。

[作者简介] 杨继林(1966—),男,高级工程师,山西省水利水电工程建设监理公司,山西 太原 030001。

本文刊登在《科技情报开发与经济》2009 年第 24 期

申村水库除险加固工程主坝坝体质量评析

任志斌

（山西省水利水电工程建设监理公司，山西太原 030002）

[摘　要]在工程地质勘察所取得资料的基础上，对申村水库主坝坝体质量进行了评析。

[关键词]申村水库；主坝坝体质量；坝体填土；截水槽填土

[中图分类号]TV64　　[文献标识码]A　　文章编号：1005 - 6033（2009）24 - 0227 - 02

1 工程概况

申村水库位于海河流域浊漳河南源上游，地处长子县石哲镇申村以东，坝址坐落在长子县城西 7.5 km 处。其控制流域面积为 236.2 km²，总库容 3 381 × 10⁴ m³，是一座集灌溉、防洪、水产养殖等综合利用的年调节中型水库。

该水库于 1958 年 4 月开始动工兴建，同年 8 月建成蓄水。1974 年、1988 年和 1990 年曾先后对大坝和溢洪道进行了改造。原设计标准为 100 年一遇洪水，无校核标准。水库改造加固后，设计防洪标准为 100 年一遇设计，1 000 年一遇校核。

水库正常蓄水位为 950 m，枢纽工程由大坝、输水洞（灌区渠首）、溢洪道、引水涵卧管等组成。大坝全长 610 m，由主坝和副坝组成。主坝为碾压式高塑性黏土心墙坝，最大坝高 23.5 m，坝顶高程 953.5 m，坝顶宽 4.0 m，坝体心墙主要用高塑性红黏土筑成，坝基做截水槽，堆石贴坡排水。其副坝为碾压式均质土坝，位于水库左岸，长 450 m，最大坝高 3.2 m，坝顶高程 954.5 m，坝顶宽 1.0 m。溢洪道位于主坝右端 50 m 处，全长 430 m，无坎宽顶堰闸门控制，堰顶高程 945.0 m，3 个闸孔，单孔宽 10.0 m，总宽 32.8 m。输水洞位于大坝左岸上游侧的台地上，为干渠取水渠首，总取水流量为 7.95 m³/s。引水涵卧管位于坝右端，由输水涵洞、卧管组成，长 67.5 m，设计泄量为 1.5 m³/s。

2 主坝坝体质量

主坝全长 160 m，为碾压式黏土心墙坝，最大坝高 23.5 m，坝顶高程 953.5 m，坝顶宽 4.0 m。坝体心墙顶部高程 951.0 m，顶宽 2.0 m，底宽 33.0 m。截水槽

深 2~6 m，底宽 6.0 m。

建坝初期，大坝下游坡曾出现纵向裂缝 50 余条，经开挖至裂缝底部回填处理后未再发现。

大坝左岸近坝头 100 m 处，于 1961 年发生滑坡，经削坡和碎石反滤料铺筑处理后，至今未见异常现象。

2.1 坝体填土

坝体填土为棕红、灰黑色低液限黏土，局部为低液限粉土，两种颜色土层填筑混杂，没有规律。根据竖井开挖资料，土层较密实，铁锹不易挖下，含少量砂岩碎块、钙质结核及煤屑等。根据坝体心墙下游侧竖井资料（代表浸润线以上），土的含水率 $\omega = 13.8\%$ ~ 23.1%，平均值 18.9%，属稍湿~湿；干密度 $p_d = 1.53$ g/cm³ ~ 1.76 g/cm³，平均 1.66 g/cm³；天然孔隙比 $e = 0.530 \sim 0.780$，平均 0.629，属于中密~密实状态；液限 $W_L = 25.6\%$ ~ 31.0%，平均 28.3%；塑限 $W_p = 16.3\%$ ~ 18.6%，平均 17.2%；塑性指数 $I_p = 9.0$ ~ 12.6，平均值 11.07；液性指数 $I_L = -0.33 \sim 0.45$，平均值 0.20，属可塑~坚硬状态。颗粒组成：砂粒质量分数 3.6% ~ 14.5%，平均 6.7%，粉粒质量分数 67.0% ~ 87.9%，平均 76.2%，黏粒质量分数 8.5% ~ 24.6%，平均 17.1%；渗透系数：垂直 0.119×10^{-5} cm/s ~ 3.45×10^{-5} cm/s，平均 1.41×10^{-5} cm/s；水平 $0.012\,2 \times 10^{-5}$ cm/s ~ 7.99×10^{-5} cm/s，平均 1.73×10^{-5} cm/s；压缩系数：天然状态下 $a_{1-2} = 0.07$ MPa⁻¹ ~ 0.29 MPa⁻¹，平均 0.17 MPa⁻¹，属低~中等压缩性。饱和状态下 $a_{1-2} = 0.14$ MPa⁻¹ ~ 0.53 MPa⁻¹，平均 0.25 MPa⁻¹，多属中等压缩性；湿陷系数 $\delta_s = 0.001$，小于 0.015，不具湿陷性；三轴固结不排水剪凝聚力 $C = 25.7$ kPa ~ 96.6 kPa，内摩擦角 $\varphi = 20.3°$ ~ 26.6°，平均值 $C = 61.2$ kPa，$\varphi = 25°$，小值平均值 $C = 30.1$ kPa，

$\varphi = 23.2°$。有效凝聚力 $C' = 11.3 \text{ kPa} \sim 101.2 \text{ kPa}$,有效内摩擦角 $\varphi' = 25.3° \sim 29.0°$,平均值 $C' = 64.6 \text{ kPa}$,$\varphi' = 27°$,小值平均值 $C' = 29.7 \text{ kPa}$,$\varphi' = 25.9°$。

综上所述,坝体土中密~密实,属低~中等压缩性土。从填筑质量看,填土干密度较高,平均达 1.66 g/cm³,其压实度较高(据调查,有部分坝体填土取自溢洪道开挖的 N_2 土料,据右岸的 N_2 土料试验,其最大干密度一般为 1.65 g/cm ~ 1.71 g/cm³,以此计算填土平均压实度在 97% 以上),坝体填筑质量较好。

通过对黏粒质量分数、塑性指数、渗透系数等指标的分析,土料基本满足均质土坝土料质量要求。

2.2　坝体心墙及截水槽填土

坝体心墙及截水槽由棕红、灰黑色低液限黏土填筑而成,两种颜色土层填筑混杂,没有规律,较密实。根据钻孔资料,岩芯呈长圆柱状,柱长 15 cm ~ 40 cm,干时坚硬。棕红色低液限黏土中夹灰黑色低液限黏土团块,含少量钙质结核及煤屑等;灰黑色低液限黏土中夹棕红色低液限黏土团块,含少量砂岩碎块及煤屑等。根据钻孔样试验资料,土的含水率 $\omega = 18.70\% \sim 24.70\%$,平均 22.49%;干密度 $\rho_d = 1.56 \text{ g/cm}^3 \sim 1.72 \text{ g/cm}^3$,平均 1.64 g/cm³;天然孔隙比 $e = 0.58 \sim 0.76$,平均 0.66,属于密实状态;液限 $W_L = 23.80\% \sim 35.20\%$,平均 30.56%,塑限 $W_P = 17.10\% \sim 19.10\%$,平均 17.59%;塑性指数 $I_P = 11.70 \sim 16.10$,平均 12.97;液性指数 $I_L = 0.11 \sim 0.53$,平均 0.38,属可塑~硬塑状态。颗粒组成:砂粒质量分数 $1.20\% \sim 18.5\%$,平均 7.90%,粉粒质量分数 $54.8\% \sim 76.0\%$,平均 67.10%,黏粒质量分数 $20.9\% \sim 31.0\%$,平均 25.0%;渗透系数:垂直 $0.0074 \times 10^{-5} \text{ cm/s} \sim 64.30 \times 10^{-5} \text{ cm/s}$,平均 $12.0 \times 10^{-5} \text{ cm/s}$,水平 0.0012×10^{-5} cm/s ~ 17.6×10^{-5} cm/s,平均 5.33×10^{-5} cm/s;压缩系数:天然状态下 $a_{1-2} = 0.21 \text{ MPa} \sim 0.31 \text{ MPa}^{-1}$,平均 0.27 MPa⁻¹,饱和状态下 $a_{1-2} = 0.28 \text{ MPa}^{-1} \sim 0.34$ MPa⁻¹,平均 0.30 MPa⁻¹,属中等压缩性;饱和快剪条件下凝聚力 $C = 23.20 \text{ kPa} \sim 33.60 \text{ kPa}$,平均 29.63 kPa,内摩擦角 $\varphi = 9.2° \sim 25.8°$,平均 17.1°。

钻孔内标贯试验成果,修正后的标贯击数为 7.6 击 ~ 20.3 击,平均 14.2 击。

需要注意的是,试验样品为钻孔样,钻孔样很难取得 I 级试样,在取样过程中可能有一定压密现象,在使用时应考虑这一因素。考虑到心墙、截水槽土层黏粒含量较高,参考坝体填土试验结果,应取总应力凝聚力 $C = 35 \text{ kPa}$,内摩擦角 $\varphi = 22°$,有效凝聚力 $C' = 38$

kPa,有效内摩擦角 $\varphi' = 24°$。

坝体心墙、截水槽土属中等压缩性土,从试验结果分析,考虑钻孔取样的压密因素,其压实度可能较坝体填土稍差。作为现体防渗土料,其现有试验指标与防渗土料要求的质量指标对比见表1。从表1中看,其黏粒质量分数及塑性指数指标满足要求。但部分样品渗透系数偏大(大于 1×10^{-5} cm/s),在所取的 11 件土样中,有 6 件大于规范要求,土层不均匀性明显。

从防渗土料的主要指标渗透系数分析,心墙土体并不能完全满足心墙的防渗作用,但心墙土和心墙两侧坝体土的渗透系数基本能够满足均质土坝土料的质量要求。在心墙、截水槽土体所取的 11 件土样中,有 9 件满足规范要求(小于 1×10^{4} cm/s),坝体填土中所取的 22 件土样均满足规范要求。

3　结语

主坝坝体填土为棕红、灰黑色低液限黏土,中密~密实,属低~中等压缩性土,压实度较高,填筑质量较好。从黏粒质量分数、塑性指数、渗透系数等指标分析,土料基本满足均质土坝土料质量要求。

表1　坝体心墙土料试验指标与防渗土料要求质量指标对比表

序号	项目	质量指标	试验指标	
		均质坝土料	范围值	平均值
1	黏粒质量分数/%	15 ~ 40	20.9 ~ 31.0	25.0
2	塑性指数	10 ~ 20	11.7 ~ 16.70	12.97
3	渗透系数(cm/s)	碾压后 $<1 \times 10^{-5}$	0.0074×10^{-5} $- 64.30 \times 10^{-5}$	8.97×10^{-5}

坝体心墙及截水槽由棕红、灰黑色低液限黏土填筑而成,属中等压缩性土,从本次试验分析其压实度可能较坝体填土稍差。作为坝体防渗土料,其黏粒质量分数及塑性指数指标满足要求,但部分样品渗透系数偏大(大于 1×10^{-5} cm/s),不均匀性明显,心墙土体并不能完全满足心墙的防渗作用,但心墙土和心墙两侧坝体土的渗透系数能基本满足均质土坝土料的质量要求。

[作者简介] 任志斌(1974—),男,2005 年毕业于河北工程学院水利工程建筑专业,工程师。

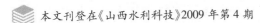本文刊登在《山西水利科技》2009年第4期

万家寨引黄北干1号隧洞钻爆法施工洞段不稳定性因素分析及对策

赵明贵

（山西省水利水电工程建设监理公司,太原 030002）

[摘　要]通过对万家寨引黄北干1号隧洞钻爆法施工洞段不稳定性因素分析,提出了较为科学合理的措施,保证了隧洞工程的安全和质量。

[关键词]围岩;地下水;光面爆破;新奥法

[中图分类号]TV554　　[文献标识码]B　　文章编号:1006-8139(2009)04-32-02

1 万家寨引黄北干隧洞工程概况

万家寨引黄北干线1号隧洞位于山西省西北部,始于偏关县,终点位于朔州市,隧洞全长43.696 km,其中一段长度为18.375 km的隧洞,采用钻爆法施工;剩余隧洞由TBM掘进机开挖,属无压隧洞。主洞为圆形断面,衬砌后内径4.10 m。有支(北)01-05共五条支洞作为施工通道,支洞断面形式为城门洞形,净断面尺寸4.20 m×4.20 m(宽×高)。设计引水流量为22.2 m³/s。

2 隧洞不稳定性因素分析

2.1 地质因素

2.1.1 地层岩性

万家寨引黄北干线1号隧洞钻爆法施工洞段穿越地层主要有:Q_2、N_2 土夹石层;寒武系砂岩、砂质页岩地层;古生界寒武系、奥陶系碳酸岩地层;太古界集宁群片麻岩以及燕山期花岗岩、闪长玢岩等地层。

(1)隧洞围岩为 Q_2 含砾石亚黏土和 N_2 含砾石红黏土的土夹石地层洞段,属 V 类围岩,其间还赋存孔隙潜水,主要受大气降水补给,地下水位季节变动较大,高出洞线20 m~90 m不等,隧洞围岩稳定性极差。

(2)隧洞围岩为寒武系徐庄组一段和毛庄组的灰绿色砂岩和紫红色砂质页岩互层洞段,岩体微风化状,产状平缓,构造不甚发育,地下水位一般在洞线以上40 m~50 m,上水头一带可达120 m,但富水性较弱,经测每公里隧洞涌水量一般在0.01 m³/s~0.04 m³/s

之间。砂质页岩出露一定时间后,从裂隙中出现不同状态地下水,围岩稳定性发生变化。

(3)隧洞围岩为太古界集宁群片麻岩以及燕山期花岗岩、闪长玢岩等构成地层的洞段,总体而言大部分围岩稳定性尚好,但部分洞段由于片麻岩与侵入岩穿插交替、岩性变化频繁,对岩体的整体稳定性有一定影响,尤其是二者的接触带往往岩体破碎且有变质迹象,稳定性差。施工开挖期间出现滴水或少量脉状水,经测每公里隧洞涌水量0.02 m³/s~0.04 m³/s。另外,发现围岩为闪长玢岩时,虽岩性致密坚硬,但暴露时间过长,发生风化成散状堆体,遇水成稀糊状,围岩稳定性变差。

(4)隧洞围岩为古生界寒武系、奥陶系碳酸岩地层洞段,岩性主要为中厚层灰岩、白云岩,夹有薄层状灰岩等,具备岩溶发育的基本条件。目前本区段施工期间,虽未遇到大的溶洞发育段,但小溶洞、溶孔、溶蚀裂隙等溶蚀现象较为常见。在岩溶发育洞段,围岩强度低、透水性较强,岩体稳定性差。

2.1.2 断层破碎带及节理密集带

隧洞穿越断层破碎带及节理密集带洞段时,破碎带及其影响带内各级结构面极为发育,而且后期溶蚀、风化作用强烈,岩体结构类型属散体结构或破碎结构,隧洞开挖过程中极易造成顶拱掉块、坍塌及边墙片帮等,规模大者甚至引起塌方,围岩稳定性极差。如该洞段两端太古界结晶基底与上覆盖层接触部位等洞段,均有断层发育,岩体破碎,属 V 类围岩。

2.1.3 地下水

本隧洞穿越寒武系徐庄组一段和毛庄组砂岩、砂

质页岩、石英砂岩或太古界集宁群片麻岩及后期侵入岩体地层。上覆基岩浅埋洞段，岩体风化强烈，裂隙发育，贯通性好，与上覆松散堆积物孔隙潜水水力联系较为密切。如支(北)03下游一处右拱顶部位出现较大涌水现象，底拱砂质泥岩遇水软化，围岩强度大大降低；隧洞埋深在150 m以上，围岩为片麻岩及后期侵入岩体洞段，由于徐庄组一段系本区分布稳定的相对隔水层，故岩体透水性总体较弱，富水性差，仅在不同岩体接触部位或岩体破碎洞段出现了股状或脉状涌水，降低了围岩稳定性。

2.2 施工因素

2.2.1 爆破开挖

隧洞掘进，未严格按照爆破设计中要求开挖，存在着炮眼布置不均匀、周边孔未间隔装药与炮眼装药量过大等问题，致使隧洞顶拱和边墙超挖严重，破坏了围岩的稳定性。

2.2.2 喷锚支护

隧洞开挖后，未严格按"新奥法"要求进行喷锚支护施工，系统锚杆未垂直拱顶岩面串在岩体里；在拱顶为薄层砂岩和页岩水平地层中，打超前锚杆破坏了岩体稳定性；挂钢筋网和混凝土喷射没紧跟工作面。还有V类围岩中，采用钢拱架和钢筋格栅拱架支护，无贴紧拱顶岩面，没起到应有的支护效果。

3 对策

3.1 采用光面爆破开挖

应采用光面爆破方法进行开挖。因光面爆孔(周边孔)的爆破是在开挖主爆孔的药包爆破之后进行的，它可以使爆裂面光滑平顺，超、欠挖均很少，能较好控制开挖隧洞轮廓。要求周边孔的孔距小于50 cm；采用间隔装药；布孔位置尽量靠近设计轮廓线，一般距轮廓线10 cm～20 cm，并向周边略有倾斜。光面爆破能最大限度减少对围岩的破坏，从而达到提高围岩稳定性的目的。

3.2 采用新奥法施工

隧洞开挖后，应采用新奥法施工进行喷锚支护。新奥法施工特点是：在洞室开挖后，将围岩冲洗干净，适时喷上一层厚30 cm的混凝土，防止围岩松动；如发现围岩变形过大，可视需要及时加设锚杆或加厚混凝土；遇Ⅳ类围岩加设系统锚杆、挂钢筋网喷混凝土；遇V类围岩除应加设系统锚杆、挂钢筋网外，还要加设超前锚杆、钢筋格栅拱架或钢拱架后进行喷混凝土。新奥法施工的核心在于隧洞开挖后必须尽快进行锚喷支护，使其与围岩成为一体，及时调整了围岩应力分布，

提高了围岩稳定性；还避免了围岩为闪长玢岩时，暴露时间长，产生风化现象；解决了围岩为砂质泥岩时，遇水软化问题。可见锚喷支护，不仅是临时支护，也是永久支护的一部分，保证了围岩稳定性。

3.3 及时引排地下水

当隧洞拱顶部和边墙遇有地下水时，锚喷一次支护后，在滴水、流水，甚至涌水部位，钻孔安装塑料道管，将围岩中的地下水引出，以减轻隧洞顶部因积水不能排出，水压力影响拱顶围岩和一次支护稳定性。

3.4 预留底拱欠挖

当隧洞围岩为砂岩、砂质页岩互层地层时，一般存在着裂隙水，若一步开挖到位，不能及时进行二次混凝土支护，底拱砂质泥岩被地下水软化，在施工运输机械碾压作用下成稀糊状流失。混凝土衬砌时间拖期越长，超挖现象越严重，部分洞段可达1.2 m。故底拱开挖为砂质泥岩时，应保留适当欠挖，有利于隧洞围岩稳定。预留厚度一般为1 m，当二次支护时，不需爆破，人工配合机械就能开挖欠留部分。

3.5 加强V类围岩开挖方法和支护方式

当隧洞穿越土夹石地层、断层破碎带及节理密集带时，围岩极不稳定。爆破开挖时，必须短进尺，多循环，每循环进尺不要超过1 m，且必须打超前锚杆；开挖后必须及时安装锚杆、挂钢筋网与钢拱架支护，喷混凝土厚度不能小于30 cm，以确保隧洞围岩稳定。

4 效果

万家寨引黄北干线1号隧洞钻爆法施工洞段，于2004年8月开工，至今尚未完工，截止2009年4月，已完成进尺与一次支护15.8 km，二次支护混凝土衬砌14.6 km。通过上述施工措施后，隧洞围岩稳定，未发生拱顶塌方和边墙垮帮事故，锚喷支护与混凝土衬砌质量满足设计要求，工程进展顺利，效果良好。

5 结语

隧洞工程是地下工程，不仅施工难度较大，且不安全性也十分突出，这就要求必须采取光面爆破和"新奥法"施工方法；必须认真分析地层岩性、结构面组合状态、地下水活动与断层破碎带及节理密集带等地质因素对围岩稳定性的影响。只要采取科学合理的措施，就能加快工程进度，确保隧洞工程安全与质量。

[作者简介] 赵明贵(1963—)，男，1982年毕业于太原理工大学，高级工程师。

本文刊登在在《水利建设与管理》2009 年第 6 期

张峰水库大坝 2A 反滤料应用研究

郭艳成

（山西省引沁入汾和引水枢纽工程建设管理局，太原 030002）

[摘 要]本文对张峰水库 2A 反滤料的设计、生产、施工工艺进行了系统研究。研究证明 2A 反滤料反滤渗透性能满足工程安全运行要求，自身反滤性能良好，具有促进土体裂缝愈合的能力。通过改进生产及施工工艺，可减小反滤层宽度，节约工程投资。反滤料生产采用一次加工成型技术，工艺简单，质量稳定；施工应用特制铺料箱施工机械化程度高，对类似工程的建设有一定的借鉴作用。

[关键词]土石坝；反滤料；颗粒级配；渗透性能

1 工程概况

张峰水库位于山西省晋城市沁水县郑庄镇张峰村沁河干流上，水库总库容 3.94 亿 m^3，是以城市生活和工业供水、农村人畜饮水为主，兼顾防洪、发电等综合利用的大（2）型水库枢纽工程，水库主要建筑物等级为 2 级。

张峰水库枢纽工程主要建筑物有拦河坝、导流泄洪洞、溢洪道、供水发电洞、渠首电站及渠首输水泵站。张峰水库拦河大坝为黏土斜心墙堆石坝，坝顶高程 763.8 m，最大坝高 72.2 m，坝顶长度 627 m，坝体填筑总量 322 万 m^3，其中反滤料 14 万 m^3。大坝由黏土心斜心墙（1 区）与防渗帷幕构成垂直防渗体系。坝体内设置反滤区（2 区）和过滤料区（3 区），下游侧的反滤区又分为 2A、2B 两个子区，厚度分别为 1.5 m 和 1.0 m。坝壳由堆石区（4 区）构成。大坝典型剖面如图 1 所示。

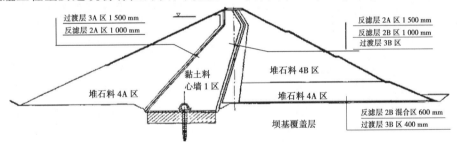

图 1 张峰水库大坝剖面图

2 反滤层设计

2.1 心墙土料

张峰水库土料场位于坝址上游 0.8~1.2 km 处沁河右岸的上山村，料场出露的地层岩性为第四系中更新统洪积棕红色低液限黏土，厚度 10~30 m，有用层为低液限黏土层。土料黏粒含量 11.6%~37.8%，平均 19.68%；塑性指数 9.9~22.9，平均 14.94；土料的 d_{85} 在 0.040~0.050 mm 之间，d_{15} 在 0.001 2~0.002 1 mm 之间。

2.2 反滤料级配设计

在满足 SL 274—2001《碾压式土石坝设计规范》要求的滤土（$D_{15}/d_{85} \leqslant 9$）、排水（$D_{15}/d_{15} \geqslant 4$）条件下，经计算 2A 反滤料粗包线 D_{15} 为 0.36 mm，细包线 D_{15} 取 0.1 mm，不均匀系数为 10，确定后的 2A 反滤料级配见表 1。

表 1 2A 反滤料级配各粒径含量与特征参数表

粒径范围（mm）	包线名称	颗粒组成（小于某粒径的颗粒含量百分数）（%）								
		20	10	5	2	1	0.5	0.2	0.1	0.075
0.1~0.2	粗包线	100	86	71	51	37	22	3	0	0
	细包线			100	79	64	49	30	15	5

经反滤料渗透变形试验验证,2A 反滤层能够达到保土和排水减压的要求,其允许渗透坡降较大,具有良好的促进土样裂缝愈合的能力,自身反滤性能好。

2.3 反滤层宽度及填筑质量要求

反滤层理论宽度($T = 5d_{85}$)要求较小,设计宽度主要考虑机械化施工程度、相邻区材料颗粒间的关系和抗地震等因素。张峰水库大坝 2A 反滤层上、下游设计宽度分别为 1.0 m、1.5 m。反滤层填筑相对密度大于 0.70。

3 反滤料生产

3.1 原料选用

水库坝址附近有上山、大河滩、张峰 3 个砂砾料场,料场卵、砾石成分以砂岩、砂质泥岩为主,粒径在 5~1 300 mm 之间,多呈次棱角状,分选性差。料场小于 20 mm 的砂砾料中 0.63~2.5 mm 颗粒含量平均为 13.4%,与生产 2A 反滤料所要求的 29% 含量相差较大。2A 反滤料若采用天然砂砾料筛分生产,由于天然砂砾中各粒径含量比例的限制,较难满足生产全部反滤料、过渡料的计算平衡,必然造成大量弃料,增加生产成本;若采用人工轧制方式生产,经扎制后的砂质泥岩颗粒强度较低,棱角明显,在碾压过程中易碎,使反滤料颗粒级配发生变化,影响工程施工质量。综合以上因素最终选择润城灰岩作为 2A 反滤料的生产原料。

3.2 生产情况

2A 反滤料场位于大坝下游,生产线由 PL7000 型立轴破碎机、圆型振动筛、螺旋分级机、胶带输送机等主要机械构成。生产原料为粒径小于 60 mm 且级配连续的灰岩碎石,经破碎、分选、筛洗等工序一次成型,省去了复杂的分级、配料、拌和过程。生产过程简单,易操作,设备投资少,成品料质量稳定,含水率适中,易于压实。

4 反滤料施工

4.1 反滤料摊铺

目前土石坝防渗体的反滤层多采用机械施工,要求的最小铺填宽度一般大于 2.5 m,以利于机械摊铺、碾压。张峰水库上、下游 2A 反滤层设计宽度均小于施工机械所要求的最小宽度,给反滤层的施工工艺提出了更高的要求。

结合工程实际,在多方调研的基础上决定采用二室无盖无底箱式结构的特制铺料箱,配合 1~2 台专用装载机,作业程序为:2A 反滤层放线—铺料箱就位—装载机装料—反铲牵引铺料。采用如上施工工序,圆满地解决了 2A 反滤层的摊铺难题。摊铺完成的反滤料顺直、规则,且速度快,完全满足施工的机械化施工要求。

4.2 碾压

当黏土与反滤层齐平时,采用 14 t 振动平碾,行速控制在 2 km/h,碾压 6 遍。土砂接合处骑缝碾压,促使土砂结合良好。

4.3 质量检测情况

反滤料相对密度检测采用灌水法和核子密度相结合的方法,共抽检相对密度 289 个,合格率达 79.6%;实测 2A 反滤料干密度值为 1.93~2.05 g/cm³,平均值为 1.97 g/cm³;相对密度为 0.7~1.0,平均值为 0.81,大值平均值为 0.88。2A 反滤料颗粒级配抽检 46 个,颗粒级配曲线均在设计包线内,符合设计要求。实测反滤料级配曲线如图 2 所示。

5 反滤料渗透性能复核

大量的试验表明:干密度与渗透系数之间呈反比关系,干密度越大,渗透系数越小,而反滤层的渗透系数小对其排水性能不利。因此,验证反滤层在实际填筑状态下的渗透系数,了解大坝反滤层的实际工作状态,对大坝安全及蓄水后运行管理有着重要意义。

5.1 试验干密度确定

试验的目的在于测定反滤层在实际填筑状态下的渗透系数。因此,试验干密度应该尽量与实际填筑情况一致,现场检测资料应该是本次试验控制条件的基本依据。测定反滤层在平均干密度和大值平均密度条件下的渗透系数,可以反映实际填筑情况下的渗透性能。经计算,反滤层平均干密度为 1.97 g/cm³,大值平均密度为 1.99 g/cm³。

5.2 试验级配确定

颗粒级配越细,相应的渗透系数越小,从安全角度考虑,选择现场检测级配的平均级配和细包线作为试验试样控制级配。

5.3 渗透试验结果

渗透试验在直径 30 cm 的有机玻璃渗透仪中进行,试样高为 20 cm,为保证试样的均匀性,分 4 层装样,并采用击实法击至试验干密度,试样用水头饱和法饱和后加压进行试验,水流方向自下而上,在压力稳定后测记 4 次流量,计算出渗透系数。由试验结果可知:2A 反滤层渗透系数为 $3.52 \times 10^{-3} \sim 6.84 \times 10^{-3}$ cm/s。现场实测的黏土心墙的渗透系数为 $1.46 \times 10^{-7} \sim 2.11 \times 10^{-5}$ cm/s,2A 反滤料渗透系数较黏土心墙大 3 个数量级(100 倍),完全可以满足反滤排水减压的设计要求。

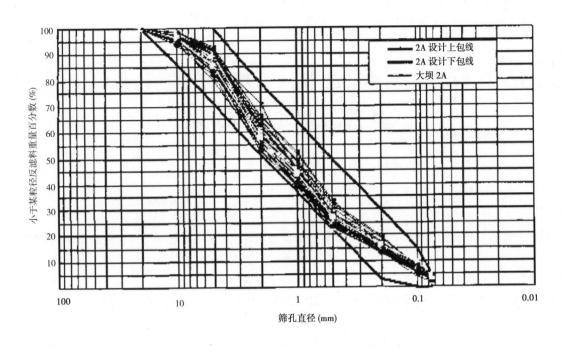

图 2 大坝 2A 反滤料颗粒大小分布曲线

6 结语

土石坝渗流控制直接关系到工程的安全,是工程建设中一项极其重要的研究课题,受到工程建设各方的广泛重视。土质心墙堆石坝的防渗墙与堆石体,由于材料性质截然不同,渗透性能差异较大。为了维持防渗墙渗透稳定、减少渗透变形,反滤层的作用十分重要,而且其用料量大,工艺要求高,因而造价也较高。通过对张峰水库 2A 反滤料的设计、生产和施工工艺进行研究,并成功应用于水库工程建设,为保证工程质量、降低工程造价、加快工程进度奠定了基础。

[作者简介] 郭艳成(1963—),男,毕业于太原工业大学水工专业,高级工程师。

本文刊登在《山西水利科技》2008 年第 3 期

引洮工程隧洞掘进机（TBM）施工质量控制 重点分析及对策

范彩娟

（山西省水利水电工程建设监理公司，山西太原 030002）

[摘　要]以引洮工程为例，分析了隧洞衬砌管片生产与安装、豆砾石回填灌浆、不良地质洞的 IBM 掘进与支护的重点和难点，提出了监理工作中应采取的措施。

[关键词]水工隧洞；管片生产与安装；豆砾石回填灌浆

[中图分类号]TV523　　　[文献标识码]B　　　文章编号：1006 - 8139(2008)03 - 64 - 02

甘肃省引洮供水一期工程位于甘肃省中部，属国家重点建设工程，水源为位于甘肃省卓尼县境内的洮河九甸峡水利枢纽。引洮供水一期工程总干渠 7 号隧洞全长 17.286 km，横断面形式为圆形，净断面尺寸（直径）$D = 4.96\%$，设计纵坡均为 1/1 650，设计流量 32 m^3/s，加大流量 36 m^3/s。洞身段采用 TBM 掘进机施工。经公开招标，山西省水利水电工程建设监理公司进行施工期的监理工作。本文以引洮工程为例，论述 TBM 施工中质量控制的重点、难点，以及监理过程中拟采用的对策。

1　隧洞衬砌管片生产

（1）原材料和管片强度：本工程管片混凝土强度要求标准为 C45，其砂石骨料料场已由发包人勘察选定，但水泥与钢材的质量、混凝土的生产过程、管片的浇筑及养护过程都直接关系到管片强度，这是监理应关注的重点。

（2）钢筋笼的绑扎：由于钢筋笼绑扎与管片混凝土浇筑在不同的车间生产，钢筋定位稍有不慎，就会造成管片的混凝土保护层不能满足设计要求，直接影响到工程的运行安全和运行寿命。

（3）管片裂缝：管片生产过程中，管片出窑脱模后在厂房内预冷时要用棚布遮盖以防止由于温度骤降产生的表面裂缝；安装过程中，由于湿度变化和安装推进力的作用可能产生裂缝，这就要求监理工程师要多加关注正在安装和安装完成的管片质量。

（4）管片的几何尺寸：管片的几何尺寸直接关系到安装的平整度和接缝的质量，本工程要求管片安装精度为：接缝宽度不大于 5 mm，环纵向错台不大于 ±5

mm，而往往由于模具的变形、工人的操作失误造成管片几何尺寸出现误差，导致安装质量不能满足施工合同文件的要求，这就要求监理工程师经常性地督促承包人对模具进行校验，确保管片的几何尺寸满足合同要求。

（5）管片的编号与标识：本工程 IBM 施工洞段支护形式是管片组装而成，且分 A、B、C 三种型号，每种型号的管片又安装于不同类型的围岩中，因此每一个管片都应追溯到生产、安装全过程，只有详细的编码和明确标识，才能保证正确使用管片和记录全洞每一个部位的质量。

2　隧洞掘进机（IBM）掘进

（1）贯通误差：本工程隧洞设计长度 17.286 km，TBM 施工中，由于地质条件的限制成洞轴线可能出现波浪蛇形线，甚至出现软基地层导致 TBM 下沉，垂直误差超出隧洞的允许误差要求，影响到隧洞的过水能力。在施工过程中监理工程师要给予高度关注，确保满足合同及规范要求。

（2）不良地质洞段 TBM 掘进：本工程虽然有诸多的不良地质段，但直接影响 TBM 掘进的不良地质段有三种，一是软岩层（Ⅳ、Ⅴ类围岩），可能造成 IBM 机头下沉；二是断层段可能出现塌方和卡机；三是对于溶洞问题，要加强预测工作，要求 IBM 操作人员经常保持高度的警惕性和熟练的技术，随时观察掘进机掘进过程中的各种变化，主要是根据推力缸的推力大小，如发现压力突然下降并幅度很大，说明机头前部掌子面失去阻力，前面是空的，这时应立即停机。当然也可以根据掘进石渣的变化情况分析，如有溶洞迹象出现，则石渣中可能有溶岩。因此,应特别注意对复杂地质条件进行超前预测,并采取相应的措施。

(3)地质编录:TBM 掘进施工是流水线作业,由于护盾的遮盖,必须采取特殊的办法对隧洞地质条件进行判断和编录,地质监理工程师需有此方面的实践经验。

3 管片安装

(1)管片安装是否平整、规范直接影响到工程的运行和安全,特别是 IBM 刚进洞,掘进和安装均需一定的磨合,监理工程师应特别关注磨合期的管片安装。

(2)本工程根据不同的地质条件,设计有五种管片类型,管片换型时应针对地质条件判断并留有一定的余量。要随时掌握掘进的地质情况,根据地质变化迅速确定围岩类别,并根据不同的围岩类别改变衬砌所用的管片型号。一般通过对掘进出的石渣的观察、对刀头推进力的大小和对掘进速度的快慢等进行综合分析和判断来确定围岩类别。

4 豆砾石回填灌浆

(1)隧洞顶部一定角度范围内回填灌浆不易密实,需采取措施。

(2)在豆砾石混凝土质量抽检方面,由于豆砾石混凝土很难按照标准进行试验,实施过程中应有专门的措施。

(3)注浆设备:灌浆过程中,往往由于 TBM 掘进较快,安装在后配套上的注浆设备不能满足快速掘进的要求,故应提前采取相应的措施,使掘进和注浆能紧跟进行,确保结石强度达到 C15,底拱 90°范围内充填的水泥砂浆达到 M15 的要求。

5 其他

(1)根据现有的地质资料,引洮工程隧洞施工中的重要技术问题有三个方面:水控制、防膨胀蠕变卡阻和防坍塌。重点之一的隧洞内施工的水控制,包括地层渗水和施工用水两方面。对于第三系岩层,针对其沉积时代较晚,胶结程度差,特别是对水的作用非常敏感的物性,必须在水流控制方面做文章。要协助施工单位研究探索适当减少刀盘喷水流量、采取尽快排除地层渗水、灌浆适时跟进等技术措施,尽量缩短水同围岩的接触时间,尽最大努力减少水对隧洞施工的不利影响。从机头至管片安装段之间是防护的重点部位。由于设计拟对底拱 90°范围内采用水泥砂浆回填,因此,更应该着重研究解决好灌浆和豆砾石回填之间的工艺衔接问题,尽早对已经安装的管片环进行豆砾石回填,以便对围岩发挥支撑作用。

(2)要求 TBM 能够最大限度符合工程地质条件。其中最主要的是在膨胀性乃至具流变特性的地层中能够正常作业,万一发生卡阻时能够有及时脱困的能力和相应的技术措施,如边刀外扩、加大转矩、双向转动等。协助承包人选择最适用的 TBM,并提前研究制定如果围岩发生流变时的应对措施预案,以免到时仓促应付。

(3)充分掌握通过各种途径可以收集到的地质资料,并且在施工进程中密切注意任何变化的前兆。监理工程师要督促承包人的地质编录工程师完整、准确、及时地记录和描述当天隧洞施工的地质状况和变化,并做出预测,以便对将会发生的情况有所准备。有条件时,尽可能通过多种手段实施预测、预报。对于结构疏松、胶结极差、极不稳定易发生较大范围坍塌的围岩,要通过探测和对地质描述资料的分析判断,及早发现。必要时,动用超前灌浆设备予以加固,以免造成严重后果。

(4)本隧洞较长,技术供应和保障措施非常重要。监理工程师要协助承包人协调风、水、电等各项技术供应,合理确定其技术路线和中继结点,合理组织洞内洞外运输,促使生产高效、有序进行。

6 针对施工中的重点与难点,监理过程中应采取的措施

(1)在施工开始前要求承包商上报有关施工组织设计和保证措施。

(2)监理工程师审查承包商的施工方案和具体措施,并提出具体的修改意见。

(3)监理方提前设定控制点,控制总的施工方法,安全保障措施,进行全方位的监督控制。

(4)实施过程中,进行旁站监理和平行检验,总监巡查。

(5)严格进行检查验收。

7 结语

IBM 隧道掘进机,是利用回转刀具开挖,同时破碎洞内围岩及掘进,形成整个隧道断面的一种新型、先进的隧道施工机械;相对于目前常用的方法,IBM 集钻、掘进、支护于一体,使用电子、信息、遥测、遥控等高新技术对全部作业进行制导和监控,使掘进过程始终处于最佳状态,在我国地下工程领域具有十分广阔的前景。其质量控制重点分析及监理工作中拟采用的对策,将是保证施工质量不可缺少的环节。

[作者简介] 范彩娟(1978—),女,1997 年毕业于山西省水利职业技术学院,助理工程师。

第四篇　合同与信息管理

本文刊登在《山西水土保持科技》2017 年第 1 期

我国水利信息化建设现状与发展对策

范鹏飞

（山西省水利水电工程建设监理有限公司,山西太原 030002）

[摘　要]介绍了我国水利信息化建设现状,分析了目前存在的问题,提出了加强管理、完善标准、人才建设和增加投入等对策措施。

[关键词]水利信息化;水利现代化;信息化标准;信息化人才;信息化投入

[中图分类号]TP39　　　[文献标识码]C　　　文章编号:1008 - 0120(2017)01 - 0009 - 02

水是生命之源,生产之要,生态之基。我国的淡水资源量居世界第四位,但人均占有量仅为世界平均水平的 1/4,而且水资源分布不均,大多数集中在南方,水成为制约国民经济发展的重要瓶颈。为了解决我国的水资源短缺问题,自上而下的水利部门付出了艰辛的努力,新上并改造了大批水利骨干工程,取得了可喜的建设成果。近年来,随着云计算、移动互联、物联网、大数据等新兴信息产业技术的创新应用,为水利事业的发展提供了新的思路,水利信息化技术应运而生。水利信息化是水利现代化建设的重要举措,是实现有限水资源科学管理、高效利用和有效保护的基础前提,可为水利可持续发展提供重要支撑。

1　水利信息化建设现状

所谓水利信息化,就是将现代的先进信息技术(互联网、地理信息系统等)应用到水利建设中,提高水利信息资源的应用水平和社会共享程度,提高水利工程的自动化管理水平,以达到提高水利建设效能及效益的目的。大力发展水利信息化,对于建设节水型社会、促进国民经济协调发展具有重要作用。

我国的水利信息化建设,起步于 20 世纪 70 年代,最先仅是应用计算机进行水情信息的汇总和处理。随着科技的进步和信息技术的不断完善,自 90 年代以来,水利信息化得到了快速发展。1998 年的特大洪灾,加快了国家防汛指挥系统构建的进程;2001 年,水利部提出了"以水利信息化带动水利现代化"的发展思路;"十五"期间,水利部门将"金水工程"列为 12 个重点业务系统之一。这一连串政策、方案的提出与实施,标志着我国水利信息化建设全面开展。经过"十

五"、"十二五"两个五年规划的实施,我国的水利信息化逐渐形成了由基础设施、业务应用体系以及与之相配套的系列技术标准和保障体系所构成的水利信息化综合体系。

当前,科技的飞速发展特别是高新技术的发展,带动了信息领域的不断创新,为水利信息化建设完善提供了强大的技术支持。主要有:高配置电脑、服务器等硬件技术,遥感、数据库、地理信息系统、网络和新兴起的虚拟现实等软件技术,传感器信息采集技术,光缆、GPS 等通讯技术,水情模拟分析等仿真计算技术,以及水情预测预报技术等。以这些技术为支撑,我国构建了国家防汛抗旱指挥系统、农田水利管理系统、水利航天卫星应用系统、水资源监控系统、水利水电电子政务系统、水土保持基础信息系统、中小型水库防汛报警通信系统等应用系统。水利信息系统基本覆盖了水利各项业务,为水利工作的有序、高效开展发挥着不可替代的作用。

2　水利信息化建设与发展存在的问题

我国的水利信息化建设,取得了可喜的成绩,但也存在如下一些问题。

2.1　对水利信息化认识不足

虽然水利部非常重视水利信息化建设,并在不同阶段制定了详细的规划。通过实施"十五"、"十一五"、"十二五"三期水利信息化规划,水利多个领域的信息化建设取得了显著的成效,大多数水利人对水利信息化有了较为深刻的认识。但我们也要看到,仍有部分水利从业人员甚至是部门的个别领导,对水利信息化的重要性认识不深刻,对国家的有关文件和整体

规划领悟不到位,对本区域的规划和发展目标模糊不清,从而导致专项资金不能合理使用,相关政策无法有效落实,进而造成资源浪费,难以充分发挥其效益,影响到水利信息化发展进程。

2.2 水利信息化标准制定相对滞后

标准化是水利信息化有序推进的可靠技术保障,它是保证水利信息资源在采集、处理、交换、传输等过程中的基本规范,可最大限度地实现信息资源共享,使水利各业务信息系统得到协同发展。由于水利信息化涉及领域广,专业性强,是一个庞大而复杂的系统,在建设过程中,相关标准建设相对滞后。当前,一些水利应用信息系统在开发时,通用性不强,很少考虑不同系统间资源的有效利用,从而造成了不必要的浪费。另外,我国现行水利行业标准和规范种类繁多,少量存在着相互矛盾,在水利信息化建设过程中难以形成统一体系,阻碍着资源的社会共享。

2.3 专业人才匮乏

由于水利信息化的特殊性,需要具有掌握较全面的水利和信息科技知识的"复合型人才"。但是,我国目前水利信息化的建设人员很多都是从事水利专业技术的,其计算机和信息技术的知识较为缺乏;而招聘的信息化专业技术人员,又不太了解水利专业技术知识,从而造成了水利信息系统开发和应用间存在着不协调。信息化专业技术人员的短缺,是造成水利信息化建设进展缓慢的重要原因。

2.4 基础设施相对落后

我国水利信息化建设起步较早,现已有40年的历史,直至目前,其基础设施仍然相对薄弱。主要表现在:水利工程的安全监控系统,尚处于初步实施阶段;节制分水闸、输水管线工作井控制等,还停留在手动控制阶段;一些自动化监控系统,存在漏洞;管理信息系统和数据资源共享,处于较浅的应用等。基础设施落后、系统开发明显不足、管理经费得不到保障,直接影响了水利信息化的发展进程。

3 水利信息化建设与发展对策

3.1 提高认识,加强对水利信息化的管理

目前,《全国水利信息化"十三五"规划》已经出台,为水利信息化的顺利开展提供了基础保障。各级水利部门要以规划实施为契机,加强专业技术知识学习,提高思想认识,充分了解水利信息化对水利现代化建设的作用。同时,要进一步建立健全水利信息化管理机制,明确相关部门的职责,保障信息化建设与应用健康有序。

3.2 组织力量,建立完善水利信息化标准

水利部非常重视水利信息化的标准化和规范化建设。2003年,制定出版的《标准指南》,对水利信息化标准编制和管理,起到了重要的指导作用。2010年,印发的水利信息化顶层设计,规范了数据与业务应用系统,有利于实现资源共享与业务协同,对水利信息化标准的制定具有较强的指导作用。为了水利信息化的科学发展,应把水利信息化标准建设放到更加突出的位置,组织强硬力量,制定新的技术标准,修订已有标准的相关条文,以形成标准体系。

3.3 以人为本,加强水利信息化人才建设

水利信息化建设需要专门的人才队伍,既熟悉水利业务又精通信息化技术,所以,提高专业技术人员素质是水利信息化建设的关键。首先,要加强对参与水利信息化建设一线人员的培训,尤其是信息化方面的知识培训,并把其对信息化知识的掌握程度作为重要的考核内容;其次,要施行"走出去,请进来"的策略,把从事水利信息化建设的人员送到专业机构或对口高等院校进行强化培训,或把信息化领域的顶尖专家学者请进来对相关人员进行技能培训;第三,从长远发展看,要依托科研院所、高校培养人才的优势,会同专家学者将水利信息化内容编入水利专业教材,成为水利专业学生的必修课,培养拥有水利和信息化知识的复合型人才。

3.4 增加投入,加快水利信息化基础设施建设步伐

水利信息化是一项复杂的系统工程,且具有很高的科技含量。为了水利信息化的健康发展与应用,必须加大资金投入。要正确认识水利信息化建设的公益性,将水利信息化建设资金列入国家基本建设投资计划、财政专项预算和水利发展基金,以充足的投资,保障水利信息化网络建设与水利基础数据的采集、传输、利用和共享,为水利事业发展提供优质服务。

4 结语

水利信息化是水利现代化的重要标志。为了适应时代发展和水利现代化建设的新需求,我们必须以更大的热情投入到水利信息化建设当中来。我们要不懈努力,务实创新,在实践中探索,在探索中实践,努力提高水利信息化水平,加快水利现代化建设,为国民经济持续、健康发展和全面建成小康社会做出应有的贡献。

[作者简介]范鹏飞(1987—),男,工程师;通讯地址:太原市桃园4巷2号,030002

本文刊登在《山西建筑》2010年第31期

业主对工程参建单位工作的评价和管理

王援宏

（山西省水利水电工程建设监理公司, 山西太原 030002）

[摘 要] 通过阐述工程建设中业主对设计、监理、施工单位的工作进行评价时应注意的问题，间接提出了搞好工程建设管理的建议，以期为业主单位的工程管理工作提供指导和帮助，促进其管理水平的提高。

[关键词] 工程管理；业主；参建单位；工作评价

[中图分类号] TU712　　　　[文献标识码] : A　　文章编号 : 1009 - 6825（2010）31 - 0191 - 02

0 引言

工程建设管理是搞好一个工程的前提条件，而工程建设的业主对工程建设负有全面管理职责，因此，业主对工程建设的管理至关重要。

工程建设过程中，业主一般负责征地、移民等前期工作，如果说这部分工作是工程建设的前提，那么设计、监理、施工单位的工作就是工程建设的关键。因此，业主对工程的管理在很大程度上是对其他参建单位——设计、监理、施工单位的管理。

业主对其他各参建单位的管理过程中，首先涉及对各方工作的评价，只有对其工作有了正确的认识和评价，才能有的放矢，充分发挥管理职能，奖优罚劣、鼓励先进、督促落后。本文主要就业主对参建单位工作的评价谈谈自己的看法。

1 对设计单位工作的评价

1) 其工作的及时性，即能否按进度要求提供有关设计图纸，切忌因为图纸影响工程施工而导致索赔。

2) 设计工作对国家规范的执行情况。

工程设计应符合国家规范的要求，这是毫无疑问的，设计单位基本也都能做到，但有一个不好的倾向是设计指标远远超过国家规范的要求，工程安全有了保障，但是因为保守，致使造成工程投资浪费。因为对此方面的评价涉及专业问题，业主经常较难给予准确的评价，同时由于种种原因，往往也不想与设计过多争论技术问题。因此，要求设计单位以科学的态度、专业的技术确保工程设计的经济合理性。

3) 对设计施工图纸质量的评价。

设计施工图纸质量主要有图纸上的错、漏、缺等一般性问题，其次是结构设计的合理性。另外一个主要的问题是设计施工图纸引起的变更，施工图纸对招标图中已明确的东西一般不要改变，否则就形成了变更，加大了工程投资控制难度。同样的，施工阶段的技术要求若是相对于招标技术条款要求提高了标准或增加了内容，同样属于工程变更。

4) 施工阶段现场设代的服务质量。

现场设代的技术力量及配置直接影响到工程的进展及施工中有关问题的解决速度。一个好的设代不仅是常驻现场及时解决一般性问题，还应有对一些现场设计问题的决策权。

2 业主对监理工作的评价

一般情况下，业主与监理的直接联系较多，因此业主对监理工作的认识总体能反映监理工作的实际水平，但也有很多情况下，因受各种因素的影响，导致对监理工作的评价不准确。

1) 由于业主的主观意识，对监理工作的认识水平不够，导致对监理工作评价不准确。主要表现在以下两个方面：

a. 过于倚重监理，无形中加大了监理的责任，因为有些方面，尤其是工程进度和涉及合同变更的一些问题不是监理能彻底解决的，这些往往需要业主去决策。这样的后果是工程顺利完成，则相安无事，但若出现一些问题，则对两方都有不利影响。

b. 忽视监理的作用，对监理工作有不信任态度。这时往往是业主加强了现场监管，浪费人力物力和资源，同时还有可能造成监理人员工作无序，无所适从，无法树立监理人员的威信,甚至使监理人员产生消极态度,不利于监理人员主观能动性的发挥。

2)业主对监理工作成效的评价影响因素中,一个很重要的方面是施工队伍素质的影响。

因为监理工作的成效很大程度上取决于施工队伍的工作。在施工队伍素质较高的情况下,监理的各项指令能得到及时贯彻执行,监理工作的成绩显而易见是很容易取得的。反之,若施工单位缺乏一套优良的保障体系和人员,监理工作的难度将大大加强,甚至再优秀的监理队伍也难以取得显著成绩。

此种情况下,业主对监理工作的评价尤其应注意到其做了什么工作,采取了什么措施,采取一分为二的观点,否则很容易打击监理队伍的积极性。

3)监理工作的表象容易影响业主对监理工作的评价。

像其他各个行业的工作一样,很多表面工作容易取得一个好的印象。但是,在工程建设中搞表面的形式主义是非常危险的,因为表面的形式主义往往是为了掩盖工作内部的缺陷,因此,对监理工作的检查也应深入实地,以确保对其工作质量的全面了解。

3 对承包人工作的评价

承包人作为工程施工任务的具体承担者,其任务都有具体的指标,对它的考核评价也是经常性的,因此,对其工作的评价相对比较容易。需注意的一点是排除表面现象的干扰,不过由于现场监理工程师的存在,还是容易得到一个客观评价的,除非监理工程师和承包人串通一气。

4 结语

工程管理是一项复杂的系统工程,工程建设的顺利完成需要参建各方的共同努力,对参建各方工作的评价也是受到各方面因素影响的,本文仅就作者工作中的亲身经历谈一点体会,希望能对工程管理,尤其是业主单位的工程管理有所裨益。

[作者简介] 王援宏(1971—),男,1993年毕业于太原工业大学,工程师。

本文刊登在《山西水利科技》2010 年第 2 期

对工程建设合同管理中几个问题的理解

王援宏

（山西省水利水电工程建设监理公司，山西太原 030002）

[摘　要] 对合同管理中容易混淆的几个概念如变更与新增项目、合同内项目和合同外项目、设计变更与施工变更、变更和索赔的主要区别进行了阐述，结合自己的工程实践，指出了合同管理中处理这几个问题时应注意的事项。

[关键词] 合同管理；变更；索赔

[中图分类号] TV512　　　[文献标识码] B　　　文章编号：1006 - 8139(2010)02 - 86 - 02

合同管理的任务是通过正确理解合同条款的内容来解决合同执行过程中遇到的问题，但是在工程管理实践中经常发生对有的合同概念理解不透或发生混淆的现象，从而给合同管理造成困惑。合同管理的一个主要内容是工程变更，下面就工程变更处理过程中常见的几个概念的内容和含义及相互间的区别谈谈个人的理解。

1　变更的概念和内容

变更是对施工合同所做的修改、改变，从理论上说，变更就是施工合同状态的改变，包括合同内容、合同结构、合同表现形式等的改变。水利水电土建工程受自然条件等外界的影响较大，工程情况比较复杂，且在招标阶段一般均未完成施工图设计，因此，在施工合同签订后的实施过程中不可避免会发生变更。

变更主要有以下内容：增加或减少合同中任何一项工作内容；增加或减少合同中关键项目的工程量超过专用合同条款规定的百分比；取消合同中任何一项工作；改变合同中任何一项工作的标准和性质；改变工程建筑物的形式、基线、标高、位置或尺寸；改变合同中任何一项工程的完工日期或改变已批准的施工顺序；追加为完成工程所需的任何额外工作。

2　变更与新增项目的区分

水利工程建设项目施工监理规范中的工程价款月支付汇总表中将工程项目分为合同单价项目、合同合价项目、合同新增项目和计日工项目，但在工程实践中更为常用的是分为合同清单项目和变更项目，这就造成了对新增项目和变更项目这两个概念理解的困惑。

按照变更的定义，它已包含了新增项目，新增项目和变更项目的实质是一样的，尤其是其价格确定的原则是一样的，因此在处理的时候没有必要在名称上纠缠，两者在一定条件下是可以互相转化的。例如一个涵洞改为一个桥梁属于一个变更，但桥梁的有些具体工作项目是原先涵洞所没有的，这些项目就可称为新增项目。又如一个施工合同中原先包含有桥梁，现又增加了同样的桥梁，对整个施工合同来讲属于变更，此变更即为增加了一个桥梁。对这个桥梁来讲是新增项目，但对桥梁的各个具体工作项目来说，既不能称为新增项目，也不能叫做变更项目。

从以上意义上讲，变更项目包含了新增项目，但新增项目不能包含变更项目，将实际工程量分为合同清单项目和变更项目的意义在于对变更项目的管理和统计。

3　合同内项目和合同外项目的区分

实际工作中还存在合同内项目和合同外项目的区分，这同样是一个在一定条件下可以转化的概念。一般合同内和合同外所说的合同是指合同订立之时的原合同，但合同的状态是可以改变的，它的改变主要是通过变更等形式改变合同的内容或将合同外的工作项目纳入合同内。完成一项合同时往往有一些项目必须完成但在原合同中没有包含，即合同外项目，这就需要发布变更，以变更的形式将之纳入合同管理，这时就可称之为合同内项目了。

合同外项目转化为合同内项目需要通过一个变更的形式，这就涉及变更费用，工程管理过程中经常需要区分或明确某个项目是属于合同内还是合同外，从而确定是否需要进行变更。鉴于此,区分合同内项目和合同外项目的主要目的一是为了明确责任,二是为了完善程序,以便于合同管理。

4 设计变更与施工变更的区分

一般将工程变更分为设计变更与施工变更两类,设计变更指对工程设计进行的变更,施工变更指由于施工条件、环境和工期等的改变而引起的资源投入和施工方法的变更。两者的结果是一样的,都导致了承包人资源投入和施工方法的变化,但产生的原因不同,这是对两者进行区分的关键。工程的参建各方均可以提出设计变更和施工变更,但由于两者产生的原因不同,因此其审批程序是不同的。工程变更最终都要经业主批准,但设计变更应主要由设计单位来确定,施工变更应先由监理工程师提出意见。

常有的一种看法是:设计变更是指施工图编制出来后,经过设计单位、建设单位和承包人洽商同意对施工图进行的局部修改。根据以上定义,设计变更仅包含由于设计工作本身的漏项、错误或其他原因而对施工图进行的修改和补充。这种观点对承包人来说是不公平的。因为在投标和签订合同过程中,承包人对工程设计的了解限于招标图纸,签订合同后,招标图纸是并且也应该是合同的一部分,因此施工图中相对于招标图纸的变化也是变更。很多工程在招标阶段没有完成施工图设计,因此开工后施工图对于招标设计图纸的调整就形成了变更,这也是工程变更发生的主要原因。持有这种看法的一个原因是一些变更仅仅是工程量的变化而不涉及单价的调整,或者不是新增项目不需要重新确定单价,但从变更的概念上讲是应予以明确的。

5 变更和索赔的区分

施工索赔是指在工程的建筑、安装阶段,建设工程合同的一方当事人因对方不履行合同义务或应由对方承担的风险事件发生而遭受的损失,向对方提出的赔偿或者补偿的要求。在工程实践中,一般把承包人提出的赔偿或者补偿叫索赔,把发包人提出的赔偿或补偿要求叫反索赔。

变更和索赔的主要区别有以下几点:(1)产生的形式不同。变更需通过发布变更指令后予以实施,而索赔的产生是不以人的意志为转移的;(2)成立的条件不一样。变更自发出变更指令时即成立,而索赔的成立首先应在规定的时限内发出索赔意向通知,然后定期提交索赔的证明材料,索赔事件结束后提交索赔报告;(3)费用的计算方式和内容不同。变更确定后,将按合同规定的人工、材料、机械台班费和取费标准计算单价和总价,它包含承包人应得的利润等所有费用。而索赔仅仅是对承包人所受的损失进行补偿,不包含利润。

按照索赔的目的,一般将索赔分为工期索赔和费用索赔。而常见的和最难处理的是费用索赔。费用索赔的主要内容有窝工费用索赔、工效降低费用索赔和资源投入费用索赔。窝工费用索赔和资源投入费用索赔比较容易处理,工效降低费用索赔的计算往往容易引起争议。工效降低费用索赔的计算目前公认的一种合理的方法是:实际完成的工程量进行正常结算,所使用的总工时减去所完成的工程量在正常情况下所需的工时后,这部分工时按窝工进行计算。

6 结束语

合同管理是一项复杂而细致的工作,除了对合同条款的全面理解,还要针对具体的事件进行有针对性的分析,这样才有利于解决实际问题。只有深入地理解了合同条款,才能在合同事件的分析中抓住主要矛盾,这样才有利于解决主要问题。

[作者简介] 王援宏(1971—),男,1993年毕业于太原工业大学,工程师。

本文刊登在《建设监理》2010 年第 11 期（总第 137 期）

论合同管理在施工阶段监理工作中的重要地位

杨继林

（山西省水利水电工程建设监理公司，山西太原 030002）

[摘　要]通过施工阶段监理合同管理中实际存在的问题，分析了合同管理的重要性，提出了加强合同管理的建议与方法。

[关键词]合同管理；监理工作；地位；注意问题；建议

[中图分类号]F407.9　　[文献标识码]B　　文章编号：1007－4104(2010)11－0040－03

建设监理制是我国建设工程管理的重要制度之一，监理单位受项目法人委托直接参与工程建设管理。监理单位如何才能管理好一个建设项目？笔者认为：合同管理是开展监理工作的中心纽带，是管理好建设项目的核心任务。本文通过施工阶段监理合同管理中实际存在的问题，分析了合同管理的重要性，提出了加强合同管理的建议与方法。

1　合同是监理管理建设项目的依据

项目建设的性质与特点决定了其实施过程的复杂性，我国的建设管理程序对建设项目的实施有严格的规定，建设、监理、设计、施工、运行以及政府监督管理等单位都参与其中。合同是明确各方责任、权利和义务的法律文件，是约束各方履行义务并取得相应权利的桥梁与纽带。监理单位就是受建设单位委托，根据委托监理合同赋予的权利和义务对合同双方的履约情况进行监督、检查与落实，通过控制双方履约的过程，确保合同目标的实现。因此，合同是监理开展工作的依据，也是监理管理的目标。目前，我国建设监理主要还是施工阶段监理，工作的中心任务就是按照施工合同的约定，通过对施工质量、进度、投资的控制，实现建设项目确定的各项目标。

2　监理管理合同的素质与要求

监理单位的性质决定了它既是技术服务型的组织，也是智能管理型的组织，这就要求监理人员不仅应具有很好的专业技术技能，还必须具备较高的综合管理素质。特别是主要管理人员应该有更高的素质。有人说总监在技术上应该是"总工"、在管理上应该是"总理"、在生活上应该是"总务"，我觉得非常正确，它形象地反映了监理人应具备的素质。对于专业监理人员也一样，不仅要有较好的专业技术技能，而且要具有合同与法律知识，还要具备一定的综合协调能力。这些对于监理人员来说是必须的，是完成监理合同赋予的工程建设施工合同管理，实现质量、进度、投资等目标控制的基本素质。如果不具备或不完全具备这些素质，将难以胜任监理合同管理工作。

3　监理合同管理应注意的问题

合同管理是监理的重要任务，是质量、进度、投资控制及协调的出发点和落脚点。但在实践中，往往由于合同本身的缺陷和对合同不熟悉造成被动局面。合同管理必须注意以下几个方面的问题。

3.1　强烈的合同意识和法律意识

工程建设合同详细规定双方所承担的责任、权利和义务，明确了合同双方的法律和经济关系。在合同双方发生纠纷和争端时，可以通过协商、调解、仲裁等方式解决，但无论采用何种方式，都必须以合同规定的有关条款为依据。在合同履行过程中，合同双方都有权利用合同来维护自己正当合理的经济利益。鉴于合同条款在施工过程中的重要地位，就要求合同条款的内容必须具有全面性和严密性，这种意识在合同条款拟定前就要牢固树立，否则，合同履行过程中极易产生纠纷和争端。

合同履行过程中必须要清楚合同与法律、法规的关系，即法律和法规高于合同。当合同文本与法律和法规出现矛盾时，应以法律和法规为准。对于这一点，有经验的承包商都有清醒的认识，一旦由于法律和法规问题引起承包商的经济损失时,承包商便会迅速做出反应,提出相应得到经济补偿的要求。因此,工程建设的管理者必须时刻注意研究有关法律和法规问题,关注法律法规的变化给工程建设带来的影响,但这一点在国内的建设项目实践中是最为缺乏的。

3.2 熟悉理解合同,明确责任和义务

监理工程师必须熟悉掌握和理解合同,明确合同双方的责任和义务,这是监理工程师开展工作的前提。实践中往往由于对合同的不熟悉和理解不够而影响到监理工作质量,陷入被动局面。有国际施工监理经验的人都知道,国际施工标对合同的理解相当透彻,而且往往利用合同有利的条款来进行成功索赔。某项目业主只因为招标文件中提到为承包人提供的主进场道路为三级路,而在承包人使用该路段时没有达到合格的三级路标准,被承包人索赔几十台施工机械增加的燃油费用和轮胎增加的磨损费用以及上百万元的施工降效费用,不能不说是惨痛的教训。因此作为监理,应该在熟悉理解合同的基础上,明确合同双方的责任和义务,认真分析合同风险,及时要求双方履行各自的义务,努力化解合同纠纷,避免索赔事件的发生。

3.3 谨慎处理合同变更

经验告诉我们,任何合同制订得无论多么详细,都不可能包含工程建设过程中出现的一切问题。施工过程的动态规律决定了设计变更、施工程序和施工方法的变更、设备与材料的变化等一系列合同变更。应该承认,变更对合同双方来说也许都是有利的,对于业主,随着施工过程中发现的问题或客观条件的变化,进行必要的工程变更,可使工程建设更加完善,有利于节省投资和发挥工程效益;对于承包商,由于实施业主和监理工程师提出的工程变更,便可取得经济补偿和改变工期的机会,增加自己的合同价格,并在必要时进行施工索赔。但也不可否认,正是由于合同的变更,往往引起合同双方的争议。因此,监理工程师在进行合同管理时,应特别慎重对待合同变更问题。合同变更不仅要考虑技术方面的因素,而且还要考虑合同上的利弊得失,否则,我们就会面对这样的情况:有些设计方案变更,可以直接节省一笔投资,但承包商却为此而提出的索赔额可能远远高于设计方案变更所节省的投资。这样的教训我们是有的。对于确属特别需要的合同变更,监理工程师应在下达变更指令时,向承包商说明支付方式,尽量取得一致意见,并在承包商申报月进度款时予以支付,力求避免将合同变更的价格调整转化为承包商的索赔。

3.4 正确处理违约与索赔

索赔处理是工程建设合同管理的重要内容。必须

正视这样的客观现实,在工程建设的合同管理中,业主和承包商的经济利益目标是不同的,业主希望为获得工程而尽可能少的花费资金;而承包商则希望通过施工,利用一切机会尽可能多地获得业主的报酬。这就决定了合同管理中的一切问题都将和经济利益密切相关。而合同双方在经济利益上的矛盾往往通过索赔与反索赔体现出来。例如合同通用条款中的"遇到了现场气候条件以外的外界障碍或条件,而这些障碍和条件是一个有经验的承包商也无法预见到的"进行索赔。这类性质的索赔发生的概率很高,因为在"无法预见到的"和"可以预见到的"之间很难划分明确的界限,承包商往往混淆施工中出现不利地质条件的可预见性,把其责任转嫁到业主头上。对此,合同管理人员和工程勘测设计部门必须给予足够的重视。为预防这样的索赔,监理工程师应加强地质监理工作,作好地质预报,指示承包商对重要的地质问题及时采取措施,特别紧急情况可立即做出处理和有关费用的决定,以防患于未然。同时,严格监理承包商的施工方法,以对此类索赔做出公正合理地解决。当然,勘测设计部门在前期工作中加强勘测工作深度,并尽可能地向承包商提供详尽的地质资料,对防止此类索赔事件是非常必要的。

实践表明,要求监理工程师对承包商索赔的处理必须具备快速反应能力,特别是对一些合同争端,若处理及时、迅速,可避免许多索赔事项,有利于工程建设。否则,反应迟缓、错过时机,必将对工程进度带来极大的不利影响。如在某大型水利枢纽工程导流洞的施工中,几条导流洞相继发生塌方,承包商提出对断层带进行重新估价,并对由业主提供的由其他施工队伍先期施工的上导洞顶拱支护表示怀疑,要求沿上导洞全长进行重新支护,同时提出了索赔工期及费用意向,监理工程师没有同意。之后,承包商自行停止了导流洞施工的全部工作,时间长达两个月。应该指出,在工程施工中,承包商主动提出停工的权利极为有限,按照合同,监理工程师应采取严厉措施。然而,遗憾的是监理工程师在导流洞塌方后未能根据合同赋予自己的权力对承包商的不良表现采取有效措施,同时,就承包商对导流洞塌方应采取何种处理措施反应过于迟缓,发布合同变更通知非常缓慢。承包商提出全部责任应由业主负责,并提出了巨额的索赔及赶工费用。业主为此与承包商进行了较长时间的谈判,导流洞工期一拖再拖。在此事件中,监理工程师面对工程拖期,一定要迅速评估和分清业主与承包商的责任,属于业主的责任则由其付款,剩下的就是承包商的责任,在此条件下,让承包商实施赶工,落实赶工措施。由于没有及时评

估和分清业主和承包商的责任(甚至拖了一年之后也没有分清),致使给后来处理这一问题造成了较大困难,这不能不说是一个沉痛的教训。

4　几点建议

水利水电工程建设的实践经验反复证明,选择一支称职的监理工程师队伍,是合同管理成功与否的重要前提。随着改革开放的逐步深入和国家经济实力的不断增强,水利水电工程建设的前景广阔,因此,如何尽快造就一支称职的监理工程师队伍并相应规范其运作机制,以适应水利水电工程建设的需要,显得尤为急迫和重要。

4.1　加大监理工程师专业人才和素质的培养力度

建设监理制已经成为工程建设基本制度,法律赋予了监理工程师对工程项目施工进行质量、进度和投资控制以及合同管理的职责。如果不具备一定数量和素质的专业监理人员,难以满足建设监理的需要,也不能真正发挥建设监理的作用。目前我国水利工程建设监理人才缺乏、素质不高现象很严重。不仅需要提高建设监理的专业技能,而且要掌握合同知识,熟悉标准施工合同条款以及与工程建设相关的法律和法规,同时还必须具备英语和计算机等操作能力。因此,加大专业监理人才的培养力度,造就一批高素质的优秀的监理工程师队伍显得十分重要和迫切。

4.2　加快建设监理制度与国际接轨的步伐

我国建设监理起步较晚,管理体制上还存在很多弊端,还不能保证监理工程师处于独立的"第三方"地位。业主与监理是委托与被委托的关系,应该是业主的"律师",但实践中往往被理解为雇佣关系,成为业主的"管家",失去了独立性,当然也就失去了公正性,这在很大程度上削弱了监理的作用。因此尽快完善建设监理制度,为监理工程师开展工作创造宽松的环境,使监理体制与国际接轨显得十分必要。业主应支持监理依照法律、标准和合同开展工作,尊重监理独立、公正的立场;监理也应站在公正的角度,运用自己的知识与技能科学地分析和处理施工中的问题,在不违背法律法规和合同的基础上独立地提出处理意见和决定。

4.3　加强监理队伍自身建设,规范监理行为

工程建设监理本身也是一种委托服务的合同关系,能否服务好工程建设,能否让施工合同双方都满意,除了有一个良好宽松的社会环境,还必须有规范和过硬的业务能力,否则监理单位难以在市场竞争中生存,也难以让施工合同双方满意,更难以承担起法律赋予的建设监理的责任。因此,加强监理队伍自身建设必须从监理人员的思想素质、专业素质、道德水平等方面进行全位培养和锻炼,这样才能够真正规范监理行为,才能管理好合同、服务好工程建设。

[作者简介] 杨继林(1966—),男,高级工程师。

本文刊登在《中国城市经济》2009 年第 10 期

论《FIDIC 合同条件》与《水利水电土建施工合同条件》的对比分析

王援宏

（山西省水利水电工程建设监理公司，山西太原 030002）

[摘　要]国际惯例 FIDIC 与《水利水电工程施工合同和招标文件示范文本》这两个合同管理模式在我国的应用时间不长，但是两者在合同应用及形式方面存在着较大差异，本文就此予以分析。

[关键词]合同管理；《FIDIC》；《水利水电土建施工合同条件》

1 合同管理与《FIDIC》的引进

合同管理指参与项目各方均应在合同实施过程中自觉地、认真严格地遵守所签订的合同各项规定和要求，按照各自的职责，行使各自的权利、履行各自的义务、维护各方的权利，发扬协作精神，处理好"伙伴关系"，做好各项管理工作，使项目目标得到完整实现。

我国土木工程建设领域的改革是从计划经济的自营管理模式逐步过渡到市场经济的工程承包模式。为了适应市场经济发展的需要，我国在土木工程建设管理领域，逐步实行了项目法人责任制、招标投标制、建设监理制和合同管理制四项制度改革。作为最早引进外资进行国际招标的水利水电工程，可以说在我国土建领域也是最早接触国际惯例的。（注：此处指水利水电工程是最早引入外资进行国际招标的，不是某一具体项目）在 20 世纪 80 年代初，我国政府首次在土木工程领域利用世界银行贷款，在云南省修建鲁布革水电站。其中，世界银行贷款特别要求，利用世界银行贷款项目必须采用《FIDIC 土木工程施工合同条件》（以下简称《FIDIC》）作为编制招标文件和签订施工承包合同的商务文件。因此，鲁布革水电站项目按照国际惯例组建项目法人，并通过国际招标选择承包商，引进社会化、专业化的咨询管理单位从事工程施工的监督、管理和控制。鲁布革工程成功地实践了 FIDIC，引起我国建设管理领域的强烈反映，当时称之为"鲁布革冲击波"。随后，在水利水电建设工程中，引大入秦工程、二滩水利水电建设枢纽、黄河小浪底水利枢纽、万家寨引黄工程等一系列大中型水利水电工程利用了世界银行和其他国际金融组织的贷款，同时按照国际惯例，采用了 FIDIC 管理模式，进行工程发包、承包并实施了监理制。

2 《FIDIC 土木工程合同条件》与《水利水电土建施工合同条件》的应用对比

2.1 《FIDIC 土木工程合同条件》的应用

《土木工程合同条件》（又称红皮书）是集发达国家土木建筑业上百年的经验，把工程技术、法律、经济和管理结合起来的一个合同文件。经运用与发展多年，FIDIC 的基本框架是不变的。直到 1999 年，FIDIC 做了大幅度的改版，出版了新版的《土木工程合同条件》，即 1999 年第一版，又称"新红皮书"。从原来第四版 FIDIC 红皮书的 72 条 203 个子条款合并、浓缩为 20 条，同时加入了一些新的定义，新版 FIDIC 合同条件更具有灵活性和易用性，便于使用和理解。在业主方面，新红皮书对业主的职责、权利和义务有了严格的要求，如业主对资金的安排、支付时间和补偿、业主违约等方面的内容进行了补充细化。在承包商方面，对承包商的工作提出了更严格的要求，如承包商应将质量保证体系和月进度报告的所有细节都提供给工程师，在何种条件下没收履约保证金、工程检验维修的期限等。

FIDIC 是基于完善的市场机制而编写的，总的来说是全面而严密的，但有些条款缺乏操作性（如变更的估价），有些则因词义的笼统、含义广泛而容易引起争议（如"不可预见的外界条件"等）。在 1999 年版的 FIDIC 中，虽然加上了承包商没有预见到的"不利的物质条件"，但其定性和定量依然十分困难，这些往往为承包商利用。

2.2 《水利水电土建工程施工合同条件》的应用

我国的水利工程自从 1982 年起，逐渐推行应用以

FIDIC 合同条款为核心的工程管理模式。至 80 年代中期,水利水电系统在国内投资的工程中也全面推行了招标承包制。从那以后的十几年来,随着我国社会主义市场经济的深入发展,我国水利水电建设四项建设管理制度改革逐步建立实行。国务院办公厅"关于加强基础设施工程质量管理的通知"(国办发〔1999〕16 号)中指出:"必须实行合同管理制,建设工程的勘察设计、施工、设备材料采购和工程监理都要依法订立合同。"水利部在"关于切实加强水利基础设施建设管理工作的通知"(水建 19981331 号)中也指出:项目建设要严格实行项目法人责任制、建设监理制、招标投标制和合同管理制。

随着我国社会主义市场经济的进一步发展,国家在基本建设行业中实行以项目法人负责制、招标承包制和建设监理制等制度为核心的工程建设管理体制。通过十余年招投标工作的实践,积累了丰富的建设管理经验。但由于我国的法律、法规和各项制度尚不完善,在招投标市场上出现了不合理的压价竞争和合同中的不公正倾向,阻碍了招投标市场健康有序地发展,不利于工程建设质量的保证。而 FIDIC 毕竟是一个国际通用的合同条款,在国际工程承包中,《FIDIC 土木工程施工合同条件》是各国当事人鉴定工程承包合同的重要示范文本,不仅 FIDIC 成员国使用,世界银行、亚洲开发银行等国际金融机构的招标采购样本也常常采用。

随着我国对外交往的不断扩大,涉外工程的增多,国内承包合同文本同 FIDIC 条件日趋接近。但还有许多不一致之处,我们希望在承包合同的签订上更能符合市场经济发展的需要,更能符合当事人的要求,力图与国际惯例接轨,找出实践经验尚未成熟之处,以使我们在今后的合同签订上更接近《FIDIC》,为以后顺利进入国际市场奠定基础。水利部、国家电力公司和国家工商行政管理局在 2000 年颁布的《水利水电土建工程施工合同条件》就是在借鉴国外标准的合同条件和 FIDIC 合同条件在国内实践应用的基础上,充分考虑国内发展的现状所编写的具有中国特色的 FIDIC 合同条件。范本是针对我国水利水电工程建设的特点,参照国际通用的 FIDIC 模式,根据我国法律和法定程序制定的。

3　合同形式的对比

《FIDIC 合同条件》与《水利水电土建施工合同条件》在合同起草维护机构、依据的法律法规、条款内容与条款的应用等方面均存在差异。

3.1　起草、维护机构

《FIDIC》起草、维护机构是 FIDIC 合同委员会,是根据需要自发形成的组织机构,是靠使用者的自觉来实现的。《施工合同条件》是由政府机构来起草和维护的,具有一定的法定性,是靠行政手段来实现其公正性与操作性的。FIDIC 模式的起草与维护具有自觉性与法定性的特点,《施工合同条件》则是具有一定"强制性"的法定模式。

3.2　依据的法律、法规

《FIDIC》是依据西方发达资本主义国家的法律、法规制定的,由于种种原因维护承包商的利益比较多。《合同条件》是依据中国的法律、法规制定的,站在买方和卖方的立场,业主很显然是买方,中国习惯于维护消费者的利益,所以,在它的规定中,侧重于维护业主的利益。法律代表了统治阶级的根本利益,因依据的法律不同,两种合同条件的侧重点也就有所不同。

3.3　管理模式

FIDIC 的管理模式以招标选择承包商,以工程师及合同管理为核心。而在《施工合同条件》中虽然也是以招标形式选择承包商,但在实际过程中政府参与太多,而工程师只起到了质量检查员的作用。当然,这与我国的投资体制有关,我国的基本建设现在还主要是政府投资。《FIDIC》模式中规定的工程师定义,在我国的施工合同条件中改成了监理工程师,监理工程师的权限范围一般仅在工程的建设阶段。这一点是两种模式在合同管理的格局上存在的最大差异。

参考文献

[1] 何伯森. 国际工程合同与合同管理[M]. 中国建筑工业出版社,1999,9.

[2] 李太成,章跃林,洪松. FIDIC 合同管理中的经验和教训[J]. 水利水电工程设计,2002,2,22.

[3] 杨宏杰,孙丽云. 水利工程合同执行中的索赔[J]. 西北水力发电,2002,3.

[4] 钟鸣辉. 论水利工程建设项目合同管理制[J]. 水利经济,2002,第三期.

[作者简介] 王援宏(1971—),男,1993 年毕业于太原工业大学,工程师。

本文刊登在《科技情报开发与经济》2009年第18期

暂列金额的思考

崔少宏

（山西省水利水电工程建设监理公司，山西太原 030002）

[摘 要]暂列金额是工程造价的重要组成部分。通过 2003 年与 2008 年《建筑工程工程量清单计价规范》的对比，就暂列金额的使用范围、设置目的、性质、程序使用、估数计取方法及控制的关键等方面进行了阐述。

[关键词]暂列金额；工程量清单；工程造价

[中图分类号]F426.9　　[文献标识码]A　　文章编号:1005 - 6033(2009)18 - 0132 - 02

新修订的国家标准《建设工程工程量清单计价规范》，已于 2008 年 7 月以住房和城乡建设部第 63 号公告批准发布，自 2008 年 12 月 1 日起施行，简称为"08 规范"，该规范总结了 GB 50500—2003 建设工程工程量清单计价规范（简称"03 规范"）实施以来的成果经验，并针对执行中存在的问题，对 03 规范进行了补充修改和完善。08 规范较 03 规范增加了一些新的概念，其中暂列金额就是新注入的概念之一。08 规范中指出工程量清单由分部分项工程量清单、措施项目清单、其他项目清单、规范项目清单、税金项目清单组成。工程量清单是工程量清单计价的基础。暂列金额与暂估价、计日工、总承包服务费并列于其他项目清单中。暂列金额是其他项目清单中的重要组成部分。

1 暂列金额的定义

暂列金额是"招标人在工程量清单中暂定并包括在合同价款中的一笔款项。用于施工合同签订时尚未确定或者不可预见的所需材料、设备、服务的采购，施工中可能发生的工程变更、合同约定调整因素出现时的工程价款调整以及发生的索赔、现场签证确认等的费用。"

在 03 规范中，暂列金额的功能是以预留金体现的。03 规范第 2.0.5 条中对预留金是如此描述的，"预留金是招标人为可能发生的工程量变更而预留的金额"。在 08 规范中，暂列金额是 03 规范中预留金的更名。与 03 规范简单定义为"招标人为可能发生的工程量变更而预留的金额"相比，08 规范的定义更全面、更实际、更具操作性。

2007 年 11 月 1 日，国家发展改革委、财政部、建设部等九部委联合颁布了第 56 号令，在发布的《标准施工招标文件》中，规定了新通用合同条款，该合同条款对工程变更的估价原则、暂列金额、计日工、暂估价、价格调整、计量与支付、预付款、工程进度款、竣工结算、索赔、争议的解决都有明确的定义和相应的规定。08 规范中，暂列金额定义也与国家发改委、财政部、建设部等九部委 2007 年 11 月 1 日发布的第 56 号令中施工合同通用条款中的定义是一致的，工程造价术语的统一在这里得到体现。

2 暂列金额的设置目的

暂列金额的设置目的是要达到合理确定和有效控制工程造价的目标。

暂列金额在 08 规范 2.0.6 条已经定义，是招标人暂定并包括在合同中的一笔款项。不管采用何种合同形式，其理想的标准是，一份合同的价格就是其最终的竣工结算价格，或者至少两者应尽可能接近，我国规定对政府投资工程实行概算管理，经项目审批部门批复的设计概算是工程投资控制的刚性指标，即使商业性开发项目也有成本的预先控制问题，否则，无法相对准确地预测投资的收益和科学合理地进行投资控制，而工程建设自身的特性决定了工程的设计需要根据工程进展不断地进行优化和调整，业主需求可能会随工程建设进展出现变化，工程建设过程还会存在其他一些不能预见、不能确定的因素。消化这些因素必然会影响合同价格的调整，暂列金额正是应这类不可避免的价格调整而设立，以便达到合理确定和有效控制工程造价的目标。

3　暂列金额的性质

暂列金额包括在合同价之内，但并不直接属承包人所有，而是由发包人暂定并掌握使用的一笔款项。

包含在合同价格之内的暂列金额实际上是一笔业主方的备用金，用于招标时对尚未确定或不可预见项目的储备金额。施工过程中业主有权依据工程进度的实际需要，用于施工或提供物资、设备以及技术服务等内容的开支，也可以作为供意外用途的开支。他有权全部使用、部分使用或完全不用。由发包人用于在施工合同协议签订时，尚未确定或者不可预见的所需材料、设备、服务的采购，以及施工过程中合同约定的各种工程价款调整因素出现时的工程价款调整，以及索赔、现场签证确认的费用。

4　暂列金额的使用

暂列金额只能按照监理人的指示使用，并对合同价格进行相应调整。

某些项目的工程量清单中包括有"暂列金额"款项，尽管这笔款额计入在合同价格内，但其使用却归监理工程师控制。暂列金额是雇主金额，只有监理工程师有权动用。在九部委联合颁布的第56号令第15.6条中明确指出，暂列金额只能按照监理工程师的指示使用。在业主的同意下，监理工程师可以发布指示，要求承包商或其他人完成暂列金额项内开支的工作，因此，只有当承包商按监理工程师的指示完成暂列金额项内开支的工作任务后，才能从其中获得相应的支付。由于暂列金额是用于招标文件规定承包商必须完成的承包工作之外的费用，承包商报价时不将承包范围内发生的间接费、利润、税金等摊入其中，所以，他未获得暂列金额内的支付并不损害其利益。承包人接受监理工程师的指示完成暂列金额项内支付工作时，应按监理工程师的要求提供有关凭证，包括报价单、发票、收据等结算支付的证明材料。

5　暂列金额在清单中的表现形式

包干是暂列金额在清单中的表现形式。暂列金额在实际履约过程中可能发生，也可能不发生。在实际招投标中，招标人将暂列金额与拟用项目列出明细，往往以包干形式列出，投标人只需要直接将工程量清单中所列的暂列金额纳入投标总价，并且不需要在工程量清单中所列的暂列金额以外再考虑任何其他费用。因一些不能预见、不能确定因素的价格调整而暂时设立的金额，暂列金额由招标人根据工程特点，按有关计

价规定进行估算确定，一般可以分部分项工程量清单费的10%～15%为参考。需强调的是，暂列金额虽然在实际工程中只是可能发生，但此项金额属于合同清单。如果发生，同样也是合同金额。费用对应的每一项合同义务都可以对应于承包商。由于此项费用为暂估，而合同清单中"项"费用往往被定义为"包干"，所以要注意项包干费用说明中是否包含"暂列金额"。如果没有提到，可能在将来的合同执行中要求承包商以合同价包干使用。如果承包商投标时因暂列金额的不确定性而没有审核此项费用，就容易出现相应的费用争议。

6　暂列金额与国际上的规定相一致

在1987年第4版的FIDIC《土木工程施工合同条件》中，第58条专门论述了暂定金额。它给出的定义是"'暂定金额'是指包括在合同内并在建筑工程工程量清单中以此名称标明的供工程的任何部分施工或货物、材料、工程设备或服务提供或供不可预料事件之用的一项金额。这项金额应按监理工程师的指示，全部或部分地使用，或根本不予动用。承包商仅有权使用按本规定由监理工程师决定的与上述暂定金额有关的工程、供应或不可预料事件的费用数额。监理工程师应把根据本款做出的任何决定通知承包商，并向雇主提交一套副本。"

在《新红皮书》1.1.4.10款里，暂定金额的定义更加简单明了，"'暂定金额'指合同中指明为暂定金额的一笔金额（如有时），用于按照第13.5款《暂定金额》实施工程的任何部分或提供永久设备、材料和服务的一笔金额（如有时）。"F1DIC是单价合同，《建设工程工程量清单计价规范》也是单价合同计价规范的基础，在08规范中，暂定金额是与国际通用的FIDIC中的暂定金额异曲同工，使新规范与国际通用合同条款直接接轨。

7　暂列金额控制的关键因素

暂列金额的控制关键是从设计源头有效控制工程造价。暂列金额是用于施工合同签订时尚未确定或者不可预见的所需材料、设备、服务的采购，施工中可能发生的工程变更、合同约定调整因素出现时的工程价款调整以及发生的索赔、现场签证确认等的费用。因其所包括的内容涵盖了施工过程中大多不确定因素，因此必须从每一环节控制其造价。而暂定金额中包括的多是不确定因素，只有将这些不确定因素消灭在萌芽状态，才能使暂列金额尽可能的少发生。决策的控制，地质勘探的准确，会减少设计图纸的变更包括设

备、材料、服务、地基及上部结构等变更。设计图纸的基础数据的准确性及时间的充裕，会使图纸相对完善，可以从设计角度减少施工过程中工程变更的发生，也意味着暂列金额的低发生和支出。在施工过程中慎重地选择施工队伍、施工中设计变更的控制、确保签证的质量，杜绝不实及虚假签证的发生也是控制暂列金额的有效手段。尤其从设计阶段控制暂列金额的发生，是暂列金额的控制关键。

暂列金额的是工程造价的重要组成部分，对其的重视、了解和控制，是控制工程造价的重要部分。

[作者简介] 崔少宏(1967—)，男，1990年毕业于太原理工大学土木工程系，工程师，国家级注册造价工程师，香港注册建筑测量师。

本文刊登在《建设监理》2008年第2期

加强工程变更管理 把好现场签证关

李玉河

（山西省水利水电工程建设监理公司,山西太原 030002）

[摘 要]文章从加强工程变更管理和把好现场签证关来阐述如何在施工监理过程中进行投资控制。

[关键词]施工监理;工程变更;现场签证;投资控制

[中图分类号]F409.9　　[文献标识码]B　　文章编号:1007 - 4104 (2008)02 - 0031 ~ 03

在工程建设项目施工过程中,投资控制是监理控制的重点,又是难点。要搞好投资控制,至少一定要做好两方面的工作:一是要加强对工程变更的管理,二是要把好现场签证关。

1 加强工程变更的管理

在工程建设项目施工过程中,发生工程变更是相当普遍的。工程变更的原因是多方面和多种多样的:有来自发包人对工程项目部分功能、用途、规模和标准的调整;有来自设计人对施工图的修改和完善以及对各专业之间相互矛盾的调整;有来自监理人在现场提出的有利于工程建设的变更;也有承包人从施工方案出发对设计提出的变更等等。无论哪方提出的或何种原因引起的,工程一旦发生变更,对工程的投资都会带来一定的影响。对工程变更进行科学有序的管理是施工过程中监理人的一项非常重要的工作。否则,将会造成资金浪费,埋下索赔隐患。

监理工程师如何对工程变更进行管理,是一项专业性强、涉及面广的工作,在一定程度上反映出监理工程师的专业水平、协调和处理问题的能力以及工作水平,同时也反映出监理工程师的综合水平。

1.1 工程变更的预控

在施工准备阶段,工程变更尚未发生,对工程变更的预控,监理工程师一定要高度重视。要根据自己的工程管理经验和现行国家和地方有关法规规范并结合发包人、承包人与工程的具体情况,在与发包人、承包人以及监理内部人员充分沟通的基础上,事先对可能发生工程变更的主要环节加以明确,并制定工程变更管理办法。工程变更预控需要明确以下四点内容。

1.1.1 工程变更遵循的基本原则

在工程施工过程中发生的工程变更都应遵循国家的有关法律、法规、规范,维护设计人和监理人责任制,维护发包人和承包人的正当权益。

1.1.2 工程变更的程序

无论工程建设哪一方或哪几方提出的工程变更,都应经监理工程师审查核准。工程变更从提出、审查到各方共同签署,一般都要经过发包人、监理人、设计人和承包人等多方共同协商、考察后确定。

1.1.3 对工程变更文件的要求

工程变更文件所列内容,不但会涉及是否符合有关法律、法规、规范的规定,还会涉及建设管理的检查和审计。因此,工程变更文件不论变更的性质如何、规模大小,其内容必须符合要求,主要内容应包括以下四点:

（1）工程变更的原因和依据。这是工程变更不可缺少的重要内容,也是为了分清责任,明确索赔对象的重要依据。因此,要求每一个工程变更都要对变更的原因和依据有个明确和准确的描述。

（2）工程变更执行的技术标准。对于施工合同有明确规定的技术标准,要说明执行合同要求;对于施工合同没有明确规定技术标准的新增项目要结合工程具体情况明确有关技术标准。

（3）工程变更的范围、部位和内容必须明确,必要时要以图示说明。尺寸、标高和文字说明必须表达准确,图示规范。

（4）工程变更的工程量。在工程变更文件中还应逐项列出变更工程内容的工程量,其计量方法施工合同中有规定的要执行合同,没有规定的应另加说明。变更工程量还需监理工程师现场确认。

1.1.4 工程变更的审批

工程变更的审查和批准,涉及发包人、监理人、设计人和承包人,应事先确定各方的有效签字人,大型项目可根据变更项目的性质和变更项目的费用多少划分等级分别确定签字人。对于重大的工程变更应由发包人组织有监理工程师参加的专门小组进行评审，并由发包人审批。有的工程变更还需得到原审批机关的批准。

1.2 工程变更实施过程中的管理

工程变更经各方签字同意后，总监理工程师签发工程变更指示、变更项目价格审核表、变更项目价格签认单、变更通知等有关工程变更文件，这些文件都属于合同文件。要做好工程变更实施过程中的管理，项目监理部须做好以下几项工作。

1.2.1 做好工程变更的收发登记

工程变更文件属于工程施工监理的重要文件，一定要严格收发文登记制度，特别是收发时间，因为时间问题往往引发工程索赔。

1.2.2 建立工程变更台账

项目监理部应建立工程变更台账，对总监理工程师签发工程变更指示、变更项目价格审核表、变更项目价格签认单、变更通知等有关工程变更文件进行详细的登记，以便于查阅、避免遗漏。

1.2.3 工程变更内容应在原施工图上注明

用醒目的标记在原施工图变更处标明变更指示编号，使工程变更无一遗漏地反映在图纸上，便于查阅图纸，也符合按图纸检查工程的习惯。

1.2.4 对工程变更部位的施工情况做好签证

工程变更实施前，工程变更部位的施工情况，发包人、监理人和承包人三方要共同进行实测实量，做好记录和签证，为今后变更结算提供依据，避免纠纷的发生。

1.2.5 对工程变更的结果进行检查和验收

工程变更实施后，发包人、监理人、设计人和承包人要根据工程变更指示的要求，对变更的内容进行认真的检查和验收，确认工程变更内容已按要求完成，并达到了规定了要求。监理工程师要对工程变更的工程量进行核实和签认，为工程变更结算提供依据。

2 把好现场签证关

现场签证是在施工现场由发包人、监理人和承包方的负责人或指定代表共同签署的，用来证实施工活动中某些特殊情况的一种书面手续。它不包含在施工合同和图纸中，也不像实际变更文件有一定的程序和正式手续。它的特点是临时发生，具体内容不同，没有规律性，是施工阶段投资控制的重点，也是影响工程投资的关键因素之一。

2.1 现场签证的主要内容

现场签证包括现场经济签证和工期签证。

现场经济签证包括：(1)零星用工。施工现场发生的与主体工程施工无关的用工；(2)零星工程；(3)临时增补项目；(4)合同遗漏项目；(5)隐蔽工程签证；(6)窝工、非承包人原因停工造成的人员，机械经济损失；(7)议价材料价格认定；(8)其他需要签证的费用。

工期签证包括：(1)设计变更造成工期变更签证；(2)停水、停电签证；(3)其他非承包人原因造成的工期签证。

2.2 现场签证的重要作用

2.2.1 工程结算的依据

工程结算的主要依据有：施工合同、设计变更、现场签证、现场批复报告以及有关规范、标准等法规性文件。现场签证以书面形式记录了施工现场发生的特殊费用，直接关系到发包人和承包人的切身利益，是工程结算的重要依据。

2.2.2 索赔和反索赔的依据

索赔是工程施工中经常发生的正常现象，可分为费用索赔和工期索赔。现场签证是记录现场发生情况的第一手资料。通过对现场签证的分析、审核，可为索赔事件的处理提供依据，并据以正确地计算索赔费用。

2.3 目前存在的问题

现场签证的处理是工程结算中最容易引起争议的部分。几乎所有工程，现场签证都存在着或多或少的问题，主要集中在以下几个方面：

2.3.1 应当签证的未签证

有些签证，发生的时候就应当及时签证。但有不少发包人在施工过程中随意性较强，施工中经常改动一些部位，既无设计变更，也不办现场签证，到结算时往往发生补签困难，引起纠纷。还有一些承包人不清楚哪些费用需要进行签证，缺少签证的意识。

2.3.2 不规范签证

现场签证一般情况下要发包人、监理人和承包人三方共同签字才能生效。缺少任何一方都属于不规范签证，不能作为结算和索赔的依据。

2.3.3 违反规定的签证

有的承包人采取不正当的手段，获得一些违反规定的签证。这类签证也是不应被认可的。

2.4 如何把好现场签证关

要控制好工程投资，必须把好现场签证关。应做好以下几方面的工作。

(1)熟悉合同。把熟悉合同作为投资控制工作的重要环节，应特别注意有关投资控制的条款。

（2）及时处理。一方面由于工程建设自身的特点，很多工序会被下一道工序覆盖，另一方面参加建设的各方人员都有可能变动，因此，现场签证应当做到一次一签，一事一签，及时处理。

（3）签证要客观公正。要实事求是地办理签证，维护发包人和承包人双方的合法权益。

（4）签证代表要有资格。各方签证代表要有一定的专业知识，熟悉合同和有关文件、法规、规范和标准，应具有国家有关部门颁发的有关资格证书和上岗证书。

3　结语

综上所述，监理工程师对施工阶段的投资控制，不仅涉及工程的质量、进度、安全，而且贯穿于施工阶段的全过程。若能事先制定详细的办法和制度进行预控，尽量减少工程变更，同时有关各方要严格把好现场签证关，则监理工程师一定能按照"守法、诚信、公正、科学"的监理准则进行工程监理，维护发包人和承包人的正当利益，达到投资控制的目的。

［作者简介］李玉河(1965—)，男，高级工程师。

本文刊登在《山西水利科技》2008年第4期(总第170期)

建设工程监理合同审查

崔少宏

(山西省水利水电工程建设监理公司,山西太原 030002)

[摘　要]建设监理合同在工程建设中的重要地位日益突出,它直接影响着建设项目的成功与失败,合同应由业主、监理人及水务主管部门分别进行审查。文中阐述了合同审查的内容和步骤。

[关键词]发包人;监理单位;合同;审查

[中图分类号]TV512　　[文献标识码]B　　文章编号:1006 – 8139(2008)04 – 93 – 02

1　工程监理合同审查的意义

建设工程监理合同即建筑安装工程监理合同,是工程建设单位与监理单位,也就是发包方与监理方以完成商定的建设工程监理工作为目的,明确双方相互权利义务的协议。合同不仅是约束当事人行为的准则,而且有利于保护合同当事人双方的合法权益,同时为解决双方产生的经济纠纷提供了判断依据。随着建筑行业的迅速发展,建设监理合同在工程建设中的重要地位日益突出,它直接影响建设项目的成功与失败。由于合同涉及面广,除涉及双方当事人外,还要涉及施工单位,地方政府,工程所在地单位和个人的利益。另外招标的建筑物产品的特点是体积庞大,结构复杂,建设周期长,消耗的人力、物力、财力多,一次性投资数额大。并且合同内容多样和复杂,执行周期长,不确定因素较多。合同的签订成为重要环节,合同正式生效前对合同审查成为必然进行的活动,也成为合同签订前双方对合同的重要把关工作。合同审查依据审查主体的不同主要分为发包人的审查,监理人的审查,有关管理部门的审查。合同审查是合同管理工作中重要部分,通过合同审查做到事前控制,使合同签订双方达到最大的共识,将许多经济纠纷消灭在萌芽状态,使国家的法律法规落到实处,也使建筑市场交易秩序的运行进入良好状态,从而起到规范建筑市场,稳定社会的作用。监理合同文件的组成包括:(1)监理合同协议书,(2)中标通知书,(3)投标书及其附件,(4)监理合同专用条款,(5)监理合同通用条款,(6)标准、规范及有关技术,(7)图纸,(8)工程量清单,(9)监理报价或费率。因为投标书及其附件是合同组成部分,所以发承包方

对招投标工程合同的审查从招投标工作启动便开始,管理部门的审查时间主要是在双方达成共同意向后对合同的审查。

2　发包人对合同的审查

发包人对合同的审查主要分为两个步骤:

第一个步骤的审查时间为招标公告发出后中标通知书发出前。审查内容主要是审查潜在合同监理方是否具备完成所建项目的总体能力,包括资质条件、人员配备、设备和技术能力、财务状况、工程经验、企业信誉等。具体审查合同监理方的资质证明、营业执照、类似工程业绩、企业等级证书以及外地监理企业进驻当地监理时,根据当地政府有关规定办理必要的手续等。此合同审查是通过招投标活动资格审查来完成的。

第二个步骤的审查时间为通过招投标活动选中监理人后签订书面合同前,即为签订合同准备阶段。合同审查内容为即将签订的合同文本中的各个条款。

根据中华人民共和国招投标法中规定"招标人和中标人应当自中标通知书发出之日起30日内,按照招标文件和中标人的投标文件订立书面合同。招标人和中标人不得再行订立背离合同实质性内容的其他协议。"30日内是发承包方就合同的具体签订事项进行磋商过程。合同签订往往是发包方占主动,这样合同条款常常有利于发包方。但再标准的合同也难免会有漏洞,找出漏洞并加以补充,可减少合同双方的争执。工程的情况是千变万化的,合同双方争执的起因往往是对合同条款理解的不一致,分析条文的意思,就条文的理解达成一致,才能为工程建设工作的顺利进行打开通道。有些发包方对工程知识不是很熟悉,常常会

聘请一些专业法律顾问来审查签订的合同,这种合同审查是对合同良好运行的确切保障。

3　监理人对合同的审查

监理人对合同的审查主要分为三个步骤:

第一步审查时间为收到招标公告开始。审查内容为发包方的社会履约信誉度,资金落实情况及其前期准备情况,包括建设项目占地、立项、规划、报建手续,实地考察即将建设的工程项目所在位置。社会信誉度好的发包方是合同圆满完成的前提保障。由于现在是买方市场,监理单位在急于找米下锅的情况下往往会委曲求全,签订合同。如果监理方所了解的发包方信誉度不好且工程资金尚未落实,与其冒着工程延期,甚至监理费无法收回的风险结果,笔者认为不如放弃。

第二步审查时间为监理人取得发包人的招标文件后。审查内容为就招标文件中涉及合同的有关条款认真审查。审查人员应包括工程技术、财务、合同管理等有关部门的人员共同研究招标文件中关于合同文本的各个条款。首先,将合同文本中的各个组成部分分解开来,逐条研究各项条款的合理性和可行性,对涉及工程技术尤其是影响到切身利益的条款要逐字逐句进行推敲,并审查涉及合同条款的表达是否清楚,如有含糊不清之处则要在标前会议上或正式签订工程监理合同时予以明确。其次审查合同的合法性。通过审查,可以分析评价每一个合同条文执行后的法律后果将会给监理人带来的风险,为报价策略的制定提供基础资料,为合同谈判和签订合同提供决策依据。

第三步审查时间为承包人收到中标通知书后签订书面合同前这段时间,即为签订合同准备阶段。审查内容主要为即将正式签订的书面合同的完整性和严谨性,通过逐条理解各条款文字表述的意思,来深刻分析其合理性和可行性,对于那些含糊不清容易引起误解的条款,或者合同条款与招标文件以及其他技术资料之间表达有相互抵触,甚至合同本身前后互相矛盾的内容应及时提出并明确。尤其是影响到切身利益的条款要逐字逐句进行推敲,以合理方式达到所期望目标。对合同的审查是整个项目建设过程中不可逾越的重要的基础工作,对一些重大的工程项目或合同关系和合同文本复杂的工程,投标单位应将合同审查的结果聘请有关法律顾问和合同专家进行审核,以避免或减少相应的风险,减少合同谈判和签订过程中的失误。

4　建设管理部门对施工合同的审查

当前,建设行政管理部门对建设工程监理合同实行备案审查制度。通过监理合同的审查备案,提高了建设工程合同履约率,规范了建筑市场主体、市场价格和市场交易行为,从而对建筑市场经济起到发展和完善作用。建设管理部门对合同审查的主要内容包括:合同的精神和文本格式,是否符合现行的有关法律、法规、政策及已审批事项,其次,审查合同的合理性。语言文字是否简练、规范、严谨,有关条款的描述是否清晰,有关合同附表、附录和签章手续是否齐全等。

《建设工程监理合同》示范文本(GF-2000-0202)(以下简称《示范文本》),由建设部(水利部)与国家工商总局共同制定。是合同管理部门广泛要求使用的合同文本形式。该文本由《协议书》、《通用条款》、《专用条款》部分组成。合同《通用条款》是根据法律、行政法规规定及建设工程施工监理的需要订立,具有较强的普遍性和通用性,通用于各类建设工程监理的基础性合同条款。这一部分表述明确,不需要发包人与监理人填写其中内容,尚未明确且需要明确的需在《专用条款》中注明,虽然《通用条款》占用篇幅较大,但其考虑了工程实践中的惯例,具有较强的普遍性和通用性,是通用于各类建设工程监理的基础性合同条款。由于其内容已固定成形,故管理部门审查重点放在《协议书》、《专用条款》。

4.1　《协议书》的审查

《协议书》主要包括工程概况、工程监理服务范围、合同工期、质量标准、组成合同的文件、合同价款及合同生效等条款,审查内容应放于发承包人所填写的内容是否符合有关法律法规及已审批内容。

(1)工程概况主要包括工程名称、工程地点、工程内容、工程立项批准文号,资金来源。

当合同审查时,工程立项批准文号及资金来源,一般都由有关部门审查过,因此不是审查的重点。此项审查的重点应放于其他三项。一是工程名称和工程地点的审查主要放在是否与工程规划及报建内容相吻合。二是工程内容指反映工程状况的一些指标内容,主要包括工程的建设规模、结构特征等。有时合同签订双方容易将其与后面的工程承包范围混淆。审查工程内容可参考《示范文本》附件《工程项目一览表》,在工程项目一览表中,结构形式、高度、面积规模应严格按照所审批过的内容如实填写。尤其是在群体工程中,应认真审查其与规划及报建程序中相应内容。

(2)监理服务范围,指监理人监理的工作范围和内容,应根据招标文件和中标通知书中所确定的监理范围填写。应尽可能填写详细。

(3)合同价款应填写双方确定的合同金额,对于招标工程,合同价款就是被发包人接受的监理人的投标报价,以人民币形式表示。合同价款大小写金额要一致。

（4）合同生效：按照《合同法》第32条规定，当事人采用合同书形式订立合同的，自双方当事人签字或者盖章时合同成立。《建筑法》和《合同法》都要求以书面形式订立施工合同，即采用合同书的形式。因此，只要双方不约定附生效条件，合同自双方当事人签字或者盖章后即生效。

4.2 《专用条款》的审查

《建设工程监理合同》示范文本的《专用条款》是供发包人和监理人结合具体工程情况，经双方充分协商一致约定的条款，由于建设工程的单件性，每个具体工程都有一些特殊情况，发包人和监理人除使用《通用条款》外，还要根据具体工程的特殊情况进行充分的协商，取得一致意见后，在《专用条款》内约定，是对《通用条款》的具体化、补充或修改。

专用条款的审查主要是审查双方合同填写是否全面，文字表述是否准确。

合同审查同时也对审查各方人员提出高标准要求，需要审查人员具有多方位多层次、渊博而广泛的知识。审查人员不仅需要具有法律知识，而且需要具备工程技术专业知识，不仅需要具备财务知识，而且需要具备经济知识，只有不断充实新的知识，掌握广博知识，才能使合同审查工作达到要求。

［作者简介］崔少宏（1967—），男，1989年毕业于太原工业大学，工程师。

第五篇　综合

本文刊登在《山西水利》2017 年第 5 期

全断面岩石掘进机施工安全管理

白　凡

（山西省水利水电工程建设监理有限公司,山西太原 030002）

[摘　要]全断面岩石掘进机(TBM)在隧洞施工中的安全管理重点是 TBM 安全生产管理和 TBM 现场施工安全管理。其中,安全生产管理主要内容,安全生产机构、责任制、安全培训教育和安全检查;现场安全管理主内容,洞外安全、洞内运输安全、TBM 施工安全和通风安全。

[关键词]全断面岩石掘进机;TBM;隧洞;安全;管理

[中图分类号]TV554$^+$.2　　[文献标识码]C　　文章编号:1004 - 7042(2017)05 - 0049 - 02

1　TBM 相比钻爆法施工安全方面优缺点

1.1　TBM 施工优点

TBM 是由刀盘转动及滚刀对岩石切割挤压进行开挖,因此不存在火工品的使用、存放、运输安全隐患。

护盾式 TBM 在管片安装区有全断面或局部护盾,TBM 开挖完成后,操作人员在盾体的保护下完成对裸露岩面的衬砌,降低了安全事故的发生率。

TBM 洞内全机械化施工,出渣采用电瓶车,相对钻爆法的自卸汽车出渣具有环保的优点。

TBM 实施全过程视频监控,配备各项监测设备,并有自动化的对应处理系统,更加便于安全管理。

1.2　TBM 施工隐患

TBM 设备、高压电器布置集中,自动化设备多,人员活动范围较小,容易引起事故。

隧洞单向掘进距离长,多辆机车同时运行在各区段且运行过程中无法联系,隧洞内遇到紧急事故需要撤离时,存在较大安全隐患。

远程操作、操作盲区和关联电气较多,存在因信息传递不及时引发安全事故的隐患。

单班作业时间较长,容易疲劳后发生安全事故。

遇到特殊地质,设备无法掘进,需要工人到护盾外进行人工开挖,存在安全风险。

2　安全生产管理制度

2.1　建立安全生产机构,落实安全责任制

参建单位在项目开建时要成立安全生产组织机构,建立严格的安全生产责任制,明确安全生产责任。

逐级签订安全生产责任书,把安全职责落实到各部门、各岗位,做到安全管理无死角,安全生产人人有责。定期对各级责任人进行安全管理考核,并根据考核结果对责任人奖惩。同时要制定出安全生产应急预案,主要包括不良地质灾害,触电、火灾、机械事故,隧道塌方、施工涌水、易燃易爆及化学危险品、压力容器事故等安全应急预案。

2.2　加强安全培训教育

TBM 施工相比钻爆法安全性较高,因而容易产生麻痹大意思想,因此更要加强对职工的安全教育工作,提高职工的安全意识,使职工自觉地从观念、心理、行为上做到安全生产。

2.3　加强安全检查

TBM 施工场区生产环境复杂,工作面多、工序繁杂、施工机械的性能和施工人员的技术等级、文化素质参差不齐,因此施工活动场所内安全检查是施工现场安全工作的一项重要内容,是保护施工人员人身安全,杜绝各类伤亡事故发生的一项主要安全施工预防措施。

3　施工现场安全管理

现场施工是安全管理最终落实点,而安全生产只有事前进行有效的控制才能避免和减少事故的发生。因此,在 TBM 施工安全管理过程中,为了较好地控制现场,应对现场危险源进行识别,并安排专职安全员进行 24 h 跟班,对危险源进行有效控制。

3.1　洞外施工安全

3.1.1　管片、轨道吊装

操作人员必须持证上岗,吊装管片时应设置专职

安全人员进行指挥。定期对吊运设备进行维护、检查，并填写检查记录。

3.1.2 管片存放

管片堆放场地应平整稳固，堆放时应留有足够的作业通道，且作业通道内不得有杂物，整齐堆放管片；堆放高度一般横放不超过4层，竖放不超过3层。

3.1.3 门禁及监控系统

应设置门禁系统，对进出洞人员进行登记，并在洞外调度室设置监控系统，对洞内关键部位进行值班监控。

3.2 洞内运输安全

3.2.1 调度指挥

隧洞内分段设置错车平台，多辆编组同时运行，但由于主线轨道仅有一条，一旦调度不当，就会发生撞车事故，因此调度是TBM运输安全管理中最重要的环节。现场应设置24 h专职调度人员。所有编组及人员进出洞时必须经调度进行登记，且编组运行到错车平台时必须通知调度，然后对编组进行统一安排后方可继续行驶。

3.2.2 人员进出洞

机车在洞内运行速度较快，光线不好，因此除维修工外严禁在轨道上行走，编组在洞内运行时，禁止人员将肢体伸出车外，以免发生挤碰事故。洞内轨道、管道维修等工人进出洞时须告知调度维修位置，以便通知编组司机在该区段内减速慢行，并当机车接近时用信号灯通知具体位置，同时，工作时必须穿戴反光背心。

3.2.3 机车编组运行

由于机车上要连接豆砾石罐及管片平板，采用机车出渣时还要连接渣斗，机车司机无法看到后方，需在机车上安装视频监控，方便机车司机发现情况时及早采取应对措施。根据坡度及编组重量通过实验应对机车运行速度进行限制，确保遇到突发情况时能及时刹车。定期对编组车辆间的接头、列车轨道进行检查，避免在行驶过程中脱落。

3.2.4 皮带机出渣

采用皮带机出渣的TBM，在安装皮带机支架时，要注意衣物及肢体被卷入皮带内的危险，同时应佩戴好防护用品；应安排专人在隧道内对皮带的平整度进行检查，同时在隧道内行走时，应远离皮带机。

3.3 TBM施工安全

3.3.1 安全防护用品

由于TBM施工的特殊性，因此对作业人员的安全防护用品佩戴应有特殊的要求。除常规安全防护用品外，还需有听力保护、绝缘手套、紧身防护服等。

3.3.2 TBM掘进机施工

护盾外施工。当TBM遇到不良地质造成卡机，需要工作人员到护盾外对设备进行脱困处理时，应首先制定出详细可行的脱困方案及安全技术交底，其次在人员出护盾前，要对岩面的危石进行清理及超前支护，确保人员在有保护的工作面下进行脱困作业。

刀盘作业。由于地质原因造成刀盘堵塞以及刀具磨损需要人员进入刀盘内换刀等时，应注意在人员进入刀盘内部时，要将设备主钥匙随身携带，防止操作人员在不知情的情况下启动设备，同时需要有人在操作室内值班，防止系统人员在无钥匙情况下启动设备；刀盘内部空间狭小，刀具重量较大，施工人员在清理刀盘及更换刀具时应注意安全，避免发生磕碰及砸伤事故。

管片吊运及安装。由于管片吊运及安装区作业面狭小，作业人员多，盲区多，时常发生管片挤压人员事故。因此，在管片吊运及安装区域内应注意，管片吊运机中应安装警报设备，在运行时应有声音警示及警示灯；在管片安装及吊运的行程中不得有人员行走和逗留；安装手在安装侧顶管片时，应注意高处作业安全；应定期对抓举手进行检查。

豆砾石回填灌浆。豆砾石回填灌浆时，通过压缩空气将豆砾石及水泥浆液吹填到管片后部，管道内的压缩空气是加压的，因此在豆砾石回填灌浆时应注意：在启动或结束时应对管道进行清理，保证管路通畅；在作业前应对管道进行检查，发现破损应立即进行更换；作业时禁止将喷口对着人，且应安装牢固；在打开管道或者拆卸前必须将气压减到安全状态。

3.3.3 TBM电气、液压设备

TBM采用高压进洞，工作区域内电气设备、线路较多，因此要时常对电气系统进行检查，确保用电安全。用电线路应布设规范、绝缘良好；各种用电设备开关必须按照一机、一闸、一箱进行配置，并有专职人员操作、上锁；个别设备距离开关较远，且电箱钥匙有多人持有时，检修人员应在检修前通知其他操作人员，避免由于失误操作而发生安全事故。

TBM液压系统。TBM主机的掘进和前进主要靠液压系统控制，因此油缸内压力非常大，一旦泄露会造成人员伤亡事故。要对油路管道定期进行检查、保养；检修时应提前对液压系统进行泄压；严禁作业人员对液压管路进行踩踏或拖拽。

3.4 通风安全

TBM施工人员24 h在洞内作业，洞内通风特别重要。在设备采购时，要计算好洞内的氧气需求量，并配置相应的风机，确保人员不会因洞内缺氧而发生安全事故。洞内由于设备不断的进行开挖、出渣及燃油机

车的运行,会产生大量的粉尘及废气。洞内作业人员配置防尘面具,同时进行洒水降尘、加大通风量,以保证洞内空气质量;在地下工程施工中,经常会出现毒气,TBM 设备本身配置有毒气体监测仪器,但仍需定期对仪器进行检查,确保在出现有毒气体时能及时采取有效措施进行处理。

4　结语

　　TBM 施工安全管理具有其特殊性、复杂性。TBM 施工不同于钻爆法施工,在安全管理上最大的区别是,钻爆法的重要危险源比较容易意识到,而 TBM 的安全事故经常是因为人的思想麻痹而引发,因此在建设期间需要对员工不断的培训教育,让安全意识深入到思想中,并配合对现场检查,让安全措施落实到行动中,最终实现"零事故、零伤亡"的安全管理目标。

[作者简介] 白凡(1987—),男,2009 年毕业于西南科技大学建筑经济管理专业,助理工程师。

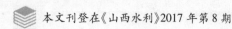
本文刊登在《山西水利》2017年第8期

水工隧洞下穿公路设计方案优化

范彩娟

（山西省水利水电工程建设监理公司，山西太原 030002）

[摘　要]受通行公路动载影响，为保证水工隧洞下穿公路施工安全，结合辛安泉供水改扩建工程长治支线隧洞下穿省道 S225 施工案例，经围岩压力计算及钢换架受力验算，采用超前支护及加强初期支护对原设计方案进行了优化，确保了下穿公路隧洞施工安全。

[关键词]钢拱架；锚杆；喷射混凝土；超前小导管

[中图分类号]TV554　　　[文献标识码]C　　　文章编号：1004－7042（2017）08－0026－02

1　工程概况

辛安泉供水改扩建工程是山西省"十二五规划"大水网建设中的一项重要工程，辛安泉供水改扩建工程地处长治市，工程主要供水对象为黎城县、平顺县、潞城市、屯留县、长治市市区、长治市郊区、长治县和壶关县共 8 个县（市、区），供水任务为长治市 8 个县（市、区）提供城乡生活、工业用水和农业灌溉用水。工程年供水量 1.58 亿 m^3，设计流量 5.0 m^3/s，工程等别为Ⅲ等。

辛安泉供水改扩建工程长治支线隧洞起始里程为 CZ21＋998.87—CZ28＋583.34，总长 6.58 km。隧洞进口正交下穿省道 S225，交叉处省道里程为 6＋430，隧洞下穿里程 CZ22＋058.7—CZ22＋078，下穿长度为 19.3 m，拱顶距离路面埋深 9.6 m。

2　原设计方案

下穿省道 S225 里程 CZ22＋058.7～CZ22＋078 段位于隧洞进口土洞段，该段土质为低液限粉土，局部为级配不良砂、级配不良砾透镜体，结构松散，土质均匀。原设计支护参数为：喷射 C20 混凝土厚 15 cm，Φ8 钢筋网，网格尺寸为 150 mm×150 mm。围岩破碎时增设 Φ42 超前注浆小导管加 I14 工字钢架支护。衬砌为 35 cm 厚 C25 钢筋混凝土，衬砌净空 2 500 mm×3 035 mm。

3　优化方案

为保证隧洞安全顺利通过省道 S225，对原设计支护参数进行优化，超前支护采用 Φ42 注浆小导管，初期支护采用 I20a 工字钢架（纵向间距 0.5 m）、Φ8 钢筋网、Φ25 砂浆锚杆及 26 cm 厚喷射混凝土联合支护。并且在基底增设 I20a 水平横撑，26 cm 厚喷射混凝土基底固结。同时在保证衬砌厚度 35 cm 不变的情况下，在 CZ21＋998.87—CZ22＋085 段增大隧洞净空断面至 3 000 mm×3 305.63 mm。

按照优化后的方案进行隧洞初期支护受力验算。

3.1　围岩压力计算

由于 2B＝9.0 m＜9.6 m（B 表示隧洞宽度，m），且周围围岩压力为松散荷载，在验算过程中，其垂直均布压力和水平分布压力可按下列公式计算：

3.1.1　垂直均布压力计算

$$q = \gamma h$$
$$h = 0.45 \times 2^{s-1} \omega$$

式中：q——垂直均布压力，kN/m^2；

γ——围岩重度，kN/m^3，取值 18；

s——围岩级别；

ω——宽度影响系数，$\omega = 1 + i(B-5)$。

i——B 每增减 1 m 时的围岩压力增减率，以 B＝5 m 的围岩垂直分布压力为准，当 B＜5 m 时，取 i＝0.2；经计算，垂直均布压力 q 为 109.382 kN/m^2。

3.1.2　水平均布压力计算

因 H/B＝1.073＜1.7，无偏压，根据表 1 可得水平均布压力 e 为 54.691 kN/m^2。

表1 围岩水平分布压力 （单位:kN/m²）

围岩级别	I、II	III	IV	V	VI
水平均布压力 e	0	<0.15q	(0.15～0.3)q	(0.3～0.5)q	(0.5～1.0)q

3.2 钢拱架受力验算

本隧洞采用I20a工字钢,查表得工字钢相关参数,横截面积 $A = 35.5\ cm^2$,抗剪强度 $f_v = 125\ N/mm^2$。按照均布压力进行验算,可将 q 对钢结构的作用力视作为垂直于钢拱架面进行验算。

钢结构的抗剪强度按照公式: $F = f_v A$ 计算,取0.95的安全系数后,计算得 $F = 421.56\ kN$。

单位剪应力 Q(每平米垂直均布压力)和 E(每平米水平均布压力)均小于 F。

3.3 结论

通过上述分析,钢拱架能够满足围岩应力要求,保证上方公路通行安全,再施做超前支护和挂网喷锚后,安全系数将进一步加大。

4 方案实施

4.1 超前支护

超前支护采用 $\Phi42$ 注浆小导管,壁厚4 mm的无缝钢管。间距为 $40\ cm \times 200\ cm$(环向×纵向),长度为3.5 m。

注浆材料为纯水泥浆液,注浆参数经现场试验确定,小导管外插角度 $3° \sim 5°$,外露部分应与钢拱架焊接牢固。

4.2 开挖

采用人工手持洋镐、铁锹等工具配合小型挖掘机开挖,个别孤石采用弱爆破法处理。每次开挖距离不超过0.6 m。开挖后应及时进行喷、锚、网系统支护,架设I20a工字钢,在钢架拱脚以上30 cm高度处,紧贴钢架两侧边沿按下倾角30°打设锁脚锚杆,拱脚锚管和钢架牢固焊接,再复喷混凝土至设计厚度。

4.3 初期支护

钢筋网:钢筋网采用 $\phi8$ 钢筋混凝土制作,网眼大小为 $150\ mm \times 150\ mm$。安装时应随高就低紧贴初喷面,搭接长度不小于200 mm,钢筋网与钢拱架之间焊接牢固。

系统锚杆:系统锚杆采用 $\Phi25$ 砂浆锚杆,长3.0 m,间距为 $100\ cm \times 50\ cm$(环向×纵向)。锚杆尾端与钢拱架焊接牢固。

钢拱架:钢拱架采用I20a工字钢加工,纵向间距50 cm。采用 $\phi22$ 钢筋连接,环向间距为1.0 m,内外交错布置。安装好的钢支撑在拱脚处每侧各打2根3

m长的 $\phi25$ 锁脚锚杆(每榀拱架共8根),将钢支撑固定牢固。底板采用I20a工字钢作为水平横向支撑。

喷射混凝土:隧洞拱部、边墙及底板喷混凝土采用C20混凝土,厚26 cm。

4.4 二次衬砌及铺底施工

开挖后根据监控量测数据及时进行二次衬砌施工。衬砌采用组装钢模、混凝土搅拌运输车运输、泵送混凝土灌注,振捣器捣固,混凝土浇筑要左右对称进行,防止偏移。铺底采用小型栈桥施工。

衬砌及铺底均采用C25钢筋混凝土衬砌,厚度为35 cm。衬砌主筋为 $\Phi25$ 钢筋,纵向间距20 cm。

5 技术保证措施

一是隧洞开挖施工坚持"不爆破(弱爆破)、短进尺、强支护、早封闭、勤量测"的原则。二是加强开挖测量放线作业,严格控制开挖超欠挖及开挖进尺。施工时设备操作人员相对固定,以利于开挖成型质量。三是架立钢拱架时,拱脚严禁置于虚渣上,高度不够时应用木板或钢板垫实;钢架与初喷混凝土之间尽量贴紧,如因开挖造成凹凸不平,并有较大间隙时,用 $\Phi25$ 钢筋支撑于岩面,严禁用片石和木材填塞;钢拱架架立尺寸横向及纵向误差不得超出 ±5 cm,拱顶高程不得低于设计标高,垂直度误差不得超过 $\pm2°$;两节拱架之间采用M22螺栓及螺母连接,螺母必须拧紧;相邻两榀拱架之间采用 $\phi22$ 钢筋连接,焊接牢固。拱架架立好后,立即在拱脚两侧打设锁脚锚管,固定钢拱架,每个拱脚处打设两根,与拱架焊接牢固。四是注浆小导管注浆饱满,确保土层固结良好,确保施工安全。五是施工过程中加强技术交底工作,严格落实交底方案施工,加强工序衔接,降低开挖后土层裸露时间,及时支护。及时跟进铺底,并根据监控量测数据及时施做二次衬砌。六是加强地质超前预报工作。采用地质超前探孔,及时了解开挖前方地质围岩状况,并随时做出开挖支护方案调整。

6 监控量测

第一,路面地表沉降监测:在下穿省道前,在省道上路面上埋设沉降监控点,在CZ22+058.7～CZ22+078段沿隧洞轴向每隔5～10 m布设。同时在横断面方向在隧洞中心及两侧间距2～5 m处设地表下沉测点,每个断面设3～5点,监测范围应在隧洞开挖影响范围以外。

第二,隧洞内监控量测:CZ22+058.7～CZ22+078设计为土洞围岩段,拱顶下沉及收敛量测断面间距5～10 m。每个断面布设3个点,布设于隧洞拱顶和两侧边墙。

第三,施工监控测量要紧跟开挖、支护作业。按设计规范要求设置监测点,并根据具体情况及时调整或增加量测的内容。量测数据及时分析处理,实现动态管理、动态施工。

第四,地表下沉的量测与洞内净空变化和拱顶下沉量测在同一横断面内。

第五,地表下沉量测应在开挖工作面前方,隧洞埋深与隧洞开挖高度之和处开始量测点距,直到衬砌结构封闭、下沉基本停止时为止。

[作者简介] 范彩娟(1978－),女,1997年毕业于山西省水利学校水利经济专业,工程师。

本文刊登在《山西水利科技》2016年第4期

大伙房水库输水入连工程钢管水压试验方法

王彦奇

（山西省水利水电工程建设监理公司,山西太原 030002）

[摘　要]压力钢管是应用广泛的金属输水管材,文中介绍了大伙房水库输水应急入连工程一钢管铺装工程钢管的水压试验质量控制过程,并提出了进行水压试验应注意的事项。

[关键词]钢管安装;水压试压;堵板封堵;预试验;主试验;补水保压;质量控制

[中图分类号]TV522　　　[文献标识码]B　　　文章编号:1006 - 8139(2016)04 - 076 - 03

1　工程概述

大伙房水库输水应急入连工程是为了解决大连市缺水问题而进行的一项应急输水工程。其中南段工程(工程等别为大型Ⅱ等)主要建设内容为:新建 36.31 km 长的输水钢管(其中 DN1800 钢管 28.87 km,DN1600 钢管 7.44 km)。

2　试压段基本情况

为了检验钢管安装的内在质量,根据施工合同及工程实际完成情况,综合考虑安装现场的焊接施工条件、试压水源、排水等因素,最终选择了合适管段(桩号 12 + 120 ~ 12 +624 段)进行水压试压。本试验段由 42 根 DN1800 管节组成,每节 12 m,共计 504 m 长,12 +120.00 高程 113.19 m,12 +624.00 高程 115.53 m,相对高差 1.97 m,工作压力 0.5 MPa。

3　水压试验方案及流程

根据所选试压段工作压力、水源及排水条件,本次试验采用盲板封堵,分别在试验段堵板上、下游侧管端上部各开一个标准人孔(直径 500 mm),一个进水孔和一个排气孔,以便于堵板焊接。

3.1　堵板设计

堵板采用厚度 20 mm 的 Q235B 钢板制作,堵板与钢管壁的接缝处采用单 Y 型坡口焊缝焊接。在堵板外侧(背水面)采用 20 mm 厚、80 mm 宽的钢板条进行加强,加强条按 450 mm 间距均匀布置并进行焊接。详见图1。

3.2　管路布置

进水管口设在桩号 12 +120 端盲板上部,连接加压泵及 DN50pn2.5 阀门。排气孔设在桩号 12 +624

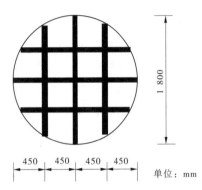

图1　封堵盲板制作图

端主管顶部,焊接连接排气管及 DN50pn2.5 阀门,压力表分别设在注水管和排气管上,详见图2。

桩号 12 +624(堵板)　单位:mm　桩号 12 +120(堵板)

图2　水压管路试验布置图

3.3　试验设备

选用直径 150 mm、测压值最大量程为 2 MPa 的测压表(共2块),并经计量认证部门标定合格。水压试验主要设备见表1。

表1　水压试验设备一览表

序	设备名称	型号	单位	数量
1	注水泵	—	台	1
2	电动加压泵	—	台	1
3	0 ~ 2 MPa 测压表	1.5 级	块	2
4	对讲机	—	个	4
5	挖掘机	1.4 m³	台	2
6	电焊机	—	台	2

3.4 试压流程

①试压准备(试压管端盲法兰设计、注水临时管路布置、压力表选择等);②试压段选择(包括试压水源、工作压力、放空及排水方式);③管端封堵;④试压段阀井检查及处理;⑤注水临时管路安装(包括压力表安装);⑥管线注水(巡视);⑦压水试验(强度及严密性试验、漏水量测试);⑧试压成果认定;⑨卸压及排空;⑩临时管线拆除。

4 水压试验质量控制

4.1 试验准备质量控制要点

1)首先对已选定的试压段(桩号 12+120 至 12+624)进行全面清理,同时对管线外观质量进行全面检查(包括焊缝、防腐、管内杂物等)。单元工程质量评定合格,相关质量证明资料完善。

2)试压前,试压段管道两侧至管顶 500 mm 的土方回填已在监理工程师旁站下进行了分层夯实,并质量评定合格,管线支墩或锚固结构已完成,但接头的局部范围不回填以便检查渗漏处。

3)管路布置及堵板制作、安装已完成合格,试压管段两端用盲板堵死,保证其变形满足试压压力要求。

4)水压试验人员到位,设备、器具等配备满足试压需要,仪器、仪表经质量监督部门检定合格,各项保证措施已具备。

5)水压试验方案已批复。

4.2 试验过程质量控制要点

1)试验压力。

试验压力为首要控制要点,检查其是否满足《给水排水管道工程施工及验收规范》(不小于 0.9 MPa)要求。试验本段工作压力为 0.5 MPa,试验压力为工作压力加上 0.5 MPa,即:试验压力为 1.0 MPa,满足规范要求。

2)管段注水。

堵板、管路布置完成后,对试压段入孔进行有效封堵,本段试验于 2010 年 3 月 24 日 17:00 用注水泵从管道内下游缓慢开始注水,最大流量 9 m³/h。注入时在试验管段上游的管顶设置了排气阀,以确保管内空气充分排除。2010 年 3 月 25 日 14:20 最终充水完成。

3)预试验阶段。

(1)封闭注水阀门,加压使排气孔充分排气一直到有水溢出(管内水头达到 10~20 m),再封闭排气阀门。

(2)充满水 24 h 后缓慢升压,本段试验于 2010 年 3 月 26 日 16:30 开始升压,于 2010 年 3 月 26 日 20:30 升压至 0.20 MPa 停止,升压速度 0.000 8 MPa/min,经

观察,压力稳定无渗漏现象;于 2010 年 3 月 27 日 9:45 升压至压力 0.32 MPa,升压速度 0.000 9 MPa/min,压力稳定无渗漏现象;继续升压,于 2010 年 3 月 27 日 14:20 升压至工作压力 0.5 MPa,升压速度 0.000 8 MPa/min。压力稳定,无渗漏现象。使管内空气充分排除;继续升压,直至达到试验压力 1.0 MPa。进入补水保压阶段。

升压阶段主要控制要点:每升高 0.2 MPa 必须确保稳压 10 min,加压速度不大于规范 0.05 MPa/min。

(3)恒压 30 min,保持试验压力 1.0 MPa 未下降,进入稳压阶段。检查接口及管道附件等都无漏水、损坏现象。

恒压阶段主要控制要点:恒压 30 min 期间,保持试验压力不下降,若有压力下降时可向管内补水,但不高于试验压力;检查接口及管道附件等若有漏水和损坏现象立即停止试压,查明原因并采取相应措施后重新试压。

4)主试验阶段。

停止注水补压,稳定 1.0 MPa 试验压力 15 min,压降为 0 MPa,进入泄压至工作压力阶段(若出现压力下降,须保证未超过 0.03 MPa 要求)。本段试验于 2010 年 3 月 29 日 17:37 开始将试验压力缓慢降至工作压力,经稳压观察 30 min 后,压力恒定仍为 0.5 MPa,无渗漏现象。最终本次试验结果合格。

5)排水及疏导。

试验合格后,缓慢降压至自然压力,开启注水及排气阀门,抽水至引渠并疏导至自然河道。特别注意:当管内水位下降至 2/3 管径时,从下游堵板开孔,加大排水流量。排水过程中确保将管内水放净。

6)临时管线拆除。

管线排水结束后,方可拆除试压封堵装置及充水、排水临时管线、水泵、发电机组等。钢管安装单位采用切割机对堵板及加强条进行拆除,拆除后及时进行修磨。钢管防腐厂家负责对钢管内壁防腐损坏部位进行防腐,采用双组分环氧树脂液体涂料进行补口施工。补口涂层与原有涂层搭接宽度均大于 30 mm,满足设计要求。

7)试验观测。

整个试验阶段均有专人负责检查、记录,保证检查及时、记录真实有效,并符合下列规定:

(1)注水前对试压管段进行全面检查,内容包括:堵板封堵、管内清理、入孔封堵、排气阀门开启等。

(2)注水、试压及排水疏导阶段,对管线巡视检查,巡视人员必须佩带袖章及通讯设备,必须保证各个环节联系及时。

（3）从预试验阶段开始至试验合格，由专人对整个试验过程进行记录，内容包括加压开始时间、加压至工作压力时间、加压至试验压力时间、恒压时间、补水量等。

（4）每次有效读数，需由监理、设计、发包人代表现场见证，并对合格成果进行签认。

4.3　试验成果归档控制要点

水压试验合格后，资料员负责收集、归档试验资料，最终形成以下水压试验成果：

1）钢管安装单元工程质量评定资料；

2）参加压力钢管焊接焊工名单及代号；

3）焊缝无损探伤报告；

4）重大缺陷处理记录及会议纪要；

5）试验测定记录；

6）水压试验成果；

7）其他。

5　结语

本次水压试验圆满完成。试验管段已完成并经质量评定合格，资料齐全完整。试验设备满足要求，检测仪表经过合格率定，水压试验程序符合技术规范及相关要求，试验数据真实有效。试压过程无渗漏，各阶段试验压力及稳压时间符合《大伙房水库输水应急入连工程南段工程水压试验技术要求》及合同规定，试验结果合格。

综上所述，管道水压试验是检测管道工程质量的关键环节。因此，为了保证工程的质量要求、安全性及正常使用寿命，根据在工程中对水压试验的应用，笔者认为在进行管道工程水压试验中应当注意以下几点：1）结合实际地形及水源、排水及工作压力情况，选定试验压力更具代表性的地段进行水压试验，尽量避免在较低工作压力段进行。管段的试验长度除规范规定和设计另有要求外，压力管道水压试验的管段长度不宜大于1.0 km。2）压力钢管管道中最后一个焊缝接口完毕1 h以上方可进行水压试验。试验管段端部的第一个接口应采用柔性接口，或采用特制的柔性接口堵板。3）测压表量程的选择在满足合同要求后，为保证测值准确，其范围不宜太大。水压试验设备采用弹簧压力计时，精度不低于1.5级，最大量程宜为试验压力的的1.3～1.5倍，表壳的公称直径不宜小于150 mm，使用前经校正并具有符合规定的检定证书；水泵、压力计应安装在试验阶段的两端部与管道轴线相垂直的支管上。4）管端盲板强度复核及支撑设计，充分复核计算成果及支撑设计图。5）管道升压时，管道的气体应排除；升压过程中，发现弹簧压力计表针摆动、不稳，且升压较慢时，应重新排气后再升压。应分级升压，从工作压力升至试验压力，每0.2 MPa为一级（不足0.2 MPa也为一级），每升一级检查后背、管身及接口，无异常现象时再继续升压。6）水压试验过程中，后背顶撑、管道两端严禁站人；严禁修补缺陷，遇到缺陷时，应做出标记，卸压后修补。7）监表人对测压表的检定及读数负责，必须保证读取数值真实、有效；记录员对所记录的结果负责，并在试验完成后负责对成果的确认和收集。8）做好水源的引接、排水的疏导的检查。管道水压试验和冲洗消毒排出的水，及时排放至引渠，以免影响周围环境和造成积水，并保证人员、交通通行和附近设施的安全。9）冬期进行水压试验时，应采取防冻措施（试验时，当环境温度低于5 ℃时，采用棉被、草垫等对裸露管段、仪表进行防冻保温）。10）如对旧管线进行试压时，应充分论证试验压力的选定，应先进行无损检验，然后根据检验情况确定试压压力，以免造成管线使用寿命的缩短。

［作者简介］王彦奇（1982—），男，2011年毕业于河海大学水利水电工程专业，工程师。

本文刊登在《云南水力发电》2016年第32卷第3期

小型农田水利建设的配套末级渠系工程设计

苏慧敏

(山西省水利水电工程建设监理有限公司,山西太原 030002)

[摘 要]为逐步改善农田的灌溉条件,把现有中低产田改造成为旱涝保收的稳产高产农田,山西省非常重视农村水利工程的建设。本文以2015年太原市小店区农田水利建设项目配套末级渠系工程为例,对其设计流量、渠道水力计算、纵断面设计、冻胀分析、防渗设计以及渠系建筑物设计作了简要介绍。末级渠道改造工程的实施能够提高水资源利用效率,提升小店区农业生产的经济效益,在很大程度上改善农田灌溉条件,有利于稳产高产农田的实现。

[关键词]农田水利建设;末级渠系工程;建筑物设计

[中图分类号]S275   [文献标识码]A   文章编号:1006-3951(2016)03-0056-03

0 引言

为逐步改善农田的灌溉条件,把现有中低产田改造成为旱涝保收的稳产高产农田,山西省非常注重农村水利工程的建设。小店区是太原市辖区之一,位于太原市的东南部,2015年小店区小型农田水利项目建设,主要包括泵站及配套末级渠道防渗改造工程和高效节水灌溉及配套工程。根据《泵站设计规范》,灌溉、排水泵站分等指标为设计流量小于 2 m³/s 时,泵站等别为Ⅴ等,泵站规模为小(2)型。本工程主要建筑物级别为5级,次要建筑物级别为5级。

1 工程概况

该工程总体布置包括:更新、改造泵站,配套水机、电气;控制末级渠道防渗统一采用 D80-U 型槽,D80-U 型渠,采用 C20 混凝土 U 型板型式,配套末级渠系工程主要建筑物包括:节制闸、农桥、管涵、渡槽等渠系配套设施。防渗改造的渠道工程保持原平面位置不变,对农渠渠道进行防渗改造,对渠系建筑物更新改造,改善灌溉条件,满足节水灌溉需求。在每条农渠进水口及渠道上布置节制闸,农渠每隔15 m 布置一个出水口,每隔150 m 设置一个节制闸,以控制出水口达到调节水量的目的。

2 设计流量

2015年小店区小型农田水利建设项目区灌水工作要在一周左右时间内全部完成,该区南马村、北格村、三贤村、同过村、代家堡村、侯家寨村 6 个灌区,这 6 个村总渠(村民的叫法)实行续灌,以下渠道实行轮灌。

根据轮灌组划分情况自上而下逐级分配末级渠道的净流量,再自下而上逐级计入输水损失水量,推算各级渠道的设计流量。

2.1 总渠田间净流量

计算式为:$Q_{净,总田} = mA/T$

式中:m 为作物灌水定额,m³/亩;A 为作物种植面积,亩;T 为灌水时间,s;$Q_{净,总田}$ 为总渠田间净流量,m³/s。

2.2 农渠田间净流量

计算式为:$Q_{净,农田} = Q_{净,总田}/(n \times k)$

式中:$Q_{净,农田}$ 为农渠的田间净流量,m³/s;n、k 分别为轮灌组中同时工作的总渠以下的斗、农级渠道的数量。

2.3 农渠净流量

由农渠的田间净流量计入田间损失水量,求得农渠的净流量。

计算式为:$Q_{净,农} = Q_{净,农田}/\eta_田$

式中:$\eta_田$ 为田间水利用系数。

2.4 推算各级渠道的设计流量(毛流量)

依据农渠的净流量自下而上逐级计入渠道输水损失,得到各级渠道的毛流量,即设计流量。

输水损失根据渠道净流量、渠床土质和渠道长度用经验公式计算得出:

$$Q_g = Q_n(1 + \sigma L)$$
$$\sigma = A / (100 \times Q_n^m)$$

式中:Q_g 为渠道毛流量,m^3/s;Q_n 为渠道净流量,m^3/s;σ 为每公里渠道输水损失系数;A 为渠床透水系数;m 为渠床透水指数;L 为最下游一个轮灌组灌水时渠道的平均工作长度,km。计算农渠的毛流量时,取农渠长度的一半进行估算。

计算得三贤村、同过村、代家堡村、侯家寨村农渠设计流量为 $0.28 \sim 0.35$ m^3/s。

3 渠道水力计算

U 型断面接近水利最优断面,具有较大的输水输沙能力,占地较少,省工省料,而且由于整体性好,抵抗基土冻胀的能力较强,因此,根据当地实际此次末级渠道防渗全部采用 U 型结构[1],如图 1。

U 型渠断面尺寸按照明渠均匀流计算,其公式如下:

$$Q = WC\sqrt{Ri}$$
$$h_2 = N_\alpha r$$
$$N_\alpha = N_\sigma + \sin\alpha$$
$$r = \frac{\left[\theta + \dfrac{2N_\alpha}{\cos\alpha}\right]^{1/4}\left[\dfrac{nQ}{\sqrt{i}}\right]^{3/8}}{\left[\dfrac{\theta}{2} + (2N_\alpha + \sin\alpha)\cos\alpha + N_\alpha 2\tan\alpha\right]^{5/8}}$$
$$h = h_1 + h_2$$
$$W = \frac{r_2}{2}\left[\pi\left(1 - \frac{\alpha}{90}\right) - \sin2\alpha\right] + h_2(2r\cos\alpha + h_2\tan\alpha)$$

式中:W 为过水断面面积,m^2;N_α 为直线段外倾角为 α 时的系数;θ 为圆弧的圆心角;Q 为渠道的设计流量,m^3/s;r 为圆弧半径,m;α 为直线段的倾斜角。

混凝土 U 型渠糙率 n 取 0.015,根据项目区自然坡降确定比降 i,根据经验确定 U 型渠超高为 0.15 m。见图 1。

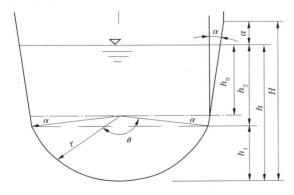

图 1 混凝土 U 型渠断面尺寸图

经水力计算,得设计水深在 $0.63 \sim 0.65$ m 之间。

根据计算,按照《山西省小型 U 型渠道防渗工程标准图集》选用 D80 – U 型渠。所选渠道水力要素见表 1。

表 1 标准渠道水力计算表

渠道	纵坡	水深(m)	过水面积(m^2)	湿周(m)	水力半径(m)	流速(m/s)	流量(m^3/s)
农渠	1/1 000 1/2 500	0.65	0.47	1.77	0.265	0.55 ~ 0.8	0.258 ~ 0.409

4 渠道纵断面设计

纵断面设计时根据灌溉水位要求确定渠道的空间位置,先确定不同桩号处的设计水位高程,再根据设计水位确定渠底高程、渠顶高程等[2]。

为满足自流灌溉的要求,各级渠道入口处都应具有足够的水位,此水位是根据灌溉面积控制点的高程加上各种水头损失,自下而上逐级推算出来的,推断公式如下[3]:

$$H_{进} = A_0 + \Delta h + \sum L_i + L_\zeta$$

式中:$H_{进}$ 为渠道进水口处设计水位,m;A_0 为渠道灌溉范围内控制点地面高程,m;Δh 为控制点地面与附近末级固定设计水位的高程差,取 0.1 m;L 为渠道长度,m;i 为渠道比降;L_ζ 为渠道局部水头损失之和,m。

由于是末级渠道设计,现状土渠基本上都是沿着田边布设,纵断面满足过流要求,故衬砌时以现状地面高程及纵坡控制为准。

5 渠道冻胀分析计算

5.1 设计冻深的确定

计算公式采用《渠系工程抗冻胀设计规范》 SL 23—2006中的有关公式进行计算。

$$Z_d = \psi_d \psi_w Z_m$$
$$\psi_d = a + (1 - a)\psi i$$
$$\psi_w = \frac{1 + \beta e^{-Z_{wo}}}{1 + \beta e^{-Z_{wi}}}$$

式中:Z_d 为设计冻深,m;ψ_d 为日照及遮阴程度影响系数;ψ_w 为地下水修正系数;Z_m 为实测历年最大冻深,m,取 0.77m;ψ_i 为典型断面某部位的日照及遮阴程度修正系数;α 为系数,取 0.64;β 为系数,取 0.63;Z_{wo} 为当地或邻近气象台(站)的冻前地下水位深度,m;Z_{wi} 为计算点的冻前地下水位深度,m;根据计算,工程设计冻深为 0.79 m,本次设计取为 0.8 m。

5.2 冻胀量计算

根据 SL 23—2006《渠系工程抗冻胀设计规范》中冻胀量计算，Z_d 取 80 cm 时，查得冻胀量为 0.5 cm。规范中规定，混凝土渠道的容许冻胀量为 0.5～2 cm，设计冻胀量小于此值，所以不用采取防冻胀措施[4]。

6 渠道防渗选择及结构布置

本次渠道防渗按照山西省小型 U 型渠道防渗工程标准图集的 D80 - U 型渠，采用 C20 混凝土 U 型板型式。抗渗等级为 W4，抗冻等级为 F150。

D80 混凝土 U 型渠道深 0.8 m，渠口宽 0.988 m，板厚 0.06 m，混凝土 U 型槽按 0.5 m 一节进行加工预制。

7 渠系建筑物设计

7.1 节制闸设计

节制闸选用《山西省小型 U 型渠道防渗工程标准图集》中"节制闸设计图"，节制闸为混凝土结构，闸墩厚 0.4 m，高 0.8 m，长 0.5 m，基础埋深 0.4 m。闸前、闸后与原渠道断面连接。根据 SL18—2004《渠道防渗工程设计规范》及 SL 211—98《水工建筑物抗冻胀设计规范》的有关规定，混凝土采用 C20、F150、W4。

7.2 农桥设计

采用《山西省小型 U 型渠道防渗工程标准图集》中"混凝土 U 型渠道农桥设计图"，设计标准为公路 Ⅱ，钢筋混凝土结构，单孔，跨度、高度、桥面宽根据实际确定，桥面板厚 0.20 m，桥面铺装为细石混凝土，桥台采用 C15 现浇混凝土挡墙结构。

7.3 管涵桥设计

人行管涵桥涵洞采用预制 φ100 钢筋混凝土管，基础 C20 现浇混凝土，挡土墙为 M7.5 浆砌石挡墙。挡墙顶宽 0.3 m，内边坡 1∶0.3，外边坡直墙型式，基础埋深 0.4 m。

7.4 渡槽设计

渡槽采用 C20 钢筋混凝土 U 型渡槽，进出口各长 2.0 m，槽身长 4 m，槽深 0.8 m，C20 混凝土 U 型渡槽厚 0.06 m；支承结构采用 C15 混凝土预制块，块高 2 m，基础采用 M7.5 砌石基础。

7.5 灌溉出水口设计

防渗后的渠道，在田面以上渠道灌溉需设置出水口进行控制灌溉。根据当地灌溉习惯，本次设计在渠道上间隔 15 m 设一个灌溉出口，每个灌溉出口控制 2 户的耕地。设计灌溉出口采用活开口，灌溉季节安装简易木板闸门进行灌溉，灌溉结束后统一收回保管[5]。

设计灌溉出口采用混凝土结构，结构尺寸为宽 0.2 m，高 0.5 m，长 0.5 m。采用 C20 现浇混凝土，底板厚度 0.1 m，侧墙厚 0.2 m。

8 结语

结合工程实际对其末级渠系设计流量、渠道水力计算、纵断面设计、冻胀分析、防渗设计以及渠系建筑物设计，小店区末级渠道改造工程实施后将改善小店区六个村约 22 300 亩农田的灌溉水源，大大提高小店区农业生产的经济效益，一定程度上减少水资源损失浪费，使水资源得到充分利用。

参考文献

[1] 张景新. 实行农业灌溉末级渠系水价改革的探讨[J]. 吉林水利, 2012, 12(12): 25-27.

[2] 刘前进, 马光宇, 魏国奇, 等. 灌溉末级渠系建设与管理存在的问题与对策[J]. 河南水利与南水北调, 2013, 7(15): 96-98.

[3] 祁炜宏. 末级渠系建设管理体制和运行机制浅述[J]. 吉林农业, 2010, 6(6): 18-20.

[4] 杨玉华, 孙跃. 加强灌区末级渠系建设与管理的几点思考[J]. 江苏水利, 2007, 6(6): 22-23.

[5] 刘艳涛. 小型农田水利工程建设及管理的几点建议[J]. 水利科技与经济, 20115, 5(5): 77-78.

[作者简介] 苏慧敏(1985—)，女，汉族，山西运城人，助理工程师，主要从事水利水电工程建设监理和招标工作。

本文刊登在《山西水土保持科技》2016 年 6 月第 2 期

张峰水库输水工程建设对沿线植被指数的影响

范彩娟 关志刚

（山西省水利水电工程建设监理公司,山西太原 030002）

[摘 要]基于遥感与 GIS 技术,利用 2002 年和 2010 年的遥感影像资料,获取张峰水库输水工程建设影响区植被类型、盖度信息,运用缓冲区分析法,研究了输水管线沿线植被指数的变化。结果表明:植被指数在管线沿线附近不同缓冲区内存在空间变异特征,60 m 内植被盖度普遍低于更远范围,60~180 m 范围是植被盖度差异分界的关键区;植被盖度统计值波动变化,在施工前后表现出明显的一致性和相似性,且各项特征值在施工后均有明显提高,说明水库输水管线沿线植被恢复效果明显,输水工程建设未对沿线植被盖度变化造成明显的不利影响。

[关键词]归一化差分植被指数;植被盖度;输水管线;张峰水库;沁水县

[中图分类号]Q149;TP79 [文献标识码]A 文章编号:1008 - 0120(2016)02 - 0015 - 03

植被是陆地生态系统的主体,在气候、水文和生物化学循环中起着重要作用。在水土流失严重区域,由于受大气干旱和人类活动的干扰影响,植被覆盖度低,生态环境脆弱,保护和恢复植被已成为水土保持、环境保护等学科研究关注的重点[1]。近年来,随着我省经济社会快速发展,为了满足生产、生活需水,建设了为数众多的蓄水、引水及输水工程,对区域生态环境造成了很大影响[2]。输水工程属于线型工程,也是廊道型工程[3],在输水管线建设过程中,对沿线植被的破坏性大,对土壤及岩层的扰动严重,同时产生大量的松散堆积物,在降雨径流等外营力的作用下,极易造成水土流失,从而恶化生态环境。

植被指数是遥感领域中用来表征地表植被覆盖和生长状况的一个简单有效的度量参数,已在环境、生态、农业等领域有了广泛的应用[4]。特别是在环境领域,通过植被指数来反演土地利用和绿色覆盖的变化,已经成为实现对地表环境变化监测研究的重要手段。张峰水库工程是我省新近建成投入运营的大型水利枢纽工程之一,输水工程是其中重要的一部分。由于输水管线长,跨度大,穿越地貌类型以丘陵居多,对植被破坏较严重。为了开展对输水管线区域工程建设对植被的影响研究,采用遥感监测手段,应用缓冲区分析法,以归一化差分植被指数（Normalized Difference Vegetation Index,NDVI）为指标,研究了输水工程施工前后对周边环境的影响效应,对宏观了解施工影响区

植被变化情况及恢复效果,降低开发建设环境影响具有重要意义,也可以为同类线性工程建设生态环境影响评价提供借鉴。

1 工程建设概况

张峰水库位于沁水县郑庄镇张峰村沁河干流上,总库容 3.94 亿 m³,控制流域面积 4 990 km²。工程由枢纽工程与输水工程两部分组成,其中,输水工程包括输水渠系工程和河道输水工程。输水渠系由总干渠、一干渠、二干渠、三干渠及扬水站组成,总干渠长 51.57 km,一干渠长 48.41 km,二干渠长 19.24 km,三干渠长 26.12 km。输水工程从山区逐步过渡到丘陵区。据《山西省人民政府关于划分水土流失重点防治区的通告》,该地区属于省级划定的水土保持重点预防保护区。

2 研究方法

为了提取工程施工前和蓄水后库区周边景观格局变化情况,选取 2002 年、2010 年夏季 TM 遥感影像为数据源,采取校正、调色、融合等技术处理,通过波段运算提取植被盖度信息,NDVI 值介于 -1 到 1 之间,运用 GIS 栅格统计模块,分析 NDVI 单元数量和数值分布特征。根据监测需要,应用 Arcgis9.3 软件,以 NDVI 数据为基础,以管线的位置为基准,分别以 60 m、180 m、360 m 为缓冲区的距离建立管线缓冲区,统计分析各个时期植被 NDVI 变化。本研究采用的软件主

要为 Arcgis9.3、ERDASIMAGINE9.2。

3 结果分析

3.1 输水管线不同缓冲区 NDVI 值统计学特征

对不同缓冲区 NDVI 值进行统计发现,从同时期不同影响范围看,随着影响范围的扩大,NDVI 值越大,说明植被盖度条件与距离输水管线远近有一定关系,距离越近,植被盖度越低,这可能与工程施工破坏有关。从施工前后对比来看,在不同影响范围内,2002 年 NDVI 最大值、平均值普遍低于 2010 年的,这意味着工程施工后区域植被盖度要高于施工前,这可能与当年气候湿润与积极开展植被恢复有关。同时也可以说明,输水工程施工前后,没有对影响区整体造成明显植被破坏和不利影响。但是从 NDVI 值空间变异来看,在各影响范围内施工后植被盖度空间差异较大,特别是 60 m 内外,是植被条件差异明显转折点。输水管线不同缓冲区的 NDVI 统计特征值详见表 1。

表 1 输水管线不同缓冲区 NDVI 统计特征值

区域	年份	最小值	最大值	平均值	标准差
60 m 缓冲区	2002 年	−0.37	0.14	−0.10	0.09
	2010 年	−0.12	0.65	0.31	0.13
180 m 缓冲区	2002 年	−0.37	0.18	−0.10	0.09
	2010 年	−0.23	0.69	0.31	0.14
360 m 缓冲区	2002 年	−0.39	0.18	−0.10	0.09
	2010 年	−0.25	0.69	0.31	0.14

3.2 不同影响范围内植被盖度变化情况

为了更清楚地了解不同影响区内植被盖度变化波动情况,分别对各影响区内 NDVI 单元值进行数量统计,建立分布曲线。

3.2.1 60 m 缓冲区

从图 1、图 2 结合表 1 可以看出,2002 年管道沿线 60 m 缓冲区大部分像元的 NDVI 值分布在 −0.4 到 0.2 之间,平均值为 −0.1,峰值也分布于 −0.1 左右。2010 年,NDVI 值主要分布在 −0.1 到 0.7 之间,平均值为 0.31,峰值分布在 0.4 左右。而从标准差变化来看,施工后 60 m 缓冲区内的标准差呈现一定增加趋势,说明 NDVI 特征值空间变化波段增强,意味着植被覆盖度在管线附近存在一定程度的空间分异,需要继续加强植被的自然恢复。对比来看,各项统计特征值在施工后均有明显提高,这说明在输水管线工程贯通后,距离管线最近的区域内(两侧 60 m)植被覆盖度有明显提高,植被恢复效果明显。

3.2.2 180 m 缓冲区

从图 3、图 4 结合表 1 可以看出,2002 年管道沿线 180 m 缓冲区大部分像元的 NDVI 值分布在 −0.4 到 0.2 之间,平均值为 −0.1,峰值也分布于 −0.1 左右。2010 年,NDVI 值主要分布在 −0.3 到 0.7 之间,平均值为 0.31,峰值分布在 0.4 左右。此外,NDVI 值标准差的变化规律与 60 m 缓冲区内的变化类似,说明植被覆盖度在管线附近空间变异上具有一定相似性。对比来看,各项统计特征值在施工后均有明显提高,变化与 60 m 缓冲区内基本相似,这说明在输水管线工程贯通后,距离管线两侧 180 m 区域植被覆盖度增加明显。

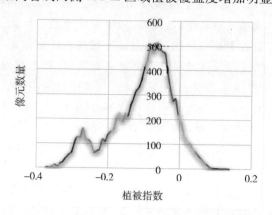

图 1 2002 年 60 m 缓冲区 NDVI 值分布曲线

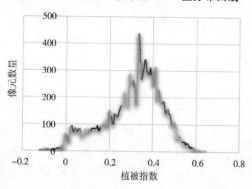

图 2 2010 年 60 m 缓冲区 NDVI 值分布曲线

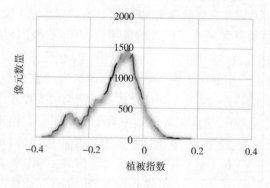

图 3 2002 年 180 m 缓冲区 NDVI 值分布曲线

3.2.3 360 m 缓冲区

从图 5、图 6 结合表 1 可以看出,2002 年管道沿线

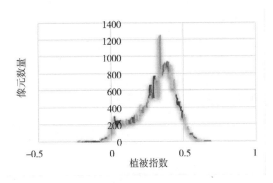

图4　2010年180 m缓冲区NDVI值分布曲线

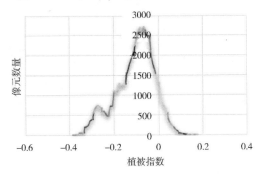

图5　2002年360 m缓冲区NDVI值分布曲线

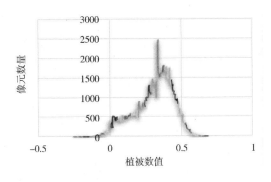

图6　2010年360 m缓冲区NDVI值分布曲线

360 m缓冲区大部分像元的NDVI值分布在 -0.4 到 0.2 之间,平均值为 -0.1,峰值也分布于 -0.1 左右;2010年,NDVI值介于 -0.3 到 0.7 之间,平均值为 0.31,峰值分布在 0.4 左右。此外,NDVI值标准差的变化与其他两个缓冲区内的变化基本相似,说明随着缓冲区的扩大,植被覆盖度空间变异表现为一致性。

对比来看,各项统计特征值在施工后均有明显提高,并与60 m、180 m缓冲区内的变化规律基本相似,说明在输水管线工程贯通后,距离管线两侧360 m区域内的植被覆盖度呈增加趋势,施工后期植被明显恢复。

4　结语

（1）在不同缓冲区范围内,NDVI在管线沿线附近存在明显的空间变异特征。在60 m范围内植被盖度要低于其他更大距离缓冲区,60 ~ 180 m范围是植被盖度差异分界关键区,在输水工程建设中应加强这一地带范围内的植被保护。

（2）植被盖度统计值波动变化,在施工前后表现出明显一致性和相似性,且各项特征值在施工后均有明显提高,说明水库输水管线沿线植被恢复效果明显,输水工程建设未对沿线植被盖度变化造成明显不利影响。

综合来看,在GIS技术支持下,运用植被指数分析水库输水工程对管线沿线植被盖度变化,可从宏观层面了解工程施工对植被及环境的影响,这种手段能够避免长距离工程植被调查带来的困难。若能与实地调查相结合,效果会更好。

参考文献

[1] 田均良. 黄土高原生态建设环境效应研究[M]. 北京:气象出版社,2010:1-30.

[2] 王惠. 大型水利工程建设对生态环境的影响[J]. 山西水土保持科技,2012(4):14-15.

[3] 陈利顶,王计平,姜昌量,等. 廊道式工程建设对沿线地区景观格局的影响定量研究[J]. 地理科学,2010,30(2):161-167.

[4] 王计平,郭仲军,黄继红,等. 北疆不同生态功能区近30 a来植被盖度时空变化[J]. 林业资源管理,2015(6):64-70.

[作者简介] 范彩娟(1978—),女,工程师;通讯地址:太原市桃园四巷2号,030002。

本文刊登在《水电与新能源》2016 年第 8 期(总第 146 期)

海子湾水库供水工程设计刍议

胡秀平

(山西省水利水电工程建设监理有限公司第四分公司,山西太原 030001)

[摘 要]介绍了海子湾水库供水工程的布置、工程设计,包括泵站、供水管道、支管、蓄水池等的设计,通过计算分析,结果表明:供水工程布置合理,工程设计满足供水及规范要求,为海子湾水库供水工程的建设与运营提供了较好的依据。

[关键词]海子湾水库;供水工程;设计

[中图分类号]TV697.1;TV674;TV675　　　[文献标志码]B　　文章编号:1671 – 3354(2016) 08 –0027 –02

海子湾水库位于山西省朔州市右玉县,水库建成后,可供水 600 万 m³/a,海子湾水库的城镇生活和工业供水用户主要是右玉县自来水公司、右玉—岱海 2×300 MW 电厂、铁峰煤矿洗煤厂、右玉 3 660 煤化工项目等企业。根据《水利水电工程等级划分及洪水标准》的规定,供水工程为 4 级建筑物。海子湾水库供水最低工作水位为水库死水位 1 260 m,最高工作水位为正常蓄水位 1 264 m,供水保证率为 95%。

1 供水工程布置

海子湾水库的城镇生活和工业供水从库区马营河泵站起到胡家村蓄水池止,全长 45 km,其中支管长 20 km。沿途经过右卫镇、高墙框镇、右玉县城、白头里等地。

泵站布置在库区边马营河村北库区边,根据地形条件采用正向进水、正向出水的布置方式。泵站设计流量为 0.24 m³/s,进水池设计水位为 1 262 m,蓄水池设计水位为 1 430 m,地形扬程为 168 m。泵站内安装 3 台机组,总装机容量为 1 000 kW。

泵站建筑物包括进水闸、前池、主厂房、副厂房和变电所等,场区地面高程为 1 265.8 m。

供水管道基本上沿山和公路东侧布置,长 25 km,管材为玻璃钢管,管径 600 mm。支管也基本沿山和公路东侧布置,长 20 km,玻璃钢管,管径 600 mm。

蓄水池布置在县城北贾家窑山,蓄水池容量为 2 万 m³,设计水位为 1 430 m。

2 工程设计

2.1 泵站设计

泵站布置在库区边马营河村北,根据地形条件采

用正向进水、正向出水的布置方式[1]。为防止水库淤积后泥沙进入前池内,进水闸前设叠梁拦沙门和拦污栅,进水闸尺寸(宽×高)2.5 m×2 m。进水前池长为 14.2 m,池底高程为 1 257 m。泵站主厂房尺寸(长×宽)为 24 m×7 m,主厂房内布置 4 台机组(其中 1 台备用),水泵型号为 KQSN200 – M4,泵站设计流量为 0.24 m³/s,单机设计流量为 0.08 m³/s,设计扬程 188 m。

主厂房分为上下两层,上层为检修层,下层为水泵层。下层地板高程为 1 259 m,上层地板高程为 1 266 m。上层为砖混结构,下层为钢筋混凝土结构。

2.2 供水管道设计

供水管道基本上沿山和公路东侧布置,线路长 25 km,管材为玻璃钢管[2]。

2.2.1 输水管道水力计算

输水管道设计流量为 0.24 m³/s,由于输水管道较长,沿程水头损失大,为了减少运行成本,拟选管径为 600 mm,管内平均流速为 0.85 m/s。

管道水头损失计算公式:

$$h_损 = h_沿 + h_局 \tag{1}$$

$$h_沿 = 10.28 \times n^2 \times L \times Q^2/d^{5.33} \tag{2}$$

$$h_局 = h_沿 \times 10\% \tag{3}$$

式中:$h_损$ 为管道水头损失,m;$h_沿$ 为管道沿程水头损失,m;$h_局$ 为管道局部水头损失,m;n 为管道糙率,$n = 0.009$;L 为管道长度,$L = 25\ 000$ m;Q 为管道设计流量,$Q = 0.24$ m³/s;d 为管径,$d = 0.60$ m。

经计算,管道沿程水头损失为 18.2 m,局部水头损失为 1.8 m,管道水头损失为 20.0 m。

2.2.2　管道纵横断面设计

为了不影响公路安全,一般情况下,供水管道中心线距离公路边线10 m。

供水管道地处北方寒冷地区,最冷月平均气温在-10 ℃以下,最大冻土深度为1.6 m。为保证供水管线的安全,满足其正常工作的要求,将输水管线埋置于冰冻线以下,确定工业供水管线的管顶覆土厚度为在穿越一般道路、村庄、台地、林地、耕地时为1.7 m,其余管段管顶覆土深度根据设计要求确定。

管道开挖底宽为1.2 m,开挖边坡为1∶0.75,最小开挖深度为2.6 m,管座采用0.3 m夯实沙土垫层。

2.2.3　管道穿河设计

供水管道主要穿越河流有马营河和欧家村河,另有4个小沟道。由于公路跨河(沟)时均修建桥梁(或桥涵),并进行了基础防护,所以供水管道在其上游通过时,不必再考虑河道洪水及其冲刷深度,除考虑正常覆盖厚度外需另外增加800 mm铅丝石笼防护厚度,沙土管座厚度视情况不同可适当加大。

2.2.4　管道穿路设计

管道穿越公路2次,穿越方式均采用盖板涵。盖板涵底板和边墙采用浆砌石砌筑,盖板采用钢筋混凝土结构。盖板涵内部尺寸(宽×高)1.5 m×2.0 m,盖板厚为0.25 m,涵内玻璃钢管需采用保温绒棉包裹。

由于乡间道路的车流量较小,承载力小,管道穿越乡村道路全部采用开挖埋管的方式穿越,不再进行特殊处理。

2.3　支管设计

支管也基本沿山—和公路东侧布置,支管长20 km,管材为玻璃钢管。支管的纵横断面设计、穿河设计、穿路设计与供水管道设计基本相同。

支管水力计算。

贾家窑山蓄水池以下为支管,支管为自流供水,长20 km,设计流量为0.18 m³/s,管径为600 mm,管内平均流速为0.64 m/s,管材为玻璃钢管。

支管水头损失计算公式:

$$h_损 = h_沿 + h_局; h_沿 = 10.28 \times n^2 \times L \times Q^2/d^{5.33};$$
$$h_局 = h_沿 \times 10\%$$

式中:n为管道糙率,n = 0.009;L为管道长度,L = 20 000 m;Q为管道设计流量,Q = 0.18 m³/s;d为管径,d = 0.60 m。

经计算,支管沿程水头损失为8.2 m,局部水头损失为0.8 m,供水目的地地面高程为1 415 m左右,满足供水要求。

2.4　蓄水池设计

1)蓄水池容积。供水管道采用泵站单管输水至贾家窑山蓄水池,经过蓄水池调节后,送至右玉县自来水公司和元堡子工业区。由于采用单管输水方式,需要较大容量的蓄水池调节才能保证管道发生事故时满足供水要求。根据类似工程实践及有关资料,钢管的事故快速检修可在1~2 d内完成。蓄水池下游总供水量为600万m³,事故供水量按供水量的70%考虑,确定蓄水池容量为2万m³。

2)蓄水池结构。蓄水池为圆形,内径80 m,深5.0 m,蓄水池正常蓄水位为1 430 m,池底高程为1 426 m,池顶高程为1 431 m,正常水深为4.0 m。

蓄水池边墙为浆砌石挡墙内衬C20混凝土防渗,墙顶宽0.6 m,墙底宽2.1 m,迎水面1∶0.3,背水面直立,基础宽3.7 m,基础厚1.0 m。池底C20混凝土防渗层厚0.3 m,3∶7灰土垫层厚0.5 m。

池内设进水管、出水管、排水管、溢流堰、水位计、爬梯等。为了保证供水水质和群众安全,蓄水池外围设2.2 m高的防护栏。

3　结语

水资源将成为制约右玉经济发展的主要因素。海子湾水库建成后,可以大大缓解右玉县的缺水状况,具有显著的水保效益;同时具有一定的旅游、防洪、养殖、林业和生态环境效益[3]。本文通过对海子湾水库供水工程的设计可以看出该供水工程布置合理,供水管道设计、支管设计、蓄水池设计等均满足供水要求,为海子湾水库供水工程奠定较好的设计基础[4]。

参考文献

[1] 刘玲. 基于洮南市四海泡水库引水工程设计[J]. 黑龙江水利科技,2012,40(10):146-148.

[2] 孟伟. 和什托洛盖镇供水工程设计[J]. 水利科技与经济,2011,17(9):43-44.

[3] 王红霞. 仙台水库大坝坝址方案的确定[J]. 山西水土保持科技,2015(3):28-29.

[4] 王亚伟. 北票市龙潭水库运行状况与对策研究[J]. 黑龙江水利科技,2015,43(3):193-194.

[作者简介] 胡秀平,女,助理工程师,从事水利水电工程监理工作。

本文刊登在《山西水土保持科技》2015年12月第4期

张峰水库建设对周边生态型景观格局变化的影响

关志刚

（山西省水利水电工程建设监理有限公司，山西太原 030002）

[摘　要] 以张峰水库与配套输水工程建设及影响区域 2002 年和 2010 年的 TM 遥感影像为数据源，结合 6 大土地利用分类，选择斑块密度（PD）、最大斑块指数（LPI）、边缘密度（ED）、景观形状指数（LSI）等景观指标，分析了水库工程建设对生态型景观的影响：枢纽工程及蓄水影响区，耕地景观数量和面积均呈现降低，草地斑块数量和面积呈现增大，林地保持不变；输水工程影响区，耕地景观斑块各项指标均呈现下降，草地各项指标均呈现增加，林地和水域保持不变；从整个工程影响区来看，耕地斑块数量和面积减小且形状趋于简单化，草地斑块数量和面积趋于增大且边缘密度、形状指数表现为下降。研究表明，水库工程建设对周边生态型景观空间格局变化具有一定影响，且与空间尺度有一定关系。针对水生态环境质量提高，提出了植被恢复建议。

[关键词] 生态型景观；景观格局；PD；LPI；ED；LSI；张峰水库

[中图分类号] Q149；TV62$^+$2　　[文献标识码] A　　文章编号：1008 - 0120（2015）04 - 0006 - 03

景观格局一般是指其空间格局，即大小和形状各异的景观要素在空间上的排列和组合，包括景观组成单元的类型、数目及空间分布与配置[1]。景观格局是景观异质性的具体体现，又是各种生态过程在不同尺度上作用的结果[2]。生态型景观是指具有生态服务功能的景观类型的统称，对生态环境发挥着改善作用。水利工程建设是一种对地表景观和流域生态过程具有重要影响的建设活动，往往会导致森林、草地、河流等生态型景观斑块破碎化，影响水库周边景观格局的完整性和上下游生态功能的连续性[3]。张峰水库是黄河流域沁河干流上第一座大型水利枢纽工程，以城市生活和工业供水、农村人畜饮水为主，兼顾防洪、发电等功能的综合性水工程。研究了解其建设前后周边生态型景观格局变化及其影响机制，对合理配置水土资源、有效保护和利用生态型景观资源、促进地方经济社会可持续发展具有重要意义。

1 工程建设概况

张峰水库位于沁水县郑庄镇张峰村附近的沁河干流上，距晋城市区 90 km，设计总库容 3.94 亿 m³。坝址以上干流长 224 km，流域面积 4 990 km²。工程由枢纽工程与输水工程两部分组成：枢纽工程主要由大坝、溢洪道、导流泄洪洞、供水发电洞及渠首电站、输水泵

站等组成；输水工程包括输水渠系工程和河道输水工程。输水渠系由总干渠、一干渠、二干渠、三干渠及扬水站组成，总干渠全长 51.57 km，一干渠全长 48.41 km，二干渠全长 19.24 km，三干渠全长 26.12 km。东山扬水站由引渠、进水闸、箱涵流道、进水池、主副厂房、压力管道段、出水池等组成。河道输水工程布置拦河闸 3 座，沉沙池 3 座，提水泵站 9 座，调蓄水库 4 座（总库容 250 万 m³）。枢纽工程位于山区河谷地带，输水工程从山区过渡到丘陵区。项目区属于山西省水土保持重点预防保护区。目前，枢纽工程已全部建成运行，输水工程部分建成运行部分在建。

2 研究方法

为了提取工程施工前和下闸蓄水后库区周边景观格局的变化情况，选取 2002 年、2010 年 TM 遥感影像为数据源，采用空间校正、目视解译、后处理等手段，将土地利用划分为耕地、林地、草地、水域、城乡建设用地、其他用地 6 个类型。经混淆矩阵检验，整体分类精度达 85% 以上，完全能满足本项研究的需求。根据研究需要，将工程建设影响范围分为枢纽工程及蓄水影响区、输水工程影响区和总工程影响区三大块，其中，枢纽工程及蓄水影响范围为以库区河道中心线为轴线，以水库最大淹没范围为边界并向四周外延 5 000 m，所

形成的椭圆形生态系统区域;输水工程影响范围上至穿坡电站、下至二干渠输水终点所形成的线性廊道两侧 360 m 所围成的区域。根据张峰水库建设工程性质、水库淹没征地情况、土地利用景观等因素,结合指标典型性及其指示作用,从枢纽工程及蓄水影响区、输水工程影响区、总工程影响区(含水库蓄水区、枢纽工程区、输水工程区)3 个空间尺度,选择斑块密度(PD)、最大斑块指数(LPI)、边缘密度(ED)、景观形状指数(LSI)等景观指标来表征工程建设前后景观格局特征,通过比较分析来揭示工程建设对区域景观格局与功能的影响。各项指标计算公式及生态学意义见相关景观生态学研究著作或文献资料[4]。本研究采用的软件为 Arcgis9.3、ERDAS IMAGINE 9.2 和 Fragstats 3.3。

3 结果分析

张峰水库建设前后对区域景观的影响分析结果见表 1,下面进行分区分析。

3.1 枢纽工程及蓄水影响区

对枢纽工程及蓄水影响区 6 种土地利用类型施工前期(2002 年)和蓄水后期(2010 年)进行景观格局变化分析。从表 1 比较发现:耕地斑块密度、最大斑块指数、边缘密度、景观形状指数明显下降;林地景观斑块特征未发生变化;草地景观的斑块密度、最大斑块指数呈增加趋势,而边缘密度和景观形状指数呈降低趋势;水域景观最大斑块指数表现为增加,而斑块密度、边缘密度、景观形状指数降低明显。说明施工前后,由于耕地这一土壤侵蚀源地景观比重的降低,以及林草地、水域景观生态型面积的不断增大,该区域内生态型景观为主导型景观,由于林草植被覆盖率的增加,景观生态格局不断趋于合理化和自然化。同时,水域景观会对区域气候、水文条件、植被恢复等产生积极作用,更加有利于水库岸边植被带景观恢复。

表 1 张峰水库施工前后景观类型斑块特征变化情况分析表

地类	时段	枢纽工程及蓄水影响区				输水工程影响区				总工程影响区			
		PD	LPI	ED	LSI	PD	LPI	ED	LSI	PD	LPI	ED	LSI
耕地	2002	0.60	2.81	37.45	33.16	1.06	19.95	30.53	12.42	0.65	3.12	36.39	34.35
	2010	0.50	2.75	31.14	30.06	0.91	19.73	30.31	12.27	0.53	3.09	30.94	31.46
林地	2002	0.49	6.31	32.86	26.08	0.87	3.73	11.89	9.03	0.55	5.41	29.77	27.28
	2010	0.49	6.31	32.86	26.08	0.87	3.73	11.89	9.03	0.55	5.41	29.77	27.28
草地	2002	0.39	5.32	45.45	33.76	0.91	6.55	20.98	11.19	0.47	4.56	41.65	35.23
	2010	0.40	6.49	43.38	31.02	1.08	7.28	21.87	11.56	0.50	5.56	39.93	32.67
水域	2002	0.01	1.56	4.48	15.70	0.12	0.44	2.02	4.27	0.02	1.34	4.02	16.04
	2010	0.00	2.51	4.40	12.43	0.12	0.44	2.02	4.27	0.02	2.15	3.95	12.85

3.2 输水工程影响区

表 1 分析表明,输水工程影响区的耕地景观斑块的各项指标均呈现下降,林地依然保持不变,草地的各项指标均呈现增加,水域景观保持不变,城乡建设用地各项指标表现为上升。结合实际调查,输水工程管线大部分区域均采用地下涵管形式,对地表土地景观的破坏程度较小。耕地景观的各项指标呈微下降趋势,说明输水工程建设仅占用了少量耕地,未对沿线耕地景观破碎化、生态功能下降等方面产生重大不利影响。工程建设没有破坏林地和水域,草地景观各项指标增加明显,植被覆盖率提高,使得输水工程影响区内景观功能得到增强。

3.3 总工程影响区

表 1 分析表明:水库枢纽工程、输水配套工程建设前后及下闸蓄水运行后,总工程影响区景观格局发生了一定变化。主要表现为耕地斑块数量、面积减小,形状简单化,但这种变化不能全部归因于工程建设,尽管水库蓄水会造成淹没线以下耕地转变为水域,但可能更多缘于退耕还林还草等引起的土地利用结构变化。从生态影响来看,耕地面积下降能够减小耕地侵蚀源区对下游河道、水域等地区的泥沙贡献,有利于流域生态安全维护;林地景观保持不变,说明工程建设未对整个项目区森林植被格局产生影响;草地景观斑块数量、面积趋于增大,而边缘密度、形状指数表现为下降,说明项目区内大面积的草地斑块增加明显,但草地斑块形状表现为简单化,人为影响明显;水域斑块密度保持不变,最大斑块指数增加,边缘密度和景观形状指数表现为下降,意味着蓄水导致区域内水域景观最大斑块

面积比不断增大;城乡建设用地景观的各项指标一致表现为上升趋势,这并不是水库建设影响造成的。

4 结语

水利建设工程对景观格局和生态过程的影响现已成为生态环境保护研究领域的重点。本项研究以张峰水库为例,从不同空间、不同角度进行对比分析发现:在枢纽工程及蓄水影响区,耕地景观数量和面积均呈现降低,林地保持不变,草地斑块数量和面积呈现增大,水域向着水库型景观发展;在输水工程影响区,耕地景观斑块的各项指标均呈现微下降,林地依然保持不变,草地的各项指标均呈现增加,水域景观保持不变;从整个工程影响区来看,耕地斑块数量、面积减小且形状简单化,草地景观斑块数量、面积趋于增大且边缘密度、形状指数表现为下降,工程建设对林地景观格局未产生明显影响。综合来看,张峰水库建设对水库周边生态型景观空间格局变化具有一定影响,但这种影响与空间尺度有一定关系。为了更好地涵养水源,保护水土资源,促进库区及周边水生态环境质量提高,建议结合地形地貌、土壤、水文、流域气候等条件,遵照适地适树原则,进行造林种草,以增加林草植被覆盖率,提高林地景观连通性和植物多样性。另外,水库蓄水会影响周边生态环境,特别适合于构建水库岸边植被带,营造水库休闲观光景观。

参考文献

[1] 王计平,杨磊,卫伟,等.黄土丘陵区景观格局对水土流失过程的影响——景观水平与多尺度比较[J].生态学报,2011,31(19):5531-5541.

[2] 刘颂,郭菲菲,李倩.我国景观格局研究进展及发展趋势[J].东北农业大学学报,2010,41(6):144-151.

[3] 胡淑萍,余新晓.京郊半城子水库流域土地利用及景观格局变化分析[J].水土保持研究,2010,17(1):88-91.

[4] 傅伯杰,陈利顶,马克明,等.景观生态学原理及应用[M].北京:科学出版社,2001.

[作者简介] 关志刚(1981—),男,工程师,从事水利水电工程监理工作。

本文刊登在《资源与环境》2015年第5期(总第454期)

混凝土衬砌的生态因素考量

范　鑫[1,2]

(1. 太原理工大学,山西太原 030002;2. 山西省水利水电工程建设监理有限公司,山西太原 030002)

[摘　要]混凝土衬砌对工程建设的美化、安全起到了积极作用,如何有效地将混凝土衬砌的生态考虑等实际应用更好地运用到实际的工程上来,文章立足于当前混凝土衬砌现状,对其进行生态化考量。

[关键词]混凝土衬砌;生态化

[中图分类号]TV672.1　　　[文献标识码]A　　　文章编号:1003 - 6997(2015)05 - 0086 - 01

混凝土衬砌的目的是保证项目安全,前期的混凝土衬砌可以有效减轻后期在对工程外围进行围岩加固的时候所带来的压力。一般情况下,混凝土衬砌是有严格的要求的,而这个要求本身是建立在围岩的压力级别下进行的,常见的,Ⅳ类以上的围岩需要在进行安全储备工作的进行。这种安全储备的进行必须要严格依照相关的责任标准去实施,安全储备的具体参数也应该严格按照标准制定进行实施,否则会产生安全问题。Ⅲ类以下围岩则和Ⅳ类以上的围岩的功能完全不同,设计依据是来源于承载结构,承载结构本身是对混凝土堆砌的系数要求颇高。承载结构的强度对于工程建设起到举足轻重的作用,任何一个点上出现问题都是会引起塌方等问题的出现,因此混凝土衬砌是非常重要的一环,特别是对于整个工程建设来说,所起的作用非常重要。混凝土衬砌除了与项目工程安全性有关之外,还能将施工环境美化,并对工程进行加固,对整个工程生态环境的构造方面,特别是对于农田的积水灌溉方面也有助益。工程不但可以获取效益,还可以赢得广大人民对于项目工程建设的支持,尤其是水源比较匮乏的地区,工程建设能够有效地节约水资源。隧道混凝土衬砌质量检测方法主要有探地雷达法[1],这种探测方法仍具有现实意义。

随着社会的发展,人们的生态意识开始觉醒,并逐步把生态观念诉诸于生活的各个角落里面,不仅在经济学界,甚至在工程建设中,生态文化对工程建设的健全发展会起到非常重要的作用。这种作用不仅局限在人们的意识当中,更多的体现到社会实践当中,生态因素的加入对于工程建设起到的作用或者思考将会变得更加全面、更加有优势。生态因素的加入也是面临的一个新的课题,毕竟国家、人民对于生态问题的重视力度是逐步变化的,逐步深入的。因此,在工程建设方面的生态因素是值得考量的,关系到整个社会的发展趋势,未来指向。关于生态因素,一定要引起足够的重视,不仅是精神方面的,还有实际生活当中。

混凝土衬砌渠道的建设在起到美观、美化作用的同时,有很强的保护作用,特别是对于生产或者工程建设方面。但是很明显的情况是它也面临着新的情况,这种情况就是局部生态问题的出现,因为混凝土衬砌的出现,使得混凝土渠道对于原来的解构起到了直接的作用。比如,微生物的生存环境因为某些化学元素的问题不能够生存,某些水生生物或者动植物不能很好地适应新生成的环境,各种植物没有办法在光滑的水泥壁上生长,而混凝土所造成的夏季高温则是使得动植物不能很好地生存下来,甚至连渠道的自我净化的方面也不能很好地展示出来,这样的直接结果就是生态的失衡。这种所带来的情况就是使得整个生态区域不能显得完美,或者说不能够很好地使得动植物生存下来,这种对于渠道的生态环境来说很不正常,当然生态环境对于整个工程建设来说也是有害的,建筑工程的生态化在目前的社会当中比较或者生活范围内都是很重要的,如何能够有效地使得工程建设更加地体现生态化的价值,如何让工程建设更加地创造一个好的生态环境,如何让工程建设可以真正体现人性化的价值考量,在当今社会都是异常重要的。混凝土衬砌的干渠生态系统有"节水效益、地下水补给价值、水土保持价值和混凝土生产的负价值和未衬棚的干渠生态系统的地下水补给价值、大气调节价值、文化科研价值、水土保持价值、提供生境的服务价值"[2]。

在渠道设计一个纵向的生态线路,同时在这条纵向的生态链条上面多置于几个横向的生态链条,这样的话就是一个纵横交错的生态带,这个生态带的形成不仅扩大了生态空间,而且可以很好地将生态因素呈现在工程建设中来,而且纵向的生态带不要显得太过于悬殊,一般是为原来的 0.25 倍左右,而且不能够超过 30 cm,因为太大或者过小都是不合适的,它极易引起工程建设的时效性问题。其次还有就是工程建设的断面问题,断面问题是非常重要的在实际的工程建设当中,工程建设黏土渠道允许的下冲流速是在 0.8 左右,这些流水速率的设计参数都是工程建设比较有效和重要的,"现浇混凝土平整顺直、表面光滑的 $n = 0.012 \sim 0.014$,素土平整顺直、养护良好的 $n = 0.022\ 5$[3],同时,生态带应该控制的不仅仅这些相对于比较外在的东西,比如土料的选择、土料的分层问题

等等都是在实际工程建设中所必须考量的,这对于工程假设来说也是很重要的。

参考文献

[1] 钟世航. 朔黄线中段 45 座隧道衬砌的质量检测[A]. 隧道和地下工程第 10 届科技动态报告文集[C]. 成都:西南交通大学出版社,2000.

[2] 杨泽惶. 土质渠道与混凝土衬砌渠道生态系统服务价值比较[D]. 扬州:扬州大学,2013.

[3] 陈悠之,张本松,魏威. 混凝土衬砌渠道的生态处理[J]. 江苏水利,2007,(1).

[作者简介] 范鑫(1986—),男,山西太原人,助理工程师,主要从事水利监理工作。

本文刊登在《黄河水利职业技术学院学报》2015年7月第27卷第3期

山西青云选煤厂排矸场排水建筑物设计

郭进国

(山西省水利水电工程建设监理有限公司,山西太原 030002)

[摘 要]矸石场的水土保持工程很重要。青云煤业公司选煤厂矸石场的水保工程措施包括:修筑挡渣墙、排水工程、网格骨架护坡、挡水土埂、植被覆盖措施等。主要对排水建筑物中的截洪沟和消力池的设计进行了分析论证。

[关键词]山西青云煤业有限公司;排矸场;水土保持;排水建筑物;截洪沟;消力池;分析论证

[中图分类号]TV671　　　[文献标识码]B　　文章编号:1008 - 486X(2015)03 - 0017 - 03

0 引言

山西青云煤业有限公司选煤厂排矸场位于工业场地东侧直距约 500 m 处,占地面积 1.61 hm²。排矸场呈西东向展开,沟道汇水面积约 0.125 km²(北侧 0.061 km²,南侧 0.064 km²),为一干沟,西高东低,占地类型为荒地,沟谷呈 V 字形,沟长 960 m,平均沟底宽 15~50 m,沟道比降为 8.13%。沟底为第四系冲积物,下伏粉质黏土,沟谷两侧和沟底为黄土覆盖,岩层为石炭二叠系砂页岩煤系地层,沟底和两侧边坡覆盖有灌草。

该矸石场的水土保持工程措施包括:修筑挡渣墙、修建排水工程、采用网格骨架护坡、修筑挡水土埂、种植植物措施等。挡渣墙修筑于排矸场沟口,设计墙长为 36 m,墙高(地上部分)为 2 m,顶宽为 1 m,基础底宽为 5.0 m,上游坡比为 1:0.5,下游坡比为 1:1,墙顶高程为 1 230 m,基础底高程为 1 227 m,基础深为 1.0 m。挡渣墙后的弃渣或矸石分层错台逐层堆高。排水建筑由截洪沟、马道排水沟及消力池组成。截洪沟设在排矸场和取土场周边设,排水沟设在马道平台内侧。排矸场堆矸区以上汇水经截洪沟排到挡渣墙下游。为消能,修筑了消力池。笔者主要对截洪沟和消力池的设计进行了探讨。

1 排矸场和取土场周边截洪沟的设计分析

为防止矸石被雨水冲蚀,在排矸场周边布设 1#、2# 截洪沟(排矸场东侧为 1# 截洪沟,西侧为 2# 截洪沟),在取土场周边布设 3# 截洪沟。截洪沟砌筑材料为浆砌石,沟底铺碎石垫层。1# 截洪沟拦截排矸场东边区域及东侧山坡上来的洪水,2# 截洪沟拦截排矸场西边区域及西侧山坡上和取土场来的洪水,3# 截洪沟顺接到 2# 截洪沟。具体设计如下[1-3]:

1.1 暴雨量的计算

频率为 1 小时的暴雨量的计算公式为

$$H_{1 \cdot P} = K_P \times H_1 \tag{1}$$

式中:$H_{1 \cdot P}$ 为频率 1 h 的暴雨量,mm;K_P 为皮Ⅲ型曲线模比系数;H_1 为最大 1 h 暴雨均值,mm。

根据《山西省水文计算手册》,该区最大 1 h 暴雨量均值 $H_1 = 33$ mm, 变差系数 $C_v = 0.54$,模比系数 $K_{3.33\%} = 2.32$,$K_{1\%} = 2.91$。

由公式(1)计算出 30 年一遇设计暴雨量为 76.56 mm,100 年一遇校核暴雨量为 96.03 mm。

1.2 洪峰流量计算

最大洪峰流量计算公式为

$$Q_B = 0.278 k H_{1 \cdot P} F \tag{2}$$

式中:Q_B 为最大洪峰流量,m³/s;k 为径流系数,取 0.5;$H_{1 \cdot P}$ 为平均 1 h 降雨强度,mm/h;F 为山坡集水面积,km²。

该选煤厂矸石场的洪峰流量计算结果如表 1 所示。

表 1 各个截洪沟设计洪峰流量计算

工程项目	流域面积 F/km²	设计洪峰流量 Q/(m³/s)	校核洪峰流量 Q/(m³/s)
1# 截洪沟	0.09	0.96	1.20
2# 截洪沟	0.10	1.06	1.33
3# 截洪沟	0.04	0.43	0.53

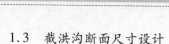

1.3 截洪沟断面尺寸设计

$1^{\#}$、$2^{\#}$、$3^{\#}$截洪沟的断面形式为矩形,具体尺寸可用式(3)计算。

$$Q = \omega C \sqrt{Ri} \qquad (3)$$

式中:Q为设计流量,m^3/s;ω为过水断面面积,m^2;R为水力半径,m;C为谢才系数,$C = 1/n \times R^{1/6}$;n为糙率,取0.025;i为截洪沟设计纵坡,$1^{\#}$、$2^{\#}$截洪沟纵坡取0.09,$3^{\#}$截洪沟纵坡取0.08。

经计算,截洪沟断面尺寸大小如表2所示,截洪沟工程量如表3所示。

从表2可以得出,设计水深加超高0.20 m计算所得洪水流量大于100年一遇的洪水流量,从而确定$1^{\#}$截洪沟为矩形断面,底宽0.5 m,深为0.8 m(加超高0.2 m),$2^{\#}$截洪沟为矩形断面,底宽0.5 m,深为0.8 m(加超高0.2 m),$3^{\#}$截洪沟为矩形断面,底宽0.4 m,深为0.6 m(加超高0.2 m)。

表2 截洪沟断面尺寸设计表

工程项目	设计频率 P(年)	设计底宽 B(m)	设计渠深 H(m)	正常水深 h(m)	断面面积 A(m^2)	糙率系数 n	渠底比降 i	计算流量 $Q_{计}$(m^3/s)	设计流量 $Q_{设}$(m^3/s)
$1^{\#}$截洪沟	30	0.5	0.8	0.6	0.30	0.025	0.09	1.13	0.96
	100	0.5	0.8	0.8	0.40	0.025	0.09	1.59	1.20
$2^{\#}$截洪沟	30	0.5	0.8	0.6	0.30	0.025	0.09	1.13	1.06
	100	0.5	0.8	0.8	0.40	0.025	0.09	1.59	1.33
$3^{\#}$截洪沟	30	0.4	0.6	0.4	0.16	0.025	0.08	0.47	0.43
	100	0.4	0.6	0.6	0.24	0.025	0.08	0.77	0.53

表3 截洪沟工程量计算表

工程项目	长度(m)	沙砾垫层(m)	浆砌石量(m^3)	垫层量(m^3)	开挖量(m^3)	回填量(m^3)
$1^{\#}$截洪沟	372	0.1	450	63	1 771	427
$2^{\#}$截洪沟	368	0.1	445	62	1 752	437
$3^{\#}$截洪沟	193	0.1	147	27	552	154
合计	933		1 042	152	4 074	1 018

2 消力池参数设计

排矸场堆矸区以上汇水经截洪沟排到挡渣墙下游,为了下游建筑的安全,修筑了消力池[4]。

2.1 消力池宽度计算

消力池宽度可用式(4)计算。

$$b_s = 0.2 + b_c \qquad (4)$$

式中:b_s为消力池宽度,m;b_c为矩形截洪沟底宽,m。

2.2 消力池池长计算

消力池池长可按式(5)和式(6)计算。

$$h_2 = 0.5 h_0 \left[\sqrt{1 + \frac{8\alpha q^2}{g h_0^3}} - 1 \right] \qquad (5)$$

$$L = (4.8 \sim 5.5)(h_2 - h_0) = 5.3(h_2 - h_0) \qquad (6)$$

式中:L为池长,m;h_2为池中发生临界水跃时的跃后水深,m;h_0为排水渠末端水深,m;α为流速不均匀系数,$\alpha = 1.0 \sim 1.1$,取1.1;q为单宽流量,$m^3/(s \cdot m)$。

2.3 消力池深 d 的计算

消力池的池深d按式(7)计算。

$$d = \sigma(h_2 - h_t) \qquad (7)$$

式中:d为池深,m;σ为淹没安全系数,$\sigma = 1.25$;h_2为池中发生临界水跃时的跃后水深,m;h_t为消力池出口下游水深,m。

设计消力池底板厚为0.5 m,边墙宽为0.5 m。其他设计参数和计算结果如表4所示。

3 结语

排水建筑物设计是选煤厂矸石场水土保持防治措施的重要组成部分。本工程矸石场防治区的设计与煤矿的主体工程保持了较好的一致性,并结合了水土保持的防止原则,合理地控制了工程建设的水土流失,也兼顾了工程建设与水土保持的双方面需求,完全满足选煤厂矸石场的防治要求。

表4 消力池设计参数计算表

工程项目	池长 （m）	池宽 （m）	池深 （m）	跃前水深 h_0 （m）	跃后水深 h_2 （m）	下游水深 h_1 （m）	沙砾垫层 （m³）	浆砌石量 （m³）	开挖量 （m³）	回填量 （m³）
1#消力池	3.70	0.70	1.70	0.45	1.15	0.10	7.80	32	61	35
2#消力池	4.20	0.80	1.90	0.55	1.33	0.10	9.50	42	72	42
合计							17.30	74	133	77

参考文献

[1] 张慧芳.清徐县赵家山煤矿排矸场设计[J].山西水土保持科技,2013(02):23-25.

[2] 陈刚.霍州力拓煤矿排矸场水土保持防护设计[J].山西水利科技,2013(01):60-62.

[3] 赵芹,郑创新.沟道型弃渣场的水土流失危害及工程防护措施分析[C]//中国水土保持学会规划设计专业委员会.中国水土保持学会规划设计专业委员会2009年年会暨学术研讨会论文集.北京:中国水土保持学会,2009:75-78.

[4] 刘明,段晨辉.某核电站截洪沟多级跌水消能设计[J].广东水利水电,2009(10):27-29.

[作者简介] 郭进国(1983—),男,山西太原人,助理工程师,主要从事水利建筑工程的监理。

本文刊登在《黑龙江水利科技》2014年第10期(第42卷)

河道附近施工的地下水降水方式综述

田亚楠

（山西省水利水电工程建设监理有限公司，山西太原 030002）

[摘 要]近年来,随着我国建筑技术的不断提高,建筑物施工的降水技术也在提高,河道附近的工程环境有着多样化、复杂化、不稳定等特点,河道附近不正常的施工降水对建筑物有着潜在的威胁,文章通过分析河道附近的施工现状,综合评定河道附近地下水的降水方式,以及施工程序中的注意事项和施工措施,全面提高地下水降水的质量,使地下水达到预定的降水深度和降水效果。

[关键词]河道附近;施工措施;地下水;降水

[中图分类号]TU463　　[文献标识码]B　　文章编号:1007 – 7596(2014)10 – 0132 – 03

0 前言

工程降水关系到建筑物的施工质量,受到工程环境的限制,河道附近地下水的降水方式十分重要,尤其是在工程降水的设计和施工中。结合河道环境的影响,在河道附近降水选择管井降水法是十分经济、合理。本文主要讨论管井井点降水法的施工降水。

1 河道附近施工环境

在我国大部分地区,河道附近的环境有着以下特点:

1)河道附近土质多为流沙、流土,较为松散,受外力作用时,容易塌陷、掏空或地裂,严重时将会下沉。

2)河道附近建筑物、构筑物以及管线等易开裂、沉降、位移等。

3)河道边坡易失稳、从而产生流沙、管渗等。

2 河道附近降水方式

河道附近环境复杂多变,在选取降水方式时要综合考虑多方面因素:要对环境进行保护;要先明确降水井井位和河道周边环境之间的关系,采用增加滤料填塞厚度来降低含沙量,在降水时,要增加降水井深度,以便完成较深层次的降水,减少河道降水对建筑物的影响和地下管网的影响;减小单井抽水的强度,也能降低其影响范围。

在我国当前建筑物的排水施工中,常用的降水方式有:

1)明沟加集水井降水。

2)轻型井点降水。

3)喷射井点降水。

4)电渗井点降水。

5)管井井点降水。

6)深井井点降水。

2.1 明沟加集水井降水

不同降水方式适用的环境不同;明沟加集水井降水通常适用于地下潜水,施工用水以及雨水,是一种人工降排法,在河道附近地下水较大,渗水较多,若仅采用这种方法,会加大喷锚网支护难度,且不安全。

2.2 轻型井点降水

轻型井点降水,适用于水位不深的施工场所,其水位深度一般保持在 3 ~ 6 m 左右,当深度超过 6 m 时,采用多级井点降水会加大放坡及挖槽的难度。

2.3 喷射井点降水

喷射井点降水适用于降水深度大、水位深的场所,其降水深度可达到 8 ~ 20 m,但其抽水系统和喷射井管结构复杂,易发生故障,且耗能较大,降水费用比其他降水方式高[1]。

2.4 电渗井点降水

电渗井点降水多适用于渗透系数 <0.1 m/d 的沙土、黏土、亚黏土以及淤泥等,通常和轻型井点降水结合使用,其降水深度取决于结合的降水方式[2]。

2.5 管井井点降水

管井井点降水多用于渗透系数大的土层,地下水源较丰富的区域以及轻型井点难以解决的浅水层地层,其排水流量可达 50 ~ 100 m^3/h,其工作范围的渗透系数可达 20 ~ 200 m/d。

2.6　深井井点降水

深井井点降水,是基坑支护中常用的降水方式,其优点在于排水量大,降水深度大,以及降水范围广泛等,当遇到砂砾土层以及渗透系数较大,轻型井点降水及喷射井点降水等方式不能解决时,也可采用深井井点降水方式。

结合经济、技术、施工环境等条件考虑,管井井点降水方法是较为经济科学且安全的降水方式,适用于河道附近施工地下水降水。

3　河道附近地下水降水施工

3.1　工程概况

某河道附近一在建工程,是为了保证河道通过小洪水时不影响已形成的水面和绿地的生态景观效果,同时又可集中排泄新城的雨洪,在河道治理工程的基础上又增加的分洪工程[3]。

分洪工程在橡胶坝上游修建引洪口,沿拟建某大道南侧由西而东布设分洪(排雨)暗涵,主要施工内容包括拦河滚水坝 1 座、进水闸 1 处和 1.55 km C25 钢筋混凝土分洪暗涵。

该工程开挖深度 7.5 ~ 8.5 m,土质依次为杂填土层、粉质黏土层、砂砾黏土层、粉砂层。

采用管井井点降水方式,施工工序为:成孔—下井管—砾料围填—空口封闭—洗井—抽水。

3.2　降水工艺

降水工艺主要有以下 4 条:管井井点成孔、井管安装、填砾和封闭和洗井。

3.2.1　管井井点成孔

3.2.1.1　下护孔管

1)清理地表障碍物,探明孔位实际情况,清理障碍物直到见到老土为止,可降低钻孔施工难度。

2)埋入护孔管,其长度多保持在 1 200 mm 左右,必要时可增加护孔管长度,直径要比钻孔大 60 ~ 100 mm 左右,以提高透水性。

3.2.1.2　成孔

在施工中,需要采用泥浆来护壁,若地层泥浆无法完成护壁时,需要采用红黏土或人工造浆,其泥浆密度和黏度都有要求,相对密度越大,其压力也越大,可以确保孔壁不塌陷。在黏度和相对密度要求上,要注意洗井的难易度。

不同的土层密度和黏性都不同,通常黏土层的相对密度为 1.08 ~ 1.10,黏度为 15 ~ 16;细砂层的相对密度为 1.10 ~ 1.15,黏度为 16 ~ 18;中砂层的相对密

度为 1.15 ~ 1.25,黏度为 18 ~ 20;粗砂砾石层的相对密度为 1.25 ~ 1.35,黏度为 20 ~ 24。

3.2.2　井管安装

常用的井管有钢制井管、混凝土井管和塑料制的井管,钢制井管在抗压、抗拉、抗剪以及抗弯等方面有着良好的性能,是当前降水工程中采用较多的材料[4]。

本文主要采用无砂管,是混凝土管的一种,该管渗透性强,抗压性好,其主要工艺特点是在水位以下的沟槽外侧设置泥浆护壁冲击式钻机成孔,以潜水泵完成排水。

在井管的安装中,主要分为准备工作、检查工作、以及技术要求几个环节。

3.2.2.1　准备工作

在准备过程中,首先要检查安装的相关设备(如滤水井管、潜水泵、夹具等),然后对孔深进行校对,按照上设计完成井管丈量工作,并排号,制作扶正器,最后完成清孔、换浆等工作。

3.2.2.2　检查工作

在井管以及过滤器的检查工作中,要注意过滤器是否有松动以及位移等情况出现,检查过滤器桥高是否受到冲压破坏等。检查管材的厚度是否符合要求。检查砂管孔底部的完整性,辨别井管质量的好坏。

3.2.2.3　技术要求

在技术管理控制中,要保证井管在钻孔中的准确性以及偏移量并保证自沉淀管在每 15 m 处埋设无砂混凝土管井。

要保证井管安装时的垂直度和偏差,按要求,其偏差不可超过 1%。要求下管时孔内泥浆要高于地面 200 ~ 500 mm,保证土层水流畅通,超出时,应及时填充,防止管孔塌陷。

3.2.3　填砾和封闭

受到河道附近环境作用,可以采用砾料围填来改变地下土层周围的孔隙率,减少进水时的水土流失,降低塌陷的危险性,同时还可以增大出水量,有效控制井水中的含沙量。通常采用填砾和封闭来完成。

3.2.3.1　填砾

在填砾过程中,要对填砾方法严格控制,合理的填砾方法关系到管井的出水量、含沙量以及管井的使用寿命。

填砾的正确方法是:在管井安装完成后,将带有喷头的活塞塞入井内,要求距井底 0.5 m,再用井口板将井口的剩余空间封住,然后通过泥浆泵向井内注水稀释泥浆,保证泥浆的相对密度和黏性,当相对密度达到要求时,要开始填充砾石。

在填充过程中,要保证砾石的填充速度在 5~6 t/h,主要避免蓬堵搭桥,可以通过标准绳来测定,对于填砾高度要严格遵守设计要求。

填砾的规格和过滤器的规格要求见表 1。

对于填砾数量,可以按照式 1 进行计算。

$$M = \pi/4(D^2 - d^2)\gamma k \tag{1}$$

式中:m 为管控填高 1 m 所用砾石质量,kg;D 为管井孔径,m;d 为管井直径(外径),m;γ 为砾石的相对密度(控制在 1.7);k 为超径系数(取值 1.05%)。

表 1　填砾规格及过滤器规格

岩层分类	砂层标准粒径	填确厚度（mm）	填砾规格（mm）	过滤器间隙（mm）
砾石层	>1.00	180	3.50~5.00	1.50
粗砂	>0.50	180	2.50~3.50	1.00~1.50
中砂	>0.25	180	1.50~2.50	1.00
细砂	>0.15	180	1.00~1.50	0.75
粉砂	>0.10	180	0.70~1.20	0.50
黏质粉土	0.10 以下	180	0.70~1.20	0.50

3.2.3.2　管外黏土止水封闭控制

采用管外黏土止水控制主要目的是分层止水以及防止地表水下渗。

其具体的顺序为砾石围填之后,通过测量达到设计要求标高时,采用优质黏土围填,为避免堵塞,多采用小块黏土进行封闭。

通常,黏土围填在泥浆泵停止工作 30 min 之后方可进行,且保证井口部位要夯实。

3.2.4　洗井

洗井的主要目的是清理井内泥浆。通常,在钻井中管井中含有泥土、细砂及泥浆,在管壁中形成泥壁,从而降低排水量。

管壁的清洗方法有喷水活塞法、压缩空气法以及拉活塞真空法。

喷水活塞洗井法是完成井管安装、填砾和封闭工作后,将喷水活塞沿着过滤器不断拉塞冲洗,过滤器中的泥浆以及砂砾将会沿着循环水流出孔外。

拉活塞真空洗井法是通过有活门的活塞用钢丝绳活加重杆向下压和向上提活塞,使井管中形成真空环境,井外的水流高速冲洗井壁内泥浆,达到清理效果。

空气压缩机洗井法是采用空气压缩机来完成洗井,是一种洗净设备,对控制含沙量有很大好处。

在洗井施工中,不同的洗井方法都有不同的注意事项,要严格控制洗井施工中的注意事项,可以提高降水施工的质量。

4　结语

本文通过对河道附近的施工环境进行分析,完成地下水降水方式的选取,同时针对河道附近降水的具体施工工序以及注意要素进行讨论,综合分析了河道附近地下水降水施工。

河道附近的环境较为复杂,在实际施工中,有许多细节需要严格控制,提高施工质量和施工安全系数。

河道附近地下水的降水方式有多种,除了用管井法降水之外,还可采用多种降水方式结合的方法,但需要结合实际情况,考虑降水效果和经济条件。

参考文献

[1] 曹卫,王美可.基坑井点降水施工技术探析[J].科技创业家,2014(07):40-41.

[2] 唐业茂,肖燕.河道施工降水对临近建筑物的影响[J].廊坊师范学院学报:自然科学版,2010,10(01):83-85.

[3] 唐业茂,文其云.河道施工降水引起的临近建筑物沉降分析[J].力学与实践,2010,32(05):41-44.

[4] 韩传梅,陈喜,武永霞.深基坑降水工程试验及降水方案设计[J].地下水,2007,29(06):40-42.

[作者简介] 田亚楠(1985—),男,山西高平人,助理工程师。

本文刊登在《吉林水利》2014年第12期(总第391期)

共和县恰卜恰镇水源工程供水方案设计

张 伟

(山西省水利水电工程建设监理有限公司,山西太原 030002)

[摘 要]文章结合恰卜恰镇工程供水方案的设计论证,从供水工程的水源选择,取水口比选,交水水点及水厂、以及取水方案选择等因素,通过技术和经济比较分析,确定恰卜恰镇水源工程的供水方案。

[关键词]水源;取水口;取水方案

[中图分类号]P342$^+$.4   [文献标识码]B   文章编号:1009 - 2846(2014)12 - 0023 - 03

恰卜恰镇水源工程是以解决共和县生活用水、生产用水为主的城区自来水供水工程。本工程输水规模为67万 m^3/d。文章以取水方案的技术比较为核心,对恰卜恰镇水源工程的供水方案就技术可行性、安全性、施工难度和工期,以及工程投资等方面进行综合比较,为项目决策提供参考。取水方案为:①以青银河河道为水源,采用泵站抽水。②以青银河水库为水源地,在水库内适当位置新建引水隧洞,大坝内取水方案目前主要考虑通过改造现有发电引水管的检修进人孔。

1 方案比较

1.1 水源选择比较

方案Ⅰ:青银河水库水源方案。

青银河水质优良,青银河水库取水拟采用隧洞取水口自流引水的方式,无需兴建泵站,无需耗费电能及运营费用低,并能有效利用青银河水库的水头,使水厂水处理流程及城市管道输水节约了栗送加压电能,为整个城市供水系统节省了大量能源。库区自然环境保护好,为水质保护创造了有利条件。

方案Ⅱ:青银河下游河道水源方案。

青银河水库水经大坝电站发电后排入下游的青银河河道。以青银河大坝下游河道作为水源地,水量足够,但水质差于青银河水库,因为汛期洪水时会倒灌入青银河,水质有一定污染。青银河大坝下游河道取水需采用取水泵站抽水的方式,运营费用高。两方案比较见表1。

两个方案的最大差异在于运营费用相差巨大,将长期运营费用折现后,泵站取水方案投资综合折现值数倍于隧洞自流引水。[1]

节能方面:方案Ⅰ能量损失仅为输水管道水力损失,能量损失少,方案Ⅱ能量损失大,水能利用效益差;水量方面:两方案均能保证供水水量;水质和环境保护方面:方案Ⅰ均优于方案Ⅱ。

表1 工程投资比较表

项目	方案Ⅰ	方案Ⅱ
主要建筑投资	隧洞约3 800万元	泵站约4 800万元
年运行电费	5万元/a	3 000万元/a
设备维护	10万元/a	200万元/a
电量补偿费	700万元/a	—
其他运营成本	运行维护管理人员6人	运行维护管理人员36人
投资综合折现值	10 888万元	29 511万元

经比选,从供水工程技术角度认为,方案Ⅰ投资少,节能效益大,水质优,技术可行,方案合理,对供水系统最为有利,采用青银河水库水源方案。

1.2 取水口的比较

经现场查勘,比较理想的取水口位置有二处,均位于青银河水库库岸:取水口选点1,位于大坝上游右岸,距离青银河大坝775 m,现场地形为山坡坳口,坡度陡,取水口后隧洞长约1 418 m,隧洞出口位于桂山公路边。取水口选点2,位于大坝上游右岸,距离青银河大坝1 400 m,现场地形为山坡坳口,坡度缓,取水口后隧洞长约1 832 m,隧洞出口处与选点1相同。

两水口比较:选点1洞口地势陡,水下地形也很陡,对取水口施工不利,围堰及临时支护工程量大。选点1周边无道路可以通行,施工时须先修建施工临时道路,施工道路由于山势陡峻,工程量巨大,道路施工需砍伐树木破坏植被,增加水土流失。选点1难度大,牵涉面广;选点2洞口地势较平坦,有利于施工布置,围堰等临时工程量较少。周边有道路可以通行,可改造为施工临时道路,无需砍伐树木破坏植被,施工完成后可作为进出取水口的管理道路。选点2距离青银河大坝1 400 m且中间山体浑厚,施工对大坝已无影响。隧道线路无居民区。因此取水口位置推荐取水口选点2方案。[2]

1.3 交水点及水厂

交水点在原规划选点的基础上,与政府主管部门及当地水厂协调后,选定两处新建水厂作为本工程交水点。根据实际情况需新建南北水厂。

1.4 取水方案比较选择

1.4.1 输水系统

隧洞取水方案和坝内取水方案均采用重力流自流引水方式。隧洞取水方案输水系统由取水隧洞,主干管及南、北分支管组成。整个输水系统形状大致呈"T"字形。坝内取水方案输水系统由坝内改造现有发电引水管的进人检修孔作为取水口,并通过压力钢管将水引到大坝外,坝外管道分为南北两支,分别引水至南北两水厂。输水系统形状大致呈"八"字形。

1.4.2 工程布置方案比较

隧洞取水方案总体布置为:取水口位于青银河水库大坝上游右岸1 400 m处的岸边,取水口布置一座取水控制闸,闸孔尺寸宽3.0 m,高3.0 m,闸孔数为一孔。原水自取水口隧洞,隧洞长1 832 m,隧洞过水断面为圆形,洞直径3 000 mm,为有压过水隧洞。隧洞出口为银山公路路边,管道接入主干管,管道为压力输水管,主干管长1 860 m,沿银山公路路边布置,管材为DN3000PCCP管。主干管接入压力分水口,分水口位于银山大道与西环路相交处。由分水口一支向北,为北支管,另一支向南,为南支管。北支管负责输水至北水厂,北支管长2 238 m,其中跨青银河段618 m,主要沿西环路至青银河大桥,跨江后再沿现有道路至北水厂,北支管主要管材为DN1800PCCP管;南支管负责输水至南水厂,南支管长2 614 m,大致沿银路东侧布置,南支管主要管材为DN2400PCCP管。南北水厂交水点均设有量水间。

坝内取水方案总体布置为:取水口位于青银河水库大坝内,改造4个发电引水钢管检修进人孔作为取水口,本次取水口布置为:在检修进人孔插入钢管,在▽86.6 m处布置一个纵弯,4台机纵弯均弯向大坝支墩右侧,沿廊道底部敷设至坝体之间的空腔,在▽86.0 m楼梯和大坝支墩交角处布置阀室平台,阀室平台采用钢筋混凝土悬臂结构。引水钢管经▽86.0 m闸阀后下弯至▽71.0 m,布置在沿大坝支墩右侧面新建的钢筋混凝土支墩上,至空腔通风孔附近后,从空腔通风孔引出坝体。钢管引出坝体后,1#和2#引水钢管合并为一条DN1600引水钢管,沿坝体的下游坡面敷设至左岸,引出电站厂区,接北支管至北水厂。3#和4#引水钢管合并为一条DN1600引水钢管,沿坝体的下游坡面敷设至右岸,遇溢流坝段下弯后引出电站厂区,接南支管至南水厂。

北支管沿青银河河道左岸布置,采用架空钢管形式,管径为DN1600,架空段长1 042 m,至银山路桥下转为地下埋管,埋管段长875 m,主要为路下埋管,故采用DN1600钢管外包混凝土形式。南支管沿青银河河道右岸山体布置,采用架空钢管形式,管径为DN2000,架空段长1 046 m,至银山公路桥下转为地下埋管,埋管段长3 983 m,主管材采用DN2200PCCP管,穿越银山采用顶管,长度为92 m。[3]

1.4.3 水厂交水点水压比较

隧洞取水方案经水力学计算,交水点情况如下:南水厂交水点在洪洞水库南侧,水厂场地平整后高程约85.0 m。根据地形状况及供水水压,正常运行时南水厂交水点水头为90.21 m,服务水压为5.21 m,满足水厂交水点水压的要求;北水厂交水点在庄田石场附近,水厂场地平整后高程约85.0 m。根据地形状况及供水水压,正常运行时北水厂交水点水头为89.68 m,服务水压为4.68 m,满足水厂交水点水压的要求。

坝内取水方案经水力学计算,交水点情况如下:南水厂场地平整后高程约85.0 m。根据地形状况及供水水压,正常运行时南水厂交水点水头为88.18 m,服务水压3.18 m,以5 m服务水头计算水厂需降低2 m,场地高程以83.0 m为宜;北水厂场地平整后高程约85.0 m。根据地形状况及供水水压,正常运行时北水厂交水点水头为90.23 m,服务水压5.23 m,满足水厂交水点水压要求。

经比较,两方案交水点压力基本相当。坝内取水方案南水厂交水点服务水头较低,建议降低南水厂高程。

1.4.4 施工难易程度、工期比较

根据现场查勘对两个方案的施工难以程度和工期进行比较,见表2。

表 2　施工难易程度、工期比较

优缺点	方案 1 隧洞取水	方案 2 坝内取水
优点	隧洞、陆地埋管等项目采用常规方法施工,经验成熟、难度小。	施工导流工程量较小;工程施工总工期约 1 年,较短
缺点	隧洞取水口围堰施工难度稍大;施工导流工程量较大;工程施工总工期约 2 年,较长	坝内、坝 – 坝下游约 1.0 km 范围施工条件差,架设大直径钢管的施工难度大

隧洞取水方案施工难点在于库内深水围堰及跨江管道施工,工期较长,施工方法为常规方法。坝内取水方案施工难点在于坝内架设管道施工条件较差,已有设施需进行保护,坝下管道沿线山体陡峭,大直径管道施工难度大,施工工期相对较短。施工工期不包含方案报批所需时间,当方案难度较大涉及情况复杂时,方案设计及报批等前期工作时间会较长,该方面目前无法预估。

两取水方案比较:线路长度总长度基本相同,最主要差异是工程布置不同。主线:隧洞取水方案采取新建引水隧洞方式,新建隧道 1.8 km,接主干管 1.9 km;坝内取水方案采取改造现有的发电引水管进人检修孔,接坝内架空钢管和坝外管道,管道约 0.6 km。支线:隧洞取水方案取水口在青银河右岸,北支线需跨河;坝内取水方案沿线山体陡峭,不适合埋管或大直径架空管,采用河岸布置架空钢管,但河道内设置架空管道涉及河道行洪问题,相关方案需进行防洪评价和审批。交水点:交水点水头基本相同。

1.4.5　投资比较

工程投资比较是在目前初定方案基础上估算,隧洞取水方案投资为 2.68 亿元,主要由于隧洞取水方案管径较大、线路稍长及施工临时费用较高。坝内取水方案初估投资为 2.53 亿元。

2　结论

综上所述,恰卜恰镇水源工程通过对水源选择、取水口方案、交水点及水厂、取案等因素的技术和经济比较分析,通过隧洞自流引水及管道输水,技术上是可行的,能充分利用青银河水库势能,从而节约能源减少损耗,对整个城市供水系统最为有利,隧洞取水的供水方案是经济合理的。其缺点隧洞取水口围堰施工难度稍大,施工导流围堰工程大,稍增加了工程总投资的不利影响等,施工取水口施工难度可采取工程措施予以消除或降低到可接受的程度。因此,拟推荐隧洞取水方案作为恰卜恰镇水源工程的供水方案。该方案经先后经项目业主、审查、审批单位、设计单位多次论证通过,目前项目已经开始实施中。

参考文献

[1] 阚西浔.土地整治中水源工程选择的探讨[J].湖北经济学院学报,2011.

[2] 郝凤华.农村水源工程建设存在问题分析[J].地下水,2010.

[3] 恰卜恰镇水源工程可行性研究报告[R].青海省水利电力勘测设计研究院,2013.

[作者简介] 张伟(1984—),男,山西太原人,助理工程师,现从事水利水电工程监理工作。

本文刊登在《吉林水利》2014年11月第11期(总第390期)

山西省交城县龙门渠引水工程区
地层岩性工程地质评价

张　伟

（山西省水利水电工程建设监理有限公司，山西太原 030001）

[摘　要]文章在勘测工作资料的基础上,从而对山西省交城县龙门渠引水工程区域地层岩性进行了分析与评价,得出适合引水地层的结论。

[关键词]引水工程;区域地层岩性;地质评价

[中图分类号]TV67:P641.72　　　[文献标识码]B　　　文章编号:1009 - 2846(2014)11 - 0033 - 03

1　工程概况

交城县龙门渠引水工程,目的是解决交城县工业及城市生活用水短缺。从文峪河中游龙门口筑坝引水,沿文峪河北岸向东,从西冶川沟东侧进入引水隧洞,从石树沟出洞后进入 PCCP 管线东行,在经过磁窑河后,沿晋阳路东行至末端蓄水池,线路全长 31.47 km。其组成是取水枢纽、输水箱涵、输水倒虹吸、隧洞、输水埋涵、PCCP 压力管线和附属建筑物等。年供水量 1 919 万 m³,设计引水流量 1.0 m³/s,供水保证率 95%。坝型是浆砌石重力坝,工程等别是三等。[1]

2　地层岩性

区内出露地层中各地层分布及岩性特征简述如下。

2.1　太古界界河口群(Ar₂jh)

出露于测区西端龙门口以西,岩性为一套混合岩化黑云斜长片麻岩,麻粒岩、混合花岗岩和石英岩,区内厚度大于 200 m。上述地层岩性除强风化片麻岩工程地质条件较差外,其他岩性工程地质条件较好。

2.2　古生界(Pz)

2.2.1　寒武系(∈)

仅在工程区西端龙门口附近小面积分布可分为几组并与下伏界河口群呈角度不整合接触。

（1）徐庄组(∈₂x)

下部岩性为页岩、砂质页岩夹薄层细砂、粉砂岩,厚度 5~12 m。上部岩性为厚 - 巨厚层鲕状灰岩,泥质白云质鲕状灰岩夹泥质条带灰岩。下部地层抗风化能力弱,在地貌上形成缓坡;上部地层岩体完整坚硬,抗风化能力强,地貌上形成陡坡。地层厚约 40 m。该组上部地层岩性工程地质条件较好,下部地层岩性工程地质条件较差。

（2）张夏组(∈₂z)

底部为页岩,下部为薄板状灰岩夹钙质页岩。中上部为中厚层含泥质条带鲕状灰岩。在地貌上,下部为台阶状缓坡,中上部构成灰岩陡崖、绝壁。地层厚约 50 m。本组地层岩性的工程地质条件,一般能满足工程需要。

（3）崮山组(∈₃g):岩性为薄层状泥质条带灰岩夹竹叶状灰岩及钙质页岩,底部以薄层钙质页岩与张夏组分界。地貌上表现为缓坡。地层厚约 20 m。该组就整体相对而言工程地质条件较好。

（4）长山组(∈₃c)

岩性为中厚层竹叶状灰岩并且薄层泥质条带灰岩夹页岩。厚约 10 m。该组工程地质条件基本同崮山组。

（5）凤山组(∈₃f)

下部为中厚层细 - 中粒结晶白云岩、泥质白云岩夹竹叶状灰岩和泥质条带灰岩。中上部是厚及巨厚层中粗粒结晶白云岩。地貌上形成大陡坎。地层厚 73.9~110.3 m。该组工程地质条件很好,满足工程对地质的要求。

2.2.2　奥陶系(O)

工程区西端出露有以下分组,东端交城县水泥厂北仅出露峰峰组中下部地层。

（1）冶里组（O_1y）

下部为中厚层白云岩、泥质白云岩夹三层钙质页岩，中上部为中厚层白云岩。地貌上表现为缓坡。地层厚约40 m。该组地层岩性工程地质条件不错，满足设计要求。

（2）亮甲山组（O_1l）

下部是薄及中厚层，含燧石结核细粒结晶白云岩，上部为中—厚层状含燧石结核或条带中粗粒结晶白云岩。地层厚约80 m。该组地层岩性工程地质条件好，满足设计要求。

（3）下马家沟组（O_2x）

底部是中细粒石英砂岩。下部是白云质泥灰岩，角砾状泥灰岩，中上部为中–厚层状灰岩夹白云质灰岩、泥灰岩，灰岩层厚质纯，是水泥、白灰生产的优质原料。本组地层厚约130 m。地貌上，下部为缓坡，中上部为陡坎。该组地层岩性工程地质条件好，满足设计要求。

（4）上马家沟组（O_2s）

下部是泥灰岩和角砾状泥灰岩夹中厚层灰岩且局部含石膏。中部是厚层豹皮状灰岩。上部是厚层灰岩夹薄层白云质灰岩和泥灰岩。中上部厚层灰岩是水泥白灰生产的优质原料。地层厚260～300 m，中上部地层构成灰岩大陡坎。该组地层岩性除泥灰岩工程地质条件较差外，其余岩层均满足工程设计要求。

（5）峰峰组（O_2f）

岩性下部为角砾状泥灰岩，局部夹有石膏层或凸镜体。中上部为厚层灰岩夹泥灰岩，局部石膏含量较高。地层厚约110 m。该组地层岩性工程地质评价同上述上马家沟地层。

2.2.3　石炭系（C）

分布在工程区西端和东部的磁窑河—火山沟一带，可分为三组。与下伏奥陶系地层呈平行不整合接触，在工程区西端与奥陶系上马家沟组呈断层接触。

（1）中统本溪组（C_2b）

岩性为铝土页岩、砂质页岩，炭质页岩夹砂岩和二层石灰岩，石灰岩单层厚度1～3 m。底部为铁质铝土岩，可见不规则团块状褐铁矿。本层厚约25 m。该组地层岩性工程地质条件不好。

（2）上统太原组（C_3t）

底部为薄—中厚层细粒石英砂岩，其上为页岩、炭质页岩、砂质页岩和砂岩夹5～6层煤层或煤线，东部$6^\#$、$8^\#$、$9^\#$煤层稳定可采，西端由于断层作用，使煤层变得很薄或消失。地层厚约105 m。本组地层岩性较其他组地层岩性工程地质条件差，尤其页岩、煤层或煤线工程地质条件差。

（3）上统山西组（C_3s）

下部为厚层含砾石英砂岩，中上部以页岩、砂质页岩、粉砂岩和铝土质页岩为主，夹4～7层煤层或煤线。测区东部$2^\#$、$3^\#$煤层稳定可采，$1^\#$、$4^\#$煤层局部可采，测区西端无可采煤层。本层厚约55 m。除该组上部页岩、煤线工程地质条件较差外，本组地层岩性就整体而言，工程地质条件较好。

2.2.4　二叠系（P）

在测区西部（沙沟村—黄崖沟）和东部（石树沟—火山沟）大面积出露，地层发育较完善，分三组并与下伏石炭系呈整合接触。

（1）下石盒子组（P_1x）

下部是厚层细粒含砾长石石英砂岩。中部为砂岩与页岩互层或互为夹层。上部是砂岩及页岩、砂质页岩。厚90～137 m。

（2）上石盒子组（P_2s）

按照岩性组合分三段。下段岩性为泥岩、砂质泥岩，中细粒硬砂岩、粉砂岩，砂岩与粉砂岩中局部含铁质结核，厚约110 m；中段岩性以中粗粒砂岩为主，夹泥岩、砂质泥岩且砂岩中普遍含小砾石。厚63～122 m；上段岩性下部是泥岩、砂质泥岩夹中细粒砂岩。中部是中细粒砂岩夹泥岩。上部是泥岩、砂质泥岩夹中粗粒砂岩。地层厚约90 m。

（3）石千峰组（P_2sh）

岩性上部是中粒石英砂质夹粉砂质泥岩及2～3层淡水灰岩或钙质结核；中部是中细粒硬砂岩夹泥岩、砂质泥岩；下部是泥岩、砂质泥岩，夹中细粒硬砂岩。厚100～148 m。本组地层岩性整体而言，地质条件较好。

2.3　中生界（Mz）

广泛出露于测区中西部（大岩头—杨家底），三叠系有三组下部地层并与下伏二叠系呈整合接触。

2.3.1　刘家沟组（T_1l）

下段岩性为薄—厚层状长石石英砂岩夹薄层页岩，砂岩交错层理发育。地层厚度250～310 m；上段岩性为薄—中厚层状砂岩与砂质页岩、泥岩互层，厚80～140 m。本组地层岩性工程地质条件较好，满足工程设计要求。

2.3.2　和尚沟组（T_1h）

岩性为泥岩夹薄—中厚层状砂岩，厚20～150 m。

2.2.3　二马营组（T_2er）

岩性为中—厚层长石石英砂岩夹泥页岩、砂质页岩，厚50～70 m。本组地层岩性工程地质条件较好，满足工程设计要求。

2.4 新生界(Kz)

区内出露有第四系上更新统和全新统地层,主要分布于盆地边缘,在山区呈零星分布。中更新统地层,分布于盆地区上更新统地层之下,地表一般无出露。

2.4.1 中更新统(Q_2^{pal})

为洪冲积卵石混合土、中粗砂与低液限黏土、黏土互层,厚约60~100 m,地表一般无出露。

2.4.2 上更新统(Q_3)

(1)风积黄土(Q_3^{eol})

零星披盖在山头和山梁上。岩性为低液限粉土,结构疏松,具大孔隙和垂直节理。厚1~10 m。

(2)洪冲积层(Q_3^{pal})

洪积扇中上部以卵石混合土为主,夹有低液限黏土,洪积扇前缘及扇间洼地区为低液限黏土、中细砂夹砂层或卵石混合土层。厚度30~60 m。

(3)坡洪积层(Q_3^{dpl})

分布于盆地边缘及山坡上,岩性以低液限粉土为主,含有层理不清、分选较差的混合土碎石透镜体。厚度3~15 m。

③全新统(Q_3^{pal}):分布于山前洪积扇区及山间河谷区,岩性为洪冲积为主的卵石混合土、中粗砂及低液限黏土层,厚度7~40 m。[2]

3 结语

1)本区地处吕梁太行断块五台山块隆的西南部,东西向横跨了四个四级构造单元,即:关帝山穹状隆起狐堰山山字型褶皱带和古交掀斜及清徐交城凹陷。构造形迹以断裂和褶皱为主,构造线走向以NE向为主,NW向次之。工程区基本地震动峰值加速度值为0.15g,地震动反应谱特征周期值为0.40 s,地震基本烈度为Ⅷ度。

2)取水枢纽坝基位于基岩上,左岸为基岩山体,右岸为河流阶地,主要存在基坑涌水、绕坝渗漏及坝基基岩渗漏问题,绕坝渗漏主要右岸渗漏。输水线路沿线出露有二叠系下统下石盒子组和上统上石盒子组以及石千峰组,三叠系下统刘家沟组还有和尚沟组和第四系地层。隧洞穿过的地层岩性主要为刘家沟组和石千峰组,地层岩性主要为砂岩、泥岩和围岩,工程地质分类Ⅲ类占63.2%,Ⅳ类约占28.2%,Ⅴ类约占8.6%。管线主要从第四系地层及人工堆积物通过。

3)输水线路主要存在不均匀变形问题及土层地基湿陷问题,局部地段存在基坑涌水问题。穿河段及过冲沟段存在防洪抗冲问题。区内地表水、地下水一般水质较好,对混凝土无腐蚀性。工程沿线块石料储量丰富,人工骨料可选用米家庄灰岩料场,砂料可选用开栅砂料场。引水工程要综合考虑上述所讨论的地层岩性、水文地质及地震基本烈度对引水工程建筑物的影响。

4)太古界界河口群($Ar_2 jh$)黑云母片麻岩易风化,岩石风化破碎,岩石质量较差,其工程地质条件较差。下石盒子组中部为砂岩与页岩互层或互为夹层。上部是砂岩和页岩、砂质页岩。该层中页岩易风化,岩石极其破碎,岩石质量较差,其工程地质条件较差。

5)上更新统风积黄土(Q_3^{eol}):零星披盖在山头和山梁上。岩性为低液限粉土,结构疏松,具大孔隙和垂直节理。厚1~10 m。其黄土具湿陷性,工程地质条件较差。区内地表水、地下水一般水质较好,对混凝土无腐蚀性。

参考文献

[1] SL 252—2000 水利水电工程等级划分及洪水标准[M].

[2]《交城县龙门渠引水工程可行性研究报告》. 山西省水利电力勘测设计院 2013.

[3] 刘诚. 中小型水利水电工程地质评价[J]. 价值工程 2010.

[作者简介] 张伟(1984—),男,山西太原人,助理工程师,主要从事水利水电工程监理工作。

本文刊登在《价值工程》2013年第9期

浅析新时期普通发票的管理工作

史军琰

（山西省水利水电工程建设监理公司,山西太原 030002）

[摘 要]近年来,随着社会经济的发展,发票作为记录企业经济活动的一项重要凭证,企业必须要重视对其的管理工作。本文笔者就新时期普通发票的管理工作进行探讨和分析,就当前普通发票管理的现状,提出相关管理措施以及在普通发票管理工作中如何合理避税等。

[关键词]普通发票;管理;控制

[中图分类号]F253.7　　[文献标识码]A　　文章编号:1006 – 4311(2013)09 – 0188 – 02

0 引言

发票不仅是记录企业经济活动的一项重要依据,同时也是消费者维护自身消费权益重要凭证,企业报销所需的重要依据,企业必须要加大对发票的管理工作,发挥其正确作用。本文笔者就当前我国普通发票管理工作的现状进行探讨和分析,根据其重要性,提出有关管理控制措施。

1 新时期普通发票管理工作的现状

随着社会经济的发展,在一些日常的经济活动中,人们关注的重点常常都是有价证券或者直观的现金,由于这些资产的流动性较强,在企业的财务管理和控制中一直是处于核心内容,导致其对发票管理和控制工作的忽视。目前我国普通发票管理工作存在的缺陷主要有以下几点:第一,在企业内部,使用和购买发票通常都是由一个人来完成的,在一定程度上导致交款的数量和发票的数量不相符合,存在很大的漏洞。一些企业通过保修卡、销售清单和收款依据等"票据",来代替正规的税务发票将其发给消费者。第二,一些企业的普通发票管理制度不够完善,同时企业纳税人对依法使用发票的认识比较浅薄,在发票管理上比较混乱,没有按照要求来使用发票,或者通过各种理由来拒绝开发票,从而达到漏税偷税的目的。第三,在社会市场中,发票制假行为比较严重,一些不法分子通过互联网、短信以及电子邮件等现代化信息技术手段来制售发票。此外,市场对普通发票的防伪技术比较低,企业和消费者不能直观鉴别发票的真假,导致假发票的流通性加大。第四,企业对使用和索取发票的重要性宣传力度不够,很多人对发票缺乏一个正确的认识。第五,在日常生活中,有关税务机关对普通发票的检查和监督不够及时,相关的税务工作人员对发票监督认识的不足,在进行管理和检查的时候不够严格,审核发票过程过于形式化,没有对企业用票额度、数量以及具体内容进行仔细地核对等。

2 新时期普通发票管理工作的具体措施

2.1 从源头入手对普通发票进行管理,完善管理制度

实施普通发票管理的第一步就是核定票种,根据相关的管理要求对其进行规范,坚决不能使用不规范的票种,采用精细化管理方式,全程监控普通发票的使用、领购以及缴销。企业在进行普通发票管理工作的时候,要制定相关的管理制度,根据企业的实际情况,在保证企业经济利益的前提下,严格按照管理制度对普通发票进行管理,并且在实际管理工作中,不断地健全其管理制度,使其能够满足社会市场经济的需求。

2.2 合理地配置相关管理机构,提高管理人员的综合素质

企业在进行普通发票管理的时候,应设置合理的管理机构,通过设立专业的普通发票管理岗位,选用业务熟练和责任心强的管理人员,明确管理人员的职能,严格按照相关的普通发票管理法规政策来实行管理,不断完善管理制度,认真进行监督检查、计划管理、票种核定、出入库管理等工作,将管理工作落到实处。同时在日常普通发票管理工作中,构建相关的日常检查制度,对发票加强日常的管理。此外,企业应该加大对管理人员素质的培养,增强其职业道德素质,促使企业员工能够更好地为企业经济效益服务。

2.3 在普通发票管理过程中企业如何合理避税

合理避税和税款征收长期以来一直是企业比较关注的一个问题，由于在市场经济体制下，企业的税收负担比较沉重，在一定程度上影响了企业规模扩大的发展，而合理避税也成为了目前企业实行普通发票管理必须考虑的问题之一。

所谓合理避税其实就是指纳税人按照政府税收政策的导向，合理安排交易活动和经营结构，优化选择纳税方案，从而来减轻企业的纳税负担，获得正当税收利益。合理避税具有三个方面的特征，即非违法性、超前性、综合性。其中非违法性主要包括两个方面的含义：第一是具有合法性，企业纳税人根据其自身条件对税收进行科学地筹划；第二是不违法，实行合理地避税。超前性主要是指企业纳税人对投资和经营活动事先进行计划、安排和设计。其中合理避税、偷税和避税之间存在的区别主要如表1所示。

表1 三种对待税收行为的对照

减轻税负途径	偷税	避税	合理避税
性质	违法 不合理	非违法 不合理	合法 合理
发生时间	纳税义务发生之后	纳税义务发生之时	纳税义务发生之前
后果	损失大 对微观无利 对宏观无利	获取短期发生期间 对微观有利 对宏观无利	获取长期经济效益 对微观有利 对宏观有利
政府态度	坚决打击严惩	反避税	保护 鼓励 提倡

①在筹划税收的时候，可以从节税空间大的税种和纳税人的构成入手，采用转移定价法，对国家免税政策进行合理的运用。比如企业在采购物资过程中所产生的运输费约7%要进项抵扣，企业普通发票管理人员应该向运输单位索取相关的运输发票，从而减少企业的税收。

②改变其合作模式，简而言之就是将平销变为代销，有效降低企业的税收。同时规范和加强普通发票的代开管理，如果遇到免征税并且其代开数额比较大的情况，可以采用备案制度，其中代开的普通发票必须要进行实名制，并定期查询、分析代开发票的信息，实时监控抵扣类型的普通发票，根据企业的实际业务，认真分析相关金额。

③在普通发票管理过程中，严格按照"交旧供新，验旧供新"等相关制度来实行管理，其中企业纳税人领购的发票应在三个月范围内进行验旧，对于一些没有使用过的空白发票不能将其剪角作废，应在审验登记以后由企业纳税人继续使用。同时还要加大对税务干部的监督和教育，增强对普通发票管理的重视，同时加强普通发票管理人员的责任心。全面实施责任追究制度，构建发票管理的长效制度。

④把强化税源和普通发票的管理相协调统一，使发票管理能够贯穿于税源管理、税务稽查、税收分析和纳税评估等工作的整个过程，通过对发票管理来控制其税收，充分发挥出管理作用，实现合理避税的目的。

2.4 加大对普通发票相关知识的教育和宣传

在进行普通发票管理工作的时候，首先要增强企业员工对普通发票的认识，通过电视、报刊、网络、专栏或者公告等媒介，采取不同的形式来教育和宣传普通发票管理的重要性，促使企业员工能够正确认识发票，使人们能够了解一些相关的发票知识，比如如何使用发票、如何取得发票和保管发票以及怎样辨别发票的真假等，同时鼓励人们在消费时索要发票。此外，还要向管理人员系统地传授有关业务知识以及发票管理的相关法律法规，便于企业更好地构建管理制度，促使其能够更好地实施管理工作。

3 结束语

综上所述，随着社会经济的不断发展，企业对于普通发票的管理越来越重视。企业在实施普通发票管理工作的时候，必须要先让企业员工明白普通发票的重要性，促使员工对发票有一个正确的认识，从源头入手进行管理，构建一个健全的管理制度，并且对相关管理机构进行合理地配置，加强管理人员综合素质的培养。此外，在进行普通发票管理过程中，企业还要采取相应措施，促使企业在不违法的情况下，合理避税，从而提高企业的经济效益。

参考文献

[1] 刘国栋. 加油站普通税控发票打印及管理系统的设计与实现[J]. 石油库与加油站, 2012, (2): 27-33.

[2] 杨丑贵, 毛八仙, 赵成锁等. 普通发票管理中存在的问题及整改措施[J]. 政府法制, 2010, (7): 59.

[3] 刘晓峰, 邓雪, 严岚等. 地税局普通发票改版后发票管理工作探讨[J]. 中国西部科技, 2011, 10(32): 63, 4.

[作者简介] 史军琰(1980—)，女，山西太原人，中级会计师，大学本科。

本文刊登在《山西水土保持科技》2013年6月第2期

坪上引水工程区的水土保持措施布局

范彩娟

(山西省水利水电工程建设监理公司,山西太原 030002)

[摘 要]坪上引水工程是我省的35项应急水源工程之一,主要是为缓解忻州市的原平、定襄、忻府区生活用水和工业用水严重短缺而修建的。工程总占地503.72 hm²,其中永久占地83.56 hm²,临时占地420.16 hm²。在工程建设过程中,不可避免地要扰动地表和植被,使其遭到不同程度的破坏,降低表层土壤的抗蚀能力。同时,排放大量弃渣,对项目区周边环境造成一定程度的影响,并容易产生较为严重的水土流失。根据项目组成与施工特点,阐述了不同防治区的水土保持措施布局。

[关键词]引水工程;水土保持措施;水土流失防治坪上

[中图分类号]S157.2   [文献标识码]B   文章编号:1008 - 0120(2013)02 - 0039 - 02

1 工程概况

坪上饮水工程是我省的35项应急水源工程之一,主要是为缓解忻州市的原平、定襄、忻府区生活用水和工业用水严重短缺而修建的。水源地位于五台县滹沱河干流及支流清水河上,引水点为坪上泉域的泉水。近期引水规模为3 500万 m³/a(引流水量1.11 m³/s),远期引水规模为7 200万 m³/a(引流水量2.29 m³/s)。近期引水工程包括水源工程(清水河李家庄—坪上水源工程和滹沱河干流水泉湾水源工程)、引水工程(管线、隧洞、出水池、管道承载桥、加压泵站)、供水工程(管线、隧洞、加压泵站、调压池)及弃渣场、施工道路、管理用房、临时施工场地等附属设施。工程总占地503.72 hm²,其中永久占地83.56 hm²,临时占地420.16 hm²。

2 水土流失防治对策

坪上引水工程地处系舟山北部和忻定盆地,出露地层主要为太古界古老变质岩、元古界浅变质岩、古生界寒武奥陶系碳酸盐岩、石炭二叠系含煤碎屑岩以及新生界上第三系和第四系松散堆积物。工程区主要构造线北东向主要发育白家庄—百泉郊向斜及次一级背向斜,北东向断裂构造等,植被稀少,地表冲刷严重。项目引水工程区属土石山区,供水工程区属冲积湖平原区,土壤侵蚀类型主要为水力侵蚀。

在工程建设过程中,不可避免地要扰动原有地表和植被,使其遭到不同程度的破坏,降低表层土壤的抗蚀能力。同时,排放大量弃渣,对项目区周边环境造成一定程度的影响。

根据开发建设项目水土保持技术规范要求,为遏制工程建设造成的人为水土流失,必须坚持防御为主、因地制宜、因害设防和先拦后弃的原则,采取工程措施、植物措施和临时防护措施相结合的方法进行水土流失防治。如弃渣场,以拦挡、排水和植物措施为主进行防治;供水管线区、引水管线区、水源工程区等临时堆土量较大的区域应以临时性挡护、遮盖、排水措施为主进行防治;道路工程以坡面防护、路面硬化、排水及两侧绿化措施为主进行防治;施工临建、输电工程以土地复垦、植被恢复措施为主进行防治。

3 水土保持措施布局

3.1 水源工程防治区

水土流失防治重点在施工建设期,主要任务包括:(1)充分做好施工期间建筑物基槽开挖、回填、土石方堆放的遮盖防蚀;(2)解决好施工场地的临时排水、沉沙问题;(3)做好施工过程中,特别是建筑材料堆放过程中的水土流失防护;(4)施工完毕后,做好施工场地的清理,并对工程区进行绿化、美化和硬化。

3.2 引水工程防治区

水土流失主要发生在施工建设期,施工前应对开挖和堆土占用耕地的表土进行剥离,将剥离的表土堆放在征地边缘,用编织布苫盖。引水管线铺设结束后,除建筑物占地外,其余先进行土地平整,根据原土地利用类型采取恢复耕地、植被措施。

3.3　供水工程防治区

水土流失主要发生在施工建设期,施工前后的水土保持措施布局同引水工程防治区。

3.4　隧洞防治区

防治重点为施工期弃渣的临时防护和施工完成后洞口和露头处的工程与植物防护。隧洞全长 10.83 km,共有进出口及露头处 10 处,地类为荒草地。在施工结束后对占用土地进行平整,恢复植被。将临时堆放的渣土,周边设临时防护墙,并用编织布苫盖。

3.5　弃渣场防治区

由于弃渣场在施工准备期主要进行初期坝及配套工程施工,在主体工程施工期为弃土、废石堆存场所,不仅占地面积大,而且造成的水土流失危害十分严重,是项目施工期和试运行期的重点防治区。水土流失防治采取工程措施(挡渣建筑物、防洪排水建筑物)、植物措施相结合的综合防治措施。(1)弃渣场拦挡工程措施。在弃渣场边坡底部修建挡渣墙、防洪堤等工程,并设排水沟、排洪渠等防洪排水工程;(2)弃渣场土地整治措施及植被恢复。弃渣场闭库后,对渣场顶面进行覆土改造,一般覆土 50 ~ 80 cm,改造为林草地(覆土来源为弃渣前和工程施工前剥离存放的表土)。渣

场坡面采取植物措施进行护坡,一般采用深根性的灌木与人工种草护坡。

3.6　供电线路防治区

该区水土流失主要发生在施工阶段,其防治措施主要为施工阶段的临时防护措施和施工结束后的土地整治和植物措施。

3.7　施工临建防治区

水土流失主要发生在主体施工准备期,防治措施主要为施工阶段的临时防护措施和施工结束后的场地平整与绿化。

3.8　施工道路防治区

水土流失防治重点为施工准备期的临时防护和主体施工期的道路边坡植物防护。

3.9　管理局防治区

该区水土流失主要发生在施工期,其防治措施主要为施工阶段的临时排水措施和施工结束后的土地恢复与植物防护。

[作者简介] 范彩娟(1978—),女,工程师;通讯地址:太原市新建路 45 号,030002。

本文刊登在《山西建筑》2013年9月第39卷第26期

谈小型水库建设工作的几点体会

胡 龙

（山西省水利水电工程建设监理公司，山西太原 030002）

[摘 要]结合工作实践，从水库的设计和施工等方面入手，对小型水库存在的渗漏、塌陷等问题进行了分析，并针对这些问题提出了相应的应对措施，为今后水库的建设提供了参考依据。

[关键词]水库；土坝基础；溢洪道；土工膜

[中图分类号]TV62.1　　　[文献标识码]A　　　文章编号：1009 - 6825（2013）26 - 0204 - 02

0 引言

我国大部分小型水库建于20世纪六七十年代，在当时国民经济相对落后的情况下，为我国的农业、工业经济发展做出了不可磨灭的贡献。但受当时经济条件、设计标准和施工质量等限制因素的影响，加之年久失修及管理措施不到位，致使部分水库受到不同程度的破坏，个别水库出现渗水、塌陷、闸门无法开启等各种各样的问题，造成了今天水库运行存在诸多安全隐患。山西省的小型水库同样存在类似问题。

山西省地处黄土高原、黄河中游，省内沟壑纵横，煤炭资源丰富，水资源严重短缺和水土严重流失是山西省水利的两大特点。目前全省已建成水库746座，其中：大中型水库63座，小型水库683座，总库容47.09亿 m^3，经过几十年的管理运用，小型水库在防洪、灌溉、供水、养殖、水土保持等方面承担着不可忽视的作用，社会效益和经济效益都十分显著。尤其是在水土保持方面，小型水库发挥着巨大作用，这对于山西这样一个水土流失严重的省份来说，显得更加重要。因此山西的小型水库建设应该予以大力支持和推进。

随着"党中央十二五规划"中提出关于加快水利建设的指示，山西省提出了山西大水网建设蓝图并已开始实施，山西省的小型水库建设也即将迎来新的发展。现就小型水库的建设谈几点个人体会。

1 土坝基础处理是小型水库建设施工过程中的一个重点

根据山西省的自然地理条件，本着就地取材的原则，小型水库一般采用土坝，其次是堆石坝。

在坝体基础处理施工时，堆石坝一般要求将基础清理至基岩上。由于堆石坝坝址一般位于河谷山沟中，其基岩经长期的洪水冲刷后一般都自然外露，因此基础清理的工程量不是很大，基础清理的要求很容易达标。

然而土坝的基础处理情况与堆石坝完全不同，因为基础一般为土，要求清理到何种程度没有一个明确的界限，加之是小型水库，设计方面的地质工作不能做得非常详细，一般只能提出一个笼统的要求。多年来不少水库的基础渗水正是反映了其基础处理存在缺陷。由于基础土质的不同，在长期的水压作用下，基础出现了不同程度的渗水。虽然基础渗水完全杜绝是不可能的也是没有必要的要求，但通过一定的地质工作和基础夯实措施使基础渗水量控制在允许的范围内是可以实现的。

土坝基础处理中另一个常见的问题是沟谷中经常有水流形成的淤泥和砂石。这是一个天然的渗水通道，应该对其挖除后进行回填处理。

2 溢洪道设置的必要性

对于水库要不要设置溢洪道，设计单位都会经过详细计算后给予结论。许多水库，尤其是小型水库经过泄洪计算后，确实不需要设置溢洪道。但是多年的实践过程中发生了很多次因不设溢洪道而产生的险情。因此，我认为土坝和堆石坝设置溢洪道是非常必要的。其原因：

1）考虑近年来水土流失的严重性使得许多流域的蓄水能力减弱，并且容易发生洪水；同时由于部分山区降雨的不均匀性，使得采用地区性资料进行的洪水计算的结果与当地实际很可能不相符合。

2）考虑小型水库的管理水平，坝体泄洪设施可能出现诸多问题而导致无法启用,如果此时没有溢洪道的话,其后果可能是灾难性的。

3）溢洪道的设置不需投入太多的资金。因此,建议小型水库建设时,我认为条件允许的情况下尽可能设置溢洪道。

3 采用土工膜防渗

土工膜和复合土工膜的应用在当今水利工程中已非常普遍,其施工技术比较成熟,工程成本较低,但是其防渗效果非常好。就目前诸多小型水库的情况来看,土坝和堆石坝运行过程中存在的一个主要问题是坝体和坝基渗漏问题,并且土坝的渗漏是一个严重的安全隐患。采用土工膜或复合土工膜能很大程度上解决坝体和坝基渗漏的问题,应该在土石坝防渗工程中大力推广应用。

4 小型水库的建设应充分利用社会融资和社会力量

截止目前,小型水库的社会效益和经济效益有目共睹,水资源的作用和价值也在不断凸显。随着社会经济的发展,个人、集体、企业等其他组织投资建设小型水库已经成为现实并且发展势头不断加快,这是一件利国利民的好事,过去那种水利等基础设施均由国家投资的局面已一去不复返。因此,政府应充分调动社会资源和力量参与小型水库建设,不仅要使社会组织有投资建设水库、运行管理和受益的权力,还要在政策方面充分考虑水库建设者的利益,在土地规划等方面给予充分优惠以提高小型水库建设者的积极性。

5 结语

山西省的水库数量与国内其他省份相比处于相对落后状态,但是山西省的水土流失现象却是首当其冲,山西省水利部门的有识之士都已充分认识到这一问题的严重性。随着经济的发展和十二五规划的实施,山西的水库建设必将迎来一个新的建设高峰。希望本文能对山西小型水库的建设有所裨益。

[作者简介] 胡龙(1982—),男,助理工程师,从事水利水电工程监理工作。

本文刊登在《水利建设与管理》2013年第1期

开展监理工作的程序和步骤

靳忠财

（山西省水利水电工程建设监理公司,山西太原 030002）

[摘　要]本文结合笔者水利工程实际监理工作经验,参考国家、部门的相关规程、规范,论述了监理工作的程序和步骤。

[关键词]监理;程序;步骤

任何工作的开展都需要一定的方法、程序及步骤,监理工作也不例外。开展监理工作需要有工作依据、工作内容、工作方法、工作程序、工作步骤、工作手段、工作思想、工作措施。熟悉和掌握监理工作的程序和步骤,并在实际工作中加以严格的运用,是做好监理工作的关键。

监理工作的开展大致分为三个阶段:监理工作实施前的准备、工程施工过程中的监理控制、工程验收及资料整理。

1　监理工作实施前的准备

1.1　收集资料

由总监理工程师召集监理项目全体人员进行分工,着手收集与工程监理工作有关的工作依据资料。这些资料主要包括:工程建设监理委托合同文件、工程建设承包合同文件、设计文件和图纸、监理招标文件、施工招标文件、本工程监理项目需要的施工规程及规范、监理规范、工程建设方面的法律和法规、与本工程建设有关的其他文件等。

1.2　编写监理规划

由总监理工程师主持,各子项(专业)监理工程师参与编制监理规划。规划的编制应符合下面的要求:

a. 应依据监理招标文件、监理投标文件、监理大纲、监理委托合同、工程承包合同、设计文件,以及与工程有关的法律、法规、规程、规范、标准等进行编制。

b. 应包括具体的监理工作制度、程序、方法、措施,并具有可操作性。

c. 编制完成后,必须经过公司技术负责人审查批准,同时报发包人审核批准备案后方可实施。

d. 应在监理工作实施过程中不断补充、调整和完善。修改后的监理规划应重新经过公司技术负责人审查批准,同时报发包人审核批准备案后方可实施。

1.3　进行人员分工

由总监理工程师负责确定各类监理人员的分工,明确各类监理人员的职责。各类主要监理人员的分工应满足下面的规定:

a. 项目监理人实行总监理工程师负责制。

b. 项目总监理工程师对单位法人代表负责,并依据所授权限负责管理项目监理人的各项工作。

c. 项目监理人一般由总监理工程师一名、专业监理工程师若干名、监理员若干名、其他辅助人员组成。

d. 项目监理人的人数、运作方式应根据工程规模、监理时限、监理取费等综合因素经单位会议研究并由单位第一负责人最终确定。

e. 各项目监理人均为公司下设的临时机构。工程项目监理工作结束后,该项目监理人的使命随之结束。

f. 各项目监理人中的人员职务为临时性职务,项目监理人使命终结的同时,人员职务随之解除。但职务的解除不免除该人员在该工程监理中所承担的责任。

g. 各级监理人员职责依监理规范要求执行。

1.4　编写监理细则

各项目监理工程师应在总监理工程师的安排下,按照所收集的工程监理资料进行监理细则的编制。编制完成的监理细则应通过总监理工程师的审核。监理细则的编写应满足下面的要求:

a. 依据监理规划、施工技术要求、有关规程规范编制监理实施细则。

b. 监理实施细则应体现专业特点,做到详细具体,具有可操作性。

c.各专业监理工程师负责组织编制监理实施细则,总监理工程师审核批准。

d.监理实施细则应在监理工作实施过程中进行补充、修改和完善。

2 工程施工过程中的监理控制

2.1 控制依据

a.国家工程建设法律与行政法规。

b.国家及部门制定颁发的施工技术标准、工程验收规范、规程、规定、质量检验标准。

c.设计文件及设计图纸。

d.工程建设监理委托合同文件。

e.工程建设承包合同文件。

2.2 主要工作方法

采取"约束、控制、反馈、完善"的监理工作机制,采用主动控制为主、被动控制为辅,两种手段相结合的动态控制工作方法开展监理工作。

所谓"约束",即按照工程建设承包合同文件、工程建设监理委托合同文件、工程设计文件、工程规程规范等工程要件,控制、约束建设各方的工程行为;所谓"控制",即以工程建设承包合同文件、工程建设监理委托合同文件、工程设计文件、工程规程规范等文件为标准来控制工程建设的三大目标;所谓"反馈"即把工程建设中出现的问题、矛盾、歧义等及时反映上来,及时制定整改措施,及时纠偏;所谓"完善"就是在控制→发现→反馈→整改的良性运行环境中对监理工作不断加以提高、完善,最终达到三大目标的最优实现。

监理工作措施制定的完善与否是主动控制的关键,监理过程程序及手段的完备与否是被动控制的要素,二者相辅相成。

2.3 控制的工作原则

a.公正、独立、自主开展工作。

b.实行总监理工程师负责制。

c.明确落实监理工作的责任、权利、利益分配。

d.按照严格监理、热情服务的工作方法开展工作。

e.加强预控措施的建立,做到预防为主。

f.坚持实事求是的工作作风。

2.4 监理工作的指导思想

2.4.1 坚持经济效益全面性

严格遵守国家及部门有关工程建设的法律、法规,坚持在维护国家宏观经济效益、社会效益和环境效益的基础上,努力维护承包人及发包人在工程中的利益,争取监理工作的最大效益。

2.4.2 坚持质量第一原则

百年大计,质量第一。在监理工作中应从始至终树立严格监理、热情服务、全面控制、质量第一的思想。

2.4.3 坚持高标准服务

严格履行监理委托合同中规定的权利和义务,在工作中做到严密、细致、高效,用科学的手段提供一流的服务。

2.4.4 保持公正立场

依据工程建设承包合同及监理委托合同的规定,平等维护发包人和承包人双方的正当权益,尊重科学,尊重事实,以独立的第三方身份客观公正地处理问题。

2.4.5 保持管理机制科学性

健全项目监理人内部组织,完善监理运行机制,做到目标规划、动态控制、组织协调、信息管理的高效协调一致性。形成以总监理工程师为首的高效监控体系。

2.4.6 坚持以投资效益为目标

以"安全生产为基础,施工质量为重点,工期目标为保证,投资效益为目标"作为开展工作的指导方针。

2.5 工作程序和步骤

2.5.1 开工前准备阶段

a.通过发包人,要求设计单位提供施工图纸,经审查后签发给承包人。

b.要求承包人在工程开工前或工程承包合同文件规定的期限内完成合同工程的施工组织设计文件的编制,并报送监理人批准。

c.督促承包人在发包人提供的基准控制点的基础上,完成施工测量控制网布设和必须的开工前原状地形图测绘。

d.对进场材料进行检查,确保进场材料满足工程开工及施工所必须的储存量。材料的质量应符合规定的技术品质和质量标准要求。必要时,还应该要求承包人进行抽检。

e.对承包人的进场设备进行检查。进场设备的数量、规格、生产能力、完好率、适应性、设备配套等方面应满足施工承包合同的要求。

f.检查发包人是否按照工程承包合同的要求做好了合同支付资金的筹措、工程预付款的支付、工程用地的提供、施工图纸的供应,以及其他应由发包人提供条件的落实。

g.在对施工准备工作进行查验合格后,及时发布工程开工令。工程开工令是工程合同工期起算的依据。

2.5.2 监理实施控制阶段

在对进场承包人的施工准备进行检查合格后,总监理工程师签发了工程开工令,工程施工进入了全面展开阶段。监理工作也随之进入具体的实施阶段。该阶段是整个监理工作的重点和核心,总监理工程师应要求各级监理人员严格按照准备阶段确定的工作方法、程序和职责开展监理工作。监理实施阶段的工作内容主要有以下几个方面:

2.5.2.1　进行工程项目的划分

总监理工程师应组织监理工程师会同承包人、设计单位(必要时邀请发包人)进行工程项目的划分。项目划分按照整体工程、单位工程、分部工程、单元工程四级进行划分。工程项目划分的结果应及时报送本工程的质量监督机构。工程实施过程中的质量评定应严格按照质量监督机构批准的工程划分要求执行。

2.5.2.2　审核并批准单项工程开工申请

承包人应在单项工程(包括单位工程、分部工程、重要的隐蔽单元工程)开工前向监理人报送单项工程开工申请。根据开工申请的不同,按照职责分工由不同的监理人员进行审批。开工申请的附件应包括施工作业措施计划、原始地形图的测绘成果、质量及安全控制措施等内容。监理人在规定的期限内及时下发是否同意开工的监理通知。

2.5.2.3　下发监理工作用表

为了便于监理工作的规范化管理,监理人应根据工程的特点和要求,及时向承包人下发适合本工程的监理工作用表。

2.5.2.4　第一次工地监理工作例会

召开由发包人主持并参加的第一次工地监理工作例会。例会主要内容是:由发包人向承包人正式介绍监理人和总监理工程师,总监理工程师向承包人介绍本工程的主要监理人员、监理人对承包人的要求、承包人对工程施工的保证等。会议结束后应出书面的正式会议纪要,并由参加会议的人员签字。

监理人在今后的工作中还应定期举行监理例会。作为一项制度认真贯彻执行。

2.5.2.5　实施全面监理

各级监理人员按照各自的职责,根据监理规划、监理细则的要求对工程的质量、进度、投资进行全面监理。在开展监理工作的同时要特别注意对他人人格、隐私的尊重;要时时注意作为一个监理工程师,言谈举止要得体,能够真正体现一个高素质监理工程师的风范;要维护国家、监理人的利益和荣誉,按照"守法、诚信、公正、科学"的执业准则开展工作;要执行有关工程建设的法律、法规、规程、规范、标准和制度,认真履行工程建设监理委托合同所规定的责任和义务;要虚心学习,在工程实践中不断提高业务能力和监理水平;不以个人名义承揽监理业务;不允许为所监理的工程项目指定承包人、建筑物构配件、施工材料和施工方

法;不得收受被监理人的任何礼金、津贴、吃请;要坚持公正立场,公平处理建设有关各方的争议;要坚持科学态度和实事求是原则,独立自主地开展工作;要秉承坚持严格监理、热情服务的工作方法;要互相团结,不做有损他人声誉的事,不说有损他人的话;做事光明磊落,不搞自由主义。

在实施全面监理的过程中应注意下面的几方面事项:

a. 检查承包人是否按照合同技术条件、施工技术规程规范、工程质量标准、已批准的施工措施计划中确定的施工工艺、措施、施工程序等要求进行安全施工和文明施工。

b. 检查承包人的主要技术人员的资质情况、施工设备和材料的数量和质量情况,以保证施工过程中投入的人力、物力等施工资源满足施工质量控制要求。

c. 对发生的施工质量问题及时下发书面的监理通知。根据发生问题的大小、重要程度,按照监理人员职责,由各级监理人员分别下发。下发的通知内容一般应包括:问题产生的原因和时间地点、造成的后果、要求采取的整改措施、整改后的结果上报等。

d. 监理人员还应该对发生问题并整改后的部位进行复查检验。及时复核承包人上报的测量成果,及时对单元工程质量进行检查和评定,及时组织相关人员对已完成的分部工程进行评定和验收,并形成书面结论材料。

e. 及时检查施工过程中不断进场的施工设备和原材料。按照设计文件中的技术要求之规定进行复检、抽检。不合格的设备和原材料坚决不允许进场使用。

f. 对发生的施工质量事故,监理人应立即向发包人进行书面报告,同时督促承包人按照规定及时提出事故报告。

g. 做好监理日志的记录工作。对每天发生的施工过程要详细、认真、实事求是地进行记录。

h. 对承包人的安全生产、文明施工、防洪度汛、环境保护、施工场地管理等,按照施工承包合同的要求经常性地进行检查。对出现的问题及时发出书面监理通知,要求承包人进行整改。

i. 每日、每时及时收集和整理工程完成情况。对承包人上报的工程计量申请,依据平时收集和整理的工程完成情况,按照施工承包合同规定进行审核,做到不多计、不少计、不漏计、不重复计,实事求是客观公正地进行计量审核。

工程计量应以单元工程计量作为计量基础。对未达到合同质量要求的工程项目要坚决不予以计量。对有歧异的计量数量要与承包人共同协商解决,协商不

成的应提交发包人进行处理。不得对有问题的计量申请擅自进行私下处理和解决。

工程计量项目应按照工程量清单所开列的项目进行。不得擅自对工程量清单以外的项目进行计量。工程计量的程序应按照预先规定的程序进行。

j. 及时了解和掌握工程变更情况。应注意任何的工程变更均应以书面形式为准，同时还应该注意工程变更的合理性，即这项变更是否是有变更权利的单位做出的变更，应从符合法律和合同要求的角度处理和接受工程变更。

k. 实事求是地对待各方的合同索赔。合同索赔的合理性的判断依据就是工程施工承包合同，对不满足合同条件的任何索赔报告要旗帜鲜明地予以拒绝，对符合合同条件的索赔，要实事求是地按照承包合同规定的程序进行审核并客观公正地提出监理意见。

l. 严格按照承包合同的规定进行工程分包的监理审核工作。审核分包首先审核其是否满足合同要求。在满足合同要求的前提下，应注意审核分包商的资格、工作经历、分包项目、质量及安全保证措施、分包协议等方面是否达到合同规定的要求。

2.5.2.6 工程监理资料及时收集、整理和归档

监理文件是监理工作成果的最终体现，也是衡量监理工作优劣的重要标志。各级监理人员按照各自的职责，在实施全面监理的过程中应注意对工程监理资料的及时收集、整理和归档工作。在对工程监理资料进行收集、整理和归档时，应注意下面的几方面事项：

a. 监理文件应按照来源，按照发包人来文、设计文件、合同文件、施工文件、监理文件等做好分类管理。

b. 在工程项目开工之前，完成合同项目编码的划分和编制工作、建立文件目录、确定文件管理制度。

c. 各项来往文件应尽量使用较为统一的格式，特别是表格形式和来往文件的表头应尽量统一。

d. 有条件的情况下，应指派专人进行文件的保管、整理和归档工作。同时在计算机中建立本工程的信息管理系统，对来往文件进行高效的管理。应注意对来往文件的登记和管理工作，及时做好全面、准确的记录工作。定期对监理文件进行整编和反馈。

e. 监理文件应做到专事专文、一事一文。监理文件必须实事求是、表述明确、数据准确、引用正确、简明扼要、用语规范。监理文件构成要素的引用和表达，必须严格以有关法律法规、工程承包合同文件，以及技术规程、规范和标准为依据。

f. 定期进行监理月报的编制工作。监理月报编写的格式应按照开工前已经确定的格式进行。

g. 应按照发包人要求和工程承包合同、工程建设

监理合同的规定，在委托监理的工程项目完成或监理服务期满后，对监理人归档的资料进行逐项清点、签订、整编、登记造册。应注意将准备移交的监理资料进行备份保留。

2.5.2.7 监理协调

做好监理实施过程中的监理协调工作。应注意监理的协调工作是协调发包人、各标段承包商之间的问题，而不是协调其他方面的问题。协调的目的是为了解决存在的矛盾，保证工程质量、进度、投资能够按照承包合同的规定实现。

在监理实施协调的过程中应注意下面几方面事项：

a. 定期召开监理例会，以便及时解决工程施工过程中出现的问题。按照不同工程的特点和要求，监理例会可以是周例会、旬例会，也可以是月例会。

b. 对技术方面或合同方面比较复杂的问题，一般应采用专题会议的形式进行研究和解决。

c. 监理协调主要是协调工程施工进度、工程质量、施工安全、施工环境保护、合同支付等方面的矛盾。

在协调过程中应遵循几大原则：在保证工程质量的前提下，促进施工进展；在确保工程施工安全的条件下，推进工程施工进展；在寻求发包人更大投资效益的基础上，处理合同目标之间的矛盾；在维护发包人合同权益的同时，实事求是地维护承包商的合法权益。

d. 任何监理协调的成果都应以会议文件的形式进行体现。应按照不同的协调会议，以不同的监理文件形式进行书面记录。会议记录应有参加人的亲笔签名，同时注意及时归档保存。

3 工程验收及资料整理

工程验收阶段是最终检验工程施工质量好坏的阶段，也是检验监理工作成效的阶段。本阶段的监理工作应注意下面几个方面：

a. 应明确本阶段的验收一般指单位工程验收和单位工程完工验收。按照《水利水电建设工程验收规程》（SL 223—1999）的规定，验收一般应在工程完建后3个月内进行。

b. 承包人做好完建工程单元工程、分部工程质量检验签证、工程资料收集整理和各项准备工作，并按照工程施工承包合同的规定提出验收申请是进行工程验收的前提。

c. 监理人应按照发包人合同中对验收工作的要求，督促承包人提交验收所需要的验收资料和验收备查资料，包括资料的格式、份数等具体要求。发包人没有对验收资料提出要求或要求不明确的工程验收，应

参照《水利水电建设工程验收规程》(SL 223—2008)的规定进行准备。

　　d. 监理人应在验收阶段提交监理工作报告。工程验收前,监理人应编写监理工作报告。监理工作报告由总监理工程师组织各专业监理工程师进行编写。

　　e. 工程验收工作结束后,监理人还应督促承包人根据工程施工承包合同文件及国家、部门工程建设管理法规和验收规程的规定,及时整理其他各项必须报送的工程文件、岩芯、土样,以及应保留或拆除的临建工程项目清单等资料,并按照发包人的要求及时一并向发包人移交。

　　f. 对遗留的尾工工程,监理人应要求承包人提出一个经各方认可的处理方案,并要求在规定的时间内完成尾工工程及清场工作。同时,还应该及时通知、办理并签发工程项目移交证书。

　　g. 在缺陷责任期内,监理人应督促承包人按时完成工程移交证书所开列的未完成工程或工作项目,并

为此办理支付签证。同时,要求承包人完成应向发包人移交的工程和工作资料的整编和移交工作。缺陷责任期满后,及时办理并签发部分或全部合同工程项目的缺陷任期终止证书。

4　结语

　　工程建设监理工作是一项既具体又烦琐的工作。做好监理工作不但需要一定的业务理论知识,而且需要灵活的工作技巧。在坚持原则不动摇的前提下,利用工作技巧处理好工程中发生的一系列问题,才能确保工程按照合同要求完成。

　　工作能力的提高,在很大程度上要求依靠具体实际工作经验的积累。我们只有在工作实践中时时注意、处处留心,才能够不断提高自己的工作水平,才能够在今后的监理工作中做得更好、更完美。

[作者简介] 靳忠财(1966—),男,1988 年毕业于大连理工大学水利水电工程建筑物专业,高级工程师。

本文刊登在《科技创新与应用》2012年9月

浅谈水利工程地基渗水处理技术

马冬燕

(山西省水利水电工程建设监理公司,山西太原 030002)

[摘　要]随着我国经济建设脚步的逐渐加快,水利工程建设发展的速度也有了很大的提高。但是,在水利工程建设不断发展的同时,也给建筑单位带来了很多棘手的问题,基础灌浆技术的出现在很大程度上解决了水利工程地基的问题,基础灌浆技术有了很大的发展空间。在基础处理工程中占有重要地位,是施工的重要环节。本文介绍了水利水电工程建设中基础灌浆技术及其相关问题的解决措施。

[关键词]水利工程;基础灌浆;灌浆施工

在水利工程方面,由于水利工程对防渗水功能要求的严格,所以在水利工程建设初期必须对地基进行防渗水等方面的处理,因此基础灌浆技术在整个水利工程的施工中占据着重要的位置。水工建筑物的基础处理,就是采用特定的技术手段来减少或消除地基的某些天然缺陷,改善和提高地基的物理力学性能,使地基具有足够的强度、整体性、抗渗性及稳定性,以保证工程的安全可靠和正常运行。

1　基础灌浆简介

灌浆是通过钻孔(或预埋管),将具有流动性和胶凝性的浆液,按一定配比要求,压入地层或建筑物的缝隙中,胶结硬化成整体,达到防渗或加固的目的。

2　灌浆的分类

2.1　水泥灌浆

水泥是一种主要的灌浆材料。效果比较可靠,成本比较低廉,材料来源广泛,操作技术简便,在水利工程中被普遍采用。

在缝隙宽度比较大、单位吸水率比较高、地下水流速度比较小、侵蚀性不严重的情况下,水泥浆的效果比较好。

一般多选用普通硅酸盐水泥或硅酸盐大坝水泥,有侵蚀性地下水的情况下,可用抗酸水泥等特种水泥。矿渣硅酸盐水泥和火山灰质硅酸盐水泥不宜用于灌浆。

水泥标号,回填灌浆不宜低于 325 号;帷幕灌浆和固结灌浆不宜低于 425 号;接缝灌浆不应低于 525 号。

水泥的细度对于灌浆效果影响很大,水泥颗粒愈细,浆液才能进入细微的裂隙,提高灌浆的效果,扩大灌浆的范围。一般规定:灌浆用的水泥细度,要求通过 4 900 孔/cm,标准筛孔的筛余量不大于 5%。应特别注意水泥的保管,不准使用过期、结块或细度不合要求的水泥。根据灌浆需要,可掺加铝粉及速凝剂、减水剂等外加剂。

2.2　黏土灌浆

黏土灌浆的浆液为黏土和水拌制而成的泥浆。可就地取材,成本较低。它适用于土坝坝体裂缝处理灌浆及砂砾石地基防渗灌浆。

灌浆用的黏土,要求遇水后吸水膨胀,能迅速崩解分散,并有一定的稳定性,可塑性和黏结力,在砂砾石地基中灌浆,一般多选用塑性指数为 10 ~ 20、粘粒($d < 0.005$ mm)含量为 40% ~50%、粉粒($d = 0.005$ ~0.05 mm)含量为 45% ~ 50%、砂粒($d = 0.05 ~ 2$ mm)含量不超过 5% 的土料;在土坝坝体灌浆中,一般采用与土坝相同的土料,或选取黏粒含量 20% ~40%、粉粒含量 30% ~70%、砂粒含量 5% ~10%、塑性指数 10 ~20 的重壤土或粉质黏土。对于黏粒含量过大或过小都不宜作坝体灌浆。

2.3　沥青灌浆

沥青灌浆的浆液为石油沥青,根据气候条件、工程性质和具体部位,妥善选用其品种和牌号。沥青灌浆一般多用于半岩性黏土及胶结较差的砂岩,或岩性不坚、有集中渗漏裂缝、渗流速度很大、其他灌浆方法难于解决的情况。

沥青灌浆有热沥青灌浆和冷沥青灌浆两种。

2.3.1　热沥青灌浆

热沥青凝固与冷却都很快,它适应于岩层破碎及裂缝为 0.2 ~ 0.3 mm 的岩层。但沥青与缝壁黏结不牢,设备复杂,施工不易。

2.3.2 冷沥青灌浆

沥青可全部或部分溶于二硫化碳、三氯乙烯、四氯化碳等有机溶剂中,这些材料价钱较高,所以很少采用。现多采用以水为稀释剂,用专门的"分散器"将沥青捣成细粒分散在含有乳化剂的水溶液中,成为乳胶型的稳定的乳化沥青。冷沥青灌浆设备简单,适用于砂质土壤或裂缝较细的工程。

2.4 化学灌浆

化学灌浆是以各种化学材料配制的溶液作为灌浆材料的一种新型灌浆。浆液流动性好、可灌性高,小于0.1 mm的缝隙也能灌入。可以准确地控制凝固时间,防渗能力强,有些化学灌浆浆液胶结强度高,稳定性和耐久性好,能抗酸、抗碱、抗水生物、微生物的侵蚀。多用于坝基处理及建筑物的防渗、堵漏、补强和加固。缺点是成本高。有些材料有一定毒性,施工工艺较复杂。

化学灌浆的工艺基本沿用水泥灌浆工艺。按浆液的混合方式,可分为单液法和双液法两种灌浆法。

单液法是在灌浆之前,浆液的各组成材料按规定比例一次配成,经过气压和泵压压到孔段内,这种方法的浆液配合比较准确,设备及操作工艺均较简单,但在灌浆中要调整浆液的比例。很不方便,余浆不能再使用。此法适于胶凝时间较长的浆液。

双液法是将预先已配制的两种浆液分盛在各自的容器内,不相混合,然后用气压或泵压按规定比例送浆,使两液在孔口附近的混合器中混合后送到孔段内,两液混合后即起化学反应,浆液固化成聚合体。这种方法在施工过程中,可根据实际情况调整两液用量的比例,适应性强,储浆筒中的剩余浆液系分别置放,不起化学反应,还可继续使用。此法适应干胶凝时间较短的浆液。

化学灌浆材料品种很多。一般可分为防渗堵漏和固结补强材料两大类。前者有丙烯酸胺类、木质素类、聚氨酯类、水玻璃类等;后者有环氧树脂类、甲基丙烯酸酯类等。

3 在严重漏水的情况下使用

3.1 采用模袋灌浆的处理方法

模袋灌浆法中使用的模袋具有很强的耐磨性,常用的模袋材质多为尼龙、聚丙烯等。在使用模袋灌浆的时候,模袋中装有水泥砂浆,在模袋互相挤压的过程中水分流失,袋中只剩下水泥及沙土,因此降低了水泥砂浆的含浆量,提高了砂浆的凝结速度。因为受到了模袋的束缚,模袋中的沙土不易流失,起到了很好的溶度阻塞作用。

3.2 采用填充级配料进行处理

一般情况下采用的填充级配料多为水泥、粗砂及砾石,在使用历史作为填充级配料的时候一定要注意砾石的大小。假设在单纯使用砾石的情况下仍然没有很好的成效,则可以利用黏稠度较高的水泥冲灌级配料,水泥冲灌及配料的主要组成材料一般为砾石、砾石与沙土混合物,使用这两种材料的目的是可以形成自然的反过滤层。在级配料的过程中,配料的材料和数量应该灵活掌握。使用粒料的主要是使用加大的粒料在狭窄处形成"桥架",使用巧匠将缝隙在中途完全阻塞,形成反过滤层,以达到将整个通道堵死的目的。

4 结束语

上述的灌浆技术存在着自身的优点,但是同时也有缺点,灌浆施工特别是在熔岩地区的灌浆施工常常要结合施工人员的经验以及对相似工程的总结和借鉴;在吸浆量大的地带所用的灌浆技术虽然简单,但是由于砂浆的扩散造成了极大的浪费,增加了施工的经济成本;在严重漏水的情况下选择的灌浆基础操作与其他灌浆技术相比要复杂很多,正确的使用灌浆技术技能起到很好的灌浆效果,同时也能减少大量的成本。我们在水利施工的工程中应该因地制宜,在不同的地质条件下选择不同的基础灌浆技术,选择合适的基础灌浆技术,或是把多种灌浆技术相结合,争取使每种基础灌浆方法在施工的过程中都发挥更大的作用。

参考文献

[1] 许厚材. 水利水电工程基础灌浆中特殊地层的灌浆方法[J]. 水力发电,2005 年 09 期.

[2] 王丽. 基础灌浆技术在坝基处理中的应用[J]. 科技传播,2010 年 03 期.

[3] 梁经纬. 黏土固化浆液力学性能研究及在岩溶坝区防渗帷幕中的应用效果模拟[D]. 长沙理工大学,2010 年.

[4] 袁侨,王明涛,邢桦楠. 浅析水利工程施工中高压喷射灌浆技术的应用[J]. 华章,2011 年 15 期.

[5] 席田歌,谢晓利,贾小峰. 水利工程施工的安全控制研究[J]. 河南科技,2011 年 14 期.

[作者简介] 马冬燕(1978—),男,2007 年毕业于太原理工大学水利水电工程专业。

本文刊登在《水利学报》2012年5月第43卷第5期

非对称高面板堆石坝应力变形特点及改善对策

党发宁[1]　王学武[1,2]　田　威[3]　许尚杰[4]

(1.西安理工大学 水利水电学院,陕西西安 710048;

2.山西省水利水电工程建设监理公司,山西太原 030002;

3.长安大学 建筑工程学院,陕西西安 710061;4.山东省水利科学研究院,山东济南 250013)

[摘　要]给出了陡边坡、非对称、窄深河谷的量化定义,通过算例研究了陡边坡、非对称、窄深河谷上高混凝土面板堆石坝的应力与变形特点,由于左右岸非对称,堆石体存在不均匀沉降;受窄深河谷力拱效应的影响,堆石体的"后期沉降量"仍然较大;受陡边坡的影响,坡度较陡一侧(右岸)的混凝土面板的轴向位移及变形梯度均比另一侧的大。提出分区调整碾压参数,减小堆石体的不均匀沉降;充分加水碾压,减小堆石体的"后期沉降量";适当调整面板宽度及垂直缝宽度,以减小两岸边面板的拉应力和中间面板的挤压力等应对措施。

[关键词]面板堆石坝;不均匀沉降;后期沉降量;非对称系数;狭窄系数

[中图分类号] TV641.4　　　[文献标识码] A　　文章编号:0559-9350(2012)05-0602-07

混凝土面板堆石坝具有广泛的地质适应性,而且能够充分利用开挖料进行坝体填筑,既减少了对环境的影响,又节约了耕地,因而得到了广泛的应用[1]。目前混凝土面板堆石坝已向 200 m 级、300 m 级高度发展,高面板堆石坝面临的最重要问题是坝体各部位之间以及堆石体与面板之间的变形协调问题[2-4]。郦能惠等[5]、孙陶等[6]、殷宗泽等[7]、彭宣茂等[8]、卢廷浩等[9]、徐泽平等[10]、周伟等[11]均进行过混凝土面板堆石坝的应力变形研究,而对特殊地形修建的高混凝土面板堆石坝,其堆石体及面板的应力变形相当复杂,虽然已有一定研究[12-15],但针对陡边坡、非对称、窄深河谷中的高混凝土面板堆石坝应力变形特点的研究还鲜有报道,为此开展本项研究。

1 陡边坡、非对称、窄深河谷的量化定义

为了研究方便,先给出陡边坡、非对称、窄深河谷的量化定义。

本文中边坡的坡比用 α 表示,所谓陡边坡是指边坡坡度超过堆石料的外摩擦角,即 $\alpha>\tan\varphi$ 的边坡。假设一般堆石体的外摩擦角为 45°,超过此角度称为陡边坡。若堆石体的压实度不够,堆石体与两岸山体将产生相对滑移,当边坡坡度超过堆石料的外摩擦角时,山坡与堆石体的交界面即为滑移面;当边坡坡度小于堆石料的外摩擦角时,在堆石体的内部将产生第二滑

移面,称为缓坡,如图1。堆石料的外摩擦角是两岸堆石体破坏形态的重要判据,因此本文采用这一动态指标定义陡边坡,比采用固定指标定义更具合理性。

河谷的对称性用左右岸边坡非对称系数表述,所谓非对称系数是指左右岸坡比中较大值与较小值之比,用 β 表示,$\beta=\alpha_{\max}/\alpha_{\min}$。当左右岸边坡的非对称系数 $\beta=1:1$ 时,表示左右岸对称;β 越大,河谷非对称程度越高。一般工程中绝对对称分布的河谷是不存在的,本文用左右岸坡比差异可以引起坝轴线方向剖面上的应力与位移分布严重不对称的界限值定义非对称河谷。研究发现:随着 β 值的增大,坝体的不均匀沉降也在增加;当 $\beta<2:1$ 时,大坝不均匀沉降不明显;当 $\beta\geq2:1$ 时,大坝不均匀沉降明显(见表1)。因此定义 $\beta\geq2:1$ 的河谷为非对称河谷。

河谷的狭窄程度是相对于坝体高度而言,因此用坝顶长度与最大坝高之比衡量其狭窄程度,称为狭窄系数,用 δ 表示。河谷狭窄与否不用其绝对宽度定义,而用大坝横剖面上是否能形成平面应变状态来定义,当坝长 L 小于 $(\cot\beta_1+\cot\beta_2)H$ 时,坝体的受力不再是平面应变状态,坝体内易形成横河向的力拱效应,可被认作窄深河谷。上式中,当两岸边坡坡度超过堆石料的外摩擦角时,β_1、β_2 取为两岸岸坡的坡角;当两岸边坡坡度小于堆石料的外摩擦角时,β_1、β_2 取堆石料的内摩擦角;H 为坝高。假设 $\beta_1=\beta_2=45°$,$L<(\cot\beta_1+$

$\cot\beta_2)H$意味着河谷是 V 字形,则坝体长度至少应超过 2 倍坝高才可能出现平面应变状态;研究发现:随着 δ 值的减小,坝体的后期沉降量在增大;当 $\delta \geq 2.5:1$ 时,坝体的后期沉降量均在 8% 之内;当 $\delta < 2.5:1$ 时,坝体的后期沉降量超过 8%,且增幅较大(见表 1)。因此,定义狭窄系数 $\delta < 2.5:1$ 的河谷为窄深河谷,如图 2 所示。

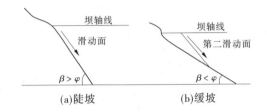

图 1 陡坡与缓坡的滑动面

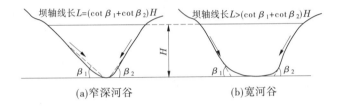

图 2 窄深河谷与宽河谷

表 1 主要材料计算参数表(E-B 模型)

材料	$\varphi_0/(°)$	$\Delta\varphi/(°)$	K	K_{ur}	n	K_b	m	R_f
垫层(湿)	48.0	6.5	1 130	2 200	0.30	1 160	0.10	0.60
过渡层(湿)	48.0	8.5	1 100	2 100	0.26	1 200	0.15	0.60
主堆石(湿)	52.5	10.0	1 000	1 900	0.22	1 100	0.10	0.70
次堆石	51.0	10.0	900	1 600	0.20	1 000	0.08	0.65

2 工程实例

四川九龙河一级水电站工程混凝土面板堆石坝,坝顶高程 2 860 m,趾板基础高程 2 716 m,最大坝高 144 m,坝顶长度 290 m,河谷狭窄系数 $\delta=2.01:1$,属于窄深河谷;左岸边坡 1:0.88,右岸凸边坡 1:0.1~1:0.3,河谷非对称系数 $\beta=\alpha_{max}/\alpha_{min}=4:1$,左右岸非对称;上游坝坡 1:1.4,下游综合坝坡 1:1.5,坝顶宽 10 m,坝底最大宽度 447 m。趾板为平趾板,河床、两岸趾板均置于强风化岩下部,厚度 0.6 m,宽度 4~7 m,趾板与地基的联接设置锚筋。混凝土面板顶部厚度 0.3 m,底部厚度 0.72 m,两岸受拉区每 6 m 设垂直缝一条,河床受压区每 12 m 设垂直缝一条,面板分缝布置如图 3 所示。接缝包括周边缝、面板张性缝、面板压性缝、面板与防浪墙间的伸缩缝、防浪墙间的伸缩缝以及趾板间的伸缩缝,各缝型按其受力变形特点分别设置相应的止水

措施。

根据筑坝材料来源,坝体分 1A 上游铺盖区、1B 盖重区、2A 垫层区、2B 垫层小区、3A 过渡层区、3B 主堆石区、3C 次堆石区、下游盖重区(包括 3D 护坡区)及混凝土面板区。主、次堆石区界按 1:0.3 坡度偏下游分区;下游盖重宽 55 m,按满足稳定要求控制。坝体总填筑量 384.55 万 m^3,填筑标准按设计孔隙率 16%~23% 控制。防渗帷幕沿趾板线深入基岩相对不透水层 5 m。

计算参数:本次计算中,共涉及 10 种材料,计算参数由设计部门经试验后给出,主要材料计算参数如表 2 所示。C25 混凝土的参数取值为:$E=2.8\times10^4$ MPa,$v=0.167$,$K_{ur}=K=280\,000$,抗压强度 12.5 MPa,抗拉强度 1.3 MPa,容重 2.4 t/m^3;基岩 $K_{ur}=K=29\,700$,容重 2.6 t/m^3。

接触面单元:面板与垫层之间采用接触单元(无厚度)模拟接触特性,趾板与面板(周边缝)之间、面板与防浪墙之间及面板之间采用分离缝模型。

计算模型:应力应变分析采用空间四面体等参数单元。基岩、山体、面板、趾板采用线弹性模型;过渡层,垫层,主堆石,次堆石等材料用非线性邓肯张 E-B 模型。

计算荷载及工况:计算的整个加载过程按施工程序(填筑、浇筑、蓄水过程)分步进行。考虑库水与面板的相互作用,为确保计算结果的精度及合理性,计算时堆石体自重分十五级载荷步施加,每层最大施加高度 15 m。面板分两步施工模拟。水荷载分为死水位、正常蓄水位和校核洪水位 3 种工况。模型的四周采用水平法向约束,底部采用全约束。在三维有限元计算分析的模型构造中,沿坝轴线将整个坝体分成 39 个横断面,各横断面的位置与面板的垂直缝一致。4 个垂直于大坝轴线的剖面位置及板缝编号如图 3 所示(3-3 断面为中线位置,1-1 断面与 5-5 断面为对称位置)。因正常蓄水位是控制工况,本文以正常蓄水位时的堆石体、面板为例,进行应力及变形研究。

本文基于 ANSYS 二次开发平台,采用邓肯张 E-B 本构模型进行了坝体应力变形分析,整个模型共划分 220 103 个节点,155 420 个单元,网格划分情况如图 4 所示。

3 应力变形特点分析

3.1 堆石体应力变形特点分析

正常蓄水位时堆石体 3-3 剖面的应力变形计算结果如图 5~图 10 所示。

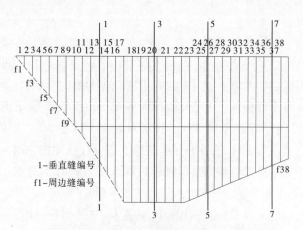

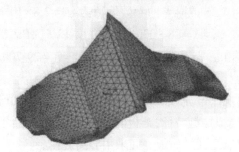

图3 坝体应力与变形分析剖面位置

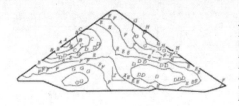

图4 计算模型

从计算结果可知,非对称堆石体,在水库到达正常蓄水位后,在水荷载水平及垂直分力的作用下,堆石体的水平位移及沉降量均有明显的增加,与竣工期相比,上游侧水平位移均有不同程度的减小,下游侧水平位移均有明显的增大,且堆石体的沉降量也有明显的增加。以3-3剖面为例,上游侧最大水平位移为12.6 cm,比竣工期减小了3.4 cm;下游侧的最大水平位移为18.1 cm,比竣工期增加了5.7 cm;最大垂直位移(沉降量)为147.5 cm,比竣工期增加了33.4 cm。最大沉降发生在二分之一坝高位置坝轴线偏向上游侧的主堆区中。同时,由于河谷的非对称系数等于4:1,属于本文定义的非对称河谷,坝体内沿坝轴线方向的纵剖面上应力和位移均不具有对称性,应力和位移的最大值均向陡坡方向偏移。堆石体各个横断面的最大垂直位移(沉降量)不相同,左右岸存在明显的差异沉降。1-1、3-3、5-5断面的最大垂直位移(沉降量)分别为121.6 cm、147.5 cm、137.1 cm,变形规律为最大沉降量向陡坡一方偏移。其次,本工程河谷狭窄系数为2.01:1,属于本文所定义的窄深河谷,堆石体的力拱效应已经很明显,虽然堆石体的沉降主要发生在施工及竣工期,但竣工期至蓄水期的沉降量依然较大,1-1、3-3、5-5断面的"后期沉降量"分别占到总沉降量的14.1%、22.6%、16.4%。

与非对称堆石体的变形规律相对应,水库到正常蓄水位后,非对称堆石体的水平、垂向应力都有所增加,特别是堆石体上游侧大主应力及垂直向应力的增幅比较明显。3-3剖面最大垂向应力为2.24 MPa,增加0.25 MPa;大主应力值为2.33 MPa,增加0.27 MPa;应力分布规律呈现越靠近基岩应力越大的趋势,且最大主应力发生在坝轴线或坝轴线偏向上游侧的主堆区基岩部位。此外,1-1、3-3、5-5断面的最大垂向应力值分别为1.89 MPa、2.24 MPa、1.89 MPa;1-1、3-3、5-5断面的大主应力值分别为1.9 MPa、2.33 MPa、1.9 MPa,非对称堆石体中的最大垂向应力和最大大主应力值均发生在河谷最深处。

总结以上堆石体的应力变形特点可知:本例中堆石体的非对称系数$\beta = 4:1$、河谷狭窄系$\delta = 2.01:1$时,堆石体的不均匀沉降及后期沉降量较大。需要采取措施减小堆石体的不均匀沉降及后期沉降量。

```
A=-0.126092
B=-0.082286
C=-0.03848
D=0.005326
E=0.049132
F=0.092938
G=0.136744
H=0.18055
```

图5 堆石体蓄水期水平方向位移(单位:m)

```
A=-1.475
B=-1.302
C=-1.13
D=-0.957949
E=-0.785682
F=-0.613415
G=-0.441148
H=-0.268881
I=-0.96614
```

图6 堆石体蓄水期垂直方向位移(单位:m)

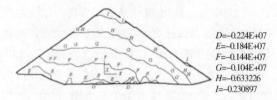

```
C=-566473
D=-471122
E=-375771
F=-280420
G=-185069
H=-89719
```

图7 堆石体蓄水期水平方向应力(单位:Pa)

```
D=0.224E+07
E=0.184E+07
F=0.144E+07
G=0.104E+07
H=0.633226
I=-0.230897
```

图8 堆石体蓄水期垂直方向位移(单位:Pa)

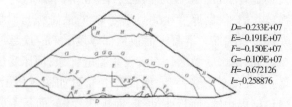

```
D=-0.233E+07
E=-0.191E+07
F=-0.150E+07
G=-0.109E+07
H=-0.672126
I=-0.258876
```

图9 堆石体蓄水期大主应力(单位:Pa)

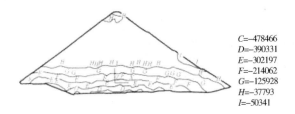

C=-478466
D=-390331
E=-302197
F=-214062
G=-125928
H=-37793
I=-50341

图 10　堆石体蓄水期小主应力(单位:Pa)

3.2　面板应力变形特点分析

正常蓄水位时面板应力与变形计算结果如图 11~图 14 所示。

由面板挠度等值线图 11 可见,当水库到达正常蓄水位时,非对称面板最大挠度为 14.88 cm,位于 1/2 坝高处,基本靠近面板中心位置,且面板各个方向的挠度分布比较均匀。与对称面板相比,面板挠度分布规律基本类似,不同之处只是面板最大挠度发生的坝高位置略有不同,对称面板最大挠度位于 1/3 坝高处。

由非对称面板水平位移(坝轴线方向)等值线图 12 可见,由于河谷非对称及右岸陡边坡的影响,面板水平位移自两岸向中间变形,面板水平位移"零线"的位置基本上处于河谷中央偏左附近,左侧面板最大位移量为 15.2 mm,右侧面板最大位移量为 25.8 mm,左右两侧面板变形不对称,右侧大于左侧。从位移变化的梯度上看,由于右岸边坡比左岸陡,因此右岸面板变形梯度相对较大。而对称面板水平位移也是自两岸向中间变形,只是面板水平位移基本沿"零线"对称分布。

与面板水平位移相对应,非对称面板水平向应力(坝轴线方向)表现为中间受压、两岸边小范围受拉的特性,图 13 为非对称面板水平向应力等值线图,计算结果显示,面板大部分区域承受压应力作用,坝轴向最大压应力值为 6.73 MPa,位于约 1/2 坝高处;拉应力仅在左右岸边附近区域出现,但陡坡侧的最大拉应力区域明显大于缓坡侧。最大拉应力值为 1.61 MPa,且最大拉应力值已超过允许值。面板在垂直缝和周边缝处应力分布有突变,因此,面板上的应力等值线不够光滑。

图 14 为非对称面板顺坡向应力等值线图,结果显示,由于面板在水压力的作用下发生一定程度的弯曲变形,因此沿坝坡方向面板主要承受压应力,而面板底部则主要承受拉应力。最大顺坡向压应力为 7.25 MPa,位于 1/2 坝高的面板中部;最大顺坡向拉应力为 1.7 MPa,出现在面板底部局部区域,且最大拉应力值已超过允许值。

总结以上面板的应力变形特点可知:本例中右岸坡度 77.7°,远超过了堆石体的外摩擦角;左岸坡度

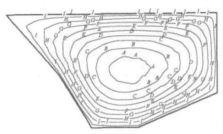

A=0.1488
B=0.13175
C=0.1147
D=0.09765
E=0.0806
F=0.06355
G=0.0465
H=0.02945
I=0.0124

图 11　面板的挠度(单位:m)

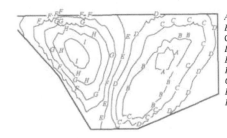

A=-0.025774
B=-0.011899
C=-0.008023
D=-0.004148
E=-0.272E-03
F=-0.003603
G=-0.007478
H=-0.011354
I=-0.015229

图 12　面板顺坝轴线方向位移(单位:m)

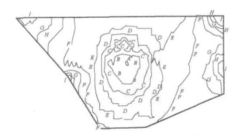

A=-0.673E+07
B=-0.581E+07
C=-0.489E+07
D=-0.397E+07
E=-0.306E+07
F=-0.214E+07
G=-0.122E+07
H=300500
I=0.161E+07

图 13　面板顺坝轴线方向应力(单位:Pa)

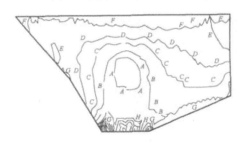

A=-0.725E+07
B=-0.613E+07
C=-0.501E+07
D=-0.389E+07
E=-0.278E+07
F=-0.166E+07
G=-537500
H=581250
I=0.170E+07

图 14　面板顺坡向应力(单位:Pa)

48.8°(见表 1),也大于一般堆石体的外摩擦角。左右岸坡都属陡边坡,但右岸坡度大于左岸。右侧面板的轴向应力比左侧的大,面板受力表现为中间面板受压、边面板受拉的特性。因此,可适当调宽中间面板宽度、调窄边面板宽度,其次,面板轴向位移自两岸向中间变形、右侧面板的轴向位移比左侧的大,且面板最大拉应力主要位于右侧,需适当调宽陡坡侧垂直缝的宽度,加大边坡处面板的抗拉强度,保护面板及分缝免受拉压破坏。

3.3　陡边坡、非对称、窄深河谷对混凝土面板堆石坝应力变形的影响

陡边坡对混凝土面板应力变形的影响。对于本文定义的缓边坡来说,若堆石体的压实度不够或存在工

表2 部分高面板堆石坝的沉降量

| 序号 | 坝名 | 大坝(m) | | | 堆石体最大沉降量(cm) | | | 后期沉降率 | 坡度(°) | | | 不均匀沉降 |
		长	高	狭窄系数δ	竣工期(A)	蓄水期(B)	后期(B-A)	(B-A)(%)	左岸	右岸	非对称系数β	
1	水布垭	660	233	2.83:1	286.0	304.0	18	5.9	52.0	35.0	1.83:1	不明显
2	察汗乌苏	340	110	3.10:1	76.2	79.2	3	3.8	50.0	50.0	1:1	不明显
3	马吉	740	270	2.74:1	163.1	172.9	9.8	5.7	50.0	47.5	1.09:1	不明显
4	三板溪	423	185	2.29:1	140.0	155.0	15	9.7	42.5	52.5	1.42:1	不明显
5	九龙河	290	144	2.01:1	114.1	147.5	33.4	22.6	48.8	77.7	4:1	明显

后湿化变形,不均匀沉降将导致堆石体内部靠近岸坡处产生滑裂面或剪切破坏带,坝体将发生不均匀沉降变形,两岸边沉降量小,河床中心位置沉降量大,但沉降量由小到大是渐进过渡的,两岸较大范围内的多块面板的垂直缝会张开,但张开量较小。对于本文定义的陡边坡来说,若堆石体的压实度不够或存在工后湿化变形,因边坡坡度超过堆石料的外摩擦角,堆石体与两岸山体将以其交界面为滑移面产生相对滑移,岸边堆石体相对岸坡的下沉量较大,岸边面板易倾斜,面板周边缝易拉开,拉开量较大;且靠岸边附近的面板往往有较大的顺坝轴线方向的位移,导致岸边面板垂直缝挤压闭合。比较本例的左右岸陡边坡可知:不同陡边坡时,较陡一侧的顺坝轴向的最大位移量及最大拉应力区域均比另一侧的大。

河谷非对称对堆石体应力变形的影响。对于本文定义的对称河谷来说,堆石体内沿坝轴线方向的纵剖面上应力及位移基本左右对称。对于本文定义的非对称河谷来说,堆石体内沿坝轴线方向的纵剖面上应力和位移均不具有对称性,应力和位移的最大值均向陡坡方向偏移。总结表1中"β～不均匀沉降"关系发现:当β<2:1时,堆石体的不均匀沉降不明显;当β≥2:1时,堆石体的不均匀沉降转向明显;需要采取措施,减小堆石体的不均匀沉降。

河谷狭窄程度对堆石体应力变形的影响。对于本文定义的宽河谷来说,堆石体的受力接近平面应变状态,力拱效应很小,堆石体受力均匀,后期沉降量较小。对于本文定义的窄深河谷来说,若堆石体的压实度不够或存在工后湿化变形,将导致堆石体内沿坝轴线方向的纵剖面上产生较大的力拱效应,堆石体后期沉降量较大。产生力拱效应的原因如图2所示,当堆石体在自重作用下沉降变形时,堆石料的内摩擦角大于其与岸坡山体的外摩擦角,堆石体在两岸山体交界面处产生滑移面整体下滑,而窄深河谷限制了其下滑的趋

势,导致坝体内纵剖面上产生较大的力拱效应。但堆石体中的力拱效应不可能长期保持,随着工后蠕变变形的发展,力拱效应会消失,堆石体将产生较大的后期沉降量。总结表1中"δ～后期沉降率"关系发现:当δ≥2.5:1时,堆石体的后期沉降率不大,均小于8%;当δ<2.5:1时,堆石体后期沉降率超过8%、后期沉降率明显增大;需要采取工程措施,减小堆石体的后期沉降量。

4 工程对策

针对非对称高面板堆石坝的上述应力变形特点,为减小由此而带来的工程危害,可采取以下工程对策进行处理:(1)陡边坡一侧应减小面板宽度,注意面板周边缝的防护,增加面板的抗拉强度。缓边坡一侧可适当增加面板宽度,注意岸坡部位面板垂直缝的防护;陡坡段、缓坡段与河谷中心段对应的面板宽度应遵循窄、中、宽的设计原则,并适当调宽陡边坡一侧面板的垂直缝宽度,减小因面板轴向位移而带来的局部挤压破坏;(2)针对非对称河谷,施工中可采取适当分区调整碾压参数,减小河谷中心与两岸堆石体的不均匀沉降。由于堆石体右侧沉降量大于左侧沉降量,为减小堆石体的不均匀沉降,可沿坝轴方向划分为2~3个碾压段,在沉降量较大的碾压段,适当调整碾压参数,如:增加碾压遍数、增大碾重、减小层厚等,这样,可减小堆石体的不均匀沉降量。该法简便易行,也方便施工;(3)为减小窄深河谷堆石体的力拱效应及后期沉降量,可采取充分加水碾压、加速固结法。虽然有资料显示[16],堆石体碾压时的加水量大小与堆石体的密实度大小无明显关系,而强调堆石碾压时适量加水,但对于修筑于窄深河谷的高混凝土面板堆石坝,由于力拱效应的影响,堆石体后期沉降量较大,碾压时充分加水,虽然对密实度的提高不大,但对加速堆石体的固结沉降,减小堆石体的"后期沉降量"无疑是有效的。需注

意的是加水量大小以不冲带走细颗粒为前提。

5　结　论

通过陡边坡、非对称、窄深河谷中高混凝土面板堆石坝应力变形特点的研究,得出以下结论及工程应对措施:(1)陡边坡侧堆石体以其与山体的交界面为滑移面相对滑移,岸边面板易倾斜,面板周边缝易拉开,岸边面板的垂直缝易挤压闭合,设计中应减小面板宽度,适当调宽陡边坡一侧面板的垂直缝宽度,增加面板的抗拉强度,运行中注意面板周边缝的防护。(2)非对称河谷堆体内沿坝轴线方向的纵剖面上应力和位移均不具有对称性,应力和位移的最大值均向陡坡方向偏移,两岸边相对河谷中心处的不均匀沉降差不同,施工中可采取分区调整碾压参数的措施。(3)窄深河谷中堆石体内沿坝轴线方向的纵剖面上易产生较大的力拱效应,坝体后期沉降量较大,施工中可采取充分加水碾压、加速固结的措施。

参考文献

[1] 蒋国澄.中国混凝土面板堆石坝20年[M].北京:中国水利水电出版社,2005:3-5.

[2] 杨泽艳,蒋国澄.洪家渡200m级高面板堆石坝变形控制技术[J].岩土工程学报,2008,30(8):1241-1247.

[3] 郦能惠,孙大伟.300m级超高面板堆石坝变形规律的研究[J].岩土工程学报,2009,31(2):155-160.

[4] 郦能惠.高混凝土面板堆石坝设计理念探讨[J].岩土工程学报,2007,29(8):1143-1150.

[5] 郦能惠,孙大伟,陈铁林.折线型面板堆石坝——改善面板应力状态[J].岩土工程学报,2006,28(1):63-67.

[6] 孙陶,高希章,杨建.紫坪铺混凝土面板堆石坝应力-应变分析[J].岩土力学,2006,27(2):247-251.

[7] 殷宗泽.高土石坝的应力与变形[J].岩土工程学报,2009,31(1):1-14.

[8] 彭宣茂,李太生.混凝土面板堆石坝三维仿真分析[J].岩土力学,2003,24(5):767-770.

[9] 卢廷浩,邵松佳.天生桥一级水电站面板堆石坝三维非线性有限元分析[J].红水河,1996(4):1-6.

[10] 徐泽平,邓刚.高面板堆石坝的技术进展及超高面板堆石坝关键技术问题探讨[J].水利学报,2008,39(10):1226-1234.

[11] 周伟,胡颖,杨启贵,等.高混凝土面板堆石坝流变机理及长期变形预测[J].水利学报,2007,增刊(10):100-106.

[12] 潘家军,徐远杰.贴坡型混凝土面板堆石坝三维非线性分析[J].岩土力学,2008,29(11):113-117.

[13] 周伟,常晓林,胡颖,等.考虑拱效应的面板堆石坝流变收敛机制研究[J].岩土力学,2007,28(3):604-608.

[14] 刘光廷,胡昱,焦修刚,等.高面板堆石坝面板应力规律分析及改善应力状态的对策[J].水利学报,2006,37(2):135-140.

[15] 邓刚,徐泽平,吕生玺,等.狭窄河谷中的高面板堆石坝长期应力变形计算分析[J].水利学报,2008,39(6):639-646.

[16] 郭庆国.粗粒土的工程特性及应用[M].郑州:黄河水利出版社,1998:318-330.

[作者简介] 党发宁(1962—),男,陕西富平人,教授,主要从事岩土计算力学研究。E-mail:dangfn@mail.xaut.edu.cn.

[基金项目] 国家自然科学基金面上项目(50879069,50679073);水利部公益性行业科研专项(2007SHZ1—200701004)

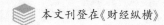
本文刊登在《财经纵横》

加强水利工程监理行业的财务管理

史军琰

（山西省水利水电工程建设监理公司，山西太原 030002）

[摘　要] 财务管理对于任何一个企业都至关重要。企业只有做好了财务管理工作才能在激烈的竞争中立于不败之地。水利工程监理行业中的财务管理是监理行业成功的基础。本文简单论述了水利工程监理行业财务管理的重要性，并从监理行业的收入管理、成本管理两方面对水利工程监理行业财务管理的加强进行了论述。

[关键词] 水利工程；监理行业；财务管理

[中图分类号] F407.9　　**[文献标识码]** A　　文章编号：1001-828X（2012）07-0175-01

新形势下随着集中管理、全面预算、统一核算等一系列管理机制的改革，要充分发挥企业优势，就需要不断规范和完善水利工程监理行业的财务管理工作，只有把握好对监理行业财务管理工作，才能落实科学发展观、做大做强核心业务。

1　水利工程监理行业财务管理工作的重要性

所谓水利工程项目监理就是指监理单位受水利工程项目负责人的委托，依照对国家相关工程项目的具体法律、法规、规范和制度及批准的水利项目工程相关文件、项目工程合同和项目监理合同，对水利工程项目实行的监督管理。在项目建设过程中，业主单位主要对整个工程项目做出总体的规划、质量监督、组织协调、指挥决策。监理单位则要在业主授权范围内实行好监理的主要工作职责。通过业主指定的要求对项目展开具体的监理工作，此外就是做好业主和项目之间的协调、服务的工作。

企业财务管理更多地是把企业的运营和发展联系起来，保障企业利益实现最大化。企业财务管理过程中对企业资金进行集中化管理，通过制定方案保证企业在与财务有关的活动中获得顺利发展。企业财务管理做的好不但可以保障企业资金的正常流通，还有利于企业的再发展。财务管理通过数据支持服务于企业各项活动。通过财务管理的数据作为依托，方案制订将更加具有可行性，避免了企业在发展过程中的盲目。

和其他企业一样，水利工程监理行业的财务管理也在扮演着非常重要的角色。它的实施同样需要相对应的内部控制制度，还需要具有可行性的财务与会计制度。此外，还需要有规范的会计核算，对企业的资金管理、收入管理和预算管理都大力去抓，不能有松懈态度。

2　加强水利工程监理行业财务管理

2.1　监理行业的收入管理

监理行业财务管理的一个重要环节就是对收入进行的管理，由于收入直接会对企业的利润产生影响。所以，作为监理行业要严格按照相关的会计准则针对投资者、政府、社会中介非常关注的企业营业收入进行核算。

目前多数监理行业为了简化核算，违反了工程监理合同收费的正规流程，没有按照预付款、进度款和质保金的合同收费顺序进行。这样做违背了企业会计准则。

监理行业中，由于工程监理提供的劳务并不是同属一个会计年度，由于开始和完成分属的阶段不同，所以提供劳务交易的结果可以进行可靠估计：通过按完成百分比确认的收入；通过对劳务提供完毕做的确认收入。

账务处理：公司收款后，一律作预收账款（银行回单作为凭证支持附件）处理，预收账款按项目核算，确认收入时从预收账款划转（预算书、统计表作为收入确认凭证支持附件），当确认收入数大于预收账款时，挂应收账款,应收账款按项目核算。发票管理:发票开据受业主的制约,与日常收款不完全一致,为了简化管理,为了税务部门稽核方便,关于发票记账联可以按项目归类,分年度合并装订,不作为会计凭证的附件,但应视同原始凭证保存,保存期限和方式同会计凭证。

2.2　监理行业的成本管理

成本管理一直受经营者的关注,如果一个企业不能对成本管理加以重视,那么即使市场前景再可观,对于企业来说最终结果依然逃不掉出局的窘境。所以,笔者此处从成本核算和成本控制对监理行业的成本管理进行了简述。

成本核算:成本核算包括成本核算对象的费用归集、费用分配直至形成成本核算对象的总成本和单位成本。监理行业主要对确定的工程项目负责,监理行业成本应按项目归集并随收入按完工百分比法确认而结转,各项目部的成本实行项目总监确认制。公司的管理层除通过对在各个现场的监理项目提供服务外,还要能够为公司设置长远的目标,以此更加有利于做好公司的日常管理工作。监理行业的监理成本主要反映在差旅费用和人工费用上面。所以,对于监理行业的成本核算重点体现在费用归集上。通过对监理项目特点的认识,为了把各项目的支出情况准确地反映出来,在关于对工程监理科目设置上可以按照自己公司的要求进行设置,比如人工费、办公费、福利费、招待费等等。

企业要想获取更多的赢利还需要对成本进行控制从而为企业进行真正的服务。成本控制是企业发展的前提,也是企业能够有效抵抗压力、求得自身生存发展的重要屏障。作为企业应该有诸如组织系统、考核制度和奖励制度等成本控制的系统。成本控制系统要与组织机构相适应。组织机构必须能够合理地划分出责任中心才能保证进行成本控制。监理公司在实际操作工作中可以对各项目部所负的责任将各个项目划分开,确保在保证工程监理质量前提下实现最低成本的经营目标。项目部要实现最低成本的经营需要公司管理层、项目总监以及项目部全体成员的共同参与,这是

一完整的控制程序所不可缺少的因素。但是要真正实现成本的控制只拥有这些程序还不够。项目部在成本控制环节具有主动性,公司应建立切实可行的奖惩制度以激励项目部千方百计地降低项目成本,如果奖罚不分,项目部缺乏成本控制的积极性,控制成本是很难的。当然,奖罚不是目的,纠正偏差才是成本控制系统的目的。项目结束,财务人员应协同项目部成员及公司经营层对实际成本与预算成本的偏差做出一定的分析,保证企业成本控制系统有效运行。

3　结束语

作为水利工程监理行业的监理公司在实际发展中应关注行业发展较好的同行固定资产占总资产的比例,固定资产占实收资本的比例等,通过实际情况对固定资产进行合理的配置。监理行业按照项目确认收入,结转成本。财务报告只有真正反映各项目年度经营收支情况,才能通过收支反映公司的经营情况。所以,加强对水利工程监理行业财务管理工作更加显得任重道远,势在必行。

参考文献

[1] 项建国,陆生发.施工项目管理实务模拟[M].北京:中国建筑工业出版社,2009,4.
[2] 徐君伦.建设安全监理实用手册[M].上海:上海社会科学院出版社,2006,1.
[3] 项建国.建筑工程施工项目管理[M].北京:中国建筑工业出版社,2005,1.
[4] 刘淑莲,牛彦秀.企业财务管理[M].大连:东北财经大学出版社,2007,2.
[5] 黄虹.公司财务管理[M].上海:华东理工大学出版社,2008,3.
[6] 张学英,韩艳华.工程财务管理[M].北京:北京大学出版社,2009,1.

[作者简介] 史军琰(1980—),女,毕业于山西财经大学会计学专业,会计师。

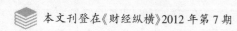

本文刊登在《财经纵横》2012 年第 7 期

我国人力资源管理现状与发展探索

任慧璞

（山西省水利水电工程建设监理公司, 山西太原 030002）

[摘　要]本文通过对我国人力资源管理现状进行研究,简述了我国人力资源管理存在的问题,并提出采取完善制度、打破身份界限、创造环境等措施,建立整体人力资源管理体系。

[关键词]人力资源;管理制度;发展探索

人力资源是社会所有资源中最宝贵的,人力资源管理的作用已被企业界提升到企业战略的高度,国家机关和事业单位正在进行着人事制度改革。我国正在经历着历史性转折,我们能否适应急剧发展变化的新形势,顺利地完成体制转换,取得改革的成功,关键在于是否有一大批具有现代素质的各级各类人才。如何建设和拥有一支高素质的人才队伍是一个永久的课题。

1　我国人力资源管理环境

我国地大物博,矿产丰富,但我国也人口众多。无数事实和经验告诉我们:没有开发的人力资源不但不是宝贵的资源,反而有可能成为社会和经济发展的包袱。在中国这样一个其他资源人均占有量较低的国家,假如我们不搞现代人力资源开发和治理,合理地去配置人力资源,用开发了的人力资源去创造足够的物质基础和财富来满足巨大的人口需求,中国要想成为世界强国的目标就难以实现。

1.1　人力资源市场配置机制基本形成

人口众多、劳动力资源丰富是中国的基本国情。多年来,中国政府采取积极有效的政策措施,大力加强人力资源的开发利用,使中国的人力资源状况发生了显著变化。新中国成立后,我国一直实行公有制体制下的计划经济模式,20 世纪 80 年代以来,逐步形成以公有制为主体,多种所有制形式共同发展的市场经济。经济模式的转变,使用人主体也发生了改变,在城镇从业人员中,国有单位就业人员逐步下降,有限责任公司和股份有限公司逐步上升,私营单位和个体经济就业人员也在不断上升。多元化的市场用人主体形成,必定会形成多元化的管理方式,这为人力资源从计划配置到市场配置的转变创造了条件。

1.2　我国人力资源管理的外部环境

我国加入世界贸易组织后,政府对国内企业的各种保护政策不复存在。中国几十年来形成的贸易壁垒轰然倒塌,我国许多领域和行业都对外开放。这一切,对于中国的企业来说既是机遇又是挑战。对于众多的中小企业来说,更多的是挑战和竞争。学习来自国外先进的管理经验和管理技术,在"适者生存""优胜劣汰"的自然法则下生存与发展,成为中小企业迫切而重要的任务。在"以人为中心""人本化管理"的今天,人力资源管理已成为关系到企业成败的重要因素,而国外企业早已在这方面走在了我们的前面。

2　我国人力资源管理状况

人力资源开发是随着经济的发展而发展的,经济发展的不平衡直接导致了人力资源开发的不平衡。我国沿海地区开发较早,相对内地而言管理比较先进;东部为经济发达地区,而西部为欠发达地区,开发较晚,管理与东部发达地区相比也相对落后;国有企业传统人事管理根深蒂固,难以实现管理的快速转变,而有限公司和私营企业管理相对灵活,其中的大企业与小企业相比,人力资源开发更加完善。

2.1　国有企业的人力资源管理

国有企业的职工素质一度普遍性偏低。在国有企业内部曾形成一种顶替、接班的独特的劳动用工现象,从根本上影响着企业的整体素质。随着企业的发展,接班取消了,但企业效益好时,还是有各种人要进来,软的、硬的、横的兼施。中国是个人情味极浓的国家,这方面在国有企业更甚。殊不知,提拔一个管理素质差的干部,既影响了应晋升干部的工作热忱,又为无所作为的干部提供了不思进取的依据。

国有企业绩效考核激励效应弱。尽管国有企业自改革开改以来正逐步由计划经济体制下政府的附属物,变为依法享有民事权利、承担民事责任、自主经营、自负盈亏的市场主体,但绩效考核仍是服务于等级工资制的依据,企业的绩效考核模式不能将组织目标与职工个人目标紧密联系在一起,难以发挥绩效考核的激励效应。

2.2　中小企业的人力资源管理

我国中小企业中有很多是原国有企业改制后形成,国家本意是要协助国有企业适应市场,增强活力和竞争力。但许多国有企业在改制后仅是更换了一下单位名称,建立了自己的章程,成立了董事会。但企业的管理仍旧延用以往的模式,形成了换汤不换药的现象,使人力资源的管理仍旧停留在人事管理阶段。

2.3　机关事业单位的人力资源管理

目前事业单位的人力资源管理表现更差一些,由于编制数的限制使人才的合理流动变得更加困难。事业单位相对企业来说,工作相对稳定,这也就导致了写条子的、打电话的更多,竞争的不公平性在事业单位更加严重,不想要的人占编制,而那些有一技之长的人,却因编制已满无法成为正式人员。目前,事业单位已开始实行公开招聘,事业单位的人力资源管理已开始起步,但远未达到理想的境界,今后的工作仍任重道远。

缺乏有效的激励机制。事业单位旱涝保收,没有竞争压力,人敷于事。对新知识、新技术没有追求,也没有动力。薪酬分配上的“大锅饭”问题表现突出。虽然实行了事业单位薪酬制度的改革,确定了岗位工资和薪级工资,但绩效工资办法才刚刚起步,如何使绩效工资部分起到有效的激励作用,仍是一个难题。

3　建立整体人力资源管理体系之见解

今后的世界将是全球化的经济,经济一体化的全球。不是一对一的较量,而是公司之间、地区之间、民族之间、国家之间的整体竞争。我国假如不迅速、有力地进行人力资源的开发和治理,经济发展就会由于我们的合作意识差而无法与发达国家竞争。所以说整体性人力资源开发势在必行。

3.1　建立完善的用人体制和制度

我国多年来坚持依法治国方略,积极推进民主立法、科学立法,为人人享有公正平等的发展权利,为科学开发人力资源提供法制保障。经过多年发展,中国逐步形成以宪法为根本依据,以劳动法、公务员法为基础,以劳动合同法、就业促进法、劳动争议调解仲裁法为主体,其他单项法律和行政法规为重要组成部分的人力资源开发法律体系。

2011年7月1日《中华人民共和国社会保险法》颁布实施,它的颁布实施保障了公民在年老、疾病、工伤、失业、生育等情况下依法从国家和社会获得物质帮助的权利。尤其是养老保险,要逐步实现全国统筹,这将为跨地区人才流动提供了便利条件,也为整体人力资源管理提供了法律保障。

3.2　打破机构、人员身份的界限

把我国的人力资源当作一个整体进行管理,彻底打破“铁饭碗”式的机构,削弱企业和机关、事业单位的差别,加大人才流动便利性,增强用人制度的透明度和公平性,实现人才的合理配置。为什么会出现成千上万人争考一个公务员职务的现象?除了公务员职位稳定、工资稳定外,更多人看中的是公务员的权利。只有改变机构的差别,建立能上能下的机制,才能使公务员的神话地位得以改变。

冲破传统的劳动人事管理的约束和“大锅饭”式的管理。在选人、用人等人力资源配置方面打破人员身份、地域界限,应不拘一格,大胆引进;同时采取公开竞聘上岗等方式对企、事业内部人力资源进行优化配置,把打电话、写条字的人置于管理制度之外。

3.3　创造一个适合吸引人才、培养人才的良好环境

在现代社会和经济发展中,人才是一种无法估量的资本,一种能给社会带来巨大效益的资本,人才作为资源进行开发是经济发展的必然。建立按需培训的人才资源开发机制,吸引人才,留住人才,满足社会经济发展和竞争对人才的需要,才能实现社会经济快速发展。现代人力资源管理强调人是一种宝贵资源,把主要工作转移到对人才的激励和培训上来,创造一个适合吸引人才、培养人才的良好环境,以提高人才适应现代市场竞争所需要的主动性和创造性。

4　不断探索人力资源管理之路

人力资源是社会所有资源中最宝贵的,只有建立一种能尊重人性、积极发挥职工创造性和积极性的体制,创造良好的政策环境与社会环境,逐步形成广纳群贤、人尽其才、能上能下、公平公正、充满活力的人力资源管理制度,才能实现人力资源从计划配置到市场配置的转变,建立整体人力资源管理系统,建设和拥有一支高素质的人才队伍,为国家现代化建设提供强大的人力和智力支撑。

[作者简介] 任慧璞(1972—),女,1996年毕业于太原大学,2011年毕业于北京理工大学人力资源管理专业;先后取得经济师和一级企业人力资源管理师资格。

本文刊登在《山西水利科技》2011年8月第3期(总第181期)

大伙房输水入连工程中钢管防腐两种方案的比较

王彦奇

(山西省水利水电工程建设监理公司，山西太原 030002)

[摘　要]介绍了大伙房水库输水入连工程压力钢管防腐的两种方案,通过两种工艺、材料及费用的详细对比,得出结论并预测今后防腐发展方向。

[关键词]钢管防腐;环氧树脂;聚乙烯;中频感应;给水管网

[中图分类号] TV47　　[文献标识码] B　　文章编号:1006-8139(2011)03-71-02

1　大伙房输水入连钢管工程概述

大伙房水库输水入连工程是为了解决大连市缺水问题而进行的一项应急输水工程,以碧流河水库为界分为南北两部分,其中南段工程包括新建36.31 km输水钢管(其中DN 1800钢管28.87 km,DN 1600钢管7.44 km)。

大伙房水库输水入连南段工程沿线关于地下水及土壤对混凝土、钢筋具有弱腐蚀性工程地质评价:环境水对混凝土无腐蚀性;对混凝土中钢筋具有弱腐蚀性的区段累计长度为13 900 m,其他段无腐蚀性;环境水对钢结构具有弱腐蚀性的区段累计长度为22 886 m。土壤对混凝土及混凝土中钢筋无腐蚀性;对钢结构具有氧化还原电位型弱腐蚀性;具有电阻率型中等腐蚀性的区段累计长度为22 886 m,具有电阻率型弱腐蚀性的区段累计长度为13 423 m。

2　钢管防腐

为了钢管防腐,大伙房水库输水入连南段工程新建36.31 km输水管线采用两种防腐型式:全长14 586.4 m的DN 1800埋地压力钢管(壁厚14 mm、每节直管长12 m)采用钢塑复合防腐型式,全长15 529.27 m的DN 1800、DN 1600埋地压力钢管(壁厚14~16 mm、每节直管长12 m)涂料防腐型式。下面就两种防腐型式进行详细比较。

2.1　型式一:钢塑复合防腐型式

钢管内壁涂装采用卫生级熔结环氧树脂粉末热喷涂,执行SY/T 0442-97《钢质管道熔结环氧粉末内涂层技术标准》,涂层厚度 $\delta \geq 0.5$ mm;外壁涂装采用线性低密度聚乙烯粉末热喷涂,执行 Q/CNPC-GD0251-2006《埋地钢质管道热涂聚乙烯粉末覆盖层技术规范》,涂层厚度 $\delta \geq 1.5$ mm。

防腐技术要求如下:

1)钢管的加热

将喷砂吹扫后的钢管吊到涂覆传输辊道上,用中频感应线圈对其进行加热。根据涂覆厚度、管径及管壁厚度选择不同规格的中频感应加热线圈。加热时,均匀转动钢管,使被加热钢管各部位温度均匀一致。温差控制在+5 ℃。

2)涂覆

钢管温度达到涂覆温度时,启动涂覆小车开启出粉口阀门,使粉料均匀地附着在钢管表面。涂覆前,根据钢管管径及要求的涂层厚度计算供粉量和小车速度。试涂一次,达到工艺要求后方可进行涂覆。熔结环氧树脂粉末采用压送或抽吸等方法将粉末均匀送入管内,使其熔融附着在内壁上;聚乙烯粉末采用淋涂或硫化等方法将粉末均匀附着在钢管外表面上。粉末塑(固)化的时间等参数执行粉末生产厂的规定。

3)钢管的冷却及检验

待涂覆钢管上的粉料完全融熔后,采用循环水方式对钢管进行冷却,确保涂层有较高的附着力(熔结环氧树脂粉末采用切割法试验结合力不小于19.6 MPa;聚乙烯粉末采用拉伸法试验结合力不小于3 kgf/cm。

2.2　型式二:涂料防腐型式

埋地压力钢管的外壁表面防腐采用GZ-2新型高分子防腐涂料(无溶剂)。外防腐加强级采用二布四油,总厚度600+20 μm,涂装顺序如下:底漆-玻璃纤维布-底漆-玻璃纤维布-面漆-面漆。

埋地压力钢管的内壁表面防腐采用 GZ-2 新型高分子防腐涂料(饮用水专用)。先施涂底漆(铁红)两道,然后施涂面漆(白色或中灰色)两道,即两底两面。总厚度为 200+20 μm,涂装顺序如下:底漆-底漆-面漆-面漆。

防腐技术要求如下:

1)涂刷底漆

(1)钢管表面除锈合格后,应尽快涂底漆。当空气湿度过大时,必须立即涂底漆。

(2)涂刷底漆时,要求均匀涂刷,不得露刷;底漆要求涂覆均匀、无漏涂、无气泡、无凝块;底漆表干后即可进入下一道工序。

2)打腻子

(1)钢管外防腐层缠第一层玻璃纤维布时,在底漆表干后,对高于钢管表面 2 mm 的焊缝两侧,应抹腻子使其形成平滑过渡面。

(2)腻子有配好的固化剂的面漆加入滑石粉调匀制成,调制时不应加入稀释剂,调好的腻子宜在 2 h 内完成。

3)涂面漆和缠玻璃纤维布

(1)底漆或腻子表干后、固化前进入下一道工序,缠绕玻璃纤维布时可与面漆涂刷同时进行。玻璃纤维布缠绕必须平整、拉紧,不得有皱褶、鼓泡。玻璃纤维布全部网眼均被面漆灌满。玻璃纤维布之间搭接宽不得小于 20 mm,搭接头长度不得小于 100 mm。缠绕两层玻璃纤维布时,各层玻璃纤维布的搭接头应展开。管道两端的防腐层应做成阶梯型接茬,阶梯宽度不得小于 100 mm。

(2)涂覆好的防腐层,宜静置自然固化。

4)防腐层的干性检查

表干——手指轻触防腐层不粘手或虽发粘、但无漆粘在手指上;

实干——手指用力推防腐层不移动;

固化——手指甲用力刻防腐层不留痕迹。

2.3 费用比较

两种防腐型式的费用见表 1 和表 2。

表 1 涂料防腐钢管费用表

项目名称	工程内容	单位(m²)	综合单价(元/m²)	合价(元)
钢管防腐	钢管内防腐普通级	63.33	60.30	3 818.799
	钢管外防腐加强级	68.61	110.70	7 595.127
合计(1 节长 12 m、壁厚 14 mm、DN1 800)		131.94	171	14 143.926

从两种防腐型式每平方米及每一节 DN1800 钢管费用的比较,已经清楚地看到:钢塑复合防腐成本相对比较高,每平方米单价差额为 297.9-171 = 126.9(元),假设投资 36 km 的 DN1 800 输水管线工程,若采用钢塑复合防腐型式将比涂料防腐增加 126.9×36 000 = 4 568 400(元)投资。

表 2 钢塑复合防腐钢管费用表

项目名称	工程内容	单位(m²)	综合单价(元/m²)	合价(元)
PE 热熔	熔结环氧树脂粉末热喷涂内防腐(厚 0.5 mm)	63.33	146.10	9 252.513
	热熔聚乙烯粉末喷涂外防腐(厚 1.5 mm)	68.61	151.80	10 414.998
合计(1 节长 12 m、壁厚 14 mm、DN1 800)		131.94	297.90	19 667.511

3 结 论

通过钢管防腐型式及费用的比较分析,两种方案各有各的优点,可以得出以下结论:

(1)涂料防腐原材料来源广泛、技术成熟,具有明显的价格优势,但工艺较复杂,人工缠布生产效率低,浪费人力资源,吸水率大、耐温差、易老化,防腐质量相对较低。

(2)钢塑复合防腐成本相对比较高,但集聚乙烯和环氧树脂优异的防腐蚀性能、钢质管道超强的抗变形能力于一体,工艺简单、施工方便,机械强度高、涂装设备可达到全自动化,降低了重涂返工的概率、节约时间成本,重量轻、耐碰撞、耐老化、吸水率小、绝缘电阻高、抗杂散电流性好、环保、使用寿命长、安全卫生,应用范围广,防腐效果优良。

(3)钢塑复合防腐是目前管道防腐最好的工艺,是广泛应用于石油、天然气、石油化工、电力、冶金、城市燃气管网、城市供水、排水管网和远距离输送各种水质的管道工程,更是今后发展的方向。

[作者简介] 王彦奇(1982—),男,2011 年河海大学毕业,助理工程师。

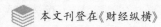
本文刊登在《财经纵横》

试论电子预算的优点

卢永爱

（山西省水利水电工程建设监理公司，山西太原 030002）

[摘　要]时代的发展推动着技术的不断革新，技术的不断革新不断创新着我们的生产与生活方式。如今，我们已经迎来了电子和网络的时代，电子与网络的普及与更新，使我们的生产与生活方式，发生着巨大的变化。同时，电子与网络时代的到来，对我们的财会工作也产生了极其深远的影响。本文将结合电子预算方式的产生与发展，分析电子预算方式对财会工作带来的巨大影响，进行进一步的分析与展望。

[关键词]电子预算；革新；发展

[中图分类号] F275　　[文献标识码] A　　文章编号：1001-828X（2011）06-0121-01

我们都知道，预算工作是企业实施资金控制的重要手段，是企业为获取竞争优势充分发挥企业财务预算的职能作用是管理科学的重要内容之一。传统的预算工作有诸多不尽如人意的地方，如工作量大，容易出错，内容不够全面，等等。利用电子预算手段，可以大大降低这些不利因素对于预算工作所带来的影响。

一、电子预算的概念与产生

1.电子预算的概念

电子预算是一种由人工智慧结合企业组织规则发展起来的一种网络式预算编制方法，它将企业各方面局部的信息整合成具有完整框架的预算体系，从而使预算的编制更正确，更富效率。电子预算代表着企业竞争战略进入一个革命性的时代。它作为现代财务的一种应用工具，具有效率性、合理性、战略性的基本特征。

2.电子预算的产生

我们传统的预算编制手段具有很多的局限性。首先，作为预算编制人员，必须具备相当的财会知识，方可进行预算编制，否则很难进行全面系统和深入的预算编制；再者，由于企业、单位各个部门之间的工作性质及侧重点的不同，财会人员编织出来的预算内容往往要根据不同部门的不同需求，进行大量的修改和完善工作、人工作业，这是一个非常大的工作量，有时候，因为一些数据的调整，更加需要牵一发而动全身，极大地降低了财会人员的工作效率。正是在这样的背景

下，电子预算应运而生。接下来我们将对电子预算较传统预算方式的优点进行分析。

二、电子预算的优点

1.通过电子手段编制预算，使预算工作变得快速而便捷

与传统预算编制相比，电子预算降低了编制预算时来回交涉的困难度和时间成本，而且通过在线编制预算，不需要工作底稿，也使得调整数字之类的单调工作不复存在。它消除了过去可能发生的纸张和时间的浪费，取而代之的是各种不同的、极富创意的编制技巧。

2.网络技术下的电子预算，扩大了传统预算的范围

企业可以将整个集团公司作为系统，以扩大预算的规模，集团下属各分公司可以透过网络从全球各地进入系统编制预算，从而使预算的编制过程更具效率性。电子预算在以下三个方面具有明显的效用：①降低企业的管理成本及难度；②提高员工的满意程度；③有助于发展竞争财务。在电子预算的配合下，竞争财务将有关信息转化为竞争战略的目标，使企业在获得上述三方面效用的同时，促进了预算流程的合理化，使过去单调、繁琐的预算工作转化为一种充满乐趣的组织战略。

3.电子预算与企业财务系统联结，极大地提高了预算的编制效率

它可以使任何一个参与预算编制的成员，调用过

去已发生的历史性资料库数据,且还可以将预算编制者的任意假设对其预算的影响显示出来。同时,在某一层次或某一范围内,也能显示其对整体预算的影响。电子手段使企业预算及预测功能完全自动化,即不论何时何地,预算编制者均可以借助于网络路径与预测编制系统联结,处理与他们相关的预算编制工作。同时,在预算编制语言的辅助下,轻松地编制、更新、追踪监控预算系统。

　　电子预算是财务管理的有效工具,它使所有的预算编制者在统一的规范下编制预算,并随时提供预算编制者决策所需的历史资料。电子预算帮助编制者制作不同形态的预算,例如物资采购预算、现金流量预算、人力资源预算等。最重要的是,电子预算促进了竞争财务的发展,提高了战略管理的效率,使财务工作者更多地分析、掌握有关公司成长过程中的关键性问题,如为了培育与发展企业的核心竞争力,企业应如何开展深入的市场细分研究,为了扩展和提高企业的核心业务,企业竞争战略的重点应放在哪些方面,以及如何把握价值链中的"战略环节"等。

三、运用电子预算需要注意的事项

　　虽然电子预算手段较传统预算手段具有其独特的优越性,但是我们同时也应该注意到,电子预算作为一项高科技的产物,其对于操作人员的计算机水平,还是有一定要求的,要想在企业推广电子预算方法,首先要对财会人员进行相关培训,使其掌握进行电子预算工作基本的计算机知识;再者,电子预算所要运用到的软件,是相关电子产品公司开发研制的,只要是电子产品,就难免出现这样那般的问题或者状况,这就需要相关软件公司、专业顾问群、电脑信息厂商的协助,来共同完成电子预算的工作。所以,我们相关企业单位在是否上马电子预算相关设备之前,一定要进行充分的考量和认证,结合自身实际情况,量力而行。

参考文献

[1] 李泉年,丁慧平.网络环境下的企业集团动态预算管理模式[J].财会月刊(综合版),2006(9).

[2] 廖晗钧,陈艳坤.论企业会计电算化与管理信息化[J].辽宁财专学报,2001(3).

[3] 杨毅,邵敏.电子资源建设的思路与实践——清华大学图书馆案例研究[J].情报理论与实践,2005(04).

[作者简介] 卢永爱(1973—),女,山西省忻州市人,毕业于郑州轻工业学院会计学专业。

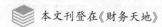

本文刊登在《财务天地》

小议如何改善企业的预算控制

卢永爱

（山西省水利水电工程建设监理公司，山西太原 030002）

[摘 要]预算是用数字编制未来某一个时期的计划,如用财务数字或非财务数字来表明预期的结果。因为预算可以作为计划的数量表现,所以可以很清楚地表明计划与控制之间的关系,故预算控制被广泛使用在管理控制工作当中。本文将着手与预算控制工作的几个要点方面,着重介绍如何改善企业的预算控制制度。

[关键词]预算;控制;制度;改善

在经济全球一体化的大环境下,我国企业在经历了漫长的阵痛期之后,逐渐进入了转型发展期。如何学习和借鉴国际先进的预算控制制度,提高我国预算控制制度的水平,是一个漫长而艰巨的任务。下面我们将结合预算控制的几个要点方面,包括预算执行控制点,预算报告制度以及预算管理控制方面,进行深入的讨论。

1 预算执行的控制点分析

1.1 建立健全预算授权制度

授权控制是指在某项财务活动发生之前,按照既定的程序对其正确性、合理性、合法性加以核准并确定是否让其发生所进行的控制。授权控制属于事前控制,授权管理的方法是通过授权通知书来明确授权事项和使用资金的限额。从预算管理分析,授权分为预算内授权和特别授权。预算内授权是指较低层次的管理人员根据既定的预算、计划、制度等标准,在其权限范围内对正常的经济行为进行的授权。特别授权是指对非经常经济行为进行专门研究做出的授权。由于特别授权的对象是某些例外经济业务,一般没有既定的预算、计划等标准所依,因而需要具体情况具体分析。

1.2 预算报告制度的建立与完善

预算调控职能的实现还有赖于定期报告制度的完善。预算执行过程报告是预算下达过程的逆向信息流动,是预算执行情况自下而上的层层汇集。根据行为科学和代理理论的思想,预算执行有赖于一个由若干不同层次的预算责任单位所组成的预算责任网。由于集团成员具有各自不同的预算目标,在其预算执行过程中又必须将实际执行情况随时进行反馈,所以,预算信息流组织需要通过分级核算,逐级汇报的方式实施。当然,所谓分级核算并不一定是分别设置财会部门进行核算,它也可指各级责任单位针对自身责任预算内容所进行的简单记录、计算。也就是说,各级责任单位都应该进行自我核算以便对自己的预算执行情况做到心中有数,并及时进行信息反馈。实质上,由于预算信息流就是预算执行过程中各种相关信息的传递,这些信息的传递并非设立某一个专门并非建立某一个专门的机构就能实现,而是有赖于预算执行单位的共同参与,所以,信息反馈组织与预算执行组织密切相关。

1.3 全面预算管理的核心——控制

全面预算紧紧围绕收支两条线,将人财物、产供销各环节全部纳入预算范围,并将预算目标层层分解到各子公司、各分厂、车间、部门、处室,各部门再落实到个人,使每个员工都对预算充分了解,并真正担当起应该承担的成本控制责任。根据一些集团的成功经验,现金流量对集团各成员具有很强的约束力,预算执行和监控的关键是细化和落实现金流量预算。

2 改善企业预算制度应从以下三方面入手

（1）一个企业的授权控制应做到以下几点：①企业所有人员不经合法授权,不能行使相应权力。这是最起码的要求。有权授权的人则应在规定的权限范围内行事,不得越权授权;②企业的所有业务不经授权不能执行;③业务一经授权必须予以执行。

（2）应有完善的预算报告制度：①内容的系统性，在集团预算执行组织中，不同层次的责任中心具有不同的责任预算目标，因而需要不同的责任报告，其详尽程度因管理需要而不尽相同，但其系统和完整性不应有异；②资料的相关性，为使定期报告的资料与管理当局的需要相关，制度设计时应注意使报告反映出各责任中心所能控制的内容和各级管理当局所需要注意之处；③报告的及时性，由于预算调控的对象是成员企业的日常经营和预算执行过程，所以报告的及时性是调控职能实现的关键。传统上，报告期间通常按月或其他时间间隔编制，但为适应预算管理要求，报告期间应尽可能缩短。

（3）加强全面预算管理的核心——控制：①根据企业年度预算制定各部门的动态现金流量预算，按季、月、周对各部门现金流量制定分时段预算，据以对其日常现金流量进行动态控制；②坚持收支两条线，现金预算才能对各成员企业现金收支发挥控制作用，若各单位可截留坐支现金，企业现金预算就会形同虚设；③为加大对现金流量和费用的日常控制，合理控制现金流向和流量；④在预算方法上，逐步推行"零基预算"。

用这种方法可以有效地避免目前增量预算中基期成本费用水平不尽合理的弊端，克服增量预算可能出现的预算浪费和不足。但与增量预算的方法相比，工作量大难度高，因此可以采用两者相结合，每隔若干年要进行一次"零基预算"以后几年做适当的调整，这样既可以减少工作量又可以使得预算趋于合理。

参考文献

［1］孙咏梅.预算控制——强化内部会计控制的有效途径［J］.科技情报开发与经济，2004（12）.

［2］廖贵明.浅谈如何做好企业的预算管理工作［J］.经济师，2002（12）.

［3］李国忠.企业集团预算控制模式及其选择［J］.会计研究，2005（6）.

［作者简介］卢永爱（1973—），女，山西省忻州市人，毕业于郑州轻工业学院会计学专业。

本文刊登在《建设管理》2011年第7期(总第145期)

关于正确处理业主和监理关系的思考

任够平

（山西省水利水电工程建设监理公司，山西太原 030002）

[摘　要]总结了工程建设中业主和监理关系不和谐的种种表现，分析探讨了矛盾产生的原因，提出了理顺双方关系的对策和促进监理行此科学发展的建议。

[关键词]业主；监理；关系；沟通；体制；机制

[中图分类号] F407.9　　　[文献标识码] B　　　文章编号：1007-4104(2011)07-0048-02

我国工程建设在国家政策的指引下，内部实施改革，外部与国际管理接轨，在建设管理体制机制上有不少创新。特别是从1988年开始实施建设监理试点以来，监理事业发展迅速。我国建设工程监理制度经历了起步、稳步发展阶段和全面推行阶段，至今已运行了23个年头。在此期间，我国国民经济和社会发展加快，基础设施建设和固定资产投资规模快速增长，全国、各省、各行业的建设工程数量、类别、技术含量、投资额度达到了历史新高，给监理行业和企业带来无数的机遇和挑战，造就了业主与监理精诚合作的不少业绩，同时也衍生出了诸多问题，引起了工程管理界的关注，亟待监理行业与企业认真研究和理性应对。

1 监理与业主工作关系不和谐的表现

业主与监理之间的误解，导致了双方在工作上的确存在一些矛盾，有浅层的，也有深层的，双方矛盾从两方面谈起。

业主方面主要表现为三点：一是对监理的抱怨，认为工程施工中存在的问题是由于工地上监理人员人数不够、资质不高、经验不丰富、责任心不强等单独原因或组合原因造成的。二是对施工中存在的问题，由于监理没有整改或整改情况不能令业主满意，业主开始投诉监理，如给监理公司致函，与监理法人代表约谈等，多是口气生硬，偏执一词。三是业主对监理的处罚，包括撤换认为不合格的监理人员甚至总监理工程师、经济罚款，直至中止监理合同。

监理方面也可以概括为三条。一是对业主的抱怨，多认为业主不守规范规程，不"按规则出牌"。不按合同办事，不能按时批复监理文件，口头指令太多，干涉监理，现场指挥。二是监理的致函，主要是监理对业主的安排不理解时的致函或者发备忘录，内容多是婉转迂回，希望业主三思而后行。三是监理的无奈，认为业主高高在上，把监理摆在"雇员地位"。有些高智能知识密集型的监理人员得不到业主应有的尊敬。再者，因施工存在问题和监理存在的一些问题，业主认为监理不作为，动辄"拉闸限电"，表现为不及时支付监理报酬，或者克扣监理费，或者对监理做出不对称的经济处罚。

2 双方误解产生的原因分析

2.1 无事先协商或及时沟通的工作机制

对于一些可能存在的问题或既成问题，双方都没有在事先（比如投标时或者签订监理合同时）进行友好协商，约定解决的办法和规章。当出现问题时，多数是一事一议，单方面下决定，这些临时的决策或决定多数为不合理，当然也导致对方的不理解和不支持。

2.2 沟通无效

一些业主认为，监理就是监工，必须对施工质量和安全问题负主要责任。而监理认为，在"政府监督、业主负责、施工保证、设计服务、监理控制"的施工质量管理体系中，监理处于控制质量的角色，而不是确保质量。对于建材质量问题，监理认为应遵守"谁采购、谁负责"的原则，不论是业主还是施工方采购。监理规范规定监理负责建材抽检和巡视。笔者建议，若监理事先已发现建材质量问题并书面指出要求采购方整改而未改正而引发相应后果，监理可以不负监理责任，应由采购方负全责;若因监理根本没有发现问题而引发相应后果,监理应负监理责任,但不能免除采购方负主要责任。同样思路,对于工序质量问题,若监理事先已发现并书面指出要求施工方整改而未改正而引发,监理可以不负监理责任,应由施工方负全责;若监理未发现而引发,监理应负监理责任,但同样不能免除施工方的主要责任。对于安全问题,监理也持相近的观点。

还有一些业主认为,监理是业主花钱雇来的,应该听从业主的指挥。而监理认为,监理是独立的第三方,开展工作应该遵行国家法律法规、部门或行业的规范规程以及合同、图纸,而不能随意去"突破"当业主的指令、文件与前述依据相抵触时,监理应执行前者。

2.3　缺乏第三方进行日常协调

由于在建设管理的微观活动中,监理与业主之间没有法定的第三方来协调关系,再加上多数业主在工作中处于主导和支配地位,监理的不少观点与建议或者被拒或者被悬。由于工程中没有一法定方来协调监理与业主的矛盾,导致监理要么屈从于业主,于工程建设不利要么矛盾开始积累、膨胀爆发直至监理被中断合同而退场,于自己不利。就如监理有义务协调业主与施工方的工作关系一样,有必要设置一个中介机构来协调监理与业主的日常矛盾,使双方矛盾及时化解。

2.4　工程建设体制和机制制约

业主与监理相互间长期抱怨对方但又得不到很好解决的问题,其实多数是一些深层次矛盾,并不是业主或监理的哪个具体个人造成的。其根源在于目前我国的建设体制和机制缺乏应变。如对于不少业主经常反映的不少监理单位缺乏诚信的问题,不是监理单位有意为之,而是没有持证的监理工程师可派出去。因此

政府主管部门应加大监理培训,增加监理执业人员的准考频次,降低准考门槛,调整考试内容和合格标准,颁发证件,培育更多的执业监理工程师。对于业主对监理进行经济处罚和处罚过重的问题,有人提出应将监理费支付业务与业主剥离,由行政主管部门指定专门机构来支付。笔者认为,此举不是解决问题的长久之策。一是背离了国际管理惯例,动摇了推行建设监理制的初衷;二是长此以往,监理无后顾之忧,工作缺乏动力和压力,对监理行业和企业自身发展几无裨益。建议政府行政主管部门组织专家研讨出台一些管理规定。针对双方关系上存在的问题,建立责任分类、责任界定以及处罚等的具体管理制度,并在制度贯彻落实中听取双方诉求,加强监督和引导,完善工程建设管理体制机制。另一方面,对于业主项目部的领导层及部门的设置关键岗位人员的资质、经验,目前在政府主管部门层面上来讲,也没有明确的规定。建议行政主管部门做一些硬性规定,确保业主关键岗位从业人员的基本素质,健全业主负责制的内容。

3　结　语

通过上述探讨笔者认为,监理和业主之间在工作上的浅层矛盾,可以通过双方在事先制定办法和事中有效沟通来加以解决;而深层矛盾则应通过政府主导出台具体的管理制度不断完善现有建管体制和机制,从战略高度和长远角度协调理顺双方的关系,从而推动我国监理行业健康稳定科学发展。

[作者简介] 任够平(1975—),男,工学博士,高级工程师,全国注册监理工程师、水利部注册监理工程师。

本文刊登在《现代工业经济和信息化》2011年11月第16期

传统人事管理向人力资源管理转变之我见

任慧璞

（山西省水利水电工程建设监理公司，山西太原 030002）

[摘　要]通过对人力资源管理与传统人事管理的比较分析，明确了我国人力资源管理的现状，从而提出加快实现传统人事管理向人力资源管理的转变是社会发展的迫切需要。

[关键词]人力资源；人事管理；体制转换

[中图分类号] F24　　[文献标识码] A　　文章编号：2095-0748（2011）11-0039-02

引　言

人力资源是社会所有资源中最宝贵的，人力资源管理的作用已被企业频升到企业战略的高度。如何实现企业、事业单位由传统人事管理向现代人力资源管理的转变，培养数以千万的专门人才，发挥我国巨大人力资源的优势，是关系21世纪社会主义事业发展全局的大事。因此，需要对人力资源管理与传统人事管理的联系和区别进行研究，更好地分析我国人力资源的状况，以促进传统人事管理向现代人力资源管理的转变。

1　人力资源管理和传统人事管理的联系

人事管理的起源可以追溯到非常久远的年代，对人和事的管理是伴随组织的出现而产生的。现代意义上的人事管理是伴随工业革命的产生而发展起来的，并且从美国的人事管理演变而来。人事管理部门在20世纪初开始出现，经历了一个从简到繁的发展过程。50年代以后，人事管理开始向人力资源管理转变，到70年代以后，人力资源管理在组织中所起的作用越来越大，传统的人事管理已经不适用，它从管理的观念、模式、内容、方法等全方位向人力资源转变。从80年代开始，西方人本主义管理的理念与模式逐步凸显起来。人本主义管理，就是以人为中心的管理。人本主义管理把人作为组织的第一资源，现代人力资源管理便应运而生。

事物的发展有一个演化的过程。人力资源管理是在传统人事管理的基础上发展、演变而成的。人力资源管理与传统人事管理是一种继承和发展的关系：一方面，人力资源管理是在人事管理的基础上发展和形成的，是对人事管理的继承，它依然要履行人事管理的很多职能；另一方面，人力资源管理又是对人事管理的发展，表现在具有许多新思想、新职能和新内涵，是对人事管理理论与实践的一次新飞跃。人力资源管理与传统的人事管理的差别，已经不仅是名词的转变，两者在性质上已经有了较本质的转变。

2　人力资源管理和传统人事管理的区别

人力资源管理是管理学中的一个崭新和重要的领域，是研究如何对人力资源生产、开发、配置和利用的，现代人力资源管理是以传统劳动人事管理为基础发展起来的，但二者却有诸多不同。

2.1　对人的认识不同

传统的劳动人事管理将人视为成本，将花费在用人上的薪酬、福利、培训等支出，视为生产过程的支出和消耗，在观念上同物质资源一样，所以在生产过程中尽量降低人力成本，以提高产出率。

人力资源管理认为人力不仅是一种资源，更重要的是一种特殊的资本性资源，将对人力费用的支出看成是一种投资，这种投资通过有效的管理和开发，可以创造出更高的价值，是能够长期带来利润的特殊资本。近十年来，世界各国一再加大对人力资本的投资力度，美国近几年用于教育的经费屡次超过国防经费。同样，许多企业每年都要从总利润中拨出大量的资金，用于员工的培训。这些企业看重的是人力资源蕴藏的巨大潜能，而这种潜能使人力资本投资收益率高于其他一切资本的投资收益率。

2.2　重视程度不同

传统的人事管理在企业中被当作事务性的管理，与企业的高层规划决策毫不沾边，人事管理人员的工作范围仅限于管理工资档案、人员调动等执行性的工作。

在现代企业中,人力资源管理被提升到战略决策的高度,人力资源规划成为企业的战略性规划,人力资源管理部门从无到有,直至上升到企业的决策层,人力资源的管理人员在企业中的地位也大幅提高。

2.3　管理方法不同

传统的劳动人事管理是被动、静态、孤立的管理。在这种观念下,员工从开始工作起,便被被动地分配到某个岗位,直至退休。有关部门人事管理中的招聘、录用、工资管理、奖惩、退休等环节的工作被人为地分开,由各部门孤立地进行管理,各单位、各部门只重视本单位本部门拥有的人力资源数量,而不管是否有效利用,更谈不上对人力资源的开发,人力资源的浪费、闲置现象极为严重。这种对人力资源进行静态、孤立、被动的管理阻碍了人力资源的流动、开发和合理有效地利用,违背了以市场实现对资源合理配置的市场经济法则。

现代人力资源管理是建立在市场经济基础之上的,按照市场经济法则,对人力资源的招聘录用、薪资福利/绩效考评和培训发展等进行全过程的、主动的、动态的管理,其各个环节紧密结合,主动地对人力资源的各个方面进行开发利用。人力资源各个时期的管理规划、培训开发总是与企业各个阶段的人力资源状况和目标紧密相连。人才市场体系的建立,使得人力资源流动渠道畅通,辞职或被辞退变得司空见惯,企业能不断地吐故纳新保持活力。全过程的、动态的、主动的人力资源管理符合市场经济以市场实现对资源进行有效配置的原则。

2.4　基本职能不同

众所周知,传统的人事管理是行政事务性的管理,强调具体操作,如人员招聘录用、档案管理、人员调动、工资奖金发放等。现代人力资源管理在传统劳动人事管理的基础上增加了人力资源规划、人力资源开发、岗位与组织设计、行为管理和员工终身教育培训等内容,使现代人力资源的管理更具计划性、战略性、整体性和未来性。这是现代人力资源管理的精髓,也是现代人力资源管理与传统劳动人事管理的最大区别。

2.5　管理效果不同

在计划经济时代,传统人事管理的重点在于管理,注重管好现有人员,它对规范员工行为、稳定员工队伍,乃至保持社会稳定方面,都起到了极大的作用。但这种管理把完成事务性工作为目的,把人降格为"执行指令的机器"。它的最大弊病是忽视人才培养、开发,无法调动员工的积极性。

现代人力资源管理,把人的目标和整体的发展目标结合起来,注重开发人的潜在的才能,为其进行职业生涯规划,从而使之明确地朝着预定的方向迈进。人员由被动地安排工作变为主动积极地工作,有利于推动生产发展,充分调动人员的积极性和创造性,从而适应市场经济条件下市场不断变化和静的需求。

3　我国人力资源管理现状

我国人力资源具有"富有"与"贫瘠"两面性。1998年10月英国首相布莱尔访问中国时说:中国的人力资源有两个特点:一是人力资源"RICH",二是人力资源"POOR"。他所说的 RICH 是指我国的人力资源丰富,而 POOR 则是指我们人力资源的素质还不高。

新中国成立后,我国一直实行公有制体制下的计划经济模式,从 20 世纪 80 年代以来,逐步形成以公有制为主体,多种所有制形式共同发展的市场经济。经济模式的转变,使用人主体的构成也发生了改变,在城镇从业人员中,国有单位就业人员逐步下降,有限责任公司和股份有限公司逐步上升,私营单位和个体经济就业人员也在不断上升。多元化的市场用人主体形成,必定会形成多元化的管理方式,这为传统人事管理向人力资源管理创造了条件。

人口众多、劳动力资源丰富是中国的基本国情。多年来,中国政府采取积极有效的政策措施,大力加强人力资源的开发利用,使中国的人力资源状况发生了显著变化。目前,国家为实现传统人事管理向人力资源管理转变建立了一系列的法律制度,以期促进人事制度改革的不断推进,这需要我们每个人在工作过程中树立依法办事的思想,严格按照国家既定方针和目标,促进人力资源管理制度的建立和长远发展。

4　结　论

人力资源的开发和管理问题摆在了我们面前,国家和地方的许多部门、单位已意识到人力资源的重要性,并开始重视抓这项基础工作。假如现在不抓人力资源素质的提高和开发,到了某一时间,人力资源问题将会阻碍我们迈进世界强国。因此,企业、事业单位管理人员对这种转变所面临的挑战和机遇要有一个全面的、清醒的认识,必须积极推进人事制度改革,创造良好的人力资源工作环境,建立充满活力的人力资源管理制度,实现人力资源从计划配置到市场配置的转变,在推进管理创新和转变中,推动传统人事管理向人力资源管理发展。

[作者简介] 任慧璞(1972—),女,1996 年毕业于太原大学,经济师,一级企业人力资源管理师,现从事人力资源管理工作。

本文刊登在《水资源与水工程学报》2011年2月第1期

软基重力坝设计中的技术问题与方案选择

张 磊

（山西省水利水电工程建设监理公司，山西太原030002）

[摘 要]针对磨滩水电站大坝工程设计与施工过程中存在的一些问题与困难，借鉴下马岭水电站拦河坝等已建项目的成功经验，提出适宜磨滩水电站大坝的设计方案，并依此总结归纳出在软弱基础上修建重力坝工程的技术难点与方案选择建议。

[关键词]软基重力坝设计；技术问题；方案选择；磨滩水电站

[中图分类号] TV642.3　　　[文献标识码] A　　　文章编号：1672-643X（2011）01-0159-04

0 前 言

我国水利水电工程建设中，混凝土重力坝是广泛采用的重要坝型之一，主要是考虑以下几个方面的因素：①重力坝主要依靠自身的重量维持稳定，各部位结构作用明确，设计方法简单，工程安全可靠性较高；②重力坝能较好地适应地形与岩石情况的变化以及复杂和不均匀的地基，很少因为地形、地质条件限制其广泛应用；③便于在坝体布置泄水、引水设施[1]；④便于施工，容易解决施工导流问题[1]。砌石重力坝因为具有就地取材、水泥用量少、对温控的要求低、施工简单、造价低等特点同时得到了大力推广。此外，在重力坝中还有碾压混凝土坝等坝型。目前，我国已建和在建的各类重力坝工程基本上都是建造在岩石基础上，软弱基础上建造重力坝的实例很少（软基建坝，坝型主要是土石坝）。

在重力坝的抗滑稳定计算中，往往只设置了岩体基础情况，要求核算坝体混凝土与基岩接触面、坝体剖面突变处混凝土层面及坝基内部缓倾角软弱夹层或结构面的稳定；即使是建造在软基上的土石坝工程，也多要求心墙与基岩接触或趾板开挖至基岩[2]。因此，在软弱基础上修建重力坝工程需要从结构和应力计算方面做许多探究。

磨滩水电站工程位于山西省阳城县东冶镇磨滩村上游，原设计为岩石地基上的浆砌石重力坝。施工过程中，在基坑挖至设计深度时，发现基岩埋深仍有3~5 m，而此时基坑开口尺寸已经不能满足继续开挖的要求，同

时，在工程度汛安全与整体工期安排上，重新考虑调整基坑开口尺寸，组织施工的风险和压力都很大。综合考虑各方面的因素后，决定在保持其他主要工程特性指标不变的情况下，采用在砂砾石基础上建造浆砌石重力坝的实施方案。由于在软基上修建重力坝的理论和实践相对较少，本文通过对下马岭、下苇甸水电站等为数不多的工程软基建造重力坝的具体情况进行分析，希望对磨滩水电站大坝的建设方案选择提供建议，并以此总结一点软弱基础建造重力坝的经验与教训。

1 下马岭水电站拦河坝工程情况

下马岭水电站位于北京门头沟区永定河上，拦河坝1958年7月开始兴建，1960年基本建成，同年12月蓄水运行。坝高32.7 m，经常作用水头23 m，拦河坝全长135.16 m，其中溢流坝段总长75.75 m，净长60 m，最大单宽下泄流量42.33 m³/（s·m）。拦河坝溢流坝段建在厚38 m的砂、砾石、卵石冲积层上，并夹有亚黏土和亚砂土透镜体。砾卵石主要成分为石灰岩和少量火成岩，粒径一般为8~15 cm，最大粒径约20 cm，透水性不均匀，透水系数在0.02~0.64 cm/s。

溢流坝段底宽43 m，为提高基础的承载能力，增加坝基的抗滑稳定性，并减小基础的不均匀沉陷，设计在溢流坝段增加了向上游延伸17 m长的悬臂底板。

坝基冲积层摩擦系数采用$\tan\varphi=0.5$，承载能力40 t/m²。坝下地基中有一层玢岩顺层面侵入，与石灰岩接触处有一层厚20 cm的软弱夹层，本身紧密，但遇水即崩解，其内摩擦系数采用$\tan\varphi=0.43$，$c=0.1$ kg/cm²。

坝基采用水泥帷幕灌浆，在上游坝踵设三排水泥灌浆帷幕孔，排距各 3 m。帷幕下游沿坝基设有 0.3 m 厚水平排水反滤及直径 150 mm 排水孔，孔距 3 m，深入廊道内。

该大坝运行后观测情况正常，幕后渗透压力低于设计值（设计渗透压力 0.4 H（H 为最大设计坝高），实际测得压力 0.1H）；溢流坝段垂直沉降量在上游侧为 -1~0.5 mm，下游侧为 4.5~6.5 mm，沉降量较小（根据水工建筑物实践经验，其允许倾斜度界限如下：水电站厂房立式机组段为 0.4 mm/m，溢流坝段为 1.0~1.5 mm/m，闸首段为 0.4~0.5 mm/m[3]），而且在变形缝上也没有发现错动的迹象[4]。

1962 年提高防洪标准后，护坦单宽泄量由原设计 24.3 m³/s 增加至 35 m³/s，在原设计与施工中，较多地考虑了减少水下开挖工程量的因素，而人为地抬高了护坦的高程。运行中发现，受闸门开启度不均匀的影响，存在单宽流量集中现象，由于下游水位的上升速度滞后于护坦上泄量增加的速度，致使下游河床普遍刷深。此后的模型试验和研究认为，从改善软基重力坝下游消能设施工作的稳定性考虑，即使在有消能设备的情况下，水跃淹没系数也不宜小于 1.0[4]。

2　下苇甸水电站壅水坝工程情况

下苇甸水电站位于永定河官厅山峡下游段，为引水式电站，拦河坝建于丰沙铁路落坡岭车站下游约 1 km 处，1975 年底工程基本完工并同期投入运行。拦河坝坝段构造类似平原水闸，最大坝高 10.5 m（堰顶至坝顶），全长 206 m，其中溢流坝段总长 140 m，建在厚约 37 m 由砂砾石和卵石组成的冲积层上，并夹有亚黏土和亚砂土透镜体。

下苇甸水电站原设计采用 54.3 m 长的塑料铺盖防渗，在二期施工中坝基出现管涌，形成环形沙丘。此后的钻探和试验表明，此段地基砂卵石颗粒级配微分曲线是双峰的，两峰之间有明显的断裂点，且峰点间距较大，属缺乏中间粒径的砂砾石，渗透稳定性极差。在开挖过程中，地基受渗流作用的破坏，空隙加大，渗透性增强，遭致原设计铺盖方案不能满足地基渗透稳定的要求，为此，最后变更为混凝土防渗墙和聚氨酯灌浆帷幕组成的垂直防渗系统。

设计坝基摩擦系数采用 $\tan\varphi = 0.55$。坝基采用混凝土防渗墙，平均嵌入基岩 0.86 m，厚 0.7 m。运行后观测数据正常，幕后渗透压力低于设计值。

3　磨滩浆砌石重力坝的设计构想

3.1　工程概况

磨滩水电站是沁河干流上的一个梯级电站。大坝原设计为岩石地基上的浆砌石重力坝，电站为坝后式，厂房建在非溢流坝段上。最大坝高 48.3 m，设计水头 22.5 m，水库总库容 2 740 万 m³，设计工况下单宽流量为 62.37 m³/s，校核工况下单宽流量为 62.37 m³/s。

由于地质条件与原先勘探资料存在一定偏差，施工过程中决定将原方案变更为在砂砾石基础上修建浆砌石重力坝，变更后的最大坝高为 34.6 m，其他工程特性指标不发生改变。

3.2　工程布置

修改后的枢纽工程包括左岸挡水坝段（长 37.5m）、溢流坝段（长 132 m）、冲砂闸坝段（长 13 m）和右岸挡水坝段（长 19.0 m）。除左岸挡水坝段坐落在岩石基础上外，其余坝段均坐落在砂砾石基础上，具体工程布置型式见图 1。

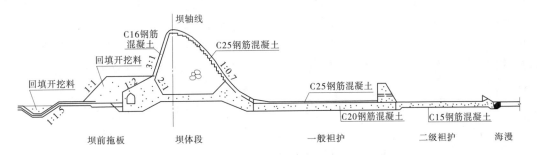

图 1　溢流坝段纵剖面图

3.3　地质条件

坝址覆盖层为厚 38 m 的砂砾石冲积层，含少量漂石，轻微泥质胶结，磨圆度好，并夹有亚黏土和亚砂土透镜体，磨滩水电站大坝坝址地质剖面图见图 2。

3.4　设计要点

砂砾石地基上修建重力坝需重点解决以下问题：

①坝基防渗处理；②下游消能设施；③地基承载能力；④建筑物的不均匀沉陷；⑤止水系统的布置设计等[4]。

3.4.1　基础防渗处理方案的选择

软基渗透稳定是影响坝体安全的重要因素，应当选择合理的防渗型式，以延长渗径，有效降低渗透坡降。

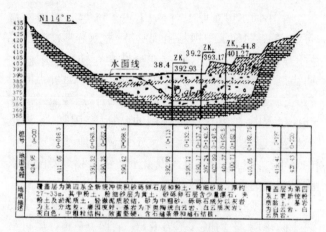

图2 磨滩水电站大坝坝址地质剖面图

考虑到方案调整时离汛期已不足四个月的时间，基坑回填与垂直防渗墙同时施工，在时间上存在很大困难，而要分期施工，后者必然要安排在下一个枯水季节，为此，将大幅增加施工的难度和费用；另一方面，由于砂砾石覆盖层的可灌性相对较差，地基处理费用较高，防渗方案最终选择了水平铺盖。此外，为确保防渗安全，同时考虑了垂直防渗方案作为备用，即在坝体中设置灌浆廊道，以便根据大坝运行、情况，为以后进行帷幕灌浆留有余地。

水平防渗铺盖由土工防渗材料和黏土层组成，其中土工防渗材料为两布一膜型复合土工织物，在土工膜上下各铺设30~40 cm厚的过筛黏土。具体铺设范围为大坝上游120 m，铺设高度为校核洪水位以下。

考虑左岸为裸露石灰岩，岩壁陡峭，黏土保护层铺设施工存在困难，一旦土工布不能得到有效保护，由于老化其使用年限将会大幅缩短，建议此处采取垂直防渗措施处理。

3.4.2 地基承载力与不均匀沉降问题

砂砾石层的内摩擦力、承载力和允许不均匀系数一般很小，为保证坝基抗滑稳定，需要坝体断面较大，与此相应增加了坝体的重量。磨滩大坝在坝体上游设置了悬臂式基础托板与坝体连接，既减少砌体体积，又

利用托板上的堆积物和水重增加了抗滑力，溢流坝断面见图1。

坝断面初步确定后，选用有限元法对坝基应力进行了模拟计算，结果表明，当地基反力达到400 kPa时，在坝底的上下游端出现局部低应力区，并表现出某些塑性特征，但坝基整体上保持稳定，不会发生剪切破坏。在正常运行工况下，按照直线比例法计算，地基平均反力约为250 kPa，反力不均匀系数小于2.0（下马岭水电站坝基反力不均匀系数为2.49），符合水闸规范要求（由于目前国内无软基坝设计规范，统一参照水闸设计规范）。

由于托板与坝体重量相差较多，采用刚性连接，运行过程，将会因为沉陷量的不同发生断裂破坏，为此，选择了柔性连接方式，见图3。

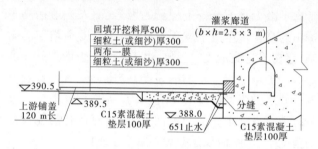

图3 上游坝脚设计图

3.4.3 下游消能设施

磨滩水电站坝址河道狭窄，单宽流量较大（设计工况单宽流量为33.5 m³/s，校核工况单宽流量为62.37 m³/s），为确定合理的消能形式与结构布置，本项目做了模型试验。

模型试验范围包括上游铺盖、溢流坝、坝后一级消力池、二级消力池、海漫段、铅丝石笼段、部分下游河床，单元坝段及相应上下游建筑物宽度为22 m，模型试验选取溢流坝中间段（不考虑两岸影响），并不考虑原溢流坝后建筑物布置的偏转，即一、二级消力池的消力坎与溢流坝平行，海漫段、铅丝石笼段和下游河道段皆为直段。最终选择的方案见图4。

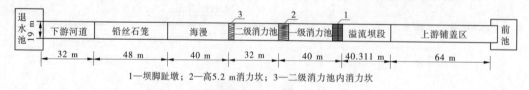

1—坝脚趾墩；2—高5.2 m消力坎；3—二级消力池内消力坎

图4 护坦设计图

与原设计方案相比，根据模型试验选择的消力池长度减少15 m，而池内最高水位相差不足0.3 m，水流流态较原设计方案为好，效果十分明显。

4 结语

（1）虽然在软基上修建重力坝的案例相对较少，

但成功的实践表明，慎重地处理好坝基防渗、地基承载、不均匀沉陷和下游消能等问题，坝体的稳定是可以保证的。

（2）除拴驴泉水电站等少数工程采用水平铺盖外，目前，坝基防渗处理有采用垂直防渗墙的趋势。这是因为国内外已经建成的软基重力坝中，垂直混凝土

防渗墙的案例比较多,混凝土工程的强度优越性较土工布等柔性材料而言,在人们的心中具有更高的安全感,并且其防渗效果"已经得到检验"。但水平防渗铺盖毕竟适应基础沉降变化的能力更强,价格上也具有优越性,而且,软基上采用土工布等柔性材料,更多是考虑其防渗功能,水体的渗透压力往往很大一部分由土体本身承担,为此,是否可以采用水平铺盖型式,还有待很多的研究和验证。

(3)悬臂式基础板坝体型式已经成为软基重力坝设计中为减小坝体体积的常用方法[3],但悬臂板的厚度不易过薄,否则悬臂板本身不足以承受由于不均匀沉陷造成的弯矩,以致必须设置沉降缝。由此需要解决以下问题:①确保悬臂板与坝体的可靠连接,以共同承担抗滑作用;②采用有限元程序模拟托板与坝体的沉降缝时,需要合理确定边界条件;③要确保伸缩缝内止水的质量,避免水从该处渗进影响坝基安全。根据已建工程经验,采用坝体上游面逐步变小的形式,悬臂板厚度不小于 5 m 的型式是安全可靠的,虽然增加了钢筋混凝土的工程量和造价,但是由于悬臂板厚度足以承受其抗弯弯矩,不会发生断裂,坝体安全得到了保证。

(4)坝基与覆盖层间摩擦系数的选择,很大程度上影响着坝体的断面和工程造价。下苇甸水电站大坝基础与砂砾石摩擦系数最初选取 0.6,后来调整为 0.55,该水电站目前运行正常。根据 1973 年都江堰水利枢纽改造工程主闸砂卵石实验报告,混凝土板与砂卵石层间系数取值为 $f = 0.484 \sim 0.62$,平均值 0.582,考虑折减系数 0.85 以后为 0.495,同时认为坝后护坦可以进一步提高坝基的摩擦系数,有利于坝体稳定[5]。磨滩水电站设计时,混凝土与砂砾石摩擦系数取值 0.43,可能偏小,取 $0.48 \sim 0.49$,或许更合理一些,所以有必要对基底摩擦系数做进一步的分析研究。

(5)由于软基重力坝设计中许多问题尚未澄清,所以对一些关键问题的处理必须借助模型试验,想当然的解决办法,往往埋下很多安全隐患,或是工程费用的不合理。

参考文献

[1] 朱经祥,石瑞芳.中国水力发电工程(水工卷)[M].北京:中国电力出版社,2000.8:116-130.

[2] 王世夏.水工设计的理论和方法[M].北京:中国水利水电出版社,2000:150-170.

[3] 李文林.前苏联的非岩基混凝土坝综述.永定河陈家庄水库软基混凝土坝专题情报调研之八[R].水电部天津勘测设计研究院科技信息室,1994.12:5-35.

[4] 水电部北京勘测设计院.上马岭水电站溢流坝设计及其基础处理[R].1963.12.

[5] 蔡显宏.水利工程现代化管理技术在都江堰水闸上的应用[J].四川水利,2007(2):35-37.

[作者简介] 张磊(1969—),男,山西绛县人,高级工程师,研究方向:岩土工程,从事水利工程施工监理工作。

本文刊登在《山西水利》2011年第1期

论监理工程师在建设项目管理中的作用

杨继林

（山西省水利水电工程建设监理公司，山西太原 030002）

[摘　要]随着我国工程事业改革开放应运而生的建设监理制，已成为工程建设管理中的一项重要制度。阐明了工程建设项目管理中监理工程师的职责和监理工作中存在的问题，研究其发展前景，提出了强化、规范监理的建议。

[关键词]建设监理；监理工程师；工程建设管理

[中图分类号] TU712　　　[文献标识码] C　　文章编号：1004-7042（2011）01-0054-02

我国建设项目管理实行项目法人负责制、招标投标制、建设监理制和合同管理制的建设管理模式。建设监理制就是对工程建设项目实行全方位、全过程的控制，主要包括质量控制、进度控制、投资控制、合同管理与信息管理。而监理工程师如何能在建设项目管理中更好地发挥作用，成为建设项目管理中面临的问题。下文分析了施工阶段监理工程师在项目管理中的重要作用，提出了强化监理、规范监理的意见和建议。

1　工程建设项目管理的任务与要求

监理管理工程建设项目是法律赋予监理的职责，具有强制性和规范性。根据建设监理规范，监理管理工程建设项目的主要任务是"三控制、两管理、一协调"，即质量控制、进度控制、投资控制、合同管理、信息管理和协调。从监理任务可以看出，监理管理建设项目应该是全方位的，不仅应精通专业技术知识、掌握造价投资分析、熟悉合同法律知识，还必须能有效控制建设进度、有能力协调各方面关系、规范建立工程档案信息。这就要求监理单位及其人员应具有相当的专业知识技能和综合管理能力，是高智商、高素质的一流的团队和人员。

2　工程建设项目管理现状及存在问题

2.1　合同管理

从法律和制度层面上讲，我国的建设工程管理体制强制规定了应实行监理项目的规模，明确了监理项目管理的任务，同时也制定了相应监理规范，在管理体制上为建设项目实施监理奠定了理论基础。从具体项目管理层面看，监理开展项目管理的依据是委托监理合同，根据项目法人的授权对施工承包合同进行管理。合同是项目管理的核心与纽带，管理好合同才能管理好建设项目。但在监理工作实践中，监理往往难以严格进行合同管理。如施工合同签订的内容不全、条款不细、自相矛盾、概念模糊等都给合同管理带来较大难度。此外甲乙双方合同意识差、分包转包现象严重等也给合同管理带来极大难度。

2.2　质量控制

质量控制关系到项目能否达到预定的使用功能和寿命，关系到建设项目的成败，是监理项目管理的重点。监理进行质量控制的主要依据是施工技术规范、技术标准、设计文件和施工图纸。在质量问题上，施工单位应承担质量保证责任，监理应承担质量控制的职责，监理工程师应具有一票否决的权利。但在实践中往往因施工单位质量意识差，质量管理体系不健全，"三检"制度不落实，质量保证体系形同虚设，造成监理工程师直接检测施工质量，不仅超越了监理质量控制的职责范围，甚至要替施工单位承担质量保证的责任。建设单位也往往混淆施工与监理的职责和责任，发生质量问题直接将板子打到了监理身上，如此不仅使监理承担了不应该承担的责任，而且削弱了施工单位的质量管理，形成恶性循环。

2.3　进度控制

进度控制是监理单位的任务之一，监理单位应检查落实进度计划的执行情况，分析影响进度的原因并提出纠偏的意见和建议。同时应检查落实施工单位进度纠偏措施的实施情况和进度纠偏的效果,以此手段实现项目管理的进度控制。可在实践中往往发生建设单位违反合同工期要求现象,如主观臆断压缩工期、不能及时提供施工图纸、不能及时解决征地、协调等问题。压缩工期造成质量难以控制且易引发安全生产隐患,而拖延工期则造成施工单位索赔甚至引发其他不必要的质量问题、安全问题和投资增加等损害。

2.4 投资控制

法律赋予了监理工程师投资控制的职责,要求监理工程师按照合同文件进行投资分析与控制,合同也给予监理工程师控制工程款支付的权利。但在实践中因影响投资的因素很多,投资控制的难度很大。主要表现在合同不全不细、设计粗糙肤浅、施工条件变化等方面。具体体现为变更索赔频繁、新增项目多、工程量变化大等,给投资控制带来很大难度,尽管监理工程师在处理这些问题时小心谨慎,但都不可避免地造成投资增加,难以发挥投资控制的作用。

2.5 监理人员的业务水平及素质

监理单位的性质决定了它既是技术服务型的组织,也是智能管理型的组织,这就要求监理人员不仅应具有很好的专业技术技能,还必须具备较高的综合管理素质。特别是主要管理人员应该有更高的素质。有人说总监在技术上应该是"总工"、在管理上应该是"总理"、在生活上应该是"总务",它形象地反映了监理人应具备的素质。如果不具备或不完全具备这些素质,将难以胜任监理项目管理工作。

2.6 施工人员素质

现阶段监理工程师主要是施工阶段的项目管理,管理对象应是施工单位的施工组织实施过程。监理工程师能否对施工过程进行有效管理,主要体现在能否对施工人员进行有效管理。施工队伍都是经过招标投标参与工程建设的,应具有一定竞争力,但在实践中,管理人员不按照合同约定到位、管理人员业务素质低、职责不明确、责任不落实以及分包转包现象严重,极大地降低了施工单位的管理水平。

2.7 监理与业主的关系

建设项目的性质与特点决定了其实施过程的复杂性。我国的建设管理程序对建设项目的实施有严格的规定,建设、监理、设计、施工、运行以及政府监督管理等单位都参与其中。监理单位就是受建设单位委托,根据委托监理合同赋予的权利和义务对合同双方的履约情况进行监督、检查与落实,通过控制双方履约的过程,确保合同目标的实现。我国建设监理起步较晚,管理体制上还存在很多弊端,还不能保证监理工程师处于独立的

"第三方"地位。业主与监理是委托与被委托的关系,应该是业主的"律师",但实践中往往被理解为雇佣关系,成为业主的"管家",失去了独立性,当然也就失去了公正性,这在很大程度上削弱了监理的作用。

3 意见及建议

建设项目管理是一个系统工程,需要从体制、机制和制度上全面提升,这样才能尽快与国际接轨,适应建设项目管理国际化与市场化的需要。监理工程师作为建设项目管理的主体,必须从以下几方面不断改善。

3.1 加大监理工程师专业人才和素质的培养力度

建设监理制已经成为工程建设的基本制度,法律赋予了监理工程师对工程项目施工进行质量、进度和投资控制以及合同管理的职责。如果不具备一定数量和素质的专业监理人员,难以满足建设监理的需要,也不能真正发挥建设监理的作用。目前工程建设监理人才缺乏、素质不高现象很严重。不仅需要提高建设监理的专业技能,而且要掌握合同知识,熟悉标准施工合同条款以及与工程建设相关的法律法规,同时还必须具备英语和计算机等操作能力。因此,加大专业监理人才的培养力度,造就一批高素质的优秀的监理工程师队伍显得十分重要和迫切。

3.2 加快建设监理制度与国际接轨的步伐

我国建设监理是在制度强制下发展起来的,建设各方对监理的作用、效果及其重要性认识不足,配套的制度建设还不完善,因此要尽快完善建设监理制度,为监理工程师开展工作创造宽松的环境,使监理制度与国际接轨显得十分必要。业主应支持监理依照法律、标准和合同开展工作,尊重监理独立、公正的立场;监理也应站在公正的角度,运用自己的知识与技能科学地分析和处理施工中的问题,在不违背法律法规和合同的基础上独立提出处理意见和决定。

3.3 加强监理队伍自身建设,规范监理行为

工程建设监理本身也是一种委托服务的合同关系,是否能够服务好工程建设,是否能让施工合同双方都满意,除了有一个良好宽松的社会环境,还必须有规范和过硬的业务能力,否则监理单位难以在市场竞争中生存,也难以让施工合同双方满意,更难以承担起法律赋予的建设项目管理的责任。因此,加强监理队伍自身建设必须从监理人员的思想素质、专业素质、道德水平等方面进行全方位培养和锻炼,这样才能够真正规范监理行为,才能管理好合同、服务好工程建设。

[作者简介] 杨继林(1966—),男,1989 年毕业于太原理工大学水工建筑专业,高级工程师。

本文刊登在《山西水利》2010年第8期

太原小店新区中水综合利用未来发展预测

马冬燕

（山西省水利水电工程建设监理公司，山西太原 030002）

[摘 要]在对区域污水处理利用现状、发展前景分析的基础上，对不同水平年的总需水量、中水需水量进行了分析预测，并对中水供、需水量平衡进行分析，建议在未来城市建设中，严格实行分质供水，积极推进中水资源的有效利用，实现区域水资源的科学合理配置，有效保护生态环境，为创建"资源节约型、环境友好型"的现代化新城奠定良好的基础。

[关键词]中水回用；污水处理；设想；小店新区；太原市

[中图分类号] TV213.9　　　　[文献标识码] C　　　文章编号：1004-7042（2010）08-0022-02

太原小店新区建设是太原市"南移西进、扩容提质"城市发展战略的主战场，按照太原市南部新城总体规划，小店区将建成"高起点、高品位、高标准"的现代化新区，同时承担太原市未来发展的产业结构调整和升级职能，具有空间大、后劲足、前景好的区域优势。但随着城市的迅猛发展，城市污水问题日渐凸显，如何进一步协调好城市用水供需矛盾，加快中水回用建设步伐，是太原小店新区建设发展面临的机遇和挑战，也是太原市建设创新型城市和全方位构建和谐社会的需要。

1　战略地位

根据《太原南部新区总体发展概念规划方案》和《太原市城市总体规划》，小店新区将建成以现代化服务业、新型产业、旅游业、教育产业为主体的适宜居住、旅游、投资的绿色服务型现代化新区。小店新区建设是提升城市整体功能的战略需要；是实现太原市"率先发展"，增加新的经济增长点，建设生态园林城市的需要；是构建"和谐社会""以人为本"，实现人与自然和谐共处的需要。

2　中水利用现状及发展前景

2.1　污水处理、利用现状

太原市年污水排放量约 2.3 亿 m³，其中，汾东地区约占总量的 70%，全市污水处理达标率 38%。全市现有 8 个污水处理厂（设计处理能力 49.64 万 m³/d），其中小店新区有两个，分别为杨家堡和殷家堡污水处理厂。杨家堡污水处理厂是太原市已建污水处理厂中

规模最大的处理厂之一，设计处理能力 16.64 万 t/d；殷家堡污水处理系统已并入规划中的城南污水处理系统，目前正在建设当中，设计处理能力 20 万 t/d。

据统计资料，太原市年中水利用量 0.805 亿 m³，占全市排污总量的 35% 左右，其中小店新区杨家堡污水处理厂年中水总量约 3 800 万 m³。灌溉季节，杨家堡污水处理厂的中水全部用于小店区的农业灌溉，总量约 2 850 万 m³，非灌溉季节经处理达标后排入汾河河道。如果杨家堡污水处理厂满负荷运行，年中水总量可达 6 000 万 m³。

2.2　发展前景

目前，太原市年污水排放量约 2.3 亿 m³，污水处理率仅 38%，尚有大量的污水未经处理便直接排入河道，不仅造成污水资源的极大浪费，同时对城市下游河道生态环境造成毁灭性破坏。另外，农业直接引用污水进行农田灌溉不仅造成浅层地下水大面积污染，而且严重影响农产品的质量。因此，加大污水治理力度，提高中水回用率势在必行。

城市污水量大、集中、水质水量相对稳定，世界上许多国家都在积极利用城市污水，且取得了许多成功的经验。太原市城市年污水排放量较大，随着经济发展、城市总体扩容和小店新区建设步伐的加快，城市污水排放量还将持续增加。但目前污水处理率和中水回用率较低，与国外先进城市及我国生态园林城市的建设要求相差甚远，太原市城市污水资源化还有很大的发展空间，中水利用前景广阔。

3　需水量预测及发展规划

3.1　不同水平年需水量预测

太原小店新区总需水量、中水预测分两个水平年，分别为2015水平年和2020水平年。小店新区中水利用分区由以下几部分组成：太原市市中心区中水利用预留口、小店主城区、太原市经济技术开发区、太原市教育园区、南部综合居住区、南部远期综合居住区、东峰高档住宅区、东山万亩花果山生态旅游区、贾家寨观光农业区、西贾湿地生态农业区及传统农业灌溉区。通过对小店新区不同水平年总需水量和中水需水量预测可知，2015水平年总需水量16 012.69万 m^3，其中中水需水量9 834.30万 m^3，约占总需水量的61.42%；2020水平年总需水量18 087.93万 m^3，其中中水需水量10 343.59万 m^3，约占总需水量的57.19%。

太原小店新区中水利用充分体现"优质优用、低质低用"的原则，为保证用水安全，在新区建设中应全面实行分质供水。污水处理厂处理后的二级水主要用于区域农业灌溉和生态环境用水，深度处理后的中水主要用于生活杂用、工业、市政杂用和第三产业用水。

3.2　发展规划

根据新区总体发展规划及现已形成的污水管网系统，将小店新区分为杨家堡、城南、西蒲、教育园区、经济开发区及武宿机场6个系统。通过对其不同水平年污水处理厂规划可知，2015水平年和2020水平年污水处理厂总处理规模分别为44.64万 m^3/d 和54.64万 m^3/d。另外，尚需建设完善的污水收集系统、中水供水系统及中水调蓄系统，才能确保处理后的中水有效利用。

3.3　中水供需平衡分析

在规划的污水处理厂中，教育园区和经济开发区有独立的污水处理系统，处理后的中水全部回用，不足部分由大中水管网提供。根据各分区需大中水管网提供的中水量可知，2015水平年和2020水平年需大系统提供的中水量分别为8 259.69万 m^3/d 和8 625.04万 m^3/d。

区域中水供需分析分为灌溉季节和非灌溉季节。灌溉季节中水需水主要包括农业灌溉用水、生态环境用水、市政杂用水、城市居民杂居用水及部分工业用水和第三产业用水。非灌溉季节中水需水主要包括城市民杂居用水及部分工业用水和第三产业用水。通过对不同水平年区域中水供需平衡分析可知，2015水平年和2020水平年系统提供的中水在满足需要的同时尚有一定的富余量，分别为4 930.71万 m^3/d 和8 165.36万 m^3/d。

3.4　富余中水去向分析

3.4.1　灌溉季节富余中水的去向

灌溉季节富余的中水可作为商品水，去向大致包括：向小店区辛村一带和西温庄一带新建企业提供工业用水；向清徐河东地区的王答、集义、徐沟等地提供农业灌溉用水；通过太榆退水渠向敦化灌区提供农业灌溉用水；向迎泽区枣园、马庄一带的新开发区提供生态环境用水；向汾河公园提供生态环境用水；向市中心区提供城市生态环境用水、城市居民杂用、工业和第三产业的部分用水等。

3.4.2　非灌溉季节富余中水的去向

非灌溉季节富余的中水去向大致包括：向小店区辛村一带和西温庄一带新建企业提供工业用水；向市中心区提供河湖补水、城市居民杂用水、工业和第三产业的部分用水等；向汾河公园河湖补水；通过调蓄工程再利用；除满足以上用水外，其余富余中水排向下游河道，用于河道生态用水。

4　建　议

第一，建立、健全中水资源利用的法律、法规和政策体系，完善相应的运行监督管理机制，制定相关的技术标准、规范，确保城市中水有效利用的法律保障。

第二，加大供水水价的改革力度，建立符合市场经济发展需求的水价格机制，尽快完善污水处理收费制度。充分发挥水价格杠杆对水的调节作用，促进节水和中水利用。利用行政的和经济的手段，引导用水单位积极利用中水资源，扩大中水的应用范围，特别是市政、绿化、环卫和工业用水等要率先使用中水。

第三，建议把中水利用纳入城市发展总体规划，实行分质供水，严格执行"优质优用、低质低用"的原则，充分体现发展循环经济、建立节水型城市的先进理念，促进全市经济、环境可持续发展、人与自然和谐共处。

[作者简介]　马冬燕（1978—），男，2007年毕业于太原理工大学水利水电工程专业，助理工程师。

本文刊登在《山西建筑》2010年11月第36卷第31期

树立持续型培训理念 创建学习型监理企业

马存信

（山西省水利水电工程建设监理公司，山西太原 030002）

[摘　要]对山西省水利水电工程建设监理公司在对企业内部员工进行培训教育过程中的经验进行了总结，具体阐述了该公司"持续培训理念"的具体内容及工作方法，以期为同行提供指导和帮助，从而创建学习型监理企业。

[关键词]监理企业；以人为本；培训体系；激励机制

[中图分类号] TU712.2　　　[文献标识码] A　　　文章编号：1009-6825(2010)31-0227-02

山西省水利水电工程建设监理公司自1993年成立以来，以"诚信、守法、公正、科学"的监理理念，"高效、真挚、周到"的服务精神，受到了业界的一致好评，逐步成为全省乃至全国一流的监理企业。这一切成绩的取得，很大程度上是依赖于我们有一批优秀的员工队伍，而培训是保持我们具有高度竞争力和发展后劲的人才机制的一个重要举措。

多年来，我们以"持续培训理念"为基础，以"创建学习型企业"为目的，认真抓好对职工的培训教育，不断提高监理队伍素质。下面我就把我公司在培训教育方面的几点做法作一个简单的介绍，和大家共同交流、共同学习。

1 准确分析企业的现状 明确企业的发展方向

作为监理企业来说，制定正确的发展战略是很重要的，公司的一切工作都是围绕这个战略来进行的，当然包括培训教育工作。为此，我们在认真了解监理市场发展需求，仔细分析公司发展现状的基础上，制定了"以市场为导向，以水利工程监理为核心业务，逐步拓展市政、房建等其他领域市场，使公司成为综合型、经营型、管理型、服务型的国内一流企业"的发展战略。公司有了明确的发展方向，使各项工作计划和措施的制定有了准确的依据。

2 分析队伍构成 划分人员层次

建设工程监理属高智能服务，它的这种性质决定监理人员必须是高智能、高素质的综合型人才。目前，

由于体制的、市场的、政策法规的和人力资源等强力因素的种种状况，建设工程监理企业承揽到的业务逐步集中在工程项目建设的实施阶段，重点又是施工阶段的服务，施工阶段又特别突出了施工过程的工程质量。由此，对监理从业人员素质的实际要求也发生了相应的变化，一些熟悉施工现场专业操作的人员不断进入工程监理队伍，在工程监理企业中，高层次的人力资源和低端的人力资源共同存在。

在这种大环境的影响下，我们的人力资源也是参差不齐。为了使培训教育工作更加有针对性，公司逐步调整了组织构架，精简机关人员编制，专业人员全部向生产一线倾斜。根据承接的监理业务将人员按专业和实际能力进行划分，初步形成了适应市场需求的人员梯队。

3 坚持"以人为本" 树立良好理念

监理公司的成功发展，监理人员素质的高低起着决定性的作用。只有优秀的监理人员才能提供优质的监理服务，也只有优秀的监理人员才能为监理企业建立和维护优秀的监理品牌。公司坚持"以人为本"的人力资源管理理念，在多年的工作当中形成了一套公平、良好的培训机制，使员工进入公司后不仅仅是工作，而是通过形式多样的培训教育得到锻炼、学到本领，有机会提高自己，实现自己的人生梦想。

在竞争激烈的市场经济中生存，我们切身体会到，自身素质的提升对企业长足发展的极端重要性。因此，我们把培训教育作为对职工的最大福利。我们不

断地梳理培训思路,更新培训方式,使公司"大培训、大教育"的理念植入到员工的心中,把重视培训、加大培训力度作为了公司人力资本投资的主要方向之一。

4 营造学习氛围 激发学习热情

学习型的组织要有学习型的文化,首先要确定学习的理念和价值观,要把学习与创新作为公司的核心理念进行塑造。主体意识能激发员工的主人翁责任感,使他们不仅乐于接受企业的价值观,还会积极充当传播者。其次要求管理者改变过去的管理风格,在工作、生活上应关心员工,认真听取员工的意见和要求,做到领导和员工意见沟通、感情融洽。再者要建立学习型的团队和相应的激励机制。要培养主体意识,企业必须满足员工的基本需要,尤其是物质上的基本需要,这是调动职工参与建设企业文化积极性的基本条件。同时,应积极推动员工参与管理,健全各种经济责任制,健全奖励机制,把个人利益捆绑在企业利益上,增强企业的凝聚力。

5 划分科学组织机构 构建完善培训体系

5.1 专业技术培训

(1)由公司有经验的专业技术人员进行专题技术讲座,进行新工艺、新材料及质量管理知识等专项培训,包括:规范规程、安全监理管理、行业相关法律、法规、监理资料档案管理、监理业务等内容。

(2)组织专业技术人员参加各种学术交流会,学习先进经验,开阔视野。

(3)着重抓好对执证人员的继续教育及取证人员的岗位培训的报名、考核工作。

(4)对需通过考试取得专业技术职务或上岗执业的专业人员,通过计划培训和考前辅导,提高职称考试、执业考试的合格率。

5.2 员工基础培训

(1)认知培训:对新进入公司的员工主要强化公司的企业文化、劳动纪律、团队精神等知识的培训,使新员工对公司及行业有一个大致的了解和感性的认识。

(2)其他培训:公司对员工进行行业新形势、新动态、新知识以及相关法律法规、安全生产等方面的持续性培训,使员工能够及时了解行业内的一些新情况,顺应形势需求。

5.3 员工学历深造

(1)调动员工积极性。为了鼓励员工进行学习深造,公司制定了各种有利的政策。在学习时间上,公司合理安排深造学历人员的工作时间,为他们留出了足够的函授和自学时间。在资金上,公司出台了《深造学历人员学费报销办法》,为他们解决一部分学费的问题,使他们的学习积极性不断高涨。

(2)做好服务工作。为员工自学考试提供良好的服务,帮助员工报名,提供函授信息;制定相关激励机制,增加员工学习的动力。多年来,公司坚持以事业留人、文化留人、管理留人、薪酬留人的方式,将员工的培训融合到了各个方面,从公司经营理念到战略决策,从行业知识到专业技能,从执业资格到职业道德,建立了一套符合员工成长的教育培训制度,真正作到靠制度约束人、管理人、激励人,使教育培训工作逐步走向制度化、规范化轨道。公司在培训教育方面不惜投入大量的财力和物力,努力为每位员工找到适合个人发展的空间,充分发挥员工的个人特长,同时也能让其获得不同方面的知识及技能,从而达到提升专业技能及管理水平的目的。

6 培训效果理想 考试热情高涨

在严峻的市场环境中,公司的资质和人员的注册执业资格紧密相关,为了公司资质的提升,就必须鼓励员工参加国家工程类的注册执业资格考试。在一系列激励政策和完整的培训体系下,公司员工的考试积极性空前高涨。公司今年共有10人报考职称英语、5人报考咨询工程师考试、10人报考建设部监理工程师考试、85人报考水利部监理工程师考试、30人报考招标师考试、4人报考全国造价员考试、15人报考一级建造师考试、8人报考安全工程师考试。考试通过率较高,尤其在水利部监理工程师考试中,山西省通过的67人中,公司就有34人,占到了山西省通过率的51%。高通过率充分说明了我们的培训效果,员工通过培训对考取资格证更加充满了信心,报名参加各种考试的人数越来越多,在公司形成了一股积极向上、奋力进取的良好氛围。

7 建立激励机制 形成竞争理念

为了更好地激励职工进行学习深造,我公司建立了一套具有市场竞争力的薪酬体系,将员工的学历、技术职称、注册执业资格等作为岗位竞聘和提高待遇的依据,并按注册证书的类别分别每月给予不同金额的证书补贴,对于稀缺专业或公司特别需要的专业的执业资格证,公司会加大持证补贴金额。另外,公司还负担起了所有具有执业资格人员的继续教育费用,并且认真及时地做好继续教育的服务工作。这种制度的建立,鼓励了员工向高岗位竞争的竞争理念,也鼓励了员工参加学习培训,积极参加执业资格考试的热情。

任何事物都是在解决矛盾和问题中逐步发展进步的,监理企业的发展和教育培训的持续改进也是如此。在监理稳步提高阶段,我们应重点解决"质"的问题。如何提高监理队伍素质,适应市场发展需要,如何提高监理工作的规范化、制度化、科学化,提高监理的水平和效果,这些都是推进监理制度发展过程中需要梳理、认识、解决的问题。

公司重视监理队伍的培养,通过将培训作为福利的这种理念,我们加强了员工的教育培训工作,提高了人员注册考试的通过率,留住了一大批优秀的监理人员,稳定了我们的监理骨干队伍,并提高了监理从业人员的素质,基本适应了水利工程发展对监理人员的要求。我们将在工作中注意积累和思考,不断地改进我们教育培训的模式和方法,使我们的教育培训能适应市场发展的需要和企业的需求,形成全员积极学习的学习氛围,让我们的员工都成为具有学习力的人。创建学习型监理企业是一个漫长的、艰苦的过程,但是我们只要以科学的理论作指导,结合本企业的实际情况,不断探索、不断总结,就一定能够建立起具有自身鲜明特色的、不断创新的学习型组织,真正促进企业的长远发展。

参考文献

[1] 刘学栋.浅谈做好建设监理工作[J].山西建筑,2009,35(10):249-250.

[作者简介] 马存信(1960—),男,教授级高级工程师。

本文刊登在《山西建筑》2010 年 11 月第 36 卷第 31 期

监理企业发展战略思考

张建国

（山西省水利水电工程建设监理公司，山西太原 030002）

[摘　要]针对目前监理企业间日趋激烈的竞争现状，探讨了国内监理企业的发展战略，分别提出了人才战略，品牌战略，经营战略并作了具体阐述，以期指导国内监理企业顺应时代发展潮流，及时调整战略，增强竞争力。

[关键词] 监理企业；人才战略；品牌战略；经营战略

[中图分类号] TU712.2　　　[文献标识码] A　　　文章编号：1009-6825（2010）31-0229-02

目前，监理企业的竞争日趋激烈，特别是我国加入 WTO 后，国外监理企业大量涌入，使我国监理企业的竞争更加激烈，只有不断发展，才能使我国的监理企业得以生存。

1　人才战略

监理工程师是用技术、经济、法律、管理知识为项目法人服务的，因此，监理工程师的综合素质是做好监理工作的根本，也是使企业在激烈的市场竞争中立于不败之地的保证。企业的发展需要人才来推动，我国监理企业要想参与国际竞争，必须制定长远的、切实可行的人才发展战略规划，确定科学的用人机制，在培养和引进高素质、复合型人才方面加大力度，建立自身的人才优势。通过对人力资源的开发，发挥广大员工的主观能动性，增强主人翁意识，建立其对企业的归属感，从而减少企业的人才流失，提升监理企业的核心竞争力。

1.1　监理人员的选择

我国的监理事业从 1988 年起步，在其成长过程中，监理企业的关注焦点往往集中在监理项目的增加和市场开拓上，对人才的培养与管理普遍缺乏战略性规划。当企业达到一定规模，人员素质问题日益突出，将成为制约监理企业进一步发展的瓶颈。例如就一个水利水电枢纽工程来说，其包含的专业有水工、地质、测量、水机、电气、自动化等等，有些监理企业由于专业不全或监理工程师不足，无法承接水利水电枢纽工程。所以，监理企业的人才战略必须与企业的发展战略相结合，培养具有集技术、经济、法律、管理为一身的高素质监理工程师，建立齐全的人力资源专业结构，创建不同层次的人才结构，以满足企业的发展需要。

1.2　监理人员的培训

由于我国的监理行业起步较晚，监理队伍中有很多是半路出家，从施工、设计行业转过来的技术人员或是刚毕业的大中专学生，知识面窄，加强培训是必须的；工程监理专业的毕业生，知识深度不足，要成为具有集技术、经济、法律、管理为一身的高素质监理工程师，也是需要定期培训的。现在有些企业的领导认为，需要哪个专业的人才，就去引进什么样的人才，大不了多花几个钱，没有必要在人才培养上花费太多精力。可到用人的时候就能感觉到，引进来的人不是有这方面的缺陷就是有那方面的缺陷，经常是很难真正胜任监理工作。所以，人员的培养是一个企业常抓不懈的工作，应将人才的培养作为监理企业的发展战略。

1.3　制度的建立

企业要发展，必须要有一套完整的管理制度。在人才战略问题上，招聘制度、培训制度、考核制度、激励制度、淘汰制度、薪金制度等管理制度是必不可少的，建立一整套高效用人、育人、留人机制，可从根本上提升监理企业的核心竞争力。

2　品牌战略

企业品牌是企业的信誉和象征，它体现着企业的精神，凝聚着企业各项管理工作的成果，具有巨大的价值，是企业的无形资产。品牌的塑造已成为监理企业的一项长期竞争战略，将其作为企业实力，参与激烈的竞争。人们在生活消费中，喜欢买品牌，因为它的质量可以保证、售后服务可以保证。作为受业主委托对工程进行管理的监理企业,如果能够成为品牌公司,则多数项目业主都会把品牌公司作为选择目标,在同等条件下,品牌公司中标的机会就会比其他公司大。要成为品牌监理企业,应该加强以下几方面的建设。

2.1 良好的业绩和信誉

业绩和信誉是项目法人很重视的条件,如果没有与该工程相同或类似的业绩,可以说该监理企业不具备监理该项目的条件;如果没有良好的信誉,项目法人也不会考虑让没有良好信誉的监理企业中标。

2.2 稳定的人才结构

人才结构包括人才专业结构和层次结构。一个工程项目,涉及多种专业,监理人员要根据工程专业配置齐全;一个工程项目,总监、监理工程师、监理员应合理搭配、资源优化,过高的资源配置固然能提高监理质量,但给监理企业造成人力资源的浪费和监理成本的增加。

2.3 良好的监理服务质量

监理企业的品牌也体现在良好的监理服务质量上。我国大多数监理企业通过贯彻 ISO 9000 标准,建立行之有效的质量管理体系,形成自身的品牌服务,提高监理工作水平,扩大企业的"知名度",增强企业的社会信誉,从而提升企业品牌的内涵。

2.4 完善的管理制度

完善的、规范化的管理体制是保障公司持续、快速发展的基础,也是监理企业发展的必要条件,这是不言而喻的。

3 经营战略

3.1 发展横向联合

多年来,我国监理企业实行行业管理,有交通监理、水利监理、工民建监理,等等,没有任何一个监理企业的营业范围能把所有行业的业务覆盖,以某一行业为主的工程项目,有时也包括其他类型的工程,例如大型水利水电枢纽工程中都要包括厂房、公路、桥梁等项目。同时,作为一个监理企业,也不可能是尽善尽美的。所以要在监理市场中得以生存和发展,进行横向联合是市场竞争的有效方法,如果和国外大的咨询公司进行市场竞争,横向联合更是行之有效的办法,这将大大增加竞争力,才能与国外的大的咨询企业抗衡,保住国内监理市场。

我国加入 WTO 后,大量国外项目管理公司涌入我国,在国内的外资项目上,如果我们实在与外国公司无法竞争,最差也要争取与外国项目管理公司合作进行项目管理,力争占有多的份额进行合作。通过合作,我们在得到监理市场的同时,还可以学习外国公司的长处,在实践中积累经验,为监理企业走出国门奠定基础。

3.2 向项目管理公司方向发展

国外大多采用项目管理公司,他们的业务范围包括前期项目规划、可行性研究、招标代理、施工阶段管理,直至工程全部完工交至业主使用为止。我国推行工程监理制其本意就是推行工程项目管理,也就是对业主委托的项目进行全过程、全方位的策划、管理、监督工作。由于种种原因,虽然我国监理企业规模越来越大,制度越来越完善,作用越来越明显,也涌现了一批有一定影响力的监理企业,但与真正意义上的工程项目管理企业尚有较大差距。我们国内的监理公司要发展,也就必须与国际接轨,向项目管理公司方向发展。

3.3 走出国门

我国加入 WTO 后,大量国外项目管理公司涌入我国,我们也应该走出国门。我们可以在国内的外资项目上与外国项目管理公司合作进行项目管理,也可以在国外主动寻找外国公司作为合作伙伴,这样可以学习国外先进的管理经验,熟悉国际竞争规则,真正做到按国际惯例开展监理服务,从而提高我国监理企业在国际市场上的竞争力和经营管理水平。

4 结语

我国的监理事业从 1988 年起步,风风雨雨走过 20 年,现有的监理企业大多已走过了艰苦的创业阶段。各监理企业在激烈的市场竞争中要确保企业具有更加旺盛的生命力、更加广阔的发展前景,迫在眉睫的是应在追求理性发展的方面进行积极探索,从人力资源管理、企业品牌的塑造、经营管理、质量管理等各个方面统筹考虑,形成一套周密的发展战略,构筑企业的核心竞争力,力争成为名牌监理企业,从而适应国内外市场日益激烈的竞争局面。市场竞争虽然残酷,但同样适用"适者生存"的法则。只有顺应时代发展的潮流,不断调整企业的发展战略,企业才会拥有良好的发展态势。

参考文献

[1] 孙旭东,刘丙福.监理企业面临的问题和挑战[J].山西建筑,2009,35(5):212-213.

[作者简介] 张建国(1966—),男,教授级高级工程师。

本文刊登在《中国科技信息》2010年第13期

预应力钢筒混凝土压力管道（PCCP）的
碳化问题探讨

张　磊

（山西省水利水电工程建设监理公司，山西太原 030002）

[摘　要]PCCP 管道的成本很高，混凝土的碳化对较大工作压力下的管道安全带来隐患，为此，应高度重视 PCCP 管道的碳化问题。提高管道抗碳化能力的关键在设计阶段，应从材料因素、环境因素等方面改善管道结构，同时，应加强施工阶段的管理。

[关键词]PCCP 管道；碳化；材料因素；环境因素；施工因素

引言

我国自 20 世纪 80 年代引进 PCCP 生产设备和技术以来，经历了认识、研究和应用过程，目前已进入快速发展阶段。在技术规格上，表现出管径加大（南水北调中线北京段 PCCP 双线管道工程，管径 4 000 mm，设计流量 50 m^3/s）、压力提高（山西下河泉水源地北留供水工程 PCCP 管道最大工作压力 2.0 MPa）的特点。

混凝土的碳化是指空气中的 CO_2、SO_2 等酸性气体与混凝土中的液性碱性物质 $Ca(OH)_2$ 发生物理化学反应，使得混凝土碱性下降和混凝土中化学成分改变的中性化反应过程。当中性化深度大于混凝土的保护层厚度，就会破坏保护层下钢筋表面的钝化膜，伴随着水和空气的共同作用，钢筋就会出现锈蚀，影响结构强度或耐久性降低。

国内外研究表明，对于混凝土中的钢筋，存在两个临界 pH，即 9.88 和 11.5。前者是钢筋表面钝化膜生成的最低环境，低于此值，钢筋完全处于活化状态；后者表明钢筋表面可以形成完整的钝化膜，或者说低于此值，钢筋表面的钝化膜仍是不稳定的。因此，要使混凝土中的钢筋不锈蚀，混凝土的 pH 必须大于 11.5。

抗碳化主要是防止混凝土中液性碱性产物与周围环境里的 CO_2 进行传质运动，延缓因碳化造成混凝土结构内部碱性降低的时间，或阻止其 pH 由 13 左右降至 9 左右~碱性向中性转化。

美国水工协会制定的《预应力钢筒混凝土压力管设计标准》（ANSI/AWWA C304）中，将 PCCP 管道设计为内衬式 LCP 型和镶嵌式 ECP 型两种型式，管芯厚度一般较薄。ECP 型管道由钢筒嵌置在管壁混凝土中，然后通过在外层混凝土表面缠绕高强钢丝建立预应力后，喷涂砂浆进行防护；而 LCP 型管道，管芯由钢筒内衬混凝土组成，高强度钢丝直接缠绕在钢筒外侧，同样选择一薄层砂浆进行防腐保护。结构设计中，管芯中包含的薄钢筒用作防水层、提供纵向拉伸强度并增加环向和轴向强度；高强度钢丝在管芯内部产生均匀的预压应力，以抵抗由内压和外荷载在管芯内引起的拉应力，是承受高压的主要部件，显然必须考虑防腐保护。但从目前两种型式的管道结构看，混凝土或砂浆的抗碳化处理明显不够。

国外已有 PCCP 管道爆裂、渗漏的工程实例，我国由于应用时间较短，此方面的资料尚未见报道，但研究 PCCP 管道混凝土的碳化问题，提高抗碳化性能，无疑具有经济和安全方面的实际意义。

1　混凝土材料因素与提高 PCCP 管道抗碳化性能的技术措施

混凝土碳化机理表明，影响混凝土碳化的关键因素是其自身的碱性储备数量以及酸性气体透过混凝土的强度，而后者主要由酸性气体浓度、湿度、温度等外界因素和混凝土的渗透性决定。对 PCCP 管道自身而言，抗碳化性能的提高主要反映在材料因素方面。

1.1　水灰比与 PCCP 管道的碳化

水泥用量不变的情况下，水灰比越大，混凝土内的孔隙率也越大，CO_2 的透过能力加强，促进了混凝土的碳化。有研究表明，水灰比对混凝土的碳化速度影响极大。在水灰比大于 0.65 时，混凝土的碳化极度加快,0.55 以下时,混凝土的抗碳化能力相对可以保证。水灰比与碳化深度关系如表 1 所示。

表 1　水灰比与碳化深度关系

序号	水灰比	计算一百年的碳化深度(mm)	均方差(mm)
1	0.6	40.6	5
2	0.5	28.5	5
3	0.4	16.4	5

《预应力钢筒混凝土压力管》(ANSI/AWWA C301-99)中指出,为满足混凝土的强度,对离心工艺成型用混凝土,其水灰比不得大于 0.5,而对垂直浇筑或径向挤压用混凝土,其水灰比不得大于 0.45。

考虑 PCCP 管道的结构和运行特点,混凝土或砂浆的水灰比须执行更高的标准,以确保较小的孔隙率和较低的渗透性。

高效减水剂能够降低用水量,改善混凝土的和易性,降低混凝土的孔隙率,因此,可以提高混凝土的抗碳化能力。青岛建筑工程学院赵铁军与同济大学李淑进研究结果表明,当混凝土级配条件相同时,是否添加减水剂,对碳化深度和碳化强度的影响均在一倍以上。因此,可选择在混凝土中添加减水剂的措施,提高 PC-CP 管道的抗老化能力。

自密实混凝土在较低水灰比下,具有良好的流动性,对于厚度较薄的混凝土工程,质量更容易控制,具有良好的适用性,因此,如何将自密实混凝土应用于 PCCP 管道的混凝土加工有必要做深入研究。

1.2　水泥品种与掺量

不同水泥品种反映着不同的水泥活性与混凝土的碱性。水泥含碱量越高,孔溶液 pH 增加,碳化速度加快。水泥品种对混凝土的碳化有主要影响。有研究资料表明:①在统一实验条件下,不同水泥配置的混凝土的碳化速度大小顺序为:硅酸盐水泥<普通硅酸盐水泥<其他品种水泥;②同强度早强水泥较其他水泥抗碳化能力强。

水泥掺量直接影响到混凝土中可碳化物质的含量。同样质量的水泥,水泥掺量的增加,将改善混凝土的和易性,提高混凝土的密实度,增加混凝土的碱性储备,相应提高混凝土的抗碳化能力。一般情况下,水泥的掺量越大,碳化速度越慢。

目前,PCCP 管道混凝土和砂浆对水泥的选择主要从混凝土强度方面考虑,没有提出限制性的质量指标和水泥品种。同时,ANSI/AWWA C301-99 指出,混凝土中水泥掺量以 254 kg/0.76 m³(折合约 334 kg/m³)作为最低控制指标,并且,允许使用不超过 20%水泥重量的原状火山灰或经处理的火山灰、粉煤灰及不超过 10% 水泥重量的硅粉作为水泥取代物。

赵铁军与李淑进的研究结果(见表 2)表明,在相同水灰比、减水剂、骨料品种和级配条件下,以粉煤灰取代部分水泥(10%~25%)拌制的混凝土比不掺粉煤灰的普通混凝土的碳化影响,高出平均 4 mm 以上,相应碳化后的强度降低平均近 6 MPa。

表 2　以粉煤灰取代部分水泥拌制的混凝土碳化影响试验结果

试件	水灰比 W/C	减水剂 (%)	骨料 (kg)	水泥 (kg)	粉煤灰 (%)	碳化深度(mm)					碳化后的温凝土强度(MPa)
						3 d	7 d	14 d	28 d	50 d	
F_0				400	0	2.9	3.3	4.7	6.2	10.2	47.4
F_1				360	10	5.8	6.5	8.0	9.3	10.0	45.3
F_2	0.45	0.8	1 800	320	20	5.7	6.8	8.6	10.8	12.2	43.1
F_3				280	30	9.3	10.1	11.6	14.5	16.7	40.9
F_4				240	40	9.9	10.5	11.8	15.7	18.7	36.7

从抗碳化角度考虑,PCCP 管道混凝土中是否可以掺加粉煤灰以及其掺量多少,需进行深入研究。在未取得有效结论前,从保证管道耐久性出发,建议选用硅酸盐水泥,并以不掺加其他掺合料为宜。

1.3　粗细集料影响

粗集料的粒径越大,在集料底部越容易形成净浆的离析、沉淀,从而加大了混凝土的渗透性。实验与实践表明,不同粗集料制成的混凝土抗碳化能力,由强至弱可表示为:天然轻集料→人造粗集料→普通粗集料。ANSI/AWWA C 301-99 中指出,生产 PCCP 管道混凝土和砂浆用的粗细集料可以是天然砂、碎石颗粒,也可以是由岩石或砾石破碎而得的副产品配伍的破碎砂、经破碎或未破碎的砾石颗粒,但其表观比重均不得低于 2.6。

上述分析看出,不得使用天然轻集料进行 PCCP 管道混凝土与砂浆的施工,在满足混凝土强度和施工要求的前提下,考虑减少水泥用量而加大粗集料的粒径是不合适的。

2 环境因素与PCCP管道的碳化

2.1 环境温度、日照、相对湿度等与PCCP管道的碳化

有研究表明,随着温度的提高、日照时间的延长、管道周边酸性介质浓度的加大,环境混凝土的碳化作用加强;相对湿度对混凝土碳化的影响体现在存在一个湿度范围,当相对湿度为50%~70%时,混凝土的碳化速度最快。

对于采用PCCP管道的输水工程,设计时,应事先搜集管道运行环境中的温度、日照、相对湿度等气候资料,并对管道沿线至少进行以下的探测工作:①测量管线周围土壤的电阻率;②测量沿线土壤中的腐蚀性因子含量(如氯离子、硫酸盐、硫化物、碳酸盐等),然后根据结果,判断是否需要进行特殊处理。

2.2 PCCP管道的覆土厚度

混凝土覆盖层的种类与厚度对混凝土碳化有着不同程度的影响。气密性覆盖层使CO_2渗入混凝土的数量减少,浓度降低,提高混凝土的抗碳化性能。

PCCP管道设计时,一般都考虑了管子的覆土荷载,即需要管道在一定的埋置深度下工作。在实际的安装过程中,或地质条件变化或地形变化等原因,常常发生不经设计变更,人为改变管道的埋置方式,降低填土厚度和密实度,甚至将管道暴露于大气中。此举不仅违背了管道设计的运行环境,对管道的运行安全不利,同时,可能对管道的耐久性也产生影响。

3 施工因素与PCCP管道的碳化

3.1 吊装裂缝与PCCP管道的碳化

混凝土在受到拉应力后,容易在内部生成微细裂缝,使CO_2的扩散更为容易,混凝土的碳化速度加快。因此,PCCP管道安装过程中,应优先选择多吊点的吊装方式,相应地,应禁止单吊点的挖掘机吊装的施工工法。其一是施工安全得不到保障;其二是单线钢丝容易招致管道底部及两侧磨损,而顶部在拉应力下产生

微细裂纹,不易发现和处理,降低管道的抗碳化性能。

3.2 管壁砂浆或混凝土局部破坏的修补处理

实践证明,环氧砂浆和树脂水泥都是有效的防碳化材料。对于管道运输和安装过程中出现的局部破损,实践中,常用水泥净浆、环氧砂浆修补或树脂水泥灌浆处理。由于对破损危害的认识不足或处理技术不够,修补材料与原管体的黏结往往较差,或受后期收缩影响,留下裂缝。

采用环氧砂浆修补时,采用以下工序,常常取得很好效果:①用钢刷将破损部位砂浆或混凝土残留物刷净,用吹风机吹干;②用丙酮液清洗,吹风机吹干;③环氧树脂与T31拌合,涂刷在修补部位,以堵塞微细裂隙;④环氧砂浆修补。

4 结论

(1)PCCP管道的碳化问题应从材料、环境、施工等各方面综合考虑,鉴于工作压力大、混凝土厚度薄、费用高的具体特点,应在管道结构上做进一步的改进。

(2)在可能的情况下,应优先选用硅酸盐水泥和普通粗集料拌制PCCP管道混凝土;无特殊要求,一般不宜选用粉煤灰等掺合料作为水泥取代物;根据水泥性能,可适当添加高效减水剂,以减少拌和水的用量。

(3)对于能否应用自密实混凝土进行PCCP管道的管芯加工没必要做深入研究。

(4)应根据管道具体的运行环境进行合理的设计,同时,安装时也应确保符合设计环境。

参考文献

[1] 肖佳,等.混凝土碳化综述[J].混凝土,2010(1).

[2] 杨定华,等.抗碳化法[M].北京:中国水利水电出版社,2006.

[3] 孟晋忠,等.对PCCP输水工程设计应用中几个问题的探讨[J].混凝土世界.2010(01).

[4] 柳俊.混凝土碳化研究与进展(1)——碳化机理及碳化程度评价[J].混凝土,2005(10).

[作者简介] 张磊(1969—),男,山西绛县人,高级工程师。

本文刊登在《山西建筑》2010年10月第36卷第28期

监理人员在塑性混凝土防渗墙工程中的作用

程　东

（山西省水利水电工程建设监理公司，山西太原　030002）

[摘　要] 根据已建工程的施工经验，结合塑性混凝土防渗墙的特点，介绍了塑性混凝土施工质量的控制及监理人员在塑性混凝土防渗墙工程中的作用，通过监理人员认真履行监督义务，从而保证了工程质量。

[关键词] 塑性混凝土；防渗墙；施工质量；监理控制

[中图分类号] TU712.3　　　[文献标识码] A　　　文章编号：1009-6825(2010)28-0227-03

国外从20世纪60年代末开始采用塑性混凝土防渗墙，而我国是在1990年才首次建成福建省水口水电站主围堰塑性混凝土防渗墙，防渗效率达98%，取得了较好效果。自那以后很多水利工程相继采用了塑性混凝土，如：山西省册田水库防渗墙、北京市十三陵水库防渗墙、河南省小浪底水利枢纽上游围堰防渗墙及长江三峡大江围堰防渗墙等。塑性混凝土防渗墙的施工有着严格的施工质量要求，在施工过程中，监理人员应把握施工质量标准，认真履行监督义务，确保工程质量。

1　混凝土防渗墙发展简介

混凝土防渗墙是指利用钻孔、挖槽机械，在松散透水地基或坝(堰)体中以泥浆固壁，挖掘槽形孔或连锁桩柱孔，在槽(孔)内浇筑水下混凝土或回填其他防渗材料成具有防渗功能的地下连续墙。它是防止渗漏、保证地基稳定和堤坝安全的工程措施。

混凝土防渗墙适用于土石坝及堤防地基的防渗处理、混凝土闸坝的地基防渗处理、土石围堰堰体和堰基的防渗处理、病险水库坝体和坝基处理等工程。混凝土防渗墙由于具有承受水头大、防渗性能可靠、适合各种地层等优点而被国内外水利水电工程广泛采用。

防渗墙材料按照抗压强度和弹性模量，可以分为刚性混凝土和柔性混凝土。

混凝土防渗墙按材料性质分为普通混凝土、黏土混凝土、塑性混凝土、固化灰浆、自凝灰浆等几类。

2　塑性混凝土简介

塑性混凝土的特点是抗压强度不高，一般可控制

在 $R_{28}=0.5\sim2$ MPa，弹性模量较低，一般可控制在 $E_{28}=300\sim2\,000$ MPa，渗透系数 $K=1\times10^{-7}\sim1\times10^{-6}$ cm/s。塑性混凝土防渗墙具有在低强度和低弹性模量下适应地基应力变化的特点，能在不需提高混凝土的等级或增加钢筋笼的情况下确保墙体不被外力破坏，故能大大节省工程投资。

塑性混凝土的配合比与常规混凝土的配合比间存在较大差异。常规混凝土具有成熟的经验配合比，而塑性混凝土的发展史短，缺乏经验配合比，已建工程中塑性混凝土的防渗墙的配合比存在较大差异。影响塑性混凝土防渗墙弹性模量的因素较多，这就决定了塑性混凝土配合比设计的难度和复杂性，需要花费更多的时间和人力物力。同时，基础防渗墙工程往往从工程一开始就组织施工(基础工程施工是关键工序)，因此为确保工程的正常顺利开展，设计单位应事先根据当地的砂石骨料和水泥品种进行塑性混凝土的室内配合比试验，确定塑性混凝土防渗墙的配合比。塑性混凝土防渗墙还有其他指标，如渗透系数或抗渗标号、坍落度、扩散度等，在工程施工中，承包商应根据设计提供的配合比和技术要求进行现场混凝土配合比的复核试验，以确定塑性混凝土施工配合比和最佳施工参数。

3　监理人员在塑性混凝土防渗墙工程中的监督作用

3.1　现场开工审查

承包人防渗墙施工准备工作完成后，应向监理机构提交工程开工报审表，经监理机构审核批准。监理人员应在以下几个方面进行严格审核，确认符合要求

后,签发开工令。

1)承包人中标后的施工方案、施工措施计划、施工进度计划等技术文件是否完成并提交监理机构审批;2)承包人派驻现场的主要管理人员、技术人员数量及资格是否与批准的施工组织设计一致,如有变化,重新审查并报监理机构认定;3)承包人进场的施工人员、混凝土拌制、泥浆拌制、泥浆净化回收系统等设备的数量和规格性能是否符合施工合同的约定;4)承包人的质量保证体系、安全及环境保护措施是否落实;5)场内道路、供水、供电、供风等施工辅助设施是否准备就绪;6)防渗墙施工 7 d 前,承包人应对防渗墙轴线、高程、槽孔孔位进行实地放样,并将放样成果报监理机构审核批准;7)用于制备防渗墙体和泥浆的原材料(水泥、黏土、膨润土、粗细骨料等)、构配件的数量、规格、性能是否符合设计文件要求,是否有出厂合格证及复检资料,原材料储量是否满足工程开工及后续施工的需要;8)承包人试验室条件是否符合有关规定要求;岩芯钻或岩芯根管钻机性能和数量,是否满足先导孔、检查孔精度和防渗墙高峰作业要求;9)承包人是否已按合同文件的规定和设计施工图纸的要求进行了塑性混凝土室内和现场配合比试验,试验结果是否符合设计要求,是否报送监理机构审批;10)承包人是否将造孔、固壁泥浆、墙体混凝土浇筑等施工工艺参数报送监理人员审核批准。

3.2 施工过程质量控制

在施工上,塑性混凝土防渗墙的质量控制与普通混凝土和高强度混凝土基本相同,但应针对塑性混凝土防渗墙墙体自身的特点,采取一些专门控制措施。防渗墙工程是重要的隐蔽工程,尤其是塑性混凝土防渗墙的强度和弹性模量等力学指标一般不宜通过打孔取芯检测,为确保施工质量,需要进行严谨的施工和有效的质量监控。

膨润土的掺入方式先后采用了两种方式:1)先将水泥、膨润土和砂石骨料混合干拌,然后加水进行搅拌;2)将膨润土加入专用水池中,进行充分搅拌并配制成一定浓度,然后加入砂石骨料和水泥进行拌合。施工过程中,在第一种方式下,膨润土经常形成粒径 10~30 mm 的团块,不能形成泥浆,从而降低了膨润土在塑性混凝土中的作用,最终主要导致塑性混凝土弹性模量和强度增大。在第二种方式下,膨润土不出现结块现象,分散很均匀,不仅保证了塑性混凝土的拌合质量与试验结果一致,还增大了坍落度。因此,建议在塑性混凝土拌合过程中,膨润土采用湿掺法。

在施工准备充分的条件下,承包商就可以进行防渗墙施工。施工过程中,承包商应严格按监理工程师

批准的施工组织设计进行施工,监理工程师应派出经验丰富的现场监理人员进行现场监理,并按重要隐蔽工程的要求实行旁站监理。作为塑性混凝土防渗墙,不仅具有普通混凝土防渗墙的一般施工要求,还应严格按以下方面进行施工和严格控制:

1)在每次进行塑性混凝土浇筑前,应严格仔细检查砂石骨料的粒径,确保砂石骨料的粒径与试验确定的配合比所要求的粒径一致。

2)膨润土若采用湿掺方式,应随时检查并控制液体浓度,确保实际掺入量与试验确定的配合比一致;若采用干掺方式,应考虑膨润土结块现象,实际掺入量应大于配合比量,具体量视拌合后结块现象而定。同时,应检查膨润土和水泥的保存质量。

3)在防渗墙墙体浇筑前,应根据《水利水电工程混凝土防渗墙施工技术规范》制定浇筑方案。若运输时间和浇筑时停留时间太长,塑性混凝土的坍落度和扩散度的损失较严重,因此在制定浇筑方案时应充分考虑混凝土的运输方式和入仓方式。

4)每个槽段在混凝土浇筑前,监理工程师应在现场监督承包商根据骨料的含水情况进行混凝土试拌,检查拌制混凝土的坍落度和扩散度。

5)在浇筑过程中,可能因某种因素导致混凝土坍落度和扩散度损失严重而不能满足混凝土的浇筑要求,发生这种情况严禁直接向混凝土中加水。

6)虽然塑性混凝土的扩散度较大,在浇筑过程中仍应确保混凝土面均匀上升,故应经常测量混凝土面高程,并及时填绘浇筑指示图。

7)塑性混凝土的坍落度损失快,为避免堵管事件,施工人员应经常提动导管(特别是浇筑速度较慢时),混凝土的拌合、运输应保证浇筑能连续进行。若因故中断,现场负责人员应根据具体情况及时采取应急措施进行处理。

8)若对浇筑完成的塑性混凝土防渗墙进行帷幕灌浆,应特别注意控制灌浆压力,防止防渗墙破坏。

3.3 质量检查、验收与评定

对混凝土防渗墙成墙质量的检查,现行采用的方法有钻孔取芯法、超声波法和地震透射层析成像(CT)法。对于塑性混凝土最好采用无损检测方法。

3.3.1 塑性混凝土防渗墙墙体质量检查内容

1)检查时间:塑性混凝土防渗墙墙身质量检查应在成墙 1 个月以后进行;2)检查方法:采用钻孔取芯、注水试验的方法进行;3)检查数量:在防渗墙范围内布置 2 个钻孔取样;4)检查内容:墙体的均匀性、物理力学指标、可能存在的缺陷和墙段接缝;5)检查完毕后,应对检查孔用压浆法认真封闭;6)检查标准:墙身

渗透系数, $K = 5 \times 10^{-7}$ cm/s。

3.3.2 单元工程质量评定

单元工程划分:以每一施工槽孔为一单元(或扩大单元)工程。在槽孔的主要检查(测)项目符合标准的前提下,其他检查项目符合标准,且其他检测项目有70%及其以上符合标准的,评为合格;其他检测项目符合标准,且其他检测项目有90%及其以上符合标准的,评为优良。

参考文献

[1] 符兴或,盛艳锋,周克发.高坡岭水库大坝防渗墙施工及截渗效果分析[J].大坝与安全,2007(4):8-11.

[2] A.A 默罕西米,马元珽.世界最大的卡尔黑坝防渗墙[J].水利水电快报,2008(1):21-23.

[3] 傅祝体.混凝土防渗墙的常用技术及其发展[J].科技资讯,2009(34):29-30.

[4] 晏继杰.白莲河抽水蓄能电站塑性混凝土防渗墙施工[J].人民长江,2009(6):4-7.

[作者简介] 程东(1967—),男,工程师。

本文刊登在《山西水利科技》2009年11月第4期

千年水库塑性混凝土防渗墙施工中孤石处理的经验探讨

任志斌

（山西省水利水电工程建设监理公司，山西太原030002）

[摘　要]在水利工程塑性混凝土防渗墙施工中，复杂地质条件下经常会遇到大孤石，如果没有适当的处理方案将严重影响工程施工进度。条件允许下，采用水下钻孔爆破处理是一种很好的解决方法。文中叙述了千年水库防渗墙的地质条件，孤石处理过程，总结了处理经验。

[关键词]防渗墙；水下爆破；孤石处理

[中图分类号] TV544　　　[文献标识码] B　　　文章编号：1006-8139（2009）04-18-02

1　千年水库防渗墙的地质条件

千年水库位于山西省吕梁市离石区境内的三川河支流小东川河中上游。工程分为水库枢纽工程和供水工程两大部分。水库枢纽工程建筑物包括大坝、泄洪洞、供水工程取水口。

千年水库的坝基的防渗处理，根据地质复杂条件，主要设计的地基处理方式有：塑性混凝土防渗墙、帷幕灌浆、高喷、强夯。其中256 m长坝基采用槽孔式塑性混凝土防渗墙进行防渗处理。位置在坝轴线上游25 m处，墙厚0.8 m，墙体顶部伸入坝体内3 m，墙体底部深入基岩内3 m。由于千年水库工程坝基覆盖层为第四系混合土卵石，弹性模量250 MPa，参考类似工程，本工程塑性混凝土防渗墙弹性模量设计初定为300~500 MPa，抗压强度1.5~3 MPa，渗透系数要求小于$1.0×10^{-7}$ cm/s。

根据工程地质勘探结果，该段坝基第四系混合土卵石层最厚达20.5 m，顺坝轴线方向宽93 m，平均渗透系数为57.1 m/d，属强透水带，存在渗漏问题，渗漏量14 652.4 m³/d。据颗分资料，坝基混合土卵石层颗粒组成：漂石（粒径150~450 mm）13.7%~14.5%、卵石（粒径60~150 mm）39.0%~39.7%、砾石（粒径2~60 mm）32.5%~33.4%、砂粒（粒径0.075~2 mm）11.1%~13.3%、粉黏粒（粒径<0.075 mm）1.3%~1.5%、不均匀系数89.8~145.1。从筛分资料看，坝基混合土卵石层的不均匀系数大于20，细粒含量（<1 mm）小于25%。

根据地质资料，该段地基中含有13.7%~14.5%的漂石，同时坝址右岸黄土台地之下存在一古河道，河道沉积物为卵石混合土，厚43.7~42.7 m，古河道沉积物中漂卵石含量15.7%~20.2%，所以施工过程中很有可能会遇到孤石。

对于塑性混凝土防渗墙中遇到孤石如何处理，水利水电工程混凝土防渗墙施工技术规范中没有这一特殊处理章节，但常规的处理方法有两种，一是选择适合漂石和孤石的强度高的钻具，一般首先采用空心钻或十字钻在孤石上强行钻进，；二是当孤石的尺寸较大、正位于墙体成槽区内时，且孤石强度大，正常钻进很难有进尺的情况下，则采用聚能爆破将孤石炸碎，再用冲击钻机往下钻进的方法。

2　孤石处理

2.1　孤石的判定

2008年11月底，防渗墙工程11号槽施工中遇一孤石。1号、5号孔均已钻至26 m左右，2号、3号、4号孔钻至18.5 m深处（该段基岩面深度大致在26 m左右），钻机几天时间钻进都无法进尺，期间损坏空心钻头2个。后经地质钻机钻孔取样对该孤石的大小和岩性进行判断，确认为一块长约3 m、厚约2.5 m的混合花岗岩，岩性坚硬、完整、抗风化能力强的孤石。

2.2　孤石处理过程

1）经确定为孤石后，承包人仍抱有侥幸心理，继续用加固后的冲击钻机强行钻进，结果是又损坏2个空心钻头和2个十字钻头，造孔进尺还是毫无进展。

2）继续钻进造孔进尺无变化，承包人决定更换处理方法,采用水下孤石定向爆破处理。

爆破筒(普通铁皮加工)高 30 cm,直径 20 cm,底部为一凹形圆锥,高 10 cm,锥底直径 10 cm,爆破筒底部密封,顶部开口。为防止水下爆破对已完成的塑性混凝土产生不利影响,决定小药量爆破,炸药药量使用 0.8 kg,电雷管一根。炸药装入爆破筒底部,为防止底部渗水,先在底部铺 2 层塑料袋再装药。电雷管接线后置入炸药中,最后用黏土封口。用测绳提爆破筒桶放于孤石表面,随即引爆。

3)爆破完毕后,钻机进尺 10 cm 后又无法进尺。承包人认为这次爆破失败的原因有二:一是药量较少;二是爆破方案存在问题,没有在孤石中钻孔进行聚能爆破。(经现场钻孔进行检查,取出的岩芯当中有裂缝,说明孤石表面爆破也有一定效果)。于是决定进行二次水下爆破。

采用地质钻机在孤石上钻孔,钻孔孔深 1.0 m,孔内放炸药进行聚能爆破的方法。钻杆直径 89 mm,钻孔时为了不使孔位偏差过大,使用 110 mm 套管,套管进行固定。炸药用直径 75 mm 的 PVC 管进行安放,其底部密封,将 2 kg 炸药放入管底部,并将 2 根电雷管接线后置入炸药中,然后密封炸药,其上用黏土压实。火工材料装好后,顺着套管将装炸药的 PVC 管顺放至指定位置,进行引爆。放炸药的孔位于 4 号孔中心,考虑到是水下爆破,两边的防渗墙已经浇筑成墙,爆破产生的振动不能太大,用地质钻在药孔周围布设了 5~6 个空孔,增加临空面,增加对周围已成墙体的保护。

4)第二次爆破完毕后,承包人把十字钻头换成空心钻头,经过 12 h,最后成功钻过巨大孤石。同时经爆破后检查,爆破的处理过程对临近的防渗墙体没有造成破坏。

3 孤石处理经验

3.1 准备好特殊的冲钻设备

根据漂石和孤石多,且强度高的特点,加工特殊的冲钻设备,提高成孔施工的成功率,避免卡钻现象。成孔施工一般采用配十字钻头的冲击钻机,钻头刃刀必须采用高强耐磨的焊条堆焊。成孔的关键技术在于如何选择或加工合适的钻具以避免卡钻或掉钻,主要有以下几种:

1)在铸造钻头时预留孔并穿钢棒,再穿保险钢丝绳。实践表明,这种钻具在遇到孤石碰掉单翼时,可以保证断翼能够取出,以避免掉钻或卡钻。

2)用厚钢板圆环将十字钻头的 4 翼连接,以增强 4 翼的连接性能,防止碰断单翼,提高冲击和切削探头石的能力。

3)将十字钻头的上部尺寸加长,防止遇到探头石时钻头倾斜歪卧于孔内而无法冲碎孤石,或造成斜孔。同时,加长钻头也提高了钻具的整体强度,避免断翼造成掉钻或卡钻。

4)加工一个大的扩孔器,内径刚好能套住钻头,同时再在扩孔器上补焊了螺纹钢进行加固,扩孔器要有一定的重量。如果钻头被卡在基岩面上,无法被提起来时,将加工好的扩孔器沿着钻头钢丝绳下到孔底,将钻头套住,由于扩孔器内径比钻头稍大一点,扩孔器可以上下活动,然后根据冲击钻进原理,将钻头周围的岩石扎碎,使钻头能够活动,从而成功处理孔内卡钻的问题。

3.2 根据经验及时使用聚能爆破处理

由于孤石问题的存在及处理过程,从 11 号槽发现孤石到孤石处理完毕(2009 年 4 月 22 日,该槽浇筑完毕),总共用了 5 个月左右的时间,而从聚能爆破到孤石处理完毕只用了 12 h,进度效果相当明显。建议承包人在以后的施工过程中,根据自己的施工经验、孤石的岩性、自己配备的冲钻设备的性能,及时判定是否必须用聚能爆破来解决孤石问题。如果必须采取爆破手段,则应当立决,以免不必要的时间浪费。根据上述实例,当孤石比较坚硬时,贴面的定向爆破的效果不如聚能爆破的效果好。

3.3 采用水泥灌浆或高压高喷射灌浆的处理措施来弥补孤石下的空当

由于采用水下聚能爆破,必须涉及火工用品的供应,及安全管理和使用,当有的工程不具备使用火工用品时,如果地层的可灌性较好,可以建议采取水泥灌浆或高压高喷射灌浆进行防渗处理,但与防渗墙要有一定范围的搭接。

在水利工程塑性混凝土防渗墙施工中,复杂地质条件下经常会遇到大孤石,如果没有适当的处理方案将严重影响工程施工进度。有条件的情况,采用水下钻孔爆破处理是一种很好的解决方法,可以大大提高施工效率,缩短施工工期。

[作者简介]任志斌(1974—),男,2005 年毕业于河北工程学院,工程师。

本文刊登在《科学之友》2009 年 12 月第 35 期

水利工程建设项目中的水土流失防治

关志刚[1]　王轶浩[2]

（1.山西省水利水电工程建设监理公司,山西太原 030002;
2.重庆市林业科学研究院,重庆 400036）

[摘　要]水利工程建设项目在建设过程中扰动原地表植被和地下岩土层以及产生大量的堆置废弃物,极易造成水土流失,文章介绍了水利工程建设项目水土流失的现状和形成原因,重点叙述了水利工程建设项目区防止水土流失的水土保持规划设计、措施实施、监测以及监理监督等技术体系,为实践中水利工程建设项目水土流失防治提供指导。

[关键词]水利工程建设项目;水土流失;水土保持监测;监理监督

[中图分类号] S157.1　　[文献标识码] A　　文章编号:1000- 8136(2009)35- 0047- 02

我国水土流失主要分布在山区、丘陵区、风沙区,特别是大江大河中上游地区,这些地区是以往水土流失防治责任集中的重点区域。然而近年来,随着城乡缺水及水质问题的加剧,国家新建改建大批蓄水、引水工程。水利工程建设区对原地表及地下岩土层的扰动、构筑人工边坡以及产生大量的堆置废弃物,极容易造成水土流失,是一种典型的人为加速侵蚀。如果不及时采取有效的水土保持措施,将会带来一系列的生态环境问题,如水库淤积、洪涝、山体滑坡及泥石流等自然灾害。大中型水利工程都有配套的水土保持设施,往往水土保持工程与水利工程分离进行;大部分的小型水利工程则没有或甚至不实施水土保持措施,往往水土保持工作成为水利工程项目建设过程中一个被忽视的环节,项目区也成为一个易造成水土流失的环境脆弱区,因此,在兴水战略中加强水利开发建设项目区水土流失防治工作十分迫切。

《中华人民共和国水土保持法》中规定:建设项目中的水土保持设施,必须和主体工程同时设计、同时施工、同时投产使用;建设工程竣工验收时,应当同时验收水土保持设施,并有水行政主管部门参加。加强水利工程建设项目中的水土流失防治,主要应从水土保持规划设计、水土保持措施实施、水土保持监测以及水土保持监理监督 4 个方面着手,这 4 个方面是一个完整的技术体系,是一个有机整体,缺一不可,忽视任何一个方面都会造成水土流失防治的脱节。

1　水利工程建设项目中的水土保持规划设计

根据水利工程项目区的水土流失背景监测成果,在工程可行性研究阶段对施工中的人为因素对环境可能造成的水土流失做出初步评估,并根据评估结果对可能引起的水土流失做初步方案设计,对水利工程项目中的水土保持设施做出科学概估算,对水利工程建设项目区中点状、线状水土流失源不可忽视。

在水利工程建设项目立项进入初步设计时期,项目区的水土保持设施种类及规模加之细化、完善,针对水利工程的规模对项目区人为扰动原地表进一步分析,制定细致规划设计,对项目区占用耕地及挖填方区提出水土保持设施设计。不因利大而为之,不因利小而不为,尽管水利工程建设项目中的水土保持防治措施不像主体工程成效显著,也不可因此而忽视。在初步设计阶段项目区的水土保持设施投资预算不容删减。

在水利工程建设项目施工设计阶段,针对主体工程规模,对项目区人为扰动地表的各项活动做出水土保持方案设计,水土保持设计与主体设计同时进行。对工程中的各项措施做出细致设计,根据工程项目中的弃土、弃石、弃渣,因地治宜加以利用,筑建小型淤地坝、谷坊等小型治沟设施及挡土墙、抗滑桩等固坡设施,对于占用耕地区应尽可能的采用生物措施,防止施工期间对地表的加速侵蚀。在规划各项治理措施时,必须与改善地区经济状况相结合,充分发挥治理区内自然和社会条件的优势,将配置各项治理措施与发展山区经济相结合,例如,将林草措施与发展种植业和养殖业相结合;工程措施与发展灌溉相结合;治理措施与美化环境、发展旅游相结合等。

2 水利工程建设项目中的水土保持措施实施

2.1 因地制宜选择水土保持措施类型

水利工程建设项目中的水土流失类型主要是点状和线状,因此,在治理区域内,需要根据不同地块,通过土地适宜性评价,因地制宜地采取不同措施。工程措施、生物措施不能互相取代,它们各自具有特有的功能,同时又可形成一个有机的整体,以求获得最佳的水土保持效益。水利工程建设项目开挖区、回填区、弃渣场、临时生活区等采用工程、可生物措施,增加地面植被覆盖,提高土壤抗蚀力,防治水土流失,建立良好的生态环境。

2.2 施工过程中的水土流失综合治理

水利工程中的蓄水、引水、堤防等工程在施工过程中人为破坏原地表植被,改变坡形、沟床,施工中往往因主体工程的进展而被忽视。施工过程中的挖方区,为防止坡地水土流失,可设置截流沟、排水渠等工程措施;设置挡土墙和抗滑桩可以防止可能引起的滑坡、泥石流等重力侵蚀的发生。在回填区,注意坡形整理,并辅以林草措施,可以防止施工期间可能引起的风蚀、水蚀等侵蚀。在水利工程施工征占耕地、林地上,对临时占用的耕地、林地,在施工期间注重防护,在退场前应加以整理、补植;对工程中的弃渣,应尽可能供应水土保持设施使用。在沟道内筑建淤地坝、谷坊等治沟工程,在施工导流临时工程中应尽可能根据当地水文条件设置,防止对边坡引起的淘涮。在临时生活区,应该加强管理,提高环保意识,防止生活污水的排放而污染农田。

3 水利工程建设项目中水土保持监测

水利工程建设项目中的水土保持监测是指从保护水土资源和维护良好的生态环境出发,运用多种手段和方法,对工程建设造成的水土流失及其防治效果实施监视和测控。其监测的主要内容包括:水土流失影响因子动态变化、水土流失状况(面积、强度、流失量等)动态变化、水土保持措施实施情况及其防治效益等4个方面。

3.1 水土保持监测的目的意义

通过监测,了解水利工程建设项目建设生产过程中水土流失发生的时段、部位、强度及特点,以便及时采取、调整相应的防控措施,最大限度地减少水土流失。其意义是为水利工程建设项目水土流失预测和防治方案提供依据;为建设项目的水土保持专项验收提供依据,为水土保持科学研究和水土保持规范、标准制度制定提供资料,为水土保持决策和监督执法部门服务。

3.2 水土保持监测指标体系

根据水利工程建设项目水土保持监测的科学内涵和监测内容,建立项目区水土保持监测目标,确立监测对象,制定定性和定量分析相结合的水土保持监测指标,反映项目区水土流失背景、状况、危害、措施及防治效果等5个方面的控制成果。主要指标如下:

项目区水土流失背景监测:地理坐标、地貌类型、气候类型、年均气温、平均风速、多年平均降水量、植物种类组成、林草覆盖率、主要河流流量、土壤类型、水土流失类型、水土流失面积、平均土壤侵蚀模数。

工程建设中水土流失状况监测:项目建设区直接影响面积、扰动地表总面积、损坏植被面积、损坏水土保持措施数量、土石方开挖量、土石方回填量、借方量、外弃量、弃渣点位置、水土流失部位及面积、水土流失量。

水土流失危害监测:对主体工程安全运营产生的负面影响、对附近居民生产和生活的干扰、对水域的淤积及污染情况、对周边生态系统结构与功能的破坏。

水土保持措施实施情况监测:临时挡墙、排水、沉沙及覆盖措施实施的数量、植树种草面积、土地整治面积、复耕面积。

水土保持措施实施效果监测:扰动土地治理率、水土流失控制率、土壤侵蚀控制比、植被恢复系数。

4 水利工程建设项目中水土保持监理监督

4.1 水利工程建设项目中水土保持工程监理

国家1990年颁布《水利工程建设监理规定(试行)》在水利工程建设项目中实行建设监理制度。监理机构受项目法人的委托对主体工程建设实施现场监理,对水利工程建设项目中的水土保持措施实施跟踪监理。监理机构依据国家标准、设计文件及施工合同对工程建设过程中的质量、进度、投资进行控制,对水利工程中涉及的水土保持措施,对水利工程建设过程中可能引起的水土流失加以监督控制。水利工程建设项目中的水土保持工程及林草措施对主体工程起不容忽视的辅助作用,因此在主体工程的施工过程中,监理工程师应具备水土保持环境意识,对施工过程中人为扰动原地表植被的行为应进行监督控制,同时也是对主体工程更好地执行更长久地发挥作用负责。水利工程建设项目在建设过程中水土保持设施与主体工程同时施工,在施工过程中应当与主体工程一样实施监理,对主体工程施工中忽视的水土保持措施的,监理机构应要求施工单位按水土保持规范实施,防止造成水蚀、风蚀和重力侵蚀的加剧。监理机构在主体工程监理过程中应严格要求施工单位落实工程中的水土保持措施,进度上要求同时实施,质量上严格把关,投资上不省不略,协调各方关系,科学合理监控,做优质工程、创优质环境,建一个工程,铸多方效益。

4.2　水利工程建设项目中水土保持政府监督

　　水利工程建设项目中水土保持措施实行政府监督,主要是对水利主体工程施工过程中造成的水土流失状况、措施及成效进行实时监测,对水利主体工程施工过程中水土保持措施质量进行监督管理。对工程项目中的各参建单位进行环保竞赛,鼓励文明施工、科学管理,监督各参建单位的工程工作质量,对工程项目中违反《中华人民共和国水土保持法》的单位运用整改、通报警告等行政手段监督管理。

[作者简介] 关志刚(1981—),男,2004年毕业于山西农业大学水土保持专业,助理工程师。

本文刊登在《山西水利科技》2009年11月第4期(总第174期)

采用土工膜进行渠道防渗需注意的几个问题

华 媛

(山西省水利水电工程建设监理公司, 山西太原 030002)

[摘 要]利用土工膜防渗是目前采用的最广泛的渠道防渗技术,文中从土工膜的老化、土工膜的厚度、土工膜的拼接、土工膜的铺设、过渡层的设置、渠道的冻害防治措施等几方面,提出渠道防渗建设中需要注意的一些问题。

[关键词]土工膜;渠道防渗;老化

[中图分类号] S274　　　[文献标识码] B　　　文章编号:1006-8139(2009)04-64-02

0 引言

渠道防渗是目前应用最广泛的节水灌溉工程技术措施,它可以极大地减少农业灌溉用水的浪费。渠道采取防渗措施后,可以提高灌溉水的利用率,缓解农业用水供需矛盾,节约的水可扩大灌溉面积,进一步促进农业生产的发展;可以减少渠道占地面积,防止渠道冲刷、淤积及坍塌,节约运行管理费用,有利于灌区的管理;可以降低地下水位,防止土壤盐碱化及沼泽化,有利于生态环境和农业现代化建设。渠道防渗是节约用水、实现节水型农业的重要内容。渠道防渗,可采用土料防渗、水泥土防渗、砌石防渗、混凝土防渗、土工膜防渗、沥青混凝土防渗。目前,国内防渗应用的土工膜,主要有聚氯乙烯(PVC)和聚乙烯(PE),它们是一种高分子化学柔性材料,延伸性大,适应变形能力高,耐腐蚀,耐低温,抗冻性能好。随着科学技术的发展,采用土工膜进行渠道防渗日益成为渠道防渗的重要措施。

1 土工膜的老化

土工膜是由聚合物高分子原材料经加工制成,它们在运输、施工和在长期运行期间会因各种原因引起质变,使性能恶化、老化。材料老化有多种表现:外观变色、表面龟裂、脆化、丧失光泽、力学性能下降等,其中对工程影响最大的是其力学性能的下降,如材料的抗拉强度和破坏应变均明显降低,直接影响到渠道的渗漏,影响渠道的正常运行。

紫外线照射造成的光衰变和氧化衰变是土工膜老化的主要影响因素。太阳辐射到地球大气层的光是连续光谱,达到地表的紫外线会引起材料的光氧老化,加上温度造成的热氧老化,它们的总能量明显高于土工膜一些化学键的键能,造成土工膜老化。

在使用过程中,材料外露,氧供应量高,日光照射强,比隐蔽时的衰变快。为此,无论在储运、施工和长期运营中,都要对材料进行保护。最基本的要求是,材料铺设后,要尽快在其上覆盖土料,厚度不小于30cm;材料在水下,材料为水覆盖,老化衰变也随之降低。

2 土工膜的厚度

《水利水电工程土工合成材料应用技术规范》(SL/T 225—98)第5.3.2条规定"土石堤、坝防渗土工膜厚度不应小于0.5 mm,对于重要工程应适当加厚;对于次要工程,可以适当减薄,但最小不得薄于0.3 mm。"笔者认为,这一厚度有点薄。众所周知,在一般情况下,理论计算既是依据了简化条件,而且所包含的参数有的也是不确定的假设,和实际情况还有一些差距,公式中并不能反映很多涉及土工膜安全的因素。按分析而论,应该说,膜厚度对其渗透性的影响并不显著,因为材质聚合物渗透性极小,而且膜厚度的变化毕竟也有限,但在工程应用中往往还存在许多实际问题。例如,像PVC土工膜,材质中含大量增塑剂,容易挥发,膜越薄,影响越大;因为膜本身强度很小,土工膜的强度直接与其厚度有关,膜面上的擦痕经常导致土工膜的损坏,影响其正常工作;土工膜对集中应力十分敏感,极易被刺破,膜的抗冲击力也随膜的厚度增大而增加;膜过薄,以热焊法焊接时,土工膜极易受损。总的来说,土工膜在按照理论计算基础上适当加大厚度是有必要的。

3　土工膜的拼接

目前,土工膜的现场拼接方法有胶粘法和热熔焊法两种。

胶粘法。是在两层膜上涂粘接胶,然后压紧进行粘接。胶结剂能使土工膜表面乳化,黏合后,溶剂因具有挥发性而使接触面干燥结合。胶结剂的选择十分重要,例如聚氯乙烯膜可用聚氯乙烯胶或聚氨酯类胶进行粘接;聚乙烯膜可用 KS 热溶胶粘接。一般情况下,胶接法的接缝强度不如热熔焊接法的高,并且自动化程度低,经常因为人为因素发生漏粘现象。

热熔焊法。电热楔焊接法是应用最广泛的一种热熔焊法。电热楔夹在两层被焊土工膜之间将膜加热,热楔向前移动时两辊轮一起向前移动,焊机自动爬行,将两膜压合在一起。自动爬行热焊机适用于直线长缝焊接,焊接质量几乎不受操作者的人为因素影响,焊接时不需要对焊缝作任何的预处理。但在现场焊接前,应进行试焊,因为焊接温度要传至膜片,受气候影响温度有所降低,尤其是对于厚膜,要求时间较长,以保证膜间完好连接。通过试焊,能够得到在某一气温时的焊接温度与焊接速度的焊接参数,使土工膜焊缝的剥离与拉伸强度达到设计要求,保证焊接质量。

4　土工膜的铺设

从施工工艺方面讲,膜料防渗施工质量的核心问题,是在施工过程中保持土工膜的完整性。土渠的铺膜基槽开挖整平后,首先进行灭草处理,然后根据渠道大小将土工膜加工成大幅,自渠道下游向上游,由渠道一岸向另一岸铺设膜料。土工膜铺设时,不要拉得太紧应留有小褶,并平贴渠基,土工膜下空气应完全排出。

砂砾料保护层,应有膜面过渡层,在铺符合级配要求的砂砾料保护层时应逐层压实。刚性材料保护层,应防止刚性材料撞破土工膜,否则会直接影响土工膜的防渗效果。

土工膜局部集中应变也会造成破坏。造成集中应变可能由于土基压缩沉降不均,或者是土工膜所接触的结构产生了大的不均匀变形,致使土工膜在局部承受很大的拉应变,尤其在结构物形状发生突变或转角部位,这种可能性很大。

5　过渡层的设置

为了避免损伤土工膜,应设置过渡层。一般情况下,水泥土、灰土、砂浆均可作为过渡层,它们具有一定的强度和整体性,造价较低,适用范围广,效果好;土和砂作过渡层尽管造价低廉,但在砌缝较多的情况下,往往会被水流冲走或掏空,导致保护层和土工膜整体性破坏,或表面凸凹不平。因此,应选用灰土、水泥土、砂浆作过渡层。如果采用土、砂料作过渡层,应采取防止淘刷措施。

土工膜膜下的过渡层材料应是透水材料,以排除透过土工膜的水和地基内部的渗流水,避免膜下水压力顶托土工膜;同时有利于解决冻害问题。过渡层主要保护防渗膜料不被损坏和膜料下部的积水顺利排除,所以厚度不需要太大。

6　渠道的冻害防治措施

在我国北方地区,细粒土壤中的水分在冬季负温条件下要结冰,使土壤体积膨胀,地面隆起,土壤要冻胀,渠道容易发生冻胀破坏。尽管土工膜为高弹性高分子化合物,具有延伸率大,抗渗透性、抗冻性强的特性,对地基冻胀或沉降、混凝土伸缩变形的适应能力强,但在渠道发生冻胀破坏的同时,也会使土工膜发生破坏,造成渠道漏水,影响渠道的防渗效果。

为避免土工膜发生冻胀破坏,在工程应用中应注意以下几方面的问题:

(1)选择深色土工膜。因为深色膜在同样的保护层下,比浅色膜吸热量大,可以提高地温,利于防止土工膜发生冻胀破坏。

(2)在土工膜下设置保温层,如聚氯乙烯泡沫塑料板、高分子防渗保温卷材等,这样可以削减和消除渠基土冻胀。这种方法施工简易,效果明显。

(3)换置渠床土壤。用砂砾石换置冻胀性强的渠床土壤,置换深度随土壤性质和地下水补给条件而异,一般应大于冻土深度的 60%。这种方法对于渠道长、置换量大的渠道,其工程量大,投资也相应增加。

(4)设置排水系统。规划渠道时,尽可能使渠底高出地下水位的距离不小于冻土层深度,并使渠线行经砂砾石等排水性能良好的地带,并远离灌水农田及其他水源。

(5)提高渠基土的密度。用压实法或强夯法提高渠基土的密度,以削减和消除土基冻胀量。这是一种简单易行的措施,但要夯实的厚度必须达到冻土层深度。

7 结语

土工膜防渗技术不属于新材料、新工艺、新技术，早在 20 世纪 60 年代已经开始应用。但由于其技术含量低，在工程应用中往往不被工程技术人员高度重视，所以常常在土工膜的选择、土工膜的拼接、土工膜的铺设等方面不重视，不能保证工程质量，导致土工膜不能发挥高效作用，使渠道水利用系数降低。所以工程技术人员应该加强对土工膜应用的重视，使土工膜在渠道防渗中起到应有的效果。

[作者简介] 华媛(1975—)，女，2006 年毕业于山西水利职业技术学院，工程师。

本文刊登在《山西水利》2009年第2期

创新机制图发展　追求卓越促和谐

范世平

（山西省水利水电工程建设监理公司，山西太原 030002）

[摘　要] 2008年是山西省实施兴水战略的攻坚年，监理公司围绕发展这条主线，初步进行体制改革，不断加强制度建设，从十一个方面全面完善了公司运行机制，最终取得了可喜成绩，并圆满完成了山西省兴水战略各项建设任务。

[关键词] 体制改革；企业市场生态环境；管理效益；体制建设

[中图分类号] TV211.3　　　[文献标识码] C　　　文章编号：1004-7042（2009）02-0047-03

2008年是山西水利实施兴水战略的攻坚年，为了配合水利厅打好兴水战略攻坚战，积极推进山西省的兴水战略，山西省水利水电工程建设监理公司领导班子进行了认真的研究，及时制定了全年工作的总体思路和具体安排。一年来，公司全体员工在公司领导班子的带领下，以科学发展观为指导，团结奋进、努力拼搏，取得了可喜的成绩。

2008年，公司共承揽业务合同额 5 845.31 万元，实现产值 2 966 万元，超过年度目标 104.55%，比 2007 年增长 51%；实现利润 51 万元，超过年度目标 537.5%；上缴税金 182.27 万元，比 2007 年增长 65%；同时动用自有资金 35 万元一次性解除了本金 50 万元、利息 41.2 万元贷款担保责任，大幅超额完成了省厅下达的各项经济指标。

思路决定出路、体制决定态度、制度决定行动、机制决定效率。监理公司之所以能圆满完成各项经济指标，业绩大幅提高，主要得益于正确的思路、完善的制度和有效的机制。

1　构筑可持续发展的企业市场生态环境

市场生态环境就是企业与业主、承包商、同行业竞争者、金融机构、社区、政府、媒体等建立的食物链关系。企业与他们之间不仅仅是竞争关系，而且还是依存关系、合作关系，脱离或破坏市场食物链的行为，必然影响企业可持续发展，后果不堪设想。政府机关是制定政策、确立公共投资方向和社会价值取向的部门，加强与政府机关的联系可以及时掌握政策动向、理解法律精髓、了解行业信息、准确把握公司的发展方向，业主是公司的服务对象，业主的一切合理要求都是公司工作的重点，加强和维护与业主的关系，听取业主的意见，可以更好地领会业主的意图，提高监理工作效率，有利于工程建设；通过与同行业单位的交流和学习，可以了解并保持自己的优势，及时发现自身的不足和缺陷，为公司的持续发展壮大提供借鉴模式。与这些利益相关机构关系的建设，可为企业创造一个良好的生态环境。

2　扎实推进公司体制改革

只有劳动关系稳定，才有员工队伍的稳定，才有企业的稳定，稳定是企业可持续发展的基本前提。改制工作无论是形势所迫，还是发展需求，都必须考虑到职工的认可和接受程度，决不能用行政命令压制人。本着这一原则，公司在改制过程中，应充分动员职工，广泛征求意见，始终遵循"四个有利于"的原则，使改制工作平稳推进。企业改制得到了绝大多数职工的认可，使其成为公司发展的动力。用改制促发展、保稳定，实现了改制与发展两不误。

3　抓住机遇开发市场，多方努力拓展资质

面对监理市场日趋激烈的竞争形势，公司上下统一认识，按照"立足省内、开拓省外，立足系统内、开拓系统外，力争经营全方位突破"的经营思路，努力提高管理技术水平，提升监理服务质量，增强公司综合竞争力，抓住"兴水战略"和中央拉动内需的有利时机，大

力开拓市场,努力拓展资质,取得了显著成效。

3.1 全面覆盖、大小兼顾,努力开拓省内市场

在业务承揽方面,监理公司实行全面覆盖、大小兼顾的原则。按照这一原则,2008年共投标34次,中标15次,中标率44%,中标额3 556万元,占合同总额的71%。承揽的项目有运城市北赵引黄工程、山西省引沁入汾和川引水枢纽工程等6项省内重点大型项目及离石千年水库工程、夏县温峪引水工程等85项中小型项目,监理业务覆盖了全省11个地市。招标代理业务承揽了包括夹马口北扩节水改造工程、运城市北赵引黄工程在内的70多项工程,使立足省内的经营策略得到了有效落实。

3.2 持续跟踪,重点培养,积极开拓省外市场

2008年,公司以省外几个执监的项目监理部为主,持续跟踪了大伙房水库应急入连工程、南水北调天津市一段工程等几个省外项目,最终赢得了大伙房水库输水应急入连工程(三标段工程)的监理任务。这一任务的承揽不仅扩大了东北的市场,其经验和业绩为进一步开拓省外市场奠定了坚实的基础。

3.3 申报资质、拓展业务,逐步转型综合服务

近年来,公司狠抓资质拓展,先后取得水土保持工程施工监理甲级资质、水利工程建设环境保护监理资质、水资源论证资质等。面对竞争激烈的市场,公司领导班子以超前的意识制定了以监理为主、向外延伸的发展战略。围绕这一思路,公司采取各种措施进一步拓展资质范围,取得了国家商务部对外援助施工监理的资质。这些工作的开展很好地实现了公司的经营理念,为实现多元化经营格局、转型综合服务打下了良好的基础。

4 强化项目管理,提高监理服务质量

要实现"以优质的监理服务让业主放心,以优秀的业务素质让业主称心"的公司服务理念,关键在于提高监理服务质量。公司先后两次对开工项目进行检查,共派出3个检查组,检查组成员为公司经验丰富的技术骨干和从事过内审工作的内审员,两次检查共覆盖公司在监项目32个。

通过检查,被检项目合格率达到100%,所有的被检项目均在80分以上,平均分数达到了93分。检查组对查找到的问题及时反馈到公司和各项目监理部,同时认真、耐心地帮助各监理部进行整改,把隐患消灭在萌芽状态,监理服务质量不断提高。

各项目业主的反馈意见是服务质量的重要体现。2008年,公司对31个项目的业主征求意见。各监理部的综合得分均在85分以上,平均分为93.8分,这充分反映了公司监理服务质量是经得起考验的。

5 加强管理,节约资源,积极开展"管理效益年"活动

为进一步加强管理工作,提高经济效益,公司于2008年开展了"管理效益年"活动。在活动中,公司认真查找工作中存在的问题和不足,并进行了深刻的分析研究,制定和修订了10余项管理办法、规定,初步完善了公司运行机制。

5.1 完善机制,引导思想,认真思考经营方法

市场开发是企业永恒的主题。为加大市场开发力度,公司积极完善各种机制,制定了市场开拓的奖罚办法,以目标任务为基数,根据超过或不足基数的百分点给予奖罚,激励市场开发部门开拓市场、承揽任务的积极性。同时对提供有价值信息的相关人员和在业务承揽中做出贡献的人员规定了相应的奖励措施。另外,还设立了市场开拓突出贡献奖,对在市场开拓中做出突出贡献的人员给予重奖。

5.2 提高人力资源核定指标

各项目监理部资源核定合理与否直接影响到公司的利润,而人力资源的核定又是资源核定中一个关键环节,在这一环节中,人年产值这一指标至关重要,它蕴含着很大的利润潜力。为了挖掘这一潜力,公司组织相关部门进行了认真的研究分析,在汲取以往项目运行经验的基础上,对人年产值进行了详细测算,使这一指标由原来的5万~7万元提高到7万~9万元。经过一年的运行,在监理服务质量得到有效保证的基础上,公司利润大幅增加。

5.3 改革用车模式

以往公司项目监理部用车是租用公司职工个人的车辆,这样只有一少部分人的收入得到提高。为了兼顾公平,公司发动职工成立了车辆租赁公司,平均股权分配,职工自愿参股,使绝大多数职工成为租赁公司的股东,项目监理部的用车由原来租用个人车辆变为租用租赁公司车辆,使每位股东都能分到红利。这项改革不仅增加了职工的资产性收入,同时也提高了职工参与公司管理的积极性。用车模式的改革为公司及职工带来了巨大的经济效益和社会效益。

5.4 改革后勤基地管理体制

2008年公司对后勤基地的管理体制进行了大胆改革。一方面是公司宿舍区改革为物业化管理,并专门成立了物业小组,小组成员全部由职工选举产生。管理费由公司全部支出变为住户交纳物业管理费,逐步扭转了职工的依赖思想,损耗大幅度降低。另一方面是单身职工住宿改公司出资租房为发放租房补贴。通过这项改革,节约了用于维修租用房屋的费用,避免

了人员多、管理难、损耗高、安全隐患大、房屋利用率低等问题,解除了公司的后顾之忧,减轻了公司的经济负担。同时,树立了职工住房货币化观念,改变了过去"等、靠、要"的思想。

5.5 改革考勤办法

2008 年,公司对职工及聘用人员的考勤办法进行了改革,改革的核心是规定了每月的应出勤天数和最多加班天数。通过这次改革,使公司的考勤制度符合了《劳动法》的要求,同时也避免了以往各项目监理部谎报、虚报考勤的现象,提高了效率、节约了开支。

5.6 改革薪酬结构

薪酬结构是否合理,反映了一个企业的分配制度是否科学和先进。2008 年,监理公司对薪酬结构进行了突破性改革,一是将薪酬的核心部分由原来单一的基本工资改为基本工资和岗位工资两部分,把岗位工资从基本工资中分离出来,鼓励职工上岗的积极性,增加了核心工资的激励性;二是增加了职务津贴,提高了管理层的工作积极性;三是增设了法人代表津贴,实行按月预发,年终按目标责任实现情况进行考核,未完成目标扣回全年津贴的办法,从制度上和经济上体现了法人代表的独特性,增加了法人代表管理公司的压力和动力;四是增加了持证上岗津贴,规定在一线工作的具有监理工程师资格的人员每人每月发放 100 元持证津贴,2009 年又增加到 300 元,鼓励持证人员到工程一线工作。

5.7 设立质量管理奖

今天的监理就是明天的市场。只有监理服务质量提高了,才能占领更大的市场,而促进监理服务质量提高的很重要的一项措施就是加强项目检查。项目检查覆盖监理工作的方方面面,为防止检查流于形式,保证检查效果,公司于 2008 年专门设立了质量管理奖。这一举措一方面使总监真正有了压力,另一方面也增强了监理人员的责任感。

5.8 修订完善总监奖励办法

2008 年公司对总监奖励办法进行了适时地修订和完善,明确了奖金与监理费回收额挂钩。修订后的办法既考虑了监理费回收的因素,又体现了多劳多得,兼顾了公平,同时也增强了激励因素,充分调动了总监的积极性。

通过一年来"管理效益年"活动的开展,形成了一种"强化管理、优质服务、节约资源、提高效益"的良好氛围,使公司的管理水平得到了很大提升。

6 多种渠道吸纳优秀人才,各种方式提高队伍素质

为了适应"兴水战略"深入实施的新形势,2008

年,监理公司重点加强了职工队伍建设,不仅通过各种渠道吸收了大量的优秀人才,而且在人员培训、提高素质等方面也做了许多行之有效的工作。

6.1 通过多种方式吸纳优秀人才

为了适应"兴水战略"的要求,进一步壮大职工队伍,提高职工队伍的整体素质,公司专门成立了招聘小组,于 2007 年、2008 年先后公开招聘研究生、本科生 10 余名。同时,还从聘用人员中选拔出了业务技术过硬、有国家级执业资格证的优秀人才进入公司。两年来,公司共引进各类人才 20 多名,基本满足了公司监理工作的需求。

6.2 持续培训,提高从业人员业务技能

对企业来说,培训是一种最有价值的投资,也是一种双赢投资,即培训不仅通过员工自觉性、积极性、创造性的提高使企业受益,而且增强员工本人的素质和能力,使员工受益。因此,公司十分注重对员工的培训,2008 年先后参加了招标代理、劳动合同法、环境保护监理工程师等方面的培训,培训人次达到 192 人。

7 调整组织机构

2007 年公司调整了内部组织机构,由原来的四个职能部门调整为 6 个职能部门、9 个生产部门。一大批长期在一线工作的具有高级职称的技术骨干走上了领导岗位,焕发出前所未有的工作激情。同时,区域划分管理使得市场开拓和管理更加有效,大量的市场信息反馈到公司。

8 加强公司技术开发力度,增强公司核心竞争力

公司为增强技术开发力度,专门设置了总工办,具体负责公司技术管理工作。2008 年公司专门成立了水利工程建设监理理论实用技术编写班,对公司多年来技术人员的经验和监理工作程序进行总结,编制出版了《水利工程建设监理理论与实用技术》。此书的出版,提升了公司在业界的影响力,增强了公司的核心竞争力。2009 年公司明确规定,每年将从总收入中提取 1%的资金约 30 万元用于公司的技术开发,确保公司在水利监理行业的技术领先地位。

9 注重制度体系建设

公司十分注重制度体系的建设,多次对质量管理体系文件进行改版,使其不断适应公司工作的需要,更加具有可操作性。为了使公司在环境和职业安全方面的工作更加规范,2008 年底启动了环境体系文件和职业健康安全体系文件的编制工作。为做好这项工作,公司专门派相关人员参加了培训,并且成立了编写小

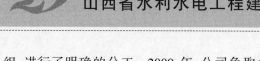

组,进行了明确的分工。2009 年,公司争取拿到环境体系和职业健康安全体系的认证证书。

10 加强公司诚信度建设

企业的诚信度取决于企业发展战略的高度和其社会信用的发达程度。企业要想可持续发展,必须依靠诚信,只有诚信才是维持长期市场穿透力的基本前提。2008 年公司通过积极运作,多方联系,出资 35 万元解除了为水利职工培训中心提供的贷款 50 万元(本息合计 91.2 万元)的担保责任,避免了名誉上和经济上的损失,增强了公司的诚信度。

11 关心职工,奉献爱心,努力构建文明和谐企业

在经济效益大幅提高的同时,公司也非常注重职工福利待遇的提高。2008 年公司对职工的收入进行了改革,体现在两个方面:一是工资普调 20%,提高了员工的工作积极性,增强了凝聚力;二是调整了技术职务与行政职务的工资档次,提高了技术人员的工资待遇,促进了公司的和谐与稳定。除此之外,还增加了端午节过节费、职工生日贺礼费、八一建军节退伍军人慰问金等,2008 年上半年又为女职工缴纳了生育保险,提高了现有的福利待遇和独生子女费及职工住房公积金补贴费,发放了不同季节的工装。这些福利待遇的提高,使职工深深感受到了公司大家庭的温暖。

为了提高职工的政治思想素质,公司党支部购买了大量的政治理论书籍发放给职工,要求职工认真自学并撰写心得体会。与此同时,公司也非常重视精神文明建设,在 2008 年的"5·12"汶川大地震中,公司广大干部、职工和聘用人员进行了踊跃捐款,共有 205 人次参与了捐助活动。

2008 年公司因成绩突出被山西省建设监理协会授予"三晋工程监理企业二十强"和"山西省工程监理先进企业"称号、被山西省建筑业协会建筑安全专业委员会授予"山西省建设监理企业安全生产先进单位"称号、被中共山西省水利厅直属机关委员会授予"先进基层党组织"称号,并顺利通过山西省委省直机关精神文明建设委员会的验收,连续 8 年获得"文明和谐单位标兵"称号。

一年来,在水利厅党组的正确领导下,公司又一次在业务承揽、体制改革等方面取得了重大突破,在管理工作、队伍建设、构建和谐企业方面取得了可喜成绩。2009 年,公司将继续贯彻落实科学发展观,抓住"兴水战略"的机遇,认真落实全省水利工作会议精神,再接再厉,向厅党组交一份满意的答卷。

[作者简介] 范世平(1966—),男,1988 年毕业于武汉水利电力大学河流泥沙与治河工程专业,高级工程师。

本文刊登在《山西水土保持科技》2009 年 9 月第 3 期

浅析水土流失对生态环境的主要影响

范彩娟

（山西省水利水电工程建设监理公司，山西太原 030002）

[摘　要]论述了水土流失恶化水环境减少可持续利用的水资源、蚕食宝贵的土地资源、毁坏和减少生物资源、恶化区域气候环境等多方面的危害。

[关键词]水土流失；生态环境；水资源；生物资源；区域气候

[中图分类号] S157.1　　　[文献标识码] C　　　文章编号：1008-0120（2009）03-0009-02

1　水土流失恶化水环境减少可持续利用的水资源

1.1　涵养水源功能变差

在水资源的循环过程中，通过蒸发作用与植物的蒸腾作用使水分转化为气态水而进入大气，风推动大气中的水蒸气移动和分布，并以降水形式回落到海洋和大陆。大陆上的水可能暂时贮存于土壤、湖泊、河流和冰川中，或者通过蒸发、蒸腾进入大气，或以液态经过河流和地下水最后返回海洋。在水资源这样周而复始的循环中人类得以生存，降水与蒸发的差量便是农业生产和人类日常生活用水的来源。

水土流失以水循环过程中陆地液态水与海洋水的位能差为动力干扰水分循环的自然机制，造成可利用水资源严重短缺。地表水、土壤水和部分地下水都是以土壤为载体附着在土壤上，水土是不可分的，土地资源的良好状况是水资源存在的保证。土壤孔隙抗重力所蓄积的水称为土壤的田间持水量，是土壤贮水能力的上限，田间持水量的大小取决于土壤的质地与结构。水土流失使得土层变薄、土壤结构发生改变、土壤持水量降低，同时又为新的加速状态的水土流失创造了更为适宜的条件，引发新的水土流失，形成恶性循环。最终，水土流失导致水土流失的发源地区域涵养水源的功能变差，使得降雨作用下，区域坡面径流增加，加剧旱涝灾害，容易诱发洪涝灾害。

1.2　大量泥沙进入江河湖库

水土流失作为原动力携带大量土壤泥沙进入江河水系，淤积在下游河床和水库库底，对于下游造成严重的危害：水系河道淤堵、河床抬高，泄洪能力大打折扣，

"地上悬河"现象日趋普遍，已经不再为黄河所专有，严重威胁河流两岸的群众的安全；河流泥沙含量过高，综合利用功能降低，水土流失引起的泥沙下泄，淤积湖库使得水利工程设施的调洪蓄水、灌溉、发电等功能不能有效发挥甚至失效，对国民经济造成巨大的损失；水土流失引发的面源污染使得大量的农药、化肥进入水系，导致水质严重恶化。由于我国绝大多数水源在山区和水土流失区，水土流失作为载体在输送大量泥沙的同时，也输送了大量化肥、农药和生活垃圾。

2　水土流失蚕食土地资源

2.1　水土流失导致可利用土地资源急剧减少

水土流失最为直接的危害就是将土地资源的表层土壤层层剥蚀和冲蚀，对有限的土地资源遭到严重破坏，地形破碎、土层变薄，使得土地资源的农业或非农业利用价值降低甚至无法利用，造成可利用的土地资源急剧减少的严重后果。一是水土流失切割地面的结果是地形支离破碎，使得众多土地资源失去利用价值或者降低利用价值。二是造成导致沙化、荒漠化、石漠化的面积增加，使农业可利用价值降低。

2.2　耕地数量和质量的双重下滑

耕地是土地资源的精华，耕地土壤是地球表面具有一定肥力且能生长植物的疏松层，是在岩石的风化作用和生物分解等综合作用下经过漫长的演化过程形成的。水土流失导致土地生产力严重衰退、沟壑密布、地形支离破碎，耕地因此大量减少。同时，水土流失导致土壤肥力严重流失，耕地质量下滑。土壤中含有大量氮、磷、钾等各种营养物质，由于水土流失，尤其是表

土的流失,致使根层土壤变薄、保水能力减弱、肥力下降、最终导致土地沙化,耕地生产力降低。严重的水土流失不仅使土壤肥力不断下降,而且导致我国化肥用量逐年升高,土壤肥力却又愈来愈瘦,从而形成恶性循环。在水土流失的作用下,土层变薄、土壤结构和理化性质产生变异,土壤调蓄水分的功能变差,耕地产出率对于气候的干旱和降雨强度变得敏感,对于不良气候的抗逆能力减弱,很容易减产。

2.3 土地资源的人口承载力下降

根据中国科学院自然资源综合考察委员会关于土地资源人口承载力的定义,土地资源人口承载力是指在一定生产条件下和一定生活水平下土地资源的生产力所能承载的人口限度。人口生活水平越高与土地资源人口承载力越低,土地生产力越高土地资源人口承载力越多,而生产条件是决定土地生产力的关键因素。由于水土流失导致土地资源中含养分最丰富、肥力最高的表土层流失,土地肥力降低,导致土地资源的生产力以及潜在生产力的降低,使得土地的生物产出量降低。当土地生产条件和消费水平不变时,土地资源能供消费的人口数量必然降低,即土地资源的人口承载力下降。在气候条件和社会经济水平变动不大时,必然引起土地超量负荷、掠夺式使用土地,使土地肥力进一步下降,再生资源活力持续减弱,生态环境继续恶化,最终陷入恶性循环状态。

3 毁坏和减少生物资源

3.1 生态环境呈现退化

生态环境破坏造成生物栖息地和生态系统多样性的退化。生态环境破坏甚至丧失使生物栖息地缩小或荡然无存,这将直接引发生物种的种数和数量的减少,致使生物多样性大幅度下降。严重的水土流失导致生态环境恶化,使适宜野生物种栖息地急剧减少野生物种分布范围日益缩小,我国除东北和西南少部分地区尚保存有较大面积的天然林外,其他地区已基本不存在。分布在农区的野生物种的生态空间越来越窄,由普遍性生态环境演变为残存"岛状"的生态环境,这就给野生物种的繁衍带来严重困难。并且,如果水土流失继续加剧会导致物种濒危或灭绝的趋势加速发展。

3.2 生物群落逆序演替

生物群落的演替又叫生态演替,它是指随着时间的变化,群落有序发展的过程,即演替也可以说是在同一地表上的同一地段,依照一定顺序分布各种不同植物群落的时间过程。任何一类演替都要经过迁移、定居、群聚、竞争、反应及稳定六个阶段。到达稳定阶段

的植被格局是与当地气候等生态因子相适应的,这是演替的终点,称为演替的顶极。在自然状态下,群落有一系列的顺行发展过程,如群落的生物多样性、生物生产力、群落的高度、土壤的肥力等增加,并且群落的结构趋向于复杂化,最后形成一种稳定的群落。但是,水土流失作为外界环境中一种重要的干扰,可导致群落逆向演替,即生物群落的退化。逆向演替的结果造成系统中生物多样性减少、群落结构简单化、生物生产力降低,土壤有机质含量减少等退化过程。例如,水土流失引发的草地退化、沙化的过程。

3.3 生物多样性锐减

生物多样性系指某一区域内遗传基因的品系、物种和生态系统多样性的总和。水土流失在由环境污染引致生物多样性剧减的过程的作用是非常显著的。随着人口压力的增加和经济的发展,我国化肥的使用量与日俱增,在水土流失严重区域,水土流失作为载体在输送大量泥沙的同时,也裹挟大量化肥、农药以及生活垃圾进入江河湖库,使得地下水遭受严重污染,江河、湖泊和海岸生态系统富营养化,生态系统中的动植物区系因而发生变化。生物多样性锐减的后果是灾难性的。生物多样性的破坏,特别是生物的食物链和食物网的断裂和简化,将导致生物圈内食物链的破碎,引起人类生存基础的坍塌,严重威胁人类的生存和发展。资料显示,由于草场退化、草地生物多样性的平衡被破坏,我国蝗灾呈现暴发频次增高、范围扩大、持续危害时间长的特征。

4 水土流失恶化区域气候

4.1 温室效应增强

生态系统通过固定大气中 CO_2 而减缓地球的温室效应。水土流失破坏生态环境导致生物多样性的降低,使得生态系统固持大气中的 CO_2 量减少,导致温室效应加强。生态系统对区域性的气候具有直接的调节作用,植物通过发达的根系从地下吸收水分,再通过叶片蒸腾,将水分返回大气,大面积的森林蒸腾可以导致降雨,从而减少了该区域水分的损失,而且还降低气温。随着生态系统退化,区域水分循环也会发生改变,对区域气温的调节作用变差。

4.2 环境自净功能衰退、空气质量变差

陆地生态系统的生物净化作用包括植物对大气污染的净化作用和土壤植物系统对土壤污染的净化作用。植物净化大气主要是通过叶片的作用实现的。绿色植物净化大气的作用主要有两个方面:一是吸收 CO_2,放出 O_2 等,维持大气环境化学组成的平衡;二是在植物抗生范围内能通过吸收而减少空气中的硫化

物、氮化物、卤素等有害物质的含量,同时植物特别是树木对烟灰及粉尘有明显的阻挡、过滤和吸附作用。湿地生态系统包括湖泊较浅的部分、近海的潮间带和水田。湿地在养分循环、抗干扰和调节、废物处理上,对于水生植物具有特别重要意义。

4.3　风沙灾害天气增多

水土流失导致草场退化、植被覆盖减少,生态系统防风固沙能力减弱。北方草地退化面积达 90% 以上,全国草地正以每年 65 万~70 万 hm^2 的速度减少,使得风沙灾害增加。据科学推算,在草地上刮走 18 cm 厚的表土,约需 2 000 多年的时间;在玉米耕作地上刮走同样数量的表土需 49 年;而在裸露地上则只需 18 年时间。植被退化为沙尘暴的发生创造了丰富的沙尘源。2002 年 3 月 18~22 日发生的特大沙尘暴席卷我国北方 140 万 km^2,新疆东部、内蒙古大部、甘肃西北部和中部、陕西北部、宁夏、河北北部、京津地区和东北南部出现了强沙尘暴天气;长江以北几乎所有地区都不同程度遭受了沙尘天气的影响,上海天气能见度下降 70%。

[作者简介] 范彩娟(1978—),女,助理工程师。

本文刊登在《山西水利科技》2009年8月第3期

黄河保德王家滩水毁堤防工程治理方案

赵明贵

（山西省水利水电工程建设监理公司，山西太原 030002）

[摘　要]在黄河保德王家滩水毁堤防工程治理过程中,设计采用混凝土摩擦桩施工,该方案彻底解决了因孤山川河与黄河两股水流发生顶冲作用形成旋流淘刷基础,而造成该段堤防坍塌问题,根除了隐患。

[关键词]方案;方法;混凝土摩擦桩

[中图分类号] TV871　　　[文献标识码] B　　　文章编号:1006-8139(2009)03-21-02

1　工程情况

该堤防工程,位于保德县王家滩黄河左岸黄河一号公路桥与铁路桥之间,全长 505 m。旧堤防工程始建于 20 世纪 70 年代,正对面为陕西省府谷县境内孤山川河道出口洪积扇区,越淤越高的洪积物侵占了多半个黄河河道,每年汛期垂直汇入黄河的洪峰直冲王家滩堤防,不仅阻挡了黄河水流通行,而且孤山川河水流与黄河水流发生顶冲作用形成旋流,淘刷卷走堤防基础,使左岸自然形成了黄河深泓区,越拉越深。2008年 3 月 24 日,上游万家寨水库排泄凌汛流量 2 800 m³/s,因基础失稳,造成了该段堤防大范围垮塌事故,对沿黄公路、王家滩等四个村庄及 266.7 hm² 滩地的安全构成严重威胁,急需对该段水毁堤防进行彻底维修加固。

2　设计治理方案

为了从根本上消除孤山川河与黄河两股水流对该段堤防工程造成的隐患,必须对该段堤防基础强加固,以防淘刷;整修堤防护坡,以防冲刷。根据此段堤防的特殊情况,提出以下设计治理方案。

1)0+000～0+105 段堤防位于滩涂上,基础相对比较稳定,但多为淤积层,易变形,不利于堤防稳定,因此对该段堤防整治,应先开挖滩涂进行抛石后,再砌筑铅丝笼石基础。

2)由于该段水流湍急,为减小河水流速,分别在0+105-0+125 段、0+233-0+269 段、0+453-0+493 段共设立三条丁坝,达到减轻水流对岸边冲刷的目的。

3)0+125-0+233 段与 0+269-0+453 段两部位为深泓区,河道冲切严重,为防止水流淘刷基础,设 C20 混凝土摩擦桩墙,墙顶为混凝土连续梁。

4)以现状路面高程控制堤顶线,整修堤防边坡,使其曲顺美观。

3　施工技术方法

3.1　混凝土摩擦桩及连续梁工程施工

在0+125-0+233 段与 0+269-0+453 段两部位为现浇 C20 混凝土摩擦桩(包括钢筋混凝土桩与素混凝土桩),摩擦桩深 15 m,直径 1 m,墙顶设 1.0 m×1.0 m 的连续梁。

施工工序见图 1。

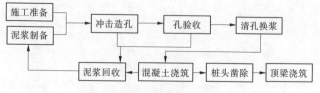

图1　混凝土桩基施工工序图

(1)施工平台。根据工程所处的一侧为黄河,一侧为沿黄公路特殊位置,采取半挖半填来修筑 10 m 宽的施工平台,高出现水面 2.0 m。

(2)孔位确定及造孔。先根据设计移交的坐标控制点测出混凝土桩基轴线,孔序划分见图2,按孔径 1 m,间隔 1.0 m 造孔。

造孔设备选用 CZ-22 型冲击钻,采用多台钻机分段同时作业。

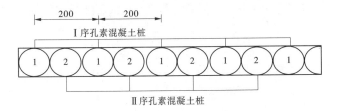

图2 混凝土桩基施工孔位平面布置图 (单位:cm)

泥浆固壁:摩擦桩造孔泥浆质量对成孔非常重要,施工中严格控制泥浆标准:密度 1.1～1.25 g/cm³。在造孔过程中,始终保持孔内泥浆面在导墙顶部下 30～50 cm,以防塌孔。

(3)清孔。造孔达到设计深度要求后,采用抽筒抽渣法进行清孔换浆,控制孔底淤积厚度不大于 30 cm,孔内泥浆密度不大于 1.2 g/cm³,含砂量不大于 4%。

(4)混凝土浇筑。清孔换浆合格后才能进行混凝土浇筑。

混凝土浇筑程序为:配置导管、安装导管、混凝土拌制、混凝土浇筑。

配置导管:选配无缝钢管作为混凝土浇筑导管,根据孔深确定导管的长度,统一编号,分段组装,以便于浇筑混凝土和提升导管。

安装导管:在已验收的槽孔内安置导管。导管固定在槽孔口,由冲击钻卷扬机配合提升,导管上端安置拉料漏斗,浇筑前将隔离球放入导管内。导管连接必须密封可靠。

混凝土拌制:混凝土浇筑采用集中拌制,管道压力泵输送,直升导管法浇筑。

混凝土浇筑:先注入水泥砂浆,随即浇入足够量的混凝土,确保挤出隔离球,并埋住导管底部。浇筑应连续作业,导管埋入混凝土中的深度不得小于 1 m,且不宜大于 6 m,同一槽孔内混凝土面应均匀上升,上升不得小于 2 m/h,同一上升面各点高差控制在 0.5 m 以内。混凝土最终浇筑顶面应高于导槽底部混凝土面 50 cm。

(5)桩头凿除。待灌注桩成墙后,人工凿除桩头,凿至设计墙顶高程。

(6)混凝土连续梁施工。桩头凿除后,进行混凝土连续梁施工。

①钢筋制安:钢筋安装时应架设支撑并加以保护,避免发生错位移动;钢筋架设后,混凝土浇筑前,按照图纸和规范标准进行详细检查,如发现钢筋位置有变动,应立即予以纠正。

②支模:在模板安装过程中,要求保持足够的临时固定设施,以防倾覆。模板安装偏差,严格控制在允许范围内。模板与混凝土的接触面以及各块模板接缝处

结合严密,保证混凝土表面的平整度和混凝土的密实性。

③混凝土浇筑:施工中混凝土均匀入仓,且连续进行,不能中断。

3.2 抛石、铅丝笼石基础、护滩、护坡及丁坝等工程施工

1)水下抛石工程在深泓区,枯水期水深也在 8 m 以上,抛石基础紧贴桩基,采用水中进占法施工,从下游往上游抛投大块石(大于 1 000 kg),以免被水流冲走,直至抛石顶面达到设计高程为止。

2)滩涂开挖底部达到设计高程和宽度后,先施工 1.5 m 厚的抛石基础,再砌筑铅丝笼石基础、护滩与护坡。基础笼石尺寸为长 5.0 m×宽 3.0 m×高 1.5 m;护滩笼石尺寸为长 5.0 m×宽 3.0 m×高 1.0 m;护坡共两层,每层厚 1 m,笼石尺寸为长 5.0 m×宽 3.0 m×厚 1.0 m,起坡点距铅丝笼石基础内边缘 2.0 m 处,坡比为 1:1.3。

3)在 0+105-0+125 段、0+233-0+269 段、0+453-0+493段三部位砌筑三条丁坝。尺寸分别为长 10 m×宽 20 m×高 5m;长 15 m×宽 36 m×高 5 m;长 20 m×宽 40 m×高 5 m。每笼石尺寸为长 3.0 m×宽 1.0 m×高 1.0 m,从抛石基础顶部向上叠剁成半馒头状,腹部干砌密实。

4)铅丝笼石工程包括铅丝笼石基础、护滩、护坡及丁坝等的施工

① 铅丝笼采用 8# 铅丝制笼,铅丝表面镀锌均匀,无锈蚀、锈斑,网孔尺寸不超过 225 cm²,网眼均匀。

② 铅丝笼石就地装封,咬口紧密,表面用石考究、平整、无松动。装封后的石笼应达到填石饱满,外形方正,扎口结实,每米扎口不少于 4 个。

③ 铅丝笼石应自下而上,层层就位,使上下笼头互相错开,紧密压茬。

④ 铅丝笼石的断面尺寸应符合设计要求,轴线位移、立面垂直度、表面平整度应符合质量要求。

4 治理效果

该工程于 2008 年 6 月 1 日开工,于 2008 年 8 月 2 日完工,历时两个月。彻底解决了因孤山川河与黄河两股水流对王家滩堤防基础的淘刷问题,根除了该段堤防垮塌隐患。经 2008 年夏汛洪水与 2009 年春天凌汛的考验,堤防基础与护坡完整优美,沿黄公路畅通无阻,达到了十分理想的治理效果。

5 结语

1)混凝土灌注墙,是从根本上解决大江大河岸边

深泓区堤防基础被淘刷问题的最好方法之一。

2)馒头状铅丝笼石丁坝可有效减缓河水流速,能达到削弱河流对堤防的冲刷目的。

3)采用铅丝笼石基础与护坡,不仅解决了软基沉降引起堤防不稳定问题,而且可以节约资金,少用钱,

多办事,是解决堤防因资金困难,又急需维修加固的好办法。

[作者简介] 赵明贵(1963—),男,1982年毕业于太原理工大学,高级工程师。

本文刊登在《山西水利科技》2008年11月第4期(总第170期)

PCCP 阴极保护应注意的问题

王自本

(山西省水利水电工程建设监理公司,山西太原030002)

[摘 要]根据大伙房水库输水(二期)工程的实际情况,介绍了对长期工作在水中或具有腐蚀性土壤中的预应力钢筒混凝土管道(PCCP)实施阴极保护在设计、施工和PCCP管制造与安装中应特别注意的问题,以达到对其长期运行进行保护的目的,同类工程亦可借鉴。

[关键词]大伙房水库输水;阴极保护;预应力钢筒混凝土管

[中图分类号] TV513　　　[文献标识码] B　　文章编号:1006-8139(2008)04-29-02

1 工程简介

大伙房水库输水(二期)工程是辽宁省"十五"期间的重点建设项目,是解决和缓解沈城及辽宁省中部城市群供水能力上不足的重要战略布局。二期工程引两条输水管线从大伙房水库(左岸)的取水头部开始,跨越抚顺、沈阳、辽阳、鞍山、营口、盘锦六市,全长270km(自沈阳到鞍山采用双线)。输水线路从取水头部至抚顺刘山水库附近为隧洞段,抚顺至沈阳、辽阳、鞍山、营口、盘锦的平原区为管道段。

管线主要采用预应力钢筒混凝土管(PCCP)作为输水管材,在穿越隧洞、河流、高速公路、铁路等交叉处采用钢管,从营盘至营口、盘锦段采用玻璃钢管。其中DN3200的PCCP管长约63km,DN 2400的PCCP管长约200km,钢管段长约28km,玻璃钢管段长约75km。

2 PCCP 阴极保护应注意的问题

对于长期工作在水中或具有腐蚀性土壤中的预应力钢筒混凝土管(PCCP)来说,如果不采取有效的保护措施,预应力的钢丝腐蚀将会直接威胁到管系的安全运行。为了全面解决大伙房水库输水(二期)工程的腐蚀问题,对工程沿线的水质和土壤的腐蚀性进行了细致的调查,并设置阴极保护试验段,在取得了充分的阴极保护实际运行参数后,完善设计,指导全线管道阴极保护的实施。下面就PCCP阴极保护在设计、施工和PCCP管制造与安装中应特别注意的问题做简单说明。

2.1 环境水与土的腐蚀

管道沿线环境水与土现场取样包括选取水样和土样。水样和土样一般每1km各取1组,遇到地质条件变化段,加密取样点。每1组水样或土样的取样点均为腐蚀性评价点。

环境水主要有地下水和地表水。地下水选取一般在开挖基坑内和管道附近村庄的水井内,地表水的选取一般在河流、常年有水的沟渠、湖区等中进行。水试样在24 h内送至试验室进行水质分析试验。

土样选取点一般设在地势平坦的典型地段上,其深度控制在地下水位以上,耕植土以下,开挖至管道周身深度。土样尽快送至试验室进行土壤分析试验,以便确定土壤对混凝土、混凝土中钢筋的腐蚀性。

混凝土或钢管道处于地下水位以下时,应采取水试样作水的腐蚀性试验,处于地下水以上时,应采取土试样作土的腐蚀性试验,以便确定腐蚀性范围和腐蚀性种类。

2.2 阴极保护的设计

2.2.1 设计技术指标

PCCP管和钢管的阴极保护设计寿命为25年,在设计寿命内PCCP管的极化电位差应不小于100 mV;最低负电位不应负于-1 000 mV(CSE);钢管最小保护电位为-0.85 V(CSE)或最小极化电位差100 mV;阴极保护系统对管线不产生副作用,并且不会对环境造成污染。

2.2.2 保护参数选取

对全线PCCP管实施阴极保护,并对土壤腐蚀性严重的 PCCP 管段施加涂层保护,对于没有涂层保护的区域设计保护电流密度为 0.6 mA/m²,有涂层保护的区域设计保护电流密度为 0.2 mA/m²。

保护电位是判断阴极保护效果的一个重要参数。设计确定采用的保护电位准则为阴极极化电位差值最小为 100 mV。电位区间的下限应设在 −1.00 mV (CSE)处。

2.2.3 保护方法和采用材料

为安全考虑,选用牺牲阳极阴极保护方法。综合考虑本工程的情况,设计采用锌合金牺牲阳极材料。

为了保证牺牲阳极输出电流稳定,提高阳极电流效率,降低阳极接地电阻,持续维持阳极的活性,锌阳极周围一定要填加严格按比例配成的填充料,需用锌阳极专用填充料。

2.2.4 设计计算

2.2.4.1 保护面积

PCCP 管线保护的主要对象为缠绕在 PCCP 管外侧的预应力钢丝和管内层的钢套筒。另外还有承插口钢环和预埋连接钢带的面积需计入保护面积。对于 PCCP 管而言,由于大部分电流是由钢丝吸收,因此,实施有效防腐所需的电流应根据预应力钢丝的表面积确定。

输水管线采用两种管径的 PCCP 管:DN 3200 和 DN 2400。根据覆土深度和内部设计压力的不同,管壁厚度和钢丝也不同,这些都造成预应力钢筋保护面积的不同。根据 AWWA M9 手册,可在设计中以钢筒表面积进行近似计算,确定为:DN 3200 管线(管长 5 m)预应力钢筋保护面积 50 m²/节、DN 2400 管线(管长 6 m)预应力钢丝保护面积 45 m²/节。

2.2.4.2 单节 PCCP 管道保护电流

用保护面积和保护电流密度计算出每节 PCCP 管所需保护电流为:

无涂层:单节 DN 3200 管需保护电流 0.03 A;
　　　　单节 DN 2400 管需保护电流 0.027 A;
有涂层:单节 DN 3200 管需保护电流 0.01 A;
　　　　单节 DN 2400 管需保护电流 0.009 A。

2.2.5 阳极的规格型号

根据设计寿命等条件要求,采用棒状锌合金阳极,阳极规格为 654 mm×(58+64) mm×60 mm,重量 18 kg。每支阳极安装时为减小接地电阻,配合 50 kg 专用填充料,组成阳极填料包的尺寸为 Φ 300 mm×1 200 mm。

2.3 阴极保护的施工

2.3.1 阳极安装前准备

在组装牺牲阳极之前,应检验阳极表面是否有油污和氧化物。牺牲阳极表面的油污和氧化物能降低阳极的活性,影响阳极电流的发生,所以阳极表面如存在油污和氧化物,应采用砂纸将阳极表面打磨干净。

将填充料和牺牲阳极装入布袋包,阳极必须位于布袋包正中央,被填充料紧密包敷,严禁明显偏心。

2.3.2 阳极埋设

阳极沿轴向水平安装于管道侧面,位置距管道外壁不小于 1.0 m 为宜,埋设深度应低于管中心位置(见图 1)。阳极与管道的电连接采用 YJV1×16 mm20.6/1kv 铜芯电缆,连接方式采用电焊或铜焊与 PCCP 管承插口处预制的钢板连接。阳极填料包放入阳极坑后,对坑内浇水,坑内水位必须完全浸没填料包,且坑内积水必须保持一段时间,以便彻底浸透填料包。阳极床回填时,应向阳极床内回填细土,禁止向坑内回填砂石、水泥块、塑料等杂物。

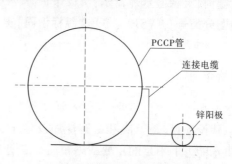

图 1 阳极位置示意图

2.4 阴极保护对 PCCP 管制造与安装的要求

(1)PCCP 管内部的全部钢结构物都应可靠电连接在一起,包括钢筒、预应力钢丝、承口钢环和插口钢环等。

(2)PCCP 管段间通过截面积为 25 mm² 铜芯电缆电连续性跨接,跨接电缆两端通过加强板分别牢固地焊接至管段承口钢环和插口钢环上。

(3)缠绕 PCCP 管的预应力钢丝时,在每根管子两侧 180° 的位置各设置一条 50×3 扁钢。采用手工电弧焊焊接每个钢筋与扁钢接触点。焊接时,电弧中心应对向电连接带,两者熔化即可,点到为止。

(4)PCCP 管一端应在管垂直中心位置预置用于阴极保护安装的连接钢带,并伸出管外 150 mm 以上,连接钢筋可直接电焊在承口钢环上。

2.5 其他

2.5.1 保护区域分段和绝缘

对保护区域和非保护区域,应采取措施设置电绝缘,以免保护电流的流失。PCCP 管段和钢管段阴极保护系统的控制电位不同,所以也应明确划分。

电绝缘设置在保护管道与非保护管道的连接处。

电绝缘采用绝缘法兰,两片法兰间垫入绝缘垫片,法兰螺栓用绝缘套筒和绝缘垫圈。绝缘法兰设置干井内。

2.5.2 防止杂散电流技术

预应力钢筋混凝土管道在正式投运过程中,应对工作区段的杂散电流干扰源进行调查。杂散电流可使管道中钢丝产生电腐蚀,这种电腐蚀速度有时是相当惊人的,已引起人们的高度重视。通过隔离杂散电流源(干扰源)和改善干扰源的接线,以及采取适当的排流保护措施,可以有效地防止杂散电流所引起的钢筋混凝土结构的腐蚀。

3 结 语

输水管线保护设计及实施的成功与否,取决于一系列防护措施的成功运用。这些防护措施包括:提高混凝土质量、钢丝表面和混凝土表面使用涂层、避免杂散电流流入和对管线的定期检测、及时维修保养等。根据监测的 PCCP 管的保护电位、牺牲阳极的输出电流、PCCP 管混凝土的电阻率、氯离子浓度、不受阴极保护的预应力钢筋的腐蚀速度和自腐蚀电位、极化电阻、PCCP 管周围的环境温度等参数,输入计算机与远程综合监测系统的数据进行类比分析,为判定阴极保护效果、钢筋混凝土结构的剩余载荷和耐久性提供了重要依据。所以实施有效的腐蚀监测是整个 PCCP 管建设和运行中非常重要的一个环节。

[作者简介] 王自本(1967—),男,1990 年毕业于太原工业大学,高级工程师。

本文刊登在《山西水利科技》2008年11月第4期(总第170期)

月岭山水库除险加固后需研究的几个问题

王学武

(山西省水利水电工程建设监理公司，山西太原 030002)

[摘　要]长治市月岭山水库除险加固工程已于2004年结束并投入正常运行，但是仍然有一些技术问题需要做进一步的探讨与研究，文中讨论了这些问题。

[关键词]月岭山水库；除险加固；研究

[中图分类号] TV698　　　[文献标识码] B　　　文章编号：1006-8139(2008)04-12-03

1　工程简况

月岭山水库位于山西省沁县故县镇徐村以东，是海河流域浊漳河西源主要支流白玉河上的控制性工程，坝顶长376 m，最大坝高16.5 m，最大坝宽124 m，总库容2 111万 m^3，是一座具有防洪、灌溉、养殖等综合效益的中型水库。水库枢纽由大坝、溢洪道(左右岸防洪道)和输水洞组成，工程于1958年动工建设，年底蓄水运行，并于1963—1966年对溢洪道工程进行了改建。

除险加固前兴利水位和汛限水位为高程944.5 m，低于设计兴利水位高程947.5 mm，正常运用设计洪水标准为20年一遇($P=5\%$)，非常运用校核洪水标准为50年一遇($P=2\%$)。

2　除险加固过程

2.1　水库枢纽存在的问题

月岭山水库建成运行以来，为保护208国道，太焦铁路线及下游村镇发挥了作用，与下游的后湾水库(大二型)联合调度，有效减轻了浊漳西源干流的防洪压力，对当地的生态环境建设和工农业生产做出了应有的贡献，发挥了一定的经济效益和社会效益。

尽管如此，水库枢纽仍存在如下的问题：大坝防洪能力达不到现行规范的要求；溢洪道无控制设施，兴利水位只能限制为944.5 m，影响水库兴利调节和效益；溢洪道泄量不能满足水库泄洪要求；灌溉输水洞渗漏严重影响到坝体的安全；大坝运行缺乏必要的雨情、水情自动测报系统，监测设施需补充更新；水库抢险道路标准低，雨季无法通行等，水库带病运行严重影响了水库效益的正常发挥。

2.2　除险加固设计

受水库管理站委托，长治市水利勘测设计研究院对月岭山水库进行了除险加固工程设计，主要设计内容包括：

(1)对坝体进行劈裂灌浆；

(2)坝体护坡改造，增设防浪墙；

(3)右岸溢洪道拓宽改建，并增设阀门控制(取消左岸溢洪道)；

(4)输水洞防渗处理及设备更新；

(5)增设大坝观测设备，水情测报系统；

(6)整修防水抢险道路并加宽坝顶。

除险加固完成后总库容为2 452万 m^3，死水位944.8 m，死库容115万 m^3；汛限水位945.5 m，对应库容184万 m^3；正常蓄水位947.5 m，对应库容500万 m^3。正常运行洪水标准50年一遇，设计洪水位948.98 mm，非常运行洪水标准1 000年一遇，校核洪水位为950.39 m，有效库容1 448万 m^3，防洪库容1 864万 m^3。

2.3　除险加固工程施工

月岭山水库除险加固工程从2003年5月开始进行，经过建设单位、设计单位、监理单位和施工单位的共同努力，工程于2004年底顺利结束，完成的项目包括：

(1)坝体充填灌浆(原劈裂灌浆的设计变更)；

(2)坝体坝坡改造及防浪墙；

(3)右岸溢洪道拓宽改建，增设平板钢闸门；

(4)输水洞灌浆及设备更新；

（5）大坝观测设备；

（6）防汛抢险道路改造加宽。

通过本次除险加固工程建设，基本达到了设计的目的和要求。

3　需研究的几个问题

3.1　坝体干容重偏低问题

月岭山水库是一座水中倒土均质坝，土质以中粉质壤土为主，兼有轻粉质和重粉质壤土。由于当时施工方法的局限性以及缺乏施工经验，同时也为了赶工期、赶进度，每层填土厚度为0.6～0.8 m，厚度过大，以致干容重偏低。1958年、1961年、2001年、2004年曾四次对坝体进行了勘探取样试验。结果见表1。

表1　坝体勘探取样试验表

取样年份	取样部位	干容重（kN/m³）	取样数量（m）	取样方法
1958	主坝段	14.5～15.1	278	—
	副坝段	14.6～15.2	161	
1961	1号探井	15.3	5	—
	2号探井	15.3	9	
	3号探井	15.3	10	
2001	坝顶	13.8～17.8	—	坑探表面冻土层下
	主坝下游坡	14.5～15.8		
	副坝下游坡	11.7～13.4		
2004	主坝段	15.1～17.2	18	钻机冲击、回转，取样深度3.4～14.3 m
	副坝段	15.0～17.5	6	

试验结果表明坝体平均干容重为15.2 kN/m³，基本满足要求，但平均指标偏低，填土质量不均匀，坝体质量较差，坝体下部质量较好，坝体上部质量较差，副坝段比主坝体质量差，尤其以坝体外部为甚（2004年取样试验采用钻机冲击及回转，对试验数据有一定影响）。坝体干容重不均匀和偏低的问题，在土坝蓄水运行后，将有可能引起较大的不均匀湿陷，甚至有可能产生裂缝。

3.2　坝体渗透系数差别大的问题

1961年、2001年、2004年三次对坝体取样进行试验，结果如下：

1961年的渗透系数是 1.13×10^{-7}～7.57×10^{-7} cm/s；

2001年的渗透系数是 1.30×10^{-4}～5.4×10^{-4} cm/s；

2004年的渗透系数是 1.4×10^{-6}～3.2×10^{-6} cm/s。

坝体三次试验的渗透系数各不相同，且相差大，1961年的渗透系数比2001年的小 $A \times 10^{-3}$ cm/s，2004年的渗透数比2001年小 $A \times 10^{-2}$ cm/s。

本次除险加固设计对坝体进行劈裂灌浆，共3排，沿坝轴线一排，上下游各一排，排距上游为0.7 m，下游为1 m；孔距5 m，主坝段孔深12～16.5 m 至基岩，副坝段孔深8～15 m（深入坝基3～8 m），灌浆目的就是沿坝纵向劈裂形成三排防渗体，解决坝体的渗透系数偏低问题，然而在施工过程中曾数次对代表性的坝段进行劈裂灌浆，均未成功，最终只得放弃这一方案。

另外，分析对坝体进行的三次渗透系数的取样试验，一方面表明坝体的渗透系数偏大，如：1961年的 $A \times 10^{-4}$ cm/s；参照碾压式土石坝设计规范（因本坝为水中倒土坝，与碾压式土石坝没有可比性，此处仅作一比对），设计规范要求的渗透系数（均质坝）小于等于 1×10^{-4} cm/s，笔者参阅了部分碾压式均匀土坝的资料，渗透系数多为 $A \times 10^{-6}$ cm/s，如果大坝的渗透系数确为 $A \times 10^{-4}$ cm/s，则大坝进行防渗透处理是必要的；另一方面，1961年和2004年的取样试验则表明，坝体的渗透系数为 $A \times 10^{-6} \times 10^{-7}$ cm/s，又说明坝体防渗效果很好，若如此，坝体灌浆防渗似乎又没有必要，这一点又与坝体干容重偏低相矛盾，一般来说，坝体干容重高，防渗就好，干容重低，防渗则差。渗透系数如此大的差别，除了可能与勘探取样方法有关外，说明对于大坝坝体的渗透质量问题仍没有摸清和掌握。

3.3　坝体含水率偏高问题

1958年、1961年、2001年、2004年取样试验的含水量结果见表2。

表2　1958年、1961年、2001年、2004年取试验的含水量结果

取样年份	取样部位	含水率（%）	取样数量（m）	取样方法
1958	主坝段	23.1～24.4	278	—
	副坝段	19.1～23.4	161	
1961	1号探井	20.0	5	—
	2号探井	22.3	9	
	3号探井	23.2	10	
2001	坝顶	14.7～15.5	—	坝体表面冻土层下
	主坝下游坡	17.0～18.6	—	
	副坝下游坡	12.9～14.9	—	
2004	主坝	18.3～25.5	9	取样深度3.4～14.3 m
	主坝	21.1～26.9	9	
	副坝	14.8～21.7	6	

从试验资料分析，2001年的取样因深度较浅，含水率较小，不能说明整个坝体的含水率情况，1958年、

1961 年、2004 年的取样实验能基本反映坝体的含水率情况,尤其是 2004 年的取样实验,主坝段含水率在 18.3%~26.9%(副坝段略小),坝体水位线以上含水率小,坝体水位线以下含水率大,钻机钻孔取样时,下部坝体钻孔缩孔现象严重,强烈扰动后成软泥,尽管钻进与取样连续进行,当钻井完成后,提钻进行取样时,孔壁缩孔已造成钻头下不到取样深度。另外,坝体含水率变化表现出一定的规律性,即深度 0~4 m,含水率<16%;深度 4~7.5 m,含水率 18%~22%;深度>7.5 m,含水率>23%。本次钻孔取样时坝体内水位在 7.5 m 深度附近,说明含水率在接近水位时开始增大,水位以下明显增大。

3.4 坝体排水棱体不健全问题

主坝段下游坝坡设计有排水棱体,而副坝段下游坝坡则没有排水棱体。由于水库改造后正常蓄水位将比改造前提高 3 m,浸润线也将提高,且坝体干容重偏低,渗透系数偏大(按 2001 年的试验值 A×10⁻⁴ cm/s),投入运行后,将可能影响副坝下游坝坡的安全与稳定,甚至在长时间蓄水运行情况下,有可能引发下游坝坡管涌和失稳,在本次改造过程中,副坝下游无排水棱体的问题,也未得到解决。

3.5 大坝蓄水运行问题

月岭山水库大坝自 1958 年建成以来,因溢洪道没有控制闸门,水库运行基本上是来多少水泄多少水,仅在溢洪道底板高程 944.5 m 以下的来水得以拦蓄,即正常挡水位为 944.5 m 高程,改造后水库设计洪水位 948.98 m 高程,校核洪水位 950.77 m 高程,正常挡水位 947.5 m 高程。水库运行 40 多年来,大坝虽然已经历了自然的沉降稳定,但从未经历过正常蓄水位和设计洪水位的考验,一旦水位升至正常蓄水位并保持长时间运行,坝体还会进一步沉降直至稳定,在沉降过程中坝体也可能会发生裂缝等问题。大坝在 1989 年和 1998 年运行过程中曾出现过横向裂缝和前护坡沉陷现象,2001 年蓄洪过程中库区左岸台地距大坝不远处局部段出现冒泡现象,水位降低后,冒泡现象消失。本次改造设计对上下游坡的稳定进行了分析计算,结果是安全的,但改造完成后在正常蓄水位和蓄洪运行过程中,应予重视。

3.6 溢洪道引渠段不顺直问题

本次改造过程中,为减少溢洪道引渠段的石方开挖工程量,节省投资,溢洪道闸室前面的引渠段设计为弧形弯曲段,向大坝方向弯曲。改造完成后左岸的溢洪道取消,右岸溢洪道拓宽改造成为唯一的泄洪通道,弯曲的引渠段会影响溢洪道的过流和泄水,尤其在泄洪过程中。

4 建 议

1)坝体干容重偏低问题,若考虑确实有必要进行处理,建议对坝体进行强夯处理,以提高坝体的干容重。这一方法在横泉水库旧坝体强夯处理中效果显著,值得借鉴,其原理就是土的一种动力固结法。

2)渗透系数差别大的问题,需进一步对坝体进行取样试验,摸清坝体的实际渗透情况,若有必要处理,建议用高喷灌浆法进行坝体的防渗处理,为节约投资可用摆喷法。

3)坝体含水率偏高问题,建议采用上堵下排法。上游坝坡增设土工防渗布,下游坝坡可视情况增设一排水平排水孔,内部填充反滤料,以加强下游的排水,水平排水孔高程可定为 943 m 左右。因本次改造时主坝后坝坡已回填至 943 m 高程,主坝段的水平排水孔造孔困难,可考虑在主坝段下游坡垂直坝轴方向平行布置多排垂直向排水槽,高程 934.3~943.0 m,内填反滤料,将主坝段的渗水引出坝体之外。

4)坝体排水棱体不健全问题,建议尽快增设副坝下游坡的排水棱体,以利于坡角的稳定和排水,避免长时间蓄水运行时对下游坝坡产生的不利影响。保证大坝的安全与稳定。

5)大坝蓄水运行问题,建议加强大坝的位移观测、沉降观测、浸润线及渗流量观测以及外表的裂缝、塌陷、泉眼、冒水等观测,发现问题及时处理。在汛期,更要加密观测次数,确保大坝的安全运行,尤其是改造后初期蓄水的前几年。

6)溢洪道引渠段不顺直问题,建议有条件的话将引渠段前部的石方予以挖除,把引渠段取直,以利于溢洪道的过流和泄水,尤其是在大洪水时更显得有必要。

[作者简介] 王学武(1964—),男,1987 年毕业于太原工业大学水利系,高级工程师。

本文刊登在《山西水利科技》2008 年 8 月第 3 期(总第 169 期)

关于进行石匣水库改扩建工程的建议

王学武

(山西省水利水电工程建设监理公司,山西太原 030002)

[摘　要]晋中市石匣水库没有泄洪隧洞,水库的泄洪依靠布置于左岸的溢洪道。石匣水库改扩建增设泄洪隧洞后,不仅可以增大泄洪量,而且还可以提高水库的兴利水位,相当于增大了水库的兴利库容,提高了水库的灌溉及供水保证率,因此水库增设泄洪隧洞工程对促进当地的经济发展具有积极的意义。

[关键词]石匣水库;改扩建;建议

[中图分类号] TV222　　[文献标识码] B　　文章编号:1006- 8139(2008) 03- 54- 03

1　工程概述

石匣水库位于左权县城西北 9 km 处,是海河流域清漳河西源上的控制性工程,始建于 1959 年 11 月,1966 年完工,是一座以防洪为主,兼农业灌溉、工业供水、发电、养殖的中型水库。水库枢纽包括主坝、副坝、溢洪道、输水发电洞和电站。

石匣水库控制流域面积 754 km²,多年平均年降雨量 540 km,多年平均年径流量 6 413 万 m³,主坝为均质土坝,采用水中倒土与碾压两种方法填筑而成,长 274 m、高 33.3 m、坝顶高程 1 153.8 m。副坝长 160 m、高 17 m、坝顶高程 1 154.5 m。水库死水位 1 136.13 m,相应库容 571 万 m³;正常蓄水位 1 142.5 m、相应调节库容 1 208 万 m³;设计洪水位 1 149.36 m、防洪库容 3 961 万 m³;校核洪水位 1 152.56 m、总库容 5 099.46 m;河床高程 1 120 m、溢洪道进口底高程 1 139.5 m。

2　除险加固过程

2.1　水库枢纽存在的问题

1)水库防洪标准低,达不到部颁标准的要求。1959 年建设之初,设计的洪水标准为 20 年一遇,非常运用校核洪水标准为 100 年一遇,1972 年大坝加高培厚完成后,正常运用洪水标准达 50 年一遇,校核洪水标准为 300 年一遇,仍达不到部颁标准规定的正常运用洪水 100 年一遇的标准,非常运用洪水 1 000 年一遇的标准。

2)主副坝渗漏严重。大坝在运行过程中主坝左右坝肩渗漏严重,渗漏量与库水位高低有关,库水位越高,渗漏越严重,勘探资料表明,右坝肩上游基岩标高 1 115.7~1 128.7 m 高程,裂隙较发育,单位吸水率0.236~0.285 L/(min·m²);下游标高 1 126.12~1 132.37 m 高程,单位吸水率 0.47 L/(min·m²)。基岩下部(1 126 m 高程以下)较完整,单位吸水率较小为 0.002 6~0.007 38 L/(min·m²)。左坝肩上游基岩标高 1 123.65~1 129.23 m,裂隙发育,单位吸水率达 0.24 L/(min·m²),基岩上部(1 132.5~1 138 m 高程)裂隙中被黏性土充填,单位吸水率有所减小,1 123.65 m 高程以下基岩较完整,单位吸水率为 0.002 6 L/(min·m²),主坝坝基下伏厚度不大的砂卵石层及风化岩层,渗透系数在 9.03×10⁻³~8.8×10⁻⁴ cm/s。

副坝距主坝右端 300 m,是利用原有的此处鞍部地形,在其上游坡采取碾压方法填筑而成,原鞍部地形自然土体实际已成为副坝坝体的组成部分,坝基座于中更新统 Q2 松散层上,建坝时坝基未做任何处理,当库水位升高到 20~21 m 时即 1 140~1 141 m 高程时,副坝下游渗水现象严重,农田成沼泽化,勘探表明副坝渗漏的原因主要是下伏的第四系中更新统松散层中的粉细砂层、砂卵石层、基岩裂隙。

3)溢洪道底板未衬砌。因溢洪道底板未衬砌,且左坝肩岩层走向倾向于大坝一侧,节理裂隙发育,溢洪道过水时,左坝肩渗漏明显增加。

2.2　除险加固过程

2001 年省计委同意石匣水库进行除险加固改造,项目包括:①溢洪道拓深及混凝土衬砌。②主坝坝基坝肩灌浆及上下游坝坡整修。③副坝坝体加高及坝基帷幕、坝体劈裂灌浆。④输水洞阀门更新。

2002年6月除险加固改造正式开工,2003年11月工程完工,工程项目除副坝坝体劈裂灌浆因劈裂不成功而变更为帷幕灌浆外,其余项目全部按计划完成。

3 改扩建问题的提出

3.1 兴建左权电厂的供水需求

根据左权兴建火力发电厂的供水需求,经多方考察与调研,石匣水库是解决左权发电厂供水需求的唯一水源。为此从1987年起山西省电力设计院对石匣水库的工程地质条件、大坝工程质量以及供水量情况进行了深入的勘探和研究。研究表明石匣水库主副坝在高水位时渗漏严重,副坝的坝体质量较差,兴利库容1 208万m^3,难以保证电厂年需水量900万m^3的需求。

2003年水库除险改造工程完成后,主副坝高水位时的渗漏问题以及副坝坝体质量较差问题,已基本得到解决。而电厂需要的供水保证率问题依然没有解决。

3.2 水库冲淤的要求

按照水库实测的库容曲线,1960-1993年运行的34年间水库共淤积泥沙571万m^3,平均年淤积量15万m^3。1960~2003年水库正常运行时,水库淤积量将达631万m^3,水库除险加固改造完成后正常运行年限按30年计,水库将增加泥沙淤积451万m^3,即1959~2032年泥沙库容为1 082万m^3,相应的水库兴利库容将从目前的1 208万m^3减少到572万m^3,远远不能满足当地工农业发展的要求,尤其是火电厂的供水需求。

4 改扩建方案的拟定

为有效解决上述两方面的问题,经认真分析与研究,建议石匣水库改扩建方案如下:

1)在主坝右坝肩与副坝之间,增设直径为10 m的泄洪隧洞,底板高程1 120 m,一方面在汛期采取蓄清排浑方式对水库泥沙进行冲淤处理,减少水库的泥沙淤积;另一方面与溢洪道联合运用,增大汛期洪水(尤其是设计洪水和校核洪水)的下泄量,保证大坝的安全。

2)溢洪道安装闸门,将水库的兴利水位由目前的1 142.4 m提高到1 148 m左右,提高兴利水位5.6 m,增加兴利库容1 800万~1 900万m^3,使兴利总库容增加到3 000万m^3左右。

3)主副坝之间约200 m长度的天然土体段(沿坝轴线方向),因上次除险加固改造没有进行灌浆处理,本次改扩建时予以灌浆处理。

5 改扩建方案的可行性论证

5.1 有利的地形地质条件

石匣水库主副坝之间是一天然的土体,下部为岩石,上部为土层,长度方向(沿坝轴线)长约300 m,宽度方向(垂直坝轴方向)约500~600 m,伸入库区部分约200多m,延伸至下游部分约300多m,在主副坝之间作为坝体的一部分。勘探资料表明(以主坝右坝肩资料为例),该部位岩体1 126 m高程以下基岩发育较完整,1 126~1 132 m的高程基岩裂隙较发育,具有成洞的良好地质条件。主坝施工时,曾在此处修有跨度1.2 m、净高1.6 m的导流洞,后来导流洞封堵至今未用。此部位地表高程均高于主坝坝顶高程。

5.2 提高兴利水位,增大兴利库容的合理性

修建泄洪隧洞并在溢洪道安装控制闸门后,最重要的一点,就是增大了汛期洪水的下泄量,从而可以提高水库的兴利水位,增大水库的兴利库容,满足下游工农业用水,特别是兴建火电厂的供水要求。如果将兴利水位提高至1 148 m高程,兴利库容增加到3 000万m^3左右,对于保证电厂年用水量900万m^3的需求是非常可靠的。因石匣水库是年调节水库,不具有多年调节水库功能,增大了兴利库容后,即使遇到枯水年份,也能保证水库有充足的水供应下游电厂使用,供水保证率将会大大提高,解决了目前水库对拟定的电厂供水量保证率低的问题。

5.3 提高兴利水位后不影响水库泄洪的可能性

5.3.1 洞径为8 m、9 m、10 m时的洪水泄量比较

笔者曾对修建泄洪隧洞后的供水泄量进行了粗略的估算,结果见表1。

表1 不同洞径条件下油量计算

水位高程(m)	设计要求的泄量(m^3/s)	隧洞泄量(洞径)D(m^3/s)			溢洪道泄量(m^3/s)		
		$D=8$ m	$D=9$ m	$D=10$ m	$D=8$ m	$D=9$ m	$D=10$ m
1 139.5	—	754.27	912	1 071	—	—	—
1 142.5	110.66	846.9	1 034.2	1 228.7	—	—	—
1 149.36	1 006.73	1 027.96	1 270	1 529	—	—	—
1 152.56	1 638.16	1 102.2	1 366	1 650	535.96	270.16	—

上述计算表明:

①在设计洪水位,洞径为8 m、9 m、10 m时使用隧洞泄洪即能满足泄洪要求。

②在校核洪水位时,洞径为8 m时另需溢洪道泄洪535.96 m^3/s,方可满足校核洪水位的泄洪要求;洞径为9 m时,另需溢洪道泄洪270.16 m^3/s,方可满足

校核洪水位的泄洪要求;洞径为 10 m 时,仅需泄洪隧洞即可满足校核洪水位的泄洪要求,因此本方案推荐洞径取 10 m。

5.3.2　"隧洞+溢洪道"联合泄洪时的洪水泄量

经计算结果见表 2。

表 2　隧洞及溢洪道联合泄量

洪水标准	洪峰（m³/s）	下泄洪峰（m³/s）			溢洪道允许最大泄量（m³/s）
		隧洞	溢洪道	合计	
1%	2 069	1 529	540	2 069	1 006.73
0.1%	3 134	1 529	1 605	3 134	1 638.16

上述计算说明,当汛限水位维持在 1 149.36 m 的高程,采用隧洞与溢洪道联合泄洪:

①在 100 年一遇设计洪峰情况下,下泄量大于设计的洪峰量,大坝是安全的。

②在 1 000 年一遇校核洪峰情况下,下泄量大于校核洪峰量,大坝是安全的。

③为安全起见,本方案将汛限水位与兴利水位从 1 149.36 m 高程下调到 1 148 m 高程。

5.4　来水量的充裕性

石匣水库的兴利库容为 1 208 万 m³(不包括已淤积的死库容 571 万 m³),坝址以上流域面积以内的多年平均年径流量为 6 413 万 m³,即使按照水库运行 37 年的生成径流系列的年径流量 5 682 万 m³ 考虑,水的利用率 1 208/5 682＝22%,大部分的水被白白的弃掉,改扩建后的兴利库容值为 3 000 万 m³,水的利用率为 3 000/5 682＝52.8%,不仅水的利用率大大提高了,也说明了来水量是充裕的。

5.5　经济效益的可观性

目前水库的工业用水及城市用水主要是县昌泰化工有限公司和县自来水公司,累计年供水收入约 140 万元。水库改建工程完成后,如考虑未来左权电厂年需水量 900 万 m³ 的要求,按 0.5 元/m³ 计算,每年可增加供水收入 450 万元,合计年供水收入将达 590 万元,经济效益是非常可观的,其次,电厂的兴建对解决当地的就业问题,促进当地经济的发展作用是非常大的。

5.6　其他方面

水库兴利水位由目前的 1 142.5 m 高程提高到 1 148 m 高程后,基本不涉及淹没及移民搬迁,其次石匣水库岸坡为岩质边坡,基本上不产生塌滑问题。另外,兴利水位提高后会使下游的地下水位抬高,而可能形成土地盐碱化问题,这一问题还需另外予以论证。

[作者简介] 王学武(1964—),男,1987 年毕业于太原工业大学水利系农田水利工程专业,高级工程师。

本文刊登在《山西水利科技》2008年11月第4期(总第170期)

建设工程安全监理工作的探讨

任够平

(山西省水利水电工程建设监理公司, 山西太原 030002)

[摘　要] 阐述了当前建设工程安全监理工作所面临的主要问题和风险, 剖析了问题原因, 明确了安全监理工作的依据、程序、内容和方法, 提出了当前监理企业改进和提高安全监理工作水平的对策和建议。

[关键词] 建设工程; 安全监理; 探讨

[中图分类号] TV512　　　[文献标识码] B　　文章编号: 1006-8139(2008)04-89-02

建设工程安全监理近年来成为监理单位和监理工程师的热点话题之一。我国每年有十几万人死于各种伤亡事故, 平均每天事故死亡 300 余人, 因事故伤亡造成的直接经济损失约为每年 1 500 亿元左右, 而建设工程安全施工事故占的比重较大。严峻的形势给监理单位开展安全监理工作提出了很高的要求, 探索安全监理工作的方法与对策, 对于免究监理责任、促进施工安全、保障工程建设顺利实现目标具有重要理论价值和现实指导意义。笔者结合近年来安全监理工作的实践, 总结出经验和做法如下。

1　项目安全监理工作的策划

1.1　安全监理工作的依据

明确依据是做好安全监理工作的第一步, 从事监理工作的每个单位和每个人必须认真学习、熟悉并熟练掌握。当前建设工程安全监理工作的主要依据有: 1)《中华人民共和国建筑法》、《中华人民共和国安全生产法》, 2)国务院《建设工程安全生产管理条例》、《生产安全事故报告和调查处理条例》, 3)建设部《关于落实建设工程安全生产监理责任的若干意见》(建市〔2006〕248 号), 4)项目监理合同, 5)批准的项目监理规划, 6)批准的项目监理实施细则, 7)项目施工合同、图纸、安全技术要求, 8)批准的施工组织设计中的安全技术措施, 9)批准的专项工程的施工安全方案, 10)业主制定的项目安全管理办法等。

1.2　项目监理规划

一是成立组织, 项目监理部应成立安全监理组织, 将职责落实到人。总监直接负责, 全员参与安全监理。

二是建章立制, 从制度上做到安全监理有据可依, 管理制度可以单列, 也可以将安全监理体现在项目监理规划、安全监理实施细则中, 明确安全监理的范围、内容、工作程序和制度措施、人员配备和岗位职责, 要明确安全监理的方法、措施和控制要点等。

三是加强对全员安全监理的教育培训, 保证人员素质, 安全监理有据会依。

四是认真落实安全监理的有关法律、法规、规章、管理办法, 深入施工第一线了解、检查、指导、促进施工安全工作, 从行动上做到有据必依。

五是发现不安全因素、安全事故隐患后, 及时采取相应的初始措施和后续措施, 从落实上做到恪尽职守。

1.3　安全监理工作责任感

《建设工程安全生产条例》第十四条规定: "工程监理单位和监理工程师应当按照法律、法规和工程建设强制性标准实施监理, 并对建设工程安全生产承担责任"。《条例》第五十七条规定了工程监理单位承担的具体监理责任。

当工程处于安全状态或工程安全无事故竣工验收后, 监理人员所做的安全监理日常工作一般不会受到表彰。然而, 一旦工程出现安全事故, 监理人员就会成为"聚光灯下的舞者"。监理人员是安全环节上直接面对社会的最后一环, 某种程度上, 监理会成为安全环节所有错误的最后承担者。不少施工安全事故, 本来是设计单位、供料商、施工单位环节的问题, 最后也由于监理人员安全意识淡漠不明晰、工作粗糙不细致等, 被迫承担连带责任甚至全部责任。因此, 增强监理工程师的安全监理责任感是当务之急。全体监理人员牢固树立"安全第一、预防为主、以人为本"的思想观念,工作中要处理好安全与进度、安全与效益的关系,把安全监理放在与质量、进度、投资控制等同等重要的地位。

2 施工监理阶段的安全监理工作

监理人员在日常监理工作中,不可忘记法律赋予自己的安全生产监理义务和责任,重点做好两个阶段的工作。在施工准备阶段要认真审查《施工安全方案》,施工阶段要做好施工安全的日常监督检查。

2.1 施工准备阶段

在开工之前,监理工程师应审查施工组织设计中的安全技术措施、专项工程施工安全方案或分部工程施工安全方案、事故应急救援预案和安全防护措施费用使用计划、施工单位安全生产责任制度、安全生产培训教育制度、安全生产规章制度和操作规程等,并由项目总监签发。其中对施工组织设计中的安全技术措施或者专项施工方案进行审查是重中之重,审查是否符合工程建设强制性标准要求。《建设工程安全生产条例》第五十七条的规定,监理单位若未进行该项内容的审查,将承担相应的法律责任。

编制《安全监理实施细则》,应明确要求施工单位在申请合同项目开工、分部工程开工、危险性较大的混凝土工程开仓、地下工程开工、垂直运输作业前,均应向监理工程师提交安全技术措施,监理工程师应该及时完成审查并签署书面审查意见。安全技术措施审查工作应作为安全监理中的第一个"停止点"来对待。《安全技术措施》未通过监理审查的,该项作业不得开工。若施工单位擅自开工,监理人员要及时制止,并下发书面通知。施工单位拒不停工的,监理人员应向业主书面报告,与业主一道采取措施。施工单位拒不改正的,监理机构应在与业主、施工单位充分协调的基础上向工程所在地安全生产监督管理部门书面报告。

2.2 施工阶段

以往的监理人员在工地一线偏重于质量、进度、投资控制等工作,当前的法律要求监理工程师对施工安全监理也要常抓不懈。监理人员应尽快更新观念,适应新的要求,明确日常施工安全检查的事项。

在安全监理指导思想上,要善于发现施工生产中不安全因素和事故隐患,突出安全监理工作是重在预防,即强调事前控制、主动控制和超前控制。

在安全监理内容方面,重点检查"人-机-料-法-环"五个层面安全生产落实情况和相关安全生产过程记录和安全自检记录:1)人的方面包括管理人员如项目经理、副经理、总工、施工员、质检员、测量员、安全员、施工工人的资格证和作业态度,特别是特种作业人员的特种作业操作资格证书和作业状态(包括工作态度、身体健康状况、实际操作能力和安全防护能力情况);2)机械包括施工机械、设备、仓储设备、工具等,检查是否设置了安全警示标志,机械的运行状态,检查检测、维修与保养记录是否齐全规范;3)料,如燃料包括汽油、柴油,火工材料包括雷管、炸药,施工用风、用水、用电、用气,运输、储存、使用、处理废弃物等,以及安全防护用品是否按标准配置和正确使用;4)法,包括施工工艺,特别是高边坡、深基坑、地下工程施工是否严格依照批准的安全技术措施来执行;5)环境方面,一是检查施工场地内仓库、危险源处,是否设置安全警示标志、标语、标牌。人、机、料所处位置是否安全,施工作业环境是否危险。同一区域内交叉作业是否存在不安全因素或事故隐患;涉及两个或两个以上施工单位的,监理应检查他们是否签订了安全协议,明确了各自的安全责任和安全技术措施;现场生产区与生活区的安全距离是否符合规定。二是检查安全条件所需资金和安全防护设施投入是否足额。

在安全监理的响应方面,将施工安全措施的具备作为安全监理中第二个"停止点"来对待,对检查中发现的各类问题,及时做出适当的处理,发出安全整改通知或责令停工后向业主报告或向有关主管部门报告,避免承担《建设工程安全生产条例》第五十七条规定的法律责任。

2.3 安全监理记录、整编、归档

监理工程师要把安全记录放在突出的位置,同步做好安全记录资料的管理,以免丢失。安全记录包括日常历次检查记录、现场监理通知、自身培训记录、考试记录等,并按年度或文类分类后排序、编页、装订、建档、保管。

2.4 事故调查处理阶段

当工程发生施工安全事故后,监理工程师应当配合施工单位在现场采取积极措施,防止事故和损失进一步扩大,同时上报业主或有关主管部门。在事故调查处理中,监理工程师应提供相关的安全监理工作记录,配合事故调查组的调查、责任认定。根据责任认定结果,监理工程师承担全部、部分责任或免除事故责任。

3 几点体会

3.1 在招投标阶段,把好市场准入门槛,夯实施工安全保障的基础

当前安全施工存在的最直接的主要问题之一,就是施工单位的安全投入普遍不足,"安全欠账"现象严

重,尤以中小型施工单位为甚。投入不足的结果是安全技术装备陈旧落后,维护、更新不能及时进行,从而导致安全事故的发生。为保证安全生产的投入到位,首先要解决安全施工的资金来源问题,在招标文件中明确地列出安全施工费用,要求投标人报价。目前发包人的招标文件内容,包括商务部分和技术部分,评标赋分时,也是从这两个方面着手。尽管也有一些工程的招标文件增加了安全部分的评标规则,但也是附属于技术部分之中,没有提升到应有的高度和位置。优化招标文件结构,就是要增加施工安全一项。在总价计价项目中,增加施工安全措施费。这样就从源头上保证安全施工经费的投入。同时单列安全生产技术规范或条款,明确项目的安全生产法律、法规、规章,明确安全生产技术措施,明确安全生产检查内容、安全生产措施计量内容与安全生产费用支付计划。

评标时,安全部分应单独评分,然后与传统的商务部分、技术部分得分一起计算加权平均得分,以此作为择取中标单位的标准。

招标文件中旗帜鲜明地单列出安全施工费用与评标打分相结合选出的中标施工单位,从方法上讲更加科学,该施工单位也更有能力做好施工安全管理工作,在事故面前增加了一道有力防线,有助于提高安全监理的效率。

3.2 对于整改不力的施工单位,监理应与业主、行政主管部门联系采取相应对策

据统计资料表明,绝大多数施工安全事故是人为原因造成的,属于责任事故。而由于各种原因,我国的施工企业和施工人员,特别是中小型企业和人员,安全意识相对淡薄,安全素质相对低,安全责任感相对不强,致使同一个问题屡次得不到很好的解决。这样不仅增加了安全监理的单位和个人责任风险,更重要的是事故经常带来生命或财产的严重损失。为此,监理工程师很有必要与业主、行政主管部门商量制定相应的处罚方法,包括经济罚款和载入市场信誉不良记录档案,有效地促使施工单位消除不安全因素和事故隐患。

4 结束语

新形势下切实做好安全监理工作:一要明确安全监理工作所依据的法律、法规;二要做好策划;三要在具体的安全监理工作中,认真遵守程序,严格执行两个"停止点",强化日常检查,做好记录并整理,配合好事故调查。除此之外,针对目前的实际,从源头上增加施工安全费用,在执行中增加经济处罚措施,都是必要的。综合采取以上措施,安全监理工作才得以在保护自身的同时,保护各方的利益,最大限度地保障安全监理和安全施工。

[作者简介] 任够平(1975—),男,1996年毕业于太原工业大学,高级工程师。

本文刊登在《山西水利科技》2008 年 11 月第 4 期(总第 170 期)

论项目总监理工程师的组织协调能力

李玉河

(山西省水利水电工程建设监理公司, 山西太原 030002)

[摘 要]论述了项目总监理工程师应具有良好的业务素质及很强的组织能力,去协调监理人与发包人之间的关系、监理人与承包人之间的关系以及发包人与承包人之间的关系。

[关键词]项目总监理工程师;建设监理;组织协调;发包人;承包人

[中图分类号] TV512　　　[文献标识码] B　　　文章编号:1006-8139(2008)04-87-02

工程项目建设监理实行项目总监理工程师(简称总监)负责制。总监是监理人委派到该项目的全权履约人,是依据建设监理合同代表发包人行使项目管理的负责人,是利用自身丰富的知识,为发包人提供高智能的技术服务,并通过信息管理、合同管理、组织协调对工程项目进行控制和管理,为工程四大目标的顺利实现的重要管理者。总监的工作性质决定了他不仅要有丰富的专业知识、良好的政治素养、广泛的经济知识、法律知识和一定的实践经验,更重要的要具备很强的组织和协调能力来协调好参建各方的关系,特别是发包人和承包人的关系。只有这样才能组织协调好项目建设过程中发包人、承包人、设计人、监理人、材料供应人以及政府有关部门的关系,使他们有序地组成一个具有特定的功能和目标的统一体,既有分工的不同,又有紧密的合作,团结一致、齐心协力实现预定的建设目标。在这些关系中,监理人与发包人、承包人之间的关系以及发包人与承包人的关系是体现监理工作成败的关键,同时决定着工程建设的预定目标能否顺利地实现。

1 监理人与发包人之间关系的协调

工程建设监理是受发包人委托而独立、公正地进行工程项目管理的工作。监理人与发包人的关系是被委托和委托的关系。监理目标能否顺利实现与发包人的协调有着很大的关系。由于我国实行建设监理制度时间不长,建设投资主体不同,产权不十分明晰,发包人的素质参差不齐,对建设监理制的认识水平存在较大的差异。他们一方面委托建设监理,另一方面对监理的信任程度不高,这就需要总监以自身优良的品质、踏实的工作作风、强烈的责任心和满腔的热情为发包人服务来赢得发包人的充分的理解和信任,以丰富的理论知识和实践经验、高超的组织协调能力、一流的专业水平、管理水平、政策水平,树立起监理的权威。

总监在对工程项目进行监理时,要充分尊重发包人,维护发包人的合法权益,加强与发包人的联系,听取他们对监理工作的要求和意见,在监理工作会议、处理索赔、处理质量事故、支付工程款、设计变更和现场签证等监理活动前,应征得发包人同意。当发包人不能听取正确意见或坚持不正确的观点和做法时,应当作耐心细致的说服工作,必要时可签发备忘录,以明确责任。对发包人的变更指示,只要是符合规范要求和能够办到的,要马上去办,不能拖拖拉拉;对交办的事情,要用心办、及时办、办完要马上汇报。对不符合规范要求,施工中难以办到或根本无法办到的,不能一味迁就,要有理有据地说明,不得粗暴拒绝。关键时刻,总监要坚持原则,敢于和善于承担责任。总监要充分利用法律、规范、标准、合同、纪要、记录、签证等,有理有据地说服发包人,最后公正合理地妥善解决,以自己的工作和成果赢得发包人的充分信任和大力支持。

2 监理人与承包人之间关系的协调

总监依据监理合同对工程项目进行监理,对承包人的施工过程进行监督管理。监理人与承包人的关系是监理和被监理的关系。总监在监理过程中要坚持原则、实事求是,严格按规范和规程办事,讲究科学的态度。思想观念上,要确立监理人和承包人是平等的工作关系,要尊重他们,尽可能少地对承包人行使处罚权,要多强调各方利益的一致性。总监应鼓励承包人对工程的实施方案、结果、意见、建议和遇到的困难向自己汇报,以便互通信息,及时解决工程中存在问题和承包人的困难,使工程施工顺利进行。在涉及到承包人的权益时,应站在公正、公平的立场上,多向发包人反映承包人的实际困难,维护承包人的合法权益,赢得他们的信任,使他们感到监理是可以信赖的,是公正的、是实事求是的、是说话算数的,以便监理工作的顺利开展。在施工过程中总监应了解和协调工程进度、工程质量、工程投资和施工安全的有关情况,理解承包人的困难和要求,并在合同允许的条件下,给予支持和帮助,使承包人顺利完成工程任务。对工程质量必须严格要求,一丝不苟,凡是不符合施工技术规范和设计要求的,不能验收、更不能支付,必须要求他们按规定予以改正。监理人员与承包人的工程技术人员要加强联系,增进了解,互相支持,齐心协力,搞好工程,尤其是项目总监与项目经理。为此,总监一方面要处理好自己与承包人之间的专业技术关系,运用自己的专业技术、法律、经济、管理知识为承包人提供建议和咨询,同时也要虚心地听取和采纳承包人合理的意见和建议,以便共同提高;另一方面也要处理好与承包人的人际关系。处理问题对事不对人,在人格上尊重他们。总监和承包人之间的关系要保持在一定的限度内,维持正常的工作关系。

3　发包人与承包人之间关系的协调

发包人与承包人负有共同履约的责任,工作往来频繁,由于各自利益的不同,对工程质量、工程进度、工程结算支付等具体问题会产生一些分歧,有些分歧有时是很大的。例如;有时发包人为了节约投资,选用一些价廉质次的设备和材料,从而难以保证工程质量;有时承包人提出合理化建议,发包人会加以拒绝,这时,总监应在坚持原则的前提下,委婉地表明自己的意见,灵活地加以协调。鉴于发包人与承包人是这个项目建设的两个主体,协调他们之间的关系就显得尤为重要。总监要亲自协调处理发包人与承包人之间的矛盾、分歧、合同纠纷和工程索赔事宜,这是总监的职责和权限。总监在不同的建设阶段,协调发包人与承包人之间关系的内容也不尽相同,无论在哪一阶段,总监必须处于公正的第三方的位置,本着实事求是、互利共赢的原则,来充分协调发包人与承包人之间的关系。协调好他们的关系实际上是处理好他们权利和义务的关系。总监在处理这种关系时,要监督双方忠实地履行义务和职责,确保双方的权利得到公正地实现。监理在现场签证时,要真实、准确符合合同有关规定,既要维护发包人利益,又要保护承包人的正当权益。协调过程中,要做到有理、有据、有节,不急不躁,多做说服工作,有利于协调的话多说,不利于协调的话不传,当时不便做出决定的事可以采取冷处理。

总之,总监在监理工作中,要始终遵守"守法、诚信、公正、科学"的行业准则,努力协调好参建各方的关系,使监理系统内部人员的工作积极性得到提高,使监理系统外部环境运转达到最佳,创造一个良好的工作氛围,从而使得"四控两管"得以有效的进行,确保工程四大目标的顺利实现。

[作者简介] 李玉河(1965—),男,1986年毕业于太原工业大学,高级工程师。

本文刊登在《山西水利科技》2008年11月第4期(总第170期)

如何提高招标代理的工作质量

高燕芳

(山西省水利水电工程建设监理公司, 山西太原 030002)

[摘 要] 从我国招标投标的发展概况入手, 介绍了招标投标对工程建设的积极作用, 论述了工程建设对招标代理机构从业人员的要求, 进而对如何提高代理工作质量提出了建议。

[关键词] 招标投标; 招标代理; 工程建设

[中图分类号] TV512　　[文献标识码] B　　文章编号: 1006-8139(2008)04-91-02

随着我国市场经济的迅速发展, 工程招标代理工作越来越重要, 在工程建设中发挥了积极的作用。

1 我国招标投标的发展概况

我国最早于 1902 年曾采用招标比价的方式承包工程, 由于当时我国处于半封建半殖民地社会, 招标投标并未以法律制度方式得到确定和发展。新中国成立后, 在计划经济体制下, 我国的工程建设采用自营制方式。1980 年 10 月 17 日, 国务院在《关于开展和保护社会主义竞争的暂行规定》中首次提出, 为了改革现行经济管理体制, 进一步开展社会主义竞争, 可以试行招标投标办法。1999 年 8 月 30 日, 中华人民共和国第九届人大常委会批准了《中华人民共和国招标投标法》, 并于 2000 年 1 月 1 日起实行, 它标志着我国公共采购市场的管理逐步走上法制化轨道。

2 招标投标对工程建设的作用

招标投标是应用技术经济的评价方法和市场经济的竞争机制, 有组织地开展择优成交的一种高级的、规范化的交易方式, 是一项具有高度组织性、规范性、制度性及专业性的活动, 其作用主要表现在:

(1) 招标投标可以提高施工单位的质量意识、服务意识和合同意识。在招标投标制度下, 承包单位在工程质量和进度方面若无良好信誉, 则无法生存。承包单位的履约能力、履约意识得到了大幅提高, 工程质量、工期得到了根本上的保证。

(2) 招标投标的推广应用, 企业之间可以跨行业、跨地域竞争, 实现优势互补, 促进新技术、新材料、新工艺、新设备的使用与交流, 提高劳动生产率和竞争力。

(3) 招标投标可以规范工程建筑市场各个参与主体的行为, 创造公平竞争的市场环境, 形成有序竞争的良好局面, 节约建设资金, 提高投资效益和社会效益, 促进交易市场的有序竞争和健康发展。

3 对招标代理机构从业人员的要求

招标代理机构是依法设立、从事招标代理业务并提供相关服务的社会中介组织, 是市场经济的产物, 也是规范招标投标活动的重要载体。招标代理机构的从业人员是代理机构的组织者与参与者, 在代理过程中, 对从业人员提出了严格的要求。

3.1 要遵守职业道德、恪守行为准则

在招标代理过程中, 要始终坚持公开、公平、公正和诚实信用的原则。具体在工作中, 就是要坚持: 依法代理, 不违规操作和违法乱纪; 诚实守信, 不违约行事和弄虚作假; 优质服务, 不敷衍塞责和玷污信誉; 正直公正, 不隐瞒真相和营私舞弊; 公平竞争, 不互相拆台和私下交易; 爱岗敬业, 不玩忽职守和推诿扯皮; 秉公办事, 不假公济私和感情用事; 遵章守纪, 不违章违纪和泄露秘密; 清正廉洁, 不收受贿赂和谋求私利; 开拓创新, 不因循守旧和故步自封。

3.2 要认真贯彻国家相关法律法规

招标投标的法律法规及相关的配套办法是进行招标投标工作的基本依据, 必须随时随地从各个渠道获取这些法律、法规, 以及相关方法、细则的更新情况, 掌握相关政策, 关注招投标监管部门出台的管理规定和实施办法, 努力学习和准确应用国家各部委及省市各

级有关招标投标的法律、法规的配套办法,及时地应用到工作实际中。

3.3 要提高综合业务素质

建设工程施工招标代理过程是一个非常繁琐复杂的过程,要求从业人员不仅应具备专业技术知识和丰富的实践经验,还应熟知招投标法律制度、合同法律制度、施工发包承包价格及当地招投标政策规定等知识。要加大培训、教育力度,扩大相关专业知识领域,不断学习、实践、再学习、再实践,力争把招标代理工作做好。

3.4 要重视与招投标人的沟通

招标代理机构作为一个中介机构,沟通至关重要,其内容包括与业主之间的沟通及与投标人之间的沟通。

3.4.1 与业主之间的沟通

(1)对涉及代理工作的法规、流程及建设性意见,代理机构要及时与业主沟通,以便在法规与程序许可的范围内行使代理权限,得到业主的支持与理解,同时最大限度地满足业主的要求。

(2)代理机构应对当前承包市场的状况有深入调查了解,如价格、质量等。编制招标文件时,注意业主对招标工程造价、工期、质量等方面的要求以及对资金安排的想法,适时向业主提出意见和建议。

3.4.2 与投标人之间的沟通

(1)按照招标公告或者投标邀请书规定的时间、地点接受投标人编制的资格预审文件。经资格预审后,向资格预审合格的潜在投标人发出资格预审合格通知书,告知获取招标文件的时间、地点和方法,并同时向资格预审不合格的潜在投标人告知资格预审结果。

(2)当对工程项目有答疑或补遗文件时,为保障各潜在投标人的利益,要确保每个潜在投标人都及时收到相关的答疑或补遗文件,并做好答疑或补遗文件的发放记录,避免疏忽遗漏,引起索赔,造成不必要的麻烦。

4 结 论

在招标代理过程中,要继续深入开展《招标投标法》和其他法律、法规的宣传、培训工作。大力提升工程招标代理机构从业人员的自律意识,坚持公开、公平、公正和科学择优的原则。加强相关部门的监督力度,加强政策法规研究,加强制度化规范化建设,进一步理顺并创造出有利于推行招标的外部条件,将各个环节落到实处,以确保招标代理工作为加快水利事业的发展发挥更为积极的作用。

[作者简介]高燕芳(1980—),女,2007年毕业于太原理工大学。

本文刊登在《山西水利》2008年第3期

西河缓洪库坝基处理方案

崔少宏

(山西省水利水电工程建设监理公司,山西太原 030002)

[摘　要]对西河缓洪库坝基采空区的成因、现状及危险因素进行了分析,并提出全充填压力注浆处理措施,实践证明,其施工工艺和措施切实可行,取得了良好的注浆效果。

[关键词]坝基;煤矿采空区;裂缝;全充填压力注浆

[中图分类号] TV698.2^{+}3　　　[文献标识码] B　　　文章编号:1004-7042(2008)03-0048-02

1　概况

西河缓洪库位于晋城西上庄张岭村西的西河干流上,设计总库容90万 m³,属小(二)型水库,水库下游是晋城市区,因此保证大坝安全极为重要。

根据现场踏勘,库周小煤矿有5处,库区内有煤矿12处,这些煤矿的开采和矿下排水,使该水库大坝坝基成为采空区,坝体开始沉降,坝面出现大量裂缝,直接影响到水库安全。据调查,北岩煤矿巷道穿过大坝坝基,3号煤层巷道距地表40~60 m,9号煤层巷道距地表90~120 m。3号煤层已被北岩煤矿和零星小煤矿采完,目前北岩煤矿正在开采库区和库区以东9号煤层,土坝仍处于沉降状态,纵横裂缝加大,坝体裂缝和煤矿巷道贯通,地质情况复杂,坝体加固迫在眉睫。

2　坝址区地质

2.1　地层岩性

根据物探和勘探资料,该区地层由新到老依次为:第四系(Q)分四部分:一是人工回填土(Q_4^s):黄褐色,稍湿,可塑偏硬,以粉质黏土为主,间夹粉土,土质较均匀,含少量小贝壳、小钙质结核等,局部含少量木屑、煤屑。二是中更新统粉质黏土(Q_2^{al}):黄褐色,稍湿,可塑偏软,间夹粉土,土质较均匀,含少量钙质菌丝,偶含页岩碎屑等,稍有光泽。三是中更新统粉质黏土(Q_2^{al}):棕黄色,稍湿,可塑,间夹粉土,土质较均匀,含少量钙质菌丝,偶含页岩碎屑等;稍有光泽。四是中更新统碎石土(Q_2^{al-pl}):杂色,稍密,以灰岩和砂页岩为主,主要以粉质黏土充填。二叠系下统下石盒子组(P_1x):岩性为泥岩及砂岩互层,泥岩呈黄灰色,质软,遇水易泥化,砂岩以细粒砂岩为主,含云母片及黑色矿物,胶结疏松,根据北岩煤矿钻孔资料,该层厚约25 m,整合于山西组之上。

石炭系上统山西组(C_3s):上部为灰黑色砂岩、泥岩互层,下部沉积有可采煤层,厚6~7 m,为本区主要开采煤层;砂岩呈中厚~厚层状,层理明显。节理裂隙发育,页岩呈薄片~片状。该组厚约40 m左右,整合于太原组之上。

石炭系上统太原组(C_3t):厚约84 m,由砂岩、泥岩及煤层组成。

2.2　地质构造

坝址区位于城区盆地西侧,晋获褶断带从坝址西侧通过,库区由于采煤活动,坝体出现与坝轴斜交或近于正交裂缝30余条,裂缝宽度2~10 cm,据物探放射性测氡测量成果分析,此由煤层采空区塌陷所致。根据物探成果,在主河槽可能存在构造带。

3　坝基采空区状况分析

在煤矿生产中,当煤层采出后,在采空区周围的岩层中会发生较为复杂的移动和变形。根据采矿工程的需要,将移动稳定后的岩层按其破坏程度,大致分为三个不同的开采影响带,即冒落带、裂隙带、弯曲带。冒落带是在用全部垮落法管理顶板时,回采工作面放顶后引起煤层直接顶板岩层产生破坏的范围;在冒落带上部为裂隙带,它是采空区上覆岩层中产生裂缝、离层及断裂,但仍保持层状结构的那部分岩层;弯曲带位于裂隙带之上直至地表。冒落带和裂隙带合称两带,两带高度与岩性有关,一般情况下,软弱岩石形成的冒落带高度为采厚的2~4倍,两带高度为采厚的9~12倍。本采空区属软岩,按此推算,3 号煤层采空冒落带高度为 12~24 m,两带高度为 54~72 m。由于坝址区 3 号煤层巷道距地表仅 40~60 m,坝体处于两带范围。

由于塌陷时间较短,坝址煤矿采空区至今可能还未完全塌陷冒落,尚处于不稳定状态。裂隙带比较发育,已延伸到地表,成为导水通道,由于水的不断侵入,加速了岩体的软化和风化速度,从而不断降低岩石的强度,对坝体稳定极为不利。

采空区对大坝的破坏性表现在以下三个方面:一是造成大坝坝基下沉,如果在竖直方向上产生拉伸变形,将引起坝基本身松弛,影响坝基的承载力,加大地表的倾斜和拉伸变形,对坝基的稳定性产生影响。二是冒落塌陷的不连续与无规律沉降,引起坝基的不连续与无规律下沉,使得坝面形成较大裂缝和塌陷坑。三是坝基在下沉的同时,必然伴有水平方向的位移。垂直于坝轴线方向的横向移动将改变坝基原有的方向,沿坝基纵向的水平变形会使坝基受到拉伸和压缩。上述两种移动的不均匀性,会使大坝发生竖曲线形态的变化和坝轴线方向的改变等。

4 坝基采空区处理措施

采空区采用全充填压力注浆法,即在地表打孔,通过压浆泵、注浆管,将水泥粉煤灰浆液注入采空区及其上覆岩体裂隙中,浆液经过固化后,胶结在岩层裂隙带,同时,采空区内的浆液形成的结石体对其上覆岩层也形成支撑作用,阻止上覆岩层的进一步冒落,防止地面因冒落而引起的沉陷变形,保证坝基的稳定。采空区治理范围为大坝上下游 65 m 内。

4.1 注浆钻孔的布设

注浆孔采用梅花形排列,初步定为纵向间距 20.0 m,横向间距 10.0 m,注浆施工结束 6 个月后,根据钻孔检验成果,再决定是否加密孔距。

4.2 注浆材料的选用

采空区注浆治理工程所用浆液为水泥粉煤灰混合而成的浆液。根据有关试验结果,注浆材料应优先选用 32.5 号普通硅酸盐水泥,其质量符合国家 GB 175—92 标准。粉煤灰质量除细度不作要求外,其他指标应符合国家 III 级标准;速凝剂可选用符合国家标准的速凝剂和水玻璃等。

4.3 浆液配合比设计

根据以往的经验和当地材料供应情况,确定注浆液为水泥粉煤灰浆,其水固比为 1:1.0~1:1.4。水泥占固相的 25%,粉煤灰占固相的 75%。这种浆液配合比已经考虑了受采空区充水影响的情况。帷幕孔须在浆液中掺加水泥重量 2% 的速凝剂,使注入采空区的浆液尽快凝固,以形成帷幕,防止浆液流失。

4.4 注浆施工工艺及要求

施工顺序:按采空区的倾斜方向,先施工采空区底板标高较低位置的帷幕孔、注浆孔及构造物工点处的注浆孔,再沿倾斜方向由低向高、由边缘向中心施工,钻孔分二序次进行。

注浆:注浆采用浆液浓度先稀后稠的方法,注浆开始后,要定时观测泵的吸浆量和泵压,记录注浆过程中发生的各种现象,收集原始数据,并根据实际情况及时调整注浆量和浆液浓度。注浆过程中若出现地表裂隙大量跑浆时,应采用间歇式注浆,或减小泵量及采取地表充填裂隙的措施,阻止浆液从地面大量流失。注浆时,应避免在短时间内注入大量的水泥粉煤灰浆,当注浆量较大时(超量孔平均量的 60%),应及时采用间歇式注浆法和稠浆施工,或在孔口处加一漏斗状的投砂器,用浆液将砂或矿渣带入孔内,或在浆液中加入水泥重量 2% 的速凝剂。注浆及间歇注浆前必须用清水洗孔,压水时间不得小于 10 min。稀浆灌注量取单孔注浆量的 30% 为宜。浆液配比试块强度要求达到 0.5 MPa。

5 坝基采空区注浆质量检测

钻探验证:注浆施工结束 6 个月后,进行钻孔检验。按注浆孔的 2% 设置检查孔数量,检查孔深度为原地面至采空区底板的深度。通过孔内取芯直接观察采空区的浆液充填情况,并结合钻探过程中循环液的漏失情况及孔壁的稳定性等指标评价注浆质量。

物探检测法:对治理后的采空区采用测定波速的方法检验注浆质量。若横波波速大于 160 m/s,则注浆质量符合要求,每个采空区波速测井数与检查孔数相等。

最后,应结合钻探和物探资料做出综合评价,在全面分析研究这些资料的基础上,最终确定注浆质量是否合格,或是否需补充注浆。

6 结 语

从灌浆过程数据记录分析来看,该治理工程对注浆范围的划定是比较科学的,注浆中所采取的具体施工工艺和措施亦是切实可行的。采空治理区注浆效果基本满足设计要求,注浆工程质量可靠,注浆原材料质量及浆液质量合格,但由于目前采空区的治理工作尚不成熟,治理措施仍处于摸索阶段,尚未经受长时间的实践考验。因而如何经济有效地治理采空区,需在实践中不断摸索。

[作者简介] 崔少宏(1967—),男,1990 年毕业于太原理工大学土木工程系工民建专业,工程师。

本文刊登在《山西水利科技》2008年11月第4期(总第170期)

大体积混凝土裂缝的防治对策

康建忠

(山西省水利水电工程建设监理公司,山西太原 030002)

[摘　要]大体积混凝土施工过程中,裂缝的产生不可避免,严重危害到工程质量,影响工程安全和稳定。文中叙述了裂缝的成因和防治对策。

[关键词]混凝土;裂缝;预防

[中图分类号] TV523　　　[文献标识码] B　　　文章编号:1006-8139(2008)04-31-02

当前,大体积混凝土施工过程中,裂缝现象较为突出,已经严重危害到工程质量,影响工程结构安全和稳定。究其原因,涉及因素多种多样:如施工方案考虑不周;材料选用把关不严;结构部位处理不当;施工管理不到位等。因此,治理裂缝这一质量通病难度较大,必须贯彻综合治理的原则,对涉及的各种因素要予以足够重视,全面考虑,达到消除这一质量通病,满足用户对使用功能要求的目的。现就几种裂缝原因及防治方法作一阐述。

1 产生大体积混凝土裂缝的可能原因

大体积混凝土裂缝的发生是由多种因素引起的。裂缝有收缩裂缝、温差裂缝及安定性裂缝。

1.1 收缩裂缝

混凝土的收缩引起收缩裂缝。收缩的主要影响因素是混凝土中的用水量和水泥用量,用水量和水泥用量越高,混凝土的收缩就越大。选用水泥品种的不同,干缩、收缩的量也不同。

混凝土逐渐散热和硬化过程引起的收缩,会产生很大的收缩应力。如果产生的收缩应力超过当时的混凝土极限抗拉强度,就会在混凝土中产生收缩裂缝。在大体积混凝土里,即使水灰比并不低,自身收缩量值也不大,但是它与温度收缩叠加到一起,就要使应力增大,难免产生收缩裂缝。

1.2 温差裂缝

混凝土内外温差过大会产生裂缝。主要影响因素是水泥水化热引起的混凝土内部和混凝土表面的温差过大。特别是大体积混凝土更易发生此类裂缝。

大体积混凝土浇筑后,水泥因水化引起水化热,由于混凝土体积大,聚集在内部的水泥水化热不易散发,混凝土内部温度将显著升高,而其表面则散热较快,形成了较大的温度差,使混凝土内部产生压应力,表面产生拉应力。此时,混凝土龄期短,抗拉强度很低。当温差产生的表面抗拉应力超过混凝土极限抗拉强度,则会在混凝土表面产生裂缝。

1.3 安定性裂缝

安定性裂缝表现为龟裂,主要是因水泥安定性不合格而引起的。

2 裂缝的防治措施

2.1 设计措施

(1)精心设计混凝土配合比。在保证混凝土具有良好工作性能的情况下,应尽可能地降低混凝土的单位用水量,采用"三低(低砂率、低坍落度、低水胶比)二掺(掺高效减水剂和高性能引气剂)一高(高粉煤灰掺量)"的设计准则,生产出高强、高韧性、中弹、低热和高极限拉伸值的抗裂混凝土。

(2)增配构造筋提高抗裂性能。配筋应采用小直径、小间距。全截面的配筋率应满足抗裂要求。

(3)避免结构突变产生应力集中,在易产生应力集中的薄弱环节采取加强措施。

(4)在易裂的边缘部位设置暗梁,提高该部位的配筋率,提高混凝土的极限拉伸。

(5)在结构设计中应充分考虑施工时的气候特征,合理设置后浇缝,保留时间一般不小于规定天数。如不能预测施工时的具体条件,也可临时根据具体情况作设计变更。

2.2 施工措施

(1)严格控制混凝土原材料质量和技术标准,选用低水化热水泥,粗细骨料的选择应确保级配适宜含泥量不超标。

优选混凝土各种原材料。在条件许可情况下,应优先选用收缩性小的或具有微膨胀性的水泥。骨料在大体积混凝土中所占比例一般为混凝土绝对体积的80%~83%,应选择线膨胀系数小、岩石弹模较低、表面清洁无弱包裹层、级配良好的骨料。砂除满足骨料规范要求外,应适当放宽石粉或细粉含量。粉煤灰只要细度与水泥颗粒相当,烧失量小,含硫量和含碱量低,需水量比小,均可掺在混凝土中使用。高效减水剂和引气剂复合使用对减少大体积混凝土单位用水量和胶凝材料用量,改善和提高混凝土的力学、热学、变形、耐久性等性能起着极为重要的作用,也是混凝土向高性能化发展不可或缺的重要组成部分。

(2)细致分析混凝土集料的配比,控制混凝土的水灰比,减少混凝土的坍落度,合理掺用外加剂。

(3)采用综合措施,选择混凝土适宜的施工强度和时段。为了防止由于温度应力对混凝土的破坏,在施工中要采取温度控制措施,即控制混凝土的内外温差。根据混凝土拌制和运输能力,确定混凝土浇筑所用时间,尽量降低混凝土的入仓温度,以减小温度应力,避免裂缝现象发生。

施工前,根据所在龄期的极限抗拉强度值确定允许温差后再行施工。在不具备分析温度应力的条件下,一般依据20~25℃的内外温差标准予以控制。根据当地气象部门的天气预报,制定相应的施工计划,确定适宜的施工时段。尽量在傍晚时开始浇筑混凝土,以期避开午间的高温天气。

(4)根据工程特点,加强浇筑过程控制。在浇筑混凝土过程中,应严格按照施工组织设计的施工线路实施浇筑。禁止闲散人员在钢筋上部停留,浇筑施工人员不应在钢筋上部无序走动。采用双层钢筋网时,在上下层钢筋网片之间应设置足够的支撑以保证钢筋位置正确。在浇筑线路上,铺设临时操作脚手板。所有浇筑人员的工作原则上均应在脚手板上完成,以减少对钢筋网的踩踏次数,临时脚手板随浇筑区域的转移而移动。尽量采用两次振捣技术,改善混凝土强度,提高抗裂性。

(5)做好混凝土的养护工作。为保证浇筑成型的混凝土在规定龄期内达到设计要求的强度,并防止产生干收缩裂缝,必须认真细致地做好养护工作。在自然气温条件下,应于混凝土浇筑后规定时间以内,即用麻袋等保水性材料在混凝土表面加以覆盖,并及时浇水养护,以保证混凝土具有足够的湿润状态。养护时间不得少于14 d。对于混凝土强度未达到要求(1.2 N/mm²)以前,严禁行人在其上面来往和进行安装模板、钢筋及支架的作业。

(6)混凝土尽可能晚拆模,混凝土的强度达到设计要求或规范要求后再拆模。拆模后混凝土表面温度不应下降太快,否则应采取覆盖等保温。

(7)对于高强混凝土,应尽量使用中热微膨胀水泥,掺超细矿粉和膨胀剂,使用高效减水剂。通过试验掺入适量粉煤灰。

[作者简介] 康建忠(1964—),男,1985年毕业于山西省水利学校,工程师。

本文刊登在《山西水利》2008年第3期

水利工程施工监理投标工作综述

谢彤光

（山西省水利水电工程建设监理公司，山西太原 030002）

[摘　要]详细介绍了水利工程监理的前期工作，投标文件的编制方法，并结合自我实践和体会提出了监理投标工作应该注意的问题。

[关键词]水利工程；监理投标；前期工作；文件编制

[中图分类号] TV5　　[文献标识码] C　　文章编号：1004-7042（2008）03-0069-02

工程建设监理制是国家为保证工程质量、投资效益及工期实现的一项基本建设制度，它同项目法人制、招标投标制在工程建设中起着同等重要的作用，监理的投标工作也就成为监理单位承揽监理任务、谋求企业生存发展的一项重要工作。在监理投标活动中广泛涉及工程技术、项目管理、经济分析、人力资源、公共关系等多种知识的综合运用，因此可以说投标活动并非是标书的复制，而是一种智力密集型工作。结合几年来的水利工程监理投标实践，就工程监理投标工作谈一点体会和经验，并对如何提高监理投标水平进行探讨。

1　投标前期工作

1.1　工程信息和招标文件的获取

监理单位一般通过报刊、网络等多种渠道获取工程建设信息，但在获得信息的同时，项目的运作往往早已开始，这时再开展投标工作就会很被动。而如果能获得项目的最早的建设动态，监理单位就能先入为主，抢占先机，及早与建设单位建立信任关系。监理单位在经营过程中要扩大对外联系，在得到工程建设信息后，对拟建项目要及早介入，对潜在的工程项目也要进行长期动态跟踪。

1.2　组建高水平投标班子

投标班子在监理单位主要领导的组织下组成，人员包括项目拟任总监、监理标书编制人、文字处理人员等。

项目拟任总监要根据招标文件要求选用，应有较高的监理理论水平、文字能力和类似工程的监理经验。拟任总监应尽早熟悉拟监工程的情况，根据招标文件准备总监答辩，对重要的工程，监理单位要成立专家组对总监进行模拟答辩演习，通过实战演习提高总监答辩能力。

监理标书编制人应有一定的监理理论和监理经验，熟悉国家相关招投标法律法规，熟悉本监理单位的各种情况和监理市场动态，并对招标文件有一定的认知能力。

根据《中华人民共和国招标投标法》第二十四条规定，标书编制周期最短不少于 20 d。而标书制作工序比较复杂，在投标期间，应保证投标人员的时间，还要充分调动投标人员的积极性和创造性。

1.3　认真领会招标文件精神

招标文件是投标单位编制投标文件的基本依据，同时又是合同文件的基础，因此投标班子的全体人员对招标书文件要进行充分理解。

投标人员要认真领会文件精神，对招标内容的重点、难点、疑点进行讨论，以加深对招标文件的认识，避免对招标文件重要信息的遗漏，纠正对招标文件理解的偏差，统一投标人员对招标文件的理解。通过讨论还可以提出问题，在标前答疑会上要求业主澄清。

1.4　参加现场考察和标前答疑会

现场考察和标前答疑会是监理投标单位进一步获取业主信息和竞争对手信息的有效途径，因此，监理单位应重视并准时参加答疑会。

2　投标文件的编制

投标文件是在投标活动中投标单位向业主提交的最终正式文件，是评标和决标的主要依据。投标文件编制的好坏在很大程度上决定着投标活动的成败，因为业主及评标人员主要依据投标文件来了解监理单位的企业实力、社会信誉、管理水平、人员设备情况等来作为评标依据，所以监理单位一定要重视投标文件的编制工作。

有些监理单位为提高中标率，在编制监理投标文件时，对涉及工程监理的方方面面详细叙述，生怕遗漏哪一方面而影响中标，结果造成投标文件只有共性，没有个性。

监理投标书分为商务标和技术标两部分。

2.1 商务标的编写

商务标书一般包括下列内容：投标书、投标文件汇总表（包括监理费报价）、投标保证金证明、法定代表人资格证明书、企业营业执照、资质等级证书和其他有效证明文件、企业简历，项目总监理工程师简历表、业绩表及证明材料，近三年的业绩、信誉及证明材料，投标人对发包人的其他要求、监理的责任、范围和承诺，拟派项目监理部人员（资格、技术职称）情况一览表，按招标文件要求提交的其他资料附件，授权委托书等。

在招标文件中对商务标的内容都有详细的要求，有的招标文件也提供了制式格式，只需按照要求认真填写即可。需要注意的是，虽然这部分内容比较固定，但是编制的工作量很大，十分繁琐且容易出现差错。为了做好编写工作，平时要做好基础资料的积累，建立完整的资料库，使资料全部数据化。

监理费用报价在投标活动中的作用不可忽视。虽然国家对监理取费标准早有规定，但目前监理市场竞争十分激烈，监理费用报价有的低于有关文件的规定，监理单位更多时候只能以市场竞争价获得监理任务。各投标单位报价的差别主要表现在浮动率、额外工资报酬、附加工资酬金的计取与监理单位提供自有设备的取费方面。监理单位应重点研究招标文件的投标报价评分办法，结合自己的实际情况，增进对竞争对手的了解，做到知彼知己地报价。

2.2 技术标的编写

技术标主要包括：针对本工程特点的监理大纲；其他需要说明的问题，如监理人员、主要检测设备的配置等。

监理大纲是监理单位为承揽监理任务在投标阶段提交给业主的技术文件，它有两个作用，一是充分展示监理单位对工程重要性的理解，并针对工程具体情况提出质量、安全、投资、进度控制的措施，以及对可能存在的风险进行分析和提出应对措施，赢得业主的信任，以承揽到监理工程。二是为承揽到任务后开展监理工作确定纲领。监理大纲的编写除了按照招标文件的常规要求进行工程概况、监理工作范围、监理服务阶段、监理工作目标、监理依据、监理内容，各阶段的"四控""两管""一协调"等内容的阐述外，还应着重

编写对本工程重点难点及合理化建议。对业主明示的和潜在的关注问题，投标文件应给予明确的响应，或着力体现监理单位完全可满足其特殊要求，或根据以往工程经验对技术和管理问题给出自己的建议。这样处在业主的位置为工程着想，更能有助于增进双方的信任。一般业主都希望能够借鉴一些成功的经验和做法，监理单位应当真诚地向业主提供搞好项目的各项建议，供业主参考。

3 监理招标工作应注意的问题

3.1 响应招标文件要求

投标文件如不能实质响应招标文件，就会被作为废标处理，投标人员也不能靠主观臆断去修改招标文件要求的标书结构，因此，制作投标文件时，必须对招标文件中的每一个实质要求都要做出回答，如招标文件要求提供营业执照（副本）、资质证书、税务登记证、质量认证证书等复印件，少一个证件都有可能导致投标失效。

3.2 投标文件要对"重要部分"详细表述

投标文件要对"投标书""监理报价分析表""监理措施"等重要部分做出认真、详尽的表述，否则就会在商务标、技术标等方面失分，以至于投标失败。

3.3 投标文件对"细小项目"不能忽略

投标文件的细小项目主要是：严格按照招标文件的有关要求全部封记；按照招标文件要求加盖法人或委托授权人印鉴章，其中要签字的，还必须由法人或委托授权人签字；投标单位名称和法人姓名应与所有登记执照上的单位名称和法人姓名一致；应提供的附件资料齐全；投标文件字迹端正清晰，容易辩认；投标文件装订整齐，目录准确，页码清楚。

3.4 对照评分办法，做到有分必得

在标书评分标准明确的情况下，要调整好整个标书的结构和内容，对每一个评分点积极回应，力争有分必得。

4 结 语

在水利工程施工监理投标工作中，投标文件的组织编排是一项重要的工作，要力求条理清晰、重点突出、一目了然，让业主和评委很容易找到感兴趣的内容，也让重点内容很容易引起业主和评委的兴趣。同时标书的排版、格式、美工等方面也应该精雕细琢，让观看者赏心悦目，这也是公司实力的体现。

[作者简介] 谢彤光（1973—），男，2005 年毕业于西安建筑科技大学工程管理专业，工程师。